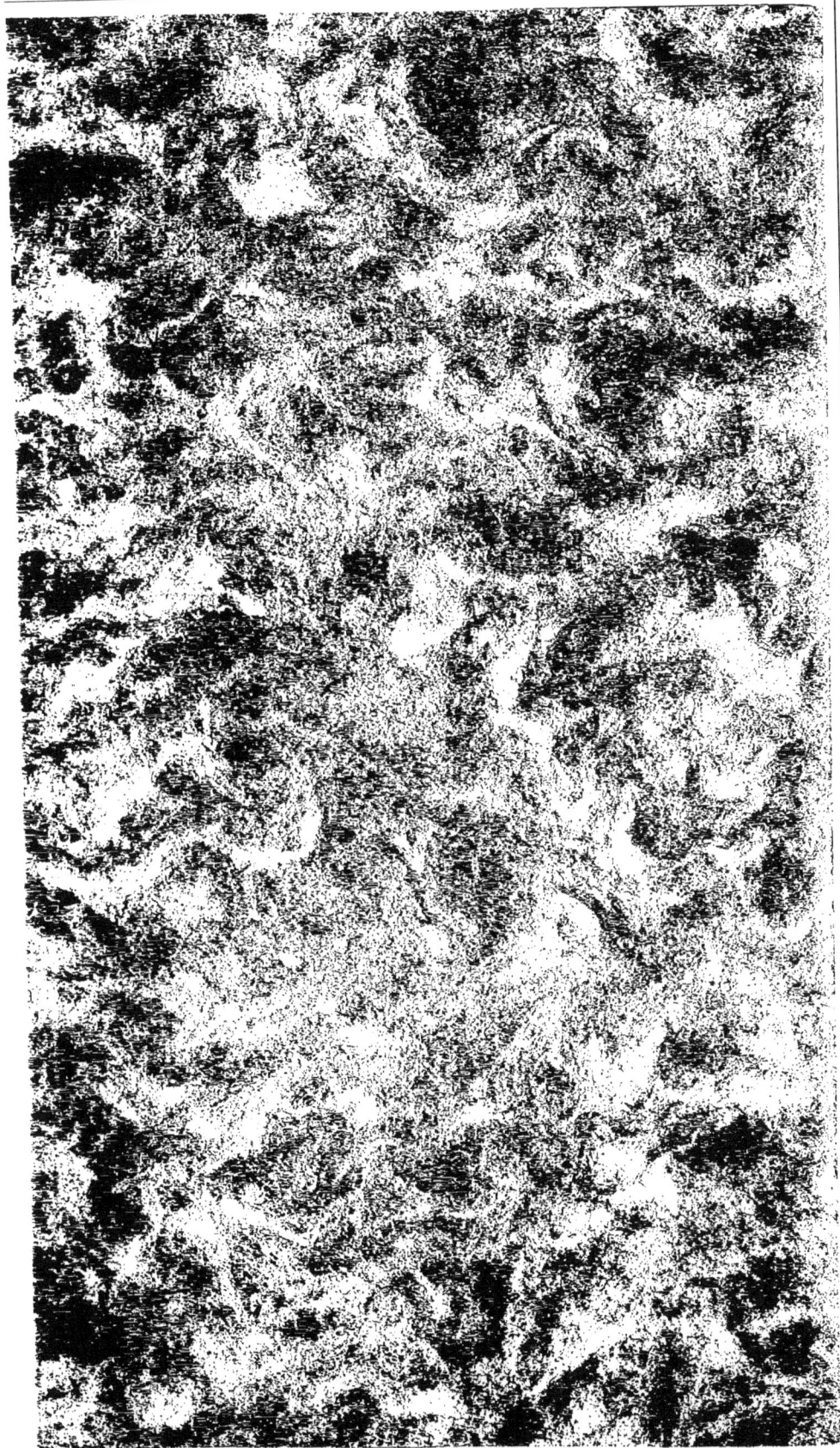

KNODERER 1981

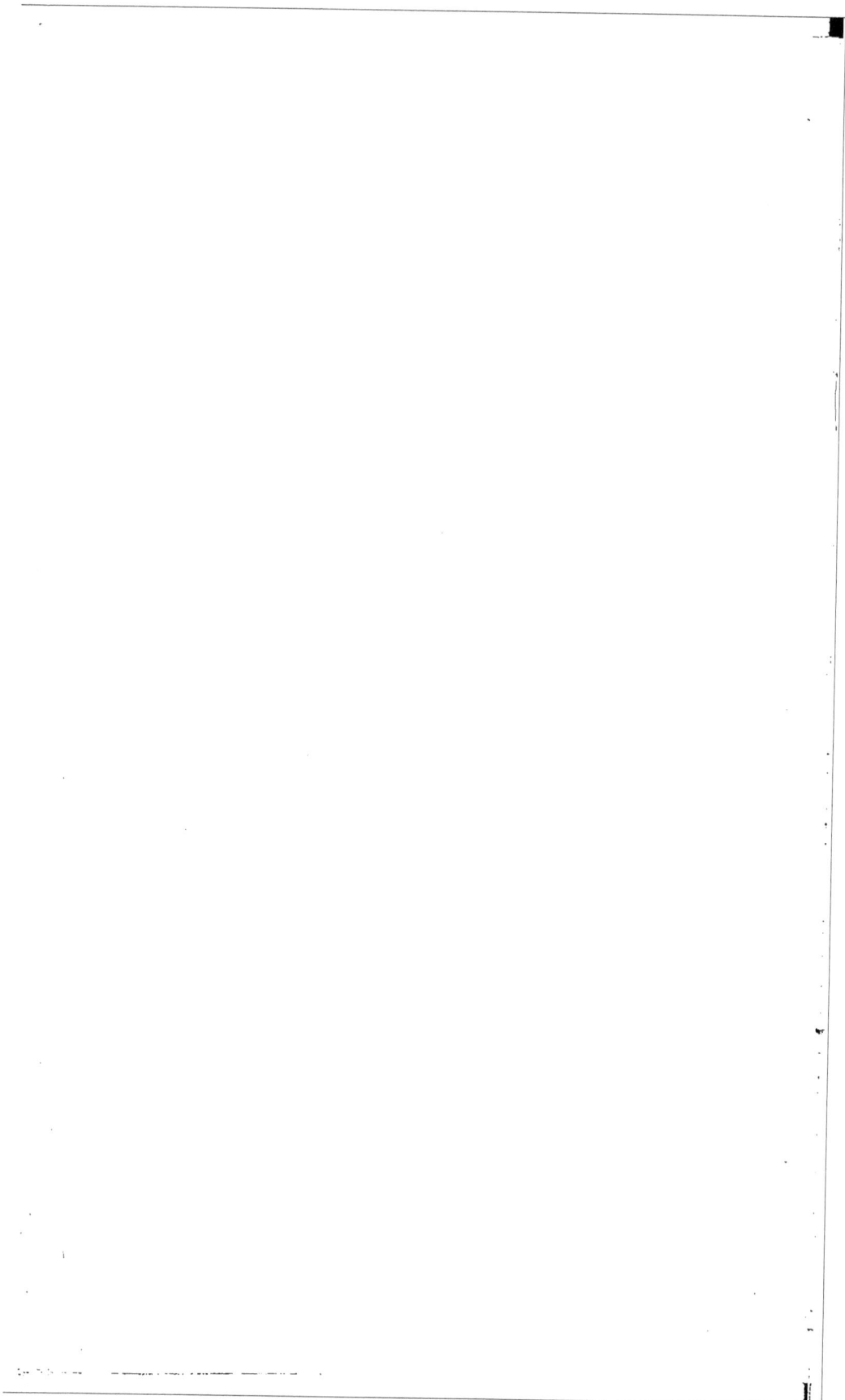

TRAITÉ

DES FRUITS.

L'arbuste, l'arbrisseau, les herbes et les fleurs,
Des éléments divers puissants combinateurs,
Sont le laboratoire où leur force agissante
Exerce incessamment son action puissante,
Et, de tous ces agents dans la plante introduits,
Forme l'éclat des fleurs et la saveur des fruits.

DELILLE, *les Trois règnes.*

TRAITÉ
DES FRUITS,

TANT INDIGÈNES QU'EXOTIQUES,

ou

DICTIONNAIRE CARPOLOGIQUE,

COMPRENANT

L'HISTOIRE BOTANIQUE, CHIMIQUE, MÉDICALE, ÉCONOMIQUE ET INDUSTRIELLE DES FRUITS ; NOTAMMENT LES PROCÉDÉS
DE REPRODUCTION ET D'AMÉLIORATION LES PLUS CERTAINS, LES CARACTÈRES QUI DISTINGUENT CES PRODUITS DE
LA VÉGÉTATION, LES PRINCIPES QUI PRÉDOMINENT DANS LEUR COMPOSITION, LES PHÉNOMÈNES DE LEUR
MATURATION, L'ART DE LES CONSERVER, DE METTRE A PROFIT LES PROPRIÉTÉS DONT ILS JOUIS-
SENT, SOIT DANS LES RÉGIMES ALIMENTAIRE ET DIÉTÉTIQUE, SOIT DANS LES ARTS ;
D'EXTRAIRE LES PRINCIPES QU'ILS CONTIENNENT, OU CEUX QUE DES RÉAC-
TIONS CHIMIQUES Y DÉVELOPPENT ;

FORMANT AINSI

Une sorte de manuel des arts qui doivent aux fruits leur importance, tels que ceux de l'amidonnier, du
boulanger, du brasseur, du vigneron, du fabricant d'eau-de-vie, de vinaigre, d'huile, etc., ou de ceux
qui leur empruntent seulement des principes, tels que l'art du pharmacien, du confiseur, du
glacier, du parfumeur, du liquoriste ou distillateur, etc.;

SUIVI

D'une table alphabétique ou dictionnaire de toutes les espèces et variétés de fruits connues, destinée à
faciliter les recherches et à faire de l'ouvrage l'un des éléments principaux des bibliothèques
des comices agricoles, des communes et des écoles normales primaires.

PAR COUVERCHEL,

DE L'ACADÉMIE DE MÉDECINE ET DE LA SOCIÉTÉ DE PHARMACIE DE PARIS.

PARIS.

IMPRIMERIE ET LIBRAIRIE DE BOUCHARD-HUZARD,

SUCCESSEUR DE MADAME HUZARD,

RUE DE L'ÉPERON, 7.

1839.

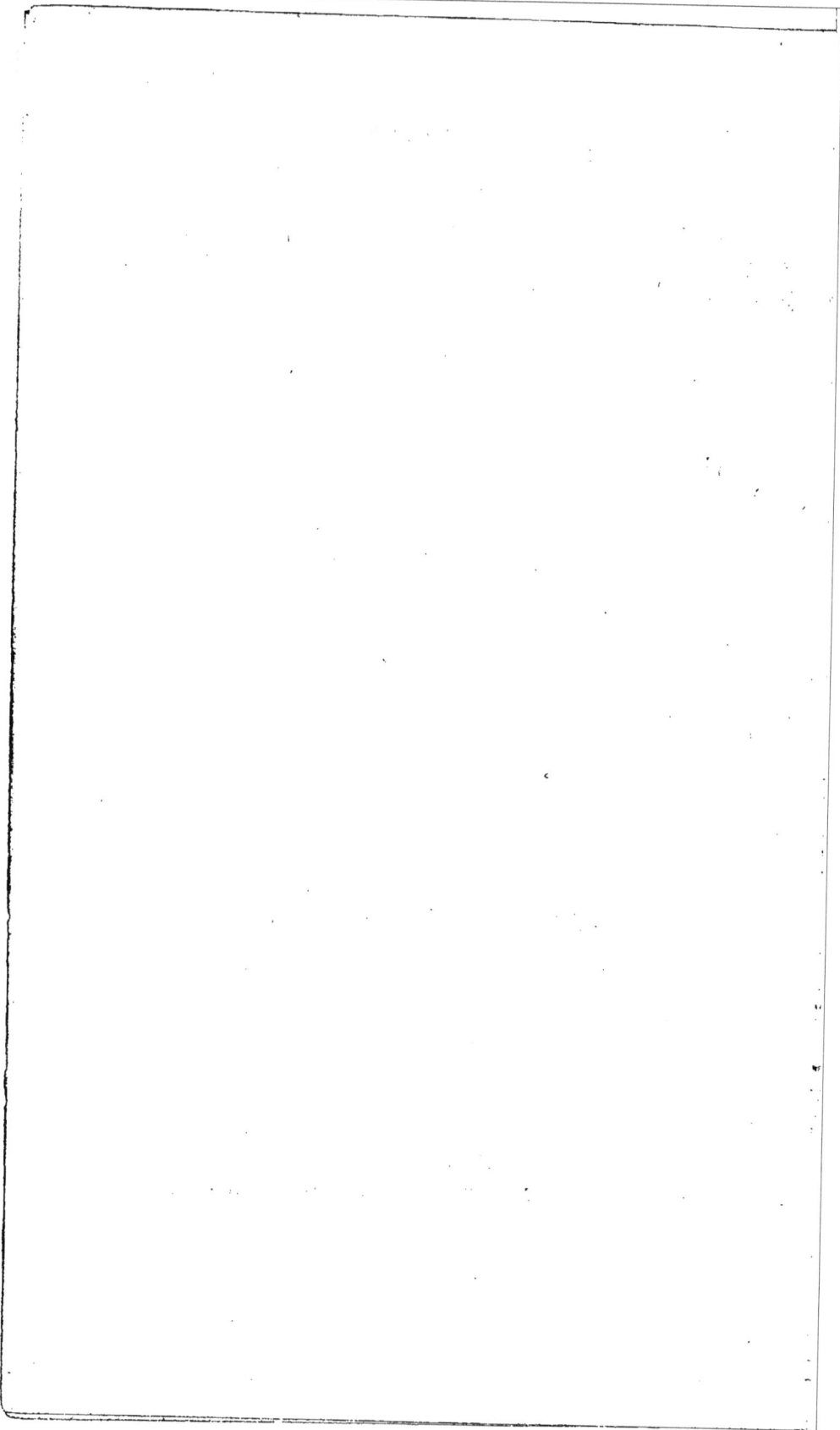

AVERTISSEMENT.

En publiant un *Traité des Fruits*, nous n'avons pas la prétention de donner une histoire complète de la matière; car dans l'acception que les botanistes donnent au mot fruit, et attendu surtout le rôle important que joue cette partie de la plante, un pareil travail devrait non-seulement comprendre l'histoire du végétal tout entier, mais encore celle de presque tous les végétaux. Peut-être cependant l'époque n'est-elle pas éloignée où, ayant égard à l'importance du fruit, on jugera convenable de commencer les études phytologiques par l'examen de cet organe si intéressant, puisqu'il renferme, comme on sait, l'embryon, ou la plante en miniature. Rien de plus rationnel, suivant nous, que de prendre ce point de départ offert par la nature; toute la vie végétative semble, en effet, avoir pour objet de le former et d'assurer sa durée; il est l'anneau indispensable qui sert, par la reproduction, à rattacher le cercle vital momentanément interrompu.

Cependant l'importance de cette partie du végétal a été généralement sentie, car les savants les plus distingués, tels qu'Ingenhouz, Sennebier, Mirbel, Lamarck et de Candolle, Sageret pour la physiologie; Linné, Gaertner, Duhamel, Loiseleur-Deslongchamps, Richard père, Poiteau et Turpin pour l'anatomie; Berthollet, Théodore de Saussure et Bérard pour la chimie, en ont fait l'objet de leurs savantes investigations; aussi est-ce autant pour réunir en un seul faisceau les travaux de ces hommes si justement célèbres, que nous avons entrepris ce travail, que pour faire connaître nos propres observations.

a

Bien, comme on le voit, qu'un assez grand nombre d'auteurs
se soient occupés des fruits, il n'existe cependant sur ce sujet
que peu d'ouvrages spéciaux ; il n'en est surtout aucun dans lequel ces produits de la végétation soient étudiés d'une manière
aussi étendue et aussi complète que nous l'avons fait : Gaertner,
dans son traité *de Fructibus et Seminibus plantarum*, s'est
occupé des fruits en botaniste seulement ; on lui doit cette
justice, que les descriptions qu'il a données sont si rigoureuses
et si exactes, que son ouvrage, quoique ancien, n'a pas vieilli.
Le *Traité des arbres fruitiers* de Duhamel est, sans contredit,
un ouvrage fort important, mais il ne comprend que l'histoire
des fruits indigènes et est conséquemment incomplet ; ses
continuateurs, MM. Mirbel, Loiseleur-Deslongchamps ; ses imi-
tateurs, MM. Poiteau et Turpin, ont publié des ouvrages fort
remarquables, et qui se recommandent par l'exactitude des
descriptions et par la beauté des planches qui les accompagnent ;
mais ils offrent le même inconvénient : ils sont, d'ailleurs,
loin d'être à la portée de toutes les fortunes et peu propres à
l'enseignement ; ils laissent à désirer sous les rapports physiologique et chimique. Ces connaissances n'entraient probablement
pas dans le plan des auteurs ; car ils semblent, dans ces pu-
blications nouvelles, n'avoir eu d'autre but que de rectifier les
erreurs qui déparaient le bel ouvrage de Duhamel, et de réparer
quelques omissions qui s'y trouvaient. Nous ne doutons pas,
à en juger par la manière dont ils ont rempli cette tâche trop
modeste pour eux, qu'ils n'eussent pu donner un ouvrage plus
complet et élever leur travail au niveau actuel des connaissances
physiologiques et chimiques ; il est vrai de dire cependant qu'un
grand nombre de faits nouveaux, à la connaissance desquels
nous avons contribué, étaient encore inconnus, et n'avaient
pas encore la sanction de l'expérience. C'est cette lacune surtout que nous nous proposons de remplir. Nous nous empressons, toutefois, de déclarer que ces ouvrages nous ont été d'un
grand secours pour l'histoire physique des fruits ; les descriptions y sont, en effet, d'une grande exactitude. Cette perfection

nous a fait regretter que, ainsi que dans l'ouvrage de Duhamel, il ne fût fait mention que des fruits indigènes, et particulièrement de ceux que fournissent les arbres et arbustes cultivés. Une circonstance, cependant, est venue diminuer nos regrets et nous faciliter l'étude des fruits exotiques ; l'exposition d'un Carporama, offrant le plus grand nombre de ces fruits de grandeur naturelle, modelés d'après nature, et peints par les soins de M. Robillard d'Argentelle, nous a permis d'examiner les caractères de presque tous les fruits exotiques. Des voyageurs nous ont assuré que ces caractères étaient rendus avec un rare bonheur ; nous avons d'ailleurs pu nous en convaincre en les comparant à ceux qui existent dans les collections publiques, et quant à ceux qui ne s'y rencontrent pas, avec les planches et les descriptions qui se trouvent dans toutes les flores étrangères, et particulièrement dans celle du Pérou, de Ruiz et Pavon, dans celle des Antilles, de Descourtilz, dans celle de la Sénégambie, de Perrottet, Richard et Guillemin, etc.

Nous devons à des relations amicales d'avoir pu examiner les collections les plus rares et les plus curieuses de fruits soit indigènes, soit exotiques, qui existent tant en France qu'en Angleterre.

Quant à leur histoire naturelle, nous avons eu recours au *Dictionnaire classique d'histoire naturelle,* publié récemment par une société de savants, sous la direction de M. Bory de Saint-Vincent ; au *Cours d'histoire naturelle pharmaceutique,* de M. Fée ; à l'*Histoire abrégée des drogues simples,* de M. Guibourt ; à l'*Histoire naturelle médicale,* de M. Richard.

Nous avons puisé dans le *Dictionnaire des sciences médicales,* dans les *Éléments de thérapeutique,* d'Alibert, et dans l'*Histoire des végétaux,* de Poiret, tout ce qui pouvait nous éclairer sur l'usage des fruits, soit comme substances médicamenteuses, soit comme aliments.

La *Flore de Virgile* et les *Commentaires sur la botanique et la Matière médicale de Pline,* que l'on doit à notre savant collègue M. Fée, nous ont permis d'indiquer quels étaient les fruits connus des Romains, leurs usages et les procédés de conservation mis par eux en pratique.

L'*Encyclopédie* et le *Dictionnaire technologique des arts et métiers*, les *Essais chimiques de Samuel Parck's et Martin* nous ont fourni les matériaux les plus importants, quant à leur utilité dans les arts.

Nous avons emprunté les procédés de culture les plus propres à obtenir les meilleures espèces de fruits, aux Mémoires philosophiques de la Société horticulturale de Londres ; *To the philosophical transaction of the horticultural Society of London;* aux journaux de la Société et de l'Académie d'horticulture de Paris ; à l'excellent Traité de M. Sageret, *sur le perfectionnement de la fructification* ; et enfin à l'*Histoire du rapprochement des Fruits,* par M. de Caylus, ancien inspecteur des pépinières royales.

Les immenses et récents progrès qu'ont faits les connaissances chimiques ayant permis de porter le flambeau de l'analyse dans l'étude de certaines parties des végétaux, et principalement des fruits, nous avons donné celles qui ont été faites d'un grand nombre d'entre eux. Cette partie de notre travail n'a pas été pour nous la moins agréable, car elle nous a fourni l'occasion de rappeler d'intéressants travaux et de citer un grand nombre de chimistes laborieux, parmi lesquels nous avons le bonheur de compter nos maîtres et nos collègues, et parmi eux beaucoup d'amis. Ces travaux, pour la plupart, publiés dans des journaux scientifiques, nous ont obligé à de nombreuses recherches ; mais ils nous ont été d'un puissant secours, et ils pouvaient seuls nous permettre de traiter convenablement la partie chimique et médicale de cet ouvrage. En effet, maintenant que l'on connaît les principes constituants des fruits, on peut se mettre en garde contre leur action, ou celle de quelques-unes de leurs parties, en isolant, par exemple, ou neutralisant le principe toxique que plusieurs contiennent; leur usage peut alors être sans danger, et leurs propriétés médicales rendues plus efficaces et plus sûres.

Ce travail n'aura pas été sans utilité si, en mettant ces connaissances à la portée des gens de la campagne, nous parvenons à leur faire éviter l'usage des fruits qui contiennent des principes dangereux, et utiliser ceux qui peuvent offrir quelque secours soit à l'économie domestique, soit aux arts. Pour rendre les recherches plus faciles, dans cette sorte de dictionnaire carpologique, nous avons donné d'abord la dénomination vulgaire, puis celle scientifique ; par ce moyen, nous avons mis, nous l'espérons du moins, cet ouvrage à la portée de toutes les intelligences.

Un grand nombre d'essais heureux, ayant pour objet la conservation des fruits pulpeux et des fruits secs, ayant été tentés depuis quelques années, nous avons fait connaître, pour la conservation des premiers, les soins qu'exige l'établissement d'un bon fruitier ; les divers procédés chimiques indiqués pour les avoir le plus longtemps possible dans leur état naturel, c'est-à-dire sans que leur forme, leur saveur, leur couleur et leur odeur éprouvent aucune altération sensible. Nous avons également décrit ceux qui ont pour objet la conservation de l'arome et de la saveur, sans avoir égard à la forme ; nous avons insisté sur celui d'Appert, procédé qui a acquis une certaine importance par les heureuses applications qu'on en a faites ; nous avons indiqué, en outre, les moyens de conserver les fruits, à l'aide de divers véhicules ou condiments, soit entiers et au moyen de l'eau-de-vie et du vinaigre, soit à l'état pulpeux, confits au moyen du sucre, en pâtes, marmelades, ou confitures proprement dites, et gelées.

Quant aux fruits secs, nous avons indiqué les précautions que chacun d'eux exige pour sa conservation ; nous avons insisté sur les plus intéressants, et parmi eux, le blé occupant le premier rang, nous avons parlé des silos et des autres procédés qui ont été proposés pour conserver cette précieuse graine céréale.

Le rôle important que jouent les fruits dans l'économie domestique et dans les arts nous a engagé à insister dans l'histoire de chacun d'eux sur leurs propriétés et à indiquer les meilleurs moyens de les utiliser. C'est ainsi qu'en parlant du raisin, après avoir décrit toutes les espèces connues, nous avons indiqué celles qui paraissent les plus propres à la fabrication du vin, le degré de maturité qu'elles doivent atteindre pour donner un vin généreux, et, dans ce but, nous avons insisté particulièrement sur les soins à apporter dans leur récolte, signalé ceux qui nous ont paru devoir être préférés et qui sont suivis dans les pays vignobles les plus renommés. Nous avons traité de l'extraction du sucre de raisin, de la fabrication des eaux-de-vie, de l'esprit-de-vin et du vinaigre ; nous avons fait mention de l'huile fixe, qu'on peut retirer des pepins soumis à la presse et du tannin que ces mêmes pepins contiennent, et qui y est tellement abondant qu'on peut l'employer avec avantage dans l'art du tanneur ; nous avons, en outre, rappelé qu'on pouvait, par l'incinération des marcs, obtenir de la potasse.

Nous aurons atteint le but que nous nous sommes proposé si nous parvenons à faire connaître aux gens du monde, comme à ceux de la campagne, les arts qui doivent aux fruits toute leur importance ; tels sont l'art de faire le vin (œnification), le cidre, le poiré, le cormé ; la fabrication de la bière, du kwas, l'extraction de l'amidon, l'art de faire le pain, de distiller les eaux-de-vie de vin et de grains ; la fabrication des vinaigres de vin et de grains ; l'extraction des huiles fixes et volatiles ; celle des acides végétaux, du tannin et des matières colorantes que les fruits fournissent à la teinture, etc.

Nous avons indiqué en outre, pour les fruits non moins importants, et qui ont un autre genre d'utilité, tels que les cerises, les groseilles, les prunes, les pêches, les abricots, les pommes, les poires, etc., les meilleurs procédés pour les conserver, soit à l'aide du sucre, soit au moyen de l'eau-de-vie. Quant à ceux dont la conservation s'effectue dans le vinaigre, nous avons signalé le danger que peut offrir leur préparation et les précautions qu'elle exige.

Bien convaincu que la thérapeutique n'a de principes certains que ceux qui sont fondés sur les propriétés chimiques des corps, soit organiques, soit inorganiques, nous avons insisté sur l'histoire chimique des fruits, et notamment de ceux qui fournissent des produits à la matière médicale.

Pour rendre cette histoire des fruits aussi complète que possible, nous avons joint à l'histoire des espèces la description de toutes les variétés connues ; nous ne nous sommes pas borné à indiquer la couleur et la forme, mais bien aussi l'arome et la saveur qui les distinguent, de manière à éclairer les agriculteurs et les horticulteurs dans le choix qu'ils doivent faire pour leur reproduction, et les amateurs de fruits dans celui qu'ils doivent faire pour satisfaire leur goût.

Ce traité ayant, comme on le voit, pour objet de faire connaître les fruits d'une manière plus complète qu'on ne l'a fait jusqu'ici, c'est-à-dire d'indiquer, indépendamment des caractères extérieurs ou physiques qui les distinguent, les différentes parties qui les constituent, les principes qui entrent dans leur composition, leur influence sur l'air et réciproquement, les phénomènes de leur maturation, les causes qui favorisent ou provoquent leur altération, les moyens de les conserver, leurs usages dans l'économie domestique, leur emploi dans les arts, il nous a été indispensable de chercher des éléments de classification plus généraux que ceux adoptés jusqu'ici. La saveur étant le procédé analytique le plus simple, puisqu'elle fait soupçonner immédiatement la composition chimique, nous l'avons adoptée comme base de notre classification ; on verra que, dans la plupart des cas, elle rappelle l'analogie botanique et confirme ainsi la loi des analogies.

Cette méthode étant admise, rien de plus facile, comme on le verra bientôt, de ranger chaque fruit dans la classe à laquelle il appartient. Déjà les corps organisés végétaux ont été classés d'après leur saveur ; mais, le premier, nous avons donné à ce genre de classification une extension plus grande en l'établissant aussi sur les principes prédominants, et nous l'avons appliqué exclusivement à l'étude des fruits.

Nous les avons, en conséquence, rangés en neuf grandes classes fondées sur la manière dont ces produits végétaux affectent les organes et notamment ceux de l'odorat et du goût; sur les principes qui prédominent dans leur composition et qui influent si directement sur leurs propriétés.

DÉNOMINATIONS ET SAVEURS.	EXEMPLES.	PRINCIPES PRÉDOMINANTS.
1° Fruits féculents ou amylacés.	Jack ou arbre à pain marron, blé, pois, haricot, etc.	Fécule ou amidon.
2° Fruits sucrés.	Figue, datte, caroube, doume, etc.	Sucre cristallisable ou incristallisable.
3° Fruits aqueux.	Potiron, concombre, banane, aubergine, etc.	Eau, fécule, gélatine, mucilage.
4° Fruits acerbes ou âpres.	Coing, nèfle, azerole, cornouille, etc.	Tannin, acides, geline ou gélatine.
5° Fruits acides.	Citron, corme, tamarin, verjus, etc.	Acides citrique, malique, tartrique, geline.
6° Fruits acides-sucrés.	Orange, ananas, mangue, poire, abricot, etc.	Acides, geline et sucre.
7° Fruits huileux.	Olive, cacao, coco, noix, amande, etc.	Huiles fixes, fluides et concrètes.
8° Fruits aromatiques.	Vanille, muscade, poivre, anis, etc.	Huiles fixes, huiles volatiles.
9° Fruits âcres.	Tanguin, croton, coque du Levant, etc.	Huiles fixes, principes âcres.

Il est superflu de faire remarquer que cette classification, si elle n'est pas fondée sur des caractères botaniques, n'est pas aussi étrangère qu'on pourrait le croire aux principes de cette science. L'organisation est, en effet, l'un des éléments le plus important de la botanique descriptive et fondamentale ; c'est elle qui fournit les caractères les plus fixes, pour la coordination des genres en familles naturelles ; ainsi donc, qu'elle soit physique ou chimique, peu importe, pourvu que les caractères soient fixes et bien tranchés; nous avons, en conséquence, pris pour base de notre classification les propriétés et les principes chimiques qui prédominent dans l'ensemble des parties qui

composent le fruit, et formé neuf classes ou familles naturelles qui les renferment tous, confondant à dessein, comme le font les botanistes modernes, le fruit et la graine; c'est ainsi que nous rangeons la noix parmi les fruits huileux, et cependant nous n'ignorons pas que son péricarpe est cependant très-riche en tannin; et, quand nous classons le melon parmi les fruits aqueux, nous n'ignorons pas non plus que le sucre est un des principes constituants de sa pulpe; mais, dans le premier cas (la noix), l'amande est incontestablement la partie la plus importante du fruit, sous les rapports économique et industriel, puisqu'elle est employée comme aliment, et qu'on en extrait une huile propre à divers usages, et, dans le second cas (le melon), le sucre s'y trouve dans une proportion si minime, relativement aux autres principes, qu'il eût été, pour ce seul motif, peu judicieux de le distraire de la grande et belle famille des cucurbitacées à laquelle il appartient, et qui se compose d'un grand nombre de fruits aqueux.

Si nous sommes assez heureux pour remplir convenablement le cadre que nous nous sommes tracé, nous croirons avoir satisfait au désir des amis des sciences en expliquant l'un des plus importants phénomènes de la végétation, la maturation des fruits (1), et satisfait à un besoin tous les jours mieux senti des gens du monde, qui, plus éclairés de nos jours et ayant des connaissances plus variées, sont aussi plus à même d'apprécier la valeur des richesses que la nature a si libéralement répandues à la surface du globe. Les gens de la campagne y trouveront des préceptes d'économie agricole qu'il leur importe surtout de connaître, puisqu'ils sont applicables à leurs travaux et à leurs besoins. L'ignorance dans laquelle ils sont restés, des moyens si heureusement trouvés et si habilement appliqués par les savants, pour simplifier et

(1) Cette belle question a été, comme on le verra dans le cours de l'ouvrage (chapitre 2ᵉ), proposée par l'Académie des sciences, comme objet de concours, et nous avons été assez heureux pour contribuer à la résoudre.

améliorer certaines opérations d'agriculture manufacturière, est vraiment déplorable et prouve l'insuffisance des moyens de propagation qu'on a employés jusqu'ici.

Depuis quelque temps, des journaux répandent ces utiles connaissances; mais, bien que leur prix soit en général assez modique, il est encore trop élevé pour la classe la plus nombreuse des cultivateurs; ces recueils hebdomadaires, embrassant d'ailleurs trop d'objets, ne peuvent tenir lieu des ouvrages spécialement destinés à faire connaître les travaux agricoles manufacturiers. Celui-ci, nous l'espérons du moins, les remplacera utilement; il formera, à la fois, un Dictionnaire des fruits et un Répertoire des travaux agricoles manufacturiers les plus usuels; on pourra le consulter, sans avoir pour cela des connaissances préalables très-étendues. Le meilleur moyen de faire comprendre l'utilité et de faire aimer les sciences, c'est d'en propager la connaissance en en simplifiant l'étude; l'histoire des fruits se lie trop intimement à toutes les opérations de la vie agricole économique et industrielle pour ne pas concourir puissamment à produire ce résultat.

Il est des hommes dont la mission spéciale est de répandre l'instruction; c'est à eux, c'est aux instituteurs primaires que nous confions non pas le soin d'assurer le succès de cet ouvrage, mais la noble tâche de faire connaître et de propager les connaissances utiles qu'il renferme; ils doivent en effet, les premiers, mettre et faire mettre en pratique les préceptes si vrais et si simples donnés par le savant Chaptal sur l'art de faire le vin, les meilleurs procédés de fabrication du cidre; ceux qui ont pour objet l'art d'extraire les huiles végétales, l'art de conserver les céréales; les moyens qu'offrent la greffe, la fécondation croisée, le rapprochement, d'améliorer les fruits, etc. Ils peuvent en outre, s'ils sont placés dans des circonstances favorables, en joignant l'exemple au précepte, transformer, pour ainsi dire, leur verger en école de culture, et leur petit domaine en ferme-modèle. Instituteurs des enfants, ils deviendront alors moniteurs des pères, pour la propagation

des connaissances agricoles manufacturières, et le pays leur devra tous les bienfaits de la civilisation.

Cette tâche est facile, et le digne pasteur Oberlin, dont la France et l'Europe révèrent la mémoire, l'a prouvé. « Avant lui, dit son panégyriste (1), on ne connaissait d'arbres fruitiers au Ban de la Roche que des pommiers sauvages. En y arrivant, il engagea les malheureux habitants de ce pays à planter de bons arbres, qu'il se chargeait de leur procurer ; mais ils n'en cultivaient pas auparavant, et ils négligèrent ses conseils. Voyant que ses exhortations étaient inutiles, il n'en parla plus, mais il fit creuser des fosses profondes dans un champ qui dépendait de sa cure ; il y fit porter de la terre, y planta des arbres fruitiers de bonne qualité, et, quelque temps après, il fit dans son jardin une petite pépinière d'arbres de même espèce. Le champ était traversé par un sentier très-fréquenté, de sorte que bientôt tout le pays fut témoin du succès que le digne ministre avait obtenu dans sa plantation. Alors ceux qui avaient ri d'abord de son entreprise allèrent lui demander des arbres de sa pépinière, et il les leur donna avec plus de plaisir encore qu'ils ne les reçurent. »

« Le goût des plantations s'étant répandu, M. Oberlin, pour diminuer la dépense, enseigna l'art de greffer. Les enfants, à leur tour, apprirent à confier avec soin des arbres à la terre, et le pasteur exigeait qu'ils eussent planté deux arbres avant de leur donner la confirmation chrétienne. Le jour où ils venaient lui offrir les prémices de leurs arbres était un des plus beaux de leur jeunesse. »

Espérons qu'un si bel exemple sera suivi, c'est un motif d'encouragement bien grand pour les ministres des autres cultes, et pour tous les hommes qui sont appelés, par leur savoir et leur position, à exercer une influence aussi légitime. La culture des fruits contribue, en effet, plus puissamment qu'on ne le pense généralement au bien-être du genre humain ;

(1) M. Paul Merlin, nouvelle alsacienne ; *Treuttel et Würtz.*

prise dans son acception la plus étendue, elle ne comprend pas seulement les opérations du jardinage, mais encore la grande culture ; car, ainsi qu'on l'a vu plus haut, le blé, le maïs, le riz, enfin tous les *grains* qui constituent la belle famille des céréales sont des fruits. Ils ne contribuent pas seulement à augmenter nos jouissances, ils satisfont, en outre, des besoins impérieux ; nous leur devons les aliments les plus riches en principes nutritifs, et les boissons les plus saines et les plus agréables. Il importe donc essentiellement de répandre les connaissances agricoles manufacturières, pour que les améliorations qui sont dues à quelques observateurs soient mises à profit par tout le monde. C'est pour fournir notre contingent dans cette sorte de croisade intellectuelle que nous avons composé ce *Traité des fruits,* qui, bien que mis au niveau des connaissances pour les savants, n'en renferme pas moins les notions les plus simples d'économie domestique, agricole et industrielle.

Nous ne nous sommes pas dissimulé qu'il ne suffisait pas de composer un livre pour obtenir ce résultat ; aussi avons-nous cherché quel serait le moyen le plus propre à répandre promptement ce genre de connaissances, et à le faire arriver à ceux-mêmes qui, par une ignorance complète et malheureusement trop commune, ne peuvent les puiser dans les livres. Nous croyons l'avoir trouvé dans le mode suivant, qui consisterait, de la part des instituteurs primaires, à faire aux enfants des écoles, des dictées quotidiennes puisées dans des ouvrages spéciaux, et à les obliger, de retour chez eux, à en donner lecture à leurs parents, puis à les conserver comme archives scientifiques, pour y avoir recours au besoin. Par ce procédé si simple de propagation, les connaissances agricoles manufacturières seraient immédiatement transmises à ceux qui sont plus spécialement appelés par leur âge et leur position à les mettre à profit, et l'instruction des enfants, qui pour les gens de la campagne est un sacrifice présent pour un avantage futur (lors même que l'instruction est gratuite), deviendrait ainsi moins onéreuse, immédiatement profitable et réellement populaire. Le plus grand obstacle à la propagation immédiate des connaissances agricoles, l'ignorance des adultes, serait ainsi surmonté. En agissant ainsi, les instituteurs primaires justifieraient la confiance du gouvernement et feraient le plus noble usage de l'indépendance qu'ils doivent à la nouvelle législation.

Les habitants des campagnes, s'ils comprennent l'utilité de ces connaissances, peuvent, et nous insistons à dessein sur ce point, améliorer leur situation, sans concours étranger ; le moyen est simple et facile : il consiste à multiplier les meilleures espèces et à donner plus de soin à la culture des arbres fruitiers. Si tous les habitants d'un village ne sont pas cultivateurs, tous peuvent et doivent être jardiniers ou arboriculteurs. Ce n'est pas l'étendue du terrain, comme on l'a dit tant de fois, qui fait la richesse du propriétaire, c'est la manière dont il est cultivé. Cette vérité si connue, et si bien appréciée par les gens éclairés, ne l'est pas assez par les habitants des campagnes, on ne saurait donc trop la leur répéter. Notre but sera atteint si nos observations arrivent jusqu'à eux, aucun sacrifice ne nous coûtera pour que cette destination particulière de notre ouvrage soit remplie ; les savants n'ont pas besoin qu'on les éclaire, les gens du monde ont souvent d'autres occupations qui ont aussi leur importance ; les gens de la campagne, au contraire, n'ont d'autre soin que celui de vivre et d'élever leurs enfants ; ils n'ont d'autre industrie que la culture de la terre ; toute leur existence se résume, pour ainsi dire, dans ces mots : *semer pour recueillir* ; cependant ceux qui sont appelés plus spécialement à exercer cette noble industrie, ces pères nourriciers de la patrie, qui savent si bien la défendre au besoin, peuvent avec avantage s'occuper d'autres soins ; la culture ne comprend pas seulement le labour et les semailles ; le cultivateur vraiment digne de ce nom doit être à la fois arboriculteur et agronome manufacturier ; son verger ne doit pas, comme il arrive trop souvent, être abandonné au hasard, il doit être en même temps pépinière, école de culture et verger; ses bâtiments d'exploitation ne doivent pas être seulement des greniers et des hangars, mais aussi des magasins conservateurs et des usines.

Une meilleure exploitation, en augmentant les produits, n'est pas seulement profitable au propriétaire, elle permet, en outre, d'employer un plus grand nombre de bras trop souvent oisifs, et que de nouvelles industries réclament. La fabrication du sucre de betteraves par exemple, l'une des plus belles découvertes des temps modernes, est appelée à exercer sur l'agriculture une immense influence; cette industrie tout agricole ne sera bientôt plus qu'une des branches de l'agriculture; déjà la Flandre, l'Artois et la Picardie offrent, pour ainsi dire, l'aspect d'un jardin; la jachère a disparu, et l'élève du bétail, qui coïncide si heureusement avec l'exploitation du sucre indigène, se répand davantage et augmente la masse des fumiers, ressource si puissante du cultivateur.

L'époque n'est peut-être pas éloignée où la conversion du sucre concret de raisin en sucre cristallisable permettra de convertir les produits de nos nombreux vignobles soit en vin, soit en sucre, suivant les besoins. On ne verra plus alors, chose inouïe dans les fastes industriels, l'abondance produire la misère aussi bien que la disette. Cet espoir est fondé sur les beaux travaux que l'on doit à Parmentier et à Serullas; élève de ces hommes célèbres, nous faisons tous nos efforts pour le réaliser, et déjà nous avons obtenu quelques résultats satisfaisants que nous indiquerons à l'histoire du raisin.

Si l'industrie agricole manufacturière était plus répandue, quel bien n'en résulterait-il pas! les populations malheureuses n'émigreraient plus pour chercher dans d'autres climats des terres plus fécondes et moins ingrates (1). Les habitants des cam-

(1) Il serait plus judicieux d'appeler ingrats ceux qui les abandonnent, car il est maintenant, grâce aux progrès des sciences, bien peu de sols complétement improductifs.

pagnes ne se concentreraient plus dans les villes pour y végéter et y contracter les maladies qui accompagnent presque toujours la misère (1). Ils trouveraient, dans les travaux nombreux qu'elle créerait, de nouvelles ressources; dans la culture mieux entendue des fruits, de nouvelles jouissances : plus heureux, ils s'attacheraient davantage au sol qui les a vus naître et que le climat le plus beau et la végétation la plus riche ne peuvent souvent faire oublier.

Bien que l'histoire des fruits se lie, comme on le verra dans le cours de cet ouvrage, aux opérations les plus importantes de l'économie domestique, de l'agriculture et des arts manufacturiers, nous ne nous flattons pas qu'il soit appelé à produire un aussi heureux résultat; cependant les soins que nous avons mis à réunir les observations des illustrations dans les diverses sciences qui s'y rattachent nous permettent de croire qu'il pourra y concourir.

Ce *Traité des fruits* rendra, en outre, plus intelligible aux gens du monde l'histoire des voyages, sous le rapport de la nourriture des peuples; il servira aussi à faire connaître les productions les plus utiles des diverses contrées du globe, les opérations auxquelles on les soumet pour utiliser leurs propriétés soit alimentaires, soit médicales, soit industrielles; il rendra plus compréhensibles des faits intéressants et trop peu connus des histoires ancienne, religieuse et mythologique. Ces faits empruntant de la poésie un nouveau charme, nous avons, autant que nous l'avons pu, par des citations puisées dans les

_____

(1) Il résulte, des tables de mortalité dressées par ordre du gouvernement anglais, et publiées, en 1833, par les soins des communes, comprenant tous les décès inscrits sur les registres, pendant dix-huit années, de 812 à 1830 inclusivement, que c'est dans les districts où l'industrie des tissus a pris la plus grande extension, surtout dans les villes, que la mort exerce les plus grands ravages; tandis que c'est dans les districts agricoles, où il y a très-peu de manufactures, que, toute proportion gardée dans le chiffre de la population, la vie est la plus longue.

meilleurs auteurs, parsemé, pour ainsi dire, de fleurs la route
dans laquelle nous nous sommes engagé :

> Toujours pour éclairer et charmer l'univers
> La raison emprunta le prestige des vers ;
> Toujours la poésie habilla la sagesse (1).
> Les faux dieux ont péri, détrônés par Lucrèce ;
> Le modeste Virgile, aux superbes Romains,
> Recommande le soc ennobli par leurs mains.

(1) Les mots sage et savant avaient autrefois la même signification.

TRAITÉ
DES FRUITS.

CHAPITRE PREMIER.

DE L'UTILITÉ DES FRUITS CONSIDÉRÉS COMME SUBSTANCES ALIMENTAIRES ; DES DIFFÉRENTES PARTIES QUI LES CONSTITUENT ; DE LEURS CLASSIFICATIONS BOTANIQUE ET CHIMIQUE ; DES PRINCIPES QUI ENTRENT DANS LEUR COMPOSITION, ET DES MODIFICATIONS QU'ILS ÉPROUVENT ; DE LEUR INFLUENCE SUR L'AIR ET RÉCIPROQUEMENT.

DE L'UTILITÉ DES FRUITS.

Le fruit est incontestablement la partie ou l'organe le plus intéressant de la plante, non seulement à cause du rôle qu'il est appelé à jouer dans l'acte de la végétation, mais encore par son immense participation à l'alimentation des êtres organisés. C'est, de tous les produits de la nature, celui qui, le premier, s'est offert à l'homme, comme le plus propre à fournir à ses besoins. Des formes si variées, des couleurs si vives et si séduisantes, des arômes si délicats, des saveurs si suaves devaient fixer l'attention de l'être privilégié qui avait reçu en partage des organes faits pour apprécier dignement de si grands avantages (1). Par une prévoyance admirable, la nature, comme pour faire pressentir à l'homme l'importance du fruit comme organe de reproduction et pour fixer déjà son attention avant même que son développement

---

(1) Les Saintes Écritures, par une fiction ingénieuse, ont rendu hommage à la perfectibilité des sensations de la femme, en lui attribuant le mérite de cette découverte.

1

soit effectué, la fait précéder d'une auréole florale, indice de fécondité et non moins remarquable souvent par son éclatante beauté que par la suavité de son odeur.

« Le règne végétal, dit M. Fée (*Introduction au cours d'Histoire naturelle pharmaceutique*), offrit à l'homme, dans les êtres nombreux qui le composent, tout ce qu'exigeaient ses besoins. Les végétaux lui donnèrent un ombrage ; ils le nourrirent de leurs fruits, après l'avoir charmé par leur beauté et la douce odeur de leurs fleurs. Ces biens inappréciables, qui ramènent sans cesse l'homme à des mœurs douces, durent être le partage des premières sociétés humaines répandues sur les bords du Gange et sur ceux de l'Indus (1), bords heureux, où la végétation étale tout son luxe et prodigue tous ses trésors. Défendus des rayons d'un soleil brûlant par d'immenses forêts de bambous, roseaux gigantesques qui surpassent en hauteur nos plus grands arbres, par des bananiers dont les feuilles immenses recouvraient le toit rustique de leurs cabanes sans les surcharger, les Indous se nourrissaient avec les fruits du dattier ou du cocotier, qui leur fournissaient un aliment sain et agréable, sans le secours de la greffe. Les figues, les melons, les bananes, les mangues leur suffirent longtemps, et quand la population se fut accrue, ils trouvèrent autour d'eux le millet, le riz, le sorgho, qui satisfirent de nouveaux besoins sans leur imposer des travaux pénibles et les forcer d'arroser la terre de leurs sueurs. »

Avant l'invasion des Romains dans les Gaules, la culture des fruits était nulle ou presque nulle ; ces maîtres du monde ne dédaignèrent pas de s'en occuper ; ils attachaient même une telle importance à leur possession, qu'ils leur donnaient les noms des pays d'où ils étaient originaires et qu'ils avaient conquis ; c'est ainsi qu'ils avaient des figues rhodiennes, alexandriennes, africaines et chalcédoniennes. Les fruits leur servirent même quelquefois de prétexte aux conquêtes, et la troisième guerre punique en est un exemple. S'ils se fussent contentés de figues pour contribution de guerre, elles eussent coûté moins

---

(1) Ces peuples, soumis au dogme de la métempsycose, ne pouvaient chercher leurs aliments ailleurs que dans le règne végétal. « Dans l'état de société où nous sommes maintenant, dit le spirituel auteur de la *Physiologie du goût*, il est difficile de se figurer un peuple qui vivrait uniquement de fruits et de légumes : cette nation, si elle existait, serait infailliblement subjuguée par les armées carnivores, comme les Indous ont été successivement la proie de tous ceux qui ont voulu les attaquer, ou bien elle serait convertie par la cuisine de ses voisins, comme jadis les Béotiens, qui devinrent gourmands après la bataille de Leuctres. »

de larmes aux vaincus, et notre Virgile français aurait pu dire, avec autant de vérité que de raison :

> .... Ainsi le fier Romain,
> Et ravisseur plus juste et vainqueur plus humain,
> Conquit des fruits nouveaux, porta dans l'Ausonie
> -Le prunier de Damas, l'abricot d'Arménie,
> Le poirier des Gaulois, tant d'autres fruits divers.
> C'est ainsi qu'il fallait s'asservir l'univers.
> Quand Lucullus, vainqueur, triomphait de l'Asie,
> L'airain, le marbre et l'or frappaient Rome éblouie ;
> Le sage, dans la foule, aimait à voir ses mains
> Porter le cerisier en triomphe aux Romains.

Pour faire comprendre l'importance qu'ont acquise de nos jours la culture, la consommation et le commerce des fruits, il nous suffira de dire qu'on n'estime pas à moins de dix millions de francs le produit de la vente de ces substances alimentaires à Paris seulement ; il résulte de renseignements que nous avons puisés à une source certaine, qu'une valeur de six millions environ est déposée à la grande Halle, deux millions au Mail et deux millions dans les divers autres marchés ; nous n'avons pas besoin de faire remarquer qu'il ne s'agit ici que des fruits pulpeux.

On conçoit difficilement comment un objet de consommation aussi important, d'un usage aussi journalier, d'une altérabilité si grande, exerçant conséquemment une si grande influence sur l'hygiène publique, n'a pas un lieu de vente plus commode et plus approprié à sa conservation. Si le vœu que nous avons exprimé dans une notice, sur la nécessité d'édifier des *marchés permanents et couverts pour la vente des arbustes et des fleurs, des fruits et graines potagères, des instruments aratoires et de jardinage, des animaux de basse-cour et de volière, était entendu* ; si un marché spécialement affecté à la vente des fruits existait, il deviendrait alors facile de faire exercer sur ces produits alimentaires une surveillance active, et on ne verrait plus offrir à l'avidité des enfants, espoir de la cité, des aliments imparfaits, qui n'ont pas seulement l'inconvénient de lester leurs estomacs sans profit, mais qui déterminent souvent, chez eux, des maladies graves. Les étrangers, par qui ces produits de notre heureux climat sont si bien appréciés, ne verraient plus, avec une sorte d'étonnement mêlé de dégoût, nos plus beaux fruits, et notamment nos melons, placés sur les bornes, dans le voisinage d'immondices, sous l'influence de leurs exhalaisons, et sous celle des intempéries et des variations de température qui leur sont si contraires; nos magnifiques raisins de Fontainebleau, ou, pour parler plus exactement, de Thomery, détachés si soigneusement de leur riche treille, transportés sur une voie si douce, pour être jetés, sans précaution, sur la Grève ou *Mail.* Nos pêches, nos abricots et surtout nos prunes, n'arriveraient plus sur nos tables privés de la poussière glauque, ce fard si séduisant que leur donne la nature, et après avoir perdu, en grande partie du moins, l'arôme et la suavité qui les distinguent. Les fruits exotiques, et notamment les oranges, les citrons, dont le commerce est devenu si important, auraient aussi leur *forum.* Les ananas, ces fruits si savoureux et si sains, que la culture a si récemment et si heureusement acclimatés en France, et surtout aux environs de Paris, auraient un lieu d'exposition mieux approprié à leur arôme et à leur goût, que l'atmosphère entruffée, enfaisandée et empoisonnée des boutiques des marchands de comestibles; ils figureraient bientôt sur toutes les tables et formeraient ainsi une branche de commerce nouvelle d'autant plus intéressante, qu'elle constaterait en même temps une conquête de la culture sur l'influence du climat.

Pour que les fruits produisent, dans l'alimentation, un effet utile, il faut, en général, qu'ils aient atteint leur entier développement et ce qu'on est convenu d'appeler leur maturité (1); celle-ci s'effectue d'autant mieux, que la culture a été plus soignée, soit en mettant à profit l'emploi de la greffe, du rapprochement et de la fécondation croisée, soit simplement au moyen des engrais. A cette époque de l'existence du fruit, tous les principes sont formés et les réactions ont eu lieu. On verra plus loin, au chapitre *Maturation,* comment s'effectue, dans ceux qui sont pulpeux, par exemple, la formation des principes acides sucrés et gommeux.

Sans vouloir entrer dans une controverse qui a longtemps occupé

(1) C'est à dessein que nous nous exprimons ainsi, parce qu'en effet la maturation, considérée sous le rapport botanique et dans son acception la plus exacte, est nécessairement l'époque à laquelle le fruit se détache de l'arbre; c'est alors seulement, en effet, qu'il a atteint son complet développement, et qu'il est susceptible de germination.

Les conditions de maturation pour nos besoins et pour la reproduction ne sont pas les mêmes; nous démontrerons, lorsque nous parlerons des semis, que les fruits qui se rapprochent le plus de l'état sauvage sont ceux qui fournissent le plus constamment les types primitifs et les sujets les plus vigoureux; ceux qui ont été modifiés par un excès d'engrais et de greffes multipliées fournissent, il est vrai, des fruits plus beaux, mais ils sont moins propres à la reproduction.

les savants, sur les pouvoirs nutritifs de la gomme et du sucre, nous dirons que la réunion de ces principes ajoute éminemment à leur action nutritive : il suffit, en effet, de faire remarquer que les fruits, dans l'imperfection même où les a laissés le défaut de culture dans nos campagnes, forment cependant une partie très importante de la nourriture des cultivateurs et surtout de leurs enfants. Les habitants d'un grand nombre de villages de nos départements sont malheureusement forcés de s'éloigner très peu du régime de Pythagore, sans être pour cela des philosophes.

Il est conséquemment de la plus haute importance que les meilleurs procédés de culture des arbres fruitiers soient enseignés à ceux-là mêmes qui en ont le plus de besoin, et qui sont d'ailleurs les mieux placés pour les mettre à profit. A l'objection que l'on pourrait faire et qui a prévalu jusqu'ici, on ne sait sur quel fondement, que les fruits doux et sucrés sont moins propres à la fabrication des boissons que ceux qui sont âpres, nous répondrons que rien ne justifie cette assertion. Il résulte au contraire, d'expériences assez récentes que l'on doit à M. Boissonade, que les pommes dites à couteau, telles que la *Reinette grise*, le *Calville rouge*, la *Reinette verte* et beaucoup d'autres, donnent un cidre de bonne qualité. Il fait remarquer, avec beaucoup de raison, que le sucre étant l'élément principal de la fermentation vineuse ou alcoolique, plus les pommes en contiennent, plus elles sont propres à la fabrication du cidre, surtout si elles renferment aussi les autres principes dans des proportions convenables. Le cidre qu'elles produisent fournit aussi, à sa distillation, une plus grande quantité d'alcool.

Les fruits devant à la culture d'être plus suaves, plus nourrissants et plus sains, il y a, comme on voit, tant sous le rapport économique que sous celui hygiénique, nécessité de la perfectionner. Malheureusement, par une anticipation de jouissance fort mal entendue, et par suite d'un appétit immodéré pour les crudités, quelques personnes, et il est à remarquer que ce ne sont pas toujours celles qui sont douées des constitutions les plus robustes, recherchent, avec une sorte d'avidité, les fruits sauvages ou verts. Ce genre de nourriture n'est pas seulement peu profitable, il peut, encore sous l'influence de certaines épidémies, produire des accidents graves; on a souvent vu, en effet, leur usage déterminer des perturbations si grandes dans les voies digestives, qu'elles simulaient l'empoisonnement; si d'ailleurs les fruits verts n'engendrent pas, comme on le croit vulgairement, les vers intestinaux, toujours est-il certain qu'un régime trop exclusivement végétal prédispose singulièrement à ce genre de maladie.

Le cultivateur ne doit pas seulement veiller à ce que chaque espèce de fruits soit récoltée en temps utile et suivant son degré de hâtiveté, il doit, en outre, s'occuper de leur conservation, soit tels que la nature nous les offre, soit unis à des condiments; ils peuvent non seulement devenir, pendant l'hiver, pour sa famille une ressource alimentaire fort utile, mais encore fournir, en cas de maladies, des remèdes diététiques d'autant plus appropriés qu'en général ceux auxquels ils sont destinés vivent frugalement.

Nous ajouterons à ces observations celles qui vont suivre, que nous empruntons à un journal estimé, celui des *Connaissances usuelles*; elles nous ont paru judicieuses et très propres à atteindre le but que nous nous proposons, c'est à dire d'engager à donner plus de soin à la culture des arbres fruitiers : « Il est très fâcheux, dit l'auteur de l'article, de voir nos campagnes dénuées de fruits, qu'il serait très facile de se procurer à très peu de frais. Le petit nombre d'arbres fruitiers que l'on trouve autour des villages sont, en général, de très mauvaise qualité, et il semblerait que le peuple se plaît, afin de les rendre plus malsains, à les manger avant l'époque de la maturité. C'est d'après un ordre de choses si contraire au bien public que, d'une part, la privation des fruits rend le régime des habitants peu favorable à la santé, et que, de l'autre, l'habitude de manger de mauvais fruits imparfaitement mûrs occasionne des maladies. Cet état de choses, si pernicieux au bien-être des campagnes, doit durer aussi longtemps que l'ignorance du peuple sur ses premiers besoins régnera chez lui. C'est aux propriétaires aisés qu'il appartient d'éclairer les cultivateurs et de les encourager dans la plantation des arbres fruitiers. Il ne devrait pas exister une chaumière, à laquelle est joint quelque morceau de terre, qui ne fût plantée de quelques arbres à bons fruits; ce genre de récolte, qui s'obtient si facilement, serait d'une grande ressource nutritive pour la population, non seulement pour l'été, mais encore pour tout le cours de l'année; car il est facile de faire sécher au four des prunes, des poires et des pommes. Cette variété, apportée dans le régime diététique, ne contribuerait pas peu à la santé. »

« Les avantages nombreux qui peuvent résulter de la culture des bonnes espèces de fruits, pour les classes ouvrières, sont mieux compris en Allemagne qu'en France, quoique notre pays soit bien plus favorisé sous ce rapport. Lorsqu'on parcourt les campagnes d'Allemagne, on y trouve, près de chaque habitation, un verger ou un jardin planté d'arbres. Les villages en sont entourés, et il est peu de ménages qui ne fassent usage de fruits pendant l'été, et qui n'en conservent une certaine quantité pour leurs provisions d'hiver; le surplus de cette provision est vendu pour l'usage des villes. On voit, sur le Rhin et sur d'autres rivières d'Allemagne, des bateaux chargés de pommes, de poires, de pruneaux secs; ces fruits forment un objet assez considérable de commerce. Il importerait que les Sociétés d'agriculture départementales accordassent des primes d'encouragement aux petits propriétaires qui planteraient des fruits de bonne qualité. »

La nature, quoi qu'aient pu prétendre certains philosophes, n'a pas destiné l'homme à la vie sauvage exclusivement; elle a voulu qu'utilisant par l'observation l'intelligence, cette faculté si précieuse qu'elle lui a donnée, il pût améliorer son sort et atteindre au luxe de la vie civilisée; c'est ainsi que sont nées les sciences et qu'elles ont concouru au développement des connaissances agricoles et industrielles. Pour ne nous occuper que de celles qui se rattachent à l'objet que nous traitons et pour les définir, nous rappellerons que l'*agriculture* a pour objet de distinguer et d'apprécier la nature du sol (assolement), celle des engrais (amendement) et du climat (acclimatation); la *botanique*, de décrire les diverses parties des plantes (organologie), de ranger celles-ci d'après des méthodes et des systèmes (classification), de les dénommer (glossologie); la *physiologie végétale*, l'observation du mouvement de la sève, des fonctions des organes; la recherche des fonctions vitales et l'exposition des forces; la *chimie organique agricole*, l'influence de l'air, celle de l'eau, la transformation des éléments qui constituent la sève en principes, la réaction de ces principes; l'*horticulture* enfin, le choix des graines, l'influence de la greffe, de la taille, du rapprochement, de la fécondation croisée, etc.

DES DIFFÉRENTES PARTIES QUI CONSTITUENT LE FRUIT.

Le fruit, cette partie du végétal qui a pour but la conservation et la propagation de l'espèce, est d'une importance telle, que toutes les fonctions qui s'exécutent pendant la végétation semblent avoir pour objet spécial de concourir à sa formation. Il se compose de deux parties bien distinctes : le péricarpe et la graine. Avant de décrire ces parties du fruit et d'indiquer les principes qui entrent dans leur composition, nous rappellerons sommairement les divers phénomènes de la végétation qui précèdent et accompagnent sa formation.

On sait que le végétal, à l'aide d'une force qui est encore inconnue et à laquelle le fluide électrique pourrait bien ne pas être étranger (1), puise dans la terre l'eau chargée des substances solubles qui s'y trouvent (2), et, en se les appropriant, constitue la sève; celle-ci, par suite de cette action (3), circule dans le végétal, arrive aux feuilles, et y est, par suite de leur organisation, mise en contact avec l'air et la

(1) M. Pelletier a récemment démontré par un grand nombre de faits que, par suite des réactions électro-chimiques qui s'effectuent entre les diverses terres qui composent le sol, celui-ci, s'animant pour ainsi dire, excitait les stomates radiculaires, et déterminait le jeu des organes et l'absorption des fluides propres à la nourriture du végétal. En résumé, ce savant chimiste a démontré ce que nous avions soupçonné; il considère l'électricité comme l'agent principal, le vrai stimulant de la végétation; toute combinaison, dit-il, qui tendra à développer la plus grande masse d'électricité sera la plus propre à la végétation.

(2) On peut, disent MM. Poiteau et Risso (*Histoire des Orangers*), diviser les éléments végétaux en essentiels et accidentels; les essentiels sont le carbone, l'hydrogène, l'oxygène et l'azote; les accidentels sont la chaux, la silice, la magnésie, les carbonate et sulfate de chaux, l'oxyde de fer, etc. C'est l'eau seule qui charrie toutes ces substances; elle les tient en dissolution et les fixe dans les plantes, ou bien elle y introduit seulement leurs éléments qui s'y combinent ou s'y désunissent : ainsi quoique le carbone compose presque toute la masse du végétal, l'eau n'y en charrie pourtant pas un atome tout formé, mais elle tient en dissolution le gaz acide carbonique qui, décomposé, dégage son oxygène et dépose son carbone dans la plante. Les autres substances sont ou plus particulières à certaines plantes, comme la silice aux graminées, ou en dissolution dans quelques terres seulement, et pompées par les végétaux qui y croissent.

(3) Nous avons été témoin d'une expérience qui prouve, ce nous semble, l'influence que doit exercer l'électricité dans la circulation de la sève. Un verre contenant de l'eau, et dans lequel plongeait un tube capillaire, fut placé sur le plateau isolant d'une machine électrique très puissante; on établit ensuite la communication avec la machine, au moyen d'une chaîne qui, sans toucher le tube, plongeait également dans le liquide : on fit agir la manivelle, et, après quelques minutes, un jet en forme d'aigrette s'échappa par l'extrémité supérieure du tube, et continua ainsi tant que le courant électrique fut maintenu. Une circonstance digne de remarque, c'est que la végétation est singulièrement activée pendant les orages.

L'électricité, dans l'acte de la germination, agit en portant les éléments hors de leur sphère d'attraction, et favorise ainsi de nouvelles combinaisons. Le carbone de l'amidon, par exemple, s'unissant à l'oxygène de l'air ambiant, donne lieu à la formation du sucre et du mucilage.

M. Becquerel, à l'aide d'un appareil fort ingénieux, est parvenu à démontrer que les courants électriques faibles favorisaient davantage la végétation que les courants électriques produits par des machines puissantes.

lumière; une partie de l'eau qui la compose est réduite en vapeur et se répand dans l'air atmosphérique, l'autre partie se combine avec le carbone provenant de l'acide carbonique absorbé par les feuilles et décomposé dans leur tissu. La sève, dans cette opération, se transforme en un liquide visqueux, essentiellement analogue aux gommes, incapable d'être absorbé par les pores environnants, et qui reste entre le bois et l'écorce où il s'est formé; elle prend alors le nom de *cambium*; c'est le premier degré d'organisation; c'est la plus simple des matières organisées; c'est le mucilage entièrement formé des éléments de l'eau et de carbone. Ce liquide visqueux, qui circule, comme nous l'avons dit, sous l'écorce, et qui est destiné à l'entretenir, devient quelquefois trop abondant et s'épanche. Une partie de l'eau qu'il contient s'évapore, et il prend alors le nom de gomme; lorsque le cercle vital n'est pas interrompu, il traverse les jeunes branches, le pédoncule arrive dans l'ovaire et constitue le péricarpe. Dans ce trajet, il est en partie modifié et s'approprie l'oxygène de son eau de composition (1); ce gaz se trouvant alors y prédominer, donne lieu à la formation des acides malique, sorbique, citrique et tartrique, suivant ses proportions; car les acides faibles paraissent n'être pour ainsi dire que l'ébauche d'acides plus énergiques. Il est vraisemblable qu'avec le secours de la chimie on parviendra plus tard à imiter les procédés de la nature et à voir que les acides qui s'offrent avec des propriétés différentes dans le même fruit ne sont autre chose que des modifications des mêmes principes, résultant des mutations et des réactions (2) qui s'y effectuent pendant le cours du développement du fruit et de la maturation qui le suit immédiatement, comme on le verra par la suite.

Il est superflu de faire remarquer que nous ne parlons ici que des fruits à péricarpes charnus, les phénomènes qui se passent dans la maturation des fruits secs n'ayant pas encore fixé l'attention des chi-

(1) Les végétaux ne puisant pas seulement de l'eau dans le sol, mais bien aussi dans l'atmosphère par les feuilles, en absorbant aussi plus qu'ils n'en exhalent, comme il résulte des belles expériences d'Ingenhouz, il y a lieu de croire qu'une partie est décomposée et fournit les éléments de nouvelles combinaisons. C'est ainsi que son hydrogène s'unit vraisemblablement au carbone pour former la gélatine ou geline, et son oxygène aux mêmes principes élémentaires pour former le sucre.

(2) Il est maintenant bien prouvé que les acides sont produits pendant l'acte de la végétation, et qu'ils ne sont pas, comme les alcalis, puisés dans le sol et charriés par la sève; ils ne se rencontrent jamais libres dans la plante, et notamment dans la partie souterraine ou la racine; ils y sont, en effet, aussitôt saturés que formés.

mistes, nous n'aurons que peu de choses à dire sur ce sujet, fort important cependant. Quelques observations que nous avons faites sur les graminées, et particulièrement sur le maïs ou blé de Turquie, nous permettent de croire que, malgré l'extrême difficulté que semble offrir ce genre de recherches, il ne sera pas impossible d'expliquer les phénomènes de leur maturation ou la formation des principes féculents ou amylacés que contiennent les fruits de cette famille si intéressante par l'utilité de ses produits. Nous croyons devoir renvoyer ce que nous avons à dire sur ce sujet au chapitre *Maturation*.

Nous terminerons ces observations sur la formation et le mouvement de la sève dans la plante, par les vers suivants, qui rendent d'une manière assez heureuse les mutations qu'elle éprouve pendant l'acte de la végétation :

> ....
> Qui peut, sans s'étonner, voir tant d'autres prodiges ?
> Le même suc, changeant de parfum, de saveur,
> Forme le bois, le fruit, le feuillage et la fleur,
> Tapisse de duvet la pêche cotonneuse,
> Arme de dards aigus la châtaigne épineuse,
> Donne aux pois une cosse, une écaille à la noix,
> De son mol épiderme environne le bois,
> Revêt le tendre aubier d'une écorce plus dure,
> Là rougit la cerise, ici noircit la mûre,
> Donne aux fleurs leur émail, la verdure au gazon,
> Tantôt est un remède et tantôt un poison ;
> Et, plus étrange encor dans ses métamorphoses,
> Il court infecter l'ail et parfumer la rose.
>
> DELILLE, *les Trois Règnes*.

Ces observations préliminaires étaient nécessaires, bien qu'elles nous éloignassent un peu de notre sujet, pour faire comprendre le rôle que joue la sève dans la végétation en général. Nous allons maintenant nous occuper de celui qu'elle joue dans le développement du fruit seulement.

Le fruit est l'ovaire fécondé et développé; il devient, lors de la fécondation, un centre d'action où afflue la sève aux dépens même des parties voisines, c'est à dire des pétales, des étamines et du pistil(1). C'est à cette époque que le fruit, comme on le dit vulgairement,

(1) Le phénomène physiologique, qui s'effectue dans cette opération, offre beaucoup d'analogie avec ce qui se passe lors de la fécondation chez les animaux; le fœtus attire à lui le sang qui devait vivifier d'autres parties, et on peut, sans trop d'invraisemblance, comparer l'altération des traits de la mère, qui en est la suite, à la défloraison.

noue (1): il se compose de deux parties principales, le péricarpe et la graine. Les botanistes ont réservé le nom de fruit à la graine seulement. Cette partie si importante de la plante a été de leur part l'objet d'une investigation complète; parmi ceux qui s'en sont occupés, nous devons citer Gaërtner, Mirbel, du Petit-Thouars, de Candolle et surtout Richard père. On doit à ce dernier un grand nombre d'observations qui sont devenues les principes fondamentaux de l'étude des fruits; il a observé avec beaucoup de raison qu'il était fort important, avant de s'occuper de leur classification, de signaler les déviations que la nature ou des circonstances étrangères pouvaient leur faire éprouver, afin d'éviter de s'appuyer sur des principes erronés. C'est dans l'intérieur de l'ovaire, a-t-il dit, à l'époque de la fécondation, qu'il faut étudier la véritable structure du fruit; car plus tard, par une fécondation incomplète, on voit souvent des ovules avorter, des loges et des cloisons disparaître, au point que dans certains genres, tels que le chêne et le marronnier d'Inde, par exemple, des ovaires à plusieurs loges et à plusieurs ovules peuvent devenir des fruits uniloculaires monospermes. On doit encore à ce savant botaniste cette autre observation fondamentale de l'étude des fruits, que le hile forme la ligne de démarcation entre la graine et le péricarpe; tout ce qui est en dehors de l'hile doit être rapporté au péricarpe; tout ce qui est placé en de-

(1) « Depuis le moment où les fruits sont noués jusqu'à l'époque de leur maturité, » dit M. de Candolle (*Physiologie végétale*, t. II, p. 565), « ils attirent à eux la sève ascendante par leur action propre. » Hales a vu que des branches de pommier, chargées de leurs fruits, pompent une quantité d'eau considérable; et en comparant ces branches avec celles qui ne portent que des feuilles, on trouve que les premières en absorbent bien davantage. Cette action des fruits, pour attirer la sève, est prouvée par diverses observations pratiques : ainsi les troncs d'orangers chargés de leurs fruits gèlent plus facilement en hiver que ceux qui n'ont que des feuilles, parce que les oranges y maintiennent une plus grande quantité de sève en ascension. M. Gallesio raconte même avoir vu des orangers, à moitié dépouillés de leurs fruits, geler du côté où on en avait laissé et ne pas geler du côté où on les avait enlevés. Les parties inférieures des plantes herbacées sont dépourvues d'une grande partie de leurs sucs pendant la maturation des fruits et des graines, parce que la sève, appelée par ceux-ci en grande proportion, emporte avec elle la plus grande partie des matières préalablement disposées. La présence trop prolongée des fruits sur les arbres empêche quelquefois le développement complet des fleurs pour l'année suivante, parce que les fruits attirent à eux trop de sève. Enfin une grande quantité de fruits mûrissant à la fois sur un arbre tend à l'épuiser, parce que ces fruits appellent la sève, chargée de principes nutritifs, dans des organes qui ne rendent pas à l'arbre de sucs nourriciers, mais consomment, pour leur propre compte, la sève qu'ils reçoivent. Chaque fruit peut donc être considéré comme un point d'appel assez actif pour la sève ascendante.

dans fait partie de la graine. On sait que l'hile est le point de la surface de la graine, par lequel les vaisseaux nourriciers du péricarpe (1) s'introduisent dans le tégument propre de la graine.

Le *péricarpe* est la partie extérieure du fruit, il est tantôt sec et tantôt mou, épais ou mince; il entoure la graine et a pour objet de la garantir des impressions extérieures, pendant son développement, après, de l'atteinte des animaux, et enfin lors de la chute du fruit, de fournir, par sa conversion en engrais, les éléments nécessaires au développement du germe. Il existe, quoi qu'on en ait dit constamment; ce qui a fait douter de sa présence dans certains cas, c'est qu'il est quelquefois tellement mince et adhère si intimement à la surface externe de la graine, qu'il se soude quelquefois avec elle et n'en peut être séparé; c'est du moins l'opinion de quelques botanistes. Quelques observateurs ne partagent pas cette manière de voir et persistent à appeler *graines nues* celles des labiées, des graminées, etc., chez lesquelles il est toutefois difficile de reconnaître la présence du péricarpe. On conçoit, en effet, que les botanistes, qui pensent que la graine reçoit sa nourriture du péricarpe, doivent admettre sa présence dans tous les cas; mais nous qui, comme on va le voir, ne partageons pas cette opinion, nous regardons la question comme indécise.

Le péricarpe est composé de trois parties bien distinctes : 1° le *sarcocarpe*, partie vasculaire et souvent charnue, formée de vaisseaux qui servent à sa nourriture et dont les mailles sont remplies d'un parenchyme plus ou moins succulent; 2° de l'*épicarpe* ou membrane externe recouvrant ce parenchyme; il est généralement de même nature et forme, pour ainsi dire, un prolongement de l'épiderme; 3° de l'*endocarpe*, membrane interne, quelquefois osseuse, comme dans les noix, souvent parcheminée, et, dans ce cas, facile à distinguer autour des pepins de pommes, de poires; elle tapisse aussi la partie interne des cosses de pois, de haricots, etc.; cette membrane paraît, comme nous allons le démontrer, avoir pour objet spécial d'intercepter toute communication entre le péricarpe et la graine. Cette séparation n'est certainement pas sans utilité; car, sans cet isolement, la graine se trouverait plongée dans un milieu trop aqueux, circonstance qui pourrait

(1) M. Richard, comme on le voit, pense que les principes nutritifs de la graine lui sont fournis par le péricarpe : nous ne partageons pas cette manière de voir, et l'on verra plus loin, lorsque nous parlerons des fonctions du péricarpe, sur quoi nous fondons notre opinion contraire.

ou empêcher son développement ou provoquer son altération (1). Les sucs, souvent acides, qui gorgent le sarcocarpe, ne seraient certainement pas sans action sur elle et nuiraient à son développement. A l'objection que l'on pourrait faire que, dans les baies, il n'existe pas de cloisons, et, conséquemment d'endocarpe, nous répondrons que les graines y sont autrement conformées, qu'elles sont enveloppées d'une pellicule (souvent composée presque entièrement de tannin) tellement persistante, qu'elle résiste même à l'action si dissolvante du suc gastrique; telles sont, par exemple, les semences de gui, les pepins de raisin, de groseilles, etc.

Nous terminerons ce que nous avions à dire sur le péricarpe par l'observation suivante, qui justifiera, nous l'espérons, notre opinion sur les fonctions du péricarpe à l'égard de la graine.

Quelques auteurs, comme on l'a vu plus haut, et parmi eux MM. Richard et Davy, pensent que le rôle principal du péricarpe dans les fruits consiste à élaborer les principes nutritifs qui servent à la nourriture de l'embryon. Un examen très attentif de l'anatomie des fruits, et particulièrement des fruits à noyaux, nous permet de rectifier cette erreur. Nous avons, en effet, remarqué que le noyau ou endocarpe était toujours formé avant que le fruit ait atteint son développement; il paraît communiquer directement avec le pédoncule et non pas avec le sarcocarpe; ce qui prouve que l'embryon est tout à fait isolé du sarcocarpe, c'est qu'après avoir séparé les deux valves qui composent les noyaux de pêche et d'abricot, si on les examine à la loupe et même à l'œil nu, on remarque dans leur substance deux faisceaux de fibres qui se prolongent en sens contraires, l'un oblitéré et conséquemment ne jouant aucun rôle, l'autre transmettant à l'amande les sucs nourriciers qu'il reçoit, non pas du sarcocarpe, mais bien du tronc (2). Il est probable que c'est tantôt l'un ou tantôt l'autre de ces faisceaux qui s'oblitèrent suivant la direction que prend le fruit. Si l'on considère que cet excès

(1) Il n'est pas rare de voir des fruits en apparence très sains, des pommes, des poires, des pêches, par exemple, dont les pepins ou amandes sont avortés ou moisis.

(2) Ces fibres se remarquent également bien sur les lignes de sutures de l'enveloppe osseuse des noix. La disposition perpendiculaire de ce fruit, lorsqu'il est suspendu à l'arbre, ne permettant pas l'oblitération de l'un des faisceaux de fibres, les parties qui le composent affectent généralement une forme régulière que n'offrent ni les abricots ni les pêches. Il n'est peut-être pas inutile de faire remarquer que, dans ces derniers, la partie déprimée est précisément celle où se remarque l'oblitération des faisceaux de fibres.

de prévoyance de la nature n'a pas lieu pour les fruits à longs pédoncules, les cerises, par exemple, ne doit-on pas en inférer qu'elle a pour objet d'obvier au peu de longueur de celui-ci, en permettant au fruit de prendre la direction la plus favorable à son développement? On aurait tort de croire que la disposition de quelques semences légumineuses, telles que les pois, les haricots, les graines de baguenaudier, etc., contrarierait cette assertion; leur insertion dans la gousse, du côté précisément où se remarque le faisceau de fibres, prouve, au contraire, qu'ils communiquent par ces canaux à la tige et que ceux-ci leur transmettent les sucs nourriciers (1). Si le sarcocarpe devait servir à la nourriture de l'embryon, il serait constamment charnu et ne serait pas tantôt formé par le développement du calice, tantôt par celui du pistil. Il nous semble plus rationnel de le regarder comme nous l'avons dit plus haut, comme devant servir à garantir la graine des impressions extérieures. Si l'on suppose, en effet, par la pensée que cette partie du fruit soit enlevée par un moyen quelconque, ou, ce qui arrive quelquefois, que les vaisseaux qui y apportent la sève soient oblitérés, il en résultera que le liquide dans lequel se développe le germe, et que l'on a si judicieusement comparé à l'amnios, sera soustrait par l'air ambiant, et qu'une dessiccation complète s'effectuera.

Les faits suivants que nous empruntons à M. de Candolle, *Phys. vég.*, t. II, p. 565, prouvent d'une manière incontestable que les ovules et le péricarpe peuvent suivre des phases différentes et qu'il n'y a pas liaison nécessaire entre eux. « Il n'est pas rare, dit ce savant physiologiste, de voir des ovaires dont les ovules n'ont pas été fécondées, et qui, cependant, grandissent comme à l'ordinaire, et quelquefois mieux qu'à l'ordinaire. Ainsi le péricarpe sec du *ranunculus lacerus* ou du *centaurea hybrida*, dont l'ovule avorte constamment, prend précisément la forme et la dimension qu'il aurait sans cet avortement, la place de la graine restant vide au milieu du fruit. Parmi nos arbres fruitiers, il n'est pas rare de trouver des fruits dont toutes ou presque toutes les ovules ont avorté et où le péricarpe a pris son développement : tel est, par exemple, le bon-chrétien d'Auch ; bien plus, il est des fruits chez lesquels le péricarpe grossit d'autant plus, que l'avortement des

---

(1) On sait très bien par exemple, et l'analogie nous semble admissible, que les réservoirs séminaux, chez les animaux, ont des conduits spéciaux, et que la membrane qui les renferme ne sert absolument qu'à les contenir et à les garantir des impressions extérieures.

graines y est plus complet, comme si la nourriture destinée aux graines se jetait tout entière, en leur absence, sur le péricarpe. L'arbre à pain est un exemple remarquable de ce fait. Lorsque les graines y avortent, ce qui constitue la variété cultivée de l'île des Amis, le fruit devient plus gros et plus charnu. La même chose a lieu dans l'ananas; es espèces sauvages et munies de graines fertiles ont, dit-on, un fruit à péricarpe peu développé, tandis que les variétés cultivées où les graines avortent ont un fruit gros et charnu (1). »

Les observations qui précèdent sont de nature à expliquer, nous le pensons du moins, l'influence qu'exercent les semences sur le volume, le développement et la forme des péricarpes et le rôle que jouent ceux-ci dans le développement du fruit.

La *graine* est l'ovule fécondée, elle renferme l'embryon qui, plus tard, doit se développer pour former un nouveau végétal; elle est généralement recouverte d'un péricarpe; bien que variant suivant l'espèce qui la fournit, elle est toujours composée de deux parties principales : l'une est une membrane qui la recouvre extérieurement et que l'on nomme tégument propre ou *épisperme*; l'autre, qui forme la presque totalité de la substance et qu'on nomme *amande*. Cette dernière est elle-même formée des parties suivantes : les *tuniques* ou enveloppes, es cotylédons ou *endospermes*, le *cordon ombilical* et l'*embryon*.

On distingue les tuniques en tuniques externe et interne; la tunique externe est ordinairement rude au toucher, quelquefois ridée et couverte d'aspérités. Cette tunique est perforée d'un petit orifice destiné à laisser passer les vaisseaux nourriciers; on le nomme *omphalode*; c'est par cet orifice que pénètre l'eau qui sert à faire germer la graine. On peut reconnaître son existence en laissant macérer les graines dans l'eau colorée. La seconde tunique est plus interne et plus mince, toujours douce au toucher et enduite souvent d'un mucilage (2) qui la fait adhérer aux cotylédons.

Les *cotylédons* ou *endospermes* sont des corps épais, spongieux, avi-

---

(1) Cet avortement est très souvent provoqué, comme on le verra plus loin, par culture et la surabondance d'engrais.

(2) Ce mucilage se remarque très bien lorsqu'on verse de l'eau chaude sur les andes, *amygdalus communis*, pour en séparer la pellicule ou tunique externe; il mble destiné à transmettre l'eau à l'embryon, dans un état de division extrême, ndant l'acte de la germination; il est garanti de l'action des acides, pendant la turation, par là membrane osseuse et parcheminée qui environne la graine d *ocarpe*).

des d'humidité; ils jouent un grand rôle dans la germination. Par suite, en effet, de la faculté qu'ils ont d'absorber l'humidité, leur volume augmente et occasionne la rupture des tuniques, puis, après avoir fourni à l'embryon les principes nutritifs renfermés dans les cellules qui les composent, ils diminuent de volume et finissent par disparaître entièrement. On appelle *monocotylédonées* les graines qui n'en ont qu'un seul et *dicotylédonées* celles qui en ont deux; cette distinction a servi à partager les végétaux en deux grandes classes, elle est de la plus haute importance et forme l'un des éléments principaux de l'étude de la botanique.

Le *cordon ombilical* est formé d'une réunion de vaisseaux qui unissent ensemble les parties internes de la graine et qui, dans la germination, amènent les molécules alimentaires propres au développement de l'embryon. On a donné le nom de *chalaze* ou ombilic interne au point intérieur par lequel le cordon ombilical perce la paroi interne de l'*épisperme*.

L'embryon ou plantule est considéré comme étant le rudiment de l'organisation végétale, on la plante en miniature; c'est l'organe le plus essentiel à la reproduction, on y rencontre toujours la *radicule* et la *plumule*. La radicule est la partie de l'embryon destinée à devenir racine, elle sort la première dans la germination et s'enfonce toujours perpendiculairement dans la terre, sans qu'on puisse jamais changer cette direction, à moins qu'elle ne rencontre un terrain qui ne contienne pas d'humus, elle prend alors une direction horizontale. La plumule est la partie destinée à former la tige, elle s'élève toujours perpendiculairement vers le ciel, et est accompagnée dans les plantes dicotylédonées de deux petites feuilles toujours opposées, qu'on nomme feuilles séminales. Dans les monocotylédonées, elle n'est accompagnée que d'une seule feuille latérale roulée sur elle-même.

Maintenant que nous avons fait, pour ainsi dire, l'analyse organique du fruit, et indiqué les fonctions des diverses parties qui le composent, nous allons faire connaître les différentes formes qu'il affecte, formes qui varient beaucoup, et dont la connaissance est d'autant plus utile qu'elle a servi de base à leur classification.

On divise d'abord les fruits en deux grandes classes : 1° les fruits à péricarpes secs; 2° les fruits à péricarpes mous ou charnus. On range parmi les premiers la *capsule,* la *coque,* la *noix,* la *samare,* la *silique,* la *gousse*, le *follicule* et le *cône*. Les péricarpes mous ou charnus sont la *baie*, l'*orange*, le *pépon*, la *drupe* et la *pomme*.

On subdivise les péricarpes en mono et polyspermes ; parmi les péricarpes monospermes, on distingue la *coque*, la *samare*, la *noix* et le *cône*. Les péricarpes polyspermes sont le *follicule*, la *silique*, la *gousse* et la *capsule*.

La *coque* est un péricarpe formé de plusieurs membranes sèches qui s'ouvrent avec élasticité lors de la maturité du fruit, et qui ne renferme qu'une seule graine. Les coques sont presque toujours réunies plusieurs ensemble ; elles sont, par exemple, réunies deux à deux dans le café, la mercuriale, trois à trois dans le ricin, et en plus grand nombre dans l'anis étoilé (badiane).

La *samare* ne diffère de la coque qu'en ce qu'elle est surmontée ou entourée d'une membrane en forme d'appendice ; exemple : les fruits de l'érable, de l'orme, du frêne.

La *noix* est un péricarpe sec dont l'enveloppe peut être osseuse ou pierreuse, ne s'ouvrant pas par suite de maturité ; exemple : la noisette et non la noix.

Le *cône* est ainsi appelé en raison de sa forme ; c'est une réunion de petites coques placées autour d'un poinçon ; elles sont formées aux dépens des écailles sèches du calice, qui se sont ossifiées et qui renferment la graine ; exemple : les fruits du pin et du sapin. Il donne son nom à une famille entière, les *conifères*.

Le *follicule* est un péricarpe sec polysperme, composé de deux follicules soudés et ne s'ouvrant que d'un seul côté ; les graines sont implantées sur la suture du côté adhérent ; exemple : les fruits de pivoine, d'asclépias et de pervenche.

La *gousse* est un péricarpe polysperme composé de deux folioles charnues caves, s'ouvrant et se séparant entièrement, ne contenant jamais de cloisons longitudinales, mais quelquefois des cloisons transversales ; les graines ne sont jamais attachées que d'un seul côté ; exemple : le pois, le haricot, et, pour les gousses à cloisons transversales, la casse.

La *silique* est un péricarpe polysperme qui s'ouvre comme la gousse en deux parties égales, mais elle en diffère en ce qu'elle est séparée dans son milieu par une cloison longitudinale, de sorte qu'elle forme deux loges. Les graines sont attachées alternativement sur les deux sutures ; exemple : les fruits des crucifères, on les a divisés en siliques et

2

en silicules. Les siliques sont longues et étroites, et les silicules sont plus larges que longues.

La *capsule* est un péricarpe polysperme qui renferme un plus grand nombre de graines que tous les autres péricarpes. Ces graines sont toujours attachées à des placentas centraux ou latéraux, et elles se dispersent à leur maturité par des ouvertures qui se pratiquent à l'intérieur de la capsule; de différentes manières, suivant les espèces de capsules; celles de pavot, par exemple, les dispersent par de petits orifices qui sont placés dans le stigmate. Les capsules de mouron, de plantain s'ouvrent dans le milieu en boîte à savonnette. Quelques auteurs en ont fait un fruit particulier qu'ils ont appelé *capsula circumscissa*. La capsule de jusquiame disperse ses graines par un opercule ou couvercle qui ferme, avant sa maturité, l'entrée de la capsule; on lui a donné le nom de *capsula operculata*. Il est enfin d'autres capsules dont les ouvertures sont placées ou dans le haut, ou dans le bas, ou dans le milieu.

Les *péricarpes charnus* ou mous ont été divisés en cinq espèces, savoir : la baie, l'orange, le pépon, la drupe et la pomme.

La *baie* (1) est un péricarpe mou, rempli, dans son intérieur, d'une liqueur gélatineuse mucoso-sucrée, et dans laquelle nagent çà et là les graines, sans être séparées entre elles; exemple : le raisin, les groseilles, etc.

L'*orange* diffère de la baie en ce qu'elle est séparée dans son milieu par des membranes qui forment autant de loges dans lesquelles on rencontre les graines. L'orange est, en outre, toujours couverte de deux écorces : l'une externe, mince, colorée et remplie d'huile essentielle; l'autre interne, blanche, épaisse et cotonneuse; exemple : l'orange proprement dite, le citron, le limon, la bergamote et la bigarade.

Le *pépon* est un péricarpe charnu au centre duquel on trouve des graines qui ont généralement une enveloppe coriacée, elles sont placées sur plusieurs séries. Lors de la maturité parfaite, ces graines se reportent vers la circonférence et laissent un grand vide dans l'intérieur; exemple : les melons, les potirons, etc.

La *pomme* est un péricarpe mou, dont les graines sont placées au cen-

---

(1) Les baies diffèrent peu des grains; néanmoins on ne dit pas un grain, mais une baie de laurier; on ne dit pas non plus une baie, mais un grain de raisin. Ce qui distingue généralement la baie du grain, c'est que la première doit former des grappes dans lesquelles le fruit soit isolé, au lieu d'être réuni comme dans le raisin, la groseille, etc.

tre, mais séparées entre elles par de petites cloisons; on a divisé les pommes d'après la nature des graines qu'elles renferment en deux espèces, la pomme à pepin; exemple : la pomme, la poire; et la pomme à osselets; exemple : la nèfle. Cette dernière espèce diffère, en outre, des autres en ce qu'elle est couronnée par les folioles du calice, qui sont persistantes; les grenades sont dans le même cas.

La *drupe* est un fruit charnu qui se distingue de tous les autres en ce qu'il renferme dans son intérieur un noyau, lequel est formé d'une boîte osseuse qui contient la graine. Les drupes ont été, d'après la nature de leur brou, subdivisées en drupes molles; exemple : la pêche, l'abricot, la cerise, etc., et en drupes sèches; exemple, les amandes.

Il est des fruits dans lesquels le péricarpe et la graine sont ou peu adhérents et presque isolés, ou unis entièrement et presque confondus.

L'*utricule* se dit des fruits où le péricarpe est membraneux et n'adhère pas à la graine; exemple : celui de l'amaranthe.

Le *cariopse*; on donne ce nom aux fruits dans lesquels le péricarpe est très mince et tellement adhérent qu'il est presque impossible de le séparer de la graine; exemple : le froment ou blé.

La noix est un fruit d'une nature particulière et dont les botanistes modernes ont fait un fruit particulier. Le parenchyme y est généralement osseux ou pierreux; exemple : la noix d'acajou.

CLASSIFICATION DES FRUITS.

On a proposé plusieurs classifications pour ranger les fruits; mais la plus rationnelle et la plus généralement adoptée est celle qui suit, que l'on doit à M. Richard; son fils, qui marche si heureusement sur ses traces, l'a rendue encore plus complète en y ajoutant ses propres observations; d'autres botanistes y ont aussi apporté des modifications; mais, comme ces dernières sont de faible importance, nous les négligerons.

MM. Richard père et fils ont divisé les fruits en trois classes principales, qui sont : 1° les fruits simples, ou ceux qui proviennent d'un seul ovaire, appartenant à une seule fleur; 2° les fruits multiples, qui sont formés de plusieurs pistils renfermés dans une seule fleur; et enfin les fruits composés, ou ceux qui résultent de l'ensemble ou de la soudure de plusieurs fleurs femelles d'abord distinctes.

PREMIÈRE CLASSE. *Des Fruits simples.*

PREMIÈRE SECTION. *Des Fruits secs.*

A. Fruits secs et indéhiscents.

Les fruits simples dont le péricarpe est sec et indéhiscent sont assez généralement uniloculaires et monospermes; on leur donne quelquefois le nom de *pseudospermes.* Ce sont particulièrement ces fruits que les anciens botanistes considéraient comme *graines nues.*

1°. Cariopse, *cariopsis* (Richard), fruit monosperme indéhiscent, dont le péricarpe est soudé avec la face externe de la graine ; exemple : *graminées.*

2°. Akène, *akenium* (Richard), fruit monosperme indéhiscent, dont le péricarpe est distinct de la graine ; exemple : *synanthérées.*

3°. Polakène, *polakenium* (Richard), fruit à plusieurs loges monospermes et indéhiscentes, séparables les unes des autres ; exemple : la *capucine,* les *ombellifères.*

4°. Samare, *samara* (Gaertner), fruit à une seule loge, offrant des ailes membraneuses ; exemple : les *érables,* les *ormes,* les *frênes.*

5°. Gland, *glans,* fruit uniloculaire et monosperme (souvent par suite d'avortement), provenant d'un ovaire infère, et recouvert, en tout ou en partie, par une cupule dont la forme est très variable; exemple : le *chêne,* le *noisetier* et le *châtaignier,* qui forment la famille des Cupulifères.

6°. Carcerule, *carcerulus* (Desvaux), fruit pluriloculaire, polysperme, indéhiscent ; exemple : le *tilleul.*

B. Fruits secs et déhiscents.

Les fruits secs et déhiscents sont généralement désignés sous le nom de fruits capsulaires; ils sont ordinairement polyspermes ; le nombre et la disposition des valves sont très variables.

7°. Follicule, *folliculus,* fruit géminé ou solitaire, par avortement, uniloculaire, univalve; s'ouvrant par une suture longitudinale, et renfermant plusieurs graines attachées à un trophosperme sutural ; exemple : *asclépiadées.*

8°. Silique, *siliqua* (Linné), fruit sec, allongé, bivalve, dont les graines sont attachées à deux trophospermes suturaux; exemple : *crucifères siliqueuses.*

9°. Silicule, *silicula* (L.), ne diffère de la silique que par une longueur beaucoup moindre; exemple : *crucifères siliculeuses.*

10°. Gousse, *legumen* (L.), fruit allongé, sec, bivalve, dont les graines sont attachées à un seul trophosperme sutural ; exemple : les *légumineuses*.

11°. Pixide, *pixidium* (Erhart), capsule, *capsula circumscissa* (L.), fruit s'ouvrant circulairement en deux valves superposées ; exemple : le *pourpier*, la *jusquiame*.

12°. Elatérie, *elaterium* (Rich.), fruit à plusieurs loges et à plusieurs côtes, se séparant naturellement à sa maturité en autant de coques qui s'ouvrent longitudinalement et avec élasticité ; exemple : les *euphorbiacées*.

13°. Capsule, *capsula* (L.); on donne ce nom à tous les fruits secs déhiscents, qui ne peuvent être rapportés à aucune des espèces précédentes ; leur nombre est très considérable ; exemple : les *bignoniacées*, les *antirrhinées*.

DEUXIÈME SECTION. *Fruits charnus.*

Ces fruits, ainsi qu'on l'a dit précédemment, sont indéhiscents.

14°. Drupe, *drupa* (L.), fruit charnu renfermant un seul noyau ; exemple : le *cerisier*, le *prunier*, etc.

15°. Noix, *nux*, ne diffère du précédent que par son péricarpe moins-charnu et moins succulent ; exemple : l'*amandier*, le *noyer*, etc.

16°. Nuculaine, *nuculanium* (Ric.), fruit charnu provenant d'un ovaire libre, et renfermant dans son intérieur plusieurs nucules ; exemple : les *sapotiers*.

17°. Mélonide, *melonida* (Ric.), fruit charnu provenant de plusieurs ovaires pariétaux uniloculaires, réunis ou soudés dans l'intérieur du tube d'un calice qui devient charnu ; exemple : la *pomme*, la *poire*, la *nèfle*, etc. Cette espèce de fruit serait mieux rangée dans la classe suivante.

18°. Péponide, *peponida* (Rich.), fruit charnu, indéhiscent ou ruptile, à plusieurs loges monospermes, éparses au milieu de la pulpe ; exemple : les *cucurbitacées*.

19°. Hespéridie, *hesperidium* (Desv.), fruit charnu, dont l'enveloppe est très épaisse, divisé intérieurement en plusieurs loges par des cloisons membraneuses, et dont les loges sont remplies d'une pulpe charnue ; exemple : le *citron*, l'*orange*.

20°. Baie, *bacca* (L.), fruit charnu, à une ou plusieurs graines éparses dans la pulpe ; exemple : le *raisin*, les *groseilles*.

DEUXIÈME CLASSE. *Des fruits multiples.*

Les fruits multiples sont ceux qui résultent de la réunion de plusieurs pistils dans une même fleur.

21°. Syncarpe, *syncarpium* (Rich.), fruit sec ou charnu, provenant de plusieurs ovaires soudés ensemble, même avant la fécondation; exemple : les *anones*, les *magnoliers*, etc.

Le fruit du fraisier, du framboisier est formé d'un grand nombre de petites drupes réunies sous un gymnosperme charnu; il mériterait un nom particulier.

Plusieurs petits akènes, réunis en capitules plus ou moins arrondis, mais distincts, constituent le fruit de la renoncule.

TROISIÈME CLASSE. *Des fruits agrégés ou composés.*

Ce sont ceux qui résultent de la soudure de plusieurs pistils appartenant à des fleurs distinctes, d'abord séparés les uns des autres, mais qui ont fini par s'entre-greffer.

22°. Cône ou strobile, *conus* (L.), *strobilus* (L.), fruit composé d'un grand nombre d'akènes ou de samares, cachés dans l'aisselle des bractées très développées, dont l'ensemble a la forme d'un cône; exemple : *conifères.*

23°. Sorose, *sorosis* (Mirb.), fruit formé de plusieurs fleurs soudées entre elles par l'intermède de leurs enveloppes florales devenues charnues; exemple : le *mûrier*, l'*ananas.*

24°. Sycône, *sycona* (Mirb.). M. Mirbel nomme ainsi un fruit formé par un involucre charnu à son intérieur, où il porte un grand nombre d'akènes ou de drupes provenant d'autant de fleurs femelles; exemple: le *figuier.*

Cette classification, fondée sur l'insertion et la forme des fruits, est, comme on peut le voir, d'une grande ressource pour faciliter l'étude de ces organes, mais sous le rapport botanique seulement. Les immenses progrès qu'ont faits les connaissances chimiques permettent maintenant de ne pas borner l'étude des fruits aux caractères physiques et aux parties qui les composent, mais bien aussi d'examiner comment se forment les principes qui constituent ces diverses parties, et quelles sont les réactions chimiques qu'ils exercent dans les différentes phases de la vie du fruit. Notre travail ayant plus particulièrement cet examen pour objet, nous avons dû ranger les fruits d'après l'analogie des principes

qui les composent ; on verra que, dans beaucoup de cas, cette analogie se rencontre avec celle botanique.

Les fruits jouant tous, ou presque tous, un rôle plus ou moins important dans l'économie domestique, dans la thérapeutique et dans
les arts, nous avons pensé que, nous occupant plus spécialement de
leur histoire sous ces divers rapports, nous devions, dans l'ordre de
leur énumération, les classer plutôt d'après la manière dont ils affectent les sens du goût et de l'odorat que d'après des caractères fondés
sur les formes qu'ils affectent.

La saveur et l'odeur étant les procédés analytiques les plus simples,
et ceux surtout qu'on peut le plus facilement mettre à profit pour distinguer les propriétés et faire soupçonner les principes chimiques (1),
c'est sur les différences qu'elles offrent dans les diverses espèces de
fruits que nous avons fondé la classification suivante. Sa simplicité ne
satisfera peut-être pas les glossologues ; mais c'est une ébauche que
nous leur laissons le soin de perfectionner. Considérant la plus simple
classification comme étant toujours un élément d'ordre, nous avons
cru devoir l'adopter, tout incomplète qu'elle peut paraître.

Nous divisons, en conséquence, les fruits en neuf classes.

PREMIÈRE CLASSE.

Fruits farineux amylacés, dans lesquels la fécule et l'amidon prédominent ; exemple : le *jackier*, ou *arbre à pain*, le *marron*, la
châtaigne, le *pois*, le *haricot*, le *blé*, l'*orge*, etc.

DEUXIÈME CLASSE.

Fruits sucrés, dans lesquels les sucres cristallisable et incristallisable prédominent ; exemple : la *figue*, la *datte*, la *jujube*, le *caroube*, etc.

TROISIÈME CLASSE.

Fruits aqueux, dans lesquels la fécule, la géline et surtout l'eau prédominent ; exemple : le *potiron*, le *concombre*, la *banane*, l'*aubergine*, etc.

(1) Le célèbre Cuvier a considéré les organes des sens de l'odorat et du goût
comme formés par des prolongements de la peau, qui, par une modification de sa
partie nerveuse et de son tissu devenu plus mou et plus fin, serait devenue capable
d'apprécier en quelque sorte les qualités chimiques des corps, en exerçant un toucher plus exalté que le tact ordinaire, avec lesquels ces deux sens ont les plus grands
rapports.

QUATRIÈME CLASSE.

Fruits acerbes ou *âpres*, dans lesquels le tannin et les acides prédominent; exemple : le *coin*, la *nèfle*, l'*azerole*, le *corme*, etc.

CINQUIÈME CLASSE.

Fruits acides, dans lesquels les acides citrique, malique et tartrique prédominent ; exemple : le *citron*, le *tamarin*, les *fruits du sorbier*, etc.

SIXIÈME CLASSE.

Fruits acides sucrés, dans lesquels les principes acide et sucré prédominent; exemple : l'*orange*, l'*ananas*, la *mangue*, la *pêche*, la *cerise*, etc.

SEPTIÈME CLASSE.

Fruits huileux, dans lesquels le principe huileux (huiles fixes, fluides ou concrètes) prédomine; exemple : l'*olive*, le *cacao*, le *coco*, la *noix*, etc.

HUITIÈME CLASSE.

Fruits aromatiques, dans lesquels les principes huileux et aromatique (huiles volatiles fluides et concrètes) prédominent ; exemple : la *muscade*, la *vanille*, le *poivre*, etc.

NEUVIÈME CLASSE.

Fruits âcres, dans lesquels le principe âcre (huiles fixes, principe âcre) prédomine ; exemple : la *noix* ou *pomme de cajou* et non pas *d'acajou*, la *noix vomique*, la *coque du Levant*, le *tanguin*, etc.

DES PRINCIPES QUI ENTRENT DANS LA COMPOSITION DES FRUITS ET DES MODIFICATIONS QU'ILS ÉPROUVENT.

Après avoir indiqué la composition physique et anatomique des fruits et le rôle que jouent les divers organes qui les composent, il nous reste à examiner les principes qui entrent dans leur composition et leur mode de réaction. Toutefois, avant de rapporter les expériences analytiques qui nous ont conduit à déterminer la nature de ces principes, nous citerons quelques observations physiologiques qui les ont précédées.

Un abricotier sain et vigoureux, que nous avions choisi pour sujet de nos expériences, a donné lieu aux remarques suivantes : cet arbre commença à fleurir du 10 au 15 avril ; le développement des ovaires eut lieu du 20 au 30 du même mois; le 1er mai, ils étaient entièrement développés, mais n'offraient encore aucune résistance entre les doigts; quinze jours après, l'amande et le noyau avaient acquis une grosseur telle, qu'ils formaient environ les deux tiers du fruit; dix jours après, ces parties avaient acquis toute leur grosseur, et l'on n'y remarqua plus, jusqu'à la maturation, d'autre changement que l'ossification du noyau. Elle commença à s'opérer par les deux extrémités, et l'amande, qui ne formait auparavant qu'une pulpe incolore, transparente, très aqueuse, se solidifia. Nous avons également vu, comme nous l'avons déjà fait remarquer en parlant de la nutrition de la graine ou de l'amande, que la partie renflée des abricots était aussi celle vers laquelle s'étaient dirigés les vaisseaux nourriciers : il paraît même que c'est à leur réunion qu'elle est due; car, lorsqu'on fend exactement par le milieu un abricot encore vert, on y distingue, à partir du pédoncule, deux faisceaux de fibres qui se prolongent en sens contraire dans la substance du noyau : l'un, oblitéré et ne jouant aucun rôle; l'autre, transmettant à l'amande les sucs nourriciers.

Quoi qu'il en soit de ces observations, comme elles sont plutôt du ressort de la physiologie, nous ne leur donnerons pas plus d'extension, et nous nous bornerons à les signaler à ceux qui en font un objet plus spécial de leur étude. Nous nous hâterons donc d'arriver à la question qui fait l'objet de ce chapitre.

Nos expériences ont été principalement faites sur des abricots, des pêches, des prunes, des poires, des pommes, du raisin et des groseilles; ces fruits ont été pris à toutes les époques de la maturation, et cette circonstance était, en général, la seule variable, car nous avons eu le soin de prendre, par exemple, les abricots sur un même arbre, et les raisins dans la même exposition et souvent sur le même cep.

Nous nous garderons bien de tracer ici le procès-verbal de nos expériences, il serait beaucoup trop long à rapporter; nous croyons qu'il suffira de décrire une analyse de chaque espèce, pour mettre à même d'apprécier la marche que nous avons suivie, et le degré de confiance que méritent les résultats que nous avons obtenus.

Nos premiers essais ont été faits sur des abricots cueillis le 16 mai 1830, et les derniers soumis à nos expériences avaient été cueillis le 11 août, même année. Ceux recueillis le 16 mai avaient une pesanteur moyenne de 10 grammes, leur dimension en longueur était de 14 lignes (30 mill.) environ, et leur diamètre de 10 lignes (22 mill.); le noyau était peu distinct de la chair, et l'amande n'existait encore que par un embryon environné d'une masse gélatineuse, translucide sans consistance. La seule pression dans un linge suffisait pour en extraire un suc aqueux d'une odeur amylacée, et passant au filtre avec la plus grande facilité.

Ces abricots ont été soigneusement privés de leurs noyaux ; la pulpe charnue a été pilée dans un mortier de porcelaine et exprimée immédiatement. Le suc filtré était d'un jaune fauve un peu clair, la saveur en était herbacée et d'une acidité très prononcée. Une solution concentrée de tartrate de potasse y produisit un précipité abondant, blanc et cristallisé, que nous avons reconnu être de la crème de tartre ; l'alcool en séparait une grande quantité de flocons blancs, les acides affaiblissaient la nuance, les alcalis en augmentaient l'intensité ; soumis à l'ébullition, il ne se formait pas de coagulum.

Un flacon contenant 28,085 d'eau distillée à 17 degrés centigrades contenait 28,99 de ce suc d'abricot, ce qui porte sa densité à 1,032 ; l'eau étant 1, cette densité et les suivantes ont été prises avec le plus grand soin, parce que nous attendions des résultats importants de leur ensemble. Notre balance était extrêmement sensible, et nous nous sommes servi de la méthode des doubles pesées.

50 grammes de ce suc ont été soumis à l'évaporation dans le vide ; au bout d'une heure environ, la congélation s'en était opérée ; la masse était un peu boursouflée et les bords n'étaient pas adhérents à la capsule ; peu à peu, cet état de solidité disparut, les bords s'affaissèrent et le liquide reprit sa première consistance. Cinq jours après, la capsule fut retirée, et déjà depuis longtemps l'évaporation ne paraissait plus faire de progrès. Ces 50 grammes de suc s'étaient trouvés réduits à 2 grammes seulement ; la couleur était naturellement plus foncée, et la saveur acide plus prononcée. La masse était glutineuse et extrêmement tenace ; elle fut enlevée très exactement et mise en macération avec de l'alcool à 40 degrés ; le tout fut exposé à une température de 3 degrés environ, et on prit toutes les précautions convenables pour multiplier les surfaces et faciliter la dissolution des principes que l'alcool devait enlever. Lorsque cette opération fut achevée, le résidu ne pesait plus que 0 gramme 8 ; il était soluble dans l'eau et paraissait être de la gomme ou une espèce de mucilage. Quant à la portion dissoute dans l'alcool, nous l'avons évaporée, reprise par l'eau, saturée par la craie, et le liquide résultant ne nous a offert aucune trace de sucre.

50 autres grammes de suc ont été mélangés avec une suffisante quan-

tité d'une solution concentrée de tartrate de potasse ; il s'est immédiatement déposé de la crème de tartre, mais on a laissé un temps suffisant pour qu'il en restât le moins possible en dissolution.

Parmi les expériences que nous regardions comme plus capables de nous éclairer, celles relatives à la détermination exacte de l'acidité nous paraissaient mériter le premier rang ; aussi ne nous sommes-nous point borné à estimer comparativement les relations d'acide, au moyen des quantités de crème de tartre obtenues dans chaque analyse, nous avons préparé une liqueur d'essai, susceptible d'être employée dans toutes les expériences comparatives, et nous avons pu établir ainsi, et de la manière la plus rigoureuse, les changements survenus dans l'acidité des fruits, à mesure de leur maturation. Cette liqueur d'essai était composée d'une partie d'ammoniaque et de quatre parties d'eau distillée ; sa densité à la température de 20 degrés était de 0,994, l'eau étant 1.

25 grammes de suc d'abricot semblable au précédent ont exigé 2 grammes 51 de liqueur d'essai pour obtenir saturation parfaite. Nous avons fait évaporer à siccité 150 grammes de ce même suc ; le produit a été calciné dans un creuset de platine, et a laissé 4 grammes 15 de cendres d'une teinte verdâtre. Ces cendres lessivées par l'eau ont perdu 2 grammes 10 ; la liqueur était alcaline et avait d'abord une couleur verte, qui s'est peu à peu détruite ; évaporée de nouveau, elle a laissé 1 gramme de salin qui a exigé 0 gramme 10 de liqueur d'essai pour sa saturation. Quant aux autres produits des cendres, nous ne nous en sommes nullement occupé, sachant bien qu'ils ne pouvaient nous être d'aucun secours pour le but que nous nous proposions.

Enfin nous avons soumis à une dessiccation complète 100 grammes des mêmes abricots, et la perte a été de 80 grammes, ce qui a donné 20 grammes de matière solide, y compris le noyau.

Il ne nous a pas été possible d'étendre beaucoup la série de nos expériences sur les abricots, parce que les changements qu'ils éprouvent dans leur composition sont peu marqués, jusqu'à ce que le fruit ait atteint son maximum d'accroissement ; mais, lorsqu'il est arrivé à ce terme, le changement est brusque, surtout lorsque la température est assez élevée. Dans ce cas, le fruit se colore promptement, son suc acquiert beaucoup de viscosité, le parenchyme se détruit pour ainsi dire, et la pulpe ne forme plus qu'une espèce de magma, dont on ne peut obtenir aucune portion liquide. C'est alors cependant qu'il serait plus intéressant de pouvoir l'examiner, car la saveur acerbe ou acide que ce fruit possédait dans la première période de son existence devient douce, sucrée et agréable; toutefois nous avons fait, à l'égard de cette saveur, une remarque assez singulière, et qui paraît très propre à étayer notre opinion, qui consiste à regarder le *sucre dans le fruit comme se formant par le concours et aux dépens de la gélatine ou géline, et de l'acide.* Ce qu'il y a de certain, c'est que la pulpe d'abricots mûrs (cueillis le 15 août), saturée avec beaucoup de soin par une légère dissolution de soude caustique, perdait sa saveur sucrée à mesure qu'on saturait l'acide, à tel point que, la saturation étant achevée, la saveur était devenue fade et presque insipide, d'aigrelette et sucrée qu'elle était auparavant (1). Nous devons ajouter cependant que cette pulpe, ainsi saturée et évaporée convenablement, nous a donné, au moyen de l'alcool, un sirop d'une saveur assez franche; mais il est constant qu'à en juger par la saveur seule, il semblait que tout le sucre avait disparu après la saturation.

Lorsqu'on traite de la pulpe d'abricot mûr par l'alcool, celle-ci semble n'en rien dissoudre, elle ne s'y délaie même pas, et elle continue à faire corps en masse, tant y est abondant le mucilage ou gélatine; cependant cet alcool filtré acquiert une teinte jaune assez prononcée, et le produit de son évaporation donne une sorte de sirop acide.

Une portion de cette même pulpe d'abricot très mûr, placée sur un filtre de papier-joseph, a laissé suinter à la longue quelques gouttes d'un suc extrêmement consistant, qui se coagulait complètement lorsqu'on y ajoutait de l'alcool. Ce coagulum s'enlevait d'une seule masse, lorsqu'on le prenait à l'extrémité d'un tube, tant il était adhésif.

On peut conclure, des expériences qui précèdent, que ce n'est pas à l'époque du premier développement de ce fruit qu'il possède son maximum d'acidité; qu'il est alors âpre et astrictif; que plus tard l'acide se développe et va toujours croissant jusqu'à l'époque de la maturation, c'est à dire jusqu'au moment où le sucre commence à se

---

(1) Peut-être est-ce ici le cas de faire remarquer que l'impression produite par les acides en général, sur les papilles nerveuses qui tapissent l'organe du goût, se rapproche singulièrement de celle que produit le sucre. Tous les chimistes savent, par exemple, que l'acide sulfurique étendu et l'acétate de plomb liquide sont sucrés, sans, pour cela, contenir de sucre : les alcalis, en saturant les acides, neutralisent cette action.

former. Nous avons également observé que le mucilage ou géline suit, pour ainsi dire, le progrès de l'acidité, et que ce n'est que lorsque l'un et l'autre ont atteint leur maximum de densité, que le sucre commence à se former et manifester sa présence. On verra, lorsque nous expliquerons dans le chapitre suivant le phénomène de la maturation, qu'il faut en effet que les principes soient formés avant que leur réaction puisse avoir lieu.

Le raisin nous a offert plus de facilité pour nos expériences que les autres espèces de fruits, non seulement parce qu'il est facile, à toutes les époques de la maturation, d'en extraire le suc, mais parce qu'il est peut-être celui de tous qui présente à un degré plus marqué et plus sensiblement progressif tous les phénomènes de la maturation ; aussi l'avons-nous choisi de préférence, et sommes-nous à même de produire une série assez complète d'expériences. Les premières ont été entreprises au commencement de septembre, et nous les avons continuées jusqu'à la maturation complète.

Des raisins cueillis le 1er septembre étaient encore tout à fait verts et complètement opaques. Les grains séparés de la rafle ont été soumis à une légère pression dans un mortier de porcelaine, et le suc a été exprimé au travers d'un linge ; il était d'un jaune pâle et filtrait avec assez de facilité. Les essais par les réactifs n'ont rien offert de bien remarquable ; soumis à l'action de la chaleur, il s'est formé quelques légers flocons pendant le cours de l'ébullition.

La saveur de ce suc était d'une acidité très prononcée et pas sensiblement sucrée.

Sa densité était de 1,02, l'eau étant 1.

50 grammes pour être saturés ont exigé 7, 1 de la liqueur d'épreuve.

100 grammes du même suc abandonné à l'évaporation dans le vide ont laissé déposer peu à peu, et au bout seulement de quelques heures, des cristaux dont la quantité a toujours été en augmentant jusqu'à un certain terme de l'évaporation ; quatre jours après, on a retiré la capsule ; le suc avait acquis la consistance d'une pâte très solide : le tout se trouvait réduit à 5 grammes 25 centigr., c'est à dire après la vingtième partie de la quantité primitive. Ce résidu de l'évaporation a été traité par de l'alcool à 40 degrés ; une portion s'y est dissoute, et cette solution filtrée a été évaporée de nouveau pour en chasser l'alcool, puis étendue d'une certaine quantité d'eau ; on a saturé par de la

craie l'acide libre qui s'y trouvait ; cette saturation opérée, la liqueur ne paraissait plus contenir aucun principe, du moins le résidu fourni par son évaporation était à peine sensible. D'un autre côté, la portion non dissoute par l'alcool a été délayée d'abord dans une très petite quantité d'eau froide et seulement ce qui était nécessaire pour permettre la séparation des cristaux de crème de tartre, qui s'étaient formés dans le vide.

Ces cristaux réunis pesaient 0,55 décig., l'eau en avait séparé quelques traces d'une matière muqueuse dont la quantité n'était pas appréciable.

150 grammes du même suc évaporé à siccité, et le résidu placé dans un creuset pour être incinéré ; le poids des cendres, après cette opération, s'est trouvé être 0 gramme 6 décigrammes. Ces cendres traitées par l'eau ont perdu 3 décig. 2 cent. ; la portion insoluble dans l'eau se dissolvait complètement et avec effervescence dans l'acide nitrique.

Désirant déterminer d'une manière plus précise la nature des acides qui existent dans le raisin, nous avons pris une portion de suc de raisin, nous l'avons filtrée, évaporée dans le vide, puis par l'addition d'un peu d'eau distillée nous en avons séparé la crème de tartre. Après cette opération préliminaire, nous ajoutâmes peu à peu de la dissolution de potasse pure, mais pas assez cependant pour déterminer la saturation. Nous fîmes concentrer à une très douce chaleur, et nous obtînmes de nouveau, par le refroidissement et le repos, une assez grande quantité de crème de tartre. Il est donc certain que le raisin contient une portion d'acide tartrique libre ; il nous a été facile ensuite de nous convaincre que cet acide n'était pas le seul ; nous vîmes, en effet, qu'une portion de cet acide ne convertissait point en crème de tartre, et que la dernière quantité de potasse qu'on y ajoutait n'y produisait aucun précipité. Nous achevâmes alors la saturation, et par quelques gouttes d'acétate de plomb dans le suc saturé nous obtînmes un précipité blanc, qui nous présenta tous les caractères du sorbate de plomb ; il se dissolvait dans l'eau bouillante, et se précipitait par le refroidissement en plaques micacées et argentines ; en un mot, c'était du sorbate ou malate de plomb.

Ainsi le raisin déjà mûr contient, 1° de la crème de tartre toute formée, 2° de l'acide tartrique, et 3° de l'acide sorbique ou malique.

Les expériences suivantes que nous empruntons à un mémoire de Berthollet, sur les phénomènes qui ont lieu dans la maturation des raisins, tendent à confirmer les nôtres, et peuvent servir d'ailleurs à rendre l'histoire des phénomènes de la maturation plus complète ; nous allons les rapporter ici : «Tout le monde sait,» dit ce savant, « que le raisin, d'abord petit et vert, *dur* et *sans feu*, passe ensuite à l'état de verjus ; sa saveur est alors extrêmement aigre, mais elle s'affaiblit peu à peu par le développement successif d'une saveur opposée, ressemblant plus ou moins à celle du sucre, laquelle finit bientôt par devenir dominante et franche dans le raisin : celui-ci est réputé mûr et propre alors à fournir le moût.»

L'auteur a voulu connaître plus exactement ce qui se passait dans cette belle opération de la nature. Il a remarqué que, lorsque la fleur noue, le raisin écrasé rougit déjà les couleurs bleues végétales; que l'acide ou les acides ainsi libres dans le raisin vont en augmentant de quantité, à mesure qu'il se développe ; mais que, pendant la maturation, ils cessent, pour la très majeure partie, d'être sensibles aux réactifs. Cela peut avoir lieu ou parce que ces acides entrent en combinaison avec quelque base, ce qui est cependant peu croyable, ou plutôt parce qu'ils se détruisent et se convertissent en quelque autre substance, en sucre, par exemple, qui augmente, en effet, dans le raisin à mesure que les acides y diminuent. C'est à de nouvelles expériences à prononcer là dessus, mais le fait n'en est pas moins constant. Ces nouvelles expériences nous les avons faites : on verra, dans le chapitre suivant, comment elles nous ont conduit à expliquer le phénomène de la maturation des fruits sucrés.

Pour déterminer la quantité d'acide, nous avons formé une liqueur d'essai en dissolvant une quantité de potasse dans l'eau; du moût de raisin très vert a exigé 1/28 de potasse, du moût de raisin mûr 1/100 seulement, pour que la saturation soit opérée. Une circonstance pouvait cependant faire illusion; le raisin mûr contenant plus de suc que le verjus, il était possible que la même quantité d'acide y existât et qu'elle fût seulement plus étendue. Pour lever cette incertitude, on a pris sur la même souche un grain de verjus à peine demi formé et très petit, et un grain presque mûr très gros; il a fallu cinq gouttes de potasse pour saturer le premier, et il a suffi de deux seulement pour le second. Dans une autre expérience, le verjus a exigé six gouttes, et le grain mûr, quoique beaucoup plus considérable, n'en a exigé que deux.

Il résulte évidemment de l'ensemble de ces expériences : 1° que l'acide va toujours en diminuant à mesure que le mucilage et le sucre se développent ; 2° que la densité du sucre s'accroît à mesure que la matière sucrée augmente. Ces résultats sont conformes aux idées reçues, car personne n'ignore que les changements qui s'opèrent dans les fruits ne consistent pas seulement dans la formation d'une certaine quantité de sucre, mais encore dans la disparition d'une proportion relative d'acide. On sait aussi que, pour obtenir de la gelée avec les fruits qui en sont susceptibles, il ne faut pas prendre ceux-ci dans un état de maturation trop avancé, parce qu'alors la gélatine fait place à la matière sucrée. C'est ainsi que les confitures de groseilles ne forment une gelée bien consistante que lorsqu'on les laisse peu de temps sur le feu.

Nous terminerons les observations sur les principes qui entrent dans la composition des fruits en rapportant les expériences suivantes, qui ont eu pour objet de déterminer la quantité relative d'eau que plusieurs d'entre eux contiennent.

Fruits séchés soit à l'étuve, soit dans le vide.

1°. Poire dite *mouille-bouche*, placée dans le vide après avoir été coupée par tranches minces : poids avant la dessiccation, 91 grammes 78 décig.; après, 15 grammes 76 décig.; perte, 76,8.

2°. Poire dite *mouille-bouche*, abandonnée à elle-même pour passer au blossissement : poids avant cette altération, 91 grammes 78 décig.; après le blossissement et la dessiccation, 6 grammes 37 décig.; perte, 85 grammes 41 décig.

3°. Poire *mouille-bouche*, séchée à l'étuve après avoir été coupée par tranches minces : poids avant la dessiccation, 93,75; après, 14; perte, 79,75.

4°. *Pomme de Calville* placée dans le vide après avoir été coupée par tranches minces : poids avant la dessiccation, 184 grammes 56 centig.; après, 29 grammes 32 centig.; perte, 155 grammes 25 centig.

5°. *Pomme de Calville* abandonnée à elle-même pour passer au blossissement : poids avant le blossissement, 174 grammes 30 centig.; après, 20 grammes 10 centig.; perte, 156 grammes 20 centig.

6°. *Pomme de Calville* séchée à l'étuve, après avoir été coupée par tranches : poids avant la dessiccation, 180 grammes 40 décig.; poids après la dessiccation, 25 grammes 30 centig.; perte, 165 grammes 10 décig.

Il résulte, des expériences précédentes, qu'il y a dans les fruits une quantité considérable d'eau, que celle-ci s'y trouve encore augmentée par le phénomène du blossissement, et que cette augmentation a lieu aux dépens du parenchyme.

DE L'INFLUENCE DES FRUITS SUR L'AIR ET RÉCIPROQUEMENT.

Dans un mémoire lu à l'Académie des sciences en 1830 (1), nous avons dit qu'il résultait de nos recherches que l'existence du fruit devait se partager en deux époques distinctes : la première, qui comprend son développement et la formation des principes qui entrent dans sa décomposition, et la seconde, qui comprend cette partie de l'existence du fruit, dans laquelle s'effectue la réaction de ces mêmes principes, et qui donne lieu à la maturation proprement dite. Nous nous occuperons, dans le chapitre suivant, de cette importante question ; nous allons d'abord prouver la justesse de cette division, nous sommes heureux de pouvoir l'appuyer de l'autorité si imposante, en pareille matière, de M. Théodore de Saussure, et de pouvoir la faire concorder avec ses belles expériences sur l'influence des fruits verts sur l'air.

D'après ce savant, en effet, *les fruits verts agissent sur l'air atmosphérique comme les feuilles, mais seulement avec moins d'intensité.* La matière colorante verte étant pour beaucoup dans cette action, on conçoit que les surfaces se trouvant moins multipliées dans les fruits, l'action doit être plus faible. Quoi qu'il en soit, ces expériences offrent un si haut degré de certitude, que nous croyons devoir enrichir notre travail de celles qui se rattachent à la question que nous traitons.

INFLUENCE DES FRUITS VERTS SUR L'AIR (2).

1°. *Expérience sur les prunes reine-claude.*

Dégagement du gaz oxygène sur ces fruits plongés dans l'eau.

« Les prunes employées dans les expériences suivantes ont été cueillies à la fin de juin, environ cinq semaines avant leur maturité ; elles étaient d'un vert de poireau foncé, exemptes de taches ; elles avaient au plus deux centimètres de diamètre ; leur pulpe dure, verte intérieurement, mais passant au jaune verdâtre, en s'approchant du

---

(1) L'Académie, sur le rapport de MM. Thénard, Sérullas et Mirbel, a bien voulu voter l'impression de ce travail dans le *Recueil des Mémoires des Savants étrangers.*

(2) Extrait d'un *Mémoire sur l'influence des fruits sur l'air avant leur maturité,* par M. Th. de Saussure. Genève, 1828.

3

noyau, formait autour de celui-ci une couche de huit millimètres d'épaisseur.

» 200 grammes de ces prunes, occupant 188 $\frac{1}{2}$ centimètres cubes, ont dégagé dans 1,800 gram. d'eau de source, au soleil entre dix heures du matin et cinq heures du soir, 22 centimètres cubes d'air; 100 parties de cet air contenaient 39 d'oxygène, 57 d'azote et 4 d'acide carbonique. »

2°. *Influence des prunes sur l'air pendant la nuit.*

« Toutes les expériences dans l'air avec ce fruit ont été faites en coupant l'extrémité d'une branche qui portait quatre prunes adhérentes presqu'au même point; leur tige commune, longue de 1 centimètre, trempait dans un vase plein d'eau placé sur un récipient; les quatre prunes pesaient 43 grammes et déplaçaient 40 1/2 centimètres cubes. En cueillant ces fruits le soir, et en les laissant pendant une nuit sous le récipient, elles ont fourni, au bout de douze heures, les résultats suivants, dans 1,000 centimètres cubes d'air.

	Atmosphère des prunes pendant l'expérience :	Atmosphère après l'expérience :
Gaz oxygène.	210 cent. cub.	155,8 cent. cub.
— azote.	770 —	797,4 —
— acide carbonique.	0 —	39,8 —
	1000 —	993,0 —
	Inspiration.	7 —
		1000,0 —

3°. *Influence des prunes sur l'air atmosphérique au soleil.*

« Ces fruits ont été exposés, pendant quatre jours ou quarante-huit heures, au soleil sous le récipient; ils en ont été retirés pendant les nuits. »

	Atmosphère des prunes pendant l'expérience :	Atmosphère après l'expérience :
Gaz oxygène.	205,8 cent. cub.	226,9 cent. cub.
— azote.	774,2 —	790,6 —
— acide carbonique.	0,0 —	0,0 —
	980,0 —	1017,5 —

Les prunes ont amélioré l'air du récipient par des expirations égales à 21 centimètres cubes de gaz oxygène.

4°. *Influence des prunes sur l'air, lorsqu'elles ont acquis tout leur accroissement.*

Les expériences suivantes ont été faites un mois après les précédentes, sur des prunes qui touchaient au terme de leur maturité, ou qui n'en étaient éloignées que de deux ou trois jours; le volume de ce fruit avait doublé; on n'a mis par cette raison que deux prunes, qui pesaient entre 46 et 50 grammes, elles y sont souvent parvenues à leur entière maturité.

Expérience pendant douze heures de nuit.

	Atmosphère des prunes avant l'expérience :	Atmosphère après l'expérience :
Gaz oxygène.	210 cent. cub.	186,3 cent. cub.
— azote.	790 —	791,6 —
— acide carbonique.	0 —	12,1 —
	1000 —	990,0 —
	Inspiration.	10,0 —
		1000,0 —

Cette expérience, répétée deux fois avec des résultats semblables, montre que les fruits à volume égal détruisent plus d'oxygène lorsqu'ils sont éloignés de leur maturité que lorsqu'ils en sont rapprochés (1).

Expérience pendant douze heures de soleil.

	Atmosphère des prunes avant l'expérience :	Atmosphère après l'expérience :
Gaz oxygène.	210 cent. cub.	195,6 —
— azote.	790 —	797,1 —
— acide carbonique.	0 —	7,3 —
	1000 —	1000,0 —

Nous pourrions rapporter d'autres expériences faites par cet habile expérimentateur sur des pommes, du verjus et du raisin; mais, comme elles offrent des résultats semblables, nous nous en dispenserons : nous ferons seulement remarquer qu'il conclut de toutes ses

(1) Nous aurons souvent, dans le cours de cet ouvrage, l'occasion de rappeler combien ce résultat s'accorde avec nos expériences.

observations : 1° que les fruits verts ont sur l'air, au soleil et à l'obscurité la même influence que les feuilles (1), leur action ne diffère que par l'intensité qui est plus grande dans ces dernières (2) ; 2° qu'ils consomment, à volume égal, plus d'oxygène à l'obscurité lorsqu'ils sont éloignés de la maturité que lorsqu'ils en sont rapprochés; 3° que leur faculté de décomposer l'acide carbonique s'affaiblit aux approches de la maturité ; 4° enfin qu'ils s'approprient dans leur végétation l'oxygène et l'hydrogène de l'eau, en lui faisant perdre l'état liquide.

M. Bérard, professeur de chimie à Montpellier, l'un des concurrents au prix proposé par l'Institut, dans un *Mémoire* sur la maturation des fruits, couronné par l'Académie des sciences, ayant annoncé des résultats en contradiction avec ceux annoncés par M. de Saussure, nous allons rapporter quelques unes de ses expériences; elles serviront à éclairer la question, et on verra d'ailleurs, par les observations dont nous les ferons suivre, que la dissidence est plus apparente que réelle, et qu'elle tient à des circonstances que M. Bérard n'avait pas prévues.

« J'ai fait, » dit cet auteur, « des expériences sur des fruits détachés du végétal qui leur avait donné naissance.

» Quelques fraises très vertes et qui venaient d'être détachées de la plante ont été introduites dans un flacon plein d'air, de 0 litre 220 de capacité; ce flacon a été placé dans un laboratoire très éclairé; après vingt heures d'abandon, il a été ouvert sous le mercure, et l'analyse de l'air qu'il contenait alors, faite avec soin, a prouvé qu'il était composé de :

Acide carbonique.	4,00
— oxygène.	16,80
— azote.	79,20
	100,00

(1) Les fruits verts n'étant considérés que comme une expansion du tissu cellulaire, on conçoit que leur action sur l'air soit la même que celle des feuilles; il arrive souvent même que celles-ci et les extrémités des jeunes branches jouissent des mêmes propriétés que les fruits : le cassia senna en fournit un exemple ; les secondes écorces de nerprun et d'hièble sont dans le même cas.

(2) Cette différence dans la puissance d'action tient évidemment à ce que les feuilles présentent beaucoup plus de surface que les fruits ; le rôle qu'elles sont appelées à jouer dans la végétation explique suffisamment la nécessité de cette prodigieuse surface.

» Il résulte de cette expérience que, sur les 21 centièmes d'oxygène que contenait l'air du flacon, les fraises en out fait disparaître 4,20 qu'elles ont remplacé par 4 d'acide carbonique, c'est à dire que ces 4 centièmes d'oxygène, en se combinant avec une portion du carbone contenu dans les fraises vertes, ont formé un volume à très peu près égal de gaz carbonique.

» Une amande bien verte et bien saine, détachée de l'arbre à neuf heures du matin, a été mise dans une cloche, contenant de six à huit fois son volume d'air, et fermée par du mercure, recouverte d'une légère couche d'eau ; cette cloche a été exposée au soleil, dont on affaiblissait l'ardeur par quelques feuilles jetées sur l'appareil ; à quatre heures après midi, on a mesuré l'air de la cloche, qui a paru un peu augmenté, quoiqu'on ait eu l'intention de laisser refroidir l'appareil, pour que la température fût égale à celle du matin ; on en a retiré l'amande qui a paru parfaitement conservée dans toute sa surface. L'analyse de l'air de la cloche a prouvé qu'il était composé de :

Acide carbonique.   15,74
— oxygène.   5,65
— azote.   78,61
    ‾‾‾‾‾‾
    100,00

» Cette expérience prouve, suivant M. Bérard, que l'amande même, dans cette circonstance, a changé la plus grande partie de l'oxygène qui l'entourait en acide carbonique, et qu'elle a laissé, en outre, dé gager une très petite quantité d'acide carbonique ; des expériences semblables ont été faites sur des abricots verts, des prunes *reine-claude* également vertes ; le résultat a toujours été le même. »

M. Bérard conclut de ces expériences que les fruits verts, bien loin de changer, comme les feuilles, l'acide carbonique de l'air en carbone et en oxygène, lorsqu'ils sont frappés des rayons solaires, transforment au contraire, dans cette circonstance, l'oxygène de l'atmosphère qui les entoure en acide carbonique. Ces résultats étant, comme nous l'avons dit, opposés à ceux obtenus par M. Théodore de Saussure, nous allons rapporter les explications qu'en donne cet habile expérimentateur.

« Les fruits verts, » dit-il. «détachés de la plante et exposés à l'action successive de la nuit et du soleil, ne changent que peu ou point la pureté et le volume de l'air; les légères variations que l'on observe à cet égard dépendent soit de la faculté plus ou moins grande qu'ils ont d'absorber l'acide carbonique, soit de leur composition qui se modifie suivant le degré de leur maturité; ainsi les raisins en état de verjus paraissent s'assimiler en petite quantité l'oxygène de l'acide carbonique qu'ils forment dans l'air où ils végétent jour et nuit, tandis que les raisins, à peu près mûrs, représentent en totalité pendant le jour, dans leur atmosphère, l'oxygène de l'acide qu'ils ont produit à l'obscurité. S'il n'y a point d'illusion dans ce résultat, qui a été faible, mais constant dans toutes nos expériences, il signale le passage de l'état acide à l'état sucré, en indiquant que l'acidité du verjus tient à la fixation du gaz oxygène atmosphérique, et que cet acide disparaît lorsque le fruit ne puise que du carbone dans l'air ou dans l'acide carbonique.

» Les fruits verts décomposent en tout ou en partie non seulement l'acide carbonique qu'ils ont produit pendant la nuit, mais, en outre, celui qu'on ajoute artificiellement à leur atmosphère. Quand on fait cette dernière expérience avec des fruits qui sont aqueux, et qui, tels que les pommes et les raisins, n'absorbent que lentement le gaz acide carbonique, on voit qu'ils absorbent (1) au soleil une portion de gaz beaucoup plus grande que ne pourrait le faire un même volume d'eau, dans un semblable mélange; ils dégagent dès lors l'oxygène de l'acide absorbé, et paraissent ainsi s'élaborer dans leur intérieur.

» Leur faculté de décomposer l'acide carbonique s'affaiblit aux approches de la maturité.

» Ils s'approprient dans leur végétation l'oxygène et l'hydrogène de l'eau, en lui faisant perdre l'état liquide.

» Ces résultats ne s'observent souvent que dans des volumes d'air qui excèdent trente ou quarante fois le volume du fruit, et qui en affaiblissent beaucoup l'action échauffante du soleil; si on néglige ces précautions, plusieurs fruits corrompent l'air même au soleil, en formant de l'acide carbonique avec l'oxygène ambiant; mais encore, dans cette dernière circonstance, la seule comparaison de leur effet à l'obscurité avec celui qu'ils produisent sous l'influence successive de la nuit et du soleil démontre qu'ils décomposent l'acide carbonique.

(1) L'absorption au soleil, dans un mélange d'une partie d'acide carbonique et de vingt parties d'air, est égale aux deux tiers environ du volume de ces fruits.

» Les différences qui existent entre les résultats de **M. Bérard** et les miens, » dit encore M. de Saussure, « viennent principalement de ce qu'il a renfermé les fruits dans un espace qui n'excédait que six ou huit fois leur volume, et qui était trop étroit pour qu'ils ne souffrissent pas du voisinage ou du contact des parties du récipient échauffé par le soleil. »

Enfin, et pour ne rien omettre de ce qui peut contribuer à établir l'analogie d'action sur l'air atmosphérique des fruits et des feuilles, nous rappellerons que, suivant l'opinion de M. de Candolle, les péricarpes foliacés, tels que ceux de pois, de haricots, etc., se développent d'une manière tout à fait analogue aux feuilles ; ce qui doit d'autant moins surprendre, dit-il, qu'ils ne sont que des feuilles dans un état particulier. Doués de stomates comme les feuilles, ils exhalent l'eau surabondante et restent, par conséquent, dans un état de consistance qui favorise cette exhalaison ; *ils décomposent enfin le gaz acide carbonique comme les feuilles.*

» Il est, au contraire, d'autres péricarpes dont la surface est dépourvue de stomates qui, par conséquent, ne peuvent point exhaler complètement l'eau qu'ils reçoivent cependant comme les autres, et dont, par suite de cette eau surabondante, le parenchyme se dilate beaucoup : c'est ce qui constitue les fruits charnus dont l'homme tire un si grand parti pour sa nourriture.

» La surface des fruits charnus, » dit le même auteur, « commence presque toujours par être verte comme celle des feuilles dont ils ne sont qu'une dégénérescence plus éloignée que les péricarpes foliacés. »

Il n'y a pas seulement entre les péricarpes foliacés et les péricarpes charnus analogie d'action, mais quelquefois aussi analogie de composition. C'est ainsi que la cosse dans laquelle le pois est renfermé, et particulièrement celle de la variété dite si improprement *sans cosse*, contient non seulement un principe sucré lors de la maturation, mais bien aussi de la géline et de la fécule amylacée.

Il résulte, des observations qui précédent, qu'ainsi que nous l'avons dit au commencement de cet article, l'existence des fruits, et notamment celle des fruits pulpeux, se divise en deux époques bien distinctes. Nous avons indiqué les phénomènes que l'on remarque dans la première ; dans le chapitre suivant, nous nous occuperons de ceux que l'on observe pendant la seconde : c'est dans cette seconde partie de l'existence du fruit que s'effectue l'une des fonctions physiologiques les plus importantes du végétal, la *maturation.*

CHAPITRE DEUXIÈME.

DES PHÉNOMÈNES QUE PRÉSENTE LA MATURATION DES FRUITS ; MATURATION DES FRUITS SUCRÉS, MATURATION DES FRUITS SECS.

MATURATION DES FRUITS SUCRÉS.

L'étude des phénomènes qui se manifestent pendant la maturation des fruits fournit une nouvelle preuve du secours mutuel que se prêtent les sciences; c'est à la chimie, en effet, qu'on doit d'avoir expliqué ce qui se passe à cette époque si intéressante de l'existence du fruit. Les progrès qu'a faits cette belle science permettent maintenant de déterminer avec certitude le rôle que jouent les agents extérieurs, tels que l'air, la température et la lumière, et d'indiquer, en outre, les principes que contiennent ces organes si utiles, leur mode de réaction, les phénomènes auxquels ils donnent lieu et les produits nouveaux qui en résultent.

L'Académie des sciences, comprenant sa mission, a puissamment contribué à remplir cette lacune dans l'étude des fruits, en mettant au concours, sur la proposition de M. Berthollet, l'un de ses plus illustres membres, la question suivante : *Quels sont les changements qui s'opèrent dans les fruits pendant la maturation et au delà de ce terme?*

Pour mettre nos lecteurs à même de juger de l'état de la question, à l'époque du concours, et des progrès qu'elle a faits depuis cette époque, nous allons rapporter les termes du rapport fait par M. Berthollet, auteur, comme on l'a vu, de la proposition et l'un des membres de la commission chargée de prononcer entre les concurrents.

« Les concurrents devaient aux termes du programme :

» 1°. Faire l'analyse des fruits aux principales époques de leur accroissement et de leur maturation, et même à l'époque de leur blossissement et de leur pourriture ;

» 2°. Comparer entre elles la nature et la quantité des substances que les fruits contiendraient à ces diverses époques;

» 3°. Examiner avec soin l'influence des agents extérieurs, surtout celle de l'air qui environne les fruits et l'altération qu'il éprouve.

« Les observations pouvaient se borner à quelques fruits d'espèces

» différentes, pourvu qu'il fût possible d'en tirer des conséquences
» assez générales.

» Le prix était une médaille d'or.

» Trois concurrents se sont présentés :

» Le premier avait pour épigraphe : *Sole sub ardenti* ;

» Le second : *Voyez comme en secret la nature fermente* ;

» Le troisième : *Multa facta paucis verbis.* »

Voici le jugement que les commissaires ont porté sur leurs mémoires :

« L'auteur du n° 1er, *sole sub ardenti*, s'est livré à des spécula-
tions théoriques, et ne s'est appuyé, dans ses raisonnements, sur
aucune expérience précise ; il ne mérite point d'être distingué.

» L'auteur du n° 3, *multa facta paucis verbis*, a fait preuve de
connaissances ; il a bien entendu la question ; mais il paraît, d'après son
propre aveu, qu'il n'a point eu assez de temps pour la traiter convenablement (1) ; cependant son mémoire contient plusieurs observations intéressantes qui le rendent digne d'une mention très honorable.

» L'auteur du n° 2, *Voyez comme en secret la nature fermente* (Delille),
est celui qui a le plus approché du but. Ce n'est pas que les expériences
qu'il rapporte sur les changements qui surviennent dans la composition
du fruit, depuis sa naissance jusqu'à sa maturation et son blossissement, soient bien concluantes ; elles laissent, au contraire, beaucoup
à désirer ; elles ne sont ni assez multipliées, ni assez précises pour pouvoir en tirer des conséquences générales et incontestables ; mais celles
qu'il a faites, en examinant l'influence du gaz sur la maturation, sont
très remarquables.

» Il a vu que la maturation des fruits ne s'opérait que par le
contact de l'air, et qu'alors il se formait du gaz acide carbonique
par l'union de l'oxygène de l'atmosphère avec le carbone du fruit,
de sorte qu'il se passe un phénomène opposé à celui que présentent les
feuilles sous l'influence solaire.

» Les fruits, » dit l'auteur, « n'agissent pas comme les feuilles sur l'air
atmosphérique. Le résultat de leur action sur lui, tant sous l'influence

(1) Cet aveu n'était pas aussi explicite ; nous regrettions seulement que la saison,
trop avancée, ne nous ait pas permis de faire encore un plus grand nombre d'expériences ; et, d'ailleurs, notre concurrent favorisé se trouvait, comme il résulte
des termes mêmes du rapport, dans le même cas.

de la lumière que sous celle de l'obscurité, est, dans toutes les époques de leur développement, une perte de carbone de la part du fruit. Ce carbone se combine avec l'oxygène et le transforme en acide carbonique. Cette perte de carbone est une fonction indispensable pour que la maturation s'opère ; car, quand le fruit est plongé dans une atmosphère dépourvue d'oxygène, cette fonction ne pouvant plus alors s'exécuter, la maturation est arrêtée, et si le fruit est attaché à l'arbre, il se dessèche et meurt.

» Les commissaires n'ont pu répéter les expériences à cause de la saison; mais, comme elles paraissent faites avec beaucoup de soin, ils en croient les résultats exacts.

» Dans cet état de choses, vu la difficulté et l'importance du sujet, ils ont été d'avis que le prix doit être accordé au mémoire n° 2 ayant pour épigraphe : *Voyez comme en secret la nature fermente* ;

» Et qu'on doit accorder une mention très honorable au n° 3, dont l'épigraphe est : *Multa facta paucis verbis.* »

Sans doute, les auteurs de ces mémoires continueront leurs recherches et achèveront de résoudre complètement la question.

Le prix a été décerné, dans la séance publique du 2 avril 1821, à la pièce n° 2 ; l'auteur était M. Bérard.

Une mention honorable a été accordée à la pièce n° 3.

Après avoir eu connaissance de ce rapport, par la lecture qui en fut faite dans l'une des séances particulières qui précédèrent la séance publique, nous nous empressâmes d'adresser à l'Académie la lettre suivante ; elle était accompagnée d'un appareil dans lequel s'était développée et avait mûri une pêche, sans le concours de l'air extérieur, et offrant conséquemment des résultats contraires à ceux signalés par notre concurrent :

« Monsieur le Président,

» Dans la dernière séance, la Commission, chargée de faire le rapport sur la question de la maturation des fruits, a proposé de décerner le prix à l'auteur du mémoire n° 2, et elle a bien voulu réclamer pour moi une mention honorable. Je ne viens pas appeler de ce jugement ; je suis infiniment flatté de la portion d'encouragement qui m'a été dévolue, et j'en remercie MM. les commissaires ; mais, excité par le regret qu'ils ont manifesté de n'avoir pu répéter les expériences, je prendrai la liberté de vous soumettre quelques observations qui en démontreront peut-être la nécessité.

» L'auteur du mémoire n° 2 a vu que la maturation des fruits ne s'opérait que par le contact de l'air, et qu'alors il se formait du gaz acide carbonique par l'union de l'oxygène avec le carbone du fruit ; de sorte qu'il se passerait un phénomène opposé à celui que présentent les feuilles sous l'influence solaire (1).

» Le même auteur conclut de ses expériences que la maturation du fruit ne s'effectue qu'en raison d'une soustraction continuelle du carbone qui se combine avec l'oxygène de l'air atmosphérique pour former de l'acide carbonique, en telle sorte que la maturation s'arrête tout à coup, quand le fruit se trouve plongé dans une atmosphère dépourvue d'oxygène : les résultats, selon l'auteur, sont vrais pour le fruit dans toutes ses conditions, et qu'il soit ou non attaché à l'arbre.

» Je n'ai pas, il est vrai, rapporté les expériences que j'ai faites sur les fruits encore fixés à l'arbre : je les considérais comme ne pouvant conduire à des résultats certains, attendu qu'elles ne peuvent être pratiquées sans gêner sensiblement toutes les fonctions de la végétation. On ne saurait d'ailleurs admettre que la maturation s'effectue dans le fruit libre autrement que dans le fruit encore suspendu à l'arbre, et c'est l'opinion de M. Bérard lui-même. Or j'ai varié à l'infini ce genre d'expériences, je les ai faites de la manière la plus précise, et j'ai constamment vu que les fruits dégageaient en quantité de l'acide carbonique dans l'azote, l'hydrogène, l'acide carbonique, même l'oxygène et l'air atmosphérique. Il est très vrai que l'oxygène des gaz qui en contiennent est absorbé pour être transformé en acide carbonique ; mais il est également vrai que le dégagement d'acide carbonique continue longtemps après que tout l'oxygène a disparu.

» Je crois en avoir dit assez pour démontrer que la question n'est point résolue d'une manière constante (2). Je ne cherche point à faire prévaloir mon opinion ; mais je demande qu'avant de prononcer d'une manière définitive on veuille bien les examiner de plus près, et attendre l'époque où on pourra répéter les expériences.

» Agréez, Monsieur le Président, etc., etc. »

(1) Cette théorie est en contradiction manifeste avec les expériences plus récentes de M. Th. de Saussure, desquelles il résulte que *les fruits verts ont sur l'air, au soleil et à l'obscurité, la même influence que les feuilles.*
(2) Les termes du rapport le prouvaient, d'ailleurs, suffisamment.

Ces observations ne furent point accueillies, par des considérations purement réglementaires ; nous le regrettâmes vivement, moins dans notre intérêt que dans celui de la science. En effet, en ajournant la décision, on prononçait avec certitude, on ne laissait pas en litige les points sur lesquels les auteurs n'étaient pas d'accord, on ajoutait l'autorité si puissante des savants qui composaient la commission à l'autorité du Mémoire couronné, et il serait bien certainement résulté d'un si grand concours de nouvelles observations, qui eussent tourné au profit de la science.

Maintenant que nous avons, pour ainsi dire, mis les pièces du procès sous les yeux de nos lecteurs, ils jugeront, dans le cours de ce chapitre, si nous étions loin du but (1).

Cette sorte de digression nous a entraîné un peu loin, mais nous l'avons jugée nécessaire pour compléter l'histoire de la maturation des fruits.

Bien que le péricarpe joue un rôle fort important, soit qu'il concoure à la conservation de l'espèce, en garantissant la graine des impressions extérieures, soit que, par sa destruction, il lui fournisse les matériaux ou éléments nécessaires à son développement, les mutations qui s'opèrent dans cette partie du fruit n'avaient été étudiées, avant M. Bérard et nous, que par un très petit nombre de physiologistes, et, on doit le reconnaître, cette étude avait fait fort peu de progrès.

Ingenhouz est le premier qui s'en soit occupé ; nous extrairons, de son ouvrage intitulé *Expériences sur les végétaux*, tout ce qui se rattache à la question qui nous occupe, et, pour ne point altérer la simplicité avec laquelle il s'exprime, nous le laisserons parler :

« Tous les fruits en général, dit-il, exhalent un air pernicieux jour et nuit, dans la lumière et dans l'ombre, et possèdent une faculté considérable de communiquer une qualité des plus malfaisantes à l'air environnant. J'ai été fort étonné et même un peu fâché de découvrir un poison caché dans les fruits qui constituent une si grande partie de nos aliments, d'autant plus que j'en ai trouvé quelques uns, même des plus délicieux pour le goût et pour l'odeur, qui possèdent ce pouvoir à

---

(1) Loin de nous décourager, cette circonstance a excité notre zèle ; nous avons, par de nouveaux travaux, confirmé nos premières observations, et, bien que nous ayons obtenu une justice un peu tardive, nous n'en avons pas moins été très flatté que l'Académie ait bien voulu voter l'impression de notre nouveau travail dans le *Recueil des Mémoires des Savants étranger* .

un degré surprenant, comme les pêches, par exemple. J'ai observé qu'une pêche à l'ombre peut corrompre tellement une masse d'air six fois plus grande que son volume, qu'elle en était devenue mortelle pour un animal qui l'aurait respirée, et que ce fruit peut rendre une telle quantité d'air si nuisible, même au soleil, que la flamme d'une bougie s'y éteignait d'abord. »

Il est presque superflu de faire remarquer que le poison dont parle Ingenhouz n'est autre chose que le gaz acide carbonique qui se forme avant la maturation et qui, comme on sait, est délétère lorsqu'on le respire seul, mais très innocent lorsqu'il est en dissolution dans l'eau ou le vin, comme, par exemple, les eaux gazeuses, le vin de Champagne mousseux. Si ce physiologiste vivait de nos jours, il est vraisemblable qu'il serait moins effrayé de l'existence de ce *poison* dans les fruits sucrés.

Sennebier est le physiologiste qui nous a fourni les matériaux les plus précieux pour étayer et fortifier la théorie que nous allons donner du phénomène de la maturation. Sans s'appuyer sur des expériences, et par induction, il a, en homme de génie, plutôt deviné que prouvé les faits qui se passent dans ce phénomène important.

Il a remarqué que les fruits, d'abord acerbes, deviennent acides et ensuite doux ou sucrés; que le principe astringent, qui se rapproche toujours davantage de l'acide végétal (et qui, suivant lui, en est l'ébauche), se métamorphose en sucre en s'unissant à l'oxygène; qu'enfin il est certain que les acides s'oxygènent de plus en plus; que l'acide nitrique des raisins verts, par exemple, se trouve en s'oxygénant transformé en acide tartrique.

« Il semblerait, dit-il, que la *partie gommeuse de la sève devient la partie sucrée des fruits*. Et comme on obtient l'acide du sucre (acide oxalique) de la gomme, on peut croire que celle-ci change de saveur suivant la proportion de ses éléments. »

Lorsqu'il indique les principes constituants de la fécule, qui sont, comme on sait, l'hydrogène, le carbone et l'oxygène, il dit encore *que l'augmentation de ce dernier principe peut la faire passer à l'état de matière sucrée*.

Enfin, en parlant du rôle que joue la fécule dans la végétation, le même auteur s'exprime ainsi : « Après ce que j'ai dit de la fécule répandue dans toute la plante, il semblerait qu'elle s'y trouve pour favoriser l'accroissement de ses parties, comme elle favorise son développement dans la plantule *par sa dissolution dans les acides végétaux*; on pourrait en dire autant pour la maturation des fruits, jusqu'à ce qu'on ait approfondi davantage ce sujet important. »

Il rappelle, en outre, l'opinion de Fourcroy, qui regardait le *principe gommeux comme pouvant aisément se changer en principe sucré dans les fruits qui mûrissent.*

On verra plus loin jusqu'à quel point les expériences que nous avons faites sur la fécule, la gomme, les sucs de fruits et les acides végétaux confirment ces hypothèses.

MM. Lamarck et de Candolle pensent que, « lors de la maturation, la sève pénètre dans le fruit, la transpiration y étant presque nulle, il grossit plus que toute autre partie à proportion de la sève qu'il reçoit; la quantité de la sève y est encore augmentée parce qu'elle ne peut facilement redescendre par l'écorce, à cause des articulations qui se trouvent fréquemment sur les pédoncules (1). Tous les sucs qui arrivent ainsi dans le fruit ne servent qu'à le grossir, et ils conservent leur saveur âpre ou acide jusqu'à la dernière époque de la maturation. Alors les pores extérieurs du fruit s'oblitèrent, les pédoncules, obstrués eux-mêmes, ne donnent plus qu'une moindre quantité de sève, *l'oxygène dû à la décomposition de l'acide carbonique, ne pouvant plus s'échapper, se jette sur le mucilage du fruit, et le change en matière sucrée.*

M. Mirbel, dans son *Traité des arbres fruitiers*, dit, en parlant des fruits sucrés : « Les péricarpes charnus absorbent de l'oxygène et rejettent du gaz acide carbonique ; des liqueurs sucrées s'élaborent dans leurs tissus; elles éprouvent une légère fermentation, l'organisation s'altère, les sucs s'aigrissent, la pulpe se décompose et tombe en pourriture. »

Plus récemment enfin, M. de Candolle, dans sa *Physiologie végétale*, s'exprime ainsi : « La nature propre des fruits charnus est, comme on sait, très différente de celle des fruits foliacés, et les divers fruits charnus comparés entre eux présentent des consistances et des saveurs fort différentes. La sève, introduite par les méats intercellulaires, est graduellement pompée par les cellules du parenchyme, et c'est dans l'in-

---

(1) Nous ne doutons pas que, si l'on soumettait à un examen microscopique les nodosités qu'on remarque aux extrémités des pédoncules, elles ne présentassent une organisation analogue à l'*aorte*; elles doivent être, en effet, formées de soupapes qui permettent l'afflux de la sève dans le fruit, mais qui s'opposent à son retour vers le tronc. Le col de la racine a vraisemblablement une organisation analogue.

térieur de ces cellules que paraît se faire l'élaboration. La nature du fruit peut dépendre du mode d'action de ces cellules, de la nature des matières apportées par la sève, et des circonstances atmosphériques qui facilitent l'action des organes élaborateurs.

» Quant au premier objet, » dit encore ce savant, « il échappe à toutes nos recherches ; car il tient à la nature intime des tissus. Nous ne saurons probablement pas mieux pourquoi les cellules du citron forment un suc acide, et celles de l'orange un suc sucré, que nous ne saurons la cause générale des sécrétions. La nature de la sève absorbée est aussi peu appréciable par nos moyens d'investigation ; comparée à l'action des cellules, elle paraît, en réalité, de peu d'importance, puisqu'un fruit greffé sur une espèce différente conserve sa propre nature ; mais l'action des circonstances atmosphériques est la seule que nos études puissent réellement apprécier. »

Les différences que présentent les fruits sont dues à trois causes principales, qui sont : l'organisation, l'influence du sol et celle de la température. La première ne varie pas (1), mais les autres sont moins constantes. C'est ainsi que les pêches, qui, en Perse, ont quelquefois une action délétère, sont, chez nous, très innocentes ; les fruits exotiques récoltés sur notre sol ou dans nos serres sont loin d'avoir les mêmes propriétés qu'ils offrent dans les contrées d'où ils sont originaires. L'influence de la température apporte aussi des modifications très importantes dans les principes des fruits. Si, par exemple, deux plants de vigne ou d'arbres fruitiers quelconques, ayant les mêmes habitudes, ou même détachés du même arbre, mis à végéter pendant plusieurs saisons successives dans des climats différents ; si l'un est planté sur les bords du Rhin et l'autre sur ceux du Nil, les habitudes de chacun d'eux seront modifiées suivant le climat sous l'influence duquel il aura été placé ; et si tous deux, par exemple, sont ensuite portés, au commencement du printemps, dans un climat semblable à celui de l'Italie, l'arbre dont les habitudes auront été modifiées par le climat chaud entrera immédiatement en végétation, tandis que l'autre restera dans un état d'inertie.

L'influence du climat sur les habitudes des plantes dépend moins de l'élévation de température dans chaque climat que de sa distribu-

_____

(1) A moins que ce ne soit pour produire des monstres ; mais ces circonstances ont rares et elles ne détruisent pas la règle.

tion dans les différentes saisons de l'année. Il faut conséquemment, pour que son influence soit salutaire et profitable, que sa manifestation soit en harmonie avec les habitudes des plantes ; c'est ainsi qu'un printemps chaud et un été froid sont des circonstances très défavorables au développement du fruit. La hâtiveté de chaleur nuit à son développement, et son absence pendant l'été rend la maturation incomplète.

Tous les auteurs qui se sont occupés des fruits ont considéré la présence de l'air comme indispensable à la maturation. Le premier, nous avons démontré que, s'il concourait à la formation des principes, dans la première période de l'existence du fruit, sa présence n'était nullement nécessaire pour favoriser leur réaction. Il est vrai de dire cependant qu'aussitôt qu'une variation de température vient déranger l'équilibre, l'oxygène de l'air favorise de nouvelles combinaisons, et l'altération s'effectue.

La maturation est, pour ainsi dire, l'âge adulte du fruit, c'est un état transitoire entre la formation des principes et leur dissociation.

Notre théorie ayant été admise par un grand nombre de botanistes physiologistes et ayant par cela même acquis une sorte d'autorité, nous allons la reproduire ici avec quelque détail.

Pour bien comprendre les phénomènes qui se passent dans la maturation, on doit diviser l'existence du fruit en deux parties bien distinctes : la première comprend son développement et la formation des principes qui entrent dans sa composition. Dans cette première période, il y a influence directe et nécessaire de la plante sur le fruit ; son action sur l'air atmosphérique, comme l'a très bien observé M. Théodore de Saussure, est la même que celle qu'exercent les feuilles ; sa composition, comme nous l'avons fait remarquer dans le chapitre précédent, présente d'ailleurs avec celle-ci une grande analogie (1) ; la seconde période comprend la maturation proprement dite : elle s'effectue par la réaction des principes, réaction qui est puissante

_____

(1) Les couleurs rouge et rouge pourpre que prennent les feuilles du sumac, de la vigne vierge, etc., militent puissamment en faveur de cette opinion ; car les plantes qui les produisent fournissent aussi des fruits très chargés en couleur. Il existe encore une autre analogie, que nous ne pouvons nous dispenser de signaler ; c'est que les fruits, comme les feuilles, attirent à eux la sève ascendante, et même avec une puissance d'action beaucoup plus grande. On a vu, dans le chapitre précédent, que comme elles, ils exhalent une grande quantité d'eau.

ment favorisée par la chaleur. Dans celle-ci, les phénomènes sont complètement indépendants de la végétation; le fruit éprouve par suite de sa composition, de la part de la chaleur et de l'air (ce dernier considéré seulement comme milieu), une action qui lui fait parcourir les diverses phases de la maturation. Cette action est purement chimique, et la preuve, c'est que la plupart des fruits mûrissent détachés de l'arbre.

Ces réactions de principes dans les fruits n'ont rien qui doive surprendre : toutes les parties d'un végétal sont, pour ainsi dire, une suite d'appareils chimiques dans lesquels les mêmes principes soumis à des actions différentes éprouvent des mutations d'état. Chaque organe est un moule dont la structure varie suivant les espèces et dont le mécanisme, mu par la force vitale (ou l'électricité) (1), attire, reçoit, prépare sa propre nourriture. En un mot, si la sève modifie l'organe en le développant, celui-ci est le laboratoire où s'effectuent les modifications chimiques. On a comparé avec raison le col de la racine à l'estomac des animaux (2); les sucs y éprouvent en effet une première modification qui les transforme en sève, et celle-ci, en se répandant dans les organes, s'y modifie et devient la source de l'assimilation.

(1) On a comparé l'estomac, chez les animaux, à un appareil chimique, et on a donné le nom de *digestion* à l'opération qui consiste à mettre en contact des substances solides avec des liquides, pour que ceux-ci en extraient certains principes.

(2) M. le docteur Donné, dans un mémoire sur l'existence des courants électriques déterminés par l'acidité ou l'alcalinité des organes, dans les animaux et les végétaux, émet l'opinion suivante, qui justifie notre hypothèse : « Un fruit, suivant cet auteur, peut être considéré comme une pile, dont le côté de la queue est électro-négatif dans les fruits adhérents, tels que la pomme et la poire, et le côté opposé, ou de l'œil, électro-positif. C'est le contraire dans les fruits libres, tels que la pêche et la prune. Dans tous les cas, ce sont toujours ces deux points opposés des fruits qui donnent le maximum de tension électrique. En plongeant les conducteurs du galvanomètre dans d'autres points, les effets diminuent ; ils deviennent nuls lorsqu'on les place des deux côtés d'un fruit, à égale distance du centre et perpendiculairement au plan qui passe par le pédoncule et l'œil. Les courants électriques, dans les végétaux, ne peuvent pas être déterminés par l'état acide et alcalin des parties, comme dans les animaux, puisque le suc des fruits est partout plus ou moins acide. Mais, dit encore l'auteur de l'observation, d'après les belles expériences de M. Biot, les sucs qui arrivent par le pédicule subissent des modifications en un point quelconque du fruit ; c'est probablement à la différence de composition chimique de ces sucs, aux deux extrémités d'un fruit, qu'il faut attribuer les phénomènes électriques. »

4

La maturation commence à s'effectuer lorsque le fruit a atteint le développement dont il est susceptible, et lorsque les principes qui le composent ont acquis leur dernier degré de perfection. La nature semble en effet à cette époque l'abandonner à lui-même, en permettant l'obstruction des vaisseaux qui traversent le pédoncule et qui jusque-là concouraient à son développement; l'action vitale est alors interrompue. On sait, en effet, que les fruits, dans beaucoup de cas, peuvent alors être détachés de l'arbre, sans que cette opération arrête le cours de la maturation; elle semble, au contraire, marcher plus vite. On conçoit, en effet, que si de nouveaux principes continuaient à affluer, ils contrarieraient la réaction et retarderaient, s'ils n'empêchaient la maturation. Nous en avons eu la preuve en arrosant surabondamment un cep de vigne; le raisin, comme nous l'avions prévu, n'a pas complètement mûri; il offrait, sous ce rapport, une différence notable avec ceux qui l'avoisinaient. L'usage d'opérer l'incision annulaire, de tordre les pédoncules du raisin, de pincer l'extrémité des branches qui supportent les figues a évidemment pour objet, en interceptant toute communication entre l'arbre et le fruit, de hâter sa maturité (1).

Cette explication doit paraître beaucoup plus vraisemblable que celle qui suppose dans le fruit une continuation d'action végétative; il nous semble que c'est donner beaucoup d'extension à ce phénomène encore inconnu (ou seulement soupçonné, comme on l'a vu plus haut), que d'admettre son concours, lorsque l'isolement est opéré. Il serait tout aussi judicieux d'attribuer les diverses fermentations à un reste d'action vitale; on sait très bien qu'il n'en est rien, et cependant la maturation, lorsque le dérangement d'équilibre est effectué, est, rigoureusement parlant, un commencement d'altération. Cette manière d'envisager ce phénomène rencontrera peut-être quelques contradicteurs; mais nous leur ferons remarquer qu'un grand nombre de fruits mûrissent détachés de l'arbre, ou de la plante qui les a produits; que la ligne de démarcation entre la maturation et l'altération proprement dites n'existe pas et ne peut être tracée; qu'enfin certains fruits ne sont servis sur nos tables que lorsqu'ils sont tournés ou

(1) Lorsque nous parlerons des semis, nous prouverons que ce que les fruits gagnent, par la culture, en suavité et en volume, ils le perdent en faculté reproductrice.

aoûtés ou blossis ; par exemple, les ananas, les melons, les nèfles, les azeroles, les cormes.

Considérant la question sous le point de vue philosophique, c'est à dire quant à la propagation de l'espèce, on voit qu'il faut de toute nécessité que le péricarpe s'altère pour que la graine puise dans le sol les principes nécessaires à son développement. Lors donc que le fruit a atteint l'accroissement dont il est susceptible, l'altération commence ; il *tourne*, comme on le dit vulgairement ; la transition, plus ou moins brusque suivant les espèces, est insaisissable ; en matière de végétation, de la maturité à la vieillesse il n'y a qu'un pas.

C'est une idée plus ingénieuse et plus séduisante que juste, et que nous combattons à regret, que de considérer les fruits comme étant créés par la nature pour satisfaire nos besoins. S'il en était ainsi, elle nous les offrirait toujours exempts de dangers, et tels que la culture nous les donne, c'est à dire avec des qualités qu'ils sont loin d'avoir à l'état sauvage. Bien qu'on ait prétendu trouver entre le mode de nourriture et l'organisation certaines conditions d'existence, ces prétendues règles offrent un si grand nombre d'anomalies, qu'elles ne pourraient soutenir un examen sérieux. C'est le climat, a-t-on dit avec raison, qui fixe la station des animaux et qui agit sur eux pour les modifier ; c'est ensuite le genre de nourriture, et, par conséquent, c'est encore le climat. Si les mêmes animaux accompagnent partout les mêmes végétaux, c'est que tous exigent de semblables influences et se prêtent de mutuels secours : tels sont, par exemple, le mûrier et le ver à soie, le *cactus coccinellifer* et la cochenille, etc. La ligne de démarcation entre les animaux herbivores et carnivores seulement est certainement bien tranchée, et la plus grande longueur relative du canal intestinal chez les premiers est bien caractéristique ; mais il n'en est pas de même quant aux caractères qui distinguent les animaux fructivores ; ils le sont en effet plus ou moins, mais jamais exclusivement. Si des conditions d'existence étaient attachées à ce genre de nourriture, elles seraient bien limitées ; car ces produits ne sont pas de ceux que la nature offre le plus constamment et le plus abondamment. Sa prévoyance serait aussi souvent en défaut, car on trouve assez fréquemment des poisons là où des fruits alibiles seraient utiles. Elle a un but encore plus élevé, s'il est possible, et vers lequel tendent incontestablement tous ses efforts ; c'est, comme nous l'avons dit, la conservation de l'espèce. Loin de nous plaindre, nous devons nous féliciter de sa libéralité; elle a été, en effet, plus généreuse, elle nous a donné l'intelligence, cette faculté si précieuse qui nous permet, en surmontant les obstacles qu'elle semble nous offrir, de ne devoir qu'à nos soins les jouissances que nous nous procurons, jouissances d'autant plus vives qu'elles augmentent de la nature de ces obstacles et de la satisfaction que nous éprouvons à les surmonter. Virgile a dit avant nous et bien plus éloquemment :

> Tel est l'arrêt fatal du maître du tonnerre :
> Lui-même il força l'homme à cultiver la terre ;
> Et n'accordant les fruits qu'à nos soins vigilants,
> Voulut que l'indigence éveillât les talents.
>
> DELILLE.

Si l'influence de la culture sur les fruits n'est pas aussi favorable qu'on pourrait le croire à la reproduction des espèces, il n'en est pas de même quant à celle qu'elle exerce sur le développement et la réaction des principes. Elle a, en général, pour effet d'augmenter leur volume et de les rendre plus nourrissants et plus suaves. Les moyens d'obtenir ces résultats consistent dans l'emploi heureusement appproprié des engrais, de la greffe, du rapprochement, de la fécondation croisée, de l'incision annulaire, de la ligature, de la taille et de l'inclinaison des branches.

La maturation s'effectue, comme nous l'avons dit, par suite de la réaction des principes qui entrent dans la composition du fruit. Ces principes sont généralement, comme l'analyse nous l'a démontré, de l'eau, de la gélatine ou géline, des acides, de la fibre végétale et de la fécule (1); ils ne sont pas tous charriés par la sève : les acides, par exemple, sont formés par suite d'une modification qu'elle éprouve dans son passage des jeunes branches au fruit. A cette époque de la végétation, les jeunes branches, les vrilles, les pédoncules, participent de la nature du fruit, et ont sur l'air atmosphérique le même mode d'action que les feuilles, comme il résulte des expériences de M. de Saussure. Cette circonstance doit nécessairement faire éprouver aux

---

(1) Cette dernière substance se rencontre dans presque toutes les parties du végétal ; nous l'avons trouvée dans un grand nombre de fruits, et notamment dans la calebasse comestible, la châtaigne. M. Richard a signalé sa présence dans les poires et les pommes ; elle existe dans les racines de bryone, les bulbes d'orchis, les tubercules de pommes de terre, les tiges de plusieurs palmiers, les semences ou graines de froment, etc.

principes certaines modifications et favoriser les réactions. Les acides ainsi formés, favorisés ensuite par l'élévation de température, réagissent sur la gélatine et la transforment en matière sucrée; ils éprouvent eux-mêmes, comme on le verra plus loin, par suite de cette action, une sorte de saturation. Si, comme il est probable, la gélatine n'est autre chose qu'un hydrate de carbone hydrogéné, on peut concevoir la possibilité de combinaison entre l'hydrogène surabondant et une portion de l'oxygène de l'acide. Cette théorie s'appliquerait également à la conversion de la gomme en matière sucrée, lorsqu'on la traite par l'acide muriatique oxygéné; enfin elle s'accorderait avec les expériences de M. Recluz sur la déshydrogénation de l'alcool et de l'amidon par l'acide nitrique. (*Journal de pharmacie*, mars 1831.)

A mesure que le développement du fruit s'effectue, la pellicule ou épicarpe qui le recouvre s'amincit, acquiert de la transparence, et permet à la lumière et à la chaleur d'exercer une influence plus vive. C'est dans cette seconde période de l'existence du fruit, comme nous l'avons dit, que la maturation s'opère; les acides une fois formés réagissent sur le cambium, qui afflue dans le fruit, et, aidés de la chaleur, le transforment en matière sucrée. Ce qu'il y a de certain, c'est qu'ils éprouvent de la part de la gélatine une espèce de saturation, et qu'ils disparaissent en grande partie à mesure que la maturation s'effectue.

Pour donner plus de crédit à cette assertion, nous rapporterons une circonstance fort singulière que nous ont offerte nos expériences analytiques. De la pulpe d'abricots mûrs, saturée avec beaucoup de soin par une légère dissolution de potasse caustique, perdait sa saveur sucrée à mesure que l'on saturait l'acide, et cela à tel point que, la saturation étant achevée, la saveur était devenue fade et presque insipide, d'aigrelette et de sucrée qu'elle était. Nous rappellerons, à cette occasion, que Rigby regardait le sucre comme un acide masqué.

Il est bien constant, et nous avons souvent eu occasion de vérifier, que la densité du sucre s'accroît en même temps que la matière sucrée augmente. Cette circonstance nous semble prouver d'une manière incontestable la transformation de la gélatine en sucre; car on sait que sa densité n'est pas appréciable, bien qu'elle offre une certaine viscosité. Il résulte de ce fait que le cambium, qui, comme nous l'avons dit, afflue dans le fruit, ne contribue qu'indirectement à cette augmentation de densité. L'eau et la gélatine qui le constituent se séparent par suite de l'action de la chaleur : la première est exhalée et forme l'eau de transpiration, et la seconde, livrée à l'action des acides, est transformée en matière sucrée.

On sait, par une expérience journalière, que pour obtenir la gelée de certains fruits il ne faut pas les prendre dans un état de maturation trop avancé, parce qu'alors une grande partie de la gélatine a été convertie en matière sucrée par l'action réunie des acides et de la chaleur. Une autre observation qui se rattache à celle-ci, c'est que les confitures de groseilles, par exemple, ne forment une gelée consistante que lorsqu'on les laisse peu de temps sur le feu.

Maintenant que nous avons fait entrevoir comment nous concevons le phénomène de la maturation des fruits, nous allons tâcher de confirmer notre théorie, en exposant une série de faits que nous regardons comme synthétiques. Ils prouvent que la nature est un guide sûr, et que bien que nos moyens ne nous permettent de l'imiter que de loin, nous pouvons cependant quelquefois, par induction, découvrir ses secrets.

L'annonce presque simultanée des programmes de prix proposés par l'Académie des sciences et par la Société de pharmacie, ayant pour objet, l'un la maturation des fruits, et l'autre les phénomènes qui se passent dans la transformation de la fécule en sucre, nous étant parvenue en même temps, nous fûmes frappé de l'analogie qu'offraient ces deux opérations, l'une opérée par la nature, l'autre produit de l'art. Cette analogie existe non seulement dans la similitude des principes, mais encore dans la similitude d'action.

En effet, dans la maturation, il faut indispensablement, pour qu'elle s'effectue, la présence d'un ou plusieurs acides, d'une matière gélatineuse, et d'une température qui, si elle n'est pas toujours très élevée, exerce au moins son action assez longtemps et d'autant plus énergiquement que les principes sont, pour ainsi dire, à l'état naissant. Si la température est constamment basse, comme, par exemple, dans les contrées septentrionales, la réaction est incomplète, et il y a peu ou point de maturation. Dans l'autre opération, la conversion de la fécule en matière sucrée, il faut également la présence d'un acide, qui peut être végétal, comme on le verra plus loin, de fécule ou d'amidon (1), d'une température qui peut être ou assez élevée et agir instantanément, ou faible et long-

_____

(1) En variant simplement la température, nous sommes parvenu à convertir la fécule et l'amidon en sucre et en gélatine ou gomme artificielle.

temps prolongée. Cette dernière condition est ici encore indispensable; car nous avons eu lieu de nous convaincre, dans le grand nombre d'expériences que nous avons faites, que la conversion en matière sucrée était d'autant plus complète, que la température avait été plus élevée. Ainsi, lorsque nous suspendions à propos l'action de la chaleur, la conversion de la fécule en matière sucrée était incomplète, et nous n'obtenions qu'une gélatine qui offrait toutes les propriétés physiques de la gomme. Dans les deux opérations, la formation du sucre est toujours précédée de celle de la gomme.

Pour rendre cette analogie plus sensible, nous allons rapporter l'expérience suivante, qui nous a offert, comme on le verra, un résultat fort singulier et surtout très concluant.

Après nous être assuré que l'on pouvait substituer les acides végétaux aux acides minéraux, et convertir avec le même succès la fécule en matière sucrée, nous avons suspendu 500 grammes de fécule dans 2,000 grammes d'eau; nous avons fait ensuite dissoudre 64 grammes d'acide tartrique dans 500 grammes d'eau, et nous avons introduit le tout dans un autoclave. La fécule en suspension a été versée peu à peu dans l'eau acidulée, qui, bien qu'elle s'épaissît à chaque immersion, ne tardait cependant pas à reprendre de la fluidité. L'autoclave a été fermé et maintenu à une température de 125°. Après le refroidissement, la liqueur, qui marquait 12° à l'aréomètre, a été séparée en deux portions égales : l'une, immédiatement saturée avec du carbonate de chaux, filtrée et évaporée, a fourni un produit qui offrait toutes les propriétés physiques de la gomme. Cette matière, à moitié refroidie, prise par portions et roulée dans les mains, présentait l'aspect de marrons de gomme; sa transparence, sa fracture conoïde, sa grande solubilité dans l'eau, d'où l'alcool la précipitait, permettaient de la confondre avec ce produit naturel. L'autre partie de la dissolution, après avoir été introduite de nouveau dans l'autoclave, soumise à une température de 130° pendant encore deux heures, retirée du feu, filtrée et évaporée, n'offrait plus l'aspect d'une solution gommeuse, mais bien celui du sirop de fécule, dont elle avait les propriétés; placée à l'étuve, elle ne tarda pas à se prendre en masse cristalline d'une saveur sucrée, fraîche, caractéristique des sirops de fécule et de raisin.

Cette expérience démontre suffisamment la possibilité de convertir la fécule d'abord en gélatine, puis en matière sucrée, et rend plus évidente l'analogie que nous avons signalée entre la maturation des fruits et la conversion de la fécule en sucre.

Une circonstance qui milite puissamment en faveur de cette théorie, c'est qu'il n'est pas rare de voir à la surface de certains fruits, et particulièrement des prunes, des larmes de gomme (1). Nous avons provoqué la formation de ces larmes en blessant, à l'aide d'une épine d'acacia triacanthos, des prunes qui n'avaient pas encore atteint leur développement et encore moins leur maturité, et nous avons eu la satisfaction de voir, comme nous l'avions prévu, chaque petite plaie recouverte d'une de ces larmes. Lorsqu'au contraire la maturation était trop avancée, le fruit ne tardait pas à s'altérer dans la partie blessée, et le blossissement allait d'autant plus vite que la maturation approchait de son terme. On conçoit, en effet, que si le fruit, avant sa maturité, a été blessé par quelque corps étranger, des grêlons, par exemple, une portion du cambium qu'il renfermait s'est épanché, et le principe gélatineux qu'il charrie n'a pu être soumis à l'action des acides et transformé en matière sucrée (2).

Enfin, et cette dernière expérience nous semble décisive, nous avons soumis des larmes de gomme obtenues, soit naturellement, soit artificiellement, à l'action de l'acide citrique étendu, et, avec l'aide de la chaleur, nous avons converti cette gomme en matière sucrée.

Nous sommes heureux de pouvoir appuyer notre théorie de l'autorité si imposante de Thomson : ce chimiste dit que la gomme paraît susceptible d'être facilement convertie en sucre par le procédé de la végétation. Partant de ce principe, nous avons pris de la gomme du pays (cambium extravasé de Mirbel), nous l'avons soumise, comme la fécule, à l'action d'un acide végétal assez énergique (acide oxalique), dans une machine autoclave, et nous l'avons ainsi transformée avec facilité en matière sucrée; celle-ci, suffisamment étendue d'eau et

(1) Il est à remarquer que cette gomme repose sur une cicatricule qui, par un filet ligneux, se prolonge dans l'intérieur du fruit, à une profondeur variable. Le point d'insertion de ce filet, qui indique une blessure antérieure du sarcocarpe, pourrait peut-être marquer l'époque de la lésion, et conséquemment celle à laquelle la gomme s'est épanchée.

(2) L'influence qu'exerce l'incision annulaire sur les fruits prouve que le cambium est l'élément principal de leur nutrition ; il subit vraisemblablement des modifications différentes suivant la forme et la disposition des cellules qui composent le péricarpe.

placée dans des circonstances favorables, a passé promptement à la fermentation alcoolique.

Tous les chimistes savent que le sucre auquel on soustrait, au moyen du phosphure de chaux, une portion de son oxygène, est ramené à un état qui se rapproche beaucoup de la gomme. Ces deux substances qui, d'après les analyses de MM. Gay-Lussac et Thénard, ne diffèrent point, quant aux proportions de leurs éléments, semblent, comme on voit, susceptibles d'acquérir, par des mutations de principes, des propriétés analogues.

Enfin, et pour compléter l'analogie, le sucre n'est-il pas généralement regardé comme une substance intermédiaire entre les mucilages ou gélatines et les acides végétaux, qui contient plus d'oxygène que les mucilages et moins que les acides?

Nous pensons que c'est ici le cas de rappeler l'opinion de M. de Mirbel sur la nature des gommes. « Il serait possible, » dit ce savant botaniste, « que les gommes, telles que nous les connaissons, ne fussent pas des principes purs; car elles n'ont pas de propriétés physiques bien tranchées, et si elles n'avaient pas pour caractère générique de se transformer en acide saccho-lactique (mucique), leur existence, comme principes immédiats, serait très douteuse. »

Voulant toujours prendre, dans ce genre de recherches, la nature pour guide, et désirant, pour ainsi dire, employer ses moyens, nous avons fait une série d'expériences, dont nous ne rapporterons que celles qui suivent, pour ne pas dépasser la limite que nous nous sommes tracée.

Nous avons pris quatre onces de gelée de pomme dite *reinette*, pure, c'est à dire privée par le lavage dans l'alcool de la matière sucrée et de l'acide malique qui l'accompagnent. Elle a été dissoute dans 250 gr. d'eau acidulée par 8 grammes d'acide oxalique; placée sur le feu et chauffée environ vingt minutes, cette gélatine a été dissoute en grande partie et convertie en matière sucrée. La solution, saturée et filtrée, avait une saveur sucrée assez franche; étendue convenablement, elle n'a pas tardé à passer à la fermentation. La difficulté d'obtenir l'acide malique à un état de pureté satisfaisant nous a seule empêché de l'employer; nous ne doutons pas de sa similitude d'action, car nous nous sommes assuré que tous, ou presque tous les acides végétaux, ont la même action sur la fécule et la gélatine, elle est seulement d'autant plus grande qu'ils sont plus puissants; l'expérience qui suit confirme cette assertion. Nous avons déjà eu l'occasion de dire que plusieurs acides éprouvaient, pendant la végétation, des transformations; l'acide malique, par exemple, par la suroxygénation, devient acide citrique.

Nous avons pris du suc de raisin encore vert dans lequel, conséquemment, l'acidité prédominait sensiblement, et la saveur sucrée était nulle; il marquait 5° à l'aréomètre, et rougissait fortement le papier de tournesol : nous y avons ajouté une certaine quantité de fécule modifiée ou gomme factice en solution concentrée; après avoir chauffé assez longtemps, nous sommes parvenu à y développer assez de principes sucrés pour qu'il acquit la saveur du vin doux et qu'il passât à la fermentation alcoolique.

Dans une autre expérience, qui avait pour but de remplacer l'acide produit pendant l'acte de la végétation, du suc de raisin vert saturé par la craie ayant été filtré, nous y fîmes dissoudre de l'acide tartrique, après une ébullition convenable, pendant laquelle nous ajoutions l'eau de lavage du résidu de raisin, à mesure que l'évaporation s'effectuait; nous avons séparé ce suc en deux parties : l'une a été mise à fermenter et a fourni les résultats ordinaires; l'autre a été saturée, filtrée et évaporée. Cette dernière a donné un sirop qui, décoloré par le charbon et clarifié avec des blancs d'œufs, s'est comporté comme l'aurait fait une solution de sucre de canne; refroidi, il n'a pas tardé à se prendre en masse et à présenter tous les caractères du sucre de raisin ordinaire.

Ces expériences tendent, il nous semble, à établir, d'une manière incontestable, le rôle que jouent les principes qui composent ce genre de fruit. On sait très bien aussi, et ce fait est confirmé par l'expérience, que la coction favorise la réaction des principes. Les pommes (1), les poires, les pêches, etc., acquièrent par la cuisson une saveur plus sucrée, non pas seulement par suite de la soustraction d'une portion d'eau, mais par la conversion du principe gélatineux ou féculent en matière sucrée. Ce phénomène est encore plus sensible dans la confection du vin cuit.

Nous consignerons ici une dernière observation qui, si nous ne nous abusons pas, est d'une grande importance; car elle résout

---

(1) Duhamel (*Histoire des Arbres fruitiers*) dit, en parlant de la pomme *rambour d'été*, que *le feu émousse l'aigrelet de son eau et la rend plus sucrée*.

la question et confirme tout ce qui précède; nous voulons parler du dépôt qui se forme dans le suc de raisin non filtré, et qu'on suppose être une sorte de ferment. Ayant eu lieu de remarquer, dans les expériences que nous avons faites sur les sucs de fruits et particulièrement sur ceux de raisin et de groseilles, que cette matière insoluble était moindre dans les sucs de ces fruits mûrs que dans ceux des premières récoltes, nous en avons conclu qu'elle devait jouer un rôle important. Nous avons, en conséquence, cherché à reconnaître sa nature; après l'avoir, par des lavages successifs avec de l'eau distillée, privée des substances solubles qui lui sont étrangères, nous l'avons traitée par l'iode, et nous sommes convaincu que, si elle n'était pas de la fécule, elle était bien certainement cette substance dans un état de modification qui lui permettait encore de fournir une teinte bleuâtre par l'addition de ce réactif; l'iode décèle sa présence dans le suc de raisin filtré (1), et, abandonné à lui-même, le même réactif la fait reconnaître dans la lie séparée des principes qui lui sont étrangers. M. Recluz, comme on l'a vu dans le chapitre précédent, a signalé sa présence dans les poires; Proust l'a trouvée dans le suc de la canne à sucre; Parmentier, et tous ceux qui se sont occupés de sucre de raisin ont reconnu sa présence dans le moût.

La fécule n'est donc pas aussi étrangère qu'on pourrait le croire aux phénomènes de la maturation; c'est probablement elle qui donne naissance à la gélatine. Il est bon de faire remarquer qu'elle est très abondante dans le verjus qui, lui-même, comme on sait, est très gélatineux, et conséquemment très propre à faire une confiture : elle paraît résister à l'action végétative et à la fermentation, car nous l'avons trouvée, non seulement, comme nous l'avons dit, dans la lie dont elle semble faire la base, mais encore dans la levûre.

Il résulte de ce qui précède que la maturation des fruits sucrés s'opère par la réaction des principes qui entrent dans leur composition; cette réaction, comme nous l'avons prouvé, a besoin d'être favorisée par la chaleur : l'air, à cette période de l'existence du fruit, ne joue, comme nous nous en sommes assuré, qu'un rôle passif (2). Le

(1) Nous avons souvent remarqué que des liqueurs filtrées, même à plusieurs reprises, formaient encore des dépôts féculents : il est vrai qu'elles offraient cette substance dans un état de ténuité extrême.

(2) En mars 1821, et conséquemment après la lecture du rapport sur le concours,

principe sucré n'a pas besoin de son concours pour se former, car on le trouve dans diverses parties des plantes qui ne paraissent pas être soumises à son influence : ainsi on le rencontre dans certaines racines, telles que la betterave, la carotte, le navet ; dans des bulbes, telles que certaines espèces d'oignons ; dans des tiges, celles de la canne et de l'érable à sucre. Nous nous sommes assuré qu'il y était toujours précédé et souvent accompagné d'acide, de gélatine et de fécule ; lorsque l'un de ces éléments de sa formation manque, il ne se manifeste jamais.

Nous avons fait remarquer l'analogie qu'offrent entre elles la maturation des fruits et la conversion de la fécule en sucre. Nous l'avons rendue plus complète en indiquant les expériences qui nous ont fait découvrir un état particulier de cette substance qui acquiert alors des propriétés qui la rapprochent singulièrement de la gélatine (1) et de la gomme. Nous avons conclu que, puisqu'il était possible de convertir la gélatine en fécule, et celle-ci en matière sucrée, il n'était pas invraisemblable que les mêmes phénomènes se produisissent dans l'acte de la maturation, surtout si l'on considère qu'indépendamment de l'analogie de principes, la température joue dans les deux opérations un rôle très important. Cette manière d'envisager la question a été, autant que nous l'avons pu, basée sur des expériences, et nous avons vu avec plaisir qu'elle s'accordait avec les idées émises sur cet objet par des physiologistes célèbres.

Nous pourrions ajouter d'autres observations à celles qui précèdent, mais nous pensons qu'elles seront mieux placées à l'histoire des fruits qui en ont été l'objet.

MATURATION DES FRUITS SECS.

Il y a quelques années, les phénomènes de la maturation des fruits pulpeux étaient aussi peu connus que ceux qu'offre la maturation des

---

nous avons fait passer sous les yeux des commissaires une pêche qui s'était développée et qui avait acquis tous les caractères de la maturation dans un bocal exactement fermé et dans lequel l'air était très limité. Une circonstance digne de remarque, c'est qu'il a fallu rompre le bocal pour avoir la pêche, tant elle avait pris de développement. Cette expérience, décisive en faveur de notre théorie, était en contradiction manifeste avec celle de notre concurrent, mais le rapport était lu, et les réglements académiques ne permettent pas, dans ce cas, qu'il y soit rien changé.

(1) Nous ferons remarquer une circonstance qui augmente singulièrement l'analogie ; c'est que cette substance nouvelle formait, comme la *glossuline*, de l'acide oxalique, lorsqu'on la traite par l'acide nitrique.

fruits secs. Nous avons été assez heureux pour contribuer à expliquer les premiers; il nous reste maintenant à soulever le voile qui cache encore les derniers. Cette tâche est difficile, et, malgré le zèle qui nous anime, nous craignons d'être trahi par la faiblesse des moyens que la chimie, malgré ses immenses progrès, met entre nos mains, et plus encore par nos forces; mais si nous sommes assez heureux, après avoir ouvert cette nouvelle carrière, d'y placer quelques jalons, notre but sera atteint.

Dans l'examen des phénomènes de la maturation des fruits pulpeux, nous avons été favorisé par des analogies de principes et le volume, en général assez considérable, des fruits; mais, dans l'examen des fruits secs, nous ne rencontrons que des obstacles. Quelle analogie trouver, en effet, entre la maturation ou la formation des principes dans un grain de blé, et celle de la maturation et de la formation des principes qui composent la capsule et la graine du pavot? Quelle analogie peut-on rencontrer entre le grain de mil ou panic et le fruit du cocotier de mer, entre le café et le sablier élastique, le riz et le poivre? Autant d'espèces, autant de maturités différentes.

L'existence des fruits secs n'a qu'une période; elle commence avec le développement de l'ovaire et finit lorsque les principes sont formés. L'air ne paraît pas concourir à cette formation, l'élaboration des principes s'effectue dans presque toutes les parties de la plante; aussi les tiges des fruits secs participent-elles en général de leurs propriétés, mais à un degré plus faible cependant : les graminées, les légumineuses, les palmiers (1) sont dans ce cas. On doit, en conséquence, regarder ces fruits comme des réservoirs où les principes viennent s'accumuler après avoir abandonné l'eau de végétation qui servait à les charrier dans les autres parties de la plante.

Une circonstance qui vient à l'appui de cette doctrine, c'est que le chaume des graminées contient d'autant plus de principes nutritifs que le grain en contient moins, *et vice versa*. C'est ainsi, comme l'a observé le savant agriculteur Mathieu de Dombasle, que les fourrages sont d'autant meilleurs qu'on n'a pas attendu la maturité complète des grains pour en faire la récolte.

Quoi qu'il en soit de l'ignorance où l'on est encore sur la formation des principes et sur leur réaction, quelques observations que nous

(1) La grande et belle famille des palmiers offre des tiges qui contiennent des principes sucrés ou féculents, et quelquefois les uns et les autres réunis.

avons faites sur les graminées et particulièrement sur le blé de Turquie nous permettent de croire que, malgré l'extrême difficulté qu'offre ce genre de recherches, il ne sera pas impossible d'expliquer la maturation des fruits de cette famille si intéressante par l'utilité de ses produits.

Nous avons, par exemple, remarqué que les phénomènes de cette maturation étaient tout à fait inverses de ceux de la germination. Dans cette opération de la nature, le principe féculent ou amylacé est transformé en principe sucré; dans la maturation des graminées, au contraire, le principe sucré est transformé en un parenchyme blanc féculent, d'abord lactescent, puis solide : dans le premier cas, la maturation des fruits pulpeux, il y a soustraction de carbone et fixation d'oxygène. Reste à savoir si, dans l'autre, il y a fixation de carbone; nous le pensons, mais nous ne l'avons pas encore vérifié.

« La plupart des graines, » dit M. de Candolle, « pendant leur maturation, renferment un mucilage sucré; peu à peu cette matière se modifie, et, à la maturité absolue, fait place à une matière féculente. »

La maturation des fruits sucrés et celle des fruits féculents ou farineux diffèrent en ce que, dans le premier cas, comme nous l'avons établi au commencement de ce chapitre, la fécule ou gélatine est transformée en principe sucré, tandis que, dans l'autre, c'est le principe sucré qui se transforme en matière amylacée. Nous appuierons cette dernière assertion de l'observation suivante, que nous empruntons à M. Mirbel: «Les graines,» dit ce savant, «sont d'abord mucilagineuses, et elles ont, dans beaucoup d'espèces, une saveur douceâtre à mesure que le tissu se consolide et que leurs sucs se concrètent; le mucilage devient moins abondant et la fécule remplace le principe sucré. Cette même fécule, au temps de la germination, se convertira en sucre en perdant de son carbone, et servira pour lors de nourriture à la jeune plante. Ne perdons pas de vue,» dit-il encore, «que les mucilages, l'amidon, le sucre, les acides végétaux, etc., sont formés d'oxygène, d'hydrogène et de carbone, dans des proportions différentes; que, lorsque les proportions de ces éléments changent, les principes immédiats varient, et que c'est par ce simple et admirable procédé de la nature que les substances végétales subissent toutes les métamorphoses par lesquelles nous les voyons passer successivement. »

La végétation d'un grain de blé n'est, pour ainsi dire, qu'une mutation d'état; en effet, le principe amylacé qu'il renferme se transforme en mucoso-sucré qui sert d'aliment à l'embryon, et celui-ci, en se développant, donne naissance à plusieurs individus qui, élaborant de nouveaux principes, reproduisent de l'amidon. Par cette admirable opération de la nature, cette mutation d'état s'effectue avec grand profit, car un seul grain de blé peut en produire deux à trois cents.»

« La fécule, » dit Sennebier, « n'est parfaite que dans les graines mûres.» Il serait curieux d'en découvrir les éléments dans le blé en lait, et de chercher quand et comment la fécule devient insoluble dans l'eau; c'est en cela que consiste toute la germination des graminées; c'est, en conséquence, à cette époque de la végétation que doit porter toute investigation.

CHAPITRE TROISIÈME.

ALTÉRATION DES FRUITS EN GÉNÉRAL ; ALTÉRATION DES FRUITS PAR DES CORPS ÉTRANGERS ; PAR LES ANIMAUX ; PAR SUITE DE VARIATIONS DE TEMPÉRATURE ; PAR L'INFLUENCE DE LA PRESSION ; PAR CELLE DE L'HUMIDITÉ ; BLOSSISSEMENT.

L'altération des fruits s'effectue par diverses causes qu'on peut diviser en causes étrangères et en causes inhérentes. On doit ranger parmi les premières l'atteinte des corps inertes (la grêle, par exemple), celle des animaux, et notamment des insectes et des rongeurs, la variation de température, la pression et l'humidité. Les causes inhérentes résultent de la réaction spontanée des principes, réaction qu'il est très difficile d'empêcher, et qui produit la destruction ou putréfaction du parenchyme.

L'action des substances conservatrices consisterait, suivant M. van Mons, « à fixer l'eau ou à enlever à ce liquide les moyens de circuler ; le sel, l'alcool, le sucre agissent de la première manière ; et la congélation de la seconde : ces préservatifs laissent l'eau dans le parenchyme. Le dessèchement qui la soustrait, » dit-il encore, « doit nécessairement empêcher la substance de se pourrir. Cette destruction se fait par l'eau, qui transmet à la substance son oxygène, tandis que son hydrogène est repris et recomposé en eau par l'oxygène de l'air. » Ce qu'il y a de certain, c'est que, comme on le verra plus loin, il y a formation d'eau aux dépens du parenchyme dans l'altération des fruits sucrés, et notamment dans ceux qui blossissent.

L'altération par les corps étrangers s'effectue ou sur l'arbre, ou lorsqu'ils en sont détachés; elle agit encore différemment, suivant la période d'existence du fruit. Dans la première période, par exemple, celle où le fruit se développe, et conséquemment avant la maturation, l'altération peut être restreinte et ne pas entraîner sa chute. Dans la seconde période, elle provoque la maturation qui n'est, comme nous l'avons dit dans le chapitre précédent, autre chose qu'un commencement d'altération. A l'appui de cette assertion, nous citerons la caprification opérée soit naturellement, soit artificiellement, et qui a pour effet, par l'introduction dans le fruit d'un insecte du genre cinips, d'effectuer simultanément l'altération et la maturation des figues.

On doit à mademoiselle Karcher une explication très judicieuse du phénomène de la cicatrisation. Lorsqu'on enlève, dit-elle, une portion de la chair d'une pomme ou d'une poire, quand elles n'ont encore que le quart de leur diamètre, et que les sucs séveux y affluent, le tissu cellulaire qui forme la plus grande partie de leur substance, et qui tend toujours à se produire, forme insensiblement de nouvelles cellules ou utricules dans lesquelles s'accumule la substance organisée que le fruit reçoit de l'arbre. Ces cellules, se formant dans le vide de la plaie, et y rencontrant d'ailleurs moins d'obstacle que dans toute autre partie, la remplissent peu à peu (1), surtout si on a l'attention de la couvrir pendant quelques jours d'une membrane mince de peau de baudruche, par exemple, ou simplement de papier. Cette précaution a pour effet de la garantir de l'influence de l'air, d'éviter une évaporation trop considérable et une dessiccation trop complète de ses bords.

Lorsque la plaie est cicatrisée, elle se couvre ordinairement d'une pellicule jaunâtre, rugueuse, crustacée, qui se fendille, et laisse, en tombant, la véritable peau ou l'épiderme à découvert.

On peut donc, dans la première période de l'existence d'un fruit charnu, au moyen d'un canif ou d'un instrument en forme de cure-oreilles, enlever une partie de sa substance pour le débarrasser, par exemple, d'un ver rongeur, sans qu'il en résulte de dommage : ces sortes d'amputations laissent même quelquefois peu de traces.

Nous avons dit plus haut que l'altération par suite de blessures acci-

(1) Nous n'avons pu encore vérifier cette assertion, mais la facilité avec laquelle le tissu cellulaire se reproduit nous porte à y croire. Quelques auteurs regardent même l'ovaire développé comme n'étant qu'une simple expansion du tissu cellulaire.

dentelles ou opérées à dessein, ne se propageait que lorsque la maturation commençait à s'effectuer, et conséquemment avant que le fruit ait atteint son développement. Nous avons mis à profit cette observation, en blessant des prunes avant leur maturité, pour en extraire du cambium extravasé. Chaque blessure que nous pratiquions était en effet bientôt couverte d'une larme de gomme, et la cicatrisation s'opérait presque toujours, et même assez promptement ; il est vrai de dire que nous choisissions le moment où la sève était ascendante, et de préférence un temps sec.

Les nèfles et les pêches forment, parmi les fruits pulpeux ou charnus, les deux limites entre lesquelles s'exerce, pour ainsi dire, le pouvoir de conservation. On est, en effet, obligé d'avoir recours à des moyens artificiels pour déterminer le blossissement des nèfles, tandis que la plus légère pression provoque l'altération des pêches, lors même qu'elles sont encore sous l'influence de la végétation. Cette circonstance est due à l'extrême ténuité de leurs fibres, à la délicatesse des cellules qui forment leur substance, et à l'abondance du suc qui les gorge.

Altération par les animaux. Les insectes attaquent plus spécialement les fruits pulpeux et sucrés ; il est assez difficile de les garantir de leurs atteintes lorsqu'ils sont encore fixés à l'arbre ; mais, lorsqu'ils en sont séparés, on y parvient en les enveloppant de papier-joseph. Ceux qui attaquent les fruits mous n'attaquent pas les fruits secs, *et vice versa.* Les insectes que l'on rencontre dans les fruits des légumineuses semblent plutôt chercher à s'y fixer qu'à s'y nourrir ; ils y sont généralement sous forme de chrysalides, et s'en échappent aussitôt leur éclosion : en général, ils supportent plus difficilement une haute qu'une basse température.

Les fruits farineux et amylacés étant plus particulièrement attaqués par les animaux rongeurs et certains insectes, une dessiccation plus ou moins complète et le chaulage sont les moyens généraux les plus certains de les en garantir. Lorsque nous nous occuperons de leur histoire, nous indiquerons les procédés de conservation que chacun d'eux exige. Le froid n'a pas une action destructive aussi grande qu'on l'a cru longtemps sur les animaux. La plupart des insectes peuvent, suivant l'observation de M. Audouin, résister à une très basse température.

Les fruits aromatiques et ceux qui contiennent des principes âcres semblent porter en eux-mêmes leurs principes de conservation ; cependant ceux dans lesquels existe aussi de la fécule amylacée, la noix muscade, le cacao, par exemple, sont souvent piqués par les vers. Il est bon de remarquer, toutefois, que c'est surtout lorsqu'ils sont vieux, et alors que ces principes ont conséquemment perdu de leur énergie.

Altération par suite de variation de température. La variation de température fait éprouver aux fruits des contractions et des dilatations qui, en rompant les fibres et déchirant les membranes cellulaires, confondent les principes et favorisent les réactions ; elle sert vraisemblablement aussi d'auxiliaire à l'électricité, qui, comme on sait, est un des plus puissants agents de décomposition.

On peut éviter l'influence de ces deux agents en plaçant les fruits dans des lieux bas, des glacières, des puits, par exemple, pourvu que ces lieux ne soient pas trop humides ; on doit préalablement, ainsi que l'a récemment proposé M. Loiseleur-Deslongchamps, les envelopper de papier-joseph, puis les introduire dans des bouteilles bien closes ou des boîtes de zinc soudées soigneusement.

Altération par l'influence de la pression. La pression des fruits mous sur eux-mêmes est incontestablement la cause d'altération la plus constante, et cependant on en a jusqu'ici, en général, tenu fort peu de compte. Son action est de même nature que celle qui précède ; en rompant les fibres qui forment les cellules, elle permet aux principes de se confondre et de réagir les uns sur les autres. C'est ainsi qu'elle favorise la formation de nouveaux produits qui sont en général, comme on l'a vu dans le chapitre précédent, de l'eau, de l'alcool, de l'acide acétique, etc. On comprend très bien que ces nouveaux principes varient suivant le degré d'altération et l'espèce de fruit.

On doit, en conséquence, lorsqu'on se propose de conserver des fruits pulpeux, diminuer autant que possible l'influence de la pression en les faisant porter sur plusieurs points à la fois de leur surface : les balles d'avoine, la cendre fine ou tamisée, le charbon en poudre, remplissent avec assez d'avantage cette condition.

Altération par l'influence de l'humidité. L'humidité exerce une influence fâcheuse sur les fruits de telle nature qu'ils soient : dans les fruits mous, elle diminue la résistance des fibres, favorise l'épanchement des liquides, et provoque, ainsi que nous l'avons dit, la réaction des principes ; dans les fruits secs, elle sert de véhicule à l'électricité, et tend à développer la germination, qui n'est autre chose qu'une dissociation des principes et une mutation entre les éléments. Si elle est très abondante, elle produit la pourriture ou la moisissure.

Pour mettre obstacle à l'influence de l'humidité, on place dans les lieux qui renferment les fruits, qu'ils soient mous ou secs, des vases contenant de la chaux vive : l'avidité de cette substance pour l'eau hygrométrique de l'air étant très grande, il convient de n'employer ce moyen qu'avec mesure, surtout s'il s'agit de fruits mous; car si on soustrayait toute l'humidité que contient l'air, celui-ci en emprunterait aux fruits, et finirait par opérer leur dessiccation complète.

Quant aux fruits secs, le blé, l'orge, l'avoine, le seigle, par exemple, l'emploi de la chaux est d'un effet bien certain; on est même dans l'usage, dans certaines contrées, d'en mêler aux grains destinés aux semailles.

Lorsque des graines céréales ont été altérées par le séjour dans des lieux humides et qu'elles sont moisies, l'altération étant généralement superficielle, il n'est pas difficile de les ramener à leur premier état en les brassant dans l'eau, et effectuant ensuite leur dessiccation, soit au soleil seulement, si la saison le permet, soit au moyen de touxrailles, ou simplement d'un four.

Ces grains, peu propres à la reproduction, attendu la déperdition de substance que l'altération y effectue, peuvent cependant, surtout s'ils sont mélangés avec d'autres grains non avariés, être employés à faire du pain d'assez bonne qualité.

Blossissement. Par une singularité remarquable, et qu'on ne peut expliquer que par la nécessité de faciliter une prompte reproduction, tous les moyens d'altération sont réunis dans les fruits charnus ou pulpeux; en effet, la délicatesse de leur contexture, leur masse, la grande quantité d'eau de végétation qu'ils contiennent, sont autant de causes qui permettent à l'air, à la température, et peut-être même à l'électricité (1) d'exercer leur influence. Ce qu'il y a de certain, c'est qu'il s'y développe un mouvement de fermentation qui se termine par la destruction complète du péricarpe ou blossissement. On remarque qu'il y a, comme dans cette analyse naturelle, dégagement d'acide carbonique, formation d'alcool et d'eau, augmentation de volume due au développement du gaz acide carbonique, puis une déperdition de poids

---

(1) On sait combien est puissante l'influence de l'électricité dans la décomposition des substances animales; quelques expériences que nous avons faites sur le rôle que joue ce fluide dans la fermentation nous portent à croire qu'il n'est pas sans action sur les substances végétales et notamment sur les fruits.

due à son dégagement, à l'évaporation d'une partie de l'eau qui préexistait et de celle qui s'est formée.

Nous appuierons cette théorie du blossissement de l'autorité de M. Bérard, qui simultanément et de son côté faisait l'observation suivante : « Si la présence de l'acide carbonique, » dit ce chimiste, « est nécessaire pour déterminer le blossissement ou la pourriture des fruits, du moins est-il vrai de dire qu'il en faut bien peu pour l'opérer ; et c'est un nouveau point de ressemblance que cette altération présente avec la fermentation des sucs sucrés. J'ai plusieurs fois introduit des fruits bien mûrs dans des vases bien bouchés, et qui contenaient tout au plus un volume d'air trois fois plus considérable que celui du fruit; j'ai toujours observé que ces fruits devenaient blets ou pourris, de sorte que, quand j'ouvrais le vase, il en sortait une grande quantité d'acide carbonique. »

Le blossissement de certains fruits, les poires, les pommes, les nèfles, par exemple, donne naissance, non seulement à de l'alcool, mais encore à de l'éther. C'est ainsi que nous avons reconnu la présence de l'éther acétique dans des nèfles blossies ; on connaît, en outre, l'analogie d'odeur extrêmement remarquable que présentent l'éther nitrique et les *pommes* dites *reinettes*.

Quelques phénomènes se font remarquer pendant cette réaction du fruit sur lui-même lorsqu'il est dans un air circonscrit, nous en signalerons quelques uns : une capsule de porcelaine, contenant une *poire-beurré* parfaitement saine, fut mise sur la cuve à mercure, et couverte d'une cloche à douille garnie d'un tube de communication ; nous obtenions l'air à essayer en plongeant la cloche dans la cuve. Examinée le lendemain, nous avons reconnu qu'il s'était déjà développé une grande quantité d'acide carbonique : l'émission s'en est continuée pendant plus d'un mois qu'a duré l'expérience, et conséquemment longtemps après que l'oxygène de la cloche eut été consommé. On remarqua en même temps que la paroi intérieure de la cloche, ainsi que la pellicule externe du fruit, se couvraient d'humidité; la poire avait éprouvé une sorte de turgescence, la peau était distendue par les gaz intérieurs, et quand on l'a retirée de dessous la cloche, il a fallu prendre les plus grandes précautions pour ne pas la déchirer. Le poids en était diminué de deux grammes (1) ; la plus légère pression entre les

_____

(1) Cette déperdition de poids était vraisemblablement due à la portion d'humidité qui s'était échappée et qui tapissait les parois intérieures de la cloche.

doigts a suffi pour en faire sortir un suc abondant et très aqueux, d'une saveur douce et mucilagineuse. Presque tout le parenchyme de la poire était détruit, et le faisceau de fibres attenant au pédoncule avait seul résisté à cette action destructive de toute matière organisée. Le même effet s'est reproduit plus ou moins promptement dans toutes les poires soumises au même genre d'épreuve, quel qu'ait été le gaz employé. Il paraît que rien ne peut empêcher dans le fruit cette production continuelle d'eau et d'acide carbonique; car, ainsi qu'on le verra plus tard, non seulement nous avons varié les gaz environnants, mais aussi nous avons recouvert quelques uns de ces fruits de divers enduits pour les préserver du contact des agents extérieurs. Nous avons employé, à cet effet, des solutions de gomme-adragant, de gomme arabique, de mucilage de graine de lin, du blanc d'œuf, etc. Eh bien! soit que l'œil du fruit ait été ou non couvert de ces vernis, nous avons constamment vu que l'altération était à peu près la même.

Il est, comme on voit, très difficile de surmonter ces obstacles; on a fait et on fait encore de nombreux essais pour éviter cette altération : peut-être parviendra-t-on à la retarder, mais à l'empêcher, jamais. Un tel résultat serait contraire aux lois immuables de la nature, qui semble se jouer de tous les efforts. Il faut, en effet, que la semence soit rendue à la terre, pour que le cercle vital ne soit pas interrompu. Lors donc que le fruit a atteint son développement, et qu'il est dans des circonstances favorables, l'altération ne tarde pas à s'effectuer; elle présente, comme on l'a vu, plusieurs caractères, et est plus ou moins brusque, suivant les espèces. C'est ainsi que certaines espèces de poires passent très facilement au blossissement, et qu'on est obligé de le provoquer dans les nèfles.

Nous avons dit plus haut que la maturation précédait la dissociation des principes, et conséquemment l'altération complète du fruit; qu'elle en était, pour ainsi dire, le premier degré. Cette ligne de démarcation n'étant malheureusement pas bien distincte, il arrive souvent qu'on en effectue la récolte ou trop tôt ou trop tard : dans le premier cas, on doit se garder de les priver entièrement de l'influence de l'air, de la chaleur et de la lumière, et les en garantir dans le second.

Le blossissement est un état intermédiaire entre la maturité et la pourriture de certains fruits, et notamment de ceux qui, comme les nèfles, les azeroles, les alizes, sont acidules et âpres. Lorsque cet état se manifeste, on dit que le fruit *blossit* ou *bleussit*. On provoque ou on suspend cette altération, mais dans certaines limites, cependant.

CHAPITRE QUATRIÈME.

DES MOYENS DE CONSERVATION DES FRUITS; CONSERVATION DES FRUITS PUL-PEUX DANS LE VIDE, DANS L'AZOTE, DANS L'ACIDE CARBONIQUE; DANS LE GAZ ACIDE SULFUREUX, DANS LA VAPEUR D'ESPRIT DE VIN; CONSER-VATION PAR LA DESSICCATION; AU MOYEN DU SUCRE; DE L'EAU DE VIE, DU VINAIGRE; CONSERVATION PAR LE PROCÉDÉ D'APPERT; FRUITERIE, CUEILLETTE DES FRUITS; CONSERVATION DES FRUITS SECS.

Conservation des fruits pulpeux. Ces produits de la végétation sont d'une utilité si grande, ils jouent un rôle si important dans l'alimentation et dans certains arts économiques, qu'on ne saurait trop s'occuper de trouver les moyens de les conserver, et surtout dans l'état où la nature nous les offre (1). Tous les efforts tentés jusqu'ici ont été malheureusement à peu près infructueux; cependant ils n'ont pas été perdus pour la science, car on sait maintenant quelles sont les conditions qu'il convient de remplir pour éviter leur altération. C'est un grand pas de fait : espérons qu'on n'en restera pas là, et que, si on ne parvient pas à dépasser de beaucoup les limites que la nature a données à leur conservation comme à celle de tous les êtres organisés, on parviendra au moins à reculer ces limites et à prolonger ainsi nos jouissances.

(1) Plusieurs sociétés savantes (et l'Académie des Sciences prit encore, dans cette circonstance, l'initiative) proposèrent des prix pour encourager les efforts faits dans le but de conserver les fruits. La Société d'Horticulture de Paris, appelée plus spécialement à s'occuper de cette question, ne tarda pas à suivre cet exemple; l'un des articles de son programme pour 1838 est ainsi conçu :

« Art. 4. La Société, voulant encourager la recherche des moyens propres à prolonger la conservation des fruits ou à retarder l'époque de leur maturité sans nuire à leurs qualités, en fait l'objet d'un prix spécial, consistant en une médaille d'or, qui sera délivrée à celui qui aura exposé le plus grand nombre de fruits conservés dans leur état naturel, c'est à dire bons et sains, deux mois plus tard que l'époque où ces fruits cessent de paraître à Paris. »

M. Loiseleur-Deslongchamps ayant tout récemment rempli les conditions du programme, la médaille lui a été délivrée; mais, suivant nous, la limite de conservation était trop restreinte pour que ce savant ne vît pas dans cette faveur un encouragement plutôt qu'une récompense.

Les physiologistes qui ont admis le concours de l'air dans la maturation ont dû nécessairement (celle-ci n'étant, comme nous l'avons dit, autre chose qu'un premier degré d'altération) croire que ce fluide offrait le plus grand obstacle à leur conservation. Nous ne différons d'opinion, dans cette circonstance comme dans l'autre, que quant à l'époque de l'existence du fruit à laquelle s'exerce cette influence. Il n'est, en effet, pas douteux que lorsque l'altération est manifeste, c'est à dire lorsque la fermentation ou la pourriture se développe, l'air fournit des éléments aux nouveaux principes qui se forment ; mais nous pensons aussi que la pression qu'exerce le fruit sur lui-même, surtout lorsqu'il est pulpeux, et les variations de température, sont des causes prédisposantes qu'il importe beaucoup de ne pas négliger. Les nombreuses expériences que nous avons faites ne nous permettent pas de douter que, si l'on parvenait à les éviter, on ne rendît nulle l'influence de l'air comme agent de décomposition. Une condition indispensable de réussite, c'est de ne pas attendre que la maturation soit sensiblement avancée. Tous les procédés de conservation doivent avoir pour objet de l'empêcher ou de la suspendre, en maintenant le fruit dans un état stationnaire quant aux influences extérieures.

Le principe sucré des fruits, agent assez puissant de conservation lorsqu'il est concentré par la coction ou la dessiccation, favorise l'altération lorsqu'il est trop étendu. Nous avons, en effet, remarqué que moins les fruits étaient sucrés, eu égard aux autres conditions, mieux ils se conservaient. Cette observation s'accorde, comme on le verra plus loin, avec celle faite par M. Howison : cet habile horticulteur conseille, en effet, de cueillir les fruits avant leur maturité, lorsqu'on veut les conserver.

Nous appuierons ces observations du rapport suivant, fait par M. Payen à la Société d'horticulture de Paris : «Vous m'avez chargé,» dit ce chimiste, « d'examiner deux pommes qui présentaient cela de remarquable qu'elles s'étaient parfaitement conservées jusqu'au 25 octobre de l'année qui a suivi celle de leur récolte. L'analyse comparée de ces pommes et de plusieurs autres variétés cueillies cette année et l'année dernière m'a fait connaître que les pommes que vous m'avez remises contiennent plus d'acide, moins de sucre, moins d'eau, un tissu cellulaire et des fibres plus durs. Il résulte de ces données que la prédominance de l'acide, la résistance du tissu et surtout le dessèchement d'une grande partie du suc sont autant de circonstances qui se sont opposées aux réactions intestines auxquelles on doit l'altération spontanée des fruits. »

Les procédés de conservation connus et appropriés à chaque espèce de fruit devant être indiqués lorsque nous ferons l'histoire de chacun d'eux, nous ne nous en occuperons ici que d'une manière générale; nous indiquerons les améliorations dont ces procédés sont susceptibles, et nous signalerons ensuite les nombreux efforts que nous avons faits pour obtenir des résultats plus satisfaisants.

On n'a pu, jusqu'à présent, conserver à la fois la forme et la saveur des fruits; l'une ou l'autre est généralement sacrifiée dans les procédés connus. Les véhicules ou condiments les plus convenables pour obtenir ces résultats sont le sucre, l'eau de vie et le vinaigre; le premier est plus spécialement destiné à la conservation de l'arôme, et les autres à celle de la forme.

Nous allons indiquer successivement tous les procédés chimiques qui ont été mis en pratique dans le but de conserver les fruits, avec les caractères physiques qui les distinguent. Ils ont, comme on le verra, toujours eu pour but de les garantir de l'action de l'air. Le premier moyen et celui qui est venu le premier à la pensée consiste à les placer dans le vide.

Conservation des fruits dans le vide. M. Bérard, qui s'est aussi occupé de ce genre de recherches, et qui, comme on l'a vu, attribue d'ailleurs un grand rôle à l'air dans l'acte de la maturation, a procédé de la manière suivante : « Pour placer les fruits dans le vide » dit-il « je les introduisais dans un bocal qui était ensuite parfaitement bouché avec un bouchon de liége bien mastiqué; avec une aiguille à tricoter, je faisais au centre du bouchon un trou que je rendais le plus petit possible : ce bocal était ensuite fixé sur le plateau d'une machine pneumatique, et recouvert par une cloche dans laquelle pouvait se mouvoir de haut en bas une tige cylindrique de cuivre à travers une boîte en cuir : la cloche était disposée de manière que la tige pût s'abaisser exactement vis à vis le petit trou du bouchon du bocal. On faisait le vide dans la cloche et par conséquent dans le bocal qui était en communication avec elle; on abaissait ensuite la tige à l'extrémité de laquelle se trouvait attaché un petit tampon de cire, et en pressant fortement on parvenait avec facilité à fermer le petit trou du bocal qui, dès lors, se trouvait parfaitement vidé d'air. On pouvait ainsi faire successivement le vide dans un grand nombre de bocaux.»

Nous devons dire qu'ayant voulu répéter et mettre en pratique le procédé indiqué par M. Bérard, nous n'avons pu obtenir dans le bocal un vide parfait, ou plutôt nous n'avons pas cru ce résultat possible, en procédant comme il l'a fait. Néanmoins, considérant l'expérience du vide, par la machine pneumatique, comme fort intéressante, nous modifiâmes l'appareil ainsi qu'il suit : nous remplaçâmes le bocal par une cloche d'environ 8 pouces (216 millim.) de hauteur, placée sur un disque de glace dépolie, et communiquant à la machine pneumatique au moyen d'un tube muni d'un robinet. Cette disposition nous permettait, en interceptant la communication avec la machine, de multiplier les expériences, comme l'avait voulu faire ce chimiste, mais encore avec plus de succès, puisque la forme du vase et la disposition de l'appareil ne laissaient aucun doute sur l'obtention du vide. Nous avons remarqué, soit que nous eussions pris des pêches, des abricots ou du raisin, que, lorsque ces fruits n'étaient pas mûrs, ils n'éprouvaient pas d'altération bien sensible pendant les quinze à vingt premiers jours, mais qu'après ce temps le vide se maintenait difficilement, le fruit se ridait, diminuait de volume, et finissait par sécher complètement.

Si, au contraire, les fruits étaient mûrs, le vide s'obtenait difficilement; non seulement on soutirait l'air de la cloche, mais encore celui du fruit, et l'eau de végétation. Les principes, se trouvant alors plus rapprochés, réagissaient les uns sur les autres, et l'altération était plus prompte que s'ils eussent été à l'air libre. Ce phénomène, qui semble en contradiction avec les idées reçues, peut cependant s'expliquer, car on sait que, pour que des principes réagissent les uns sur les autres, il faut, indépendamment d'autres circonstances, qu'ils soient dans un état de solution; or, en enlevant en partie, comme dans le cas précédent, l'air et l'eau de végétation du fruit, on diminue, il est vrai, l'état de solution des principes qui le composent; mais cet effet n'est pas le seul qui se produise. L'air et l'eau étant de véritables principes constituants du fruit, on ne peut les extraire qu'en détruisant en partie son organisation. On rapproche, on confond dans ce cas, comme par suite de la variation de température, des parties qui étaient isolées; et on sollicite conséquemment les molécules constituantes à de nouvelles combinaisons. Il est naturel de penser, toutefois, que, si le fruit n'est pas mûr, on peut, comme le prouve la même expérience, soustraire sans inconvénient toute l'eau de végétation qu'il contient; le défaut de solution s'oppose, dans ce cas, aux réactions et à la décomposition qui en est la suite, et la dessiccation s'effectue.

Dans l'une de nos expériences, un fragment de chaux vive ayant été placé sous la cloche, dans le but d'absorber l'eau de végétation, à mesure qu'il s'en échapperait du fruit, par l'évaporation, ne produisit d'autre effet que d'accélérer encore la dessiccation.

Un godet contenant de l'eau de chaux ayant été placé sous la cloche dans une autre expérience, nous remarquâmes qu'elle se troublait, et que, conséquemment, le fruit, comme dans les circonstances ordinaires, dégageait de l'acide carbonique pendant le cours de l'altération.

On voit, d'après ce qui précède, que le vide n'est pas, comme on l'aurait pu croire, un moyen de conservation des fruits bien certain; la difficulté de l'obtenir parfait, sans leur faire éprouver d'altération, est d'ailleurs un des plus grands obstacles à son emploi.

Conservation des fruits par l'azote. M. Gay-Lussac est le premier chimiste qui ait eu l'idée de conserver les fruits dans l'azote; elle lui fut suggérée lorsqu'il reconnut l'influence qu'exerce l'oxygène dans la fermentation. M. Bérard ne fit donc, plus tard, que de mettre à profit le principe émis par lui; et qui consiste à regarder l'azote comme agissant d'une manière toute contraire. Il est fâcheux que les résultats n'aient pas répondu à ce qu'on devait attendre des prévisions d'un chimiste aussi célèbre et d'un expérimentateur aussi habile. Cette circonstance prouve victorieusement, il nous semble, en faveur de l'opinion que nous avons émise sur l'influence de la pression et du changement de température dans l'altération des fruits. On verra plus loin que les seules expériences qui aient offert quelques chances de succès, et qu'on doit à M. Loiseleur-Deslongchamps, sont fondées sur ces deux conditions indispensables.

Bien que l'expérience de la conservation des fruits dans l'azote n'ait pas eu de succès, nous allons néanmoins la rapporter, ne fût-ce que pour prouver que les théories les plus séduisantes sont souvent renversées par les faits.

« Quand on place, » dit M. Bérard, « dans des milieux dépourvus d'oxygène, des fruits détachés de l'arbre et susceptibles d'achever eux-mêmes leur maturation, ils ne mûrissent pas; mais cette faculté n'est que suspendue, et on peut la rétablir en mettant le fruit dans une atmosphère capable de lui enlever du carbone. Si cependant le séjour dans le premier milieu est trop prolongé, alors le fruit, en conservant toujours à peu près la même apparence extérieure, a perdu tout à fait la faculté de pouvoir mûrir, il a subi des altérations particulières. »

Il résulte de là, toujours d'après le même auteur, qu'on peut conserver pendant quelque temps la plupart des fruits, surtout ceux qui n'ont pas besoin, pour mûrir, de rester attachés aux arbres, et prolonger ainsi la jouissance que nous procurent ces agréables aliments. Le procédé le plus simple consiste à disposer au fond d'un bocal de verre une pâte formée avec de la chaux, du sulfate de fer et de l'eau, et à y introduire ensuite les fruits bien sains et cueillis quelques jours avant leur maturité. On isole ces fruits d'une manière quelconque de la pâte qui est dans le fond; on les sépare autant que possible les uns des autres, et on bouche le bocal avec un bouchon de liége parfaitement mastiqué. Les fruits se trouvent bientôt, par cette disposition, dans un milieu dépourvu d'oxygène, et peuvent s'y conserver plus ou moins, suivant leur nature : les pêches, prunes et abricots, de vingt jours à un mois; les poires et les pommes, environ trois mois. Si on les retire après cette époque, et qu'on les abandonne quelque temps à l'air, ils mûrissent fort bien; mais, si l'on excède beaucoup le temps prescrit, les fruits subissent une altération particulière et ne peuvent plus mûrir.

Nous ne pouvons nous dispenser de faire remarquer que, dans ses expériences, M. Bérard recommande toujours de prendre et prend, en effet, les fruits *quelques jours avant leur maturité*, et conséquemment dans des conditions déjà très favorables à leur conservation. Cette circonstance est très importante, et nous n'hésitons pas à dire qu'ils se fussent conservés le même laps de temps à l'air libre. Les fruits verts ou non mûrs sont réfractaires à l'influence de l'air ou de tous autres gaz quels qu'ils soient; c'est seulement lorsqu'une assez longue pression ou des changements de température ont dérangé l'équilibre et effectué le premier degré d'altération, qu'ils l'activent et favorisent de nouvelles combinaisons.

Quoi qu'il en soit, occupé depuis longtemps et assez infructueusement, nous l'avouons, des moyens de conserver des produits si utiles, nous avons mis le plus grand empressement à répéter une expérience présentée d'une manière aussi décisive. C'est à regret que nous nous trouvons forcé d'en contester le résultat ; le temps n'a pas manqué pour mettre à profit ce moyen de conservation, proposé il y a plus de quinze ans, et cependant il n'est pas venu à notre connaissance qu'on soit parvenu à conserver les fruits dans l'azote. Nous ne nous sommes pas borné , comme on le pense bien, à une seule expérience contradictoire ; quoi qu'il en soit, nous ne rapporterons que celle qui suit, et les modifications qu'elle nous a suggérées.

Nous avons suspendu, dans un *bocal à olives*, une pêche assez ferme, mais offrant cependant, sous le rapport de la couleur, l'apparence de la maturité ; son poids était de 80 grammes ; la partie inférieure du bocal avait été préalablement enduite d'une couche assez épaisse de protoxyde de fer hydraté récemment préparé. Il fut promptement et soigneusement bouché. Nous n'avons remarqué , les cinq ou six premiers jours, aucune altération ; mais, peu de temps après, la partie de la pêche qui reposait sur le carton se trouva, ainsi que lui , très humide ; la pêche s'était encore affaissée par son propre poids, l'altération qu'elle offrait était particulière et ne ressemblait nullement à celle qui se produit à l'air libre, comme nous nous en sommes assuré en la comparant avec une autre placée dans les circonstances ordinaires. Il résulte évidemment pour nous de cette expérience que l'azote modifie l'altération, mais ne la suspend que très imparfaitement.

Croyant devoir attribuer à l'humidité la prompte altération de la pêche précédente, nous en plaçâmes une autre dans les mêmes conditions, avec cette différence que nous mîmes dans le fond du bocal de la chaux en contact avec le protoxyde de fer ; il se produisit aussitôt un dégagement de chaleur assez considérable , et la pâte qui en résulta prit assez de solidité. Dix jours après, nous analysâmes le gaz, et nous trouvâmes qu'il n'était encore que de l'azote. La pêche n'avait éprouvé aucune altération ; elle n'était pas , comme la précédente , couverte d'humidité ; enfin l'addition de la chaux, dans cette circonstance, nous parut offrir quelque avantage, car l'altération fut moins prompte.

Conservation des fruits par l'acide carbonique. De tous les gaz, c'est encore l'acide carbonique qui nous a présenté le plus de succès. En effet, les fruits que nous y avons plongés présentaient encore, après un mois, un aspect assez satisfaisant ; après ce laps de temps, ils ne tardèrent pas à s'altérer : les raisins devinrent opaques, les poires se blossirent; nous remarquâmes enfin, lors de l'ouverture des bocaux, tous les caractères de la fermentation alcoolique, que le gaz acide carbonique n'avait probablement fait que retarder. Peut-être n'est-il pas inutile de faire remarquer que ce gaz, très mauvais conducteur du fluide électrique, garantit peut-être les fruits de cet agent si puissant de décomposition.

Le gaz hydrogène ne nous a pas paru tendre à la conservation des fruits.

Conservation des fruits par l'acide sulfureux. Quelques expériences faites avec le gaz acide sulfureux nous avaient d'abord donné beaucoup d'espoir, mais il ne s'est pas réalisé. Les fruits soumis à son action, bien qu'assez satisfaisants sous le rapport de l'aspect, étaient loin de l'être sous celui de la saveur, qui était fade; nous nous abstiendrons, attendu le peu d'intérêt qu'elles offrent, de les rapporter (1).

Conservation des fruits par la vapeur d'esprit de vin. La vapeur d'esprit de vin nous ayant offert, sous le rapport de la conservation des caractères physiques, des résultats avantageux, nous croyons devoir rapporter les expériences suivantes.

Deux poires suspendues dans un bocal contenant environ un vingtième de sa capacité d'esprit de vin, et conséquemment plongées dans une atmosphère chargée de vapeurs alcooliques, offrirent bien promptement les caractères du blossissement. L'alcool, qui marquait d'abord 36°, se trouva, quatre mois après, n'en plus marquer que 15; il s'était, comme on le voit, opéré une mutation entre l'eau de végétation des poires et l'alcool absolu; elles n'étaient pas diminuées de volume; elles paraissaient, au contraire, tuméfiées, et on remarquait des gouttelettes aqueuses à leur surface.

Une grappe de raisin bien saine fut également suspendue dans la vapeur d'esprit de vin; elle prit assez promptement un aspect particulier : les grains devinrent opaques et d'un brun clair; ils restèrent ainsi, sans éprouver d'autre altération, pendant plus de six mois. Le bocal ayant été ouvert après ce laps de temps, l'alcool se trouva affai-

(1) Plus récemment, M. Braconnot a fait l'application du même mode de conservation à certains légumes aqueux, avec plus de succès, à ce qu'il paraît; il a plongé, dans ce gaz, de l'oseille, de la laitue fraîche, et les a conservées dans un état assez satisfaisant pour qu'il soit possible de mettre ce procédé à profit pour les besoins des hôpitaux de la marine.

bli comme dans l'expérience précédente, mais moins cependant, car il marquait encore 20 degrés. Le raisin était ferme, avait une saveur très alcoolique, et paraissait susceptible de se conserver indéfiniment.

Ce mode de conservation, qui paraît offrir peu d'intérêt, en présenterait peut-être davantage si on l'employait pour la conservation des pièces anatomiques : ce qu'il y a de certain, c'est qu'il nous a parfaitement réussi, et qu'il nous a permis de conserver jusqu'à présent une poire qui offre des caractères botaniques intéressants.

Conservation des fruits par la dessiccation. La dessiccation, bien qu'elle sacrifie la forme, n'en est pas moins un moyen de conservation d'une assez grande importance ; elle s'effectue principalement à l'égard des fruits sucrés, tels que les diverses espèces de raisins, les dattes, les jujubes, les figues, certaines espèces de prunes ; elle a l'avantage, en favorisant la réaction des principes, de développer une plus grande quantité de sucre, et de permettre à celui-ci, par suite de la soustraction d'une grande partie de l'humidité, d'agir comme condiment des autres principes.

Les précautions à observer se modifient suivant la nature des fruits et le climat sous lequel ils se développent ; elles consistent, en général, à cueillir les fruits après le lever du soleil, et lorsqu'ils sont parfaitement mûrs, à les exposer sur des claies dans des lieux secs et aérés, à les retourner souvent, en ayant soin de les isoler autant que possible ; à séparer ceux qui ne sont pas très sains, d'abord parce qu'ils ne se conserveraient pas, et ensuite parce qu'ils provoqueraient l'altération des autres.

Dans les climats tempérés, on est obligé de terminer au four la dessiccation des prunes, des abricots, etc., en les y exposant à plusieurs reprises : ce n'est, toutefois, que lorsque la dessiccation est déjà avancée qu'on a recours à ce moyen ; il demande de grandes précautions, et conséquemment une surveillance très active.

Dessiccation complète des fruits pour boissons. La dessiccation complète s'exerce plus particulièrement sur les fruits acides sucrés, tels que les pommes et les poires ; elle a formé naguère, pendant quelques années, une branche de commerce assez importante, attendu l'emploi que l'on faisait des fruits secs pour la composition des boissons fermentées. Ces boissons, plus spécialement à l'usage de la classe pauvre, n'étaient pas sans agrément, surtout lorsque la saison permettait d'y ajouter des fruits frais. Leur consommation, devenue d'une assez grande importance, attendu la rareté des vins par suite de mauvaises récoltes, fixa l'attention du fisc, qui, en les soumettant aux droits, en anéantit bientôt l'usage. Ces boissons, plus rafraîchissantes que toniques, étaient d'un usage mieux indiqué l'été que l'hiver.

Le procédé de dessiccation consistait à couper les poires et les pommes par tranches ou par quartiers, et à les soumettre alternativement à l'action de l'air et d'un four légèrement chauffé, jusqu'à ce que la dessiccation complète ne permît plus à l'air humide d'exercer une action nuisible.

On voit, d'après ce qui précède, qu'ainsi que nous l'avons dit, on n'est pas encore parvenu à conserver les fruits pulpeux ou mous tels que la nature nous les offre, avec leurs formes, leur arôme et leur saveur; ces caractères sont généralement plus ou moins sacrifiés, selon les procédés. Les véhicules les plus appropriés sont le sucre, l'eau de vie et le vinaigre; le premier est plus spécialement consacré à la conservation de l'arôme, et les deux autres à celle de la forme.

Conservation des fruits au moyen du sucre. Le choix de cette substance n'est pas indifférent; il doit être très beau lorsqu'on se propose de le réduire en poudre pour saupoudrer certains fruits entiers, les groseilles, les cerises, l'ananas ou les quartiers d'orange, ou bien encore lorsqu'on le destine à la préparation des candis. Lorsqu'au contraire on le fait entrer dans la composition des gelées, confitures ou marmelades, on doit le prendre moins pur et retenant encore un peu le sucre incristallisable.

Confitures sèches et *fruits candis.* On prépare en confitures sèches ou candies les fruits entiers ou coupés par quartiers; on commence d'abord par les blanchir, c'est à dire qu'on les fait bouillir pendant quelques minutes dans l'eau jusqu'à ce qu'ils aient perdu une partie de leur saveur âcre; on les fait égoutter ensuite sur un tamis de crin, puis on les plonge dans un sirop cuit à la plume (1). On répète cette opération jusqu'à ce qu'ils aient perdu leur humidité surabondante, ce qu'on reconnaît à la fermeté qu'ils acquièrent et qu'ils doivent à l'introduction, dans leur parenchyme, d'un liquide plus dense et plus consis-

(1) La cuisson *à la plume* se reconnaît à plusieurs indices que fait distinguer l'habitude de ce genre de travail, et notamment lorsqu'en trempant l'écumoire dans le sucre et soufflant au travers il s'échappe des globules légers réunis en groupes. Celle *au cassé* se reconnaît en trempant, dans le sirop bouillant, le pouce et l'index préalablement plongés dans l'eau fraîche; en éloignant les doigts, le filet qui se forme doit se rompre brusquement.

tant. On les retire, on les place sur une toile métallique étamée ou argentée, et on les fait sécher à l'étuve. Ils forment, dans cet état, les conserves dites *confitures sèches*; si on veut les candir, on les place dans des vases contenant du sucre cuit au *cassé*, de manière qu'ils y plongent complètement : le sucre, en se refroidissant, adhère à leur surface, et les couvre de cristaux d'autant plus beaux que le sucre était plus pur.

Confitures liquides ou *molles*. Les confitures liquides ont pour objet la conservation des fruits les plus succulents; ils y existent tantôt par quartiers, tantôt enfin tout à fait dénaturés quant à la forme. Leur préparation exige quelques précautions que nous allons indiquer. On doit d'abord, autant que possible, donner au sirop la couleur du fruit, et non pas au fruit la couleur du sirop, comme cela arrive trop souvent; il doit, en outre, être assez étendu pour opérer leur cuisson et se pénétrer de leur arôme, puis rapproché séparément avec précaution, et versé ensuite sur les fruits de manière à les couvrir entièrement. Le degré de cuisson n'est pas facile à déterminer, car il dépend de la nature du fruit et de son degré de maturation. Il doit être plus ou moins cuit, suivant que celui-ci est plus ou moins succulent; ce qui importe surtout, c'est qu'il remplace l'eau de végétation en conservant un degré de concentration assez élevé pour que la fermentation ne puisse se développer. La belle qualité du sucre est ici d'une indispensable nécessité pour le succès de l'opération.

Nous ferons remarquer, à cette occasion, qu'on doit, en général, dans la préparation des confitures, prendre de beau sucre; car les produits ne sont pas seulement plus beaux, mais aussi plus considérables. Le seul inconvénient qu'il offre consiste à favoriser la cristallisation; mais on peut l'éviter par l'addition d'une très petite quantité de miel de Narbonne : les opérations sont aussi et plus promptes et plus sûres. Ces considérations sont de nature à faire réserver l'emploi des sucres inférieurs pour la préparation des *confitures communes, marmelades et raisinés*.

Gelées de fruits. Les gelées se préparent, ou avec les fruits directement coupés par quartiers, comme les coins, les pommes, etc., ou avec les sucs de fruits seulement : exemple, les groseilles, le verjus, etc. La proportion de sucre est la même que pour les confitures proprement dites; elles ont pour caractères d'être translucides et tremblantes. Leur cuisson demande quelques précautions. Il est, par exemple, certaines limites d'évaporation en deçà desquelles il ne faut pas rester, et qu'il ne faut pas dépasser non plus, car on risquerait de les voir passer à la fermentation ou candir, et se couvrir de cristaux. Pour remédier à ce dernier inconvénient, on peut, comme nous l'avons dit plus haut, y ajouter un peu de miel de Narbonne.

Les gelées devant, en général, leur consistance à la présence de l'acide pertique, on doit éviter tout ce qui pourrait le détruire; l'action prolongée des acides et de la chaleur est dans ce cas.

Marmelades de fruits. Les marmelades sont des confitures molles ou demi-liquides faites avec la pulpe de certains fruits, tels que les pêches, les abricots et les prunes, mais dans lesquelles on fait entrer moins de sucre. Leur préparation consiste à couper les fruits par quartiers, à rejeter le centre et les parties qui pourraient avoir éprouvé un commencement d'altération, et à faire cuire dans le moins d'eau possible et ajouter plus ou moins de sucre, suivant qu'on doit en effectuer la consommation plus ou moins promptement. On verse dans des pots bien secs, et on ajoute les amandes mêmes des fruits, après en avoir enlevé la pelure en les plongeant dans l'eau bouillante. Pour ne pas introduire d'humidité dans la marmelade, on a dû prendre la précaution de les faire sécher.

On était autrefois dans l'usage de piler les fruits et de passer la pulpe au travers d'un tamis; mais depuis qu'on sait que l'arôme réside dans la pellicule qui les couvre, on se garde bien de la rejeter.

Les *compotes* ne diffèrent des marmelades qu'en ce que les fruits y sont généralement pelurés, laissés entiers ou par quartiers; on ajoute le sucre à l'eau qui a servi à les cuire, et on en forme un sirop qui sert à les baigner.

Pâtes. Les pâtes ne sont autre chose que des marmelades sèches; leur préparation consiste, en effet, à effectuer leur dessiccation avec précaution. Lorsque le fruit est amené à l'état de marmelade assez consistante, on étend cette pâte molle sur des tablettes saupoudrées de sucre, et on opère la dessiccation jusqu'à la consistance convenable, en exposant alternativement à l'action du soleil, et d'un four légèrement chauffé, ou, mieux, d'une étuve.

Fruits conservés à l'eau de vie. Les fruits conservés au moyen de l'eau de vie sont généralement les cerises, les prunes, les abricots, les pêches et certaines espèces de poires; ils doivent être, en général, cueillis un peu avant leur maturité : cette précaution est nécessaire pour qu'ils conservent leurs formes. Après les avoir soigneusement essuyés dans un linge rude pour enlever le duvet cotonneux qui les recouvre, on les plonge, pour les blanchir, dans de l'eau bouillante légèrement alunée (deux gros environ d'alun par livre d'eau). Cette opération a pour objet de ramollir la chair et de rendre la pellicule plus résistante ; on les met ensuite égoutter sur des tamis, puis on les plonge dans un sirop de sucre alcoolisé et diversement aromatisé ; on bouche soigneusement les bocaux qui les renferment et on conserve.

L'usage d'exposer les ratafias et les fruits à l'eau de vie au soleil pour favoriser la combinaison des principes est plus nuisible qu'utile ; une température basse remplit mieux cet objet : on peut donner, par exemple, les caractères de la vétusté à des eaux de vie nouvelles ou à des vins nouveaux, en les exposant à une température au dessous de zéro, ou en plaçant les vases qui les renferment dans des courants d'eau.

Fruits conservés au moyen du vinaigre. Les fruits conservés au moyen du vinaigre sont généralement les cornichons, les graines de capucine, les bigarreaux verts, les jeunes épis de blé de Turquie, les pois, les haricots, etc. Ce véhicule n'entre pas seulement dans ce genre de composition comme agent de conservation, mais encore comme condiment ; il sert, en outre, à relever la saveur fade des substances que l'on y plonge, et les rend d'une digestion plus facile. Nous indiquerons, lorsque nous nous occuperons de l'histoire des cornichons, les précautions préalables qu'exige leur conservation. Notre dessein étant de ne nous occuper ici de la conservation dans le vinaigre que d'une manière générale, nous dirons seulement que les fruits doivent préalablement être plongés dans l'eau bouillante ; puis, lorsqu'ils ont été soigneusement égouttés, introduits dans des vases que l'on remplit ensuite de vinaigre. Après quelques jours de macération, on décante, on concentre de nouveau le vinaigre par l'ébullition, on le verse ensuite sur les fruits et on procède ainsi deux et même trois fois, suivant la force de cet acide. Il s'opère, dans ce cas, une mutation entre l'eau de végétation des fruits et l'acide acétique absolu du vinaigre. Cette mutation leur fait acquérir le goût aigrelet qu'on recherche, et leur communique, en outre, un certain degré de fermeté qui rend leur conservation plus facile.

Atchar de l'Inde. Les peuples orientaux et notamment les Indiens, vivant presque exclusivement de riz et de substances fades, sont dans la nécessité presque absolue, pour exciter leur appétit et ranimer leurs organes digestifs trop souvent dans un état d'inertie ou d'atonie, de faire usage de stimulants assez actifs : ils donnent le nom d'atchar à des conserves de fruits effectuées dans du vinaigre de palmier (1); ils choisissent, à cet effet, des fruits verts et généralement astringents.

M. Virey, dont les connaissances en histoire naturelle sont fort étendues, ayant eu l'occasion d'examiner l'une de ces préparations, l'a trouvée composée, 1° de petites mangues, *mangifera pinnata*; 2° des bilimbis, fruit de *l'averhoa acida*, des carambolis, *averhoa carambola*; 3° des fruits du blindonnier, *garcinia celebica*, et des mangoustans, *garcinia mangostana*; 4° des mannelles, *cratæva marenplos*, des mombins *spondias mombin*; 5° de petites bananes divisées par tranches, *musa paradisiaca*; 6° plusieurs sortes de citrons, shaddeks, bigarades, pamplemousses, cédrats, avant leur maturité, *citrus limonium decumana*; 7° de jeunes pousses de plusieurs *dolichos tetragonolobus*, de *phaseolus lunatus minimus*, etc., beaucoup de piments, *capsicum annuum* et *grossum*, etc.; ce sont surtout ces derniers qui donnent de la force aux atchars; 8° on y ajoute encore des semences pilées de moutarde, *sinapis ramosa* et *dechoma*; 9° les jeunes fruits du palmier *satibus de Rumpf*; c'est le latanier à feuilles rondes, *corypha rotundifolia*; ils servent comme nos câpres.

Enfin l'on ajoute quelquefois aux atchars, comme aromate, les racines fraîches de gingembre, de même qu'on met de l'ail et des clous de girofle dans les cornichons.

Mode de conservation des fruits par la méthode d'Appert. On doit à M. Appert un procédé de conservation qui ne remplit, il est vrai, le but que l'on doit se proposer qu'en partie; mais nous nous empressons de le reconnaître, les résultats qu'il obtient n'en sont pas moins très importants. Cet économiste est, en effet, parvenu à conserver l'arôme et la saveur des fruits, en sacrifiant, il est vrai, leur forme et surtout leur couleur.

L'application qu'il a faite de ce procédé à la conservation de toutes les substances alimentaires, animales ou végétales, simples ou composées, n'est pas sans utilité; certains arts, et particulièrement celui du glacier, ont mis à profit cette précieuse découverte pour reproduire

(1) On sait que la sève de ces beaux arbres, mise à fermenter dans des circonstances favorables, fournit un vin qui, suivant les contrées, porte les noms de *tary* ou *cabou*, et qui passe à l'acétification avec une extrême facilité; le vinaigre qui en résulte est limpide et d'une saveur franche.

artificiellement les fruits avec leurs formes, et surtout avec l'arôme qui les distingue. Si l'on a pu contester à M. Appert le mérite de la découverte, on ne pourrait, sans injustice, lui refuser le mérite de l'application ; c'est, en effet, à ses recherches laborieuses qu'on doit la perfection que cet art nouveau a acquise, perfection telle que les chances de succès, qui, il n'y a pas encore longtemps, étaient rares, sont devenues presque certaines dans l'établissement qu'il dirige.

Ce procédé consiste :

1°. A renfermer dans des bouteilles ou bocaux les substances que l'on veut conserver ;

2°. A boucher ces différents vases avec la plus grande attention ; car c'est principalement au soin que l'on apporte dans cette opération que l'on doit le succès ;

3°. A soumettre ces substances, ainsi renfermées, à l'action de l'eau bouillante d'un *bain-marie*, pendant plus ou moins de temps, selon leur nature.

Ce chapitre étant exclusivement consacré aux moyens généraux de conservation des fruits, nous indiquerons, à l'histoire de chacun d'eux, les moyens appropriés et le temps qu'il convient de les soumettre à l'action de l'eau bouillante, pour que l'opération réussisse. Cependant ce procédé formant maintenant une branche assez importante de l'économie domestique, et son succès dépendant de quelques précautions indispensables, nous allons les signaler ici ; elles consistent :

1°. Dans le choix des bouteilles qui doivent être bien conditionnées, c'est à dire que la matière soit répartie également dans toutes les parties ; elles doivent, en outre, pour rendre le bouchage plus facile et plus complet, être munies d'un filet saillant dans l'intérieur du goulot. Ce filet a pour objet, en cas de diminution du volume du bouchon par l'action de la chaleur, de faire obstacle à la rentrée de l'air.

2°. Dans le choix des bouchons qui doivent être fabriqués du liège le plus fin et comprimés au moyen du mâchoir à levier imaginé par M. Appert.

3°. Les bouteilles ou bocaux doivent être, comme nous l'avons dit, bouchées avec plus grand soin, soit avec de la ficelle, soit avec du fil de fer, et quelquefois l'un et l'autre, comme on le pratique pour le vin de Champagne.

4°. Les bocaux et bouteilles doivent être enveloppés de linges ou mis dans des sacs faits exprès, pour être placés au bain-marie, et debout autant que possible dans la chaudière ou le bain-marie.

5°. Le vase, quel qu'il soit, doit être rempli d'eau et maintenu à 60 degrés, sans ébullition, pour éviter que l'évaporation n'oblige à en ajouter de nouvelle.

6°. Il convient de retirer l'eau de la chaudière plutôt que d'en retirer les bouteilles, afin de rendre le refroidissement moins subit.

7°. Enfin on procède au goudronnage en évitant de secouer les bouteilles, et on place sur des lattes dans un lieu frais.

Dans l'état actuel des connaissances humaines, toute découverte n'est complète et le but qu'on se propose réellement atteint que lorsque les causes sont connues et les phénomènes expliqués; c'est seulement alors que l'on obtient des résultats constants, et que les découvertes sont profitables. Convaincue de cette vérité, l'Académie des sciences invita M. Gay-Lussac à rechercher quelle pouvait être, dans le procédé de M. Appert, l'action conservatrice. Ce savant la trouva dans l'altération que la chaleur fait éprouver au ferment. Nous extrairons de son rapport les observations suivantes, et nous les ferons suivre de celles qui nous sont propres :

«Les substances végétales et animales,» dit ce chimiste célèbre, « par leur contact avec l'air acquièrent promptement une disposition à la putréfaction et à la fermentation; mais en les exposant à la température de l'eau bouillante, dans des vases bien fermés, l'oxygène absorbé produit une nouvelle combinaison, qui n'est plus propre à exciter la fermentation ou la putréfaction, ou il devient concret par la chaleur de la même manière que l'albumine.

« On remarque en effet,» continue-t-il, «qu'un suc disposé à la fermentation, et parfaitement limpide, se trouble à la température de l'eau bouillante, et n'est plus susceptible alors de fermenter, à moins qu'on ne lui donne le contact du gaz oxygène; dans ce cas-ci, on le fait bouillir au moment où la fermentation commence à s'y développer, on l'arrête promptement, et il se fait encore un dépôt de nature animale.

»On peut observer, en outre, que la levûre de bière qu'on a exposée à la température de l'ébullition de l'eau perd aussi la faculté d'exciter la fermentation du suc; or, puisque le moût de raisin qu'on a fait bouillir retient encore en dissolution du ferment qui ne demande, pour produire la fermentation, que le contact de l'air, il faut en conclure qu'il n'y a que la partie qui a absorbé l'oxygène, et qui probablement est dans le même état que la levûre de bière qui soit susceptible de se coaguler par la chaleur.

» C'est ainsi, » dit-il encore, « que je conçois la conservation des substances animales et végétales ; et si, comme les expériences que j'ai rapportées semblent le prouver, l'oxygène est nécessaire au développement de la fermentation et de la putréfaction, il est évident que non seulement il faut que la chaleur soit suffisamment prolongée pour détruire ou rendre concrète la substance qui a absorbé l'oxygène, et qui est propre à exciter la fermentation ; mais encore, que les vases qui renferment les substances soient fermés assez exactement pour que l'air ne puisse y pénétrer.

» Il est très probable, d'après cette théorie, que l'on conserverait très longtemps toutes sortes de fruits dans le gaz hydrogène et dans le gaz azote (1), pourvu qu'ils n'eussent point absorbé d'oxygène. On peut aussi en conclure que si le raisin se conserve longtemps sans fermenter, c'est parce que l'enveloppe extérieure (2) ne donne pas accès à l'oxygène, et non, comme l'a supposé M. Fabroni, d'après une très belle analyse du raisin, parce que le ferment et la matière sucrée sont dans des cellules séparées. »

Le mode d'action du ferment (3) n'étant pas encore bien connu, nous allons essayer de faire comprendre comment nous le concevons. Pour nous rendre plus intelligible, nous aurons recours à une comparaison, et nous choisirons pour exemple une trame non arrêtée, dont le fil tiré par une circonstance quelconque dissocierait tout le tissu. Le ferment semble, en effet, formé par la réunion de molécules non agrégées, et qui, placées dans des circonstances favorables, sont portées hors de leur sphère d'attraction, soit par le calorique, soit par l'électricité. Ces molécules, presque toujours à l'état naissant, disposées con-

---

(1) On a vu, d'après l'apparence de raison qu'offre cette théorie, le peu de succès qui est résulté des expériences tentées tant par M. Bérard que par nous.

(2) Si l'enveloppe extérieure du raisin n'est pas perméable à l'oxygène, que devient la théorie de la maturation de M. Bérard, théorie dans laquelle il fait jouer à ce gaz un si grand rôle ?

(3) Le ferment est un produit visqueux particulier, qui se précipite plus ou moins abondamment de toutes les liqueurs qui passent à la fermentation vineuse ; soumis à la fermentation, il fournit les principes suivants : gaz inflammable, eau, carbonate d'ammoniaque, huile empyreumatique, charbon.

séquemment à entrer en combinaison, trouvent dans l'air (1) des éléments qui leur permettent de former de nouveaux produits. Si donc on parvient par un moyen quelconque, et nous prendrons pour exemple l'application de la chaleur, comme dans le procédé d'Appert, ou simplement la coction; si l'on parvient, disons-nous, à provoquer la combinaison des éléments du ferment avec la portion d'oxygène contenue dans l'air de la bouteille, on suspendra l'altération et on facilitera conséquemment la conservation. On peut, enfin, comparer le mode d'action du ferment ajouté à une liqueur susceptible de fermenter à celui que produit un corps en ignition placé au milieu de corps combustibles (2).

Nous terminerons ce que nous avons à dire sur ce procédé de conservation par une observation qui a pour objet de résoudre une question qui s'est élevée entre M. Appert, auteur du *Livre de tous les ménages*, et M. Cadet de Vaux, auteur du livre intitulé *Ménage des fruits*. Nous laisserons parler le premier de ces économistes : « M. Cadet de Vaux, » dit-il, « prétend qu'il ne faut pas parler du procédé-Appert pour conserver l'abricot : ce moyen exige qu'il soit pelé et coupé par quartiers; le fruit a donc perdu sa forme, malgré le blanchîment qui, d'ailleurs, n'est que de quelques minutes; il n'a rien perdu de son acide, d'autant que l'abricot ne doit pas être parvenu à toute sa maturité.

« Ce qu'avance M. Cadet de Vaux ne peut rien prouver, » dit encore M. Appert, « sinon qu'il n'a pas goûté ceux qui ont été préparés par mes soins, ou que la bouteille sur laquelle il est tombé avait quelque défaut particulier; car, s'il est un fruit dont la qualité s'améliore d'une manière extrêmement sensible par le procédé dont il s'agit, c'est particulièrement l'abricot. Il est tellement délicieux en sortant de la bouteille, que beaucoup de personnes veulent le manger sans sucre, et qu'en y ajoutant, pour les amateurs, une petite quantité de ce condiment en poudre, il forme la compote à la fois la plus salubre et la plus agréable. L'abricot, ainsi conservé, est même meilleur que lors de sa maturité naturelle. »

Il est très vrai que le fruit peut acquérir, par cette espèce de coction, une saveur plus sucrée; car, comme nous l'avons dit dans une autre

(1) Les gaz qui composent l'air étant à l'état de mélange seulement et non combinés ont évidemment pour objet de faciliter de nouvelles combinaisons.

(2) La même théorie peut également s'appliquer à la germination; on connaît le rôle que jouent, dans cette circonstance, l'humidité, la chaleur et l'électricité.

circonstance, la chaleur, en favorisant la réaction des acides sur la gélatine, donne lieu à la formation d'une plus grande quantité de matière sucrée, et la maturation se trouve, par cela même, pour ainsi dire continuée.

« Ainsi donc, pour mettre ces messieurs d'accord, nous conviendrons avec M. Cadet de Vaux que la forme et la couleur sont sacrifiées dans le procédé de M. Appert ; mais nous ajouterons, en faveur de ce procédé, que l'arôme et la saveur sont parfaitement conservés, avantages bien précieux pour des substances alimentaires, car le goût est encore plus difficile à satisfaire que la vue. »

Fruiterie. De tous les modes de conservation des fruits, le plus anciennement connu et le plus simple consiste à les placer dans une pièce disposée à cet effet, et qu'on nomme *fruitier*, ou mieux *fruiterie*. Nous allons indiquer les conditions qu'exige son établissement, les précautions à prendre pour cueillir les fruits, les époques les plus favorables pour le succès de l'opération ; enfin le soin qu'exige leur emballage lorsqu'on veut transporter les fruits abondants de certaines contrées dans d'autres où ils sont plus rares.

Pour établir une fruiterie, on doit choisir une pièce au rez-de-chaussée, située au nord, garnie, autour de ses parois latérales, de tablettes en chêne ou en sapin (1), espacées de 6 à 8 pouces (162 à 216 millim.), et bordées de tringles en buis de 5 à 6 lignes (11 à 13 millim.). Cette pièce doit être munie de doubles croisées pour empêcher le hâle que des courants d'air pourraient produire, et pour que la température ne puisse s'y abaisser au dessous de zéro. Pour garantir encore plus efficacement les fruits d'un froid trop vif, on place des paillassons légers entre les doubles croisées ; ils offrent, en outre, l'avantage d'intercepter la lumière trop diffuse, et de s'opposer à des variations de température qu'il convient surtout d'éviter.

Les observations suivantes, que nous extrayons du *Dictionnaire technologique* (article *Fruit*), confirmant ce que nous avons dit des précautions à prendre pour la conservation des fruits, nous nous empressons de les rapporter.

« La situation, » dit M. Payen, auteur de cet article, « qui conviendrait le mieux pour obtenir, dans un fruitier, la plus longue con-

---

(1) Le sapin blanc étant moins résineux que le rouge doit être préféré, car ce dernier pourrait communiquer au fruit une odeur désagréable.

servation possible, ce serait celle d'un souterrain assez profond pour que la température fût à peu près constante; en effet, c'est surtout par les changements de température qui dilatent ou raréfient les liquides renfermés dans les fruits, que la fermentation peut y être excitée et l'organisation intérieure peu à peu détruite. Dans un souterrain profond, ces variations n'ont pas lieu, la température étant toujours assez basse, et l'air n'y pouvant être trop sec, il est difficile que la fermentation s'y développe et s'y soutienne; aussi est-ce une chose assurée que la conservation des fruits dans des souterrains (1). Plusieurs autres exemples remarquables de longue conservation y ont été constatés; j'en rapporterai un dont j'ai été témoin : des betteraves arrachées et rentrées, sans beaucoup de soin, dans les anciennes carrières creusées sous la montagne de Passy, près Paris, et rangées là en petits tas séparés les uns des autres, s'y sont conservées fermes, sonores et sucrées pendant plus de deux ans. On n'eut d'autre précaution à prendre que de tordre les feuilles qui se développaient sur toute la superficie des têtes, dans le temps de la végétation. On sait que ces racines charnues sont d'ordinaire très altérables; en quelques jours, à l'air sec, elles perdent beaucoup d'eau, deviennent molles et coriaces; à l'air humide, si la température est douce, la moindre meurtrissure ou écorchure détermine promptement une altération profonde qui est bien plus rapide encore dans les betteraves mises en tas; leur jus perd sa saveur sucrée, puis il devient plus acide, la fermentation intestine fait de rapides progrès; bientôt une ou plusieurs racines, et quelquefois la plupart de celles du même tas, tombent en pourriture. »

On voit, d'après cette observation d'un chimiste distingué, l'influence qu'exerce le changement de température sur les racines potagères. L'organisation des fruits est toutefois plus favorable à la conservation; l'obstruction des vaisseaux du pédoncule et la ténuité de leur enveloppe ou pellicule sont des obstacles à la déperdition aussi prompte de l'eau de végétation.

Cueillette des fruits. On doit, pour procéder à la cueille des fruits, choisir un temps qui ne soit ni trop sec ni trop humide; on doit avoir, en outre, non seulement égard au plus ou moins de hâtiveté des espèces, mais encore aux expositions qui les ont produites. La matura-

(1) Nous avons vu des figues, des dattes, du blé, de l'orge trouvés dans des catacombes égyptiennes, et qui étaient dans un état de conservation très satisfaisant, eu égard au temps qui s'était écoulé pendant leur séjour dans ces lieux.

tion ne s'effectuant que lorsque le fruit a atteint son développement, on doit ne procéder à la cueille que lorsque toutes les parties qui le composent paraissent bien développées : on les détache alors avec précaution, en les soulevant de manière à rompre le point d'insertion du pédoncule à la branche; en agissant ainsi, on évite toute compression sur le fruit, compression qui, comme on l'a vu plus haut, en rompant l'organisation intérieure, faciliterait la réaction des principes et provoquerait infailliblement l'altération. Bien que ces principes généraux s'appliquent à tous les fruits, nous ferons cependant remarquer que quelques fruits d'automne, tels que les *beurrés*, le *mouille-bouche*, le *sucrin vert*, etc., pouvant effectuer leur maturité détachés de l'arbre, on est dans l'usage, pour les soustraire aux intempéries de l'arrière-saison, d'en opérer la récolte à la fin de septembre; les poires et les pommes d'hiver sont cueillies dans les derniers jours d'octobre, excepté le *bon-chrétien d'hiver*, que l'on cueille encore plus tard.

Les fruits doivent, à mesure qu'ils sont récoltés, être placés soigneusement dans des paniers, pour être portés à la fruiterie; on les dépose préalablement sur un lit de foin, en ayant soin de séparer chaque espèce. On les abandonne pendant quelques jours, afin qu'ils perdent leur humidité surabondante; on les essuie ensuite avec un morceau de laine, et on les place sur les tablettes préalablement garnies de menu foin. On doit, dans cette opération, rejeter tous ceux qui offrent la plus légère apparence d'altération, car non seulement ils n'offrent aucune chance de conservation, mais encore, par l'humidité qu'ils fournissent, ils provoquent l'altération de ceux qui sont sains. On doit également, par le même motif, mettre sur les tablettes extérieures ceux dont la maturation est plus avancée. Lorsque tout est ainsi disposé, on étend sur les fruits des feuilles de papier gris non collé, ou, mieux encore, des bandes de flanelle qui, en les garantissant de la poussière et des atteintes des mouches, offrent encore l'avantage d'absorber l'humidité qu'ils abandonnent. Le centre de la pièce peut être occupé et utilisé par une sorte de séchoir figurant une large échelle double, aux traverses de laquelle on suspend les grappes de raisin ou les sacs qui les renferment, après en avoir isolé les grains, en supprimant de préférence ceux qui occupent le centre de la grappe. Cette opération se pratique avec plus de profit sur le cep même, avant l'entier développement des grains : il est bien entendu qu'on retranche de préférence ceux qui sont avortés ou d'une moins belle venue ; ceux qui restent, recevant, dans ce cas, une surabondance de sève, augmentent sensiblement de volume. C'est principalement à cette méthode mise en pratique à Thomery, près Fontainebleau, que ce pays doit la réputation et la beauté de ses raisins. On doit en général, en opérant la suspension du raisin, mettre le haut de la grappe en bas : par ce moyen, l'isolement des grains s'effectue de lui-même.

On a proposé, et nous empruntons cette observation au *Traité de Physiologie* de M. de Candolle, de faire brûler du sucre dans les fruiteries. La légère couche d'huile empyreume que sa fumée dépose sur les fruits tend, dit ce savant, à empêcher le contact immédiat de l'air. Nous pensons que, si l'on obtient un résultat avantageux de l'emploi de ce moyen, il est plutôt dû au dégagement d'acide carbonique qui résulte de la décomposition du sucre. Ce gaz, étant très mauvais conducteur du fluide électrique, peut, par sa présence, garantir les fruits de l'action décomposante de ce puissant agent de fermentation et d'altération.

On doit se garder d'entrer trop fréquemment dans la fruiterie ; mais il convient cependant de visiter les fruits pour écarter ceux qui s'altèrent et retourner les autres, pour éviter aussi qu'une trop longue pression sur le même point ne détermine l'altération.

Lorsqu'on n'a pas de fruiterie à sa disposition, ou lorsque la récolte a été trop abondante pour permettre de placer tous les fruits sur les tablettes, on peut très bien les conserver en les mettant dans des jarres ou des tonneaux. On prend alors les précautions suivantes : on choisit des vases neufs, on les sèche soigneusement, puis on place au fond une couche du son le plus commun, c'est à dire celui qui retient le moins de farine (ou du charbon en poudre) ; on y range soigneusement les poires ou les pommes, observant de placer la queue en haut pour les premières, et en bas pour les dernières ; on ajoute de nouveau son pour remplir les interstices que ces fruits laissent entre eux ; on forme de nouvelles couches, et on continue ainsi jusqu'à ce que les vases soient pleins ; on ferme soigneusement, et on place dans un lieu sec et frais. On substitue avec avantage la chaux éteinte au son.

L'emballage des fruits pour le transport exige encore d'autres précautions, car il arrive souvent qu'on est obligé de réunir dans les mêmes caisses des fruits différents. On doit d'abord observer de choisir des caisses de grandeur suffisante, car il est très important que les fruits ne soient ni trop serrés, ni trop isolés ; elles doivent être fermées à charnières pour éviter toute percussion dans leur clôture ; on les garnit d'abord de *papier gris,* dit *à sucre;* sa propriété hygrométrique le rend très propre à absorber l'humidité qui s'introduit par les jointures des caisses. On forme ensuite au fond une couche d'un mélange de mousse longue et de gazon fin et sec, et on y place les fruits les plus gros et les plus fermes, enveloppés préalablement de papier-joseph ; on remplit soigneusement les interstices qu'ils laissent entre eux : on forme ainsi plusieurs couches successives, en ayant le soin de mettre en dessus les fruits les plus légers.

Nous terminerons ce que nous avons à dire sur les procédés généraux de conservation des fruits par l'observation suivante publiée par M. Howison, dans les *Mémoires de la Société calédonienne d'horticulture.* Cet habile horticulteur, convaincu que les fruits sont de plus longue garde lorsqu'ils sont cueillis de bonne heure, ou avant leur entière maturité, que lorsqu'ils sont restés longtemps sur l'arbre, récolte ses poires quelques semaines avant qu'elles soient parfaitement mûres, et il les met dans des tiroirs, dans une chambre où la température est constamment de 58 à 60 degrés Farenheit, 10 à 12 degrés centigrades. Au bout de dix jours, la *targonelle,* et, après un mois, l'*œuf-de-foulque,* se sont trouvés mûrs et mieux aoûtés que s'ils étaient restés sur l'arbre. Des melons cueillis en octobre avant leur maturité, et traités de la même manière, ont parfaitement mûri et ont acquis un excellent parfum.

L'explication qu'il donne de ce phénomène s'accorde trop bien avec la théorie que nous avons donnée de la maturation pour que nous ne nous empressions pas de la reproduire. Suivant lui, « l'élaboration organique des principes constitutifs du fruit est terminée lorsqu'il a acquis tout son développement ; sa maturité n'est plus que *l'effet de modifications chimiques,* semblables à la fermentation, qui peuvent s'effectuer à l'aide d'une application raisonnée de la chaleur, indépendante, en quelque sorte, de l'action vitale. »

M. Loudon, qui rappelle ce mode de procéder, pense que la qualité des fruits d'hiver est altérée s'ils restent sur les arbres après avoir acquis toute leur croissance, parce qu'après ce temps la température est trop basse pour que les modifications chimiques puissent en perfectionner le parfum.

Enfin M. Roëser de Crécy a remarqué qu'un melon coupé sans être très mûr, placé dans des circonstances favorables, pouvait néanmoins atteindre une complète maturité et acquérir même une qualité supérieure.

M. Loiseleur-Deslongchamps, pensant que la maturation ou l'altération pourrait être efficacement retardée par un froid assez intense, imagina d'exposer les fruits à une basse température. A cet effet, il introduisit des fruits dans des bocaux, il les isola au moyen de cardes de coton, pour diminuer, autant que possible, la pression ; il boucha soigneusement les bocaux, et obtint des propriétaires de la glacière Saint-Ouen de les y placer. Quelques difficultés d'exécution firent que les résultats ne furent pas aussi satisfaisants qu'il l'espérait ; mais il n'en persista pas moins à regarder ce mode de conservation comme avantageux.

Nous ferons remarquer que ce procédé est surtout fondé sur les principes que nous avons émis au commencement de ce chapitre ; car son auteur diminue la pression autant que possible en plaçant les fruits sur du coton, et il évite les variations de température en les exposant dans un milieu où elle est toujours au dessous de zéro. A l'appui de cette observation, nous ajouterons qu'Olivier de Serres, dans le but de conserver du moût de raisin et d'éviter que la fermentation s'y établît, l'introduisait dans des barriques bien cerclées qu'il plaçait dans des puits.

Nous avons mis à profit ce procédé pour conserver du raisin : à cet effet, nous avons suspendu dans un bocal une grappe de raisin dit *chasselas*, nous l'avons soigneusement bouché ; puis, après l'avoir entouré de linges pour le garantir de l'action de la lumière, descendu dans un puits à la profondeur de 45 pieds environ, nous l'avons abandonné. Dix mois après, le vase ayant été retiré et ouvert, nous avons trouvé le raisin dans un état de conservation apparente assez satisfaisant ; les grains, encore adhérents à la rafle, étaient opaques, d'une saveur fade. Le bocal, comme nous nous en sommes assuré, contenait de l'acide carbonique ; mais comme, en disposant l'appareil, nous avions, pour le sécher plus efficacement, introduit un charbon incandescent avant d'y plonger la grappe, nous ne pouvons tirer aucune induction de cette circonstance. L'altération nous a toutefois paru particulière et analogue à celle que nous avons déjà signalée lorsque nous avons parlé des fruits conservés dans l'acide carbonique. Le contact de l'air n'a pas tardé à communiquer aux grains une teinte brune, indice précurseur d'une altération plus complète.

On conserve encore les fruits en les plaçant dans une barrique bouchée avec les précautions signalées plus haut, introduisant celle-ci dans une autre pièce, et l'immergeant d'eau. Si les besoins du commerce nécessitent le transport au loin, il suffit de replacer le fond de la barrique externe, et de la cercler avec soin : les fruits se trouvent ainsi garantis complètement de l'influence de l'air et presque entièrement des variations de température. Ce procédé est, comme on le voit, fondé sur les principes que nous avons indiqués, principes dont l'observation est indispensable pour obtenir d'heureux résultats.

On peut, en outre, mais ce procédé est assez dispendieux, conserver pendant quelque temps les fruits en les enveloppant de papier-joseph, réunissant les coins au moyen d'un fil tenu assez long pour pouvoir plonger le tout dans un bain de cire blanche fondue, ou dans une solution de gomme ou de gélatine, suspendant ensuite dans un lieu bien sec.

Enfin un fruitier de Paris met en pratique, nous assure-t-on, un procédé fort simple de conservation, et qui réunit les conditions les plus favorables. Il place isolément les fruits dans des espèces de loges pratiquées dans le mur d'une cave, et ferme ensuite les orifices au moyen d'une légère couche de plâtre. Nous croyons qu'on pourrait substituer à ces loges des poteries à deux orifices, telles que celles qui servent maintenant à la formation des voussures ou à celle des planchers en fer; elles occuperaient moins de place et garantiraient les fruits de toute espèce d'atteinte.

Nous avons enduit des poires et des pommes de divers vernis, et notamment de solution de gomme, de gélatine, d'empois, etc., pour empêcher le contact de l'air; eh bien! soit que l'œil du fruit fût ou ne fût pas compris dans cette enveloppe générale, nous avons constamment vu que l'altération était à peu près la même, et qu'elle se produisait à peu près dans le même espace de temps.

Les anciens, si l'on en croit Apulée, enduisaient les fruits charnus de terre argileuse, pour les conserver; ils les enfermaient aussi dans des vases qu'ils enfouissaient dans la terre. Ce procédé était chez eux en grande faveur. L'extrait que nous allons donner des commentaires sur la botanique médicale de Pline, par notre savant confrère M. Fée, complétera et résumera l'historique que nous avons donné, dans ce chapitre, des efforts qui ont été tentés soit par les anciens, soit par les modernes, pour la conservation des fruits pulpeux et charnus.

Note du livre xv (*loco citato*) :

« — Page 380, ligne 14. *E proximis auctoribus quidam altius curam petunt*. Plusieurs des pratiques indiquées dans ce paragraphe sont des pratiques superstitieuses ; telle est celle qui prescrit d'avoir égard au déclin de la lune pour faire la cueillette des fruits, ou bien encore celle qui veut qu'on enfonce les deux bouts des branches de vigne, chargées de raisin, dans la bulbe de la scille ou dans la moelle du sureau. Il en est d'autres, et c'est le plus grand nombre, qui sont fort rationnelles et auxquelles on doit avoir égard ; par exemple, celle qui prescrit de cueillir les fruits avant leur parfaite maturité, quand on les destine à être conservés ; d'enlever aux raisins cueillis dans le même but les grains gâtés ou qui menacent de l'être bientôt ; de priver les fruits du contact de l'air, etc., etc. »

« Page 382, ligne 1ʳᵉ. *Exclusa omni auro operculo et gypso*. On voit, par tout ce qui est dit dans ce chapitre, que la théorie de la conservation des fruits était entièrement basée sur la nécessité de les soustraire à l'action de la température, tantôt trop basse et tantôt trop élevée, ainsi qu'au contact de l'air que les anciens savaient être l'agent principal qui tend à déplacer continuellement les éléments des corps organiques vers la fin de leur vie. De nos jours, ainsi qu'on l'a vu plus haut, on cherche à les soustraire à l'action de l'air extérieur de l'humidité et de la lumière, et à empêcher les fortes gelées de les atteindre. Un été sec et chaud, un hiver sec et froid annoncent que les fruits se conserveront bien. Au reste, il est tant de causes qui troublent les soins les plus attentifs, qu'il ne nous est permis d'en juger qu'après l'évènement. Les modernes condamnent les préceptes des anciens, qui veulent qu'on enterre les fruits dans le son, la cendre et dans le millet ; ils trouvent, en outre, qu'il est superflu et même nuisible de les enduire de terre à potier, de plâtre ou de cire, à cause de la difficulté de les débarrasser entièrement de ces enduits qui les salissent. Malgré toutes ces assertions contradictoires, il nous semble que des expériences seraient nécessaires pour pouvoir juger de la validité des moyens proposés par les anciens. C'est pour obvier en partie aux inconvénients signalés au commencement de cette note, que l'on a proposé de conserver les fruits et les légumes dans les glacières : ce procédé, qui se approche de ceux indiqués par les anciens, consiste à placer les fruits au fond d'une glacière, sur des lits de mousse, dans des pots de grès dont l'ouverture est bourrée de mousse, et renversés, afin que l'air n'y

pénètre point ; on leur ménage un espace commode dans la glace, afin
qu'on puisse les y plonger lorsque la glacière est remplie. On dit que
les fruits s'y conservent assez bien, mais qu'ils perdent un peu de leur
saveur. »

Nous ne comprenons pas comment des fruits pourraient, sans altération, perdre de leur saveur ; il est plus vraisemblable que, cueillis
avant leur maturité, ils n'étaient pas très savoureux avant l'expérience.

Conservation des fruits secs. La conservation des fruits secs présente
bien moins de difficultés que celle des fruits charnus, aussi avons-nous
peu de choses à dire sur cet objet.

L'humidité étant ici la cause la plus puissante d'altération, et la
nature ne l'ayant pas rendue inhérente à leur constitution, il suffit de
les garantir de l'influence de celle hygrométrique ou ambiante, et de
l'action simultanée de l'oxygène, qui provoquerait leur germination,
et, partant, leur altération.

De tous les fruits secs, ceux qu'il est le plus important de conserver
appartiennent incontestablement aux deux grandes familles des *céréales* et des *légumineuses*. Il est, en effet, très avantageux, attendu
le rôle qu'ils jouent dans l'alimentation des hommes et des animaux,
de pouvoir conserver les produits d'une année abondante, pour les
livrer à la consommation dans les années de disette.

L'humidité n'est pas la seule cause d'altération de ce genre de fruit ;
certains animaux en sont très friands, et leur prodigieuse et facile
multiplication fait souvent le désespoir du cultivateur : aussi a-t-on
proposé toutes sortes de moyens pour les en garantir ; nous les indiquerons en faisant l'histoire de ces fruits, nous rappellerons seulement ici les principaux. On a imaginé, pour les céréales principalement, et notamment pour le blé, de construire des magasins en fer
divisés par des cloisons en tôle espacées seulement de quelques pouces,
pour éviter que le grain ne s'échauffe et que l'altération ne se propage. Toutefois cette disposition très heureuse a été abandonnée
parce qu'elle était trop dispendieuse, en économie industrielle bien entendue, le meilleur procédé doit être abandonné lorsque la dépense
dépasse les limites qu'assigne la valeur du produit.

La conservation du blé, par l'intermède de l'air froid, s'effectue au
moyen d'une ventilation continue dans les greniers ou magasins ; celle
par l'intermède de l'air chaud s'effectue au moyen d'étuves : elles ont

pour effet d'enlever la surabondance d'humidité et de détruire les animaux qui redoutent ces alternatives ; les charançons et l'alucite sont dans ce cas.

On doit à MM. de Lasteyrie et Ternaux, dont les sentiments philanthropiques sont bien connus, l'importation en France du système d'emmagasinement connu sous le nom d'*ensilage* (1) ; il consiste à établir, à une profondeur déterminée, des puits ou fosses très larges entourés de revêtements en maçonnerie. On peut, dans certaines localités, éviter cette dernière dépense en les pratiquant dans un sol rocailleux ou argileux ; dans ce dernier cas, on solidifie les parois en brûlant dans l'intérieur de la paille ou des broussailles.

On nomme *matamores*, en Espagne, d'immenses silos creusés à 80 ou 100 pieds de profondeur ; on garnit les parois de planches de sapin ; on remplit les neuf dixièmes de l'espace de blé préalablement séché, on recouvre le reste de la cavité de paille, puis de terre, et on cultive la surface comme le reste du champ. Ce mode de conservation est mis, de temps immémorial, en pratique dans nos possessions africaines.

M. Fazy, pasteur, a proposé, pour la conservation des grains, de les mettre dans des tonneaux ou caisses en bois, goudronnés intérieurement ; ce moyen serait bien approprié pour le transport par eau, mais, dans le cas contraire, de vastes jarres devraient peut-être être préférées.

En Pologne, on est dans l'usage de conserver le blé dans des espèces de sacs ou ballots formés de nattes. Si la fabrication des toiles imperméables, qui est en voie de perfectionnement, permettait d'en appliquer l'emploi à la confection de sacs, nul doute que les grains n'y fussent à l'abri de l'action de l'air, de l'humidité, peut-être aussi de l'électricité, qui n'est pas sans influence, et qu'ils ne s'y conservassent presque indéfiniment.

Ce que nous avons dit de la conservation des céréales peut s'appliquer à celle des légumineuses, à de très légères modifications près.

Quant aux autres fruits secs ou graines, on les conserve dans des boîtes garnies de papier, ou, mieux encore, dans des sacs de papier

(1) Le mode de conservation en silos est renouvelé des anciens; car, suivant Quinte-Curce, l'armée d'Alexandre éprouva de grandes privations sur les bords de l'Oxus, parce que les habitants de ces contrées conservaient leurs grains dans des fosses qui n'étaient connues que de ceux qui les avaient creusées.

7

collé, soigneusement fermés, puis placés eux-mêmes dans d'autres sacs de toile, et renfermés dans des bocaux bien secs et exactement bouchés que l'on tient à l'abri de l'humidité et de la lumière.

Lorsqu'il s'agit enfin d'expédier des semences d'un pays dans un autre, et notamment outre mer, et de conserver leur propriété germinatrice, on les mêle à de la cassonade ou à des raisins secs, ou bien encore on les loge dans de la mousse ou de l'éponge comprimée. Ces moyens sont souvent mis à profit par les botanistes voyageurs et les naturalistes.

CHAPITRE CINQUIÈME.

DES MOYENS QUE DONNE LA CULTURE D'AMÉLIORER LES FRUITS; ENGRAIS, SEMIS, GREFFE, RAPPROCHEMENT, FÉCONDATION CROISÉE, INCISION ANNULAIRE, LIGATURE, INCLINAISON DES BRANCHES; EXEMPLES DE CULTURE EXTRAORDINAIRE, FRUITS MONSTRUEUX; AUGMENTATION DE VOLUME DES FRUITS; DIMINUTION DE VOLUME DES FRUITS; INFLUENCE DU CLIMAT ET DE LA TEMPÉRATURE.

La culture a pour effet d'améliorer (1) les fruits, non seulement sous le rapport de la saveur et de l'arôme, mais elle les rend, en outre, plus nourrissants et, partant, plus digestifs, en provoquant le développement d'une plus grande quantité de matière sucrée. Les moyens que l'on met en pratique pour atteindre ce but consistent dans l'emploi des engrais, les semis, la greffe, la fécondation croisée, l'incision annulaire, la ligature et l'inclinaison des branches. Nous ne nous occuperons de ces diverses opérations que sous le rapport physiologique. C'est à dessein que nous n'avons pas désigné la taille, comme tendant à améliorer la nature des fruits; d'abord, parce que son utilité sous ce rapport ne nous paraît pas bien démontrée, et qu'ensuite cette opération, considérée physiologiquement, offre peu d'intérêt. Nous voudrions, par exemple, qu'au lieu de la voir servir à contrarier et arrêter la végétation, on l'employât seulement au retranchement des branches mortes, malades ou mal placées.

(1) Nous avons déjà fait remarquer que cette amélioration n'était que relative, car l'espèce d'obésité qu'ils acquièrent les rend moins propres à la reproduction.

Engrais. Nous sortirions du cadre que nous nous sommes tracé si nous nous occupions des engrais dans leur acception générale ; c'est à dire, quant à la propriété qu'ils ont de fertiliser les terrains les plus arides, de rendre à la terre épuisée des principes de fécondité, et par suite d'activer la végétation. Nous renvoyons, en conséquence, aux traités d'agriculture pour apprendre à connaître combien on en distingue, quel est le rôle qu'ils jouent dans la grande culture. Nous nous bornerons à les considérer sous le rapport de l'influence qu'ils exercent sur les fruits, soit indirectement, comme dans la culture des arbres fruitiers, soit directement, comme dans l'art des semailles.

Les fumiers et les composts n'agissent pas, ainsi qu'on l'a longtemps cru, comme de simples stimulants des organes absorbants ; un examen plus attentif a fait voir qu'ils entraient dans la composition des végétaux, qu'ils fournissaient les principes nécessaires à leur développement et d'autant plus abondamment qu'ils étaient mieux appropriés (1).

Cette appropriation n'est pas aussi facile qu'on le croirait à déterminer, elle dépend aussi de la nature du sol ; c'est ainsi que, s'il est riche en détritus de nature végétale, l'engrais devra être formé de détritus animalisés, et *vice versa*. Nous avons vu un arbre fruitier prêt à mourir reprendre une nouvelle vie, après qu'on eut enterré un chat à son pied. La partie des branches dans laquelle se manifesta d'abord l'amélioration fut celle précisément qui correspondait avec les racines mieux nourries. Cette expérience faite avec intention confirma nos prévisions. Nous croyons utile toutefois de l'appuyer de l'observation suivante, que nous extrayons du *Bulletin des Sciences agricoles*, et que l'on doit au pasteur Christ. de Cronbery. « On prend, » dit cet agronome, « un boisseau d'os de pieds de mouton que l'on met, après les avoir coupés par morceaux, dans un chaudron de fer ou de cuivre avec 750 livres d'eau. On soumet le mélange à la cuisson jusqu'à ce qu'il ne reste plus que 500 livres de liquide. Le produit de la décoction est alors passé par un linge, et la graisse qui se forme à la superficie est

(1) Il résulte, de nouvelles observations que l'on doit à M. de Saussure, que les terreaux et l'humus unis à différentes terres subissent, dès qu'ils sont humectés, une lente fermentation qui leur donne la faculté d'opérer la destruction du mélange des gaz hydrogène et oxygène : cette faculté est provoquée par l'électricité et facilitée par la porosité du corps fermentescible. Suivant M. Pelletier, toute combinaison de terre qui tendra à développer la plus grande masse d'électricité sera la plus fertile et la plus propre au développement de la végétation.

enlevée. Le reste forme, après le refroidissement, une gelée assez claire, qui doit être étendue d'un peu d'eau, lorsqu'on est sur le point de s'en servir.

» Pour faire usage de ce bouillon d'os, on en prend 15 livres que l'on étend d'eau ; ce liquide est versé sur les extrémités des racines des arbres. L'opération ne doit être répétée que tous les deux ans. Il est particulièrement propre à ranimer les arbres débiles ou vieux : il fait merveille, lors de la plantation de jeunes sujets. Les arbres traités ainsi atteignent bientôt une grande vigueur et produisent généralement des fruits bien conformés. »

Une livre de colle-forte ordinaire, dissoute dans 100 livres d'eau, a donné à M. Hermstadt le même résultat. Quelle que soit, en effet, la méthode employée pour obtenir cette sorte d'engrais qui n'est autre chose qu'une solution de gélatine, son action est constante et très efficace.

Nous n'insisterons pas davantage sur la formation des engrais factices, nous allons nous occuper d'un autre engrais qu'on pourrait appeler naturel, et qu'on a, suivant nous, trop négligé; c'est le péricarpe, cette enveloppe de la graine si bien appropriée à son développement futur; sa décomposition fournit, en effet, les principes qui doivent féconder le sol et les éléments indispensables à l'accroissement de la jeune plante.

Le mode de propagation le plus rationnel consiste donc à confier à la terre le fruit tel que la nature nous l'offre, c'est à dire avec toutes les parties qui le composent, et non pas, comme il arrive trop souvent pour les fruits pulpeux, privé de l'enveloppe externe ou péricarpe (1).

Cette partie du fruit est, en effet, appelée à jouer un rôle fort important; elle garantit la graine ou semence des impressions ou atteintes externes, et lui permet conséquemment d'acquérir et de conserver toutes les propriétés qui la caractérisent. C'est ainsi qu'on a remarqué que les pepins de raisin sec, les noyaux d'amandes, des dattes conservent leur propriété germinatrice beaucoup plus longtemps, lorsqu'ils sont

(1) Il est cependant quelques exceptions à cette règle; les fruits de l'olivier, du gui, par exemple, sont composés de péricarpes très résistants, et qui ont besoin, pour que leurs semences soient susceptibles de germination, d'être préalablement soumis à l'action puissamment digestive de certains oiseaux.

La faculté germinatrice des semences se conservant d'autant plus longtemps que les plantes qui les ont produites ont une longévité plus grande, la nature a dû les garantir, en effet, des impressions extérieures, et pourvoir ainsi à leur durée.

renfermés dans le péricarpe que lorsqu'ils en sont séparés. Le principe sucré n'étant pas étranger à cette conservation, on a mis à profit cette propriété en mêlant de la cassonade à des graines destinées à voyager; (la mélasse a servi aussi de véhicule pour transporter des greffes à de grandes distances). Les noix offrent un exemple bien frappant de l'influence conservatrice du péricarpe sur la graine, car elles se conservent d'autant mieux qu'on les laisse plus longtemps dans le brou.

La semence n'ayant pas toujours atteint sa perfection lorsque la pulpe du fruit ou le péricarpe a acquis le degré de maturité, un grand nombre d'entre eux réclament nos soins. Considérée sous le rapport de la reproduction, au contraire, la maturité n'est vraiment complète que lorsque la semence a parcouru toute sa période d'accroissement, que, lorsque les principes qui la composent sont formés, et qu'elle est enfin susceptible de germination. C'est alors seulement que les péricarpes pourrissent et que les noyaux, les capsules, les gousses, les siliques s'ouvrent.

Les principes amylacé, sucré et huileux qui constituent les parties essentielles des graines, continuent à se former même lorsque le fruit est détaché du végétal qui l'a produit. Si donc on sépare le péricarpe avant la maturité de la graine, on contrarie leur formation en permettant à l'air d'exercer son influence, soit qu'il soit sec ou chargé d'humidité : dans le premier cas, il s'empare de l'eau de végétation de la semence ; dans le second, l'humidité surabondante qu'il fournit provoque son altération. C'est ainsi, si nous prenons pour exemples les pêches, que lorsque, par quelque circonstance particulière, le noyau s'ouvre pendant le développement du fruit, la surabondance d'humidité, fournie par le péricarpe, favorise l'altération de l'amande ; elle s'atrophie et pourrit sans que le fruit présente à l'extérieur aucune trace de lésion.

C'est donc seulement en se rapprochant le plus possible des procédés de la nature qu'on peut obtenir les mêmes résultats. Si nous étions chargé de former une pépinière, non seulement nous confierions à la terre le fruit entier, mais encore nous l'environnerions d'un terreau fait des feuilles de l'arbre ou de la plante qui l'aurait produit, bien convaincu qu'il serait plus approprié que les engrais ordinaires. Nous n'hésitons pas à croire que le sujet qui naîtrait de cette opération offrirait, toutes autres circonstances égales d'ailleurs, les mêmes caractères que celui qui l'aurait produit. Peut-être même serait-on dispensé d'avoir recours à la greffe pour l'adoucir et lui donner enfin les propriétés qui résultent de plusieurs cultures successives. Diverses circonstances ne nous ont pas permis de nous livrer à des recherches pour appuyer cette opinion ; mais nous n'y renonçons pas, et la première application que nous en ferons aura pour objet la culture des melons ; peut-être parviendrons nous, par ce moyen, à empêcher les meilleures espèces de dégénérer.

Une circonstance qui milite puissamment en faveur de cette opinion, c'est que, dans les forêts vierges, les arbres de même espèce sont identiques ; quant à leur caractère, on n'y remarque pas ces nuances plus ou moins prononcées qui constituent tant de variétés dans les espèces cultivées, nuances dues évidemment à la nature des principes qui composent les divers sols, et aux engrais factices dont la composition est généralement si variable.

Ces lignes étaient tracées, lorsqu'en parcourant les *Annales de la Société d'horticulture* nous avons trouvé, parmi d'autres théories rappelées par M. Turpin, celle de Venables, qui confirme les observations qui précèdent ; nous nous empressons de la mettre sous les yeux du lecteur.

« Cette théorie, » dit M. Turpin, « est basée sur l'idée philosophique que quand la nature entoure les graines d'une substance quelconque, charnue, farineuse, sucrée, résineuse ou gommeuse, c'est parce que cette substance est nécessaire au développement des graines qu'elle entoure, comme le blanc et le jaune d'un œuf sont nécessaires au développement de l'embryon du poulet renfermé dans l'œuf. Déjà il est bien reconnu que le périsperme farineux du blé et des autres céréales est le premier aliment de l'embryon contenu dans le grain de ces plantes ; il est reçu aussi que la matière amylacée, contenue dans les cotylédons mêmes de l'embryon, le nourrit dans sa germination ; mais on n'avait pas encore porté une attention spéciale sur la partie charnue, succulente ou farineuse des péricarpes relativement à son influence sur le développement des graines.

» Le révérend James Venables, » dit-il encore, « ne croit pas du tout que ce soit pour nous directement que certains fruits ont une chair succulente ; il pense, au contraire, que les péricarpes sont destinés, par la nature, à servir de lit et de *première nourriture* aux graines qu'ils entourent, et que quand, suivant l'usage, nous en privons ces graines, elles dégénèrent dès en germant faute de la nourriture qui leur est destinée, et perdent la faculté de reproduire un fruit semblable à celui qui la contenait. »

Il faudrait, suivant l'auteur de cette observation, si conforme à l'opinion que nous avons émise au commencement de ce chapitre, lorsqu'on veut obtenir un bon fruit, ne pas semer des noyaux, ni des pepins isolés, mais mettre en terre les fruits qui les renferment, afin que les graines en germant trouvassent autour d'elles la nourriture qui leur est propre, et que la nature leur avait destinée.

Des semis. On a remarqué qu'après un certain laps de temps, les meilleurs fruits, c'est à dire ceux que la culture avait améliorés, semblaient dégénérer (c'est à dire, dans le sens que l'on donne à ce mot, quant au volume et à la saveur seulement) et retourner à l'état sauvage. On a remarqué, en outre, que malgré le soin que l'on prend de semer les meilleures espèces, on n'obtient pas d'amélioration réelle du moins par ce moyen. Duhamel, qui a fait un si grand nombre de semis des meilleures graines, n'a jamais rien obtenu de satisfaisant sous ce rapport. On doit à M. Turpin l'observation que le choix de la semence n'est pas toujours une garantie du succès; il a même remarqué que ce n'était généralement pas dans les pépinières qu'on obtenait les nouveaux fruits améliorés, ni même dans les pays où les bons fruits étaient les plus communs, mais bien dans ceux où ils sont rares; ils prennent, dit-il, en général naissance dans les bois, dans les haies, dans les lieux enfin où la culture est négligée.

C'est à tort qu'après avoir semé une bonne espèce et n'avoir obtenu qu'un sujet peu satisfaisant, on s'empresse de le rejeter; nul doute qu'en semant les graines de ce dernier on n'obtienne déjà un meilleur résultat, et qu'ainsi par plusieurs semis successifs on ne parvienne à améliorer l'espèce et à lui rendre les avantages qu'elle semblait avoir perdus. C'est ainsi du moins que, soit par l'effet du hasard, soit par suite d'observations, les Belges, nos voisins, sont plus heureux que nous dans les résultats qu'ils obtiennent; ce qu'il y a de certain, c'est qu'ils sont en possession de fournir l'Europe des meilleures espèces de fruits.

Ils ne donnent dans leurs semis aucune préférence à ce que nous appelons, s'il s'agit de poires ou de pommes, les espèces à couteau. Ils ne s'étonnent nullement lorsque, par suite d'un premier semis, le fruit n'offre rien de bien satisfaisant; ils observent le sujet et sont d'autant plus satisfaits qu'il offre, par exemple, les épines les mieux nourries, les yeux les plus rapprochés. Ils confient la nouvelle semence à la terre et sont alors certains d'obtenir une amélioration qui augmente avec le nombre des semis, jusqu'à une nouvelle dégénération, qui se fait d'autant moins attendre que l'espèce s'était le plus éloignée de l'état sauvage. Ce que la culture ajoute au péricarpe, elle semble le retrancher à la semence. Les améliorations que nous obtenons ne sont conséquemment que relatives; car la nature, nous le répétons, ayant toujours pour but la propagation de l'espèce, est plutôt contrariée qu'aidée par la culture.

Si nous ne craignions d'être entraîné dans des considérations hors de notre sujet, nous dirions que la nature, ne considérant que l'état primitif ou sauvage, semble avoir primordialement approprié la saveur des fruits à des organes que la civilisation n'avait pas encore rendus très perceptibles. La frugalité de nos pères et celle même des gens de la campagne, comparées à la sensualité des Apicius de nos jours, prouvent suffisamment que certains organes et celui du goût en particulier sont, pour ainsi dire, susceptibles d'éducabilité. C'est ainsi que les enfants recherchent avec tant d'avidité les fruits verts et sauvages, et que les vieillards les repoussent.

De la greffe. Le plan que nous nous sommes tracé ne nous permettant de considérer la greffe que quant à l'influence qu'elle exerce sur la qualité et le volume des fruits, nous renverrons aux traités d'agriculture pour les divers modes connus de pratiquer cette opération et les conditions qu'elle exige.

Nous pensons néanmoins que nos lecteurs nous sauront gré de rapporter ici la description, si belle et si vraie, des effets de la greffe que l'on doit à l'auteur du *Poême de l'agriculture* :

> Ainsi par une plante une plante adoptée
> Élabore les sucs de la sève empruntée ;
> Et de ces aliments, qu'il a reçus d'autrui,
> L'arbre nouveau n'admet que des sucs faits pour lui.
> Soit donc que d'un rameau la blessure féconde
> Reçoive un plant choisi, dans sa fente profonde;
> Soit que le sauvageon que l'art veut corriger,
> Dans ses bourgeons admette un bourgeon étranger :
> Ce dédale savant de vaisseaux innombrables
> N'admet ou ne retient que des sucs favorables.
> L'arbre adopté s'élève, il se couvre de fruits
> Que le tronc paternel n'aurait jamais produits.

Et l'arbre hospitalier, où la greffe prospère,
De ces enfants nouveaux s'étonne d'être père.

. . . .

Ainsi, dans vos jardins, rois et législateurs,
A vos sujets grossiers, vous donnez d'autres mœurs.
Des familles entre eux vous réglez l'alliance :
L'arbre adopte un autre arbre, illustre sa naissance ;
Il admire, ennoblit, par de nouveaux liens,
Un feuillage et des fruits qui ne sont pas les siens.
Le pêcher par cet art à l'amandier s'allie.
Où le coin jaunissait, une poire est cueillie,
Le saule a sur son tronc les branches du pommier ;
Et le frêne surpris se transforme en prunier ;
Telle l'épine blanche adopte l'azerole.
Mais l'abus de cet art peut le rendre frivole;
A vos arbres soumis, tyran plutôt que roi,
Gardez-vous d'imposer une cruelle loi ;
Confondez leur amour, mais respectez leur haine;
Il en est dont les sucs se mêlent avec peine,
Et qui ne produiront, unis contre leurs vœux,
Qu'un feuillage stérile et des fruits malheureux.
La vigne à l'olivier ne peut être assortie;
Du chêne et de l'ormeau craignez l'antipathie :
La cerise à regret se marie au laurier,
Et le citron doré se refuse au mûrier.
Ces ennemis vivant sur une même tige
Ne sont jamais qu'un monstre et non plus en prodige.
J'approuve cependant qu'un charme ingénieux
Offre sur un tronc seul quatre arbres à vos yeux,
Et que sur l'amandier votre main cueille ensemble
La prune, l'abricot, la pêche qu'il rassemble.

ROSSET.

La greffe a pour but de conserver et de multiplier les espèces et variétés. Un grand nombre de fruits perdent, en effet, à la longue leurs caractères, et ont conséquemment besoin d'être régénérés par cette opération. D'autres ont des semences dont la germination tardive ferait attendre trop longtemps une nouvelle fructification et n'offrirait d'ailleurs pas la même certitude quant à l'identité de propriétés.

M. Soulange Bodin a récemment mis à profit la belle découverte du baron Tschudy sur la greffe herbacée. Après avoir greffé avec succès la tomate sur la pomme de terre, il en a fait une application très heureuse pour la propagation des variétés de fruits. Partant de ce principe, que les greffes ne sont, pour ainsi dire, que des boutures, il a, au moyen de couches et en modifiant la température et l'action de la lumière, en limitant la quantité d'air et l'humidité, obtenu des résultats qui permettent d'entrevoir la possibilité de couver, pour ainsi dire, sous un simple châssis, les germes d'un vaste verger.

On parvient par plusieurs greffes successives, et en ralentissant conséquemment le retour de la sève aux racines, à augmenter l fécondité du sujet; on accroît, en outre, le volume du fruit et on améliore ses qualités. C'est, par exemple, à la greffe plusieurs fois répétée sur le même sujet qu'on doit les variétés d'azeroliers à fruits mangeables; mais malheureusement ces avantages ne s'obtiennent le plus souvent qu'aux dépens de la vigueur des arbres et surtout de leur durée.

On a remarqué aussi que, lorsqu'on greffait plusieurs variétés sur le même sujet, l'une d'elles prédominait toujours; il est cependant quelques exceptions à cette règle. Nous citerons celle qui suit, qui est très remarquable, et que nous empruntons à un journal d'horticulture :

« Le pasteur Agricola de Gœlinitz a, depuis 1804, greffé trois cent trente variétés de pommes sur un pommier âgé de soixante ans; il attacha à chaque greffe une étiquette portant un numéro. La fertilité de cet arbre a toujours été considérable; en 1813, il a donné douze boisseaux de fruits. Il fut toujours un objet de respect pour les troupes ennemies, et d'admiration pour les voyageurs; il donne aux horticulteurs le moyen de comparer les sortes et de juger de leur mérite. C'est ainsi qu'il a fait tomber la réputation des variétés qui portaient des noms ambitieux. Il sert, en outre, à éclairer la synonymie et à détruire des noms doubles donnés aux mêmes fruits; et enfin il a fourni plusieurs variétés nouvelles par des fécondations croisées. »

M. Murtie a remarqué que le pêcher greffé sur l'abricotier rapportait, après deux ans, des fruits bien supérieurs à ceux du pêcher non marié.

L'observation suivante sur la conservation et le transport des greffes étant de nature à intéresser les horticulteurs, nous croyons devoir la rapporter. M. Gérard, élève de Van Mons, lui ayant envoyé, de la Caroline à Bruxelles, des greffes de poiriers d'Amérique, conservées dans une boîte de fer-blanc, en forme d'étui, remplie de miel et soigneusement enduite de cire aux jointures, ces greffes, après un voyage d'environ dix-huit mois, ont parfaitement repris et fourni des fruits inférieurs à ceux que l'on possède en Europe. Les greffes ayant repris, il est évident que cette différence est due au sol, au climat, aux espèces d'où elles provenaient, et non au mode de conservation.

MM. Van Mons et Poiteau ont, en effet, remarqué que les fruits qui nous venaient de l'Amérique septentrionale étaient plus singuliers qu'avantageux, plutôt curieux que bons. « Et cela devait être, » dit M. Sageret ; « car le climat et le sol de l'Amérique septentrionale sont très différents du nôtre ; ils ont produit des variétés curieuses, ils ne sont pas si bons que les nôtres pour l'amélioration de la saveur, ils n'ont encore rien produit de bon, de très bon du moins. » M. Poiteau en a expliqué les causes, et a ajouté que leur sol trop neuf s'assainissant, se perfectionnant, se civilisant, pour ainsi dire petit à petit, les nouvelles productions s'amélioreront progressivement.

« Le perfectionnement de la saveur des fruits, » dit encore M. Sageret, dont l'opinion est si puissante en pareille matière, « me paraît tenir à une culture longtemps suivie, dans tous les accessoires convenables, par la greffe sur des sujets appropriés, par le choix des pepins des espèces les meilleures et les plus délicates.

» La production des variétés, suivant l'auteur de la Pomologie, provient, au contraire, d'autres causes, savoir : le changement soit en bien, soit en mal, des moyens de culture, de climat, de sol, et le choix des pepins des fruits les plus curieux, les plus bizarres même et la greffe sur espèces différentes. »

Nous ne terminerons pas ce que nous avons à dire de l'influence des greffes sur les fruits sans mentionner celle si curieuse qui se pratique pour obtenir des fruits qui participent à la fois de plusieurs espèces. Le procédé qui s'effectue plus spécialement sur les espèces du genre citronnier consiste à couper en deux parties, par le milieu de l'œil, deux écussons tirés de deux arbres différents que l'on désire amalgamer, tels qu'oranger et bigaradier, ou une variété rouge et une variété blanche ; on réunit avec beaucoup de soin la moitié de l'un avec celle de l'autre, et l'on applique cet écusson *composé* comme à l'ordinaire (1). Ce genre de greffe, cependant, ne réussit pas toujours ; il exige des conditions difficiles à obtenir. Peut-être nos

(1) « Les Génois, » dit Duhamel, « emploient un mode de greffage particulier et qui consiste à placer l'écusson sens dessus dessous, c'est à dire l'œil en bas, de manière que la nouvelle pousse, en se développant, est forcée de se retourner sur elle-même pour prendre une direction verticale, et laisser ainsi entre le sujet et la pousse un espace que l'on croit nécessaire pour avoir des arbres d'un plus beau port et mieux arrondis. »

efforts obtiendront les mêmes résultats par la fécondation croisée.

Il existe, enfin, un autre genre de greffe qui s'effectue de fruit à fruit; il consiste à rapprocher deux embryons ou ovaires encore peu développés, à les comprimer l'un contre l'autre et à les maintenir ainsi sans gêner leur développement d'une manière trop absolue. Lorsque l'opération a été faite avec soin, les ovaires s'anastomosent, et il en résulte des fruits qui participent d'espèces et de variétés différentes.

On attend quelquefois que le développement soit plus complet pour opérer cette sorte de greffe; on fait alors une section (1) d'égale étendue à la surface de ces fruits appartenant au même sujet et quelquefois même à des sujets différents, mais voisins cependant; on les rapproche de manière à réunir les deux plaies, on maintient soigneusement au moyen de sortes d'éclisses, et la suture, lorsque l'opération a été faite avec soin, ne tarde pas à s'opérér. Nous n'avons pas besoin de faire remarquer qu'il faut, non seulement que ces expériences soient faites sous l'influence de la végétation, mais encore sur des sujets vigoureux, et pendant l'ascension de la sève.

On a voulu aller plus loin et anastomoser à des fruits des feuilles et même des fleurs; mais ces opérations réussissent rarement; elles ne doivent être tentées que sur des fruits dont le développement est loin d'être complet, et lorsque la saison est assez favorable pour que l'affluence de la sève soit abondante et soutenue.

Ces expériences, qui paraissent fort ingénieuses et qui charment tant les esprits vulgaires, n'offrent d'intérêt pour le physiologiste qu'en ce qu'elles tendent à expliquer les anomalies et les monstruosités effectuées par la nature, lorsque des circonstances étrangères viennent modifier ou intervertir ses lois.

Du rapprochement. On doit à M. de Caylus, ancien inspecteur des pépinières royales, d'avoir pratiqué de nouveau et avec succès une opération connue des anciens, et qu'ils désignaient sous la dénomination de *mariage des plantes*. Ils unissaient, à cet effet, les branches de certains arbres avec d'autres pour se procurer des fruits plus agréables et plus volumineux. Nul doute que, sans le zèle infatigable de cet

---

(1) Nous avons démontré, au chapitre *altération des fruits*, qu'on pouvait, sans inconvénient, blesser des fruits, l'altération ne se propageant que lorsque la maturation commence à s'effectuer.

gronome distingué, on eût perdu de nouveau cette précieuse découverte. Il a remarqué, en effet, que le rapprochement des arbres fruitiers pouvait se faire de plusieurs manières, et que le même procédé
n'était pas applicable à toutes les espèces.

Cette opération ne doit pas être confondue avec la greffe, bien
qu'elle semble offrir avec elle de l'analogie; ce qui prouve que le
rapprochement diffère essentiellement des greffes, c'est que pour obtenir des résultats satisfaisants, certaines espèces demandent à être
greffées auparavant; d'autres, au contraire, doivent être prises telles
que la nature nous les offre; parmi ces dernières, nous citerons le
groseillier et le pêcher de vigne.

L'histoire du rapprochement des végétaux étant résumée dans le
traité qu'en a donné M. de Caylus, et cet ouvrage étant devenu fort
rare (1), nous croyons être agréable aux amateurs d'horticulture en
rapportant ici les préceptes généraux qu'il contient tant sur les conditions à remplir pour opérer le rapprochement que sur le choix des
alliances :

« 1°. Pour faire le rapprochement d'un arbre avec un autre, il faut
nécessairement qu'il soit placé près de lui.

» 2°. Avant de s'occuper de ce soin, il faut être bien persuadé que
sujet qui fournit ou la couleur, ou le suc, ou l'arôme n'est jamais
aussi vigoureux que l'autre, puisqu'il lui sacrifie une partie de la subs-
nce qu'il tire de la terre; il faut, par conséquent, dans certains
terrains, surveiller les nourriciers, garnir les pieds de fumier, pour
que le pupille devienne plus fort ainsi que ses fruits.

» 3°. Le fruit du nourricier, quelque soin qu'on prenne de lui, n'est
mais aussi gros, aussi abondant et aussi savoureux que dans son état
turel; l'autre, au contraire, rapporte considérablement.

» 4°. A cause de la disposition naturelle de la sève à se former plus
ilement et en plus grande quantité, dans de certains temps, du bas
haut que du haut en bas, à raison de l'impulsion qu'elle reçoit, et
laquelle elle se prête, il faut que la tête du sujet que l'on emploie
ur améliorer l'autre soit arrêtée très près de terre, pour que la
anche que l'on destine à la réunion parte, comme nous venons de

(1) Nous devons à l'obligeance de M. Gillet de Grandmont la communication du
exemplaire qui existe; car nous avons fait de vains efforts pour nous en procurer
autre, soit chez les libraires, soit dans les bibliothèques.

le dire, de cette direction, pour alimenter l'autre et pour améliorer
le fruit.

» 5°. Il faut, autant que possible, disposer les arbres en quenouilles
ou en espaliers, car ceux qui sont en plein vent chargent trop et s'é-
puisent promptement.

» 6°. On ne peut donner au nourricier plus de deux arbres à alimenter, et, dans beaucoup de cas, un seul suffit.

» 7°. Il faut que la branche du nourricier qui sert à faire le rapprochement soit moins forte que celle de la tige sur laquelle elle doit être
placée, afin que la sève ait plus de moyens pour faire le recouvrement ;
il ne faut cependant pas qu'elle soit trop faible, car sa reprise serait
douteuse : il faut, pour opérer avec certitude, attendre la troisième
année. Les rapprochements faits au printemps sont presque imman-
quables ; ceux du mois d'août sont moins sûrs.

» 8°. Lorsqu'il s'agit de rapprocher les sujets, on fait une incision
de 3 p. (80 millim.) de hauteur sur la partie latérale du pupille ; on saisit
d'une main la branche du nourricier, on en abat l'extrémité, on la
pare, on la fait entrer en la comprimant légèrement : l'incision doit
être faite de manière que les écorces se rapportent bien, et que la
jonction soit exacte ; on couvre alors avec de la filasse, on serre fortement pour que la branche nourricière ne puisse se retirer, et on
place un tuteur tant pour contenir que pour assurer l'opération. »

On ne doit employer que des branches dont le bois soit parfaitement mûr ; autrement la reprise n'aurait pas lieu. On doit se garder
de faire le rapprochement sur la face antérieure et postérieure de l'arbre, mais toujours sur la partie latérale : l'incision doit avoir au
moins 3 p. (80 millim.) de hauteur ; à mesure que les branches du pupille
s'étendent, on les retourne sur elles-mêmes en les tordant d'un tour
seulement. On obtient ainsi une plus grande quantité de branches à
fruit.

Le rapprochement des pommiers s'effectue entre certaines espèces
seulement ; le *fenouillet* et la *reinette franche ou grise* produisent un
fruit qui participe de ces deux espèces ; le *calville rouge* et la *reinette
franche* donnent des pommes d'un rouge de sang ; le *drap d'or* et la
reinette franche produisent des pommes d'un volume extraordinaire,
et qui ne sont nullement cotonneuses, inconvénient qu'offre le *drap
d'or*.

Le rapprochement des poiriers s'effectue plus facilement ; il contri-

ue même à leur donner de la vigueur. Si l'on rapproche, par exemple,
ι poire d'Angleterre du martin-sec, ce fruit devient beaucoup plus
ros et se garde plus longtemps. On obtiendra les mêmes avantages en
ɑpprochant deux martins-secs d'une angleterre. Le beurré rouge d'An-
ιu, rapproché d'un saint-germain, fournira un fruit délicieux, qui
articipera de la couleur rouge de ce beurré. Le saint-germain, rap-
roché du messire-jean, donne un fruit d'un goût très suave et qui
'est nullement pierreux. Ce rapprochement s'opère difficilement ;
ιais, lorsqu'il réussit, il n'est pas rare d'obtenir des poires du poids
'une livre à une livre et demie.

Le rapprochement des cerisiers offre un avantage précieux, car, in-
ἐpendamment de l'amélioration qu'acquiert le fruit, si on a la pré-
ιution de rapprocher les sujets hâtifs et tardifs, quoique l'arbre ne
ιurnisse pas toujours qu'une seule espèce, les fleurs s'annoncent suc-
ἐssivement, et on obtient alors des fruits pendant tout le cours de la
ιison. Rien de plus séduisant, en effet, que de voir sur le même arbre et
la fois des fleurs et des fruits. On cultive aux environs de Dijon une
ιriété de cerise qui offre ces avantages ; nous ignorons si elle est due
ι rapprochement.

Le rapprochement du groseillier et du cacis exige quelques précau-
ɔns particulières : nous rapporterons textuellement le procédé qu'on
ιit suivre pour augmenter les chances de succès.

« Coupez, » dit M. de Caylus, « sur un groseillier une de ses princi-
ιles branches ; retranchez soigneusement celles qui en dépendraient.

» Coupez également sur un cacis une branche vigoureuse et d'égale
rce ; parez-la avec une serpette.

» Faites une fosse de 3 à 4 pieds (1 m. à 1 m. 1|2) de surface ; plus
le sera grande, plus les racines s'étendront : remplissez-la de terreau,
antez vos deux sujets à un pouce (27 millim.) l'un de l'autre, arrosez
équemment les deux premières années ; à la troisième, vous abattrez
utes les branches sur l'un et l'autre sujet ; vous ne donnerez qu'un
ed (324 millim.) de hauteur, et vous élèverez sur chaque face interne
moitié de leur épaisseur ; vous ne dépasserez point le canal interne
ιe vous rencontrerez, auquel il ne faut point toucher, car vos gro-
illiers ne porteraient plus de fruit, mais seulement de la fleur ; vous
pprocherez ensuite les deux branches l'une contre l'autre. Si vous
ez bien opéré, et que vous ayez été assez heureux dans le choix de
s plants, s'ils se rapportent bien, et que la jonction de l'un et de

l'autre se fasse exactement, vous pourrez être assuré de votre opération. Cela fait, vous liez ensuite les deux branches avec de la filasse, et sur chaque tour vous laissez un intervalle de 3 à 4 lignes (7 à 9 millim.) pour que la sève puisse agir librement.

» Vous ferez votre rapprochement sur la fin de février au plus tard. Si l'année est hâtive, à la fin de mars, il se formera des branches sur la surface. Si vous désirez avoir des groseilles noires très grosses, mais ayant l'arôme du cacis, vous retrancherez toutes les branches qui paraîtront du côté du groseillier; vous choisirez la branche la plus près de terre du côté du cacis, et vous supprimerez toutes les autres : votre fruit, à la couleur près, ressemblera à celui du groseillier, mais il sera plus gros, et il sera noir.

» Si vous désirez des groseilles rouges aussi grosses que celles du cacis et des grappes d'une grande longueur, vous ferez l'inverse. »

On rapproche également les diverses espèces de prunes, on rend tardives celles qui sont hâtives, et réciproquement; on nuance les couleurs et on marie les arômes.

Quant aux pêches, le pêcher de vigne est seul propre au rapprochement; il s'allie même assez facilement avec d'autres fruits, tels que la prune et le raisin. Ce dernier rapprochement étant soumis à quelques conditions particulières, nous rappellerons le procédé suivi par M. de Caylus, et les observations qui l'accompagnent.

« La manière d'opérer, » dit-il, « diffère beaucoup de celle employée pour les autres fruits, en ce que sur les poiriers, pommiers et pruniers, le rapprochement se fait toujours sur la partie latérale, et qu'une fois fait, on arrête le bout de la branche sur l'arbre qui l'enveloppe dans toute son extrémité : la sève le lie donc de toutes parts; celle du nourricier se confond entièrement avec l'autre, et forcément, au lieu que, dans ce cas-ci, c'est tout le contraire. Il faut d'abord que le rapprochement se fasse sur la surface de l'arbre, de telle manière que, lorsqu'il est fait, l'œil de la vigne, que je laisse à dessein, soit absolument libre, afin que, lors de la pousse, on puisse employer la branche sortante pour en faire l'usage que je vais indiquer.

» L'expérience m'a appris qu'il faut que la vigne n'agisse que très faiblement sur l'arbre sur lequel on l'attache, c'est à dire qu'il faut qu'elle ne communique que la moitié de la sève, et que le surplus passe pour alimenter la branche de réunion qu'on n'a point arrêtée, comme nous l'avons dit plus haut. S'il en était autrement, cette plante, pourvue d'une grande abondance de sève, ferait périr le pêcher en lui communiquant et trop de sève et trop d'eau de végétation.

» Lors donc que vous voudrez faire le rapprochement de la vigne avec le pêcher, voici comment vous vous y prendrez. Vous saisirez une branche de vigne que vous appuierez contre le pêcher; vous aurez l'attention de l'assujettir de telle sorte que, le rapprochement fait, il y ait, à l'extrémité de votre branche de vigne, un œil ou deux de libres, c'est à dire qu'il faut parer votre branche de manière que l'extrémité sorte dessus votre pêcher. Vous ferez une légère entaille au bois de la vigne, que vous ne rapprocherez qu'autant qn'il le faut pour faire entrer la partie parée dans la rainure que vous aurez pratiquée dans le bois du pêcher, à la partie latérale; vous passerez dessus de la bouse de vache mêlée à de la mousse très fine, et par dessus vous établirez un linge fixé soigneusement. Vous les abandonnerez à leur volonté; ils pousseront, non par suite de l'impulsion du pêcher, car il faut au moins un an pour que la reprise ait lieu, mais par la seule impulsion de la vigne.

» Lorsque la partie rapprochée de la vigne aura poussé une ou deux branches, vous conserverez la plus vigoureuse, et lorsqu'elle sera assez longue pour vous embarrasser, vous la ravalerez de haut en bas; vous la fixerez et vous lui donnerez un tuteur : quand vous le jugerez à propos, vous lui donnerez la direction convenable, et vous la taillerez comme les autres ceps; vous gouvernerez également le maître-pied ou le nourricier.

» La vigne, par ce moyen, acquerra de la force; les raisins seront très volumineux, les grains très espacés, et le fruit sentira la pêche. »

Bien que les résultats annoncés et obtenus par M. de Caylus paraissent fort extraordinaires, cependant les exemples que l'on connaît de rapprochements effectués avec succès, soit naturellement, soit artificiellement, doivent engager à répéter ce genre d'expérience, et à le multiplier. Il n'est pas douteux, par exemple, qu'on n'obtienne des résultats très satisfaisants en rapprochant des espèces semblables ou seulement des variétés. On doit à M. Jacques, jardinier du roi, à Neuilly, un essai de ce genre, qui a parfaitement réussi. Cet habile horticulteur a récemment présenté à la Société d'horticulture un groseillier, *ribes rubrum*, taillé en boule sur une tige haute d'environ 20 p (541 mil.). La tige de cet arbrisseau était formée de deux moitiés de tige greffées en approche dans toute leur longueur, l'une d'un gro-

seillier blanc et l'autre d'un groseillier rouge, de manière que la tête
portait deux sortes de fruits.

Fécondation croisée. La fécondation croisée est naturelle ou artificielle; elle est naturelle lorsque les vents ou les insectes en sont les
agents, elle est artificielle lorsqu'elle est favorisée par nos soins.

Bien que nous ne devions nous occuper de la fécondation croisée que quant au rôle qu'elle joue dans la fructification, et principalement comme procédé d'amélioration des fruits, nous croyons devoir,
pour ceux de nos lecteurs auxquels les connaissances botaniques seraient étrangères, indiquer les parties constituantes et essentielles de
la fleur, et le mode d'action des organes sexuels entre eux.

Une fleur est, en général, composée du calice, qui est le support
des feuilles florales ou *corolle*, des *étamines* ou organe sexuel mâle,
du *pistil* ou organe sexuel femelle. C'est au savant Linnée que l'on
doit la connaissance du rôle que jouent ces diverses parties; le premier, il a remarqué que la propagation s'effectuait aussi dans les végétaux par la fécondation; que non seulement il y avait analogie d'organes entre les végétaux et les animaux, mais, en outre, analogie
d'action de ces mêmes organes; que, par exemple, les réservoirs séminaux, chez les premiers, avaient leur siége au sommet des étamines
et dans cette partie qui a reçu le nom d'*anthère*; que le pistil, et surtout le stigmate qui le surmonte, offraient les rudiments de l'organe
sexuel femelle; que les globules de pollen (1), ou poussière fécondante, lancés hors de l'anthère, tombaient sur le stigmate où ils
étaient retenus, et fécondaient ainsi les ovaires situés à la base du
style. Il a vu enfin que ces organes, souvent réunis dans la même
fleur et constituant l'hermaphrodisme parfait, pouvaient être séparés,
c'est à dire sur des sujets d'espèces semblables, et conséquemment de

---

(1) « Les globules de pollen, « dit M. de Candolle, « sont chassés hors de l'anthère et
poussés ou par leur poids, ou par l'agitation de l'air, ou par celle que les insectes impriment à l'étamine, etc.; ils tombent, au moins plusieurs d'entre eux, sur le stigmate : celui-ci, à cette époque, est à son plus grand développement, et lubrifié
par une humeur légèrement visqueuse qu'il a sécrétée; cette humeur remplit le
double effet de retenir les globules de pollen et d'humecter légèrement le côté du
globule qui touche le stigmate. Il résulte de cette humectation que les pores du globule les plus voisins du stigmate tendent à s'ouvrir; ils poussent leur boyau qui
s'insinue dans les méats situés entre les cellules du stigmate; et le globule pollini-
que verse ainsi, comme par une sorte de copulation, la liqueur qu'il renferme dans
les interstices du stigmate. »

sexes différents, sans pour cela que la fécondation cessât de s'effectuer.

Le poète des *Jardins* a décrit cette circonstance de l'hymen des
plantes avec trop de vérité et de charme pour que nous ne nous empressions pas de mettre son harmonieuse description sous les yeux de
nos lecteurs.

> . . . .
> Mais si les deux époux habitent sur deux tiges,
> Quels spectacles nouveaux, et quels nouveaux prodiges!
> Réunis par l'amour, séparés par les lieux,
> L'amant darde dans l'air les gages de ses feux ;
> Les vents les ont reçus ; leur aile officieuse
> Porte à l'objet chéri la vapeur précieuse.
> L'hymen est consommé ; des zéphyrs complaisants,
> L'épouse avec transport reçoit ces doux présents,
> Et se reproduisant dans des fils dignes d'elle,
> A son époux absent se montre encore fidèle.
> Ils naissent vêtus d'or, de pourpre et de saphir,
> Ce n'est donc pas en vain qu'on nomme le Zéphyr,
> Le favori de Flore, et dans cette imposture,
> L'esprit avec plaisir reconnaît la nature.
>   DELILLE.

Les exemples que nous allons citer prouvent d'une manière incontestable la diversité des sexes dans les plantes, et conséquemment la
nécessité des fécondations croisées pour que certaines fructifications
s'effectuent.

« Depuis longtemps, dit Duhamel, on possédait, dans les environs
d'Otrante, un très beau palmier femelle ; tous les ans, il était chargé
de fleurs, et cependant il n'en résultait aucun fruit ; mais, un certain
été, on fut très surpris de voir ce même arbre produire en quantité des
fruits excellents ; la surprise se convertit en admiration lorsqu'on
apprit qu'un autre palmier, cultivé à Brindes, à quinze lieues de là,
avait, cette même année, fleuri pour la première fois, et que ses fleurs
étaient mâles. A dater de cette époque, le palmier d'Otrante continua
à donner tous les ans de très beaux fruits, malgré la distance où il se
trouvait de celui de Brindes. »

Les pistachiers offrent le même phénomène. Un pistachier femelle,
quoique fleurissant tous les ans, n'ayant jamais donné aucun fruit,
on eut l'idée de placer auprès de lui un pistachier mâle : il produisit
du fruit la même année. Pour rendre l'expérience plus concluante, on

éloigna le pistachier mâle l'année suivante, et il n'y eut pas de fécondation.

La fécondation croisée naturelle n'offre pas toujours des résultats
aussi avantageux que ceux que nous venons de signaler : elle contrarie quelquefois la fructification.

« Il est bien constant, » dit M. Sageret, qui s'est occupé avec beaucoup de succès des hybrides, « que plusieurs plantes cultivées dégénèrent
en se croisant, lorsque leurs variétés se trouvent les unes près des autres ; les diverses variétés de choux et de plusieurs autres plantes se
mêlent, par exemple, lorsqu'on les cultive assemblées.

» Dans mes nombreuses expériences sur les cucurbitacées, » dit-il
encore, « j'ai reconnu que les différentes variétés de melons se croi-
saient à l'infini ; que celles de giraumonts se mêlaient ; et soit que ces
fécondations fussent spontanées, soit que je les eusse dirigées à
dessein, j'ai toujours reconnu, ou l'influence du voisinage, ou l'influence de mon travail sur les individus affectés, ou plutôt sur leur
progéniture. »

On doit à Sprengel l'idée ingénieuse de la participation des insectes dans certaines fécondations. Il a même, mais nous ne partageons
pas son avis sous ce rapport, supposé l'existence d'un insecte pour chaque fleur, et servant ainsi de médiateur aux hymens des végétaux.
Delille a rappelé ce phénomène avec tant de bonheur dans les vers
suivants, sur la caprification, que nous ne pouvons résister au désir de
les rapporter ici.

....
Les insectes nourris sur le figuier sauvage
Du figuier domestique approchant le feuillage,
Faisaient pleuvoir sur lui ces globules féconds
Dont leur trompe, en volant, avait saisi les dons.
Sprengel, de ce secret savant dépositaire,
A plus avant encore pénétré ce mystère.
L'insecte, nous dit-il, adroit propagateur,
Des hymens végétaux est le médiateur ;
Chaque plante a le sien : au fond de leurs calices
Le ciel d'un doux nectare déposa les délices ;
L'insecte, s'y plongeant avec avidité,
Sort chargé des trésors de la fécondité.
Bien plus, par les couleurs dont la beauté l'invite,
L'insecte reconnaît sa plante favorite,
Y charge ses longs poils de tous ces grains légers,
Espoir de nos jardins, trésors de nos vergers.

Eh! d'où vient qu'en effet, dans leur nouvelle terre,
Ces plants, alimentés sous leur abri de verre,
Demeurent inféconds et malgré ces chaleurs
Nous promettent en vain et des fruits et des fleurs?
Ah! c'est que l'arbrisseau que notre hiver respecte
Retrouve son climat, mais non pas son insecte,
Tant Dieu dispose tout, tant, par d'utiles nœuds,
Les règnes différents correspondent entre eux!
Ce papillon lui-même, à nos yeux si futile,
Qui sait si de son vol l'erreur n'est pas utile?
Peut-être en son essor, vif et capricieux,
Il hâte, en se jouant, le grand œuvre des cieux;
Peut-être, quand il semble inutile et volage,
Nos fruits sont ses présents et nos fleurs son ouvrage;
Et, suivant dans les airs son léger tourbillon,
Flore attend ses destins des jeux d'un papillon.

La participation des insectes à la fécondation est certainement incontestable, et la caprification en est un exemple frappant; mais admettre une nourriture exclusive pour chaque insecte nous paraît peu vraisemblable. Il nous semble plus judicieux de croire que le même insecte, se plongeant dans des fleurs de genres différents, se charge de divers pollens, en opère le mélange, et produit ainsi les variétés, qui ne sont pas le produit de l'art. Ils favorisent encore la fécondation en déposant sur les stigmates des individus femelles le pollen qu'ils ont recueilli sur les anthères des individus mâles.

La fécondation croisée artificielle s'effectue en secouant sur la fleur de l'espèce que l'on veut modifier une fleur ou un rameau de fleur étrangère au sujet, ou mieux encore en appliquant directement le pollen sur les organes femelles, à l'aide d'un pinceau en poil de chameau. On parvient ainsi à améliorer certaines espèces, en leur communiquant des qualités qui appartiennent à d'autres.

C'est ainsi qu'on est parvenu à améliorer d'une manière notable quelques plants de vigne de mauvaise qualité, en secouant sur leurs fleurs le pollen d'une vigne d'une qualité supérieure. On a remarqué qu'à défaut d'autres vignes de meilleures espèces, on pouvait toucher avec le pollen même de celle sur laquelle on opère, et qu'il en résultait une fécondation plus complète et une amélioration sensible. Il faut avoir le soin de répéter cette opération chaque jour pendant tout le temps de la floraison; on choisit l'après-midi, parce qu'alors les fleurs sont plus sèches et que rien ne s'oppose au contact.

L'influence que ce genre d'expérience est appelé à exercer sur l'amélioration des variétés nous engage à rapporter le procédé suivi par Gallesio.

« J'ai, » dit ce physiologiste, « choisi du pollen le plus mûr et le plus coloré dans les fleurs nourries, et le plus proche à s'épanouir, et je l'ai appliqué sur le pistil de la fleur que je voulais féconder.

» Pour rendre l'opération plus exacte, j'ai détaché la fleur même de son pied, et l'ayant dépouillée de sa corolle, j'ai frotté les anthères sans les toucher sur le stigmate destiné à recevoir la poussière. J'ai répété cette opération avec plusieurs fleurs différentes, sans cependant priver la fleur soumise à l'opération de ses étamines ; j'ai eu soin de la répéter dans la journée et les jours suivants. Cette précaution devenait nécessaire pour ne pas manquer le moment de l'épanouissement dans le pistil qui devait recevoir la poussière, pour m'assurer, au moyen d'une quantité de ce pollen pris dans des fleurs différentes, de sa disposition à exercer ses facultés fécondantes.

» Dans les fleurs d'orangers, le moment de concupiscence végétale paraît s'annoncer dans le pistil par l'apparition d'une goutte mielleuse qui se forme sur les stigmates et qui sert à retenir la poussière qui y est appliquée, et dans la poussière fécondante elle-même, par la couleur jaune foncée qu'elle prend au moment même de la maturité, et par la facilité à s'attacher aux doigts lorsqu'on la touche ; mais aussi il faut avoir soin de multiplier les expériences dans cette espèce, parce que les fleurs coulent très facilement, et quelquefois, après en avoir fécondé plusieurs, on ne peut pas en voir nouer une seule. »

Kœlreuther, Herbert, Duchesne, et plus récemment, M. Sageret, se sont occupés de la production des hybrides de manière à laisser peu de choses à désirer. Ce dernier surtout a réuni un grand nombre d'observations ; il a remarqué que les plantes hybrides étaient généralement plus vigoureuses que leurs ascendants ; qu'elles n'étaient pas toutes stériles ; que leurs graines étaient toutefois plus lentes à lever que les autres.

Les anciens n'ignoraient pas l'art de féconder les plantes ; Pline le naturaliste en fait mention dans sa *Botanique*.

> Ces amours, ces hymens, observés par nos sages (1),
> Croit-on qu'ils aient été méconnus des vieux âges ?

(1) Nous avons fait remarquer déjà que, dans l'antiquité, les mots *sage* et *savant* étaient synonymes.

Non : le peuple du Nil précéda nos savants,
Lui-même il suppléait à l'haleine des vents ;
Lui-même, à leur défaut, sur la palme stérile
Secouait les rameaux de son époux fertile,
Et le besoin avait devancé le savoir.
....
DELILLE, *les Trois Règnes.*

Depuis plus de quinze ans, on cultivait au Jardin des Plantes le *passiflora palmata* ; cette plante fleurissait abondamment et ne donnait jamais de fruit, ce qui portait à penser qu'elle pourrait bien être hybride. Au printemps de 1822, d'après l'avis de M. Adolphe Brongniart, on a répandu du pollen de *passiflora alba* sur les stigmates d'un certain nombre de fleurs du *passiflora palmata*, et toutes les fleurs ainsi fécondées n'ont pas tardé à être suivies de fruits, tandis qu'il ne s'en est montré aucun après les fleurs auxquelles on n'avait rien fait.

M. Adolphe Brongniart, auquel on doit déjà beaucoup d'autres observations, a récemment lu à l'Institut un mémoire fort remarquable sur les fécondations étrangères, dans lequel il établit et démontre que les plantes différentes rencontrent un obstacle à leur fécondation mutuelle par la différence de forme de leur poussière fécondante ou séminale, qui ne s'adapte pas toujours à la forme des organes destinés à l'admettre. Nous renvoyons, pour plus de détails sur cet objet, à son mémoire couronné par l'Académie des sciences et à juste titre.

Cependant, si les conditions de fécondation entre individus étrangers sont très difficiles, il n'en est pas de même entre individus appartenant à la même espèce : on sait, par exemple, et le savant physiologiste Knight l'a démontré, qu'en fécondation végétale un enfant peut avoir deux pères. La fécondation naturelle ou artificielle, simple ou croisée, est l'acte par lequel une plante transmet à une autre plante une partie de la *force vitale* qu'elle a reçue elle-même. On a vu plus haut comment s'opérait cette transmission. Dans cette circonstance, comme dans beaucoup d'autres, l'art a trompé ou plutôt imité la nature ; c'est ainsi que si l'on coupe les anthères d'une fleur avant qu'elles aient épanché leur pollen, et que l'on projette sur le stigmate de la poussière fécondante d'une fleur d'espèce différente, mais présentant cependant le plus d'analogie possible, la fécondation aura lieu, et les plantes qui en naîtront ressembleront plus ou moins au père et à la mère, sans ressembler exactement ni à l'un ni à l'autre. Nous n'avons pas besoin de faire remarquer combien ces mutations, soit naturelles, soit artificielles, peuvent apporter de modifications dans les espèces ou variétés de fruits. Nous terminerons ces considérations par le fait suivant, rapporté par Vassali Eandi (1) : « Des ovaires de pommier, fécondées avec du pollen de poirier, ont donné des fruits qui, par leur couleur plus verte, l'aspect de leur peau et leur odeur, rappelaient un peu la poire, même à ceux, dit-il, qui ignoraient l'expérience faite sur eux; mais ces fruits, abattus par la grêle, ne parvinrent pas à maturité. »

Incision annulaire. Il y a environ un demi-siècle, un cultivateur intelligent, nommé Landry, imagina de faire une incision annulaire sur la vigne pour l'empêcher de couler. Non seulement il obtint le résultat qu'il désirait, mais encore il remarqua que la maturité s'en trouvait hâtée.

Cette opération, pour être mise à profit, exige toutefois quelques précautions : on doit, par exemple, avoir égard au lieu et à la largeur des anneaux. Son action spéciale est d'intercepter la sève et, conséquemment, d'opérer son accumulation sur un point donné. Cette opération se pratiquant avant et pendant la floraison, il résulte que les ovaires reçoivent une surabondance de sève qui favorise leur développement et qui les rend, pour ainsi dire, indépendants des intempéries, et surtout de la sécheresse. Les résultats sont généralement le développement plus complet du péricarpe et, assez souvent, la diminution et quelquefois même l'anéantissement de la graine, et conséquemment de la faculté reproductive. Cette surabondance de développement produit comme on voit, comme chez les animaux, à la fois l'obésité et l'impuissance.

L'opération consiste à enlever un anneau d'écorce à une branche, au moyen de deux incisions circulaires pénétrant jusqu'à l'aubier et embrassant toute la circonférence du rameau; on peut l'effectuer au moyen de la serpette ou du greffoir, mais l'instrument connu sous le nom d'*inciseur annulaire* est mieux approprié. On ne doit pratiquer cette opération qu'aux branches destinées à être supprimées le printemps suivant, et se garder de la trop multiplier, car elle fati-

(1) *Sulla fecondazione artificiale della piante*, in Calendario georgico di Torino 1802.

gue l'arbre et elle tend, sur ceux qui produisent des fruits à noyaux principalement, à y provoquer l'épanchement du cambium et, partant, la formation de la gomme.

L'incision annulaire a surtout été mise à profit pour empêcher la vigne de couler, et il en est aussi résulté non seulement une récolte plus précoce et plus abondante, mais aussi des grains plus gros et des grappes mieux nourries. « L'un des faits les plus probants que j'aie vus en faveur de ce procédé, » dit M. de Candolle, « est celui-ci : Un cultivateur des environs de Genève avait devant sa maison une treille fort ancienne, qui fleurissait abondamment chaque année, et dont tous les grains coulaient au point qu'on ignorait à quelle variété ce cep appartenait. Un de mes amis, à ma demande, pratiqua l'incision annulaire sur l'une des branches de cette treille, et cette branche seule porta cette année des grappes de raisin qui arrivèrent à maturité parfaite : c'était du raisin de Corinthe, qui, peut-être par l'effet du climat, n'avait jamais produit, et qui, à la suite de cette opération, noua et mûrit pour la première fois. »

Cette opération, à laquelle on a donné aussi le nom de *baguage*, pourrait être appliquée avec avantage pour empêcher l'avortement des ovaires dans certaines espèces de fruits composés, où l'avortement d'une partie des ovaires est presque toujours constant, la châtaigne par exemple.

Nous ajouterons à ce qui précède l'observation suivante, que l'on doit à M. John Williams. Ce célèbre horticulteur a remarqué que la maturation du raisin s'effectuait d'autant plus promptement que le tronc était plus vieux. Il pense que la dureté et la rigidité des vaisseaux d'un vieux tronc forment obstacle à la circulation de la sève, que l'on suppose redescendre des feuilles.

Dans le but de donner plus de valeur à cette assertion, M. Williams pratiqua des incisions assez profondes sur l'écorce des troncs de plusieurs vignes, en levant un anneau d'écorce et laissant ainsi une portion de ligneux à nu ; l'automne suivant, le raisin acquit une grande perfection et mûrit quinze jours à trois semaines plus tôt qu'à l'ordinaire ; mais, le printemps suivant, les vignes ne poussèrent pas avec leur vigueur accoutumée, le ligneux ayant vraisemblablement été influencé par le contact trop direct de l'air et par suite de la température hibernale.

L'expérience fut répétée en diminuant l'étendue de l'anneau circulaire et en lui donnant moins de profondeur : M. Williams a toujours remarqué que non seulement le fruit mûrissait plus tôt, mais que les grains en étaient aussi beaucoup plus gros qu'à l'ordinaire et aussi plus savoureux.

Incision longitudinale. L'incision longitudinale, bien qu'ordinairement pratiquée pour augmenter la vigueur et le volume du tronc des arbres sur lesquels on la pratique, a néanmoins pour effet de hâter la fructification ; malheureusement cet avantage ne s'effectue qu'aux dépens de la longévité du sujet ; cependant elle peut être, sans inconvénient, mise à profit sur une branche seulement ; dans ce cas, les résultats sont analogues à ceux que produit l'incision annulaire.

Ligature. La ligature s'effectue généralement après l'ascension de la sève : ses effets sont analogues à ceux de l'incision annulaire, mais ils sont moins constants et moins prononcés. L'opération consiste à faire, avec une ficelle ou une corde, un ou plusieurs tours à la base ou au milieu des branches fructifères. La sève s'accumulant dans la partie supérieure, le développement du fruit se trouve par cela même hâté ; les sucs qu'il renferme étant alors soumis à l'influence d'une température plus élevée, il en résulte une élaboration plus grande et une réaction plus puissante des principes constituants. Ces conditions étant très favorables au développement ou à la formation du sucre, il en résulte que la maturation du fruit se trouve effectuée plus tôt et plus complètement.

Cette opération devrait, suivant nous, toujours précéder les boutures et les greffes ; elle offrirait l'avantage de réunir dans un point donné une surabondance de sève, et de faciliter ainsi le développement des yeux ou bourgeons.

Inclinaison des branches, arcure. L'inclinaison des branches favorise aussi singulièrement le développement des fruits : c'est pour cette raison qu'en espalier ils sont généralement d'un volume plus considérable. Ils perdent ordinairement, comme nous avons déjà eu l'occasion de le dire, en suavité ce qu'ils gagnent en volume. Moins soumis, en effet, à l'influence solaire, la réaction des principes en est affaiblie, et il en résulte qu'il y a moins de sucre de formé et, partant, maturation incomplète. L'*arcure*, ou inclinaison des branches, ne doit être effectuée que lorsque l'arbre est trop vigoureux et que, comme on le dit vulgairement, il s'emporte ; elle a pour effet d'entraver et de ralentir l'ascension de la sève, de l'accumuler et de la faire tourner au profit du fruit.

Cette méthode est pratiquée depuis longtemps dans les contrées les plus diverses et les plus éloignées ; c'est ainsi qu'aux Canaries, lorsque les citronniers, les orangers et les anoniers commencent à ne plus donner autant de fruit, les indigènes, pour augmenter leur fécondité, placent d'énormes pierres à la division des maîtresses branches, pour provoquer leur inclinaison. Il n'est pas rare non plus de voir, dans beaucoup de vergers de la Normandie, les branches des pommiers dirigées vers le sol au moyen de fiches ou simplement de pierres suspendues à leurs extrémités ; on favorise encore cette disposition en arrêtant la tête des arbres et en supprimant les gourmands.

Taille. La taille a pour effet principal d'augmenter l'affluence de la sève dans certaines branches aux dépens de celles qu'on supprime ; elle ne s'exerce avec profit que sur les arbres fruitiers.

« Tout l'art de la taille, » dit M. de Candolle, « consiste : 1° à calculer avec intelligence la proportion qu'on doit établir entre les branches à fruit et celles qui n'en portent point et qui ne servent qu'à nourrir l'arbre ; 2° à établir entre les parties de l'arbre un équilibre tel que l'un les côtés ou la partie supérieure ne s'accroisse pas outre mesure, de manière à épuiser le côté ou la base en attirant à lui toute la sève. »

Cette opération doit, comme on le voit, être effectuée avec intelligence, mais il n'en est malheureusement pas toujours ainsi : certains jardiniers, par exemple, au lieu de se contenter de retrancher les branches mortes ou malades, abattent les extrémités des branches sans discernement et sans avoir égard à leur position et au rôle qu'elles sont appelées à jouer ; ils semblent exercer plutôt une tonte ou un élagage que la taille proprement dite.

C'est probablement à cette circonstance qu'est due l'incertitude qui existe sur son utilité. Nous n'entrerons pas dans la controverse qui s'est établie depuis quelque temps pour démontrer ses avantages et ses inconvénients : toutefois, pour prouver son influence lorsqu'elle est pratiquée avec discernement, nous rapporterons l'observation suivante, que nous empruntons aux *Annales d'horticulture.*

« M. Borghers, à Lumigny, près Rosoy (Seine-et-Marne), qui cultive la vigne d'Ischia depuis 1812, annonce que, dès la quatrième année, les ceps sont formés et en valeur ; les plants sont vigoureux et il faut les tailler très longs, même dès la deuxième année, pour les voir prospérer et donner d'abondantes récoltes. Cette espèce offre l'avantage très précieux de donner jusqu'à trois récoltes par an à bonne ex-position au midi : le raisin de la première récolte atteint sa maturité vers le milieu d'août ; celui de la deuxième, vers la fin de septembre ; enfin, celui de la troisième, à la fin d'octobre ou au commencement de novembre. Cette dernière récolte n'est jamais abondante et mûrit rarement bien. Les deux dernières récoltes sont le résultat de la taille ; on doit la faire sur deux ou trois yeux au dessus du fruit, à l'époque de la floraison et lorsque le raisin vient de nouer, c'est à dire du milieu à la fin de juin. Le cep développe aussitôt de nouvelles branches, qui, sans nuire à la croissance et au développement des grappes de la première floraison, se couvrent de feuilles, de vrilles et de fleurs ; lorsque le raisin de ces dernières est noué, on procède de la même manière, et en peu de jours se développe la végétation qui doit fournir la troisième récolte.»

La *transplantation*, la *perforation*, la *coupe des racines*, le *cassement*, le *pincement*, l'*ébourgeonnage* et l'*éborgnement* agissant sur la plante en général, et ne contribuant que très indirectement au développement du fruit, nous nous bornerons à énumérer ces opérations et nous renvoyons, pour les précautions qu'elles exigent, aux traités d'agriculture ou d'horticulture.

Super-végétation. Un horticulteur, en Bohême, a une plantation magnifique de pommiers de la meilleure espèce, qui ne proviennent ni de semaille, ni de greffe. Son procédé consiste à prendre une bouture choisie, qu'il implante dans une pomme de terre et qu'il place ensuite dans le sol, en laissant un pouce ou deux (27 à 54 mil.) de scion au dessus de sa surface. La pomme de terre nourrit le bois en attendant qu'il pousse ses racines. La bouture s'élève graduellement et devient un arbre magnifique, donnant le meilleur fruit sans qu'il soit jamais nécessaire de lui faire subir l'opération de la greffe.

Cette observation, que nous nous proposons de mettre à profit, ne nous paraît nullement invraisemblable ; nous avons vu, en effet, des boutures de laurier-rose prendre racine dans des bouteilles remplies d'eau pure ; nous avons nous-même eu l'idée de placer des grains de blé, d'orge et d'avoine dans les œilletons qu'offre la pomme de terre, et la germination s'est effectuée parfaitement.

Bouture extraordinaire. M. Malo, cultivateur à Montreuil, voulant transformer une rangée de cerisiers anglais pleins-vents, distants les uns des autres de 15 pieds (4 mètres 872 millim.) et hauts de 20 (6 mètres

et demi), en cerisiers espaliers, fit construire un mur de 10 pieds (3 mètres 248 millim.) d'élévation et éloigné de ces arbres à une distance
égale à la hauteur de leur tige. Il fit ensuite creuser, vis à vis de chacun
d'eux, un fossé large et profond de 18 pouces (487 millim.), allant
en droite ligne des racines au mur. Les racines furent coupées dans
cette direction et dans celle opposée; celles latérales furent soigneusement ménagées. Ensuite, au moyen de cordes et à force de bras, on
parvint à coucher chacun des arbres dans la fosse destinée à le recevoir; on les maintint ainsi en les couvrant de terre et en tassant soigneusement, de manière à ne laisser aucun vide. Toutes les branches
arrivées au mur furent palissées, et leur flexibilité rendit ce travail facile. Enfin, un an après, le mur était entièrement garni, la végétation
offrait la plus belle apparence et les branches inférieures étaient déjà
munies de radicules.

Cette expérience étant assez récente, il n'est pas douteux que, dans
quelques années, on ne puisse sans danger enlever les anciens troncs et
mettre à profit le terrain qu'occupaient les cerisiers pleins-vents;
le temps apprendra si les fruits ont perdu de leur suavité par cette
mutation.

Prodigieuse fécondité. Nous empruntons aux *Annales d'horticulture*
les deux exemples suivants. « M. Audibert, très habile pépiniériste à
Tonnelle, près Tarascon, rapporte qu'il existait près de Cormillon,
village du département du Gard, une vigne dont le tronc avait acquis
la grosseur du corps d'un homme; les rameaux s'étant enlacés sur un
vieux chêne avaient fini par en couvrir toutes les branches. Cette seule
vigne produisit, il y a quelques années, 350 bouteilles d'un vin fort
agréable. »

Le second exemple n'est pas moins remarquable. « Dans le jardin de
Hamptoncourt, dit M. Loiseleur-Deslongchamps, il y avait encore, il y a
quelques années, un cep de vigne qui occupait à lui seul une serre tout
entière, et qui, dans les bonnes années, rapportait plus de 4,000 grappes. Un jour que les acteurs de Drury-Lane s'étaient attiré d'une manière toute particulière l'approbation du roi George III, l'un d'eux
permit de demander à ce monarque, pour lui et ses camarades,
quelques douzaines de grappes de ce cep; le roi lui en accorda 100 douzaines, si son jardinier pouvait les lui trouver; celui-ci en coupa non
seulement cette quantité, mais il fit dire au roi qu'il pouvait encore en
faire couper autant sans dépouiller le cep.

Augmentation de volume des fruits. On a remarqué assez récemment que le volume des fruits augmentait d'une manière surprenante lorsqu'on évitait leur suspension ; on place, à cet effet, sous les fruits, de petites planchettes fixées au mur et destinées à leur offrir des points d'appui. Par suite de cette disposition, les vaisseaux qui traversent, et qui constituent le pédoncule, n'étant pas distendus en longueur, et conséquemment rétrécis par l'effet de la pesanteur du fruit, s'oblitèrent moins facilement et permettent, en conséquence, l'affluence d'une plus grande quantité de sève. Nous n'avons pas besoin de faire remarquer qu'il faut que le fruit soit encore sous l'influence de la végétation, et que cette précaution soit prise avant son entier développement.

M. Richard Saunders, jardinier de M. C. Haare, près Exeter, a amené à maturité une citrouille (1) qui présentait 9 pieds 3 p. (3 mètres) de circonférence et pesait 245 liv. (120 kil.). De mémoire d'horticulteur, on ne se rappelle point un semblable prodige.

Diminution de volume des fruits. On comprend bien que nous n'attachons pas une grande importance à cette partie de l'histoire des fruits ; si nous indiquons les moyens d'obtenir ce singulier résultat, c'est plutôt pour les faire éviter que pour engager à les mettre en pratique.

Autant nous prenons de soins pour améliorer et augmenter le volume des arbres, des plantes, des fleurs et des fruits, autant les Chinois s'efforcent, par toutes sortes de moyens, comme on va le voir, de produire des arbres nains et des fleurs et des fruits, pour ainsi dire, microscopiques. Ces productions naturelles ont pour eux, dans cet état, un charme inexprimable. M. John Livington, qui a résidé longtemps à Macao, a fait connaître, dans les *Transactions de la Société horticulturale* de Londres, les moyens qu'ils emploient ; ils consistent :

1° A faire une incision annulaire à l'écorce, de la largeur du diamètre de l'arbre ; 2° à couvrir la plaie avec de l'argile ; 3° à empaqueter le tronc et les grosses branches dans de la paille ou des étoffes ; 4° à couper le bout des branches à mesure qu'elles se développent proportionnellement à la force de végétation des racines ; 5° à supprimer les feuilles également, à mesure qu'elles se développent, et avec la

---

(1) Les Anglais comprennent sous la dénomination latine *citrullus*, non seulement les citrouilles, mais les melons et potirons : il est probable qu'il s'agit, dans l'exemple rapporté, d'un potiron.

même attention ; 6° à tenir les branches courbées par le moyen du fil d'archal; 7° enfin à attirer les fourmis en enduisant de sucre ou de miel les plaies faites aux branches.

Ces divers moyens sont, pour la plupart et par une singulière coïncidence, les mêmes que nous employons pour augmenter le volume des fruits; il est bon de remarquer toutefois qu'ils sont, pour ainsi dire, poussés à l'excès, et qu'ainsi ils tendent à rabougrir la plante et à lui donner une apparence de décrépitude.

Le hasard nous a fourni l'occasion de vérifier l'exactitude de ce singulier procédé.

Un cerisier, de l'espèce dite *courte queue*, se trouvant infecté de fourmis, nous mîmes, pour l'en débarrasser, une corde enduite de goudron autour et environ au tiers inférieur de sa tige; les fourmis ne tardèrent pas à l'abandonner, mais ayant négligé de détacher la corde, elle resta fixée ainsi pendant deux années; elle y serait vraisemblablement encore, si le nouveau facies de l'arbre ne nous avait frappé : ses feuilles, ses fleurs et ses fruits avaient considérablement diminué de volume, la seconde année plus que la première. Nous ne savons jusqu'où cette dégradation aurait pu aller si, en en recherchant la cause, nous n'avions aperçu, avec beaucoup de peine toutefois, la corde, que le développement des parties voisines avait presque entièrement masquée; enlevée avec difficulté, elle laissa une trace profonde, un sillon circulaire, qui permettait, tant il était profond, d'y cacher le doigt. La cause de cette sorte de décrépitude ayant cessé, l'arbre reprit bientôt son aspect primitif, et à peine une année s'était écoulée que la cavité s'était remplie.

Les fruits que produisent les arbres dont la végétation a été ainsi modifiée sont, en général, très petits, abondants, peu savoureux ; mais ils se conservent assez bien.

Influences de la température et du climat. L'influence de la température apporte des modifications très importantes dans les principes qui constituent les fruits. Si, par exemple, des plants de vignes ou d'arbres fruitiers quelconques, ayant les mêmes habitudes, dont les fruits mûrissent à la même époque, sont mis à végéter pendant plusieurs saisons successives dans des climats différents; si l'un est planté sur les bords du Rhin et l'autre sur les bords du Nil, les habitudes de chacun d'eux seront modifiées suivant le climat sous l'influence duquel il aura été placé; et si tous deux, par exemple, sont ensuite portés, au commencement du printemps, dans un climat semblable à celui de l'Italie, par exemple, l'arbre dont les habitudes auront été modifiées par le climat chaud entrera immédiatement en végétation, et la maturité de son fruit sera hâtive, tandis que l'autre restera dans un état d'inertie et ses fruits mûriront tardivement.

L'influence du climat sur les habitudes des plantes dépend moins de l'élévation de température dans chaque climat que de sa distribution dans les différentes saisons de l'année; il faut conséquemment, pour que son influence soit salutaire et profitable, que sa manifestation soit en harmonie avec les habitudes des plantes: c'est ainsi qu'un printemps chaud et un été froid sont des circonstances très défavorables au développement du fruit. La hâtiveté de chaleur nuit à son développement, et son absence pendant l'été rend sa maturation incomplète.

Influence du sol. Bien que le sol n'agisse pas aussi directement sur le fruit fixé à l'arbre que lorsqu'il en est séparé, comme dans la germination, par exemple, sa nature humide ou sèche, légère ou compacte, son plus ou moins d'inclinaison, l'épaisseur plus ou moins grande de la couche végétative ne sont pas sans action sur le développement des fruits; c'est ainsi que la vigne et l'olivier ne prospèrent que dans les terrains secs et rocailleux, et sur les pentes méridionales; que le riz et la châtaigne d'eau ne se développent vigoureusement que dans les terrains profondément humectés ou dans les marais; la couleur même du sol n'est pas sans action sur le développement de la plante et la maturité du fruit; on sait que les terrains noirs ou de couleur foncée s'échauffent plus facilement que ceux qui sont blancs ou crayeux. Les habitants du village de Tour, dans la vallée de Chamouny, mettent cette propriété à profit, en répandant une sorte de schiste noir sur leurs champs couverts de neige.

La nature du sol étant toujours en rapport avec l'état hygrométrique de l'air et sa température, il peut arriver qu'un terrain convienne à une plante dans un climat et non dans un autre; d'où il résulte qu'on ne doit pas seulement avoir égard, dans la culture des arbres fruitiers aux causes directes, mais aussi à celles indirectes.

CHAPITRE SIXIÈME.

PREMIÈRE CLASSE.

FRUITS FÉCULENTS OU AMYLACÉS.

Les fruits qui composent cette classe sont nombreux ; ils affectent les formes les plus diverses et sont généralement composés de principes féculents ou amylacés ; ceux surtout qui appartiennent à la famille des graminées, et plus particulièrement aux céréales, contiennent, en outre, un principe azoté *sui generis,* plus ou moins abondant, connu sous le nom de *gluten,* et dont la propriété nutritive, bien que longtemps reconnue, est maintenant contestée (1).

L'économie domestique doit à ce genre de fruit ses plus précieuses ressources, et les arts industriels des produits fort intéressants.

Ces fruits se conservent en général assez facilement, surtout si on les garantit de l'atteinte des insectes, des animaux rongeurs qui en sont très avides, et de l'humidité.

Sommaire. *Jack, jacquier, fruit du jacquier* ou *arbre à pain; marron d'Inde; châtaigne* ou *marron comestible; macre* ou *châtaigne d'eau; pavia doux; sloane; gland, fève; haricot; lentille* ou *ers; pois comestible; ciche* ou *pois chiche; pois à gratter; dolic; vesce commune; orobe printanier; gesse cultivée; pois de senteur; pois puant; sarrasin* ou *blé noir; maïs* ou *blé d'Inde; froment* ou *blé par excellence; seigle; orge; avoine; lupin; lotos nélumbo; lotos colocase; sorgho; millet; panic d'Italie; fétuque* ou *manne de Pologne; ivraie lolium des anciens; riz; lolter.*

---

(1) Il résulte, d'un travail de M. le docteur Gannal, que le gluten n'est pas une substance nutritive; que, par rapport à la panification, son rôle se borne à former un tissu cellulaire propre à retenir les gaz qui se dégagent pendant la fermentation, et que, quant au rôle qu'il joue dans la digestion, il se borne à empêcher la farine panifiée de traverser trop rapidement l'estomac et les intestins.

Cette opinion, qui renverse les idées généralement admises, a besoin de la sanction de nouvelles expériences.

JACK, fruit du jacquier, vulgairement *rima* en langue malaise, *Artocarpus incisa,* L.; famille des Artocarpées.

L'arbre qui le fournit est nommé par les insulaires de la Nouvelle-Hollande arbre à pain, *rima;* originaire de l'Inde, et transporté à l'Ile-de-France et à Cayenne, on l'y cultive avec succès.

Ce fruit s'offre sous la forme d'une grosse baie analogue à la mûre, mais il est beaucoup plus gros, car son volume égale quelquefois celui de la tête d'un enfant; sa surface est raboteuse et couverte de petites aspérités verdâtres; sa pulpe est d'abord blanche farineuse, mais par suite de la maturité elle devient jaunâtre et succulente. On en connaît deux variétés; l'une privée de graines, et conséquemment stérile; l'autre renfermant au milieu de sa pulpe des semences de la grosseur de nos châtaignes, oblongues, anguleuses et comme elles, recouvertes de tuniques. Ces graines offrent pour les Indiens une ressource alimentaire assez importante, surtout cuites dans l'eau, ou sous la cendre, ou grillées à la manière de nos marrons. Toutefois on cultive de préférence la variété stérile; sa pulpe est plus abondante, d'une saveur douce et agréable lorsque le fruit est bien mûr. Cependant, comme il est plus farineux et moins altérable un peu avant sa maturité, c'est généralement dans cet état qu'on en fait la récolte. On le fait cuire dans l'eau ou au four, soit entier, soit coupé par tranches; il acquiert alors une saveur qui rappelle à la fois celles du pain, de la pomme de terre et du topinambour. L'Ile-de-France est la partie des Indes qui fournit les plus gros, il n'est pas rare d'y rencontrer de ces fruits qui pèsent jusqu'à cent livres (50 kilog.); leur pulpe est sucrée et se mange généralement crue, mais on est obligé de la laisser préalablement macérer quelque temps dans l'eau, pour qu'elle perde une odeur qui n'a rien d'agréable et que nous nous dispensons de caractériser.

Ce fruit, par la prodigieuse quantité de principe nutritif qu'il contient, semble avoir été créé pour les pays non civilisés, là où les arts n'ont encore fait aucun progrès; la nature prévoyante l'a, pour ainsi dire, placé sous la main de l'homme; il est, en effet, à peu de distance du sol, fixé sur les grosses branches et même sur le tronc de l'arbre, qui en porte rarement plus de huit ou dix.

Les habitants de Taïti et des îles adjacentes s'en nourrissent pendant huit mois de l'année, à l'état frais; pendant les quatre autres mois c'est à dire de septembre à décembre, époque à laquelle l'arbre mûrit ses fruits, ils mangent une sorte de conserve préparée avec la pulpe cuite, elle est très rafraîchissante.

Examen chimique. — Il résulte, d'une analyse faite par M. Ricord Madianna, que quatre onces de ce fruit mûr ont donné, fécule amylacée, 4 gros 23 grains, —d'albumine végétale et mucus, 60 grains; — eau, 4 gros 37 grains; — savon végétal (saponine), 24 grains; — résine, 3 grains; — sarcocolle, 1 grain; — gluten et fibre végétale, 5 gros 58 grains.

On voit, d'après cette analyse, que le fruit de l'arbre à pain contient relativement beaucoup d'eau, ce qui le rend, à l'état frais, d'une assez difficile digestion; aussi est-on généralement dans l'usage de lui faire éprouver un commencement de dessiccation; cette opération a l'avantage de faciliter sa conservation et de lui faire produire plus d'effet utile sans surcharger l'estomac.

Après avoir privé la pulpe de l'eau de végétation surabondante qu'elle contient, on y ajoute une sorte de levain, et à l'aide du pétrissage on la convertit en pain à mesure des besoins.

MARRON D'INDE, fruit de l'hippocastane vulgaire, *Æsculus hippocastanum,* L.; famille des Hippocastanées.

Ce fruit s'offre sous la forme d'une capsule globuleuse coriace, à trois valves triloculaires, hérissée de pointes et renfermant ordinairement deux ou trois graines qui ressemblent à celles du châtaignier; elles sont glabres, luisantes, arrondies du côté extérieur et aplaties dans les autres parties, marquées, à la base, d'un hile qui offre l'aspect d'une empreinte ou d'une large tache d'encre.

L'abondance de ce fruit, qui jonche nos plus belles promenades, fait regretter qu'on ne soit pas encore parvenu à mettre à profit la fécule amylacée qu'il contient et sa propriété alimentaire. Quelques essais ont cependant été tentés dans ces derniers temps. On doit à un économiste distingué, M. Ternaux, d'avoir eu l'heureuse idée d'utiliser ceux qu'il récoltait dans sa belle propriété de Saint-Ouen, pour en nourrir les belles espèces de moutons tibétiennes, qu'il y multipliait avec tant de succès. Pour en rendre l'usage plus facile et plus approprié, il convient, ainsi qu'on le pratique en Saxe, de couper les marrons par quartiers, pendant qu'ils sont encore frais; car les moutons les mangent avec tant de gloutonnerie, lorsqu'ils y sont habitués, qu'il pourrait en résulter des accidents graves.

Nous ignorons le procédé qu'employait M. Ternaux pour les conserver sans altération; mais nous pensons qu'une dessication presque complète serait de nature à l'effectuer : on pourrait, avant de le donner aux animaux, rendre à ce fruit, en le plaçant dans un lieu frais, une partie de l'humidité qu'il aurait perdue.

En Turquie, on mêle la farine de marrons d'Inde au son et à l'avoine, et on administre ce mélange aux chevaux pris de coliques et de toux. Nous concevons son action comme béchique incisif; mais il n'est pas aussi facile d'expliquer comment il agit dans l'autre cas.

On prépare, en France, une poudre ou pâte sèche cosmétique, en réduisant en farine le parenchyme du marron d'Inde; cette farine forme, en outre, lorsqu'elle est délayée dans l'eau chaude, un parement très approprié et très estimé des tisserands.

L'abondance de principe résinoïde amer que contient la pellicule interne ou épicarpe du marron, l'adhérence de celle-ci au parenchyme et, partant, la difficulté de la séparer, donnent à la farine de ce fruit une teinte grise et une saveur désagréable, qui ne permettent pas de l'utiliser pour l'alimentation humaine; cependant nous ne doutons pas qu'on ne parvient à la rendre applicable à un grand nombre d'usages économiques, si par des moyens mécaniques on séparait assez exactement l'épicarpe.

Examen chimique. — Baumé est le premier qui ait signalé et extrait de la fécule du marron d'Inde; il a vu qu'en réduisant le marron en farine on parvenait, par des lavages successifs, à extraire tous les principes solubles, et qu'il se précipitait une fécule amylacée insipide, très propre à faire du pain. Chaque livre de marron produit, suivant cet auteur, 4 onces 5 gros de farine, de laquelle on obtient 2 onces 5 gros d'amidon, quantité assez notable, car une livre de pommes de terre n'en contient que deux.

Nous avons fait une analyse du même genre, avec cette différence qu'au lieu de réduire les marrons en farine, au moyen d'un moulin ou d'un mortier, nous les avons râpés après en avoir soigneusement enlevé l'épicarpe, ou *tan*; la pulpe qui en est résultée était d'un blanc jaunâtre; la fécule y paraissait abondante, lavée à plusieurs reprises, elle a fourni un quart de son poids d'une fécule d'une blancheur éclatante, insipide, plus ténue que celle de pomme de terre, moins que celle de châtaigne; elle représentait un douzième de la quantité de marrons couverts de leur brou, ou *pelon;* le parenchyme, épuisé et séché, était un peu moindre que la quantité de fécule obtenue; il est vrai de dire qu'en en détachant l'épicarpe une partie avait été enlevée.

Enfin Parmentier dit avoir obtenu d'une livre de marrons d'Inde récents 2 onces 4 gros de *matière utile*, et 2 onces de parenchyme amer, le reste en écorce, extrait et humidité. « Pour panifier cet amidon, » dit-il, « j'en ai mêlé 4 onces avec autant de pommes de terre cuites à l'eau, j'en ai formé une pâte avec une quantité relative de levain de farine de froment; ce pain était bon, mais fade, un peu de sel était indispensable. »

On a proposé récemment d'ajouter aux eaux de lavage de la pulpe de marrons d'Inde, soit pour augmenter la quantité de fécule amylacée, soit pour la rendre plus blanche, dans le premier cas de l'acide sulfurique, dans l'autre un alcali caustique; mais nous ne voyons pas comment ils agiraient.

On doit au célèbre Vauquelin les analyses suivantes des diverses parties qui composent le marron d'Inde :

Jeunes marrons avec leurs pistils après la floraison. Résine verte amère; tannin; matière mucilagineuse; combinaison de tannin avec matière animale; fibre ligneuse; ammoniaque et fer avec de l'acide hydrochlorique en excès; point d'amidon.

Cloisons du fruit. Chlorophylle; principe amer; tannin; matière mucilagineuse; fibre ligneuse; acide libre; sel à base de potasse et phosphate de chaux.

Enveloppe intérieure du fruit. Résine; principe amer; tannin; fibre ligneuse; acide libre; sel à base de potasse et phosphate de chaux.

Enveloppe extérieure du fruit. Beaucoup de chlorophylle; tannin; principe amer et des sels.

Par l'incinération des différentes parties des marrons, on obtient les produits suivants : carbonate et phosphate de chaux; carbonate et phosphate de potasse; silice et oxyde de fer, le carbonate de chaux de la cendre provient de l'oxalate de chaux. La potasse, se trouvant, comme on voit, dans une proportion assez notable dans l'*Æsculus hippocastanum*, M. d'Arcet s'est occupé de son extraction, et il a vu que cette exploitation pourrait suffire aux besoins du commerce.

Divers essais ont été tentés pour enlever aux marrons d'Inde la saveur amère et désagréable qui les fait repousser par certains animaux qui pourraient s'en nourrir : on les a plongés dans des lessives alcalines et soumis au même traitement qu'on emploie pour enlever aux olives leur saveur amère; mais ç'a été sans beaucoup de succès.

On fait, au moyen du tour, avec le parenchyme sec du marron d'Inde, des sphérules ou pois à cautère, qui paraissent jouir des mêmes propriétés que ceux d'iris, mais cependant à un degré plus faible.

M. Francesco Canzenori, en cherchant dans le marron d'Inde un succédané du quinquina, a découvert, dans l'enveloppe interne, un principe *sui generis*, auquel il a donné le nom d'*esculine*, et qui présente les caractères suivants : elle s'offre sous l'aspect d'une masse amorphe, de couleur fauve, d'une saveur douceâtre, mais ensuite piquante, elle est soluble dans l'alcool et l'éther; soumise à l'action du feu, cette substance commence par se fondre, puis elle se gonfle et brûle avec une flamme semblable à celle de l'huile en combustion; elle cristallise, à l'état de sulfate, en aiguilles soyeuses de couleur d'amiante.

Enfin, plus récemment, un autre chimiste, M. Frémy, a signalé la présence de la *saponine* dans le fruit du marronnier d'Inde.

Nous croyons superflu de faire remarquer que les marrons que l'on sert sur nos tables et que l'on connaît sous les noms de marrons de Lyon ou d'Aix n'appartiennent pas à cette espèce, mais bien au châtaignier, *castanea vulgaris*, dont nous allons nous occuper.

CHATAIGNE, fruit du châtaignier vulgaire, *fagus castanea*, L.; famille des Cupulifères, J.

Ce fruit est une sorte de noix uniloculaire, à brou hérissé, vulgairement appelé *pelon*, renfermant ordinairement deux à trois graines formées d'un test brun et lisse, et d'une substance parenchymateuse de nature amylacée; celle-ci est, comme dans le marron, enveloppée d'une pellicule mince très adhérente, appelée *tan*. Lorsque la graine est grosse et, pour ainsi dire, isolée dans le brou, elle prend le nom de *marron*.

Les départements du Var et du Rhône sont en possession de fournir à Paris les plus estimés ; ceux des environs de Lyon, perfectionnés par la culture et par la greffe, se distinguent par leur volume considérable, leur saveur et leur odeur, qui sont particulières, et que les amateurs surtout savent très bien distinguer.

La châtaigne est indigène de l'Europe ; elle doit son nom à une petite ville de la Pouille, nommée *Castane*, aux environs de laquelle l'arbre qui la fournit était autrefois abondamment cultivé. Ce fruit n'est pas seulement recherché pour ajouter à nos jouissances gastronomiques ; il joue un rôle fort important dans l'alimentation de plusieurs de nos provinces, et particulièrement dans celles où la culture des grains est peu étendue et leur récolte incertaine.

La châtaigne ou marron doit être récolté lorsqu'il se détache facilement de l'arbre, et mieux encore lorsqu'il tombe naturellement. Ce fruit est d'autant meilleur qu'il est plus mûr, qu'il est plus complètement privé de ses enveloppes, et surtout de la dernière, dont l'adhérence est extrême et la saveur désagréable ; il est d'une digestion plus facile cuit à l'eau que rôti ou grillé, et d'autant plus nourrissant qu'il contient plus de principe sucré. Il est bon de remarquer que celui-ci se développe par la cuisson, et qu'on doit conséquemment éviter l'emploi d'une trop grande quantité d'eau pour l'effectuer.

Dans le Limousin, l'Auvergne et la Corse, où il importe tant de les conserver, on les dessèche au four, ou, mieux encore, on les expose sur des claies établies à une élévation qui permet d'allumer au dessous un feu de bois vert et souvent même de leur propre brou. Plongées ainsi dans une atmosphère chaude, légèrement empyreumatique, une partie de leur eau de végétation s'échappe ; l'écorce ou *test* s'ouvre, la peau ou *tan* se détache, et elles prennent, après cette opération, le nom de *castagnons* ; ainsi préparées, elles sont plus savoureuses et peuvent se conserver plusieurs années, circonstance fort importante, car rarement plusieurs bonnes récoltes se suivent : c'est ainsi qu'elle est mauvaise s'il a plu lorsque les chatons étaient en fleur, s'il a fait de grands vents pendant la formation des hérissons, enfin si l'été a été trop chaud, car, dans ce cas, l'avortement est presque imminent, par suite du défaut de sève ascendante.

Pour blanchir les châtaignes, c'est à dire les isoler des enveloppes après la dessiccation, on emploie divers moyens : on marche dessus ou on les piétine avec des souliers armés de gros et longs clous ; on les vanne ensuite, puis on les met en tas pour en effectuer le triage pendant la saison des pluies.

Les châtaignes se conservent encore assez bien dans le sable, pourvu, toutefois, qu'il ne soit ni trop sec ni trop humide. Cuites dans l'eau, elles forment un aliment assez agréable ; séchées dans cet état et réduites en farine, elles forment la *polenta*. Cette préparation n'est pas seulement alimentaire ; elle remplace, avec avantage, dans certains arts, les colles de pâte et de peau.

Les marrons constituent un commerce d'exportation fort important ; leur consommation dans les grandes villes, et à Paris principalement, est très considérable. Dans les contrées où ils sont abondants, ils servent, en outre, à la nourriture des animaux de basse-cour ; ils communiquent à la chair des volailles un goût suave très apprécié des gourmets.

La farine de châtaignes est, attendu l'absence totale de gluten, impropre à la panification : aussi fait-on généralement usage du fruit entier. Associée à la farine d'orge, elle était autrefois employée, sous forme de cataplasme, pour résoudre certains engorgements des glandes mammaires : son usage, sous ce rapport, est presque complètement tombé en désuétude.

La châtaigne est connue de temps immémorial. Les anciens donnaient aux meilleures espèces le nom de *balani*; celles recueillies sur le mont Ida étaient surnommées *leucena*; Pline les désigne sous les noms de *populares* et de *coctivas*, parce que la populace de Rome en fabriquait une sorte de pain et qu'elle s'en nourrissait. C'est de ce fruit que parle Virgile, dans sa première églogue, lorsque Tityre, invitant Mélibée à passer la nuit sous son toit, lui dit :

Sunt nobis mitia Poma
Castaneæ molles… .
Nous aurons des fruits mûrs nouvellement cueillis,
Ceux de mon châtaignier sous la cendre amollis.
DELILLE.

Examen chimique. — Sous l'influence du système continental, lorsqu'il s'agissait pour la France d'être privée des produits de l'Inde et de l'Amérique, le fruit du châtaignier fut l'objet d'une investigation spéciale de la part des économistes et des chimistes; les uns l'ont proposé comme succédané du café, et les autres ont signalé dans sa substance la présence d'un sucre cristallisable analogue à celui de canne. Sous le rapport économique, ces observations sont certainement devenues de peu d'importance; mais la découverte d'un sucre cristallisable dans la châtaigne est un fait qui doit intéresser d'autant plus vivement les chimistes qu'il n'offre pas d'analogie.

Parmentier, dont les travaux ont été si utiles à l'humanité, est le premier qui ait signalé la présence du sucre cristallisable dans la châtaigne, et qui se soit occupé de son extraction. Après lui vient M. Guerrazi, auquel on doit le procédé que nous allons rapporter : ce procédé consiste à dépouiller le fruit de son enveloppe en le frappant, à l'aide d'un fléau, après l'avoir étendu sur une aire, ou mieux encore au moyen d'un cylindre que l'on promène en tous sens; on vanne, et, après un triage qui a pour but de rejeter celles qui pourraient être altérées, on fait sécher au four en évitant la carbonisation. Après cette opération préliminaire, on concasse pour augmenter la division, et on fait macérer

dans suffisante quantité d'eau; on décante et on soumet à l'action du feu ; la chaleur coagule la matière gélatineuse qui a été entraînée, et la clarification s'opère ainsi presque immédiatement : on filtre, et on continue ensuite l'évaporation jusqu'à 8° de l'aréomètre de Baumé. Le liquide sirupeux, placé dans des terrines évasées, abandonne, par le refroidissement, une sorte de moscouade ou cassonade qui, raffinée par le terrage, acquiert de la blancheur et une saveur franche.

MM. d'Arcet et Alluaud, qui plus récemment encore ont fait des expériences sur ce genre d'extraction, proposent d'opérer sur des châtaignes fraîches, de saturer, au moyen de la craie, le produit de la macération qui est toujours un peu acide, et de laisser précipiter une certaine quantité d'amidon qui a été entraînée par les lavages; on évapore ensuite jusqu'au degré convenable, et l'on met à cristalliser.

Nous avons suivi un autre procédé qui nous a paru encore plus simple : il consiste à décortiquer les châtaignes récemment récoltées sans avoir recours à la dessiccation, à les râper pour en extraire la fécule, à réunir les eaux de lavage et à les faire évaporer. Le sucre que nous avons obtenu offrait, il est vrai, tous les caractères des sucres de canne et de betterave, mais la proportion relative s'est trouvée extrêmement faible : 6 kil. de châtaignes non dérobées ont fourni, après la séparation des enveloppes, 1 k. 750 gr. de pulpe; celle-ci a abandonné 320 gr. de fécule bise très ténue, et le résidu parenchymateux, après dessiccation, offrait le même poids.

Les enveloppes fournissent par la carbonisation un charbon très noir qui peut trouver d'utiles applications dans les arts et notamment dans la peinture.

Variétés de châtaignes connues à Paris, tant parce qu'elles sont cultivées aux environs de cette ville que parce qu'elles sont importées de Lyon pour sa consommation.

1°. *Châtaigne des bois* : elle est petite, peu savoureuse, et se conserve assez difficilement.

2o. *Châtaigne ordinaire* ; petite, un peu plus savoureuse que la précédente.

3o. *Châtaigne commune à gros fruit* : portalonne, dans le Midi très productive.

4o. *Châtaigne printanière ou première* : peu savoureuse, mais hâtive.

5o. *Châtaigne verte du Limousin* : grosse, savoureuse, se conserve assez facilement.

6o. *Châtaigne exalade* : très savoureuse et très productive.

7o. *Châtaigne de Gars* : de grosseur moyenne, d'un goût agréable, un peu tardive.

8o. *Châtaigne osillarde* ou *noisillarde* : saveur agréable rappelant celle de la noisette et pas beaucoup plus grosse.

Variétés de châtaignes cultivées aux environs de Périgueux, suivant l'ordre de leur maturité.

1o. *Châtaigne royale blanchère* : elle est hâtive, assez grosse, de couleur brune ; le brou est d'un blanc tirant sur le jaune.

2o. La *Portalonne*, de grosseur moyenne, presque ronde : son écorce est fine, de couleur jaune ; elle est très savoureuse.

3o. La *Corive*, petite, camuse, se conserve facilement et est conséquemment bonne à sécher.

4o. La *royale Hélène* : lisse et gluante en sortant du brou, assez bonne, peu camuse.

5o. *Grande épine* : brou couvert de longues épines ; assez bonne.

6o. *Gannebellonne* : grosse, de couleur très brune, un peu aplatie ; se conserve facilement.

7o. *Ganiaude* : très grosse, de couleur brune, duvet soyeux vers la pointe, de bonne qualité.

8o. *Galade* ou *marron bâtard* : très grosse et aplatie, moins estimée que le vrai marron.

9o. *Courréaude* ou marron sauvage : plus gros que le marron vrai, rappelle sa saveur (non greffé).

10o. *Verte* : c'est la plus estimée ; elle se conserve très bien, productive et, partant, abondamment cultivée.

Enfin, le *vrai marron* : c'est incontestablement le meilleur de tous ; il est presque complètement sphérique, presque toujours seul dans le *pelon* ; sa chair n'offre pas d'anfractuosités et n'est conséquemment pas traversée par la pellicule interne qu'on remarque dans les châtaignes ; son écorce est très fine, son volume n'est pas très considérable, mais son parenchyme est savoureux et nourrissant.

Espèces ou variétés cultivées dans les Cévennes.

Bono-Branco : grosse, bonne ; maturité moyenne.

Bouscasso : mauvaise qualité, grosseur moyenne, maturité moyenne, peu productive.

Cabrido : assez petite, bonne, maturité moyenne, productive.

Clapespino : de grosseur moyenne, bonne, maturité précoce, peu productive.

Clapisso : petite et plate, bonne, maturité tardive, productive ; presque toujours au nombre de trois dans le hérisson.

Clastratto : grosseur moyenne, bonne, maturité tardive, assez productive.

Continello : grosse et lisse, bonne, maturité précoce ; elle paraît l'une des premières.

Daoufinenco : grosse, ronde, très estimée, maturité précoce, productive : c'est le *marron* d'Olivier de Serres.

Fériero : petite, assez bonne, maturité précoce, peu productive.

Figaretto : petite, test fin, assez bonne, maturité précoce.

Fourcado : qualité médiocre, grosseur moyenne, maturité ordinaire, peu productive.

Gaougiouso : grosseur moyenne, assez fine, maturité très tardive.

Jalenco : grosseur moyenne, bonne qualité, maturité très précoce, peu productive.

Malespino : grosse, bonne qualité, maturité tardive, productive.

Negretto : petite, bonne qualité, maturité ordinaire.

Olivouno : grosseur moyenne, bonne qualité, maturité précoce, très productive.

Paradono : petite, très estimée, maturité très tardive, productive ; nom vulgaire : *verdalesco*.

Peyrejiono : grosse, qualité médiocre, maturité précoce, productive.

Peyroubèses : grosse, qualité médiocre, maturité précoce, productive.

Peyroulettes : grosseur moyenne, qualité médiocre, maturité précoce, diffère peu de la précédente.

Pelegrino : grosseur moyenne, bonne qualité, maturité ordinaire, très productive.

Pialono : grosse, très bonne qualité, maturité ordinaire ; sa culture réclame des soins et surtout du fumier.

Rabeyreso : grosse qualité, très bonne maturité ordinaire ; très productive.

Rouyetto : petite, qualité médiocre, maturité ordinaire, productive.

Roussela : grosse, bonne qualité, maturité précoce.

Sabiasso : petite, qualité médiocre, maturité tardive, très productive.

Saleso : grosseur moyenne, qualité bonne, maturité très tardive, peu productive.

Scaillonso : petite, forme grossière et qualité médiocre, maturité ordinaire, productive.

Soulage : grosseur moyenne, qualité médiocre, maturité précoce, productive.

Triadonno : grosse et large, bonne qualité, précocité moyenne, assez productive.

Tuscone : grosse, qualité médiocre, maturité assez précoce, productive.

MACRE, châtaigne d'eau, corniole, fruit du *trapa natans*, L.; famille des Onagrées, J.

La forme de ce fruit, bien qu'assez régulière, offre néanmoins des caractères si peu communs, qu'elle exige une description particulière. Elle consiste en deux cônes tronqués, de nature cornée et ligneuse, réunis par la base, sillonnés longitudinalement et armés quadrilatèrement d'onglets pointus qui rappellent assez exactement la queue de hanneton. La partie interne se compose d'une amande assez grosse, environnée d'un tégument propre ; elle est blanche, sa saveur douce rappelle celle du marron.

On mange cette amande crue comme la noisette, ou cuite dans l'eau ou sous la cendre comme la châtaigne ; la proportion très notable de fécule amylacée qu'elle contient la rend très nourrissante. Aussi, dans certaines contrées de l'Europe, et notamment en France et en Suède, prépare-t-on une sorte de pain et de bouillie qui concourt à l'alimentation des habitants des campagnes et souvent même des villes ; c'est ainsi qu'à Venise ce fruit est présenté sur les marchés, sous le nom de noix de *jésuite*. Dans le Limousin on convertit l'amande en une sorte de farine économique d'une blancheur éclatante ; le procédé consiste à prendre le fruit dans son état de maturité le plus complet ; on lui fait éprouver un commencement de dessiccation qui permet d'en séparer plus facilement l'enveloppe ou péricarpe ligneux, et la pellicule interne ainsi dérobée, l'amande est mise à sécher plus complètement au four, avec la précaution de faire usage de claies ou de cribles, pour éviter le contact trop direct de l'âtre ; on concasse ensuite dans un mortier, puis on soumet à l'action d'un moulin à bras. Cette farine absorbe beaucoup d'eau et est très propre à faire des bouillies alimentaires ou des parements pour les tisserands en fin.

La facilité avec laquelle le *trapa natans* se développe dans les lieux marécageux, l'utilité de son fruit, font regretter qu'on ne se soit pas occupé davantage de le propager dans les terrains humides, abandonnés à la vaine pâture avec si peu de profit.

L'Europe n'est pas la seule partie du monde qui produise la châtaigne d'eau ;

la Chine et la Cochinchine en cultivent deux variétés, qui sont le *trapa bicornis* et le *trapa cochinchinensis*.

PAVIA DOUX, fruit du *pavia dulcis*; L., famille des Hippocastanées, J.

Ce fruit s'offre sous la forme d'une capsule arrondie ou piriforme, triloculaire, à cloisons contiguës et contenant chacune deux graines. L'arbre qui le fournit est originaire de l'Amérique septentrionale, il offre beaucoup d'analogie avec cle châtaignier. « Il en existe, » disent MM. Poiteau et Turpin (*Traité des arbres fruitiers*, nouv. édit.), « un pied dans la pépinière du Jardin des Plantes, qui a donné ses premiers fruits en 1806, et qui, depuis cette époque, en donne chaque année. M. Noël, autrefois jardinier au Muséum, a remarqué que ce fruit se rapprochait beaucoup par la saveur du marron; et qu'il pourrait conséquemment former une ressource fort importante, s'il était plus abondamment cultivé. » Sa maturité s'effectue vers la fin d'août, il s'ouvre alors et présente une espèce de marron dont la substance est d'un blanc verdâtre, plus charnue que celle de la châtaigne. Mangé cru, il rappelle, comme certaines variétés de ce fruit, le goût de la noisette. Sa récolte s'effectue vers la fin d'août; pour le conserver, on l'étend sur une planche dans un lieu très sec, et on le remue souvent, car il a une grande tendance à germer; pour éviter plus sûrement cet inconvénient on peut le faire boucaner, ainsi qu'on le pratique pour les marrons et les châtaignes qu'on veut conserver.

La rareté du pavia ne nous a pas permis de le soumettre à l'analyse; mais un examen, bien que superficiel, de ce fruit nous a fait soupçonner, dans son parenchyme la présence d'une fécule amylacée dans une proportion assez notable pour pouvoir être mise à profit. La teinture alcoolique d'iode y développe, en effet, une teinte bleue très intense.

SLOANE, fruit du sloanier, capalier denté, *Sloanea dentata*, L.; famille des Tiliacées, J.

C'est une capsule quadrilatère, de nature coriace, ligneuse, hérissée de pointes résistantes, très rapprochées, renfermant d'une à trois graines, couvertes d'une arille charnue, de couleur rougeâtre.

L'arbre qui fournit cette espèce de châtaigne est originaire de la Guiane et des Antilles. Le fruit, quoique astringent, entre cependant dans le régime alimentaire des habitants de l'Amérique méridionale. Il résulte de l'examen chimique qui en a été fait qu'il se compose principalement de tannin, de gluten et de fécule amylacée : le premier réside plus particulièrement dans la seconde écorce qui enveloppe l'amande, aussi la réserve-t-on pour l'employer dans certains arts industriels. On forme, avec l'amande réduite en farine, des cataplasmes résolutifs, qui, appliqués comme topiques dans certaines ophthalmies, jouissent aux Antilles d'une grande célébrité. On attribue, en outre, à cette farine amylacée une propriété éminemment astringente, que l'on met à profit, soit intérieurement, soit extérieurement, dans les hémorrhagies rebelles.

Il y a lieu de croire que la propriété si énergiquement astringente dont jouit le sloane est due au tannin qu'il contient, et non pas, comme on le croit, à la présence d'une fécule particulière. Si celle-ci était, par la séparation des substances étrangères, amenée à l'état de pureté qui caractérise maintenant ce genre de produit, elle ne jouirait vraisemblablement, comme toutes les autres, que des propriétés qui lui sont inhérentes, celle, par exemple, d'être nutritive.

GLAND, fruit du chêne, *quercus*; famille des Amentacées, J.

C'est une noix monosperme, enveloppée en partie dans une cupule écailleuse; l'amande est recouverte d'une double enveloppe, celle externe est lisse, sans suture, blanchâtre dans la partie que cache la cupule, et assez résistante.

On en connaît plusieurs variétés qui se distinguent par leur volume, l'étendue de la cupule et la contexture des écailles ; elles ont, en général, une saveur plus ou moins âpre, qui permet difficilement de croire que les premiers habitants de la Grèce s'en nourrissaient presque exclusivement avant de quitter l'Epire. Il est plus vraisemblable que, dans ces temps reculés, on appelait glands la plupart des fruits durs. Quelque peu civilisés que fussent nos premiers pères, il est difficile de croire qu'ils portassent la frugalité au point de manger avec une sorte de sensualité des fruits que nos organes supporteraient difficilement ; s'il en était ainsi, l'âge d'or serait peu regrettable.

Toutefois, si l'on en croit Pline, le gland était, dans les temps de famine, employé comme aliment. « Il est encore des nations, » dit cet ancien auteur (trad. d'Anthoine de Pinet), « qui ne savent que c'est que de guerre, lesquels n'ont autre chose que de gland. En temps de cherté, on fait de la farine et de pain de gland. Par la loi des Douze-Tables, est permis à chacun de recueillir son gland qui serait tombé sur le fonds d'autrui. Au reste, il y a plusieurs sortes d'arbres, » dit-il encore, « qui néanmoins sont différents, et en fruits et en territoire, et en sève et en goût ; car les veillottes sont faites d'une sorte et le gland des chênes d'une autre. Il y a des chênes sauvages, et d'autres qui sont comme privés, parce qu'on les cultive. Les uns aussi aiment la montagne, les autres ne pourraient vivre qu'en plaine. Finalement, il y a des chênes mâles et des chênes femelles. Encore y a-t-il différence en la saveur des glands, car les veillottes sont plus douces que les autres glands. Aussi Cornelius Alexander dit que ceux de Thias ou Sio se maintinrent et gardèrent leur ville, encore qu'elle fût étroitement assiégée, n'ayant autre munition que les veillottes, de sorte qu'ils contraignirent l'ennemi à lever le siége. »

Les temps modernes fournissent un pareil exemple de détresse. En France, lors de la disette de 1709, les malheureux furent obligés d'avoir recours à cette chétive ressource ; réduit en farine et converti en un pain grossier, le gland fut alors un objet de consommation considérable.

Quelques espèces de chênes fournissent cependant des fruits assez doux ; ceux de l'Esculus et du Ballotte forment encore en Espagne et en Portugal une partie assez importante de la nourriture des habitants de ce pays. Ceux de l'Atlas et de quelques contrées de la Grèce s'en nourrissent également ; quoi qu'il en soit, cette nourriture de l'homme n'a jamais été exclusive.

Examen chimique. — Divers essais ont été tentés pour priver le gland de son âpreté. M. Bosc a proposé de les soumettre à l'action d'une lessive alcaline, après les avoir débarrassés de leurs enveloppes, le tégument et la lorique. Ce procédé a eu peu de succès.

Ce fruit contient une proportion assez notable de fécule amylacée pour qu'on ait cherché à l'extraire ; elle y est malheureusement liée assez intimement à d'autres principes, ce qui rend son extraction assez difficile ; cependant si, après avoir isolé les amandes de la cupule écailleuse et des autres pellicules qui les enveloppent, on les réduit en pâte, et si on abandonne celle-ci pendant 24 ou 48 heures pour qu'il s'y établisse une sorte de fermentation, on ne tarde pas à voir la fécule, débarrassée de ses entraves, se laisser entraîner par des lavages ; on la recueille et on la fait sécher.

On a attribué depuis quelque temps à la poudre de gland, et plus encore à l'amidon qu'on en extrait, des propriétés alibiles très puissantes ; on le fait entrer, à cet effet, dans une préparation analeptique, habilement préconisée, pour rétablir les forces épuisées, et pour augmenter l'embonpoint ; cette préparation, composée de fécule de gland, de riz en poudre ou crème de riz, de cacao aromatisé de vanille, ou plutôt de chocolat râpé, est devenue, sous le nom de *Racahout des Arabes*, l'objet d'un commerce assez important.

Le fruit du chêne ne paraît pas contenir de tannin dans son état naturel ; mais après la cuisson au four, ou en le torréfiant à une température de 80 degrés Réaumur, on trouve qu'il s'en est produit une quantité assez notable. Cette circonstance s'offrant également pour le café, il est probable, comme l'avait supposé Vauquelin, que l'albumine végétale, dont la formation précède toujours le tannin, pourrait bien fournir les éléments de sa composition. La chaleur favoriserait dans ce cas la transmutation ou la conversion.

Une circonstance remarquable, c'est que lors de la prohibition du café pendant la guerre continentale, on a proposé et employé avec assez de succès l'amande torréfiée du gland, comme succédané de ce fruit exotique.

Dans les bois et les forêts, où le chêne est commun, son fruit sert de nourriture aux bêtes fauves ; les écureuils en sont très friands. De tous les animaux domestiques, le porc est celui qui s'en nourrit avec le plus de facilité ; aussi est-on dans l'usage d'affermer ce genre de pâturage sous le nom de *glandée*, pour cette destination spéciale.

Le gland vert peut encore servir à la nourriture des chevaux, des bœufs et des moutons, auxquels il répugne d'abord, mais qui ne tardent cependant pas à s'y accoutumer. Cuit, il alimenterait aussi avec profit certaines volailles de basse-cour, telles que faisans, poules, pigeons, dindes, etc., si les grains venaient à manquer.

Les chênes, comme les châtaigniers, n'offrent pas des récoltes constantes, le plus souvent elles sont triennales ; aussi importe-t-il d'en conserver les fruits : à cet effet, on les étend dans des lieux aérés, frais et secs néanmoins, et on les remue assez fréquemment pour empêcher la germination de s'effectuer.

Le gland est sujet à être piqué des vers, et notamment de l'insecte connu sous le nom de *charançon de noisette*; mais comme cette sorte d'atteinte s'effectue lorsqu'il est encore fixé à l'arbre, on doit autant que possible réserver pour la conservation les fruits qui en sont exempts.

Les glands fournis par l'yeuse, *quercus ilex*, prennent, en cuisant sous la cendre, un goût de noisette qui les fait rechercher par les habitants des campagnes, et surtout par les bûcherons.

La propagation du chêne à glands doux remplacerait avec avantage le gland acerbe, qui est si commun dans nos forêts ; cette innovation dans la culture ne serait pas seulement profitable aux habitants des campagnes, qui n'ont pas toujours le pain à discrétion ; elle permettrait, en outre, d'en nourrir des animaux de basse-cour, et notamment les porcs, dont ils amélioreraient la chair. On sait, en effet, que c'est à ce genre de nourriture que les jambons d'Espagne, et surtout d'Estramadure, doivent leur supériorité.

FÈVE, fruit de la fève commune ou de marais, *faba sativa;* famille des Légumineuses.

Ce fruit ou légume est originaire de la Haute-Asie ; il s'offre sous la forme d'une gousse à enveloppe coriace, épaisse, à plusieurs renflements, indices de la présence des semences non avortées qu'on appelle plus spécialement fèves : celles-ci sont assez grosses, plates, oblongues, à ombilic renflé.

La plante fleurit en juin (1) et conséquemment en même temps que les pois ; ses semences forment une ressource précieuse pour les malheureux, tant par l'abondance des principes nutritifs qu'elles renferment que par la diversion qu'elles opèrent dans le régime toujours si frugal du pauvre.

Cette dernière considération est d'une haute importance ; car on sait qu'une des conditions de la nutrition consiste essentiellement dans la variété des aliments. Cependant la fève de marais (bien improprement appelée ainsi, puisqu'elle croît

(1) On a remarqué qu'en abaissant les tiges contre terre, lorsqu'elles sont en pleines fleurs, il pousse de nouveaux jets, et qu'on obtient deux récoltes successives.

également bien dans les lieux non marécageux), pour entrer dans le régime alimentaire, exige certaines conditions ;
c'est ainsi que, pour dissimuler son odeur
nauséeuse, on l'associe avec divers aromates, et notamment avec la sarriette, *sa-
tureia*. La consistance ferme et coriace de
la membrane qui la revêt oblige, en outre,
à l'en séparer, surtout lorsqu'elle a atteint
son maximum de développement; ainsi *dérobée*, la fève est servie soit entière, soit
en purée : elle forme alors un aliment sain
et nutritif; mais, comme tous les légumes
farineux, elle détermine souvent, chez les
personnes d'une constitution peu robuste,
la formation de gaz intestinaux et quelquefois même la constipation.

Sans prétendre faire ici de l'érudition
à propos de fève, nous ne pouvons nous
dispenser, ne fût-ce que pour expliquer
l'espèce de réprobation dont les Egyptiens
et d'autres peuples de l'antiquité frap-
paient cette plante dans laquelle ils
croyaient même voir des signes cabalis-
tiques, de rappeler que Cicéron, au premier livre de la *divination*, attribue l'in-
terdiction de l'usage des fèves à ce
« *qu'elles empêchent de faire des songes
divinatoires, parce qu'elles échauffent
trop, et que, par suite des irritations des
esprits, elles ne permettent pas à l'ame de
jouir de la quiétude nécessaire à la recherche de la vérité.* »

Plus les fèves sont petites, plus elles
sont tendres et moins elles ont le goût de
sauvageté qui répugne à beaucoup de
personnes ; contenant moins de fécule
amylacée, elles sont, il est vrai, moins
nutritives, mais aussi elles n'ont pas les
inconvénients que nous avons signalés
plus haut : c'est lorsqu'elles ont atteint
à peu près le quart de leur grosseur qu'on
en effectue la récolte pour les tables somptueuses.

Les Espagnols, pour rendre les fèves
plus savoureuses et faciliter leur conservation, les font torréfier en partie en les
mêlant à du sable, et en exposant le tout
au feu dans des marmites ou chaudières
de fer que l'on agite de temps en temps.

Réduite en farine, la fève de marais ne
peut entrer qu'en proportion assez faible
dans la fabrication du pain ; dépourvue
de gluten, elle le rend mat et, partant,
d'une difficile digestion ; aussi n'effectue-
t-on son mélange avec la farine de froment qu'en cas de disette : on l'emploie
dans l'usage médical lorsqu'il s'agit d'o-
pérer la résolution de certaines tumeurs ;
on l'applique alors sous forme de cataplasme.

La farine de fève, délayée dans l'eau
sous forme de bouillie claire, peut servir
à la nourriture des bestiaux, et notamment des veaux, qu'elle engraisse assez
promptement.

Le rôle important que joue la fève de
marais dans l'art culinaire nous engage
à indiquer les moyens de conservation
les plus appropriés : le premier consiste à
prendre ce fruit ou graine avant son entier développement, à le plonger, après
l'avoir dérobé, dans l'eau bouillante,
puis dans l'eau froide ; on laisse égoutter
sur des châssis garnis de canevas, puis,
lorsqu'il est ressuyé, on le place sur des
claies garnies de papier gris ; on introduit
dans un four tiède jusqu'à ce qu'il
soit refroidi ; on expose ensuite à l'air et
ainsi successivement pour favoriser la
dessiccation sans altérer les propriétés ;
on introduit alors dans des bouteilles
bien sèches, on ajoute un peu de sarriette,
puis on bouche soigneusement et on conserve. Lorsqu'on veut les préparer pour
l'usage culinaire, on les fait préalablement tremper pour faciliter la cuisson.

Le second procédé que l'on doit à M. Appert consiste à prendre des fèves de marais lorsqu'elles ne sont encore grosses
que comme des pois, à les mettre dans des
bouteilles appropriées, c'est à dire à large
ouverture, à les entasser en frappant sur
les côtés avec la main, et à les faire bouillir au bain-marie pendant trente à trente-
cinq minutes. La sarriette étant l'assaisonnement ordinaire de ce légume, on en
met, comme nous l'avons dit, un petit
bouquet dans chaque bouteille. Les précautions que l'on doit prendre pour

mettre à profit le procédé de M. Appert ayant été indiquées dans le chapitre qui a pour titre *De la conservation des fruits en général*, nous y renvoyons le lecteur.

Examen chimique. — On doit à Einoff l'analyse suivante de la fève de marais, *vicia faba*, L. Il a vu qu'elle était composée d'une substance amère aigre, — de gomme, — d'amidon, — de fibre amylacée, — d'une substance végéto-animale (*glaïadine*), — d'albumine, — de phosphate de chaux, — de magnésie — et d'eau.

Fourcroy et Vauquelin ont, en outre, trouvé un peu de sucre, de phosphate de potasse et beaucoup de tannin dans la membrane externe.

La fève servait autrefois aux élections et aux suffrages populaires; elle remplaçait nos bulletins et nos boules.

Les principales variétés sont :

La *fève julienne* : c'est la plus commune et l'une des plus hâtives.

La *fève verte* : elle est semblable à la précédente, mais plus tardive; ses fruits restent toujours verts; elle a été importée de la Chine : c'est celle que l'on réduit de préférence en purée.

La *fève naine* : originaire de la côte d'Afrique : elle est petite et très productive; elle est très estimée.

La *fève à longue cosse* : elle est plus grande sous tous les rapports que les précédentes et assez estimée bien qu'un peu tardive.

La *fève de Windsor* : ses graines sont larges et presque rondes; elle résiste peu au froid, mais elle est très productive lorsqu'elle donne.

La *fève gourgane* ou *de cheval*, *féverole* : elle est presque cylindrique, dure et âpre. Lorsqu'on veut augmenter l'appétit des chevaux ou leur activité momentanée, pour les courses par exemple, on mêle cette petite fève, dont ils sont très friands, à leur avoine.

La *fève d'Héligoland*, rapportée d'Angleterre par M. Vilmorin, est une des meilleures sous le rapport du produit.

Enfin la *fève violette à fleurs pourpres*, propagée récemment par M. Jacques, est cultivée surtout comme plante d'agrément.

HARICOT, fruit du haricot, *phaseolus vulgaris*, L. ; famille des Légumineuses, J.

Ce fruit s'offre sous la forme d'une gousse allongée droite ou falciforme, un peu comprimée, renflée dans les parties occupées par les graines : celles-ci sont généralement réniformes, marquées d'un hile peu apparent.

La plante qui le fournit, originaire de l'Amérique et des Indes-Orientales, est maintenant abondamment cultivée en Europe; les variétés hâtives dans les contrées septentrionales, et celles tardives dans celles méridionales.

Les haricots forment une branche de commerce très importante; leur culture en grand, dans les départements de la Côte-d'Or et de Saône-et-Loire, contribue à la prospérité de ces contrées. Les plus estimés, toutefois, nous viennent des environs de Soissons.

Il est peu de substances alimentaires aussi généralement employées et avec plus de profit. L'avantage qu'a le haricot de n'être attaqué par aucun insecte, la facilité avec laquelle il se conserve, offrent une grande ressource pour la marine, et, en général, pour la nourriture des troupes. Les divers états sous lesquels s'offre ce légume permettent de le faire figurer avec le même avantage sur la table du riche et sur celle du pauvre. Rien de plus varié et de plus simple que ses diverses préparations, soit qu'on l'emploie vert, soit qu'on attende son entier développement, frais ou sec, cuit à l'eau ou réduit en purée.

C'est principalement avant son entier développement, vert, ou lorsqu'il est converti en purée, que sa digestion s'effectue le plus facilement; aussi doit-on préférer ce genre d'alimentation pour les vieillards, les femmes et les enfants, et, en général, les personnes dont l'estomac est faible, et chez lesquelles les digestions s'effectuent difficilement. La prodigieuse consommation de ce légume sec, dans les bureaux de bienfaisance, les hospices et les hôpitaux, fait vivement regretter qu'on n'ait pas encore mis à profit le procédé de décortication pratiqué en Angleterre depuis quelque temps; il est simple, et consiste à les soumettre à l'action de deux meules convenablement espacées et à passer au crible. « Quelle économie de temps et de combustible, » dit M. Desfontaines (*Cours complet d'agriculture*), « ne résulterait-il pas cependant de son adoption ! Les haricots, ainsi préparés, cuisent en un quart d'heure, et peuvent être immédiatement servis. Tels des nôtres ne sont cuits qu'après avoir bouilli trois ou quatre heures, et demandent une demi-heure de travail par plat pour être réduits en purée. Qu'on ne dise pas qu'ils se conservent moins longtemps ainsi préparés, car de tous les légumes embarqués par la marine anglaise, c'est celui qui s'altère le plus tard, pourvu qu'il soit entassé bien sain, dans des barils exactement fermés : on l'y connaît sous le nom de *sagou de Bowen*, du nom de son inventeur. »

On a proposé, pour conserver les haricots verts, de les plonger dans du beurre ou de la graisse de porc fondus ; mais ces moyens ne sont pas seulement peu économiques, ils réussissent en outre rarement.

Le moyen le plus simple consiste à les placer à l'ombre, sur des claies, dans un lieu sec et bien aéré, à les enfiler ensuite en chapelets que l'on suspend dans une chambre, à l'abri de l'humidité. Lorsqu'on veut en faire usage, il convient, pour en faciliter la cuisson, de les mettre préalablement tremper dans l'eau pendant quelques heures.

Lorsqu'on veut les conserver à la fois verts et tendres, on y parvient en les privant d'abord de leurs extrémités et de la partie fibreuse ou filamenteuse qui se prolonge dans le sens de leur longueur; on les fait ensuite blanchir en les exposant pendant un quart d'heure à l'action de l'eau bouillante, puis les plongeant dans l'eau froide. Cette opération a pour but, non pas de les blanchir, comme on le dit improprement, mais d'enlever le principe légèrement âcre qu'ils contiennent, d'aviver leur couleur, et surtout de leur donner une certaine fermeté nécessaire au succès de l'opération. On les plonge ensuite dans une saumure préalablement faite avec trois parties d'eau, une partie de vinaigre et une demi-livre de sel par pinte de liquide, on les range dans des pots de grès, avec la précaution de laisser entre eux le moins d'interstice possible. Pour y parvenir d'une manière plus certaine, on les comprime avec une assiette ou avec un morceau de terre cuite que l'on charge de poids, ou mieux du vase contenant le reste de la saumure. Cette disposition permet d'en ajouter à volonté, à mesure que celle dans laquelle plongent les haricots s'évapore ; elle les garantit d'ailleurs d'une manière plus efficace encore. Lorsqu'on veut faire usage de haricots ainsi conservés, on les fait tremper dans l'eau chaude, puis on les plonge dans l'eau froide avant de les faire cuire.

La méthode d'Appert consiste à introduire de petits haricots verts, et, de préférence, la variété dite *bagnolet*, bien épluchés et privés, comme nous l'avons dit plus haut, de leur faisceau fibreux : à les diviser en deux, s'ils sont trop longs, et à les tenir pendant une heure au bain-marie bouillant, après les avoir introduits dans des bouteilles avec les précautions que nous avons indiquées au chapitre quatrième. On peut, par le même procédé, conserver les haricots de Soissons en graine, recueillis lorsque les cosses commencent à jaunir.

Les haricots, s'ils étaient plus abondamment cultivés, et, partant, d'un prix moins élevé, serviraient très utilement à la nourriture d'un grand nombre d'animaux domestiques.

Examen chimique. — Le rôle important que jouent les haricots dans l'alimentation a engagé des chimistes distingués à s'occuper de leur analyse.

On doit à Einoff celle du *phaseolus vulgaris*. Il est composé, suivant lui, de matière extractive amère et âcre, 3,41; gomme, avec phosphate et hydrochlorate de potasse, 19,87; amidon, 35,94; fibre amylacée, 11,7; substance glutineuse (*glaïadine*), à laquelle adhère encore un peu de fibre ligneuse, d'amidon et de phosphate, acide de chaux, 20,81; albumine, 1,35; membranes extérieures, 7,15; perte, 0,55.

M. Braconnot, de Nancy, dans une analyse plus récente, a trouvé que 100 grammes de haricots donnaient pour résultat, 1° enveloppes séminales, 7 gram. (elles sont composées elles-mêmes de fibres ligneuses, 41,60; acide pectique, 1,23; matière soluble dans l'eau, amidon et trace de légumine, 1,17); 2° amidon, 42,34; 3° eau, 23,00; 4° légumines, 18,20; 5° matière animalisée soluble dans l'eau et insoluble dans l'alcool, 5,36; 6° acide pectique retenant ligneux et amidon, 1,50; 7° matière grasse, peu colorée, 0,70; 8° squelette pulpeux, 0,70; 9° sucre incristallisable, 0,20; 10° phosphate de chaux et de potasse, carbonate de chaux, traces d'acide organique en partie saturé par la potasse, et perte, 100. Total, 100,00.

On peut, d'après ces analyses exactes, juger de la proportion considérable de principes nutritifs que contient ce fruit sous un volume assez minime.

Les principales espèces de haricots sont : 1° Le *haricot commun*; sa gousse est allongée, droite et falciforme; sa graine diffère de la fève en ce que l'ombilic est situé au centre des cotylédons, tandis que, dans la première, il est situé à l'extrémité supérieure.

2°. Le *haricot multiflore*; son nom indique suffisamment en quoi il diffère du premier; ses gousses sont grosses et pendantes, sa graine est rose violet, marquée de taches noires. Il est originaire de l'Amérique méridionale, et a été importé par la voie d'Espagne, d'où lui vient la dénomination de *haricot d'Espagne*. Il en existe deux sous-variétés, l'une à fleurs écarlates, l'autre à fleurs blanches.

3°. *Haricot nain*. Il ne diffère du haricot commun que par le volume de sa graine, qui est beaucoup moindre. Il est originaire des Indes-Orientales.

A ces espèces principales, nous ajouterons l'énumération des espèces et variétés suivantes, que nous empruntons à la Monographie qu'en a donnée M. Noisette.

1°. *Haricots à rames; ils sont grimpants, et on est obligé de soutenir leurs tiges avec des perches ou branchages appelés vulgairement rames.*

Haricots à grains blancs.

De Soissons, gros et plat, très bon en sec, mais n'acquérant pas à Paris les qualités qu'il a à Soissons.

Sabre d'Allemagne cossé, de moyenne grosseur, aplati; ses cosses larges sont excellentes en vert, et bonnes encore en mi-sec; la graine, sèche ou verte, est le meilleur haricot connu. Tiges hautes.

Predome, *Prudhomme*, *prodommet blanc sans parchemin*. Sa cosse est excellente en vert, bonne mi-sèche; le grain est estimé en sec.

Sophie, d'une grosseur moyenne; bon en vert, plat, peau épaisse et dure, de qualité médiocre.

Riz, très petit et oblong; il est bon en vert, nouvellement écossé, et en sec.

De Lima, épais, gros, d'un blanc sale; il produit beaucoup, mais il est tardif et délicat. Il mûrit rarement sous le climat de Paris, s'il n'a été avancé en pot et sur couche.

Hâtif, d'une moyenne grosseur; le plus hâtif de tous, très bon en vert, mais ayant la peau un peu dure lorsqu'il est sec.

De Picardie ou *de Liancourt*, très gros, aplati, d'un grand produit, mais à peau un peu dure quand il est sec; il ressemble au soissonnais, mais il est plus gros, et la plante est plus grande.

Rond, ou *haricot pois*, moelleux et de bon goût; cosses nombreuses, bonnes en vert; grains très petits, arrondis, d'un blanc roux. Très bon sec.

Gigantesque, plus gros que celui de Picardie, lui ressemblant, mais produisant moins ; il exige des rames de 8 à 9 pieds.

Haricot à grains colorés (rames).

Prudhomme jaune, semblable au blanc, à la couleur près, mais moins estimé.

De Prague, ou *pois rouge*, rond, d'un rouge violet, tardif, mais d'un grand produit, bon en vert; sec, il a la peau un peu épaisse, mais il est farineux et d'une saveur agréable, analogue à la châtaigne.

Prague bicolore, rond et panaché. Mêmes qualités.

Ventre-de-biche, d'un jaune fauve, moins arrondi; bon en vert, très productif. Il teint en noir l'eau dans laquelle il cuit.

Grivelé, gris de lin, jaspé de noir; bon en vert, très productif. Il teint aussi en noir l'eau dans laquelle on le fait cuire.

Marbré purpurin, rougeâtre, marbré de brun. Bon en vert.

Rose, bon en vert et en sec, mais produisant peu.

Rouge, bon en sec, il faut le ramer haut pour qu'il produise beaucoup.

Cardinal, blanc avec une large couronne pourprée autour du germe, bon en vert, grains très gros et aplatis; il mûrit tard et difficilement.

2°. *Haricots nains, se soutenant seuls et n'ayant conséquemment pas besoin d'être ramés dans les terrains humides, dans les terres franches, et pendant les années pluvieuses ; les nains tendent à monter comme ceux à rames pour les conserver francs ; il faut, autant qu'on le peut, les semer en terre sèche, légère et sablonneuse.*

Ceux à grains blancs :

Natif de Hollande, sa cosse étroite et longue est excellente en vert, très hâtif; il réussit bien sous châssis.

Natif de Laon ou *flageolet*, long, cylindrique, très hâtif, très répandu, préféré, pour cultiver sous châssis, excellent en vert et assez bon en sec.

De Soissons ou *gros pied*, très hâtif, aplati, d'une grosseur moyenne, excellent frais, écossé et sec.

Blanc sans parchemin, aplati, petit, très bon vert et sec.

Sabre nain, semblable au précédent, mais à cosse plus large ; il a les mêmes qualités. Ces deux variétés forment de grosses touffes, ramifiées et basses, dont les gousses très longues traînent quelquefois sur terre, et pourrissent si elles rencontrent de l'humidité.

Blanc d'Amérique, petit, un peu allongé, très bon sec, productif; sa gousse, grosse et un peu arquée, se colore de rouge brun à ses deux extrémités.

Deux à la touffe, très productif, sans parchemin, bon en vert et en grains, fraîchement écossé.

Hâtif d'Argenson, semblable au nain, hâtif de Hollande, mais plus hâtif encore.

Le suisse, allongé, cylindrique, d'un blanc roux, excellent en vert, très médiocre en sec, assez hâtif.

Haricots à grains colorés (nains).

Suisse rouge, de même forme que le précédent, mais à grain rouge jaspé de différentes couleurs, selon le terrain, bon en vert et en sec.

Suisse gris, même forme; grain d'un rouge-noirâtre marqueté de blanc, excellent en cosses fraîches ou séchées pour conserver l'hiver.

Suisse gris de Bagnolet, fond grisâtre, maculé de noir et de brun, même qualité que le précédent; tous deux sont très cultivés aux environs de Paris.

Suisse ventre-de-biche, même forme que les précédents, plus sujet à monter, bon en vert, médiocre sec, mais faisant d'excellente purée.

Noir ou *nègre-petit*, se rapprochant des suisses hâtifs, produisant beaucoup, excellent en vert.

Rouge d'Orléans, rouge, petit, aplati, excellent sec.

Jaune du Canada, plante très petite, grain arrondi, jaune pâle, ayant une petite couronne brune autour de l'ombilic, très hâtif, sans parchemin, excellent vert.

Brun-jaune, rond, grosseur moyenne, productif, bon sec.

De la Chine, assez gros, arrondi, couleur soufre pâle, très productif, excellent sec et fraîchement écossé.

Jaune sans parchemin, petit, ovale, très hâtif, à cosse arquée, excellent vert et sec, très sujet à monter et conséquemment à dégénérer lorsqu'il monte; le grain passe du jaune au noir.

Jaune avec parchemin, plus hâtif que le précédent, productif, bon sec.

Rouge sans parchemin, très productif, touffe large, bon vert et sec, excellent en purée.

LENTILLE ou ERS, *Ervum lens;* famille des Légumineuses, J.

Ce fruit ou légume s'offre sous la forme d'une gousse glabre plutôt ovale qu'allongée, renfermant des semences orbiculaires et aplaties, et d'une forme généralement si régulière qu'elle a servi de type pour désigner celle lenticulaire.

La lentille est connue de temps immémorial; elle compte, suivant le Coran, au nombre des aliments que demandaient les Israélites à la place de la manne. Les anciens lui attribuaient un grand nombre de propriétés et quelques unes de contradictoires : c'est ainsi que Pline assure qu'elles agissaient différemment sur le canal digestif, suivant le degré de cuisson qu'on leur avait fait subir et suivant aussi qu'on les avait fait cuire dans l'eau de rivière ou de puits. L'état actuel des connaissances chimiques et physiologiques ne permet pas d'admettre que des nuances si faibles dans le mode de préparation puissent apporter des modifications assez grandes dans les principes pour produire des effets contraires.

Ce légume forme une ressource alimentaire très précieuse dans les pays où on le cultive abondamment : malheureusement tous les climats ne lui sont pas favorables; on ne le cultive guère, en France, qu'aux environs de Soissons et dans les départements d'Eure-et-Loir et de la Haute-Loire; il redoute les terrains froids et humides, les feux du Midi et les glaces du Nord. Les principes qu'il contient sont, pour la plupart, très nourrissants et d'une facile digestion, surtout lorsque, ainsi qu'on le pratique en Angleterre, on en opère la décortication en le faisant passer entre deux meules convenablement espacées; passé au crible et réduit en farine, on en prépare une purée très légère et très agréable; on le fait entrer dans la composition du pain de ménage, qu'il rend bis, mais très savoureux.

On était autrefois dans l'usage de provoquer la germination des lentilles avant de les faire cuire : cette pratique avait pour objet d'y développer du principe sucré; mais elle n'était peut-être pas sans inconvénient, car elle est tombée en désuétude.

Examen chimique. — Il résulte, d'une analyse de ce fruit par Einhof, que la semence desséchée se compose d'extrait doux, 3,12; gomme, 5,99; amidon, 32,81; des membranes avec de la fibre amylacée et un peu de matière végéto-animale retenant de la glaïadine, 18,75; glaïadine pure, 37,32; albumine soluble, 1,15; phosphate acide de chaux, 0,47; perte, 0,29.

Fourcroy et Vauquelin ont analysé l'enveloppe membraneuse et y ont trouvé une huile épaisse et du tannin.

Les lentilles se conservent assez facilement; mais, si elles résistent aux intempéries, elles ont le grave inconvénient d'être souvent attaquées par une sorte de puceron ou larve des *bruches*, qui les dévorent, ou plutôt qui s'y logent, comme l'a judicieusement remarqué M. Audouin; pour les en débarrasser, on les expose au four ou à l'étuve, puis on crible ou on vanne.

La lentille croît naturellement dans les champs cultivés et forme une excellente nourriture pour les bestiaux. Les variétés non cultivées sont la *lentille ervillière*, la *lentille à quatre semences* et la *lentille hérissée*. Les variétés cultivées sont la grosse lentille, la lentille commune, la lentille blonde, *ervum lens*, et la petite lentille rouge ou à la reine, *ervum lens minor*.

10

Ces dernières ayant une assez haute importance commerciale, nous nous en occuperons uniquement.

Lentille commune ou *blonde*; elle est plate, assez grosse, très farineuse; elle partage avec les haricots l'honneur de former la nourriture la plus ordinaire du pauvre.

Lentille à la reine, rouge ou *petite*; elle est généralement plus petite, plus convexe, moins farineuse que la précédente; elle est aussi plus savoureuse et vue avec plus de faveur par les artistes culinaires; car elle figure quelquefois sur les tables somptueuses.

L'une et l'autre, attendu leur facilité de conservation, sont d'un très utile secours pour la nourriture des équipages dans les expéditions maritimes de long cours.

La farine de lentilles est résolutive; on l'emploie sous forme de cataplasme.

POIS, comestible ou cultivé, *pisum sativum*, L.; famille des Légumineuses, J.

Il s'offre sous la forme d'une gousse oblongue-allongée, renfermant plusieurs graines ou semences globuleuses marquées d'un hile arrondi.

On ignore quelle est la patrie originaire des pois, et même quelle est celle des variétés qui a servi de souche aux autres; c'est ainsi que, bien que les Romains fissent usage d'une espèce qu'ils nommaient *cicer*, on ignore si ce nom s'appliquait à notre *pois chiche* ou à notre *pois commun*.

Ce légume ou fruit est incontestablement l'un des plus estimés, surtout avant qu'il ait atteint sa complète maturité et à l'état, comme on le dit vulgairement, de *petit pois*. Il figure, suivant son degré de maturité, sur la table du riche et sur celle du pauvre: dans le premier cas, il est peu nourrissant et jouit de propriétés laxatives; dans le second, elles sont toutes différentes. Lorsqu'il est sec, il jouit des mêmes propriétés que la fève et le haricot, mais à un degré moindre toutefois; car sa digestion s'effectue plus fa-

cilement, et il produit moins de flatuosités: il entre pour beaucoup, dans cet état, dans le régime alimentaire des gens peu aisés et surtout des habitants de la campagne. Depuis quelques années, on effectue, comme on l'a vu pour les autres légumes, la décortication des pois: cette modification qu'on leur fait éprouver est très heureuse, car non seulement elle rend leur digestion plus facile, elle dispense, en outre, de les pister pour en faire de la purée.

Ces avantages ne suffisent cependant pas pour satisfaire l'espèce d'avidité avec laquelle ce fruit légumineux est recherché: fort heureusement le grand nombre de variétés, leur degré différent de hâtiveté, les procédés de conservation devenus plus faciles, permettent de le manger frais pendant presque toute l'année.

Examen chimique. — L'importance du pois dans l'alimentation a fixé l'attention des chimistes, et notamment de MM. Braconnot et Einoff: le premier y a signalé la présence d'un principe nouveau, la *légumine*, qui se rencontre dans toutes les graines à cotylédons charnus de la famille des légumineuses; il a vu, en outre, que 100 gram. de pois fortement desséchés ne perdaient que 12,50 gr. d'humidité; ce qui établit, comme on voit, une proportion très notable des autres principes. On va voir, par l'analyse qui suit, que les principes nutritifs, tels que l'amidon et la légumine, y sont, relativement, fort abondants.

Les 100 grammes ont fourni:

1°. Enveloppes séminales, 8,26 gr., composées elles-mêmes de tissu ligneux, 5,36; acide pectique, 1,73; matière soluble dans l'eau, amidon et traces d'alumine, 1,17; 2° amidon, 42,58; 3° légumine, 18,40; 4° eau, 12,50; 5° matière animalisée, soluble dans l'eau et insoluble dans l'alcool, 8,00; 6° acide pectique retenant de l'amidon, 4,00; 7° sucre incristallisable, 2,00; 8° matière grasse verte (chlorophylle), 1,20; 9° squelette pulpeux, 1,06; 10° matière amère, soluble dans l'eau et dans l'alcool, quantité indéterminée; 11° carbonate de chaux, 0,07; 12° phosphate de chaux, phosphate de potasse, acide organique en partie saturé par la potasse, matière colorante et perte, 1,93. Total, 100.

Il résulte en outre, des analyses suivantes faites par Einoff :

1°. Que le péricarpe vert ou cosse est composé de sucre incristallisable, 5; amidon, 2,34; fibre ligneuse, 8,96; fécule verte, 0,57; albumine soluble, 0,44; phosphate acide de chaux, 0,01; eau, 81,25; perte 1,31;

2°. Que le suc exprimé des germes, avant le développement des lobes, est composé de sucre incristallisable, 10,76; extrait gommeux, 1,25; albumine soluble, 0,7; tan, 87,29;

3°. Que les pois mûrs sont composés de sucre incristallisable, 2,11; gomme, 6,37; amidon, 32,45; fibre amylacée avec des traces des membranes extérieures, 21,88; substance végéto-animale glaireuse, 14,56; albumine soluble, 1,72; phosphate acide de chaux, 0,26; tan, 14,06; perte, 6,56.

Il existe, comme nous l'avons dit plus haut, un grand nombre de variétés de pois; mais, parmi elles, il en est qui se distinguent par des caractères tellement tranchés, qu'on pourrait les considérer comme espèces.

La première est le *pois sucré* ou petit pois; sa gousse est longue d'environ deux pouces, elle est aplatie avant sa maturité, et devient ensuite presque cylindrique; ses graines sont rondes et espacées; la récolte s'en fait principalement au printemps, la consommation en est immense à Paris et dans ses environs.

La conservation de ce fruit ou légume s'effectue assez facilement par le procédé d'Appert : il consiste à prendre des pois, dits *crochus*, de moyenne grosseur, à les introduire dans des bouteilles, à les tasser en frappant le fond de la bouteille dans la main ou sur tout autre objet, pour en faire entrer le plus possible; on bouche ensuite soigneusement (en suivant le mode prescrit à l'article *conservation des fruits*, *procédé d'Appert*), puis on soumet une heure et demie environ à l'action d'un bain-marie bouillant; on laisse opérer lentement le refroidissement et on place dans un lieu frais.

La deuxième variété est le *pois mangetout ou sans cosse* : elle se reconnaît à ses gousses très grandes, falciformes, très comprimées, d'une consistance molle; elle est privée de la membrane parcheminée qui tapisse ordinairement l'intérieur des cosses des autres variétés; aussi n'en sépare-t-on pas la graine et la mange-t-on avec la cosse, bien qu'on l'appelle vulgairement *pois sans cosse*.

La troisième variété est le *pois carré*, ainsi appelé à cause de la forme de ses graines; elle se subdivise en deux sous-variétés, qui sont le pois carré vert, très recherché pour faire les purées, et le pois carré fin ou clamart, qui est très productif et qui se conserve assez bien sec. La *bruche* ou ver de pois l'attaque difficilement.

Nous ne terminerons pas cette nomenclature sans parler du *pois-bisaille, pois-pigeon, pois-agneau* : cette espèce est plus particulièrement cultivée pour la nourriture des volailles et des oiseaux de basse-cour, qui en sont, en général, très avides.

Ces variétés principales ont été, attendu les nuances nombreuses qu'elles offrent, subdivisées en sous-variétés; celles-ci ont été signalées avec trop de soin par l'auteur du *Manuel complet du Jardinier*, pour que nous ne nous empressions pas de reproduire et d'adopter l'ordre dans lequel il les a rangées :

1°. *Pois-parchemin.*

A. Les nains, qui conséquemment n'ont pas besoin d'être ramés.

Nain hâtif; haut de 18 pouces à 2 pieds; le plus précoce de ceux de sa section; ses fleurs naissent dès le second ou troisième nœud, il leur succède une petite cosse dont les grains sont d'assez bonne qualité. On peut le semer depuis janvier pour la première saison; il réussit bien sous châssis.

Nain de Hollande, plus petit, produisant autant, mais moins précoce, bon pour le châssis, parce qu'il ne monte jamais.

Nain de Bretagne; il ne s'élève que de 5 ou 6 pouces.

Gros, grain sucré; excellent, très productif, mais tardif.

Petit nain vert; grains très petits.

Nain vert de Prusse; semblable au précédent, mais très productif.

Petit pois de Blois; il s'élève de 15 à 18 pouces, son grain est bon; petit et lisse; il est hâtif.

B. Les grimpants que l'on doit ramer.

Pois-Michaux, petit pois de Paris; excellent, très précoce; on le sème avant l'hiver, au pied d'un mur au midi; on le pince à 3 ou 4 fleurs.

Michaux de ruelle; aussi bon, plus précoce, et cosses un peu plus grosses; même culture.

Michaux de Hollande, pois de Francfort; plus précoce encore que les précédents, mais plus difficile à cultiver; il craint le froid et les terrains humides; on le sème en février, ou au commencement de mars; si on le pince, il peut, comme les précédents, se passer de rames.

Michaux à œil noir; il est très bon, un peu plus hâtif que le michaux ordinaire, et son grain est un peu plus gros.

Hâtif à la Nivelle, pois d'Angleterre; très bon, plus élevé et à cosses plus grosses que celles du michaux qui le précède.

Dominé; semblable au précédent, mais à cosses moins arrondies.

De Marly; très grand, mais tardif.

De Clamart, carré fin; grand, très productif, sucré, propre à semer à l'arrière-saison.

Carré blanc; tendre, moelleux, de forme inégale, plus carré que rond; un peu tardif et s'élevant très haut.

Carré à œil noir; mêmes qualités, mêmes défauts que le précédent; il s'emporte un peu moins en feuillage, mais sa fleur craint le brouillard.

Fève; très grand, et de médiocre qualité, quoique gros; il est tardif.

Géant; plus gros que le précédent; grains très gros, peu sucrés.

Gros vert normand; tardif et grand, très bon sec.

Ridé ou Knight; cette variété, due à M. Knight, président de la Société horticulturale de Londres, est excellente, mais tardive; la cosse est grosse et très longue, et le grain gros, carré et ridé.

Sans pareil; tardif, mais donnant toujours et abondamment; grains moelleux, très sucrés, bons verts.

Suisse; cosse très grosse et très longue, mais peu garnie de grains; bon.

Laurent; moins hâtif que le dominé, auquel il ressemble.

Grosse cosse hâtif, semblable au précédent, mais à tige plus forte et cosse plus renflée; productif et de bonne qualité.

Baron, assez semblable au michaux de Hollande, mais plus élevé.

2°. *Pois sans parchemin* ou *mange-tout*.

A. Les nains.

Hâtif, un peu haut, mais cependant propre aux châssis.

Ordinaire. Cosses plus petites, mais plus nombreuses que dans le précédent; très tendre et très estimé.

En éventail. Tiges ne montant pas à plus d'un pied; tardif, peu productif.

B. Ceux à rames (1).

Blanc, à grandes cosses, corne de bélier, pois faucille. Cosses recourbées, très grandes et très tendres; tardif, très productif dans les bonnes terres; il s'élève haut.

Sans parchemin, à demi-rames. Aussi productif que le précédent, moins tardif et s'élevant moins haut; cosses moins larges, graines plus serrées.

(1) L'auteur de cette classification fait remarquer avec beaucoup de raison qu'elle n'est pas rigoureuse. Les variétés naines peuvent, en effet, devenir fort vigoureuses et grimpantes, si elles croissent dans un sol généreux; celles à rames, si elles croissent dans un sol maigre, peuvent, et surtout si on pince l'extrémité des tiges, devenir, pour ainsi dire, rabougries et naines. On a vu, au chapitre cinq, lorsque nous avons parlé des fruits extraordinaires, les moyens dont on fait usage en Chine pour obtenir ce résultat plus curieux qu'utile.

A fleurs rouges, ou pois à œil de perdrix. Il s'élève à 7 ou 8 pieds et produit beaucoup, mais il est tardif; sa cosse est grande et crochue, tendre et sucrée; son grain, d'un rouge verdâtre, piqueté de violet, est rond, gros et uni.

Turc, ou couronné. Très élevé; ses cosses nombreuses sont tendres et sucrées.

Turc, à fleurs pourpres. D'un bel effet; mêmes qualités que le précédent.

CICHE ou POIS CHICHE, CHICHE, *cicer arietinum;* famille des Légumineuses; J.

Les caractères qui le distinguent sont d'avoir des gousses courtes, velues, renfermant une ou deux semences épaisses, irrégulières. La gousse, au lieu d'être, comme dans l'espèce précédente, marquée d'une saillie dorsale, est simplement sillonnée.

En Egypte, dans le Levant et dans le Midi de l'Europe, les pois chiches sont cultivés de temps immémorial, et figurent au nombre des aliments dont ces peuples font un fréquent usage. Ils sont moins nourrissants que le pois ordinaire, plus difficiles à digérer, et peu appropriés à la nourriture des personnes qui n'ont pas une constitution robuste.

Réduits en farine, et appliqués extérieurement sous forme de cataplasmes, ils agissent comme émolliens et résolutifs; mais leur usage, très réputé autrefois, est maintenant, sous ce rapport, presque complètement tombé en désuétude.

Lorsque la rareté des denrées coloniales obligeait à leur chercher des succédanées, l'attention s'est fixée sur le pois chiche torréfié pour remplacer le café; mais la prohibition ayant cessé, on a bientôt abandonné l'usage de tous les cafés indigènes, comme on les appelait, pour la fève exotique, qu'ils ne remplaçaient que fort imparfaitement.

Examen chimique. — On doit à M. Figuier, de Montpellier, d'avoir indiqué les principes constituants des pois chiches. Il résulte de l'examen chimique qu'il en a fait, qu'ils sont composés : 1o d'amidon ; 2o d'albumine; 3o d'une matière végéto-animale; 4o de muqueux ; 5o d'une substance résiniforme; 6o d'une huile fixe; 7o de malate de potasse et de chaux; 8o de muriate de potasse; 9o de phosphate de chaux et de phosphate de magnésie; 10o de fer; 11o enfin d'une certaine quantité de sucre, qui s'est vraisemblablement formé par suite de la réaction des acides sur l'amidon. Il est à remarquer qu'ils laissent exsuder des acides libres, et notamment de l'acide malique.

POIS A GRATTER, *dolichos pruriens,* L.; famille des Légumineuses, J.

Il est originaire de l'Amérique méridionale, et s'offre sous la forme d'une gousse ou légume long, d'un brun grisâtre, hérissé de poils peu adhérents. Les graines sont arrondies, entourées d'une cicatrice linéaire.

Les poils sont employés aux Antilles, où ce fruit croît abondamment, dans le traitement des vers intestinaux; toutefois leur action paraît être simplement mécanique. Le mode d'administration consiste à faire macérer les gousses dans l'eau; lorsque les poils sont détachés, on agite et on décante. On sucre ce macératum et on le fait prendre à la dose de deux ou trois cuillerées, suivant la force de l'individu. On facilite ordinairement l'action de ce remède au moyen d'un purgatif doux, l'huile de ricin par exemple.

On administre encore les poils des dolichos pruriens mêlés au miel sous forme d'opiat. On est dans l'usage d'en faire suivre immédiatement l'administration d'une pincée de farine de manioc, pour éviter sans doute l'irritation qu'ils pourraient produire dans la gorge.

Enfin, on prépare aux Barbades une bière médicamenteuse, employée contre l'hydropisie, en faisant infuser ces gousses dans de la bière ordinaire.

Les poils des pois à gratter sont vendus par les charlatans et les escamoteurs sous le nom de poudre à démanger. Les gens du peuple en faisant souvent un usage fort abusif, nous croyons devoir indiquer le moyen d'anéantir l'atroce démangeaison qu'ils produisent : il consiste à appliquer de la cendre chaude sur la partie endolorie : le soulagement immédiat qu'elle produit tend à faire croire que le prurisme est dû à une sorte de sécrétion du poil, analogue à celle que fournit le pois chiche.

DOLICS, *dolichos*, L.; famille des Légumineuses, J.

Ces fruits se rapprochent beaucoup des haricots, avec lesquels ils étaient confondus autrefois. Leurs caractères sont d'avoir une gousse oblongue, polysperme, de forme variée; les semences sont réniformes ou presque arrondies; l'hile est latéral et très étendu.

On connaît un assez grand nombre de dolics; ils diffèrent par la longueur et la forme de leurs gousses ou légumes. M. Virey, qui a rendu de si grands services à l'histoire naturelle, et particulièrement à celle des végétaux, en signalant leur origine et en indiquant les avantages qui pourraient résulter de leur acclimatation dans d'autres climats, regrette de ne pas voir multiplier en Europe la plupart des dolics; ils formeraient, dit ce savant, une ressource alimentaire très précieuse.

Une circonstance qu'il importe de faire remarquer, c'est que beaucoup de végétaux acquièrent, par le changement de climat, de nouvelles propriétés, et parmi eux se distinguent les dolics. Dans certaines contrées, par exemple, ils sont simplement féculents et amylacés, tandis que dans d'autres ils joignent à ces principes d'autres principes moins innocents. Certaines espèces, par exemple, jouissent dans les pays chauds, et notamment aux Antilles, de propriétés cathartiques qu'elles ne possèdent pas ailleurs. Cette circonstance, loin d'être un obstacle à l'importation si désirée par ce naturaliste, serait de nature à en démontrer la nécessité, car notre climat tempéré diminuant plutôt qu'il n'ajoute à l'énergie des plantes; nous verrions bientôt ces semences légumineuses, si riches en principes nutritifs, sinon remplacer, augmenter au moins la variété de celles que nous possédons.

Le genre dolic est, comme on va le voir, assez nombreux et très répandu.

« Les graines du *labda*, » dit M. Virey, « sont usitées des Egyptiens, au rapport de Prosper Alpins et de tous les autres voyageurs, comme nos haricots le sont en Europe ; les Chinois font un emploi semblable du *dolichos sinensis*; quoique les semences du *dolichos ensiformis* soient plus dures, les créoles et les nègres s'en nourrissent aux Antilles. On fait cuire, à la manière des haricots verts, les gousses du *dolichos tetragonolobus*, ou dolic quadrangulaire, aux Indes orientales : on mange de même en vert celles du *dolichos lignosus*, sorte de haricot vivace. Les petits pois blancs du *dolichos Catiany*, au Tonquin et à Siam, sont d'un usage aussi journalier que le riz. Les grains du *dolichos soja* ou *soya*, très estimés au Japon, servent pour confectionner, avec du jus de viande, le fameux coulis ou sauce dite soja ; si restaurant et si recherché pour ranimer les forces épuisées par l'abus du plaisir; ils en préparent en outre une sorte de bouillie qui leur tient lieu de beurre de vache et qu'ils nomment *miso.* »

Pour préparer le *soja* ou *soya*, on choisit de préférence l'espèce de haricot connu sous le nom de *dolichos soya*; on en prend une quantité déterminée qu'on fait cuire dans suffisante quantité d'eau ; on malaxe ensuite avec farine de froment, sel et eau, dans la proportion d'une partie de chaque ; lorsque le mélange est bien intime, on l'étend par couches minces dans des vases plats et appropriés, on couvre et on abandonne. Après quelques jours, cette pâte moisit, prend une teinte verdâtre et une odeur rance ; ces caractères indiquent que l'opération marche bien ;

on expose ensuite à l'air, pour en opérer la dessiccation ; on divise ces espèces de galettes par fragments, on introduit dans des vases de terre vernissés ou de verre, et on verse de l'eau dans la proportion de cinq parties sur une ; on place au soleil et on agite souvent. Lorsque ce mélange est devenu consistant et onctueux, on le verse dans des sacs que l'on soumet ensuite à la presse. La liqueur visqueuse obtenue est introduite dans des bouteilles que l'on bouche soigneusement, et on conserve pour l'usage.

VESCE COMMUNE, *vicia sativa*, L.; famille des Légumineuses, J.

Ce légume ou fruit s'offre sous la forme d'une gousse oblongue, uniloculaire et polysperme, renfermant des graines arrondies, noires, lisses ; à cotylédons farineux comme les espèces qui précèdent.

Les graines fournissent par la mouture une farine bise, elle est quelquefois, et principalement dans les temps de disette, une assez mince ressource, à laquelle on est cependant assez heureux de recourir.

Son plus grand emploi est pour la nourriture de quelques oiseaux de basse-cour, et surtout pour celle des pigeons. Sa farine est résolutive ; on la substitue sans inconvénient à celle d'orobe, plus spécialement employée dans l'usage médical.

OROBE PRINTANIER, *orobus vernus*, L.; famille des Légumineuses, J.

C'est une gousse cylindrique, oblongue, uniloculaire, renfermant plusieurs graines orbiculaires, plus petites que celle de la vesce, et marquées comme elle d'un hile linéaire.

Sa farine fait partie des quatre farines résolutives ; mais, comme nous l'avons dit plus haut, on la remplace souvent par celle de vesce dont les propriétés ne sont pas moins énergiques.

GESSE CULTIVÉE, pois-de-brebis, P.; gesse, *lathyrus sativus*, L.; famille des Légumineuses, J.

Elle s'offre sous la forme d'une gousse large, assez plate, ovale, oblongue, munie, sur la suture dorsale, de deux rebords membraneux ; elle renferme des graines globuleuses, quelquefois anguleuses.

Cette sorte de pois ou mieux de vesce n'est guère cultivée que dans les contrées septentrionales comme fourrage pour les bestiaux, dont elle améliore, dit-on, la laine ; néanmoins, dans certaines contrées méridionales, elle sert de nourriture, peu délicate, il est vrai, mais cependant assez précieuse encore pour les malheureux. La résistance que présente son enveloppe corticale à l'action des organes digestifs rend la digestion de ce fruit légumineux très laborieuse ; aussi doit-on, autant que possible, en faire usage à l'état de purée.

Ce légume est très approprié à la nourriture de certains animaux de basse-cour, et notamment des porcs ; pour rendre son assimilation plus facile, on le réduit préalablement en farine grossière.

GESSE, POIS DE SENTEUR, *lathyrus odoratus*, L.; famille des Légumineuses, J.

Ce genre s'offre sous la forme de gousses longues, hérissées de poils ; ses graines sont petites et carrées.

Originaire de l'Orient, on le cultive seulement pour la suavité d'odeur de sa fleur ; il figure avec avantage dans les jardins d'agrément ; on en connaît plusieurs belles variétés, mais les fruits qu'elles produisent offrent trop d'identité pour que nous croyions devoir les signaler.

POIS PUANT, *amyris fœtida*, L.; famille des Légumineuses, J.

C'est une gousse un peu aplatie, courbée en arc à son extrémité ; elle renferme trois à cinq graines réniformes, d'abord vertes, puis brunes, lorsqu'elles atteignent leur maturité.

On attribuait jadis à ce pois une action assez prononcée sur l'utérus, pour faciliter les accouchements laborieux; mais son usage est tombé en désuétude.

SARRASIN, blé noir, blé de Barbarie, *polygonum fagopyrum*; famille des Polygonées, J.

Ce fruit ou cette graine est, comme son nom l'indique, originaire de la Palestine; il est ovale, anguleux, noirâtre; son volume égale celui d'un grain de chenevis, son parenchyme est blanc et farineux; l'embryon est placé au centre, et les cotylédons sont plissés.

La culture du sarrasin est très étendue dans quelques unes de nos provinces; en Bretagne, par exemple, il forme la nourriture presque exclusive des habitants. On en prépare un pain ou des galettes qui, toutefois, sont assez peu appétissantes pour des estomacs inaccoutumés à ce régime. Le sarrasin n'en est pas moins une ressource précieuse; car il croît dans des terrains impropres à toute autre culture céréale. En effet,

> Partout le sarrasin et dans tous les terroirs
> De sa tige touffue élève les grains noirs.

L'importance de cette substance alimentaire est un don précieux fait à l'humanité; on la doit à un croisé flamand, dont les cendres sont déposées dans un village de Flandre appelé Zindorpe. Peut-être les avantages obtenus par la culture de cette utile et obscure substance alimentaire compensent-ils les sacrifices immenses qu'ont coûtés les brillantes croisades du XIIIe siècle; c'est aux philosophes à résoudre cette question.

Examen chimique. — On doit à M. Zeuneck une analyse du sarrasin, dont nous offrons les principaux résultats; cette semence contient du ligneux, de l'amidon, du gluten, de l'albumine, de l'extractif, de la gomme, et enfin de l'extrait mêlé de sucre et de résine.

Le sarrasin forme pour les volailles de basse-cour une nourriture très substan-

tielle; il rend leur chair très savoureuse.

MAÏS, blé d'Inde, *zea maïs*, L.; famille des Graminées, J.

Il s'offre sous la forme d'épis de grosseur et de longueur variables, recouverts d'un grand nombre d'écailles spathiformes qui semblent être des fruits avortés; ces épis sont solitaires : ils se composent d'un axe cellulaire très épais appelé *papeton*; de fruits, proprement dits, ou caryopses irréguliers, globuleuses, déprimées dans certaines parties, lisses, luisantes, de couleur jaune dorée, blanchâtre ou pourpre, renfermant une substance blanche farineuse très nutritive.

Cette intéressante graminée, qui ne le cède qu'au froment quant à son importance alimentaire, était inconnue des anciens. On l'a longtemps crue originaire de l'Ancien-Monde, mais il paraît bien plus vraisemblable qu'elle nous a été fournie par le Nouveau. Aucun ouvrage, en effet, n'en fait mention avant sa découverte par Christophe Colomb, et la dénomination de *blé d'Inde* paraît d'ailleurs antérieure à celle de *blé de Turquie*. Si l'on en croit les chroniques, il fut porté en Orient par les croisés, pendant le XIIIe siècle, et ils l'importèrent ensuite d'Orient en Italie.

Le blé d'Inde est pour plusieurs de nos provinces, et notamment l'Alsace, la Bourgogne et la Gascogne, l'objet d'une grande consommation. Sa fécondité est vraiment remarquable : on a calculé que les épis femelles ont environ douze rangées de grains dont chacune se compose de trente-six, en sorte que les deux épis que porte généralement un même individu produisent plus de huit cents grains pour un seul qu'on a semé.

Plusieurs Sociétés savantes et, au premier rang, celles d'Encouragement et d'Horticulture, voulant seconder les vues philanthropiques de Parmentier, et appréciant d'ailleurs les avantages qui résulteraient de la propagation de cette utile graminée, ont proposé des primes d'encouragement pour les agriculteurs qui auraient consacré la plus grande étendue de terrain à la culture du maïs. Plus récemment encore, M. Bossange, père, mu par un sentiment que l'on ne saurait trop louer, offrit en prix un herbier artificiel tiré du grand ouvrage de Redouté sur les Liliacées, et ayant une valeur de 1,400 fr., à l'auteur qui, au jugement de l'Académie des sciences, donnerait la solution la plus satisfaisante de cette question : *De l'usage du maïs comme aliment de l'homme, et particulièrement de l'utilité qu'il peut présenter aux femmes qui allaitent ou aux enfants en bas âge.* L'Académie reçut plusieurs mémoires parmi lesquels elle distingua et couronna celui de M. Duchesne, docteur en médecine. C'était, sous plus d'un rapport, être utile à l'humanité que de s'occuper de propager et d'utiliser cette substance ; car, indépendamment de l'avantage qu'elle offre d'augmenter les ressources alimentaires, on a remarqué, dans le département des Landes, par exemple, qu'à mesure que son usage s'étend, les habitants perdent le teint blafard qui les distinguait, et acquièrent une carnation plus vive et une constitution plus robuste. « C'est ainsi, » dit M. d'Haussez, ancien ministre de la marine, » que la cause de la différence ne peut être l'objet d'un doute lorsque toutes les conditions sont égales d'ailleurs » Relativement à la situation des habitations, à la nature des eaux, aux habitudes de travail, on remarque que le peu de développement des formes et de durée de la vie appartient aux communes où l'on ne récolte que le millet, tandis que les avantages contraires sont assurés à celles où la culture du maïs est généralisée.

Le maïs, soit qu'on le mange lorsqu'il est encore fixé à l'épi, soit qu'on fasse cuire simplement les grains sous la cendre, est très nourrissant. L'auteur de la *Flore des Antilles*, M. Descourtils, rapporte qu'à Saint-Domingue, pendant la guerre du sud soutenue contre Rigaud par Toussaint-Louverture et Dessalines, la ration par jour du soldat en campa-gne ne se composait que de deux épis de maïs et une banane, celle des chevaux de quelques poignées d'un fourrage formé de spathes et de deux épis.

Ce fait, qui peut paraître extraordinaire, est confirmé par celui qui suit, que l'on doit à l'abbé Terray, ex-missionnaire au Canada. « Les créoles, » dit-il, « qui transportent en canot les marchandises du Bas-Canada dans le Haut-Canada, et qui les portent de temps en temps sur leur dos par ballots de deux cents livres, m'ont dit que, de toutes les nourritures, celle qui les soutient le mieux c'est le maïs mondé cuit dans l'eau et mangé grain à grain ; qu'il leur arrivait souvent de n'en manger qu'une poignée par jour, et que cela leur suffisait même dans leurs plus longs travaux. Quelques uns d'entre eux m'ont assuré que, lorsqu'ils étaient dans les bois à ne rien faire, une douzaine de grains par jour suffisait pour les soutenir, et des sauvages m'ont cité des hommes, des femmes et des enfants qui, avec quatre ou cinq grains par jour, avaient bravé la faim pendant plusieurs mois consécutifs. »

Le maïs fait la base des poudres et pâtes alimentaires des peuplades chasseresses de l'Amérique septentrionale et de celles errantes de la Laponie et de la Tartarie. La meilleure composition dans ce genre, et qui est connue des Tartares sous le nom de *caoka*, consiste à torréfier convenablement le blé d'Inde, à le broyer, et à le mêler à du sel et de l'anis ou du cumin.

L'absence de gluten dans le maïs le rend peu propre à faire du pain ; mais, mélangé avec le froment, il forme une pâte qui lève bien et qui est très substantielle. M. Duchesne s'est livré à un assez grand nombre d'expériences, pour déterminer dans quelles proportions on devait opérer le mélange, et il a remarqué qu'à parties égales on obtenait un très bon et très beau pain.

L'assimilation de la farine de maïs s'effectue assez facilement ; on en prépare des potages et des bouillies dont l'usage est approprié dans les convalescences qui suivent les affections de poitrine et les inflammations du tube digestif; elle fait la base d'un grand nombre de préparations qui prennent des dénominations différentes suivant les pays où elles sont en usage : c'est ainsi que les Bourguignons ont leur *gaude*, les habitants des Cévennes leur *millasse* ou *millias*, l'Italie et les départements méridionaux leur *polenta*, et, enfin, les Américains leur *hasty-pudding* ou *tôt-fait* et leur *sagamité*. Il existe encore un grand nombre de préparations ou de mets dans lesquels entre la farine de maïs; nous nous bornerons à la description de celles-ci parce qu'elles sont les plus importantes et les plus généralement connues.

GAUDE. Pour l'obtenir, on met sur le feu une quantité d'eau déterminée; lorsqu'elle entre en ébullition, on y projette avec précaution et peu à peu de la farine de maïs jaune préalablement séchée au four; on agite constamment, pour éviter l'adhérence aux parois du vase. Vers la fin de l'opération, c'est à dire lorsque la farine a atteint un degré de cuisson convenable, on ajoute successivement du lait, du sel et du beurre.

On prépare des gaudes au potiron, à la pomme de terre, en ajoutant ces substances au mélange ci-dessus : ce mets change de nom suivant les pays; on le nomme *faranita* en Piémont, et *sagamité* en Amérique.

MILLASSE OU FLAMUSSE. On prend de la farine de maïs, on la fait cuire dans suffisante quantité de lait, on pétrit ensuite avec du beurre et des œufs et on aromatise avec de l'eau de fleur d'oranger; on abandonne ensuite dans le coin du pétrin, pendant une heure, pour laisser lever la pâte; on place sur une feuille de chou ou de papier beurré et on met au four.

POLENTA. Cette préparation alimentaire est connue de temps immémorial; elle a précédé la fabrication du pain, et le remplace même encore dans certains pays, en Espagne et en Italie : elle fait la base de la nourriture du peuple et des soldats. Sa préparation, bien que simple, est sou-

mise à des règles dont on se garde, en général, de s'affranchir. Les ustensiles même qui ont cette destination spéciale ont, comme jadis les pénates, leur place déterminée. Le culte qu'on leur rend a pour base la propreté. Ils se composent d'un bâton qui, par sa blancheur et sa forme, rappelle ceux des patriarches, et d'un chaudron en cuivre jaune, dont l'éclat est comparable à l'or le plus pur. Ces objets, bien que servant plusieurs fois le jour, ont souvent préparé la nourriture de plusieurs générations, ce qui ne contribue pas peu à ajouter à la vénération dont ils sont l'objet.

Pour obtenir la polenta, on met le chaudron sur le feu, avec des quantités d'eau et de sel déterminées; lorsque celle-ci est bouillante, on verse la farine et on remue avec le bâton, jusqu'à ce qu'elle soit bien cuite : elle doit alors avoir une consistance assez ferme. On la verse sur un linge blanc, et on coupe par tranches au moyen d'un fil de lin ou de métal, comme ceux qui servent à diviser le beurre. La polenta se mange généralement chaude.

HASTY-POUDING, ou *pouding* de Humford. « On met sur le feu, » dit M. Duchesne, auquel nous empruntons encore cette description, « dans un pot ou chaudron découvert, la quantité d'eau nécessaire pour un pouding; on y fait dissoudre ce qu'il faut de sel, et l'on y mêle peu à peu la farine de maïs, que l'on agite avec une cuiller de bois, dès que l'eau est chaude et commence à bouillir. On ne fait couler successivement dans l'eau qu'une petite quantité de farine à la fois, et à travers les doigts de la main gauche, tandis que, de la droite, on imprime à l'eau un mouvement précipité, pour que la farine s'y mêle complètement et pour l'empêcher de se former en grumeaux. Au commencement de la cuisson, il faut introduire la farine avec beaucoup de lenteur, afin que la masse ne soit pas plus épaisse que de la soupe de gruau d'avoine. L'addition du surplus de farine nécessaire pour donner l'épaisseur convenable au pouding demande à être reculée au moins d'une demi-heure, pendant laquelle il faut tenir sans cesse la masse en mouvement et en ébullition. On s'assure si le pouding a l'épaisseur convenable en enfonçant la cuiller de bois au milieu de la masse; si elle n'y demeure pas debout, il faut encore y ajouter de la farine; mais, dans le cas contraire, le pouding est ce qu'il doit être, et il ne faut plus de farine. Il n'en vaudra que mieux si on le laisse cuire trois quarts d'heure ou une heure entière, au lieu d'une demi-heure. Ce pouding se mange de plusieurs manières: pendant qu'il est encore chaud, on en met des cuillerées dans du lait, et on les mange avec la cuiller au lieu de pain. »

Les Américains en forment une sorte de galette percée au centre; ils mettent dans cette cavité un morceau de beurre et de la moscouade ou de la mélasse; la chaleur du pouding fait fondre le beurre qui, avec le sucre liquide, forme une sauce dans laquelle on trempe chaque bouchée. On a le soin de prendre toujours à la circonférence, de manière à ménager le centre jusqu'à la fin du repas, qui, le plus ordinairement, ne se compose pas d'autre chose.

Nous terminerons cette énumération des préparations alimentaires du maïs par l'une des plus intéressantes: nous voulons parler du *samp*. Nous la devons aux sauvages de l'Amérique méridionale. Elle offre cet avantage, qu'on l'obtient directement, c'est à dire sans avoir recours à la mouture. Cette circonstance est très importante pour les pays où les moulins ne sont pas communs, et où, d'ailleurs, ils ont d'autres destinations.

SAMP. Pour faire le *samp*, on verse sur du maïs une lessive chaude de cendre de bois; on laisse en contact pendant dix à douze heures; après ce temps, on agite pour faciliter la séparation de l'enveloppe du grain; elle ne tarde pas à s'élever à la surface du liquide, on la sépare par la décantation, puis on ajoute de nouvelle eau, et on procède à la cuisson des grains restés au fond du vase: ils ne tardent

pas à se gonfler et à crever; leur saveur est alors douce et agréable. On en prépare des potages au lait et au bouillon, qui ont beaucoup d'analogie avec ceux du riz, et qui sont même plus savoureux.

Si l'observation suivante, que nous empruntons au mémoire de M. Duchesne, est vraie, l'usage du maïs, comme substance alimentaire, aurait un avantage bien précieux, surtout pour les malheureux que l'on est obligé de renfermer dans les maisons pénitentiaires. « Les quakers, » dit cet auteur, « qui administrent, aux États-Unis, les maisons de force où l'on détient les criminels, les nourrissent exclusivement de farine de maïs bouillie et cuite à l'eau avec de la mélasse. » Ces criminels, lorsqu'ils se conduisent bien, peuvent être rendus à la société, ce qui arrive assez souvent, et l'on n'a jamais eu d'exemple qu'un de ces hommes réhabilités ait été repris une deuxième fois de justice. Les directeurs de ces établissements sont assez modestes pour attribuer une partie de leur succès à cette nourriture, dont ils regardent l'usage comme calmant et adoucissant. Il est vrai de dire, cependant, que l'isolement et le silence auxquels sont soumis les pénitentiaires sont de puissants auxiliaires.

Cette expérience heureuse et journalière, faite dans toute l'étendue d'un grand pays, prouve en faveur de l'opinion déjà émise, de l'influence de la nourriture sur les humeurs, les habitudes, les caractères, et conséquemment les mœurs des peuples.

Le maïs n'est pas seulement employé comme aliment; il sert, en outre, à composer certaines boissons, dont la dénomination et la composition varient suivant les pays, mais qui, cependant, se rapprochent toujours plus ou moins de la bière. C'est ainsi qu'en Amérique elle porte le nom de *chichu*, *chiaour*, *cassibry*; au Pérou, celui d'*azna* ou *zara*. Ces peuples en faisaient un tel abus dans les jours d'allégresse publique, que les Incas durent, pour en anéantir l'usage, faire de son abstinence un article de religion.

BIÈRE DE MAIS. Divers essais ont été

tentés en France pour préparer cette boisson ; mais on a remarqué que la germination de ce grain s'effectuait plus difficilement que celle de l'orge, qu'il absorbait plus d'eau, et que sa dessiccation en devenait plus difficile. La germination ayant pour effet de développer le principe sucré nécessaire à l'alcoolisation, cette bière était plus faible, sous ce rapport, que celle produite par l'orge, et elle se conservait aussi plus difficilement. Toutefois, M. François de Neufchâteau, voulant surmonter ces difficultés, a imaginé, pour opérer une germination plus complète du maïs, le procédé suivant : on prend, d'après ce savant, du grain de l'année précédente, on le sème dans un sillon bien régulier et creusé de 2 ou 3 pouces ; on ravale la terre avec précaution, et on abandonne jusqu'à ce qu'on voie les feuilles séminales pointiller à la surface du sol, ce qui a lieu après dix ou quinze jours, suivant la saison. On isole la partie ensemencée au moyen d'un trait de bêche pratiqué autour, puis on enlève par portions, et on sépare les grains germés de la terre qui les environne, et qui est retenue dans les radicules. Pour faciliter ce départ, on plonge par parties dans l'eau, et l'on fait immédiatement sécher, soit au four, soit au soleil, soit à la touraille, lorsqu'on opère dans une brasserie. Ce mode de procéder, pour convertir le maïs en drèche, est un peu long et embarrassant ; mais il est indispensable pour obtenir de bonne bière de maïs : la conversion de celle-ci en eau de vie ou en vinaigre est aussi plus facile. Nous renvoyons, pour la suite de l'opération, lorsque nous ferons l'histoire de l'orge et de la bière.

L'utilité du maïs ne se borne pas à la nourriture de l'homme ; presque tous les animaux en sont très friands : les singes, par exemple, se laissent prendre et même tuer plutôt que d'abandonner le maïs qu'ils ont dérobé. Les volailles mangent aussi ses grains avec avidité ; elles leur communiquent un fumet que les gourmets savent très bien distinguer.

Le maïs est, de tous les succédanés du café, celui qui mérite la préférence ; on le soumet, à cet effet, à une torréfaction bien ménagée.

On nomme *atextili* ou *tzène* une boisson faite par l'infusion du maïs torréfié et de cacao.

Les épis de maïs, lorsqu'ils ne sont encore que de la grosseur du petit doigt, sont confits au vinaigre à la manière des cornichons, et servis comme hors-d'œuvre. Plus tard, lorsque les grains sont assez gros, et qu'ils laissent échapper par la pression un suc laiteux assez abondant, on en opère la récolte et on les fait cuire à la manière des petits pois. Ce mets est très recherché en Pensylvanie, et on y cultive, à cet effet, de préférence, la variété dite *maïs doux*.

La conservation du grain de maïs est assez facile ; elle ne diffère pas sensiblement de celle du blé, seulement elle nécessite une dessiccation plus complète. On doit le garantir, à l'exemple du blé, de l'atteinte des animaux rongeurs, de l'*alucite*, du *charançon* et de la *fausse teigne*. Le moyen le plus simple et le plus efficace consiste dans la ventilation et l'agitation simultanées.

Histoire chimique. Le maïs, comme nous avons déjà eu occasion de le dire, ne contient pas de gluten, cet agent principal d'une bonne panification. Soumis à l'analyse, il fournit un principe particulier que John Gorham a nommé *zeine*. Cette substance semble y jouer le même rôle que l'*hordéine*; dans l'orge, on l'obtient en faisant digérer de la farine de maïs dans de l'alcool chaud, filtrant et évaporant jusqu'à siccité. Pour l'obtenir pure, on la dissout de nouveau dans le même véhicule. Elle jouit des propriétés suivantes : elle est molle, élastique, insipide, plus pesante que l'eau ; projetée sur des charbons, elle se gonfle, brunit, et répand une odeur de pain brûlé ; elle ne paraît pas être azotée, aussi est-elle peu digestible, bien qu'assez savoureuse ; elle est soluble dans l'alcool, l'éther et les huiles volatiles, en partie seulement dans les acides ; enfin elle est inflammable et composée d'oxygène, d'hydrogène et de carbone.

La semence de maïs desséchée à l'air contient, suivant John Gorham, zéine, 3 ; matière extractive, 0,8 ; sucre, 1,45 ; gomme, 1,75 ; amidon, 77 ; épiderme ou fibres ligneuses, 3 ; albumine, 25 ; carbonate, phosphate et sulfate de chaux et perte, 15 ; eau, 9.

Enfin on doit au même chimiste les deux analyses comparatives suivantes :

Maïs à l'état frais.	— Maïs sec.
Eau. 9,0	
Fécule amylacée. 77,0	84,599
Zéine. 3,0	3,296
Albumine 2,5	2,747
Matière gommeuse. . . . 1,45	1,922
Sucre 1,75	1,593
Principe extractif . . . 0,8	879
Enveloppes et matière ligneuse 3,0	3,296
Phosphate, carbonate, sulfate de chaux et perte. 1,5	1,648
100,00	99,980

Il existe un assez grand nombre d'espèces et de variétés de maïs ; naguère encore elles étaient rangées assez arbitrairement, lorsque M. Bonafous, directeur du Jardin des Plantes, de Turin, frappé de l'invariabilité de couleur qui distingue les fruits de cette graminée, en a formé trois sections qui sont : 1o les *variétés à grains jaunes* ; 2o *les variétés à grains blancs* ; 3o *les variétés à grains rouges.*

A. *Variétés à grains jaunes.*

1o. *Maïs d'été, maïs d'août,* connus, en Piémont, sous le nom de *melia ostenga* ou *agosta,* dérivé, dit l'auteur de la *Synonymie,* de ce que cette variété, la plus généralement cultivée en Italie, y vient à maturité dans le mois d'août ; la durée ordinaire de sa végétation est de quatre mois.

2o. *Maïs d'automne* ou *maïs tardif,* connu des cultivateurs piémontais sous le nom de *melia nivernenga,* parce qu'on le récolte dans l'arrière-saison ; semé cependant en même temps que le précédent, il ne mûrit qu'environ quinze jours plus tard.

3o. *Maïs quarantain ;* il mûrit en quarante jours, dans les conditions les plus favorables à sa culture ; la durée ordinaire de sa végétation est d'environ trois mois ; son grain est plus petit que celui des variétés précédentes.

4o. *Maïs de Pensylvanie ;* cette variété intéressante, mais un peu tardive, cultivée primitivement au Jardin du Roi, fut envoyée par A. Thouin, dans les diverses parties de l'Europe méridionale, pour y être propagée ; elle est tellement productive, qu'on peut compter souvent dix à quinze épis sur un seul pied ; beaucoup plus tardive que les variétés précédentes, lors de son introduction en Piémont, elle s'est acclimatée et n'offre plus maintenant qu'un retard de douze à quinze jours, sur la variété no 1er.

5o. *Maïs des Canaries ;* la durée de sa végétation est de quatre mois et demi.

6o. *Maïs des Landes ;* plus lourd que la variété qui précède ; la durée de sa végétation est de quatre mois.

7o. *Maïs de Grèce ;* introduit en Piémont par Giobert, son grain est assez lourd et bien nourri.

8o. *Maïs à épi renflé;* peu productif ; la durée de sa végétation est de quatre mois.

9o. *Maïs d'Espagne ;* encore moins productif que le précédent ; sa végétation assez lente dure quatre mois.

10o. *Maïs cinquantain ;* son grain est mieux nourri et plus lourd que celui du no 1er, ou d'août ; sa maturité est aussi plus hâtive.

11o. *Maïs nain,* ou *à poulet ;* il est très remarquable par son petit volume ; il croît et mûrit en moins de trois mois, ce qui le fait rechercher dans les contrées à été court, et dans les pays sujets aux sécheresses ; précoce.

B. *Variétés à grains blancs.*

12o. *Maïs d'automne à grains blancs ;* il mûrit quelques jours après la variété no 2; ainsi que les autres maïs blancs, il paraît mieux s'accommoder des terres humides que les variétés à grains colorés.

13°. *Maïs de Guasco*, de la province de ce nom, au Chili ; il est un peu plus productif que la variété n° 2, mais plus tardif que celle n° 1ᵉʳ.

14°. *Maïs de Virginie* ; cette variété a été introduite assez récemment en Europe ; elle a beaucoup d'analogie avec le maïs jaune de Pensylvanie, elle est très productive ; sa végétation s'opère en quatre mois.

15°. *Maïs de Quillota*, de la province de ce nom, au Chili, où on la cultive ; la durée de sa végétation dépasse cinq mois.

16°. *Maïs à rafle rouge (zea erythrolepis)* ; elle est signalée par l'auteur de la *Synonymie*, comme une espèce distincte ; son grain est tendre, sa farine égale celle du plus beau froment ; sa végétation est de quatre mois environ.

17°. *Maïs à bouquet* ou *à faisceau* ; les nœuds supérieurs des tiges se trouvent assez rapprochés, pour que les épis qui naissent à l'aisselle des feuilles offrent, par leur assemblage, l'aspect d'un bouquet ; son épi seulement arrive le plus ordinairement à maturité ; sa végétation est de cinq mois environ.

18°. *Maïs ridé* ; cette variété est assez productive, sa végétation s'effectue généralement en cinq mois au moins.

19°. *Maïs hérissé (zea hirta)* ; son grain est lourd et bien nourri, sa végétation est aussi assez lente.

100. *Maïs curagua (zea curagua)* ; son grain est assez lourd, et sa végétation n'exige pas moins de cinq mois.

C. *Variétés à grains rouges.*

21°. *Maïs rouge* ; cette variété, ainsi qu'une autre sous-variété qui, à la couleur près, se confond avec le maïs à poulet, sont, l'une et l'autre, très robustes et mûrissent facilement dans les climats tempérés.

22°. *Maïs panaché* ; son grain est peu nourri, et partant assez léger ; il est hâtif.

FROMENT ou blé par excellence, fruit du *triticum hibernum*, L. ; famille des Graminées, J.

Le froment n'est pas seulement le genre le plus intéressant de la famille des graminées, c'est incontestablement le fruit le plus utile ; sa farine est la plus abondante en principes nutritifs, la plus riche en gluten ; et celle qui fournit conséquemment le meilleur pain. On le croit originaire de la Perse.

MM. Michaux et Olivier, pendant un long séjour qu'ils firent dans ce pays, ont en effet recueilli sur une montagne, à quelques lieues d'Hamadan, l'espèce de froment sauvage connu sous le nom d'épeautre, *triticum spelta*. Cette précieuse céréale est maintenant cultivée dans presque toutes les contrées civilisées ; quelques philosophes pensent même, tant son influence est grande, qu'on lui doit les progrès de la civilisation. En effet, dit M. Bory Saint-Vincent (*Dictionnaire classique d'histoire naturelle*), tant que les peuples trouvent dans les fruits de la terre de quoi satisfaire leurs besoins, leur intelligence reste engourdie, et les arts restent dans l'enfance ; mais, dès que les fruits sauvages ne suffisent plus à l'homme, ses facultés intellectuelles se développent, pour trouver les moyens de satisfaire ses besoins ; et dès lors, on voit les arts se créer en quelque sorte et se perfectionner rapidement.

Le froment était connu des anciens, ils avaient, comme nous, deux espèces principales : celle à épi glabre, et celle à épi barbu. Pline signale ceux d'Italie comme étant les plus lourds ; l'espèce nommée *siligo* était au premier rang, puis ensuite venaient ceux de France. Les Grecs, suivant le même auteur, jugeaient de la bonté du blé par la grosseur et la longueur de son chaume ; ils semaient leurs blés les mieux nourris dans les terrains gras ; cette circonstance a été très heureusement exprimée dans les vers suivants :

Des blés et du froment la plante vigoureuse
Exige d'un fonds gras la terre limoneuse.

Le blé est, sans contredit, l'un des produits les plus intéressants de la France ; on peut même dire qu'il forme sa plus grande richesse ; car c'est lui qui sert, pour ainsi dire, de type à la valeur des autres denrées ; il résulte, d'une statistique récente, que, sur 49,863,609 hectares de propriétés imposables en France, 25,550,159 hectares sont consacrés à sa culture seulement. La récolte ordinaire est évaluée à 120,000,000 d'hectolitres, une récolte abondante s'élève à 180.000,000 d'hect., et enfin une récolte minime ou disetteuse n'atteint souvent pas 40,000,000. Il est évident d'après ces faits incontestables, et eu égard aux importations et exportations qui se balancent à peu près, que les hauts et les bas prix du blé varient suivant une production en plus ou en moins de 60,000,000 d'hect. En estimant cette mesure au prix moyen de 22 fr., la récolte ordinaire peut être évaluée à la somme de 2,640,000 de fr. La consommation journalière en France est estimée à 1,677 tonneaux ou 33,500 kil. ; ce qui fait comme on voit, environ 1 kilogramme ou 2 liv. par individu.

On a calculé qu'un kilogramme ou 1,000 grammes de bon blé est formé d'environ 20,000 grains, le gramme correspondant à 19 grains environ ancien poids. On peut en conclure que le grain de froment a servi de type pour désigner le grain (poids) ; car, ainsi qu'on le voit, sa pesanteur est à très peu près la même. Cette circonstance prouve encore en faveur de l'opinion qui a été émise sur son influence civilisatrice. C'était peut-être le seul cas où l'on en faisait usage, dans l'état où la nature nous l'offre ; s'il a perdu cet avantage, il en a acquis bien d'autres ; car la variété de ses produits est immense. Les arts du boulanger, du pâtissier, du vermicellier sont fondés sur les diverses transformations qu'on lui fait subir pour le faire entrer dans l'usage alimentaire. Ceux de l'amidonnier, du distillateur de grains, lui doivent aussi leur importance. L'organisation du blé offre une particularité très remarquable, et qui prouve le soin que la nature a pris de faciliter son développement et sa reproduction, seul en effet, ou presque seul parmi les autres plantes (l'orge et le seigle sont dans le même cas) ; il a trois radicules.

Un grain de blé confié à la terre donne généralement naissance à trois ou quatre tiges ; chacune porte un épi qui se compose d'environ 40 ou 50 grains. « Considéré sous le rapport de la fécondité, le froment est, comme on le voit, encore très remarquable. On rapporte que le receveur des revenus de l'empereur Auguste lui envoya de *Bysacium*, en Afrique, territoire renommé pour la fertilité de ses blés, un épi de froment qui portait quatre cents grains. C'est donc avec raison que l'on a dit en parlant de sa fécondité :

Enfants d'un même grain, deux mille grains mûrissent. »

La récolte du blé ou moisson était, chez les anciens, précédée de fêtes et de cérémonies ; elles consistaient en sacrifices et en libations. La fête des *abervales* à Rome consistait à faire trois fois le tour du domaine de la république, en faisant des invocations. La *procession des rogations*, dans des temps plus modernes, semble avoir une origine semblable. La récolte du blé intéresse si vivement le cultivateur que, bien que le travail en soit très pénible, il s'y livre cependant avec joie. C'est la garantie de son existence, l'espoir d'un meilleur avenir, la fin de ses travaux.

Roucher, dans son *Poëme des mois*, a peint cette époque avec tant de vérité, que nous ne pouvons résister à lui emprunter la description suivante :

Le jour meurt, il renaît la faucille à la main,
Et d'agrestes chansons égayant leur chemin,
Les moissonneurs, en foule, avancent dans la plaine;
L'épi, qu'un doux zéphyr, au gré de son haleine,
Courbe, roule et relève, et courbe et roule encore,
Promet à leurs travaux sa chevelure d'or;
Ce salaire promis enflamme leur courage,
Et chacun, tout entier, s'abandonne à l'ouvrage.

Pour être employé dans les usages domestiques, le blé doit être isolé du chaume ou de la paille. Cette opération s'effectue soit à l'aide du fléau, soit en faisant fouler les gerbes sous les pieds des hommes ou des animaux. Toute simple que soit sa description, elle offrirait trop peu de charme en style prosaïque pour que nous ne nous empressions pas d'emprunter encore au même auteur son style harmonieux et figuré :

Cependant, aux plaisirs de ces fêtes rustiques
Où chacun, de Cérès, entonnait les cantiques,
Succèdent maintenant de pénibles travaux.
Sur l'épaisseur d'un lit formé d'épis nouveaux,
Le bruyant fléau tombe et retombe en cadence;
Il frappe les tuyaux chargés de l'abondance,
Les écrase, et dans l'air, au loin confusément,
Fait voltiger la balle et jaillir le froment;
De la paille mêlée à la poussière impure,
Le froment, dans le crible, en tournoyant s'épure.

. . . .

La réduction du blé en farine s'effectue par un procédé tellement simple qu'il n'a éprouvé depuis un temps immémorial presque aucune modification essentielle. Les seules améliorations obtenues consistent dans la célérité avec laquelle on obtient maintenant la farine pure, privée totalement de la partie corticale du grain.

Pline attribue à Numa la première idée de la cuisson de la farine; il consacra cette heureuse innovation, qui rendait la digestion du grain plus facile, en en faisant brûler dans les sacrifices. Grillé et broyé par des esclaves, le blé était réduit en farine, puis, par l'addition d'eau, on en formait une sorte de bouillie ou brouet clair, qui faisait la base de la nourriture des Romains, d'où leur est venu le nom de *pultiphagi*, mangeurs de bouillie, qu'ils avaient encore du temps de Pline. Chaque soldat portait en campagne un petit sac de farine qui, s'il rendait son bagage plus lourd, assurait au moins sa subsistance pendant les longues marches.

La farine, mêlée à l'eau, au sel et au levain, dans des proportions convenables, pétrie fortement et abandonnée pour favoriser la réaction des principes, mise ensuite au four, constitue le pain. 100 liv. de farine absorbent 64 liv. d'eau, et fournissent 148 liv. de pain.

Du pain et de sa fabrication.

Le pain est bien certainement la préparation alimentaire la plus utile et la plus généralement connue. Il fait la base de la nourriture des peuples civilisés. On n'est pas d'accord sur l'origine de sa fabrication; elle est toutefois assez ancienne, car elle était connue des Hébreux. Si l'on en croit Moïse, leur législateur et leur historien, ils abandonnèrent si précipitamment l'Égypte, qu'ils n'eurent pas même le temps de mettre le levain dans la pâte. L'usage du pain s'est répandu en Europe, et notamment dans la Gaule et les colonies romaines après la prise de Carthage.

Bien qu'on donne le nom de pain à des mélanges de farines et d'autres substances nutritives pétries ensemble et soumises à la cuisson, cette dénomination doit être réservée au mélange de farine et de levain. Le succès d'une bonne panification dépend essentiellement de la qualité de ces deux substances; nous indiquerons plus loin les conditions favorables que doit réunir la farine; quant au levain, il doit être aussi récent que possible, et exempt d'acidité (1). Pour réunir ces conditions, on réserve une certaine quantité de la pâte dans l'un des coins du pétrin; le plus ordinairement elle se compose des ratissures de ses parois, qu'on a renforcées avec un peu de farine et d'eau froide; il forme ainsi une masse assez ferme qu'on recouvre de toile; c'est le *levain chef*.

Quelques heures avant de préparer la pâte, on prend ce levain; on le délaie dans une certaine quantité d'eau chaude en hiver, froide en été. On ajoute de la farine et on forme du tout une pâte ferme, bien travaillée, que l'on place à l'une des extrémités du pétrin, en attendant le moment de s'en servir, *c'est le levain*. Dans les grandes villes, comme on fait généralement usage d'un pain moins mat et plus léger que dans les campagnes, on ajoute au mélange de farine, d'eau et de sel, de la

(1) Récent, il développe la fermentation alcoolique, vieux celle acéteuse, et donne lieu à un pain mat aigrelet.

levûre de bière convenablement préparée (1). Cette addition active la fermentation et favorise le développement d'une plus grande quantité de gaz acide carbonique et d'alcool, qui, cherchant à s'échapper, soulèvent la masse, la divisent, diminuent sa densité et la rendent conséquemment plus légère. Cette action est puissamment favorisée par le *pétrissage*, opération d'une nécessité absolue pour le succès d'une bonne panification; quoique simple en apparence, elle est cependant assez compliquée, et prend les noms de *fraze* ou de *bassinage*. La masse, après avoir été abandonnée à elle-même, est divisée par portions plus ou moins petites; puis placée momentanément dans des corbeilles ou vannetons garnis intérieurement de toile, puis enfin renversée sur la pelle et introduite au four.

La composition organique de la farine et de l'amidon, qui en fait la base, étant maintenant bien connue, nous allons donner l'ensemble des phénomènes chimiques ou la théorie de la panification.

On doit considérer, dit M. Girardin dans sa *Chimie élémentaire*, la pâte préparée pour la cuisson comme un tissu visqueux et élastique de gluten dont les cellules sont remplies d'amidon, de sucre, d'albumine, de gomme, etc., et entremêlé d'une matière fermentescible qui a été ajoutée à la farine lors de la mise en levain. Lorsqu'on abandonne cette pâte dans un en-

droit chaud pour qu'elle *lève*, le gluten réagit, à la faveur de l'eau et de la chaleur, sur les globules d'amidon, les fait éclater, et met ainsi en liberté la *dextrine*; une partie de celle-ci est bientôt convertie en sucre par l'influence du gluten, qui, dans ce cas, opère le même effet que la diastase. Le sucre ainsi formé, plus celui qui préexistait dans la farine, se trouvant en présence du levain, éprouve presque aussitôt la fermentation alcoolique, c'est à dire qu'il est transformé, par la réaction de ses éléments, en acide carbonique et en esprit de vin; puis une partie de ce dernier se change en vinaigre et en acide acétique, tandis que le gluten, en se décomposant spontanément, donne lieu à un dégagement d'acide carbonique, d'hydrogène et d'ammoniaque. La chaleur dilate ou réduit en vapeur ces produits liquides ou aériformes, ainsi que l'air introduit dans la pâte par l'action du pétrissage. Ces gaz et vapeur tendent à se dégager; mais, retenus par la viscosité du gluten, ils soulèvent la pâte, se logent dans de petites cavités; il y a tuméfaction, c'est à dire que la pâte *lève*, en terme de boulanger. Lorsque, par suite de la cuisson, qui chasse la plus grande partie de l'eau interposée, la pâte a été solidifiée, la masse reste criblée de la multitude de petites cavités qui retenaient les gaz, et le pain qui en résulte est rendu léger et blanc par la division de ses particules.

L'art de faire le pain ne consiste pas seulement dans le choix des substances, mais aussi dans le pétrissage et la cuisson. Ces deux opérations sont depuis quelque temps en voie d'amélioration, et bien que les pétrins mécaniques n'aient pas eu tout le succès qu'on en attendait, il y a lieu de croire cependant qu'on parviendra tôt ou tard à en simplifier l'emploi, et à soustraire au travail si fatigant du pétrissage les hommes qui sont chargés de cette pénible manutention; elle nécessite, en effet, de la part de ceux qui l'effectuent, de si grands efforts, qu'elle leur arrache l'espèce de gémissement qui leur a fait don-

(1) La préparation de la levûre, pour l'usage des boulangers, consiste à soumettre à la presse l'espèce d'écume qui s'échappe des quarts pendant la fermentation de la bière; cette opération est l'objet d'une profession et d'un commerce particulier exercé par les *levûriers*; mais, comme il importe souvent de conserver la levûre assez longtemps, nous allons indiquer les moyens d'y parvenir. En Flandre, par exemple, on l'étend sur un linge bien sec, en observant que la couche ne dépasse pas un demi-pouce d'épaisseur; on place ensuite sur des claies, et on suspend à l'ombre jusqu'à dessiccation complète; on réduit ensuite en poudre grossière et on conserve dans des vases bien fermés.

Dans d'autres lieux, on mêle la levûre à demi-desséchée avec de la farine et on forme des bandes que l'on conserve pour l'usage; dans les sacs même de farine, quelquefois, on remplace la farine par le résidu parenchymateux de la pomme de terre.

11

ner le nom très significatif de *geindre*. Quant à la cuisson, elle dépend principalement du degré de température auquel on élève le four. Le chauffage direct ne permettant pas de la graduer convenablement, on a imaginé de l'opérer par voie indirecte, c'est à dire en faisant arriver de l'air chaud seulement dans le four. Cette innovation nous paraît susceptible d'heureuses applications, et notamment dans le cas que nous allons signaler.

On a, dans ces derniers temps, et particulièrement en Angleterre, cherché à recueillir et à utiliser les vapeurs alcooliques qui s'échappent ou qui se dégagent du pain pendant la cuisson. A cet effet, on a modifié la construction du four ainsi qu'il suit : la voûte, de forme hémisphérique, est en tôle et surmontée d'un tuyau qui reçoit les vapeurs et les transmet à un serpentin ; la partie qui reçoit les pains, et qui forme le sol, est carrelée en briques ; à un pied environ au dessous de la partie inférieure du four se trouve une plaque ou vaste disque en fer, percé de trous, et destiné à recevoir le bois ou le charbon, et à laisser passer la cendre. Cette plaque a un diamètre égal à la base du four ; elle est montée sur pivot, de manière à pouvoir, suivant le besoin, tourner à volonté. Cette disposition a l'avantage de permettre de diriger la flamme ou la chaleur sur tous les points du four et de rendre conséquemment le chauffage plus uniforme. La capacité extérieure du four est enveloppée d'une maçonnerie qui a pour objet d'empêcher la déperdition de chaleur. Plus récemment encore, M. Arizoli a imaginé un four à double voûte ; la fumée circule plusieurs fois sur la première et ne s'échappe qu'après avoir abandonné la chaleur qu'elle entraîne ordinairement en pure perte.

Cette découverte, qui parut d'abord très séduisante, puisqu'elle permettait d'entrevoir, par la production d'un nouveau produit, la possibilité de diminuer le prix du pain, n'a pas eu tout le succès qu'on en attendait, du moins en France. Il est vrai de dire que la grande variété de pain qu'on y fabrique, et leur diversité de cuisson forment des obstacles difficiles à surmonter.

Nous terminerons ce que nous avons à dire sur la panification par les notions suivantes, qu'il importe de connaître pour pouvoir se rendre compte des variations qu'éprouve le prix du pain.

Un sac de farine de blé, du poids de 325 liv., produit 102 à 104 pains de 4 liv. chacun ; mais il faut pour cela qu'elle soit pure et exempte de fécule ou de farine de légumineuses ; l'ancien boisseau de farine pèse 14 liv. ; il prend 10 liv. d'eau et produit 16 liv. de pain. Le setier ancien de farine pèse 220 liv. et rend 280 liv. de pain. Pour chaque 10 fr. que coûte l'ancien setier de blé, du poids de 240 liv., la livre de pain revient à 5 cent. (un sou) à celui qui fait le pain lui-même ; ainsi, lorsque le setier de blé coûte 20 fr., la livre de pain revient à 10 cent. (deux sous) ; il revient à 15 cent. (trois sous) lorsque le blé coûte 30 fr. Enfin, pour chaque 20 fr. que coûte le sac de farine du poids de 325 liv., la livre de pain revient à 5 cent. (ou un sou). La consommation de pain en France, par semaine et par personne, est estimée à 9 livres, auxquelles il faut ajouter 9 livres mangées dans la soupe, en tout 2 livres un quart par jour. La consommation annuelle de blé pour Paris seulement est de 3,000,000 hectol. Ces 3,000,000 représentent le produit moyen de 100,000 hectares ; la consommation journalière est conséquemment de 8,230 hectol., ou le produit de 548 hectares.

L'importance du pain dans les usages économiques nous engage à entrer dans quelques détails sur les altérations que la cherté des grains ou seulement une honteuse cupidité font apporter à sa confection. On doit d'abord, autant que possible, éviter l'emploi d'une farine trop nouvelle, c'est à dire résultant de mouture de grain de l'année. Le mélange de grain avant la mouture, ou de farine après, est aussi préférable à l'emploi d'une seule espèce de l'un ou de l'autre ; le pain qui en résulte est plus léger, et son assimilation plus facile. La quantité de pain étant, toutes choses égales d'ailleurs, en rapport avec la proportion de gluten que contient la farine, il en résulte que l'addition des substances qui n'en contiennent pas, et notamment de la fécule et des farines des légumineuses, est une fraude coupable, attendu qu'elle oblige le pauvre à une plus grande consommation pour satisfaire ses besoins. On ne se borne malheureusement pas toujours à l'addition de ces substances, qu'on ne peut même pas toujours considérer comme innocentes sous le rapport hygiénique, car on a vu, dans des temps de disette, l'usage d'un semblable pain déterminer des épidémies.

Quant à la fraude qui s'exerce sur le poids, nous ne nous en occuperions pas, si nous ne savions qu'elle peut être quelquefois imputée à tort, et qu'il importe, en conséquence, d'éclairer à cet égard l'administration et la justice. Chaque pain peut, en effet, à l'entrée au four, peser le même poids, c'est à dire 4 livres 11 onces (qui, par la cuisson, sont ramenées à 4 livres), et présenter à la sortie des différences notables dues à l'inégale élévation de température dans les diverses parties du four, et au séjour plus ou moins long qu'y font les pains d'une même fournée. Le seul moyen de constater cette différence consisterait à établir, par une dessiccation préalable, la proportion rigoureuse de principes nutritifs que doit contenir un pain de 4 livres, par exemple, de bonne qualité; puis, à procéder par voie de comparaison, en effectuant la dessiccation complète du pain suspecté.

On peut encore déterminer la proportion de principe nutritif contenue dans le pain, au moyen de la diastase, qui a la propriété de dissoudre le principe amylacé, et de laisser le gluten sous forme de réseau ou de squelette alvéolaire; mais ce moyen n'est applicable que dans les laboratoires.

Nous pensons que c'est ici le cas de combattre un préjugé généralement répandu, et qui consiste à considérer le pain bis comme étant plus nourrissant que le pain blanc, attendu, dit-on, qu'il est plus compacte, et qu'on en a davantage pour le même prix. La théorie et l'expérience sont loin de justifier cette manière de voir; le pain blanc retenant moins d'eau après la cuisson, il est évident qu'il doit contenir, abstraction faite même de la plus grande pureté de la farine, plus de principe nutritif, sous un même volume ou à poids égal. L'observation a d'ailleurs appris aux bonnes ménagères qu'il y avait profit et agrément à manger du pain blanc, en ce qu'il satisfait plus promptement l'appétit, et qu'il est mieux approprié à la nourriture des enfants, des vieillards, et surtout des malades, dont il entretient les fonctions à l'état normal. Aussi ne cesserons-nous de faire des vœux pour que l'administration civile en ordonne de préférence la distribution dans les hôpitaux, les hospices et les bureaux de bienfaisance, et l'administration militaire, aux soldats : ceux-ci, naguère encore, étaient soumis à la ration assez minime d'un pain de si mauvaise qualité, qu'il déterminait, chez les conscrits surtout, de fréquentes diarrhées et une débilité très préjudiciable aux intérêts de l'État. Le pain dit de *munition* est maintenant de meilleure qualité; mais il laisse encore à désirer; il est composé de toute la farine d'un même grain, circonstance qui, comme on l'a vu plus haut, n'offre pas la condition la plus favorable; et le son y joue encore un assez grand rôle pour le rendre d'une assez difficile digestion pour ceux qui n'y sont pas accoutumés.

Souvent, pour suppléer à l'absence du gluten dans la farine, on a recours à des moyens artificiels pour obtenir le degré de légèreté convenable; on a employé, dans ces derniers temps, des substances susceptibles de développer des gaz (1). C'est ainsi qu'en ajoutant, par exemple,

(1) Un boulanger de Londres vient tout récemment de prendre un brevet pour un procédé de fabrication de pain léger, spongieux, sans que ces qualités soient dues à du levain ou à de la levure; il substitue à ces matières

au mélange, du zinc en poudre, et employant, pour convertir la farine en pâte, de l'eau légèrement acidulée avec l'acide sulfurique, on parvient à faire lever la masse et à la rendre plus légère, par l'interposition du gaz hydrogène dans ses molécules. Le sulfate de cuivre et le carbonate de magnésie ont été employés dans le même but : si le premier de ces sels est d'un usage dangereux, l'autre est tellement innocent qu'on en a conseillé l'emploi pour faire lever la pâte faite avec des farines avariées, et dans lesquelles, conséquemment, le gluten a été détruit. Nous devons dire, toutefois, qu'on ne doit avoir recours à ce moyen que lorsqu'une nécessité impérieuse oblige à tirer parti des farines *échauffées*, comme on le dit vulgairement. L'emploi de ces divers agents ayant le plus souvent pour objet de dissimuler la présence de la fécule de pomme de terre et des farines de semences de légumineuses, nous croyons utile de si-

du bicarbonate de soude, de l'acide muriatique ou chlorhydrique (ces deux substances constituent, comme on le sait, le sel marin) ; il calcule les proportions de manière à ne mettre que la quantité d'acide nécessaire pour s'emparer de la soude du bicarbonate, et il se forme ainsi du sel de cuisine (muriate de soude), tandis que l'acide carbonique, qui devient libre, fait gonfler la pâte comme lorsqu'on emploie le levain. Les proportions qu'il emploie sont : 7 livres de farine de froment, 20 à 27 grammes de bicarbonate de soude, et environ trois liv. d'eau distillée (cette dernière circonstance est très importante); on malaxe soigneusement pour obtenir une pâte homogène. La quantité d'alcali varie suivant qu'on veut le rendre plus ou moins léger.

On mêle dans un vase à part, dans une livre d'eau également distillée, autant d'acide muriatique pur qu'il en faut pour neutraliser la quantité d'alcali employée. La proportion d'acide varie suivant son degré de concentration; mais il faut généralement de 420 à 560 grains de l'acide ordinaire du commerce, et il est indispensable de bien délayer la pâte avec la dissolution de soude; c'est lorsque tout est préparé que l'on verse l'acide.

Le mérite de ce procédé consiste dans l'avantage de pouvoir faire le pain, pour ainsi dire instantanément, sans avoir besoin de levure; ni de levain, et à mêler à la pâte les éléments séparés du sel en opérant, au moyen de l'acide carbonique devenu libre, le soulèvement de la masse, qui devient alors légère, d'une cuisson et d'une digestion plus faciles sans le concours des substances étrangères que nous avons signalées. Ce mode de procéder fondé sur une bonne théorie mérite qu'on le mette à profit, mais il exige une manutention habile.

ghaler et de fournir les moyens de découvrir cette fraude d'autant plus coupable qu'elle s'exerce avec plus d'impunité, et qu'elle frappe à la fois ses victimes dans leur santé et leur fortune. Comme il n'importe pas seulement, et surtout en médecine légale, de connaître la nature des substances étrangères au pain, mais encore les proportions dans lesquelles elles s'y trouvent, nous allons indiquer les moyens d'y parvenir.

La fécule de pomme de terre, en raison de la modicité de son prix, et surtout de sa saveur douce et de sa blancheur éclatante, est la substance la plus généralement mêlée à la farine. Lorsqu'elle n'entre pas pour plus d'un dixième, et qu'elle a été blutée avec la mouture, il est impossible à l'œil nu, et même armé d'un microscope, de reconnaître sa présence ; on doit alors avoir recours à d'autres moyens : le plus simple, fondé sur la différence de pesanteur spécifique, consiste à peser le mélange dans un vase d'essai dont le poids a été déterminé à l'avance, on le remplit successivement de farine pure et de farine dont on suspecte la pureté, et on tient compte de la différence ; mais le plus ou moins de tassement dans les deux essais peut donner lieu à des erreurs graves : on ne doit avoir confiance dans ce genre d'expérience que lorsqu'on soupçonne que la fécule entre dans une proportion assez notable. On peut encore reconnaître sa présence au moyen des réactifs suivants : la farine pure étant colorée en jaune orangé par l'acide nitrique, en violet par l'acide hydrochlorique, et en rouge foncé par le nitrate de mercure, et la fécule pure n'éprouvant pas d'altération sensible de l'action de ces agents chimiques, il est facile de concevoir que le mélange de fécule et de farine donnera, par leur contact, des nuances d'autant plus faibles que la fécule entrera en plus grande proportion, et *vice versa*.

Quant aux moyens de reconnaître la présence des sulfates de cuivre et de zinc dans le pain, comme ils appartiennent à un ordre d'expérience plus relevé, nous croyons ne pouvoir mieux faire que d'indiquer les procédés analytiques suivis par MM. Henry père, Deyeux et Boutron Charlard, et consignés dans un rapport réclamé par le conseil de salubrité.

« Pour reconnaître, » disent les auteurs de ce rapport, « la présence du sulfate de cuivre, on prend 125 grammes du pain que l'on veut essayer, on le dessèche, on le réduit en poudre grossière, et on l'introduit dans un creuset de platine avec environ 100 gram. d'acide nitrique à 36 degrés; le creuset, placé sur des charbons, est chauffé jusqu'à ce que la masse soit réduite à un petit volume, en ayant le soin de remplacer l'acide à mesure qu'il s'évapore. On reprend alors le résidu, qui est d'une couleur noire assez foncée; par l'acide nitrique faible, on filtre la liqueur, et on y ajoute un excès d'ammoniaque, afin de séparer les phosphates de chaux et de magnésie, et l'oxyde de fer. On filtre de nouveau, on réacidule avec un peu d'acide nitrique, et on évapore jusqu'à réduction à un très petit volume. Essayé alors par l'ammoniaque et l'hydrocyanure ferruré de potasse, elle donne lieu, dans le premier cas, à une couleur bleue qui est d'autant plus intense que la proportion de sulfate de cuivre est plus considérable, et, dans le second cas, à un précipité marron. »

Le procédé pour reconnaître la présence du sulfate de zinc dans le pain consiste à calciner, comme ci-dessus, le pain avec de l'acide nitrique, et quand le résidu est amené à un petit volume, on le reprend par l'acide nitrique faible, et on ajoute dans la liqueur filtrée un excès de potasse caustique qui précipite les phosphates de chaux et de magnésie, et les oxydes de fer et de cuivre. La liqueur isolée de ce dépôt par la filtration, légèrement acidulée, rapprochée ensuite au tiers de son volume, on l'essaie par l'hydrosulfate neutre de potasse, qui donne lieu à un précipité blanc d'oxyde de zinc, dans un excès de ces acides.

Ce genre d'expérience, pour offrir plus de garantie, devant toujours être comparatif, nous allons indiquer les principes constituants du pain pur ou normal.

Le pain de froment pur fournit à l'analyse les principes suivants : sucre, 3,60; fécule torréfiée, 18; fécule amylacée, 53,50; gluten combiné avec un peu de fécule, 20,75; acide carbonique, muriate de chaux, magnésie et cuivre, des traces. La présence de cette dernière substance, introduite, pour ainsi dire, dans l'économie végétale pendant l'acte de la végétation, ne doit pas plus surprendre que celle du fer, par exemple, dans le sang des animaux. L'expérience prouve journellement que le cuivre y entre dans des proportions tellement faibles que les fonctions vitales n'en sont nullement troublées. Nous ferons remarquer à cette occasion, et c'est à M. Sarzeau qu'on doit ces observations intéressantes : 1° que toutes les fois que les cendres d'un pain donnent au chalumeau la réaction de cuivre, ce cuivre a été introduit pendant la mouture et par suite de l'usure, par exemple d'un coussinet de cuivre, ou pendant la fabrication, soit sciemment, soit par l'emploi de vases de cuivre; 2° lorsque la mie d'un pain fabriqué avec le sulfate de cuivre donne, avec la dissolution étendue de l'hydrocyanate de potasse, une nuance rouge ou même rose, ce pain doit être rejeté comme empoisonné; 3° enfin, si le rapport de sulfate de cuivre à la farine employée est égal à 1/5625, le pain, ainsi fabriqué, peut déterminer, chez des individus faibles ou maladifs, une action assez prononcée du poison, et des accidents graves.

Préparé avec la farine de froment, le pain est nourrissant, adoucissant et astringent; aussi le fait-on entrer, dans quelques circonstances, dans le régime diététique; bouilli dans l'eau, il forme l'eau panée; il entre aussi dans la préparation pharmaceutique connue sous le nom de *décoction blanche*, que l'on administre avec beaucoup de succès contre les diarrhées produites par l'inflammation du tube digestif ou du canal intestinal. Lorsque la farine de seigle en fait la base, il est au contraire relâchant; appliqué extérieurement sous forme de cataplasme, il est résolutif : il jouit enfin des propriétés des farines qui entrent dans sa composition.

Le pain n'est pas la seule préparation alimentaire dans laquelle entre la farine de froment; sans parler de l'art du pâtissier, qui n'est, pour ainsi dire, qu'une modification ou plutôt une extension de celui de boulanger, et qui n'en diffère essentiellement que parce que, dans beaucoup de cas, on substitue le beurre et les œufs au levain, nous ne pouvons nous dispenser de faire mention des vermicelles, des lazagnes, des macaronis, et surtout du biscuit de mer, dont la farine de froment fait aussi la base, et dont la fabrication est généralement moins connue.

Vermicelles et pâtes d'Italie.

La confection des vermicelles et pâtes d'Italie nécessitant l'emploi d'une farine riche en gluten, on donne ordinairement la préférence à celle de froment. L'opération consiste à réduire d'abord le grain en semoule, ce qui s'effectue, comme pour le gruau, au moyen du moulin; à mêler à celle-ci de l'eau chaude aussi pure que possible dans la proportion de douze livres d'eau sur cinquante livres de semoule; on pétrit d'abord le mélange à la main pour qu'il soit aussi complet que possible; puis, au moyen d'une longue barre de bois nommée *brie*, fixée au tiers de sa longueur au bord du pétrin, on brasse fortement jusqu'à ce que la pâte soit de consistance convenable, pour, au moyen d'une forte presse verticale, passer avec effort au travers d'une sorte de crible en fonte de fer régulièrement perforé et nommé *cloche*. La pâte s'échappe par les ouvertures, en fils plus ou moins déliés, se solidifie par suite de cette division extrême et du refroidissement artificiel auquel on la soumet au moyen d'un ventilateur. Dans cette opération, la pâte n'est

pas seulement placée chaude sous la presse, elle est entretenue dans cet état au moyen d'une sorte de foyer mobile; on pourrait peut-être remplacer ce dernier par un courant de vapeur; cette substitution aurait pour avantage d'entretenir la pâte au degré de chaleur nécessaire à son écoulement, sans risquer de la brûler, comme cela arrive quelquefois.

Les *lazagnes* et les *macaronis* ne diffèrent du vermicelle qu'en ce que les perforations de la cloche étant plus grandes, le volume des fils est aussi plus considérable; ils ne diffèrent ensuite entre eux que par la forme des fils : les premiers sont, en effet, rubannés, et les autres cylindriques.

La même pâte sert à faire celles dites d'Italie : les formes variées qui les distinguent s'obtiennent au moyen d'emporte-pièces différemment figurés; tantôt elles offrent la forme d'étoiles, tantôt celle de semences ou graines. L'usage de ces préparations se répand assez généralement depuis quelque temps dans le régime diététique; on les rend d'autant plus légères et partant d'autant plus faciles à digérer suivant qu'on fait entrer dans leur composition une proportion plus ou moins grande de fécules exotiques, telles que le sagou, le salep, le tapioca et l'arow-root. On est aussi dans l'usage de colorer en jaune plusieurs de ces préparations; cette coloration s'effectue en ajoutant à la pâte une infusion de safran.

Biscuit de mer ou à l'usage de la marine.

La fabrication du biscuit ou pain de mer est un peu plus compliquée : on prend, pour l'effectuer, de 5 à 10 kilogram. de levain, suivant la qualité de la farine; on le délaie dans suffisante quantité d'eau tiède, puis on mêle à 100 kilog. de farine; on ajoute successivement assez d'eau pour que le mélange acquière la consistance d'une pâte assez ferme; on pétrit ensuite, soit en brassant simplement, soit avec le secours de la brie, comme on l'a vu plus haut, jusqu'à ce que la pâte soit complètement homogène. On divise ensuite cette pâte par portions et on lui donne, au moyen d'un rouleau, la forme d'une galette ronde, ovale ou carrée, ayant le soin de doubler à plusieurs reprises, comme pour le feuilletage, et de piquer la surface pour l'empêcher de lever. La forme carrée étant celle qui se prête le mieux aux approvisionnements maritimes et à l'embarcation est la plus généralement adoptée. Ces sortes de galettes sont ensuite disposées sur des planches saupoudrées de farine et abandonnées au frais jusqu'au moment d'enfourner et de cuire. Cette opération s'effectue comme pour le pain ordinaire, avec cette différence seulement que la température du four doit être moins élevée; c'est, en effet, plutôt une sorte de dessiccation qu'une cuisson; lorsque la pâte a acquis une teinte jaune rougeâtre, on retire les galettes, on les place soigneusement dans des caisses qu'on expose ensuite dans une étuve appropriée; elles y éprouvent une nouvelle déperdition d'humidité qu'on nomme *ressuage*. Cette opération est longue et dispendieuse; aussi est-on généralement dans l'usage, et surtout lorsqu'on est pressé d'embarquer, de la remplacer par une seconde mise au four : c'est vraisemblablement à cette circonstance que cette espèce d'aliment doit la dénomination de *biscuit* (bis coctus), d'où dérive aussi celle de *biscote*. On a remarqué que l'addition de sel rendait la conservation du biscuit de mer plus difficile; aussi est-on dans l'usage d'en mettre fort peu et souvent pas du tout, ce qui le rend d'une digestion moins facile. On a imaginé aussi, pour le rendre plus nourrissant, de faire entrer de la gélatine dans sa composition; mais cette addition est sans effet, attendu que celle-ci ne résiste pas à la température élevée de sa cuisson.

Le biscuit commun anglais, plus connu sous le nom de pain de marine, est fabriqué avec des recoupes sans levain ni sel; on le cuit dans des fours très bas ouverts aux deux extrémités; la pâte est placée dans des assiettes attachées en chapelet; on les fait entrer par une extrémité et sortir par l'autre, le passage effectué assez lentement suffit pour en opérer la cuisson qui, par ce moyen, est uniforme, circonstance fort importante pour la conservation.

Le biscuit remplace le pain dans la nourriture des gens de mer; la quantité attribuée à chaque homme d'équipage est ordinairement de 18 à 20 onces : elle est estimée représenter 24 onces ou 1 liv. et demie de pain.

Bien qu'il n'entre pas dans notre cadre de parler de l'emploi de la farine dans l'art culinaire, nous ne pouvons nous dispenser cependant de rappeler qu'elle sert de premier aliment aux enfants; il importe essentiellement, dans ce cas, qu'elle soit pure et exempte d'altération : elle fait la base de certaines sauces et notamment de celles dites blanche et rousse (roux).

Colle de pâte.

La colle de pâte si communément employée par les papetiers, les cartonniers, les colleurs de papier de tenture, s'obtient en délayant la farine de froment d'abord dans un peu d'eau et de manière à former une pâte liquide, bien homogène, puis à soumettre à l'action d'un feu doux pour éviter la formation de grumeaux. On élève ensuite la température jusqu'à l'ébullition, en ayant soin d'agiter pour éviter l'adhérence aux parois du vase; on laisse ensuite refroidir et on conserve pour l'usage.

Cette colle, délayée dans une solution de muriate de chaux, sert de parement aux tisserands; elle donne de la souplesse au fil et l'empêche de se rompre.

Pain à cacheter et à chanter.

Tout le monde connaît les pains à cacheter, et cependant peu de personnes savent qu'un produit végétal important, extrait d'un fruit, fait la base de leur composition. Bien que l'histoire de cette fabrication semble agrandir singulièrement le cadre que nous nous sommes tracé, nous ne pouvons nous dispenser néanmoins d'en faire mention.

Pour préparer les pains à cacheter, on prend une quantité de farine de froment déterminée; on la délaie dans une quantité suffisante d'eau froide pour former une bouillie claire; on verse ensuite celle-ci par cuillerées dans une sorte de moule en fer préalablement graissé soit avec du beurre, soit avec du saindoux; on expose au feu de manière à sécher plutôt qu'à cuire la pâte; lorsqu'on juge que l'action du feu a été suffisante, on ouvre l'espèce de gaufrier ou moule, et on en tire la pâte réduite en feuilles minces qu'on laisse refroidir et qu'on réunit ensuite en plus ou moins grand nombre suivant leur épaisseur. Au moyen d'emporte-pièces formés d'une sorte de cylindre conique en fer battu, on divise les feuilles superposées en disques plus ou moins grands suivant les usages auxquels on les destine.

La même pâte sert à faire les pains à chanter ou enchantés ou d'église; le moule seul est différent : il est généralement gravé en creux de manière à présenter en bosse sur les pains ou hosties des scènes de la Passion de Jésus-Christ.

Lorsqu'on veut obtenir des pains à cacheter de couleurs diverses, on colore la pâte avant la cuisson, avec le vermillon ou le carmin pour le rouge, le sulfate d'indigo pour le bleu et la gomme-gutte ou la décoction de safran, pour le jaune. Il est facile de comprendre, d'après l'emploi de ces principes colorants, que les pains à cacheter ne sont pas si innocents qu'on le suppose généralement, et qu'on doit se garder d'en laisser manger aux enfants ou du moins d'une manière abusive.

Nous allons maintenant, pour compléter l'histoire du blé, indiquer les principes qui composent le grain, et les moyens de les séparer. Bien que, dans certaines circonstances, et notamment pour les expériences de rigoureuse précision, on enlève minutieusement la partie corticale du grain à l'aide de la pointe d'un canif,

nous nous garderons de suivre ce procédé d'analyse, pour ainsi dire mécanique, nous prendrons simplement les produits de la mouture tels qu'ils sont livrés au commerce, c'est à dire la farine d'une part et le son de l'autre : nous commencerons par la farine.

Farine de froment.

Le mot farine dérive de *far*, fleur de blé des anciens. Ce produit du grain est réputé de bonne qualité, lorsqu'il est sec, pesant, un peu jaunâtre. Une bonne farine absorbe deux tiers d'eau, et donne un tiers de pain au dessus de son poids, en sorte que 100 kil. de farine absorbent 66 kil. d'eau et produisent 133 kil. de pain, ce qui fait un kilogramme par kilogramme de blé, puisque 100 kil. de bon blé fournissent, terme moyen, 75 kil. de farine tant blanche que bise, et 25 kil. de son, y compris le déchet qui dépasse rarement un 1/2 kil.

Les proportions des principes constituants de la farine déterminent ses qualités ; nous allons indiquer les moyens de les isoler et d'en constater les proportions.

On prend une quantité déterminée de farine, et, autant que possible, on procède par voie de comparaison, on la délaie avec une quantité d'eau suffisante, ayant le soin de tenir compte de la quantité d'eau absorbée, on abandonne la pâte pendant une heure environ, puis on la malaxe sous un filet d'eau. L'opération doit être faite au dessus d'un tamis pour qu'il retienne les portions qui pourraient s'échapper. La quantité relative de gluten restée dans la main de l'opérateur, eu égard à la quantité de farine employée, indique si elle est de bonne ou mauvaise qualité ; plus la proportion de gluten est considérable, plus la farine donne un pain léger et blanc. Son rôle consiste principalement à former une sorte de réseau qui, en éloignant les molécules alimentaires, rend leur digestion plus facile : les meilleures farines donnent généralement de 10 à 10 1/4 pour cent de gluten. Lorsque le blutage de la farine a été imparfait, on trouve des traces de son sur le tamis. Si l'on voulait enfin pousser plus loin l'analyse, il suffirait de décanter l'eau de lavage, de la faire évaporer, de tenir compte du résidu, puis ensuite de faire sécher l'amidon précipité pendant l'opération.

La farine joue un rôle trop important dans l'économie domestique pour n'avoir pas été l'objet de l'investigation des chimistes les plus célèbres. Nous allons rapporter les diverses analyses qui en ont été faites, et les analyses de diverses farines dues au savant Vauquelin.

Analyse de la farine de froment, triticum hibernum. (VOGEL, *Journal de Trumsdorf,* t. 3.)

Fécule..........................	68
Gluten humide.................	24
Sucre gommeux.................	5
Albumine végétale.............	1,50
	98,50

Analyse de la farine de froment, triticum hibernum. (PROUST, *Annales de Chimie,* t. 5.)

Amidon........................	74,5
Gluten sec.....................	12,5
Extrait gommeux et sucre........	12
Résine.........................	1
	100,0

Analyse de diverses espèces de farine. (VAUQUELIN, *Bulletins de Pharmacie,* t. 354, 355, 356, 357 et 359.)

Farine brute de froment.

Humidité......................	10,000
Gluten	10,960
Amidon	71,490
Matière sucrée................	4,720
Matière gommo-glutineuse......	3,220
	100,390

Farine de méteil.

Humidité......................	6,000
Gluten	9,000
Amidon	75,500
Matière sucrée................	4,220
Son resté sur le tamis.........	2,000
Matière gommo-glutineuse.....	3,280
	100,000

Farine brute de blé d'Odessa.

Humidité......................	12,000
Gluten........................	14,550
Amidon........................	56,500
Matière sucrée................	8,480
Matière gommo-glutineuse.......	4,900
Son resté après lavage.........	2,300
	98,730

Farine brute de blé tendre d'Odessa.

Humidité......................	10,000
Gluten	12,000
Amidon	62,000
Matière sucrée................	7,360
Matière gommo-glutineuse.......	5,800
Son resté après lavage.........	1,200
	98,360

Farine brute de blé tendre d'Odessa.
Deuxième qualité.

Humidité......................	8,000
Gluten	12,100
Amidon	70,840
Matière sucrée................	4,900
Matière gommo-glutineuse.....	4,600
Son resté après lavage.........	», »
	100,440

Farine de service, dite seconde.

Humidité......................	12,000
Gluten	7,300
Amidon	72,000
Matière sucrée................	5,420
Matière gommo-glutineuse......	3,300
Son resté après lavage.........	», »
	100,020

Farine des boulangers de Paris.

Humidité.................... 10,000
Gluten..................... 10,200
Amidon 74,800
Matière sucrée............. 2,800
Matière gommo-glutineuse...... 2,200

————
100,000

Farine des hospices, deuxième qualité.

Humidité................... 8,000
Gluten 10,300
Amidon.................... 71,200
Matière sucrée............. 4,800
Matière gommo-glutineuse..... 3,600

————
97,900

Farine des hospices, troisième qualité.

Humidité................... 12,000
Gluten 9,020
Amidon.................... 67,780
Matière sucrée............. 4,800
Matière gommo-glutineuse..... 4,600
Son resté après le lavage........ 2,000

————
100,200

Quantités moyennes d'amidon sec contenues dans les farines.

Farine brute de froment........ 0,7,149
    de méteil.............. 0,7,550
    de blé dur d'Odessa.... 0,5,650
    de blé tendre d'Odessa.. 0,6,400
    de deuxième qualité.... 0,7,542
    de service, dite seconde. 0,7,200
    des boulangers de Paris.. 0,7,280
    des hospices, deuxième
    qualité.............. 0,7,120
    des hospices, troisième
    qualité.............. 0,6,778

Quantités moyennes de gluten contenues dans les farines, sur 100 parties.

Farine brute de froment...	29,00	11,00
de méteil..........	25,60	9,80
de blé dur d'Odessa	35,11	14,55
de blé tendre d'Odessa, première qualité........	30,20	12,06
de blé tendre d'Odessa, deuxième qualité........	34,00	12,10
de service, dite seconde..........	18,00	7,30
des boulangers de Paris	26,40	12,00
des hospices, deuxième qualité.......	26,30	10,30
des hospices, troisième qualité...	21,10	9,02

Il résulte, des analyses rapportées ci-dessus, que les principes constituants du froment sont l'amidon, le gluten, le son, une matière gommeuse et du sucre. MM. Clément et Davy pensent que ce dernier principe n'y préexiste pas, mais qu'il se forme par suite de la chaleur qui se développe pendant l'opération, et, pour prouver d'une manière victorieuse cette assertion, ils ont pris, pour opérer cette analyse mécanique, de l'eau à 0 degré, et n'en ont point trouvé.

Cette observation nous paraît fondée; on sait, en effet, avec quelle facilité se forme le sucre par suite de la réaction des principes les uns sur les autres. Le gluten modifié dans cette circonstance par la chaleur qui s'échappe des mains de l'opérateur agit à la manière d'un acide et développe du sucre aux dépens de l'amidon (1). C'est ainsi qu'en plaçant le blé dans des circonstances favorables, telles que la chaleur et l'humidité, on excite la germination et on donne également lieu à la formation du principe sucré, puis ensuite à la conversion de celui-ci en alcool. Cette propriété a été mise à profit, et

(1) La production du sucre dans la germination est, suivant Kirkoff, un phénomène purement chimique. On doit à cet habile chimiste l'expérience suivante : 2 parties d'amidon furent mêlées à 4 parties d'eau froide, puis à 20 parties d'eau bouillante; il en résulta un empois épais qui fut mêlé, encore chaud, à une partie de gluten pulvérisé ; le mélange fut exposé à une température de 60 degrés; au bout de deux heures, il commença à se liquéfier, et six ou huit heures après, il put être filtré. Le liquide soumis à l'évaporation fournit des cristaux de sucre et une matière incristallisable, soluble dans l'eau et incristallisable dans l'alcool.

a donné lieu à l'extraction des *eaux de vie*, dites de *grain*. Bien que de toutes les graminées le blé soit celle qui fournit la meilleure, cependant son prix généralement trop élevé lui fait préférer l'orge pour ce genre d'exploitation.

L'alcool ou eau de vie de grain n'a cependant pas la saveur franche et agréable de l'eau de vie de vin ; il entraîne avec lui, pendant la distillation, une huile essentielle produite par la substance résineuse, signalée par Proust, dans son analyse de la farine de froment. Cette substance lui communique une âcreté qui la fait exclure des usages économiques; mais, comme elle est sans inconvénient dans certains cas, et notamment dans la fabrication des vernis, dits à l'alcool, on en fait, sous ce rapport, un grand emploi dans les arts.

On obtient en outre, par la germination et la fermentation du blé, une sorte de vinaigre employé presque exclusivement dans les contrées qui ne sont pas favorisées de la culture de la vigne. Mais, comme on ne consacre à sa fabrication que le blé avarié, et de préférence encore le seigle, nous renverrons à l'histoire de cette céréale la description du mode de fabrication.

Amidon (1) ou fécule amylacée.

L'amidon est la partie la plus abondante et la plus nutritive du blé; il est blanc, pulvérulent, inodore, peu hygrométrique, inaltérable à l'air et dans l'eau froide, surtout lorsque celle-ci est au dessous de zéro; on le rend soluble dans ce liquide, en le triturant préalablement avec de la potasse. Tous les acides décomposent cette combinaison, et l'amidon s'en précipite. L'acide sulfurique, étendu d'eau et à la température de l'ébullition, convertit l'amidon en une matière sucrée analogue au sucre de raisin. Nous nous

(1) L'extraction de l'amidon s'effectuant le plus ordinairement de l'orge et constituant l'art de l'amidonnier, nous décrirons cette opération lorsque nous ferons l'histoire de ce fruit.

sommes convaincu que les acides végétaux et, parmi eux, ceux oxalique, tartrique et citrique, avaient la même action, mais à un degré moindre, surtout ces deux derniers. Nous sommes cependant parvenu, en nous servant d'une autoclave et en élevant conséquemment la température, à convertir les amidons de blé, d'orge et de pomme de terre en matière sucrée. Nous avons, en outre, observé qu'en variant simplement la température, il était possible de convertir ces substances en gomme ou en sucre. L'amidon est, en outre, converti en sucre dans l'acte de la germination, soit par l'influence du sol (*végétation*), soit spontanément et avec le contact de l'air (*fabrication de la drèche*), soit encore par l'addition de gluten, comme on l'a vu plus haut, ou enfin, comme l'ont récemment démontré MM. Payen et Persoz, après M. Dubrunfault, au moyen de la *diastase* (1). Cette substance a, en effet, la singulière propriété de déchirer les téguments cellulaires de l'amidon et de permettre au liquide interne (*dextrine*) de s'épancher. Lorsqu'on favorise la réaction par une élévation de température, ce dernier est converti en matière sucrée et susceptible alors de passer à la fermentation alcoolique. Il est vraisemblable que c'est

(1) L'extraction de la diastase s'effectue, suivant MM. Payen et Persoz, de la manière suivante : on écrase dans un mortier l'orge fraîchement germée, on l'humecte avec environ moitié de son poids d'eau, on soumet ce mélange à une forte pression; le liquide qui en découle est mêlé avec assez d'alcool pour détruire la viscosité et précipiter la plus grande partie de la matière azotée que l'on sépare par la filtration devenue plus facile. La solution, filtrée et complètement précipitée par l'alcool, donne la diastase impure; on la purifie par trois solutions dans l'eau et précipitations par l'alcool alternativement; recueillie sur un filtre, elle en est enlevée humide, puis étendue sur une lame de verre et desséchée par un courant chauffé de 45 à 50 degrés; enfin broyée en poudre impalpable, et mise en flacons bien bouchés, elle se conserve assez facilement à l'air et encore mieux en solution dans l'alcool à 15 ou 16 degrés.

Ainsi préparée, la diastase jouit d'une énergie telle qu'elle peut séparer les téguments de 2,000 fois son poids d'amidon ou de fécule, et convertir la substance insoluble intérieure en deux matières très solubles : *substances gommeuse et sucrée.*

à la formation de cette substance qu'est due la mutation d'état de l'amidon dans l'acte de la germination. M. Dubrunfault pense qu'elle doit son origine à du gluten devenu soluble, soit *par l'acte lui-même de la germination*, soit *par la trempe*. Ce qu'il y a de certain, c'est que la diastase existe dans les semences d'orge et de blé germés, dans les germes de la pomme de terre et sous les bourgeons de certains arbres; elle ne semble pas avoir seulement pour effet d'opérer la dissolution de l'amidon ou de la fécule, mais encore de déterminer la formation du principe sucré, dont la faculté éminemment conservatrice garantit ces parties de la plante de l'altération et de la moisissure, altération d'autant plus facile que l'humidité est presque toujours surabondante, soit dans le sol même lorsqu'on confie le grain à la terre, soit dans l'opération de la trempe, qui a pour effet de prédisposer l'orge à la germination artificielle.

L'action de ce réactif *(diastase)* prouve évidemment que l'amidon est composé presque uniquement de deux principes, qui sont les téguments cellulaires et un liquide gommeux qui a reçu, comme on le verra plus loin, diverses dénominations. L'amidon consisterait, suivant MM. Payen et Persoz, en 995 parties sur 1,000 de substance intérieure qu'ils ont appelée *amidone*, et en 3 de téguments; les 2 autres millièmes seraient du carbonate et du phosphate de chaux et de la silice.

M. Guérin, dans un travail très remarquable sur les gommes naturelles et artificielles, a examiné, après MM. Raspail et Chevreul, Guibourt et Caventou, et simultanément avec MM. Biot, Persoz et Payen, la composition élémentaire de la fécule ou de l'amidon, et il a vu que la partie de l'amidon qui n'est pas dissoute par l'eau, et qu'il nomme amidon tégumentaire, a la même composition élémentaire que le ligneux. « Mais ce qui s'oppose, » dit-il, « à ce que l'on confonde aujourd'hui l'un avec l'autre, c'est que le premier bleuit par l'iode, tandis que le second est absolument dépourvu de cette propriété. Comme je n'ai pu dépouiller, jusqu'ici, l'amidon de cette propriété, sans le dénaturer, évidemment je suis obligé de le considérer comme étant isomère avec le ligneux. Quoi qu'il en soit, je me propose de revenir sur ce sujet, pour savoir si cet amidon tégumentaire ne serait pas du ligneux qui devrait la propriété de bleuir par l'iode à de l'amidine qui y serait fixée comme le sont, par exemple, les principes colorants solubles dans l'eau sur une étoffe de ligneux. »

« En traitant plusieurs fois par l'eau et par l'évaporation, » dit encore ce chimiste, « une quantité donnée de matière soluble, on finit par obtenir une substance, qui est *l'amidine pure*, substance qui est caractérisée par la propriété d'être insipide, de donner, par le sous-acétate de plomb, un précipité soluble dans l'acide acétique faible, de se dissoudre dans l'eau sans résidu. Cette dissolution, exposée soit dans le vide, soit à l'air, conserve une transparence parfaite, et qui, comme le lavage le plus récemment fait d'amidon, colore fortement une dissolution d'iode en bleu foncé; ce qui fait penser que cette matière n'a éprouvé aucune altération par les traitements qu'on lui a fait subir pour l'amener à cet état. Il est probable que l'amidine, dissoute dans l'eau, dévierait vers la droite le plan de polarisation des rayons lumineux. Cependant cette matière ne peut être confondue avec la dextrine de MM. Biot et Persoz, par la raison qu'elle n'éprouve pas la fermentation alcoolique, lorsqu'on la met en contact avec la levûre de bière, propriété que MM. Biot et Persoz disent essentielle à la dextrine.»

MM. Payen et Persoz, par un examen plus récent et plus complet qu'ils ont fait de cette dernière substance, ont vu qu'elle n'était pas, comme ils l'avaient d'abord cru, de nature simple, mais un mélange de deux substances distinctes et jouissant de propriétés analogues à celles des principes signalés par M. Guérin. Ces substances sont : 1° une matière qu'ils désignent sous le nom d'*amidon*, et qui jouit des propriétés suivantes : elle est soluble dans l'eau à 65°, et précipitable par le refroidissement; l'iode la colore du bleu au noir, la diastase la convertit en sucre; 2° une matière sucrée qu'on peut enlever à la dextrine au moyen de l'alcool, d'où il résulte évidemment que les propriétés attribuées d'abord à la dextrine seule appartiennent à deux substances différentes. Enfin, la dextrine, que MM. Payen et Persoz considéraient primitivement comme le contenu des granules d'amidon, est, suivant M. Guérin, un produit de l'action des acides sur l'amidon, et est un mélange de sucre, de gomme et d'amidone.

Il résulte de ce qui précède, que la substance que, le premier, nous avons obtenue en traitant la fécule et l'amidon par les acides végétaux, et que nous avons désignée sous le nom de *gomme normale*, et la dextrine de MM. Biot et Persoz, ne sont qu'une seule et même substance; qu'enfin l'amidine de M. Guérin et l'*amidone* de M. Payen sont aussi la même substance, privée du principe sucré qui lui donnait la propriété de dévier à droite et de passer à la fermentation. Nous sommes heureux de pouvoir appuyer notre opinion de celle si franchement et si savamment exprimée dans le *rapport* que fit à l'Académie des sciences M. Chevreul (1), *sur plusieurs mémoires présentés à l'Académie*, ayant pour objet la *fécule amylacée* ou l'amidon. « Il est évident, » dit ce chimiste célèbre, « que la dextrine de MM. Biot et Persoz était la même substance que celle qui avait été désignée : 1° par M. Couverchel, sous le nom de gomme normale; 2° par M. Caventou, sous la dénomination d'*amidon modifié*, qu'il regarde comme synonyme d'*amidine* de Saussure; 3° par M. Guibourt, sous la dénomination d'*amidon soluble* ou d'*amidine*; 4° enfin, par M. Chevreul lui-même, sous la dénomination d'*amidine*. »

Suivant une opinion récemment émise par M. Dutrochet, l'action de la diastase

(1) Au nom d'une commission composée de MM. Dulong, Dumas et Robiquet.

sur la fécule amylacée serait due à une sorte d'endosmose que la diastase détermine entre la fécule et l'eau dans laquelle elle est plongée. Ainsi, contre l'opinion de MM. Payen et Persoz, cette substance ne dissout pas les enveloppes de la fécule, puisqu'on les retrouve toutes après l'opération; elle ne dissout pas non plus la matière gommeuse, mais elle augmente seulement sa solubilité ou son affinité pour l'eau, de telle sorte que l'endosmose s'établissant, la matière gommeuse interne se gonfle en absorbant de l'eau, et fait éclater ses enveloppes par cette turgescence.

Enfin, suivant une nouvelle opinion, émise par M. Biot, la fécule et la dextrine ne différeraient qu'en ce que la première serait agrégée et l'autre non agrégée.

Gluten.

Le gluten est, comme on l'a vu plus haut, l'un des principes immédiats du froment; c'est à sa présence que la farine de blé doit la propriété de former avec l'eau une pâte adhésive, susceptible de prendre de l'extension par la fermentation, et de conserver son volume après la cuisson. Il forme dans le pain une sorte de réseau dont les interstices sont remplies d'amidon et d'air. Pour rendre ce fait pour ainsi dire palpable, il suffit de faire macérer des tranches de mie dans une solution de diastase; celle-ci dissout la substance amylacée, l'entraîne, et le réseau se trouve alors complètement isolé, pour ne plus présenter qu'une sorte de tissu cellulaire, qui est d'autant plus ténu ou délié, que la panification a été plus parfaite. Cette sorte d'analyse permet en outre d'apprécier la qualité de la farine, lors même qu'elle a été modifiée par la fabrication du pain : elle doit être jugée d'autant meilleure, que le réseau est plus abondant.

Le gluten, tel qu'on l'obtient par l'analyse mécanique de la farine, est humide, d'un blanc grisâtre, mou, adhésif, élastique, susceptible de s'étendre en lames minces. Séché, il perd beaucoup de son volume, devient dur et cassant; décomposé par le feu, il donne les produits des substances animales et laisse un charbon brillant et très léger. Il est soluble dans les alcalis, les acides végétaux et minéraux; l'acide sulfurique le charbonne, et l'acide nitrique agit sur lui comme sur les substances animales. Il se putréfie très rapidement à l'air humide et exhale alors une odeur de vieux fromage : il est très riche en azote.

M. Payen est parvenu récemment, au moyen de lavages successifs à l'éther chaud, l'alcool froid, puis enfin l'alcool bouillant, filtrant et évaporant ensuite, à séparer du gluten impur les matières grasses, aromatiques et les substances azotées qui lui sont étrangères. Dans cet état, il est blanc, translucide, inodore, cassant, insipide, inaltérable à l'air sec, insoluble dans l'alcool anhydre froid; l'eau froide le gonfle, le rend souple, très élastique et comme membraneux; l'eau bouillante le fait contracter. Il contient dans cet état environ 15 pour 100 d'azote. Les substances avec lesquelles il se trouve mêlé dans son état d'impureté sont de l'amidon, des débris de tissu végétal, des sels et oxydes solubles, des traces de soufre, d'huile essentielle, de sucre de dextrine et de sels solubles, de l'albumine concrète et de l'albumine soluble, une matière oléiforme aromatique, une matière colorante et une substance azotée.

Il résulte d'expériences faites par M. Taddey que le gluten, malaxé dans l'alcool rectifié, s'y ramollit, perd de son adhésion et devient filamenteux comme le mucus épaissi. Par cette opération, il se sépare en deux parties : l'une soluble, qu'il nomme *glaïadine*; l'autre insoluble, qu'il appelle *zimome* (levain), et qu'il considère comme étant l'agent principal de la fermentation. La glaïadine s'offre sous la forme de lames de couleur jaune paille; elle est soluble dans l'alcool bouillant, et forme avec l'eau une écume abondante; elle est soluble dans les alcalis et les acides, et insoluble dans l'éther. Le zimome se présente sous la forme de petits globules, ou sous celle d'une masse informe, sans cohésion; il est plus pesant que l'eau, soluble dans l'acide acétique, il s'altère facilement et exhale une odeur d'urine. Jeté sur des charbons incandescents, il brûle avec flamme et répand une odeur de poils ou de corne brûlée.

Le gluten, lorsqu'il a éprouvé un commencement d'altération, est soluble dans l'alcool et susceptible alors de former un vernis résistant. M. Dumas a récemment mis à profit cette propriété en fabriquant une sorte de vernis élastique qui facilite l'application des couleurs sur les étoffes de soie et de lin sans altérer sensiblement leur souplesse. Le procédé pour l'obtenir consiste à dissoudre le gluten fraîchement extrait dans du vinaigre, jusqu'à saturation complète. On étend ensuite cette dissolution au degré convenable, on en empreint l'étoffe, et on fait ensuite l'application des couleurs.

Depuis longtemps on connaît les propriétés du gluten et les avantages que l'on pourrait tirer de son emploi dans certains arts; mais malheureusement son extraction s'effectuait plutôt dans les laboratoires que dans les établissements industriels; et dans l'art de l'amidonnier, par exemple, on s'attachait plutôt à en effectuer la décomposition que l'isolement et l'extraction.

On doit à M. Martin d'avoir trouvé le moyen d'éviter une cause si grave d'insalubrité et de recueillir ce produit intéressant. Il consiste à faire l'analyse mécanique des farines de froment ou d'orge sur une grande échelle, à agir, par exemple sur 500 kilog. et à substituer aux tamis de soie des toiles métalliques qui rendent le travail tellement facile, qu'il peut être effectué par des femmes. Cette quantité de farine, qui peut être traitée en un jour, fournit, si elle est de bonne qualité, amidon fin 275 kil., gluten frais 150 kil. Le gluten frais peut remplacer la colle-forte dans beaucoup de cas. Il peut servir à la nourriture de certains animaux; mais l'emploi le plus avantageux serait de l'ajouter aux farines qui en sont dépourvues, et de les rendre ainsi panifiables : telles sont celles de maïs, de riz, la fécule de pommes de terre, etc.

Son.

Le son est la partie corticale du grain ; lorsque celui-ci est écrasé sous la meule, le son se trouve mêlé à la farine, et la séparation s'effectue au moyen du blutoir ou du blutage ; elle est plus ou moins exacte suivant que la mouture est plus ou moins parfaite. Elle ne doit pas être trop grossière, car, dans ce cas, le son retient beaucoup de farine et on est obligé de le replacer sur la meule ; il forme alors les *recoupes* et *recoupettes*, qui ne sont autre chose qu'un mélange de son fin et de farine ; si la mouture est, au contraire, trop fine, le son se trouve trop intimement mêlé à la farine pour en être séparé facilement, et lui communique une teinte bise qui altère sa blancheur, et sa qualité s'en trouve d'autant plus amoindrie qu'il entre dans le mélange dans une proportion plus grande.

Le son, lorsqu'il est pur, est de nature ligneuse, plus léger que toutes les autres parties constituantes du grain ; aussi s'en sépare-t-il assez facilement soit par le blutage, lors de la réduction du grain en farine, soit par les lavages, lors de la fabrication de l'amidon. Il serait rejeté comme inutile dans son état de pureté ; mais, comme il retient toujours quelques portions de farine, il en conserve les propriétés, bien qu'à un degré beaucoup plus faible.

Nous ferons remarquer cependant que la fécule amylacée la plus pure et la plus complètement élaborée, appelée vulgairement *gruau*, occupant la circonférence du grain, une partie assez notable se trouve perdue pour l'alimentation. Cette circonstance est d'autant plus regrettable que les meilleurs systèmes fournissent encore 25 p. 100 de son, dont 20 de gruau et 5 seulement de parties ligneuses ou coricales pures. Il arrive même que, dans

certaines contrées, les meuniers, soit par suite d'un mauvais système de mouture, soit à dessein et déloyalement, rendent sur 100 kilog. de blé 33 à 35 kilog. seulement de farine et 60 kilog. de son.

M. Herpin (1), frappé des différences qu'offrent les diverses espèces de sons et de la quantité de principe amylacé qu'ils retiennent, par suite de l'imperfection des procédés de mouture, a proposé un moyen très simple d'extraire ces principes et de les rendre à l'alimentation humaine.

Il résulte de ses recherches, dont nous donnons ici l'analyse : 1° que l'enveloppe ou la partie corticale du blé forme à peine 5 p. 100 ou un 20e de son poids en grain ; 2° que, néanmoins, par les procédés ordinaires de mouture, le blé produit le quart de son poids de son ; 3° qu'on laisse aujourd'hui dans le son plus de 35 p. 100 en poids de substance nutritive ; 4° qu'au moyen d'un procédé très facile, d'un simple lavage à l'eau froide, par exemple, on peut retirer immédiatement 50 p. 100 ou moitié de son poids de substance nutritive, savoir : 22 à 25 p. 100 à Paris, 23 à 50 p. 100 en province, de fécule ou amidon très blanc, et 22 à 23 p. 100 d'extrait sucré qui reste dissous dans l'eau de lavage. Cette eau peut être employée avec avantage pour la fabrication du pain, de la bière et autres boissons économiques ; on peut aussi, en y développant la fermentation alcoolique, en extraire par la distillation une quantité assez notable d'eau de vie ; 5° enfin, qu'on peut retirer du blé 15 p. 100 de première qualité en plus de ce qu'on obtient ordinairement en extrayant la fécule amylacée et l'employant soit sèche, soit humide, à la panification.

Ces résultats, tout intéressants qu'ils paraissent, ne pourraient être mis à profit que dans des temps de disette ; car, dans les années d'abondance, l'alimentation d'un grand nombre d'animaux

(1) *Recherches économiques sur le son ou l'écorce du froment.*

domestiques souffrirait de cette annihilation des propriétés nutritives du son. Quoi qu'il en soit, nous croyons cependant qu'on pourrait utilement remplacer dans la panification l'eau simple par une décoction de son : il y aurait bien certainement augmentation de produit et peut-être même amélioration du pain. On pourrait encore extraire de la farine, précipitée lors du lavage du son, le gluten, et l'ajouter, comme nous l'avons dit plus haut, aux farines qui en sont privées soit naturellement, soit par la détérioration.

Le son, attendu les principes adoucissants et rafraîchissants qui le composent, est employé avec succès en lotions dans l'usage médical interne ou externe, dans la médecine humaine et vétérinaire.

Conservation du blé.

Le blé, soit qu'on le considère comme substance alimentaire ou comme objet de commerce, est incontestablement l'un des éléments les plus importants de l'économie industrielle et de la richesse sociale. Sa conservation n'intéressant pas moins le producteur que le consommateur, nous donnerons à cette partie de son histoire toute l'extension que comporte un produit aussi utile, nous réservant toutefois, attendu le grand nombre d'essais infructueux qui ont été tentés, de ne rappeler que ceux qui ont offert ou qui peuvent conduire à d'heureux résultats.

La conservation du froment s'effectue sous deux états, soit en gerbée dans les granges, soit en grain dans les greniers ou silos. Dans l'un et l'autre cas, il importe surtout de le soustraire à l'influence de l'humidité et à l'atteinte des insectes et des animaux rongeurs. La conservation en gerbée n'étant pour ainsi dire que provisoire, et les bâtiments conservateurs, ou granges, qui servent à les renfermer, n'exigeant que des conditions communes aux autres constructions, nous nous dispenserons d'en parler. Quant à la conservation du grain dans les greniers, comme

elle exige certaines conditions qu'il importe de ne pas négliger, nous allons signaler les plus importantes.

Greniers. Ces sortes de magasins doivent être bien aérés et surtout abrités de la pluie ; leur sol doit être formé d'une aire battue ou carrelée ; les murs et plafonds soigneusement enduits de chaux ou de plâtre, et exempts de crevasses. Une disposition très heureuse et qui garantit le grain de l'atteinte des animaux rongeurs consiste à placer autour des murs et à leur base un ou deux rangs de carreaux placés de champ, formant plinthe, et soigneusement jointoyés. Les ouvertures ou fenêtres doivent être garnies de canevas ou de toiles métalliques assez serrées pour ne pas permettre l'introduction des charançons. On doit enfin, avant d'opérer l'emmagasinage du blé, balayer avec le plus grand soin toutes les parties du grenier, pour détacher les chrysalides ou les œufs d'insectes qui pourraient résulter d'un précédent dépôt. Ces précautions prises, on étend le blé, préalablement criblé et vanné, par couches d'un pied à dix-huit pouces, et on remue souvent, pour éviter qu'il ne s'échauffe. Ces précautions ne suffisent pas toujours et deviennent même assez dispendieuses, attendu la main-d'œuvre qu'elles exigent, et le grand espace qu'on est obligé de consacrer à l'extension du blé pour assurer sa conservation.

Des savants et des économistes distingués se sont occupés avec plus ou moins de succès de ce genre de conservation, soit par l'airage ou la ventilation avec ou sans mouvement de grain, soit par la dessiccation préalable à l'aide de la chaleur, au moyen d'une étuve ou d'un brûloir, soit enfin par la privation complète du contact de l'air et l'invariabilité de température (silos).

Duhamel, pour s'assurer si l'air ne concourait pas à l'altération du grain, en remplit, aussi complètement que possible, un matras bien sec, et ferma ensuite l'orifice à lampe d'émailleur ; le blé (que l'on doit toutefois supposer exempt d'insectes et de larves) se conserva longtemps sans altération sensible.

Nous pensons que c'est ici le cas de rappeler une expérience analogue faite sur une plus grande échelle, et dont la découverte est due au hasard. Un particulier de Naples ayant fait l'acquisition d'une maison de campagne située sur une montagne, aux environs de cette ville, voulant la réédifier, trouva dans les fondations un immense magasin de blé parfaitement conservé. Il en chargea plusieurs bâtiments, et le versa dans le commerce sans que personne ait soupçonné que ce blé avait été récolté près d'un siècle auparavant, comme cela a été constaté par les procès qu'intentèrent au nouveau propriétaire diverses séries d'héritiers qui prétendaient y avoir des droits. Il est bon de remarquer que ce magasin avait été pratiqué dans un terrain volcanique, et que les insectes et l'humidité n'avaient pu y pénétrer. Il est vraisemblable que l'orifice en avait été soigneusement fermé par les dépositaires.

On connaît encore d'autres exemples de conservation du même genre : c'est ainsi qu'en 1703 on trouva dans la citadelle de Metz des grains qui y avaient été enfermés en 1578. En 1730 on découvrit des espèces de silos renfermant des blés qui y avaient été déposés en 1648 ; les uns et les autres fournirent d'excellent pain. Enfin, M. Passalaqua a rapporté des ruines de Thèbes quelques échantillons de grains dont il suppose que la production remonte à plus de trois mille ans. Ce blé était un peu acide ; il avait perdu son gluten, mais conservé la presque totalité de son amidon.

Une température moyenne, 12 degrés, par exemple, est celle qui convient le mieux pour la conservation du blé ; c'est aussi celle qu'offrent en général nos caves. Le grain, cependant, n'est altérable par l'humidité que lorsque la température est un peu élevée ; lorsqu'elle est basse, l'humidité n'a que peu ou point d'action sur lui. Aussi est-on dans l'usage, en Espagne et en Italie, de placer les réserves dans des magasins souterrains appelés *matamores*. Ce genre de conservation, qui s'effectue par entreprise le plus ordinairement, est l'objet d'une spéculation assez lucrative, car le blé ainsi conservé augmentant de volume, le surplus sert à dédommager le conservateur des frais de dépôt.

Silos. Il y a quelques années, un célèbre manufacturier, M. Ternaux, mit à profit le mode de conservation en silos, importé par son émule en philantropie, M. de Lasteyrie ; il fit pratiquer à cet effet, dans sa belle propriété de Saint-Ouen, des fosses profondes d'environ 20 à 30 pieds sur 10 à 15 de diamètre ; après qu'on eut formé dans le fond un lit de paille d'environ 6 pouces d'épaisseur, elles furent successivement remplies de blé de l'année ; la surface fut ensuite couverte d'une nouvelle couche de paille, et on opéra la clôture de l'orifice au moyen d'une sorte de couvercle en maçonnerie, de forme convexe, et destiné à garantir le blé des eaux pluviales : le tout ayant été recouvert de terre, les fosses furent abandonnées. L'ouverture ayant été, un an après, l'occasion d'une sorte de solennité industrielle, nous y assistâmes, et pûmes nous convaincre de l'avantage de ce mode de conservation. Bien que la partie supérieure et celles latérales fussent, attendu leur contact plus direct avec l'humidité, altérées dans une profondeur d'environ 1 pied, le centre des silos était sec et bien conservé. Un thermomètre qui y fut introduit signala une température de 16 degrés ; celle du sol, également examinée, fut trouvée de 11 à 12 degrés, et celle extérieure, ou de l'air ambiant, atteignait à peine 6 degrés. Il est vraisemblable que les portions de blé plus directement en contact avec la terre préservèrent le reste de la surabondance d'humidité ; quant à l'élévation de température, elle avait évidemment pour cause une mutation dans les principes du blé ; car, bien qu'il présentât un aspect satisfaisant, il était cependant légèrement tuméfié. Le pain qu'il servit à fabriquer fut néanmoins trouvé assez bon.

Ce genre de conservation est, au reste, très communément employé par les peuplades indiennes, souvent en guerre et obligées de faire, soit pour attaquer, soit pour éviter le combat, des courses lointaines ; elles sont dans la nécessité absolue, pour ne pas perdre le fruit de leur labeur, de mettre leurs provisions de riz ou de maïs à l'abri des recherches, et, pour cela, elles les confient à la terre, dépositaire toujours discrète, mais quelquefois infidèle de ces précieux dépôts.

Le blé récemment récolté contient, dans les années sèches, de 5 à 6 pour 100 d'eau ; dans celles humides, il en contient jusqu'à 12. Il convient, dans ce cas, de le sécher, soit naturellement, soit artificiellement, avant de l'emmagasiner ; car, si contenant déjà 5 à 6 pour 100 d'eau, il en absorbait encore autant, il se trouverait conséquemment en avoir 12, et serait alors dans des conditions peu favorables à sa conservation : nous allons bientôt en fournir une preuve.

Si l'on suppose, par exemple, l'existence d'un magasin de blé d'une contenance de 10,000 mètres cubes, il y aura, d'après les expériences comparatives qui ont été faites, 6,000 mètres occupés par le blé, et 4,000 par l'air qui remplit les interstices. Il résulte de cet état de choses, que le magasin, de telle nature qu'il soit, fût-il même en fer fondu, il s'introduira furtivement (surtout s'il est placé à la surface du sol) par les jointures une certaine quantité d'air, le plus souvent humide, et qui sera d'autant plus grande que la pression atmosphérique sera plus considérable : celle-ci variant, en général, du matin au soir, il en résultera nécessairement une mutation continuelle de l'air intérieur à l'air extérieur, mutation qui ne pourra s'effectuer sans qu'il y ait en même temps introduction d'humidité, l'équilibre hygrométrique tendant toujours à s'établir, non seulement entre deux airs différents, mais encore entre tous les corps en contact, de quelque nature qu'ils soient.

La disposition la plus heureuse, suivant M. Clément, auquel les arts manufacturiers doivent de si utiles améliorations, consisterait en un bâtiment circulaire construit dans la terre et isolé de celle-ci de quelques pieds en tous sens. On pratiquerait quatre ouvertures à la partie inférieure ; ces ouvertures, munies d'un grillage assez serré et entrant de quelques pieds dans l'intérieur, permettraient de placer, dans le vide qu'elles offriraient, de la chaux ou quelque autre corps avide d'humidité, que l'air serait obligé de traverser pour arriver à l'intérieur. Quatre autres ouvertures, s'ouvrant du dedans au dehors, seraient ménagées à la partie supérieure du magasin pour faciliter sa sortie. Il résulterait nécessairement de cette disposition un courant d'air sec qui s'établirait de bas en haut, et qui serait très favorable à la conservation du grain.

Ces sortes de silos artificiels pourraient être construits soit en bois, soit en fonte ; mais la première de ces substances ne résistant pas facilement à l'action simultanée de l'humidité et des animaux rongeurs, et la seconde nécessitant l'emploi de fer forgé pour l'assemblage des pièces, on a dû renoncer à en conseiller l'usage, et les remplacer par la brique ou le béton. On a imaginé aussi de renfermer le blé dans des caisses en plomb soudées ; mais cette innovation, que l'on doit à M. Dejean, n'est pas seulement très dispendieuse, elle rend encore l'emmagasinage assez difficile. Toutefois ce système pourrait être mis heureusement à profit pour le transport du blé par la voie marine ; il le garantirait infailliblement des causes externes d'altération.

La diversité des procédés de conservation du blé prouve suffisamment la difficulté du problème qui, ainsi que l'a établi Duhamel, consiste : 1° à enfermer une grande quantité de grains dans un petit espace ; 2° à faire en sorte qu'il ne fermente pas et qu'il ne contracte pas de mauvaise odeur ; 3° à les garantir de la rapine des rats, des oiseaux, des chats qui le souillent; 4° à le préserver des mites, des teignes, des charançons, de tout autre insecte, sans frais, sans embarras. On doit à M. Vallery l'invention d'un appareil qui remplit assez bien ces conditions : il consiste en un grand cylindre de bois construit à claire-voie, tournant horizontalement sur son axe. Le grain qu'on y place ne doit pas le remplir en entier, pour jouir, pendant la rotation, d'un mouvement propre sur lui-même. Un ventilateur à force centrifuge est placé à l'une de ses extrémités; ce ventilateur, en aspirant l'air contenu avec le grain dans le cylindre, force l'air extérieur à traverser le grain pour venir opérer le remplacement et s'opposer à une dépression intérieure; l'action du ventilateur est combinée avec la rotation du cylindre; le mouvement successif de tout le grain contenu dans le cylindre facilite un complet aérage, l'expulsion des insectes destructeurs du blé, et notamment l'alucite et le charançon.

Plus récemment encore le général Demarçay a fait connaître le mode de conservation qu'il emploie depuis 1825; il a l'avantage de n'exiger aucune espèce de soins et consiste dans une sorte de vaste caisse ou grenier, établi dans une glacière et isolé dans son pourtour pour permettre à l'air de circuler librement. « On verra facilement, » dit l'auteur en pensant aux greniers ordinaires, « que la chaleur y varie de 8 ou 10° jusqu'à 24 ou 26°, et que le blé s'y trouve exposé à une variation de chaleur de 34° au moins, et, sous le rapport hygrométrique, à des variations extrêmement marquées. De là la cause qui ride l'écorce du grain, la rend légèrement grise, puis plus foncée, puis plus ridée, détermine la formation d'une poussière qui le couvre et nuit singulièrement à sa valeur. Si l'on réfléchit à la position de mon grenier, on verra qu'il doit avoir à 2 ou 3°, en plus ou en moins, la température d'une cave. »

Ce procédé offre l'avantage des silos, et n'en a pas les inconvénients; il est vrai qu'il est plus dispendieux.

Lorsque le blé a été altéré par son séjour dans des lieux humides, et qu'il est moisi, il n'est pas impossible, lors surtout que l'altération n'est que superficielle, de le ramener à son premier état. On y parvient en le plongeant dans l'eau, le brassant fortement et laissant reposer; on décante ensuite, on laisse écouler, avec l'eau de lavage, les grains qui surnagent (ces grains profondément altérés, et ne contenant presque plus de substance amylacée, ne seraient qu'un embarras dans le cours de l'opération), et on étend le grain, ainsi lavé, au soleil, et, autant que possible, sur un sol calcaire et argileux. On le fait sécher ensuite dans des *tourailles* ou dans des moulins divisés intérieurement par des cloisons et placés sur des réchauds dont la forme est analogue à ceux qui servent à brûler le café.

On peut encore, comme on le pratique assez généralement dans l'Anjou, introduire le grain ainsi lavé dans un four, deux heures environ après en avoir retiré le pain, on l'y abandonne ensuite jusqu'à parfait refroidissement.

Le blé ainsi amélioré, bien que peu propre aux semailles, est cependant susceptible de fournir encore un assez bon pain, surtout lorsqu'à la farine qu'il produit on en ajoute une autre d'une qualité supérieure. La panification exige toutefois, dans ce cas, des précautions plus grandes qu'il importe de signaler. C'est ainsi, par exemple, qu'on doit employer le levain plus frais, l'eau moins chaude, tenir la pâte plus ferme, laisser fermenter moins longtemps, chauffer enfin le four davantage pour que la cuisson soit plus prompte et plus complète.

Les animaux rongeurs et l'humidité ne sont pas, comme nous l'avons déjà dit, les seuls agents de destruction du blé; l'espèce de scarabée connu sous le nom de charançon et l'alucite exercent sur ce fruit, si riche en principes nutritifs, un ravage considérable, et trop préjudiciable aux intérêts du cultivateur pour que nous ne nous empressions pas de donner les moyens connus d'éviter leur développement et leur propagation.

L'*alucite* ou teigne, *alucita cereatella*, est un insecte de l'ordre des lépidoptères; elle lie les grains avec quelques fils de soie et dépose son œuf à leur surface; elle est surtout dangereuse à l'état de larve, et n'attend pas que le grain soit récolté pour l'attaquer.

Le *charançon* du blé ou *calandre*, *curculio*, est long d'environ une ligne et demie; il a le corps ovoïde, rétréci en avant, l'abdomen volumineux, les pattes fortes et les cuisses en massue; les yeux sont fixés latéralement et à la partie supérieure de la tête; la bouche est petite et armée d'une trompe cylindrique, effilée et pointue; les antennes prennent naissance à la base de la trompe. Ces animaux ont les mouvements lents, et, comme pour dissimuler leur présence, et par un mouvement instinctif, ils ramènent leurs pattes et leurs antennes sous leur corps, de manière à offrir l'apparence d'une graine. Ils dévorent si complètement la fécule amylacée que renferme le grain, qu'ils finissent par s'y loger et y opérer leur métamorphose en chrysalides. Ils ont, dans cet état, un aspect blanchâtre et opalin qui simule assez exactement la substance interne du grain, pour qu'au premier abord on ne puisse pas distinguer la transmutation. Cette métamorphose s'opérant dans le court espace de vingt à trente jours, il en résulte une multiplication prodigieuse qui explique les dégâts si considérables et si prompts qu'effectue cet insecte, si petit et pour ainsi dire microscopique.

On pourrait, disent les auteurs du nouveau *Dictionnaire d'agriculture*, supputer ainsi qu'il suit quelle serait la postérité d'une seule partie de charançons, qui produirait ou pondrait pendant cent cinquante jours seulement dans le midi de la France : « La première génération, de 150 charançons, ou 75 paires : il y en aura 45, c'est à dire celles pondues depuis le 15 avril jusqu'au 15 juillet, qui seront en état de multiplier, et qui pondront depuis le 15 juin jusqu'au 15 septembre,

c'est à dire que la première paire ou la plus ancienne pondra, pendant cet intervalle, 90 charançons, la seconde 88, la troisième 86; enfin les productions de ces 45 paires formeront une production arithmétique de 45 termes, dont le premier sera 1, le second 2, et le dernier 90, l'exposant 2, et la somme totale 2,071 : il y aura donc 2,071 charançons provenus de la deuxième génération; il y en aura qui seront en état de multiplier depuis le 15 avril jusqu'au 15 septembre, et cette troisième génération sera de 3,825. Si maintenant on ajoute ensemble le nombre des charançons de chaque génération, 150, 2,070, 3,825, on aura la somme totale de 6,045 charançons provenus d'une seule paire pendant un été, c'est à dire pendant cinq mois, à dater du 15 avril au 15 septembre; on ne doit pas s'étonner, d'après ce calcul, si des monceaux de blé disparaissent si promptement (1).

Cet agent de destruction dont le développement est si peu perceptible, et l'action si soudaine, oblige le cultivateur intelligent à une surveillance presque journalière. Le moyen le plus simple d'en garantir le blé consiste à opérer son déplacement en le retournant. Ces animaux, fuyant la lumière et recherchant l'humidité, contrariés d'ailleurs dans leur développement et leur ponte, ne tardent pas à disparaître. Cependant, lorsqu'ils sont à l'état de chrysalide, comme ils sont renfermés dans le grain, l'influence de la lumière sur eux devient alors nulle ou presque nulle. On a conseillé, pour y suppléer, d'effectuer des fumigations avec des substances plus ou moins actives; mais si elles ne le sont que peu, elles n'agissent pas, et si elles le sont trop, elles communiquent au grain une odeur forte

---

(1) Les charançons ne se livrent à la reproduction qu'à la surface des tas de blé; aussitôt que la femelle est fécondée, elle s'enfonce dans l'intérieur des tas et dépose un œuf, non à la surface, mais sous l'épiderme, afin que la larve qui naîtra puisse pénétrer immédiatement dans le grain. La femelle recouvre avec une substance glutineuse l'ouverture qu'elle a pratiquée. L'œuf éclôt sept à huit jours après.

et un goût désagréable. Il résulte d'ailleurs, d'expériences faites par Duhamel, que ces animaux sont fort peu impressionnés par les odeurs fortes ; le moyen le plus certain d'opérer leur destruction consiste à soumettre le blé à l'action d'une température assez élevée, soit dans une étuve, soit dans un four ; mais cette opération n'est pas seulement dispendieuse, elle a, en outre, l'inconvénient d'arrêter très souvent la faculté germinatrice du grain, on doit en conséquence se garder d'y soumettre le blé destiné au semis.

Les moyens les plus simples sont souvent les meilleurs : ceux que nous allons indiquer sont bien certainement dans ce cas : le premier consiste à mettre à part une certaine quantité de blé, à l'humecter légèrement et à l'abandonner pour servir de refuge aux charançons, pendant qu'on agite et déplace le reste au moyen du pelletage ; l'opération terminée, on enlève le blé humide avec précaution et on l'introduit dans un four dont la température est assez élevée pour faire périr ces animaux. Cette dernière partie de l'opération n'a pas seulement pour objet de ménager la portion de blé qui a été en partie sacrifiée, mais d'assurer en outre la destruction des charançons, qui ne tarderaient pas, bien certainement, telle précaution qu'on prît, de rentrer dans le grenier et d'y exercer de nouveaux ravages ; l'autre moyen consiste à couvrir le blé de toiles de chanvre mouillées. Ces animaux, pour lesquels la sécheresse est si funeste, s'y blottissent pour ainsi dire, et en levant celui-ci avec précaution, on les extrait et on effectue leur destruction, en soumettant ces toiles à la vapeur du soufre ou en les plongeant dans l'eau bouillante. On peut, en répétant souvent cette opération et renouvelant les surfaces par l'agitation, priver presque complètement le blé de ce dangereux insecte. Les toisons de laine grasse peuvent remplacer avec avantage les toiles mouillées ; ou a remarqué en effet que l'odeur du suint, et le suint lui-même, attiraient les charançons.

M. Clément, dans le but de connaître l'influence de l'air sur les animaux, a fait l'expérience suivante : quarante charançons furent placés par lui dans un verre contenant une certaine quantité de blé ; il recouvrit le tout d'une cloche qui s'appliquait exactement à un marbre, sur lequel le verre était posé ; il parvint ainsi à intercepter assez complètement la communication entre l'intérieur de la cloche et l'air extérieur. Un autre appareil fut disposé pour servir de point de comparaison ; mais il contenait quelques fragments de chaux vive. Les quarante charançons placés dans ce dernier ne tardèrent pas à mourir, tandis que les quarante autres ne cessèrent de se nourrir que lorsque tout le principe amylacé renfermé dans le blé fut dévoré ; pour être plus certain de l'action de la chaux, il changea les deux verres d'appareil, et ceux qui avaient résisté, soumis à la même action hygrométrique, ne tardèrent pas à mourir également.

Le blé est, en outre, sujet à des maladies qui dénaturent plus ou moins sa substance ; tels sont le charbon, la carie, la rouille et l'ergot ; mais, comme elles se manifestent pendant son développement, et qu'elles frappent toutes les parties de la plante, nous nous abstiendrons d'en parler.

Espèces et variétés de froment.

Bien que toutes les variétés de froment paraissent dériver de la même souche et ne devoir les différences qui les distinguent qu'aux influences du climat, du sol et souvent même de la culture, cependant le rôle que joue dans l'alimentation cette importante céréale a déterminé quelques agronomes distingués à établir leur synonymie. Le savant et laborieux Tessier fut le premier qui forma les groupes, et, après lui, M. Desvaux agrandit le cercle en déterminant de nouvelles et nombreuses variétés ; plus récemment encore M. Seringe, dans ses *Céréales de la Suisse*, et M. Noisette, enrichirent ce précieux catalogue de plusieurs espèces intéressantes. M. Metzger enfin a publié, sous le titre d'*Eutopœishe cerealis*, une monographie du blé, qui, quoique assez complète, ne renferme pas encore toutes les espèces et variétés, car nous savons que M. Lagasca, professeur de botanique à l'Ecole de médecine de Madrid, s'occupe de les réunir, et qu'il en porte le nombre à plus de dix-sept cents espèces et variétés. Sans accuser la nature d'impuissance, on peut cependant juger *à priori* que beaucoup des variétés qui seront signalées offriront des différences peu sensibles.

Dans l'énumération que nous allons faire, nous nous bornerons à signaler celles seulement qui offrent des caractères assez tranchés pour être appréciés des cultivateurs, et, à cet effet, nous suivrons l'ordre adopté par MM. Oscar Leclerc, Thoüin et Vilmorin, dans l'*Encyclopédie d'agriculture*.

On divise les froments cultivés en deux séries principales, qui sont : 1° les *froments proprement dits*, à grains libres ou nus, se séparant de la balle par le battage; 2° en *épeautres*, ou froment à balle adhérente.

La première série se subdivise en quatre groupes ou espèces, qui sont : A, le froment ordinaire, *triticum sativum*, Lam.; *triticum vulgare*, Willd. — B, froment renflé, gros blé, poulard ou pétanielle, *triticum turgidum*, L. — C, froment dur ou corné, *triticum durum*, Desf.— D, froment de Pologne, *triticum polonicum*.

La deuxième série comprend trois espèces, savoir : E, épeautre, *triticum spelta*, L.—F, froment amidonnier, *triticum amyleum*, Ser. — G, en grain, ou froment locular, *triticum monococcum*. — Et, enfin, H, le froment veiné, *triticum venulosum*.

Après avoir mentionné les espèces, nous allons, en les rappelant, signaler les caractères qui les distinguent et ceux des variétés qui s'y rattachent. Nous indiquerons, autant que possible, les contrées où elles sont plus abondantes et plus généralement cultivées.

A. *Froment ordinaire (triticum sativum)*.

a. *Variétés sans barbe.*

Epi long, étroit dans certaines variétés, court et ramassé dans d'autres; quatre faces inégales, épillets en éventail, glume légèrement échancrée près du sommet ; le grain est oblong, ovale ou tronqué, blanc, jaune ou rougeâtre, de contexture peu résistante. Cette espèce est très répandue en France ; elle y est désignée sous le nom de blé fin : elle renferme deux variétés dites d'automne et de mars : le grain et la paille en sont généralement estimés.

1re variété. *Froment commun d'hiver à épi jaunâtre, blé de saison.* Epi allongé, légèrement pyramidé, épillets un peu lâches, grain rougeâtre ou jaunâtre suivant l'exposition, plus particulièrement cultivé en Beauce et en Brie.

2e variété. *Froment de mars blanc, sans barbe.* Il paraît n'être qu'une sous-variété du précédent, et est généralement plus petit et plus hâtif; on le sème au printemps ; il est assez estimé.

3e variété. *Froment blanc de Flandre, blanc zée.* Epi plus gros et plus lâche que dans la variété n. 1 ; le grain est oblong, blanc et tendre; il réussit particulièrement dans le Nord, et y est très estimé.

4e variété. *Froment de Talavera.* L'épi est un peu plus grêle que dans la variété qui précède; mais, du reste, il en diffère peu; il est très productif, et abondamment cultivé en Angleterre, où il a été importé d'Espagne.

5e variété. *Froment blanc de Hongrie, blé anglais.* Epi blanc, serré et assez régulier ; épillets ouverts, grains couverts et lourds; cette variété, importée en Angleterre en même temps que le *talavera*, y est très estimée; sa paille, bien qu'assez courte, forme un aliment utile pour les bestiaux.

6e variété. *Blé-froment filsembery de mars.* Epi blanc, grain dur, assez petit; cette variété s'élève très haut, elle a l'inconvénient d'égrener facilement, aussi doit-on en opérer la récolte promptement et soigneusement. Le grain est assez dur.

7ᵉ variété. *Blé pictet.* Ce n'est guère qu'une sous-variété du précédent; son grain est cependant un peu plus long, plus adhérent à la balle, moins dur; il est assez estimé et se sème en mars.

8ᵉ. variété. *Touzelle blanche, blé grison.* Epi blanc, épillets lâches, grain assez long, blanc jaunâtre, quelquefois même roux, suivant les contrées où on le cultive; il s'égrène aussi au moindre choc; sa paille est fragile. Cette variété est de mars ou printanière.

9ᵉ variété. *Richelle blanche de Naples.* Epi blanc, balles terminées par une arête courte, quelquefois crochue; le grain est assez long et bien nourri. Ce froment, cultivé de temps immémorial dans le midi de l'Europe, réussit assez bien aux environs de Paris pour qu'on puisse espérer d'y propager sa culture.

10ᵉ variété. *Blé d'Odessa, sans barbe.* Epi assez irrégulier, épillets inégaux, balle terminée en pointe, grain jaunâtre, très estimé dans les climats tempérés. Il réussit également bien comme blé de mars ou blé d'automne.

11ᵉ variété. *Froment blanc velouté.* Epi carré, très régulier, glumes et balles couvertes d'un duvet tomenteux et velouté, grain assez court, d'un blanc jaunâtre. Il est communément cultivé en Angleterre, et assez estimé sous le nom de blé de haie.

12ᵉ variété. *Froment rouge ordinaire, sans barbe.* Epi assez long, bien fourni, grain teinté de roux et bien nourri; cette variété est assez rustique, très productive et d'une qualité médiocre; elle est très commune en France, et presque exclusivement cultivée dans plusieurs de ses provinces.

13ᵉ variété. *Blé lammas, blé rouge, blé anglais.* Epi rouge-clair, épillets mutiques, balles rousses et glabres. Ce froment, importé d'Angleterre en France, est assez rustique, mais il a l'inconvénient de s'égrener assez facilement. Il est très communément cultivé dans le département du Calvados.

14ᵉ variété. *Blé de mars rouge sans barbe.* Epi d'un rouge pâle, grain assez dur, chaume long. Cette variété, importée d'Allemagne en France, est assez estimée.

15ᵉ variété. *Blé du Caucase rouge, sans barbe.* Epi d'un rouge brûlé, long et grêle; épillets isolés, grain allongé, d'un rouge tendre, dur et demi-corné; chaume assez haut et comme étranglé à la base. Ce froment, bien qu'il soit d'hiver, pourrait, attendu sa grande précocité, être également printanier ou de mars.

16ᵉ variété. *Blé de mars carré, de Sicile.* Epi dressé, de couleur rouge brun, assez court, presque régulièrement quadrangulaire; épillets serrés; grain rouge, assez dur; chaume élevé, plus gros vers le sommet qu'à la base. Cette variété printanière est assez hâtive et estimée.

17ᵉ variété. *Blé rouge velu de Crète.* Epi barbu, roux et velouté; épillets assez lâches, portant de quatre à cinq grains; ceux-ci sont courts, un peu anguleux; leur substance est d'un jaune rougeâtre, dure et presque transparente. Ce froment est remarquable par la force de ses épis et sa précocité.

b. *Variétés barbues.*

Elles sont rarement blanches; leur paille, bien que creuse, est plus rustique que dans celles mutiques ou sans barbe; elles sont généralement moins estimées.

18ᵉ variété. *Froment barbu d'hiver, à épi jaunâtre.* Epi long, assez serré, barbes longues et droites; grain jaune et quelquefois rougeâtre lorsque la saison a été favorable. Cette variété est abondamment cultivée dans plusieurs de nos départements et notamment dans ceux de l'Ardèche et de la Vienne.

19ᵉ variété. *Blé de mars barbu ordinaire.* Epi un peu moins long et plus pyramidé que dans la variété qui précède; le grain est aussi plus court et d'une teinte plus claire; souvent on le mêle avec le *blé de mars blanc mutique,* mais il est un peu plus hâtif.

20ᵉ variété. *Blé de Toscane à chapeau.* Ce froment offre beaucoup d'analogie avec le précédent. Il résulte cependant des essais comparatifs faits par MM. Oscar Leclerc-Thoüin et Vilmorin, que son épi est généralement un peu plus jaune et la paille plus rustique : elle est employée dans les arts, et connue sous le nom de paille d'Italie.

21ᵉ variété. *Blé du Cap.* Epi blanc, épillets écartés, barbes longues et résistantes, grain oblong, de couleur blanc jaunâtre. Cette variété printanière résiste assez facilement à la sécheresse et est cultivée avec plus de succès dans le midi que dans le nord de la France. Elle a toutefois l'inconvénient de dégénérer assez promptement.

22ᵉ variété. *Blé hérisson.* Epi court, irrégulier ; épillets serrés, barbes nombreuses et divergentes. L'ensemble de l'épi offre aussi des nuances assez variables : tantôt il est jaunâtre, tantôt brun ou bleuâtre ; le grain est court, bien nourri, pesant et semi-dur. Cette variété semble être une espèce dégénérée.

B. *Froment renflé ou poulard (triticum turgidum), pétanielle.*

Cette espèce se distingue de celle qui précède par ses épis généralement plus courts, assez réguliers, carrés; les épillets plus larges que hauts, ses balles ventrues, ses grains de forme ovoïde, renflés et opaques; sa paille généralement pleine, haute et rustique.

Les poulards, ou pétanielles, sont généralement d'automne. Leur grain est peu estimé et leur paille tellement dure, que certains bestiaux la refusent; ils ont cependant l'avantage d'être peu difficiles sur le choix du terrain : ils réussissent parfaitement dans ceux nouvellement défrichés, et sont très productifs.

a. *Variétés à épi glabre ou lisse.*

23ᵉ variété. *Poulard rouge, lisse, gros blé rouge, épeautre rouge.* Epi de couleur rouge brun teint de glauque, carré ou aplati, glumes et balles lisses et luisantes, grain rougeâtre, assez tendre; paille rustique. Ce froment, bien que peu estimé, est très cultivé dans le Gatinais : il craint peu l'humidité et réussit conséquemment bien dans les lieux bas.

24ᵉ variété. *Poulard blanc, lisse, épeautre blanc,* ou *tagamrog.* Il diffère du précédent, avec lequel il a cependant de l'analogie, en ce que son épi et son grain sont moins foncés; la paille, bien que pleine, est aussi moins dure. Originaire de la Barbarie.

25ᵉ variété. *Blé garagnon.* C'est une sous-variété du précédent, et qui n'en diffère que par son épi plus court et plus lâche, moins régulier; ses barbes sont tantôt blanches et tantôt noires, le grain est blanc jaunâtre, assez tendre et d'une qualité supérieure à celui de son synonyme ou analogue. Ce froment, cultivé principalement dans le département de la Lozère, est employé à l'instar du riz pour la composition des potages.

26ᵉ variété. *Pétanielle blanche d'Orient.* Cette variété, suivant l'opinion de MM. Oscar Leclerc-Thoüin et Vilmorin, pourrait bien être le type de celles qui précèdent, car elle n'en diffère que par son épi, qui est plus fort et plus régulier. Sa qualité paraît aussi supérieure.

b. *Variétés à épis velus.*

27ᵉ variété. *Poulard blanc velu.* Epi carré, régulier, comme velouté, barbes caduques lors de la maturité. Cette variété offre beaucoup d'analogie avec le poulard blanc déjà signalé. Son principal caractère distinctif est d'être velu lorsque l'autre est lisse.

28ᵉ variété. *Pétanielle rousse, grossaille, grossagne, gros blé roux, poulard rouge velu.* Epi très velu, de grosseur variable, grain de moyenne grosseur, oblong, assez dur, de couleur grisâtre. Cette variété réussit très bien dans les terres fortes : elle est très productive.

29ᵉ variété. *Blé gros turquet.* C'est une sous-variété du précédent, mais son épi est plus gros et plus régulier, il est de couleur gris cendré tirant sur le roux ; son grain est gros et bien nourri. Ce froment est également très productif.

30e variété. *Blé de Sainte-Hélène, blé géant.* Il forme encore une sous-variété de la pétanielle rousse, mais devrait, attendu la constitution vigoureuse de toutes ses parties, en être plutôt le type. On doit sa propagation à M. Noisette, qui la caractérisé ainsi : épi régulier, large, bien garni et armé de fortes balles, aspect violacé lors de la maturité ; épillets inférieurs plus lâches que ceux supérieurs, grain assez gros, enveloppé d'une valve simple. Dépouillé, il offre un renflement remarquable ; examiné à la loupe, il paraît couvert de poils très ténus, circonstance qui distingue, en général, les blés de bonne qualité ; la paille est très grosse et comparable même à de faible roseaux. Ce froment est très productif, la farine qu'il fournit a une teinte jaunâtre, qui rappelle celle du maïs.

Le *blé de Dantzick* ne diffère en rien de celui-ci, et est vraisemblablement le même, sous une autre dénomination.

31e variété. *Blé de miracle, blé de Smyrne, blé d'abondance, blé d'Egypte* (*triticum turgidum,* L.). Epi large, épais, assez irrégulier, formé, pour ainsi dire, d'épis soudés ou greffés les uns sur les autres ; grains assez gros, presque ronds, de couleur jaune, tendres et assez savoureux. Tous ces caractères, et notamment le dernier, seraient de nature à engager à propager cette curieuse variété, mais ils ne sont malheureusement pas très persistants. Après quelques années, en effet, l'épi devient simple et offre les caractères des autres poulards, qui, comme nous l'avons dit, sont généralement de qualité médiocre.

32e variété. *Poulard bleu conique des Anglais.* Cette variété ne diffère des autres poulards que par sa couleur, qui, du reste, est très remarquable ; son grain est aussi plus petit. Ce froment est assez rustique et assez productif : on le cultive en Angleterre avec succès.

33e variété. *Pétanielle noire, froment gris de souris.* Epi barbu, lâche ; balles noires et velues ; grain lourd et bien nourri ; chaume très élevé. Cette belle variété réussit très bien sous le climat de Paris ; elle perd assez facilement ses balles lors de la maturité. Le grain fournit malheureusement, comme celui de tous les poulards, une farine légèrement bise et peu liante.

C. *Froment dur, ou corné* (*triticum durum*).

Cette espèce se distingue par les caractères suivants : épi dressé, presque cylindrique dans quelques variétés, anguleux dans d'autres ; barbes longues et roides, épillet plus long que large, grain long, anguleux, renflé et demi-transparent ; chaume plein.

Cette belle espèce a été rapportée de Barbarie par le professeur Desfontaines ; la variété la plus remarquable est le *trimenia.*

34e variété. *Trimenia, blé trémois barbu de Sicile.* Epi glabre et jaunâtre, long et grêle ; barbes droites et serrées ; grain oblong, lisse, assez petit ; paille grêle et cependant résistante ; cette variété printanière a été introduite en France par M. François de Neufchâteau.

D. *Blé de Pologne* (*triticum polonicum*).

Cette espèce se distingue surtout par ses grands épis, ses épillets à barbes longues et comme dentées, son grain long et rappelant celui du seigle, il est presque entièrement corné ou translucide ; le chaume est plein, d'une teinte jaunâtre, ainsi que les feuilles. On peut le semer avec un succès presque égal au printemps et à l'automne, mais il réussit mieux dans le premier cas ; il est, du reste, assez peu difficile sur le choix du terrain.

35e variété. *Blé de Pologne, à épi long et serré, blé de Mogador, blé d'Egypte, blé de Surinam.* Epi comprimé, serré, barbu ; barbes velues. Ce froment, bien qu'il soit abondamment cultivé en Pologne, paraît être originaire de l'Afrique, et conséquemment peu rustique dans les contrées septentrionales; ce qu'il y a de certain, c'est que sa réussite nécessite en France certaines précautions, celles, par exemple, de le garantir de l'influence d'une trop grande humidité lorsqu'on le sème avant l'hiver, et de hâter le semis de quinze jours ou un mois environ lorsqu'on le sème après.

E. Épeautre (triticum spelta).

Cette espèce est très remarquable par ses épis presque tétragones, inclinés à l'époque de la maturité; ses valves tronquées, ses fruits allongés et pointus, la persistance et la dureté de ses balles, qui n'abandonnent le grain que difficilement; aussi est-on généralement obligé, pour l'en dépouiller, de le faire passer une première fois sous la meule un peu soulevée avant de le convertir en farine. Celle que fournissent les épeautres est assez bonne, surtout très propre à faire de la pâtisserie, attendu qu'elle fournit une pâte légère et qui ne fermente pas facilement.

Une circonstance bien caractéristique qui distingue les épeautres, c'est qu'on ne peut enlever un seul épillet sans briser l'axe de l'épi.

36ᵉ variété. Épeautre sans barbe, épi blanc ou rougeâtre. Epi long et grêle, épillets presque solitaires, grain oblong, assez tendre. On le cultive principalement en Allemagne, en Suisse et même en France, dans les contrées montueuses, et notamment dans les Vosges.

37ᵉ variété. Epeautre noir barbu, épi noir, violacé ou bleuâtre barbu. Cette variété est très productive et doit être semée en février ou au plus tard au commencement de mars.

F. Froment amylacé, ou amidon (triticum amyleum).

Cette espèce, confondue autrefois avec l'épeautre, s'en distingue en ce qu'elle est glauque dans toutes les parties qui la composent; ses épis sont comprimés, barbus, composés d'épillets étroits, rapprochés, imbriqués régulièrement sur deux rangs, et composés seulement de deux graines.

38ᵉ variété. Amylon, amelkorn, épeautre de mars. Epi serré, blanc et glabre: barbes droites. Cette variété est très rustique et réussit également bien dans les terrains secs et humides; sa paille est estimée. Cette variété est très répandue en Alsace.

On distingue encore les variétés à épi aristé, balles blanches et veloutées; épi aristé, balles noirâtres, velues, et graines blanchâtres; et enfin celles à épi aristé, rameux, balles blanches et glabres.

G. Froment engrain ou monosperme (triticum monococcum), froment loculaire.

Cette espèce se distingue par un épi barbu, assez court, comprimé et étroit; épillets à un seul grain et très rapprochés. Elle offre un peu d'analogie avec l'orge, aussi est-elle généralement regardée comme tenant pour ainsi dire le milieu, pour la qualité, entre cette céréale et le blé proprement dit; elle ne laisse cependant pas que d'être assez utile, attendu la facilité avec laquelle elle végète dans les terrains les plus médiocres. L'engrain se sème presque avec un égal succès à l'automne ou au printemps. On le cultive particulièrement dans le Berri et le Gatinais; ses variétés sont très peu nombreuses et n'offrent d'ailleurs pas de caractères bien tranchés.

Il existe encore une espèce de froment, que M. Seringe a désigné sous le nom de froment veiné (triticum venulosum); mais elle est assez rare et trop peu connue en France pour que nous croyions devoir en faire mention; elle est, du reste, encore inférieure à celle qui précède.

On peut déduire de la synonymie que nous venons d'exposer les considérations suivantes : les blés blancs ou tendres sont généralement assez apparents et regardés comme contenant plus de principes féculents et moins de gluten que les blés rouges ou durs ; leur *rendement* au moulin est aussi plus considérable ; aussi sont-ils plus estimés des cultivateurs et des meuniers que des boulangers. Il résulte des observations de M. Desvaux que les froments durs ne donnent que 70 parties de pain sur 100 de farine brute, tandis que les froments tendres ou blancs en fournissent 90. Bien que le produit soit plus considérable, les boulangers préfèrent cependant la farine de blé dur, attendu d'abord qu'elle se travaille mieux, et qu'ensuite elle fournit un pain plus apparent et qui a le précieux avantage de se maintenir frais plus longtemps.

BLÉ ERGOTÉ.

Le froment, dans l'acte de la végétation, est souvent atteint, comme le seigle, d'une maladie qu'on nomme ergot. Le grain est, dans ce cas, non seulement moins propre à la panification, mais encore d'un usage dangereux.

Il fournit à l'analyse une huile fétide, âcre, butyreuse ; une substance animale insoluble dans l'alcool, soluble dans l'eau et qui est précipitée par l'infusion de galle et la plupart des sels métalliques ; un charbon qui noircit tout le reste, des phosphates de chaux, de magnésie et d'ammoniaque.

Il est en outre atteint, comme on l'a vu plus haut, de *rouille* et n'est alors guère plus propre à la panification. L'auteur du *Poëme des mois* a peint ses ravages dans les vers suivants :

Ah! puisque ton pouvoir gouverne la nature.
Que l'homme, de tes mains, attend sa nourriture,
Bienfaisante Vénus! épargne à nos guérets.
La rouille est funeste aux présents de Cérès,
Abreuve-les plutôt de la douce rosée;
Que les sucs, les esprits, de la sève épuisée,
Dans ses canots enflés, coulent plus abondants;
Qu'ils bravent du soleil les rayons trop ardents,
Et que le jeune épi, sur un tuyau plus ferme,
Se lève et brise enfin le réseau qui l'enferme.

Le blé ergoté a la singulière propriété de provoquer l'accouchement. Son action sur l'utérus a été constatée dans un grand nombre de circonstances.

SEIGLE, *secale cereale*, L.; famille des Graminées, J.

Il offre les caractères botaniques suivants : grain ou caryopse très allongé, divisé longitudinalement par un sillon assez prononcé ; il reste enveloppé dans la glume jusqu'à ce que sa maturation soit complète. Sa contexture est moins résistante que celle du blé.

On connaît peu de variétés de seigle, encore paraissent-elles dériver uniquement de l'espèce cultivée, et devoir les différences qui les distinguent à l'influence du climat et de la culture ; les principales sont : le seigle d'automne ou d'hiver, *secale cereale hibernum* ; le seigle de printemps, de mars, de la Saint-Jean, *secale cereale vernum*. On les désigne encore sous les noms de grand et de petit seigle. Ce dernier a généralement une végétation moins vigoureuse. Son grain est aussi plus petit. Dans certaines contrées, et notamment en Saxe, on cultive le seigle à la fois comme fourrage et comme *grain* : à cet effet, et suivant que la saison a été plus ou moins favorable à son premier développement, on le fauche et on le fait pâturer, ce qui n'empêche pas d'en effectuer la moisson l'été suivant. Cette pratique est aussi mise à profit maintenant dans quelques parties de la France.

Bien que la connaissance du seigle soit fort ancienne et que son origine soit assez obscure, on sait cependant qu'il était connu des Romains. Si l'on en croit Pline, ils en faisaient si peu de cas comme graine alimentaire et même comme fourrage , qu'ils le cultivaient presque exclusivement pour former par sa décomposition spontanée une sorte d'engrais qu'ils regardaient comme très favorable pour préparer la terre à recevoir une autre culture.

Le seigle occupe incontestablement de nos jours, après le froment, le premier rang parmi les graines céréales, s'il lui est inférieur sous quelques rapports, et notamment quant à la quantité relative de principe nutritif et la blancheur de la farine, il l'emporte sur lui par la beauté et la rusticité de son chaume, par sa facile propagation : les sols sablonneux et argileux, les terrains les plus arides, les climats les plus rigoureux, sont, en effet, encore propres à sa culture lorsque le froment refuse d'y croître : aussi est-il l'aliment presque exclusif du pauvre.

On nomme méteil en grande culture le mélange de parties égales de seigle et de blé; lorsque le froment domine, le mélange prend le nom de *champart.* Dans ces sortes de mélanges, il importe beaucoup d'avoir égard à l'époque de la maturation de chacune des semences; car, sans cette précaution, le produit serait très imparfait, la maturité du seigle de la Saint-Jean coïncidant presque avec celle du froment, le mélange de ces deux céréales est bien approprié et doit toujours être opéré.

La récolte du seigle s'effectue comme celle du blé; sous un même volume, il pèse un peu moins; il est soumis aux mêmes causes d'altération, soit pendant la végétation, soit après. Il semble toutefois plus sujet à l'*ergot* qu'aucune autre céréale; nous signalerons plus loin les causes et les effets de cette altération.

Cultivé spécialement dans les contrées septentrionales de l'Europe, le seigle fait la base de la nourriture d'un grand nombre de ses habitants. Sa farine, moins riche en gluten que celle du froment, fournit un pain mat, brun si elle est pure, d'une assez difficile digestion, et mieux approprié à la nourriture des animaux qu'à celle des hommes, qui trop souvent sont obligés de s'en contenter; bis si on y fait entrer de la farine de froment : dans ce cas, il devient substantiel, agréable au goût. La proportion varie suivant la richesse agricole du pays où on le cultive : le pain dit de ménage dans une grande partie de la France est composé de parties égales de farine de seigle et de blé; il exige une plus longue cuisson et se maintient plus longtemps frais que celui de pur froment.

La farine de seigle est rafraîchissante, résolutive, et comme telle employée sous forme de cataplasmes pour résoudre certaines tumeurs.

Examen chimique. — Suivant l'analyse qu'a faite Einoff, 3,840 parties de farine de seigle sont composées de 2,345 d'amidon, 126 de matière sucrée, 364 de gluten non desséché, et enfin 453 parties de son et perte. La même quantité, c'est à dire 3,840 parties de seigle entier, a fourni au même auteur 2,520 de farine, 930 de son et 390 d'humidité. Enfin, 100 parties ont fourni à Vauquelin 23,45 d'amidon, 4,26 de mucilage, 3,64 de gluten, 1,26 d'albumine, 0,26 de sucre et 2,45 d'enveloppes.

Bien que les grains en général ou les semences de céréales ne contiennent pas de sucre, comme nous l'avons établi plus haut, dans leur état de maturité complet, ils peuvent néanmoins, par suite de modifications dans leurs éléments (modifications que la germination et la fermentation effectuent), fournir de l'alcool ou de l'eau-de-vie, et enfin du vinaigre.

Le seigle est incontestablement celui de tous les grains qui passe le plus facilement à la fermentation, et celui qu'on emploie le plus généralement, attendu aussi la modicité de son prix, pour obtenir des boissons et des liqueurs alcooliques et acéteuses, le *kwas,* par exemple, qui est une sorte de bière, l'*eau de vie* et le *vinaigre de grain.* Ce genre de fabrication s'effectue plus particulièrement dans le Nord : cependant, comme il peut être mis à profit dans tous les pays où la culture du seigle est commune et celle de la vigne rare, nous allons indiquer les diverses opérations que l'on fait subir au grain pour obtenir ces produits d'une utilité si générale, soit dans l'économie domestique, soit dans les arts.

Kwas. — Cette boisson, qu'on peut à juste titre regarder comme nationale en Russie et en Prusse, tant son usage y est répandu, est une espèce de bière qu'on prépare en tous temps et pour ainsi dire en tous lieux; elle n'offre de différences que par le plus ou moins de soins qu'on apporte à sa préparation. Chaque ménage russe fait son kwas et en use dans toutes les circonstances, c'est à dire comme boisson alimentaire et comme tisane. Bien qu'au premier abord cette boisson ne flatte pas aussi agréablement que la bière le goût et l'odorat, comme l'habitude efface assez promptement cette première impression, que le prix de revient de la fabrication est très minime, on doit désirer que son usage se répande dans les contrées où le vin, le cidre et la bière manquent, et même là où, bien que communs, ils forment encore des boissons trop dispendieuses pour étancher la soif du pauvre. Nous croyons ne pouvoir mieux faire pour atteindre ce but que d'emprunter le procédé suivant, mis en pratique avec le plus grand succès par le baron Percy comme boisson diététique dans les hôpitaux régimentaires.

On prend une feuillette de la contenance de 120 à 130 litres, exempte d'odeur; on introduit par la bonde 15 liv. (7 kil. 500 gram.) de seigle moulu assez fin (son et farine), trois liv. (1 kil. 500 gram.) de seigle germé, grossièrement pulvérisé ou moulu; on verse ensuite sur ce mélange 40 liv. (20 kil.) d'eau bouillante, on bouche et on agite à la manière des tonneliers, c'est à dire en élevant alternativement les deux fonds. On place ensuite dans un endroit chaud, soit sur un four, soit auprès d'un foyer, et on abandonne pendant cinq ou six heures. On ajoute alors une nouvelle quantité d'eau bouillante égale à la première, en ayant le soin d'agiter, et on procède ainsi jusqu'à ce que la futaille soit pleine. Après vingt-quatre heures de repos, on agite au moyen d'un bâton introduit par la bonde, et on abandonne de nouveau en renouvelant l'opération pendant huit jours environ; au bout de ce temps, on perce le tonneau au tiers de sa hauteur, et on soutire ou successivement pour les besoins journaliers, ou à la fois

pour mettre en bouteilles et conserver. Lorsqu'on veut rendre cette boisson plus savoureuse, on ajoute au mélange du genièvre, de la menthe ou de la verveine citronnelle; on la rend aussi plus alcoolique en ajoutant avant sa fermentation du sucre, de la cassonade ou de la mélasse, mais elle cesse alors d'être populaire et figure dans les repas les plus somptueux.

Le kwas remplacerait bien certainement avec avantage, comme boisson sanitaire et économique, l'eau acidulée de vinaigre, et même alcoolisée qu'on distribue extraordinairement aux troupes sous l'influence des grandes chaleurs ou des épidémies.

EAU DE VIE, OU ESPRIT DE GRAIN. — Les opérations qu'on peut appeler préliminaires, dans la fabrication de l'esprit de grain, consistent dans la mouture, la trempe et la macération : la première doit être effectuée grossièrement, mais cependant assez complètement pour qu'aucun grain n'y échappe; le succès de l'opération dépendant principalement de la pénétration plus ou moins exacte par l'eau du principe féculent ou amylacé, on comprend combien il importe que tous les grains soient attaqués ou pénétrés. On doit aussi se garder d'employer une mouture trop ténue, car il se formerait, dans ce cas, une sorte de magma qui augmenterait les difficultés de la main-d'œuvre, sans profit pour le fabricant. Le produit de la mouture tendant assez facilement à s'échauffer, on ne doit y soumettre le grain qu'au fur et à mesure des besoins.

La trempe consiste à verser successivement sur le grain réduit, comme nous l'avons dit, en farine grossière, de l'eau à 35 ou 40o Réaumur. Cette opération a pour but de mettre, pour ainsi dire, à nu la fécule amylacée, et de la détremper : elle s'effectue ordinairement dans une cuve appropriée.

La macération n'est, pour ainsi dire, qu'une suite de la trempe, car elle consiste simplement à faire arriver, par la partie latérale de la cuve, une nouvelle quantité d'eau à un degré plus élevé, 50 à 55° par exemple, et à brasser fortement; on abandonne ensuite, après avoir couvert ou enveloppé la cuve, pour empêcher une trop grande déperdition de chaleur.

C'est pendant cette opération, comme l'a observé M. Dubrunfault, que s'effectue la saccharification : elle est singulièrement activée par l'addition d'une certaine quantité de malt (orge germée). Il s'opère, dans ce cas, une réaction de principes dont jusqu'à ces derniers temps on ignorait la nature. M. Dubrunfault, en observateur habile, a le premier soulevé le voile en signalant l'action toute spéciale de l'un des principes de l'orge germée : il a vu que *l'orge germée agissait sur l'amidon en vertu d'une propriété particulière que ne possèdent pas, ou que ne possèdent qu'à un très faible degré, les autres graines des céréales.* Cette action consiste à liquéfier l'amidon ou la fécule amylacée, et à le convertir en sucre. Depuis, MM. Payen et Persoz ont déterminé la nature de ce principe, et lui ont donné le nom de *diastase.* Son action, suivant ces messieurs, consiste à convertir l'amidon en deux matières : l'une sucrée et fermentescible, l'autre de nature gommeuse, soluble dans l'eau et insoluble dans l'alcool. Plus récemment enfin, M. Guérin a démontré jusqu'à l'évidence que le même résultat pouvait être obtenu sans le concours de la diastase, à l'aide d'une température assez élevée et de certaines circonstances atmosphériques.

Nous pensons que c'est ici le cas de reproduire une opinion que nous avons déjà émise en parlant de la germination, c'est que, dans les phénomènes de la végétation et dans ceux qui s'y lient aussi intimement que celui qui nous occupe, on ne tient pas assez de compte de l'influence électrique : nous croyons que c'est à son concours, par exemple, qu'est due la dissociation des principes qui constituent la fécule, d'où il résulte que la diastase ne serait, pour ainsi dire, comme le ferment, qu'une réunion d'éléments

dissociés, aptes, dans des circonstances données, à faciliter la formation de nouveaux produits. Quoi qu'il en soit de cette action, lorsque la macération est terminée, c'est à dire lorsque la réaction paraît complète, ce qu'on remarque par une fluidité plus grande qu'a prise la masse, on procède à la mise en fermentation.

Cette opération consiste à ajouter d'abord une suffisante quantité d'eau chaude ou tiède, pour ramener le liquide à 5 ou 6 degrés aréométriques et à 20 ou 25 degrés de température. On a dû préalablement délayer de la levûre de bière dans une portion de liquide et dans la proportion de 2 à 3 liv. de levûre sur 12 hectol. de liqueur. On brasse fortement pour opérer le mélange et on abandonne. Lorsque la fermentation a parcouru ses périodes, on soumet à la distillation. Cette dernière partie de l'opération s'effectuant absolument comme pour l'eau de vie de vin, nous la décrirons lorsque nous ferons l'histoire du raisin et de ses produits.

Bien que l'on puisse obtenir des résultats assez satisfaisants en remplissant les conditions que nous venons d'indiquer, cependant on les fait généralement précéder maintenant d'une autre opération, qui n'est pas sans importance, nous voulons parler de la germination du grain. Cette opération étant également indispensable à la fabrication de la bière, nous croyons devoir, pour éviter des répétitions, renvoyer à l'histoire de l'orge pour indiquer les conditions qu'elle exige. Nous ferons seulement remarquer que, dans le genre de fabrication qui nous occupe en ce moment, on varie souvent la proportion du grain germé : c'est ainsi que quelquefois on fait germer tout le grain, souvent une partie seulement; tantôt on se dispense, comme on l'a vu plus haut, d'ajouter du malt, tantôt on le fait entrer dans une assez forte proportion : celles cependant qui sont le plus généralement adoptées sont 80 kilog. de seigle, 20 kilog. de malt, et 2 ou 3 kilog. de petite paille ou balle de seigle. Cette dernière n'a pas seulement pour effet d'empêcher l'adhérence au fond du vase d'une sorte de magma qui se forme presque toujours pendant l'opération : on a remarqué qu'elle avait encore la propriété de liquéfier ou de fluidifier l'amidon. Si l'opération a été bien conduite, si la fermentation a bien marché et a été complète, on obtient de 40 à 45 litres d'eau de vie à 19 degrés.

VINAIGRE DE GRAIN. — On procède, pour la fabrication du vinaigre de grain, absolument comme pour l'obtention de l'eau de vie, avec cette différence cependant que, lorsqu'on a obtenu celle-ci, on réunit les *petites eaux*, c'est à dire le résidu de la distillation, au magma et au parenchyme du grain qui étaient restés au fond de la cuve, après la soustraction du liquide alcoolique. On introduit dans des tonneaux qu'on place dans la *chambre chaude*. La température de celle-ci doit être d'environ 30 à 35 degrés pour déterminer la *mise en train*. On ajoute les membranes qui se forment dans les tonneaux où l'on conserve le vinaigre. On procède ensuite de la même manière que pour la fabrication du vinaigre de vin, c'est à dire qu'on soutire et qu'on charge alternativement tant que l'acétification s'effectue. On opère enfin un soutirage complet, en laissant cependant, pour une opération subséquente, le fond du tonneau, ou ce qu'on appelle *mère de vinaigre*. On procède ensuite à la clarification, qui s'effectue au moyen de copeaux de bois de hêtre que l'on plonge dans le liquide. Leur action consiste à abandonner une portion de tannin qui se combine avec la gélatine végétale et forme ainsi un précipité insoluble. Le vinaigre de vin a aussi la propriété singulière de clarifier le vinaigre de grain ; le phénomène est dû, suivant M. Dubrunfault, à une sorte de réaction ou de combinaison entre le tannin que contient le premier et le mucilage ou gluten que retient presque toujours le vinaigre de grain, d'où il résulte, comme dans le premier cas, un précipité insoluble.

Pour rendre la fabrication du vinaigre de grain aussi profitable que possible, on doit la faire coïncider avec celle d'esprit ou d'eau de vie de grain.

PAIN D'ÉPICES. — La farine de seigle, associée au miel, entre dans la composition et fait même la base du *pain d'épices*. Cette sorte de mets, dont l'origine est fort ancienne, était très prisée des Romains et des Grecs, qui, comme on sait, associaient souvent les substances farineuses aux substances sucrées : ces derniers leur donnaient le nom de mélilates. Nos ressources gastronomiques sont maintenant si nombreuses, que le pain d'épices, que les anciens mangeaient avec tant de délices après leurs repas, semble indigne de figurer de nos jours auprès des gâteaux si variés de formes et de goût, connus sous la dénomination de *petit four*. Il est vrai de dire qu'on n'apporte plus le même soin à sa fabrication, et qu'aux miels si aromatiques et si suaves récoltés sur les monts Hymette et Ida, on substitue le miel commun et même la mélasse. Quoi qu'il en soit, nous allons indiquer les conditions qu'exige sa fabrication.

On doit faire choix, pour sa préparation, de la farine la plus sèche et la plus aromatique : ce n'est pas le grain le plus beau et le mieux nourri qui la fournit ; au contraire, c'est ordinairement celui qui, chétif et maigre, a été récolté dans les terrains les plus arides ; le miel doit être suave, aromatique, exempt, autant que possible, du couvain et de la cire qui accompagnent sa formation ou sa production.

La proportion la plus ordinaire, et qui varie cependant suivant la qualité des substances, est une partie de farine de seigle pour deux de miel. On fait chauffer ce dernier, on l'écume soigneusement et lorsqu'il est encore chaud on y projette la farine par portions et on brasse fortement avec une sorte de spatule pour rendre le mélange bien intime et éviter la formation de grumeaux ; on retire du four et on verse dans des sébiles pour faciliter le refroidissement de la masse. Lorsqu'il est opéré, on prend le contenu d'une ou plusieurs sébiles et on pétrit fortement, de manière à faciliter l'introduction d'une certaine quantité d'air; vers la fin de l'opération, on ajoute, soit de l'essence de fleur d'oranger (neroli), soit de l'essence de citron, ou bien encore de l'essence d'anis; puis, après l'avoir divisé par portions plus ou moins considérables, on y imprime des dessins, on y implante des amandes et on lui donne diverses formes au moyen de moules ou d'emporte-pièces. On introduit dans un four préalablement chauffé avec de la paille seulement. Lorsqu'on juge que la cuisson est complète, on retire du four et, avant le refroidissement, on dore la superficie de chaque pain avec des jaunes d'œufs battus. Cette opération lisse la surface et donne plus d'intensité à la couleur, qui doit être jaune bistre. C'est aussi à ce moment qu'on projette la nonpareille et qu'on fixe les fragments d'amandes à la surface.

La farine de seigle est employée dans l'art du tisserand pour préparer un parement qui donne à la chaîne la souplesse nécessaire au travail de la trame. Les proportions sont, en général : farine de seigle 1 li. ou 3 k., eau 6 li. ou 500 g. On fait cuire jusqu'à consistance d'empois, et on ajoute, muriate de chaux 1 once 32 gr.; ce dernier a pour effet de conserver au parement la demi-liquéfaction nécessaire à l'encollage.

CAFÉ DE SEIGLE. — Le seigle acquiert, par la torréfaction, une odeur qui rappelle celle du café : aussi l'a-t-on proposé, lors de la guerre continentale, comme succédané de cette semence exotique; mais bien que, de toutes les succédanées, elle fût l'une de celles qui réunissaient les conditions les plus favorables, son emploi était plutôt de nature à faire oublier l'usage de cette boisson intellectuelle, comme on l'a judicieusement appelée, qu'à le faire conserver.

SEIGLE ERGOTÉ. — Le seigle est de toutes les semences des céréales celle qui est le plus communément atteinte de l'ergot. Sous l'influence de cette maladie, les grains offrent l'aspect d'ergots : leur consistance est de nature cornée. Bien que cette al-tération fixe depuis longtemps l'attention des savants, on n'est pas encore bien d'accord sur sa cause et sa nature : les uns la regardent comme une excroissance fongueuse qui remplace les principes féculent et amylacé du grain; d'autres, et parmi eux M. Martinfield, attribue cette altération à la piqûre d'un insecte du genre musca, qui dépose dans la substance du grain, lorsqu'il est encore mou, une liqueur âcre et irritante d'une grande énergie. M. de Candolle l'a attribuée à la présence d'une sorte de champignon parasite du genre sclerotium, qui se développe dans la fleur, ou plutôt dans l'ovaire, et qui végète à la place du grain. M. Vauquelin pense que l'ergot est une sorte de dégénérescence de la substance du grain. M. Léveillé enfin, d'accord en cela avec M. de Candolle, regarde cette altération tuberculeuse comme étant due à la formation d'une sorte de champignon qu'il nomme sphacelia segetum. Quoi qu'il en soit de toutes ces hypothèses, le seigle ergoté offre les caractères physiques suivants : il est violacé à l'extérieur, blanc intérieurement; sa forme est cylindrique, ses extrémités sont plus ou moins effilées et recourbées en forme de croissant ou d'ergot; sa saveur est d'abord nulle ou presque nulle, puis elle devient âcre et désagréable.

Le seigle ergoté exerce sur l'économie animale, et particulièrement sur le système nerveux, une action délétère très puissante : introduit dans l'estomac par l'alimentation, il produit les plus fâcheux effets. C'est ainsi qu'il a déterminé souvent des épidémies gangreneuses, et notamment en Angleterre, en Allemagne, en Suisse et enfin en France, particulièrement dans la Sologne et l'Orléanais.

« Tous les exemples, » dit l'auteur de la Culture des grains, « prouvent que les épidémies n'ont généralement lieu qu'après les années de cherté ou de disette, où le peuple, manquant de pain, s'est jeté avec avidité et a consommé des blés nouveaux avant qu'ils eussent perdu, par la dessiccation, leur eau de végétation. » On sait, en effet, que les grains, quels qu'ils soient, froment, seigle ou orge, lorsqu'ils sont soumis trop nouveaux à la panification, déterminent des accidents quelquefois assez graves; il n'est donc conséquemment pas étonnant que la réunion de ces circonstances ne soit de nature à produire sinon des épidémies réelles, au moins des épidémies pour ainsi dire simulées ou factices. On a remarqué, et cette circonstance est fort importante, que la dessiccation diminuait sensiblement la propriété délétère du seigle ergoté.

On a, dans ces derniers temps, mis à profit la propriété éminemment stimulante du seigle ergoté pour favoriser le travail de l'accouchement. On a, en effet, remarqué que son action s'exerçait spécialement sur l'utérus. Un grand nombre d'observations confirment ce qu'on n'avait qu'entrevu; mais elles établissent aussi la nécessité de n'avoir recours à son emploi que dans les circonstances graves et avec les plus grandes précautions. Son usage est spécialement indiqué lorsque, par suite d'une sorte d'atonie de l'organe, il y a absence de douleurs, c'est à dire d'efforts pour l'expulsion de l'enfant; lorsqu'enfin l'accouchement pourrait se terminer par les seuls efforts de la nature, s'ils étaient assez énergiques.

Cette propriété si singulière du seigle ergoté a éveillé l'attention des chimistes : il importait, en effet, de connaître quelle était la nature des principes qu'il contient, et celle surtout de celui qui jouit d'une si grande énergie.

Examen chimique. — Il résulte d'une analyse que l'on doit au célèbre Vauquelin, que le seigle ergoté est composé d'une matière colorante jaune-rougeâtre ayant une saveur analogue à celle de l'huile de poisson, d'une matière huileuse blanche, d'une matière colorante violette semblable à celle de l'orseille, insoluble dans l'alcool, d'une matière putrescible azotée et qui diffère du gluten, d'un acide libre, probablement de l'acide phosphorique, et d'un peu d'ammoniaque.

D'après un travail plus récent de M. Wiggers, de Gottingue, le seigle ergoté serait composé d'une huile grasse, particulière, d'une matière grasse, *sui generis*, blanche, cristallisable et très molle, de cérine, de matière fongueuse, d'une matière âcre, très active, qu'il nomme *ergotine*, d'osmazôme végétale; de sucre analogue à celui des champignons, d'une matière gommeuse extractive combinée avec un principe colorant azoté, de couleur rouge de sang, d'albumine végétale, de phosphate acide de potasse, de phosphate de chaux combiné avec des traces de fer et de silice.

On voit, par ces analyses, que les principes ordinaires, l'amidon et le gluten, qui constituent le seigle sain, sont complétement dénaturés dans le seigle ergoté.

ORGE, *hordeum*, L.; famille des Légumineuses, J.

Ce fruit est un caryopse sillonné, enveloppé dans la glume, qui est persistante. Il est glabre, de couleur jaune-paille, un peu anguleux et marqué d'un sillon longitudinal.

La connaissance de l'orge remonte à une si haute antiquité, et cette graminée est maintenant tellement répandue, qu'il est difficile d'établir d'une manière précise le pays d'où elle tire son origine. Si l'on en croit les anciens auteurs, et notamment Pline, elle aurait servi de première nourriture à l'homme. Du temps de ce naturaliste, la farine d'orge, mêlée à l'eau et réduite en pâte, était administrée aux chevaux sous forme de bols pour développer leur énergie musculaire. Suivant le même auteur, les maîtres d'escrime, à Athènes, recevaient une pension annuelle d'orge, ce qui leur avait fait donner le nom d'orgiers, *hordearii*. Les vainqueurs aux courses participaient aussi à cette sorte de libéralité : ce n'est pas que l'orge y fût en grande estime comme substance alimentaire, car elle était presque exclusivement réservée pour la nourriture des chevaux, mais c'est qu'on lui attribuait, comme nous l'avons dit, une action toute spéciale sur le système musculaire.

La farine d'orge est bien inférieure en qualité à celle du blé et même du seigle ; elle est, comme on le dit vulgairement, plus courte ou moins élastique, elle est moins blanche et offre même une teinte rougeâtre. La proportion très faible de gluten qu'elle contient la rend peu propre à faire du pain, aussi est-on généralement dans l'usage d'opérer son mélange soit avec celle de froment, soit avec celle de seigle. Le pain qu'elle fournit isolément est assez nourrissant, mais d'une digestion difficile. Cette sorte de résistance à l'action des voies digestives prise au figuré a fait dire proverbialement de ceux qui sont réfractaires à l'influence de l'éducation, *grossiers comme du pain d'orge.* M. Guibert ne pense pas que son assimilabilité soit uniquement due à la présence de la substance ligneuse ou corticale, mais bien aussi au défaut de dissolubilité de la partie tégumentaire de granules féculents (1).

Examen chimique. — Analysée par Proust, la farine d'orge a fourni les principes suivants : résine soluble dans l'alcool, 1 p.; — extrait gommeux et sucré, 9; — gluten, 3; — amidon, 32; — *hordéine*, 55; — total, 100 p.

Suivant Vauquelin, 100 p. de la même farine contiennent 3,52 de gluten humide.

Bien qu'émolliente, la farine d'orge est rarement employée dans l'usage médical, on prend de préférence sa fécule amylacée ou amidon ; nous allons bientôt nous occuper de son extraction et de son emploi dans les arts.

Orge mondé et perlé.

L'orge dont on a enlevé l'écorce ou la pellicule au moyen d'une meule courante, prend le nom d'*orge mondé* ; on nomme *orge perlé* l'orge dont le grain a été arrondi par le frottement entre deux meules dont l'une supérieure et mobile est rayonnée in-

(1) Bien que les fécules ou amidons soient solubles dans le suc gastrique, ils ne le sont pas tous au même degré.

férieurement de cannelures plus larges à la circonférence qu'au centre, et l'autre inférieure fixe, garnie d'un drap et d'un cuir superposés et destinés à garantir le grain, pendant l'opération, du contact trop rude et trop contondant de la meule inférieure. Cette opération pour laquelle on prend de préférence l'orge nue et sèche s'effectuait principalement en Hollande, et la vente de l'orge ainsi préparée y est même encore l'objet d'un commerce assez considérable ; quelques fabriques existent maintenant en France et y fournissent presqu'au besoin de la consommation.

L'orge mondé s'emploie exclusivement en médecine comme rafraîchissant sous forme de décoction : cette boisson simple était connue des Romains sous le nom de *ptisanne*, dénomination qui s'est conservée jusqu'à nos jours, et qui a été étendue à un grand nombre d'autres boissons médicinales ; unie à la réglisse, elle forme la tisane commune des hôpitaux.

L'orge perlé est employé, en outre, dans le régime diététique comme adoucissant et nutritif ; il offre l'avantage de rétablir insensiblement les forces, sans jamais exercer de perturbation dans l'appareil digestif. On en fait, en Allemagne surtout, une grande consommation. Il fait la base des potages qui composent presque exclusivement le repas du soir.

De l'amidon et de son extraction.

Le produit le plus intéressant que l'orge fournisse aux arts est, sans contredit, l'amidon ; son extraction constitue l'art de l'amidonnier. La ville de Suze fut, suivant Pline, la première qui s'occupa de ce genre de fabrication. Cet art n'est pas sans inconvénient, car il est rangé parmi ceux qui sont insalubres ; il n'est pas seulement d'un voisinage fort incommode, il détermine des indispositions fort graves et surtout chez les ouvriers qui le pratiquent. Ces indispositions sont le coryza, les affections de poitrine et particulièrement l'asthme sec, nerveux ou convulsif.

L'orge est, après le blé, la semence qui fournit le plus d'amidon, aussi l'emploie-t-on de préférence, attendu, aussi, l'infériorité de son prix ; le plus ordinairement on y mêle du blé avarié et dont on ne peut tirer d'autre parti.

Pour obtenir l'amidon, on moud grossièrement l'orge, on fait tremper ensuite dans de grandes jattes remplies à moitié d'eau. Pour accélérer l'opération et faciliter l'altération du gluten et par suite l'isolement du principe amylacé, on ajoute un huitième ou un dixième d'eau provenant d'une opération précédente (elle est connue sous le nom d'eau sûre des amidonniers); la fermentation commence peu à peu à s'établir et elle se développe d'autant plus rapidement que le gluten est en plus grande proportion dans le grain employé et que la température est plus élevée. On laisse, au moyen d'ouvertures latérales, écouler cette première eau, qu'on nomme eau sure ou grasse, on lave le dépôt à plusieurs reprises en prenant les mêmes précautions, c'est à dire laissant précipiter l'amidon avant l'écoulement. On jette par portions sur des tamis ou des toiles métalliques pour retenir les matières les plus grossières; mais, comme ce dépôt se compose, outre l'amidon, d'une portion de son très ténue, on lave de nouveau; ce dernier, étant plus léger, occupe la surface, et on l'enlève avec soin jusqu'à ce qu'on atteigne l'amidon pur, que l'on reconnaît à son éclatante blancheur. On procède ensuite à la dessiccation qui s'effectue en le plaçant dans des paniers garnis de toile et portant à un séchoir approprié; lorsqu'il a subi un égouttage convenable, on le divise par portion sur des tablettes placées isolément et exposées à un courant d'air.

Les inconvénients qu'offre ce procédé et qui consistent dans la lenteur de l'opération et les exhalations putrides auxquelles il donne lieu l'ont fait abandonner par quelques industriels distingués. Nous avons indiqué, en parlant du gluten, comment M. Martin est parvenu à isoler les principes constituants de l'orge en employant l'analyse mécanique dans un établissement qu'il a créé à Vervins. Nous allons indiquer ici le procédé suivi à Graville, près Charenton-Saint-Maurice, pour obtenir un résultat semblable. Il consiste à introduire dans des sacs d'une toile peu serrée, mais résistante, du blé grossièrement moulu et qui a acquis du volume par son séjour dans l'eau, à placer ces sacs dans une auge circulaire et à faire passer continuellement sur ces sacs, sur lesquels tombe en même temps une certaine quantité d'eau, des cylindres cannelés, mus par un manége et imprimant à la matière une certaine pression. Par le contact de l'eau et à l'aide de la pression opérée par les cylindres, l'amidon est entraîné avec une certaine portion de gluten très divisée et à l'état *spumeux*; il est reçu dans des réservoirs qui sont destinés à le recueillir; il reste dans les sacs du son et une partie de gluten, une autre partie de celui-ci sort par les mailles de la toile, et il peut être recueilli soit pour la nourriture des animaux domestiques, soit, après purification, pour l'amélioration et la panification des farines de légumineuses.

L'amidon fait la base de la poudre à poudrer; sa fabrication a perdu beaucoup de son importance depuis qu'on en a abandonné l'usage dans l'art de la coiffure. Mêlé à l'eau dans des proportions convenables et chauffé graduellement, il forme l'*empois*. Cette préparation, bien que simple, peut, suivant certaines circonstances, produire des résultats différents; c'est ainsi qu'avec la même quantité d'amidon on peut obtenir des quantités différentes d'empois. On doit, pour obtenir le meilleur résultat, effectuer préalablement son dessèchement ou sa déshydratation. M. Payen a cherché à expliquer cette sorte d'anomalie. Suivant lui; la rupture des enveloppes ou téguments qui constituent les granules d'amidon serait l'effet, non de la solubilité, mais de la spongiosité de la matière qui le compose, de sorte que celle-ci formerait simplement un réseau dans les mailles duquel l'eau serait engagée. Ce fait peut s'établir de la manière suivante : si l'on met en contact, même à froid, de l'amidon avec de l'eau, celle-ci, bien que conservant sa diaphanéité, retiendra environ un millième de matière soluble dont la présence sera facilement décelée par l'iode. Si l'amidon a été mis en contact avec de l'eau chaude, une plus grande proportion sera dissoute et si on abandonne après l'addition de teinture d'iode, on voit se former et se précipiter un réseau composé des débris fibrillaires des cellules. Les sels et les acides favorisent cette séparation, le froid lui-même produit un résultat semblable.

Nous avons fait connaître l'histoire chimique de l'amidon en parlant du blé, nous n'y reviendrons en conséquence pas, mais nous croyons utile de rapporter ici les diverses analyses qui ont été faites de l'orge.

Examen chimique. — Einoff, qui s'est surtout occupé des fruits, des graminées et des légumineuses, a reconnu qu'avant sa maturité l'orge était composée d'un principe amer, insoluble dans l'alcool, précipitable par le chlore, l'alun et les sels d'étain, — de sucre incristallisable d'amidon, — de fibre ligneuse, — de gluten, — d'albumine avec phosphate de chaux, — d'une enveloppe verte contenant de l'amidon coloré, — d'une matière extractive et d'eau.

Le grain mûr est composé, suivant le même chimiste, de farine, — d'enveloppe corticale et d'eau — La première l'est elle-même des principes suivants : sucre incristallisable, — gomme, — amidon, — gluten et fibres réunies, gluten, — albumine, — phosphate de chaux et albumine, — eau.

On doit, en outre, à Proust l'analyse comparative suivante :

Orge germée.	Orge non germée.
Résine jaune. . 1 p.	1 p.
Gomme. . . . 15	4
Sucre. 15	5
Gluten. 1	3
Amidon. . . . 56	32
Hordéine. . . 12	55
100	100

L'orge germée ou malt est employée avec succès en décoction, comme tisane pectorale et adoucissante ; elle doit ses propriétés au mucoso-sucré qui s'y développe pendant la germination. Elle joue, en outre, un rôle fort important dans la fabrication de la bière.

Notre but, comme nous l'avons annoncé dans la préface, étant d'indiquer non seulement les caractères botaniques qui distinguent les fruits et les principes qu'ils contiennent, mais, en outre, leur utilité dans l'économie domestique et dans les arts qui s'y rattachent, nous allons faire connaître aussi succinctement que possible quelles sont les modifications qu'on fait subir à l'orge pour la préparation de la bière.

Bière.

Cette boisson alimentaire était connue des Romains sous le nom de *cerevisia*, cervoise, et des Grecs sous celui de *zithos* ; Théophraste la désigne sous le nom de *vin d'orge* : on attribue son invention aux Égyptiens. Elle est maintenant d'un usage presque exclusif dans les contrées septentrionales de l'Europe, elle y remplace le vin.

La première opération que l'on fait subir à l'orge, après l'avoir choisie saine et l'avoir criblée soigneusement, consiste dans la germination ou le *maltage* ; elle a pour objet le développement du principe sucré, dont nous avons parlé plus haut. A cet effet, on remplit d'orge des réservoirs en bois soigneusement jointoyés et on y fait arriver de l'eau de manière à emplir tous les interstices que laissent entre eux les grains ; on laisse tremper jusqu'à ce que l'orge, pressée entre les doigts, s'écrase facilement ; ce qui a lieu dans l'espace de vingt-quatre à trente-six heures, suivant la température de l'atmosphère. Lorsque le grain est dans cet état, on laisse écouler l'eau, on le porte ensuite au séchoir et on l'étale de manière à former une couche de trente à trente-cinq centimètres d'épaisseur ; on retourne le grain ainsi étendu plusieurs fois par jour, suivant la température, et on continue ainsi jusqu'à ce que la germination soit assez avancée pour que tout le principe sucré soit développé, ce qui s'effectue dans l'espace de dix à quinze jours. On porte ensuite le grain à la *touraille*; c'est un fourneau destiné à le sécher et qui présente une plate-forme assez étendue pour pouvoir y placer une quantité assez considérable de grain et arrêter ainsi presque instantanément la germination ; on l'agite pour accélérer la dessiccation et détacher les radicules et les plumules qui y étaient adhérentes. On le nettoie au moyen d'un crible, on le moud ensuite grossièrement, puis on le porte dans la *cuve à matière*. C'est dans cette cuve que s'opère le *démélage*; elle est garnie d'un double fond perforé de manière à laisser passer l'eau et à retenir l'orge pour la garantir de l'action directe du feu. On y place ensuite une couche de petite paille de seigle ou *balle* pour éviter l'adhérence (et augmenter, comme nous l'avons déjà dit, la fluidité du liquide); on fait arriver une quantité déterminée d'eau chaude, puis on brasse fortement (c'est de cette partie de l'opération que dérive vraisemblablement la dénomination de brasseur donnée à ceux qui fabriquent la bière). On couvre, enfin, soigneusement et, après avoir suspendu le feu, on abandonne pendant deux heures environ, puis on fait écouler le liquide au moyen d'un robinet placé à cet effet, dans un réservoir qui prend le nom de *reverdoir* et d'où on le fait arriver, à l'aide d'une pompe, dans la *chaudière à cuisson*. C'est alors qu'on ajoute le houblon dans des proportions qui sont généralement 3 7 liv. et demie ou (18 k. 750 gr.) de cette fleur aromatique pour 27 set. de drèche, ce qui équivaut à 500 p. par hectolitre pour la bière ordinaire dite de Paris. On porte ensuite à l'ébullition, en ayant le soin d'éviter, autant que possible, la déperdition des vapeurs chargées du principe aromatique. Après une cuisson d'environ trois heures, on laisse écouler de nouveau, au moyen d'un large robinet, le mélange de moût et de houblon dans une caisse en bois perforée au fond et garnie d'une toile ordinaire ou métallique. Cette sorte de caisse à filtra-

tion est placée sur un réservoir d'où la bière s'écoule dans des bacs qui offrent une très grande surface et qui ont pour objet d'effectuer le refroidissement le plus promptement possible. Elle est ensuite transportée ou mieux dirigée, au moyen de conduits, dans des barils ou *quarts* placés dans la halle ou chambre à fermentation et rangés deux à deux, les bondes inclinées l'une vers l'autre, pour faciliter, lors de la fermentation, l'écoulement de l'écume surabondante dans les baquets placés à cet effet, au dessous des quarts. Elle s'y sépare en deux parties : l'une qui n'est autre chose que l'écume liquéfiée et conséquemment une portion de la bière elle-même ; et l'autre, qui est le ferment proprement dit. Lorsque l'écume cesse de s'écouler, on juge que la fermentation est achevée, on redresse les barils et on procède à la clarification par le *collage*. Celui-ci s'effectue au moyen d'une solution de colle de poisson, dans un mélange d'eau alcoolisée et de bière, on ferme ensuite soigneusement les barils et on livre à la consommation.

La bière ordinaire doit être bue dans les trois ou quatre mois qui suivent sa fabrication ; conservée plus longtemps, elle passe à l'acétification Lorsqu'elle est forte et récente, elle peut fournir à la distillation jusqu'à 6,80 pour 100 d'alcool; si on l'expose au contact de l'air, elle se convertit en un vinaigre assez estimé pour remplacer, dans beaucoup de cas, le vinaigre de vin.

Considérée chimiquement, la bière renferme beaucoup d'eau, — de l'alcool, — du sucre, — de la gomme, — du gluten, — du ferment, — une matière extractive, — une matière jaune et amère fournie par le houblon, — des phosphates de chaux et de magnésie tenus en dissolution par des acides acétique et phosphorique.

Cette boisson se conserve d'autant mieux qu'elle est plus chargée des principes du houblon et qu'elle est plus riche en alcool; les principales variétés sont l'ale, le porter, le fars, le ginger beer, la bière blanche, la bière rouge, la petite bière. C'est à tort que, pour augmenter la force de la bière, on y ajoute des substances étrangères, telles que le poivre long, les baies de laurier, la gentiane, le buis et quelquefois même la strychnine; ces falsifications et l'addition de la dernière substance surtout sont d'autant plus blâmables qu'elles portent une atteinte grave à l'hygiène publique.

La bière, de même que le vin, mais moins souvent cependant, sert de véhicule à quelques substances médicinales; leur introduction ou leur mélange s'effectue soit pendant, soit après la fabrication. Le dernier moyen doit être préféré, attendu qu'il arrive souvent que les substances médicinales sont dénaturées pendant la fermentation, lors même qu'elles ne la troublent pas, ce qui est presque inévitable.

Les principales espèces et variétés d'orge sont, suivant M. Vilmorin qui en a établi la synonymie :

A. L'orge carrée, *hordeum vulgare*, L.

Grosse orge, qui a néanmoins six rangs; elle offre deux côtés larges et deux plus étroits. Son chaume, haut de trois à quatre pieds, est glabre, noueux; les feuilles sont alternes, engaînantes, lancéolées; l'épi est long de deux à trois pouces; il est muni de barbes longues et droites.

1º. *Escourgeon* ou *scourgeon*, orge d'hiver, très hâtive, très productive, abondamment cultivée en Flandre; estimée pour la fabrication de la bière.

2º. *Orge carrée du printemps*, *petite orge*, *hordeum vulgare*, *æstivum*; elle est très répandue dans le nord de l'Allemagne, et l'est moins en France, attendu qu'elle produit peu; comme elle grène facilement, il importe d'en hâter la récolte; la maturation peut d'ailleurs s'effectuer en andains. Moins avantageuse que la première pour le rendement, on l'emploie peu à la fabrication de la bière, encore moins doit-elle être mêlée, car sa germination ne s'effectue pas en même temps; elle est très rustique et peu difficile, conséquemment, sur le choix du terrain.

3º. *Orge noire*, *hordeum vulgare nigrum*. Elle est très remarquable par la couleur de son grain et très productive; son développement est assez lent.

4º. *Orge céleste*, *orge carrée nue*, *petite orge nue*. Elle doit cette dernière dénomination à ce que les valves de la balle s'écartent d'elles-mêmes à la maturité, et la graine reste nue; il est vrai de dire aussi qu'au lieu d'une écorce rude elle n'est recouverte que d'une pellicule légère, comme le froment et le seigle.

B. 5º. *Orge à six rangs*, *orge hexagone*, *hordeum hexasticum*, L., orge à six quarts; tige ou chaume assez haut, garnie de feuilles planes assez larges; épi plus gros que dans l'espèce précédente; à six rangs séparés par de profonds sillons. On peut la considérer comme étant estivale et hivernale, car elle se développe également bien, qu'elle soit semée au printemps ou à l'automne.

C. 6º. *Orge couverte à deux rangs*, *hordeum distichum*, L., orge pamelle ou pamoule; orge simplement dans presque toute la France, marsèche dans le Berri, baillarge dans le Poitou. Elle est cultivée, en France, dans presque tous les départements; les grains disposés sur deux rangs sont assez gros. Cette orge est surtout employée à la fabrication de la bière. Elle est assez productive dans les terrains un peu humides, mais elle exige une assez forte fumure.

7º. *Orge nue à deux rangs*, *grosse orge nue*, *hordeum distichum nudum*. Cette orge est d'une très belle apparence; son grain est assez gros et lourd, sa paille est belle; mais le premier ne se séparant que difficilement de l'axe, et l'autre étant plus cassant que flexible, ces inconvénients la font négliger et rejeter des usages économiques.

D. 8º. *Orge pyramidale* ou *en éventail*, *orge-riz*, *hordeum zeocritum*; son épi est court, pyramidal; les grains sont placés presque horizontalement, ce qui donne une direction oblique aux balles et simule ainsi les rayons d'un éventail. Cette orge est peu connue et peu commune en France.

E. 9°. *Orge trifurquée*; cette espèce, très remarquable par l'absence de barbes, figure assez bien un épi de froment, avec cette différence cependant que le sommet des balles est bifurqué et rappelle la forme d'une queue de poisson. Elle est plus curieuse qu'utile et plus intéressante conséquemment pour ceux qui enregistrent et observent les produits du sol que pour ceux qui les mettent à profit. Sa paille est très grosse et, conséquemment, peu susceptible d'être tressée.

AVOINE, AVEINE, *avena*, L.; famille des Graminées, J.

C'est une semence de forme cylindrique, couverte d'une enveloppe ou pellicule noire ou blanche, lisse, barbue au sommet; son parenchyme est blanc et farineux ou amylacé.

L'avoine croît naturellement dans certaines contrées, et notamment dans le nord de la Perse, où le voyageur Olivier l'a trouvée sauvage. Elle était connue des Romains, mais seulement comme plante fourragère; c'est aux Gaulois et surtout aux Germains qu'on doit l'usage alimentaire de cette semence, l'une des plus intéressantes de la famille des graminées. Ces peuples courageux et sobres furent les premiers qui imaginèrent de réduire le grain en farine et d'en préparer, avec l'eau et le sel, une sorte de brouet ou bouillie qui, dans leurs excursions guerrières, formait la base de leur frugale nourriture.

La farine d'avoine, bien que peu propre à la panification, attendu l'absence totale ou presque totale de gluten, n'en fait pas moins encore de nos jours la nourriture presque exclusive des habitants des montagnes du nord de l'Angleterre et de l'Écosse, de toutes les contrées enfin qui, par leur aridité, sont, pour ainsi dire, réfractaires à la culture des autres graminées, telles que le froment, le seigle, l'orge, le maïs.

Le pain d'avoine est compacte, lourd, sans liaison, d'une saveur amère et nauséabonde; sa digestion est difficile et il s'altère assez promptement : il a toujours été en si mauvaise estime que les statuts de certains ordres monastiques en prescrivaient l'usage par mortification.

Pour rendre l'usage de l'avoine plus approprié à la nourriture de l'homme, on a imaginé de séparer, par une mouture grossière et pour ainsi dire superficielle, le péricarpe et les balles qui enveloppent le grain; c'est ordinairement la variété connue sous le nom d'*avoine nue* qu'on choisit de préférence, parce que le grain n'y est enveloppé que très faiblement par les valves de la glume et qu'elles l'abandonnent d'ailleurs facilement : le grain ainsi dépouillé prend le nom de *gruau*.

Gruau d'avoine.

Le principe amer résidant principalement dans la partie corticale, la transformation en gruau a pour objet de rendre le grain à la fois plus nourrissant et plus adoucissant; aussi en fait-on dans cet état usage de préférence dans le régime diététique soit en potage, soit en tisane. Les habitants de la Bretagne, de l'Écosse et du nord de l'Angleterre se nourrissent presque exclusivement de gruau; les Russes en font aussi une grande consommation. Pour le rendre plus savoureux, on le prépare de la manière suivante (1) : on emplit une chaudière de l'avoine que l'on destine à être convertie en gruau, après avoir mis un peu d'eau dans la chaudière comme pour cuire des pommes de terre à la vapeur, on chauffe doucement sans remuer l'avoine, on place dans le centre un bâton de bois blanc qui plonge jusqu'au fond, et on reconnaît que l'avoine est assez cuite, lorsqu'en retirant le bâton on ne remarque d'humidité sur aucun point de sa surface; on suspend alors la cuisson, on

(1) Ce procédé a été indiqué à M. de Dombasle par un habitant de la Thurgovie.

vide la chaudière, on y met de nouvelle avoine avec de l'eau et on continue ainsi jusqu'à ce qu'on en ait assez pour une fournée. L'avoine ainsi cuite est placée sur l'air d'un four légèrement chauffé, et on l'abandonne jusqu'à parfaite dessiccation. Cette opération préalable a pour effet de donner à la fécule amylacée, qui compose la plus grande partie du grain, une contexture cornée qui lui fait résister davantage à l'action de la meule, comme on va le voir, et rendre en outre son assimilation plus facile. L'avoine ainsi desséchée passe successivement à deux moulins: le premier sert à enlever l'épeautre de la balle, et le second réduit le grain en gruau; les meules doivent être suffisamment espacées pour ne pas réduire en farine, et assez dures pour ne pas s'écailler.

Le gruau n'est pas seulement, comme nous l'avons dit, plus assimilable que la farine d'avoine et même que celle de froment, il est aussi plus léger; aussi le fait-on entrer de préférence dans certains mets d'office très délicats, tels que les crèmes, les biscuits, etc.; sa décoction forme une tisane rafraîchissante, très heureusement indiquée dans les fièvres inflammatoires, dans les inflammations de poitrine et les flux sanguins; on l'associe, dans ce dernier cas, avec beaucoup de succès, au lait de vache ou même d'ânesse. On préparait autrefois une sorte de limonade ou mieux d'oxycrat en laissant aigrir de la farine d'avoine dans l'eau; mais l'usage de cette boisson à laquelle on attribuait des propriétés stimulantes ou antiseptiques est tombé en désuétude.

On peut, dans la fabrication de la bière, remplacer l'orge par l'avoine; mais cette dernière renfermant dans sa composition, outre un principe aromatique, un principe amer assez abondant pour assurer la conservation de cette liqueur alcoolique, on doit diminuer la proportion habituelle de houblon. Cette substitution, qui s'effectue par nécessité dans certaines contrées septentrionales, est loin d'ajouter aux qualités de cette boisson; il faut même y être habitué pour que son usage ne répugne pas.

Le péricarpe et les balles d'avoine contiennent un principe aromatique qui rappelle d'une manière assez exacte l'odeur de la vanille. Ce principe, signalé d'abord par Parmentier, a été isolé et caractérisé par M. Journet: nous nous sommes assuré qu'il était assez abondant dans le péricarpe pour déterminer l'espèce d'appétence qu'ont certains animaux et surtout les chevaux pour cette graminée alimentaire. On doit en conséquence, dans la conservation du grain, éviter tout ce qui peut tendre à le faire dissiper. C'est ainsi qu'autant que possible le battage ne doit être effectué que suivant les besoins et qu'on doit garantir le grain de tout contact de l'humidité. Le principe aromatique étant soluble dans l'eau, on ne saurait trop s'élever contre l'usage frauduleux qui consiste à mouiller ou à faire tremper l'avoine pour augmenter son poids et pour lui donner une plus belle apparence, ou, comme on dit vulgairement et commercialement, *plus de main*. En effet, l'avoine ainsi macérée ne contient pas seulement moins de principes nutritifs sous un même volume, elle perd en outre, avec le principe aromatique, sa propriété stimulante; d'où il résulte que dans cet état son usage tend à énerver plutôt qu'à augmenter l'énergie musculaire des animaux qui s'en nourrissent.

L'avoine, en raison de sa forme allongée, échappant en partie à la mastication, surtout chez les vieux chevaux, on a proposé de la moudre grossièrement ou de la convertir en pain; ces pratiques, pour être profitables, ne doivent pas être exclusives: nous croyons qu'il y aurait avantage, par exemple, à les mettre en usage simultanément; c'est ainsi qu'on pourrait diminuer la quantité journalière d'avoine entière de moitié, et convertir l'autre en pain ou la remplacer par du pain d'orge qui, comme on l'a vu, excite puissamment l'énergie musculaire. On développerait et on entretiendrait ainsi l'activité et la force, ces deux conditions si importantes et si rarement unies chez les chevaux.

Examen chimique. — Il résulte, d'une analyse que l'on doit à M. Voyel, que la semence d'avoine, *avena sativa*, est composée de farine, 66; — enveloppe corticale, 34.

La farine est composée, d'après le même chimiste, d'amidon, 59, — albumine, 4,80, — sucre et principe amer signalé plus haut, 8,20, — gomme, 2,50, — huile grasse, 2, — matière fibreuse, 24; — total, 100 p.

Le gluten, comme on voit, ce principe qui joue un rôle si important dans la panification, n'existe pas dans l'avoine; il est remplacé toutefois par une matière grisâtre, albumino-glutineuse, qui reste dans les mains de l'opérateur lorsqu'on fait l'analyse mécanique de la farine d'avoine.

On distingue un assez grand nombre d'espèces et de variétés d'avoine; les principales sont :

1º. *L'avoine commune ou cultivée*, *avena sativa*, L. Elle se distingue par sa panicule lâche, quelquefois unilatérale, les épillets inclinés généralement composés de deux fleurs; la glume est formée de deux valves, lisses, striées; les grains ou caryopses sont allongés, leur couleur varie, elle est blanche, blonde ou noire; elle a vraisemblablement, par suite de la variété de climat, de sol et de culture, donné naissance à une grande partie des variétés qui vont suivre.

2º. *L'avoine d'hiver* présente les mêmes caractères généraux que celle qui précède, mais elle s'en éloigne par ses balles, qui sont rayées de gris brun, ses grains sont aussi plus lourds, leur maturité est plus précoce; cette avoine est assez rustique et résiste conséquemment assez bien aux intempéries

3º. *L'avoine noire* de Brie n'est aussi qu'une variété des deux précédentes; son grain est noir, court, renflé, bien nourri et pesant; elle est très estimée et très recherchée sur les marchés des environs de Paris.

4º. *L'avoine unilatérale ou orientale*, ou bien encore de Hongrie, de Russie ou de Pologne, *avena orientalis*; elle est très remarquable par la propension qu'ont les épillets à se porter du même côté du panicule; celui-ci est au moins aussi lâche que dans les espèces précédentes. Cette espèce se subdivise en deux variétés, qui sont l'avoine unilatérale à grains blancs et celle à grains noirs, signalée par M. Morel-Vindé; la dernière, ainsi que l'a observé cet honorable agriculteur, est très productive, plus tendre et conséquemment d'une mastication plus facile que l'autre, qui est surtout remarquable par la hauteur et la force de son chaume.

5º. *L'avoine nue ou à gruau*, *avoine* de *Tartarie*, *avena nuda*, L. Elle se distingue surtout parce que les caryopses ou grains ne sont pas ou que très faiblement enveloppés par les valves de la glume qui sont caduques; ils sont assez petits et moins productifs que ceux de l'avoine commune, mais résistant davantage aux intempéries et surtout au froid. Ces considérations la font préférer pour la fabrication du gruau, qui est, comme nous l'avons dit, la nourriture presque exclusive des habitants des contrées septentrionales.

6º. *L'avoine courte ou grêle*, dite *pied-de-mouche*, *avena tenuis*, *Willd.*, est très remarquable par ses barbes persistantes et genouillées; son grain est de moyenne grosseur, sa tige est longue et grêle, elle est très rustique et fort peu difficile sur le choix du terrain; elle est assez estimée, bien que peu productive.

7º. L'avoine de Lœffling, *avena Lœfflingiana*. Elle vient naturellement en Espagne et en Afrique et se distingue par une tige rameuse, une panicule bigarrée de vert et de blanc, des glumes inégales; les valves offrent sur le dos une arête blanche; cette avoine mûrit de bonne heure et croît dans les terres légères et sablonneuses.

On distingue encore *l'avoine de Géorgie*, celles de *Pensylvanie*, *fromentale*, *dorée*, *des prés*, *pubescente*, *à deux rangs*, *à deux barbes*, *à chapelet*, *folle*, etc.

RIZ, *oryza*, L.; famille des Graminées, J.

Il se distingue par les caractères suivants : panicule en épi terminal assez lâche, épillets uniflores, étamines de couleur purpurine au nombre de six, valves calicinales très petites ; le fruit ou semence est blanc, dur et de nature cornée, de forme oblongue, terminé en pointe au sommet ; demi-transparent lorsqu'il est dépouillé de la lépicène et de la glume qui sont persistantes ; la tige est grêle, cannelée, articulée, haute d'environ trois à quatre pieds.

Le riz est originaire de l'Inde et de la Chine où il croît spontanément ; on n'est pas d'accord sur le nombre de ses variétés ; cependant M. Leschenault-Delatour en a signalé une trentaine qui croissent à Pondichéry ; il les divise en deux classes : la première se compose des variétés du *nelon samba* au nombre de dix-neuf ; l'autre, de celles du *nelon kar* au nombre de onze seulement ; il règne une si grande obscurité dans leur synonymie qu'il y a lieu de soupçonner de doubles emplois. Quoi qu'il en soit, il existe pour plusieurs des différences assez notables, non seulement dans le temps qu'exige leur maturité, mais encore dans les parties accessoires du fruit ; c'est ainsi qu'il y en a de barbus et d'autres sans barbes ; la balle elle-même est tantôt brunâtre, tantôt violacée.

Le riz sans barbe, *oryza mutica*, est cultivé maintenant avec succès aux environs de Verceil (ancien département de la Sesia) ; sa tige est plus robuste que celle du riz aquatique, *oryza sativa* ; il exige aussi moins d'eau pour son développement ; c'est à tort cependant qu'on le désigne sous le nom de riz sec ; s'il est plus rustique et plus hâtif que le premier, ces avantages ne compensent malheureusement pas la suavité qui distingue celui-ci et la facilité avec laquelle il cuit.

Les différences de culture et de climat ont produit encore d'autres variétés de riz non moins intéressantes ; les principales sont pour les Indes, indépendamment de celles que nous avons signalées plus haut, le *benafouli* et le *gonondoli* ; pour la Chine, le *riz impérial* ; pour l'Amérique, celui des Carolines ; pour l'Europe, ceux d'*Espagne* et du *Piémont* : de toutes ces variétés, c'est la dernière qui est la moins estimée.

L'importance de cette graminée, qui nourrit la moitié du globe et dont l'usage est si simple et si facile, fait vivement regretter que les difficultés et les inconvénients qu'entraîne sa culture ne permettent pas d'utiliser par un bon système d'irrigation les terres incultes et marécageuses que nous possédons en France. L'influence délétère des rizières en Italie et en Piémont, bien qu'elle soit en partie dissimulée par les conditions que l'on impose à ce mode d'exploitation du sol, est encore telle que, si les vœux des amis de l'agriculture et de l'humanité étaient entendus, on augmenterait plutôt qu'on ne diminuerait le nombre des restrictions ou des entraves.

La récolte du riz doit être effectuée lorsque le chaume et la panicule sont de couleur jaune foncé ; sa conservation est assez facile, il suffit d'un pelletage fréquent qui a pour effet, en renouvelant la surface, de détruire l'espèce de charançon qui l'attaque et qui ne résiste pas à l'influence de la lumière et de la sécheresse.

Pour rendre le riz *marchand*, suivant l'expression commune, on le fait passer successivement dans divers cribles, où il éprouve une épuration préalable ; on lui donne ensuite, au moyen du mortier et du pilon ou mieux encore de moulins, comme on le pratique en Espagne, une sorte de façon qu'exige l'usage alimentaire, mais qui, le privant de son germe, le rend impropre à la reproduction.

Des essais plus ou moins heureux ont été tentés pour faire du pain de riz en opérant le mélange de sa farine avec celle du froment. Les proportions suivantes que l'on doit à M. Arnal paraissent remplir les conditions fort importantes de nutrition, de salubrité et d'économie; il a trouvé qu'en composant la pâte de 12 liv. de farine de froment, 2 liv. de farine de riz et 12 liv. d'eau, on obtenait 24 liv. de pain; tandis que 14 liv. de farine de froment et 12 liv. d'eau n'en donnent ordinairement qu'environ 18 livres; il attribue ce résultat à la fixation d'eau ou à une sorte d'hydratation de la fécule. On pourrait peut-être, avec plus de raison, l'attribuer à la proportion plus grande d'amidon dans la farine de riz que dans celle de froment. Quoi qu'il en soit, cette théorie fondée comme on voit sur un *rendement* plus considérable, qui n'est pas lui-même incontestable, a besoin d'être confirmée par l'expérience. Nous pensons aussi qu'on ne peut raisonnablement appeler pain de riz celui dans lequel cette substance n'entre que pour un septième; il serait plus judicieux de le désigner sous le nom de *pain au riz*. Quant à la propriété nutritive, elle peut être comparée à celle d'un pain dans lequel entrerait la même proportion de fécule de pomme de terre, et nous ne pensons pas que l'avantage d'être exotique soit de nature à lui faire obtenir sur cette dernière une préférence que rien ne justifie, comme on va le voir.

La lecture des observations de M. Arnal et la présentation à l'Académie de médecine du pain préparé, ainsi qu'on l'a vu plus haut, ont été l'objet d'une assez vive controverse entre les partisans de la propagation du riz en France et ceux qui la repoussent. Suivant les témoignages de MM. Larrey, Landibert et Planche, l'usage exclusif du riz aurait été peu favorable aux soldats tant dans les villes assiégées que dans les longues courses qu'ils firent, soit pour défendre le territoire menacé, soit pour effectuer des conquêtes; ils en auraient même éprouvé, suivant ces judicieux observateurs, une sorte de débilité et d'affaissement analogue à celle qu'on remarque chez les Orientaux et notamment chez les Indiens, pour lesquels cette nourriture est presque exclusive. Quant à la question d'économie

agricole, elle est suffisamment résolue par le danger qu'offre le voisinage des rizières. Au lieu de rendre les eaux de nos rivières stagnantes, desséchons plutôt nos marais et cultivons-y le froment, cette céréale indigène, la plus précieuse des graminées et incontestablement la plus propre à la nourriture de l'homme et des animaux. Gardons-nous de porter trop loin la manie des importations agricoles, augmentons nos ressources en améliorant nos produits; laissons à l'Indien la nourriture débilitante et la vie contemplative qui en est la conséquence et qui a tant de charmes pour lui; propageons chez nous le froment, cette source abondante d'énergie musculaire, cet agent si puissant d'activité qui ont bien aussi leurs avantages : il vaut toujours mieux être peuple conquérant que peuple conquis, surtout lorsqu'on a le savoir et la civilisation à échanger contre la barbarie; nos besoins sont d'ailleurs fondés le plus souvent sur des habitudes, il n'est pas toujours sage de les changer et surtout trop brusquement.

Les Turcs préparent avec le riz un mets qu'ils nomment *pilaw* et dont ils font grand cas; cette préparation est simple et consiste à faire cuire le riz dans du jus de viande et à l'assaisonner avec du sel, du safran, de la poudre de kari et du piment; son emploi dans l'Europe civilisée, bien que d'une importance moindre, n'en est pas moins très varié, il entre dans la composition et fait la base des potages gras et maigres; on en fait des entrées en l'associant à certaines volailles, cuit au lait, sucré, aromatisé et soumis dans un moule à l'action d'un four; il forme une sorte de gâteau ou plat d'entremets assez commun dans la cuisine bourgeoise.

On fait usage en médecine de la décoction de riz comme tisane rafraîchissante, on l'administre et elle est d'une efficacité incontestable dans l'inflammation des voies digestives; on l'aromatise souvent avec la teinture de cannelle.

On obtient en Chine, par la fermentation et la distillation du riz, une liqueur alcoolique connue sous les noms de *rack* ou d'*arack*; la dernière partie de l'opération étant généralement faite avec assez peu de soin, l'esprit de riz conserve une odeur d'empireume assez prononcée; pour la dissimuler autant que possible et pour rendre cette liqueur plus agréable, les habitants de *Goa* ajoutent des noix de coco brisées pendant la fermentation. Cette addition serait plus utile si elle était effectuée après la distillation, elle tendrait à diminuer plus efficacement l'âcreté de la liqueur. Le *samsée* des Chinois, le *sakka* des Japonais, l'*eau de Siam*, le *watky* du Kamtschatka ne sont autre chose que des liqueurs spiritueuses obtenues du riz fermenté; le *chony* et le *manduring* sont dans le même cas; la lie de ce dernier prend le nom de *show-choo*.

Le riz cuit dans l'eau, rapproché convenablement et mêlé à de la terre argileuse dans les proportions convenables, sert à mouler et à faire des ouvrages de sculpture très recherchés en Chine et au Japon; sa décoction, rapprochée convenablement et mêlée à une certaine proportion de muriate de chaux, forme un parement ou collage très estimé des tisserands. L'eau de riz amenée à une consistance convenable sert à apprêter certaines étoffes.

La farine du riz est employée en Chine pour suppléer à la quantité ou à la qualité des feuilles de mûrier pour la nourriture des vers à soie, on en saupoudre ces feuilles.

Examen chimique. — L'histoire chimique du riz devait fixer l'attention des savants; aussi avons-nous des analyses de cette graine si intéressante de MM. Vauquelin, Braconnot et Voyel, elles diffèrent peu entre elles; cependant M. Vauquelin n'a pu trouver le sucre dont la présence a été signalée par les deux autres chimistes. Nous avons déjà eu l'occasion de faire remarquer, en parlant de l'analyse de la farine de froment, que rien n'était plus facile, depuis qu'on connaît l'action du gluten et des acides sur les matières féculentes, que d'expliquer cette sorte d'anomalie dans des analyses faites par des hommes si distingués.

Il y a lieu de croire, en effet, que le sucre résulte de la réaction qui s'effectue entre les principes pendant l'opération. Il est à remarquer que ces analyses ont été faites à l'aide de la chaleur, et que celle-ci favorise, comme on sait, singulièrement les réactions.

L'analyse du riz par M. Vauquelin n'ayant pas été formulée, nous donnerons seulement celles de MM. Voyel et Braconnot.

Analyse de la *farine de riz*. (*Voyel*, Journal de Pharmacie, t. III.)

Amidon, 96; — sucre, 1; — huile grasse, 1,5; — albumine, 0,2; — sels, quantité indéterminée.

(*Analyse* de la *farine de riz*. (*Braconnot*, Annales chimiques, t. IV.)

Riz Caroline.		Riz de Piémont.	
Eau.............	5,000	Eau	7, 00
Amidon	85, 00	Amidon	83, 80
Parenchyme	4, 00	Parenchyme	4, 80
Mat. vég. animale.	3, 60	Mat. vég. animale.	3, 60
Sucre incristallis...	0, 29	Sucre incristallis ..	0, 05
Mat. gom. analogue à l'amidon..	0, 71	Mat. gom. analogue à l'amidon.	0, 01
Huile	0, 13	Huile	0, 25
Phosp. de chaux..	0, 40	Phosp. de chaux..	0, 40

Chlor. et phosp. de chaux, acide acétique... Sel vég., base cal., à base de potasse, soufre. } Traces.

Chlor. et phosp. de chaux, acide acétique... Sel vég., base cal., à base de potasse, soufre. } Traces.

Il est superflu de faire remarquer que l'enveloppe corticale du riz étant caduque, bien qu'assez persistante, le grain converti en farine ne fournit pas de son.

SORGHO, *sorghum*, L.; famille des Graminées, J.

On en connaît plusieurs espèces; mais deux seulement sont intéressantes et fixeront notre attention.

La première est l'houlque-sorgho, *holcus sorghum*, vulgairement connu sous le nom de grand millet d'Inde; elle offre les caractères suivants: panicule terminale, assez serrée vers la base, plus lâche au sommet ; la tige est un peu moins forte que celle du maïs ; les feuilles sont plus larges que celles des panics ou millets ; la semence ou caryopse est ovale, de couleur blanc jaunâtre ou pourpre foncé, suivant les variétés ; elle est moins grosse que celle du maïs et enveloppée dans la balle florale jusqu'à l'époque de la maturité.

Le sorgho est originaire de l'Ancien-Monde, il paraît indigène de l'Afrique et y forme encore l'une des principales nourritures de ses habitants ; les nègres en préparent une sorte de bière dont ils font le plus grand cas ; transporté aux Antilles, on l'y cultive maintenant avec succès et son usage y est même très répandu. Soit qu'on réduise son grain en farine et qu'on le convertisse en une sorte de pain, soit qu'on en nourrisse les oiseaux de basse-cour, son utilité est incontestable ; il tient le milieu entre le maïs et les millets ; inférieur en qualité au premier, il l'emporte sur les autres et paraît en outre résister plus facilement aux intempéries ; sa rusticité en a fait répandre l'usage en Italie, en Espagne, en Suisse, dans quelques parties de l'Allemagne et même de la France.

Les Italiens s'en servent pour préparer leur *polenta* ; c'est une sorte de bouillie diversement assaisonnée et d'un usage général ; elle accompagne aussi bien le bec-figue sur la table du riche que le macaroni sur la table du pauvre.

On prépare en Pensylvanie une sorte de boisson analeptique, analogue au chocolat, avec le *sorghum bicolor*. A cet effet, on torréfie légèrement les balles et les graines, on les broie ensuite au moyen d'un moulin à dents très serrées, on fait ensuite cuire la poudre qui en résulte avec du lait et du beurre jusqu'à consistance convenable, on passe avec expression et on sucre. On préfère généralement cette boisson au café et au thé, elle est moins aromatique et conséquemment moins échauffante et plus nutritive. Du reste, les farines de sorghos, en général, ne paraissent pas différer essentiellement de celle de maïs, même par la composition chimique.

La deuxième espèce est le sorgho sucré, *holcus saccharum*, millet de Cafrerie ; elle a beaucoup d'analogie avec celle qui précède ; la panicule est cependant plus lâche et plus grande ; ses semences sont renfermées dans les glumes persistantes, leur couleur est rouge indéterminé ou rouille.

Cette espèce est surtout remarquable par l'abondance de principe sucré que renferme sa tige ; elle offre en outre cette singularité que, contrairement à celle de maïs, sa tige conserve la saveur sucrée après la maturité du grain. Nous n'avons pas besoin de faire remarquer combien cette circonstance est importante pour l'exploitation de ce genre d'industrie.

PANIS ou PANIC, millet cultivé, *panicum miliaceum*, L ; famille des Graminées, J.

Panicule lâche, assez volumineuse ; fruit ou caryopse petit, globuleux, lisse et comme vernissé à sa surface, sa couleur est jaune ; il renferme, sous une sorte de péricarpe ou enveloppe corticale, une granule ronde dont le parenchyme farineux est de couleur blanc jaunâtre.

Cette plante, originaire des Indes-Orientales, est cultivée en Europe de temps immémorial, elle forme pour les contrées méridionales une ressource assez importante, on en cultive des variétés blanches et d'autres noirâtres ; elle était connue des anciens et rangée parmi les céréales ; son usage ne consistait pas seulement dans la nourriture de l'homme, mais aussi des animaux et notamment des volailles.

Sa culture est simple, elle n'est pas difficile sur le choix du sol, et est rarement sujette aux maladies qui atteignent les autres graminées ; mais il est fort difficile, lors de la maturité du grain, de le garantir de l'avidité incessante des oiseaux. Cette avidité est telle, en effet, qu'elle dispense souvent d'en faire la récolte. Pour éviter ce grave inconvénient, on suspend, à des cordes tendues horizontalement, des fragments de verre ou d'ardoise qui, agités par le vent, s'entre-choquent et produisent un cliquetis assez bruyant pour éloigner la gent volatile.

La fécondité du millet et la facilité avec laquelle il supporte les grandes chaleurs peuvent, dans certains cas de disette, le rendre d'un usage très précieux. Bien que la farine soit bise et peu substantielle, attendu la difficulté qu'on éprouve à séparer le péricarpe ou son de la fécule amylacée, cependant, mêlée à la farine de froment ou de seigle dans certaines proportions, celle de millet ou panic forme un pain assez bon et qui se conserve assez facilement. Il y a lieu de croire que le mot pain dérive de panis; c'est, en effet, l'une des premières graines qui servirent à faire du pain.

Les Arabes, après avoir écrasé grossièrement cette semence, soit entre deux pierres, soit dans des mortiers de bois, en préparent, pour leurs longues courses, des espèces de galettes qui lestent, avec assez de profits, leurs robustes estomacs. En Europe et notamment dans quelques uns des départements, on enlève les glumelles ou coques au moyen d'un pilon de bois, ou bien en faisant passer le grain entre deux meules de moulin convenablement espacées; on vanne et on emploie cette sorte de gruau dans l'art culinaire, on en fait des potages très savoureux et très nourrissants.

Le millet, réduit en poudre grossière et placé dans des circonstances favorables à la fermentation alcoolique, fournit une liqueur plus ou moins enivrante, suivant le degré de légèreté ou de spiritualité qu'on lui donne. Cette liqueur est connue en Afrique sous le nom de pombie.

Panis ou millet d'Italie.

Il diffère du précédent en ce que sa panicule est moins lâche; les épillets sont, en effet, si rapprochés qu'il semble ne for-

mer qu'un seul épi, ou qu'une seule masse fructifère; la graine est aussi un peu plus ovoïde; son enveloppe corticale est si résistante, qu'on est obligé, pour rendre la germination plus facile, de la faire macérer dans l'eau quelque temps avant de la confier à la terre.

Cultivée d'abord en Italie, cette graminée s'est bientôt répandue dans l'Europe méridionale et même centrale; car, si l'on en croit les vieilles chroniques, Charlemagne aurait ordonné que sa culture fût étendue à ses domaines. Ce haut patronage agissait plus puissamment alors que ne le font, de nos jours les comices agricoles mieux éclairés cependant; doit-on le regretter? non.

La récolte doit être effectuée un peu avant la maturité du fruit, pour éviter la perte qui résulterait, sans cette précaution, de l'avidité des oiseaux pour cette graine et de sa dissémination dans le transport au logis. Pour l'opérer, on coupe les épis à six ou huit pouces de leur base, on les réunit par paquets qu'on suspend dans un lieu aéré; lorsqu'ils sont suffisamment secs, on les frotte entre les mains ou on les frappe avec une baguette pour en séparer les grains.

Cette semence doit, en général, être consommée dans l'année; car elle prend, avec le temps, un goût de rance qui répugne même aux volailles dont elle fait, dans certaines contrées, la principale nourriture. Les oiseaux en sont, comme on l'a vu, très friands, aussi s'en fait-il un commerce assez important dans le voisinage des grandes villes, pour l'alimentation de ceux qui peuplent les cages et les volières; on la mêle, pour cet usage, à des graines de crucifères et notamment celles de moutarde blanche et noire, de navet, etc.

FÉTUQUE, *festuca*, L.; famille des Graminées.

On distingue plusieurs variétés de fétuque, les principales sont:

1°. La fétuque flottante, paturin flottant, vulgairement manne de Pologne ou de Prusse; elle offre les caractères suivants : panicule lâche assez longue, épillets cylindriques; semences assez petites de couleur jaune noirâtre extérieurement; parenchyme intérieur blanc de nature amylacée, assez savoureux.

Cette plante croît comme le riz dans les lieux humides; la récolte n'en est pas facile, aussi c'est généralement en fourrage plutôt qu'en graine qu'on l'emploie. Celle-ci est cependant, dans certaines contrées et notamment en Pologne, d'une utilité incontestable; elle exige malheureusement une manutention assez longue et assez difficile pour être appropriée à l'usage alimentaire; elle consiste à effectuer, au moyen du mortier et du van, la séparation de l'enveloppe corticale; le grain transformé ainsi en une sorte de gruau est assez recherché, on en prépare des potages au gras et au maigre, des bouillies, des boissons analeptiques, dans lesquelles le lait ou le vin sert de véhicule.

Elle doit la dénomination de manne de Pologne à une sorte d'exsudation sucrée qu'on remarque sur les épillets, lorsque la saison a été favorable et la température élevée.

2°. La fétuque ovine, *festuca ovina*, s'élève ordinairement moins haut que la précédente; cette circonstance rend la récolte de la graine encore plus difficile, aussi l'emploie-t-on de préférence comme fourrage. Si l'on en croit la fable, Andromaque en nourrissait les chevaux d'Hector.

IVRAIE, zizanie, *lolium temulentum*, L., famille des Graminées.

On en distingue plusieurs espèces, mais nous ne signalerons que les trois plus intéressantes :

La première est l'*ivraie annuelle* ou *enivrante*; sa graine, appelée vulgairement zizanie, est oblongue, sillonnée longitudinalement; sa saveur, lorsqu'elle est récemment récoltée, est acidule et désa-

gréable. Son usage, dans cet état, est dangereux, il détermine une sorte d'ivresse, l'assoupissement, des vertiges, des nausées et le vomissement. Il est vraisemblable que c'est de cette espèce qu'il s'agit dans l'Écriture sainte qui prescrit de séparer l'ivraie du bon grain; elle croît abondamment dans les blés, les seigles, les orges et les avoines. Le pain qui contient de l'ivraie est âcre et amer, son odeur est désagréable et repoussante; mais, comme cette préparation alimentaire n'est pas toujours faite avec le blé le plus pur, il est quelquefois difficile de s'en apercevoir immédiatement et d'en reconnaître la cause. Parmentier ayant remarqué, et cette circonstance est fort importante, que l'ivraie perdait par la dessiccation sa propriété délétère, il en résulte qu'on doit éviter l'emploi d'un grain, quel qu'il soit, récemment récolté. On ne saurait d'ailleurs apporter trop de soin au criblage et surtout à celui du grain consacré au semis; par cette sage précaution on évitera sa propagation et, par suite, la manifestation trop fréquente d'épidémie et d'épizootie qui n'ont souvent pas d'autres causes. Il est à remarquer que celles-ci suivent presque toujours les années de disette et de mauvaises récoltes; dans ces circonstances, une nécessité impérieuse obligeant à livrer le grain à la consommation à mesure, pour ainsi dire, qu'il est récolté, il n'est pas étonnant qu'on en ressente les fâcheux effets.

La seconde est l'ivraie vivace, *lolium perenne*, L.; *ray-grass*, *gazon anglais*. Moins productive que la précédente, elle n'est pas moins fort utile pour l'ornement des jardins; elle figure avec avantage dans la composition des prairies artificielles, mais elle est surtout employée à former les pelouses et tapis verts. Sa culture est, sous ce rapport, en Angleterre principalement, l'objet des soins les plus minutieux; aussi est-elle pour les étrangers un objet de surprise et souvent d'admiration.

Enfin l'ivraie d'Italie, *lolium italicum*, L. Elle se distingue des espèces qui précèdent par ses épillets généralement plus composés, sa graine un peu moins allongée, assez régulière. Cette graminée commence à se propager en Allemagne et en Suisse ; elle a été importée d'Italie, où elle est cultivée avec succès ; elle a une activité de végétation prodigieuse et peut produire trois ou quatre coupes par année. Le semis doit en être effectué en automne et dans la proportion de 40 kil. par hectare, ou 4 livres par arpent.

LUPIN, *lupinus albus*, L.; famille des Légumineuses, J.

Il s'offre sous la forme de graines orbiculaires aplaties, de couleur jaunâtre, réunies au nombre de trois à cinq dans une gousse oblongue. Ce fruit est connu de temps immémorial ; les Grecs le comptaient parmi leurs légumes ; il a été célébré par leurs poètes ; il forme, au rapport de Columelle, un bon aliment pour l'homme et le gros bétail, lorsqu'il a été macéré dans l'eau ; cette opération avait pour but de le priver d'une partie de son amertume, mais il devait néanmoins fournir un *triste* manger, suivant l'étymologie assez problématique de Virgile, qui fait dériver lupinus de *αυτοy*, tristesse. M. Achille Richard assure cependant que les Florentins en préparent un mets dont ils sont très friands. Le lupin formant, du temps de Pline, la nourriture presque exclusive des stoïciens et des pauvres, nous devons croire que ces habitants de la Péninsule italique ont conservé les vertus de leurs pères, ou ont fait faire de bien grands progrès à l'art culinaire.

La farine de lupin est résolutive et employée comme telle sous forme de cataplasme ; elle est, en outre, employée en Égypte comme cosmétique pour adoucir la peau : à cet effet, on la fait bouillir dans l'eau ou le lait de chameau.

LOTIER comestible, *lotus edulis*, L.; famille des Légumineuses.

C'est une gousse cylindracée renfermant des graines sphéroïdes. Sa saveur douce, sucrée, analogue à celle des petits pois, la fait cultiver avec assez de succès dans le midi de l'Europe, dans le nord de l'Afrique et surtout en Égypte, où sa pulpe succulente est très recherchée. On a proposé de le cultiver sous le climat de Paris ; mais il n'est pas venu à notre connaissance que des essais aient été tentés.

LOTOS NÉLUMBO, fruit du Nil, *nelumbium lotus*, famille des Hydrocharidées.

Ce fruit s'offre sous la forme d'un cône celluleux, renversé, dans lequel les graines ou carpelles sont implantées dans presque toute la longueur, et un peu saillantes à la face aplatie qui forme la base du cône renversé. Ces graines, vulgairement appelées fèves d'Égypte, sont au nombre de quinze à vingt et renfermées dans des espèces d'alvéoles qui ont fait comparer le fruit à un rayon circulaire de miel.

La fève d'Égypte acquiert par la torréfaction un goût assez agréable et forme, dans cet état, un produit alimentaire assez recherché ; mais, malheureusement, la belle plante qui le fournit et qui, au rapport de Strabon, formait au milieu du Nil des masses de verdure, où l'on allait prendre des repas délicieux, n'existe plus. Les *fabetta*, les lis du Nil ont disparu, on n'en trouve plus de traces que sur les monuments religieux, où ses tiges en faisceaux ornent les côtés des piédestaux qui supportent les statues égyptiennes ; ses fruits et ses fleurs couronnent la tête de l'Antinoüs antique et sont sculptés sur la base de la statue du Nil.

LOTOS COLOCASE, fruit du *nymphæa lotus*, L.; famille des Hydrocharidées.

Ce fruit a la forme d'une capsule de pavot, il renferme un grand nombre de petites semences globuleuses qui, par leur forme et leur volume, rappellent celles du millet.

La plante qui le fournit est également aquatique; elle croissait autrefois abondamment dans les eaux du Nil, circonstance qui l'a fait confondre avec le lotos nélumbo par les anciens auteurs et notamment par Dioscoride; elle en diffère, en outre, par la propriété nutritive de sa racine qui est tuberculeuse et féculente.

Les semences du lotos colocase formées presque entièrement de matières amylacées servaient, autrefois, à préparer une sorte de pain. La récolte du fruit était assez difficile et ne pouvait s'opérer, comme celle de la fétuque flottante, qu'au moyen de bateaux; l'isolement de la graine n'était pas plus facile, elle ne pouvait s'effectuer que par la destruction des capsules. A cet effet, on les entassait pour les faire pourrir, puis, par une sorte de lévigation qui entraînait les membranes capsulaires, en partie détruites, on recueillait la graine qu'on faisait ensuite sécher, soit au soleil, soit au four; puis, enfin, on procédait au broiement et à la panification.

CHAPITRE SEPTIÈME.

DEUXIÈME CLASSE.

FRUITS SUCRÉS.

Les fruits qui composent cette classe fournissent à l'analyse du sucre concret ou incristallisable (l'un d'eux cependant, la datte fournit du sucre cristallisable), de la gélatine (acide pectique), et un principe féculent ou amylacé. La réunion de ces principes fait qu'ils sont, en général, adoucissants et pectoraux; aussi offrent-ils à la médecine un utile secours; ils sont, en outre, assez nourrissants pour entrer dans le régime diététique comme aliments, non exclusifs toutefois. La présence du sucre dans ces fruits, sa prédominance, rend leur conservation assez facile; on la favorise d'ailleurs par une demi-dessiccation.

Sommaire. *Figue commune; Figue des Indes; Datte; Doum; Jujube; Lotos; Sébeste; Casse; Caroube* ou *Carouge Sapotille; Coquemolle.*

14

FIGUE, fruit du figuier commun, *ficus carica*, L. ; famille des Urticées, J.

Elle se distingue des autres fruits en ce qu'elle est formée par le réceptacle dont les parois épaissies renferment la fleur d'abord qui occupe le sommet ou la partie voisine de l'œil ; puis au dessous une prodigieuse quantité de petites drupes charnues contenant chacune une graine à enveloppe crustacée (Sicones de Mirbel). La fécondation s'opère conséquemment dans le réceptacle même, et elle est suivie d'une affluence considérable d'un suc laiteux, que la maturation convertit en principe sucré.

Le figuier, originaire du midi de l'Europe, est maintenant naturalisé dans presque tous les climats tempérés ; dans ceux où il est indigène, il fournit deux récoltes, il n'en fournit qu'une dans les autres ; il n'est pas seulement remarquable par la singularité de sa fructification, mais bien aussi par la majesté de son port et la richesse de sa végétation ; tantôt il forme à lui seul un buisson touffu, tantôt sa tige s'élève droite et se couronne d'une belle cime ; tantôt enfin il étend ses rameaux en éventail et présente ses fruits à l'action vivifiante de l'air et du soleil. On remarque sur le même arbre deux sortes de figues ; les unes, généralement assez grosses, occupent la partie moyenne des branches et mûrissent en juillet, on les appelle *figues-fleurs* ; les autres, qui surgissent aux extrémités, sont plus petites, mûrissent plus tard et sont aussi plus sucrées ; elles prennent le nom de *figues d'automne*.

Les Romains désignaient leurs figues d'après le pays d'où elles avaient été tirées ; c'est ainsi qu'ils avaient les figues noires d'Alexandrie, les rhodiennes, les africaines, les chalcédoniennes, etc. D'autres portaient les noms des personnages célèbres ou qui les avaient fait connaître. Il existait à Rome, du temps de Pline, au milieu du Forum, un figuier que l'on cultivait en mémoire de Romulus et Rémus ;

on pensait qu'il avait servi de retraite à la louve qui les allaitait.

Bien qu'ils cultivassent le figuier, les Romains ne possédaient vraisemblablement pas les meilleures espèces, car on raconte que Caton fit enfin résoudre Rome à la troisième guerre punique, en jetant, au milieu du sénat, des figues venues de Carthage en trois jours de navigation. Lorsqu'il vit les sénateurs se récrier sur la beauté de ces figues, il leur dit : « Eh bien ! la terre où croissent ces fruits merveilleux n'est qu'à trois journées de Rome. »

En général, le volume des figues varie de celui d'une prune à celui d'une poire de moyenne grosseur ; elles sont ou piriformes ou sphériques. Le nombre des variétés de figues que l'on doit à la culture est très considérable ; néanmoins on peut les diviser en deux classes principales, la première comprend les *fruits verts*, *jaunâtres* ou *blancs* ; telles sont la figue blanche ou grosse blanche ronde, abondamment cultivée aux environs de Paris et notamment à Argenteuil ; la *figue marseillaise*, l'une des plus exquises ; son volume est égal à celui d'une prune de *reine-claude*, elle est blanche et très sucrée ; et un grand nombre d'autres variétés que nous signalerons plus loin. La deuxième classe comprend les figues violettes proprement dites ; elles se distinguent, en outre, par leur forme sphéroïde, leur volume assez gros, leur surface striée, leur couleur violet foncé extérieurement, rouge vineux intérieurement ; telles sont la *grosse violette longue* ou *figue aubique noire*, la figue-poire ou de Bordeaux, la *figue verte brune*. Elles sont généralement cultivées en Provence et y fournissent deux récoltes ; celles qui proviennent de la première, et qu'on désigne, comme nous l'avons dit, sous le nom de *figues-fleurs*, sont généralement moins estimées ; les autres sont plus petites, plus sucrées et se conservent beaucoup plus facilement ; cette seconde récolte s'effectue ordinairement dans les mois de septembre et octobre. La différence que l'on remarque dans la maturation des fruits résultant de ces deux récoltes prouve, d'une manière incontestable, l'influence qu'exerce la température sur cet acte de la végétation. Si l'on examine les fruits fournis par le même arbre à ces deux époques, on y remarque des différences notables dans leurs principes constituants. C'est ainsi que, dans les mois de mai et juin, la végétation étant très active et partant la sève, pour ainsi dire, surabondante, le fruit atteint son maximum de développement ; mais la température étant alors peu élevée et les principes trop étendus, il en résulte que la réaction est faible et la maturation incomplète. Pendant les mois de juillet et août, au contraire, l'élévation de température étant plus grande et l'affluence d'eau de végétation étant moindre, le fruit ne peut atteindre un volume aussi considérable, et il en résulte que la réaction est plus puissante, et conséquemment la maturation plus complète ; ce qu'il y a de certain, c'est que les proportions relatives de gélatine et de sucre sont tellement changées que le dernier semble s'être formé aux dépens de l'autre.

On emploie divers moyens pour hâter la maturité des figues. Le plus anciennement connu et que l'on désigne sous le nom de caprification consiste à prendre des branches de figuier sauvage et à les lier aux branches du figuier domestique, ou à placer sur un figuier qui ne produit pas de figues-fleurs ou figues-primeurs, quelques unes de celles-ci enfilées et suspendues. L'insecte ou moucheron du genre cynips (1), qu'elles renferment chargé du pollen de leurs fleurs, en s'introduisant dans la figue domestique, y féconde ses fleurs, ou plutôt l'altération qui en résulte hâte la maturation et rend même le fruit plus savoureux et plus appétissant lorsqu'on le mange frais. Cette opération n'est pas indispensable, car, dans certaines contrées, on se contente de piquer les figues avec une épingle trempée dans l'huile ; dans d'autres, on pratique une petite in-

cision à l'extrémité supérieure du fruit là où sont plus spécialement les fleurs, comme nous l'avons dit plus haut. Les cultivateurs d'Argenteuil se contentent de pincer l'extrémité des branches fructifères quand les figues sont bien arrêtées. Cette pratique, en hâtant la maturité des figues-primeurs, arrête le développement des figues d'automne qui ne mûrissent jamais sous notre climat, et qui, étant une anticipation sur l'année suivante, diminuent d'autant la récolte.

Le poète des jardins a décrit le phénomène de la caprification, au moyen des insectes, dans les vers suivants :

Le même art dans la Grèce exerça son pouvoir ;
Les insectes, nourris sur le figuier sauvage,
Du figuier domestique approchant le feuillage,
Faisaient pleuvoir sur lui ces globules féconds
Dont leur trompe, en volant, avait saisi les dons.

Le docteur Pernotti, dans le but de dissiper les doutes qui régnent encore sur ce mode de fécondation artificielle, a fait dans le Levant l'expérience suivante : « J'ai suspendu, » dit-il, « à une branche de figuier portant des fleurs femelles un groupe de fleurs mâles désignées dans l'Archipel sous le nom d'ornos, et je l'ai entouré d'un filet à mailles très fines, afin d'empêcher les insectes qui transportent le pollen de voltiger sur les autres rameaux : les fleurs femelles qui vécurent dans le voisinage des fleurs mâles furent toutes fécondées et leurs fruits parvinrent à maturité, tandis que les autres figues dispersées sur le même arbre tombèrent sans être mûres ; j'ai caprifié, » ajoute cet observateur, « tous les figuiers que j'avais dans mon jardin, et j'en ai obtenu des fruits en abondance ; j'ai abandonné à la nature les figuiers d'un autre jardin que j'avais à ma disposition, et ces derniers ne produisirent aucun fruit. »

M. Pernotti a enfin observé que, dans les années où ces cynips sont en petit nombre ou disparaissent entièrement, la récolte des figues est d'ordinaire très faible ou tout à fait nulle.

(1) Cet insecte, de l'ordre des hyménoptères, est noir et long d'une ligne environ.

Les figues fraîches sont servies sur nos tables comme hors-d'œuvre, c'est à dire pour stimuler les organes digestifs ; sèches, ou plutôt demi-sèches, elles y figurent au dessert unies à d'autres fruits secs sous la dénomination de quatre-mendiants. Leur usage est d'une bien plus haute importance dans les pays méridionaux ; elles y forment, en effet, l'aliment presque exclusif des habitants des campagnes, surtout pendant l'hiver. Leur propriété nutritive est connue de temps immémorial. Pythagore, juré des athlètes, fut le premier qui leur en prescrivit l'usage comme étant éminemment fortifiantes ; Caton, chargé de déterminer la ration de vivre des laboureurs, voulait qu'on diminuât la quantité des autres aliments pendant la saison des figues.

Pline leur accorde de grandes et nombreuses propriétés ; mais, comme la plupart sont loin d'être constatées et qu'elles semblent plutôt dériver de préjugés que des principes qu'elles contiennent, nous nous abstiendrons de les signaler. Nous nous bornerons à dire que leur suc, pris avant leur maturité, fournit à l'analyse une substance analogue au caoutchouc (gomme élastique) et un principe âcre susceptible de produire sur la peau une sorte de prurit fort incommode ; pris intérieurement, il peut, dans certains cas, provoquer le vomissement. Ces principes disparaissent pendant la maturation, et ils sont remplacés par de la gélatine ou du sucre ; plus elle est complète, plus ce dernier semble prédominer. Le suc qu'elles fournissent est alors susceptible de passer à la fermentation alcoolique et à l'acétification. Les anciens étaient dans l'usage d'en frotter leur viande, tant pour faciliter leur conservation que pour leur donner plus de suavité. Cette circonstance est en contradiction avec le préjugé qui fait regarder comme indigeste l'usage simultané des figues et des corps gras.

Les histoires saintes et mythologiques font souvent mention de ce fruit ; les citations suivantes que nous empruntons à M. Charles Malo nous dispensent de faire preuve d'érudition et nous fournissent l'occasion de signaler, sous ce rapport, *sa Corbeille de fruits* (1) : « Jésus-Christ, » dit cet auteur après avoir fait l'énumération des signes qui doivent annoncer la fin du monde, « ajoute cette comparaison : *Quand les rameaux du figuier sont tendres, et qu'il pousse des feuilles, vous connaissez que l'été est proche ; de même, quand vous verrez toutes ces choses, sachez que le fils de l'homme est proche.* Le Sauveur, en recommandant à ses disciples de se défier des faux-prophètes, ajoute : *Vous les connaîtrez à leurs fruits. Cueille-t-on du raisin sur des épines, ou des figues sur des chardons ? le bon arbre ne peut produire de mauvais fruits, ni le mauvais arbre produire de bons fruits.* Nous citerons encore cette autre parabole du figuier tirée de l'Évangile selon saint Jean : *Un homme plante un figuier dans sa vigne, au bout de trois ans il ne produit rien ; le maître veut le couper, le vigneron demande qu'on le laisse encore une année.* Enfin on lit dans la Bible que le prophète Isaïe guérit le roi Ézéchias d'un ulcère mortel par l'application d'un cataplasme de figues.

Le figuier était consacré à Saturne et à Mercure, à la fête Plonteria en l'honneur de Minerve Agraule ; on dépouillait la statue de la déesse et on l'en ornait. Ce jour était regardé comme un jour malheureux, on y portait en procession des figues sèches, parce que c'était, disait-on, le premier fruit que les hommes eussent mangé après le gland. Les Cyrénéens, pendant les jours de fêtes, couronnaient de figues fraîches les statues des dieux, surtout celle de Saturne.

La célébration de fêtes sacrées ou profanes ayant toujours eu pour objet de rendre hommage aux dieux pour en obtenir des biens ou pour détourner leur colère, il était naturel de leur offrir des dons. Aussi les fruits étant, dans les temps primitifs, ce que les hommes avaient de plus précieux, ils furent les premières of-

(1) La Corbeille de fruits, chez Janet, libraire.

frandes placées au pied des autels. C'est ainsi que les figues furent consacrées à Saturne, le blé à Cérès, le raisin à Bacchus.

« Les anciens, » dit M. Mirbel (Histoire des Arbres fruitiers), « n'estimaient rien de plus doux que la figue, c'est ce qui avait donné lieu chez eux au proverbe *ficus edit*, pour exprimer le goût de ceux qui vivaient dans la mollesse et qui aimaient les mets délicats. Ils en préparaient, par la fermentation, un vin qu'ils nommaient *sycite*, et un vinaigre assez estimé ; leur usage est encore très commun dans l'Archipel et notamment dans l'île de Scio.

Les figues ne mûrissant pas à la fois, leur récolte exige une surveillance presque continuelle, et la cueillette doit en être effectué successivement et à mesure que la maturation se développe. Bien qu'elle se continue lorsque le fruit est séparé de l'arbre, cependant il convient d'attendre qu'elles aient atteint leur maximum de maturité, qui se manifeste par l'amincissement et la gerçure de l'enveloppe externe et par l'apparition d'une larme sucrée qui s'échappe de l'œil. On doit choisir de préférence un temps sec pour en opérer la récolte. On les place ensuite sur des claies, en ayant le soin de les isoler autant que possible, et on les expose à l'ardeur du soleil, si la saison est favorable, ou à la chaleur tiède d'un four si elle ne l'est pas. On doit avoir le soin de les visiter souvent, pour les retourner et retirer celles qui tendent à se gâter et qui provoqueraient infailliblement l'altération de celles qui sont saines. Lorsqu'on juge qu'elles peuvent se conserver, on les introduit dans des sacs que l'on suspend dans des pièces suffisamment aérées, et elles servent pour les besoins journaliers, ou bien on les range, dans des caisses, de manière à laisser entre elles le moins d'interstices possible ; les qualités supérieures sont enfermées dans des corbeilles et réservées pour les tables somptueuses. Il se fait un commerce considérable de figues, Marseille en exporte à elle seule pour des sommes énormes.

Ce fruit a l'inconvénient de se laisser attaquer par les larves (chenilles) de deux espèces de teigne; on ne connaît aucun moyen d'éviter ce genre d'altération ; lorsqu'il se manifeste, on doit s'empresser, pour rendre la perte moins considérable, d'en extraire, par la fermentation, une liqueur alcoolique ou d'en nourrir les animaux de basse-cour.

Les figues sont béchiques, pectorales et adoucissantes; elles doivent ces propriétés à la réunion, dans des proportions assez notables, des principes sucré et gélatineux; elles sont, à ce titre, partie des *fruits pectoraux*. Quant à la propriété qu'on leur attribue dans certains pays de favoriser le travail de l'accouchement, nous la signalons sans y ajouter foi. Il n'en est pas de même quant à l'application de leur pulpe sur certaines tumeurs enflammées; elle agit comme émollient et calme la douleur. Mâchées, elles détergent les ulcères des gencives et du voile du palais; aussi entrent-elles dans la composition des gargarismes résolutifs; on prend de préférence, pour l'usage médical, celles dites violettes ou grasses.

Désirant connaître la nature du principe sucré contenu dans les figues, nous avons fait macérer, dans suffisante quantité d'eau, une livre ou 500 gr. de ce fruit (espèce blanche du commerce dite *figue de Marseille*), coupé par morceaux et légèrement pisté; le mélange placé dans un lieu frais, pour éviter que la fermentation ne s'y établît, a été abandonné pendant 12 heures; passée, après ce laps de temps, sans expression, la liqueur a été filtrée et évaporée jusqu'à consistance d'extrait. Nous avons traité celui-ci par de l'alcool à 36 degrés et fait rapprocher le soluté alcoolique au bain-marie; le liquide sirupeux qui en est résulté avait une saveur sucrée assez franche, mais il n'a fourni aucune trace de cristaux; il s'est, avec le temps, transformé en une masse concrète formée de tubercules analogues à ceux qu'offrent le sucre de raisin et en général les sucres incristallisables de fruits.

On assure que les Romains faisaient entrer le suc ou jus de figue récemment extrait dans la composition d'une espèce de mortier indestructible; si le fait est vrai, ce suc devait être extrait avant la maturité du fruit, car dans cet état il est plus adhésif.

Espèces et variétés de figues.

Nous suivrons, dans leur énumération, l'ordre adopté par Duhamel et ses continuateurs.

PREMIÈRE CLASSE.

Figues blanches, jaunes ou jaunâtres.

Figue blanche commune des Provençaux. Elle a environ deux pouces de diamètre sur un peu moins de hauteur; elle est turbiforme, sa peau est lisse, de couleur vert pâle ou blanchâtre, sa saveur douce peu astrictive. La figue d'Argenteuil n'est qu'une sous-variété de celle-ci, elle est un peu plus petite, ce qui est évidemment dû à l'influence moins favorable du climat. On en fait ordinairement deux récoltes. Les fruits d'été naissent sur le bois de l'année. En Provence, les fruits de la première récolte, qu'on nomme figues-fleurs, sont moins estimés que les autres; sous le climat de Paris, c'est le contraire.

Figue de Salerne. Cette figue est blanche, globuleuse; elle a de dix-huit à vingt lignes de diamètre. Le pédoncule qui la supporte est très court, l'œil est très prononcé et tellement concave qu'il retient souvent l'eau du ciel, d'où résultent son introduction et par suite l'altération du fruit. Cette variété est très hâtive, sa saveur est douce et mucilagineuse lorsqu'elle est fraîche, et très sucrée lorsqu'elle est sèche. Elle est très estimée.

Figue de Grasse. Elle est blanche, comme ramassée sur elle-même; sa saveur est fade. Celle qui résulte de la récolte d'automne est un peu plus sucrée, mais elle est généralement peu estimée et partant peu cultivée.

Figue de Marseille. Elle est petite, globuleuse, d'un vert-pâle; sa pulpe est rouge, très sucrée et très suave; elle exige, pour acquérir son maximum de maturité et conséquemment les qualités qui la distinguent, un climat favorable; aussi ne se récolte-t-elle généralement bien que sur les côtes de la Provence et particulièrement aux environs de Marseille: elle est, sans contredit, la meilleure et la plus estimée.

Figue de Lipari ou *petite blanche, ronde.* C'est la plus petite de toutes celles qu'on cultive et qu'on mange en France; son volume dépasse rarement celui d'une belle prune de reine-claude; elle est blanche, globuleuse; sa saveur est douce et son arôme très suave. L'arbuste qui la fournit donne deux récoltes par an; les fruits qui en résultent diffèrent peu. Les Provençaux la désignent, en outre, sous les noms de blanquette et d'esquillarelle.

Figue-angélique ou *mélite.* Elle est de couleur blanc jaunâtre, presque globuleuse, relevée de côtes longitudinales, ponctuée de vert; sa pulpe est rouge, fauve, très suave lorsqu'elle a atteint son maximum de maturité; dans le cas contraire, elle est astrictive et âpre. L'arbuste qui la fournit est très productif, il présente cette circonstance remarquable que les fruits de la première récolte sont, contre l'ordinaire, plus alongés que les autres et d'une meilleure qualité. Ils contiennent une grande proportion d'un suc laiteux d'une odeur résineuse et d'un goût particulier. On est dans l'usage, pour les conserver, de les faire tremper dans l'eau bouillante; cette opération a pour effet de les garantir de l'atteinte des insectes dont nous avons parlé plus haut.

Figue de Versailles ou *royale.* Elle est presque ronde, blanchâtre; sa cavité est peu remplie; elle a beaucoup d'analogie avec celle blanche commune ou d'Argenteuil, elle n'en diffère qu'en ce que sa hauteur dépasse un peu son diamètre. Cette variété est très productive, meilleure sèche que fraîche; il semble que, dans cette circonstance, la maturité (ou la réaction des principes) soit favorisée par la dessiccation. (Voyez maturation des fruits, chap. 2.)

Figue verte des dames ou *de Guers*. Elle se distingue par la couleur vert foncé de sa peau ou enveloppe corticale, la couleur rouge de sa pulpe ; sa hauteur surpasse toujours son diamètre ; sa queue est très longue et servirait seule à la distinguer des autres variétés ; elle est douce et suave ; sa couleur, peu séduisante, lui a fait donner le nom significatif de *trompe-chasseur*.

Figue grosse, jaune. C'est incontestablement la plus grosse variété que l'on connaisse ; elle atteint quelquefois le volume d'une poire de bon-chrétien, et en rappelle la forme ; d'abord de couleur blanche, elle jaunit en mûrissant ; sa pulpe se teint de rouge ; elle est très sucrée ; son arôme est suave. On rencontre souvent en Provence de ces figues que l'on appelle aubiques blanches ; elles sont quelquefois divisées par une sorte d'étranglement qui les partage en deux et autour duquel on voit surgir des feuilles qui sont de même nature que celles de l'œil. Il résulte de cette disposition qu'il semble qu'une nouvelle figue s'échappe de la première.

Figue longue marseillaise ou *grosse blanche longue*. Elle a une forme oblongue, sa hauteur est d'environ 20 à 25 lignes et son diamètre dépasse rarement 14 à 16 ; sa peau est ferme, ponctuée de blanc plus clair ; sa pulpe est rougeâtre. Les fruits de la première récolte ou *figues-fleurs* sont fades et de beaucoup inférieurs à ceux d'automne. Cette variété exige, pour atteindre son maximum de maturité et de qualité, une température élevée ; aussi la cultive-t-on avec beaucoup de succès sur les côtes de la Provence.

Figue-seirolle. Elle est assez petite, oblongue, de couleur blanchâtre intérieurement ; sa peau est de couleur jaune pâle, sa forme est oblongue ; fraîche, sa saveur est fade, mais elle acquiert par la maturation et la dessiccation qui la provoque une saveur sucrée et suave très remarquable. Elle prend, dans ce cas, une sorte d'homogénéité et de transparence qui rappelle celle d'un fruit confit.

Figue potignacenque. Elle est oblongue, blanche vers l'œil et jaunâtre dans la partie qui avoisine le pédoncule ; sa pulpe est de couleur rosée ; son volume est médiocre ; sa peau est lisse, son pédoncule assez long. Cette figue, très commune aux îles d'Hyères, est bonne, soit qu'on la mange fraîche ou sèche ; elle se conserve assez longtemps même sur l'arbre.

Figue-barnissotte blanche. Elle est de forme oblongue un peu déprimée au sommet ; sa peau est de couleur blanc verdâtre ; sa pulpe est rouge ; sa grosseur est moyenne ; sa maturité s'effectue assez tard, et elle est rangée avec raison parmi les meilleures figues. L'arbuste qui la produit est assez rustique pour qu'on doive regretter que la culture n'en soit pas plus répandue.

Figue velue ou *peronas*. Elle est oblongue ; sa peau est épaisse, de couleur vert clair, parsemée de points blanchâtres, velue ; sa pulpe est rouge. L'arbuste qui la fournit est très productif ; verte, elle est peu savoureuse ; aussi ne la mange-t-on guère que sèche ; elle se conserve d'ailleurs assez bien.

Figue du Levant. Elle n'a guère été signalée que par Duhamel et est tellement rare de nos jours qu'on n'a pu en retrouver le type.

Figue-concourelle blanche, *mélite*. Elle est presque ronde, de couleur blanchâtre, relevée de lignes ou stries longitudinales ; sa pulpe est rouge. Elle doit, pour être agréable, avoir atteint son maximum de maturité. L'arbrisseau qui la fournit est si productif, qu'on remarque souvent à l'aisselle d'une même feuille trois ou quatre fruits.

DEUXIÈME CLASSE.

Figues rougeâtres, violettes ou brunâtres.

Figue-barnissote ou *grosse bourjassotte.* Elle est globuleuse, un peu déprimée au sommet ; son volume varie de 26 à 28 lignes de diamètre sur un peu moins de hauteur ; sa peau, qui est très dure, est couverte d'une poussière glauque qui lui donne une teinte bleuâtre ; sa pulpe est rouge, succulente et sucrée. On en fait deux récoltes : la première, comme nous l'avons fait remarquer pour les figues en général des pays méridionaux, fournit des fruits peu savoureux ; ceux de la seconde sont, au contraire, délicieux. C'est, sans contredit, l'une des plus belles et des meilleures figues d'automne ; aussi en fait-on beaucoup de cas.

Figue petite bourjassote ou *verdalo.* Elle est plus petite que la précédente ; sa peau est rouge violacé, et sa pulpe d'une belle couleur pourpre ; le pédoncule est long et se détache difficilement de la branche; même lors de la maturité, celle-ci exige un degré de température assez élevé pour atteindre sa dernière période. Cette figue est encore désignée sous les noms de *verdalos et sarseignos.*

Figue-rose blanche. Cette figue a pour caractère principal d'être fixée à un long pédoncule; elle est presque sphérique, bien qu'un peu déprimée au sommet ; sa peau est brune sur un fond blanchâtre et sa pulpe d'un rouge assez intense.

Figue servantine ou *cordelière.* Elle est presque sphérique, blanchâtre, teinte de rouge, relevée de nervures ou stries longitudinales. Cette variété offre cette circonstance remarquable, que la première récolte, qui fournit ordinairement les fruits les moins estimés, donne les figues les plus succulentes. Celles qui proviennent de la seconde sont, en effet, fort différentes ; elles sont généralement plus petites, de couleur cendrée; elles présentent une espèce d'auréole autour de l'œil; leur saveur est si peu agréable, que les gens du peuple négligent même d'en faire la récolte, à moins que ce ne soit pour nourrir les animaux domestiques.

Figue-rose noire. Elle est oblongue, fixée à un pédoncule assez long; la couleur de sa peau est rouge foncé, sa pulpe blanchâtre. L'arbrisseau qui la fournit est très productif et résiste assez bien aux influences atmosphériques. Cette figue n'est pas rangée parmi les meilleures variétés ;

mais elle tient un rang distingué parmi les figues communes.

Figue violette ou *mouissonne.* Elle est de moyenne grosseur; sa pellicule ou peau est brune, teintée de violet, mince et généralement crevassée; sa pulpe est rouge, très agréable. C'est incontestablement la meilleure des figues violettes. L'arbuste qui la fournit donne ordinairement deux récoltes, mais les fruits qu'il donne n'offrent d'analogie que par leur suavité qui est la même; leur forme varie, ceux de la première récolte sont plus alongés, ceux de la seconde presque complètement sphériques et généralement un peu plus petits.

On cultive cette variété hâtive aux environs de Paris ; les fruits d'été, lorsque la saison est favorable, atteignent une maturité assez complète ; leur pulpe, qui est rouge, l'est cependant moins que dans les pays méridionaux. Il faut que la saison ait été bien favorable, ainsi que l'exposition, pour que les figues d'automne atteignent leur maturité.

Figue aubique noire ou *grosse violette longue.* Comme dans toutes les variétés, l'arbuste qui la produit donne deux récoltes, celle précoce et celle automnale. Les figues de la première sont d'un volume tel qu'elles atteignent jusqu'à 6 à 7 pouces de circonférence sur 3 environ de hauteur; leur forme est alongée ; la pulpe de couleur rouge est assez fade. Les figues que produit la seconde sève sont beaucoup plus petites, un peu plus savoureuses, mais également d'une qualité assez médiocre. Ces figues sont couvertes d'une poussière glauque qui leur donne un aspect azuré ; elles se fendent assez ordinairement lorsqu'elles approchent de la maturité.

Figue violette petite. Elle ne diffère de la précédente que par son volume, qui est généralement beaucoup moindre ; elle n'est guère plus estimée; on la cultive cependant aux environs de Paris ; elle a la même forme que la figue blanche.

Figue-Saint-Esprit. Elle a beaucoup d'analogie avec l'aubique noire; sa saveur est fade; elle participe plus du mucilage ou de la gélatine que du sucre. Cette figue, assez commune, est cultivée aux environs du Pont-Saint-Esprit, en Languedoc.

Figue-poire ou *de Bordeaux*. Elle est presque globuleuse; sa hauteur dépasse rarement trois pouces; elle est très amincie du côté du pédoncule et arrondie du côté opposé ou de l'œil. La peau, de couleur violet obscur, reste communément verte à la base et présente une teinte jaunâtre au sommet; elle est marquée de côtes ou stries longitudinales, qui persistent même lorsque le fruit a atteint tout son développement; la pulpe est rouge, fauve, violacée. La saveur de cette figue est généralement fade et peu sucrée; cependant, lorsque la température et l'exposition sont favorables, elle n'est pas sans mérite. On la cultive aux environs de Paris; elle forme une des quatre variétés qui arrivent à maturité aux environs de cette ville; les autres sont *la figue blanche* ou *grosse blanche*, *la figue jaune, angélique* ou *mélite, et la figue violetet*.

Figue-blavette. Sa forme est oblongue; sa peau est de couleur violacée et sa pulpe est rouge intense; elle est sujette à couler; mais les figues qui résistent dans ce cas et parviennent à maturité sont délicieuses. Elle exige, pour prospérer, un terrain très gras.

Figue violette ou *barnissenque*. Elle est ronde au sommet, c'est à dire vers l'œil, se rétrécit brusquement vers la base et prend une position inclinée vers la maturité; sa peau est violacée et sa pulpe rouge; elle est très estimée, mais, comme la précédente, elle coule facilement.

Figue verte brune. Elle est petite et dépasse rarement le volume d'une *prune de Monsieur*; sa forme rappelle celle d'une poire; sa peau est verte, excepté vers le sommet, qui prend, par l'action du soleil, une teinte violet foncé presque brun; sa pulpe est rouge. Elle est très estimée et malheureusement trop peu multipliée.

Figue-bellone. Elle est assez grosse, un peu oblongue, légèrement déprimée à la base, marquée de côtes; sa peau est violacée. Les deux récoltes que fournit l'arbrisseau qui la produit donnent des fruits presque également bons; mais, pour qu'il en soit ainsi, il faut que la saison ait été très favorable.

Figue-Bargemont. Elle est oblongue; sa peau offre une teinte de violet faible sur un fond jaunâtre; sa pulpe est rougeâtre, sa saveur délicieuse, tant fraîche que sèche; elle est tardive et très estimée.

Figue perroquine. Elle est de moyenne grosseur, oblongue; sa peau est violet foncé; elle est couverte d'une poussière glauque, blanchâtre, qui lui donne un aspect azuré; elle est de qualité médiocre; la figue de seconde sève ou d'automne est plus petite que la figue-fleur ou de printemps.

Figue négrone. Elle est petite; sa peau prend, lors de la maturation, une teinte rouge brun; sa pulpe est d'un rouge plus vif; elle est de qualité médiocre. L'arbuste qui la fournit étant assez rustique, on le cultive en Provence dans les champs et les vignes; cette figue offre, en outre, l'avantage de n'être jamais attaquée par les insectes lorsqu'elle est sèche.

Figue-brayasque. Elle n'est guère supérieure à celle qui précède; on la désigne, aux environs de Draguignan, sous le nom de *bouffros*; elle est hâtive et peu sujette à couler, ce qui la fait multiplier abondamment.

Figue-concourelle brune. Elle est presque ronde, de couleur brune; sa pulpe est rougeâtre; l'arbrisseau qui la produit est très productif et fournit également deux récoltes; les figues de la deuxième récolte sont plus petites et moins colorées que les autres. Cette figue est très commune en Provence et joue un rôle assez important dans l'alimentation des gens de la campagne; on la confond, mais à tort, avec l'*angélique*.

Figue-mouranaou. Elle est presque globuleuse, déprimée cependant au sommet; sa peau est épaisse et résistante, de couleur rouge-pourpre violacé; sa pulpe est blanche, peu savoureuse; comme celle brayasque, elle est peu sujette à couler *Figue-xuov de Muel*. Elle est de forme ovale; sa peau est de couleur rouge noir assez vif; sa pulpe est blanche et douce; elle semble former une sous-variété de la figue-rose noire.

FIGUE DES INDES, fruit du figuier admirable, *ficus indica vel religiosa*, J.

La fructification du figuier d'Inde est analogue à celle du figuier d'Europe; il fournit cependant des figues plus petites, de couleur verte extérieurement; leur pulpe est rosée, elle renferme un suc laiteux très abondant; leur saveur est fade et peu agréable. Cette espèce est, comme on le voit, inférieure à celle de nos climats; mais l'arbre qui la produit est tellement remarquable par la beauté de son port, qu'il est un objet de vénération pour les Indiens; ils le plantent aussi autour de leurs pagodes, d'où lui vient le nom d'*arbre des pagodes*. Ses vastes branches, s'inclinant en arceaux, fixent leurs extrémités dans le sol, où elles prennent de nouveau racine; leur ensemble forme ainsi un berceau naturel. Rien, en effet, n'est plus beau, dit Delille, que

… Ce figuier dont les vastes branchages,
Qui jadis dans les cieux buvaient l'eau des nuages,
S'affaissant sous leur poids et descendant des airs,
S'en vont chercher des sucs jusqu'au fond des enfers.

Il sert, en effet, d'abri et fournit souvent l'unique nourriture des bramines; ces anachorètes, suivant le régime de Pythagore, ayant horreur de répandre le sang des animaux aussi bien que celui des hommes, trouvent dans cette chétive nourriture le moyen de soutenir une existence consacrée tout entière à la prière et à la contemplation.

DATTE, fruit du dattier, *phœnix dactylifera*, L.; famille des Palmiers, J.

C'est une drupe molle, ovale-oblongue, à une seule loge, revêtue extérieurement d'une pellicule lisse, mince, qui enveloppe une pulpe consistante, d'une couleur rouge brun, d'une saveur douce, sucrée; cette pulpe entoure un noyau oblong assez résistant et profondément sillonné; l'amande qu'il renferme est dure et de consistance cornée.

Le dattier est originaire d'Orient, il croît en Afrique et principalement en Arabie; les terrains sablonneux et humides, et notamment le voisinage des rivières, favorisent singulièrement sa culture. Bien que le désert de Zara fournisse, en général, les meilleures espèces, cependant celles que produit *Beled-el-Djerid* (pays des dattes), situé au sud de Tunis et d'Alger, sont aussi très estimées. Si d'autres palmiers présentent un port aussi élégant que le dattier, aucun n'offre une moisson plus riche et des fruits plus utiles. Ce bel arbre fournit, en outre, l'un des exemples les plus frappants de la diversité des sexes dans les plantes; ses fleurs unisexuelles et dioïques ont besoin du concours de deux sujets mâle et femelle pour que la fécondité s'effectue. Cette circonstance était connue des Arabes longtemps avant que Linnée eût fondé son admirable système; aussi n'attendaient-ils pas du hasard une fécondation d'autant plus difficile que les dattiers mâles sont moins communs que les dattiers femelles (circonstance due vraisemblablement à ce que ces derniers produisent seuls des fruits). De temps immémorial, les Arabes cultivateurs sont dans l'usage, à l'époque de la floraison, d'enlever des rameaux féconds aux dattiers mâles et de les secouer sur les dattiers femelles pour en déterminer la fructification. Cette circonstance a été rappelée dans les vers suivants:

Dans les climats brûlants où la palme fleurie
Semble, en penchant la tête, appeler son amant,
Le Maure attache un thyrse au palmier fleurissant,
Sur elle le secoue et revient en automne
Cueillir les fruits nombreux que cet hymen lui donne.

Il est fait mention dans la Bible des palmiers dattiers de Debora, situé entre Rama et Béthel, de ceux qui longeaient le Jourdain. Les Juifs cultivaient très abondamment le dattier, ils mangeaient les dattes fraîches et les préparaient en fruits secs ou conservés. Leurs anciennes monnaies offrent encore des images très distinctes de dattiers couverts de fruits.

Les Romains connaissaient plusieurs espèces de dattes : ils avaient les dattes *chydées* ou *gudées*, qui étaient offertes aux dieux ; celles *royales*, qui étaient réservées pour la bouche des rois ; celles *margarides*, appelées ainsi à cause de leur forme qui rappelait celle d'une perle ; enfin *les sandalides*, qui présentaient la forme d'une *sandale*. Il est vraissemblable cependant, d'après la variété d'espèces signalées par Pline, que cet auteur a rangé parmi les dattes les fruits d'autres palmiers ; il est difficile de croire, par exemple, que celles appelées *nicolaï*, dont quatre seulement égalaient une coudée, appartinssent au genre *phœnix dactylifera* ; s'il en était autrement, ce naturaliste de l'antiquité aurait singulièrement exagéré.

La Perse nourrit une espèce de dattier dont le fruit est, dit-on, supérieur à tous ceux du même genre. Si l'on en croit les voyageurs, il aurait toutefois le grave inconvénient de produire sur ceux qui n'en font pas un usage habituel, ou qui en mangent immodérément, des ulcères cutanés et la prédisposition à la cécité. Il y a lieu d'espérer que les voyageurs modernes, moins étrangers aux sciences et peut-être aussi plus véridiques, confirmeront ou renverseront ces traditions que ne justifie pas toujours suffisamment l'influence du climat, sur laquelle on les fonde trop souvent. On sait que la pêche originaire de la Perse a été aussi réputée d'un usage dangereux, et cependant il n'est pas de fruit plus innocent, du moins en Europe.

Bien que la culture du dattier n'exige pas de très grands soins, cependant l'extrême lenteur avec laquelle il se développe a fait préférer, pour sa propagation, l'emploi des rejetons à celui des semences ; il est à remarquer, en effet, que ceux que l'on cultive par boutures donnent des fruits en moins de cinq ou six ans, tandis que ceux qu'on obtient de graine ne fructifient qu'après quinze ou vingt ans. Une circonstance qui n'est pas sans importance, c'est que les fruits qui proviennent de boutures sont dépourvus de noyaux et conséquemment impropres à la reproduction.

Le dattier ne croît pas seulement en Orient, on le cultive dans plusieurs contrées de l'Europe, et notamment aux environs de Gênes, en Espagne, et dans quelques uns de nos départements méridionaux. Mais, soit que ces climats lui soient moins favorables, ou le sol moins approprié, l'Arabie est toujours en possession de fournir les meilleures dattes. Ce fruit délicieux, lorsqu'il est récemment cueilli, forme une ressource alimentaire très précieuse dans les pays chauds et dans les contrées surtout qui, par leur extrême aridité, semblent réfractaires à toute autre végétation.

La tige droite et cylindrique du dattier, l'absence de feuilles dans la plus grande partie de sa hauteur, rendent la récolte du fruit assez difficile ; elle s'effectue au moyen d'une corde qui embrasse l'arbre et l'homme chargé de ce soin, il la fait monter avec lui en la fixant aux nodosités annulaires formées par les restes des pétioles ; arrivé au sommet, il enlève le régime (1) entier ou détache successivement tous les fruits et les met dans un panier ou sac de jonc destiné à cet usage. On doit, lorsqu'on veut conserver les dattes, les récolter avant qu'elles aient atteint leur maximum de maturité ; on les étend sur des nattes exposées au soleil, elles s'y ramollissent bientôt, perdent une partie de leur eau de végétation et laissent exsuder un suc sucré, qui enduit leur surface et facilite leur conservation. Cette demi-dessiccation opérée, on procède à une sorte de triage ; les plus belles sont réservées pour en extraire un suc miélleux qui sert de condiment à certains mets et sou-

(1) On nomme régime l'espèce d'épi ou panicule qui supporte d'abord les fleurs, puis les fruits.

vent aux dattes elles-mêmes ; on le convertit aussi, par la fermentation, en une liqueur alcoolique d'un goût tellement suave qu'elle a reçu le nom de *nectar de dattes*. Elle est connue au Caire sous celui d'*arack* : cette liqueur, si l'on en croit Volney, a la singulière propriété de produire des sarcocelles. Les dattes du deuxième choix sont mangées sans apprêt et réservées pour la consommation journalière ; les dernières enfin sont soumises à une dessiccation plus complète et réduites en une sorte de poudre grossière qu'on nomme *farine de dattes* ; mêlée à l'eau, elle forme une bouillie ou brouet qui soutient les Arabes dans leurs longues courses à travers les déserts, et fait la nourriture presque exclusive des peuplades nomades et des caravanes : ils en préparent, en outre, une sorte de confiture sèche ; à cet effet, ils les ouvrent en deux pour en séparer les noyaux, font sécher la pulpe à peu près au degré où nous voyons ce fruit dans le commerce, ils l'introduisent ensuite dans des vases, compriment fortement au moyen de pierres et obtiennent ainsi une masse qui, coupée par tranches, offre une bigarrure d'un assez bel effet. Cette conserve ne serait pas sans agrément si elle était préparée avec plus de soins.

Les dattes vertes étaient regardées autrefois comme d'un usage dangereux ; l'armée d'Alexandre, si l'on en croit Pline, fut grandement décimée, parce que les soldats en avaient fait une consommation trop grande ; mais, comme l'observe très judicieusement son savant commentateur M. le professeur Fée, leur saveur est, dans cet état, tellement acerbe et désagréable, qu'il est douteux, à moins d'absolue nécessité, qu'on puisse en manger de manière à en être incommodé. Quoi qu'il en soit de l'innocuité des dattes, on doit rejeter celles qui ont plus d'une année, attendu d'abord leur inertie et ensuite le dégoût qu'elles peuvent produire par la présence des vers qui attaquent leur substance.

On trouve dans le commerce trois sortes de dattes ; savoir, celles de Tunis, de Salé et de Provence. Les premières, moins grosses que les autres, sont plus sucrées et se conservent mieux, elles doivent être préférées pour l'usage médical et présenter les caractères suivants : consistance ferme, surface poisseuse, pulpe demi-transparente, de couleur rouge jaunâtre au dehors, blanchâtre au dedans, odeur franche et suave, saveur douce et sucrée. . La grande quantité de principe mucoso-sucré que contiennent les dattes les a fait ranger, et avec raison, au nombre des fruits pectoraux ; elles sont administrées avec succès contre les rhumes opiniâtres, les catarrhes, les affections de poitrine, les dyssenteries, et enfin dans tous les cas où les émollients sont réputés utiles.

Le principe sucré des dattes, comme celui de la plupart des autres fruits du même genre, paraît être le produit de la culture, et conséquemment plutôt dû aux soins de l'homme qu'à la nature; il ne se développe que sous l'influence d'une haute température et pendant la maturation; ce qui le prouve, c'est que des dattiers sauvages ne fournissent que les fruits acerbes et généralement très petits.

Les noyaux de dattes, concassés et ramollis par des procédés que les Arabes seuls connaissent, sont employés à la nourriture de leurs chameaux et de leurs coursiers. Brûlés et réduits en charbon, ils entrent dans la composition de *l'encre de Chine*.

Sucre de dattes. Nous devons à l'extrême obligeance de M. Bonastre la communication d'une note inédite sur l'extraction du sucre de dattes et l'analyse chimique de ce fruit. Ce travail complète l'histoire de la datte d'une manière trop heureuse pour que nous ne nous empressions pas de témoigner, à ce savant, toute notre gratitude ; c'est un nouveau service qu'il a rendu à une science pour laquelle il a déjà beaucoup fait. « J'ai pris, » dit-il, « huit onces de dattes, j'ai enlevé les pellicules et les noyaux (tous ces objets entrent pour un huitième dans le poids d'une livre); les dattes, coupées ensuite par tranches, ont été pistées, réduites en pâte et délayées dans l'eau froide; la liqueur a été filtrée et de suite rapprochée; une seconde et une troisième macération ayant encore eu lieu, leurs produits ont été réunis à la première et rapprochés en consistance d'extrait; celui-ci a été délayé dans l'alcool à plusieurs reprises; ce véhicule s'est chargé d'une grande partie de la matière sucrée, et présentait alors, étant aromatisé avec de l'eau de fleur d'oranger, une liqueur de table fort agréable. Le soluté alcoolique concentré fut abandonné dans un lieu obscur de 12 à 15 degrés d'élévation de température, et au bout d'un mois le fond de la capsule était parsemé de très petits cristaux semblables à la cassonade. Ces cristaux sont très longs à se former, et il est même nécessaire de verser un peu de nouvel alcool vers la fin, ce qui facilite singulièrement la cristallisation du sucre. *Caractères des cristaux.* Les cristaux qui se formèrent dans la capsule avaient un aspect blanc jaunâtre; ils étaient presque incolores, transparents, grumés, présentant en petit, et les cristaux isolés principalement, l'aspect du *sucre candi.* Leur saveur était très sucrée, leur consistance sèche, cassante comme celle du sucre de canne ; ils étaient solubles dans l'eau froide; leur cristallisation régulière n'était pas facile à déterminer, à cause de l'espèce de mucilage qui les accompagne et dont il n'est pas facile de se débarrasser, surtout en agissant sur de petites quantités de matières; néanmoins ceux qui étaient assez gros et isolés paraissaient affecter la forme de prismes quadrilatères ou hexaèdres. Ils étaient presque incolores et terminés par des sommets *dièdres* et quelquefois trièdres. Soumis à l'action de l'acide nitrique bouillant, jusqu'à parfaite dissolution et concentration, ils étaient convertis en acide oxalique. Par tous ces caractères tant chimiques que physiques, il est évident que le sucre qui se rencontre dans le fruit du dattier est en tout semblable à celui qui existe dans la moelle du roseau-canne, *saccharum officinale.* »

« J'ai également réussi, » dit encore le même chimiste, « à me procurer le sucre de dattes en faisant usage d'un procédé inverse de celui rapporté ci-dessus; c'est à dire en faisant agir primitivement l'alcool sur les dattes ; l'humidité que ce fruit contient suffit pour rendre soluble le sucre dans l'alcool ; on fait évaporer et on conduit la fin de l'opération comme dans le premier cas. Il reste, après cette expérience, une grande quantité de sucre incristallisable et qui est presque aussi visqueux que les sirops de gomme et de guimauve; on peut en séparer la gomme au moyen de l'alcool très déflegmé. Elle est blonde, sans saveur, et forme un mucilage analogue à celui de la gomme arabique. En faisant évaporer la dissolution aqueuse à une chaleur voisine de l'ébullition, on remarque qu'il se concrète à la surface une matière blanchâtre, opaque, qui présente l'aspect de l'albumine coagulée. Il reste enfin une forte proportion de parenchyme spongieux, rempli de filaments, qui se durcit par la dessiccation. »

Examen chimique. — Il résulte de cette analyse que la datte est composée des principes immédiats suivants : mucilage , — gomme, — albumine , — sucre cristallisable analogue à celui de canne , — sucre incristallisable, — parenchyme.

DOUM , cucifère, fruit du *douma thebaica*, L.; famille des Palmiers , J.

C'est une drupe ou baie ovale légèrement turbinée , revêtue d'une pellicule très mince qui enveloppe une pulpe de couleur jaune, légèrement aromatique et d'une saveur sucrée rappelant celle du miel ou du pain d'épices. La semence qu'elle renferme est d'une contexture cornée et résistante.

Le palmier doum ou douma est très commun en Égypte; sa tige offre cette singularité qu'elle est presque constamment bifurquée. Il croît dans les plaines sablonneuses qui entourent les monuments de Thèbes, de Denderah. Les anciens le connaissaient sous le nom de *cucus*; ils faisaient plus de cas du bois que du fruit.

Celui-ci, moins estimé que la datte, offre cependant quelque analogie avec elle; il est aussi moins recherché, bien que très abondant sur les marchés du Caire. Soumis à la fermentation dans des conditions favorables, il fournit une boisson alcoolique qui n'est pas sans agrément et d'autant meilleure qu'on a ajouté dans sa fabrication une plus grande quantité de dattes. Le noyau qu'il fournit, encore plus dur que celui de ce dernier fruit, est susceptible de prendre au tour un très beau poli; aussi sert-il à faire des objets d'ornement, tels que des colliers, des chapelets, etc.

La décoction de doum' est employée, dans la médecine égyptienne, comme boisson tempérante et rafraîchissante; concentrée, elle agit comme laxatif.

JUJUBE, fruit du jujubier, *zizyphus vulgaris*, L.; famille des Rhamnées, J.

Ce fruit s'offre sous la forme d'une drupe ovoïde, du volume d'une grosse olive. L'enveloppe corticale est, lors de la maturité, d'une belle couleur rouge; la pulpe qui environne le noyau est blanc jaunâtre, d'une saveur douce et vineuse; celui-ci est osseux et formé de deux loges monospermes; l'une est presque toujours oblitérée et l'autre renferme une semence ovale, arrondie, un peu comprimée, convexe et noirâtre vers l'ombilic; la pellicule rouge, qui environne la pulpe, se ride après la maturité, et celle-ci prend, par la dessiccation, un aspect spongieux.

Originaire d'Orient et plus particulièrement de la Syrie, le jujubier a été, si l'on en croit Pline, importé en Italie par Sextus Papirius; il y est maintenant naturalisé; ses fruits mûrissent aussi parfaitement dans le midi de la France. On le cultive même avec succès aux environs de Tours. Cependant la Provence et le Languedoc sont plus spécialement en possession de fournir le commerce de jujubes.

Les anciens auteurs font mention d'un jujubier à fruit blanc; mais on ignore si la race en est perdue, ou s'ils ont voulu parler du sébestier, *cordia sebestena*. Si l'on en croit les voyageurs, la Perse nourrit une espèce de jujubier qui fournit deux récoltes par an.

On a longtemps confondu l'arbre qui fournit cet excellent fruit, et qui est originaire d'Afrique, avec l'arbre des *lotophages*; mais, comme on le verra bientôt, il en diffère essentiellement.

Le jujubier est aussi très commun en Chine; on doit aux missionnaires d'avoir fait connaître les divers modes de culture qu'on emploie pour l'améliorer, et les diverses espèces que la greffe y produit; l'une d'elles y acquiert un volume considérable et est d'une excellente qualité; on croit qu'elle résulte du rapprochement du figuier à coque et du jujubier ordinaire.

Lorsque ce fruit est récemment cueilli, sa chair est ferme et sucrée; il forme, dans cet état, une ressource alimentaire assez importante dans les pays où on le cultive. Pour conserver les jujubes, on les cueille un peu avant leur maturité, on les expose au soleil sur des châssis garnis de toile, jusqu'à ce qu'elles commencent à se rider; on les entasse ensuite dans des caisses pour les verser dans le commerce. Ce fruit ne se conserve malheureusement pas très longtemps, il passe assez facilement à l'acétification; les droguistes, pour lui rendre une partie de sa fraîcheur et l'aspect luisant qui le distingue, l'exposent dans un lieu frais ou le frottent dans un linge humide; cette régénération est imparfaite, car il conserve la saveur acide qu'il a acquise par suite de son altération. Les jujubes font partie des quatre fruits pectoraux et entrent dans la composition des tisanes pectorales et de la pâte à laquelle elles donnent leur nom. Leur décoction est administrée, en outre, contre les maux de gorge et les crachements de sang (hémoptysie).

Bien que l'analyse de ce fruit n'ait pas été faite, on sait cependant que sa pulpe est composée de gélatine, de sucre et d'acide malique ; ce dernier prédomine d'autant plus que le climat et la saison ont été moins favorables à la maturation ; l'acide s'y rencontre aussi assez abondamment, mais sa présence, lorsqu'il dépasse certaines proportions , est, comme on l'a vu plus haut, un indice d'altération.

Jujube des ignames, fruit du *zizyphus ignamea*. C'est une drupe ronde ou ovoïde; sa pellicule est rouge jaunâtre, sa pulpe est douce , son noyau est biloculaire; mais, le plus souvent, l'une des deux loges est avortée.

Le jujubier des ignames est originaire des Antilles ; son fruit est recherché des enfants, à cause de sa saveur douce, sucrée. L'espèce de lézard-igname, si commun aux Antilles, en est très friand et en fait sa nourriture presque exclusive ; il est même rare de rencontrer l'un sans l'autre.

Le principe mucoso-sucré qui domine dans cette espèce de fruit permet d'en obtenir une liqueur alcoolique , si on le place dans des circonstances favorables à la fermentation.

LOTOS, fruit du lotus en arbre, ou lotier, *zizyphus lotus.*

C'est une drupe globuleuse, d'une couleur rousse lorsqu'elle mûrit, du volume d'une prune sauvage; sa pulpe est douce et agréable, elle environne un noyau osseux assez petit, arrondi et biloculaire. Virgile signale une variété apycène ou sans noyau, mais elle n'est pas venue jusqu'à nous.

L'arbre qui fournit le lotos, moins rustique que le jujubier commun, exige un climat plus chaud pour fleurir et fructifier ; les périodes de l'existence du lotos coïncident avec celles du jujubier commun ou à peu près. Il est assez commun dans le royaume de Tunis et aux environs de la petite Syrie. Ce fruit, dont l'origine a été si longtemps ignorée, est un de ceux dont se nourrissaient ces anciens peuples; il était tellement goûté par eux, qu'ils lui attribuaient l'oubli de leurs chagrins. C'est surtout dans l'île des lothophages que, suivant Homère, il acquiert la douceur du miel et l'arôme le plus exquis. Il devait être bien suave s'il faisait, comme le dit ce grand poète dans l'*Odyssée,* oublier aux étrangers leur patrie.

..... Sa magie enivrante
Verse à jamais l'oubli de la patrie absente.

Pline rapporte qu'une armée vécut en Libye presque exclusivement de lotos; les armées s'en pourvoyaient , en effet, en passant par l'Afrique. Unie à la farine de froment et convertie en pâte, sa pulpe formait la base de la nourriture des esclaves ; on en préparait, en outre, par la fermentation, un vin très sucré qui se conservait difficilement.

Il y a lieu de croire que dans le lotos le principe sucré était uni à un ou plusieurs acides; car, suivant l'assertion du même auteur, ceux qui mangeaient de ce fruit n'avaient jamais mal au ventre, d'où on doit conclure qu'il était laxatif.

C'est à M. Desfontaines que l'on doit d'avoir prouvé par ses savantes recherches que le lotos appartenait bien réellement au *zizyphus silvestris.* Ce botaniste si justement célèbre , dans un mémoire lu à l'Académie des sciences, en 1788, cite un passage de Polybe qui apprend la manière dont on préparait autrefois le *lotos.* « Lorsqu'il est mûr, » dit-il, « les lothophages le cueillent, le broient et le renferment dans des vases; ils ne font aucun choix des fruits, qu'ils destinent à la nourriture des esclaves, mais ils choisissent ceux qui sont de meilleure qualité , pour les hommes libres; ceux-ci les mangent toutefois préparés de la même manière. Leur saveur se rapproche singulièrement de celle des figues ou des dattes; les animaux en sont assez friands, quelques uns s'en nourrissent : c'est ainsi qu'autrefois il était recherché avec la même avidité par les pâtres et leurs troupeaux.

Le lotos, cueilli avant sa maturité, entre dans la composition des *achars*.

SÉBESTE, fruit du sébestier à grandes fleurs, *cordia sebestena*, L.; famille des Sébesténiers, J.

C'est une drupe ovale-allongée piriforme, aiguë aux deux extrémités, du volume d'une petite prune. Le noyau, qui est à quatre loges, est divisé extérieurement par des sillons assez profonds; le parenchyme est mou et très visqueux.

Le sébestier croît dans l'Inde orientale, au Malabar principalement; on le cultive, en outre en Égypte; on y obtient, par la fermentation de son fruit, une liqueur alcoolique assez suave, dont l'usage est très répandu.

Les sébestes sont très rares dans le commerce, surtout à l'état frais; on ne les y trouve que secs et ridés, d'une couleur brune et d'une saveur douceâtre légèrement amère; leur pulpe est très mucilagineuse, surtout lorsqu'ils sont récens. Rangés parmi les fruits pectoraux, ils sont plus particulièrement prescrits contre les affections de poitrine et les dyssenteries.

Les Égyptiens les emploient aussi comme topique pour résoudre les tumeurs glanduleuses.

Le sébestier a longtemps été rangé dans la famille des borraginées; mais les botanistes modernes, se fondant sur les caractères que présente le fruit, en ont fait une famille particulière qu'ils ont nommée sébesténiers.

Sébeste à coque (cordia colococca).

Il s'offre sous la forme d'une drupe vésiculeuse de couleur rouge nuancée de vert; sa surface est velue; sa pulpe visqueuse environne un noyau assez gros et ridé.

Ce fruit, commun aux Antilles, y est cependant d'un usage peu répandu, comme substance alimentaire. Il n'en est pas de même en médecine; on en prépare un sirop béchique et des pâtes pectorales. Son plus grand emploi est en lotion contre les ulcérations produites par la *chique*, insecte très commun dans les Antilles et dont la piqûre détermine une sorte de prurit ou démangeaison insupportable.

Bien que l'analyse de ce fruit n'ait pas encore été faite, cependant M. Descourtils pense qu'il contient de la gomme et du gluten; la présence de ce dernier principe aurait besoin d'être constatée d'une manière plus précise.

Le fruit vert entre, comme son congénère, dans la composition des *achars*.

CASSE, fruit du *cassia fistula*, L.; famille des Légumineuses, J.

C'est la gousse ou légume d'un grand arbre originaire de l'Inde, et particulièrement de l'Hellespont, transporté en Égypte et en Amérique; il y est maintenant abondamment cultivé. Ce fruit est cylindrique, ligneux, long d'environ dix-huit à vingt pouces; sa surface est brune et lisse; l'un de ses côtés est marqué d'une suture qui sert de point d'insertion aux semences qu'il renferme; séparé longitudinalement (ce qui s'effectue assez facilement en frappant sur la suture), on y remarque des cloisons transversales qui contiennent chacune une seule graine lenticulaire entourée d'une pulpe noirâtre. C'est de cette pulpe séparée des semences, pistée et rapprochée convenablement, qu'on fait usage en médecine, comme purgatif doux, sous le nom de casse mondée ou cuite; on l'administre ordinairement à la dose de deux à trois onces, soit seule, soit étendue dans l'eau ou le petit-lait.

Pulpe de casse. Pour la préparer, on choisit les gousses aussi récentes que possible, bien pleines et non sonores; on frappe, comme nous l'avons dit, sur la suture, pour en opérer l'ouverture, puis à l'aide d'un couteau ou d'une spatule d'ivoire, on en sépare les cloisons transversales, la pulpe et les semences, on reçoit le tout sur un tamis de crin, on pilote, et on rejette comme inutiles les parties ligneuses et les semences. On ajoute à la pulpe une proportion déterminée de sirop de violettes ou de sucre, et on fait évaporer jusqu'à ce qu'une petite portion étant placée sur du papier non collé, celui-ci n'offre du côté opposé aucune trace d'humidité. Cette pulpe doit être préparée souvent, car elle a une grande propension à attirer l'humidité, et conséquemment à s'altérer. Elle entre dans plusieurs préparations magistrales; unie au sirop de violettes et à l'huile d'amandes douces, elle forme la marmelade de Tronchin, réputée si éminemment béchique et administrée avec succès dans les catarrhes chroniques.

Les jeunes fruits de casse, lorsqu'ils sont verts, ressemblent assez à nos gousses de haricots; on les recueille soit en Égypte, soit dans l'Inde, pour l'usage alimentaire; à cet effet, on les confit au sucre, après les avoir fait bouillir dans l'eau, pour leur enlever un principe âcre soluble dans ce véhicule.

Cette sorte de confiture est donnée aussi aux personnes délicates et aux enfants, à l'instar de nos pruneaux cathartiques (prune Saint-Julien).

Les semences du *cassia fistula*, bien que purgatives, ne sont cependant pas employées.

Examen chimique. — Il résulte, d'une analyse faite par le célèbre Vauquelin, que la casse est composée d'une matière parenchymateuse, de gélatine, de gluten, de gomme, de sucre et d'une matière extractive qui, incinérée, fournit des sels à base de chaux.

On doit à M. Henry, père, une analyse plus récente de la casse; suivant lui, elle se compose de sucre, de gomme, d'une matière jouissant de plusieurs des propriétés des substances tannantes, d'une matière colorante soluble dans l'éther.

La casse, comme beaucoup d'autres substances médicamenteuses exotiques, a perdu beaucoup de sa *vogue*; les alexipharmaques en faisaient autrefois une si grande consommation, qu'en l'an XIII de la république il en est entré, en France seulement, trente-quatre mille kilogrammes. Ce genre d'importation a, de nos jours, singulièrement baissé, car elle ne s'élève guère maintenant au delà du dixième de ce chiffre, et cependant le prix n'en a pas sensiblement augmenté, ce qui prouve qu'il y a une grande diminution dans la consommation.

CASSE DU BRÉSIL, *cassia brasiliana*.

Cette variété ne se rencontre pas seulement au Brésil, mais encore à la Guiane et aux Antilles. Elle diffère de la casse ordinaire en ce que les gousses sont plus grosses, recourbées en sabre; sa surface est ligneuse et marquée de fortes nervures; les cloisons sont très rapprochées et laissent peu d'espace à la pulpe, qui est plus abondante que dans l'espèce qui précède, amère et assez désagréable. Ses propriétés varient suivant le degré de maturité du fruit; c'est ainsi qu'elle est astringente avant cette époque et purgative après.

On mêle cette casse avec la première, mais la falsification est trop grossière pour qu'avec un peu d'attention on s'y laisse prendre.

CASSE DE CHICHEN, *cassia absus*.

Cette intéressante variété semble avoir été placée par la nature là où ses propriétés devaient être plus utilement mises à profit. La semence que renferme la gousse est, en effet, employée avec le plus grand succès en Égypte, contre l'ophthalmie produite par les sables de ce brûlant pays.

Nous croyons être agréable à nos lecteurs et utile à ceux de nos concitoyens qui résident en Afrique, en empruntant à l'excellente monographie du genre cassia, par M. Colladon, de Genève, le mode d'administration de cette substance :

« Pour en faire usage, » dit-il, « on doit nettoyer exactement la graine de chichen, la laver plusieurs fois dans l'eau froide, puis la faire sécher au soleil; lorsque la dessiccation est opérée, on la broie dans un mortier de marbre, puis on passe la poudre par un tamis bien fin, on y mêle une portion de sucre finement pulvérisé, et on la conserve dans une fiole bien bouchée.

» La poudre de chichen n'est employée avec succès que pendant la première invasion de l'ophthalmie, car si l'œil est très enflammé, le remède, loin d'être utile, aggrave le mal. Quand la violence de l'inflammation ophthalmique est passée (vers le huitième ou dixième jour), le remède produit un effet salutaire. Pour en faire l'application, on couche le malade horizontalement, on écarte ses paupières avec les doigts de la main gauche, puis de la droite on laisse tomber un peu de cette poudre sur la cornée.

» Il est étonnant, » dit M. Colladon, « qu'à la suite des rapports multipliés que l'Europe a eus dans ces derniers temps avec l'Égypte, l'usage de ce collyre sec ne se soit pas introduit dans la médecine européenne. La plante pourrait d'ailleurs être cultivée avec succès dans le midi de l'Europe. Le séjour du docteur Clot Bey en Égypte et les hautes fonctions médicales qu'il y exerce permettent de croire que, si ce remède n'est pas empirique, il ne sera pas du moins perdu pour la médecine française. »

CAROUBE ou CAROUGE, fruit du caroubier, *ceratonia siliqua*, L. ; famille des Légumineuses, J.

Il s'offre sous la forme de siliques ou gousses d'environ cinq à six pouces de longueur, épaisses, charnues, glabres et multiloculaires ; elles deviennent tétragones en séchant ; elles renferment des semences dures, aplaties, du volume d'un petit pois ; la pulpe qui environne les semences est douce, sucrée et brune comme toutes les autres parties du fruit lorsqu'il a atteint sa maturité.

L'arbre qui le fournit croît dans les contrées méridionales de la France, en Italie et en Espagne, notamment dans les provinces d'Arragon, de Valence et de Murcie, sur les revers des coteaux qui regardent la mer ; on l'y désigne vulgairement sous les noms d'*algarroba, garroba* et *garrofa*. Il était connu des anciens ; Pline compare le goût de son fruit à celui de la châtaigne cuite. Lorsqu'il a atteint son maximum de maturité, il prend le nom de silique douce et sert alors de nourriture quelquefois exclusive aux hommes, principalement dans les temps de disette ; les enfants le recherchent à cause de son goût sucré aigrelet. Le dernier degré de misère de l'enfant prodigue fut, suivant l'Évangile, de convoiter cette chétive nourriture. Les fabricants de chocolat, dans quelques parties de l'Espagne et principalement à Valence, broient la pulpe de caroube avec les amandes de cacao et la font entrer ainsi dans une sorte de chocolat économique. Les Arabes en extraient une sorte de miel qu'ils emploient à l'égal du sucre et qui leur sert à confire les tamarins, les myrobolans et plusieurs autres fruits ; ils en extraient aussi, par la fermentation, une liqueur alcoolique dont ils font grand cas. La pulpe du caroube est rafraîchissante et laxative à un degré moindre cependant que celle de casse, avec laquelle elle offre de l'analogie.

M. Fée, qui a eu occasion d'examiner des siliques de caroube venant d'Espagne, s'est assuré qu'elles contenaient environ 50 pour 100 de pulpe, et celles-ci environ 10 pour 100 d'un sucre incristallisable d'une saveur assez franche pour être substitué au sucre de canne et surtout au miel, dans un grand nombre de cas. Les musulmans font entrer la pulpe de caroube dans la composition de leurs sorbets ; ils en composent aussi une boisson alcoolique.

La graine de caroube, torréfiée soigneusement, est aussi employée comme succédané du café.

Les siliques vertes sont données comme nourriture aux bestiaux et surtout aux mulets et aux chevaux ; ces animaux en sont très avides, mais ce genre de nourriture ne doit pas être exclusif, car, dans ce cas, on l'a vu déterminer des coliques, de violentes tranchées, et souvent la mort.

Il résulte de l'examen chimique du fruit du *ceratonia siliqua*, que l'on doit à Proust, qu'il est composé de matière extractive, de tannin, de sucre incristallisable, de gomme et d'acide gallique.

SAPOTILLE, fruit du sapotillier, *achras sapota*, L. ; famille des Sapotées, J.

C'est un fruit charnu, globuleux, à douze loges contenant chacune une graine de forme ovale, dure, luisante, comprimée, marquée dans toute sa longueur d'un hile large et latéral ; la pulpe est fondante, de couleur jaune roux mêlée de stries sanguines ; sa saveur est fade, surtout avant la maturité.

Le sapotillier croît dans les forêts de l'Amérique et aux Antilles ; son fruit, très estimé des indigènes, est doux et sucré ; sa saveur un peu aromatique rappelle le jasmin et le muguet. Pour réunir ces avantages, on doit le cueillir lorsqu'il a atteint son maximum de maturité, car avant cette époque il est gorgé d'un suc lactescent de nature résineuse, analogue à celui de figue ou de caoutchouc, et fort peu agréable surtout pour des palais européens.

Les graines sont environnées d'une gomme-résine blanche, friable, qui répand en brûlant une odeur très suave. Elle est recueillie avec soin et forme un objet de commerce assez important. Si l'on en croit les voyageurs, elle serait même réservée pour parfumer la demeure des sultans et les harems des hauts dignitaires de l'empire.

Suivant M. Descourtils, les graines de nature émulsive auraient une action spéciale sur les voies urinaires et agiraient comme diurétique et sédative dans la rétention d'urine et la gravelle.

COQUEMOLLE ou *tu te moques*, fruit du coquemollier, *theophrasta americana*, L. ; fam. des Apocynées, J.

Ce fruit s'offre sous la forme d'une capsule globuleuse, du volume d'une pomme ; il est pulpeux, uniloculaire, renferme des semences arrondies, fixées à un placenta central et commun ; l'écorce est coriace et comme crustacée, de couleur jaune safrané extérieurement ; la pulpe est sucrée et nourrissante.

Le coquemollier est indigène de l'Amérique et cultivé maintenant aux Antilles ; la propriété éminemment astringente de son fruit permet de croire, bien que son analyse n'ait pas été faite, qu'il contient, en outre d'une proportion assez notable de principe mucoso-sucré, du tannin et de l'acide gallique. Ses propriétés médicales tendent à confirmer cette hypothèse, car on l'emploie avec succès en gargarisme contre l'angine, et en lavement pour arrêter les diarrhées rebelles et pour diminuer et souvent anéantir l'inflammation du canal intestinal.

Les jeunes créoles recherchent ce fruit âpre avec autant d'avidité que les enfants de nos campagnes les ronces et les prunelles, dont l'astriction est, comme on sait, assez grande pour flatter fort peu des palais plus sensuels.

CHAPITRE HUITIÈME.

TROISIÈME CLASSE.

FRUITS AQUEUX.

Nous avons rangé dans cette classe des fruits qui, bien qu'ils offrent quelques points d'analogie, fournissent cependant des produits assez variés ; c'est ainsi que le melon, la pastèque sont sucrés. La citrouille, le potiron, le concombre sont insipides (surtout lorsqu'ils sont crus); l'élatérium et la coloquinte sont très amers; mais le principe qui y prédomine étant l'eau, et ces fruits éprouvant par l'influence du climat de très grandes variations, nous avons cru devoir les réunir, ils appartiennent d'ailleurs à la même famille, celle des cucurbitacées. Leurs principes variant, leurs propriétés diffèrent aussi; les uns fournissent en effet des aliments rafraîchissants et assez nutritifs, les autres des médicaments et surtout des purgatifs. La grande quantité d'eau qu'ils contiennent rend leur conservation assez difficile.

Si l'on objectait que le melon contenant une proportion assez notable de principe sucré n'aurait pas dû y être rangé, nous répondrions que cette proportion est très minime, considérée relativement au volume du fruit; qu'il n'est d'ailleurs pas de classification possible, si l'on ne s'appuie sur des faits généraux et sur la loi des analogies. Dans toutes les classifications, les limites des différentes classes offrent des analogies plus saillantes et des différences moins sensibles, qui rendent d'ailleurs la transition plus facile. C'est par cette raison que nous avons placé le melon en tête de la classe des fruits aqueux. L'observation suivante, que nous empruntons à l'article fruit du *Dictionnaire des sciences naturelles*, justifie suffisamment cette sorte d'anomalie : « Il y a, » dit M. Virey en parlant de la famille des cucurbitacées,» dans ceux de ces fruits qui ont une saveur douce, une grande disposition à devenir amers; car l'on voit souvent la peau du melon contracter, par une altération dont la cause est inconnue, des taches blanches qui en rendent le tissu spongieux et amer, comme la chair de la coloquinte. »

Plusieurs des fruits qui composent cette classe fournissent, comme nous nous en sommes assuré, une quantité assez notable de fécule, d'une ténuité extrême; mais, comme elle ne joue qu'un rôle fort secondaire dans leur histoire, nous n'avons pas cru devoir les ranger parmi les fruits féculents ou amylacés.

Sommaire. *Melon, pastèque, potiron, citrouille, giraumont, pastillon, courge, calebasse, concombre, concombre vert ou cornichon, anguine, coloquinelle, coloquinte, aubergine, melongène, papaie, banane, sicyote comestible, durion, cacte-raquette, cacte globuleux, cacte triangulaire, élatérium ou ecballium, pomme merveille; pomme de liane, grenadille, nandirobe, ketmie, akée, psyllium.*

MELON, *cucumis melo*, L.; famille des Cucurbitacées, J.

Ce fruit se présente sous des formes très variées, cependant il est généralement sphérique, ovale-arrondi, quelquefois fortement déprimé à la base et au sommet, sillonné de côtes, réticulé ou lisse ; son parenchyme est charnu, rouge-orangé ou jaune, suivant les variétés; il renferme des semences ovales, glabres, blanches, lisses et comme vernissées, adhérentes par leur base à une moelle fibreuse et aqueuse.

Quelques auteurs croient le melon originaire de l'Asie, d'autres le font venir de l'Afrique ; ce qu'il y a de certain, c'est qu'aujourd'hui les meilleurs melons se trouvent en Barbarie ; ils y surpassent les autres en beauté et en qualité. Après eux viennent ceux d'Espagne, de la Grèce, du Levant, de l'Italie, puis enfin des contrées méridionales de la France, et notamment de la Provence.

Ce beau fruit était connu des Grecs et des Romains, mais ces derniers le confondaient avec le concombre et d'autres cucurbitacées. Pline fut le premier qui remarqua que ce qui distingue le melon des concombres, c'est qu'outre sa forme, sa couleur et son odeur, il abandonne son pédoncule lorsqu'il a atteint son maximum de maturité. La solution de continuité qui se remarque autour de la queue est encore aujourd'hui le meilleur indice pour distinguer cette époque de la vie du melon. Le même auteur fait mention de l'ancien usage qui consistait à faire macérer les semences de melon dans le lait pour rendre ce fruit plus doux. Cette pratique, abandonnée avec raison par les modernes, ne pouvait avoir d'autre effet que de faciliter le développement du germe. Quant aux conseils de les faire tremper dans le vin pour donner au fruit un goût vineux, ou dans l'huile de sésame pour l'obtenir sans graine, ils ne méritent pas plus d'attention.

Parmi les meilleures espèces de melon, on doit ranger les cantaloups ; ils produi-sent, en effet, presque constamment de bons fruits et font mentir le proverbe qui dit :

> Qu'il faut en essayer cinquante,
> Avant que d'en trouver un bon.

En thèse générale, le melon, dans son état sauvage, est *doux*; dans son état de culture en terre ordinaire ou *pleine terre*, il est *doux* et *sucré*; cultivé sur fumier ou engrais animalisé, il est à la fois *doux, sucré* et *musqué*.

Deux conditions sont indispensables pour la culture du melon : elles consistent dans le choix de la graine et la formation des couches. Les limites que nous nous sommes tracées ne nous permettent pas de nous occuper de la seconde, qui est du ressort de la culture proprement dite.

On ne doit pas seulement, dans le choix des graines, rechercher celles qui proviennent des meilleures espèces ; on doit, en outre, s'assurer, pour ne pas perdre un terrain d'autant plus précieux qu'il est ordinairement très limité et qu'il a subi une préparation particulière, si parmi elles il ne s'en trouverait pas de stériles; on les plonge à cet effet dans l'eau et on rejette celles qui surnagent (1).

Les semences nouvelles doivent être préférées lorsqu'on cultive sur couches ou dans des terrains appauvris, parce qu'elles sont plus vigoureuses et qu'elles fournissent des fruits plus précoces; celles de deux ou trois ans réussissent mieux en pleine terre, dans les sols bien fumés et conséquemment riches en principes nutritifs.

Les jardiniers étaient autrefois dans l'usage de conserver sur eux et dans leurs poches, les graines de melon de l'année, ils pensaient qu'elles acquéraient ainsi des qualités. Ce préjugé n'était pas sans quelque fondement, car leur dessiccation se trouvant favorisée par la chaleur émanée du corps, elles s'aoûtaient mieux ; e.

(1) Toutes les semences, même celles huileuses, plus pesantes que l'eau ; elles perdent cette r.. par la germination

lorsque ensuite elles étaient confiées à la terre, l'élaboration de la sève s'y effectuait aussi complètement que si elles eussent eu plusieurs années d'existence.

On doit, en général, préférer les semences de quatre à six ans à celles plus récentes ou plus vieilles; les premières fourniraient une végétation trop vigoureuse et peu favorable à la fécondation; les autres offriraient peu de chances de succès.

Les semences de melon conservent quelquefois leur faculté germinatrice pendant très longtemps. On voit dans les *Transactions philosophiques* que des pepins de melon de trente ans et plus ont non seulement germé, mais encore fourni des fruits.

Les graines de melon maraîcher sont oblongues et pleines; celles du cantaloup ou italiennes sont aussi plus étroites que celles des melons inodores ou d'Orient, qui sont presque lenticulaires.

Le climat de Paris n'étant pas assez tempéré pour la culture du melon, il en résulte que ce n'est qu'à force de soins et par artifices que l'on parvient à obtenir un degré de maturation satisfaisant. M. Lalanne, dans son poème didactique sur le potager, condamne ainsi les méthodes artificielles :

Ses couches près d'un mur à grands frais élevées
N'échauffent qu'à demi des tiges énervées;
Le melon sans couleur, sous la cloche hâté,
Attriste mon regard de ce fruit avorté,
Qui, mûri du soleil sans le secours du verre,
De ses bras tortueux embrasserait la terre.
La nature indignée ouvre à regret ses flancs
Aux fruits que sur l'automne usurpe le printemps;
Chacun en sa saison tour à tour doit éclore,
Que Pomone ait septembre et que mai soit à Flore.

M. Sageret, qui s'est occupé avec beaucoup de succès de la culture des cucurbitacées, a prouvé que la culture en *pleine terre*, aussi facile que peu dispendieuse, pouvait s'appliquer avec le même succès à toutes les races et variétés de melon; il a remarqué, en outre, que les différentes variétés se mêlaient par fécondation croi-

sée lorsqu'elles étaient rapprochées. Il est évident, en effet, que c'est à cette circonstance que l'on doit les améliorations et les détériorations dont la cause ignorée jusqu'ici a fait le désespoir des jardiniers; il importe donc, lorsqu'on veut conserver les bonnes espèces, de les isoler, afin d'obtenir un fruit et conséquemment une graine identiques à la variété que l'on a semée. On a remarqué, toutefois, que lorsque les variétés offraient des caractères bien tranchés, il n'y avait pas de fécondation croisée : c'est ainsi que le cantaloup n'influence pas et n'est pas influencé par le maraîcher.

Lorsque le melon a atteint à peu près la moitié de son volume, on le soulève et on place dessous une tuile et un anneau ou couronne de paille; cette précaution a pour but de le garantir de l'influence nuisible de la couche qui tend à le faire pourrir. Si à cette époque il présente quelques difformités, par suite de la résistance qu'offre accidentellement son écorce dans certaines parties, on rétablit l'équilibre d'expansion en faisant aux endroits déprimés des incisions ou scarifications légères. On a vu au chapitre troisième qu'à cette époque de l'existence du fruit l'altération par les corps étrangers se propageait difficilement.

La maturation des melons s'effectue lorsque les circonstances ont été favorables du trentième au quarantième jour, c'est à dire depuis le moment où le fruit est dit *noué* jusqu'à celui où il est *frappé* ou aoûté; c'est alors seulement qu'on remarque une solution de continuité autour de la queue; on provoque et on accélère la maturation en retournant le fruit et lui faisant présenter successivement toutes ses parties à l'influence solaire. Cette opération a, en outre, pour effet, en tordant le pédoncule, d'intercepter l'affluence de la sève et de déterminer, comme on l'a vu, lorsque nous avons expliqué le phénomène de la maturation, les réactions qui l'effectuent. On a proposé, pour hâter la maturité des melons, de répandre autour du fruit du charbon en poudre; on lui attribue la propriété d'élever la température de l'air ambiant de quelques degrés. Van Hill assure qu'en oxygénant la terre soit directement, soit au moyen d'eau oxygénée, on améliore singulièrement les melons. (*Transactions horticulturales de Londres*.)

Les melons de primeur n'ont jamais la suavité de ceux qui, semés plus tard (au commencement d'avril, par exemple), reçoivent l'influence bienfaisante du soleil d'été. L'usage consacré par les jardiniers de Louis XV de servir à ce prince des melons le jeudi saint coûtait des sommes énormes, sans compensation, car ces fruits devaient offrir bien peu de suavité, surtout à des palais aussi blasés.

Ce beau fruit, dont la nature se montre si prodigue, mais qui doit en Europe une grande partie de ses avantages au soin que l'on donne à sa culture, est maintenant l'objet d'une immense consommation dans les villes principalement : il est nourrissant et rafraîchissant à la fois, tempère la soif et offre conséquemment une ressource alimentaire très précieuse, surtout dans les climats chauds. Certaines personnes, celles surtout de tempéraments froids et de constitutions délicates, doivent toutefois en être sobres. L'histoire fournit plusieurs exemples des accidents qu'il peut produire. L'empereur Claudius Albinus, le pape Paul II moururent pour en avoir mangé immodérément. Comme la pêche, il est froid, la grande quantité d'eau qu'il contient le rend indigeste ; pour obvier à ces inconvénients, on doit, sinon l'associer au vin comme on le fait pour ce dernier fruit, en boire au moins après l'avoir mangé. Cette boisson, en stimulant ou réchauffant l'estomac, est incontestablement l'antidote le plus puissant contre les excès gastronomiques que l'on peut faire du melon.

Examen chimique. — L'histoire chimique du melon ne répond pas à son importance comme substance alimentaire ; cependant Fourcroy et Vauquelin, qui l'ont analysé, ont signalé, dans son suc fermenté ou chauffé, la présence d'un principe analogue à la

manne, et qu'ils ont nommé *mannite*. Ce principe n'existant pas dans le suc frais, ils ont pensé qu'il résultait d'une réaction produite pendant la fermentation spontanée et peut-être même une altération du sucre cristallisable pendant l'opération analytique ; ces hypothèses nous semblent d'autant plus vraisemblables, que M. Payen nous a assuré en avoir obtenu, et nous avons vu du sucre cristallisable que l'on nous a dit être extrait du melon ; il est vrai de dire que l'étiquette portait *sucre de citrouille*, qu'il avait été obtenu en Angleterre, et que dans ce pays on confond, comme autrefois à Rome, sous cette dénomination générique, les potirons, les melons et les citrouilles.

La semence du melon fait partie des quatre semences froides ; réduite en pâte et mêlée à l'eau, elle forme une émulsion tempérante et sédative, dont l'usage en médecine, bien que tombé en désuétude, pourrait cependant être mis à profit à défaut d'amandes douces.

Les melons diffèrent par leur forme, leur couleur, leur odeur, leur saveur ; les uns sont tantôt grêles et longs, tantôt ronds et complètement sphériques, d'autres sont très déprimés à la base et au sommet ; ceux-ci ont la chair jaune, ceux-là verte ou blanche. Ils se distinguent encore par l'aspect de leur écorce, qui varie beaucoup, elle est lisse ou brodée, unie ou sillonnée de côtes ; leur grosseur varie également de celle d'une belle orange à un petit potiron. On peut les rapporter à trois races principales qui ont pour types le *melon maraîcher* ou *galeux*, le *cantaloup* et le *melon de Malte*.

M. Rosset a rappelé assez heureusement dans les vers suivants les caractères qui distinguent ces différentes races :

L'arrosoir à la main, allons dans les carrés
Abreuver les melons, sur leur couche altérés ;
Quand l'eau les a grossis, la chaleur bienfaisante
Leur donne le parfum de leur sève charmante.
Enfin devenus mûrs, sans être cotonneux,
Leur couleur est dorée et leurs sucs sont vineux.
Des sucs plus délicats, une chair tendre et pâle,
Moins de saveur distingue une espèce rivale.
L'Arménie envoya le cantaloup aimé,

Moins gros, quelquefois nain, mais toujours parfumé;
Que dans la mer Égée, aux peuples de ses îles
La pastèque ait des fruits contre la fièvre utiles,
Il est des amateurs qui contentent leurs vœux
De la fade douceur de ces melons aqueux.
Nés au fort de l'hiver, dans les jardins de Malte
Aimons ceux de l'été, que leur goût les exalte;
Le palais, en hiver glacé par les frimas
Redoute une froideur dont il craint les appas.

La description que nous allons donner des diverses variétés de melons sera moins harmonieuse, mais plus rigoureuse et plus complète. Nous suivrons, dans leur énumération, l'ordre adopté par l'auteur de la monographie de ce beau fruit. Suivant lui, tous les melons ne forment qu'une espèce, dont les principales variétés sont nées sous l'influence de climats différents, et se sont multipliées ensuite par le mélange de leur pollen, par des cultures plus ou moins convenables et par toutes les causes extérieures, telles que le froid et la chaleur, la lumière et l'obscurité, l'abondance ou la privation de substances nutritives, et enfin la nouveauté ou l'ancienneté des graines employées à la reproduction.

Le soin qu'il a pris de ne décrire que ceux qui offrent des caractères assez tranchés rend leur étude plus facile et permet de ne pas mentionner de prétendues variétés qui n'offrent de différences souvent que leurs dénominations.

M. Jacquin range toutes les variétés de melon dans les trois groupes suivants :

Premier groupe. Melons communs maraîchers ou français, *cucumis melo vulgaris.*

Fruits peu odorants de toutes grosseur et forme, avec ou sans côtes; celles-ci moins profondes que dans les cantaloups; chair rouge, blanche ou verte, fondante quoique filandreuse, se résolvant en eau quand la maturité est trop avancée, peu parfumée et sucrée comparativement aux melons des deux autres groupes; remplissant davantage le fruit; surface de l'écorce plus ou moins couverte d'une broderie grisâtre, variant d'épaisseur et formant divers réseaux; écorce mince. Graines pleines, ovales, plus allongées que dans les autres groupes.

Deuxième groupe. Melons-cantaloups ou italiens, *cucumis melo saccharinus.*

Fruits très odorants, de toutes grosseur et forme, à côtes ordinairement très profondes, moins pleins que les maraîchers; chair rouge, blanche ou verte, généralement fine, fondante ou cassante, sucrée et parfumée, devenant sèche et cotonneuse quand la maturité est dépassée; écorce généralement épaisse, lisse, brodée, mamelonnée ou tuberculeuse, communément d'un vert plus ou moins foncé passant au jaune, ou d'un blanc verdâtre, jaunissant également plus ou moins à la maturité; quelques uns sont brodés; graines ovales, arrondies, peu pleines et un peu contournées.

Troisième groupe. Melons inodores ou d'Orient, *cucumis melo inodorus.*

Fruits de toutes forme et grosseur, quoique généralement plus petits que dans les deux autres groupes, à côtes ou non; écorce peu épaisse, lisse ou brodée, mais sans verrues; mamelons ou protubérances; au sommet, toutes les variétés sont velues avant la maturité et même après dans quelques uns; chair rouge, jaune, verte ou blanche, généralement fine et fondante, douée d'une saveur particulière agréable; graines ovales, plus plates et plus larges que dans les autres.

Ce groupe semble renfermer des variétés qui impliquent contradiction; mais l'auteur pense qu'elles proviennent toutes du Levant et ne doivent leurs différences qu'à l'influence du sol et du climat.

PREMIER GROUPE.

Melon commun ou *maraîcher, melon français, melon gros morin, melon tête de Maure.*

Ce melon, cultivé autrefois presque seul, était désigné sous la dénomination de *melon commun.* Depuis l'extension que l'on a donnée à la culture du melon-cantaloup, cette dénomination a perdu de sa valeur, à moins toutefois qu'on ne la réserve pour indiquer une qualité inférieure. Cette variété est presque toujours uniforme, son écorce est mince, de couleur verte, mais celle-ci est presque entièrement masquée par une sorte de réseau grisâtre dont le tissu est plus ou moins lâche. La chair, de couleur rouge aurore, est fondante et très aqueuse ; elle remplit presque complètement l'intérieur du fruit. Cette variété est tardive.

Melon de Coulommiers. Il a tant de rapport avec le précédent, et l'origine de ces deux fruits est tellement incertaine, qu'il est difficile d'établir quel est celui des deux qui est le type. La forme du coulommiers est cependant plus allongée, le réseau qui l'enveloppe est aussi plus serré ; sa chair est douce, fondante et assez savoureuse. Cette variété, comme la précédente, est tardive.

Melon morin, maraîcher à côtes. Il ne diffère des précédents qu'en ce qu'il a des côtes assez prononcées ; son écorce est richement brodée, sa chair se rapproche aussi davantage de celle des cantaloups ; il acquiert un assez gros volume. Il est tardif.

Ces trois variétés sont souvent confondues : quelques auteurs, et parmi eux Dubois (1), ne les distinguent pas.

Melon des carmes. Sa forme et son volume varient à tel point qu'on en a formé plusieurs sous-variétés. L. Dubois en distingue quatre, qui sont *le melon des carmes long, le melon des carmes rond, le melon des carmes à écorce blanche et celui à graines blanches.* Nous pensons, avec M. Jacquin, que si l'on voulait regarder comme variétés les fruits qui offrent entre eux des différences légères, il arriverait souvent qu'on pourrait faire des sous-variétés des fruits du même pied. Quoi qu'il en soit, les caractères généraux de ces sous-variétés sont un volume assez considérable, des côtes assez

(1) Des melons et de leurs variétés, 1810.

prononcées et couvertes d'une broderie assez lâche ; l'intervalle des côtes ou les sillons sont vert olive ; la chair est jaune rougeâtre, plus ou moins pâle, fondante et savoureuse. Cette variété est tardive.

Melon de Langeais, de Tours, d'Angers. C'est encore une sous-variété du melon maraîcher, modifiée par le climat et le sol. Il doit son nom à la ville de Langeais, département d'Indre-et-Loire, aux environs de laquelle il est abondamment cultivé. Ce fruit est oviforme, sa grosseur est tantôt assez considérable, tantôt ordinaire ; cette variation dans le volume a déterminé certains auteurs à en former deux variétés ; mais, comme les autres caractères offrent l'identité la plus parfaite, nous pensons qu'il n'y a pas lieu à les séparer. Ce melon se distingue, en outre, par ses côtes peu prononcées ; les sillons qui les séparent sont d'un vert assez foncé, l'écorce générale est vert clair et couverte d'une broderie fort irrégulière de couleur grisâtre. La base du pédoncule est large, la chair un peu pâle, très succulente et douce. Cette variété est tardive.

Melon de Honfleur. Les observations qui précèdent s'appliquent également à cette variété ou sous-variété ; car, abstraction faite de son volume, qui est généralement plus considérable, et de l'insertion du pédoncule, qui offre moins d'étendue, les autres caractères ne présentent pas de différences sensibles. Le climat de Honfleur paraît lui être très favorable, car il n'est pas rare de trouver des fruits du poids de 30 à 40 livres.

L'influence du climat et du sol est telle sur la végétation, que nous ne doutons pas que, si le melon de Langeais était cultivé à Honfleur et celui de Honfleur à Langeais, ces variétés ne perdissent, après quelques années de culture, les caractères qui les distinguent.

Melon de Gardanne, melon d'Avignon, melon de St-Nicolas de Grave. Il est généralement gros, oblong, divisé en côtes peu saillantes, couvertes d'une broderie fine et serrée ; les sillons qui les séparent sont peu profonds, leur surface est lisse, de couleur vert olive assez foncé, l'écorce est assez mince et d'un vert plus clair; elle prend, lors de la maturité, une teinte jaune orangé. La chair est rouge, fondante et douce; le pédoncule est gros et en partie couvert de broderie.

L. Dubois signale une sous-variété dont le fruit est moins gros, mais on peut sans inconvénient les confondre, attendu que tous les autres caractères sont identiques. Cette variété est très tardive.

Melon d'Espagne. Il est oblong, divisé par des sillons peu profonds, formant autant de côtes également peu prononcées; son écorce est mince, de couleur verte, ornée d'une broderie assez épaisse, mais qui permet cependant de distinguer, dans ses interstices, l'écorce lisse qu'elle recouvre; celle-ci passe au jaune orange en mûrissant. La chair est rouge et peu savoureuse. Cette variété, qui est très tardive, a besoin d'une haute température pour atteindre son maximum de maturité.

Melon sucrin de Tours. Il est sphérique, mais allongé à l'endroit où s'insère le pédoncule; sa forme rappelle celle d'une poire de crassane. Le réseau qui l'enveloppe est régulier, sa disposition est particulière et ne laisse pas entrevoir l'écorce. Cette variété n'offre point de traces de côtes; sa chair est épaisse, rouge aurore, sa saveur est peu suave; on le cultive particulièrement aux environs de Tours. Il est tardif.

Melon petit sucrin de Tours. Il diffère peu du précédent et forme une sous-variété; sa forme est un peu elliptique, le réseau qui l'enveloppe laisse apercevoir l'écorce autour du pédoncule; celle-ci prend, lors de la maturité, une teinte jaune cuivré; sa chair est jaune, très épaisse et remplit presque entièrement la cavité intérieure; elle est douce et sucrée. Cette sous-variété est un peu plus hâtive que celle qui précède.

Melon de Madère. Ce fruit, qui offre de l'analogie avec les deux variétés précédentes, en diffère cependant par sa forme ovale renversée, qui rappelle

celle d'une figue. Le réseau qui l'enveloppe est serré dans certaines parties et lâche dans d'autres. Il laisse apercevoir l'écorce, qui de vert passe au jaune terne dans la maturité. Ce melon offre plutôt des traces de sillons que des côtes proprement dites; sa chair est épaisse, rouge et assez douce; elle remplit presque complètement la cavité intérieure. Cette variété est tardive.

Melon sucrin des Barres. Ce melon, le plus ordinairement oviforme, est cependant quelquefois presque complètement sphérique; son écorce est assez épaisse, d'un vert olive passant au gris jaunâtre lors de la maturité; le réseau qui l'enveloppe est assez régulier et peu serré. Le pédoncule est entouré d'une sorte de disque à son point d'insertion; la chair est rouge et très épaisse, les semences sont petites. Ce melon, d'une qualité assez médiocre, a été obtenu par M. Vilmorin. Les caractères de la plante qui le fournit sont plus remarquables que ceux du fruit, qui n'est pas très hâtif et qui n'offre aucune trace de côte.

Melon sucrin de Provins, sucrin à petites graines. Cette variété est presque ronde, déprimée à la base, divisée en côtes saillantes; son volume est peu considérable, son écorce mince. La partie supérieure des côtes est seule tiquetée d'une broderie lâche et peu épaisse. Le point d'insertion du pédoncule est environné d'un disque assez épais, de couleur vert clair; le reste du fruit prend une teinte jaune tendre ou de soufre lorsqu'il atteint son maximum de maturité. La chair est épaisse, rouge, assez ferme, d'une saveur douce sucrée assez aromatique.

Cette variété, cultivée aux environs de Provins, est assez hâtive; elle est très estimée et mériterait d'être rangée parmi les cantaloups, mais le peu d'épaisseur de sa peau l'en éloigne.

Melon de Chypre, petit sucrin de Chypre. Il est tantôt allongé en forme de concombre, tantôt renflé à sa partie antérieure et rappelle dans ce cas la forme

d'une perle; son écorce est mince, tomenteuse, de couleur vert argenté d'abord,
puis jaune et tiquetée de points verts.
L'ombilic est environné d'une broderie
assez serrée. La chair est rouge aurore,
très épaisse, sucrée et assez ferme. Les semences sont petites et comme implantées
dans la pulpe. Cette variété n'est pas très
précoce, mais elle fournit beaucoup.

Melon de Grammont, sucrin vert; melon vert de Rouen ou du roi. Il
atteint un beau volume; sa forme est
oblongue, sa surface est divisée en côtes
peu saillantes; l'écorce est mince, de couleur verte, lisse dans les sillons, mais couverte d'une broderie grise et d'un tissu
assez serré sur les côtes. La chair est verte,
très succulente et assez sucrée.

« Ce fruit, » dit l'auteur de la Monographie du melon, « est très sujet à jouer;
nous avons souvent vu sur le même pied
des fruits à chair verte et d'autres à chair
rouge, surtout dans les années humides. »

Cette variété, originaire d'Afrique, fut
importée en 1777 et cultivée par les moi-
nes de Grammont, près Rouen.

Gros melon de Grammont, gros sucrin vert, gros melon vert de Rouen ou du roi.
Il ne diffère du précédent qu'en ce qu'il
atteint généralement un plus gros volume
et que sa chair est aussi d'un vert plus
intense. Du reste, sa qualité est la même,
aussi forme-t-il une sous-variété du précédent.

Malgré les soins que l'on donne à leur
culture, ces deux variétés dégénèrent facilement.

Petit melon de Grammont, petit sucrin à chair verte glacée, petit melon vert de Rouen. C'est encore une sous-variété qui
participe des deux précédentes; sa forme
est ronde, ses côtes sont aussi peu prononcées. La broderie d'un gris jaunâtre est
plus plate, la chair est d'un vert pâle, le
suc qu'elle contient est sucré et visqueux,
il forme sur la tranche une sorte de vernis qui lui donne un aspect glacé.

Sucrin à chair verte, Caroline à chair verte, muscade de la Caroline.
Cette variété est généralement de forme

oblongue et quelquefois ronde; ses côtes
sont plutôt indiquées que formées; l'é-
corce, de couleur jaunâtre, est couverte
d'une broderie très déliée; la chair est
douce et succulente, de couleur blanc
verdâtre, nuancée de teintes plus foncées
vers la circonférence. Ce melon est assez
tardif.

Melon de Smyrne, d'Égypte, petit rond.
Il est sphérique, les côtes qui le divisent
sont bien prononcées, leur surface externe
est couverte d'une broderie assez ferme;
les sillons sont lisses, d'un vert tendre;
la chair, assez épaisse, est d'un vert foncé
dans la moitié de son étendue, et blanc
jaunâtre vers le centre; elle est fondante
et douce.

DEUXIÈME GROUPE.

Melons-cantaloups ou italiens.

La culture des cantaloups a pris depuis
quelques années, aux environs de Paris,
une extension extraordinaire; les variétés
qui composent ce groupe remplacent
maintenant presque complètement le melon maraîcher, dans la consommation de
cette grande ville.

On le croit originaire de l'Arménie; le
nom de cantaloup vient de ce qu'il fut
d'abord cultivé à Cantalupi, maison de
campagne des papes aux environs de
Rome. Charles VIII l'apporta en France
en 1495, à son retour de l'expédition d'Italie. C'est vraisemblablement à l'influence
de cet heureux climat qu'il doit les qualités qui le distinguent; c'est le plus musqué
de tous les melons, on le cultive ordinairement sur couche.

Cantaloup hâtif de vingt-huit jours.
Ce melon, d'un volume très médiocre,
est surtout remarquable par sa précocité;
il est sphérique, ses côtes sont bien prononcées; son écorce, généralement lisse,
est d'un vert clair maculé de vert plus
foncé; elle prend une teinte jaunâtre à
l'époque de la maturité. Les sillons qui
divisent les côtes sont d'un vert tendre et
tomenteux; sa chair est rouge orangé,
très succulente et douce. Bien qu'il soit

très hâtif, son développement et sa maturité ne s'effectuent pas en vingt-huit jours sous notre climat. Il nous vient d'Allemagne, où il porte le même nom.

Cantaloup hâtif du Japon. Il est presque complètement sphérique. Ses côtes sont peu saillantes, sa couleur est généralement verte, sa broderie d'une teinte jaune assez riche; les sillons qui séparent les côtes sont d'un vert olive foncé; la chair est épaisse, rouge, succulente, sucrée et assez ferme. Ce melon, lorsqu'il a atteint son maximum de maturité, est sujet à se fendre.

Cantaloup favori des Anglais, petit favori écarlate, petit favori roi écarlate. Ce melon, qui n'atteint généralement qu'un volume assez médiocre, est presque complètement sphérique; ses côtes, au nombre de cinq seulement, sont très saillantes; le réseau qui l'enveloppe est assez lâche, sa surface est de couleur gris indéterminé; le pédoncule s'insère dans une cavité formée par le sommet des côtes; cette partie du fruit, d'abord d'un vert foncé, prend une teinte plus claire lors de la maturité; la chair, d'un rouge assez vif, est ferme et savoureuse.

Cette variété est commune en Angleterre et y est très estimée; sa hâtiveté rend sa culture assez facile dans cette contrée brumeuse.

Cantaloup noir des carmes. Il est généralement sphérique, mais quelquefois aussi il est oblong; les sillons qui séparent les côtes sont peu profonds, celles-ci sont tiquetées, à leur partie la plus convexe, de quelques pustules noirâtres. L'écorce, assez lisse, verte, passe au jaune lors de la maturité; l'ombilic offre l'aspect d'un disque jaunâtre ciselé. La chair de ce melon, de couleur rouge jaunâtre, est très suave. Il doit être mangé à propos, car il passe très promptement.

Cantaloup noir des carmes brodé. Ce fruit, assez petit, est sphérique, légèrement déprimé à la base; ses côtes sont peu saillantes; son écorce, assez épaisse, est couverte d'une broderie assez régu-

lière de couleur gris sale. La chair est rouge jaunâtre, assez fermé, quoique fondante; sa saveur est douce et sucrée.

Cette sous-variété du précédent est moins estimée.

Cantaloup orange, orangé ou d'orange. Cette variété est plus remarquable par la richesse de sa couleur que par son volume, qui est très médiocre; son écorce, assez lisse, de couleur jaune, est maculée d'espèces de stries assez nombreuses, qui du vert passent à l'orange foncé. Les sillons des côtes sont si peu profonds, qu'ils semblent formés simplement de lignes vertes; l'écorce est très épaisse, la chair assez ferme et de couleur jaune orange pâle, elle est sucrée et agréable; le pédoncule, qui est gros et court, s'insère au milieu d'un disque jaune bordé d'un cercle vert olive. Cette variété est très hâtive.

Cantaloup orange foncé, cantaloup à chair rouge de Hollande. Cette sous-variété du précédent est encore plus remarquable par la couleur de son écorce, qui est blanche, maculée d'orange foncé. Sa forme est ronde, il est déprimé à la base; ses côtes sont formées de lignes brunes qui du sommet viennent joindre le pédoncule; celui-ci est aussi implanté dans un disque jaune. La chair est de couleur rouge vif, ferme, savoureuse et fondante.

Cantaloup gros orange, cantaloup grand hollande. Ce melon atteint un volume assez considérable, il est sphérique; les côtes qui divisent sa surface sont assez prononcées; son écorce est d'un blanc verdâtre, tiquetée de points vert foncé et maculée de taches irrégulières de couleur vert olive; sa chair est jaune rougeâtre, assez douce; son pédoncule, assez gros, est implanté sur un disque jaune clair. Ce melon est hâtif.

Cantaloup orange brodé, brulôt hâtif. Ce melon, qui offre de l'analogie avec le précédent, est cependant plus alongé; ses côtes sont bien prononcées; son écorce, assez mince, est entourée d'un réseau grisâtre assez serré; sa chair est épaisse, de couleur rouge orangé, d'une saveur douce, sucrée ; le pédoncule, qui est ordinairement assez court, s'élargit à sa base. Cette variété est très hâtive.

Cantaloup fin hâtif d'Angleterre. Il est généralement petit, rond, déprimé à la base ; ses côtes sont bien prononcées, et le sillon qui les sépare est de couleur vert foncé. La partie saillante des côtes est couverte d'une broderie épaisse de couleur gris sale ; le pédoncule est relativement assez gros et souvent contourné de manière à présenter la figure d'un angle ; la chair est ferme, de couleur rouge jaunâtre, d'une saveur douce sucrée, légèrement vineuse.

Cette variété, très commune en Angleterre, est très précoce.

Cantaloup à chair verte fondante, cantaloup de Hollande. Ce melon est de moyenne grosseur, un peu allongé, déprimé à la base ; son écorce, d'abord d'un vert olive clair, prend une teinte jaunâtre lorsqu'il approche de la maturité ; elle est maculée de quelques points verts et roux assez rares ; la chair, verte à la circonférence, prend une teinte blanchâtre vers le centre ; elle est douce, sucrée et très succulente ; le pédoncule est assez long.

Cette variété passe promptement et doit conséquemment être mangée presque aussitôt que cueillie.

Cantaloup brodé à chair verte, melon de Hollande à chair verte. Ce melon atteint rarement un gros volume ; il est rond, ses côtes sont peu saillantes ; son écorce, d'un vert tendre, est presque entièrement couverte de broderie : les sillons en sont dépourvus ; la chair est verte, sa saveur est douce, sucrée ; le pédoncule, assez gros, s'élargit à sa base.

Cette variété offre cette singularité bien remarquable, qu'on trouve quelquefois sur le même pied des fruits à chair verte et d'autres à chair rougeâtre.

Cantaloup du Mongol à chair blanc de lait. Cette singulière variété est oviforme, ses côtes sont plutôt indiquées que prononcées ; son écorce est fine, lisse, elle prend une teinte jaune nankin lors de la maturité du fruit ; mais, avant cette époque, elle est généralement d'un vert tendre chatoyant ou argenté ; son pédoncule, qui est généralement assez gros, est divisé en rayons à sa base, il présente même quelquefois une teinte pourpre dans cette partie ; la chair est blanche, d'un goût très suave. Il est assez précoce.

Cantaloup petit prescott fond noir. Ce melon n'atteint jamais un grand volume ; il est arrondi, déprimé à la base et au sommet, divisé par des côtes très saillantes ; son écorce est épaisse et couverte de nombreux tubercules, dont la couleur foncée tranche sur le vert tendre du reste de l'écorce ; la partie qui reçoit plus directement l'influence solaire prend toutefois une teinte jaunâtre assez prononcée ; la chair, de couleur rouge orangé, est sucrée et très succulente.

Cette variété est très hâtive, elle est originaire de l'Angleterre et doit son nom au jardinier Prescott, qui le premier la cultiva.

Cantaloup rosé, petit rosé, melon hâtif, boule-de-siam hâtive. Ce melon, qui est une sous-variété du précédent, est encore plus déprimé, ce qui lui a valu probablement le nom de boule-de-siam ; son écorce, bien qu'assez épaisse, est presque entièrement dépourvue des tubercules qui se remarquent sur le petit prescott ; sa chair est douce, sucrée, de couleur rouge orange, mais offrant quelquefois une légère teinte rosée ; c'est probablement à cette circonstance qu'il doit la dénomination qui le distingue. Il est aussi très précoce.

Cantaloup gros prescott fond noir. Ce melon, qui atteint un volume assez considérable, est encore une sous-variété du petit prescott ; son écorce est généralement d'un vert un peu plus tendre, elle est également très rugueuse et couverte de verrues ou tubercules d'un vert beaucoup plus intense ; les sillons qui séparent les côtes sont assez profonds. Bien que ce melon soit assez gros, sa chair est peu abondante, son écorce est très épaisse, et il offre au centre une cavité assez considérable. Cette variété est également hâtive.

Cantaloup prescott fond blanc. Ce melon, d'un volume assez médiocre, est remarquable surtout par la teinte blanc jaunâtre que conserve son écorce pendant son développement, par la disposition de son ombilic, qui présente la forme d'une couronne, disposition qu'offrent généralement les prescotts. Ses côtes sont bien prononcées, sa chair est rouge, sucrée et très suave; son pédoncule est assez gros. Cette variété est hâtive.

Cantaloup prescott à ombilic saillant, cul-de-singe. Ce melon a généralement un volume assez médiocre; ses côtes sont irrégulières, leur partie la plus convexe se nuance de jaune lors de la maturité; l'écorce, peu épaisse d'ailleurs, est maculée de points verts foncés et quelquefois rouges; la chair est rouge, assez épaisse et d'un goût fort agréable. La saillie que forme l'ombilic et l'espèce de couronne brodée qui l'entoure formeraient des caractères bien tranchés s'ils étaient plus constants. Cette anomalie ne se reproduit pas sur tous les individus, lors même qu'ils proviennent de la même graine. Cette variété est hâtive.

Cantaloup gros prescott fond blanc. Il atteint généralement un volume assez considérable; ses côtes sont rustiques et un peu irrégulières; son écorce, contrairement à ce qu'on remarque dans les cantaloups, est assez mince, elle est d'un blanc jaunâtre, excepté dans la cavité que forment la base des côtes et le fond des sillons, où elle est de couleur vert olive; la chair est très épaisse et de couleur jaune orangé.

Cantaloup fond gris. Ce melon, d'un assez beau volume, est rond à la circonférence et au sommet; sa base est un peu déprimée et se termine en une sorte de mamelon au point d'insertion du pédoncule; ce caractère le distingue des prescotts, car ceux-ci offrent toujours une cavité à la base des côtes; son écorce, d'un vert tendre, est tiquetée de points de couleur vert olive, elle prend en mûrissant une teinte gros violet; sa chair, d'un beau rouge orangé, est peu abondante; sa saveur est douce, sucrée et très suave; le pédoncule est gros, principalement au point d'insertion. « Nous le regardons, » dit l'auteur de la Monographie du melon, « comme une variété du prescott fond noir, croisé avec le cantaloup argenté; sa chair se conserve bonne pendant trois ou quatre jours après qu'il est frappé. On connaît, » dit le même auteur, « une autre variété de prescott fond gris, résultant du prescott fond blanc et du prescott fond noir. Cette variété diffère de celui-ci par l'attache de son pédoncule, qui est inséré, comme dans les autres, dans l'enfoncement formé par les côtes, et par un grand nombre de galles et tubercules. »

Cantaloup argenté. La forme de ce melon étant la même que celle du melon fond gris, nous renvoyons à cette variété pour sa description; son volume est aussi à peu près le même; son écorce, d'abord blanche, prend une teinte jaunâtre lors de la maturité; elle est tiquetée, dans certains endroits, de quelques points bruns et roux; son pédoncule offre à la base une teinte gris argenté; l'ombilic est un peu rentrant; la chair est rouge orangé et d'un goût agréable.

Cantaloup Découflé. Cette variété, qui offre quelques points d'analogie avec la précédente a été obtenue par M. Découflé : sa forme est ronde, mais déprimée au sommet; les côtes, bien qu'assez régulières, sont cependant garnies d'aspérités tuberculeuses; l'écorce assez mince est tiquetée de quelques points verts avant la maturité du fruit; la chair, moins épaisse que dans le cantaloup argenté, est rouge orangé et d'une saveur douce, sucrée. L'ombilic est formé d'une sorte de disque saillant légèrement brodé à sa circonférence. Ce caractère n'est cependant pas toujours constant.

Cantaloup boule-de-siam. Ce melon, d'un volume généralement médiocre, doit sou nom à sa forme déprimée qui rappelle celle d'une boule de siam ; ses côtes sont bien prononcées et les sillons profonds ; conséquemment , son écorce assez épaisse est couverte de tubercules et maculée de taches d'un vert assez intense avant la maturité. Sa chair, de couleur rouge orange et d'épaisseur médiocre , est aussi moins estimée que celle des prescotts. Ce melon est tardif et sa contexture assez rustique pour permettre de le cultiver sur couches. C'est un des cantaloups les plus anciennement connus à Paris et l'un des plus abondamment cultivés aux environs de cette ville.

Gros cantaloup noir de Hollande. Cette variété atteint généralement un volume assez considérable ; sa forme est oblongue et un peu piriforme ; ses côtes sont bien prononcées ; son écorce, assez mince, est d'abord d'un vert-olive foncé, puis elle passe au jaune lors de la maturité ; quelques parties, et notamment celles qui sont tuberculeuses, conservent une teinte foncée ; sa chair est rouge-jaunâtre, peu épaisse et de qualité médiocre ; son pédoncule, gros et court, offre une certaine expansion à son point d'insertion.

Cette variété, comme toutes celles qui atteignent un fort volume , est assez tardive, mais néanmoins l'une des plus estimées et avec raison.

Cantaloup turquin, c. turc, c. quintal. Ce cantaloup, qui atteint un volume considérable , est oblong , oviforme ; ses côtes sont bien prononcées ; son écorce sous-réticulaire, d'abord verte, prend une teinte jaunâtre lors de la maturité du fruit ; le réseau qui la recouvre est assez serré et continu dans certaines parties , notamment sur les aspérités ; l'écorce est épaisse ; la chair, de couleur rouge orange, est sucrée et d'un goût très suave, elle est assez ferme.

M. Jacquin, dans son excellente Monographie du melon, dit en avoir récolté qui pesaient jusqu'à 25 kil. Il pense que c'est à cette circonstance qu'il doit le nom de quintal ; il peut encore, en effet,

dépasser de beaucoup cette limite.

Cantaloup de Portugal, gros Portugal , gros galleux , melon de Caille. Ce melon est gros obrond et carré rond ; ses côtes sont bien prononcées et les sillons qui les séparent assez profonds ; son écorce est épaisse et rugueuse, de couleur vert-olive, maculée de vert foncé, elle passe au jaune dans la partie qui reçoit plus directement l'influence solaire. La chair, d'un beau rouge orange , est assez épaisse, ferme et d'une contexture peu délicate ; sa saveur est cependant très sucrée et très suave. Le pédoncule est gros et court, il s'étend à son point d'insertion et présente une zone d'un blanc argenté. Sa culture est facile.

M. Caille, auquel on doit cette variété, en a obtenu du poids de 15 à 20 kil. Sa forme n'est pas toujours constante ; il est tardif.

Cantaloup noir gros galleux, melon des saints. Il est généralement gros, sphéroïde, bien qu'un peu déprimé à la base et au sommet ; son écorce, assez épaisse, est très rugueuse, sa couleur vert foncé ; elle prend une teinte jaune sale dans certaines parties, lors surtout de la maturation du fruit ; la chair, peu épaisse, est d'un beau jaune orange d'assez bonne qualité ; l'ombilic est lisse, loin d'être saillant comme dans beaucoup d'autres variétés, il est entouré des extrémités protubérantes des côtes et placé dans une sorte de cavité. Cette variété est tardive et semble être, suivant M. Jacquin, une sous-variété du cantaloup de Portugal.

Cantaloup de Rome, cantaloup romain, cantaloup noir oblong d'Italie. Cette variété, très remarquable, est de forme oblongue ; ses côtes sont bien prononcées ; l'écorce est peu épaisse, couverte d'aspérités tuberculeuses ou mamelonnées de couleur noire ornée d'une broderie linéaire d'un gris blanchâtre ; la chair est rouge jaunâtre, assez épaisse, d'une saveur douce, sucrée ; le pédoncule est gros et rustique, sa base est entourée d'une zone de couleur vert tendre. Cette variété est assez tardive.

Cantaloup galleux du Mongol, cantaloup long du Mongol, cantaloup du Mongol à grosses galles. Ce melon est très allongé et de forme assez irrégulière ; ses côtes sont prononcées, son écorce est très épaisse et couverte de rugosités ou de tubercules analogues à ceux qu'on remarque sur certaines variétés de citron ; elle est d'abord d'un vert assez foncé, mais elle passe au jaune citron lors de la maturité ; la chair, épaisse et rouge orangé, est sucrée et assez suave. Cette variété est tardive.

Cantaloup du Mongol, cantaloup du Grand-Mongol à petites galles, cantaloup turbiné. Il atteint un volume assez considérable ; sa forme rappelle celle d'un œuf ; ses côtes sont plutôt indiquées que saillantes ; son écorce est très mince et marquée à la surface de quelques verrues ; sa chair est douce, sucrée et aromatique ; son pédoncule prend, à son insertion, une direction horizontale. Cette variété est assez tardive.

Cantaloup fin d'Angleterre à chair verdâtre. Cette singulière variété n'atteint qu'un volume médiocre ; elle est sphéroïde, un peu déprimée à la base ; ses côtes, sans être très saillantes, sont assez prononcées, elles sont couvertes de broderies à leur base principalement ; l'écorce est assez mince et de couleur vert olive ; la chair est verte, assez abondante et d'une saveur douce et agréable.

Cette variété, assez commune en Angleterre, se distingue par des espèces de petites protubérances verruqueuses placées çà et là à sa surface.

TROISIÈME GROUPE.

Melons inodores ou d'Orient.

Ainsi que nous l'avons dit au commencement de cet article, ce groupe renferme des variétés qui semblent impliquer contradiction ; c'est ainsi que, bien que la plupart soient inodores, quelques unes ont de l'arôme. Quant à la dénomination de melons d'Orient, elle leur a été donnée parce qu'elles proviennent toutes du Levant. Si elles ont acquis ou perdu des caractères, elles le doivent à l'influence de sols et de climats plus tempérés.

Melon de Malte d'hiver, melon à chair rouge d'hiver. Il est oblong, ovoïde ; son volume est médiocre, son écorce est mince, de couleur vert tendre, autour d'un réseau assez serré de couleur gris sale ; la chair est rouge orangé, épaisse, d'une saveur douce, sucrée ; le pédoncule, assez gros et long, est implanté sur une sorte d'éminence.

Cette variété, entièrement dépourvue de côtes, se conserve assez longtemps.

Melon de Séville. Il est oviforme, un peu allongé ; il atteint quelquefois un volume assez considérable ; son écorce est lisse, d'un vert-olive dans sa plus grande étendue, mais maculée de jaune orangé lors de la maturité. Sa surface est divisée par des lignes longitudinales qui simulent les côtes ; la chair est de couleur blanc rosé ; le pédoncule est très délié, et s'implante directement.

Melon de la Chine. Ce melon n'atteint jamais qu'un volume fort médiocre ; il est oblong et plus étroit à la base qu'au sommet (1) ; son écorce est très fine, lisse, de couleur verdâtre avant la maturité, mais elle prend une teinte jaune après cette époque de la vie du fruit ; sa chair est de couleur jaune-soufre ; le pédoncule est relativement assez gros, contourné ; il s'évase à son point d'insertion.

Le volume, la forme et l'odeur du melon de la Chine le feraient confondre avec le concombre, si la couleur de sa peau, qui est vert prune de reine-claude, et sa saveur sucrée ne le distinguaient ; il perd même tout à fait l'odeur de concombre lors de sa maturité ; sa saveur est généralement fade ; aussi est-il peu estimé.

Melon odorant. Cette variété prouve l'impuissance dans laquelle on est souvent de trouver des caractères fixes pour donner des dénominations

(1) La base d'un fruit est la partie la plus voisine du pédoncule ou queue, et le sommet celle qui avoisine l'œil ou ombilic.

qui soient toujours exactes. Le changement de climat, une nouvelle culture, suffisent pour apporter de grandes modifications, soit dans la forme, soit dans la saveur des fruits. C'est ainsi que la variété qui nous occupe est inodore, bien qu'on la désigne sous le nom de melon odorant; son volume est peu considérable, sa forme est celle d'une poire renversée, ses côtes sont peu saillantes et séparées par des lignes d'un vert assez foncé; son écorce est couverte d'une sorte de gale continue de couleur grisâtre, tiquetée de points roux; elle est épaisse, sa chair est rouge-orange et d'un goût assez agréable.

Melon d'Italie. Ce melon atteint un volume assez considérable; sa forme, très alongée, se rapproche de celle du concombre; son écorce est mince, parsemée de lignes crustacées irrégulières; le fond est vert-olive tiqueté de points linéaires plus foncés; la chair est verte, succulente et sucrée; le pédoncule est gros d'un vert plus tendre. Cette variété est hâtive et passe très promptement.

Melon de Malte, d'été, chair verte. Ce melon, d'un volume médiocre, est complètement sphérique, dépourvu de côtes; son écorce, de couleur vert foncé, est couverte d'une broderie assez lâche formée de points ronds et linéaires, de couleur gris verdâtre; sa chair est verte, fondante et sucrée; très velu lors de son développement, il conserve un aspect tomenteux même après la maturation.

Melon de Malte d'hiver, à chair verte. Cette variété atteint généralement un volume assez considérable; elle est piriforme, assez régulière toutefois; la circonférence est presque égale dans les deux tiers de la hauteur du fruit; l'écorce est très mince, lisse, d'un vert foncé passant au vert clair, lors de la maturation; elle est parsemée de lignes calleuses de peu d'étendue; le sommet du fruit est orné d'une broderie jaunâtre entourée de lignes ou stries rayonnées simulant des traces de côtes; la chair est verte et très suave.

Melon muscade. Il atteint généralement un volume assez considérable; sa forme est celle d'une perle; son écorce est mince, de couleur vert-olive dans une grande partie de son étendue, jaunâtre dans le reste, parsemée, notamment vers le sommet, de pustules grisâtres; sa chair est verte, très succulente, douce et sucrée.

Melon scipiona. Son volume est médiocre, il est de forme ovoïde-alongée; son écorce est très mince, assez résistante, de couleur vert-olive clair, parsemée assez régulièrement de verrues linéaires d'un gris jaunâtre; la chair est verte et douce; le pédoncule, ordinairement assez gros, forme le croissant.

Melon-Sageret. Il atteint un volume au dessus du médiocre; sa forme est oblongue; son écorce, d'abord de couleur vert olive, passe, dans une partie de son étendue (celle qui reçoit plus directement les rayons solaires), au jaune-orange lors de la maturité; elle est parsemée assez confusément, surtout aux deux extrémités, de callosités onguiculées de couleur gris blanchâtre; sa chair est verte et d'un goût assez suave; le pédoncule est gros et court.

Melon de Valence. Ce melon est généralement assez gros; sa forme est celle d'un œuf; son écorce est très mince, tiquetée de très petits points, vert foncé; elle est marquée çà et là de lignes qui, au lieu de faire saillie, sont imprimées dans son épaisseur; la chair est blanche, succulente et très suave; l'ombilic est, comme la broderie, de couleur jaune-verdâtre et cave.

Cette variété mérite d'être propagée; elle se conserve assez avant dans l'hiver.

Melon d'Agadès. Ce melon n'atteint jamais un gros volume; sa forme est oblongue et régulière; son écorce est mince, elle passe du vert tendre au jaune clair lors de la maturité; l'aspect de la broderie assez lâche qui la recouvre rappelle les caractères chinois; elle est de couleur blanchâtre; le fond est tiqueté de points roux presque imperceptibles; la chair blanche et fade offre quelque analogie avec celle des courges.

Melon blanc d'Hyères. Cette variété a des caractères tellement saillants, qu'on ne peut la confondre avec aucune autre; sa forme est globuleuse, son volume est au dessous du médiocre, car il dépasse rarement quatre pouces de hauteur sur autant de largeur; son écorce est mince, d'une contexture assez fine, de couleur vert foncé tirant sur le brun; elle est divisée, non pas en côtes, mais seulement en zones longitudinales d'une teinte plus claire; la broderie, d'une bigarrure assez régulière, est formée de lignes onguiculées de couleur gris jaunâtre; sa chair est blanc de lait et d'une qualité assez médiocre; le pédoncule, assez grêle à son point d'insertion, est fixé sur un disque jaunâtre de peu d'étendue.

Melon de Malte d'été, à chair blanche. Il est presque complètement sphérique; son volume est assez considérable, surtout lorsque les circonstances de son développement ont été favorables; son écorce, assez mince, de couleur vert olive, se nuance de jaune-roux dans quelques parties de sa surface; elle est tiquetée de callosités onguiculées de couleur gris roux; la chair est abondante, blanche, marbrée de lignes verdâtres, d'une saveur douce, sucrée, assez agréable; le pédoncule est implanté sur une sorte de disque jaunâtre bordé de lignes rayonnées de couleur vert foncé.

Melon de Malte très hâtif. Ce melon, dont la hauteur dépasse rarement six à sept pouces, est rond, mais cependant un peu déprimé à sa base; son écorce est très mince, quoique assez résistante; elle est d'abord vert clair, mais elle passe au jaune en mûrissant; quelques raies vertes persistantes indiquent des traces de côtes; quelques portions de broderie distribuées irrégulièrement simulent des caractères chinois; la chair est blanche, douce et sucrée; le pédoncule long et mince est d'un vert plus foncé que le reste du fruit; l'ombilic est formé d'un amas de broderie qui présente une saillie assez prononcée.

Melon de Tripolitza. Cette variété atteint généralement un volume assez considérable; sa forme est très alongée; son écorce, d'abord de couleur vert olive, passe au jaune citrin dans une grande partie de son étendue; elle est entourée d'un réseau assez lâche de couleur gris blanc; la chair est blanche, d'une saveur douce, sucrée, assez suave; le pédoncule s'insère dans une cavité et n'offre pas de traces de ramifications.

Melon de Constantinople. Il n'atteint pas un gros volume, car sa hauteur dépasse rarement huit à neuf pouces; sa forme est alongée; son écorce assez mince, d'abord verte, passe au jaune dans presque toute son étendue; elle offre çà et là quelques callosités irrégulières de couleur gris roussâtre; la chair est blanche et assez agréable; le pédoncule, assez gros, s'insère un peu obliquement.

Melon de Cavaillon d'hiver, d'Espagne. Ce melon, de forme oblongue et un peu cylindrique, est généralement de grosseur médiocre; son écorce, fine et lisse, est de couleur vert foncé, tiquetée de points noirs; sa surface est parsemée de callosités linéaires assez rares; sa chair est d'un blanc verdâtre, douce et sucrée; le pédoncule, assez grêle, se dessèche lors de la maturité.

Cette variété offre quelquefois des traces de côtes.

Melon-ananas d'Amérique. Il est globuleux, divisé par des côtes peu saillantes; son volume est au dessous du médiocre; son écorce est mince, lisse, de couleur vert olive; elle prend une teinte jaunâtre lors de la maturité; sa chair est verte, d'une saveur douce-sucrée, son pédoncule est très ramifié.

Cette variété est très productive et assez rustique.

Melon citron d'Amérique. Ce fruit, d'un volume assez médiocre, est obrond, divisé en côtes bien prononcées sans être très saillantes; son écorce est mince, de couleur vert clair; elle est ornée d'une broderie qui simule des caractères arabes ou chinois; sa chair est d'un vert assez intense; sa saveur est douce-sucrée;

son pédoncule est grêle, il jaunit lors de la maturité du fruit; l'ombilic est formé d'un disque calleux, de couleur jaunâtre.

Melon du Pérou. Cette variété atteint généralement un assez beau volume; sa forme est tout à fait ovoïde; son écorce, d'abord très velue et d'un vert assez foncé, passe au jaune verdâtre; elle est mince, divisée en côtes peu prononcées; elle est parsemée de petites pustules ovoïdes de couleur grise; sa chair est blanc verdâtre d'un goût assez suave. Sa culture exige beaucoup de soin.

Melon de Kassaba. Son volume est assez considérable, car il atteint souvent jusqu'à sept pouces de hauteur; sa forme est ovale-alongée; son écorce est assez mince, de couleur jaune citrin lors de la maturité; elle est bigarrée çà et là de callosités linéaires de couleur gris sale, plus nombreuses et plus ténues vers le pédoncule et l'ombilic; la chair, d'un rouge assez intense, est fondante et très suave.

« On a placé sous nos yeux, » dit l'auteur de la Monographie de ce fruit, « sous le même nom un petit melon rond déprimé, à côtes régulières, fond vert-olive jaunissant à maturité. Broderie peu abondante sur la surface des côtes, dont les intervalles sont verts et lisses; pédoncule gros et court, entouré d'une zone vert olive; chair rouge assez sucrée, d'une saveur particulière. Ce melon, dont la graine a été importée d'Alger, est sans doute une sous-variété du précédent, ou le même melon qui aura joué. »

Melon d'Estramadure. Ce melon, de moyenne grosseur, est presque complètement sphérique; son écorce passe au jaune-orange, lors de la maturité; elle est tiquetée de callosités granuleuses de couleur grisâtre; la chair est blanc jaunâtre; sa saveur rappelle celle de la prune-mirabelle; le pédoncule est assez gros.

Cette variété est très remarquable par son facies jaune-orangé et la saveur de sa chair; elle est assez rustique et très productive.

Melon blanc d'Afrique. Cette variété n'atteint jamais qu'un volume assez médiocre; elle est ronde, mais cependant un peu ovoïde vers l'ombilic; son écorce, assez épaisse, est lisse, de couleur jaune clair, divisée en côtes régulières dont la base est marquée d'une broderie assez lâche et de couleur grise; la chair est rouge, douce et sucrée; le pédoncule s'insère à la base des côtes et au centre des raies vertes que forment les sillons; il est assez grêle et se dessèche lors de la maturité.

Melon d'Egypte. Son volume est généralement assez considérable; sa forme est ovale-oblongue; ses côtes sont bien prononcées et divisées à la base et au sommet par des raies de couleur vert foncé, dont la disposition régulière est d'un heureux effet; la surface des côtes est parsemée de pustules calleuses assez distantes; la chair est rouge intense; sa saveur est douce et sucrée; le pédoncule s'insère au centre d'un disque infère jaunâtre.

Melon de Mequinez. Ce melon est ovale, régulier; sa hauteur dépasse rarement cinq pouces; son écorce est mince, de couleur jaune, tiquetée de points linéaires très ténus et de couleur brun rougeâtre; les sillons qui divisent les côtes sont peu prononcés; sa chair est très remarquable par sa couleur jaune de soufre, elle est de qualité médiocre; le pédoncule, bien que ce melon ne soit pas très gros, est cependant vigoureusement organisé.

Melon de Candie. Il est oblong; son volume est peu considérable; il est entièrement dépourvu de côtes; son écorce, assez épaisse, est d'un jaune-orange foncé; lors de la maturité, elle est tiquetée de quelques pustules calleuses d'une teinte moins foncée que celle du fruit; la chair est d'un vert assez intense, très succulente et savoureuse; le pédoncule, assez grêle, est implanté sur une sorte de cône que forme la base du fruit.

Melon de Rio-Janeiro. Ce melon a une forme indéterminée qui rappelle celle de la poire-crassane; il n'est ni ovale, ni complètement rond; son volume est assez considérable; son écorce est également d'un jaune indéterminé, parsemée d'une broderie lâche et de points vert foncé; la chair est vert tendre, douce et sucrée; le pédoncule est rustique et prend presqu'à son insertion une direction horizontale.

Melon de Sardaigne, melon sarde. Cette variété est très remarquable par sa forme alongée et presque cylindrique, elle est dépourvue de côtes; son écorce est lisse de couleur jaune-orange; sa chair est vert clair et offre généralement à la circonférence une zone plus foncée; le pédoncule est assez grêle et ramifié à sa base. Cette variété est de qualité médiocre.

Melon d'Ispahan. Son volume est médiocre; sa forme est sphéroïde et très régulière; sa couleur générale est jaune, mais les sillons qui séparent les côtes sont de couleur vert olive; son écorce est assez mince, parsemée fort irrégulièrement de broderie calleuse et de points roux et verts; sa chair est blanc de lait, fondante et sucrée; le pédoncule, qui est court, se confond, à son point d'insertion, avec un disque de couleur vert olive d'où partent en rayonnant les lignes qui forment les sillons.

Melon de Tiflis. Ce melon, dont le volume est assez considérable, puisque sa hauteur s'élève souvent à huit pouces (216 millimètres), est de forme oblongue; son écorce, de couleur jaune-citron, est richement brodée; sa chair, d'un blanc verdâtre, est succulente, bien qu'assez ferme; sa saveur est douce, sucrée et très suave; le pédoncule est gros et court, il s'évase à son point d'insertion.

Melon de Morée. Cette variété est très remarquable par son volume, qui est considérable, puisqu'il atteint jusqu'à trente pouces de hauteur, par sa forme en massue raccourcie, sa couleur jaune brun, son écorce lisse tiquetée de points verts; sa chair est blanche,

nuancée et rayée de vert; sa saveur est douce, sucrée; le pédoncule est grêle et prend, à son insertion, une direction horizontale.

Melon de Karadagh, bouton d'or de Bosc. C'est sans contredit la plus petite variété qu'on connaisse; sa hauteur dépasse rarement trois pouces (81 millimètres); il a communément le volume et la forme d'une orange; son écorce, de couleur jaune-orange foncé, est bigarrée de lignes crustacées qui s'entre-croisent; sa chair est blanc de lait, ferme et peu savoureuse; son pédoncule est assez gros, relativement au volume du fruit.

Cette singulière variété se conserve très longtemps.

Melon de Céphalonie. Cette variété atteint généralement un assez beau volume, sa forme est ovoïde-oblongue, un peu turbinée; ce fruit est divisé en côtes régulières bien prononcées; son écorce, d'abord verte, passe au jaune lors de la maturité, elle est généralement lisse; cependant elle offre quelquefois des traces de broderie.

Sa chair est verte, douce-sucrée et très suave; son pédoncule, qui est assez long, prend une teinte jaune lors de la maturité.

Melon-Sageret fond blanc. Il n'atteint jamais un grand volume; sa forme est obronde; sa surface est divisée en côtes régulières, au nombre de neuf; son écorce, assez lisse, est tiquetée de points verts et roux, le fond est jaune; la chair, d'un blanc verdâtre, offre généralement une zone d'un ton plus foncé à la circonférence; sa saveur est douce et agréable; le pédoncule est gros et court; l'ombilic est formé d'un disque crustacé de peu d'étendue.

On doit cette variété à M. Jacquin, qui l'a obtenue d'un semis de graine de melon-Sageret.

Melon d'Andalousie, de Morée obrond. Le volume de ce melon n'est pas considérable, car sa hauteur dépasse rarement six pouces et son diamètre quatre à cinq; sa surface est divisée en côtes régulières assez saillantes ; son écorce, assez épaisse, passe du vert-tendre au jaune, lors de la maturité ; la partie qui avoisine le pédoncule est marquée d'une broderie assez lâche de couleur gris jaunâtre ; la chair, d'un vert-clair au centre, est plus foncée à la circonférence, elle est fondante et sucrée ; le pédoncule est gros et court.

Cette variété offre cette singularité que la chair prend une teinte plus ou moins foncée suivant que la température a été plus ou moins favorable. Nous signalons cette circonstance afin que l'on se tienne en garde contre la manie d'établir sur des caractères variables et peu certains des variétés qui ne sont déjà que trop nombreuses.

Melon de Perse. Ce melon, dont la hauteur n'excède jamais six pouces, est de forme pyramidale ; son écorce, assez épaisse, est lisse, de couleur d'abord blanchâtre, puis jaune verdâtre, elle est parsemée, et notamment vers l'ombilic, de callosités linéaires d'une teinte gris sale ; sa chair est verte et d'un goût sucré assez suave ; le pédoncule, long et grêle, se recourbe sur lui-même ; l'ombilic est formé d'un disque crustacé blanchâtre.

Pour rendre l'histoire du melon aussi complète que possible, nous mentionnerons les variétés suivantes signalées dans les *Annales de la Société horticulturale de Londres*, comme étant cultivées dans les jardins de la Perse et provenant de semences adressées à la Société par M. Henry Willock, envoyé de sa Majesté britannique à la cour de Perse, tant en 1824 qu'en 1826. Si l'on en croit les voyageurs, les jardiniers persans portent l'amour de leur art fort loin ; c'est ainsi qu'ils ont la singulière coutume de passer les melons dans leur bouche lorsqu'ils n'ont encore que le volume d'une noix pour enlever le duvet qui empêche, disent-ils, qu'ils deviennent doux. Ce qu'il y a de certain, c'est que tous ceux qu'ils cultivent sont délicieux. Il est une espèce cependant qui n'est pas alimentaire ; mais elle charme la vue par sa forme et sa couleur, et l'odorat par le parfum exquis qu'elle exhale.

Melon de Keiseng (ville près d'Ispahan). Sa forme est ovoïde ; son volume est médiocre, car sa hauteur dépasse rarement six à huit pouces ; son écorce est fine, de couleur jaune citron, elle est enveloppée d'un réseau régulier interrompu par de petites fentes longitudinales ; les mailles de ce réseau sont plus serrées vers la base qu'au sommet ; la chair est blanchâtre, douce-sucrée et très suave ; le pédoncule est très court.

Cette variété offre de l'analogie avec le melon d'Ispahan ; mais elle en diffère en ce que l'écorce de celui-ci est presque entièrement dépourvue de réseau.

Melon-Gerée. C'est un beau fruit ; sa hauteur est d'environ huit pouces, sa largeur de quatre à cinq ; son écorce est bigarrée de vert de mer foncé, sur un fond plus pâle, elle est quelquefois environnée d'un réseau, et d'autres fois elle n'en présente pas ; dans le premier cas, les mailles en sont très serrées. Ce caractère le distingue du melon-Darée dont il sera question ci-après. Lorsqu'il a atteint son maximum de maturité, son écorce se déchire, et il offre des fissures longitudinales ; la chair est de couleur vert brillant, succulente et suave.

Melon-Darée. Il offre le même facies que le précédent, avec cette différence toutefois que, lorsque l'écorce est enveloppée d'un réseau, les mailles en sont plus rustiques ; la chair est aussi beaucoup moins verte, quelquefois même d'un blanc de lait ; elle est ferme, douce, et ne réunit toutes les qualités qui la distinguent, telles qu'un arôme suave et une saveur sucrée et fraîche, que lorsque le fruit a atteint son maximum de maturité.

Melon de Seen. Sa forme est ovoïde ; son volume est un peu moindre que celui du melon-Darée ; son écorce est couverte, dans presque toute son étendue, d'un réseau plus serré toutefois à la base qu'au sommet ; l'écorce est mince, de couleur jaune brun ; la chair vert pâle et tirant un peu sur le rouge vers le centre; elle est douce, sucrée et très succulente. Cette variété se distingue par son ombilic mamelonné, dépourvu de broderie; elle tire également son nom d'un village près d'Ispahan.

Melon grand germek. Il est de forme sphérique un peu déprimée à la base et au sommet; son diamètre, qui est de 7 à 9 pouces, dépasse sa hauteur de 4 pouces environ; son écorce est environnée d'un réseau si serré, qu'elle paraît plutôt chagrinée que brodée; elle est très mince, de couleur vert de mer; la chair est vert clair, très succulente et très suave; l'ombilic est formé d'une sorte de couronne d'un à deux pouces de diamètre.

Cette variété est tellement productive et ses branches si vigoureuses, qu'elle fournit, lorsque la saison a été favorable, une seconde récolte; elle est très estimée et avec raison.

Melon petit germek. Il offre de l'analogie avec le grand germek et semble n'en former qu'une sous-variété; il est presque complètement sphérique; sa surface est divisée en huit côtes assez régulières; son écorce est lisse, d'abord verte, mais elle prend vers le centre une teinte rougeâtre, elle est fondante et très sucrée; l'ombilic est formé d'une large couronne; ce caractère n'est cependant pas toujours constant, car les fruits tardifs en sont dépourvus.

Les tiges du petit germek sont souvent sujettes à mourir avant que le fruit soit mûr (1).

Melon hoosaineé vert. Sa forme est ovoïde, son volume peu considérable, car sa hauteur dépasse rarement cinq pouces; son écorce, d'abord d'un vert pré foncé, passe au vert tendre lors de la maturité; elle est très mince et presque entièrement couverte d'une broderie assez régulière; sa chair est d'un blanc verdâtre, succulente et suave.

(1) Cette circonstance prouve d'une manière incontestable, ainsi que nous l'avons dit au chapitre Maturation des fruits, que celle-ci peut s'effectuer et s'effectue souvent en effet sans la participation de la tige.

Cette belle variété se distingue, en outre, par le volume de ses semences, qui est assez considérable.

Melon hoosaineé rayé. Il est de forme ovoïde; son volume diffère peu de celui qui précède; son écorce est mince, bigarrée de raies de couleur jaune-vif mêlé de vert-olive foncé; ces deux nuances se confondent sous un réseau irrégulier qui couvre presque toute la surface; la chair est blanche, ferme, moins sucrée et moins suave que dans l'hoosaineé vert, ce qu'on peut attribuer à ce qu'il mûrit tardivement.

Melon-Kursing. Cette variété de melon de Perse est, sans contredit, la plus belle que l'on connaisse; sa hauteur atteint jusqu'à dix pouces; sa forme est ovoïde; son écorce est couleur citron riche; elle se fendille assez facilement, elle est irrégulièrement brodée; sa chair est blanche, assez douce, mais cependant moins suave que dans la variété qui précède.

Elle se distingue plus par sa beauté que par son goût, est tardive, et tire son nom d'un petit village des environs d'Ispahan.

Melon de Georgal. Il est oblong, cucurbitiforme; sa hauteur est d'environ sept pouces et son plus grand diamètre de cinq; son écorce est couleur vert foncé tirant un peu sur le jaune; elle est tiquetée de points d'un jaune foncé, et le réseau irrégulier qui l'environne est de couleur gris-jaunâtre pâle; la chair est blanche, ferme et peu sapide.

Cette variété est peu recherchée, elle est tardive et sa maturité s'effectue difficilement.

Les melons de Perse, comme on vient de le voir, ont généralement l'écorce très mince et peu résistante, aussi sont-ils sujets à plus d'accidents que ceux d'Europe; ils sont en général assez productifs, mais leur culture demande des soins tout particuliers; c'est ainsi que bien qu'une température élevée, une atmosphère sèche et un sol humide soient des conditions favorables à leur développement, une trop grande humidité peut, par exemple, faire périr le pied avant la maturité du fruit; il faut, en conséquence, entretenir les racines dans l'humidité, et les tiges et les feuilles dans une atmosphère sèche ; on y parvient en effectuant les plantations sur des ados et arrosant dans les fosses seulement ; on prend ensuite les précautions générales que nous avons indiquées plus haut, celle, par exemple, d'isoler le fruit en le plaçant sur une tuile ou une ardoise, ou une couche de charbon en poudre.

PASTÈQUE, melon d'eau, courge-pastèque, *cucurbita citrullus*, L.; famille des Cucurbitacées, J.

Ce fruit est généralement ovoïde, du volume d'un fort melon, marqué d'un ombilic ; sa surface est divisée par des côtes très peu saillantes ou par des raies élégamment festonnées, de couleur vert foncé sur un fond plus clair ; elle est quelquefois mouchetée de points blancs ou grisâtres. La pulpe varie du vert clair au rose tendre, ou du blanc au rouge; elle est très succulente et n'offre que peu ou point de cavité centrale, comme on en remarque dans les melons ou potirons. Les graines varient du jaune au violet foncé; elles établissent un caractère assez tranché entre cette espèce et les pepons en général, dont les semences sont toujours de couleur moins foncée que la pulpe.

Ce fruit, très recherché dans les contrées méridionales de l'Europe, telles que la France, l'Italie et l'Espagne, comme substance alimentaire pour les hommes et les animaux, ne l'est pas moins en Afrique et en Amérique, et y est l'objet d'une culture assez importante. Lorsqu'il a atteint son maximum de maturité, sa chair est tellement fondante, qu'on peut, au moyen d'une ouverture assez petite et par la simple succion, le vider presque entièrement. Sa pulpe est transparente et étanche

la soif, propriétés bien précieuses dans les climats chauds.

Certaines variétés de pastèques acquièrent en Egypte un volume tel, qu'il suffit de trois ou quatre pour former la charge d'un chameau. M. Léon Guérin, auquel on doit des observations très judicieuses sur l'état de l'horticulture en Espagne, dit avoir vu dans ce pays des pastèques qui pesaient de 70 à 80 livres. Il a remarqué que ces fruits étaient d'autant meilleurs et que leurs semences étaient d'autant plus propres à la reproduction, qu'ils se développppaient plus près de la racine.

La pastèque offre plusieurs variétés qui présentent des différences assez sensibles; les unes sont bonnes à manger crues, et c'est le plus grand nombre ; les autres ne sont bonnes que cuites ou confites. Le climat de Paris paraît leur être peu favorable; aussi fait-on peu de cas de celles qu'on y cultive.

Les pastèques étant généralement inodores et ces fruits conservant une couleur vert foncé même après leur maturité, on est obligé d'avoir recours à divers indices pour la reconnaître; ils consistent dans le dessèchement presque complet du pédoncule, dans l'absence d'une sorte de craquement, qui se manifeste lorsqu'on comprime ce fruit avant sa maturité.

Les principales variétés sont, la pastèque d'Andalousie, la pastèque piquetée d'Andalousie ; la pastèque de Portugal et celle du Caucase.

VARIÉTÉS.

Pastèque d'Andalousie. Ce beau fruit atteint jusqu'à dix pouces de hauteur, il est oblong ; son écorce est lisse, de couleur vert tendre, nuancée de bandes longitudinales, simulant des côtes, et d'un vert beaucoup plus intense que le reste du fruit ; sa chair est abondante; de couleur rose, comme glacée lorsqu'elle est récemment coupée ; sa saveur est douce, sucrée lorsque le fruit est bien mûr; le pédoncule, d'un volume relatif, conserve la même couleur que le fruit jusqu'à sa dessiccation ; les semences sont noires.

La forme et la couleur de cette variété ne sont pas très constantes, car on en trouve de plus alongées et d'une teinte uniforme.

Pastèque piquetée d'Andalousie. Cette variété est complètement sphérique (ce caractère est d'autant plus remarquable, qu'il n'est pas commun dans les pastèques); son volume n'est pas très considérable, car ce fruit dépasse rarement six pouces en hauteur et autant de diamètre; son écorce est mince, pointillée de blanc sur un fond vert olive; quelques raies d'un vert beaucoup plus intense semblent simuler des côtes; la chair est rose, succulente et sucrée; les graines sont noires; le pédoncule est entouré d'une zone d'un vert aussi intense que les lignes qui divisent la surface. C'est une sous-variété de la précédente.

Pastèque du Portugal. Cette belle variété est de forme ovale-alongée; son volume est assez considérable, car sa hauteur atteint jusqu'à quatorze pouces ; son écorce, d'un fond vert-olive marbré de taches d'un vert très intense, est divisée longitudinalement par des zones jaunes nuancées de vert foncé; la chair est abondante, de couleur rose, sa saveur est sucrée; les graines, comme dans les variétés qui précèdent, sont noires; le pédoncule est, relativement au volume du fruit, assez grêle et de couleur jaunâtre.

Pastèque du Caucase. Cette variété se distingue par sa forme ovoïde, son volume, qui est médiocre, son écorce de couleur jaune verdâtre, nuancée de vert plus foncé; la surface du fruit est divisée par des zones longitudinales irrégulières simulant des côtes, et d'une couleur vert très intense ; la chair se divise également en deux zones, l'une au centre de couleur rouge, et l'autre à la circonférence, blanche nuancée de vert; sa saveur est douce et peu sapide; les graines sont rouge foncé.

Cette variété est nouvelle pour nous ; on en doit la connaissance à la comtesse Driakiuska, qui en a très judicieusement fait hommage au savant auteur de la Monographie du melon, M. Jacquin.

COURGES, fruit des *cucurbitæ*, famille des Cucurbitacées, J.

C'est le genre le plus nombreux de la famille des cucurbitacées. Les courges sont, en général, originaires des pays chauds, et notamment de l'Inde et de l'Afrique; elles sont aussi cultivées assez abondamment dans les contrées méridionales de l'Europe : leurs formes, très variées et très variables, rendent leur détermination assez difficile pour les botanistes, et l'inconstance de leur reproduction fait souvent le désespoir des horticulteurs. Les principes qui entrent dans leur composition présentent aussi des différences sensibles. On peut les diviser en espèces comestibles et non comestibles : parmi les premières, on distingue surtout les *potirons,* les *citrouilles,* les *giraumonts:* les *pastissons,* les *courges pepon,* à la *moelle,* ou de *Valparaiso,* la *calebasse,* le *concombre,* etc.; elles concourent à l'alimentation des hommes et des animaux. Les espèces non comestibles sont : la *courge en bouteille,* ou *gourde des pélerins,* la *courge longue, trompette* ou *massue,* la *cougourde,* ou *courge-poire,* les *coloquinelles, fausse orange, poire rayée :* elles sont plus curieuses qu'utiles.

POTIRON, pepon, fruit du *cucurbita melopepo,* L.; famille des Cucurbitacées, J.

Cette espèce se distingue par le volume souvent considérable qu'elle atteint, et sa rapide croissance qui s'effectue en quelques mois seulement. Sa forme est généralement globuleuse, déprimée le plus souvent au sommet et à la base; elle offre des traces de côtes dans le sens de sa longueur : sa chair, de couleur jaune, est ferme et peu sapide lorsque le fruit est frais, mais elle devient savoureuse par la cuisson ; ses semences sont blanches, lisses , ovales, oblongues et convexes.

L'usage alimentaire du potiron est assez commun; cuit au lait, il forme un potage sain et agréable qu'on ne met peut-être pas assez à profit dans le régime diététique. On en prépare, en outre, une sorte de conserve en l'unissant au sucre dans des proportions convenables; quelques personnes, enfin, le font entrer dans la composition du raisiné, qu'il rend plus doux et plus laxatif.

Les graines de potiron, ou mieux les amandes qu'elles renferment, font partie des *quatre semences froides*, réduites en pâte liquide avec une quantité suffisante d'eau au moyen d'un mortier, puis passant le mélange, le produit forme une émulsion tempérante que quelques praticiens emploient de préférence à celle obtenue avec les amandes douces, *amygdalus communis*.

Les semences de potiron fournissent en outre, par expression, une huile fixe assez douce pour être employée dans les usages alimentaires. Suivant une remarque très judicieuse de M. Deslongchamps, la culture du potiron devrait être mise à profit sous ce rapport, principalement dans les pays qui ont pour industrie spéciale la propagation et l'élève des bestiaux. On pourrait non seulement leur donner la pulpe ou chair, mais encore les *tourteaux* qui résulteraient de l'extraction de l'huile. Tout en partageant l'opinion de cet économiste habile, nous devons dire cependant que le principe amylacé, et conséquemment nutritif, est loin d'y être aussi abondant qu'il paraît le croire, et que le volume souvent prodigieux de ce fruit semblerait l'indiquer. Dans les diverses expériences auxquelles nous nous sommes livré pour extraire ce principe, nous n'en avons trouvé que des traces, eu égard cependant à la quantité de pulpe sur laquelle nous agissions, et qui n'était pas moindre de 2,000 grammes.

Les principales variétés de potiron sont , 1° le gros potiron jaune, c'est le plus connu ; 2° le petit potiron jaune, c'est le plus hâtif ; 3° le gros potiron vert ; 4° le petit potiron vert ; 5° le potiron noir, abondant et cultivé principalement dans la Bresse ; 6° le potiron blanc, assez rare aux environs de Paris ; 7° le potiron verruqueux ou brodé, dont la chair est très ferme; 8° enfin le potiron d'Espagne, qui est incontestablement le meilleur de tous. On doit à M. Sageret, qui s'est occupé avec beaucoup de succès de la fécondation croisée, une nouvelle variété de potiron qu'il nomme *potiraumont*, et qui se distingue des autres par des caractères invariables. Cet habile horticulteur, se fondant sur l'amélioration qu'apporte la culture dans la saveur des fruits , n'hésite pas à dire que nous verrons quelque jour sur nos tables des potirons de cent à cent cinquante livres, flattant le goût et l'odorat au même degré que les melons.

CITROUILLE, fruit du *cucurbita pepo*, L.; famille des Cucurbitacées, J.

Elle est généralement grosse, sphérique, aplatie à la base et au sommet, de couleur jaune grise ou verte; elle formerait une sous-variété du potiron, n'était la différence que présentent ses semences, qui sont plus plates, moins douces au toucher, et bordées d'une sorte de bourrelet très prononcé qui n'existe pas dans les autres.

Bien qu'originaire de l'Inde et de l'Afrique, elle croît avec facilité dans diverses contrées de la France, et notamment dans le Maine, l'Anjou et la Touraine. Elle ne sert pas seulement à la nourriture de l'homme; certains animaux en sont très friands , et particulièrement le porc, dont la chair acquiert, par ce genre d'alimentation, une plus grande suavité : elle rend aussi le lait des vaches plus abondant et de meilleure qualité. Ce genre de nourriture est surtout approprié l'hiver ; il ne doit cependant pas être exclusif, attendu que ce fruit contient beaucoup d'eau de végétation : on en diminue la proportion par la cuisson , mais on ne peut pas toujours mettre ce moyen à profit.

La récolte des citrouilles doit être effectuée lorsqu'elles ont atteint leur maximum de maturité ; l'indice le plus certain est la résistance qu'acquiert l'enveloppe corticale et l'espèce de craquement qu'elle fait entendre lorsqu'on comprime le fruit : on les conserve dans un lieu sec, après les avoir laissées ressuyer en plein air.

Les semences de citrouilles, comme celles de potiron, fournissent une huile fixe assez douce pour entrer dans l'usage alimentaire; mais, le plus ordinairement, elle est employée pour l'éclairage.

Bien que la citrouille paraisse fort peu sucrée, surtout avant d'avoir été soumise à la coction, M. Hoffmann, Hongrois, assure avoir extrait de la variété dite *citrouille à soie*, une quantité de sucre cristallisable assez notable pour former une nouvelle branche d'industrie qui rivaliserait avec la fabrication du sucre de betterave , et tendrait à nous affranchir du tribut que nous payons à l'Inde et à l'Amérique pour l'importation du sucre de canne. Ce résultat serait bien désirable, mais quelques essais que nous avons fait ne nous permettent pas d'y croire.

GIRAUMONTS.

Giraumont à verrues. Il affecte principalement une forme oblongue ; son volume est assez considérable ; l'écorce, de couleur vert foncé, est parsemée de taches ou verrues d'un vert jaunâtre ; elle enveloppe une chair assez ferme dont la saveur rappelle celle du potiron.

Giraumont veiné. Il diffère du précédent par les veines rubanées et les traces de côtes qui sillonnent sa surface ; sa chair est aussi plus compacte et plus nourrissante. Nous nous sommes assuré de l'existence de cette dernière propriété par une sorte d'analyse mécanique du fruit ; cinq cents grammes ont fourni vingt - cinq grammes d'une fécule ou principe amy-

lacé analogue à la fécule de pommes de terre, mais cependant d'une ténuité plus grande; l'eau de lavage, mise à évaporer, a fourni une quantité assez notable d'extrait gommo-sucré.

La pulpe, récemment extraite, fait la base de certaines pâtes cosmétiques justement estimées aux Antilles ; la propriété qu'elle a de blanchir par le contact de l'air contribue vraisemblablement à lui conserver la faveur dont elle jouit depuis longtemps auprès des dames créoles. La proportion assez notable de principe gélatineux qu'elle contient permet d'ailleurs de croire que ses vertus sédative et rafraîchissante ne sont pas tout à fait illusoires.

Giraumont non veiné et oblong. Cette variété, légèrement oviforme, diffère peu par le *facies* du concombre cultivé ; sa chair est cependant plus aqueuse et d'un grain plus serré : lorsqu'on la coupe transversalement, elle laisse exsuder des gouttes ou larmes gélatineuses d'une extrême limpidité ; cette eau de végétation est employée avec succès par quelques praticiens contre les ophtalmies et notamment l'inflammation du bord des paupières. Le giraumont non veiné est moins nutritif que le précédent, et partant plus indigeste.

Giraumont-turban. Sa forme, comme son nom l'indique, rappelle celle d'un turban ; sa pulpe , ferme, plus sucrée, et conséquemment plus nourrissante que celle des autres courges du même genre, est préparée de diverses manières ; il est assez commun, et figure, attendu sa facilité de conservation, pendant fort longtemps dans les montres des fruitiers et des restaurateurs. Sa couleur varie du jaune au blanc, et du blanc au noir bronze; il acquiert quelquefois un volume assez considérable , mais il perd en suavité ce qu'il gagne sous ce rapport.

Les giraumonts se distinguent, en général, par la beauté de leurs formes, de leurs couleurs, et par leur facilité de conservation : de tous les fruits du même genre, ils sont incontestablement les plus nourrissants; cependant leur peu de sapidité oblige, dans les pays chauds principalement, à les associer à des substances alimentaires d'un goût plus relevé, pour rendre leur digestion plus facile. Cuits dans le lait, ils entrent dans la composition d'entremets assez estimés et vulgairement appelés *giraumonades*.

PASTISSON, bonnet d'électeur, de prêtre, artichaut de Jérusalem ou d'Espagne.

Ce fruit, comme le prouve suffisamment la diversité de ses noms, prend des formes très variées; tantôt il est rond, offre des côtes très saillantes dans une partie de son étendue, et simule ainsi, avec assez d'exactitude, le bonnet d'électeur; tantôt il est alongé en forme de concombre, ou bien encore il présente celle d'un champignon non développé : sa chair est ferme, peu savoureuse; on l'associe à des substances plus sapides.

Les graines, généralement assez difformes et comme tronquées, sont émulsives.

Cette espèce est assez riche en principes nutritifs; quoique son volume soit bien moindre que celui des potirons, elle n'en fournit pas moins une plus grande quantité de fécule; celle-ci est d'une ténuité extrême, et se rapproche des amidons d'orge et de blé par ses caractères physiques; elle jouit aussi des mêmes propriétés chimiques.

COURGE-CALEBASSE, *cucurbita lagenaria.*

Ce fruit s'offre sous des formes très variées; ses principales variétés sont la courge-bouteille, la gourde des pèlerins et la massue ou courge-trompette. On peut encore varier ses formes en contrariant son développement au moyen de boîtes carrées ou triangulaires dans lesquelles on l'introduit encore jeune, ou l'environnant de baguettes qu'on lie aux extrémités; il prend alors des formes plates, carrées, triangulaires ou cannelées. Ce phénomène est dû à la puissance de végétation qu'offrent, en général, les courges, et à la résistance de l'écorce, qui est comme crustacée. Les graines, comme on le pense bien, n'éprouvent aucune mutation par ce changement de forme : elles sont toujours planes, minces sur les bords, et légèrement échancrées au sommet.

Ces modifications de formes, que l'on fait éprouver à la courge-calebasse sous l'influence de la végétation, étaient connues des anciens. Si l'on en croit Pline, ces fruits servaient à renfermer et à conserver des graines : cet usage ne s'est pas perdu et nos jardiniers le mettent en pratique sans se douter qu'il est renouvelé des Romains. Pour les approprier à cette destination, on les débarrasse des graines et du parenchyme qu'elles contiennent en y laissant séjourner de l'eau bouillante.

La courge-calebasse est très commune aux colonies, elle y atteint même quelquefois un volume considérable. Les noirs mettent à profit le volume et la résistance coriace de l'enveloppe corticale de ce fruit pour en faire des instruments de musique. C'est ainsi qu'ils forment des mandolines en sciant verticalement celles qui offrent une forme convenable, et y ajustant des cordes sonores et flexibles. Ces instruments, tout grossiers qu'ils sont, ont pour eux beaucoup de charmes; ils les font résonner dans leurs jeux et dans leurs cérémonies funèbres.

COURGE PEPON, PEPON MELONNÉ, BARBARINE, *cucurbita polymorpha, J.*

Cette espèce est généralement de forme alongée comme le concombre ; son écorce est assez mince, verruqueuse; sa pulpe est plus sèche et plus délicate que celle des giraumonts, elle a une odeur musquée. On l'emploie aux mêmes usages que ceux-ci; elle contient d'ailleurs des principes chimiques presque identiques. La courge à la moelle, ou de Valparaiso, si estimée dans de certaines contrées, offre avec elle beaucoup d'analogie.

Comme les semences récentes de toutes les autres courges, celles de Barbarine et de Valparaiso forment émulsion avec l'eau; sèches, elles fournissent des huiles fixes qui peuvent s'appliquer à divers emplois dans les arts.

CALEBASSE, fruit du calebassier à feuilles longues, *crescentia cujete*, L.; famille des Solanées, J.

C'est une sorte de baie ovoïde, cucurbitiforme, de grosseur variée; son écorce, de couleur verte jaunâtre, est lisse, très résistante et presque ligneuse; elle renferme une pulpe succulente au milieu de laquelle nagent un grand nombre de semences.

Cette pulpe, composée d'acide gallique, de tannin, d'une matière verte insoluble, de cathartinne, de gomme et d'eau, est regardée, dans l'Amérique équinoxiale, comme une panacée; on l'administre, en effet, dans beaucoup de cas, et même souvent dans des indications différentes, telles que l'hydropisie et le flux de ventre.

L'emploi le plus utile et le moins contestable du fruit du calebassier consiste dans la fabrication de vases de diverses formes et grandeurs, appropriés aux usages domestiques. On leur fait subir une opération préalable qui a pour but d'en séparer la pulpe sans altérer la partie corticale : elle consiste, comme nous l'avons dit pour la courge-calebasse, à les remplir d'eau bouillante, à la laisser séjourner et la renouveler successivement pour qu'elle entraîne la pulpe et se charge des principes solubles de la partie interne de l'enveloppe corticale. Lorsque cette opération a été effectuée avec soin, on peut y introduire des substances liquides ou molles, sans qu'elles acquièrent sensiblement la saveur qui distingue le fruit.

L'art de préparer ces vases est poussé à un degré de perfection très remarquable; on les décore de ciselures et de peintures faites avec l'indigo et le rocou, dont l'agencement n'est quelquefois pas sans agrément.

L'arbre qui fournit ce fruit est de moyenne grandeur. Le nom de calebassier, qui est très vulgaire aux Antilles, lui a été donné à cause de l'analogie de ses fruits avec les courges-calebasses, analogie assez faible quant aux caractères botaniques, mais complète quant à l'usage qu'on en fait.

Calebasse comestible. Ce fruit, de la même famille que le précédent, offre les caractères suivants : il est tuberculeux et anguleux; son écorce est mince et flexible, elle renferme une chair un peu ferme dans laquelle sont logées des semences très petites. Son volume et celui de ses semences le distinguent essentiellement du *crescentia cujete*; sa chair est assez nourrissante, elle fait l'objet d'une consommation assez importante aux Antilles : comme celle du concombre, elle est rafraîchissante et peut être également mise à profit dans le régime diététique.

CONCOMBRE cultivé, *cucumis sativus*, L.; famille des Cucurbitacées, J.

Ce fruit est de forme oblongue, légèrement courbé en arc, obtus aux extrémités; sa couleur est blanche, verte ou jaune, suivant les variétés et quelquefois le degré de maturité; sa chair est fade et très aqueuse; les semences qu'elle renferme sont ovales, blanches et lisses.

On croit le concombre originaire d'Orient; on l'a trouvé sauvage en Afrique. L'espèce la plus estimée est le concombre blanc cultivé abondamment à *Bonneuil*, près Paris, pour la consommation de cette capitale. Il est gros, oblong; sa chair est très blanche, son enveloppe corticale blanc jaunâtre Ce fruit est fade, aqueux, fort peu nutritif; on est dans l'usage d'en relever la saveur par quelques aromates, ou on l'associe au lait, et mieux encore à la crème ; il forme, dans ce cas, un aliment diététique très approprié à la suite des inflammations des voies digestives, et notamment de l'estomac.

Le suc et la pulpe de concombre jouissent d'une propriété sédative assez prononcée pour qu'on ait cru devoir les employer, le premier en lotions dans certaines affections dartreuses bénignes, le second sous forme de cataplasmes, pour calmer l'irritation ou mieux l'inflammation des narines, des paupières et des lèvres. La chair, coupée en tranches ou rouelles mises à macérer dans de l'axonge fondu et maintenu à une douce température, lui communique ses propriétés, et constitue, après l'addition d'une proportion convenable de suif de mouton, la *pommade de concombre*. Elle est employée avec succès contre l'inflammation des membranes muqueuses externes, et dans les affections cutanées bénignes ; on l'associe à des substances plus actives dans celles chroniques.

Les semences de concombre font partie des *quatre semences froides* ; à défaut d'amandes douces (*amygdalus communis*), elles peuvent être employées pour faire des boissons émulsives.

On voit dans les historiens mauresques qu'on faisait autrefois prendre aux concombres des formes variées d'animaux, en les enfermant, encore petits, dans des moules destinés à cet usage. On a vu, quand nous avons parlé de la courge-calebasse, que les cucurbitacées recevaient assez facilement, pendant leur développement, les impressions auxquelles on les soumettait, et nous nous sommes assuré, en répétant ce genre d'expérience, qu'il n'en résultait aucun inconvénient.

Examen chimique. Il résulte, de l'analyse qu'a faite de ce fruit John (Écrits chimiques), que la chair, séparée de la pellicule ou péricarpe externe, est composée de chlorophylle 0,04,—parties sucrées avec matière extractive, environ 0,66,—membranes analogues à la fungine, se ramollis-

sant par la coction (fibre ligneuse) avec du phosphate de chaux 0,53,—albumine soluble 0,13,—mucilage avec acide phosphorique libre et un sel ammoniacal, avec du malate, du phosphate, du sulfate et de l'hydrochlorate de potasse ; du phosphate de chaux et de fer 0,5,—eau 97,14.

Dans un travail que nous avons fait pour déterminer par l'analyse dans chacun des fruits des cucurbitacées le degré de propriété nutritive, nous n'avons pu trouver que des traces de fécule amylacée, encore s'offrait-elle sous forme de flocons nébuleux et gélatineux.

Le péricarpe est formé des mêmes principes ; mais il ne contient que 85 parties d'eau et beaucoup de matière analogue à la fungine.

On cultive sous châssis le *concombre blanc hâtif* ou *de Hollande* ; il est très productif, mais ses fruits sont petits ; il est aussi très estimé.

Concombre vert ou *cornichon*.

Quelques auteurs le considèrent comme type du concombre ordinaire, d'autres comme une variété. Quoi qu'il en soit, il a pour caractère d'avoir des fruits très verts, alongés, bien remplis ; aussi est-il généralement préféré pour conserver à l'état de cornichon. On n'attend pas, pour opérer sa récolte, qu'il ait atteint son entier développement ; elle doit être effectuée peu de temps après la floraison et lorsqu'il a atteint à peu près la grosseur du doigt ; c'est dans cet état qu'on le plonge dans le vinaigre pour le conserver. Cette opération exigeant quelques précautions, nous allons les indiquer.

Cornichons confits au vinaigre.

On prend des cornichons autant que possible d'une égale grosseur ; on les brosse ou on les frotte dans un linge rude pour enlever le duvet épineux qui les recouvre, on les saupoudre d'un peu de sel et on abandonne pendant deux jours dans un lieu frais ; on les trempe ensuite dans l'eau, puis on les laisse égoutter ; enfin on les introduit dans des pots de grès ou de verre, ayant le soin d'ajouter les substances suivantes : estragon, perce-pierre, girofle, poivre long vert, muscade concassée et petits oignons, le tout dans des proportions convenables ; on fait bouillir de bon vinaigre et on le verse sur les cornichons ; on abandonne pendant 24 heures et on répète cette opération trois ou quatre fois, suivant la force du vinaigre et son degré de concentration. On couvre soigneusement les pots ou bocaux, et on les met à l'abri de l'humidité.

Quelques personnes procèdent à froid, c'est à dire qu'après les avoir saupoudrés de sel comme nous l'avons indiqué ci-dessus, et les avoir abandonnés environ 48 heures, elles versent dessus du vinaigre froid, qu'elles renouvellent deux ou trois fois à quinze jours ou un mois d'intervalle. Par ce procédé, qui est un peu plus dispendieux, attendu qu'il faut une plus grande quantité de vinaigre, on les obtient plus fermes et d'un plus beau vert. Ce dernier avantage est surtout très recherché ; il s'obtient quelquefois par des moyens dangereux ; c'est ainsi qu'on choisit de préférence des vases de cuivre, dont l'usage devrait être rigoureusement proscrit. Quelques personnes croient remplir cette condition et procéder sans danger en les préparant dans des vases de terre, mais par une sorte de compensation maladroite, et dans le but d'aviver leur couleur, elles y jettent une pièce de billon, et versent pour ainsi dire le poison dans le vase innocent. Le danger est évidemment le même ; il y a en effet, dans l'un et l'autre cas, réaction du vinaigre sur le cuivre et formation d'acétate de ce métal ou *vert-de-gris*; celui-ci, se précipitant sur le fruit, lui donne la couleur artificielle que l'ignorance du consommateur lui fait trop souvent exiger du marchand (1). Les

(1) La présence du cuivre se décèle en plongeant soit dans le fruit lui-même, soit dans le vinaigre qui sert à le conserver, une lame de fer préalablement bien décapée; le cuivre se précipite à sa surface et elle prend une teinte rouge d'autant plus intense que la quantité de cuivre est plus considérable.

vases de terre dont l'émail ou la couverte est faite avec la litharge (oxyde de plomb) peuvent aussi présenter quelques dangers par l'acétate de plomb que forme le vinaigre en se combinant avec l'oxyde qui enduit le vase.

Lorsqu'on prépare les cornichons à froid et qu'on les conserve à l'abri de la lumière, leur couleur naturelle n'est pas altérée, et ils réunissent toutes les conditions désirables.

On doit toutefois éviter que les enfants, et quelquefois les jeunes personnes de constitution délicate, par un usage abusif, ne convertissent cet assaisonnement en substance alimentaire ; il peut, dans ce cas, produire l'indigestion et simuler l'empoisonnement, lors même qu'il a été préparé avec soin.

Les principales variétés de concombre cultivées aux environs de Paris sont :

Le *concombre blanc rond* ; il est arrondi à ses deux extrémités, et incontestablement l'un des plus estimés.

Le *concombre blanc hâtif*; sa forme est la même, on le cultive plus particulièrement sous châssis.

Le *concombre gros blanc de Bonneuil*; il est plus gros que les précédents, mais sa forme est la même.

Le *concombre hâtif de Hollande*; il est d'abord blanc, puis jaune ; on le cultive également sous châssis.

Le *concombre long jaune* ou *jaune long*; il est presque toujours courbé en arc.

Le *concombre petit vert*; c'est celui qu'on cultive le plus ordinairement pour faire les cornichons ; on n'attend pas qu'il ait atteint son entier développement pour en faire la récolte.

Le *concombre vert long*; il est plus alongé que le précédent et on l'emploie au même usage.

Le *concombre noir*; sa forme rappelle celle du concombre blanc, mais sa couleur ne permet pas de les confondre ; son écorce est brune, rayée de blanc jaunâtre.

Le *concombre à bouquet*; il est très hâtif; son volume est médiocre; sa forme est presque ronde; il n'est jamais solitaire.

Pour compléter l'histoire du concombre, nous joindrons à ces variétés la description d'autres espèces moins connues.

CONCOMBRE - SERPENT, *cucumis flexuosus*; ce fruit extraordinaire, puisqu'il atteint quelquefois quatre à cinq pieds de long, est pour certaines contrées de l'Italie, où il est très commun, une ressource alimentaire très précieuse; sa chair ou parenchyme est plus sucrée et plus aromatique que celle du concombre ordinaire ou cultivé. Il participe un peu du melon et semble être une espèce dégénérée de ce fruit. Ses semences sont émulsives.

CONCOMBRE CHRISTOPHINE, concombre à noyau et à angles tranchans, papangay, *cucumis acutangulus* ; ce fruit est tantôt alongé et en forme de massue, tantôt piriforme; son volume n'est jamais considérable, il dépasse rarement cinq à six pouces de long et trois de diamètre. Sa pulpe se dessèche assez facilement, et il devient alors coriace et ligneux ; aussi n'en fait-on usage comme aliment que lorsqu'il est encore assez éloigné d'atteindre sa maturité complète. Sa chair, cuite et convenablement assaisonnée, forme un mets assez recherché par les habitants des Antilles, où il a été importé des Indes et particulièrement de l'île Saint-Christophe.

Les semences, comme toutes celles de la même famille, sont émulsives; elles s'en distinguent cependant en ce qu'elles contiennent une matière colorante *sui generis*, et du tannin.

CONCOMBRE SAUVAGE ÉPINEUX D'AMÉRIQUE, vulgairement petit concombre-marron, *cucumis anguria*, L.; famille des cucurbitacées : il est ovoïde, de la grosseur d'un marron, également hérissé de petites pointes spinuliformes, leur couleur est vert tendre; la chair, assez ferme, est parsemée de petites graines blanches qui y sont en très grand nombre. Ce concombre, admis dans l'art culinaire, est très commun aux Antilles, où il croît dans les savanes. Il est surtout employé comme hors-d'œuvre et conservé à cet effet dans le vinaigre, à la manière des cornichons,

avec lesquels il offre quelque analogie. Les semences sont si petites, qu'on les rejette comme inutiles.

Enfin le CONCOMBRE-ARADA, *cucumis compressus* ; rarement il atteint, dans notre climat, plus de deux à trois pouces de longueur ; il est très productif lorsqu'il réussit, mais il est délicat; il atteint, aux Antilles, un volume plus considérable; sa pulpe est blanchâtre, assez molle, savoureuse ; on le mange quelquefois cru, mais le plus ordinairement cuit ou confit; on l'associe aussi à d'autres substances.

Cette variété est, en outre, remarquable par une sorte de prolongement arrondi qui surgit auprès de l'ombilic.

ANGUINE A FRUIT CONIQUE TRI-CHOSANTHE, *trichosanthus cucumerina*, L.; famille des cucurbitacées : ce fruit est oblong, divisé en trois ou neuf loges qui renferment des graines tuniquées dont la forme varie beaucoup. Son odeur est nauséeuse, désagréable ; elle rappelle celles du melon et du potiron gâtés; son suc est purgatif, mais son odeur repoussante l'a fait rejeter de l'usage médical et tomber en désuétude.

COLIQUINELLE , *fausse orange, poire rayée, coloquinte fausse*. Ce fruit, que l'on a confondu longtemps avec la coloquinte, en diffère en ce qu'au lieu d'être amer il est doux, on le mange même avant qu'il devienne dur et ligneux; il est, comme nous l'avons déjà dit au commencement de cet article, plus curieux qu'utile, et se conserve très longtemps. Ses bigarrures sont quelquefois du plus bel effet; mais elles ne se reproduisent pas toujours, au grand déplaisir des amateurs d'horticulture.

COLOQUINTE, fruit du *cucumis colocynthis*, L.; famille des Cucurbitacées , J.

Ce fruit est tantôt sphérique et tantôt oblong, de la grosseur d'une orange; son enveloppe corticale est dure, coriace, assez mince; elle recouvre une pulpe ou chair blanche, sèche, spongieuse , d'une excessive amertume, qu'elle doit à un principe résineux ; elle est parsemée de graines planes et alongées également amères.

Bien qu'acclimatée en France, la coloquinte qu'on y récolte fournit des semences et point de pulpe. Celle dont on fait usage en médecine vient des côtes d'Afrique et d'Espagne ; la plus estimée est celle d'Alep. Avant de verser ce fruit dans le commerce, on le dépouille de son enveloppe crustacée et on le fait sécher à l'étuve. La pulpe de coloquinte doit être blanche, légère, privée autant que possible de graines ; on ne doit l'administrer qu'avec les plus grandes précautions, attendu sa propriété éminemment drastique. Infusée dans le vin blanc, elle est en grande faveur chez les charpentiers et en général les ouvriers de bâtiments, comme purgatif énergique ; elle est pour eux une sorte de panacée pour toutes les maladies et notamment la gonorrhée. Ses effets sont quelquefois si violents, qu'ils déterminent des selles sanguinolentes. La teinture alcoolique, administrée en frictions sur le ventre, suffit pour produire des évacuations ; cependant le mode d'administration le plus ordinaire est sous forme de poudre que l'on fait entrer dans la composition de certaines préparations magistrales et officinales : tels sont, par exemple, les pilules purgatives et les trochisques alhaudal.

Les anciens, si l'on en croit Pline, étaient dans l'usage, après avoir enlevé le parenchyme interne et la graine de la coloquinte, de remplir sa capacité intérieure d'eau miellée ; puis, après avoir ainsi effectué une sorte de macération, ils administraient cette eau devenue purgative contre la constipation.

Examen chimique. Un assez grand nombre de chimistes se sont occupés de l'analyse de la coloquinte ; si nous nous proposions seulement d'indiquer les principes constituants des fruits, nous nous bornerions à en reproduire une ; mais le plan que nous nous sommes tracé est plus vaste. Cet ouvrage devant former une sorte de répertoire général des travaux chimiques auxquels les fruits ont donné lieu, nous rapporterons, d'une manière analytique et résumée toutefois, ce qui a été fait sur la coloquinte.

Meissner a vu (nouveau Journal de Trommdorf) que la pulpe était composée d'huile amère grasse 4,2,—résine insoluble dans l'éther 13,2,—principe amer de coloquinte 14,4,—matière extractive un peu amère 10,—gomme ordinaire 9,5,—bassorine 3,—fibre ligneuse 19,20,—matière extractive extraite par la potasse 17,—phytomacolle 0,6,—phosphate de chaux 2,7,—phosphate de magnésie 3,—eau 5,—excès 1,8.—

On doit à M. Braconnot de Nancy l'analyse suivante de l'extrait aqueux du fruit, résine 4,3,—résine mêlée de principe amer de coloquinte 41,1,—gelée végétale (bassorine) 18,6,—matière animale 21,4,—acétate de potasse 7,1,—sel déliquescent à base de potasse insoluble dans l'esprit de vin 7,1.—

Plus récemment, MM. Edwards et Vavasseur ont publié l'analyse suivante de la coloquinte : matière résineuse insoluble dans l'éther,—principe amer particulier, *colocynthine,*—huile grasse,—matière extractive,—gomme,—divers sels.

Colocynthine : la colocynthine, isolée d'abord par le célèbre Vauquelin, puis trouvée, comme on vient de le voir, par MM. Edwards et Vavasseur, jouit des propriétés suivantes : elle est soluble dans l'alcool en grande proportion ; elle est moins soluble dans l'eau, cependant elle lui communique son amertume ; cette dissolution, toute faible qu'elle est, mousse par l'agitation comme de l'eau gommée, elle est précipitée en blanc par l'infusion de noix de galle et la combinaison qu'elle donne est fort peu soluble ; son amertume est extrême.

Coloquinte à fruit oblong ou *anguine amère des Antilles.* Cette espèce est turbinée, longue de quatre à cinq pouces sur deux de largeur, d'un vert tendre, divisée par des raies longitudinales jaunâtres. Cette coloquinte est partagée intérieurement en neuf loges qui contiennent des semences oblongues terminées en pointes par leurs extrémités; la pulpe est blanche et très amère; ses propriétés diffèrent peu de la coloquinte ordinaire, elles paraissent même être encore plus actives.

Son examen chimique n'a pas été fait, mais il y a lieu de croire que, jouissant des mêmes propriétés, elle fournirait à l'analyse les mêmes principes que celle qui précède.

M. Orfila, auquel on doit des expériences physiologiques très intéressantes sur cette substance, a vu 1° que ses effets dépendaient principalement de l'action locale et de l'irritation sympathique qu'éprouve le système nerveux; 2° cependant, qu'elle est absorbée, portée dans le torrent de la circulation, et qu'elle agit aussi directement sur ce système et sur le rectum; 3° que l'activité de ce médicament réside à la fois dans la portion soluble, dans l'eau et dans celle qui y est insoluble; 4° qu'il paraît agir sur l'homme comme sur les animaux.

AUBERGINE, melongène, fruit du *solanum melongena*, L.; famille des Solanées, J.

C'est une baie pendante, de la grosseur d'un œuf environ, tantôt alongée, tantôt ovale, blanche, vineuse ou jaunâtre; la chair est blanche, assez résistante, elle renferme des semences arrondies ou réniformes.

L'aubergine est originaire de l'Arabie ou des Indes orientales. Dans ces contrées, où elle est l'objet d'une grande consommation, il suffit, pour ainsi dire, de gratter la terre et d'en répandre la graine à la surface pour obtenir ces fruits en abondance et d'une grosseur presque prodigieuse. Dans le midi de la France, elle exige déjà plus de soin; aux environs de Paris, elle a besoin du concours de la couche pour atteindre le développement que nous lui connaissons; elle mûrit à la fin de juin ou au commencement de juillet. La graine ne doit en être extraite, comme en général pour tous les autres

fruits, que lorsque la pulpe commence à s'altérer; c'est alors seulement qu'elle a atteint le degré de maturité nécessaire pour être confiée au sol.

Ce fruit est fade lorsqu'il est récent, il acquiert de la sapidité par la cuisson, mais sa saveur a néanmoins besoin d'être relevée par des assaisonnements; l'huile d'olive est le véhicule ou le condiment le plus généralement employé pour préparer les mets dans lesquels on le fait entrer. La préparation la plus simple consiste à fendre le fruit en deux dans le sens de sa longueur; on cisèle la chair en tous sens avec la pointe d'un couteau, évitant d'atteindre la peau; on saupoudre de sel, de poivre et de muscade râpée; on fait griller et on arrose d'huile.

On doit se garder de confondre l'aubergine, ou *solanum melongena*, avec la plante aux œufs, ou *solanum ovigerum*; celui-ci a des semences environnées d'une pulpe molle et jouit de propriétés beaucoup plus actives et même dangereuses.

MÉLONGÈNE dorée, morelle ou orange de Quito, *solanum quitoense*, L.; famille des Solanées, J.

Ce fruit s'offre sous la forme d'une grosse baie ou capsule polysperme de couleur jaune doré, de la grosseur d'une noix avec son brou, rarement isolée et souvent réunie au nombre de trois ou quatre, de forme irrégulière; sa saveur est fade et un peu nauséeuse; les Indiens mangent ce fruit sans répugnance, bien qu'il jouisse cependant, comme toutes les plantes de la même famille, de propriétés narcotiques; il est vrai qu'elles y sont assez faibles.

L'orange de Quito est composée, suivant M. Descourtils, d'une résine jaune, d'albumine, de mucoso-sucré en très petite proportion de malate de chaux et probablement de traces de *solanine*.

PAPAYE, fruit du papayer, *carica papaya*, L.; fam. des Passiflorées, J.

Ce fruit atteint un volume assez considérable; il est charnu, tantôt à une seule,

17

tantôt à cinq loges; il renferme un grand nombre de graines dont la surface est inégale. Il est succulent, légèrement aromatique et assez agréable. Il prend, en mûrissant, une teinte jaune; on le mange rarement cru, à la manière des melons ou des pastèques, mais le plus souvent cuit en compote ou en conserve; son suc, qui est assez mucilagineux, est employé comme cosmétique, pour effacer les taches de la peau; son efficacité peut être comparée à celle du concombre, avec lequel il offre de l'analogie; on l'emploie cependant comme anthelmintique à l'île de France, ce qui lui ferait supposer plus d'énergie.

Le papaye a été, par quelques naturalistes, et notamment par Valmont de Bomare, comparé au melon quant à son volume et la couleur de sa peau, qui du vert passe au jaune lors de la maturité. Les semences qu'il renferme sont réputées aux Antilles et à la Guadeloupe, où ce fruit est très commun, jouir comme le suc, mais à un plus haut degré, de la propriété vermifuge.

Examen chimique.—On doit à MM. Vauquelin et Cadet de Gassicourt l'analyse suivante du suc de papaye : il contient de l'eau, — un peu de graisse, — une grande quantité de matière animale qui possède toutes les propriétés de l'albumine, si ce n'est qu'après la dessiccation elle est toujours très soluble dans l'eau, tandis que l'albumine y devient insoluble.

BANANE de paradis, *platano harton,* des colonies espagnoles ; *musa paradisiaca, musa sapientum,* L.; famille des Musacées, J.

Ce fruit, appelé aussi figue d'Adam, s'offre sous la forme d'une baie triangulaire jaune extérieurement, blanc jaunâtre intérieurement, longue de quatre à six pouces, renfermant un grand nombre de graines. Celles-ci étant dans les espèces cultivées généralement avortées, le placenta se rapproche sur lui-même et pré-

sente, lorsque le fruit est coupé transversalement, une espèce de croix que les gens superstitieux s'imaginent être le signe de notre rédemption. Quelques auteurs pensent, en effet, que c'est ce fruit et non la pomme qui tenta le premier homme et qui fut conséquemment la cause de tous nos maux. Nous laissons aux théologiens à démontrer comment son usage a pu être défendu à nos premiers parents; mais un fait qui nous paraît moins controversable, c'est que les feuilles du bananier, qui atteignent jusqu'à six pieds de long sur douze à quinze pouces de large, aient pu servir à cacher leur nudité. De nos jours et pendant la campagne de 1818, dans laquelle les troupes anglaises poursuivirent les Cyngalais, chaque soldat était muni d'une de ces feuilles tant pour se garantir de l'ardeur du soleil que pour se former un abri contre les pluies.

Il existe plusieurs espèces de bananiers, mais il en est deux principales : le bananier de paradis et le bananier des sages (1), qui méritent surtout de fixer l'attention par le rôle que jouent leurs fruits dans l'alimentation. Les fruits qu'ils fournissent ne diffèrent que par le plus ou moins de principes nutritifs qu'ils contiennent. Cet arbre, originaire de l'Amérique et dont la culture est pour toute la partie intertropicale du nouveau monde aussi importante que l'est celle du blé pour les régions tempérées de l'ancien continent, ne se rencontre malheureusement en Europe que dans les serres, encore l'époque de sa floraison précède-t-elle presque toujours celle de sa destruction. Nous ne connaissons qu'une exception, et c'est la grande serre du Jardin botanique de Bruxelles qui la possède; nous y avons vu, en effet, deux bananiers d'une assez grande hauteur et on nous a assuré qu'ils fructifiaient tous les ans; quoi qu'il en soit, cette végétation est encore assez faible pour ne présenter qu'une image très imparfaite de la puis-

(1) On sait que dans les premiers âges la science et la sagesse se rencontraient toujours chez les patriarches, ces deux mots étaient presque synonymes.

sauce de végétation et de fructification de cet arbre majestueux ; en effet, rien de plus beau que son port, principalement dans la zone torride ; rien de plus séduisant que ses grappes digitées et pendantes, qui semblent offrir à l'enfance et à la vieillesse l'aliment doux et nourrissant qu'elles renferment, sans exiger aucun effort. « C'est sous son délicieux ombrage, » dit Bernardin de Saint-Pierre, « et au moyen de ses fruits qu'il renouvelle sans cesse par ses rejetons, que le bramine prolonge souvent au delà d'un siècle le cours d'une vie sans inquiétude. Un bananier sur le bord d'un ruisseau pourvoit à tous ses besoins, il protège son existence oisive et fortunée. »

Les fruits du bananier sont, de nos jours, plus utilement mis à profit ; la grande proportion de fécule qu'ils contiennent permet d'en faire une sorte de pain. Il suffit pour cela de les écraser et de retenir sur un tamis ou sur un tissu serré la partie fibreuse, ou de faire cuire le fruit entier et encore vert sous la cendre et d'en panifier la farine par l'addition de levain. La banane, et notamment celle produite par le bananier des sages et vulgairement appelée *figue d'Adam*, parvenue à l'état de maturité, se détache facilement de son enveloppe ; elle a la consistance d'une poire mûre, sa saveur est sucrée et légèrement acide : cette circonstance aurait dû la faire ranger dans la classe des fruits acides sucrés ; mais comme ces principes y sont dans une proportion très faible et que, ainsi que nous l'avons dit, nous avons rangé les fruits d'après leurs principes prédominants, nous l'avons placée parmi les fruits aqueux ; on la mange comme fruit de dessert, on en fait des beignets et une sorte de conserve nommée *platanos curados* ; il suffit, pour obtenir cette dernière, de couper le fruit par tranches et de le faire sécher au soleil ; il prend, dans ce cas, une couleur plus foncée, et devient très sucré, probablement par suite de la réaction des principes et non pas seulement en conséquence de la soustraction de l'eau de végétation.

On obtient, en plaçant les bananes dans des circonstances favorables à la fermentation, une liqueur alcoolique qui n'est pas sans agrément, mais qui passe assez promptement à l'acidité. On met à profit cette circonstance pour en faire du vinaigre : à cet effet, on remplit un panier de bananes, on place un vase au dessous ; la fermentation alcoolique ne tardant pas à s'effectuer, l'alcool formé est bientôt converti par le contact de l'air en acide acétique, et le résultat de cette mutation, s'écoulant dans le vase, est recueilli à l'état d'acide acétique faible ou de vinaigre.

La rareté de ce fruit en Europe, le peu de succès qu'ont obtenu les moyens de conservation proposés n'ayant pas permis son importation, l'histoire chimique des bananes est encore à faire ; cependant on doit à M. Boussaingault l'analyse dénominative suivante : sucre,—gomme,—acide malique,—acide gallique,—matière végéto-animale coagulable par la chaleur, —acide pectique,—fibre ligneuse (1).

L'établissement à Brighton d'un vaste conservatoire destiné à l'acclimatation et à la culture des plantes exotiques en pleine terre fournira bientôt les moyens d'examiner plus intimement les fruits de ce genre si intéressant, et nous aurons alors des analyses quantitatives des principes que renferment les bananes.

SICYOTE comestible, chayote, fruit du chayotier, *sechium edule*, L.; famille des Cucurbitacées, J.

Ce fruit atteint généralement un volume assez considérable ; quelquefois cependant il ne dépasse pas celui d'une grosse aveline ; sa forme, assez irrégulière, rappelle celle d'un cœur ; il est formé, comme la plupart des fruits des cucurbitacées, d'une écorce ligneuse résistante et d'une pulpe ou chair

(1) M. Boussaingault ne mentionne pas la fécule, et cependant dans son mémoire il dit que l'iode décèle la présence de cette substance dans la banane.

fibreuse de couleur blanchâtre, au centre de laquelle se trouve une graine ovale et plane. La couleur du sicyote est également assez variable, elle est blanche, ou vert tendre ou vert foncé; sa surface est, suivant les variétés, lisse ou épineuse. Lorsque le fruit a atteint son maximum de maturité, il secrète une matière gommeuse qui prend diverses formes par suite du contact de l'air, qui la solidifie; sa couleur est blanchâtre et opaline, sa saveur est fade et son odeur nulle. Cette sorte de gomme se ramollit dans la bouche, mais ne s'y dissout pas.

On doit regretter que ce fruit, qui est assez nourrissant et qui forme aux Antilles une assez puissante ressource alimentaire dans les temps de disette, n'ait pas été importé en Europe. M. A. Chevalier, que l'on trouve toujours animé d'un zèle si vif pour tout ce qui intéresse l'économie domestique et industrielle, a indiqué les précautions que l'on pourrait prendre pour faciliter son importation. Elles consistent à placer plusieurs de ces fruits dans des caisses à compartiments et à les couvrir de terre. Ces caisses, placées à bord des navires, devraient être tenues abritées de l'action du soleil; à leur arrivée en France, qui devrait avoir lieu, suivant l'auteur de l'observation, en mai ou en juin, les fruits seraient tirés des caisses et plantés au pied d'un ou plusieurs arbres exposés au midi. La plante étant grimpante s'attacherait, en se développant, aux arbres et donnerait naissance à des feuilles et à des fruits qui souvent sont au nombre de quarante à cinquante.

Très connus au Mexique sous le nom de chayotti ou chocho, ces fruits contiennent de 20 à 25 pour 100 d'une fécule très nourrissante; ils entrent dans la composition des ragoûts. Bien qu'assez insipides, ils sont néanmoins recherchés par les enfants.

L'examen chimique de ce fruit, que l'on confond souvent avec le concombre arada, est encore à faire.

DURION, fruit du *durio zibethinus*, L.; famille des Bombacées, J.

Ce fruit est rond, son volume égale celui d'un melon de moyenne grosseur; il est divisé intérieurement en cinq loges, qui elles-mêmes contiennent quatre ou cinq graines placées au centre d'une pulpe molle et succulente; l'écorce est épaisse, résistante, d'abord verte, puis jaune, lors de la maturité; la pulpe a une saveur douce et une odeur particulière, est plus goûtée des indigènes que des étrangers.

Très répandu dans certaines contrées de l'Inde, il y est aussi très estimé. Il devient souvent la proie des civettes, qui le recherchent avec autant d'avidité que les chats nos melons; lors surtout qu'il a atteint son maximum de maturité. Son enveloppe corticale assez résistante offrirait un obstacle à ses animaux; mais malheureusement, à cette époque de son existence, il s'ouvre par la base, et livre ainsi sa chair à leur voracité.

CACTE RAQUETTE, SEMELLE DU PAPE, fruit du *cactus opuntia*, L.; famille des Cactées, J.

Ce fruit est de forme ovoïde, ombiliquée; son volume égale celui d'une figue, et en rappelle la forme, ce qui lui a fait donner le nom de figue d'Inde; il renferme une pulpe aqueuse, rouge, presque insipide, et des graines réniformes. Sa pellicule corticale est, dans certaines parties, garnie de faisceaux de poils recouverts eux-mêmes d'une sorte de duvet placé à rebours: il importe beaucoup de l'enlever, lorsqu'on veut manger le fruit; car, sans cette précaution, on s'exposerait à être atteint d'une toux violente à laquelle il serait difficile de porter remède, attendu que ces poils une fois fixés dans la membrane muqueuse qui tapisse l'arrière-bouche n'en seraient extraits que très difficilement.

Ce fruit a la singulière propriété de communiquer à l'urine une teinte rouge de saüg, sans qu'il paraisse résulter d'inconvénient sensib'e de cette mutation d'état.

« On a, » dit l'auteur de la Flore des Antilles, « proposé un prix en Angleterre à celui qui trouverait le moyen de fixer la belle couleur rouge pourpre du fruit de la raquette, que l'on destinait à la fabrication du faux maroquin, mais toutes les tentatives ont été infructueuses.»

M. le docteur L'herminier, l'un de ceux qui se sont livrés à ce genre de recherches avec le plus de succès, pense que le fruit de la raquette doit sa belle couleur rouge à l'acide malique qu'il contient; elle disparaît, suivant ce savant, en l'isolant, mais elle reparaît, dans sa reformation, par le malate de plomb et l'acide sulfurique, circonstance qui ne permet guère, comme on voit, de la fixer.

On fait usage de ce fruit comme émollient, soit intérieurement, soit extérieurement; il sert de succédané à une foule de racines et d'espèces émollientes.

Indépendamment du principe colorant dont nous avons parlé, ce fruit contient du mucilage et du sucre, dans des proportions qui varient suivant que les circonstances ont été plus ou moins favorables à son développement. Ce dernier est cristallisable et analogue à ceux de canne et de betterave, extraits par le docteur Furnari; il a fixé l'attention de certains économistes, qui se proposent de l'extraire en grand.

CACTE NOPAL, fruit du cactier à cochenille, *cactus coccinellifer*, L. Bien que ce fruit offre beaucoup d'analogie avec celui de la cacte raquette, il est beaucoup moins estimé, mais la plante qui le produit est surtout remarquable par l'avantage qu'elle a de fixer la cochenille, cet insecte qui fournit à l'art de la peinture une si riche couleur et qui est l'objet, pour le Mexique, d'un commerce si important, qu'on n'estime pas à moins de quatre cent mille kilogrammes son exportation.

CACTE TRIANGULAIRE, fruit du *cactus triangularis*, L.; famille des Cactées.

Il s'offre sous la forme d'une baie ovoïde du volume d'un œuf d'oie; il est couvert d'écailles qui disparaissent par suite du développement du fruit, mais dont les cicatrices restent toujours apparentes. Sa surface est rouge, et sa pulpe, qui est très succulente, est de couleur rosée.

Ce fruit, comme tous ceux des cactiers, contenant un principe mucilagineux assez abondant, est employé avec succès dans les maladies inflammatoires; on l'applique extérieurement comme topique dans l'inflammation des paupières, par exemple; ou lui fait subir, à cet effet, un léger degré de cuisson ou coction, comme on le pratique en France, pour l'application sur les paupières de la *pomme de reinette*.

ÉLATÉRION ou Ecballium, fruit de l'*Ecballium elaterium vel momordica*, L.; famille des Cucurbitacées, J.

Il est oblong, ovoïde, long d'un pouce et demi environ, hérissé de poils épais, rudes; sa couleur, d'abord verte, passe au jaune à l'époque de la maturité; si alors on le presse même légèrement, ses graines s'échappent avec rapidité, entraînant avec elles, sous forme de jet, un liquide visqueux, qui, s'il est reçu par quelques membranes muqueuses, celles des paupières, par exemple, y détermine une vive irritation.

Le suc propre de ce fruit, rapproché convenablement, est désigné, dans le commerce de droguerie, sous le nom d'*elaterium*; il y est devenu très rare et est maintenant presque toujours sophistiqué avec la fécule. Lorsqu'il a une couleur vert-sombre tirant sur le noir, qu'il est compacte et très pesant, que sa cassure est luisante et résineuse, on doit le rejeter comme étant de qualité inférieure.

La racine était aussi employée comme purgatif drastique ; mais son usage est tombé en désuétude.

Examen chimique.—Le docteur Clutterbuck s'est assuré, dans ces derniers temps, que le principe actif de l'*elaterium* était contenu, presque exclusivement, dans le suc dans lequel nagent les semences, et que le véritable *elaterium* est la matière qui se dépose spontanément dans le suc qu'on s'est procuré sans expression ; il a remarqué que le fruit séché était sans action sur les animaux, ce qui semble annoncer que le principe actif est volatil.

Il résulte d'expériences physiologiques faites par le savant auteur de la *Toxicologie générale*, 1° que les premiers effets de l'*elaterium* dépendent de l'inflammation qu'il détermine, autant que de son absorption ; 2° que c'est à la lésion du système nerveux sympathiquement affecté, qu'il faut attribuer la mort qui est la suite de l'administration, ou de l'application de cette substance ; 3° qu'en outre il exerce une action spéciale sur le rectum.

L'*elaterium* est un purgatif drastique, il ne doit être administré qu'à la dose de quelques grains seulement ; c'est principalement contre l'hydropisie qu'on en a conseillé l'usage.

Suivant le docteur Paris, l'*elaterium* du commerce est composé ainsi qu'il suit : eau 4, — extractif 26, — *fécule* (amidon) 28, — gluten 5, — matière ligneuse 25, — *élatine* et principe amer 12 ; — ce dernier n'est pas purgatif, mais il détermine l'action de l'*élatine*, qu'il accompagne toujours.

Les caractères de l'*élatine*, que l'on considère comme un nouveau principe, sont : d'être de couleur verte, d'être molle, plus pesante que l'eau, point amère, inflammable, brûlant avec fumée et répandant une odeur aromatique, insoluble dans l'eau, soluble dans l'alcool, qui prend une teinte verte et d'où elle est précipitée par l'eau, soluble dans les alcalis. Elle purge à très faible dose.

POMME MERVEILLE, fruit du *momordica balsamina*, L. ; famille des Cucurbitacées, J.

C'est une baie ou peponide tuberculeuse, du volume d'une grosse prune, de couleur jaune orange ou rouge vif ; elle s'ouvre irrégulièrement en trois valves.

Ce fruit est réputé jouir de la propriété vulnéraire ; à cet effet, on l'ouvre et on l'applique directement. C'est vraisemblablement à cette circonstance qu'il doit la dénomination de balsamine qui lui a été donnée par les anciens. Souvent aussi on le fait infuser dans l'huile d'olive tiède, et il lui communique une partie de ses propriétés ; celle-ci est alors employé en embrocation contre les tumeurs hémorrhoïdales, les gerçures des mamelles, les engelures. La momordique balsamine doit à sa propriété sédative, le nom si pompeux de pomme merveille qu'elle est loin de mériter, et que lui ont donné les modernes.

Le principe narcotique qu'elle contient n'a pas encore été isolé ; il paraît toutefois y exister dans d'assez faibles proportions, car on en fait quelquefois usage, sans inconvénient, comme substance alimentaire ; cependant cet usage ne doit pas être abusif.

POMME DE LIANE, fruit de la passiflore à feuilles de laurier, *passiflora laurifolia*, L. ; famille des Passiflorées, J.

Ce fruit a le volume et la forme d'un œuf de poule ; sa couleur, d'abord verdâtre, passe au jaune citron lors de sa maturité ; il renferme une pulpe très aqueuse, légèrement acidule.

On en fait peu d'usage, mais cependant il est rafraîchissant et peut être administré avec quelque succès contre les fièvres intermittentes.

En général, les fruits des passiflorées, très communs et très souvent employés en Amérique, le sont fort peu en France.

GRENADILLE quadrangulaire, fruit du *passiflora quadrangularis*, L.; famille des Passiflorées, J.

Ce fruit est de forme ovoïde, son volume égale celui d'un œuf d'oie; sa couleur est vert jaunâtre, son odeur agréable; la pulpe est renfermée dans une pellicule qui s'en sépare facilement; elle est aqueuse, douce, translucide, légèrement acidule.

GRENADILLE SANS FRANGE, fruit du *Passiflora murucuja*, f. des Passiflorées. C'est une baie ovoïde, pendante, à long pédoncule; elle est de couleur violette, lors de la maturité, et renferme une pulpe succulente et une quantité presque innombrable de graines noires rugueuses.

Ces fruits, qui sont très communs aux Antilles, sont rangés par M. Descourtils, dans sa *Flore médicale*, dans la classe des fruits stomachiques, vermifuges. L'abondance de leur suc et son peu de sapidité nous ont engagé à les placer à la suite des cucurbitacées, avec lesquelles ces plantes ont d'ailleurs beaucoup d'analogie.

GRENADILLE A FLEURS CRISPÉES, fruit du *passiflora pedata*, famille des Passiflorées. Ce fruit, du volume et de la forme d'une pomme de reinette, est de couleur vert clair, marqué de points blanchâtres. Ces caractères botaniques et chimiques diffèrent peu des précédents; cependant, il est un peu plus acide. On l'associe à la cerise des Antilles, et on en prépare un sirop que l'on administre avec succès dans les fièvres ataxiques ou adynamiques.

L'écorce de ce fruit est tellement dure et résistante, qu'après en avoir séparé la pulpe, on en fait des bonbonnières, des tabatières et autres ustensiles de toilette ou de ménage.

GRENADILLE FÉTIDE, bonbon couleuvre, fruit du *passiflora fœtida*, L.; famille des Passiflorées. Ce fruit de forme presque complètement sphérique, de couleur jaunâtre, lorsqu'il a atteint son maximum de maturité, n'est guère recherché que par certains animaux, tels que les lézards et les couleuvres; cependant la nécessité oblige quelquefois à disputer à ces animaux cette chétive nourriture. Toute la plante exhale une odeur fétide qui justifie sa dénomination et explique suffisamment le peu d'usage que l'on fait de ses produits.

GRENADILLE A LOBES DENTÉS, fruit du *passiflora serrata*, L.; famille de Passiflorées. Il est presque complètement sphérique, son volume égale celui d'une orange; sa peau est lisse, épaisse et assez consistante; elle enveloppe une pulpe blanche, mucilagineuse, dans laquelle sont disséminées un grand nombre de semences noirâtres.

Ce fruit, plus doux qu'acide, est très mucilagineux; on en fait peu d'usage; cependant, à défaut d'autre, dit l'auteur de la *Flore des Antilles*, il offre quelque ressource pour tempérer la soif dans les fièvres inflammatoires.

GRENADILLE ÉCARLATE, fruit du *passiflora coccinea*, L.; f. des Passiflorées. C'est une baie de couleur jaune, de forme oblongue, marquée extérieurement de trois sillons longitudinaux formant autant de côtes arrondies qui correspondent avec les loges intérieures; celles-ci renferment des semences brunes et ovales.

La grenadille écarlate jouit de propriétés analogues à la précédente; on en prépare un sirop qu'on fait entrer dans les gargarismes détersifs.

GRENADILLE A FLEURS BLEUES, fruit du *passiflora cœrulea*.

Il est, comme les précédents, pulpeux, sphéroïde; mais son goût est plus suave, plus acidule et partant plus recherché. La plante qui le fournit a l'aspect le plus gracieux, elle est cultivée en France.

GRENADILLE A FLEURS PALES, fruit du *passiflora pallida*, L.; famille des Passiflorées.

Ce fruit est tantôt rond, tantôt ovale, son volume dépasse rarement celui d'une cerise; la pellicule corticale qui l'enveloppe, assez peu consistante, prend d'abord une teinte verte assez prononcée, puis elle passe au violet foncé, lors de la maturité; le suc abondant que fournit la pulpe est également violet, les semences sont noires, comme chagrinées et cordiformes.

On attribue à cette grenadille la propriété sudorifique à un assez haut degré.

Toutes les grenadilles sont étrangères à l'Europe et appartiennent presque exclusivement aux contrées chaudes de l'Amérique. Leurs fruits, si l'on en croit les auteurs et notamment Duhamel et M. Descourtils, teints de vives couleurs, pendent aux branches comme de belles pommes ou des œufs colorés; ils sont généralement remplis d'une pulpe aigrelette et sucrée qui fournit aux habitants des Antilles un aliment assez précieux.

Quoi qu'en disent ces auteurs, les fruits des passiflores sont plus séduisants par leurs formes variées et leurs couleurs vives que par leur saveur qui est généralement fade et âpre plutôt qu'acidule.

GRENADILLE A GROS FRUIT, *passiflora maliformis*.

Ce fruit, dont le volume et la forme, ainsi que son nom botanique l'indique, rappelle ceux d'une pomme, est employé comme comestible et réputé plus alimentaire que les précédents; les nègres le désignent sous les noms de pomme, de coin de la Dominique. Son écorce, assez résistante, sert à faire des tabatières et autres objets du même genre.

NANDIROBE, noix de serpent, fruit du feuillé, *fevillea cordifolia*, L.; famille des Cucurbitacées, J.

Il s'offre sous la forme d'une baie charnue, sphéroïde, à peu près de la grosseur d'une orange; son écorce devient, lors de la maturité, dure, résistante, de couleur jaune fauve. La pulpe se divise en trois loges qui rayonnent autour d'un placenta central et commun; ces loges renferment des semences enveloppées d'abord d'un arile qui se détache, puis d'une croûte subéreuse, de couleur fauve; les semences sont aplaties et amincies sur les bords; elles ont de douze à quinze lignes de diamètre (24 à 30 millimètres).

Tout le fruit et particulièrement les semences jouissent d'une propriété anti-vénéneuse, soupçonnée depuis longtemps, mais dont M. Drapier vient assez récemment de démontrer l'existence. Il a, à cet effet, empoisonné des chiens par le *rhus toxicodendron*, la ciguë et la noix vomique, et, en leur administrant le fruit ou mieux encore les semences du *fevillea cordifolia*, il est parvenu à en anéantir l'action délétère; appliqué immédiatement sur des blessures faites au moyen d'instruments acérés, trempés dans le suc ou jus du mancenillier, *hippomane mancenilla*, son action n'a pas été moins puissante.

Ces expériences prouvent, d'une manière incontestable, que ce n'était pas sans raison que les nègres portaient autrefois sur eux, soit des fruits, soit des graines seulement de nandirobe pour anéantir l'action venimeuse des morsures des serpens. « Les flibustiers, » dit M. Descourtils, « s'en munissaient dans leurs expéditions contre les sauvages pour neutraliser l'action corrosive de leurs flèches empoisonnées. »

Examen chimique.—M. Bonastre ayant eu l'occasion d'examiner des noix de serpent, a observé que, lorsqu'elles étaient vieilles, elles étaient privées de l'albumine, qui constitue leur propriété anti-vénéneuse, et qu'en se desséchant, la substance grasse ou huileuse avait une telle avidité pour l'oxygène, qu'elle ne tardait pas à se rancir et réagissait alors sur les autres principes. Ce chimiste y a trouvé, en outre, une autre substance qui paraît jouir de toutes les propriétés de la *colocynthine*.

Les Brésiliens font avec les amandes récentes des émulsions assez douces, mais elles s'altèrent très promptement ; lorsqu'elles sont sèches , ils en extraient une huile dont ils font usage seulement pour l'éclairage, attendu qu'elle conserve trop d'amertume pour être employée dans l'économie domestique. Elle fait la base de plusieurs préparations linimentaires réputées très énergiques.

KETMIE comestible , gombo ou gombeau , fruit de l'*hibiscus esculentus,* L.; fam. des Malvacées, J.

C'est une capsule de forme pyramidale à cinq valves ou loges polyspermes , longues de quatre à cinq pouces, sillonnées longitudinalement et terminées au sommet par des espèces de crêtes qui , lors de la maturité, se renversent en dehors; la graine est ovale.

Ce fruit contient un principe mucilagineux très abondant; quoique peu savoureux, on en fait cependant usage comme aliment ; on le prépare en une sorte de ragoût liquide très estimé des créoles, ou on en entoure certaines volailles cuites; il est analeptique et sert à réparer les forces des convalescents ou des personnes épuisées par des excès. On l'administre, en outre, contre les inflammations intestinales; ou bien encore en lotions, dans les affections érisypélateuses; il agit, dans ce cas, comme mucilagineux adoucissant.

On connaît plusieurs variétés de ketmie, mais celle que nous venons de décrire est la seule intéressante et dont on fasse usage dans l'économie domestique; elle est cultivée comme plante potagère dans l'Orient , l'Amérique du sud et aux Antilles; elle se mange communément dans ces diverses contrées, de la même manière que nous mangeons les haricots verts. On l'associe souvent aussi au piment, à l'huile, au vinaigre et au suc de citron,

pour relever sa saveur fade. La graine a été proposée comme succédanée du café.

AKÉE d'Afrique , fruit de l'*akesia africana,* L.; f. des Savonniers, J.

Il s'offre sous la forme d'une capsule ovoïde, de couleur rouge, du volume d'une petite poire, divisée intérieurement en trois loges ; chacune d'elles renferme une semence oblongue, noire, luisante, attachée à l'angle interne et enfoncée en partie, dans un arille blanc, charnu, qui occupe toute la capacité inférieure de la loge. Cette capsule s'ouvre par le haut, elle paraît principalement composée de fécule amylacée, de mucilage et d'un acide dont on ne connaît pas encore la nature.

Ce fruit est très commun à la Jamaïque; sa pulpe entre dans la composition et fait la base de plusieurs mets légers et rafraîchissants.

PSYLLIUM, semences du plantain des sables, *plantago arenaria,* L.; famille des Plantaginées, J.

Elles sont très petites, ovales, oblongues, obtuses, aux extrémités concaves d'un côté, convexes de l'autre, de couleur puce, d'où vient le nom de la plante. Le mucilage qu'elles fournissent et qui y est très abondant a été souvent prescrit avec succès dans les ophtalmies rebelles sous forme de collyre; on l'administre aussi comme adoucissant dans les maladies de poitrine, comme astringent dans les blennorrhagies. Son usage est presque complètement tombé en désuétude.

Nîmes et Montpellier sont en possession du commerce assez important qui s'en fait dans le nord de l'Europe pour le gommage des mousselines, l'apprêt des draps et des chapeaux de feutre et de paille.

CHAPITRE NEUVIÈME.

FRUITS ACERBES OU APRES.

Nous avons rangé dans cette classe les fruits sauvages, et ceux qui, bien que cultivés, n'atteignent pas, dans notre climat du moins, un degré de maturité complet. Il y a, en effet, entre ces deux genres de fruits une assez grande analogie; quant aux principes qui les composent, il en est un surtout, le *tannin*, qui y prédomine toujours, et qui leur communique une saveur âpre et acerbe, que la culture et la maturité ont beaucoup de peine à faire disparaître. Plusieurs de ces fruits fournissent néanmoins des produits à l'économie domestique, le plus grand nombre fournit à l'art du tannage son principe essentiel (tannin).

Sommaire. *Coin, nèfle, cornouille, lagalissonnière, cynorrhodon, lucume, plaqueminier, brunsfelse, genipaye, mouréille, savonnier, mapou, azerole, alize, aubépine, buisson ardent, prune épineuse, acacia vrai, arbouse* ou *arbousse, busserole, corme* ou *sorbe, sorbe des oiseaux, argouse, micocoule, baie de bufle, baie de chalef* (1).

(1) Nous aurions pu joindre à cette nomenclature certaines variétés de poires qui sont plus âpres que sucrées, mais nous n'avons pas voulu les séparer de leurs congénères. Leur saveur âpre n'est d'ailleurs que relative; car si elles résistent à une maturation plus parfaite, c'est à défaut d'une température assez élevée, et ce qui le prouve, c'est que la coction et le changement de climat suffisent souvent pour rendre leur saveur plus douce.

COIN, fruit du cognassier commun, *cydonia vulgaris*, L.; famille des Rosacées, J.

Ce fruit, généralement du volume d'une forte poire, est sous-arrondi ou turbiné ; sa peau est tomenteuse ou velue, elle se nuance d'une teinte jaune doré assez prononcée, surtout lorsqu'il s'est développé à une exposition favorable ; sa chair est jaunâtre, d'une consistance ferme, sa saveur est âpre et son odeur particulière ; le centre est occupé par un grand nombre de semences ou pepins, circonstance qui distingue le coin des pommes et des poires, qui n'en ont qu'un nombre fort restreint et avec lesquelles il offre néanmoins beaucoup d'analogie; ces semences sont ovales-aiguës, de forme triangulaire, tronquées à l'une de leurs extrémités.

Le cognassier est originaire des parties méridionales de l'Europe et plus particulièrement de Cydon, dans l'île de Crète (aujourd'hui *Candie*). Virgile fait l'éloge du coin dans ses églogues, sous le nom de pomme de Cydon; le berger Corydon brûlant d'amour pour Lycoris l'invite ainsi à accepter ses présents :

C'est trop peu que des fleurs, je veux y joindre encore
Des coins au blond duvet, que le safran colore.
   * Trad. de DELILLE.

Les anciens regardaient ce fruit comme l'emblême de l'amour, du bonheur, de la fécondité, ils le dédièrent à Vénus ; les temples de Chypre et de Paphos en étaient décorés, on en ornait les statues des dieux; cette tradition est venue jusqu'à nous, car l'Hercule du jardin des Tuileries tient encore dans sa main, non pas une orange, mais bien un coin. Cette circonstance milite puissamment en faveur de l'opinion émise par plusieurs auteurs et notamment par Galesio, que les fameuses pommes du jardin des Hespérides devaient être le fruit du cognassier; il est d'ailleurs constant que les oranges étaient alors inconnues des Grecs. La couleur jaune doré des coins vient encore à l'appui de cette hypothèse.

L'usage qui existait pour les jeunes mariés de manger du coin avant d'entrer dans le lit nuptial porte à croire qu'on lui attribuait une action spéciale et stimulante sur les organes génitaux ; toutefois l'observation n'a pas justifié cette prétendue propriété aphrodisiaque, et l'usage en est tombé en désuétude; il est probable qu'alors la saveur de ce fruit était plus douce et plus agréable.

Les Romains en possédaient, en effet, une espèce moins âpre, qu'ils obtenaient, suivant Pline, en entant un pommier-coin sur un poirier-coin. On sait maintenant, grâce aux progrès de l'horticulture, qu'il n'est pas impossible d'adoucir sa saveur; on y parvient, soit en opérant plusieurs greffes successives sur le même sujet, soit en pratiquant simplement une incision annulaire, comme l'a fait M. Sageret. Cette opération hâtant, comme on sait, la maturité des fruits, on conçoit que les sucs que renferme le coin se trouvant placés ainsi sous l'influence d'une température plus élevée, celle de juillet et d'août, par exemple, il en résulte une élaboration plus grande des matériaux constitutifs qui y prédominent, condition essentielle au développement du sucre et à la maturation proprement dite; ce qui le prouve péremptoirement, c'est que la coction modifie singulièrement l'âpreté du coin et le rend plus sucré.

M. Astoux, qui s'est occupé avec succès de l'extraction du sucre de coin, a remarqué que le moût que ce fruit fournissait par la pression exigeait, pour être saturé, une beaucoup plus grande quantité de chaux que celui de raisin ; aussi la précipitation abondante et successive de malate de chaux qui s'effectue exige-t-elle les plus grandes précautions, pour que le sirop ou sucre liquide acquière un goût franc et une transparence convenable. Suivant cet habile opérateur, le moyen le plus sûr d'obtenir ces conditions essentielles consiste à opérer des refroidissements prompts et successifs pendant le rapprochement.

Examen chimique. — Bien qu'une analyse exacte du coin soit encore à faire, on sait cependant que ce fruit est composé principalement de sucre,—de muqueux,—d'acide malique et d'une proportion très notable de tannin. La pelure ou pellicule corticale donne une couleur brune qui teint la laine en jaune brunâtre, lorsqu'on la prépare par un sel de fer et qu'on la fixe au moyen d'un mordant.

La récolte des coins doit être effectuée aussi tardivement que possible, avant les gelées toutefois. En Provence, où le climat est très favorable à la culture de ce fruit, on est dans l'usage, pour favoriser leur maturation, de les placer, après les avoir cueillis, sur des claies et mieux encore sur de la paille.

Pour suppléer au peu de principe sucré qu'ils contiennent néanmoins, après les avoir coupés par tranches, on leur fait subir une sorte de blanchîment en les plongeant dans l'eau bouillante; cette opération a pour effet de les priver d'un principe âcre qui nuit à la suavité de leur goût; on les fait ensuite cuire dans du moût de raisin, et on forme ainsi, suivant le degré de cuisson ou de rapprochement, ou une compote, ou une confiture; on prépare en outre, avec le suc de coin et l'eau de vie, une liqueur de ménage, assez agréable et très estimée comme tonique, stomachique; nous allons bientôt indiquer quels sont les soins qu'exigent ces diverses préparations.

Pepins ou semence de coin. La surface des pepins de coin est formée d'une sorte de vernis mucilagineux, que l'on extrait par l'immersion dans l'eau. Cette solution est émolliente et tempérante; on l'emploie sous forme de collyre contre l'inflammation des paupières et de la conjonctive; elle fait la base de certaines injections astringentes. L'amande est émulsive.

Une circonstance remarquable et qui est commune à la graine de lin, c'est que cette sorte de vernis mucilagineux, bien qu'il donne à l'eau beaucoup de consistance, fournit très peu de résidu si on pousse l'évaporation jusqu'à siccité.

Toutes les préparations de coin sont fortifiantes et astringentes; on en prescrit la gelée ou le sirop dans les dyssenteries ou les diarrhées rebelles.

PATE DE COIN.

Plus connue sous le nom de pâte de Gênes, cette préparation est d'un usage très commun en Provence; elle consiste à prendre des coins, à les essuyer fortement, à les râper pour en extraire la pulpe, puis ajouter une proportion convenable de sucre pour amener le tout au moyen de la cuisson à une consistance convenable; on la coule ensuite en tablettes auxquelles on donne diverses formes plus ou moins agréables.

GELÉE DE COIN.

Pour la préparer on prend des coins non mûrs, 4 kilog., par exemple, sucre blanc 3 kilog.; on essuie soigneusement ces fruits, pour enlever le duvet cotonneux qui couvre leur surface; on les coupe ensuite par quartiers (on en sépare les semences que l'on conserve pour l'usage médical). On fait ensuite cuire à moitié dans une quantité d'eau suffisante, on coule avec expression, on ajoute le sucre, on clarifie et on fait rapprocher jusqu'à consistance de gelée, ce qu'on reconnaît en en laissant refroidir un peu sur une assiette; on passe ensuite au travers d'une chausse ou un drap de laine et on conserve dans des pots.

Cette gelée est d'autant plus belle que la maturation des coins était moins avancée; il s'y développe en effet, à cette époque, une assez grande quantité de tannin, qui, lors de la clarification, forme, avec l'albumine des blancs d'œufs, un composé grisâtre qui rend la gelée louche et d'un aspect peu agréable.

COTIGNAC OU CODOGNAC.

Cette conserve est d'un usage si commun sur les bords de la Garonne, qu'elle figure également sur la table du pauvre et sur celle du riche; sa préparation consiste à couler la gelée de coin dans des boîtes longues et plates, que l'on expose ensuite à l'étuve pour lui faire acquérir plus de consistance et pour rendre sa conservation plus facile.

SUC OU JUS DE COIN.

Il s'extrait comme ceux des autres fruits

du même genre; mais la grande quantité de principe mucilagineux et de tannin qu'il contient oblige à prendre quelques précautions pour rendre sa conservation plus facile.

On doit à M. Leperdriel, pharmacien de Paris, le procédé suivant, qui remplit parfaitement cette condition; il consiste à prendre cent coins et dix onces d'amandes douces; on râpe les coins après les avoir essuyés fortement au moyen d'une toile neuve, on pile les amandes préalablement mondées, on mêle la pâte homogène qui en résulte avec la pulpe de coin. Le tout est abandonné pendant plusieurs heures pour permettre à la défécation de s'opérer, puis on filtre. Le suc obtenu par ce procédé est très limpide et très odorant.

SIROP DE COIN.

Pour le préparer on prend du suc de coin récemment extrait, et de préférence celui obtenu par le procédé que nous venons d'indiquer, une partie; sucre blanc, deux parties; on fait dissoudre le sucre dans le suc, à une chaleur de 40 degrés au plus; lorsque la solution est effectuée, on coule au travers d'une étamine ou chausse de laine, on laisse refroidir et on renferme dans des bouteilles bien sèches, puis on bouche soigneusement et on conserve.

RATAFIA DE COIN.

Pour l'obtenir on prend du suc extrait, comme on l'a vu plus haut, on le mêle à parties égales d'alcool rectifié. On ajoute ensuite sur douze livres de mélange, cannelle fine ou de Ceylan concassée 3 gros, coriandre concassée 2 gros, girofle 24 grains, macis 1|2 gros, amandes amères 1|2 once. On laisse infuser le tout pendant cinq ou six jours, puis on ajoute sucre concassé 2 livres 1|2; lorsqu'il est dissous, on filtre à la chausse et on conserve dans des bouteilles de verre noir.

Cette liqueur, pour atteindre toute la suavité désirable, doit être abandonnée pendant une année ou deux avant d'être livrée à la consommation.

COIN CONFIT.

Il figure avec avantage parmi les confitures sèches; le mode de procéder étant le même pour tous les fruits du même genre, nous renvoyons à celui que nous avons donné au chapitre *Conservation des fruits au moyen du sucre*.

Les propriétés fortifiante et astringente du coin et l'aspect agréable qu'il présente par ce mode de conservation doivent engager à en prescrire l'usage dans le régime diététique; administré à propos, il peut produire d'excellents effets dans les diarrhées chroniques, par exemple:

Espèces et variétés.

Coin du Portugal. C'est incontestablement le plus beau et le plus estimé; il est originaire du pays dont il porte le nom; sa forme n'est pas toujours constante, il est plus ou moins alongé, quelquefois même son plus grand diamètre est dans la partie opposée à l'œil; sa peau est jaune, couverte d'un duvet épais et blanchâtre, qui ne résiste pas au plus léger frottement; sa chair est ferme, cassante et peu succulente; l'axe du fruit disparaît à mesure que le développement s'effectue; les pepins sont anguleux, de couleur marron et revêtus d'un arille succulent qui ne se rencontre pas dans les autres fruits à pepins. Le coin de Portugal est très adhérent à la branche qui le supporte, et tellement, qu'on ne peut le détacher sans la rompre; il est très parfumé et très suave et peu pierreux.

Coin commun. Il se subdivise, comme on va le voir, en deux sous-variétés, qui sont le coin mâle ou *pomiforme*, et le coin femelle ou *piriforme*. Il est turbiné, épais, charnu, ses formes sont très prononcées; il est partagé intérieurement en cinq loges qui renferment chacune de vingt à trente semences; sa peau est couverte d'un duvet cotonneux; sa chair est ferme, de couleur jaune clair, sa saveur âpre; son arôme particulier est assez agréable.

Coin piriforme ou *femelle.* C'est à tort qu'on donne à l'arbre qui le produit le nom de cognassier femelle, rien ne justifie cette dénomination; son volume est médiocre, sa surface un peu rugueuse, il est ventru et tellement que son diamètre égale presque sa hauteur.

Cette sous variété est assez commune.

Coin pomiforme ou *mâle*. Cette dernière dénomination n'est pas plus exacte que celle qui a été donnée au coin femelle; le coin pomiforme atteint un volume un peu moins considérable que ceux qui précèdent; il est peu estimé et assez rare pour qu'il ne soit pas nécessaire de détourner d'en faire usage, surtout lorsqu'on en possède d'autres espèces.

Coin oblong. Il est plus gros que celui même de Portugal; il est presque globuleux, sa base et son sommet ont à peu près le même diamètre; mais le centre est plus étendu, aussi compare-t-on sa forme à celle d'une barrique qu'elle rappelle en effet assez exactement; l'arbre qui le fournit est peu connu et ne se rencontre guère que dans les écoles d'arbres fruitiers.

Coin en gourde. Il atteint généralement un volume peu considérable, il est comme étranglé au milieu et présente la forme d'une gourde imparfaite; sa couleur est verdâtre, sa chair est, comme dans les espèces précédentes, partagée en cinq loges et contient encore un plus grand nombre de semences.

Coin de Chine. C'est le plus petit de tous les coins; sa forme est alongée; son grand diamètre ou sa panse est irrégulière; il atteint rarement plus de 4 pouces 1|2 de hauteur sur 2 pouces 1|2 à 3 pouces de largeur; sa peau, d'abord verte, devient, à l'époque de la maturation, d'un jaune assez intense; sa chair présente une contexture grenue; elle est peu succulente, de couleur jaune pâle; sa saveur est, comme dans les espèces précédentes, très âpre, mais son arôme est suave et rappelle celui de l'ananas; les cinq loges qui occupent le centre du fruit sont très grandes, cartilagineuses, elles renferment un grand nombre de semences superposées; celles-ci sont très aiguës du côté du germe, un peu obtuses à la base et de couleur brun foncé.

Cette variété est assez estimée, mais elle est peu commune; elle acquerrait vraisemblablement des qualités si on la cultivait en espalier et surtout si on la soumettait à l'opération de l'incision annulaire, ainsi que l'a pratiqué M. Sageret.

Si l'on en croit les voyageurs, la Perse fournirait une autre espèce de coin d'un volume et d'une suavité de parfum inconnus aux autres pays.

NÈFLE ou MÊLES, fruit du néflier commun, *mespilus germanica*, L.; famille des Rosacées, J.

Ce fruit est sphérique, mais cependant toujours déprimé au sommet; son volume égale généralement celui d'une petite pomme; sa peau, d'abord de couleur gris verdâtre, prend une teinte rousse lorsqu'il a atteint tout son développement; sa chair, d'une consistance ferme et d'un goût âpre très prononcé, renferme cinq nucules ou osselets raboteux qui contiennent chacun une graine; son ombilic est large, cave et entouré des feuilles persistantes du calice. Cette disposition permettant à l'eau pluviale de séjourner dans cette partie, il arrive souvent qu'elle pénètre au centre du fruit et qu'elle provoque son altération.

La maturité des nèfles ne s'effectue pas sur l'arbre, elle est d'ailleurs particulière et n'est pour ainsi dire qu'un blossissement. On cueille ce fruit vers la fin d'octobre et on le place sur la paille; il perd bientôt son âpreté et acquiert une saveur douce légèrement alcoolique qui n'est pas sans agrément (*voir* chap. III, Blossissement).

Le néflier est indigène de l'Europe, il croît naturellement dans les bois; son fruit contient, avant sa maturité, une si grande quantité de tannin, qu'on en a conseillé l'emploi dans l'art du tannage.

Bien que ce fruit n'offre pas à l'économie domestique une grande ressource, il est toutefois très recherché et très goûté par certaines personnes, et principalement les femmes et les enfants; on doit en faire un usage modéré.

Nèfle des bois ou *à gros fruit*. Cette variété atteint relativement un volume assez considérable, car son diamètre dépasse quelquefois 54 millim.; son ombilic est formé et couronné, comme dans celle qui précède, par le réceptacle de la fleur, qui s'est fortement dilaté, et par les cinq divisions du calice. Sa peau est de couleur rouge obscur, marquée de nombreux points bistrés ; la chair, comme la précédente, renferme cinq nucules; mais il arrive souvent que les graines qu'elles contiennent avortent.

Le volume de la nèfle des bois étant un obstacle à ce qu'elle mollisse également, c'est à dire aussi bien et aussi promptement à la superficie qu'au centre, on est dans l'usage de les rouler dans un van, pour en provoquer également le blossissement, on les distribue ensuite sur de la paille pour qu'il s'achève.

Nèfle de Correa. Cette nèfle signalée assez récemment par MM. Poiteau et Turpin, offre des caractères peu constants, mais très remarquables ; c'est ainsi qu'elle semble formée de quatre fruits profondément soudés latéralement et successivement. Sa forme est convexe, son sommet décrit deux tiers de cercle, les bords sont armés de folioles calicinales, au nombre de vingt, ce qui fait supposer qu'une fleur quadruple leur a donné naissance. Elle est plus curieuse qu'utile.

Nèfle sans noyau ou *apycène*. Cette nèfle, d'un volume moins considérable que celle des bois, en diffère en outre par sa forme, qui est turbinée ou en toupie ; la couleur de sa peau est également d'un rouge obscur, l'ombilic est surmonté de deux à trois folioles calicinales, qui offrent souvent l'aspect de petites feuilles verdâtres avortées. Une circonstance bien remarquable, c'est que l'ovaire ne présente aucune trace de graine (1).

Cette nèfle blossit facilement, son parenchyme est d'une contexture fine et délicate ; l'avantage qu'elle offre de n'avoir pas de noyaux doit en outre la faire préférer aux autres variétés.

Nèfle du Japon ou *bibace, bibasse*, fruit du *mespilus japonica*. Cette nèfle est bien

(1) La fleur n'a que des étamines et jamais de pistil, aussi n'est-elle jamais fécondée.

certainement la plus estimée et elle mérite de l'être ; on n'est malheureusement pas encore parvenu à l'acclimater en Europe ; mais on l'a récemment importée en Afrique.

Le néflier peut se greffer sur cognassier, azerolier ou alizier ; il y a lieu de croire que la fécondation croisée ou des greffes successives pourraient apporter des modifications dans les espèces que nous possédons ; l'incision annulaire est aussi de nature à produire des changements notables dans ce fruit ; espérons qu'on mettra ces procédés en pratique et que nous n'aurons plus à regretter le défaut d'acclimatation d'espèces étrangères.

CORNOUILLE, fruit du cornouiller cultivé, *cornus mas*, L. ; famille des Hédéracées, J.

Il s'offre sous la forme d'une drupe charnue oblongue, renfermant un noyau osseux à deux loges monospermes ; cette espèce, qui ne diffère de celle sauvage que par les propriétés qu'elle acquiert par la culture, est deux fois plus grosse, d'une belle couleur rouge extérieurement, jaunâtre intérieurement; sa pulpe ou chair est très succulente, elle mûrit vers la fin d'août ; sa saveur est âpre et styptique.

Ce fruit, qu'on nomme aussi *cornes* dans certaines contrées de la France, où l'arbre qu'il produit est indigène, est astringent; sa saveur aigrelette le fait rechercher des enfants, mais on doit éviter qu'ils en fassent un usage abusif, car il déterminerait infailliblement une constipation opiniâtre, qu'un régime rafraîchissant et laxatif pourrait seul faire disparaître.

On en connaît deux espèces, l'une à gros fruit, l'autre à fruit blanc ; elles sont peu communes ; l'arbre qui fournit la première est principalement cultivé pour la dureté de son bois, qui a des applications dans les arts et notamment celui du tourneur. Il est en effet tellement dur, qu'il servait à la fabrication des flèches et javelots des anciens Gaulois. Le fruit, bien que couronné et embelli par la collerette persistante du calice, ne mérite guère de fixer l'attention, si ce n'est cependant comme auxiliaire dans la composition des boissons économiques. On le confit, ainsi que celui du cornouiller à gros fruit, au moyen du sel ou du sucre, mais ces confitures sont peu recherchées.

L'amande fournit par expression une huile douce qui peut trouver, au besoin, des applications dans les arts.

LAGALISSONNIÈRE, fruit du *prunus hiemalis;* famille des Rosacées, J.

Cette sorte de prune, bien qu'elle offre, par sa forme et son volume, des caractères qui la rapprochent des prunes proprement dites (*prunus domestica*), en diffère cependant essentiellement. Sa forme est ovale, longue d'un pouce environ ; elle est marquée d'un sillon longitudinal peu profond. Sa peau, d'abord verte, devient d'un rouge de feu très intense ; elle est très adhérente à la chair, qui est jaune, d'une contexture peu délicate, très succulente et un peu aromatique. Le noyau qu'elle renferme est assez grand, très plat ; sa surface est lisse ; il contient une petite amande dont la saveur est très amère ; elle fournit, par la pression, une huile fixe qui conserve une partie de cette amertume.

La longueur et la ténuité du pédoncule ou queue de la prune biémale lui ont fait donner le nom de *prune pendue ;* sa maturité s'effectue en août ; elle se rapproche, par sa couleur et son volume, du fruit du cornouiller ; l'âpreté de sa saveur augmente encore l'analogie.

CYNORRHODON, rose sauvage, rose de chien, *rosa sylvestris, rosa canina,* L. ; famille des Rosacées, J.

Ce fruit est formé par le gonflement du tube du calice, qui devient une baie charnue, succulente, tantôt ovoïde, tantôt glo-buleuse, uniloculaire, percée à son sommet et couronnée par les découpures du calice. Sa surface est lisse et brillante, son volume égale celui d'une petite olive, sa couleur est rouge, sa chair d'une saveur légèrement acidule ; elle renferme des semences blanches, ovales et tomenteuses.

Bien qu'âpre et fort astringent, les Allemands n'en font pas moins entrer ce fruit dans la composition de certaines sauces et notamment de celles qui accompagnent le gibier ; le suc exprimé est, en outre, employé, à l'instar de celui de citron, pour relever la saveur fade de certains mets ; enfin, par l'addition de sucre brut ou de miel au fruit écrasé, on y développe la fermentation saccharine, et celle-ci donne lieu à la formation d'une boisson alcoolique assez recherchée. En France, son usage se borne à la composition d'une conserve astringente officinale, connue en pharmacie sous les noms de conserve de cynorrhodon ou de rose canine ; cette dernière dénomination lui avait été donnée parce qu'on lui supposait la propriété de guérir la rage, mais rien ne la justifie.

CONSERVE DE CYNORRHODON. Pour la préparer on prend des cynorrhodons avant leur maturité, une livre par exemple, on les coupe par les deux extrémités, c'est à dire qu'on retranche le pédoncule et les divisions du calice, on les fend ensuite en deux parties, on enlève les semences et le duvet cotonneux qui les environne et qui a vraisemblablement fait donner à ce fruit le nom aussi inexact qu'impropre de *gratte-cul.* On place la partie pulpeuse dans une terrine vernissée, et on met dans un lieu frais à l'entrée d'une cave par exemple ; on abandonne pendant 24 ou 36 heures, en ayant le soin de renouveler les surfaces de temps en temps pour faciliter le ramollissement de la pulpe ; on pile légèrement dans un mortier de marbre et on piste ensuite sur un tamis. On repasse de nouveau cette pulpe pour être certain qu'elle ne retient pas de parties solides et de duvet. On prend alors une livre et demie de sucre, on le fait dissoudre dans le moins d'eau possible, on fait cuire à la plume, on retire du feu, on y délaie la pulpe, puis on place au bain-marie pour évaporer la portion d'humidité surabondante qu'elle a pu fournir.

On prépare une autre conserve en mêlant simplement la pulpe avec du sucre en poudre très fine.

Ces conserves sont administrées avec succès surtout, lorsqu'elles sont récemment préparées, contre les diarrhées rebelles résultant d'inflammation du canal intestinal.

Examen chimique. On doit à M. Bilz une analyse très exacte du fruit de l'églantier sauvage; il résulte, de l'examen qu'il a fait de cette substance, qu'elle contient : une huile volatile, — une huile grasse, — du tannin, — du sucre incristallisable, — de la myrricine, — une résine solide, — une résine molle qui représente la matière colorante, — de la fibre végétale, — de l'albumine végétale, — de la gomme, — de l'acide citrique, — de l'acide malique et des sels.

Les cynorrhodons doivent, suivant l'auteur de cette analyse, leur couleur à la résine, leur brillant à la myrricine, leur odeur à l'huile volatile et leur saveur aux acides citrique et malique, ainsi qu'au sucre et à l'huile volatile.

LUCUME, mammeux à gros fruit, *lucuma mammosa vel achras mammosa;* famille des Sapotées, J.

Il s'offre sous la forme d'une grosse baie ou pomme globuleuse, charnue, à dix loges, renfermant autant de semences; celles-ci sont renflées, moitié lisses, moitié rugueuses. La couleur jaune de la pulpe lui a fait donner les noms de *jaune d'œuf*, *œuf végétal*, *marmelade naturell* ; elle est peu savoureuse, mais les amandes qu'elle renferme sont assez agréables, bien qu'un peu amères. Elles ressemblent assez, quant au volume et à la saveur, à la châtaigne. Sur dix, rarement plus de trois atteignent leur perfection.

Ce fruit, quoique astringent, est cependant assez nutritif. M. Descourtils rapporte, d'après Valmont de Bomare, que deux personnes exilées sur le grand Ilet (île de Saint-Dominique), pour avoir tramé une conspiration, et condamnées à y mourir de faim, y vécurent de ce fruit et furent retrouvées bien portantes.

Bien que le lucume n'ait pas été analysé, on sait cependant qu'il contient une proportion assez notable de tannin; sa saveur se rapproche de celle de la nèfle et offre, en outre, cette analogie qu'elle s'améliore par le blossissement.

PLAQUEMINIER de Virginie, fruit du *diospyros virginiana*, L.; famille des Ebénacées, J.

Il est globuleux, charnu; son ombilic est assez évasé et entouré des divisions du calice qui sont persistantes. Vers la fin d'octobre, il se détache de l'arbre, sans pour cela que sa maturité soit complète; elle s'effectue comme celle des nèfles; à cet effet, on l'étend sur la paille ou sur des claies; ce fruit a cependant l'avantage de se conserver assez longtemps mou, ce que ne font pas les nèfles, qui passent, au contraire, très promptement à l'état de moisissure.

Les Américains font avec les fruits du plaqueminier des galettes et des espèces de confitures sèches d'un goût assez agréable; à cet effet, on écrase ces fruits, on passe la pulpe au travers d'un tamis pour en séparer les graines et l'épicarpe, on divise ensuite cette pulpe, après l'avoir malaxée avec du sucre en poudre, en petits pains que l'on fait sécher au soleil.

On prépare, en outre, une sorte de cidre ou boisson alcoolique, en écrasant le fruit, ajoutant de l'eau et faisant fermenter; on extrait enfin, par la distillation de cette liqueur, une eau-de-vie d'un goût assez franc.

Le fruit du plaqueminier est éminemment astringent, on l'emploie souvent contre les fièvres intermittentes et surtout dans le relâchement des membranes mu-

18

gueuses par suite d'inflammation (dévoiement ou diarrhée).

Le plaqueminier est originaire de l'Amérique; la pépinière du Roule renferme encore plusieurs individus importés par Lagalissonnière.

PLAQUEMINIER D'ITALIE OU FAUX LOTOS, fruit du *diospyros lotus.*

Le volume de ce fruit dépasse rarement celui d'une cerise; sa couleur est jaune-obscure; son ombilic est surmonté par le style desséché et persistant; il est, en outre, couronné par les divisions du calice; sa chair est ferme et contient rarement plus de quatre petites nucules, attendu qu'un nombre, à peu près égal, avorte généralement; elles sont blanches, très dures et réniformes.

Non seulement ce fruit est loin d'avoir la saveur agréable que les poètes attribuaient au lotos, avec lequel on l'a longtemps confondu, mais encore, dans l'état où nous le connaissons, il a une âpreté telle qu'il serait impossible d'en faire usage comme aliment. La culture pourrait peut-être modifier ses principes et rendre sa saveur plus douce; mais il est douteux qu'il mérite jamais la dénomination pompeuse qu'on lui a donnée de blé des dieux (diospyros); elle s'appliquerait beaucoup mieux aux lotos nélumbo et lotos colocase, voir chap. VI, fruits farineux, amylacés; quoi qu'il en soit, ce fruit est pour les peuples de l'Orient une substance alimentaire assez importante.

BRUNSFELS d'Amérique; fruit du *brunsfelsia americana*, L.; famille des Solanées, J.

C'est une baie uniloculaire polysperme, à placenta central; elle est presque sphérique, plus grosse qu'une noix, de couleur rouge orange; elle renferme des semences roussâtres.

Ce fruit acerbe et âpre passe facilement au blossissement, lorsqu'il a atteint son maximum de développement; néanmoins, comme il contient une certaine proportion de sucre, il présente quelques uns des caractères de la fermentation alcoolique. « La coction du brunsfels, » dit M. Descourtils dans sa *Flore des Antilles,* «ôte au fruit sa saveur austère et y développe du principe sucré.» La présence, dans ce fruit, des principes muqueux et acide justifie suffisamment cette assertion. Nous avons déjà eu plusieurs fois l'occasion de faire remarquer que, lorsqu'ils se trouvaient réunis dans le même fruit et surtout sous l'influence d'une haute température, il y avait nécessairement formation de sucre.

Le brunsfels doit à la réunion du tannin et des acides (probablement les acides malique et gallique) d'être éminemment astringent; aussi l'emploie-t-on avec succès aux Antilles, soit extérieurement après l'avoir soumis à la coction, appliqué sur certaines tumeurs qu'il importe de déterger, soit en décoction comme gargarisme, soit en lavement contre les diarrhées rebelles.

GENIPAYE d'Amérique, fruit du *genipa americana*, L.; famille des Rubiacées, J.

C'est une baie charnue, ovale, rétrécie en pointe aux deux extrémités, tronquée par l'ombilic, biloculaire et contenant dans chaque loge plusieurs semences ou nucules environnées de pulpe. La surface de ce fruit est d'une couleur vert pâle, tachetée de brun; la partie charnue ou brou est âpre et se rapproche, pour la saveur, de la chair du coing.

Les peuples de l'Amérique méridionale mangent ce fruit et en font même un usage assez commun, bien qu'il soit peu nourrissant; sa saveur est douce, et il contient une proportion assez notable de principe sucré pour passer à la fermentation; aussi l'associe-t-on à la pomme d'acajou et à l'ananas pour composer une boisson alcoolique très estimée et qui remplace, dans les usages économiques, le vin et la bière des contrées qui en sont favorisées.

Ce fruit est cependant assez astringent pour devoir être mangé avec modération, car un usage abusif pourrait déterminer la constipation et les accidents graves qui en sont la suite. Son suc est bleuâtre et sert à certaines peuplades du Brésil à se teindre le corps, d'une manière plus ou moins heureuse, mais toujours bizarre cependant.

On connaît deux autres espèces ou variétés de génipaye, le *genipa caruto*, et le *genipa oblongifolia*.

GENIPA *caruto* ou *xagua*, de Carthagène (Amérique).

Il croît sur les rives de l'Orénoque; son fruit, moins agréable que le précédent, n'est guère employé par les indigènes que pour teindre en noir ou plutôt zébrer certaines parties de leur corps.

Le fruit du genipayer à longue feuille, *genipa oblongifolia*, atteint généralement un volume plus considérable que les précédents; il égale quelquefois celui d'une pêche. Les Péruviens en font assez de cas; il sert du reste aux mêmes usages, et ses principes diffèrent peu, si on en juge par la saveur, car l'examen chimique n'en a pas été fait.

MOUREILLE, cerise des Antilles, fruit du *malpighia punicifolia vel glabra*, L.; f. des Malpighiacées, J.

Il s'offre sous la forme d'une baie cérasiforme, de couleur rouge vif, marquée de trois stries vers l'ombilic, d'une saveur aigrelette, lors même qu'elle a atteint son maximum de maturité; sa pulpe, d'abord assez ferme, s'amollit; elle renferme trois nucules striées et ailées contenant des amandes oblongues; ce fruit, généralement assez petit, est fixé à un pédoncule grêle presque filiforme; son acidité ne permet guère de le manger tel que l'offre la nature. On en prépare cependant, en y ajoutant du sucre, des gelées ou des confitures très rafraîchissantes et assez agréables.

MOUREILLE ÉPI, merise dorée; fruit du *malpighia spicata*.

Il s'offre également sous la forme d'une baie globuleuse décolorée jaune, à trois renflements; elle présente, au centre d'une pulpe acide, un noyau osseux à trois loges et renfermant trois amandes auxquelles on attribue des propriétés vénéneuses.

L'acidité de ce fruit le fait rechercher par les jeunes nègres, mais ce n'est pas toujours sans inconvénient, bien qu'il ne contienne que du tannin, des acides et du mucoso-sucré; les premiers principes y existent dans une proportion si considérable, qu'il peut cesser d'être innocent, si on en fait un usage immodéré.

On le fait entrer dans la composition des gargarismes détersifs, lorsqu'il n'a pas atteint sa maturité; dans le cas contraire, on en prépare, en l'associant à la moscouade ou au miel, un rob purgatif dont l'usage est assez répandu dans les climats brûlants.

MOUREILLE DES MONTAGNES, fruit du *malpighia crassiflora*.

C'est une baie sphéroïde de couleur verdâtre, renfermant trois noyaux ou nucules anguleux et à surface rugueuse, renfermant chacun une amande.

Ce fruit est, comme les précédents, astringent et âpre, mais à un degré encore plus prononcé et tellement, qu'avant sa maturité sa saveur est légèrement stiptique.

MOUREILLE PIQUANT, cerise de Courwith; fruit du *malpighia urens*.

Il s'offre sous la forme d'une baie globuleuse à trois côtes ou saillies longitudinales; son volume égale celui d'une cerise, sa couleur rouge augmente encore l'analogie; il renferme trois semences ou nucu'es ovales, aiguës, convexes et anguleuses d'un côté seulement.

Les baies du moureiller piquant, composées principalement de mucoso-sucré, de tannin et d'acide gallique, sont éminemment astringentes, aussi doit-on se garder d'en faire un usage abusif, surtout avant qu'elles aient atteint leur plus haut degré de maturité; les indigènes sont dans l'usage, pour y suppléer, de les soumettre à la coction ; ils en préparent, au moyen du sucre, une sorte de conserve.

Suivant l'auteur de la Flore des Antilles, « la nature prévoyante semble avoir donné ces baies pour arrêter les flux diarrhéiques que l'abus des fruits laxatifs, tels que les pastèques, les melons, les figues, les raisins, rend si fréquents aux colonies.

Sans affecter un scepticisme qui n'est pas dans nos principes, nous croyons néanmoins devoir combattre l'opinion de cet auteur, opinion qui, nous devons le dire, est partagée par beaucoup d'autres, mais qui n'en est pas moins fausse. C'est, en effet, une idée plus ingénieuse que juste que celle qui fait regarder les fruits comme nous étant donnés par la nature pour satisfaire nos appétits et nos besoins. Celle-ci n'a qu'un but (1), c'est celui de créer et de pourvoir à la conservation de l'espèce par la multiplication. Chaque individu a ses conditions d'existence à remplir ; il ne dépend pas des autres, et les autres ne dépendent pas de lui ; elle a donné aux uns l'irritabilité qu'on pourrait appeler instinctive, aux autres l'instinct proprement dit ; à l'homme enfin l'intelligence. Chacun d'eux, mû par une sorte d'appétit qui est aux êtres organisés ce que l'affinité est aux êtres inorganiques, s'approprie ce qui peut concourir le plus efficacement à l'entretien de son existence. Parmi les nombreux exemples que nous pourrions citer, ne voit-on pas les racines des lichens, ces végétaux d'une inertie presque complète, perforer des roches granitiques ; certaines plantes très délicates chercher les sucs nourriciers qui concourent à leur développement, en franchissant des obstacles qui paraissent insurmontables.

Si l'opinion émise par M. Descourtils était vraie, cette prévoyance de la nature

serait souvent en défaut ; car on trouve malheureusement trop souvent des poisons là où des fruits alibiles seraient un bienfait. L'aloès épineux est plus commun dans les déserts sablonneux de l'Égypte que le rafraîchissant mélocacte : et d'ailleurs les fruits sauvages, généralement si âpres et si peu savoureux, peuvent-ils être comparés à ceux cultivés ? La nature, en nous offrant des obstacles à surmonter, a été plus sage ; elle a voulu que nous ne dussions qu'à nos soins les jouissances plus vives que nous nous procurons par la culture.

Il serait vraiment peu philosophique, et conséquemment peu rationnel, de croire que les deux tiers du globe ont été créés pour les poissons, les bois et les forêts pour les bêtes fauves, et nos trop vastes bruyères pour les lièvres et les lapins.

SAVONNIER, fruit de l'arbre à savonnette, *sapindus saponaria*, L. ; famille des Sapindées, J.

Ce fruit est globuleux, son volume surpasse rarement celui d'une cerise ; il renferme sous son écorce, qui est de couleur roux jaunâtre, une pulpe visqueuse d'une saveur un peu amère ; le noyau est très adhérent à la chair, il est placé au sommet du fruit et semble s'en échapper, l'amande qu'il renferme est huileuse.

L'abondance de principe mucilagineux que renferme ce fruit lui a fait donner le nom de *cerise gommeuse*. Il suffit, en effet, de le faire bouillir avec de l'eau pour développer une grande quantité d'une mousse savonneuse très propre à blanchir et que l'on a mise à profit pour nettoyer le linge et même pour l'usage de la toilette ; il fournit, par l'acte de la mastication, une mucosité qui entretient la bouche dans un grand état de fraîcheur et qui supplée ainsi au défaut de sécrétion des glandes salivaires. Toutes les parties de la plante jouissent de cette propriété ; aussi est-on dans l'usage aux colonies de se servir d'espèces de cure dents faits avec la partie ligneuse du tronc ou des racines.

La graine est d'une belle couleur noire,

---

(1) Ce but, qui semble reculer à mesure que nos connaissances s'étendent, est cependant immuable ; l'horizon intellectuel ne s'agrandit pas plus, en effet, par le développement des facultés, que l'horizon physique ou terrestre par la puissance des verres d'optique ; ils préexistent tous deux, et nos efforts tendent seulement à les mieux apprécier.

elle n'est guère employée qu'à faire des objets d'ornement, tels que des colliers, des boucles d'oreilles ou des bracelets; cependant on pourrait extraire l'huile qu'elle contient et l'employer à certains usages économiques.

Le suc ou jus que fournit la pulpe de la cerise gommeuse, indépendamment de la *saponine*, contient une proportion assez notable de tannin pour jouir de la propriété astringente à un haut degré, aussi l'administre-t-on soit pure, soit étendue sous forme d'injection dans les hémorragies utérines; il suffirait, comme on voit, pour en faire de l'encre, d'augmenter encore l'intensité de sa couleur par l'addition d'un sel de fer, le sulfate de ce métal par exemple.

On en connaît d'autres espèces qui sont: le savonnier ou laurier du Sénégal; son fruit, nommé vulgairement *cerise du Sénégal*, a des propriétés presque identiques avec le précédent, cependant les nègres croient l'amande vénéneuse et se gardent bien d'en faire usage; le *savonnier comestible*, assez commun au Brésil, où ses fruits sont très recherchés et notamment des habitants du Certao.

MAPOU blanc, fruit du malacoxylon, *mapouria guianensis*, L.; famille des Sarmentacées, J.

C'est une baie de forme ovoïde, d'abord verte, mais passant ensuite au jaune; son volume et sa forme sont comparables à ceux d'un grain de verjus. Ce fruit offre par sa position une singularité bien remarquable : au lieu d'être placé sur sa base dans le calice, il est toujours couché, de sorte que l'ombilic se trouve placé de côté, au lieu d'être au sommet; sa chair est gélatineuse, d'une saveur douceâtre quoiqu'un peu acide, elle enveloppe un noyau blanc et rugueux de forme oblongue, qui lui-même renferme une substance pulpeuse d'un goût assez agréable.

Ce fruit, originaire de l'Ile-de-France, n'est guère recherché que par les enfants, à cause de sa saveur douce-aigrelette. L'analyse chimique du mapou n'ayant pu être faite attendu sa rareté, on s'est borné à y constater, par les réactifs, la présence du tannin et de l'acide gallique.

AZEROLE, fruit de l'azerolier, *mespilus azarolus*, L.; famille des Rosacées, J.

Il est globuleux, légèrement piriforme, charnu; sa peau est de couleur rouge cerise, il est surmonté ou couronné par les dents du calice, qui sont persistantes; sa chair est molle, elle enveloppe cinq osselets biloculaires à loges dispermes, mais souvent uniloculaires et monospermes par avortement; chaque osselet renferme une amande blanche, émulsive.

Dans les climats chauds, ce fruit atteint un volume assez considérable, toujours moindre cependant que celui des nèfles, il mûrit mieux, ce qui le fait rechercher, bien qu'il conserve cependant un degré d'acidité et d'âpreté assez prononcé. En Italie, en Provence, où le principe sucré se développe, comme on sait, plus facilement, on en obtient par la fermentation une liqueur alcoolique qui flatterait peu des palais délicats, mais qui n'est pas sans utilité comme boisson économique. Unie au sucre, l'azerole entre dans la composition de certaines pâtisseries; on en fait des confitures et des conserves assez estimées, dont on fait un utile usage dans les cas de diarrhées.

AZEROLE ÉCARLATE, *cratægus coccinea*.

Ce fruit, comme le précédent, atteint généralement le volume d'une cerise; d'abord vert, il passe au rouge écarlate, mais l'éclat de cette couleur est affaibli par une légère couche de poussière glauque; l'œil ou ombilic est ouvert en étoile, la chair est jaune, assez succulente, très acide. Il faut que la température soit assez élevée et l'exposition très favorable, pour que la maturation développe, dans l'azerole écarlate, une proportion suffisante de principe sucré pour la rendre douce; elle est, en effet, le plus ordinairement acidule et âpre.

AZEROLE A FEUILLE DE TANAISIE, *cratægus tanacetifolia*.

Ce fruit, qui a la forme d'une petite pomme, comme tous ceux de la même espèce, est de couleur jaune, déprimé à la base et au sommet; sa chair est de couleur jaune pâle, sa saveur est âpre, acide et un peu amère, elle renferme de trois à cinq osselets convexes. Il atteint sa maturité vers la fin de septembre, elle est cependant rarement complète et s'effectue comme celle des nèfles, par une sorte de blossissement.

AZEROLE A FEUILLES DE POIRIER, *cratægus pirifolia*.

On en distingue deux sous-variétés, l'une à fruit rouge de feu, l'autre à fruit jaune. Ces fruits n'affectent pas toujours la même forme, on en voit d'ovales et d'autres figurés en poires; bien que leur couleur varie, ils sont toujours tachés de points fauves inégaux. Ils renferment trois ou cinq osselets, dont les amandes sont souvent avortées; dans ce cas, la cavité intérieure est presque entièrement remplie par la substance même du noyau.

Les variétés d'azeroles sont, comme on voit, peu intéressantes et d'une faible utilité dans l'économie domestique. Nous ne doutons pas cependant que la greffe ou la fécondation croisée, entre espèces analogues, ne soient de nature à produire, si on les tentait, des résultats satisfaisants.

ALIZÉ, fruit de l'alizier, *cratægus*, L.; famille des Rosacées, J.

Ce fruit se rapproche singulièrement, par sa forme et son volume, de celui de l'azerolier, et de la nèfle par la couleur de son épicarpe ou peau et de sa chair, qui est ferme et cassante, d'une saveur âpre et très acerbe. Les oiseaux et certains quadrupèdes en sont très friands.

Les principales variétés d'alizier sont : l'alizier blanc ou à feuilles blanches, *cratægus aria* : ses fruits sont ovales, d'une belle couleur rouge; l'alizier de Fontainebleau, *cratægus latifolia* : il a beaucoup

d'analogie avec le précédent, mais ses fruits sont généralement plus gros; l'alizier à longues feuilles, *alouche de Bourgogne*, *cratægus longifolia* : ses fruits atteignent la grosseur du pouce, leur forme rappelle celle d'une petite poire; bien que d'une saveur âpre et acidule, ils acquièrent, par le blossissement, un goût assez suave; soumis à la fermentation, ils servent à préparer une boisson économique analogue au cidre et au poiré.

AUBÉPINE ou épine blanche, fruit du *cratægus oxyacantha*, L.; fam. des Rosacées, J.

Ce fruit, vulgairement connu sous le nom de *senelle* ou *sennelle*, s'offre sous la forme d'une baie ovoïde dont le diamètre dépasse rarement trois à quatre lignes; il se colore en rouge lors de la maturité et est tellement persistant, qu'il sert, pendant tout l'hiver, de nourriture aux oiseaux, qui en sont, en général, fort avides. On en fait peu de cas; mais cependant, bien qu'il contienne peu de principe sucré, on peut, en l'associant à d'autres fruits du même genre et surtout aux pommes, lorsqu'elles sont rares, obtenir une boisson alcoolique d'autant plus précieuse que les autres boissons économiques sont plus rares.

BUISSON ARDENT, fruit ou baie du *mespilus pyracantha*, L.; famille des Rosacées, J.

Il s'offre sous la forme de petites baies de couleur rouge de feu; leur saveur est acerbe et astrictive, elles contiennent encore moins de principe sucré que les précédentes, partant peu usitées et abandonnées aux oiseaux, qui en sont d'autant plus avides que les autres substances alimentaires dont ils se nourrissent sont alors plus rares.

L'azerolier, l'alizier, l'aubépine et le buisson ardent sont plutôt cultivés pour la beauté de leurs fleurs, qui font l'ornement printanier des champs et des jardins, que pour l'utilité de leurs fruits.

PRUNE ÉPINEUSE, prunelle, fruit du *prunus spinosa*, L. (*acacia nostras*) ; famille des Rosacées, J.

C'est une drupe globuleuse de la grosseur d'une cerise, renfermant un noyau ovale comprimé et très rugueux ; celui-ci contient une amande oblongue d'une saveur amère, on en extrait par la pression une huile fixe qui pourrait trouver d'utiles applications dans les arts.

Cette espèce de prune sauvage est très commune dans les haies et dans les bois ; elle est, comme tous les fruits acidules, très recherchée des enfants ; on en prépare en Russie, par la fermentation et la distillation, une liqueur alcoolique, qui est d'autant meilleure que ce fruit a été soumis à une température plus basse, celle des fortes gelées, par exemple ; elles ont pour effet de lui faire perdre une partie de sa stipticité. Devenue plus douce, la prune épineuse passe plus facilement à la fermentation et forme ainsi une boisson économique, comparable au cidre, au poiré et surtout au cormé, et dont les malheureux font grand usage, attendu la modicité de son prix.

C'est avec le suc du prunier épineux qu'on prépare en Allemagne le suc épaissi connu sous le nom d'*acacia nostras*. On le trouve, dans le commerce, renfermé dans des vessies ; il est en général rouge, brun ou noir, suivant qu'il a été préparé avec plus ou moins de soin ; il est dur lorsqu'il a été anciennement extrait. Il est peu soluble dans l'eau et dans l'alcool. Bien qu'on n'en ait pas fait l'analyse, on sait cependant qu'il contient beaucoup de tannin et d'albumine ; il abandonne ces principes par l'ébullition dans l'eau et perd une partie de ses propriétés et notamment sa propriété astringente. Il servait autrefois à falsifier le suc d'*acacia vrai ;* mais l'usage de ce dernier étant tombé en désuétude, l'un et l'autre sont devenus fort rares.

ACACIA VRAI, acacia d'Égypte, fruit ou gousse de l'*acacia vera*, L. ; famille des Légumineuses, J.

Ce fruit ou légume s'offre sous la forme de gousses à subdivisions en chapelet, renfermant chacune une semence ronde comprimée, de couleur brune et à surface luisante.

C'est avec ces gousses, cueillies un peu avant leur maturité, qu'on préparait autrefois le suc si vanté par Hippocrate et Dioscoride et connu sous le nom de *suc d'acacia vera*. On l'obtient en les pilant avec un peu d'eau, exprimant et laissant épaissir au soleil jusqu'à consistance d'extrait ; on introduit alors dans des vessies et on livre au commerce ; il est, comme nous l'avons dit plus haut, souvent sophistiqué et on lui substitue l'*acacia nostras*.

On le trouve dans le commerce en pains arrondis, du poids d'environ 4 à 5 onces; sa fracture est de couleur rouge brun ou noirâtre, suivant que le fruit était plus ou moins mûr ou qu'on a mis plus ou moins de soin à le préparer; sa saveur, d'abord douceâtre, devient bientôt âpre et astrictive; il est presque entièrement soluble dans l'eau, et composé principalement d'un acide libre de tannin, de mucilage et d'un sel à base calcaire ; on l'administre avec succès comme astringent contre la dyssenterie chronique, les hémorragies et autres flux trop abondants.

ARBOUSE ou ARBOUSSE, fruit de l'arbousier, *arbutus unedo*, L. (fraisier en arbre); famille des Éricinées, J.

Ce fruit s'offre sous la forme d'une baie (1) sphéroïde ; sa surface est plus ou

(1) Les cloisons des loges étant très peu résistantes cèdent pendant l'acte de la maturité et permettent aux graines, qui sont, d'ailleurs très petites, de se répandre dans la pulpe. Cette circonstance, qui a fait ranger ce fruit parmi les baies, a été remarquée par MM. Poiteau et Turpin, auxquels on doit un très grand nombre d'observations du même genre.

moins tuberculeuse ; son volume égale celui d'une cerise ; sa couleur, d'abord rouge, passe bientôt au noir; sa saveur est aigrelette, mais elle s'adoucit par l'extrême maturité, qui ne s'effectue que dans des circonstances très favorables; on ne devrait en faire usage que lorsqu'il a atteint cette dernière période de son existence, et cependant l'aspect qu'il offre, par sa riche couleur qui se détache sur des feuilles toujours vertes, fixe trop vivement l'attention des enfants pour ne pas les séduire; il importe d'éviter toutefois qu'ils n'en fassent un usage abusif, car surchargeant l'estomac sans profit il peut déterminer l'indigestion.

L'arbousier était connu des anciens ; il devait, si l'on en croit Pline, le nom d'*unedo* à l'usage où l'on était de le manger un à un; nous donnons cette étymologie, qui nous paraît peu spécieuse, pour ce qu'elle vaut.

L'arbouse, comme plusieurs autres fruits du même genre, la nèfle l'azerole, l'alize, etc., peut acquérir par la culture et l'influence du climat des qualités que notre climat tempéré leur refuse.

M. Prechts, agronome viennois, MM. Armesto, Mojon et Picconi ont signalé dans le fruit de l'arbousier, la présence d'une quantité assez notable de principe sucré pour qu'il soit possible d'en obtenir par la fermentation une liqueur alcoolique assez agréable et qui pourrait trouver d'utiles applications dans l'économie domestique : le procédé consiste à recueillir le fruit lorsqu'il commence à devenir mou et qu'il se détache facilement ; on l'introduit dans des tonneaux placés dans des circonstances favorables à la fermentation ; comme le fruit est par lui-même assez peu succulent, on l'écrase et on ajoute un peu d'eau, on brasse ce mélange deux fois par jour pour empêcher le marc qui surmonte la masse de prendre un goût aigre; lorsque la fermentation est en activité, on soutire une partie du liquide et on le verse de nouveau sur la masse , pour rendre la fermentation plus uniforme. On soutire enfin la totalité de la liqueur vi-

neuse, que l'on soumet promptement à la distillation; on obtient, dit-on, le quart du volume en eau de vie à 80.Cette proportion nous semble bien forte, mais il est vrai de dire que ce genre d'expérience n'a encore été tenté que dans le midi de la France.

Bien que cette eau-de-vie ne soit pas aussi suave que celle que produit le raisin, elle peut trouver d'utiles applications dans les usages économiques et industriels.

BUSSEROLE, fruit de l'arbousier, raisin d'ours, *arbutus uva ursi*, L.; famille des Éricinées, J.

Ce fruit, qui n'est guère qu'une variété du précédent, se distingue par sa belle couleur rouge et sa saveur âpre et astringente ; il est comestible; la proportion très grande de tannin qu'il contient fait qu'on peut, ainsi que les feuilles de l'arbrisseau qui le fournit, l'employer avec avantage dans l'art du tannage, principalement pour la préparation des peaux délicates.

On l'employait autrefois en médecine comme diurétique et apéritif, mais son usage est tombé en désuétude, les feuilles seules sont restées dans la matière médicale.

CORME ou SORBE, fruit du cormier ou sorbier domestique; *sorbus domestica*, L.; famille des Rosacées, J.

Il est turbiné et ressemble à une petite poire; il prend lors de la maturité une couleur rouge vif, tirant sur l'aurore; sa chair, d'abord ferme, mollit par le blossissement; elle est divisée en deux ou cinq loges, qui contiennent chacune une sorte de pepin osseux; la saveur de ce fruit rappelle celle de la nèfle, elle est assez agréable lorsqu'il est mûr ou blossi; avant cette époque, il est âpre et acidule. Cependant, sous un climat favorable, il acquiert des qualités qui le font rechercher et manger avec assez de plaisir, surtout lorsque son blossissement a été effectué avec soin. Les animaux tels que les bœufs, les vaches et les moutons le mangent avec avidité; si on ne garantit pas les haies qui sont formées de l'arbrisseau qui le fournit de leurs atteintes, on n'a pas besoin de s'occuper de la récolte; cette circonstance n'est pas sans inconvénient dans les contrées où les boissons économiques sont rares.

On peut en effet, en plaçant les cormes dans des circonstances favorables à la fermentation, obtenir une boisson analogue au cidre et au poiré et vulgairement connue sous le nom de *cormé*. Sa fabrication est simple; elle consiste à prendre le fruit avant qu'il soit passé au blossissement, à l'écraser au moyen d'une meule en l'arrosant d'un peu d'eau pour faciliter l'écoulement du suc ou jus; le liquide qui en résulte, mis à fermenter, conserve de l'âpreté; mais on peut en diminuer l'intensité par l'addition, avant la fermentation, de sucre ou de miel commun. Le cormé se conserve moins bien que le cidre et le poiré.

On prépare encore une sorte de piquette de corme, en mettant ce fruit sans l'écraser dans un tonneau, versant de l'eau de manière à submerger la masse, puis laissant fermenter; lorsque la liqueur est potable, on la soutire à mesure des besoins, et on remplace chaque soutirage par une quantité égale d'eau, ainsi qu'on le fait pour la piquette de raisin et de pomme. La Bretagne et surtout la Provence étant très favorables à la culture du cormier, c'est surtout dans ces pays qu'on met à profit ce genre d'opération; en Allemagne, on en extrait, par la fermentation et la distillation, une liqueur alcoolique assez estimée, plus ou moins capiteuse, suivant le degré qu'on lui donne.

On a, dans ces derniers temps, proposé l'emploi des cormes pour clarifier et dégraisser les vins et notamment les vins blancs; à cet effet, on écrase les fruits, soit à la meule, soit au mortier, et on les mêle au vin dans la proportion de quatre livres par pièce; on abandonne ensuite pendant une quinzaine de jours, puis on soutire sans avoir recours à d'autre clarification.

C'est à l'abondance du tannin que contiennent les cormes, qu'elles doivent cette propriété vraiment remarquable.

SORBE des oiseaux, fruit du sorbier des oiseaux, *sorbus aucuparia*, L.; famille des Rosacées, J.

Il affecte une forme globuleuse; son volume est généralement moindre que celui du précédent; sa couleur, d'abord verte, passe au rouge vif, puis enfin au jaune orangé lors de sa maturité; sa saveur est âpre et styptique; il n'est guère recherché que par les oiseaux, qui en général en sont si friands, qu'il doit à cette circonstance la dénomination qui le distingue: quelques ménagères en nourrissent ceux de basse-cour, et il communique à leur chair une grande suavité.

Du reste, il n'est guère employé que dans les laboratoires de chimie pour l'extraction de l'acide sorbique, qui y existe abondamment; cet acide, identique avec l'acide malique, comme l'a prouvé M. Houton-Labillardière, n'étant employé ni dans l'économie domestique, ni dans les arts, ni même en médecine, nous n'indiquerons pas le procédé d'extraction qu'on emploie pour l'obtenir, nous ferons seulement connaître ses caractères qui sont d'être liquide, d'un brun rougeâtre, de devenir visqueux par l'évaporation, de prendre l'aspect d'un vernis par l'exposition à l'air lorsqu'il est étendu en couche mince, d'être soluble dans l'eau et susceptible de se convertir en acide oxalique lorsqu'on le traite par l'acide nitrique.

Les druides se couronnaient jadis avec des branches de sorbier chargées de fruits; on en répand encore de nos jours sur les tombeaux, en Suisse principalement.

Il sert d'appât aux oiseliers et peut être employé pour certains apprêts de peaux dans l'art du tanneur.

On connaît deux autres variétés de sorbier, celui d'Amérique, *sorbus americana*, et le sorbier de Laponie ou hybride, *sorbus hybrida*. Leurs fruits sont comestibles.

ARGOUSE, fruit de l'argousier, *hippophae rhamnoïdes* ; famille des Éléagnées, J.

Il s'offre sous la forme d'une baie sphéroïde uniloculaire, recouverte par le calice qui devient péricarpoïde et charnu ; sa pulpe est âpre et acidule, elle enveloppe une graine ou nucule de forme ovale, l'amande est douce et huileuse.

Ce fruit, dont la couleur rouge assez intense rend l'aspect assez séduisant, a été regardé longtemps comme vénéneux ; mais l'aventure arrivée à Jean-Jacques Rousseau, et qu'il rapporte dans ses mémoires intitulés *Rêveries d'un promeneur*, prouverait suffisamment, si l'analyse de ce fruit ne le confirmait, qu'il est très innocent. Les enfants le recherchent avec avidité, et les grandes personnes le mangent avec plaisir. En Laponie, on en fait une sorte de rob qui sert, à l'instar de notre pulpe de tomate, d'assaisonnement à la viande et au poisson.

Les moutons et d'autres animaux herbivores mangent ces baies sans en éprouver d'accidents, bien qu'elles contiennent une proportion très notable d'acide malique ; elles sont employées dans certaines opérations délicates de teinture.

MICOCOULE, fruit du micocoulier, *celtis australis*, L. ; famille des Amentacées, J.

Il s'offre sous la forme d'une petite drupe de la grosseur d'un pois ; la pulpe est ferme, acidule et âpre ; elle enveloppe un osselet formé d'un têt et d'une amande douce et émulsive.

Le micocoulier est originaire du Midi de l'Europe ; il croît en Provence ; son fruit, lorsqu'il atteint son maximum de maturité, perd beaucoup de son âpreté, et n'est pas désagréable ; l'amande qu'il contient fournit par la pression une huile douce dont le goût rappelle celui de l'olive, et qui est surtout très propre à l'éclairage, attendu qu'elle produit une flamme blanche et vive.

BAIE DE BUFFLE ou de lapin, fruit de l'hippophaé à feuilles d'argent, *shepherdia vel hippophae argentea* ; famille des Éléagnées, J.

Ces baies sont de forme ovoïde, recouvertes par le tube du calice, qui devient charnu comme dans le fruit du micocoulier ; les graines ou osselets présentent aussi de l'analogie ; ce fruit, d'une belle couleur écarlate, a le volume de la groseille d'Anvers ; il a une odeur assez suave, mais sa saveur est âpre et acidule ; il se détache en grappes élégantes sur des rameaux flexibles et présente ainsi l'aspect le plus séduisant.

Le shepherdier, ainsi dénommé en l'honneur de M. Shepherd, directeur du jardin botanique de Liverpool, mérite d'être propagé dans les jardins d'agrément. Il est originaire des bords du Missouri. «La beauté de son feuillage, dit M. Russel, agronome américain, l'élégance de son fruit et toute son habitude le rendent dignes de fixer l'attention des horticulteurs européens. »

BAIE DE CHALEF, ou olivier de Bohême, fruit de *l'elæagnus angustifolia*, L. ; fam. des Éléagnées, J.

Ce fruit est de forme ovoïde, couvert d'écailles sèches et micacées ; son volume égale celui d'une petite groseille ; sa chair est peu abondante et peu aqueuse, d'une saveur âpre ; elle environne un noyau ou nucule strié, qui lui-même renferme une amande assez douce et émulsive.

Bien que ce fruit, par son âpreté et son astringence, flatte assez peu le goût, on le mange néanmoins ; il est comestible en Perse et dans quelques parties du Levant.

L'olivier de Bohême a beaucoup d'analogie avec le shepherdier argenté ; on le cultive maintenant en France, principalement dans les jardins d'agrément, dont il fait l'ornement par ses feuilles d'un blanc d'argent, dont l'opposition produit l'effet le plus heureux avec le vert foncé des autres arbustes, surtout lorsqu'on a eu le soin d'en provoquer l'effet par un bon choix.

CHAPITRE DIXIÈME.

CINQUIÈME CLASSE.

FRUITS ACIDES.

Ces fruits, attendu la grande proportion de principe acide qu'ils contiennent, sont généralement peu recherchés comme substances alimentaires proprement dites; l'absence presque totale de principe sucré les rend d'ailleurs peu nourrissants; le suc d'un assez grand nombre est employé comme condiment et sert à relever la saveur de certaines substances alimentaires fades et peu sapides. Ils sont, en général, rafraîchissants et antiputrides; on les emploie avec avantage, soit en boissons, soit confits, pour combattre les maladies inflammatoires; ils entrent, en général, dans le régime diététique des marins et sont, sous ce rapport, d'un usage très approprié. Plusieurs de ces fruits fournissent aux arts des principes; tantôt, en effet, ils leur empruntent leur acidité (teinture), tantôt leur odeur (parfumerie), car la plupart sont à la fois acides et aromatiques. L'absence de principe sucré, cet élément si puissant de la fermentation, rend leur conservation assez facile.

Sommaire. *Citrons, limons, limes, bergamotes, cédrats, bigarades, sandoric, verjus, tamarin, borbone, sumac, cerise de Sibérie, jambolin, carambole, tomate, ambelane, viorne, mélastome, péreskie, épine-vinette, airelle-myrtille, canneberge.*

CITRON ou **LIMON**, fruit du citronnier ou limonier, *citrus me-
dica*, L.; fam. des Hespéridées, J.

Le citron ou mieux le limon (1), car
c'est à tort que l'on donne ce nom, à Paris
et aux environs, au fruit du limonier,
s'offre sous la forme d'une baie ovoïde
mamelonnée au sommet, revêtue d'une
écorce ou zeste vésiculeux de couleur
jaune citrine; au dessous de cette écorce
existe une substance parenchymateuse
blanche, amère, enveloppant une pulpe
succulente et mucilagineuse, divisée en
sept, onze et même dix-huit cloisons ou
loges, suivant les variétés; celles-ci renferment chacune deux semences blanches
et luisantes, d'une amertume extrême.

Le citronnier ou limonier est originaire
de la Médie; les anciens le faisaient entrer
dans la composition des parfums, et il
jouait, sous ce rapport, un grand rôle
dans les cérémonies religieuses. Presque
toutes les parties du fruit fournissent de
nos jours des produits utiles à la médecine, à l'économie domestique et aux arts.

Huile volatile essentielle ou *essence de
citron* ou *limon.*

L'écorce externe ou zeste de limon
renferme, dans les cellules vésiculeuses
qui composent sa substance, une huile
essentielle très suave dont on fait usage
pour aromatiser des liqueurs, des pommades et des eaux cosmétiques; elle entre, en outre, dans plusieurs préparations
pharmaceutiques, et notamment dans les
esprits aromatiques, tels que l'eau de Cologne, de mélisse. Mêlée à parties égales
d'essence de térébenthine, elle constitue
l'*essence vestimentale* ou *de Dupleix*, si
communément employée dans l'art du dé-
graisseur. Sa saveur est chaude et pénétrante, elle agit comme stimulant sur l'é-
conomie et jouit, en outre, des propriétés
des autres huiles essentielles. On peut

(1) Nous devons rectifier cette erreur, car il en résulte
une anomalie assez singulière, c'est qu'on nomme limonade une boisson faite avec le fruit du citronnier; la dénomination vulgaire *citron* est due à la couleur jaune
qu'affecte ce fruit; mais, comme ce caractère ne lui est
pas particulier, il convient de l'abandonner.

l'extraire par a voie de la distillation;
mais, comme dans cette opération elle acquiert une légère odeur d'empyreume, il
vaut mieux avoir recours à la simple expression. A cet effet, on comprime l'écorce
de citron devant un fragment de glace
incliné et on l'essuie avec une éponge très
fine qui ne doit servir qu'à cet usage; on
soumet ensuite celle-ci à la presse et on
réunit l'huile qu'elle recélait à celle qui
s'est écoulée le long de la glace. Ce procédé est beaucoup plus long, mais il fournit une huile d'une fragrance et d'une
suavité extrêmes. Bien qu'on en extraie en
France une quantité assez notable, comme
elle est insuffisante pour les besoins du commerce, on en importe encore de l'Italie et
du Portugal, elles sont même généralement
plus estimées; ce n'est pas qu'on apporte
plus de soin à leur extraction, au contraire la différence est due à l'influence
de climats plus chauds.

L'huile essentielle de limon, lorsqu'elle
est pure, est jaune, limpide; son odeur
rappelle très exactement celle du fruit,
elle est très volatile; sa pesanteur spécifique est 0,8470; elle se solidifie au dessous de 20° et laisse déposer des cristaux
blancs, acides, odorants, opaques, solubles
dans l'alcool et insolubles dans l'eau (stéa-
roptène); la partie qui reste fluide (éléop-
tène) se solidifie avec une difficulté extrême. L'huile essentielle de limon, dépourvue qu'elle est d'oxygène, doit être
considérée comme étant simplement un
carbone d'hydrogène.

Suc ou *jus de citron* ou *limon.*

Il sert à relever la saveur fade de certains
aliments; il s'associe, par exemple, très bien
avec ceux qui contiennent des principes
gélatineux, la volaille blanche, le poisson,
les huîtres, etc., et facilite leur digestion.
Du temps de Virgile, on lui attribuait la
propriété de neutraliser l'action des poisons. Ce poète l'a célébré dans les vers
suivants (Georg., liv. II):

« Vois les arbres du Mède et son orange amère,
« Qui, lorsque la marâtre au fils d'une autre mère
« Verse le noir poison d'un breuvage enchanté,
« Dans leur corps expirant rappelle la santé. »

Soit par tradition, soit autrement, on en a longtemps conseillé l'usage dans les empoisonnements par les narcotiques. Cependant, comme il a la propriété de dissoudre certains principes toxiques et de les rendre conséquemment plus énergiques, nous croyons qu'il convient de mettre beaucoup de réserve dans son emploi et de se défier surtout, d'une prétendue propriété neutralisante que quelques praticiens lui accordent encore. Le suc de citron est antiputride et rafraîchissant ; mêlé à un dixième d'eau-de-vie ou de rhum, il forme une boisson tempérante heureusement appropriée et d'un usage très fréquent dans les voyages maritimes et surtout ceux de long cours ; il préserve, en effet, avec assez de succès, les gens de mer des affections inhérentes à leur profession, le scorbut et les fièvres typhoïdes, par exemple.

Le suc de limon est employé dans les arts et particulièrement dans la teinture, comme *rongeant*, ou pour fixer ou aviver les couleurs, celle de carthame, par exemple. Le mode d'extraction consiste à partager d'abord l'écorce en deux, au moyen de deux incisions transversales, pour séparer la base et le sommet ; on en pratique trois ou quatre autres longitudinales, suivant le volume du fruit, de manière à mettre à nu la pulpe ou sarcocarpe ; on introduit celui-ci dans de grands cabas semblables à ceux dont on fait usage pour l'extraction de l'huile d'olive, et on porte à la presse. Le suc est reçu dans des jarres et introduit ensuite dans des tonneaux. Avant de placer la bonde, on verse un peu d'huile à la surface pour empêcher le contact de l'air et éviter l'altération qu'il provoquerait. Il est composé d'acide citrique, d'acide malique et d'une grande quantité de mucilage : on le débarrasse de ce dernier principe par la congélation, ou mieux encore par la clarification, qui s'effectue par l'addition de 10 pour 100 d'eau-de-vie, puis on filtre. Il n'est pas aussi facile d'en séparer l'acide malique, il diffère de l'acide citrique en ce qu'il ne cristallise pas, précipite l'argent, le

mercure et le plomb de leurs solutions et forme avec la chaux un sel soluble. La difficulté de conserver le suc de citron sans altération a engagé à en extraire l'acide citrique sous forme solide et à l'expédier ainsi des pays méridionaux, où son extraction est facile et abondante, dans ceux septentrionaux, où il est rare et très recherché. C'est ainsi qu'il est devenu un objet de commerce assez important dans les grandes villes. Les limonadiers en font une assez grande consommation pour préparer leurs boissons acidules, telles qu'orangeades, citronnades ou limonades. L'usage assez nouveau des limonades gazeuses augmente encore son importance comme produit chimique ; aussi a-t-on cherché à l'extraire de quelques fruits indigènes et principalement des groseilles.

Acide citrique.

Pour l'obtenir, on sature à chaud le suc de citron au moyen de la craie (carbonate de chaux), aussi pure que possible et par portions, pour éviter un trop grand dégagement d'acide carbonique, on brasse pour opérer le mélange et favoriser la saturation ; lorsque celle-ci est achevée, ce qui a lieu lorsqu'on a ajouté environ un sixième de craie, on laisse reposer, on décante ensuite la liqueur ; on lave avec soin le citrate de chaux insoluble qui s'est formé, et on le décompose par l'acide sulfurique, que l'on ajoute dans la proportion de neuf livres d'acide et trois livres d'eau sur dix livres de craie employée. Si on a fait le mélange d'acide sulfurique et d'eau au moment de l'opération, la chaleur qui en résulte facilite singulièrement la réaction. On remarque qu'à mesure que l'on ajoute les dernières portions d'acide, le mélange perd de sa consistance et devient de plus en plus liquide. On laisse de nouveau déposer, puis on décante, on filtre ensuite, et on fait évaporer jusqu'à ce qu'il se forme une pellicule à la surface du liquide ; ces opérations terminées, on porte à cristalliser dans un lieu approprié. L'acide cristallise en prismes rhomboïdaux ; mais, comme les cristaux sont un peu colorés, on procède à leur dissolution, à une seconde évaporation et à une seconde cristallisation.

Deux cents citrons donnent, terme moyen, quatre livres et demie de suc ou 2,500 gr., qui fournissent 125 gr. d'acide cristallisé.

L'acide citrique est maintenant préparé très en grand en Sicile, aux environs de Messine; il est employé en teinture non seulement pour obtenir et aviver le rouge de carthame, mais encore pour préparer la dissolution d'étain, qui produit, avec la cochenille, les plus belles teintes écarlates. Il est, comme le suc de citron, employé comme mordant par les fabricans d'indiennes; enfin, et cette propriété peu connue est très précieuse, il a aussi l'avantage de blanchir le suif et d'augmenter sa consistance.

Limonade.

Le suc de citron ou limon fait la base de la boisson connue vulgairement sous le nom de limonade et qu'il serait plus exact de nommer citronnade; sa préparation s'effectue soit à froid, soit à chaud, suivant les circonstances. Le premier mode consiste à prendre un ou deux citrons, et de préférence ceux qui viennent d'Italie ou de Portugal, à les couper en deux parties et dans le sens de leur largeur, à en exprimer le suc, soit avec la main, soit au moyen d'une sorte d'outil nommé *presse-citron*, et dans lequel on engage successivement chaque moitié; à recevoir le suc ou jus dans l'eau (un litre environ) sucrée et aromatisée au moyen d'un oléo-saccharum préalablement obtenu en frottant les citrons sur le sucre. Le second procédé consiste à séparer le zeste et le parenchyme blanc; on réserve le premier et on rejette l'autre à cause de son amertume extrême; on coupe ensuite la pulpe ou chair par tranches, ou la fait légèrement bouillir dans une quantité d'eau suffisante pour déterminer la rupture des cellules et favoriser la sortie du suc; on met infuser le zeste pendant que le liquide est encore chaud;

on passe et on sucre; cette boisson prend le nom de *limonade cuite*. On doit, dans certaines circonstances, lui donner la préférence sur l'autre, attendu qu'elle passe plus facilement et qu'elle est, en outre, légèrement laxative, surtout si on a ajouté le sucre pendant l'ébullition. On a, en effet, remarqué qu'il s'opérait, dans ce cas, une sorte de réaction de l'acide sur le sucre, réaction qui modifie sensiblement ses propriétés et le rapproche de la mélasse et du miel.

Les limonadiers font, en général, cette boisson rafraîchissante en faisant simplement dissoudre de l'acide citrique dans l'eau et aromatisant avec de l'esprit de citron ou d'orange, si c'est de l'orangeade; cette substitution, bien qu'assez innocente, n'est pas toujours sans inconvénients : en effet, comme, par suite de sa préparation et de sa cristallisation, l'acide citrique est isolé du principe mucilagineux qui l'accompagne dans le citron, son action sur les papilles nerveuses qui tapissent la paroi interne de l'estomac devenant trop vive, il en résulte un sentiment de pesanteur insupportable, et par suite l'indigestion; aussi ce genre de boisson ne réussit-il pas chez tous les individus, on dit vulgairement dans ce cas qu'il *ne passe pas*. Quoi qu'il en soit, comme il est facile de rendre à cette sorte de limonade toutes les propriétés de l'autre par l'addition d'une solution légère de gomme, nous allons indiquer les proportions les plus convenables pour préparer les limonades *sèche* et *gazeuse*, et dans lesquelles il joue un rôle important.

Limonade sèche.

On prend sucre réduit en poudre, 500 gr.; acide citrique également pulvérisé, 16 gr.; on effectue exactement le mélange, on l'aromatise avec quelques gouttes d'essence de citron et on conserve pour l'usage; 60 à 90 grammes de cette poudre suffisent pour sucrer et aciduler agréablement un litre d'eau.

Limonade gazeuse.

Depuis quelques années, on répand dans

le commerce une limonade gazeuse qui se fabrique en grand, soit en saturant une solution d'acide citrique comme on le pratique pour les eaux minérales factices, soit par la voie des réactions. On peut aussi la préparer instantanément : à cet effet, on prend, acide citrique, 8 grammes ; bicarbonate de soude, 8 grammes ; sucre aromatisé avec essence de citron ou limon, 64 grammes ; on mêle et on conserve ; une cuillerée dans un verre d'eau suffit pour produire une boisson agréable et rafraîchissante. Cette préparation est analogue à celle plus anciennement connue sous le nom de *potion antivomitive de Rivière*.

Sirop de limon.

Pour le préparer, on prend : de suc de ce fruit récemment exprimé et dépuré, une partie ; sucre très blanc, deux parties ; on fait fondre le sucre, après l'avoir concassé, dans le suc de limon à une chaleur d'environ 40o seulement ; on passe ensuite à travers une étamine, on laisse refroidir et on renferme dans des bouteilles bien sèches. Ce sirop est très rafraîchissant, et son usage est approprié dans les maladies inflammatoires. Pour le rendre plus aromatique, on frotte le zeste d'un limon sur une partie du sucre, et pour le clarifier lorsqu'il est louche, on ajoute une cuillerée de lait pendant la cuisson ; ce dernier, en se coagulant, entraîne le mucilage surabondant.

Conserve d'écorce de citron ou *limon*.

L'écorce de citron confite forme une confiture sèche qui figure avec avantage dans les desserts. Le mode de préparation consiste à prendre un ou plusieurs citrons, à en enlever l'écorce, comme nous l'avons indiqué, pour l'extraction du suc ; puis, après avoir placé les diverses sections de manière que le parenchyme blanc soit dessus, on exprime la pulpe afin de l'en empreindre ; on laisse macérer pendant quelques heures, on égoutte ensuite et on plonge dans un sirop convenablement cuit ; on répète cette opération plusieurs fois, puis on place à l'étuve pour opérer, par la dessiccation, la concrétion ou la cristallisation du sucre, suivant que l'opération a été plus ou moins bien conduite.

Cette conserve, en raison du principe amer qu'elle contient, est tonique et vermifuge ; elle entre avec avantage dans le régime diététique des enfants.

ESPÈCES ET VARIÉTÉS.

Citron pamplemousse schaddeck, fruit du *citrus decumana*.

« L'arbre qui fournit cette espèce n'est pas assez connu, dit Duhamel, pour pouvoir décider si nous eussions dû placer son fruit parmi les oranges ou les limons. Les auteurs ne sont pas d'accord sur l'application de l'épithète *decumana* qu'ils donnent à une espèce du genre citronnier. Les uns l'appliquent au fruit désigné sous le nom de *pomme d'Adam*; d'autres le désignent par le nom de *Schaddeck*, du nom du capitaine qui, suivant Plukenet, fut le premier qui l'apporta des grandes Indes en Amérique. Rumphius, dans son herbier d'Amboine, l'appelle *lemon decumanus*. Ferrarius le désigne sous le nom d'*aurantium maximum*. Volancrius paraît avoir adopté le nom de pamplemousse, que les Belges donnent au fruit appelé *thoe* par les Chinois et *jamboa* par les Portugais. »

Quoi qu'il en soit de cette dissertation, la description qu'ont donnée de ce fruit MM. Poiteau et Turpin nous paraissant plus rigoureuse que celle de Duhamel, nous la leur empruntons :

« La pamplemousse ordinaire, » disent ces auteurs, « est très arrondie, un peu plus allongée cependant du côté de la queue que du côté du sommet, où l'on remarque un léger enfoncement et une tache rousse. Son diamètre varie de trois à cinq pouces ; sa surface est unie, finement et régulièrement chagrinée par de nombreuses vésicules saillantes ; sa couleur est jaune verdâtre, plus pâle encore que celle des citrons ; la peau est très épaisse, blanche et légèrement lavée de rose, sèche et sans saveur ; l'intérieur du fruit est divisé en seize petites loges remplies d'une pulpe vésiculeuse verdâtre, assez sèche et un peu acidulée ; toutes les graines avortent.

Ce fruit est environ dix-huit mois à mûrir; on ne le cultive à Paris que pour sa beauté. »

Les pamplemousses atteignent, à Saint-Domingue et à la Guadeloupe, un volume encore beaucoup plus considérable, car elles égalent souvent celui de la tête d'un enfant; mais elles y forment, comme en France, un objet de curiosité seulement, car la pulpe n'est en grande partie formée que d'un parenchyme blanc presque insipide.

Les pamplemousses semblent participer de l'orange ou du citron, suivant qu'elles sont cultivées dans le Midi ou dans le Nord.

CITRON (1) HÉRISSON, *citrus histrix*.

Ce fruit est d'un volume très médiocre; sa forme rappelle celle d'une poire; son écorce est épaisse, elle offre à sa surface des tubercules ou protubérances assez saillantes et partant des cavités assez profondes. La chair est douce, son arôme est très suave; les pepins sont petits et comme suspendus dans la pulpe.

Le *citrus histrix* est cultivé à l'Ile-de-France; on en fait des haies, qui sont d'assez bonne défense; les fruits servent à faire des confitures très estimées des indigènes.

CITRON TRIFOLIÉ; *citrus trifoliata.* Ce fruit ressemble à une orange, tant pour la forme que pour la couleur; sa pulpe est divisée en sept loges, qui renferment, indépendamment de quelques semences assez rares, une pulpe mucilagineuse que l'absence presque totale de principe acide rend très peu savoureuse.

L'arbuste qui fournit cette espèce croît naturellement au Japon; il sert, comme le précédent, à faire des haies vives, qui sont impénétrables, attendu leur épaisseur et les épines qui les garnissent.

CITRON PERLÉ, *citrus margarita.* Il s'offre sous la forme d'une baie, ovale-oblongue, d'un jaune rougeâtre, longue d'environ 7 à 8 lignes seulement, divisée longitudinalement en cinq loges; elle renferme,

(1) Bien que nous ayons fait remarquer l'identité qui existe entre les citrons et les limons, nous n'en conserverons pas moins dans l'histoire des espèces et des variétés les dénominations consacrées par l'usage.

sous une écorce très mince, une pulpe douce assez agréable. Cette espèce est assez commune en Chine et surtout aux environs de Canton.

CITRON ANGULEUX, *citrus angulata.* Cette espèce n'atteint ordinairement qu'un volume très médiocre; elle est déprimée sur les côtés et anguleuse; elle reste longtemps verte et prend une légère teinte jaune à l'époque de la maturité seulement; son écorce est très mince, elle enveloppe une pulpe visqueuse fade et d'une saveur assez désagréable; elle croît à Amboine et principalement dans les lieux marécageux.

CITRON D'ORFÈVRE, *citrus auraria.* Il est gros à peu près comme une cerise, mamelonné, jaunâtre, recouvert d'une pellicule mince dont l'arôme est particulier; sa pulpe est composée d'un parenchyme amer et d'un suc abondant très acide.

Ce fruit est appelé *aurarius* à Amboine, parce que les orfèvres se servent de son suc pour nettoyer les ouvrages d'or.

CITRON VENTRU, *citrus ventricosa.* Son écorce est très odorante, presque complétement verte, nuancée cependant d'une légère teinte jaune et couverte de petites bosses verruqueuses disposées assez régulièrement; sa chair est d'une contexture granuleuse verte et très acide.

L'arbre qui fournit cette espèce croît également à Amboine.

CITRON DE MADURE, *citrus madurensis.* Ce fruit est lisse, globuleux, de la grosseur d'une petite cerise; son écorce est vert jaunâtre; sa pulpe est partagée en huit ou neuf loges remplies d'un suc acide amer.

Cette espèce croît dans la Chine et la Cochinchine; elle est plutôt cultivée pour la beauté et la singularité de son fruit que pour ses qualités.

CITRON NIPIS, *citrus nipis.* Il est de couleur jaunâtre; son volume égale celui d'un abricot et sa forme rappelle celle de ce fruit; il est terminé, au sommet, par un mamelon allongé et très pointu; son écorce est très mince, d'un parfum très agréable, elle couvre une pulpe blanche succulente assez douce.

L'arbre qui fournit cette espèce de citron est très commun dans l'Inde et particulièrement dans l'île d'Amboine.

CITRON MAMELONNÉ, *citrus mammosa*. Cette espèce est oblongue, un peu conique, recouverte d'une écorce rugueuse de couleur jaunâtre; elle entoure une pulpe blanche acidule.

Ce citron croît dans les Indes.

CITRON BRUN, *citrus fusca*. Il est petit, globuleux, d'un vert brunâtre; sa pulpe est divisée en huit ou neuf loges, elle renferme un suc acide, amer et néanmoins d'un goût assez agréable.

Ce fruit est très commun à la Cochinchine et il y est assez peu estimé.

LIMON, fruit du limonier, *citrus limonum*. C'est, ainsi que nous l'avons dit, une sous-espèce de citron, il s'en distingue seulement par sa forme un peu plus allongée, son écorce plus lisse et son acidité un peu plus grande; aussi ces deux dénominations sont-elles généralement regardées comme synonymes.

Limon âcre ou *citron commun*. Il est de forme ovoïde; son écorce est lisse, de couleur jaune pâle, très adhérente à la pulpe; celle-ci est environnée d'un parenchyme blanc peu épais, elle est en outre partagée en neuf ou onze loges, qui renferment un suc acide assez abondant et des semences très petites et souvent avortées.

Cette variété est peu estimée quant à la saveur, mais son odeur est très suave.

Limon strié. Ce fruit n'a pas une forme bien constante: tantôt il est rond, tantôt ovoïde, quelquefois même il est très allongé; son écorce semble striée ou irrégulièrement cannelée; elle est de couleur jaune pâle, peu épaisse, adhérente à la pulpe. Celle-ci est généralement divisée en dix ou onze loges, qui renferment un suc acide assez abondant. Les semences sont petites et semblent nager dans la pulpe.

Limon petit fruit. Il est remarquable par le peu de développement qu'il prend, par son écorce qui est mince, de couleur jaune clair, par sa forme un peu ovoïde et par l'absence presque totale de semences; sa pulpe ou son sarcocarpe est divisé en dix ou onze loges; il renferme un suc assez abondant et d'une acidité agréable. Ce petit limon se distingue en outre par une sorte de mamelon qui occupe son sommet.

Limon incomparable. Il est gros, ovale, arrondi, terminé au sommet par un petit mamelon obtus; son écorce est de couleur jaune clair, mince, peu adhérente à la pulpe; celle-ci est partagée en quinze ou seize loges, remplies d'un suc acide gélatineux assez abondant; les graines sont oblongues et rares.

Limon de Calabre. Ce limon est de grosseur médiocre, son écorce est mince, d'une belle couleur jaune citrin. La pulpe est verdâtre, divisée en neuf loges qui renferment un suc acidule et des semences assez petites et peu nombreuses.

Limon bignetta. Il est de forme ovale arrondi, surmonté d'un mamelon obtus au sommet duquel le stigmate est resté persistant; l'écorce est très adhérente à la pulpe; elle passe, lors de sa maturité, du vert au jaune citrin dans toute son étendue, excepté cependant dans la partie occupée par le stigmate. Le sarcocarpe est divisé en dix ou douze loges, composées de vésicules succulentes très acides.

Limon balotin. Ce limon est presque complètement sphérique; il est terminé au sommet par un petit mamelon. Son écorce est épaisse, rugueuse et d'une belle couleur jaune citrin; la pulpe n'occupe guère que les deux tiers du fruit; les semences sont très petites.

Cette belle variété, dont la forme rappelle celle d'une pomme, est peu succulente; l'huile essentielle que fournit son écorce est très estimée.

Limon bergamote. Il est sphéroïde, d'un assez beau volume; son écorce est très mince, d'une belle couleur citrine extérieurement; sa pulpe, qui est très abondante, est formée de vésicules succulentes d'un goût acidule et un peu amer; elle est divisée en trente-six cloisons placées sans ordre.

Cette variété est très estimée, attendu

qu'elle fournit beaucoup de suc et qu'elle est très odorante.

Limon de Sbardoni. Il est de volume médiocre; sa forme est ovale-allongée; son écorce est d'une belle couleur jaune clair; sa surface est rugueuse, garnie de protubérances vers la base et munie au sommet d'un petit mamelon surmonté du style qui est presque toujours persistant; la pulpe est divisée en dix ou douze loges gorgées d'un suc acide mucilagineux assez abondant; les graines sont ovales et peu nombreuses.

Limon-poncire ou *poncire de Gênes.* Ce limon est assez gros, sphérique, divisé extérieurement par des lignes saillantes formant ainsi de petites côtes, qui partent de la base et se réunissent au sommet. Ce fruit est généralement terminé par un petit mamelon; son écorce est d'une belle teinte jaune doré, elle est épaisse et peu adhérente à la pulpe; celle-ci est divisée en dix ou onze loges, qui renferment un suc acide mucilagineux. Les semences avortent souvent et on n'en trouve que des traces.

On connaît une sous-variété du limon-poncire, qui diffère du précédent en ce qu'elle est oblongue, rougeâtre, terminée par un mamelon dont la pointe est généralement recourbée en bec d'oiseau; la pulpe n'offre que huit loges et elles contiennent rarement des semences.

Limon caly. Ce limon est oblong, il ressemble un peu au poncire; mais, au lieu d'offrir des lignes longitudinales, il est couvert de protubérances. Son écorce est épaisse, d'un blanc verdâtre; elle est très adhérente à la pulpe; celle-ci, ou plus exactement le péricarpe, est divisé en huit ou onze loges, qui renferment un suc d'une saveur amère acidule; les semences sont de forme ovoïde.

Limon rosolin. Il est de forme oblongue; sa surface est irrégulière et formée de protubérances; son sommet est tantôt surmonté d'un mamelon, tantôt il en est privé. Son écorce est extérieurement d'un beau jaune d'or, épaisse et molle, elle adhère fortement à la pulpe; celle-ci est partagée en neuf ou douze loges inégales, qui renferment un suc lactescent acidule et quelques semences rares et disséminées.

Limon sans semences. Cette singulière variété est de forme ovoïde; son volume est médiocre; son écorce est mince, lisse, d'un jaune peu intense, très adhérente à la pulpe; celle-ci est partagée en cloisons ou loges au nombre de sept à neuf; elles renferment un suc muqueux, acide, dans lequel on ne trouve aucune trace de graine.

Limon fleur semi-double. Il est ovoïde-arrondi; son écorce est de couleur rouge verdâtre, pâle, rugueuse, épaisse et peu adhérente à la pulpe; celle-ci est divisée en plusieurs loges dont le nombre est rarement constant, le suc qu'elles renferment est acidule et peu abondant.

Cette variété est tellement féconde qu'il n'est pas rare de voir des fruits en renfermer d'autres.

Limon barbadoro. Ce limon n'a pas de formes bien constantes; tantôt il est rond et lisse, tantôt tuberculé et mamelonné, d'autres fois il est très allongé et pointu. Son écorce est d'épaisseur moyenne; sa pulpe est divisée en huit loges, elle renferme un suc plus doux que celui du citron ordinaire, mais plus acide que l'orange. Ce caractère peut le faire confondre avec les cédrats.

Limon rose. Il est sphéroïde, déprimé cependant à la base et au sommet, ce qui fait que son diamètre est plus grand que sa hauteur; son écorce est très épaisse, rugueuse, de couleur jaunâtre, peu abondante et aussi peu succulente, tant à cause de l'épaisseur de l'écorce que par la quantité de semences qu'elle renferme; elles sont, en effet, au nombre de soixante environ, plus ou moins bien conformées. Le suc de ce limon rose est très acide.

Cette variété a des caractères assez saillants pour qu'on ait pu leur emprunter une dénomination plus exacte, nous ne comprenons, en effet, pas d'où lui vient celle qu'elle possède, car aucune des parties du fruit et même de la plante n'offre ni la couleur ni l'odeur de la rose. Cette observation pouvant s'appliquer à beaucoup d'autres variétés, on doit désirer que la glossologie des fruits soit mise plus en harmonie avec leurs caractères distinctifs; pour fournir notre contingent dans ce travail, nous proposerons de désigner cette variété sous la dénomination de *multicarpe*, c'est-à-dire renfermant beaucoup de semences.

Limon sucré. Il est un peu oblong; son sommet est couronné d'un mamelon dont la pointe s'incline en forme de bec; son écorce est mince, lisse, de couleur citrine; la pulpe, divisée en onze loges, se rapproche, par sa contexture, de celle de l'orange, le suc qu'elle renferme est acide, suave et rappelle aussi un peu celui du même fruit, tant par sa saveur que par sa couleur; cependant, comme il s'en éloigne sous d'autres rapports, et que sa saveur sucrée semble plutôt être un accident qu'un caractère bien tranché, nous l'avons maintenu dans la classe des citrons. C'est incontestablement l'une des plus belles et des meilleures variétés.

Limon ordinaire ou *commun*. Ce limon n'a pas toujours des caractères bien tranchés et surtout bien constants, tantôt il est complétement sphérique, tantôt il est allongé; son écorce passe, lors de sa maturité, du vert au jaunâtre; elle est tantôt lisse, tantôt rugueuse, tantôt mince, tantôt épaisse; la pulpe renferme un suc très acide, elle est généralement divisée en onze cloisons membraneuses assez résistantes.

Limon de Ligurie ceriesque. Il est presque complétement sphérique; son sommet est couronné d'un mamelon, qui lui-même est surmonté de quatre bosses ou protubérances, dont trois infères et une supère. La base offre également une éminence sillonnée, les côtes sont inégales, et les protubérances qu'elles forment conservent plus longtemps la couleur verte que l'écorce; celle-ci est épaisse, ferme, très adhérente à la pulpe, qui est divisée généralement en dix ou douze loges; le suc mucilagineux qu'elles renferment est

peu abondant; les semences sont oblongues.

Cette variété, qui doit la dénomination de ceriesque à la couleur un peu safranée de son écorce qui rappelle celle de la cire, a la douceur des cédrats; elle forme l'objet d'un commerce assez étendu.

Limon de Gaëte. Le limon de Gaëte est oblong; sa surface est inégale et couverte de protubérances; il est terminé au sommet par un gros mamelon; son écorce est épaisse, très adhérente au sarcocarpe; celui-ci est divisé en neuf ou dix loges qui renferment, dans leurs vésicules, un suc acide, mucilagineux assez abondant; les semences sont anguleuses et terminées en pointes crochues.

Cette variété offre, comme on voit, des caractères assez saillants; son écorce, qui est épaisse et charnue, est très propre à confire.

Limon de San-Remo. Ce limon est de grosseur moyenne; son sommet est surmonté d'un mamelon bien prononcé; son écorce est d'un beau jaune d'or, rugueuse et tuberculée extérieurement; sa pulpe est molle et divisée en onze loges régulières; les vésicules qu'elles renferment contiennent un suc acide, mucilagineux, très abondant et partant assez facile à extraire, avantage que n'offrent pas, à beaucoup près, toutes les variétés.

Les semences, bien qu'assez nombreuses, sont, pour la plupart, avortées et n'offrent souvent que des traces. Cette variété est cultivée principalement à San-Remo dans la rivière de Gênes.

Limon impérial ou *gourde*. Il est ovale, allongé; son sommet est couronné d'un mamelon bien prononcé, renflé vers le centre et rétréci à la base; il présente plutôt l'aspect d'une exubérance ou loupe que celle d'un mamelon; lorsque ce fruit a atteint toute sa perfection, son écorce est d'une belle couleur jaune doré; son amertume est faible; sa pulpe est très succulente et acidule.

Limon à grappe. Cette variété est tellement rare, que nous ne pouvons mieux faire que de rapporter textuellement ce qu'en dit Duhamel d'après Ferrarius, qui a donné dans ses *Hespéridées* une figure du limon à grappe, et qui assure avoir cultivé ces fruits à Rome ; il fait remarquer qu'ils sont toujours réunis en grappes de trois, quatre et jusqu'à cinq fruits, sortant tous de la même aisselle et portés par un pédoncule commun ; leur volume et leur poids sont généralement peu considérables, leur forme est très allongée ; ils sont renflés dans le milieu et terminés par un prolongement vertical, souvent recourbé. Ces fruits sont très multipliés sur les différentes tiges auxquelles ils sont fixés comme des grappes de raisin. Ils sont de couleur vert foncé, et passent à une teinte jaune clair en approchant de leur maturité ; une écorce épaisse couvre une pulpe acide presque nulle, et qui ne contient pas de semences.

Limon à double mamelon. La dénomination de limon à double mamelon indique suffisamment le caractère principal et bien tranché qui distingue cette variété. L'un de ces mamelons est à la base et conséquemment près du pédoncule, l'autre est au sommet ; ce dernier est plus petit et entouré de petites protubérances saillantes. L'écorce est de couleur jaune verdâtre assez mince, surtout dans les individus de première fleur ; elle est très adhérente à la pulpe, celle-ci est divisée en neuf à dix loges, elle renferme un suc d'une acidité assez agréable.

Limon Laure. Cette variété offre des caractères assez tranchés, elle est surtout remarquable par sa forme ovale, allongée, l'épaisseur de son écorce dont la surface est verruqueuse et couleur jaune de soufre ; sa pulpe est partagée en neuf loges qui renferment un suc muqueux d'une acidité agréable.

Limon, pomme de paradis. Ce limon n'est pas facile à caractériser, car son volume et sa forme sont peu constants ; il est cependant assez ordinairement allongé et un peu renflé au sommet, celui-ci se termine généralement en cône ; son écorce est très épaisse, ponctuée ou granulée ; sa couleur est jaune doré, elle est tellement

épaisse qu'elle forme environ les deux tiers de la capacité du fruit ; la pulpe qui forme l'autre tiers est divisée en six parties en forme d'épis crépus, si artistement arrangés, dit Duhamel, qu'ils semblent disposés par l'art plutôt que par la nature ; elle ne renferme guère que deux ou trois graines.

Le suc que fournit cette belle variété est très peu abondant et légèrement acidule.

Limon regino. Il est ovale, oblong ; son volume est médiocre ; son écorce est jaune verdâtre, rugueuse et tuberculée ; le sommet est surmonté d'un mamelon arrondi ; la pulpe est divisée en douze loges régulières, le suc qu'elles renferment est très acide et abondant ; les semences sont assez nombreuses, de forme arrondie et d'une saveur très amère.

Cette variété, attendu l'abondance de son suc et son extrême acidité, est très propre à fournir l'acide citrique pour les besoins des arts.

Limon d'Amalphi. Il est ovale, oblong ; son sommet est couronné d'un mamelon assez prononcé ; son écorce est comme chagrinée, d'un jaune blanchâtre, assez adhérente à la pulpe Celle-ci est divisée en huit ou neuf loges, le suc qu'elles contiennent est d'une acidité agréable ; les semences sont oblongues.

Cette variété a quelques rapports avec le limon de Gaëte, elle doit son nom au pays où elle est le plus abondamment cultivée.

Limon de Ferrarius. Ce limon est assez gros, ovale, oblong, plus étroit cependant vers la base ; l'extrémité opposée est quelquefois surmontée d'un mamelon pointu ; son écorce est d'une contexture serrée, épaisse et très adhérente à la pulpe, celle-ci est divisée en huit ou dix loges qui renferment un suc muqueux, acide ; les semences sont oblongues.

Limon, pomme d'Adam ou *balotin.* Il est sphérique, légèrement comprimé à la base et au sommet ; celui-ci est surmonté d'un mamelon assez gros, détaché par un sillon irrégulier ; son écorce est couleur jaune de soufre, parsemée de points d'un vert clair ; elle est très épaisse, spongieuse, composée, en grande partie, d'une sorte de chair parenchymateuse blanche, qui forme la presque totalité du fruit; sa pulpe ou sarcocarpe est divisé en douze loges qui, indépendamment d'un suc acide, renferment chacune un ou deux pepins oblongs, arrondis, comprimés, enveloppés d'une tunique externe d'un aspect particulier et comme strié. Le centre du fruit est formé d'un parenchyme blanc semblable à celui qui environne le sarcocarpe et comme lui d'une amertume extrême.

Limon, forme de jarre ou *pamplemousse, potiron.* Cette belle variété est d'un volume assez considérable, car sa hauteur atteint jusqu'à 120 millimètres ; son diamètre est un peu moindre ; sa forme n'est pas moins remarquable; ce limon est arrondi au sommet et diminue insensiblement vers la base; ce qui lui donne la forme d'une poire ; son écorce est de couleur jaune clair, elle est très épaisse ; la partie blanche parenchymateuse, qui la compose, est épaisse de près de 27 millim.; la pulpe est divisée en douze ou treize loges, formées elles-mêmes de vésicules allongées, remplies d'un suc mucilagineux, acidule. Les pepins, au lieu de nager, pour ainsi dire, dans la pulpe sont adhérents aux parois des loges, ils sont généralement assez bien conformés.

L'écorce de cette variété est, attendu son épaisseur et son peu d'amertume, très propre à confire; on enlève, à cet effet, les traces de cette dernière par l'opération du blanchiment, c'est à dire par une légère décoction.

Limon doux. Ce limon acquiert généralement un volume assez considérable ; il se termine en pointe; son écorce est d'un beau jaune d'or; son épaisseur est moyenne ; sa pulpe a de l'analogie avec celle de l'orange, tant à cause de sa couleur que pour sa saveur; son sarcocarpe ou pulpe est divisé en onze loges qui renferment un suc acide assez agréable. Cette variété est très estimée, mais peu commune; son arôme est très suave. Les Espagnols et les Portugais sont les premiers qui les aient importés en Italie et en Provence; il est à regretter que le changement de climat ait fait perdre à ce fruit une grande partie de ses qualités.

CITRON LIME, fruit du citronnier-limettier, *citrus limetta.* Ce fruit tient le milieu entre l'orange et le limon ; mais comme il participe davantage des propriétés du dernier, surtout dans les climats où la température ne permet pas à la maturation de parcourir toutes ses périodes, nous l'avons rangé dans la classe des fruits acides. Cette espèce diffère, en outre, du limon en ce qu'elle est plus arrondie, lisse et dépourvue de mamelon.

La lime est généralement globuleuse; sa base offre une cavité dans laquelle s'implante le pédoncule, et son sommet se termine en pointe obtuse ; son écorce est mince, lisse, jaune et fort adhérente à la pulpe; celle-ci est généralement divisée en sept ou dix loges formées elles-mêmes de vésicules oblongues renfermant un suc acidule, légèrement sucré, lorsque la maturité a été assez complète.

Lime petit fruit. La dénomination consacrée de lime petit fruit indique assez que son volume n'est pas considérable; ce n'est cependant pas le seul caractère qui distingue cette variété; son écorce est glabre et rarement rugueuse; son sommet est surmonté d'un petit mamelon irrégulier entouré d'un sillon assez prononcé, elle est de couleur jaune d'or très adhérente à la pulpe ; celle-ci est divisée en neuf à dix loges formées elles-mêmes de petites vésicules jaunes, le suc qu'elles contiennent est généralement assez fade; les semences sont peu nombreuses, petites et ovales.

Lime de Rome. Ce fruit semble, par quelques-uns de ses caractères, participer de l'orange et du limon ; il est, en effet, couvert de rugosités et déprimé à la base et au sommet. Ce dernier est surmonté d'un mamelon dont la base est entourée d'un sillon assez prononcé; l'écorce est d'un vert clair, et la surface comme cha-

grinée. Le suc de cette variété est légèrement acidule et fade.

Lime forme de limon. Cette lime a été,
suivant Duhamel, confondue par plusieurs
nomenclateurs avec la lime à pulpe d'o-
range. « Mais l'arbre qui produit cette
variété, » dit le même auteur, « en diffère
non-seulement par son feuillage et par ses
fleurs, mais encore par la forme de son
fruit, qui est petit et oblong, presque
lisse, terminé aux deux extrémités par
un mamelon. Celui qui occupe le sommet
a sa base sillonnée assez profondément ;
l'autre n'en offre aucune trace ; l'écorce
de ce fruit est de couleur jaune safrané,
ferme, très adhérente à la pulpe ; celle-ci
est divisée en neuf ou douze loges formées
de vésicules succulentes et renfermant des
semences de forme ovale, pointues à une
extrémité, obtuses à l'autre et tachées de
rouge.

Ce n'est ordinairement qu'en novembre
ou décembre que le fruit qui a noué l'année précédente parvient à la parfaite maturité. Si cependant la chaleur de l'été a
été assez élevée et l'exposition favorable,
elle peut être accélérée et s'effectuer dans
le cours de la même saison.

Lime mela-rosa. Cette variété est incontestablement celle qui se rapproche le
plus de l'orange ; son odeur a même quelque chose de plus suave, car elle rappelle
celle de la rose. Cette lime est arrondie,
déprimée à la base et au sommet ; sa surface est divisée longitudinalement par un
petit mamelon obtus ; son écorce est très
épaisse, résistante, d'un beau jaune d'or,
elle adhère fortement à la pulpe ; celle-ci
est partagée en onze ou quinze loges ; sa
couleur est jaunâtre, le suc qu'elle renferme est peu abondant, d'une saveur
acide et sucrée. Ce dernier principe est
tellement prédominant, lorsque la maturation est complète, qu'on a comparé la
saveur du suc à celle du miel. C'est à cette
circonstance que cette variété doit la dénomination qui la distingue ; il faut toutefois des conditions bien favorables pour
qu'elle la justifie.

Les semences de cette variété sont arrondies et traversées par des filets colorés
en rouge.

Lime tuberculée. Cette lime n'a pas une
forme constante, tantôt elle est arrondie,
tantôt ovale-allongée ; son sommet est généralement terminé par un mamelon qui
acquiert souvent un développement assez
considérable ; sa surface est sillonnée et
parsemée de tubercules comme certaines
courges ; l'écorce est assez épaisse, de couleur jaune de soufre pâle ; la pulpe est divisée en dix loges d'inégale grandeur,
bien que disposées dans un ordre assez
régulier, le suc qu'elles renferment est
mucilagineux ; sa saveur est acide et douce
cependant.

Cette lime peut, comme l'orange, être
cueillie verte ; sa maturité s'effectue
comme pour cette dernière sans le concours de la végétation, c'est-à-dire lorsqu'elle est détachée de l'arbre.

Lime d'Espagne. Elle semble n'être
qu'une sous-variété de celles déjà décrites ;
cette lime est sphérique, surmontée d'une
pointe ; son écorce est épaisse et comme
chagrinée ; elle est d'une belle couleur
jaune de soufre ; sa pulpe est divisée en
neuf loges qui contiennent un suc acide-
doux peu abondant.

Lime de seconde fleur. Cette lime est
petite, de forme ovoïde et même un peu
turbinée ; elle est partagée, aux trois
quarts de sa hauteur, par un sillon circulaire bien prononcé ; son écorce est d'un
beau jaune de soufre, unie et lisse à sa
partie supérieure, celle inférieure ou interne est formée d'un parenchyme blanc,
spongieux, assez épais et d'une saveur fade
dépourvue presque entièrement d'amertume ; la pulpe ou sarcocarpe est de couleur jaune pâle, le suc qu'il renferme
est acide. L'écorce de cette variété est,
attendu son épaisseur et son peu d'amertume, très propre à confire.

BERGAMOTE, fruit du berga-
motier, *bergamia vulgaris vel citrus limetta bergamia.*

Ce fruit est généralement globuleux, rarement rugueux, couronné à la base par

un enfoncement circulaire et terminé en pointe obtuse au sommet ; son écorce est jaune rougeâtre, adhérente à la pulpe, celle-ci est divisée en douze ou quatorze loges qui contiennent chacune au moins deux semences, elles sont arrondies à une extrémité et aiguës à l'autre.

Le zeste de la bergamote renferme une huile essentielle d'une odeur extrêmement suave qui participe de l'orange et du citron ; elle est connue dans le commerce sous le nom d'huile de bergamote ou limette. Son extraction s'opère de la manière suivante :

Huile essentielle ou volatile de bergamote. Elle s'obtient en râpant d'abord le zeste, à l'aide d'un instrument convenable, soumettant le produit à la presse au moyen de deux morceaux de glace superposés, laissant ensuite reposer le liquide écoulé pour faciliter la séparation des parties étrangères qui ont été entraînées. On introduit ensuite, par décantation, le liquide surnageant dans des flacons que l'on conserve pour l'usage. Cette huile est très employée dans l'art du parfumeur, elle est de couleur jaune, se congèle un peu au dessous de 0 ; sa pesanteur spécifique est égale à 8,790.

Le suc de la bergamote contient, en outre de l'acide citrique, de l'acide malique en assez grande proportion.

On fait avec l'écorce de la bergamote des boîtes qui conservent l'odeur fort agréable de ce fruit pendant longtemps. Elles étaient autrefois l'objet d'un commerce assez intéressant à Grasse principalement. On cultive même encore assez abondamment le bergamotier aux environs de cette ville.

Bergamote étoilée. Ce fruit est de forme arrondie, légèrement déprimé à la base et au sommet ; il est divisé longitudinalement par de légers sillons ou stries qui, partant du pédoncule, vont se réunir au sommet et conséquemment à la base du petit mamelon obtus qui le couronne ; l'écorce est épaisse, d'un jaune blanchâtre ou pâle ; elle est très adhérente à la pulpe ; celle-ci est divisée en neuf loges qui renferment un suc acidule et des semences ovales, aplaties et striées.

Bergamote perette. Cette variété est de grosseur moyenne ; sa forme est très remarquable, car elle rappelle celle d'une poire. Le style, qui est persistant, forme un appendice long d'environ cinq ou six lignes ; il est renflé, à son extrémité, à la manière d'une trompe. L'écorce de ce fruit est assez épaisse et spongieuse ; sa surface externe est de couleur jaune de soufre ; la pulpe, très peu abondante, n'occupe que le centre du fruit ; toute la partie allongée est formée d'un parenchyme blanc presque insipide. Le suc que renferme la pulpe est rare, légèrement ambré et d'une acidité assez prononcée.

CÉDRAT, fruit du cédratier, *citrus medica.*

Ce fruit est généralement ovoïde et mamelonné ; sa forme est cependant très diversement modifiée, suivant les variétés ; son écorce est épaisse, de couleur jaune clair ; sa surface est formée de vésicules remplies d'huile volatile et parsemée de protubérances inégales, dont la couleur est plus claire que les autres parties. Cette écorce enveloppe un parenchyme blanc, épais et spongieux ; celui-ci recouvre la pulpe ou sarcocarpe qui est formé de vésicules oblongues, séparées par neuf ou dix loges ou cloisons parcheminées. Cette pulpe est composée de membranes fibreuses et d'un suc acide mucilagineux, elle est peu abondante ; aussi fait-on, en général, plutôt usage de l'écorce des cédrats que du suc qu'ils fournissent ; les semences qu'ils renferment sont anguleuses, arrondies d'un côté, aiguës de l'autre, et recouvertes d'une tunique rougeâtre.

Le zeste de cédrat renferme une huile volatile qui se rapproche beaucoup de celle du citron, elle est de couleur jaune ; son odeur est agréable et rappelle celle du fruit ; elle est solide au-dessous de 20 degrés, on en fait usage en médecine et surtout dans la parfumerie. Le zeste de cédrat, plus épais que celui du citron, est employé de préférence par les confiseurs pour préparer la conserve d'écorce de citron, que l'on voit figurer dans les boîtes de fruits confits.

RATAFIA DE CÉDRAT.

La macération dans l'eau de vie de l'écorce de cédrat constitue le ratafia de ce nom, ou parfait amour. Pour préparer cette liqueur, on introduit dans un bocal, d'une capacité de six litres environ, deux beaux cédrats coupés par tranches, on y joint les zestes de trois ou quatre autres; on verse dessus quatre litres d'eau-de-vie et 2 kilogrammes de sirop de sucre; on ajoute un peu de cochenille et on laisse macérer un mois et demi ou deux, puis on filtre. Il convient mieux, pour donner à ce ratafia la teinte rosée qui le distingue, de la lui donner après sa préparation au moyen d'une teinture alcoolique de cochenille que de mettre cette substance en macération.

Cédrat gros fruit. Il est surtout remarquable par son volume, il atteint, en effet, quelquefois 200 à 240 millimètres de hauteur sur 135 de diamètre; sa forme n'est pas constante, tantôt il est sphérique, tantôt ovale-allongé; son écorce est verruqueuse, de couleur jaune pâle; la partie parenchymateuse blanche qui enveloppe la pulpe est légèrement acidule et d'une saveur assez agréable. Le sarcocarpe est partagé en dix ou douze loges qui renferment un suc acide Les semences sont recouvertes d'une pellicule rougeâtre et réunies par couple dans chaque loge.

Ce beau fruit est employé dans l'art culinaire pour assaisonner certains mets et dans l'art du confiseur pour la préparation des conserves et confiture de cédrat.

Cédrat des Juifs. Ce cédrat est de grosseur moyenne; sa forme varie, il est tantôt plus gros à la base qu'au sommet, d'autres fois c'est le contraire. Celui-ci est toujours couronné du pistil, qui est persistant et qui prend de l'accroissement en même temps que le fruit; l'écorce, d'abord verte, se nuance de jaune lorsque la sai-

son a été assez favorable pour que le fruit ait pu atteindre tout son développement; elle est assez épaisse; le sarcocarpe est partagé en neuf loges qui renferment un suc peu abondant, mais dont la saveur acide et aromatique rappelle celle du cédrat de Florence; les semences sont nombreuses, oblongues et recouvertes d'une pellicule rougeâtre.

Cette variété fournit deux récoltes, l'une hâtive, qu'on nomme récolte d'été et l'autre tardive ou récolte d'hiver; les fruits produits par la première sont recherchés par les Juifs pour la célébration de la fête des Tabernacles, l'autre est confite et fait partie des confitures sèches.

Cédrat de Salo. Il est ovale, arrondi, de grosseur moyenne; sa surface est semée de protubérances et divisée en sillons longitudinaux, larges et assez distants les uns des autres. Le sommet est terminé par un gros mamelon surmonté lui-même du pistil, qui est persistant. L'écorce est formée d'un zeste mince et d'un parenchyme blanc et épais dont la saveur n'est pas désagréable.

Cédrat cornu. « C'est entre Brescia et Vérone, » dit l'auteur du Traité des arbres fruitiers, « sur les bords du lac de Garda, que cette singulière variété se rencontre plus multipliée. L'écorce qui couvre ces fruits varie de contexture, elle est tantôt lisse, comme celle du concombre, tantôt verruqueuse et striée; les protubérances sont peu marquées et ne semblent former que des sillons longitudinaux comprimés. Parmi ces fruits on en trouve qui se terminent par des parties écartées et pointues, en forme de bec d'oiseau. L'écorce est épaisse, d'un jaune verdâtre, elle recouvre une pulpe presque nulle et dont on trouve à peine des traces. Les semences sont souvent avortées.

Cédrat cucurbitacé. Cette variété est d'un volume généralement assez considérable; sa surface est parsemée de protubérances irrégulières; sa hauteur atteint quelquefois jusqu'à 240 millim. et son grand diamètre 135; sa forme rappelle celle d'une gourde, avec cette différence, cependant, que le pédoncule est implanté à la partie la plus volumineuse; son écorce e t composée d'un zeste amer, mince, vésiculeux, et d'un parenchyme jaune verdâtre, assez épais. Sa pulpe est peu considérable, le suc qu'elle renferme est acide. On ne remarque aucune semence dans cette variété, qui offre, en outre, cette singularité qu'elle est souvent fendue sur l'un de ses côtés.

Cédrat fleur double ou *semis double*. Ce cédrat doit être rangé parmi les fruits monstrueux; si, en effet, on l'ouvre, on distingue, dans sa substance, des ovaires non développés ou fœtus imparfaits qui occupent le centre. L'écorce, de couleur jaune doré, est peu adhérente à la pulpe, celle-ci est divisée en loges plus ou moins nombreuses qui renferment un suc peu abondant et point de semences. Cette variété n'est cependant pas complètement dépourvue des qualités qui distinguent celles du genre; son odeur est assez suave et sa saveur douce et acidule est agréable, elle est peu commune, très propre à confire, et fournit peu de suc par la pression; cette variété ne peut, attendu l'absence de semences, être propagée que par bouture.

Cédrat de Florence ou *petit poncire*. Il atteint rarement plus à vingt-huit à trente lignes (60 à 67 millimètres) de hauteur, sur dix-huit à vingt (40 à 45 millimètres) de diamètre; sa forme est pyramidale; sa surface est semée irrégulièrement de protubérances plus ou moins grosses; son écorce, d'abord d'un vert rougeâtre, prend une belle teinte jaune lorsque le fruit a atteint son maximum de maturité; elle est épaisse, le parenchyme blanc qui la compose inférieurement est fade et presque insipide; la pulpe de couleur jaune clair est assez succulente; sa saveur est acide et légèrement aromatique; les semences sont d'un rouge clair, plus intense cependant du côté opposé à leur insertion. Cette variété se développe très lentement, on la cueille ordinairement au printemps.

Cédrat allongé. Ce cédrat est d'un volume médiocre; sa hauteur est générale-ment d'environ 80 à 95 millim. sur 54 de diamètre; sa forme est conique, mais seulement dans un tiers de la hauteur, les deux autres tiers sont arrondis assez légèrement. Son écorce est rugueuse, de couleur jaune de soufre, très adhérente à la pulpe; celle-ci est divisée en neuf à dix loges qui contiennent un suc acide et rarement des semences.

Cédrat sillonné. Il est d'un volume assez médiocre; sa surface est longitudinalement sillonnée, elle offre des côtes saillantes qui, vers le sommet, se terminent en bosses assez prononcées; son écorce est composée d'un zeste mince et d'un parenchyme blanc jaunâtre assez épais; la surface de ce fruit est d'un beau jaune doré; sa double écorce est très adhérente à la pulpe, et celle-ci fournit, par l'expression, un suc acide peu abondant et qui laisse déposer, par le repos, une quantité assez considérable de mucilage ou principe muqueux.

Cédrat à grosses côtes. Cette variété atteint un volume assez considérable; sa forme est ovale, arrondie; son sommet est surmonté d'un petit mamelon terminé en pointe; sa surface est relevée de côtes longitudinales qui semblent être une expansion irrégulière du tissu cellulaire; son écorce est épaisse, formée d'un zeste vésiculeux et d'un parenchyme blanchâtre dont la saveur n'est pas désagréable. La pulpe est divisée en neuf ou dix loges qui renferment un suc doux, acidule et quelques graines qui avortent le plus souvent.

Cédrat tronqué. Ce cédrat est de grosseur moyenne; sa forme est un ovoïde irrégulier; sa surface est relevée de bosses et offre des cavités assez prononcées; son sommet est surmonté d'un mamelon assez gros et obtus. Son écorce est formée d'un zeste vésiculeux assez mince, et d'un parenchyme blanc très épais. Sa pulpe est peu abondante, divisée en douze loges qui renferment un suc d'une acidité agréable; les graines sont presque toujours avortées.

Cédrat limoniforme. « Il pourrait, » suivant Duhamel, « être rangé, sous certains rapports, parmi les limons; mais son

acidité et d'autres considérations semblent lui assigner naturellement une place
parmi les cédrats; ce fruit est ovale-oblong ; son sommet est terminé par un mamelon assez pointu; son écorce est épaisse,
d'une odeur très suave; sa pulpe est divisée en huit ou dix loges, souvent inégales ; elles renferment des vésicules
oblongues très succulentes; les semences
sont ovales et terminées en pointe.

Ce cédrat a une saveur acidule assez
agréable.

Cédrat doux. Cette variété se distingue
par sa forme ovale-oblongue, sa surface
rugueuse ; son écorce, qui est composée
d'un zeste vésiculeux et d'une substance
parenchymateuse, de couleur blanc jaunâtre assez épaisse, dépourvue presque entièrement d'amertume et partant assez
agréable à manger ; elle est peu adhérente
à la pulpe, celle-ci est divisée en dix ou
douze loges vésiculeuses remplies d'un suc
doux, acidule, qui se rapproche beaucoup,
par sa saveur, de celui de l'orange et qui
n'est pas moins agréable, notamment
lorsque la saison et l'exposition ont été
assez favorables pour que la maturation
ait pu s'effectuer complétement.

Cette variété, qui ne contient généralement que peu ou point de semences, a,
comme nous l'avons fait remarquer, beaucoup d'analogie avec l'orange. Les arbustes
qui produisent ces fruits, offrent aussi de
l'identité ; c'est ainsi que les fleurs et les
fruits sont semblables, les feuilles seules
diffèrent.

BIGARADE, fruit du citronnier-bi-garadier, *citrus bigaradia.*

Ce fruit est généralement de forme globuleuse, le zeste qui l'enveloppe est plus
rugueux que celui de l'orange, avec lequel
il offre de l'analogie; sa couleur est jaune
rougeâtre, il est formé d'utricules qui au
lieu de faire saillie, comme dans ce dernier fruit, sont concaves; elles renferment
une huile volatile visqueuse, d'une odeur
assez suave; la pulpe, également de couleur
jaune rougeâtre, est formée de vésicules
qui contiennent un suc un peu ambré,

d'une saveur acide, légèrement amère ;
elle est divisée en douze ou quatorze loges
qui renferment chacune deux semences
arrondies à une extrémité et aiguës à
l'autre, leur couleur est jaunâtre et leur
amertume extrême.

La bigarade, par son odeur et sa forme,
se rapproche beaucoup de l'orange ; elle
s'en distingue par une amertume plus
prononcée dans toutes les parties qui la
composent, aussi l'emploie-t-on de préférence dans l'usage médical ; elle entre
dans la composition du sirop antiscorbutique; on en prépare, en outre, un sirop vermifuge et tonique, connu sous les
noms de sirop d'oranges amères ou bigarades.

Dans les usages domestiques, pour dissimuler, autant que possible, l'amertume
de l'écorce de bigarade, on la fait confire
(voyez écorce de citron) dans le sucre ;
elle fait la base de la liqueur des îles, plus
connue sous le nom de *curaçao.*

Toutes les bigarades ne sont pas également propres à fournir l'écorce dite curaçao, qui forme l'objet d'un commerce si
important dans la colonie hollandaise
qui porte ce nom. Pour l'employer dans
la composition de la liqueur dont nous
allons parler, on la soumet à une opération qui a pour objet de conserver son
arôme et de la priver, en grande partie,
de son amertume. Cette opération consiste à la faire macérer dans l'eau et à enlever, avec la lame d'un couteau d'argent, le parenchyme blanchâtre qui couvre la surface interne et dans lequel réside surtout le principe amer.

CURAÇAO.

La liqueur dite *curaçao* se prépare en
faisant infuser 120 grammes de zeste de bigarade dans quatre litres d'eau-de-vie à
22 degrés; on abandonne pendant un mois
ou deux, suivant que la température est
plus ou moins élevée à l'époque à laquelle
on opère; on ajoute ensuite 1 kilogr. de
sucre ou mieux 1 kilogr. 1/2 de sirop de
sucre bien blanc, puis on filtre et on introduit dans des bouteilles. Cette liqueur
est tonique et digestive.

Bigarade corniculée ou *orange de Dieu.* Ce fruit est sphéroïde, un peu déprimé à la base et au sommet; sa surface est garnie de protubérances ou plutôt d'espèces d'excroissances, tantôt en forme de crêtes, tantôt en forme de cornets; son volume dépasse rarement 80 millim. de diamètre sur un peu moins de hauteur; son écorce est de couleur rouge jaunâtre, elle enveloppe une pulpe abondante d'un jaune clair, divisée en plusieurs loges irrégulières; cette pulpe s'étend même jusque dans les protubérances corniculées (1); le suc que renferment les vésicules est acide et un peu amer; les semences sont assez nombreuses et bien nourries. Cette variété offre souvent des monstruosités.

Bigarade sillonnée. Cette bigarade ne diffère guère de la précédente qu'en ce qu'elle est simplement divisée longitudinalement en stries profondes qui forment des côtes très saillantes analogues à celles du melon; elle est aussi plus petite, son écorce est peu épaisse, d'un jaune d'or; la pulpe qu'elle environne, divisée en sept ou huit loges et quelquefois plus, est formée de vésicules dont le suc est d'une saveur acidule peu amère et conséquemment assez agréable.

Bigarade bouquetière. Cette variété, bien que sphéroïde, est cependant fortement déprimée à la base et au sommet; son volume est médiocre; sa surface est un peu rugueuse; son écorce est de couleur jaunâtre; sa pulpe est divisée en dix ou douze loges qui renferment un suc acidule et amer. Les graines sont oblongues. La bigarade bouquetière a une odeur très suave, elle doit son nom à la disposition de ses fleurs qui sont axillaires et qui, par leur réunion, forment des bouquets.

(1) La tendance qu'ont ces protubérances à se séparer milite puissamment en faveur de l'opinion émise par M. de Candolle et qui consiste à considérer le fruit de l'oranger ou du bigaradier, non pas comme étant une simple baie, mais bien comme formé par la réunion de plusieurs fruits ou carpelles simulant des côtes et pouvant être isolés sans déchirement, en interposant un instrument plat et obtus de manière à partager la pulpe en autant de parties qu'il y avait de rainures intercostales.

Bigarade fleur double. Elle est d'un volume assez médiocre, et d'une forme si peu constante qu'il est presque impossible de la décrire. Son caractère le plus saillant néanmoins consiste dans la disposition de ses loges qui forment deux rangs bien distincts, l'un occupe le centre, et l'autre la circonférence; ces rangées de loges sont séparées par un parenchyme blanc analogue à celui qui existe sous le zeste.

Cette variété n'est guère recherchée que pour sa fleur, qui est très odorante et très suave.

Bigarade violette ou *hermaphrodite.* Son volume est médiocre; sa forme est sphérique, mais déprimée au sommet et à la base; son écorce est lisse, épaisse de 2 mill. environ; sa chair ou son sarcocarpe est partagé en huit ou neuf loges dans lesquelles on ne remarque aucune trace de semences, son suc est acide et mucilagineux. « Des jeunes fruits, » dit Le Berryais, « les uns sont entièrement violets, d'autres sont rayés de violet et de jaune qui dégénèrent ensuite en vert, à mesure que les fruits grossissent; ces couleurs se fondent, de sorte que le violet devient presque noir; enfin, lorsqu'ils approchent de leur maturité, ces couleurs disparaissent et se changent en jaune assez foncé.»

Cette variété est très rare et ne se rencontre que dans les riches collections; elle présente des fleurs blanches et des fleurs d'un rouge violet, les premières donnent naissance à des fruits jaunes, les autres à des fruits violets; ceux-ci n'atteignent pas généralement un degré de perfection bien remarquable.

Bigarade d'Espagne. Elle est de moyenne grosseur; sa forme est sphérique comme dans la variété qui précède; elle est déprimée à la base et surtout au sommet; son écorce est composée d'un zeste vésiculeux de couleur jaune safrané et d'un parenchyme spongieux, épais de 7 à 11 millimètres; sa pulpe est divisée en neuf ou onze loges formées elles-mêmes de vésicules oblongues, elles renferment un suc d'une couleur légèrement ambrée et d'une saveur douce-acidule; les pepins sont anguleux et assez nombreux.

Cette variété est l'une des plus douces que l'on connaisse.

Bigarade en grappe. Cette bigarade est très remarquable, non-seulement par sa disposition, mais encore par l'exiguité de son volume; sa forme est globuleuse, la couleur de son zeste est jaune pâle. Le parenchyme qui enveloppe la pulpe est assez épais; celle-ci se divise en huit ou neuf loges qui renferment un suc amer, acidule; les graines sont petites et assez nombreuses.

Bigarade petit chinois ou *chinotti.* Cette variété est également d'un très petit volume; elle est globuleuse et déprimée aux deux extrémités; sa hauteur dépasse rarement 13 à 18 millim., et son diamètre 20 à 22; son écorce est lisse, d'un jaune clair; sa pulpe est divisée en sept ou huit loges gorgées d'un suc doux-acidule, assez agréable.

Rarement cette variété offre des semences, aussi la propage-t-on de boutures. « Passés simplement au sucre, » dit Duhamel, « ces fruits forment d'excellentes confitures; on les cueille en juillet et août et encore verts pour soulager l'arbre et lui conserver les sucs nourriciers qui doivent servir à la fructification de l'année suivante. »

Bigarade ou *orange naine, à feuille de myrte.* Cette bigarade est très petite, de forme globuleuse; son écorce est mince, de couleur jaune pâle, très adhérente à la pulpe; celle-ci est divisée en loges dont le nombre est assez variable. Le suc que renferment les vésicules qui les composent est acidule et d'une amertume assez prononcée.

L'arbre qui produit cette variété est tellement petit qu'il ressemble plutôt à un myrte qu'à un oranger.

Bigarade mela-rosa. Cette variété est sphéroïde, déprimée légèrement à la base; son sommet est surmonté d'un mamelon formé de petites côtes rayonnées, au nombre de huit le plus ordinairement. L'écorce est composée d'un zeste de couleur jaune pâle et d'un parenchyme blanc assez épais; la pulpe, peu abondante, renferme un suc assez doux, mais cependant un peu amer, ce qui éloigne cette variété des oranges et la rapproche des bigarades.

On a pu remarquer que, dans presque toutes les espèces du genre citron, on trouve des fruits qui ont la dénomination caractéristique de *mela-rosa.* Cette circonstance est due à ce que leur saveur rappelle celle du miel et leur odeur celle de la rose; mais c'est seulement lorsqu'ils ont atteint leur maximum de maturité.

Bigarade à mamelon pointu. Cette bigarade est de grosseur moyenne; sa hauteur atteint généralement de 80 à 90 millimètres; son diamètre est un peu moindre; sa forme est ovoïde. La partie opposée à la base est surmontée d'un mamelon dont le sommet est terminé en pointe; son écorce est peu épaisse, d'un jaune d'or; sa pulpe est abondante, elle se divise en un nombre de loges qui n'est pas toujours constant, le suc acide qu'elles renferment est un peu amer, et sa saveur légèrement aromatique rappelle celle du poivre; les pepins sont blancs et peu nombreux.

Bigarade mamillée. Cette variété a, suivant Duhamel, beaucoup de rapport avec la *limette* pour la forme surtout; la couleur de son écorce est plus pâle, elle doit à la saveur amère de son suc d'être rangée parmi les bigarades.

Bigarade prolifère et calleuse. Cette bigarade est presque complétement sphérique; son caractère le plus remarquable consiste dans une excroissance calleuse qui couvre environ un tiers de sa surface et dont la substance est de nature parenchymateuse, comme celle qui enveloppe le péricarpe. La pulpe n'offre rien de remarquable; sa saveur est acide et amère.

Bigarade dite la bizarrerie. « Cette variété, » disent MM. Poiteau et Risso, « offre dans un seul et même individu des portions pures et sans mélange de trois ou quatre espèces fort distinctes l'une de l'autre. On voit dans cet arbre des branches couvertes de feuilles, de fleurs et de fruits de cédratier changer brusquement de nature et produire des feuilles, des fleurs et des fruits de bigaradier, ou se couvrir alternativement de ces différentes productions. Souvent un fruit est cédrat d'un côté et bigarade ou orange de l'autre côté; on en voit même qui sont divisés en trois ou quatre parties alternativement de bigarade et de cédrat. Il semble que dans ce végétal les éléments de trois ou quatre espèces circulent sous la même écorce sans se mélanger, et que chacune d'elles se fait jour où elle peut; car toutes n'apparaissent pas à des distances ni à des époques déterminées. »

On est encore incertain sur les moyens d'obtenir cette singulière variété; Duhamel a proposé la greffe par approche; ce procédé est renouvelé des Romains, qui le mettaient en pratique sur la vigne et obtenaient ainsi non-seulement des grains différents sur la même grappe, mais aussi des grains formés de parties dissemblables.

En général, ces fruits sont tantôt ronds, tantôt mamelonnés; leur écorce participe de celle des cédrats ou de celle des oranges, suivant que l'une ou l'autre espèce prédomine; l'orange y est cependant toujours à fruit aigre et le cédrat a les caractères du cédrat de Florence.

Bigarade couronnée. Elle est sphéroïde; son diamètre dépasse rarement 54 à 80 millimètres; elle est couronnée par un grand cercle plus ou moins apparent; son écorce est jaune rougeâtre; sa pulpe est divisée en dix loges qui sont formées de vésicules gorgées d'un suc amer, acidule.

Bigarade douce. Ce fruit atteint rarement plus de 54 à 70 millimètres de diamètre; il est arrondi; son écorce est épaisse; le suc que renferment les vésicules pulpeuses est doux et tellement, qu'il fait regretter un peu plus d'amertume et d'acidité, et conséquemment de sapidité. Cette circonstance l'a fait ranger, par quelques auteurs, parmi les oranges douces. Cette variété est cultivée à l'orangerie de Versailles et dans celle du Jardin du Roi à Paris.

Pour former des sujets orangers, on préfère souvent greffer sur bigaradier que sur citronnier; à cet effet, on fait venir les fruits de Provence pour être plus sûr de leur qualité et on sème les grains les mieux constitués.

SANDORIC, *sandoricum*, Lamk; famille des Méliacées, J.

Ce fruit s'offre sous la forme d'une baie de la grosseur d'une orange, il en rappelle aussi la forme; son écorce ou son épicarpe est peu résistant, il renferme une pulpe blanche, fondante, qui entoure quatre à cinq noyaux, ovales, convexes sur le dos, anguleux du côté opposé, un peu déprimés latéralement. Ces noyaux s'ouvrent en deux valves qui contiennent chacune une graine ou semence.

Le sandoric est un arbre d'une belle apparence originaire des Indes; il est très commun aux îles Moluques. Son fruit est très acide et gélatineux; son goût est légèrement alliacé; on associe la pulpe au sucre et on en prépare ainsi des conserves très rafraîchissantes et astringentes dont on fait usage contre les diarrhées et qui, à cet effet, entrent dans le régime diététique, dans les contrées qui en sont plus spécialement favorisées.

VERJUS, *vitis vinifera*, L.

Ce fruit appartient au genre vigne; nous l'en avons distrait, parce qu'il n'atteint pas ou que très difficilement, dans les climats septentrionaux et même tempérés, son maximum de maturité; il est toujours beaucoup plus acide que sucré.

Le verjus s'offre sous la forme de très grosses grappes généralement lâches; les grains sont gros, oblongs; la pellicule qui les enveloppe est résistante; le suc qu'ils contiennent est très acide. On connaît plusieurs variétés, mais comme elles ne diffèrent guère que pour la couleur qui est jaune pâle, rouge ou noire, nous nous dispenserons de les signaler.

Le suc de verjus, employé à l'instar de celui de citron, pour assaisonner les viandes et les légumes, sert aussi à relever la saveur fade de certains fruits et notamment des cerneaux. Il est composé d'acide tartrique, d'acide malique et de gélatine. La grande quantité de ce dernier principe permet, par l'addition du sucre dans la proportion que nous allons indiquer, d'en faire une confiture ou gelée très consistante et très agréable.

CONFITURE DE VERJUS.

Pour l'obtenir on prend : de verjus de belle espèce deux parties; on en sépare les pepins, en ouvrant les grains au moyen d'un couteau d'argent; on fait ensuite, avec une partie de sucre et suffisante quantité d'eau, un sirop que l'on cuit à la petite plume (*voir* conservation des fruits au moyen du sucre); on le laisse un peu refroidir, puis on verse sur le verjus, on abandonne ce mélange dans un lieu frais pendant 24 heures. Ce fruit exsude son suc ou jus et s'emprcint du sirop qui se substitue à sa place ; ce dernier se trouvant décuit par suite de la mutation qui s'est opérée, on le fait cuire de nouveau, après en avoir enlevé le verjus au moyen d'une écumoire; on verse une seconde fois sur le fruit et on abandonne encore pendant vingt-quatre heures ; la transmutation s'opérant de nouveau, on rapproche encore le sirop et on le verse une troisième fois sur le verjus; après le refroidissement, on a une belle gelée tremblante que l'on met dans des pots soigneusement essuyés, puis on bouche suivant l'usage.

On prépare, en outre, des *marmelades* et *pâte de verjus* en extrayant la pulpe du fruit et l'unissant au sucre; dans ce genre de préparation, la cuisson, toujours trop longue, dénature les principes; elles sont peu agréables, se conservent d'ailleurs assez difficilement, attendu leur extrême propension à attirer l'humidité.

SUC DE VERJUS.

Pour l'extraire, on fait la récolte du fruit avant qu'il ait atteint un degré de maturité trop avancé, c'est-à-dire lorsque les grains offrent encore une sorte d'opacité. On choisit les grappes les plus saines, on les égrène et on rejette soigneusement les grains qui offrent la plus légère trace d'altération; on introduit les autres

dans un mortier de bois et on pile pour en extraire le suc; on passe au travers d'un linge ou mieux d'un tamis de crin, puis on filtre, on introduit ensuite dans des bouteilles préalablement soufrées; on verse un peu d'huile d'olives à la surface pour empêcher tout contact avec l'air, puis on bouche soigneusement et on conserve dans un lieu frais pour éviter tout développement de fermentation.

Le suc de verjus est, de temps immémorial, regardé comme vulnéraire; on l'administre après les chutes suivies ou non de contusions, on lui attribue la propriété de rétablir la circulation ou mieux de la régulariser. On en prépare un sirop rafraîchissant, qui peut être substitué au sirop tartrique, attendu que sa composition et ses propriétés sont les mêmes.

La propriété qu'ont certains acides de dissoudre le principe actif de l'opium (morphine) explique la faveur dont jouit, en Angleterre, la préparation officinale connue sous les noms de *black drops*, gouttes noires, gouttes de Lancaster. On l'obtient en faisant bouillir de l'opium dans du suc de verjus, ajoutant une certaine proportion de levure pour y développer la fermentation acéteuse, puis aromatisant avec la muscade et le safran. Les phénomènes chimiques qui se passent dans cette opération consistent principalement dans la formation d'acide acétique qui décompose le *codéate d'opium* composé, auquel l'opium doit toute son énergie.

TAMARIN, fruit du tamarinier d'Inde ou d'Amérique, *tamarindus indica*, L.; f. des Légumineuses, J.

Il s'offre sous la forme de légumes ou gousses à valves épaisses, longues de 100 à 135 millim. et renfermant sept à huit semences, s'il s'agit du tamarinier de l'Inde; longues de 80 à 100 millim. et ne contenant que trois à quatre semences, s'il s'agit de celui d'Afrique ; la pulpe est molle, jaunâtre et le plus souvent de couleur rouge brun. La pulpe qui provient de ces deux espèces est noire pour la première et rouge pour l'autre, c'est-à-dire celle d'Afrique; cette dernière est apportée sur les marchés du Caire par les caravanes qui viennent de l'intérieur et surtout par les nègres du Darfour. On en fait en Egypte un usage assez étendu pour l'assaisonnement des viandes. Macéré et uni au sucre, dans certaines proportions, il forme un sirop ou sorbet qui, étendu d'eau, est très recherché sous ce brûlant climat.

Le tamarin d'Afrique était autrefois préféré à celui de l'Inde; mais, depuis qu'on le falsifie avec la pulpe de pruneaux, il a singulièrement perdu de sa faveur. On doit le choisir gras au toucher, d'une odeur particulière, d'une saveur acide, agréable, sans toutefois agacer les dents; il est formé de filaments fibreux et de graines rouges de corail, plates et quadrangulaires, entourées d'une pulpe plus ou moins noire. Cette pulpe, pour être conservée et livrée au commerce, étant soumise à une sorte de concentration, et cette opération s'effectuant le plus ordinairement dans des vases de cuivre, il n'est pas rare d'y trouver des traces de ce métal. Sa présence pouvant avoir des conséquences graves, nous allons indiquer le moyen de l'en séparer; on délaie la pulpe dans une quantité suffisante d'eau, on y plonge des lames ou spatules de fer bien décapées et on les y abandonne. Le cuivre, en raison de sa grande affinité pour ce métal, se précipite sur les lames et abandonne la pulpe, on les retire et on fait ensuite rapprocher convenablement.

Le procédé suivant qu'on emploie à la Guadeloupe, pour extraire et conserver le tamarin, ne présentant aucun danger, devrait être plus généralement employé; nous espérons, en lui donnant de la publicité, contribuer, autant qu'il est en nous, à obtenir un résultat si désirable. Il consiste, après avoir extrait la pulpe de son enveloppe coriace, à la priver de ses longs filaments et à la mêler, par couches alternatives, avec du sucre brut; on rend, par ce moyen, l'altération impossible et on s'oppose à ce que ce précieux médicament offre, comme il arrive trop

souvent, non-seulement des traces de cuivre, mais d'acétate de ce métal, par suite de la fermentation acéteuse qui s'y établit.

Examen chimique. Il résulte d'une analyse de la pulpe de tamarin de commerce, que l'on doit à M. Vauquelin, que 100 parties sont composées de sucre 12,5, — gomme 4,7, — gelée végétale (bassorine), 6,2, — matière parenchymateuse (fibre ligneuse) 36,5, — acide malique 0,4, — acide citrique 9,4, — acide tartrique 1,5, — tartre 3,2, — eau 36,5, — excès 5,6.

M. Fée, frappé de la proportion assez considérable de sucre que contient le tamarin de l'Inde, s'est assuré que les Indiens, pour rendre sa conservation plus certaine, en ajoutent une certaine quantité, d'où il résulte que, comparé à celui de la Guadeloupe, il est relativement moins purgatif et qu'on doit en augmenter la dose.

La pulpe de tamarin entre dans la composition de plusieurs préparations magistrales; on l'administre, soit en boisson, soit en lavement; elle étanche la soif et calme les ardeurs d'estomac et d'entrailles; elle augmente, par sa présence, l'action des purgatifs doux, tels que la manne et la casse, et affaiblit celle des cathartiques résineux; la dose est de 30 à 60 grammes dans un véhicule approprié; on doit se garder de l'associer avec des sels à base de potasse, car il s'opère dans ce cas une décomposition du sel; l'acide tartrique du fruit, s'unissant à la potasse, forme un surtartrate de potasse qui se précipite, et qui diminue d'autant l'action du médicament.

Les semences sont employées dans l'Inde pour faire des colliers, des bracelets et autres ornements; leur couleur rouge de corail se marie bien avec le bronze cuivré des indigènes.

On a fait des essais assez heureux de l'emploi des tamarins dans la teinture en noir.

BORBONE, fruit de corail, *rhus metopium*, L.; f. des Térébinthacées, J.

Ce fruit s'offre sous la forme d'une drupe ovale; son écorce est sèche et d'une belle couleur rouge écarlate; le noyau qu'elle renferme est assez gros, d'une contexture osseuse ou crustacée; la pulpe est formée d'une sorte de parenchyme sec qui fournit par infusion du mucoso-sucré et un acide dont on ne connaît pas la nature, mais qui pourrait bien être, si on en juge par analogie, de l'acide malique.

Le fruit de corail jouit de la propriété astringente à un assez haut degré, on le fait entrer dans les gargarismes détersifs et on l'emploie avec succès contre l'ulcération des gencives; sa décoction, administrée en lavement, arrête les cours de ventre et diarrhées rebelles; ces propriétés y font soupçonner la présence du tannin.

Le *rhus metopium* fournit, par des incisions pratiquées sur sa tige, une sorte de gomme-résine connue à la Jamaïque sous le nom de *doctor gum*. Les feuilles remplacent le thé.

SUMAC, fruit du sumac des corroyeurs, *rhus coriaria*, L.; famille des Térébinthacées, J.

Ce fruit s'offre sous la forme d'une très petite noix ou nucule renfermant un noyau monosperme; il est réuni en groupe et disposé en grappes tomenteuses de couleur rouge pourpre, de l'effet le plus agréable. Il est sec, d'une acidité très prononcé, il contient une si grande quantité de tannin, qu'on en a proposé l'usage pour le tannage de certaines peaux délicates. Toute la plante, et notamment les feuilles, jouissent au reste de cette propriété à un très haut degré, aussi la cultive-t-on abondamment en Sicile, à Malaga, à Porto et à Douzère; celle qui nous vient de Sicile, sous forme de poudre grossière, est la plus estimée.

Le fruit du sumac est employé, dans certains pays et notamment en Turquie, pour assaisonner les viandes, les Hongrois le font macérer dans le vinaigre pour augmenter sa force et le colorer. Lors de la guerre continentale, on en a conseillé l'emploi, attendu son extrême astringence,

comme succédané du quinquina pour combattre les fièvres intermittentes. Les anciens, mettant à profit son acidité, le faisaient entrer comme condiment dans la préparation de certains mets.

CERISE DE SIBÉRIE, fruit du prunier à fleur de cerisier, *cerasus vel prunus chamæcerasus*, L.; famille des Rosacées, J.

Ce fruit, généralement assez abondant, est peu recherché pour les besoins domestiques à cause de son extrême acidité. Sa forme est globuleuse; il est déprimé à la base; son volume dépasse rarement celui d'une petite prune; son diamètre est, en effet, de 12 à 20 millimètres, et sa hauteur de 9 à 12 seulement; son épicarpe ou peau est de couleur rouge vif avant la maturité, mais elle prend une teinte plus foncée lorsque le fruit atteint cette dernière période de son existence; elle est très adhérente à la chair; celle-ci est également rouge et réticulée; le noyau est ovale, sa suture est saillante.

La cerise de Sibérie, au lieu de présenter à sa surface le sillon longitudinal, qu'on remarque sur les prunes et sur les cerises, n'offre qu'une ligne plus foncée que le reste de la pellicule. Elle est trop acide pour être mangée crue; aussi, dans certains pays et notamment en Caroline, est-on dans l'usage d'en préparer des compotes. Son extrême acidité pourrait néanmoins être mise à profit dans certains arts, la teinture, par exemple.

JAMBOLIN, pomme rose, prune de Malabar, fruit de l'*eugenia jambos*, L.; famille des Myrtacées, J.

C'est une baie de la forme et du volume d'une prune de reine-claude; sa chair est assez ferme, très acidule; elle enveloppe un ou plusieurs noyaux ou nucules recouverts d'une coque mince; chacun d'eux renferme une amande d'une saveur âcre et aromatique.

Ce fruit, dont l'arôme est délicieux, uni

au sucre, dans des proportions convenables, forme des confitures ou compotes fort agréables ; macéré dans l'eau-de-vie, il sert à composer diverses liqueurs de table qui sont très recherchées et qui ne sont pas sans agrément. Le suc exprimé, étendu d'eau et sucré convenablement, constitue une boisson ou sorte de limonade très rafraîchissante, dont l'usage est approprié dans les maladies putrides et inflammatoires.

Les Indiens font, avec l'huile extraite des amandes, des liniments qu'ils administrent avec succès pour combattre certaines affections cutanées endémiques dans ces climats brûlants.

On connaît deux espèces de jamboses, qui sont le jambose à fruit blanc, *jambosia fructu candido*, et le jambose à fruit noir, *jambosia fructu nigro*.

CARAMBOLE cylindrique, vulgairement bilimbi, fruit de l'*averrhoa bilimbi*, L. ; famille des Térébinthacées, J.

C'est une baie charnue, oblongue, marquée de cinq angles arrondis qui correspondent à autant de loges ; on trouve dans chacune d'elles de deux à cinq semences.

Ce fruit est d'une acidité telle qu'il est presque impossible de le manger cru, aussi en fait-on plus généralement usage, lorsqu'il a subi, comme la tomate, une sorte de cuisson ; on le confit au sucre, mais plus ordinairement on le conserve dans le vinaigre ; dans ce dernier état, on l'associe aux mets peu savoureux, pour exciter l'appétit et rendre leur digestion plus facile.

Originaire des Indes orientales, où il donne des fruits pendant toutes les saisons, le carambole a été importé aux Antilles, cette pépinière des arbres de toutes les espèces et de tous les pays. Bien qu'il ne soit pas d'une utilité indispensable, il serait cependant à désirer que sa culture fût plus multipliée.

CARAMBOLÉ AXILLAIRE, *averrhoa carambola*. Ce fruit est ovale-oblong, marqué de cinq angles aigus ; son volume, qui égale celui d'un œuf de poule, est un peu plus considérable que celui du précédent ; sa peau est jaunâtre et sa chair d'une saveur acide moins prononcée que celle du carambole cylindrique ; aussi peut-on, lorsqu'il a atteint son maximum de maturité, le manger cru ; il entre dans la composition de sirops et boissons rafraîchissantes.

CARAMBOLE A FRUIT ROND, brignolier acide, *averrhoa acida*.

C'est une baie globuleuse, un peu déprimée, à côtes arrondies, formant des divisions bien tranchées qui correspondent avec les loges. Son volume est celui d'une belle cerise ; sa couleur est vert jaunâtre ; sa chair est succulente ; les loges sont monospermes et renferment des semences oblongues.

Ce fruit, également originaire des Indes orientales, a une acidité assez agréable ; on en prépare des confitures et des gelées, qui ont, suivant l'auteur de la *Flore des Antilles*, avec celles de l'épine-vinette d'Europe beaucoup d'analogie.

On trouve à Saint-Domingue deux autres espèces de brignoliers ; mais ils sont moins estimés ; l'un est à fruit jaune, l'autre à fruit violet.

TOMATE, morelle, pomme d'amour, *solanum lycopersicon*, L. ; famille des Solanées, J.

C'est une baie glabre, déprimée à la base et au sommet, offrant des côtes très saillantes : sa peau résistante, d'abord de couleur verte, prend une belle teinte rouge pourpre, lors de la maturité. Ce fruit est divisé en plusieurs loges qui semblent gorgées de suc ; elles renferment, en outre, une grande quantité de semences jaunes, lenticulaires.

La tomate est abondamment cultivée dans les jardins potagers des environs de Paris ; ses usages sont très limités ; bien qu'elle appartienne à la famille des sola-

20

nées, cette sorte de baie n'en est pas moins très innocente.

Examen chimique. Il résulte d'une analyse de ce fruit, par sir John, qu'il contient une matière volatile d'une odeur désagréable, des traces, — un principe rouge résineux qui colore l'enveloppe, des traces; — parties extractives 8, — matière analogue à la bassorine 7, — parties membraneuses 8, — albumine, des traces, — malate acide de potasse et de chaux 1, — sulfate et hydrochlorate de chaux, des traces, — phosphate de chaux, silice et oxyde de fer, des traces, — eau environ 90.

Bien que l'auteur n'indique pas dans quel état de maturité étaient les fruits qu'il a pris pour faire cette analyse, comme il n'a pas signalé la présence de la fécule, nous devons croire qu'ils étaient mûrs. Nous nous sommes assuré, en effet, que ce principe, qui existe dans les fruits verts (l'iode y indique sa présence, et nous l'en avons d'ailleurs extrait), disparaît pendant l'acte de la maturation et est converti en sucre. Ce fait milite trop puissamment en faveur de la théorie que nous avons donnée de la maturation des fruits pour que nous ne croyions pas devoir le signaler. La fécule que nous en avons extraite dans une proportion assez minime, il est vrai, est de couleur bise; elle se précipite moins facilement que celle de pomme de terre, mais du reste elle jouit de toutes les propriétés des fécules amylacées.

La tomate ou pomme d'amour est, comme nous l'avons dit plus haut, très succulente, d'une saveur acerbe qu'elle doit surtout à la présence de l'acide malique; on n'en fait guère usage que dans l'art culinaire; on en prépare une sauce dont la saveur aigrelette s'associe parfaitement avec certains aliments fades, elle les rend plus savoureux et conséquemment d'une digestion plus facile. Les Italiens mangent ce fruit en salade à peu près comme nous le faisons des concombres; mais ils n'attendent pas, dans ce cas, qu'il ait atteint toute sa maturité.

On en fait quelquefois usage comme topique, ou en décoction et sous forme de collyre dans les ophthalmies rebelles.

On conserve ce fruit, soit entier en le plaçant par couches successives dans un vase de terre et saupoudrant abondamment de sel, soit en extrayant sa pulpe au moyen d'un tamis et d'une spatule ou cuiller de bois, et la soumettant à un demi-degré de cuisson : on introduit ensuite dans des pots, après avoir préservé la surface du contact de l'air, au moyen d'une couche de beurre fondu, et on conserve pour l'usage.

TOMATE A FRUIT VELU, morelle cérasiforme, fruit du *solanum cerasiforme.*

Ces baies, comme la désinence latine l'indique, ont la forme d'une cerise; leur volume égale aussi celui de ce fruit; elles sont, avant leur maturité, velues et tomenteuses, puis elles acquièrent une belle couleur rouge de minium qui contraste agréablement avec la couleur vert foncé des feuilles.

Cette espèce est très commune à la Martinique, à la Guadeloupe et aux Antilles : elle y remplace celle d'Europe; elle est employée, suivant M. Descourtils, comme aliment ou plutôt comme condiment, et produit un très bon effet sur les tables, lorsqu'on l'associe aux viandes fumées ou aux poissons salés.

On en fait aussi usage en médecine en cataplasmes contre les ophthalmies chroniques et les furoncles.

AMBÉLANE acide, fruit de l'ambélanier acide, *ambelania acida,* L.; famille des apocinées, J.

Il s'offre sous la forme d'une capsule verruqueuse, de forme ovale allongée, à deux loges séparées par une cloison mince à laquelle sont fixées un grand nombre de graines larges et comme chagrinées à leur surface.

Ce fruit renferme un suc laiteux d'une acidité agréable; lorsqu'il est bien mûr, il est visqueux et s'attache aux lèvres et aux dents. Pour rendre son usage plus facile et plus profitable, on en prépare des compotes; à cet effet, on enlève la pellicule corticale qui le couvre, et on fait cuire la chair ou pulpe avec du veson (suc de canne récemment extrait), ou de la moscouade. Ces compotes sont très rafraîchissantes, et employées avec succès dans le régime diététique et notamment contre les diarrhées chroniques. On fait, en outre, entrer la pulpe ou le suc d'ambélane dans la composition d'un onguent analogue à celui connu en Europe sous le nom d'onguent égyptiac; il est digestif et on l'applique avec succès sur les vieux ulcères pour les ranimer et favoriser la cicatrisation.

VIORNE, fruit de la viorne commune, *viburnum lantana*, L.; famille des Caprifoliacées, J.

C'est une baie monosperme, du volume d'une petite merise; sa couleur, d'abord verte, passe ensuite au rouge corail, puis au brun. Sa pulpe est également rouge, très succulente, d'une saveur acide accompagnée d'une légère amertume; la semence qu'elle renferme est de forme lenticulaire.

Ce fruit, disposé et réuni en grappe pendante, produit sur l'arbre le plus heureux et le plus séduisant effet; il est à regretter que sa saveur ne soit pas plus agréable. Son goût aigrelet le fait cependant rechercher des enfants avec une certaine avidité. Bien qu'il ne contienne aucun principe dangereux, son usage immodéré pouvant donner lieu à d'assez graves accidents, il convient d'éviter qu'ils en fassent un usage abusif.

Nous nous abstiendrons de signaler le fruit de la viorne-obier ou *boule-de-neige*. *viburnum opulus*, attendu qu'il offre encore moins d'intérêt. Ces deux variétés sont, en effet, bien plutôt cultivées pour l'aspect gracieux de leur port que pour l'utilité de leurs fruits.

LA VIORNE, laurier-tin, *viburnum tinus*, est absolument dans le même cas; son fruit monosperme, par avortement, est sans utilité; il sert de pâture aux oiseaux.

MÉLASTOME, fruit du melastôme des champs; *melastoma campestris*, L.; famille des Mélastomées, J.

Il s'offre sous la forme d'une baie globuleuse, couronnée par les divisions du calice; renfermant un grand nombre de petites semences; sa couleur est violet noir; sa pulpe est acidule.

On en connaît un assez grand nombre de variétés; les principales sont : le mélastôme des champs, le mélastôme élégant, celui à grandes fleurs en épi, succulent ou de la Guiane, vulgairement appelé *caca henriette*. Ce dernier est quelquefois servi sur les tables associé au sucre, mais le plus souvent recherché par les enfants pour sa saveur aigrelette, et mangé par eux tel que l'offre la nature; son analogie avec la groseille d'Europe fait regretter qu'on ne s'occupe pas de cultiver avec plus de soin l'arbrisseau qui le produit. Il n'est pas douteux qu'elle ne modifie sa saveur et que d'âpre et acidule, il ne devienne doux et sucré comme le cacis, par exemple, avec lequel il offre de l'analogie.

PERESKIE, groseille épineuse des Antilles, fruit du *pereskia aculeata*, L.; famille des Cactées, J.

Ce fruit s'offre sous la forme d'une baie allongée, transparente, quelquefois épineuse, offrant le plus souvent cette singularité bien remarquable de feuilles charnues qui semblent surgir du fruit même; la pulpe est succulente, aigrelette et peu sucrée, ce qui la rend bien inférieure en qualité à la variété ordinaire rouge; aussi l'emploie-t-on le plus ordinairement à l'instar du verjus pour assaisonner certains mets. Du milieu du fruit s'élève une petite poche membraneuse en forme de godet et analogue à la cavité qu'offre le large ombilic des nèfles; elle est parsemée de points bruns, et renferme, au centre, de trois à six graines brunes dont la forme et le volume rappellent ceux d'une lentille; mais offrant cette différence qu'elles sont concaves d'un côté et convexes de l'autre. Chaque petite graine renferme une amande d'un blanc éclatant, et d'un goût insipide.

Ainsi qu'on le fait en France de la groseille ordinaire, on en compose une boisson rafraîchissante et tempérante que l'on administre avec succès dans les maladies inflammatoires; elle nécessite une plus grande quantité de sucre pour être édulcorée.

ÉPINE-VINETTE, fruit du vinettier, *berberis vulgaris*, L.; famille des Berbéridées, J.

C'est une baie ovoïde, obtuse, uniloculaire, de couleur rouge, renfermant deux et quelquefois trois graines ou semences oblongues et cylindriques; la pulpe est gorgée d'un suc acidule, astringent, de couleur rosée. Ce fruit se présente, sur l'arbrisseau qui le fournit, en grappes composées d'une douzaine de baies dont la forme oblongue et la couleur rouge offrent l'aspect le plus gracieux; on le mange rarement cru, le plus souvent on en prépare pour les usages économiques des conserves et des confitures très délicates et très saines; ces confitures sont l'objet d'un commerce assez considérable à Chanceaux, près Dijon. Nous en indiquerons bientôt le mode de préparation : on met, en outre, à profit la propriété astringente de l'épine-vinette dans l'usage médical; à cet effet, on en extrait le suc, que l'on conserve pour l'usage ou qu'on réduit immédiatement en rob par l'évaporation, ou bien encore on le laisse fermenter et on en prépare un sirop tempérant et diurétique dont l'usage est très approprié contre les diarrhées rebelles ou chroniques et les maladies des voies urinaires.

Les baies d'épine-vinette, lorsqu'elles sont encore vertes, sont employées à l'instar du citron; et notamment dans le Nord, pour relever la saveur fade de certains mets; confites au vinaigre, elles remplacent les câpres comme assaisonnement;

leur extrême astringence les a fait ranger parmi les substances qui entrent dans la composition de la préparation officinale qui jouit de cette propriété au plus haut degré, *Diascordium*.

Le vinettier indigène de l'Europe est très commun dans nos climats; on le cultive même dans certaines contrées assez abondamment pour pouvoir fabriquer, avec son fruit, une sorte de vin peu capiteux, il est vrai, mais dont l'usage n'en est que plus innocent.

Examen chimique. On doit à M. Brandes l'analyse indicative suivante des baies de l'épine-vinette; principe colorant jaune, — principe colorant brun, — gomme et traces de sel calcaire, — amidon, — phosphate et autre sel de chaux, — phosphate et sel végétal de chaux, — céruse, — élaine, — stéarine, — chlorophylle, — sous-résine, — fibre ligneuse, — humidité, — (les acides malique et tartrique, bien qu'ils ne soient pas signalés, n'en existent pas moins).

On connaît une variété de berbéris sans pepins qui n'offre extérieurement aucune différence avec celle ordinaire. Cette singularité paraît être due, suivant MM. Poiteau et Turpin, à l'âge ou à la faiblesse de l'individu; car une marcotte prise sur un seul pied et bien cultivée a donné des fruits à pepins.

Confiture d'épine-vinette. On prend l'épine-vinette aussi mûre que possible; lorsqu'on n'a pu se procurer la variété sans pepins, qui est assez rare, on enlève ceux-ci, comme on le fait pour la groseille ou confiture de Bar (voir l'histoire de ce fruit), on place la pulpe dans un vase de grès ou mieux d'argent, et on verse de l'eau bouillante préalablement acidulée et aromatisée avec un ou deux citrons, suivant la quantité de fruit sur laquelle on opère; on abandonne pendant quatre ou six heures, ensuite on verse sur un tamis et on exprime légèrement pour extraire l'eau; celle-ci entraîne avec elle une grande partie du principe astringent et rend ainsi la pulpe d'une saveur moins âpre et plus franche; on ajoute à celle-ci partie égale en poids de sucre, et on fait rapprocher jusqu'à consistance demi-molle; on laisse refroidir et on introduit dans des pots bien secs.

On prépare, en outre, une confiture d'épine-vinette en grappe à l'instar de la confiture de groseille de Bar.

Épine-vinette blanche. Ces baies ne diffèrent des précédentes que par leur couleur, qui est blanc jaunâtre; elles sont également très-acides et très-âpres; elles contiennent rarement plus d'un ou deux pepins.

Cette variété est peu commune, on ne la trouve guère que dans les collections; elle existe dans celle du jardin des plantes.

Épine-vinette violette. Cette jolie variété forme, par la réunion de ses grappes, de riches guirlandes pourprées dont le balancement anime et embellit les buissons dépouillés de l'automne; ses baies sont d'une acidité agréable et peuvent remplacer avec assez d'avantage, sous ce rapport, celles de l'espèce commune; exprimées, elles fournissent une belle teinte de carmin qu'il serait peut-être possible d'appliquer sur les étoffes et de fixer par les moyens qu'offre l'art de la teinture.

Épine-vinette à larges feuilles. Elle se distingue des précédentes par le volume assez considérable de ses baies et par leur couleur rouge de corail; elles sont généralement réunies en grappes pendantes et produisent le plus heureux effet.

Cette variété, attendu sa belle couleur et son extrême acidité, mérite d'être propagée.

AIRELLE-MYRTILLE, fruit du vaccinium, *vaccinium myrtillus*, L.; famille des Ericinées, J.

C'est une baie globuleuse, succulente, de couleur bleu noirâtre glauque, marquée d'un ombilic au sommet et divisée en quatre ou cinq loges polyspermes; la chair ou pulpe, d'abord verte, passe au rouge violacé à l'époque de la maturité; le volume de ce fruit égale celui d'une petite cerise; on le croit originaire de l'Amérique septentrionale; on le trouve également au Japon. On en prépare, suivant les pays, des robs ou des confitures. « Les sauvages du nord de l'Amérique, » dit M. Bosc, « en font, pour ainsi dire, leur nourriture habituelle; ils emploient, pour le conserver, le procédé que les Canadiens mettent en usage pour préparer le *vaccinium corymbosum.*» Ce procédé consiste à écraser les baies, à évaporer une portion de l'humidité et à rapprocher, par la cuisson, jusqu'à consistance assez épaisse, puis à terminer la dessiccation, soit au soleil, soit au four.

Bien que ce fruit soit d'une saveur très acide, on le mange cependant sans préparation dans quelques provinces de l'Allemagne En Angleterre, on en fait des gelées, des compotes, des tartes, etc. En France, on met à profit sa propriété colorante dans quelques pays vignobles, soit pour colorer les vins blancs, soit pour foncer la couleur des vins légers. Les vignerons le conservent, à cet effet, dans des vases de terre bien fermés depuis le mois de juin, époque de la maturité et de la récolte, jusqu'au mois d'octobre, époque ordinaire de la vendange; il prend, dans cet état, le nom de *teint-vin.* Cette falsification, car toute addition étrangère au produit de la fermentation du raisin en est une, est néanmoins assez innocente. Quoi qu'il en soit, on reconnaît sa présence en versant une solution de sulfate d'alumine et précipitant par le carbonate de potasse, le précipité qui doit être vert-bouteille, si la couleur est naturelle, est rouge sale, si elle est due au suc d'airelle.

L'airelle, soumise à la fermentation, fournit une sorte de vin peu alcoolique et qui ne se conserve pas longtemps, mais qui pourrait cependant être d'un usage assez profitable, si l'on y ajoutait du sucre brut ou du miel.

La propriété médicale de l'airelle-myrtille est d'être astringente et rafraîchissante; on la met rarement à profit, attendu qu'on possède des moyens plus énergiques; cependant, dans les lieux où cet arbrisseau est commun, on en prépare des boissons tempérantes dont l'usage est bien approprié dans les phlegmasies. Son suc, convenablement rapproché, est aussi réduit en rob; uni au sucre dans la proportion d'une partie sur deux de ce dernier, il forme un sirop dont l'usage est assez répandu.

Quant à la propriété tinctoriale du suc d'airelle, elle était connue des anciens; ils l'employaient pour teindre en pourpre les vêtements destinés à l'habillement des esclaves.

Quelques oiseaux, et particulièrement les faisans ou coqs de bruyère, mangent les baies de l'airelle-myrtille avec beaucoup d'avidité. Il n'est pas invraisemblable d'admettre que ce genre de nourriture, attendu la proportion assez notable de tannin que contiennent les baies d'airelle, ne soit de nature à donner à leur chair la fermeté et la suavité qui la distinguent.

Airelle gros fruit. Elle ne diffère de la précédente qu'en ce qu'elle est plus grosse, de forme ovoïde, et d'un rouge plus vif; sa saveur est plus douce; elle est couronnée par les quatre dents du calice, et mûrit en août et septembre. Elle croît dans les marais tourbeux de l'Amérique, et a pendant longtemps été importée de ce pays en Angleterre, où il s'en fait une prodigieuse consommation. Sir Joseph

Banks, célèbre agronome anglais, désirant affranchir son pays du tribut qu'il payait aux Américains, pour l'énorme quantité qui s'en importait, tant pour la consommation intérieure que pour les besoins de la marine, eut l'idée de tenter sa propagation et fut assez heureux pour voir le succès dépasser ses espérances.

Bien que nous soyons plus favorisés que les Anglais quant à la variété de nos fruits sucrés, il ne serait peut-être pas sans intérêt de tenter des essais semblables dans le nord de la France et notamment dans les contrées montagneuses. Ce fruit s'améliorant insensiblement par la culture pourrait fournir, par la fermentation, une boisson alcoolique, préférable aux petites bières, à certains cidres et à beaucoup d'autres boissons économiques.

Airelle-canneberge. Ce fruit est plus petit que les précédents et turbiné; son sommet est ombiliqué; sa surface est rouge et parsemée de points pourpres; sa pulpe est succulente; elle est composée de cinq loges renfermant chacune huit à dix graines très petites.

Cette espèce est vivace et rampante; elle croît dans les lieux marécageux; elle est moins estimée que les précédentes.

Airelle rouge. Sa dénomination indique le caractère principal qui la distingue; elle est, en effet, d'un beau rouge de corail, lorsqu'elle a atteint son maximum de maturité qui s'effectue vers la fin de l'été ou le commencement de l'automne.

CHAPITRE ONZIÈME.

—

SIXIÈME CLASSE.

—

FRUITS ACIDES - SUCRÉS.

Ces fruits sont généralement composés d'eau, de sucre concret ou incristallisable, de sucre cristallisable (l'ananas) de gélatine ou géline, de divers acides et notamment ceux malique, citrique et tartrique, de matière colorante, d'une matière végéto-animale azotée, fermentescible, et enfin d'un principe aromatique particulier à chacun d'eux, d'une nature tellement fugace, qu'on n'a pu encore l'obtenir isolé du moins pour la plupart. Ils doivent à la présence des acides et de la gélatine d'être rafraîchissants et tempérants; lorsque ces propriétés sont judicieusement mises à profit, elles peuvent être d'un utile secours dans le régime diététique.

Tous les fruits rangés dans cette classe sont susceptibles, lorsqu'ils sont placés dans des circonstances favorables, de passer à la fermentation spiritueuse; ils fournissent à l'économie domestique des boissons fort importantes, et celles-ci des liqueurs alcooliques, lorsqu'on les soumet à la distillation. La variété de principes qu'ils contiennent, et surtout l'abondance d'eau de végétation que renferment leurs cellules, rendent leur conservation difficile. Néanmoins la résistance qu'offre la pellicule corticale de plusieurs, notamment les oranges et les grenades, fait exception à cette règle.

Sommaire : *Orange, lumie, grenade, caïmite, baobab, gouyave ou goyave, mangoustan, mammée, mangue, mutisie, ananas, litchi ponceau, corossol, anone, sapotille, fraise, capron, framboise, ronce, mûre, cerise, griotte, merise, guigne, bigarreau, heaume, groseille, cacis, nerprun ou noirprun, bourgène ou bourdaine, sureau, hièble, cissus ou vigne vierge, phytolaque ou raisin d'Amérique, raisinier, genièvre, baie de pomme de terre, baie d'asperge, icaque, couroupite ou abricot de singe, quatelé ou marmite de singe, mombin, spondias, hevy ou pomme de Cythère, prune, abricot, pêche, pavie, brugnon, pomme, poire, raisin.*

ORANGE, fruit du citronnier-oranger, *citrus aurantium*, L.; famille des Hespéridées ou Aurantiées, J.

C'est une baie sphérique un peu comprimée au sommet et à la base, revêtue d'une écorce vésiculaire ou peau épaisse, de couleur rouge jaunâtre extérieurement, blanche intérieurement, plus ou moins épaisse suivant les espèces, recouvrant un endocarpe ou pulpe succulente de couleur blanc jaunâtre ou rouge, suivant les variétés, divisée par des cloisons dont le nombre varie de dix à vingt et quelquefois plus; chacune d'elles renferme une ou deux semences oblongues, blanches et striées à la surface.

Quelques botanistes, et parmi eux M. de Candolle, ne rangent pas l'orange au nombre des baies; ils considèrent ce fruit comme une sorte d'agglomération de plusieurs carpelles verticillées autour d'un axe, séparables sans déchirement et complétement enveloppées par le *torus* épaissi.

L'oranger, originaire de la Chine et du Japon, est maintenant naturalisé partout où la température ne descend pas au-dessous de trois degrés. Dans les contrées plus froides, le nord de la France par exemple, il produit assez abondamment des fleurs, mais ses fruits sont rares et ne mûrissent pas, à moins qu'ainsi que le pratique M. Fion, jardinier-fleuriste, à Paris même, l'oranger ne soit cultivé dans une serre chaude ou un conservatoire exposé en plein midi.

L'importation de l'oranger en Europe, que l'on doit aux missionnaires jésuites, remonte à l'année 1421; si l'on en croit les vieilles chroniques, un pepin d'orange, semé à cette époque à Pampelune, produisit un oranger qui fut apporté à Chantilly en 1500; réservé à cause de sa beauté, lors de la vente des biens du duc de Bourbon, il fut transféré à Fontainebleau, d'où il a encore été extrait en 1684 pour figurer dans l'orangerie de Versailles, dont il est le plus bel ornement, et où il est connu sous les noms de *Grand Bourbon*, de *Grand Connétable*, de *François Ier*.

L'orange est incontestablement l'un des plus beaux fruits que l'on connaisse, les anciens le confondaient avec le citron; bien que sa maturité puisse s'effectuer dans le cours d'une saison, il arrive souvent cependant dans les climats tempérés, et principalement dans le midi de la France, qu'on laisse les oranges sur l'arbre pendant le cours de deux étés; cet usage a pour but de faire acquérir à ce fruit une maturité plus complète et partant plus de suavité.

MM. Poiteau et Risso, auxquels on doit une belle monographie de ce beau fruit, ont signalé un caractère fort curieux pour distinguer avec certitude une orange douce d'une orange acide; quelles que soient la forme et la rugosité de ces fruits, l'orange douce a les vésicules de l'huile essentielle convexes, l'orange acide les a concaves; les limes et toutes les variétés à suc fade ou indéterminé ont les vésicules planes. Il résulte de cette observation qu'il y a plus de rapport qu'on ne l'a pensé jusqu'ici entre l'huile essentielle et le suc du fruit, puisque plus ce dernier est sucré, plus les vésicules sont convexes, et plus il est acide, plus elles sont concaves; c'est aux physiologistes à expliquer ce phénomène.

Les diverses parties qui composent l'orange sont employées dans les usages économiques et dans les arts.

L'*écorce* est formée d'une grande quantité d'utricules, gorgées d'une huile volatile, dont l'odeur est plus ou moins suave, suivant qu'elle a été extraite par distillation ou à froid; fraîche, elle entre dans la composition de certaines liqueurs de table; on la confit au sucre, et elle figure dans cet état parmi les confitures sèches; mais, ainsi que nous l'avons dit en parlant du cédrat, on préfère l'écorce de ce dernier, attendu qu'elle est plus épaisse. L'écorce d'orange, soumise à une dessiccation bien ménagée, fait partie des substances aromatiques qui composent les eaux alcooliques de mélisse et de Cologne; elle entre aussi dans la composition des poudres cordiales, stomachiques et vermifuges, officinales ou magistrales.

Huile volatile d'écorce d'orange. Elle s'obtient, comme nous l'avons dit, de deux manières; la voie de la distillation fournissant la moins fragrante, nous indiquerons seulement l'autre procédé, qui consiste à râper le zeste et à l'exprimer entre deux morceaux de glace; après le repos on la décante, et on la conserve dans des flacons. Sa couleur est jaune, son odeur rappelle celle du fruit; elle est solide un peu au-dessous de zéro, et sa pesanteur égale 0,8450; elle entre dans la composition des eaux aromatiques, des pommades, des savons parfumés; elle est aussi employée en médecine et fait l'objet d'un commerce assez considérable.

La *pulpe d'orange* est très succulente, surtout lorsque le fruit a atteint son maximum de maturité; elle est sucrée et acidule; ces deux principes y prédominent l'un ou l'autre, suivant les variétés et le degré de maturation. Le suc dont elle est en grande partie formée fournit à l'analyse les principes suivants : acide citrique,— acide malique,— citrate de chaux,— mucilage albumineux, sucre et eau; il fait la base des orangeades.

Orangeade.

Le suc d'orange, mêlé à l'eau et au sucre dans des proportions convenables, constitue une boisson tempérante et rafraîchissante, d'un usage très approprié dans les maladies inflammatoires. Les précautions à prendre pour l'obtenir sont les mêmes que pour la limonade (voyez ce mot); on l'administre, dans certains cas, de préférence à cette dernière boisson, parce qu'elle est moins acide et plus nourrissante.

Orange glacée.

La facilité avec laquelle la pulpe d'orange se divise permet aux confiseurs de la glacer par parties, au moyen d'un sirop cuit au *cassé*. Elle contribue, dans cet état, à l'ornement des desserts, et peut même être placée avec avantage dans la bouche des malades atteints de fièvres inflammatoires ou d'angine; elle agit alors à la fois comme tempérant et nutritif.

Ratafia d'oranges.

On prend trois ou quatre oranges bien fraîches; on frotte leur surface avec du sucre, ou mieux, au moyen d'une râpe très fine; on frotte le zeste sur du sucre en poudre; on verse sur l'oléo-saccharin deux litres d'eau-de-vie; on ajoute le suc exprimé des oranges; on abandonne pendant quelques jours dans un vase clos, et on filtre; cette liqueur est stomachique et très agréable.

Les semences ou pepins d'orange ne sont d'aucun usage; ils contiennent cependant un principe amer assez abondant, qu'on pourrait utiliser dans certaines circonstances, comme tonique et vermifuge.

Les variétés d'oranges dont les fruits nous parviennent sont celles de Malte, de Portugal, des Açores; c'est à tort que les fruitiers orangers de Paris vendent sous le nom d'oranges de Malte toutes celles qui ont la chair rouge, et sous celui d'oranges de Portugal toutes celles qui ont la chair jaune. Si on y regarde de près, on trouve souvent, dans le même étalage, l'orange de la Chine, celle de Nice, celle de Gênes et enfin celles de Malte et de Portugal; toutes offrent des fruits rouges ou jaunes indistinctement; les premiers sont, toutefois, beaucoup plus rares et, par cela même, plus estimés. Le magnifique espalier de M. Fion, dont nous avons déjà parlé, offre même des oranges qui, sur le même pied, donnent en même temps des fruits rouges et des fruits jaunes. Il en est surtout qui offrent cette singularité, que le même fruit présente les caractères des deux espèces; si l'on en croit quelques historiens, les oranges jaunes, envoyées en Afrique par les Chinois, auraient été changées en oranges rouges par les Carthaginois, qui greffèrent l'oranger sur le grenadier.

Les oranges expédiées par la voie du commerce sont cueillies encore vertes; leur maturité s'effectue hors de l'arbre; c'est vers la fin de décembre qu'on reçoit à Paris les oranges de Portugal et d'Italie; dans le nombre il s'en trouve à peau mince et à peau épaisse, provenant de variétés et quelquefois d'espèces différentes. On reconnaît, en général, qu'une orange est de bonne qualité à sa peau mince, unie et luisante, caractères qui distinguent surtout celles de Malte et des Açores. Ces dernières, bien qu'assez petites, sont très estimées, leur saveur est douce et leur odeur très suave; elles servent, en Angleterre, à préparer une boisson alcoolique très-estimée, et connue sous le nom de *vin d'orange*.

La récolte des oranges s'effectue avec une adresse et une célérité extraordinaires; des hommes munis de paniers garnis de toile montent dans les arbres et détachent les fruits sans avoir égard aux pédoncules, qui restent en partie fixés aux branches; lorsque les paniers sont pleins, ils les transmettent à des femmes qui sont chargées du soin de couper avec une serpette les pédoncules restants au-dessous du calice; puis enfin, d'autres les enveloppent dans du papier non collé et les rangent ensuite dans des caisses que l'on emmagasine avec précaution. Les oranges les plus mûres sont immédiatement expédiées sur des bâtimens pour Marseille et le Languedoc; les autres sont envoyées dans les contrées septentrionales.

L'Italie et le Portugal ne sont pas les seuls pays qui fournissent des oranges. Les Antilles ont aussi leurs espèces douce et amère; cette dernière, qui est sauvage et que l'on nomme par cela même orange des bois, est recouverte d'une écorce aurore, chagrinée, vésiculeuse et mamelonnée; cette écorce enveloppe une substance parenchymateuse, blanche et épaisse; la pulpe est plus acide que sucrée; mais elle a un parfum particulier, qu'on ne peut définir et qui est d'une suavité extrême.

Examen chimique. Bien que l'analyse chimique des oranges mûres n'ait pas été faite, on sait cependant que l'écorce supérieure ou zeste est composé de vésicules gorgées d'huile essentielle ou volatile; que l'écorce interne ou parenchyme blanc contient un principe amer assez abondant, et de l'*hespéridine*; que la pulpe est formée d'eau, de sucre, de mucilage, et d'acide citrique et malique.

On doit à M. Brandes l'analyse suivante des oranges vertes; ce chimiste y a trouvé les principes suivants : aurantin ou amer d'orange, avec des traces d'acides gallique, citrique et malique; — aurantin avec du malate de chaux, des traces de résine et de mucoso-sucré,—une sous-résine,— une substance *sui generis* neutre incristallisable,—chlorophylle,—chlorophylle avec stéarine, — substance colorante rouge incristallisable,—érythrophylle,—albumine, — gomme avec matière végéto-animale,— citrate, malate, sulfate et phosphate de chaux, — sulfate et hydrochlorate de potasse avec des traces de sel de magnésie,— phyteuma colle avec acide malique, — des malate et citrate de potasse, — phosphate de chaux, — citrate de chaux, — malate de chaux, — ulmique, — (acide humique) avec humate acide de chaux, — matière végéto-animale, insoluble dans l'alcool, obtenue par la potasse caustique, — fibre végétale avec divers sels minéraux, — enfin matières liquides, y compris l'huile volatile.

On nomme *orangettes* les oranges avortées ou qui ne paraissent pas devoir atteindre leur complet développement; leur composition diffère peu de celle des oranges vertes; soumises à la distillation, elles fournissent une huile essentielle, connue dans le commerce sous le nom de *petit grain*; elle est moins suave que celle obtenue du zeste et conséquemment moins estimée. Le principal usage des orangettes consiste dans leur emploi comme pois ou sphérule à cautère; à cet effet, on leur donne, au moyen du tour, le volume convenable; elles entrent aussi dans certaines préparations officinales et notamment dans le sirop antiscorbutique.

M. Lebreton, qui le premier a signalé la présence de l'hespéridine dans l'orange mûre et dans les orangettes, a fait de ces dernières une analyse très exacte, de laquelle résulte qu'elles contiennent les principes suivants : huile volatile, — soufre, — chlorophylle, — matière grasse. — principe particulier cristallisable (hespé-

ridine),—principe amer astringent contenant des traces d'acide gallique et offrant
de l'analogie avec le tannin,—acides
citrique et malique,—citrate et malate de
chaux et de potasse,—gomme,—albumine,
—ligneux,—sels minéraux,—traces de
fer et de silice.

Espèces et variétés d'oranges.

Dans l'énumération et la description
que nous allons donner des diverses variétés d'oranges, nous suivrons l'ordre
adopté par MM. Poiteau et Risso, dans
leur belle monographie des orangers, et,
pour ne pas multiplier les dénominations,
nous appliquerons souvent au fruit celle
que l'usage a consacrée pour désigner
l'arbre.

Orange franche. Elle est presque sphérique, légèrement déprimée au sommet;
le côté de la queue conserve les traces des
sillons que l'on remarquait sur l'ovaire;
l'écorce est extérieurement d'un beau
jaune doré, sa surface est légèrement
chagrinée et formée de vésicules saillantes
très-rapprochées. La pulpe est divisée
en huit ou dix loges ou carpelles succulentes, de couleur jaunâtre; le suc est
doux et sucré; les semences sont assez
grosses et généralement oblongues.

Orange de Chine. Elle est également
presque complétement sphérique; sa grosseur est moyenne; son écorce, d'abord
verte, passe au jaune lorsque le fruit a
atteint son maximum de maturité; sa surface est lisse et luisante les vésicules
oléifères sont peu saillantes; très petites
et très nombreuses; la pulpe est généralement divisée en 9 ou 11 loges seulement,
le suc est assez doux; les semences, ordinairement assez nombreuses, sont oblongues et recourbées au sommet.

Cette variété, attendu la contexture
serrée de son écorce, est l'une de celles qui
résistent le mieux aux intempéries; sa
couleur la rend assez remarquable; son
odeur est aussi très suave.

Orange précoce. Elle est globuleuse;
son écorce est très épaisse, d'une belle
couleur jaune rougeâtre, très adhérente à
la pulpe; celle-ci est divisée en neuf ou
dix loges formées de vésicules assez
grosses, le suc qu'elles renferment est doux
et sucré. Les semences, ordinairement
assez nombreuses, sont bien nourries et
terminées en pointe aux extrémités.

Cette variété, généralement ferme et
douce, se conserve assez bien.

Orange déprimée. Comme son nom
l'indique, cette orange est aplatie mais
au sommet seulement, car la base est un
peu allongée; on remarque généralement
dans cette partie de légers sillons qui s'effacent au tiers environ du fruit; l'écorce,
d'un jaune assez intense, est adhérente à la
pulpe; celle-ci également jaune, mais plus
claire, se divise en dix ou douze loges; les
vésicules qui les composent renferment
un suc sucré très-agréable. Les semences
sont ordinairement nombreuses et bien
nourries.

Orange pyramidale. Elle doit la dénomination qui la distingue à la forme de
l'arbre qui la fournit; elle n'atteint pas
un gros volume; sa forme est ronde, son
écorce assez épaisse, de couleur jaune pâle,
elle est striée et peu adhérente à la pulpe;
celle-ci est jaune rougeâtre, divisée en
douze ou quatorze loges. Les semences
sont souvent stériles.

Orange feuille d'yeuse. Elle est petite,
sphéroïde, quelquefois un peu allongée;
son écorce, de couleur jaune foncé à la
surface, a également une teinte jaunâtre
dans la partie qui avoisine la pulpe; elle
est lisse et luisante; celle-ci se divise en
cinq ou onze loges formées de vésicules
d'un jaune très intense; elles renferment
un suc dans lequel les principes acide et
sucré sont si heureusement harmonisés,
qu'aucun ne prédomine. Les semences sont
rares et souvent avortées.

Orange feuille crépue. Elle est globuleuse, un peu déprimée, cependant, au
sommet; son écorce est glabre, de couleur
jaune rougeâtre dans sa plus grande étendue, mais cependant d'une teinte un peu
verdâtre vers le sommet; elle est parsemée de petites cavités qui la rendent un
peu rugueuse; sa pulpe offre cette singu

larité, qu'elle présente deux divisions, l'une à la circonférence, et qui se compose de dix à treize loges; l'autre au centre, qui se compose de cinq autres loges ou carpelles plus petites; son suc est généralement fade et peu sucré, tel degré de maturation que le fruit atteigne. Les semences sont ovales et assez nombreuses.

Orange piriforme. Elle offre, ainsi que son nom l'indique, la forme d'une poire; son écorce est mince, lisse, d'un beau jaune d'or; sa pulpe se divise en dix ou douze loges, formées elles-mêmes de vésicules transparentes, de couleur jaune au centre et rouge vineux à la circonférence; le suc qu'elles fournissent est, par suite du mélange de ces deux nuances, de teinte ambrée; les semences sont nombreuses, assez irrégulières, mais cependant généralement anguleuses et aiguës. Cette variété mûrit en mars et se conserve très-bien; sa forme ne permet de la confondre avec aucune autre.

Orange à feuilles larges. Elle atteint généralement un volume assez considérable; son écorce est glabre, luisante, mince, de couleur jaune d'or; elle est assez adhérente à la pulpe; celle-ci est également jaune, divisée en neuf ou onze loges; le suc dont elle est formée est doux et sucré, fort peu acidule et d'un arome très pur; les semences, assez peu nombreuses le plus ordinairement, sont petites; on en rencontre souvent d'avortées.

Orange de Gênes. Sa forme n'est pas très-constante; tantôt elle est complétement sphérique, tantôt oviforme, quelquefois même déprimée au sommet; elle est toujours divisée dans une partie de son étendue et latéralement par un léger sillon qui prend son origine à la base du pédoncule; son écorce est mince, un peu chagrinée, d'un beau jaune rougeâtre. Sa pulpe, de couleur jaune et rouge vineux à la circonférence, se divise en dix ou douze loges renfermant un suc acidule, sucré, très agréable; les semences sont en très-petit nombre et assez irrégulières.

Orange fleur double. Cette variété offre cela de remarquable, que souvent le fruit est double aussi; il est généralement assez gros, arrondi et un peu déprimé au sommet; c'est de cette partie que s'échappe le rudiment d'un autre fruit qui, quel que soit son développement, n'atteint jamais le volume de celui qui lui sert de base; l'écorce qui les enveloppe est lisse, rarement granuleuse; la pulpe du premier se divise en dix ou douze loges inégales placées sur deux rangs, celle de la superfétation n'en présente que trois à six; le suc qu'elles fournissent est doux et assez agréable; les semences avortent presque toujours.

Orange de Nice. Elle est ronde, déprimée à la base et au sommet; son écorce, d'un beau jaune aurore, est épaisse et rugueuse, de nature spongieuse intérieurement; elle est peu adhérente à la pulpe; celle-ci, d'une couleur jaune d'ambre, se divise en dix ou douze loges gorgées d'un suc acidule-sucré, d'un goût très-agréable; les semences, ordinairement assez nombreuses, sont oblongues, leur sommet est recourbé en crochet; elles sont bien nourries, quelques-unes cependant avortent et n'offrent que des rudiments imparfaits.

L'orange de Nice est, pour cette ville intéressante, l'objet d'un commerce fort important; elle a le précieux avantage de se conserver très bien et de résister aux plus longs transports.

Orange petit fruit. L'invariabilité de ce caractère la rend très-facile à distinguer; elle est généralement sphéroïde, mais cependant un peu déprimée à la base et au sommet; son écorce est, extérieurement, glabre, d'un jaune pâle; la partie qui avoisine la pulpe est épaisse et spongieuse; celle-ci se divise en dix ou douze loges; le suc qu'elle fournit est de couleur ambrée; sa saveur est douce, légèrement sucrée; les semences sont ovales et oblongues.

Orange naine. Son volume dépasse rarement celui d'une belle prune-mirabelle; elle ressemble en cela à la bigarade chinoise ; mais elle en diffère par son écorce, qui est lisse, d'un jaune pâle ; sa pulpe, généralement divisée en sept loges seulement, renfermant un suc sucré, acidule, très-suave ; enfin par l'absence presque totale de semences.

Orange bossue ou *bosselée.* Son volume est généralement assez considérable ; sa surface ou zeste, d'une belle couleur jaune aurore, est généralement couverte de protubérances verruqueuses qui la rendent difforme et partant très-facile à distinguer ; son écorce est fine, adhérente à la pulpe, qui est d'un jaune assez foncé, et divisée en dix ou douze loges ; le suc, qu'elle fournit par expression, est fade et presque insipide ; les semences sont petites, ovoïdes et aiguës au sommet.

Cette variété, plus curieuse qu'utile, plus bizarre que suave, n'est guère cultivée qu'à cause de sa singularité.

Orange cornue ou *corniculée.* Elle est quelquefois ronde, souvent ovoïde, toujours déprimée au sommet ; mais remarquable surtout par les sillons longitudinaux et profonds qui divisent sa substance et dont les bords, relevés en bourrelets, forment des côtes saillantes dont les extrémités se détachent en forme de cônes inclinés, soit du dehors au dedans, soit du dedans en dehors ; l'écorce est généralement lisse, peu épaisse, d'un beau jaune foncé, adhérente à la pulpe ; celle-ci est divisée en dix ou douze loges irrégulières, le suc qu'elles renferment est peu sapide et conséquemment peu agréable ; aussi cette variété, comme la précédente, est-elle plus curieuse qu'utile : toutes deux sont peu productives.

Orange de Malte. Elle est d'un volume médiocre, de forme ronde ; son écorce est chagrinée, de couleur jaune foncé, très-intense, et tellement, qu'elle passe, dans certaines parties, au rouge de lie, lors surtout que le fruit a atteint son maximum de maturité ; la pulpe, d'abord jaune, passe également au rouge vineux, mais plus particulièrement à la circonférence ; elle se divise en dix ou douze lo-

ges, et le suc qu'elle fournit participe de la couleur de la pulpe ; il est acidule, sucré et d'un goût vineux très-agréable ; les semences avortent souvent.

MM. Poiteau et Risso ont remarqué que les parties rouges de la pulpe ne correspondaient pas toujours avec celles de la même couleur que l'on remarque à la surface.

Orange à pulpe rouge. « L'oranger qui la produit, » disent MM. Poiteau et Risso, « avait jusqu'ici été confondu avec celui de Malte ; mais il en diffère par ses rameaux munis de plus longues épines, par ses fleurs dont les pétales, au nombre de quatre à six, sont plus longs et plus aigus, par ses fruits plus lisses, à peau fine toujours jaune et ne rougissant jamais, quoique sa pulpe prenne aussi une couleur rouge assez foncée. Ces deux oranges sont cultivées dans les jardins de Nice. »

Orange limettiforme. Elle est sphérique, d'un jaune pâle, sillonnée longitudinalement et terminée, au sommet, par un petit mamelon obtus. L'écorce, mince et lisse, est adhérente à la pulpe ; celle-ci est de couleur jaune rougeâtre, divisée en onze ou douze loges ; elle est formée de vésicules peu succulentes ; les semences sont rares et souvent même avortées. Cette orange est assez douce.

Orange oblongue. Elle est glabre, obtuse aux deux extrémités ; son écorce, d'abord jaune, passe au rouge lorsque le fruit a atteint son maximum de maturité ; elle est peu adhérente à la chair ; celle-ci est divisée en neuf ou onze loges ; elle fournit un suc très-agréable et très-abondant ; les semences sont tantôt nombreuses, tantôt complétement avortées.

Orange elliptique. Elle a beaucoup d'analogie avec la précédente ; elle est aussi glabre et prend également une teinte rougeâtre, lors de sa complète maturité ; son écorce est fine, peu adhérente à la pulpe ; celle-ci est rouge, divisée en dix ou douze loges, le suc qu'elle contient est fade ; les semences avortent souvent.

Le peu de différence qu'offrent ces deux variétés porte à croire qu'elles provienneut d'une même espèce modifiée, soit par le climat, soit par la culture.

Orange majorque. Elle est assez grosse; sa forme est sphérique; son écorce mince, lisse et luisante, de couleur jaune rougeâtre; sa pulpe est divisée en neuf ou dix loges formées de vésicules jaunes; le suc qu'elle renferme est acidule, sucré, très-suave; les semences, généralement assez nombreuses, sont ovoïdes et aiguës à l'une de leurs extrémités.

Orange cachetée ou *scellée.* Elle est sphéroïde, de volume médiocre; sa surface est jaune-rougeâtre assez intense; on y remarque une sorte d'empreinte ou sceau placé sur l'un des côtés et près du sommet. Ce caractère, souvent bien tranché, distingue cette variété de toutes les autres; l'écorce est épaisse, adhérente à la pulpe; celle-ci est divisée en dix ou douze loges formées de vésicules très-succulentes; les semences sont échancrées à une extrémité, crochues à l'autre. Cette variété est plus extraordinaire que bonne.

Orange mammifère. Elle est ovoïde, terminée au sommet par un mamelon souvent irrégulier; la base est légèrement sillonnée. L'écorce est lisse, d'une belle couleur jaune, qui passe au rouge vers la maturité; la pulpe, divisée en neuf ou onze loges, est formée de vésicules jaunes au centre et rougeâtres à la circonférence; le suc dont elle est gorgée est d'une saveur douce, sucrée, très-agréable; les graines sont rarement bien conformées.

Cette variété n'est pas commune.

Orange oliviforme. Elle n'est pas seulement remarquable par sa forme, mais encore par son volume, qui dépasse à peine celui d'une olive; elle est indigène en Chine; si l'on en croit les missionnaires qui ont parcouru ce pays, elle y est très estimée; l'écorce et la pulpe ont une odeur et une saveur tellement suaves, qu'on mange le fruit tout entier.

On doit regretter qu'on ne se soit pas occupé de son acclimatation dans d'autres pays. Son port, très petit, permettrait d'en faire l'ornement des salons, en même temps que ses fruits serviraient à étancher la soif.

Orange toruleuse. Elle est de moyenne grosseur, globuleuse, mais cependant très déprimée à la base et au sommet; ce dernier est surmonté d'un petit mamelon obtus de la base duquel partent des sillons longitudinaux qui s'élargissent vers leur point d'insertion; l'écorce, assez mince, est adhérente à la pulpe; celle-ci, généralement divisée en dix ou douze loges irrégulières, est d'une couleur jaunâtre indéterminée; les vésicules qui la composent renferment un suc acidule, sucré, très-agréable; les graines sont assez nombreuses.

Les caractères les plus remarquables de cette variété sont sa forme plus large que haute et la profondeur de ses sillons.

Orange fruit charnu ou *à écorce épaisse.* Elle est de forme globuleuse; son écorce, lisse et très-mince, est ferme, résistante et très-épaisse; elle est très-adhérente à la pulpe; son zeste est de couleur jaune-rougeâtre assez intense; le sarcocarpe est divisé en dix ou douze loges dont les vésicules, très-succulentes, renferment des graines assez nombreuses et la plupart stériles.

« La nature, » disent MM. Poiteau et Risso (histoire des oranges), « a des transitions graduées qui mettent à chaque instant nos méthodes et nos nomenclatures en défaut. Il a paru assez juste de donner le nom d'*écorce* à l'enveloppe des bonnes oranges, douces surtout, quand elle se détache aisément de la pulpe; mais lorsque cette enveloppe est devenue très épaisse, charnue, et qu'elle constitue la plus grande partie du fruit, comme dans le cédrat, alors on a cru devoir lui donner le nom de chair. Entre ces deux extrêmes il y a plusieurs degrés qui n'ont pas reçu de noms et qui embarrassent toujours ceux qui ont besoin d'en parler. C'est ainsi que, dans le désir de nous conformer à l'usage et au bon sens, nous ne savons si, dans l'orange qui nous occupe, nous devons dire qu'elle a l'écorce épaisse ou qu'elle est charnue comme un cédrat. »

Nous croyons ce scrupule un peu exagéré, car l'exception peut modifier la règle, mais non la détruire. Si le parenchyme blanc occupait la capacité totale du fruit, nul doute qu'il ne dût prendre, dans ce cas, le nom de chair ou sarcocarpe, bien que cette dénomination entraîne cependant le plus généralement l'idée de fibres ou de sucs propres, soit séparés, soit confondus; mais, comme dans l'orange qui fait l'objet de cette observation il y a en même temps un parenchyme blanc et des vésicules formant pulpe, nous n'hésitons pas à lui donner la dénomination d'orange à écorce épaisse.

Nous ferons remarquer, à cette occasion, qu'il serait peut-être plus convenable, pour rendre plus intelligible la description des fruits qui composent la belle famille des orangers, de diviser leur écorce en écorce supérieure ou *zeste*, et en écorce inférieure ou *sous-zeste*. Ces deux parties du fruit offrent des caractères et une composition organique et chimique très différents; il importe d'ailleurs de pouvoir les signaler sans opérer de confusion. Si cette division avait été adoptée plus tôt, on n'aurait vraisemblablement pas confondu, comme dans l'observation qui précède, le parenchyme avec la pulpe ou l'écorce avec la chair.

Orange rugueuse. Elle est sphéroïde, déprimée légèrement à la base et au sommet; son volume est assez considérable; son écorce est épaisse, molle, marquée de stries qui la rendent rugueuse, notamment vers la queue; sa couleur est d'un beau jaune foncé; son sommet est marqué d'un point noirâtre qui a servi d'appendice au style; la pulpe est généralement divisée eu dix ou douze loges inégales, les vésicules qui la composent renferment un suc assez fade, de couleur jaune d'ambre; les semences sont oblongues et acérées au sommet et à la base.

Orange ridée. Elle est généralement d'un volume au-dessous du médiocre, un peu déprimée et conséquemment plus large que haute; son écorce est très-épaisse, molle et spongieuse; sa surface est sillonnée de nervures qui la rendent comme ridée; elle est de couleur rouge foncé et peu adhérente à la pulpe; celle-ci est également rouge, les vésicules qui la composent renferment un suc assez fade. Cette variété est peu recherchée, les graines qu'elle renferme sont oblongues et arrondies aux extrémités.

Orange pomme d'Adam, des Parisiens. On distingue deux variétés de pomme d'Adam, celle des Parisiens et celle des Italiens. Elles diffèrent peu; cependant la première, offrant les caractères les plus tranchés, c'est d'elle seulement que nous allons nous occuper.

Cette orange est d'un volume médiocre; sa forme est ovale-arrondie, un peu déprimée cependant à la base; son sommet est surmonté d'un mamelon peu saillant, sur lequel on remarque souvent la base du style; l'écorce, d'une belle couleur jaune extérieurement, est luisante et finement chagrinée; sa partie interne ou *sous-zeste* est assez épaisse, d'abord blanche, passant au jaune clair par le contact de l'air; sa contexture offre, avec celle des autres variétés, cette différence que le parenchyme est traversé par des fibres jaunâtres, savoureuses et peu résistantes; la pulpe se divise en sept ou huit loges, les vésicules qui la composent sont gorgées d'un suc jaunâtre, d'une saveur acide, sucrée, très-agréable.

Cette variété offre cette singularité que toutes les parties qui la composent peuvent être mangées (elle a cela de commun avec l'orange oliviforme). C'est sans doute à cette circonstance qu'elle doit la dénomination qui la distingue; quelques auteurs ont même cru remarquer une sorte de trace de morsure à son sommet, indice de la faute de nos premiers parents; ce caractère n'est pas assez saillant pour que nous ayons cru devoir le signaler, il est d'ailleurs peu constant.

Orange noble. Cette orange atteint ordinairement un assez beau volume; elle est sphéroïde et un peu déprimée à la base et au sommet; sa surface est tuberculeuse; son écorce, comme celle de la variété qui précède, est molle et savoureuse ; la pulpe est ordinairement divisée en neuf loges formées de vésicules gorgées d'un suc rouge, d'une saveur acidule, sucrée, très agréable.

Cette variété, assez commune en Chine et en Cochinchine, est très rare en Europe ; ses nombreuses qualités doivent faire désirer qu'on s'occupe de sa propagation dans nos jardins.

Orange longue feuille. Elle est assez grosse, ovoïde, terminée par un mamelon de forme conique ; son écorce supérieure ou zeste est lisse, d'une belle couleur jaune d'or, les vésicules oléifères qui la composent sont concaves ; l'écorce inférieure ou sous-zeste est peu épaisse ; la pulpe est divisée en dix ou douze loges gorgées d'un suc de couleur jaune pâle, qui, lors même que le fruit a atteint son maximum de maturité, est loin d'offrir la saveur douce et suave des bonnes variétés ; les semences sont petites, de couleur rougeâtre, au sommet principalement; elles sont comme tronquées à la base.

Orange multiflore. Elle n'atteint jamais un fort volume ; sa forme est arrondie ; sa surface est glabre et d'une belle couleur jaune aurore ; son sommet est terminé par un point noirâtre qui formait la base du style ; l'écorce est peu épaisse, très adhérente à la pulpe; celle-ci est divisée en neuf ou dix loges qui elles-mêmes sont formées de vésicules succulentes, d'une saveur assez agréable ; les semences, lorsqu'elles n'avortent pas, sont oblongues.

Orange feuille étroite. Elle est généralement assez petite, globuleuse ; son écorce externe est finement chagrinée ; sa couleur, d'abord jaune rougeâtre, passe, lors de la maturité, au rouge intense ; le sous-zeste est mince, adhérent à la pulpe; celle-ci est divisée en dix ou douze loges formées de vésicules succulentes; bien qu'elles soient d'une belle couleur rouge, elles sont, en outre, sillonnées de stries sanguines qui marbrent très heureusement le sarcocarpe ; les semences sont oblongues, striées et aplaties.

Cette orange est, sans aucun doute, l'une des plus suaves et des plus sucrées;

on doit vivement regretter qu'elle n'atteigne pas un plus beau volume et surtout qu'elle ne soit pas plus généralement cultivée.

Orange tardive. Elle est assez grosse, déprimée à la base et au sommet ; sa surface est lisse et quelquefois marquée de légers sillons qui correspondent aux loges; son écorce est finement chagrinée, elle passe du jaune clair au jaune rougeâtre, lors de la maturité ; elle est mince et peu adhérente à la pulpe; celle-ci est rouge, divisée en douze ou quatorze loges qui renferment dans leurs vésicules un suc très-savoureux et très-suave; les semences sont rares et de forme ovale-arrondie.

L'un des caractères les plus saillants de cette variété consiste dans un gros point noir que l'on remarque à l'ombilic.

Orange sans pepins. Cette variété atteint presque toujours un volume au-dessous du médiocre; sa forme est sphéroïde ; son écorce mince, d'une belle couleur rouge foncé, est adhérente à la pulpe; celle-ci est divisée en dix ou douze loges formées de vésicules succulentes dont la couleur rappelle celle de l'écorce.

Cette variété est très estimée; sa saveur est suave; il serait difficile de déterminer, lorsque la maturation est complète, si elle est plus acide que sucrée et *vice versa*; l'absence totale de semence la rend encore assez remarquable.

Orange de Grasse. Cette orange atteint généralement un assez beau volume; elle est si peu déprimée, qu'elle semble présenter une sphère parfaite ; son écorce est d'une belle couleur jaune rougeâtre, rugueuse ; elle offre des traces de sillons du côté du pédoncule ; la pulpe est divisée généralement en douze ou quatorze loges qui renferment un suc dans lequel le principe acide prédomine, même lorsqu'une haute température a favorisé la maturation.

Cette variété, assez remarquable par la belle couleur jaune ponceau qu'offre sa pulpe, est cependant peu recherchée à cause de son extrême acidité.

Orange conifère. Comme son nom l'indique, cette orange est surmontée d'un fort mamelon conique, qui la rend très-remarquable; sa forme est ovoïde; son volume est assez considérable; l'écorce qui la revêt est d'un beau jaune doré, parsemée de petites protubérances qui ne la rendent cependant pas rude au toucher; la pulpe, de couleur jaune pâle, est divisée en dix ou douze loges formées de vésicules très-succulentes; les semences sont peu nombreuses, de grosseur moyenne et de forme ovoïde.

Cette variété a une acidité assez prononcée, peu ou point d'amertume; elle est peu recherchée, bien qu'elle soit fort belle.

Orange imbigo. Cette orange, très-commune au Brésil et notamment dans la baie de tous les Saints, est tellement rare en Europe, que les auteurs de la Monographie de l'oranger, MM. Poiteau et Risso, n'ont pu donner sa description que par tradition; n'ayant pas été plus heureux, malgré nos recherches, nous croyons devoir la leur emprunter textuellement. « Ce fruit, » disent-ils, « est gros, sphérique, glabre et luisant, d'un beau jaune rougeâtre; il a l'écorce très-fine, adhérente à la pulpe, qui est divisée en plusieurs loges et qui contient une eau très-sucrée et fort visqueuse; les graines sont peu nombreuses. »

Orange portugaise. Elle atteint généralement une grosseur médiocre; sa forme n'est pas constante, car on en voit qui sont sphéroïdes et déprimées à la base et au sommet, tandis que d'autres sont allongées et offrent même des traces de sillons longitudinaux; l'écorce est généralement peu épaisse, d'une couleur jaune-rougeâtre nuancée de teintes plus foncées; la pulpe est divisée en dix loges; sa couleur, bien que jaune comme la peau, est cependant moins foncée; les semences, généralement assez rares, manquent souvent par suite d'avortement.

Cette description se rapporte à la variété cultivée à Paris, sous le nom d'oranger portugais, et non à celle vulgairement connue sous le nom d'orange de Portugal, qui, ainsi que nous l'avons dit au commencement de cet article, se compose de plusieurs autres variétés confondues dans le commerce, et vendues sous la même dénomination.

Orange de Taïti. Bien que d'un volume généralement assez petit, elle varie cependant encore de grosseur sur le même sujet; sa forme est ovoïde et assez irrégulière; le sommet est surmonté d'un petit mamelon difforme; la surface en est inégale et formée de cavités qui correspondent aux vésicules oléifères; la pulpe est divisée en sept loges; les vésicules qui la composent ont des parois tellement minces que l'on croirait, au premier aspect, que chaque loge ne forme, pour ainsi dire, qu'une vésicule, le suc qu'elles renferment est rouge, fade et rappelle celui des limes; les semences sont rares et souvent avortées.

Orange changeante. Elle est tellement rare que nous ne croyons pouvoir mieux faire que d'emprunter encore aux mêmes auteurs la description fort complète qu'ils en donnent. « Ces fruits, » disent-ils, « varient beaucoup, il s'en trouve d'ovales, d'oblongs et d'ovoïdes, plus ou moins anguleux; les uns sont obtus, les autres terminés par un mamelon; tous, extraordinairement légers dans leur maturité, ont dans leur jeunesse des bandes verdâtres formées de points plus élevés que le reste de la surface, et quand le fruit prend la couleur jaune foncé qui lui est naturelle, ces bandes deviennent rougeâtres; l'écorce est assez mince, d'un blanc un peu jaunâtre et spongieuse dans son épaisseur. Cette écorce se détache assez aisément de la pulpe, qui est formée de grosses vésicules courtes, presque aussi jaunes que la peau, divisée en huit ou dix loges séparées par des cloisons qui se doublent comme dans l'orange de la Chine. L'axe du fruit est souvent détruit et remplacé par un grand vide, quand le fruit commence à mûrir; son eau, toujours peu abondante, est légèrement sucrée; mais celle d'un fruit trop mûr n'a plus ni saveur

21

ni odeur ; les graines sont le plus souvent avortées. »

Orange turque. Elle est petite; sa forme n'est pas constante : tantôt, en effet, elle est sphérique, tantôt ovoïde; ce qui la distingue surtout, c'est qu'elle est bigarrée de bandes longitudinales , qui, d'abord vertes, passent, lors de la maturité, au jaune rougeâtre, tandis que le fond reste jaune clair; l'écorce, assez épaisse, est très-adhérente à la pulpe ; celle-ci est jaune, sa saveur est généralement assez fade; cependant MM. Poiteau et Risso disent en avoir rencontré dont le goût égalait celui des meilleures variétés.

LUMIES, famille des Aurantiacées.

Nous rangeons les lumies dans la classe des fruits acides-sucrés pour nous conformer à la classification que nous avons adoptée et qui est fondée, nous le répétons, sur la prédominance des principes qu'ils contiennent, plutôt que sur les caractères physiques ou externes : nous n'ignorons pas, en effet, que sous ce dernier rapport les lumies se rapprochent davantage des limons que des oranges ; mais nous n'avons pas dû tenir compte de cette circonstance, et nous n'avons eu égard qu'à l'analogie de saveur.

Lumie poire du commandeur. Elle atteint généralement un volume assez considérable ; elle est turbinée, son écorce externe ou zeste est lisse, de couleur vert jaunâtre assez pâle; les vésicules oléifères qui la composent sont convexes au lieu d'être concaves comme dans les autres variétés ; l'écorce interne ou le sous-zeste est parenchymateux , épais, comme spongieux et insipide ; la pulpe est divisée en huit ou dix loges formées de vésicules ovoïdes, gorgées d'un suc assez doux, mais cependant peu savoureux; les semences sont assez nombreuses, petites, ridées, blanchâtres dans leur plus grande étendue , mais rouges du côté de la chalaze.

Cette belle variété acquerrait vraisemblablement plus de suavité, si elle était cultivée sous des climats et dans des expositions favorables.

Lumie de Saint-Dominique. Elle semble, comme la précédente, être une variété d'orange dégénérée; sa forme est ovoïde; son sommet est surmonté d'un mamelon dont la forme n'est pas toujours constante; le zeste est lisse, jaunâtre ; le sous-zeste est blanc, peu adhérent à la pulpe; celle-ci est divisée en dix ou douze loges formées de vésicules qui renferment un suc légèrement acidule et d'un goût peu agréable ; les semences sont généralement rares et manquent même quelquefois par avortement.

Lumie rhegine. Elle se distingue par son volume assez considérable et sa forme ovale; son sommet est surmonté d'un mamelon dont la base est large et la partie supérieure obtuse; son zeste est rugueux et les vésicules qui le composent sont concaves; le sous-zeste est formé d'un parenchyme spongieux, insipide, mais participant un peu cependant de l'odeur du zeste et de la pulpe; celle-ci est divisée en douze ou treize loges qui renferment un suc doux peu sapide ; les semences sont oblongues.

Lumie conique. Cette lumie, comme son nom l'indique, est beaucoup plus large à la base qu'au sommet; son volume est généralement assez gros; le zeste est lisse, de couleur jaune-orange clair ; le sous-zeste est épais, d'une contexture serrée et d'une saveur douce; la pulpe est divisée en huit ou neuf loges composées elles-mêmes de vésicules succulentes et renfermant un suc acide sucré; les semences sont généralement peu nombreuses et rougeâtres.

Lumie jarette. Elle est également d'un assez beau volume; sa forme est turbinée; son zeste, lisse et uni dans presque toute son étendue, est comme strié vers la base; sa couleur est jaune rougeâtre ; le sous-zeste est épais, spongieux et mou ; sa saveur est légèrement amère ; la pulpe est divisée en douze ou quatorze loges composées de vésicules qui renferment un suc acidule peu agréable ; les semences sont rares et rougeâtres.

Lumie de Valence. Elle est surtout remarquable par son volume extraordinaire ; il n'est pas rare, en effet, d'en rencontrer qui pèsent huit et même dix livres. Bien qu'un peu oblongue, elle est arrondie ; son zeste est lisse, de couleur jaune pâle ; le sous-zeste est assez mou, succulent même et d'une saveur douce ; la pulpe, divisée en dix ou douze loges, est acidule-sucrée ; les semences sont arrondies.

Lumie douce. Elle est assez grosse ; sa forme est ovale-oblongue ; son sommet est surmonté d'un mamelon qui offre la trace du style ; on y remarque même souvent la base de cet organe ; le sous-zeste est peu épais ; sa saveur est insipide ; la pulpe, de couleur jaune, est divisée en neuf ou onze loges formées de vésicules succulentes, d'un goût très-agréable. Cette belle variété mérite d'être propagée.

Lumie saccharine. Elle n'atteint pas un volume considérable ; sa forme est ovoïde ; on remarque au sommet un long mamelon qui se termine en pointe et celle-ci est souvent recourbée en forme de bec ; le zeste est d'une belle couleur jaune ; le sous-zeste est mince, un peu amer ; la pulpe est divisée en huit ou neuf loges, le suc qu'elles renferment est acide-sucré et très suave ; les semences manquent souvent par avortement.

Lumie à pulpe d'orange. Elle semble ne former qu'une sous-variété de l'orange ; son volume est médiocre ; elle est terminée au sommet par un mamelon obtus ; le zeste qui l'enveloppe est d'une belle couleur jaune ; le sous-zeste est mince, très-adhérent à la pulpe ; celle-ci est de couleur jaune rougeâtre, divisée en huit ou dix loges formées de vésicules qui renferment un suc assez sucré, mais peu aromatique ; les semences sont rares et souvent même elles avortent toutes.

Lumie à pulpe rouge. Elle offre, quant à la forme du mamelon qui surmonte son sommet, quant à la suavité de sa pulpe, beaucoup d'analogie avec la précédente variété ; mais la rugosité du sous-zeste, et les tubercules qui le recouvrent sont essentiellement différents ; elle est aussi généralement plus petite ; sa pulpe se colore d'un rouge plus intense, elle se divise, en outre, en un plus grand nombre de loges, puisqu'il s'élève de dix à douze.

Lumie limette. Elle n'atteint jamais un grand volume ; sa forme est ovoïde, sa base rétrécie et son sommet arrondi et surmonté d'un mamelon obtus ; le zeste est de couleur jaune assez foncé ; sa surface est rugueuse ; le sous-zeste est blanc, d'une contexture serrée, très-adhérent à la pulpe ; celle-ci est divisée en un nombre de loges qui varie de six à douze ; les vésicules qui la composent sont de couleur indéterminée ; le suc qu'elles renferment est fade, il rappelle celui des limes. C'est à cette circonstance que cette variété doit sa double dénomination.

GRENADE, fruit du grenadier, *punica granatum*, L.; famille des Myrtacées, J.

C'est une baie globuleuse, capsulaire, couronnée par le limbe ou divisions du calice, revêtue d'une écorce coriace qui se colore en jaune rougeâtre, lors de la maturité ; son volume égale celui d'une belle orange ; sa capacité intérieure est divisée en huit ou dix loges formées de cloisons membraneuses. Ces loges renferment des graines anguleuses, et celles-ci sont enveloppées d'une pulpe succulente de couleur rouge et d'un goût très-suave.

Ce beau fruit importé d'Afrique en Italie par les Romains, lors des guerres puniques, ne mûrit malheureusement pas sous le climat de Paris, à moins que ce ne soit dans des serres, encore laisse-t-il, dans ce cas, beaucoup à désirer ; il acquiert dans le midi de la France, où il est maintenant abondamment cultivé, toutes les qualités de ceux qui nous viennent du Midi. La grenade est utilement employée dans l'économie domestique et dans le régime diététique ; la saveur douce, acidule et mucilagineuse de sa pulpe la rend très-propre à étancher la soif ; le suc exprimé, uni à l'eau et au sucre, forme une boisson tempérante et sédative analogue à la limonade, mais un peu plus astringente. Le mélange dans la proportion d'un tiers de suc ou jus sur deux de sucre et convenablement rapproché constitue un sirop très-approprié dans les maladies inflammatoires, et dont on ne fait généralement pas assez d'usage. Lorsque les circonstances de climat, de saison et d'exposition sont réunies, la maturation s'effectue si complétement dans ce fruit, que le principe sucré devient prédominant et l'acidité disparaît, mais ce degré de perfection nous est inconnu; aussi est-on le plus souvent obligé, dans les contrées septentrionales, pour suppléer à cette insuffisance de principe sucré , de rouler les vésicules succulentes qui composent la pulpe dans du sucre en poudre.

Le péricarpe ou écorce de grenade que les anciens , en raison de sa contexture tenace, nommaient *malicorium*, contient du tannin et de l'acide gallique dans des proportions assez notables pour qu'on ait cru devoir en faire usage pour tanner le cuir et notamment dans la préparation du maroquin. La réunion de ces principes la rend aussi très-propre à faire des boissons ou des lotions astringentes. C'est ainsi qu'on l'administre avec succès contre les vers et principalement contre le tænia ; dans ce dernier cas, concurremment avec l'écorce de la racine.

L'arbre qui produit ce beau fruit, connu dès la plus haute antiquité, jouait un rôle important dans les cérémonies judaïques. On rencontre encore des grenades naturelles dans les hypogées. Le musée de Paris et celui de Berlin en contiennent plusieurs antiques; nous en avons vu, dans une collection très-précieuse de fruits trouvés dans les fouilles de Pompéi que possède notre confrère, M. Bonastre.

Pline signale une variété de grenade *apyrène* ou sans noyau; mais, comme l'observe très-judicieusement M. Fée, dans ses commentaires, ce mot ne doit pas être pris dans son acception la plus rigoureuse ; la culture parvient rarement, en effet, à faire disparaître complétement le noyau; elle diminue le plus souvent son volume et augmente d'autant celui du sarcocarpe.

La culture n'a fourni jusqu'ici que trois variétés de grenade : l'une est à grains et suc rougeâtres, c'est la plus commune ; l'autre est à grains et suc jaunâtres, et enfin la grenade naine, *punica nana*, dont le fruit dépasse rarement le volume d'une muscade.

Le grenadier des Antilles diffère trop peu de celui d'Europe pour qu'il soit besoin de décrire son fruit ; la couleur toujours verte de ses feuilles, le pourpre brillant de ses fleurs suffiraient pour en faire l'un des arbrisseaux les plus remarquables de ces îles fortunées. Quelle ne doit pas être, en effet , la satisfaction du voyageur dans ces brûlantes régions, lorsque, après une longue course, il peut reposer sa vue sur son brillant feuillage, étancher sa soif et rafraîchir sa bouche en pressurant le suc de la pulpe rubiconde de son délicieux fruit.

CAIMITE, pomiforme ou à fruit sphérique, *chrysophyllum caïnito*, L.; famille des Sapotées, J.

Ce fruit est de forme globuleuse; son volume égale celui d'une pomme-reinette; il est de couleur vert rougeâtre ou violet, selon les variétés ; sa pulpe est blanche et mucilagineuse, d'une odeur vireuse particulière; elle enveloppe cinq à dix noyaux bruns, aplatis, lisses et comme rongés sur l'une des arêtes.

Le caïmite est très-commun aux Antilles ; il joue, dans les usages économiques, un rôle assez important, surtout comme substance alimentaire ; sa saveur douce et mucilagineuse permet de l'employer, avec succès, dans le régime diététique; sa pulpe succulente tempère la soif et diminue l'excès de chaleur animale.

Les amandes que renferment les noyaux sont émulsives, et, bien qu'un peu amères, on les fait néanmoins entrer dans la composition des laits d'amande ; elles pourraient même à l'instar des amandes amères, *amygdalus communis*, servir à faire des mets d'office et notamment des nougats.

CAIMITE OLIVAIRE OU MONOPYCÈNE, *chrysophyllum monopycenum*. Ce fruit est beaucoup plus petit que le précédent; son volume dépasse rarement celui d'une petite prune ; sa forme est celle d'une olive; sa peau a une belle teinte violacée ; il ne renferme qu'un noyau de forme irrégulière, l'amande qu'il contient est d'une contexture assez molle; elle est oblongue et se termine en pointe. La pulpe du caïmite olivaire a une saveur vineuse qu'elle doit vraisemblablement à un commencement d'altération du mucoso-sucré, assez abondant dans ce fruit; on pourrait, en le plaçant dans des circonstances favorables, en obtenir, par la fermentation spiritueuse d'abord, puis par l'acétification, une liqueur alcoolique qui ne serait pas sans agrément et un vinaigre qui pourrait trouver d'utiles applications dans l'économie domestique et dans les arts.

L'extrême rareté de ce fruit en Europe n'a pas permis jusqu'ici d'en faire l'analyse.

BAOBAB, calebasse du Sénégal, fruit de l'*adansonia digitata,* L.; famille des Malvacées, J.

Il s'offre sous la forme d'une capsule ovoïde à parois ligneuses, charnue ou pulpeuse, divisée en cloisons membraneuses au nombre de dix; son volume égale celui de certaines courges et présente même une structure analogue à celle des cucurbitacées; sa surface est verte et tomenteuse; les semences sont placées au centre d'une pulpe assez abondante, de couleur rougeâtre, d'une saveur mucilagineuse et aigrelette, assez agréable. Pour mettre ses propriétés plus aisément à profit, on en prépare une sorte de limonade dont l'usage est bien approprié dans les contrées brûlantes où croît le baobab. Les Égyptiens et les Nubiens font grand cas de cette pulpe, ils la font dessécher et l'exportent sous le nom de *terre de Lemnos*.

L'écorce ou péricarpe qui, ainsi qu'on l'a vu plus haut, est de nature ligneuse, fournit, par l'incinération, une cendre alcaline, qui, mêlée à l'huile de palmier, forme une sorte de savon presque exclusivement employé dans les usages domestiques.

Examen chimique. On doit à Vauquelin l'analyse du fruit du baobab; il a trouvé que sa pulpe était composée d'amidon, — d'une gomme analogue à la gomme arabique, — d'un acide qu'il n'a pu obtenir cristallisé et qui lui a paru être de l'acide malique, et du sucre incristallisable.

L'observation suivante que l'on doit à ce chimiste célèbre, militant en faveur de la théorie que nous avons donnée des phénomènes de la maturation, nous la rapporterons textuellement, et nous la ferons suivre de quelques commentaires. « La fécule sucrée du fruit, » dit-il, « passe facilement à la fermentation vineuse, qui tourne presque aussitôt à l'acide ; car, comme il y a peu de sucre et beaucoup de matières mucilagineuses et acides existant déjà dans la fécule, la fermentation acéteuse a bientôt lieu. »

Il nous paraît résulter de cette observation que les principes mucilagineux et féculents ne sont prédominants que parce que la proportion d'acide est trop petite pour convertir ces principes en sucre, bien que son énergie soit encore augmentée du concours d'une haute température ; il n'est pas douteux pour nous que, si cette proportion pouvait être augmentée, la conversion en sucre ne soit rendue complète ou presque complète, c'est du moins ce qui résulte des nombreuses expériences auxquelles nous nous sommes livré, et qui ont eu pour objet de démontrer l'analogie qui existe entre la transformation de la fécule en sucre par les acides et la maturation des fruits. (Voir chap. 2.)

Le fruit du baobab est, attendu son astringence, employé avec succès pour combattre les hémoptysies et les dyssenteries, maladies si fréquentes sur les plages brûlantes du Sénégal et des Antilles. L'arbre qui le fournit est aussi extraordinaire par son volume que par sa longévité; Adanson donne, en effet, plus de six mille ans à ceux qu'il a observés en Afrique. Delille, dans son poëme des *Trois règnes*, fait allusion à ce végétal prodigieux dans les vers suivants :

Comparez cette mousse et cet arbuste nain
A cet énorme enfant du rivage africain.

Le baobabier est sans contredit l'arbre le plus colossal que l'on connaisse à la surface du globe; si l'on en croit les voyageurs, sa tige servirait à faire des pirogues d'une seule pièce. Enfin les nègres seraient dans l'usage de pratiquer dans l'épaisseur de son tronc des cavités, où ils ensevelissent ceux que la superstition croit indignes d'une autre sépulture. Grâce aux soins éclairés du jeune prince de Joinville, nous pourrons bientôt voir l'un de ces gigantesques troncs, S. A. R. en ayant fait apporter un du Sénégal en France.

GOYAVE ou gouyave poire, fruit du *psidium piriferum*, L.; famille des Myrtacées, J.

Ce fruit, comme sa dénomination caractéristique l'indique, a la forme d'une poire; son volume dépasse rarement deux pouces et demi de hauteur sur un peu moins de diamètre; sa couleur est jaune, parsemée de points noirs; sa pulpe est, suivant les variétés et le degré de maturation, blanc verdâtre ou rouge pâle; elle est succulente, d'une saveur douce, légèrement aromatique.

Le goyave est très commun aux Antilles; on en fait beaucoup de cas, surtout lorsqu'il a atteint son maximum de maturité; il est alors rafraîchissant et laxatif; mais, s'il est cueilli avant cette époque,

ses propriétés sont bien différentes, car il est alors fort astringent; il doit cette propriété à la présence du tannin, qui n'a pu être modifié pendant la maturation; pour rendre son usage plus certain et plus approprié dans le régime diététique, on en prépare des compotes.

Le suc exprimé de goyave, uni à l'eau et au sucre, dans des proportions convenables, forme une boisson tempérante, analogue à la limonade, et qu'on emploie avec beaucoup de succès dans les maladies inflammatoires.

« Le fruit du goyavier, » dit M. Descourtils dans sa *Flore des Antilles*, « donne à l'analyse de l'acide malique et du mucoso-sucré; la coction de sa pulpe, diminuant sa saveur austère, fait prédominer le principe sucré. »

Nous renvoyons, pour l'explication de ce phénomène, au chapitre *Maturation*; quant à l'analyse donnée par cet observateur, nous la croyons très-incomplète, car jamais l'acide malique ne se rencontre seul, et rarement lorsqu'un fruit a atteint sa complète maturité.

Il existe, comme nous l'avons dit, plusieurs variétés de goyave; la principale est le goyavier à fruit en pomme, *psidium maliforme*. Son volume et sa forme rappellent ce fruit, son arome est analogue à celui de la framboise; il est également alimentaire, on le désigne vulgairement sous les nom de goyave rouge ou des savanes. Le guyavo, *psidium dubium*, est beaucoup moins connu, et ne croît guère que sur les bords de l'Orénoque.

MANGOUSTAN, fruit du *garcinia mangostana*, L.; famille des Guttifères, J.

C'est une baie de la forme et du volume d'une orange; elle renferme une pulpe blanche, succulente, d'une odeur et d'une saveur très-agréables, rappelant celles de la fraise, de la cerise, du raisin et de l'orange tout à la fois. Cette baie est divisée, comme dans le fruit précédent, par des membranes qui forment cloison, et dans chacune desquelles se trouve une semence brune, ridée et aplatie; le tout est recouvert d'une écorce qui, verdâtre à l'état frais, devient pourpre foncé lorsqu'elle est sèche; elle est dure et coriace comme celle de la grenade, avec laquelle elle a, en outre, des analogies de propriétés, car elle est astringente et précipite en noir le sulfate de fer. Les Chinois mettent cette propriété à profit pour augmenter l'intensité de leurs teintures noires.

Ce beau fruit, originaire de l'Archipel indica, est, avant sa maturité, d'un goût très-acidule; mais cette saveur est bientôt masquée, en partie du moins, par la formation du principe sucré, qui y est très-abondant et qui lui fait acquérir ainsi la propriété laxative, ce qui le rend très-précieux dans certains cas de constipation. Son écorce est employée en décoction pour faire des gargarismes ou des tisanes astringentes, que l'on administre avec succès, soit dans les angines, soit dans les hémorragies intestinales ou flux sanguin.

Le MANGOUSTAN DES CÉLÈBES, *garcinia celebica*, vulgairement *oxycarpe des Indes*, *brindonnier*, s'offre sous la forme d'une baie globuleuse, de couleur rouge jaunâtre ou safranée, et quelquefois violette; son volume est égal à celui d'une pomme d'api. Ce fruit reste toujours couronné par le stigmate.

Cette variété reste longtemps acide, surtout lorsque son exposition n'a pas été favorable, ou que la température n'a pas été assez élevée pour favoriser les réactions; cependant, lorsque sa maturation est complète, elle se rapproche du mangoustan cultivé, mais n'atteint jamais la saveur douce, sucrée, et l'arome si suave qui a fait ranger ce dernier parmi les meilleurs fruits.

Son suc exprimé, uni au sucre dans des proportions convenables, forme un sirop acide très-rafraîchissant, que l'on prescrit avec avantage contre les fièvres aiguës ou inflammatoires.

MANGUE, fruit du manguier, *mangifera indica*, L.; famille des Térébinthacées, J.

Il s'offre sous la forme d'une baie dont le volume égale celui d'une petite pêche; un léger sillon divise sa surface; l'écorce pelliculaire est glabre, luisante, constamment verte dans toutes ses parties, à l'exception de celle qui reçoit plus directement l'influence solaire, qui prend en effet, à l'époque de la maturité, une teinte rouge de brique. Cette pellicule se sépare facilement de la pulpe, ses caractères les plus saillants sont: une couleur jaune orangé, qui rappelle celle de la carotte, une tendance à laisser exsuder, aussitôt que le fruit est pelé, le suc résineux qui le gorge, et qui, au lieu d'être renfermé dans des alvéoles cellulaires, semble occuper simplement les espaces libres que laissent entre elles les fibres nombreuses qui constituent en grande partie la chair. Le noyau est assez grand, aplati, environné d'une sorte de feutrage fibreux.

La mangue, très-commune à la Guadeloupe, y est fort estimée des indigènes; mais son goût résineux, qui rappelle celui de la térébenthine, répugne assez généralement aux Européens; son usage alimentaire nécessite une sorte de circonspection qui a pour effet d'éviter que le tissu fibreux qui enveloppe le noyau et qui s'anastomose à la chair ne s'engage entre les dents et n'en rende la mastication difficile et désagréable.

Le suc résineux que ce fruit laisse exsuder, lorsqu'on le pique ou qu'on l'incise, entre dans la matière médicale des Indiens; on l'administre avec succès contre les affections syphilitiques; la pellicule ou peau a une odeur assez suave: macérée dans l'eau-de-vie et sucrée convenablement, elle constitue une liqueur de table qui n'est pas sans agrément.

Le manguier est originaire de l'Inde; il est cultivé depuis longtemps avec succès aux Antilles; on en distingue plusieurs espèces qui diffèrent assez essentiellement de celui que nous venons de décrire; les principales sont les *mangifera laxiflora* et *fœtida*.

MATISIE, abricot du Pérou, fruit du *matisia cordata*, L.; famille des Bombacées, J.

C'est une drupe ovoïde à cinq loges monospermes, renfermant des graines convexes d'un côté et anguleuses de l'autre; on les croit de nature farineuse; mais le fait a besoin d'être constaté; la rareté de ce fruit en Europe n'a pas permis jusqu'ici de l'examiner chimiquement; on sait seulement que sa forme, la couleur de sa pulpe et sa saveur rappellent celles de l'abricot d'Europe.

MAMMÉE ou abricot des Antilles, fruit du *mammea americana*, L.; famille des Guttifères, J.

C'est une sorte de baie succulente, de forme sphérique, rappelant cependant quelquefois celle d'un cœur; le volume de ce fruit est assez considérable; son diamètre dépasse, en effet, ordinairement trois ou quatre pouces; la peau, de couleur jaunâtre, blanchit à l'époque de la maturation; la chair est de contexture fibreuse, elle est traversée par des veines lactées qui lui donnent un aspect marbré; cette chair ou pulpe enveloppe un à quatre noyaux de forme ovale convexe supérieurement et concave du côté où ils se touchent; ils sont, comme dans la mangue, couverts de fibres, dirigés en tous sens et comme feutrés; ces noyaux renferment une amande ligneuse de couleur brune; leur saveur est âcre et austère, le suc, qu'on en extrait par expression, sert en Amérique à marquer le linge; sa trace est indélébile.

Ce fruit diffère, comme on le voit, essentiellement de notre abricot; sa couleur et sa forme sont les seuls caractères qui justifient sa dénomination d'abricot des Antilles. Sa saveur est douce, sucrée,

aromatique; elle rappelle celle de la myrrhe et flatte conséquemment plus le goût des Orientaux que celui des habitans des contrées septentrionales; les fibres qui enveloppent les noyaux, rendent son usage alimentaire assez difficile, surtout lorsqu'il est cru; on en fait des espèces de compotes ou marmelades en le faisant cuire et l'associant au sucre.

ANANAS, bromélie, fruit du *bromelia ananas*, L.; famille des Broméliacées, J.

Ce beau fruit se compose de tous les ovaires réunis, qui deviennent des baies charnues et qui se soudent ensemble; il a la forme d'un *cône* ou pin-pignon; sa couleur varie, mais elle est le plus ordinairement d'un beau jaune doré; ses graines ou semences renferment un endosperme farineux.

Bien qu'on ne sache pas précisément à laquelle des deux Indes on doit l'ananas, cependant les qualités qu'il acquiert sous l'influence d'une haute température ne laissent pas de doute sur son origine intertropicale. Placé au premier rang des fruits connus, à cause du parfum qu'il exhale, et de la suavité de son goût, qui semble participer à la fois de la pêche, de la fraise et de la pomme-reinette, ce fruit n'est pas moins remarquable par l'aspect séduisant qu'il présente lorsque, encore fixé à la plante, et surmonté de sa riche aigrette ou *couronne*, il semble surgir du large faisceau de feuilles carénées et dentelées qui l'entoure et le protége. L'ananas, pour atteindre son maximum de suavité, doit être cueilli lorsque l'arome qui le distingue commence à se développer; puis suspendu, soit dans une serre chaude, soit simplement au soleil si la saison le permet. Cet isolement a pour effet de lui faire perdre une partie de l'eau de végétation qui y surabonde, et de favoriser, par cette soustraction, la réaction des principes et conséquemment la maturation. Ces principes sont, dans la première période de l'existence du fruit, de l'eau, du mucus végétal (géline), des acides malique, citrique et tartrique; puis enfin, dans la seconde, les mêmes acides et du sucre que l'expérience, comme on va le voir, nous a démontré être du sucre cristallisable et identique avec celui de canne.

On prépare avec le suc exprimé d'ananas une sorte de limonade dont l'usage est heureusement indiqué contre la fièvre putride ou ataxique; coupé par tranches et saupoudré de sucre, ce fruit constitue dans cet état un aliment diététique, très-approprié après les maladies graves, et notamment les inflammations des voies digestives; il figure enfin sur nos tables en une sorte de salade dans laquelle on substitue à l'eau-de-vie le vin blanc et surtout celui de Champagne. Le suc d'ananas fermenté forme, dans les contrées où ce fruit est assez commun pour être mis à profit sous ce rapport, une boisson alcoolique très-suave et partant très-estimée.

L'art du confiseur, poussé si loin de nos jours, a permis de conserver l'ananas entier et candi; aussi occupe-t-il maintenant, dans cet état, et avec raison, la première place parmi les confitures sèches; le suc d'ananas, récemment extrait ou conservé par la méthode d'Appert, sert à aromatiser les glaces.

L'examen chimique de ce fruit, devenu presque indigène en France, a prouvé qu'il était formé de sucre, de gomme, d'acides malique, citrique et tartrique, et d'une matière fibreuse assez abondante.

Sucre d'ananas.

Une circonstance favorable nous ayant permis de disposer d'un assez grand nombre de fruits d'ananas, nous avons cherché à connaître quelle pouvait être la nature du sucre qu'il contient; à cet effet, après avoir enlevé les bractées et le sommet des baies, nous avons divisé la partie charnue par tranches, nous l'avons réduite en pulpe, et celle-ci a été partagée en deux portions; l'une a été soumise immédiatement à la presse, le suc qui en est résulté a été saturé, filtré et évaporé jusqu'à consistance de sirop; l'autre partie de la pulpe mise en

contact avec de l'alcool, à 40 degrés pendant plusieurs jours, a fourni un infusum alcoolique, qui, filtré et soumis à une évaporation convenable, n'a pas tardé, ainsi que le sirop résultant de la première partie de l'opération, à fournir des cristaux prismatiques (hexaèdre régulier).

L'ananas, comme les fruits du bananier et du jaquier, semble perdre par la culture la faculté de se reproduire; on le propage ordinairement au moyen d'œilletons que fournissent ses tiges. Sa couronne prend d'ailleurs très-facilement de bouture; il faut cependant se garder de la couper, mais bien la détacher de la tige en la tordant.

L'importance qu'a acquise depuis plusieurs années la culture de l'ananas en France, en Hollande et surtout en Angleterre, nous engage à faire une légère excursion hors des limites que nous nous sommes tracées et à faire connaître les conditions qu'elle exige.

On plante les œilletons dans des pots de cinq à six pouces de diamètre, sur environ autant de profondeur; on les place ensuite sur une couche (1) couverte d'un châssis et d'une forme particulière, qu'on nomme bâche à Ananas. Six mois après, on change et de pot et de terre, avec les précautions d'usage, on renouvelle cette opération, plus ou moins, suivant l'activité de végétation; on augmente aussi la température avec l'accroissement, et cela à tel point que, lors de la maturité, une chaleur de 40 à 45 degrés, loin d'être nuisible, semble ajouter à la suavité de ce fruit délicieux: une humidité trop grande étant plus préjudiciable qu'avantageuse, on ne doit opérer les arrosements qu'avec précaution; on verse l'eau sur le collet de la racine, et avec un ar-

---

(1) Les couches à ananas se font généralement plus épaisses que les autres, en raison de leur durée, qui est assez longue; on les établit sur un lit de pierrailles recouvert de branchages ou fagots, tant pour faciliter l'écoulement des eaux que pour isoler du sol, qui est toujours trop froid. On les compose de fumier de cheval seul ou mêlé de celui de vache, ou mieux encore de fumier recouvert de terre.

rosoir à goulot, pour éviter de mouiller les feuilles; l'eau séjournant dans les aisselles provoquerait infailliblement la pourriture de la tige.

On a remarqué, et cette observation est due à M. Lemon, que les fruits d'ananas qui se forment pendant l'hiver deviennent rarement aussi beaux et aussi bons que ceux qui se forment pendant l'été; cet habile horticulteur est parvenu, en ramenant la culture de cette belle plante à sa plus grande simplicité, à obtenir des fruits qui rivalisent pour leur beauté et leur suavité avec ceux d'Amérique. Une circonstance très-remarquable et qui prouve que cet observateur est dans une très bonne voie, c'est qu'il a, en outre, obtenu de certaines variétés qui ne produisaient pas de graines, et qui, confiées au sol et dirigées avec les mêmes soins, ont fourni de nouveaux sujets.

Espèces et variétés d'ananas.

On cultive plusieurs espèces ou variétés d'ananas; elles diffèrent par leur forme, leur couleur, leur odeur et leur volume; les divers modes de culture auxquels on les soumet, en multipliant les nuances, augmentent aussi le nombre des variétés dans une proportion assez considérable. En attendant qu'une monographie complète de ce fruit soit entreprise, nous allons donner l'énumération suivante des variétés connues; nous l'extrayons du *Manuel complet du jardinier*, par M. Noisette.

ANANAS A FEUILLES OU BRACTÉES ROUGES (*ananas rubra*) : fruit ovale très-allongé, de même couleur que le feuillage ou à peu près, et prenant une belle teinte jaune lors de la maturité; les baies sont d'une grosseur moyenne, au nombre d'environ seize ou dix-huit sur chaque rang de spirale, ce qui donne au fruit un volume assez considérable; on le cultive depuis longtemps, et cependant il est resté assez rare; cette circonstance est due à ce qu'il est plus délicat et donne généralement moins d'œilletons que les autres; il est assez tardif.

ANANAS PITTE OU VERT (*ananas viridis*). Ce fruit est petit, plus parfumé néanmoins que celui des grosses espèces; on ne reconnaît qu'il a atteint son plus haut degré de maturité qu'à son odeur forte et à une légère teinte jaunâtre que prennent ses baies; il est aussi assez rare.

ANANAS GROS FRUIT VIOLET (*ananas macrocarpa violacea*). Les baies sont très-grosses et peu nombreuses; le fruit est sphéroïde; son suc est légèrement acidule et peu parfumé. Cette variété est formée de plusieurs aigrettes superposées; cette circonstance donne à la plante une apparence de vigoureuse végétation et contribue à sa beauté.

ANANAS NOUVEAU à gros fruit (*ananas nova macrocarpa*). Nous cultivons depuis quelque temps cette variété, dit M. Noisette; son fruit acquiert un volume si considérable, qu'il pèse quelquefois dix-huit à vingt livres; ses feuilles ressemblent à celles de l'*ananas-pomme-reinette*, mais elles sont plus grandes et plus larges. Nous ignorons si cet horticulteur a été assez heureux pour obtenir d'aussi beaux résultats; quant à nous, bien que nous ne soyons pas aussi heureusement placé, nous n'en avons même jamais vu.

ANANAS GÉANT (*ananas gigantea*). Ses feuilles atteignent, si l'on en croit le même auteur, quatre à six pieds de longueur; elles sont d'un vert tendre, dépourvues de poussière glauque, profondément canaliculées et à dents distantes les unes des autres. La hampe, haute de deux pieds et demi à trois pieds, porte un fruit de couleur jaune citron à sa maturité; la chair est fondante, sucrée, mais peu parfumée; le volume des baies est assez considérable, leur diamètre est d'environ un pouce, et elles sont au nombre de huit ou dix, ce qui donne un fruit de près d'un pied de long : cette belle variété est assez rustique et productive.

ANANAS DE PROVIDENCE (*ananas providentialis*). Cette variété rare en France, mais plus commune en Angleterre, a ses feuilles légèrement teintes de violet lorsqu'elles commencent à se développer, et généralement plus larges que celles des autres espèces; le fruit est gros, de couleur jaune, assez prononcé lorsqu'il est mûr; il pèse assez ordinairement de cinq à six livres; sa chair ou pulpe est moins délicate et moins aromatique que celle de la plupart des autres variétés.

ANANAS EN PAIN DE SUCRE (*ananas pyramidalis*). C'est un des plus communément cultivés, tant à cause de sa beauté que pour l'excellence de son fruit, qui est de forme allongée, de couleur jaune; ses baies sont plus petites que celles de l'ananas pomme-reinette.

ANANAS PYRAMIDAL A FEUILLES PANACHÉES (*ananas pyramidalis variegata*). C'est une sous-variété du précédent; l'analogie n'existe que dans le fruit; les feuilles sont alternativement rayées de rouge, de vert et de jaune; il est plus rare et présente l'aspect le plus séduisant.

ANANAS SANS ÉPINE (*ananas inermis*). Son fruit est arrondi, de couleur jaune safrané pâle, lavé de violet; sa chair est douce, légèrement acidulée, de contexture fibreuse, et partant moins agréable que celle des autres variétés : il est peu commun.

ANANAS PEU ÉPINEUX (*ananas vix spinosa*). Son fruit est sphéroïde, de couleur jaune citron; les baies sont un peu plus grosses que dans la variété qui précède, mais elles ont l'inconvénient de s'ouvrir lorsque le fruit approche de la maturité; cet ananas est aussi de nature fibreuse et peu aromatique, aussi le cultive-t-on rarement.

ANANAS-POMME-REINETTE (*ananas rotunda*). C'est sans contredit l'une des meilleures variétés; son fruit est arrondi, de couleur jaune citron; les baies qui le composent sont assez grosses, bien conformées; les feuilles sont blanchâtres, en forme de gouttières, peu épineuses; il est abondamment cultivé et avec raison, car son fruit délicieux rappelle le goût si suave de la pomme-reinette; c'est à cette circonstance qu'il doit la dénomination qui le distingue.

ANANAS A FEUILLES PANACHÉES (*ananas variegata*). Sous-variété du précédent; son fruit atteint généralement un volume moins considérable, il est aussi moins odorant, et n'acquiert jamais une aussi belle couleur; néanmoins il n'est pas complétement dépourvu de qualités; il est plus rare, mais cette circonstance est vraisemblablement due à ce qu'il est moins recherché, car il n'est pas moins rustique.

ANANAS NÈGRE (*ananas nigra*). Son fruit, d'abord très-noir, jaunit un peu en mûrissant; sa forme rappelle celle de l'ananas-pomme-reinette; ses baies sont plus petites; il est moins suave que les autres, et plutôt cultivé à cause de sa singularité que pour sa qualité, qui est médiocre.

ANANAS FRUIT BLANC (*ananas alba*). Il est tellement rare qu'on doute s'il a jamais existé, bien qu'il ait été signalé par Dumont de Courset et par tous ses copistes.

ANANAS DU MONT-SERRAT (*ananas flava*). Il est aussi rare que le précédent, il y a même lieu de croire qu'il est perdu ou dénaturé.

On cultive aux Antilles, indépendamment des espèces rouge et jaune, une variété connue sous les noms d'*ananas conique*, d'ananas à *couronne de Jérémie*; son fruit a un parfum plus prononcé que celui des autres espèces, mais le suc qu'il renferme est moins doux, il rappelle à la fois le goût de la pêche et celui de la fraise; quoi qu'il en soit, en l'associant au sucre, son parfum semble se développer encore et il acquiert alors une grande suavité; le suc exprimé, mis à fermenter dans des conditions favorables, forme un vin ou boisson alcoolique, fort agréable et très estimé des indigènes.

LITCHI PONCEAU, litchi de la Chine, fruit de l'*euphoria punica*, L.; famille des Sapindées, J.

Ce fruit, du volume et de la forme d'un œuf de pigeon, est hérissé de petites pyramides anguleuses, analogues à celles que présente l'ananas; sa peau est résistante et coriace, la pulpe qu'elle revêt est de couleur rosée; sa saveur est fort agréable et rappelle celle du raisin muscat.

Le litchi est originaire de la Chine. Introduit d'abord à l'Ile-de-France, il a été ensuite importé dans nos colonies d'Amérique. Il est, en général, très-estimé et regardé avec raison comme l'un des meilleurs fruits; aussi figure-t-il dans ces divers pays sur les tables les plus somptueuses. Les Chinois le font sécher au four, à la manière de nos pruneaux; il forme, dans cet état, une branche de commerce assez importante sous le nom de cerise de la Chine.

Examen chimique. Le suc de litchi ponceau se rapproche beaucoup, quant à sa composition chimique, de celui de l'ananas; il contient des acides malique et citrique, — du sucre (nous ignorons s'il est cristallisable, nous n'avons pas eu l'occasion de l'examiner), de la gomme et des sels à base de chaux.

Il existe une autre variété de ce fruit plus connue sous le nom de longane, *euphoria longana*; elle offre avec la première cette différence qu'elle est moins grosse, que sa surface est lisse et de couleur jaunâtre; elle est vulgairement connue sous le nom d'œil-de-dragon.

COROSSOL HÉRISSÉ, vulgairement sappadille, fruit de l'*anona muricata*, L.; famille des Anonées, J.

Il s'offre sous la forme d'une grosse baie polysperme uniloculaire, rappelant celle d'un cœur oblong, un peu recourbé à la base; l'écorce ou peau est écailleuse, de couleur vert jaunâtre, hérissée de pointes molles courbées en griffes, d'abord verte, mais passant au brun roux lors de la maturité; la chair ou pulpe est blanche, fibreuse, succulente, composée d'utricules oblongs qui renferment les graines ou amandes; celles-ci sont plates, allongées; leur surface est noire et luisante.

Le corossol a une saveur douce, sucrée, légèrement acidule, et une odeur résineuse qui le rend peu agréable pour ceux qui n'y sont pas habitués; aussi est-il généralement plus goûté des indigènes et des créoles que des étrangers: pour en faire usage, on en sépare soigneusement la peau, dont la saveur est amère, âpre et aromatique.

Examen chimique. Bien que l'écorce ou peau n'ait pas été analysée, on peut conclure, de la manière dont sa décoction se comporte avec certains réactifs, qu'elle contient du tannin et de l'acide gallique; la pulpe est composée de principe mucoso-sucré ou de gélatine et de sucre, d'acides végétaux et principalement d'acide malique, et d'un principe aromatique très-fugace.

Corossol, cœur-de-bœuf ou réticulé, vulgairement manillier, assiminier de Virginie, *anona reticulata vel triloba*; il est beaucoup moins gros que le précédent; il est également cordiforme, mais plus régulier; il prend, lors de la maturité, une teinte jaune, qui passe facilement au brun; l'écorce est glabre, réticulée par des lignes qui, en se croisant, forment des aréoles anguleuses; la pulpe, moins agréable que la précédente, est blanche ou rouge, suivant la sous-variété qui la fournit et le degré de maturation; elle se rapproche par sa saveur de celle de l'*avocat*, c'est-à-dire qu'elle réunit le goût du beurre à celui de la noisette. Les nègres la mangent avec assez de plaisir, mais les étrangers en sont, en général, peu friands.

Examen chimique. M. Lassaigne, ayant eu l'occasion d'analyser l'*anona triloba*, a trouvé que ce fruit se composait des principes suivants: cire, — chlorophylle, — une faible proportion de matière amère, — du sucre cristallisable, fermentescible, — une matière mucilagineuse, — de l'acide malique, des malates de chaux et de potasse, — du ligneux.

La cire et la résine verte paraissent résider, comme l'a démontré M. Proust, plus particulièrement dans l'enveloppe qui recouvre la pulpe, ainsi que cela a lieu dans le plus grand nombre des fruits.

Corossol écailleux, vulgairement cathiment, atte, pomme-cannelle (*anona squamosa*). Ce fruit est de forme ovale-oblongue , sa surface se compose de mamelons obtus et imbriqués ; la partie où s'insère l'ombilic offre une cavité assez profonde ; la chair est blanchâtre, fondante et succulente, d'un goût aromatique, agréable et doux, rappelant celui de la cannelle, ce qui lui a fait donner le nom assez impropre de pomme-cannelle.

Ce fruit, comme ceux qui précèdent, est principalement composé de mucoso-sucré et d'acide; son écorce contient aussi une proportion assez notable de tannin ; il est encore plus aromatique.

Par la fermentation du corossol on obtient une boisson alcoolique assez agréable ; mais le peu de principe sucré que contient ce fruit, ne donnant lieu qu'à la formation d'une quantité assez faible d'alcool, cette boisson se conserve assez difficilement et passe promptement à l'acidité.

Les graines de corossol, réduites en poudre, sont employées avec succès pour détruire la vermine; elles doivent cette propriété à la présence d'un principe âcre qu'elles renferment.

FRAISE, fruit du fraisier commun, *fragaria vesca*, L.; famille des Rosacées, J.

Ce qu'on regarde généralement comme étant le fruit du fraisier n'est réellement qu'une réunion d'ovaires placés sur un réceptacle convexe, qui devient charnu, et à la superficie duquel sont comme implantées un grand nombre de graines nues.

Le fraisier, indigène de l'Europe, croît abondamment et naturellement dans les bois et les forêts ; il est, en général, très-productif, et tellement, que, lorsque le sol et l'exposition sont favorables, il couvre la terre de ses feuilles et de ses fruits; ceux-ci sont plus ou moins gros , suivant les variétés et surtout suivant le mode de culture qu'on emploie; leur couleur varie aussi du blanc au rose , et de celui-ci au rouge pourpre; enfin leur forme est ronde ou oblongue. La culture semble malheureusement faire perdre à la fraise en suavité ce qu'elle gagne en volume : personne n'ignore la supériorité qu'ont, sous ce rapport, celles des bois sur celles cultivées dans les jardins.

Examen chimique. —Les principes chimiques qui composent les fraises sont principalement de l'acide malique, du sucre incristallisable, de la gélatine végétale, un principe aromatique très-fugace et beaucoup d'eau de végétation. Ce fruit est rafraîchissant et diurétique; son usage dans le régime diététique est souvent fort utile; chez quelques personnes cependant, et notamment chez celles qui ont, comme on le dit vulgairement, l'estomac froid, elles ne réussissent pas, et donnent souvent lieu à l'indigestion; son suc, exprimé, sucré et étendu d'eau, forme une boisson tempérante et rafraîchissante à la fois , d'un usage très-agréable et d'une heureuse indication dans les maladies inflammatoires. Linnée a préconisé le suc de fraise dans la gravelle et la goutte.

L'arome des fraises s'associe fort agréablement avec le sucre. Pour rendre leur usage plus approprié à certains tempéraments, on les baigne dans du vin blanc ou rouge; elles sont alors d'une digestion plus facile et incommodent rarement.

La grande quantité d'eau que contient ce fruit , la délicatesse de son tissu ne permettent pas de le conserver longtemps dans son état naturel ; mais, par le procédé d'Appert, on conserve son arome assez exactement pour pouvoir communiquer sa suavité à certains mets d'office, tels que crèmes, glaces, etc.; on en prépare des liqueurs de table.

Pour obvier au défaut de conservation de la fraise, on dirige sa culture de manière à en avoir pendant tout l'hiver : deux moyens sont, à cet effet, mis en pratique; le premier consiste à placer des châssis sur une planche de fraisier et à l'entourer d'un réchaud de fumier; le deuxième, qui est plus simple, mais plus dispendieux , consiste à planter des fraisiers dans des pots que l'on place ensuite sur les tablettes d'une serre chaude ; le seul soin qu'ils réclament dans cet état est de les arroser de temps en temps.

Les anciens ne connaissaient pas la fraise commune, ils donnaient ce nom au fruit de l'arbousier, que l'on nomme encore vulgairement arbre à fraise.

Parmi les espèces de fraisiers on distingue le fraisier-coucou, dont la vigoureuse végétation semble promettre de beaux fruits, mais qui, étant malheureusement stérile, doit être plutôt détruit que cultivé; le fraisier du Chili, dont les fraisiers, de Bruxelles, ananas, de Bath et de Cantorbéry, ne sont que des variétés.

Espèces et variétés de fraises.

Les principales variétés sont le fraisier des bois, celui des Alpes, de Bargemont, hétérophylle, de Florence, à feuilles simples, de Virginie à petites fleurs, de Virginie à grandes fleurs, de Deschamps, de Duchesne ou marteau , de Montreuil, de Longchamp , et vineuse de Champagne.

FRAISE DES BOIS (*fragaria silvestris*). Elle est pendante, les divisions du calice sont réfléchies en arrière; sa forme est généralement ronde, mais quelquefois cependant oblongue; elle se colore lors de sa maturité d'un beau rouge vif, surtout dans la partie qui reçoit plus directement les rayons du soleil ; chacune des petites cavités que présente la surface du fruit renferme une petite graine puce peu adhérente ; ce caractère distingue la fraise de la framboise, dont la graine est renfermée dans sa propre substance.

La fraise des bois a une saveur et un arome qui l'emportent de beaucoup sur ceux des autres espèces ou variétés; la culture, loin de développer et d'augmenter ces qualités, les altère et les anéantit même quelquefois ; il n'est pas rare, en effet, de voir cette variété, cultivée très-communément maintenant dans nos jardins, perdre en suavité ce qu'elle gagne en volume; la sous-variété à fruit blanc est encore moins odorante.

FRAISE DE MONTREUIL ou FRESSANT (*fragaria portentosa vel hortensis*). Cultivée avec le plus grand soin à Montreuil, Charonne et Bagnolet, elle atteint quelquefois un volume considérable et semble formée de la réunion de plusieurs fraises dont les sommets seraient libres; cette circonstance est surtout remarquable dans les premiers produits ; cette forme est si peu constante que, vers la fin de la saison, les fruits, bien qu'encore assez gros, sont très-réguliers. Cette variété se rapproche, quant à la qualité, de celle des bois, mais, ainsi que nous l'avons dit plus haut, elle perd en suavité ce qu'elle gagne en grosseur , comme si la nature avait établi une sorte de compensation entre la suavité et le volume.

Nous aurons , dans le cours de cet ouvrage , souvent l'occasion de reproduire cette observation , car elle s'applique à beaucoup d'autres fruits.

FRAISE DES ALPES (*fragaria semperflorens*). Cette fraise, plus souvent oblongue que ronde, ne prend cette dernière forme que par une sorte de dégénération; sa chair est blanche au centre et lavée de rouge à la circonférence; sa suavité égale presque celle de la fraise des bois , elle est beaucoup plus grosse; la plante qui la fournit est très-productive.

Il existe une sous-variété de cette fraise blanche presque inodore et peu sapide; elle croît naturellement et semble n'être autre chose que la même variété dégénérée.

FRAISE-GAILLON (*fragaria semperflorens, var.*). Récemment trouvée à Gaillon; elle est très productive, d'un goût suave et d'une belle couleur rouge, tardive et peu répandue ; on en connaît une sous-variété à fruit blanc, signalée par M. de Vindé ; mais ces deux variétés offrent cette singularité, qu'elles se transforment, pour ainsi dire, par le plus ou moins de culture, la variété à fruit rouge en variété à fruit blanc, et *vice versa*.

FRAISE BUISSON (*fragaria efflagellosa*.) Elle n'atteint pas un volume plus considérable que celle des bois non cultivée ; elle est assez suave; la plante qui la fournit, ne produisant pas de coulants, offre l'avantage de pouvoir être cultivée en bordure.

FRAISE FLEUR DOUBLE (*fragaria duplex vel multiplex*). Elle est petite, très-acidule; sa forme simule la réunion de deux fruits, mais ce caractère n'est pas constant; il exige, pour se produire, un terrain très-fertile et constitue alors la variété que les amateurs désignent sous le nom de *fraise à trochet*.

FRAISE UNE FEUILLE (*fragaria monophylla*). Sa forme est allongée, sa qualité est médiocre, la plante qui la produit est peu productive et plus curieuse qu'utile.

FRAISE DE BARGEMONT (*fragaria Bargemontis vel bifera*). Elle est assez commune; son diamètre dépasse rarement huit à neuf lignes, sa hauteur est un peu plus grande, sa forme varie du long à l'ovale; sa couleur est, dans presque toute son étendue, d'un rouge obscur et souvent d'un brun noirâtre, surtout lorsque la maturité est complète; elle offre à la base une empreinte étoilée, moins colorée que le reste du fruit; elle est produite par les divisions persistantes du calice. Ce caractère étant invariable dans quelques variétés, MM. Poiteau et Turpin ont proposé d'en faire un caractère distinctif; les graines sont ou brunes ou jaunâtres; la chair est assez ferme, le suc est très acidule et aromatique. Cette fraise doit avoir atteint son maximum de maturité pour être douce; elle l'emporte alors pour la suavité sur la fraise des bois elle-même; sa couleur étant moins riche, son aspect est aussi moins séduisant; elle est assez hâtive.

FRAISE HÉTÉROPHYLLE VERTE (*fragaria heterophylla*). Elle est plutôt ronde qu'ovale; son diamètre atteint rarement plus de huit à dix lignes; elle est extérieurement de couleur rouge brun, surtout lorsqu'elle a atteint son maximum de maturité; sa chair est rouge clair ou blanche, les divisions calicinales forment, comme dans la variété qui précède, une étoile plus claire que le reste du fruit; elle est due à une sorte d'étiolement; les graines, rouges ou jaunâtres, sont grosses et très-dures; ce caractère, les rendant assez désagréables à manger, fait qu'on les recherche peu. Cette variété est plus aromatique que savoureuse, aussi ne la cultive-t-on guère que dans les collections.

FRAISE DE CHAMPAGNE, VINEUSE DE CHAMPAGNE (*fragaria campana vel angulosa*). Elle est très-rare et ne se rencontre guère, comme celle qui précède, que dans les collections. MM. Poiteau et Turpin font remarquer, avec raison, qu'on devrait la désigner sous le nom de fraise de Champagne seulement, car elle n'est pas toujours vineuse. Cette observation nous paraît d'autant plus juste, que la vinosité ne peut guère être considérée comme un caractère, attendu que les fraises et les pêches, chez lesquelles on le remarque le plus ordinairement, ont certainement éprouvé, à cette époque, un commencement d'altération. Il est moins facile qu'on ne pense de déterminer dans les fruits dont la conservation est difficile, et ceux-ci sont de ce nombre, l'époque à laquelle l'altération commence à s'effectuer; les réactions sont alors si faibles, qu'il est impossible de les apprécier.

FRAISE A PETITES FEUILLES (*fragaria parvifolia*). Elle est petite, un peu allongée, de couleur rouge clair, très-succulente et sapide; les graines qui couvrent sa surface sont rares : cette variété, cultivée chez M. Vilmorin, est encore assez peu commune.

FRAISE DE VIRGINIE OU DU CANADA (*fragaria canadensis*, M.; *coccinea*, D.). Elle est généralement ronde, atteint rarement plus de huit ou dix lignes de diamètre et autant de hauteur; sa couleur est d'un beau rouge écarlate, mais un peu plus foncée, cependant, du côté qui reçoit plus directement l'influence solaire, surtout à l'époque de la maturité; les graines sont petites et peu saillantes; la hampe, généralement assez courte, porte quatre à six fruits réunis au sommet; ceux-ci se montrent dans le courant de juin. Cette variété exige une exposition favorable pour atteindre toute sa perfection.

FRAISE-VIRGINIE A GRANDES FLEURS (*fragaria Virginia grandiflora*). Elle est moins rare que la précédente, et conséquemment mieux connue; ses fruits sont un peu plus gros et oblongs; ils présentent, quant à la couleur, qui est aussi écarlate, et la profondeur des réceptacles séminaux, les mêmes caractères que la précédente; leur chair est plus ferme, leur arome est assez prononcé, mais peu suave; cette variété ou mieux sous-variété mûrit vers la fin de juin.

FRAISE - ROSEBERRY; elle est assez grosse, oblongue, d'une qualité supérieure aux autres fraises écarlates; elle doit conséquemment leur être préférée, et d'autant plus qu'elle est très-productive; mais la ténuité de sa tige ou hampe rend sa culture assez difficile, car le fruit, traînant à terre, oblige à avoir recours au *paillage*; elle est le plus généralement, et surtout en Angleterre, cultivée sous châssis ou en serre.

Aux fraises écarlates nous ajouterons *l'écarlate oblongue*, *l'écarlate américaine*, *le duc de Kent* et *la Crimstone*: les premières sont assez productives et se soutiennent assez bien; la dernière est grosse, très sucrée, tardive, traçante, et d'une végétation vigoureuse.

FRAISE DE CAROLINE OU BIGARREAU (*fragaria lucida caroliniana*). Elle est ronde, de couleur rouge vif, succulente; sa chair est blanche, lavée de rose à la circonférence, peu savoureuse. Cette variété est assez productive; on en connaît une autre à fruit long, obtenue de graine, par Duchesne, mais elle est encore assez rare.

FRAISE DE BATH (*fragaria bathanica*). Elle est assez grosse, de forme peu constante; sa chair est lavée de rose ou de ponceau, sur un fond blanc; elle est poreuse, légère, peu succulente et faiblement aromatique.

FRAISE-ANANAS (*fragaria ananas*, D.; *grandiflora*, *Willd*.). Elle est grosse, assez allongée, d'un vif incarnat; les réceptacles séminaux sont très-caves et rares; la chair est ferme, aromatique. Cette variété est assez hâtive; ce qui la distingue, ce n'est pas seulement le volume de son fruit, mais la tendance qu'ont les pédoncules à prendre un assez fort développement et à figurer une sorte de massue.

FRAISE DE DOWNTON (*fragaria Downtonis*). Elle est grosse, oblongue, d'un rouge très-foncé, tirant sur le noir; sa chair est ferme, savoureuse. Cette variété, qui nous vient d'Angleterre, est très-productive, d'une grande suavité, et mérite conséquemment d'être propagée dans nos jardins.

FRAISE SEMENCE DE KEEN (*fragaria Keen's seedling*). Elle est roide, remarquable par son volume et sa couleur rouge foncé; la chair est assez ferme, d'un rouge moins intense, d'un goût très-suave; cette variété est aussi très-productive et est pour nous une bonne acquisition, car, ainsi que celle qui précède, elle ne peut que gagner encore sous l'influence de notre climat.

FRAISE-DUCHESNE OU MARTEAU (*fragaria Duchesne*). Cette variété offre des caractères si tranchés, qu'elle pourrait être rangée parmi les espèces; elle est décrite avec tant de soin dans le bel ouvrage de MM. Poiteau et Turpin, que nous ne croyons pouvoir mieux faire que de rapporter textuellement leur description. « Cette fraise, » disent-ils, « est de moyenne grosseur, allongée du côté du calice, ventrue et arrondie, à tête de pilon par l'autre bout, lavée de rouge terne d'un côté, souvent verdâtre et peu colorée de l'autre; il y a fort peu de graines parfaites, et, chose singulière, elles sont saillantes sur certaines fraises et enfoncées sur d'autres; prises sur le même pied et sur la même hampe, les graines avortées restent petites et jaunâtres, tandis que les autres sont grosses et de couleur puce; cette fraise a la chair ferme et est très-succulente; sa saveur est relevée, et d'un goût difficile à définir; elle est marquée d'une étoile à la base, et son pédoncule se détache avec bruit lorsqu'on la cueille. »

FRAISE DE FLORENCE (*fragaria Florentiæ*). Elle ressemble beaucoup, quant au volume et à la forme, à la fraise des Alpes; sa couleur, constamment blanche, se fonce et roussit un peu lorsque la maturité a atteint sa dernière période ; ses graines sont très-apparentes et de couleur jaunâtre, la chair est acidule-sucrée et très-aromatique ; c'est incontestablement la variété blanche la plus estimée, car, ainsi qu'on a pu le voir, les variétés blanches sont, en général, peu savoureuses et semblent représenter les variétés rouges dégénérées.

FRAISE DU CHILI OU FRUITILLIER (*fragaria chiloensis*). Originaire d'Amérique, comme son nom l'indique, et importée en France en 1712, par un officier de marine nommé Frézier, cette espèce est cultivée avec le plus grand succès depuis cette époque aux environs de Brest ; elle se distingue par son volume qui égale celui d'un petit œuf de poule ; sa couleur, d'un jaune rougeâtre assez pâle, s'avive, du côté frappé du soleil, d'une nuance dorée, très brillante ; sa forme est tantôt allongée, tantôt carrée et angulaire, quelquefois même elle est arrondie ; ses graines, assez nombreuses et implantées dans de grandes alvéoles, sont de couleur puce. Cette fraise, toujours accompagnée du calice qui l'embrasse étroitement, est portée par une hampe tellement vigoureuse, que, malgré son poids, ce fruit présente, lors de sa maturité, sa pointe au soleil ; cette espèce est sans contredit, de toute la race, celle qui présente la végétation la plus vigoureuse ; sa beauté et sa suavité la font rechercher des amateurs.

Il existe une variété de fraisiers du Chili dont toutes les fleurs sont hermaphrodites ; son fruit, moins gros que le précédent, est aussi moins suave : elle n'est toutefois pas sans mérite, elle a surtout l'avantage d'être très-productive.

FRAISE SUPERBE DE WILMOT ; elle semble tenir le milieu entre la fraise du Chili et la fraise ananas ; son volume est aussi très-considérable ; quelquefois même elle atteint, suivant M. Wilmot, auquel on la doit, jusqu'à huit pouces de circonférence ; sa couleur est d'un rouge assez intense, sa chair est savoureuse et

agréable ; cette variété n'est malheureusement pas très-productive.

FRAISE DES INDES (*fragaria indica*). Elle est très-remarquable en ce qu'elle succède à des fleurs jaunes ; sa forme est ovale-arrondie, sa couleur rouge vif ; les graines qui parsèment sa surface sont assez espacées et saillantes, les interstices qu'elles laissent sont lisses, comme vernissés ; le calice, à cinq divisions qui l'enveloppent en partie, tranche, par sa couleur vert intense, sur son bel incarnat et lui donne l'aspect le plus séduisant ; il est à regretter que l'arome et la saveur soient si peu en harmonie avec un *facies* aussi heureux.

FRAISE DE LONGCHAMP (*fragaria Longchamp*). On ne la rencontre guère, attendu sa rareté, que dans les écoles d'horticulture et les collections d'amateurs ; elle est produite par un très-petit fraisier dont les feuilles également petites sont d'un vert sombre ; elle est succulente, savoureuse et estimée.

Cette variété est assez exiguë dans toutes ses parties pour figurer avec avantage dans les collections de plantes microscopiques des Chinois.

CAPRON, *fragaria elatior*.

Les caprons forment un groupe dans le genre fraise ; ils semblent participer de la fraise coucou et de celle du Chili ; ils offrent cependant des différences assez tranchées.

Capron mâle : il est généralement plus gros que la fraise commune et moins que celle du Chili, il est peu savoureux ; sa chair est assez ferme et souvent cotonneuse ; le capron mâle est peu commun et d'autant plus rare, qu'on ne le cultive guère que pour féconder les fleurs du capronier femelle ; ils offrent tous deux une assez grande analogie pour qu'on les confonde souvent et même avec le fraisier coucou, qui, comme on sait, est très-productif. Les jardiniers, n'ayant pas toujours assez de connaissances pour distinguer les fleurs du capronier mâle de celles du capronier femelle, les laissent bien à tort subsister simultanément : le premier, offrant, en effet, une végétation plus vigoureuse, s'empare du terrain, étouffe les femelles, et on n'a bientôt plus de fruit. Cette circonstance a jeté de la défaveur sur les caprons, qu'on regarde à tort comme peu productifs.

Capron commun : il est oblong, de forme conique, d'abord rouge, puis brun; sa chair est succulente, d'un blanc jaunâtre, quelquefois rosée; les semences qui garnissent la périphérie sont assez saillantes, plus nombreuses au sommet qu'à la base, qui en est quelquefois complétement dépourvue; il mûrit à la fin de juin et au commencement de juillet.

Capron royal ou *parfait*, capron de Fontainebleau, de Bruxelles: il est de forme ovoïde; sa couleur passe du rouge clair au rouge foncé; sa chair est ferme, peu succulente, blanche au centre et lavée de rose à la circonférence; il est très-adhérent à la hampe, et à tel point qu'il se déchire souvent plutôt que de céder; les graines sont saillantes et n'occupent qu'environ les deux tiers supérieurs du fruit, l'autre tiers est lisse et blanchâtre.

Capron abricoté : cette variété ne diffère de celle qui précède qu'en ce que le fruit est moins allongé et qu'il se rapproche, en conséquence, du fruit dont il emprunte le nom; il passe au rouge brun lors de sa maturité et se rapproche beaucoup, pour la saveur, du capron commun; ses graines sont saillantes, sa chair est pâteuse; comme toutes les grosses espèces, ce capron offre, au centre, une cavité plus ou moins grande lors de sa maturité.

Capron framboise; ce capron est d'un rouge plus clair que les précédens; les graines sont aussi moins saillantes; il se rapproche enfin, par son facies et sa saveur, de la framboise; sa chair est douce, très-succulente et d'une suavité qui le fait rechercher des connaisseurs.

Un caractère bien tranché qui rapproche singulièrement les caprons des fraises, c'est qu'ils ont aussi leurs graines à la périphérie; elles sont même encore plus saillantes que chez ces derniers; ce fruit est généralement moins estimé que la fraise, bien que plus gros et au moins aussi productif; ses propriétés sont les mêmes, avec cette différence cependant, qu'étant moins suave, il est aussi d'une digestion moins facile.

FRAMBOISE, fruit du framboisier, *rubus idæus*, L.; famille des Rosacées, J.

Ce fruit s'offre sous la forme d'une baie composée elle-même de petites baies ovales soudées entre elles; celles-ci renferment chacune une petite graine qui a la forme d'un haricot. Ce qui distingue surtout les framboises des fraises, c'est que les premières ont les graines renfermées dans leur propre substance, tandis que les autres les ont comme fixées ou implantées, comme on l'a vu plus haut, à leur périphérie.

Le framboisier diffère des ronces en ce que ses tiges sont droites, au lieu d'être couchées; il croît, comme elles, dans les lieux incultes. On en connaît plusieurs variétés : les principales sont le framboisier commun à fruit rouge, celui à fruit blanc, ceux des bois, de Malte et couleur de chair. Les premières sont les plus répandues et surtout celles à fruit rouge; elle est aussi la plus estimée; son fruit est d'une belle couleur rouge cerise; sa saveur est douce, sucrée et légèrement aromatique.

On sert rarement la framboise seule sur les tables, on l'associe le plus ordinairement avec la fraise ou la groseille; son arome, qui est particulier, se marie parfaitement avec ceux de ces fruits. La framboise, attendu la grande quantité d'eau de végétation qu'elle contient, est, comme la fraise, peu propre à faire des confitures; mais on la fait souvent entrer dans celle de groseille et elle lui communique un parfum très-agréable.

Ce fruit est très-rafraîchissant macéré dans le vinaigre, et uni au sucre dans des proportions convenables, c'est-à-dire deux livres de sucre sur une de macératum; ce mélange forme, après un rapprochement convenable, *le sirop de vinaigre framboisé*, si utilement employé en médecine contre les maux de gorge et les fièvres typhoïdes, et dans les usages économiques comme boisson rafraîchissante. On prépare en outre, avec la framboise, un peu de cannelle et de girofle, un alcoolat aromatique très-agréable et qui figure à la fin des repas, comme *liqueur de table*, sous le nom de *ratafia de framboise*.

Ratafia de framboise.

On prend une ou deux livres de framboises, suivant leur état de fraîcheur, on les met à macérer avec une livre de sucre blanc réduit en poudre grossière; deux ou trois heures après, on verse sur le mélange deux litres d'eau-de-vie; on abandonne de nouveau, mais plus longtemps, puis on filtre et on conserve pour l'usage. Quelques personnes y ajoutent de la cannelle et du girofle; mais cette addition dénature le goût si franc de la framboise.

Le suc de framboise, fermenté, fournit une boisson alcoolique assez estimée dans le nord de l'Europe; mais sa conservation dans d'autres contrées serait assez difficile, attendu qu'elle passe assez promptement à la fermentation acéteuse.

Examen chimique. Les framboises fournissent, à l'analyse, de l'acide citrique,— de l'acide malique, — du sucre cristallisable, — du mucilage ou gélatine végétale insoluble, — une matière colorante rouge, analogue à celle trouvée par Berzelius dans les fruits rouges et dans certaines feuilles d'automne, — de la fibre végétale et un principe aromatique assez fugace, mais moins cependant que celui de la fraise, et qu'on s'est assuré être une huile essentielle. M. Bley a suivi, pour l'extraire, le procédé suivant; il a pris du suc de framboise, l'a soumis à la distillation après l'avoir étendu d'eau; le produit, saturé, laissa déposer, après un long repos, une assez grande quantité de petits flocons d'une huile essentielle concrète; une partie s'éleva à la surface et l'autre se précipita au fond du vase. Cette

huile dont la quantité était très-faible, bien qu'il ait agi sur trente livres (15 kilogram.) de framboises, dissoute néanmoins dans l'éther et évaporée, laissa une petite quantité d'un liquide aqueux contenant des traces d'huile essentielle concrète sous forme d'écailles micacées.

L'huile essentielle de framboise est soluble dans l'éther, dans l'alcool et dans l'eau; elle communique à ses dissolvants une odeur de framboise très-prononcée; elle est également soluble dans l'ammoniaque et dans la potasse caustique sans saponification; chauffée avec la solution de ce dernier alcali, elle répand une odeur de violette.

Lorsque ce fruit a dépassé un certain degré de maturité, il est sujet à être attaqué par les vers et par une sorte de punaise dite des bois; cette dernière lui communique une odeur d'acide formique très-désagréable.

Framboise des bois : ainsi que la fraise des bois, elle est plus petite, plus aromatique et plus suave que celle cultivée : on doit en général, lorsque les localités le permettent, la préférer pour la préparation du sirop et du ratafia de framboise.

Framboise commune à gros fruit rouge; elle est cultivée depuis longtemps et a perdu en suavité ce qu'elle a gagné en volume; la difficulté que l'on éprouve à se procurer en assez grande abondance la framboise des bois augmente son importance comme produit horticole : elle n'est cependant pas sans mérite et forme l'objet d'un commerce assez important pour être cultivée en grand dans quelques villages des environs de Paris.

Framboise blanche : elle est aussi belle, mais moins suave que la framboise rouge; aussi est-elle moins cultivée, et ne figure-t-elle guère sur les tables que pour former une sorte de contraste avec la variété rouge.

Framboise de Malte ou de deux saisons, rouge et blanche; elle ne diffère des deux précédentes que par sa fécondité; après avoir produit l'été, elle remonte à l'automne et donne de nouveaux fruits; il faut néanmoins que l'arrière-saison ait été bien favorable pour que les derniers produits égalent en suavité les premiers; quoi qu'il en soit, cette variété doit fixer l'attention des amateurs et engager à propager sa culture.

RONCE DES HAIES ou frutescente, fruit du *rubus fruticosus*, L.; famille des Rosacées, J.

Ce fruit, comme le précédent, avec lequel il offre beaucoup d'analogie, se compose d'un grand nombre de petites baies ovales, monospermes, soudées ensemble et renfermant chacune une graine réniforme. Bien que la ronce ait une saveur assez fade, elle n'en est pas moins très-recherchée par les enfants; son usage abusif détermine même souvent chez eux des accidents et notamment la constipation; elle jouit, comme toutes les autres parties de la plante, d'une propriété détersive assez puissante pour qu'on ait cru devoir la faire entrer dans la composition de gargarismes détersifs et astringents, que l'on administre avec succès contre les angines ou inflammations de gorge.

Examen chimique. La ronce des haies est, attendu sa couleur rouge foncé, employée en Provence pour colorer les vins trop pâles: sa composition, moins simple que celle de la framboise, a été trouvée, suivant John, être: résine des traces, — matière colorante rouge, — sucre incristallisable, — gomme, — parties muqueuses, — acide malique, — malate et peut-être aussi citrate de chaux et de potasse, — phosphate de potasse et phosphate de chaux.

RONCE FRUIT BLEU (*rubus cæsius*). Cette espèce est surtout remarquable par sa belle couleur bleu d'azur clair; elle doit cette dernière nuance à une sorte de poussière glauque qui la recouvre, car sa pellicule est bleu foncé; son suc est agréablement acidule, et pourrait, dans l'usage médical, remplacer avec avantage celui de la ronce des haies; ce fruit atteint un assez beau volume et mûrit en septembre.

RONCE DE PENSYLVANIE (*rubus trivialis*). Elle est de couleur noire, luisante; sa forme est ovale-allongée; son diamètre atteint généralement neuf à dix lignes et sa hauteur dix à douze; chacune des petites baies qui la composent est divisée longitudinalement par un sillon; sa chair est violette et son suc rouge; ses graines sont assez grosses et résistent sous la dent; sans cet inconvénient, elle l'emporterait de beaucoup sur les autres espèces, car son suc est moins fade et son arome plus suave. Cette ronce mûrit en août et septembre; elle pourrait, avec avantage, entrer pour moitié dans la composition du sirop de mûres; elle ajouterait bien certainement à ses propriétés.

On cultive encore les ronces grimpantes, *rubus scandens*; ronce des Alpes, *rubus saxatilis*; ronce velue, *rubus hispidus*; celles à cinq feuilles, du Canada, de Virginie, odorante, dont les fruits sont sucrés et assez gros.

MURE, fruit du mûrier, *morus nigra*, L.; famille des Urticées, J.

Ce fruit est formé d'une sorte de baie composée des écailles du calice, persistantes et charnues, recouvrant le fruit lui-même, qui est un akène un peu comprimé; lorsqu'il a atteint son maximum de maturité, il est ovoïde, allongé, de couleur rouge pourpre presque noir, mamelonné comme les framboises, mais avec cette différence que la partie charnue est formée par le calice, tandis que, dans le fruit du framboisier, c'est le péricarpe lui-même qui est succulent et charnu; les semences que renferment les baies sont de forme triangulaire-ovale et glabres.

On n'est pas d'accord sur la patrie originaire du mûrier; quelques auteurs le font venir de la Chine, et d'autres de l'Asie-Mineure; toujours est-il qu'il fut importé de l'un de ces pays à Constantinople, puis en Grèce, où sa propagation fut telle, qu'une partie de ce pays dut à cette circonstance le nom de Morée.

La maturité des mûres s'effectue généralement dans le courant d'août; la grande quantité de mucilage qu'elles contiennent les rend très-propres à étancher la soif, aussi jouissent-elles, sous ce rapport, d'une grande popularité; elles sont toutefois peu appétives et on s'en rassasie assez facilement; leur saveur est aigrelette, sucrée et mucilagineuse; on les sert rarement sur les tables somptueuses; cette circonstance est vraisemblablement due à la couleur vineuse qu'elles communiquent à tout ce qu'elles touchent, car elles ne sont pas dépourvues d'agrément. Les anciens les regardaient comme très-propres à entretenir la santé; Horace fait, en effet, dire à Cassius que, pour se bien porter pendant les chaleurs, il faut manger des mûres à la fin des repas et les cueillir, surtout avant le soleil levé.

On met à profit la propriété colorante des mûres, dans quelques circonstances, et notamment pour aviver les vins pâles et colorer certaines liqueurs, compotes ou confitures; un fait assez remarquable, c'est que la teinture pourpre foncé que produit le suc de mûres est détruite par le suc du même fruit lorsqu'il est encore vert; il est vrai de dire que le jus de citron, l'oseille et le verjus produisent le même effet.

La mûre sauvage était connue du temps de Virgile; dans sa sixième églogue, il rapporte ainsi l'espièglerie qu'Eglé joue à Silène, ivre encore du vin qu'il avait bu la veille et que de jeunes bergers avaient lié avec des guirlandes de fleurs.

Eglé, dès que Silène ouvre à peine les yeux,
D'une mûre aussitôt lui rougit le visage.

Les volailles sont assez généralement avides de mûres; elles engraissent celles de basses-cours.

On prépare avec les mûres des boissons rafraîchissantes et un sirop qu'on emploie avec succès dans les inflammations de la gorge ou des gencives et qu'on fait entrer dans la composition des gargarismes détersifs et astringents : on l'assimile souvent aux figues grasses et au miel.

Examen chimique. Bien qu'une analyse exacte de la mûre soit encore à faire, on sait cependant qu'elle contient des acides tartrique et gallique, — du sucre, — de la géline ou gélatine végétale,— une matière colorante rouge et des traces de tannin.

Ce fruit, placé dans des circonstances favorables au développement de la fermentation, peut fournir, suivant que celle-ci est plus ou moins prolongée, une liqueur alcoolique ou du vinaigre.

Sirop de mûres.

Pour le préparer, on prend des mûres non encore complétement mûres, on les mêle à partie égale en poids de sucre grossièrement pulvérisé; on abandonne pendant quelques heures pour que l'eau de végétation du fruit puisse opérer successivement et par déplacement la solution du sucre; on place ensuite sur un feu doux pour faciliter cette action, puis on verse le tout sur un tamis ou sur une étamine; le sirop ainsi obtenu est conservé dans des bouteilles bien sèches. Les proportions prescrites par le codex sont : une livre de suc dépuré du fruit et trente onces de sucre.

MURE SAUVAGE, fruit de la ronce faux mûrier, *rubus chamæmorus*, L.; famille des Rosacées, J.

C'est un akène composé de petites baies succulentes fixées sur un réceptacle unique et réunies en un cône concave intérieurement; les semences sont oblongues, solitaires dans chaque granule.

Ce fruit est assez agréable; c'est à tort qu'on le suppose malsain, les enfants le recherchent avec avidité, sans qu'il en résulte pour eux d'autre inconvénient que l'abus qu'ils peuvent en faire, par une trop grande consommation. Dans quelques contrées, on fait avec ce fruit un vin comparable à celui de raisin; mais comme sa maturité ne s'opère que successivement, il est difficile d'effectuer ce genre de fabrication avec avantage.

On en fait en Provence un emploi assez considérable pour la coloration du vin muscat rouge.

Ce fruit jouit es mêmes propriétés que la mûre noire, mais à un plus haut degré.

MURE de Virginie, fruit du *morus Virginiana;* famille des Urticées.

Le développement de ce fruit offre les particularités suivantes : les chatons mâles et femelles naissent avec les feuilles, ils sont solitaires et pédonculés ; les chatons mâles qui semblaient n'avoir pour fonction que de féconder les chatons femelles tombent immédiatement après l'émission du pollen. Ces derniers se développent et deviennent succulents, ils atteignent généralement quinze à dix-huit lignes de long, s'inclinent par suite de leur pesanteur et deviennent pendants ; ils se colorent et passent du vert jaunâtre au rouge, puis au rouge pourpre et enfin au noir. Ces fruits sont plus hâtifs que ceux du mûrier commun ; ils ont, en outre, un arome plus suave.

On cultive plusieurs autres espèces de mûrier, qui sont : le *mûrier rouge,* le *mûrier de Constantinople* et le *mûrier de la Chine* ou *mûrier à papier* ; mais leurs fruits n'offrant que peu ou point d'intérêt, nous nous abstiendrons de les décrire. Parmi les variétés on distingue le *mûrier blanc,* dont les fruits sont en tout semblables, sauf la couleur, à ceux du mûrier noir ; le *mûrier rose,* le *mûrier grosse reine,* le *mûrier langue-de-bœuf,* le *mûrier nain* et le *mûrier lacinié* ; comme elles sont plutôt cultivées pour leurs feuilles, qui servent à la nourriture des vers à soie, que pour leur fruit, nous nous bornerons à les mentionner.

L'une des principales variétés du mûrier blanc, le mûrier multicaule, *morus multicaulis,* est depuis quelques années très-abondamment cultivé en France ; son acclimatation formera bientôt l'une de ses richesses agricoles les plus importantes.

CERISE, fruit du cerisier, *prunus cerasus;* famille des Rosacées, J.

C'est une drupe charnue, arrondie, divisée d'un côté par un sillon longitudinal plus prononcé à la base qu'au sommet. La pellicule ou peau qui la revêt est plus ou moins rouge à l'époque de la maturité et suivant les variétés ; la pulpe est molle, d'un blanc jaunâtre, demi-transparente, d'une saveur généralement assez douce ; elle environne un noyau rond, muni d'une arête latérale qui correspond au sillon tracé sur la peau ; l'amande qu'il renferme est blanche, résistante et légèrement amère, surtout lorsque la pellicule ou épisperme n'en a pas été séparé.

Ce fruit doit son nom à la petite ville de Cerasonte, de la province de Pont, en Natolie ; il fut importé à Rome par Lucullus, vainqueur de Mithridate.

Le sage dans la foule aimait à voir ses mains
Porter le cerisier en triomphe aux Romains.
ROUCHER.

Ces maîtres du monde, dignes appréciateurs de tous les genres de conquêtes, en connurent bientôt huit espèces ou variétés, une rouge, une noire, une tellement molle qu'on pouvait à peine la transporter, une autre ferme et résistante qui se rapprochait de notre bigarreau, une assez petite et d'une saveur amère, une autre, enfin, dont la tige n'excédait pas deux pieds, et qu'ils appelaient cerise naine. Si l'on en croit Pline, cette variété, lorsqu'on en faisait un usage immodéré, causait des vertiges et enivrait à l'égal du vin. Nous sommes, sous ce rapport, beaucoup plus riches que les Romains, car on n'en compte maintenant pas moins de 50 à 60 tant espèces que variétés. Les progrès presque journaliers que fait l'horticulture permettent de croire que ce nombre augmentera encore : le climat de l'Europe paraît très-approprié à la culture de ce fruit ; ce qu'il y a de certain, c'est que cette partie du monde, la France surtout, possède dans les trois principales variétés de merisier, le *meri-sier à haute tige, à fruit ferme* et *résistant*, celui *à fruit mou*, et enfin celui *à fruit acidule*, les types des bigarreaux ou cerises à chair ferme, des guignes ou cerises douces et à chair tendre, des cerises acides ou griottes; d'où on peut conclure que Lucullus n'a pas doté l'Europe d'un nouveau fruit, mais bien d'une espèce cultivée, vraisemblablement la griotte, bien supérieure en qualité à celles sauvages, qui croissaient dans les antiques forêts des Gaules.

La cerise est, sans contredit, l'un des fruits les meilleurs et les plus utiles, tant par les ressources qu'elle offre à l'alimentation, qu'à cause de ses propriétés diététiques; c'est aussi l'un des plus beaux; l'aspect de ces globules empourprés se marie si heureusement, en effet, avec le vert foncé des feuilles, qu'il est bien difficile de résister à ce genre de séduction, et de garantir ce fruit de l'atteinte des enfants, et surtout des oiseaux, qui en sont, en général, très-friands.

Bien que, dans le plan que nous nous sommes tracé, l'histoire anecdotique des fruits doive jouer un rôle fort accessoire, nous ne pouvons néanmoins nous dispenser de rappeler le fait suivant, qui a donné lieu à l'institution, à Hambourg, de la fête des cerises. «En 1412,» dit M. Malo, *loco citato*, « les hussites menacèrent la ville de Hambourg d'une destruction prochaine; un bourgeois nommé Wolf proposa d'envoyer, en députation aux ennemis, tous les enfants de sept à quatorze ans enveloppés dans des draps mortuaires. Procope Crassus, chef des hussites, fut touché de ce spectacle; il accueillit ces jeunes suppliants, les régala avec des cerises, et leur promit d'épargner la ville; ce qu'il fit, en effet; les enfants revinrent couronnés de feuillages tenant des cerises et criant victoire. Depuis ce temps, à une époque déterminée, les enfants se promènent dans les rues en tenant des rameaux verts chargés de cerises. »

Les cerises, et notamment celles dites griottes, bien que généralement laxatives et rafraîchissantes, sont cependant plus nourrissantes que les autres espèces du même genre; cette différence est vraisemblablement due à la proportion plus considérable de principe sucré; on met souvent à profit cette propriété en en conseillant l'usage, lorsque, après des maladies graves, on veut sustenter les convalescents et néanmoins leur tenir, comme on le dit vulgairement, le ventre libre.

Le jus exprimé de cerise, étendu d'eau et désigné dans le régime diététique sous le nom d'*eau de cerises*, forme également une boisson qui, dans certains cas, remplace avec avantage la limonade; le suc de cerise est, en général, composé d'acide, de gélatine et de sucre dans des proportions qui varient suivant les espèces et le degré de maturation.

Vin de cerises.

Écrasées et placées dans des circonstances favorables au développement de la fermentation, les cerises fournissent une sorte de boisson alcoolique ou vin, qui n'est pas sans agrément, surtout lorsqu'on l'a activée par l'addition d'un peu de sucre ou de miel; elle est très-appropriée dans les pays chauds, aussi son usage est-il très-répandu en Espagne et même en Provence; elle se conserve malheureusement assez difficilement.

Marasquin.

Cette liqueur, si estimée lorsqu'elle a été préparée à Trieste ou à Zara en Dalmatie, s'obtient par la fermentation d'une petite cerise appelée *marasca* : pour l'obtenir, on fait la récolte des cerises, lorsqu'elles ont atteint leur maturité; on en sépare le pédoncule ou queue; on les écrase ensuite, avec les noyaux ou une partie seulement, pour éviter la présence d'une proportion trop considérable d'acide prussique ou hydrocyanique; on soutire le jus qui en résulte, et on y fait fondre du miel dans la proportion d'une livre par quintal de cerises employées; on jette le tout dans une cuve et on laisse fermenter; on distille ensuite dans des alambics munis de grilles, pour éviter le contact trop direct du feu. On abandonne le produit alcoolique pendant six mois environ, pour faciliter la combinaison des principes, et on rectifie, on ajoute, avant l'introduction dans des bouteilles, une once environ de sirop de sucre très-blanc par livre de liqueur et on conserve.

Ratafia de cerises.

Pour préparer ce ratafia, on choisit des cerises de Montmorency bien mûres et bien saines, on en sépare les queues, que l'on conserve, on les écrase et on met, poids pour poids, de cerises écrasées et d'eau-de-vie à 22 degrés dans un bocal; on fait macérer au soleil pendant un mois environ en agitant le vase de temps en temps, on ajoute alors six onces (183 grammes) de sucre par litre de liqueur; on filtre, lorsque le sucre est fondu, et on conserve suivant l'usage. On augmente la suavité de cette liqueur en ajoutant des framboises ou des guignes, ou mieux encore quelques merises écrasées avec leurs noyaux et un peu de cannelle; ce n'est plus alors un ratafia, mais une liqueur composée.

Cerises à l'eau-de-vie.

Pour que cette préparation réunisse toutes les conditions désirables, c'est-à-dire que le liquide spiritueux dans lequel plonge le fruit participe de l'arome qui le distingue et que sa conservation soit facile, il importe de l'effectuer à deux époques et conséquemment en deux fois.

A cet effet, on prend quatre pintes d'eau-de-vie, un demi-gros de cannelle, huit ou dix clous de girofle, suivant leur grosseur, et douze onces de sucre; on écrase sur un tamis quatre livres de cerises précoces ou à confire, *la Montmorency*, par exemple, et on ajoute à l'eau-de-vie le jus qu'elles fournissent; on introduit le tout dans un bocal d'une capacité suffisante;

quelques jours après, on ajoute le suc exprimé d'une demi-livre de framboises; puis, à l'époque de la maturité des cerises tardives, le *gobet à courte queue*; on filtre le liquide que renferme le bocal, on le remplit de cette variété dont on a préalablement coupé les queues, et on y verse de nouveau la liqueur; on ferme soigneusement au moyen d'un bouchon ou d'un parchemin et on conserve pour l'usage.

Confiture de cerises.

Pour effectuer cette préparation d'économie domestique, on prend deux parties de cerises dites de Montmorency; aussitôt qu'elles commencent à rougir, on en sépare les pédoncules ou queues et les noyaux, et on met la pulpe dans une terrine vernissée. D'autre part, on prend une partie de sucre; on en fait, en ajoutant suffisante quantité d'eau, un sirop que l'on cuit à la plume; on laisse refroidir à moitié et on verse encore chaud sur les cerises. On abandonne ce mélange pendant vingt-quatre heures, on décante ensuite le liquide, on le fait rapprocher de nouveau et on le verse sur les cerises. On répète cette opération une troisième fois, s'il est nécessaire, pour opérer une transmutation bien complète entre l'eau de végétation des cerises et le sirop; on coule ensuite dans des pots et on conserve. On peut, avant de les fermer, y ajouter les amandes épluchées et privées d'humidité par une dessiccation bien ménagée.

Il existe un autre procédé qui consiste à mêler à deux tiers de pulpe de cerises un tiers de suc de groseilles, à placer le tout sur le feu jusqu'à ce qu'une partie de l'eau de végétation soit évaporée, à ajouter ensuite, c'est-à-dire quinze à vingt minutes après, trois quarterons de sucre par livre de fruit, à laisser rapprocher jusqu'à ce qu'en versant quelques gouttes de la confiture sur une assiette on voie le déplacement s'effectuer difficilement; la cuisson opérée, on verse dans des pots que l'on couvre soigneusement après le complet refroidissement.

Cette confiture est, en général, plus consistante que la première; mais elle participe moins du goût de la cerise.

Sirop de cerises.

On prend de belles cerises bien mûres et bien saines, l'espèce griotte, par exemple; on en détache les queues, on enlève les noyaux, on met la pulpe sur le feu avec un peu d'eau pour faciliter l'extraction du jus. Après un ou deux bouillons, on passe avec une légère expression. Le jus ou suc écoulé est ensuite mêlé dans une bassine avec du sucre blanc concassé dans la proportion de 28 à 30 onces sur une livre de jus; on chauffe d'abord légèrement, puis au degré convenable pour opérer la cuisson, en ayant soin d'enlever l'écume qui se forme; on passe ensuite dans une étamine assez lâche et on conserve, après refroidissement, dans des bouteilles bien sèches. Quelques personnes ajoutent un peu de suc de framboise pour augmenter la suavité de ce sirop; mais il perd alors la saveur franche de la cerise. Le sirop de cerises, moins acide que celui de groseilles, le remplace dans beaucoup de cas avec avantage.

Cerisettes.

Dans certaines contrées et notamment dans le midi, on conserve les cerises entières; elles prennent alors le nom de cerisettes. Le procédé consiste à les étendre sur des claies qu'on place au soleil, lorsque le temps le permet, ou dans des fours peu de temps après en avoir retiré le pain. Cette dessiccation devant s'opérer lentement, on expose alternativement les claies au soleil et au four; on les place ensuite dans des sacs de papier ou dans des boîtes pour les conserver, en ayant le soin surtout de les placer dans un lieu sec. Elles figurent dans les desserts d'hiver avec les quatre mendiants et s'associent très-bien avec les pruneaux cuits, dont elles relèvent la saveur fade et nauséabonde.

Conservation des cerises, procédé d'Appert.

Ce mode de conservation consiste à introduire les cerises, après les avoir choisies et privées d'une partie de leurs queues, dans des bouteilles à large ouverture; on bouche soigneusement ensuite, en prenant les précautions que nous avons indiquées au chapitre *Conservation des fruits*, car le succès de l'opération en dépend; on place au bain-marie, en ayant le soin de mettre du foin entre chaque bouteille; on chauffe jusqu'à l'ébullition; on retire du feu ou on couvre celui-ci de cendre, ce qui revient au même, et on abandonne jusqu'à ce que le refroidissement soit à moitié opéré; on retire alors les bouteilles et on les place dans un lieu frais. Lorsque l'opération a été bien conduite, les cerises n'ont rien perdu de leur saveur et de leur arome, qu'elles communiquent aux glaces et aux sorbets.

Marmelade ou pâte de cerises.

Ces sortes de conserves ne diffèrent guère que par la consistance : le procédé pour les obtenir consiste à plonger des cerises, préalablement privées de leurs queues, dans un sirop de sucre bouillant, puis à évaporer jusqu'à consistance; s'il s'agit d'obtenir la pâte, on place la marmelade sur des tablettes ou dans des boîtes et on continue l'évaporation à l'étuve. Ces conserves, très-agréables et très-saines, sont d'une heureuse indication lorsqu'il s'agit d'entretenir, dans un état normal, les fonctions digestives, chez les enfants et les vieillards, dans la saison principalement où l'alimentation s'effectue, en grande partie, sans le secours des produits végétaux et notamment des fruits.

L'art du confiseur s'est exercé sur ce fruit; il figure dans les compositions d'office, glacé, caramelé, en compotes alcoolisées, etc., etc., et contribue ainsi à varier les desserts somptueux. Enfin, ainsi qu'on le pratique pour les groseilles, on trempe les cerises dans une sorte de neige de blancs d'œufs, on les roule dans du sucre en poudre, on place au soleil ou dans une étuve pour effectuer un commencement de dessiccation, et on conserve dans des boîtes de sapin bien sèches.

Les cerises entrent, en outre, dans la composition de certaines pâtisseries, on en fait des tartes très-agréables ; mais pour cela on doit avoir fait choix de cerises acidules : celles qui proviennent du cerisier sauvage ou non greffé sont très-appropriées à cet emploi; aussi voit-on figurer ce genre de mets dans les campagnes sur les tables les plus modestes et dans les plus humbles chaumières.

Les pédoncules ou queues de cerises, séchés et infusés dans l'eau, fournissent une boisson ou tisane apéritive et tempérante, que l'on administre, avec succès, contre les rétentions d'urine et l'inflammation des voies urinaires.

Espèces et variétés de cerises.

Pour faciliter l'étude des cerises, on les a partagées en deux grandes divisions : la première comprend les cerises rondes ou griottes, la deuxième les cerises en cœur; on range dans cette dernière les merises, les guignes et les bigarreaux.

Cerise ou griotte commune. Elle est d'une belle couleur rouge : sa forme est arrondie, sa grosseur moyenne, sa peau assez fine et sa chair demi-transparente; le noyau est petit, eu égard au volume du fruit; il est lisse, renferme une amande qui occupe toute sa capacité et qui se compose de deux lobes égaux ou cotylédons, dont la substance est de couleur blanc de lait.

On en connaît deux variétés, l'une grosse et qu'on cultive à Sceaux, Châtenay et Verrières; elle est assez hâtive et par cela même mangée rarement dans son état de perfection, attendu que les habitants de ces villages s'empressent de la cueillir pour la vendre aux fruitiers de Paris, qui en forment des paniers ou bouquets, et satisfont ainsi les amateurs de précocité, et l'appétit naturel des enfants pour les fruits nouveaux et surtout aigrelets. L'autre variété, qu'on nomme cerise

de la Madeleine ou tardive, offre les mêmes caractères, mais elle est plus douce ; son noyau est petit, lisse, teinté de rouge dans le fruit, mais il prend une couleur grise lorsqu'il en est séparé et qu'il est séché.

Cerise griotte dite *à la feuille.* Elle est petite, acidule et semble un diminutif de la précédente, quelques auteurs pensent qu'elle est le type des griottes; l'arbre qui la produit croissant naturellement dans les bois, cette circonstance donne assez de valeur à cette hypothèse. Cette espèce est, attendu son acidité, très-propre à entrer dans la composition des tartes; elle leur communique sa belle couleur et la fraîcheur de son goût.

Cerise à trochets. Elle est surtout remarquable par sa belle couleur, sa suavité et sa fécondité; elle est peu cultivée et ne figure guère que dans les collections.

Cerise à bouquet. Cette singulière variété offre les caractères suivants : sa forme est arrondie; elle est généralement sessile et réunie, en plus ou moins grand nombre, à l'extrémité d'un pédoncule commun, qui n'offre, du reste, rien de particulier, et dont la longueur dépasse rarement quinze à dix-huit lignes; ces cerises sont très-serrées, comprimées même dans les parties où elles se touchent, mais bien distinctes cependant; elles renferment chacune un noyau blanc dont la cavité est remplie par une amande de même couleur; la peau est résistante, d'un beau rouge vif; la chair est ferme et blanche. Les bouquets sont composés d'un nombre de fruits d'autant plus grand que l'arbre est plus vieux. Du reste, ces cerises sont très-acides et conséquemment d'une qualité médiocre; on ne les mange guère qu'en compote ou roulées dans du sucre en poudre.

La singularité que présente la réunion de dix à douze cerises fixées à une seule queue fait regretter qu'on ne multiplie pas davantage cette variété; il n'est pas douteux qu'une culture bien entendue ne l'améliorât : elle pourrait figurer alors dans les desserts. Cette variété mûrit vers la fin de juin.

Cerise courte-queue. Elle est déprimée à la base et au sommet; le sillon longitudinal qui la partage latéralement est assez profond; son volume est médiocre; sa hauteur dépasse rarement huit lignes, et son diamètre neuf; sa couleur est rouge clair; la queue, grosse et courte, a généralement de huit à dix lignes de longueur; le noyau est rond, l'amande qu'il renferme est blanche et amère.

Cette variété, bien qu'assez acide, est cependant estimée; elle est recherchée de préférence, attendu sa fermeté, pour la conservation dans l'eau-de-vie; sa maturité s'effectue en juillet.

Cerise de Montmorency. Cette cerise, d'abord d'un rouge assez clair, se fonce lorsqu'elle atteint son maximum de maturité; elle est d'un assez beau volume lorsque l'arbre est jeune; dans le cas contraire, elle s'amoindrit. Le pédoncule, généralement assez long, s'insère dans une cavité profonde; sa chair est blanche, douce, sucrée, d'autant moins acide qu'elle est plus mûre. Sa maturité s'effectue dans le courant de juillet et conséquemment lorsque les autres variétés sont déjà passées.

C'est à tort qu'on a cru cette espèce perdue; elle semble, il est vrai, dégénérée sur certains arbres trop vieux, mais il suffit, comme nous nous en sommes assuré, de la greffer sur de jeunes sujets et principalement sur merisier, pour la voir reproduite avec tous ses avantages.

Cerise gros gobet, gobet à courte queue. Elle est, en effet, portée par un pédoncule dont la longueur dépasse rarement six à sept lignes. Cette cerise est assez grosse, déprimée à la base et au sommet; sa peau est d'un rouge assez vif; sa chair, d'un blanc jaunâtre, est douce et très-agréable.

Cette excellente variété est peu répandue; l'arbre qui la fournit est, il est vrai, peu productif, mais il mérite néanmoins d'être propagé.

Cerise de Villennes. Elle est assez grosse, car elle atteint généralement de onze à douze lignes de diamètre; elle est portée par un pédoncule gros et bien nourri, long d'environ seize à dix-huit lignes; la peau est mince, d'un rouge clair; la chair est blanche et succulente; son acidité la rend très-propre à faire des compotes, des tartes et des confitures; elle mûrit en juillet.

Cerise guindoux de Paris. Elle diffère peu de la précédente; elle est cependant un peu plus hâtive; sa couleur est plus prononcée; sa saveur plus douce la rend plus propre à être mangée crue.

Cerise de Hollande ou *du Nord.* Elle est généralement de grosseur moyenne; le sillon qui la divise latéralement est plutôt indiqué que profondément marqué; sa peau, d'abord d'un rouge assez pâle, passe au rouge brun, lors de la maturité; sa chair est blanche, teinte de rose; sa saveur est acidule et assez agréable.

Cette variété ne mûrit que vers le milieu d'août, sous le climat de Paris, et est conséquemment tardive; elle est très-commune en Hollande et atteint dans ce pays un degré de maturité plus complet; elle persiste longtemps sur l'arbre et supporte assez facilement les premières gelées.

Cerise royale d'Angleterre. On en distingue deux variétés, l'une hâtive et l'autre ordinaire.

La cerise royale hâtive porte aussi les noms de *may-duck, cherry-duck, holman's-duck,* qui dérivent de l'anglais, mais qui, ainsi qu'on le voit, sont aussi insignifiants, considérés sous le rapport scientifique, que le nom français, que nous devons également à nos voisins d'outre-mer. On ne la distingue de celle ordinaire, qui est maintenant très-commune, que par la dénomination de *royale-anglaise ancienne*; elle est déprimée à la base et au sommet; son diamètre atteint de douze à quatorze lignes; sa hauteur est un peu moindre; sa peau, de couleur rouge brun, se fonce encore et se tiquette de noir, lors de la maturité; sa chair, d'abord d'un jaune clair, devient plus tard d'un rouge pourpre foncé; sa saveur est douce et un peu amère; son noyau est presque complétement globuleux, un peu rougeâtre.

On cultive généralement cette variété

en espalier; elle réussit très-bien à Montreuil, près Paris; elle offre cette singularité, disent MM. Poiteau et Turpin, que les fleurs ne rougissent que peu ou point, tandis que celles de la cerise royale ordinaire prennent une couleur rouge assez intense. Elle mûrit dans la première quinzaine de juillet sur le plein-vent, et dans la dernière quinzaine de juin, lorsqu'elle est cultivée en espalier.

Cerise royale ordinaire ou *ambrée*. Cette cerise, comme la précédente, est déprimée à la base et au sommet; sa peau, de couleur rouge pâle, ne change pas sensiblement, lors de la maturité; sa chair, d'un beau jaune d'ambre, est douce et sucrée.

Cette variété, qui mûrit en juillet, est connue en Normandie sous le nom de cerise musquée; mais il faut que le sol et l'exposition soient bien favorables pour que sa chair rappelle cette odeur.

Cerise grosse guindolle. Elle est fortement déprimée au sommet et à la base, et dépasse rarement, en volume, neuf lignes de hauteur sur un pouce de diamètre; sa peau est d'un beau rouge clair; sa chair est blanche, très succulente et légèrement acide; son pédoncule, ordinairement assez long, est implanté dans une cavité de peu d'étendue.

Cultivée le plus généralement en espalier, cette cerise mûrit dans les premiers jours de juillet.

Cerise doucette ou *belle de Choisy*. Cette belle variété est très-estimée, tant pour sa saveur que pour sa couleur, qui est rouge clair ambré; sa surface est tiquetée de petits points bruns. Son volume dépasse rarement dix à douze lignes de hauteur sur un diamètre à peu près égal; elle est généralement arrondie au sommet et déprimée à la base; sa chair est d'une contexture si délicate, qu'en présentant le fruit entier entre l'œil et la lumière on aperçoit le noyau; celui-ci est petit et ovale, il renferme une amande assez douce; le pédoncule est long, et prend quelquefois une teinte rosée.

Cette belle cerise est, sans contredit, une des plus belles et des plus recherchées; elle est très-sucrée et très-suave; il est à regretter que l'arbre qui la produit soit peu productif. La finesse de la peau, le goût mielleux de la pulpe, font que les oiseaux en sont très-avides.

Cerise de la Toussaint. Elle est généralement assez petite, déprimée à la base et au sommet; le sillon qui la divise latéralement est peu prononcé; sa peau, lisse et résistante, est d'une belle couleur rouge pourpre; sa chair est ferme et acidule; elle enveloppe un noyau rond et blanc, celui ci une amande assez résistante, d'une saveur amère très-prononcée.

Cette variété, attendu son acidité, est peu recherchée, mais l'arbre qui la fournit a le port très-gracieux; elle doit son nom à la floraison de celui-ci, qui se produit et s'étend de mai à la Toussaint.

Cerise d'Italie, cerise du pape. C'est bien certainement l'une des plus grosses que l'on connaisse, elle est d'une belle couleur rouge; sa chair ressemble à celle du gros gobet, mais elle est plus ferme; son pédoncule est long et assez grêle, il dépasse quelquefois deux pouces.

Cette belle variété est assez tardive; sa maturité ne s'effectue, en effet, que vers la fin de juillet; elle offre cette singularité, qu'on trouve souvent sur le même arbre des fruits verts et des fruits qui ont atteint leur maximum de maturité, comme si certaines branches avaient été ligaturées ou annulairées.

GRIOTTES proprement dites.

Les griottes diffèrent des cerises en ce qu'elles sont généralement d'un rouge tellement intense, qu'elles paraissent noires; leur pellicule ou peau est luisante; leur chair est ferme, souvent colorée et légèrement amère. M. Bosc les fait dériver du cerisier cerasonte ou d'Asie, et M. Tollard du merisier d'Europe, dont elles sont, comme le bigarreau et la guigne, une amélioration.

Grosse griotte noire. Cette sorte de cerise est presque sphérique; son volume est tel qu'il n'est pas rare de voir de ces fruits dont le diamètre atteint jusqu'à dix-huit lignes; sa peau, d'un rouge pourpre foncé, est très-luisante; sa chair est également rouge, mais un peu moins intense que la peau; le noyau est assez gros, de couleur rouge pourpre, lorsqu'on l'extrait du fruit, mais passant bientôt au rouge pâle; l'amande qu'il renferme est blanche et amère.

Ce fruit est fixé à un long pédoncule, il est peu recherché à cause de son acidité et de son amertume.

Griotte du nord ou *de Hollande.* Cette variété dont le diamètre dépasse de fort peu de chose la hauteur, puisqu'il est généralement de onze ligne sur dix, ne diffère de la précédente que par son volume, qui est moindre; sa peau est également de couleur rouge foncé et luisante; elle est très-tardive; on la cultive avec succès en Belgique, elle y est l'objet d'une grande consommation; on l'emploie surtout à faire une sorte de vin qui n'est pas sans agrément, notamment pour ceux qui y sont habitués; on en fait aussi des confitures, mais leur couleur noire, qui rappelle l'extrait de casse, les rend peu appétissantes.

Griotte à ratafia, cerise marasca. Elle est généralement de moyenne grosseur; le sillon latéral qu'on remarque à sa surface y est plutôt indiqué que tracé; la peau est épaisse, elle passe du rouge écarlate au rouge foncé, lors de la maturité; la chair est d'un rouge moins intense à la circonférence qu'au centre, elle est marbrée; sa saveur est acide; le noyau, gros et sphérique, est nuancé de taches vineuses.

Cette cerise, qu'il est presque impossible de manger crue, est très-estimée pour faire le ratafia connu sous le nom de marasquin (voir page 343). Il en existe une sous-variété plus petite, elle est encore plus acide et plus amère, et est conséquemment moins recherchée. Le pédoncule de ces deux variétés est tellement long, qu'il sert à les distinguer.

Le griottier marasquin ou marasca, originaire des forêts de la Dalmatie, prouve en faveur de l'opinion qui consiste à regarder le merisier d'Europe comme ayant produit toutes les autres espèces.

Griotte d'Allemagne. Cette cerise est globuleuse; son diamètre dépasse rarement plus de dix à onze lignes, et sa hauteur est à peu près égale; sa peau est de couleur rouge brun, tirant sur le noir, lorsqu'elle a atteint son maximum de maturité; sa chair est d'un rouge assez intense. Cette griotte est, comme la précédente, acide et amère; elle a l'inconvénient de couler facilement, ce qui la rend assez rare; son pédoncule, de grosseur moyenne, atteint ordinairement de quinze à dix-huit lignes de long.

Griotte commune. Elle est généralement d'un volume assez médiocre; sa forme est globuleuse; sa peau est luisante d'un rouge pourpre assez intense, surtout lors de la maturité; sa chair est également rouge, mais moins foncée; son noyau est gros et allongé, il renferme une amande assez douce. Cette griotte, qui par sa saveur douce et sucrée semble se rapprocher des bonnes cerises, est par cela même moins propre à la fabrication du vin ou du ratafia. On choisit, en effet, pour préparer ces boissons, les variétés les plus âpres et les plus amères; les principes qu'elles contiennent, et notamment le principe amer, favorisent singulièrement leur conservation.

Cette griotte mûrit vers la fin de juillet.

Griotte royale ou *cherry-duck.* Elle est presque globuleuse, un peu plus large que haute cependant. Sa peau prend, lors de la maturité, une couleur rouge tellement foncée qu'elle paraît presque noire; la chair, également rouge, est de couleur moins intense, elle est assez ferme et sapide; le pédoncule dépasse rarement quinze à dix-huit lignes. Cette variété mûrit vers le milieu de juillet; sa saveur est fade et partant peu agréable.

Griotte de Poitou, guindoux de Poitou.
Cette cerise ou griotte assez hâtive, puisqu'elle mûrit en juin, se rapproche, par certains caractères, de la cerise de Villennes;
son volume et sa forme diffèrent, en effet,
assez peu de cette dernière, sans prendre
une couleur aussi foncée que les autres ;
elle est cependant plus colorée que la variété avec laquelle elle offre d'autres points
d'analogie; son noyau est petit; le pédoncule qui la supporte est assez gros et
court.

Cette griotte a une saveur sucrée, acidule, qui la rend très-agréable.

Griotte de Portugal. Elle est surtout
remarquable par les dépressions qu'offrent sa base, son sommet et l'un de
ses côtés. Son volume est assez considérable, car elle atteint souvent huit à neuf
lignes de hauteur sur un pouce de diamètre; sa peau est de couleur rouge foncé,
sa chair également rouge, mais moins intense; son pédoncule dépasse rarement
quinze à dix-huit lignes.

Cette griotte mûrit du premier au
quinze juillet; sa saveur est douce et légèrement acide, elle est recherchée, tant à
cause de son volume, qui est assez considérable, que pour sa qualité, qui est
excellente.

Griotte d'Espagne. Cette belle griotte,
qui paraît n'être qu'une variété de la précédente, ou plutôt en devrait former une
sous-variété, est, en effet, encore plus
grosse; sa peau offre une teinte bleue,
sa chair est rouge. Ce fruit, par son
volume et la couleur bleuâtre de sa surface, simule assez exactement les petites
prunes des bois ou prunelles (la longueur
du pédoncule, le volume et la forme du
noyau établissent néanmoins une grande
différence); sa saveur est douce et moins
relevée que dans l'espèce précédente; elle
mûrit au commencement de juillet.

Griotte-guigne ou *d'Angleterre.* Elle
n'atteint pas un volume considérable, elle
est plus grosse à la base qu'au sommet, et
un peu aplatie sur les côtés; sa peau, de
couleur rouge brun, est cependant moins
foncée que les autres variétés; sa chair est
douce et fade; son pédoncule est long et
grêle; elle est assez commune, et forme, à
Paris, l'objet d'un commerce assez considérable; elle paraît, toutefois, plus souvent
sur la table du pauvre que sur celle du
riche.

Griotte en cœur ou *cordiforme.* Elle doit
son nom à l'analogie de forme et de couleur qu'elle présente avec ce viscère; aucune autre variété ne présente, en effet,
ce caractère d'une manière aussi tranchée;
sa peau est de couleur rouge brun foncé;
sa chair présente une teinte plus vive, elle
est ferme et se coupe difficilement; le pédoncule est de longueur médiocre. Cette
griotte mûrit vers le quinze juillet sous le
climat de Paris.

Griotte de Prusse. Elle est également
cordiforme, mais cependant d'une manière un peu moins prononcée; son sillon latéral est assez profond; sa peau est
d'un rouge très-foncé, elle passe même au
noir, lors de la maturité; la chair, moins
résistante que dans les autres variétés, est
aussi moins fondante que dans les cerises
proprement dites, son pédoncule est grêle
et de moyenne longueur.

Cette variété, qui est très hâtive, mûrit
dans le commencement de juin.

MERISE, *cerasus avium.*

Ce fruit, considéré, ainsi qu'on l'a vu
plus haut, par quelques auteurs et notamment M. Tollard aîné (1), comme type originaire des autres espèces de cerises,
aurait dû figurer en tête du genre; mais
nous avons préféré placer les espèces suivant leur utilité, et nous lui avons
conséquemment donné le second rang.

La merise à fruit noir ou cerise sauvage
est généralement assez petite; son volume
dépasse, en effet, rarement quatre lignes
de diamètre sur cinq de hauteur environ; sa forme est plutôt ovoïde qu'en
cœur; sa peau est d'abord rouge, mais elle
se fonce lors de la maturité; sa chair, peu
abondante, fournit par expression un suc
pourpre foncé que l'on utilise pour colo-

(1) Traité des végétaux qui composent l'agriculture.

rer en rouge certaines liqueurs, et souvent le vin lui-même.

La merise, généralement peu recherchée en France, et rarement présentée sur nos tables, attendu sa saveur amère, n'en est pas moins l'objet d'un commerce fort intéressant pour plusieurs contrées de la Suisse et de la Savoie; très-commune dans les forêts, elle formait autrefois la nourriture presque exclusive des bûcherons et des charbonniers qui les exploitent; ils préparent encore de nos jours, avec ce fruit sec, bouilli dans l'eau, du beurre et du pain, une sorte de soupe ou brouet que leur extrême frugalité peut seule rendre supportable, mais qui exige néanmoins le concours d'estomacs robustes pour être digéré et converti en matière assimilable. Ce n'est toutefois pas le seul parti qu'ils en tirent, ils les recueillent et les vendent pour la fabrication d'une liqueur alcoolique qu'ils préparent quelquefois eux-même bien imparfaitement et qui est connue sous le nom de *kirsch-wasser* ou *kirsch-wasse*.

Kirsch-wasser.

Sa fabrication est effectuée par les paysans allemands et suisses avec si peu de soin, que son emploi n'est pas toujours sans danger; cette liqueur alcoolique contient, en effet, une si grande quantité d'acide hydrocyanique, que son usage produit souvent des accidents graves et quelquefois l'empoisonnement. Les habitants de la Forêt-Noire procèdent avec plus d'intelligence et de méthode dans la manière de l'obtenir. Lorsque les merises sont mûres, ils les font cueillir et non pas gauler, ils séparent avec soin celles qui sont pourries; lorsqu'ils en ont recueilli une assez grande quantité, ils les écrasent dans des corbeilles placées sur de petits cuviers, ils prennent le quart seulement du marc resté sur les corbeilles, ils le pilent et le jettent dans la cuve pour qu'il participe à la fermentation. Lorsque celle-ci est terminée, ils soutirent et introduisent dans des alambics chauffés à la vapeur. La liqueur spiritueuse qu'ils obtiennent n'est pas empyreumatique comme celle préparée à feu nu; elle contient beaucoup moins d'acide prussique, puisque les trois quarts du marc et conséquemment des noyaux ont été rejetés; elle a une odeur suave d'amande amère qui la fait rechercher, et qui ne permet de concevoir aucune crainte, attendu la faible proportion d'acide prussique qu'elle contient. Il est vrai de dire, cependant, que, pour augmenter l'arome, quelques fabricants ajoutent des feuilles avant la fermentation; cet usage doit être abandonné.

Cette liqueur est particulièrement recommandée aux personnes chez lesquelles les digestions ne s'effectuent pas facilement.

La merise entre, en outre, dans la composition du ratafia de Grenoble; elle y joue le principal rôle.

Ratafia de Grenoble.

Pour le préparer, on prend quatre livres de merises noires dont on a ôté les queues; on les écrase avec leurs noyaux; on introduit dans un bocal et on abandonne l'espace de deux jours; pendant ce temps, on fait macérer le zeste d'un citron dans trois litres d'eau-de-vie à 22 degrés; on mêle ensuite le tout et on laisse infuser pendant un mois; on ajoute ensuite trois livres de sucre dissous dans le moins d'eau possible; on passe en exprimant fortement, puis on filtre et on conserve.

Eau distillée de merises.

On prend une quantité déterminée de merises privées de leurs pédoncules; on les met dans la cucurbite d'un alambic; on verse dessus une quantité d'eau suffisante pour éviter que le contact du feu ne développe une odeur d'empyreume; on place le chapiteau, on adapte le récipient; puis on procède à la distillation.

L'eau distillée de merises est employée par les médecins allemands et anglais pour calmer les convulsions des enfants. Comme elle doit évidemment cette propriété à l'acide prussique ou hydrocyanique qu'elle contient, on doit l'administrer avec beaucoup de précaution.

Merise rouge. C'est une sous-variété de la merise à fruit noir; elle est cependant moins douce et plus amère; quant aux autres caractères, ils sont tellement identiques, qu'il serait superflu de les rappeler; cette merise est, en général, peu recherchée et sert le plus ordinairement de pâture aux oiseaux, qui en sont très-friands, et notamment les grives, les loriots et les étourneaux qu'elle engraisse.

Merise jaune ou *fastigiée.* Sa forme est assez irrégulière, elle est cependant généralement comprimée sur les deux côtés; elle est marquée d'un point brun au sommet; sa couleur, qui la distingue surtout des autres variétés, est d'abord jaune, puis ambrée; sa chair présente le même caractère, elle est douce et sucrée; son noyau est de moyenne grosseur, il renferme une amande amère.

La pellicule et la chair de cette merise sont tellement fines et transparentes, qu'en la plaçant entre l'œil et la lumière on en distingue facilement la charpente fibreuse et le noyau.

Merise en grappes, fruit du merisier à grappes. Elle est très-petite, de couleur noire, à l'état sauvage, et rouge dans la variété cultivée dans les jardins; sa saveur est douce et nauséeuse, et conséquemment peu agréable; elle est fort peu utilisée en France, mais il n'en est pas de même en Suède; elle sert à fabriquer, au moyen de la fermentation, une boisson spiritueuse en usage dans les campagnes principalement.

On connaît encore plusieurs autres variétés de merises; les principales sont : la *merise à gros fruit rouge, à gros fruit blanc, à gros fruit rose, la merise acide rouge, acide noire, acide couleur de chair, acide blanche ;* mais elles ne se remontrent guère que dans les collections.

GUIGNE, fruit du guignier, *prunus cerasus Juliana,* L.

La forme de ce fruit rappelle celle d'un cœur; sa peau est fine et luisante, sa chair tendre et succulente. On peut le considérer comme étant une amélioration du merisier des Gaules. Sa saveur est douce, assez agréable, et cependant la guigne est, en général, peu recherchée; peut-être cette circonstance est-elle due à la couleur pourpre qu'elle communique à ce qu'elle touche, ou à sa difficulté de conservation. Son altération est, en effet, si prompte, qu'il faut, pour ainsi dire, la manger sur l'arbre. On en distingue trois variétés principales, qui sont la guigne noire, la guigne blanche et celle à gros fruit rouge.

Guigne noire. Elle est figurée en cœur; son volume est assez considérable, car sa hauteur dépasse quelquefois dix à douze lignes; sa peau est mince, noire, lisse et luisante; sa chair est fondante, de couleur rouge teinte de violet; son noyau est gros, oviforme et très-dur, l'amande qu'il renferme est blanche, amère, avec la pellicule qui la revêt, douce lorsqu'elle en est privée.

La guigne noire, appelée guindoulle dans quelques unes de nos provinces, prend en Toscane le nom de corbin, vraisemblablement à cause de sa couleur qui rappelle celle du corbeau; elle mûrit vers la fin de juin sous le climat de Paris.

Guigne blanche. Cette variété atteint généralement un volume un peu moindre que celles qui précèdent; elle en diffère peu, quant à la forme; sa peau, lisse et luisante, est d'un blanc de cire, mais elle se teinte de rose du côté qui reçoit le plus directement, l'influence solaire; sa chair est blanc jaunâtre, succulente, assez agréable; le noyau, assez gros et de forme ovoïde, s'en sépare difficilement. Cette variété mûrit dans le courant de juin.

La *guigne à fruit rouge* réunit les qualités des précédentes; sa chair est même plus délicate et plus suave.

On cultive, en outre, dans les jardins le guignier à rameaux pendants; cet arbre, dont l'aspect rappelle celui du frêne pleureur, joint à la beauté de son port l'avantage de fournir un fruit très-suave et très-abondant.

BIGARREAU, fruit du bigarreautier, *cerasus bigarella*, L.

Ce fruit est complétement cordiforme; le sillon qui le divise latéralement est assez prononcé, surtout vers la base; la peau, de couleur rouge pâle, est très-adhérente à la chair, le noyau est gros et bien rempli; la pulpe est ferme, peu succulente et conséquemment d'une digestion assez difficile; néanmoins le bigarreau serait assez agréable à manger, s'il n'avait l'inconvénient de renfermer, lors de sa maturité, une sorte de ver dont l'existence paraît être spontanée, car on ne remarque à la surface du fruit aucune trace de son passage.

Avant qu'il ait atteint son complet développement, le bigarreau est souvent récolté pour être confit dans le vinaigre; il fait alors partie d'une sorte de macédoine de fruit que l'on sert sur les tables comme hors-d'œuvre.

Le bigarreautier, comme le guignier, est une amélioration du merisier; il sert, en partie, de type à tous les cerisiers de nos vergers; c'est la greffe, la taille et une culture appropriée qui le modifient, et ce qui le prouve c'est la tendance qu'ont plusieurs variétés à perdre les caractères qui les en éloignaient.

Moins abondamment cultivé que la cerise, le bigarreau n'en est pas moins l'objet d'un commerce assez considérable à Paris et aux environs; il semble être recherché de préférence à la guigne et à la cerise par les ouvriers. Cette circonstance est vraisemblablement due à ce que, contenant moins d'eau de végétation, il les nourrit davantage; quant aux vers qui s'y rencontrent, ils paraissent s'en soucier fort peu, et ils ont raison, car ce genre de fruit n'a pas plus que les autres de tendance à développer les vers intestinaux, encore moins doit-on croire que ceux qu'il renferme continuent à se développer et résistent à l'action si puissante de la digestion. Il est vrai de dire, cependant, que ce genre de fruit, étant assez peu nutritif, peut en déterminer la formation, chez les enfants surtout.

Bigarreau commun. Il atteint un assez beau volume, car sa hauteur dépasse quelquefois huit à dix lignes, et son plus grand diamètre sept à neuf. Il est, en général, déprimé du côté du sillon, et celui-ci est assez prononcé, surtout vers la base; sa peau est jaunâtre lavé ou plutôt bigarrée de rouge assez vif; c'est vraisemblablement à cette circonstance qu'il doit sa dénomination caractéristique; sa chair est blanche et ferme; son noyau est gros, très-convexe, dur et blanc; l'amande qu'il renferme est douce, lorsqu'elle est privée de la pellicule ou épicarpe qui la revêt. Ce bigarreau mûrit à la fin de juin.

Gros bigarreau rouge. Ce fruit, l'un des plus gros du genre, atteint généralement douze à treize lignes de diamètre sur dix à douze de hauteur; sa peau est très-luisante, assez mince et très-adhérente à la chair; d'abord d'un blanc jaunâtre, elle se nuance de stries d'un rouge plus vif, qui passe au brun lors de la maturation; la pulpe est ferme, succulente, d'une saveur douce, sucrée; le noyau est ovale et jaunâtre; il présente quelquefois des lignes colorées plus ou moins foncées; le pédoncule est long et grêle, mais seulement après la floraison, car avant, il est très-court, ainsi que l'a remarqué Duhamel.

Bigarreau noir. Il est moins gros que le précédent, et se termine aussi en pointe plus aiguë vers le sommet; sa peau est noire et luisante, sa chair ferme et de couleur violet foncé; le noyau est gros et lisse; le pédoncule assez long.

Ce bigarreau, comme l'observent très-judicieusement MM. Poiteau et Turpin, se confondrait facilement avec les guignes, si l'on n'était convenu d'appeler guignes les cerises en cœur qui ont la chair molle, et bigarreaux les cerises en cœur qui ont la chair ferme et résistante.

Bigarreau gros cœuret. Ce bigarreau est de volume médiocre; sa forme, comme son nom l'indique, rappelle celle d'un cœur, il est déprimé sur les deux faces, et au lieu de présenter, comme dans les autres variétés, un sillon latéral, il est partagé par une ligne saillante un peu plus colorée que le reste de la surface; sa peau, sur un fond jaunâtre, est marquée de stries d'abord rouge cramoisi, puis brunes et enfin presque noires, lors de la maturité complète.

Cette variété, incontestablement l'une des meilleures, est assez communément cultivée.

Bigarreau à grandes feuilles, cerise de quatre à la livre. Ce bigarreau a encore une autre dénomination qu'il doit à l'aspect qu'offrent les feuilles de l'arbre qui le produit et qui rappellent celles du tabac: quant à celle de quatre à la livre, nous ne voyons pas d'où elle peut dériver, à moins que cette variété n'ait pas tenu ce qu'elle promettait, ou qu'elle ne soit singulièrement dégénérée, car son volume n'est pas extraordinaire; son diamètre dépasse, en effet, rarement dix à douze lignes, et sa hauteur est presque égale; sa peau est bigarrée de rouge sur un fond blanc jaunâtre; sa chair offre aussi cette dernière nuance, elle est ferme et demi-transparante; le noyau est petit, eu égard au volume du fruit.

Cette variété est assez estimée, tant à cause de sa saveur que parce qu'elle se montre à une époque où il ne reste plus de cerises; sa maturité s'effectue vers la fin d'août, elle mérite d'être propagée, l'arbre qui la produit est surtout remarquable par sa vigoureuse végétation et la richesse de son feuillage.

Bigarreau de Rocquemont. Ce fruit, qui est regardé comme l'un des plus beaux du genre, est gros, cordiforme, il atteint généralement environ un pouce de long sur un peu moins de diamètre; sa peau, de couleur jaune d'or, se bigarre de rouge.

vif du côté du soleil; le sillon qui divise le fruit latéralement est souvent peu prononcé vers le sommet, mais il se termine alors par une petite protubérance assez saillante; la chair est blanche et moins ferme que dans les autres variétés, ce qui le rapproche des griottes; mais, ce qui l'en distingue, c'est qu'il a la peau bigarrée; son noyau est gros et lisse, il renferme une amande amère.

Ce beau bigarreau mûrit vers la fin de juin, ou au commencement de juillet. Le *bigarreau couleur de chair* en diffère peu, et peut être considéré comme formant une sous-variété.

Gros bigarreau blanc. Il offre, quant à la forme, de l'analogie avec celui dit *gros bigarreau rouge*, mais il en diffère essentiellement par sa couleur, qui est d'un blanc de cire dans la plus grande partie de son étendue, et lavée de rouge très-pâle du côté qui reçoit plus directement l'influence solaire; sa chair est aussi un peu moins ferme et plus succulente.

Enfin, au nombre des variétés nouvellement obtenues, il faut ranger le *bigarreau Napoléon*, ainsi nommé par Parmentier et obtenu par lui dans ses pépinières d'Enghien; le *bigarreau* ou *cerise de Spa*, remarquable par sa forme ovale, sa couleur rouge pâle qui passe au rouge vif, lors de la maturité, la longueur de son pédoncule, qui paraîtrait plutôt appartenir à une cerise douce, et enfin l'acidité de sa pulpe, qui rappelle la saveur de la merise.

HEAUME, fruit du heaumier, *prunus avium*, L.

Ce fruit tient le milieu entre la guigne et le bigarreau; on en connaît trois variétés, qui sont : le *heaume blanc*, le *heaume rouge* et le *heaume noir*.

Les heaumes sont, en général, plus fermes que les guignes et moins que les bigarreaux, plus doux et plus sucrés que ceux-ci et cependant moins fades que les premiers. Ces nuances sont toutefois si peu sensibles, qu'elles permettent souvent de les confondre.

Ce fruit n'est pas d'une utilité bien grande, aussi le cultive-t-on maintenant assez peu pour qu'on ne puisse le rencontrer que dans les collections.

GROSEILLE, fruit du groseillier à grappes, *ribes*, L.; famille des Groseilliers ou Ribésées, J.

C'est une baie globuleuse, uniloculaire, succulente et polysperme, ombiliquée au sommet, luisante et transparente, lorsqu'elle est mûre, renfermant quatre à huit semences ou pepins de forme oblongue.

L'arbrisseau qui produit la groseille à grappe croît naturellement dans les contrées montagneuses de l'Europe; il est très abondamment cultivé dans les jardins fruitiers des environs de Paris, le plus ordinairement en buisson, quelquefois sur une seule tige en boule et mieux encore sous forme pyramidale; rarement on le reproduit par semences.

Ce fruit plaît si généralement, il exerce une influence si salutaire sur l'économie, qu'on a cherché à le conserver le plus longtemps possible, soit tel que l'offre la nature, soit, comme on le verra plus loin, uni au sucre sous forme de gelée, de confiture, de sirop, etc. La saveur des groseilles, d'abord acerbe, devient en mûrissant acidule et sucrée, et d'autant plus que l'exposition est meilleure et la maturation plus complète.

Le suc ou jus de groseilles, sucré et étendu d'eau, forme une boisson tempérante et légèrement laxative, dont l'emploi est surtout indiqué comme correctif de l'influence des grandes chaleurs de l'été; son usage prévient souvent la tendance, chez certaines personnes, aux maladies inflammatoires.

Soumis à la fermentation pour le priver d'une partie du principe mucilagineux surabondant qu'il contient, uni au sucre dans les proportions que nous allons bientôt indiquer, le suc de groseilles constitue le sirop de ce nom, si utilement employé dans l'usage médical, comme rafraîchissant et délayant.

Si on laisse fermenter le suc de groseilles de manière à détruire complétement les principes gélatineux et sucré qu'il contient, on obtient une sorte de vin qui, bien que peu spiritueux, n'en est pas moins, pour les pays privés de la vigne, une boisson fort utile. Distillé, il fournit un alcool très-fragrant, d'une saveur agréable, et qui peut remplacer avec avantage l'alcool de merise ou kirschwasser, ce qui arrive plus souvent qu'on ne croit.

Le moyen le plus simple et le plus économique de conserver les groseilles consiste à choisir les groseilliers les plus touffus, de préférence à l'exposition du midi, afin que, lorsqu'ils perdent leur feuilles, ils puissent recevoir encore l'influence du soleil; mais, pour que cette influence ne soit pas trop vive, on les empaille, en ayant le soin de relever et de rapprocher avec précaution les branches éloignées, pour que l'air et l'humidité ne puissent pénétrer, et que le fruit soit ainsi garanti des intempéries automnales.

On conserve encore les groseilles sous forme sèche, en plongeant les grappes, préalablement débarrassées des grains pourris ou avortés, dans une solution de gomme, une décoction de graine de lin ou du blanc d'œuf, et les saupoudrant de sucre; on les étend ensuite sur des feuilles de papier gris et on les range dans des boîtes plates de bois blanc, que l'on garantit, autant que possible, de l'influence de l'humidité.

Ce fruit est encore conservé entier au moyen d'un sirop de sucre. Ce genre de préparation, effectué à Bar avec une grande habileté, constitue la confiture dite *groseille de Bar épepinée*. On prend de préférence la variété blanche, bien qu'elle soit moins douce que celle qui est rouge, on en extrait les pepins au moyen d'une sorte de cure-dent, et on plonge dans un sirop de sucre très-blanc; on verse ensuite dans des vases de verre que l'on place à l'étuve, et on conserve. Cette confiture, de l'aspect le plus agréable et d'un goût très-suave, figure avec avantage dans les desserts somptueux.

Confiture ou gelée de groseilles.

Le moyen de conservation le plus généralement adopté et le plus approprié aux habitudes gastronomiques est, sans contredit, la confiture ou gelée, elle s'obtient, soit à chaud, soit à froid; sous cette forme la groseille n'est pas seulement rafraîchissante, elle nourrit et joue un rôle très-important dans le régime des vieillards et des enfants; tout ce qui concourt dans la famille au bien-être individuel ressortissant des attributions d'une bonne ménagère, nous recommanderons, dans le cours de l'ouvrage, les opérations d'économie domestique qui, comme celle-ci, doivent entrer dans l'éducation secondaire des jeunes filles.

Pour obtenir la gelée de groseilles bien transparente et surtout tremblante, il faut, comme nous l'avons dit au chapitre Maturation, prendre des groseilles qui ne soient pas trop mûres, car sans cette précaution la gelée serait louche, et on serait obligé de la clarifier, ce qui ne peut s'effectuer sans altérer la consistance et surtout sans dissiper en partie l'arome qui distingue ce fruit et qu'il importe tant de conserver. On ajoute plus ou moins de groseilles blanches suivant qu'on les veut plus ou moins colorées et plus ou moins acides; on est aussi dans l'usage d'y joindre des framboises, mais en petite proportion; leur arome s'associe d'une manière très-heureuse avec celui de la groseille. Suivant aussi qu'on veut les obtenir plus ou moins belles, on ajoute plus ou moins de sucre. Si, par exemple, au lieu de mettre une livre de sucre par livre de fruit, comme on le fait généralement, on met vingt ou vingt-quatre onces du premier, on obtient une très-belle et très-bonne gelée, attendu que la chaleur n'est pas assez prolongée pour altérer la gélatine et dissiper l'arome; la cuisson s'effectue, en effet, dans ce cas, presque instantanément; si l'on craint que la grande

proportion de sucre ne les porte à candir, l'addition d'un peu de miel de Narbonne garantira de cet inconvénient.

Le procédé le plus ordinaire consiste à prendre douze livres de groseilles rouges, trois livres de groseilles blanches, une livre environ de framboises et quinze ou vingt-deux livres et demie de sucre, suivant qu'on veut faire des confitures de ménage ou d'office. On égrène les groseilles, on épluche les framboises, on fait macérer ces dernières dans une partie du sucre, puis on mêle ensemble les groseilles et le reste du sucre, concassé en poudre grossière, dans une bassine non étamée (sans cette précaution la gelée se colorerait en violet); on fait bouillir à grand feu, si on n'a mis que livre pour livre; mais, si la proportion de sucre est plus considérable, on laisse sur le feu le temps seulement nécessaire pour faire crever les groseilles; pour s'assurer du degré de la cuisson, on en jette quelques gouttes sur une assiette, et si on voit que la confiture se fige et que, sans être tout à fait froide, elle se déplace difficilement lorsqu'on incline l'assiette, on en conclut qu'elle est cuite ou très-près de l'être; on y projette alors les framboises, en les faisant plonger avec l'écumoire, on laisse donner un nouveau bouillon pour évaporer une portion de l'humidité qu'elles apportent; on retire de nouveau du feu et on verse sur un tamis de crin. On doit se garder d'exprimer, car on obligerait à passer une portion de gélatine visqueuse et louche qui adhère aux semences, et qui, indépendamment de la saveur âpre qu'elle doit à ce voisinage et qu'elle transmettrait à la confiture, altérerait sa transparence.

La gelée de groseilles, préparée à froid, s'obtient en écrasant les groseilles, exprimant le jus à travers un linge, et faisant dissoudre à celui-ci assez de sucre pour qu'il en soit complétement saturé; à cet effet, on agite le mélange avec une écumoire, et on l'abandonne dans un lieu frais jusqu'au moment de le mettre en pots. Cette gelée faite sans feu conserve tout le parfum de la groseille.

Conservation des groseilles par le procédé d'Appert.

On peut, par cette méthode, conserver ce fruit pendant un an et plus; mais, si l'arome et la saveur restent intacts, il n'en est pas de même de la forme, qui est généralement sacrifiée; aussi cette conserve est-elle employée de préférence pour aromatiser certains mets d'office, tels que les glaces, les crèmes, etc.

Le procédé consiste, après les avoir égrenées et séparé les grains altérés, à introduire les groseilles dans des bouteilles de manière à laisser aussi peu que possible d'espace à l'air; on bouche soigneusement, puis on place au bain-marie (*voir*, pour les autres précautions à prendre, le chapitre *Conservation des fruits*).

Sirop de groseilles.

Pour préparer le sirop de groseilles, on prend des groseilles rouges, on les écrase dans une terrine, on abandonne le produit dans un lieu frais pendant vingt-quatre heures, plus ou moins, suivant la température. Lorsque la fermentation a détruit une portion de la gélatine ou *grossuline*, on passe dans un tamis et on fait fondre à une douce chaleur deux parties de sucre pour une de suc; on laisse refroidir, puis on conserve dans des bouteilles bien sèches. C'est à dessein que nous conseillons une proportion de sucre un peu forte; le sirop se trouve trop épais, il est vrai, mais en y ajoutant par un mélange bien intime du suc de groseilles filtré préalablement, on le ramène à une consistance convenable, et on lui rend ainsi une portion de l'arome dissipé par la cuisson.

Quoi qu'il en soit, une grande partie de l'arome se trouvant dissipée par la fermentation, et la saveur du suc modifiée, on obvie à ces inconvénients par le procédé suivant, que l'on doit à M. Tancoigne, pharmacien distingué de Paris : il consiste à écraser ensemble avec les mains, dans une terrine vernissée, cinq parties de groseilles avec leurs rafles, et une partie de cerises dites courtes-queues, à abandonner le moût du matin au soir dans un lieu où la température n'excède pas dix degrés Réaumur, à couper la masse qui en résulte en cinq ou six morceaux au plus, avec une écumoire, à la mettre égoutter avec précaution du soir au matin sur un tamis posé dans une terrine de grès; on fait ensuite dissoudre, à feu doux, une livre de sucre par chaque neuf onces du suc obtenu, et on passe dans un blanchet. Comme il arrive qu'en suivant cette proportion le sirop se prend en masse trois ou quatre mois après sa préparation, il convient de donner un léger bouillon, et, à cet effet, on met dix onces de suc par livre de sucre.

Examen chimique. On doit à M. Guibourt d'avoir déterminé la nature du principe gélatineux de la groseille; il lui a donné le nom de *grossuline*. A l'état de pureté, cette substance s'offre sous forme d'écailles transparentes; elle se charbonne et se boursoufle sans se fondre, lorsqu'on la projette sur des charbons incandescents; M. Henry a trouvé qu'à l'exemple du sucre, elle fournissait une grande quantité d'acide oxalique, lorsqu'on la traitait par l'acide nitrique.

Scheele soumit à l'analyse la groseille commune et trouva qu'elle devait son acidité à un mélange d'à peu près égales parties d'acides malique et citrique.

Proust a signalé dans le suc de ce fruit les principes suivants : une matière extractive, — du sucre, — de la gomme ordinaire, — une matière gélatineuse, — *bassorine* (grossuline de Guibourt), des acides citrique et malique.

Enfin il résulte, d'une analyse plus récente, que le fruit du *ribes rubrum* est composé d'acide malique 2,41, — acide citrique 0,81, — sucre 6,24, — gomme 0,78, — matière animale 0, 86, — chaux 0,29, — ligneux et graines 8,01, — eau 81,10, — total 100 grammes.

On savait, comme on voit, depuis longtemps, que les groseilles contenaient de l'acide citrique; mais on n'était pas encore parvenu à l'extraire pour les besoins du commerce et des arts, lorsque M. Tilloy, pharmacien de Dijon, imagina le procédé suivant :

On écrase les groseilles et on place le produit dans des circonstances favorables à la fermentation, on distille la masse à feu nu pour en extraire l'alcool qui s'est formé, on sépare le liquide du marc, et on soumet celui-ci à la presse. Pendant que le liquide est encore chaud, on opère la saturation avec la craie; on lave ensuite à plusieurs reprises le citrate de chaux, puis on le soumet à la presse. Le citrate de chaux ainsi obtenu, étant encore très-coloré et mêlé de malate de chaux, on le délaye dans l'eau pour le convertir en une bouillie claire, et on le décompose, à l'aide de la chaleur, par l'acide sulfurique étendu du double de son poids d'eau. Le liquide acide qui résulte de ce traitement, et qui est un mélange d'acide citrique et d'acide sulfurique, est de nouveau saturé par le carbonate de chaux. Le précipité recueilli sur un filtre, lavé à grande eau, puis soumis à la presse, est traité par l'acide sulfurique, et la liqueur claire contenant l'acide citrique est décolorée par le charbon animal et enfin évaporée. Lorsque l'évaporation est poussée à un terme convenable, on laisse déposer, on tire à clair et on l'achève dans des étuves chauffées de 25 à 30 degrés. Les cristaux qu'on obtient sont colorés, malgré toutes ces précautions; mais on les purifie en les faisant redissoudre et cristalliser.

De deux mille huit cents k. de groseilles, M. Tilloy a obtenu les résultats suivants :

Dépense.		Produit.	
2,800 k. de groseilles à 5 fr. les 100 kil. prix moyen	140 f.	182 lit. alcool à 50 centimes le litre, ci.	91 f.
Carbon. de chaux.	8	21 kil. d'acide citrique à 6 fr. 48 centimes le kilog.	136 fr.
Acide sulfurique.	15		
Combustible	24		
Main-d'œuvre.	40		
Total	227 f.		227 fr.

Il résulte, comme on voit, de ce compte, que l'acide citrique obtenu de la groseille par M. Tilloy ne revient qu'à 6 francs 48 centimes le kil.; tandis que l'acide citrique du commerce extrait du citron vaut de 24 à 26 francs.

Espèces et variétés de groseilles.

Groseilles blanches. Elles présentent, sauf leur couleur, qui est d'un blanc jaunâtre, lors de la maturité, tous les caractères extérieurs des groseilles rouges; leur saveur est généralement moins douce et plus acide; mais, comme le font remarquer les auteurs du nouveau Duhamel, la nature du terrain et l'exposition doivent entrer pour beaucoup dans cette différence, car il n'est pas rare de rencontrer des groseilles blanches plus douces que les rouges, surtout sous le climat de Paris.

Si le groseillier blanc est moins cultivé que le rouge, c'est vraisemblablement parce que ses grappes sont, en général, plus lâches et qu'il est moins productif.

Groseille perlée. On désigne ainsi une sous-variété de groseille blanche qui n'offre de différence avec la première que quelques nuances qui sont dues aux soins donnés à la culture.

Groseille couleur de chair. Cette variété, inférieure en qualité aux précédentes, est peu fertile et partant peu commune; elle ne se rencontre guère que dans les collections.

Groseille Gondouin. On nomme groseille Gondouin une variété de groseille rouge, que l'on doit à un jardinier de ce nom. Elle se distingue par la grosseur de ses baies et par leur réunion au sommet de la grappe; du reste, sa saveur et son arome diffèrent peu de ceux de la variété ordinaire, elle est néanmoins très-recherchée.

L'influence de la culture, du sol et du climat modifie ces caractères, et produit des sous-variétés; mais les différences qu'elles offrent sont trop peu importantes pour mériter d'être signalées.

GROSEILLE A MAQUEREAU,

fruit du groseillier épineux, *ribes grossularia* et *ribes uva crispa, L.*;

Cette espèce diffère de la précédente par son volume, qui égale ordinairement celui d'une petite cerise, et qui, dans quelques variétés cultivées, atteint celui d'une prune; sa couleur varie du vert clair au jaune ambré, et du violet pourpre au brun foncé; ce fruit doit la dénomination qui le distingue à l'usage qu'on en fait pour assaisonner et relever la saveur fade du maquereau; lorsqu'il a atteint son maximum de maturité, il est sain et agréable, mais ce n'est malheureusement pas dans cet état qu'il plaît davantage aux enfants; aussi arrive-t-il souvent que l'ingestion d'une trop grande quantité de ce fruit vert détermine chez eux l'indigestion, et un usage trop abusif la formation de vers intestinaux.

Récoltée avant qu'elle ait atteint tout son développement, la groseille à maquereau est associée à d'autres fruits ou légumes également verts, et conservée dans le vinaigre. Cette sorte de macédoine constitue un hors d'œuvre assez appétissant, mais dont on doit faire usage avec une grande modération.

Si l'on fait, en général, assez peu de cas de ce fruit en France, il n'en est pas de même en Angleterre; il n'y figure pas seulement sur les tables les plus somptueuses et les plus modestes, on en fabrique, en outre, par une fermentation bien ménagée et suspendue à propos, une sorte de vin de dessert qui rappelle notre vin de Champagne, mais qui ne saurait le faire oublier. Abondamment cultivé dans les campagnes, où il forme des haies vives impénétrables, le groseillier à maquereau fournit aux cultivateurs la base de presque toutes leurs boissons économiques, et remplace, pour ces insulaires, la piquette de nos pays vignobles.

Confiture ou *gelée de groseilles à maquereau.*

On doit prendre le fruit plus ou moins mûr, suivant qu'on veut obtenir l'une ou l'autre de ces préparations; le principe gélatineux disparaissant en partie pendant l'acte de la maturation, on comprend que, pour obtenir une gelée tremblante, il faudra prendre le fruit, sinon vert, au moins avant qu'il ait atteint son maximum de maturité. S'il s'agit de confiture, on pourra négliger cette précaution et augmenter un peu la quantité de sucre; du reste, les autres conditions étant les mêmes, nous indiquerons seulement les proportions qui sont, pour la gelée; de livre pour livre de sucre et de fruit; et pour la confiture, de trois quarterons seulement du premier; la cuisson, dans ce dernier cas, doit être plus complète.

Examen chimique. Il résulte d'une analyse de ce fruit par John, qu'il est composé de résine, — sucre incristallisable, — gomme ordinaire, *bassorine* (*grossuline de Guibourt*), — fibre ligneuse, — un sel ammoniacal, — hydrochlorate et phosphate de chaux de magnésie de fer et d'eau.

Plus récemment, M. Bérard a signalé dans ce fruit la présence d'un principe odorant — du sucre, — de gomme, — d'acide malique et de malate de chaux.

On cultive, tant en France qu'en Angleterre, un assez grand nombre de variétés de groseille à maquereau; les principales sont : la *groseille lisse, verte longue*; la *groseille lisse, verte ronde*; la *groseille lisse, grosse ambrée*; la *groseille lisse, très-grosse jaune*; la *groseille hérissée, fruits ambrés*; la *groseille hérissée, couleur de chair, fruit long*; la *groseille hérissée, verte longue*; la *groseille hérissée, grosse, jaune*; la *groseille hérissée, grosse ronde*; la *groseille hérissée, couleur olive, et la groseille hérissée de la Nouvelle-Angleterre.*

On trouve dans tous les jardins potagers deux variétés très-communes de groseilles à maquereau, l'une à fruit blanc, l'autre à fruit rouge; celle-ci est un peu plus douce que la première. Si on mettait plus souvent à profit, et notamment dans cette circonstance, les avantages de l'incision annulaire, nous ne doutons pas qu'on n'en obtînt des résultats très-satisfaisants sous le rapport du volume et du développement du principe sucré. On a remarqué que cette opération réussissait mieux sur le groseillier épineux ou à maquereau que sur celui à grappe.

GROSEILLE NOIRE ou CASSIS, fruit du *ribes nigrum*, L.

Ce fruit se distingue des précédents par son volume généralement plus considérable que celui de la groseille rouge ou à grappes, et moindre que celui de la groseille à maquereau; sa couleur noire, l'odeur particulière qu'il exhale sont aussi très-remarquables et ne permettent de le confondre, ni avec l'un, ni avec l'autre; sa pellicule est résistante, et sa pulpe est fade et douceâtre.

Le cassis est peu agréable à manger seul, il s'associe même assez mal avec les autres fruits à cause de l'odeur qui le distingue et qui réside principalement dans la pellicule qui enveloppe la pulpe; quoi qu'il en soit, le principe aromatique étant soluble dans l'eau-de-vie, on a mis à profit cette propriété pour préparer, par la macération du fruit dans ce véhicule, une liqueur ou sorte de ratafia stomachique, cordial et diurétique très-estimé des gens du peuple.

Ratafia de cassis.

Pour le préparer on prend de cassis bien mûr trois livres, on le monde de ses rafles, on l'écrase dans une terrine de grès, on introduit ensuite le produit succulent dans un bocal de capacité suffisante, on ajoute un gros de girofle, deux gros de cannelle, cinq litres d'eau-de-vie, et deux livres et demie de sucre; on laisse macérer pendant quinze jours environ au soleil, puis on passe avec expression et on filtre.

Cette liqueur est d'une belle couleur rubis foncé; elle acquiert, en vieillissant, la saveur du vin de Rota; pour la rendre plus chaude et plus tonique, on y ajoute du vin de Roussillon, ou, mieux encore, du vin d'Alicante; on fait, dans ce cas, dissoudre le sucre dans le vin, et on l'ajoute à l'infusion. On s'abstient quelquefois d'écraser le cassis, et cette pratique s'effectue en grand chez les distillateurs ou liquoristes; la macération est alors prolongée presque indéfiniment, car ils versent de l'eau-de-vie à mesure qu'ils soutirent du macératum. Cette méthode a l'avantage de rendre la conservation de cette liqueur plus facile.

Les variétés de cassis sont peu nombreuses; les principales sont le cassis à feuilles panachées, *ribes nigrum variegatum*, et le cassis à feuilles réniformes: leurs fruits ont beaucoup d'analogie, et ils ne diffèrent guère que par leurs feuilles.

Le cassis est, aux environs des grandes villes, et de Paris principalement, l'objet d'un commerce assez considérable; les vignerons l'emploient pour colorer les vins produits par les raisins qui n'ont pas atteint leur complète maturité et que la mauvaise saison oblige à récolter hâtivement.

NERPRUN ou noirprun cathartique, fruit du *rhamnus catharticus*, L.; famille des Rhamnées, J.

C'est une petite baie pisiforme, lisse, d'abord verte, puis noire, contenant quatre semences ou nucules ovales; la pulpe, verdâtre et très-succulente, qui les entoure a une saveur amère, assez désagréable, et une odeur nauséeuse; elle passe au rouge par suite de la maturation, mais elle présente très-peu de fixité, car la plus légère trace d'alcali lui rend sa couleur primitive. On doit à M. Pelletier d'avoir le premier mis à profit cette propriété en proposant le suc de nerprun comme réactif chimique. Mais l'application la plus heureuse qu'on en ait faite consiste à obtenir, au moyen de la chaux, une couleur verte, connue dans le commerce sous le nom de *vert de vessie*; elle doit cette dénomination à l'usage où l'on est de l'enfermer dans ce viscère pour la conserver : on l'emploie dans la peinture à l'huile et en détrempe. Nous indiquerons plus loin son mode de préparation.

Les baies de nerprun n'atteignent leur complète maturité qu'en septembre ou octobre; on les mêle quelquefois avec celles de sureau, mais la fraude est facile à distinguer, car les premières contiennent quatre semences et teignent le papier blanc en vert, tandis que celles de sureau n'en renferment que deux, et le teignent en rouge brun.

Elles sont purgatives et souvent prises au nombre de 20 à 25 par les gens de la campagne; malheureusement leur action, sous cette forme, n'est pas toujours constante, elles déterminent souvent des accidents; aussi doit-on préférer pour l'usage médical l'emploi du sirop ou du rob, sorte d'extrait soluble dans l'eau, et en partie dans l'alcool, et qui jouit de la propriété cathartique au plus haut degré; on l'administre aux individus robustes et chez lesquels le canal intestinal est difficile à émouvoir.

Sirop de nerprun.

Pour le préparer, on prend des baies de nerprun bien mûres, on les écrase dans un mortier de bois et mieux dans les mains, on projette le tout dans un vase, et on abandonne à la fermentation, le temps seulement nécessaire pour opérer la dissolution du principe purgatif qui réside principalement dans la pellicule; on exprime ensuite au travers d'un tamis, puis on prend trois livres de ce suc, on y fait dissoudre deux livres de sucre de l'Inde, on fait rapprocher en consistance convenable, c'est-à-dire jusqu'à ce qu'il marque 32 à 33 degrés à l'aréomètre, lorsqu'il est encore chaud. Sydenham a préconisé ce sirop contre l'hydropisie, et quelques praticiens l'administrent encore de nos jours contre cette maladie.

La facilité avec laquelle le suc de nerprun passe au rouge par les acides, ou au vert par les alcalis, oblige à prendre les plus grandes précautions pour sa préparation; le simple lavage des vases à l'eau de puits suffit pour le faire passer au vert, et le contact seul de l'air au rouge; mais, pour le ramener à sa couleur naturelle, il suffit d'ajouter une quantité extrêmement faible, soit d'un alcali, soit d'un acide, suivant l'altération qu'il a éprouvée.

Le sirop de nerprun est un purgatif assez énergique, on l'administre lorsqu'on veut opérer une forte révulsion dans les cas d'hydropisie ou de paralysie par exemple; la dose est d'une once à deux ou plus suivant l'âge et la constitution des malades; il est aussi employé en médecine vétérinaire; on le donne aux chiens et aux chevaux, mais le plus souvent aux premiers; car on a remarqué que les derniers étaient purgés plus efficacement par les substances qui agissent sur les voies urinaires.

Rob de nerprun.

On prend, comme pour le sirop, des baies mûres, on les pile dans un mortier de gaïac, en évitant d'écraser les semences; on extrait le suc, qu'on passe au travers d'un linge, et on le soumet immédiatement à l'évaporation, c'est-à-dire avant d'y laisser développer la fermentation. Lorsqu'il atteint la consistance de miel épais, on le renferme dans des pots que l'on tient à l'abri de l'humidité. Ce genre de préparation entre principalement dans la confection des pilules purgatives; délayé dans l'eau, on l'administre en lavement : dans le premier cas, la dose est d'un scrupule à un gros, mêlé à d'autres substances; dans le second, de deux à quatre gros dans un véhicule approprié.

Vert de vessie.

C'est principalement aux environs de Nuremberg et dans le midi de la France que s'effectue sa préparation. On prend du suc de nerprun mûr récemment exprimé douze livres, eau de chaux trois livres, gomme arabique six onces; on fait dissoudre la gomme dans l'eau de chaux, on opère ensuite le mélange de cette solution avec le suc de nerprun, on fait évaporer jusqu'à consistance d'extrait et on introduit dans des vessies que l'on suspend dans un lieu sec pour que la dessiccation continue à s'effectuer.

Examen chimique. M. Vogel de Munich, qui s'est occupé de l'analyse des baies de nerprun, y a signalé la présence d'acide acétique libre, — de mucilage, — d'une matière azotée et de sucre incristallisable. Plus récemment, M. Dubuc de Rouen, y a trouvé une substance analogue à la gomme, — une résine, — un principe sucré qui rend ce fruit apte à la fermentation vineuse, — et enfin une matière extractive.

NERPRUN DES TEINTURIERS, graine d'Avignon, de Perse, d'Espagne, de Morée ou de Turquie, fruit du *rhamnus infectorius*, L.

Ce fruit s'offre sous la forme de petites baies arrondies, moins grosses que dans l'espèce précédente; elles sont formées d'une enveloppe mince appliquée sur trois à quatre coques monospermes, réunies au centre. La saveur de ces baies est âcre, amère et acidule; leur odeur est nauséeuse; on n'en fait guère usage que dans la teinture; à cet effet, on les cueille avant leur maturité, c'est-à-dire lorsqu'elles sont encore vertes; on les fait bouillir dans un lait de céruse ou de craie, et on obtient, par la précipitation, une laque connue sous le nom de *style de grain*.

Examen chimique. Ces graines cèdent à l'eau un principe colorant jaune, une matière très-amère et un principe rouge, qui passe au brun par le contact de l'air. Leur décoction fournit aussi une couleur brune verdâtre qui passe au vert-olive par les sels de fer, et que l'on fixe sur les étoffes à l'aide des mordants d'alumine et de sels d'étain.

Sous le nom de nerprun des teinturiers on vend, dans le commerce, les baies de plusieurs sous-arbrisseaux de la famille des Rhamnées et principalement de l'alaterne et de la bourgène.

BOURGÈNE, bourdène, aune noir, fruit du *rhamnus frangula*, L.; famille des Rhamnées, J.

Ce fruit s'offre sous la forme d'une baie globuleuse, rouge avant sa complète maturité, noirâtre après, c'est-à-dire vers la fin de septembre, renfermant deux semences de couleur jaune, divisées par une rainure plate d'un côté et convexe de l'autre; la saveur de la pulpe est désagréable. La bourgène jouit des mêmes propriétés que le nerprun cathartique, et peut être employée aux mêmes usages; c'est ainsi qu'on en prépare aussi une sorte de *vert de vessie*, mais il est généralement moins estimé que celui que fournit le nerprun cathartique.

Cette variété, bien qu'elle ait beaucoup d'analogie avec celles qui précèdent, offre cependant une différence essentielle dans la densité de son bois, qui est excessivement léger et conséquemment très-propre à la fabrication de la poudre; aussi les lois accordent-elles au gouvernement l'exploitation de ce bois non-seulement dans les forêts de l'État, mais dans celles même des particuliers.

SUREAU, fruit du sureau noir, *sambucus nigra*, L.; famille des Sambucées, J.

Il s'offre sous la forme d'une baie sphéroïde uniloculaire, du volume d'un pois, d'abord rouge, puis noire, renfermant au milieu d'un suc aqueux, jaune rougeâtre, trois à cinq graines convexes d'un côté, anguleuses de l'autre, attachées par un placenta filiforme à l'axe du fruit; chacune d'elles est monosperme.

Ce fruit mûrit en septembre; ceux qui en font la récolte pour le livrer au commerce y joignent souvent celui de l'hièble, *sambucus ebulus*. Mais la fraude est assez facile à distinguer, car ce dernier teint les doigts en rouge, et l'autre, couleur feuille morte. La baie de sureau a une odeur faible et une saveur acidule; prise en petite quantité, elle ne paraît pas désagréable, mais, si on dépasse le nombre de quelques fruits seulement, elle excite le dégoût et souvent des nausées. Le suc exprimé purge à la dose d'une demi-once ou deux onces; il peut, à défaut d'autre purgatif, être administré avec succès, lorsqu'il s'agit de procurer seulement une sorte de désobstruation ou le jeu des organes sécréteurs. Rapproché à une consistance convenable, il forme, sous le nom de rob de sureau, une préparation officinale qui jouissait autrefois d'une grande estime comme apéritif.

Rob de sureau.

On prend des baies de sureau bien mûres, on les pile dans un mortier de bois, avec précaution pour ne pas écraser les graines, on laisse le suc se déféquer par le repos, on passe ensuite au travers d'un linge et on fait évaporer jusqu'à consistance de miel; on reconaît que la cuisson est complète et que la conservation peut s'effectuer, lorsqu'en en plaçant un peu sur du papier non collé l'humidité ne le traverse pas. Il agit comme sudorifique.

Dans le Nord, et notamment en Angleterre, on obtient, par la fermentation des baies de sureau, une boisson alcoolique qui remplace la bière. Les semences soumises à la presse fournissent une huile fixe propre à l'éclairage et à divers autres usages domestiques.

Bien que l'analyse de ce fruit soit encore à faire, on sait néanmoins qu'il contient une proportion assez notable d'acide malique, et une grande quantité de matière colorante que l'on met à profit en faisant macérer les baies de sureau dans les vins faibles ou falsifiés.

HIÈBLE (fruit de l'), *sambucus ebulus*, L.; famille des Sambucées, J.

Ce fruit bacciforme a le même facies que le précédent; il est cependant un peu plus petit; ses propriétés offrent aussi de l'analogie, mais elles sont moins énergiques. Les baies d'hièble ne sont guère employées en médecine que lorsque, ainsi que nous l'avons dit, on les mêle à celles du sureau noir, *sambucus nigra*. Leur odeur peu prononcée et l'intensité de leur couleur permettent d'employer le suc qu'elles fournissent à la coloration des vins ou de certaines liqueurs de table. On a fait divers essais pour introduire leur usage dans la teinture, mais les résultats n'ont pas justifié l'espoir qu'on avait conçu; cependant, traitées par le vinaigre, elles prennent une teinte violette assez persistante, qu'on fixe sur le fil, les peaux maroquinées, et celles qui servent à la fabrication des gants.

Comme les baies de sureau, celles d'hièble passent à la fermentation ; elles fournissent, par la distillation, une liqueur alcoolique qui, dans certaines contrées où ce fruit est commun et l'eau-de-vie de vin rare, forme une ressource assez importante pour les arts et notamment la fabrication des vernis.

Connues de temps immémorial, les baies d'hièble ou de sureau servaient aux idolâtres à peindre ou plutôt à barbouiller les figures de leurs divinités; on emploie maintenant leur décoction pour effectuer la coloration des bois indigènes et imiter certains bois des Iles.

VIGNE VIERGE (fruit de la), *cissus quinquefolia*, L.; famille des Sarmentées, J.

C'est une petite baie terminée en pointe et offrant à sa base une sorte de petit collet; les grains ou pepins qu'elle renferme sont souvent avortés, et toujours moins nombreux que dans la baie ou fruit de la vigne commune, *vitis vinifera*.

Le fruit de la vigne vierge est de couleur rouge foncé; il contient, en outre, de l'acide malique, une portion assez notable de principe mucoso-sucré pour passer à la fermentation; il fournit, dans ce cas, une liqueur alcoolique assez agréable dont on pourrait faire d'utiles applications dans l'économie domestique et surtout dans les arts. Cependant on ne cultive guère la vigne vierge que pour l'agrément des jardins, et surtout pour orner ou dissimuler les ruines naturelles ou factices; ses sarments flexibles les embrassent étroitement et les couvrent, l'été, d'un réseau de verdure, qui se transforme, l'automne, en guirlandes pourprées du plus heureux effet. Ces baies sont mangées par les oiseaux, qui en sont, en général, fort avides.

On cultive en Arabie le *cissus arborea* ou redif; les indigènes mangent son fruit et le regardent comme un puissant contre-poison.

RAISIN D'AMÉRIQUE ou des Tropiques, fruit du *phytolacca decandra*, L.; famille des Arroches, J.

C'est une baie globuleuse, un peu déprimée et ombiliquée au sommet; elle renferme des grains ou pepins semi-orbiculaires et attachés à un réceptacle central; le suc qu'elle contient est d'une couleur rouge très-intense; sa saveur est légèrement âpre et acidule.

Ce fruit entre dans la matière médicale des Indiens; il fournit, par expression, un suc qui purge à la dose d'une once ou une once et demie. Son plus grand emploi, en Europe, est comme substance tinctoriale; il sert, en effet, à colorer en rouge certaines sucreries, des liqueurs, les vins dits clairets. Il est susceptible de passer à la fermentation alcoolique, mais la proportion de principe sucré y est si faible, que le produit spiritueux ne dédommagerait pas des frais de fabrication.

Des essais ont été tentés pour mettre à profit sa matière colorante dans l'art de la teinture; on l'a aussi précipitée en laque au moyen de la craie ou de la céruse pour l'usage des peintres; mais son peu de fixité a rendu jusqu'ici les essais infructueux. Son extrême altérabilité permet de l'employer, dans certains cas, comme réactif chimique.

La plante qui fournit cette baie porte les noms vulgaires *d'herbe à laque*, *d'épinard des Indes*, *de morelle en grappe*, *de raisin des teinturiers*. Importée à Bordeaux, en 1770, on croit généralement que sa multiplication dans le Midi est due aux oiseaux, qui, en étant généralement très-friands, répandent sa graine mêlée à leur matière fécale. Nous avons déjà eu l'occasion de faire remarquer ce genre de propagation.

Ce fruit simule, suivant son degré de maturité, des perles de corail, de rubis ou de jais. Réuni en grappes pyramidales, il produit le plus bel effet.

RAISINIER à grappes (fruit du), *coccoloba ovifera*, L.; f. des Polyg., J.

Il s'offre sous la forme d'une baie molle, globuleuse, de couleur pourpre; son volume égale celui d'une cerise ordinaire; le centre du fruit est occupé par un noyau assez volumineux, dur, ovale et comme cannelé à sa surface; il renferme une amande huileuse d'une amertume assez intense. Ces baies sont disposées en grappes; leur saveur est aigrelette, astringente et légèrement sucrée. En Amérique, où ce fruit est très-commun, il est rarement servi sur les tables, mais néanmoins très-recherché des enfants. On doit toutefois en surveiller l'usage, car il produit souvent des constipations rebelles.

Ce fruit paraît, si on en juge d'après la manière dont il affecte le sens du goût, composé principalement de mucoso-sucré, de tanuin et d'un acide dont l'examen chimique peut seul déterminer la nature. Son suc rapproché, sous forme de rob, est employé, aux Antilles, avec assez de succès, pour arrêter les dyssenteries; son action paraît s'effectuer d'une manière spéciale sur la contractilité fibrillaire des voies digestives.

Raisinier à fruit blanc, raisin de Coudre, fruit du *coccoloba nivea*. C'est une baie molle, sphéroïde, d'un aspect particulier; elle est formée 1° du calice devenu charnu, 2° d'une sorte de nucule noire, luisante, placée au centre et comme soudée avec lui; la couleur opale du calice et la couleur noire de la nucule présentent l'image assez exacte de la prunelle saillante de certains poissons. La pulpe est composée d'un principe mucoso-sucré et d'un acide ; les semences sont huileuses et d'une saveur âcre.

GENIÈVRE, fruit du genévrier commun, *juniperus communis*, L.; famille des Conifères, J.

Le fruit du genévrier est globuleux, très-faiblement pédonculé, et tellement, qu'il paraît sessile ; son volume égale celui d'un pois; il est formé des écailles du calice soudées ensemble après la fécondation, et renferme un ou plusieurs noyaux ou nucules planes d'un côté, convexes de l'autre, qui sont comme nichés au centre d'une pulpe spongieuse. Ces osselets constituent le véritable fruit; c'est improprement qu'on donne le nom de baie à la réunion des diverses parties que nous venons de signaler; les semences sont creusées sur toute leur surface de fossettes disposées par rang de trois à quatre et superposées; dans ces fossettes sont adossées des utricules fusiformes remplies d'huile essentielle ou volatile, lorsque les fruits sont verts; de térébenthine à l'époque de leur maturité; et de résine lorsqu'ils se dessèchent sur le végétal.

Cette fausse baie a une saveur âcre, aromatique, douceâtre; elle contient du sucre, du mucilage et une huile essentielle qui, ainsi qu'on vient de le voir, change de nature suivant les diverses périodes de son existence et même pendant la coction qu'on fait subir à ce fruit dans certaines opérations pharmaceutiques. Cette mutation d'état paraît due à une sorte d'oxygénation; car, dans ces circonstances, l'huile essentielle est transformée d'abord en térébenthine, puis en résine.

Ce fruit, très-commun dans certaines contrées septentrionales, bien qu'il ne puisse servir, attendu son extrême âcreté, à la nourriture de leurs malheureux habitants, n'en est pas moins pour eux une ressource fort importante; ils en fabriquent, en effet, plusieurs boissons économiques; la plus simple est connue sous le nom de genevrette.

Genevrette.

Sa préparation consiste à prendre des baies de genièvre, à les brasser dans l'eau bouillante pour les débarrasser d'une partie du principe résineux qu'elles contiennent, à les jeter ensuite dans un tonneau avec suffisante quantité d'eau, et à laisser fermenter. Dans certains pays, on mêle au genièvre de l'orge ou des fruits sauvages, tels que des pommes, des poires, des cormes, etc. Cette addition ne rend pas seulement cette boisson plus agréable, mais aussi plus alcoolique et conséquemment d'une plus facile conservation. Cette sorte de vin est en usage dans quelques unes de nos provinces.

Eau-de-vie de genièvre.

Dans le nord de l'Europe, en associant les baies de genièvre à d'autres fruits et notamment au blé, au seigle ou à l'orge germée, on obtient, par la fermentation et la distillation, une eau-de-vie composée, vulgairement appelée *gin* ou *wiskey*. On peut encore, et ce procédé nous paraît préférable, rectifier l'eau-de-vie de grain sur ces baies. Cette liqueur, qui est très-goûtée par les habitants des pays froids et, en général, par les gens de mer, est très-saine, mais elle est loin d'avoir la suavité de l'eau-de-vie de vin.

Les Lapons boivent, à l'instar du thé chez d'autres peuples, l'infusion chaude de baie de genièvre. Cette boisson était naguère employée en Europe comme diurétique, et comme excitant la transpiration insensible; mais sa saveur âcre en a fait abandonner l'usage; on lui substitue la préparation officinale connue sous le nom d'extrait de genièvre.

Extrait de genièvre.

Pour l'obtenir, on prend des baies récentes, aussi mûres que possible, on verse dessus une assez grande quantité d'eau pure pour qu'elles y plongent, on laisse macérer à froid pendant trente-six heures, on tire ensuite à clair, on verse de nouvelle eau pour dissoudre tout le principe extractif; on fait macérer, comme ci-dessus; on décante de nouveau et l'on réunit le second maceratum au premier; on laisse reposer pour permettre aux matières étrangères de se précipiter au fond du vase; on décante, on fait évaporer jusqu'à réduction d'un tiers, et on laisse refroidir. La substance résineuse, suspendue dans le liquide, se précipite bientôt, on la sépare et on fait évaporer de nouveau jusqu'à consistance d'extrait. Cette dernière partie de l'opération doit, pour obtenir un meilleur résultat, être effectuée au bain-marie.

Cet extrait est tonique; on lui attribue, en outre, une action spéciale sur le système des voies urinaires; le mode d'administration consiste à en faire dissoudre un à deux gros dans de l'eau ou du vin.

Huile volatile de genièvre.

Cette huile, extraite des fruits verts par la distillation, se donne à la dose de quinze à vingt gouttes, soit versée sur du sucre, soit unie à tout autre excipient; elle est carminative et emménagogue. Les distillateurs l'emploient pour aromatiser l'eau-de-vie de grain ou de pomme de terre, et leur communiquer le goût du fruit qui la fournit et qu'elle conserve après la distillation.

On fait encore usage des baies de genièvre à l'extérieur, en fumigation, contre certaines affections rhumatismales; il suffit, dans ce cas, d'en projeter sur les charbons ardents et d'exposer la partie affectée à la vapeur balsamique qui s'en dégage; on a longtemps, mais à tort, attribué à cette vapeur la propriété de purifier l'air altéré par le séjour ou l'accumulation des malades; elle le charge, au contraire, de principes nouveaux qui le rendent moins propre à la respiration et sans profit pour l'état sanitaire. Les vétérinaires et les maréchaux en conseillent encore l'usage dans les épizooties.

Les baies de genièvre, livrées au commerce pour fournir aux besoins de la capitale, sont fournies par les genevrières qui abondent dans la forêt de Fontainebleau. Elles entrent dans plusieurs préparations de pharmacie vétérinaire; les principales sont la thériaque, la poudre cordiale et celle contre la pourriture des moutons; le fruit du genévrier joue dans cette préparation un rôle trop important, et cette maladie, par les ravages qu'elle exerce, intéresse trop vivement les agriculteurs, pour que nous ne saisissions pas l'occasion de faire connaître les caractères qui la distinguent et les moyens de la combattre. Nous les empruntons à la *Pharmacie vétérinaire* de M. Lebas, notre ancien patron; ces caractères sont la désorganisation du foie avec développement de vers nommés *distomes* ou *fascioles* dans les canaux biliaires, l'affection cachectique; les moyens curatifs consistent dans l'emploi de la poudre tonique contre la pourriture, celles vermifuge, de quinquina, de gentiane; le sel marin, l'ammoniaque, le sulfate de fer, l'oxyde de fer brun, les boules de mars.

Le mode d'administration varie suivant les substances, mais la dose des poudres est d'une pincée qu'on mêle à une poignée de son, et qu'on fait manger tous les matins au mouton; on augmente cette dose tous les deux jours jusqu'à quatre pincées ou une demi-once, qu'on continue pendant tout le temps que dure le traitement.

Examen chimique. Il résulte, de l'examen chimique qu'a fait M. Nicolet des baies de genièvre, qu'elles contiennent, indépendamment de l'huile essentielle et de la matière sucrée dont nous avons déjà signalé la présence, une cire végétale qui a de la tendance à cristalliser dans les huiles volatiles pures, et une résine qui se distingue par la facilité avec laquelle elle cristallise, lorsqu'elle est débarrassée de la térébenthine de laquelle on l'extrait.

Tromsdorf, qui s'est également occupé de l'analyse des baies de genièvre, y a trouvé les produits suivants : huile volatile (dont la pesanteur spécifique est de 0,9110) 1, — cire 4, — résine 10, — sucre avec de l'acétate et du malate de chaux 33,8,—gomme avec des sels végétaux 7,—fibre ligneuse 35,— eau 12,9,—excès 3,7.

Les baies du *genévrier* ou *cèdre de Virginie* sont plus petites et jouissent néanmoins de propriétés analogues; on les emploie en Amérique, et à New-York principalement, pour faire l'eau-de-vie de genièvre, dont l'usage est très-répandu dans toutes les classes.

BAIES DE POMMES DE TERRE,
fruit du *solanum tuberosum*, L.; famille des Solanées, J.

Elles sont globuleuses, lisses, du volume d'un pois environ; elles renferment plusieurs graines; ces baies sont mucilagineuses, plutôt douces que sucrées; elles contiennent un principe vireux dont il est difficile de les priver. Le seul emploi qu'on en fasse est dans les arts, pour obtenir, par la fermentation et la distillation, une liqueur alcoolique; encore n'est-ce qu'assez récemment qu'on a exploité ce genre d'industrie. Le procédé consiste à cueillir les baies lorsqu'elles ont atteint leur maturité, et à les écraser au moyen de cylindres, ou dans une cuve à pression; on met alors la pulpe qu'elles fournissent dans des vases convenables, et on abandonne à la fermentation; lorsque celle-ci a parcouru toutes ses périodes, on procède à la distillation, et on obtient, lorsque l'opération a été bien conduite, un hectolitre d'eau-de-vie de 19 à 20 degrés pour vingt-quatre hectolitres de baies non écrasées. Cette liqueur alcoolique est d'une odeur et d'une saveur peu agréables; mais elle peut néanmoins, par une rectification bien entendue, devenir une ressource assez importante pour les arts et offrir au cultivateur un nouveau produit.

Nous ferons remarquer, à cette occasion, qu'on a proposé, pour enlever l'odeur désagréable de certaines eaux-de-vie et particulièrement de celle de pomme de terre, d'y faire macérer des *plantes aromatiques*, de filtrer ensuite sur du charbon et de distiller en plaçant de la chaux éteinte au fond de la cucurbite; nous comprenons l'action des deux dernières substances, mais nous ne concevons pas que, pour enlever une odeur, on en ajoute plusieurs. Ce moyen serait tout au plus praticable, s'il s'agissait seulement de masquer l'odeur, mais pour les besoins des arts économiques ou industriels; cette modification serait insuffisante. L'emploi du charbon et de la chaux, et, mieux encore, de la brique calcinée, est plus rationnel, et on obtient une eau-de-vie assez fragrante et inodore, surtout si l'on soumet la liqueur alcoolique à plusieurs rectifications successives.

Examen chimique. On doit à John (écrit chimique) l'analyse suivante du fruit de la pomme de terre, huile volatile, résineuse,—extractif,—bassorine,—parties membraneuses,—peu d'albumine,—malates de potasse et de chaux,—silice et oxyde de fer,—eau environ 90 parties.

BAIES D'ASPERGES, fruit de l'*asparagus officinalis*, L.; famille des Asparagées, J.

C'est une baie d'abord verte, puis rouge lors de la maturité, à trois loges dispermes; le suc qu'elle renferme, de nature mucoso-sucré, est susceptible conséquemment de passer à la fermentation et de fournir par la distillation une liqueur alcoolique d'autant plus agréable que la rectification aura été plus soignée.

Ce fruit, dont on fait en France assez peu de cas, pourrait, ainsi qu'on le fait dans certaines contrées de l'Allemagne, fournir à l'économie domestique et aux arts des produits utiles; c'est ainsi qu'en l'unissant à d'autres fruits du même genre, après toutefois l'avoir écrasé, et y développant la fermentation, on en extrait une boisson vineuse qui sert à tempérer la soif de ceux qui se livrent au travail des champs. Cette sorte de piquette, en général assez peu agréable, est cependant plus appropriée dans cette circonstance qu'une boisson plus alcoolique. Quant à l'alcool qu'on en extrait par la distillation, il peut remplacer l'eau-de-vie dans la composition de certaines liqueurs.

M. Laudibert, qui met un si grand zèle à propager ce qu'il croit utile, a présenté, il y a quelques années, à la société de pharmacie, de l'alcool de baies d'asperges, obtenu par les soins de M. Dubois, directeur de l'hôpital militaire du Val-de-Grâce. Cet alcool ne laissait rien à désirer, tant sous le rapport du goût que pour sa fragrance.

On cultive aux environs de Paris une assez grande quantité d'asperges pour qu'on puisse espérer que bientôt on mettra à profit ce genre d'exploitation; si cependant l'abondance d'alcool de vin et d'esprit de fécule diminuait son importance, et sa valeur dans certaines contrées favorisées de ces produits, nous conseillerions de le convertir en vinaigre, car son acétification s'effectue facilement.

ICAQUE, prune icaque, p. coton, p. des Anses, fruit du *chrysobalanus icaco*, L.; famille des Rosacées, J.

Ce fruit s'offre sous la forme d'une drupe ovoïde; sa grosseur égale celle d'une moyenne prune, sa couleur varie du jaune au violet; sa chair est pulpeuse, d'une saveur douce, mais un peu âpre; elle adhère fortement au noyau, qui est uniloculaire ovale, un peu pointu au sommet, marqué de sillons longitudinaux; il renferme une amande huileuse.

L'icaquier est très-commun à Cayenne, à Saint-Domingue et aux Antilles; la saveur âpre de son fruit ne déplaît pas aux indigènes, mais elle est moins goûtée des colons et des étrangers; aussi ceux-ci sont-ils généralement dans l'usage d'en préparer des sortes de compotes qui figurent avec avantage sur les tables même les plus somptueuses.

« Les nègres, » dit l'auteur de la Flore des Antilles, « sont si friands de ces fruits, qu'à l'approche de leur maturité ils viennent bivouaquer au pied d'un icaquier qu'ils ont découvert, dans la crainte que d'autres chasseurs ne s'emparent de ces fruits dont ils font d'amples provisions, et qui rappellent assez exactement, pour la forme et la couleur, nos prunes de Damas. »

L'icaque se conserve assez bien dans l'eau-de-vie, à laquelle il communique une partie de son astringence : on en conseille l'usage dans certaines déviations des fonctions organiques et notamment contre la dyssenterie.

On connaît une autre variété d'icaque désignée par Michaux, sous le nom de *chrysobalanus oblongifolius*. Ses fruits sont moins gros et oliviformes; ils jouissent des mêmes propriétés.

COUROUPITE DE LA GUIANE, abricot-des-singes, boulet-de-canon, fruit du *couroupita guianensis*, L.; famille des Myrtées, J., Lecythidées de Richard.

Ce fruit, lorsqu'il est parvenu à sa maturité, est de la grosseur d'un boulet de trente-six. Il s'offre sous la forme d'une capsule ronde ligneuse, séparée aux deux tiers de sa hauteur par un anneau saillant, formé des lobes du calice qui ont pris peu d'accroissement. La couleur brune ferrugineuse de ce fruit a contribué, aussi bien que son volume, à lui faire donner la dénomination vulgaire de boulet-de-canon. Le péricarpe, d'abord mou, devient très-coriace par la dessication; il recouvre une pulpe fibreuse, qui elle-même entoure un noyau d'un volume très-considérable et qui présente la forme générale du fruit. Ce noyau, également pulpeux, est divisé en six loges membraneuses qui renferment les graines; celles-ci sont aussi formées d'un double tégument, de sorte que le fruit peut être regardé comme double dans presque toutes ses parties organiques, puisqu'il a deux péricarpes, deux sarcocarpes, et que sa graine se compose de deux téguments qui revêtent une amande émulsive, vulgairement appelée *amande d'Andos.*

Bien qu'un examen chimique complet de l'abricot-des-singes soit encore à faire, on sait cependant qu'il contient du sucre, de la gomme, des acides malique et tartrique, et du tannin.

Ce fruit est très-rafraîchissant, on en prescrit l'usage dans les maladies inflammatoires. Sa pulpe, associée au sucre, forme une sorte de marmelade qui n'est pas sans agrément, et qu'on fait entrer avec avantage dans le régime diététique des enfants et des vieillards.

On doit regretter qu'on n'ait pas tenté d'importer et de propager en Europe la plante qui produit un fruit aussi remarquable. Il y a lieu d'espérer cependant que l'usage des conservatoires (1) se multipliera et que nous verrons bientôt les fruits exotiques devenir indigènes par les soins mieux entendus que l'on donnera à la transplantation et à la culture des arbres qui les produisent.

Pour obtenir ce résultat, il faudrait renoncer au système de serre chaude, qui a pour effet de hâter, pour ainsi dire, la caducité. Il ne suffit pas, en effet, de faire développer et de maintenir les végétaux dans des lieux dont la température égale celle des pays d'où ils sont originaires ; il faut que l'air dans lequel ils végètent ne soit pas trop limité, qu'ils soient soumis aux variations de température et de lumière indispensables au jeu des organes, variations produites si heureusement par les périodes diurnes et nocturnes.

Nous n'hésitons pas à dire que l'acclimatation ne peut s'effectuer qu'en augmentant par ces variations la rusticité du végétal, et le plaçant ainsi dans des

circonstances qui lui permettent de résister aux impressions brusques des changements de climat et de sol.

QUATELÉ ou marmite-de-singe, canarismakaque, fruit du quatelé à grandes fleurs, *lecythis grandiflora*, L. ; famille des Lecythidées.

C'est une capsule ligneuse en forme d'urne, longue de six à huit pouces et large de quatre ; elle offre, aux deux tiers de sa hauteur, une ligne circulaire, sur laquelle on remarque les six lobes du calice, et s'ouvre en cet endroit par un opercule formé du tiers supérieur et terminé par une pointe convexe extérieurement ; les graines sont oblongues, au nombre de quatre à six, et disposées en forme d'étoile.

Ce fruit, moins agréable que le précédent, est aussi composé d'une écorce ligneuse très-résistante, et d'une pulpe molle, acidule-sucrée, mais très-abondante en mucilage ou principe muqueux, et conséquemment assez fade. Les graines renferment des amandes qui sont employées aux mêmes usages que celles d'Europe ; mais elles s'en distinguent néanmoins par un goût particulier assez difficile à définir.

Les singes sont très-avides de la pulpe que renferme ce fruit et surtout des amandes ; ils le frappent pour l'ouvrir contre les troncs d'arbres, mais le plus souvent il s'ouvre en tombant, lors surtout qu'il a atteint son maximum de maturité. Les naturels font, avec l'écorce ou péricarpe ligneux, des vases et des ustensiles de ménage, qui, par leur solidité, sont pour eux d'une grande ressource pour les besoins de la vie. Ceux, assez rares, qu'on importe en Europe, servent à faire, au moyen du tour et de la ciselure, des objets de curiosité, et notamment des boîtes et des coupes très-appropriées comme garnitures de sucriers et autres vases de luxe, des tabatières, des pommes de cannes, etc.

(1) Un conservatoire est une vaste serre dont les parties vitrées sont mobiles et s'enlèvent l'été, et dans laquelle les plantes puisent les principes nutritifs dans le sol même.

24

MOMBIN ou MONBIN, spondias, prune d'Espagne, fruit du mombin, *spondias purpurea*, L.; famille des Térébinthacées, J.

Ce fruit s'offre sous la forme d'une drupe ovoïde, couronnée par cinq points qui sont des vestiges des styles ; il est coloré extérieurement en pourpre jaunâtre ; sa pulpe est douce-acidule, et assez agréable ; elle entoure un noyau revêtu extérieurement de fibres et renfermant une ou plusieurs semences, mais le plus généralement une, les autres avortant souvent.

Le mombin ou spondias est originaire de l'Inde orientale et de l'Amérique équinoxiale ; son fruit a été mis au nombre des myrobolans, dans les anciennes pharmacopées. Sa pulpe, unie au sucre dans des proportions convenables, constitue une marmelade ou confiture dont l'arome est assez suave et la saveur agréable. On fait sécher ce fruit à la manière des pruneaux, et on l'emploie aux mêmes usages ; il est rafraîchissant et laxatif.

Mombin, pomme de Cythère, hevy, fruit du *spondias cytherea* ou *dulcis*.

C'est une sorte de noix dont le brou est entrelacé de filaments qui naissent de la surface du noyau ; celui-ci est divisé en cinq loges monospermes. Ce fruit, assez estimé des habitants de l'Ile-de-France, a le goût de *pomme reinette*, à un degré assez faible cependant. Il est originaire de Taïti, appelé par Bougainville Nouvelle-Cythère, attendu la richesse de sa végétation. C'est à cette circonstance que le mombin doit la dénomination de pomme ou raisin de Cythère. Il est vrai de dire qu'il acquiert, dans ce pays, une supériorité incontestable, qu'il y est très-estimé et qu'on le fait entrer dans une foule de préparations économiques. D'après la mythologie des Taïtiens, lorsque *Taroa* créa le monde, il envoya au ciel un oiseau chercher des pepins de cet excellent fruit pour en peupler l'île heureuse qu'il venait de tirer du chaos.

Mombin ou spondias a fruit jaune, fruit du *spondias lutea*. Il ne diffère du mombin pourpré que par sa couleur, jaune tacheté de rouille ; il est assez aromatique et formé d'une pulpe succulente d'un goût acidule-sucré ; la pellicule qui le revêt est mince et assez adhérente à la chair.

Cette variété est très-commune à la Jamaïque, à Cayenne et à la Martinique ; l'arbrisseau qui la fournit se multiplie avec la plus grande facilité, et est surtout employé à faire des haies vives que ses épines rendent impénétrables.

On ne sert le mombin jaune sur les tables que lorsqu'il est très-mûr ; car, avant d'avoir atteint cette période de son existence, il est tellement acide que les animaux peuvent seuls en faire leur nourriture.

Mombin ou spondias bier, fruit du *spondias birrea*. Originaire de la Sénégambie, cette variété contient une assez grande proportion de principe sucré pour que les naturels en retirent par la fermentation une liqueur alcoolique analogue à la bière, et dont l'usage est très-répandu comme boisson économique. L'huile douce que renferme l'amande, et qu'on extrait par expression, entre dans certaines préparations culinaires et remplace le beurre dans beaucoup de cas.

La facilité avec laquelle les spondias se reproduisent permettrait, nous n'en doutons pas, d'en effectuer l'importation et l'acclimatation en Europe ; ce serait un nouveau service rendu à l'horticulture ; on doit l'attendre des voyageurs éclairés qui explorent l'Amérique.

PRUNE, fruit du prunier, *prunus*, L.; famille des Rosacées, J.

C'est une drupe charnue, ovoïde ou arrondie, glabre, légèrement sillonnée d'un côté, et renfermant un noyau osseux, qui prend, en général, la forme du fruit et est, ainsi que lui, plus ou moins ovale, mais toujours aplati et généralement aigu au sommet. Sa face externe est rugueuse, celle interne lisse ; il présente un sillon assez profond sur l'une de ses sutures ; ce sillon correspond toujours avec celui qui divise le fruit ; le côté opposé est anguleux. L'amande que renferme le noyau est blanche, bilobée; sa saveur est plus ou moins amère, suivant les variétés.

La prune était connue des anciens, Pline en signale onze variétés; mais, comme elles ne sont pas bien déterminées, nous nous abstiendrons de les rapporter aux variétés connues ; nous en possédons maintenant un beaucoup plus grand nombre. Peu de fruits offrent, en effet, autant de variétés : la couleur, le volume, la saveur et la forme présentent souvent des différences très-grandes. Duhamel a fondé sur la variété de couleur une classification qui facilite singulièrement leur étude; il les divise en *prunes rouges-violettes*, et en *prunes blanchâtres-jaunes* ou *verdâtres*. La grosseur de ce fruit est aussi très-variable, car on en voit qui ne sont pas plus grosses que des cerises, tandis que d'autres atteignent jusqu'à six pouces de circonférence sur près de deux pouces de hauteur. Leur saveur est, suivant les variétés et le degré de maturité, acerbe, acide, fade, douce, sucrée et parfumée ; leur forme est ovoïde, oblongue ou ronde; ce qui les distingue, en outre, des autres fruits, c'est que leur peau est lisse et sans duvet; elle est couverte, dans un grand nombre de variétés, d'une efflorescence couleur gris perle, qu'on désigne sous le nom de poussière glauque, et qui paraît destinée à protéger la surface du fruit du contact de l'humidité; sa nature résineuse rend cette hypothèse assez vraisemblable. Cette sorte de fard, indice de fraîcheur, est peu adhérent et s'enlève au plus léger frottement. Le noyau enfin, dont le volume est presque toujours en rapport avec celui du fruit, varie par sa forme et son plus ou moins d'adhérence à la pulpe.

Le type de nos meilleures espèces de prunes est originaire de la Grèce et de l'Asie. Le prunier croît naturellement aux environs de Damas; il y est si abondant et si bien naturalisé, qu'on a dit, en langage figuré :

De Damas la prune est une colonie.

C'est aux croisés que nous devons son introduction en France. Les espèces moins délicates croissent naturellement dans les parties tempérées de l'Europe et de l'Amérique ; la plupart sont réunies depuis longtemps dans nos pépinières et nos jardins, où on les perfectionne par la greffe. Rarement on cultive le prunier autrement qu'en plein vent; il est assez rustique et n'est pas difficile sur le choix du terrain.

Les prunes, avant leur maturité, comme tous les fruits charnus, résistent assez facilement aux altérations qui résultent du choc des corps étrangers et de l'attaque des insectes. Nous en avons blessé à dessein avec des épines, comme on a pu le voir lorsque nous avons parlé de la maturation des fruits, et il n'en est résulté d'autre effet que la production d'une larme de gomme à l'endroit de la piqûre. Il n'en est pas de même lorsque la maturation a commencé à s'effectuer ; il s'opère, dans ce cas, une tache ou trace de blossissement qui accélère et provoque la chute du fruit. Quelques insectes peuvent aussi, sinon directement, au moins indirectement, provoquer leur altération ; le hanneton, par exemple, en dévorant les feuilles du prunier, dépouille l'arbre et permet ainsi au soleil d'exercer une influence trop directe sur le fruit, qui, dans ce cas, se dessèche et tombe.

Les prunes sont, généralement, sucrées-acidules et rafraîchissantes ; leur suc est moins fluide que celui des cerises, et moins mucilagineux que celui des abricots. Elles sont alimentaires, soit fraîches, soit sèches.

Examen chimique. — Les analyses suivantes, que l'on doit à M. Bérard de Montpellier, prouvent, ainsi que nous l'avons établi depuis longtemps, que, dans les prunes comme dans les autres fruits du même genre, le principe sucré se forme aux dépens de la gélatine ou de la gomme, et par suite de l'action des acides.

Prunes reine-Claude.

	vertes.	mûres.
Matière animale,	0,45	0,28
Matière colorante verte,	0,03	0,08

Ligneux,	1,26	1,11
Gomme,	5,53	2,06
Sucre,	17,71	24,81
Acide malique,	0,45	0,56
Chaux,	des trac.	des tr.
Eau,	74,57	71,10

Les prunes vertes qui ont été analysées ici étaient peu éloignées de la maturité, ce qui explique la présence d'une certaine quantité de sucre. On a jugé qu'en mûrissant elles auraient augmenté de poids dans le rapport de 100 à 129, sans pour cela augmenter sensiblement de volume. La densité des fruits ou de leur suc est toujours en rapport avec leur degré de maturité; elle augmente à mesure que celui-ci s'effectue. Si l'analyse ne le prouvait pas, il suffirait du raisonnement pour s'en convaincre; car, le sucre étant plus dense que la gomme ou la gélatine, il est évident que le premier principe tendant toujours à augmenter et les autres à disparaître, la pesanteur d'un fruit mûr doit être et est, en effet, plus considérable que celle d'un fruit vert, eu égard au volume.

Que, si l'on objectait que la proportion si différente de gomme et de sucre ne permet guère de croire que c'est la première qui donne naissance ou produit le second, nous répondrions que la conversion de la gomme, en matière sucrée, s'effectuant à mesure qu'elle arrive dans le fruit, il n'est pas étonnant qu'elle s'y trouve en si faible proportion relativement au sucre, lors de la maturité.

Sucre de prune.

La quantité assez notable de principe sucré que contiennent les prunes a fait naître l'idée de l'extraire pour les besoins économiques. M. Bornnberg, chimiste à Strasbourg, s'est occupé le premier de son extraction, bien qu'il annonce que ce sucre est analogue à celui de canne; le fait est assez important pour être constaté de nouveau, aussi nous empressons-nous de rappeler le procédé qu'il a suivi: il consiste à prendre l'espèce de prune dite questche, à enlever la pellicule qui la revêt avec les précautions que l'on emploie, comme on le verra plus loin, pour la préparation des prunes dites pistoles, à projeter la pulpe ou chair dans l'eau bouillante, pour la faire blanchir (et peut-être aussi pour développer, par l'application d'une chaleur plus forte, un degré de maturation plus complet); à enlever ensuite les noyaux, puis à placer le parenchyme ou chair dans une bassine avec deux fois autant d'eau, à amener le tout, par une coction bien ménagée, à la consistance d'une pâte visqueuse; puis enfin, après le refroidissement, à introduire dans des sacs de coutil ou de crin, et à soumettre à la presse. La liqueur sirupeuse qui s'écoule est ensuite traitée comme les sirops de sucre et de raisin, quant à la clarification et la mise en cristallisation. On pourrait aussi traiter la pulpe directement par l'alcool; mais ce procédé de laboratoire serait peu applicable en industrie manufacturière.

M. Heydeck, pharmacien à Brunswick, a obtenu, par un procédé analogue, 2 liv. de sucre (vraisemblablement de sirop), de 24 liv. de prunes; il est également fort douteux que ce sucre jouisse des mêmes propriétés physiques et chimiques que le sucre de canne. Nous avons fait des essais du même genre sur des prunes reine-Claude et Mirabelle, que nous avions préalablement soumises à la chaleur modérée d'un four pour faciliter les réactions, et nous n'avons jamais obtenu qu'un sirop d'un goût assez franc, qui s'est concrété quelquefois, mais qui n'a jamais offert de traces de cristallisation régulière.

M. Mirbel pense, et nous partageons son opinion, que la Mirabelle, le Perdrigon blanc, la reine Claude et quelques autres espèces, étant plus sucrées que la prune questche, seraient aussi plus propres à l'extraction du sucre, surtout lorsque, par suite d'une exposition favorable et de l'élévation de température, elles auraient atteint leur maximum de maturité.

Récolte des prunes.

La récolte des prunes, et surtout celle des

belles espèces, doivent être effectuées avec précaution ; pour y procéder, on attend que le soleil ait absorbé l'humidité qui se condense à leur surface pendant la nuit ; on les prend une à une par le pédoncule ou queue et on les détache soigneusement par un mouvement de torsion ; on les place ensuite dans des corbeilles plates, et on les porte au fruitier ; abandonnées pendant deux ou trois jours, elles y conservent toutes leurs qualités et en acquièrent même de nouvelles : on a remarqué qu'elles étaient alors plus agréables et plus savoureuses que lorsqu'on les mangeait au moment même de la cueille.

Ce fruit a le grand avantage de pouvoir, sans exiger beaucoup de soin, être conservé pendant l'hiver. La simple dessiccation au soleil et au four, successivement, suffit pour convertir les prunes en pruneaux. Elles forment, dans cet état, un aliment d'autant plus précieux qu'il s'approprie à tous les régimes et qu'il est l'objet d'un commerce fort intéressant pour plusieurs de nos départements.

Pruneaux.

Les meilleures espèces de prunes forment aussi les meilleurs pruneaux ; cependant, dans les pays où se fait ce commerce ou plutôt où on se livre à ce genre de préparation économique, certaines espèces sont plus spécialement choisies ou réservées ; tels sont le *gros damas de Tours*, la *Sainte-Catherine*, la *prune de Brignolles*, la *prune diaprée rouge*, l'*Impératrice violette*, la *reine-Claude*, la *Quetsche*, l'*Ile verte* et la *Corneuuse*.

On prépare, avec les prunes de Saint-Julien et les petites espèces de Damas, les petits pruneaux connus sous le nom de pruneaux à médecine. On assure que les Arméniens, pour rendre leurs prunes plus purgatives, avaient coutume de percer le tronc des pruniers en deux ou trois endroits, et d'y introduire de la scammonée ou toute autre résine drastique ; ils couvraient ensuite ces ouvertures d'une terre grasse ou argileuse, et la cicatrisation ne tardait pas à s'effectuer. Toute séduisante

que nous paraisse cette pratique, nous croyons qu'elle aurait besoin d'être répétée pour acquérir quelque crédit ; il est fort douteux, en effet, qu'un suc végétal épaissi puisse, par une sorte de transfusion, communiquer ses propriétés à un organe aussi complexe que le fruit.

La Touraine est, depuis longtemps, en possession de fournir au commerce les plus beaux pruneaux ; les prunes de Sainte-Catherine, cultivées plus particulièrement à Chinon et Châtellerault, sont celles que l'on prend de préférence. On fait choix des plus belles ; on les place sur des claies sans les entasser, et on les étend pendant plusieurs jours au soleil, jusqu'à ce qu'elles soient assez molles ; on les expose ensuite dans un four chauffé à un degré de chaleur peu élevé ; on ferme l'ouverture et on abandonne pendant vingt-quatre heures ; on les retire ensuite. On chauffe de nouveau le four à un degré de chaleur un peu supérieur à celui de la veille ; on répète enfin cette opération jusqu'à trois fois, en ayant le soin, pour renouveler les surfaces, d'agiter légèrement les claies. Dans cet état, les prunes sont parvenues à la moitié de leur degré de cuisson ; on les prend alors une à une, et on leur donne, en les comprimant entre les doigts, la forme carrée qu'offrent généralement les pruneaux de première qualité. On les remet dans un four chauffé au degré qu'il conserve après la cuisson du pain ; on en bouche soigneusement l'orifice, puis, une heure après, on les retire et on introduit dans le four un vase rempli d'eau ; lorsque celle-ci est chaude au point d'y pouvoir maintenir le doigt, on rapporte les claies au four et on les y abandonne pendant vingt-quatre heures. Enfin on range les pruneaux dans des corbeilles d'osier de manière à laisser entre eux le moins d'interstices possible, et on verse dans le commerce.

Pruneaux ou *prunes de Brignolles*, pistoles.

Ce genre de préparation exige beaucoup de soin, attendu que ces pruneaux doivent conserver la couleur blonde du fruit. Le procédé que l'on suit le plus communément consiste à cueillir les prunes après le lever du soleil, afin que la rosée ne puisse retarder leur dessiccation et favoriser leur altération. La peau ou pellicule externe qui les recouvre est ensuite enlevée sans le secours d'aucun instrument, mais bien avec l'ongle seulement, pour éviter tout contact nuisible. Cette sorte de tour de main était naguère encore effectué avec une grande habileté à Brignolles, mais cette ville n'est plus en possession de fournir ces sortes de pruneaux; ils sont expédiés maintenant des environs de Digne, et principalement d'*Estoublon*. Ainsi dépouillées, les prunes sont placées sur des claies et exposées pendant quelques jours au soleil; on les enfile ensuite une à une dans des baguettes ou brochettes, que l'on suspend dans un lieu sec et aéré. Après quelques jours de dessiccation, on en expulse le noyau, et on leur rend, autant que possible, leur forme primitive. Après quelques jours d'une nouvelle exposition au soleil, on les range dans des boîtes de sapin, en ayant le soin de les aplatir pour leur donner la forme à laquelle elles doivent leur nom. On les livre ensuite au commerce, d'où elles passent sur nos tables, et où elles contribuent à nous faire attendre plus patiemment l'époque à laquelle la nature nous les offrira avec les avantages qu'elle seule sait donner.

Esprit de prune ou *kwestchenwaser*.

Dans plusieurs provinces d'Allemagne et en Suisse, ou obtient, par la fermentation et la distillation de l'espèce de prune appelée *kwestche*, une liqueur alcoolique connue sous le nom de *kwestchenwaser*; elle est employée dans les arts et même dans les usages domestiques, bien qu'elle soit moins agréable que l'eau-de-vie de vin.

On fabrique en Hongrie une boisson connue sous le nom de *raki*, en faisant fermenter ensemble des prunes et des pommes. Son usage est très-répandu dans la classe pauvre; elle est quelquefois assez alcoolique pour produire l'ivresse et des accidents morbides, surtout lorsqu'on en boit immodérément.

On prépare, avec certaines variétés de prunes, des compotes, des confitures ou marmelades, des pâtes, etc.

Compote de prunes.

Ce genre de préparation nécessite peu de sucre. La cuisson du fruit y est ordinairement incomplète, et il conserve sa forme ou du moins en partie. On prend une ou deux douzaines de prunes, de préférence celles qui n'ont pas atteint leur maximum de maturité; on les ouvre en deux, après les avoir pelées, et on en sépare les noyaux. D'autre part, on fait dissoudre quatre onces ou demi-livre de sucre, suivant la quantité de prunes, dans le tiers de son poids d'eau; on chauffe et on verse sur le fruit; on met le tout entre deux plats sur de la cendre chaude pour opérer une sorte de coction, et on sert froid. En général, la chaleur diminue la suavité des fruits; loin d'exalter leur arome, elle l'amoindrit ou le neutralise.

Prunée ou *marmelade de prune*.

On prend de préférence la reine-Claude et la Mirabelle; on choisit celles qui sont les plus mûres; on les ouvre pour en séparer les noyaux; on divise la chair par quartiers, et on jette dans une terrine préalablement tarée; on pèse et on ajoute moitié ou deux tiers de sucre grossièrement pulvérisé, suivant le plus ou moins de maturité du fruit; on abandonne dans un lieu frais pendant douze heures environ, avec la précaution d'agiter de temps en temps. On procède ensuite à la cuisson, qui est d'autant plus prompte qu'on a ajouté plus de sucre. On reconnaît qu'elle est effectuée lorsqu'en prenant un peu de marmelade entre les doigts et les séparant, le filet qui se forme offre assez de résistance.

Pâte de prune.

On procède comme pour la marmelade ou confiture, avec cette différence cependant qu'on passe la pulpe au travers d'un tamis et qu'on fait rapprocher, jusqu'à ce que la masse offre une certaine résistance; on verse ensuite, soit sur des assiettes, soit dans des caisses de papier saupoudrées de sucre, et on continue la dessiccation au four, ou mieux encore à l'étuve.

La pellicule ou peau renfermant, comme dans la plupart des fruits, le principe aromatique, on se garde de l'enlever dans ces deux dernières préparations.

Prunes confites au sucre candi ou glacées.

On choisit les plus grosses; on les fait, comme on le dit vulgairement, blanchir, en les plongeant dans l'eau bouillante; puis on les place sur un tamis. D'autre part, on fait un sirop de sucre très-blanc et suffisamment rapproché, c'est-à-dire marquant de 34 à 36 degrés au pèse-sirop; on y plonge successivement les prunes lorsqu'il est encore chaud, et on abandonne pendant douze heures; le déplacement qui s'effectue entre le sucre et l'eau de végétation du fruit décuisant le sirop, on le remet ainsi successivement sur le feu et sur les prunes deux ou trois fois; enfin on effectue la dessiccation convenable des prunes ainsi saccharifiées à l'étuve. On les range ensuite dans des boîtes de sapin, où elles figurent parmi les fruits secs ou glacés.

Prunes à l'eau-de-vie.

Pour ce genre de préparation, on prend de préférence celles de reine-Claude; on les cueille un peu avant leur maturité, afin qu'elles soient plus fermes; on les fait tremper dans une eau alunée (2 gros d'alun par livre d'eau). Cette opération a pour effet de rendre leur pellicule plus résistante et de faciliter ainsi leur conservation. Après les avoir fait égoutter, on les plonge dans un sirop de sucre alcoolisé; on laisse macérer pendant un mois, puis

on ajoute le reste de l'alcool dans la proportion de parties égales du sirop employé; on bouche soigneusement et on conserve pour l'usage.

Un procédé plus simple et plus prompt consiste à prendre des prunes déjà confites au sucre, et à les plonger dans de l'eau-de-vie à 18 ou 20 degrés.

Espèces et variétés de prunes.

M. Desfontaines rapporte toutes les variétés connues aux espèces suivantes : Prunier de Sainte-Catherine, *prunus cerea;* Prunier de Mirabelle, *prunus cereola;* Prunier de Damas, *prunus Damascena;* Prunier Damas noir, *prunus hungarica;* Prunier reine-Claude, *prunus Claudiana;* Prunier cerisette, *prunus acinaria.*

Nous suivrons, dans l'énumération des variétés, la classification adoptée par Duhamel.

PRUNES ROUGES OU VIOLETTES.

Petite prune Saint-Julien. C'est la plus petite des prunes violettes; elle est plus haute que large; son pédoncule ou queue s'implante presque à fleur du fruit, qui en cet endroit n'offre également qu'une ligne plus sensible à l'œil qu'au toucher; la pellicule ou peau est de couleur violet foncé, elle est fardée de poussière glauque; la chair est verdâtre; sa saveur est acerbe lorsqu'elle est verte, et fade lorsque le fruit a atteint son maximum de maturité; le noyau est comme isolé et conséquemment peu adhérent à la chair; son volume égale huit lignes environ en longueur, et cinq ou cinq et demie en largeur. Cette prune mûrit vers le commencement de septembre, l'arbre qui la porte sert principalement à greffer les autres variétés.

Grosse prune Saint-Julien. Cette prune est moins ovale et plus arrondie que la précédente; le sillon longitudinal qui la divise est peu prononcé; son pédoncule est court et s'implante également presque à fleur du fruit; sa peau est de couleur violet foncé opaline, elle revêt une chair verdâtre, plus succulente que dans la variété qui précède, sa saveur est également assez fade ; le noyau est un peu adhérent à la pulpe ; sa surface est rugueuse ; le côté opposé à l'arête est creusé d'un sillon profond, dont les bords sont dentelés. La maturité de cette prune s'effectue, comme pour la précédente, vers le commencement de septembre.

Ces deux variétés de prunes, étant assez acides, jouissent de propriétés laxatives, et sont assez généralement converties en pruneaux dits *pruneaux à médecine*.

Prune de Damas noire hâtive, petit fruit. Elle est petite, comprimée au sommet et marquée d'un léger sillon ; sa peau est rouge intérieurement, noirâtre à la surface et fardée d'une poudre blanche transparente, qui lui donne une teinte azurée ; la chair est verdâtre, fondante, sucrée, d'un goût agréable ; le noyau est petit, lisse, de forme convexe sur ses deux faces, ce qui lui donne une grande dureté ; il est peu adhérent à la chair. La maturité de cette excellente prune s'effectue vers la fin de juillet.

Prune sans noyau. Cette singulière prune est petite, de forme allongée ; sa hauteur dépasse rarement dix à onze lignes ; son pédoncule est assez long, il s'implante presque à la surface du fruit ; le sillon latéral qui la divise a peu d'étendue, il est généralement terminé au sommet par un point roux ; la peau, de couleur violet foncé ou presque noire, est très-fleurie ou fardée ; elle revêt une chair verdâtre, peu succulente, assez ferme, d'une saveur d'abord acerbe, puis fade lorsqu'elle a atteint son maximum de maturité. Le noyau, qui, le plus souvent, avorte, est remplacé par un rudiment informe, qui ne garantirait qu'imparfaitement l'amande de l'action des principes qui constituent le péricarpe, si la nature n'y avait pourvu en l'environnant d'un mucilage abondant. C'est ici le cas de faire remarquer que la solidification d'une grande partie du mucilage qui forme la membrane endocarpique du péricarpe s'effectue par l'accumulation de la sclé-

rogène (1) et constitue ainsi le noyau. Dans la variété qui nous occupe, cette accumulation n'aurait pas lieu ; il est vrai de dire que les exceptions sont si rares, que cette singularité est plutôt une anomalie qu'un caractère spécifique. L'amande, presque nue au milieu de la pulpe, est proportionnée au volume du fruit et légèrement amère.

Cette prune est plus curieuse qu'utile, car elle est non-seulement petite, mais, en outre, d'une qualité fort médiocre.

Prune cerisette. Elle est presque complétement globuleuse, de grosseur moyenne ; sa hauteur varie entre 13 et 15 lignes, et son diamètre est presque égal ; le sillon latéral est peu prononcé. La chair, de couleur vert jaunâtre, se détache assez facilement du noyau ; sa saveur est sucrée et d'une acidité agréable ; le noyau est assez grand, aplati ; sa surface est rugueuse.

Cette prune, qui mérite d'être distinguée par la suavité de sa chair, est cependant peu cultivée ; elle mûrit vers la fin de juillet.

Prune Damas de Montgeron. Elle est sphéroïde ; son diamètre dépasse, mais d'assez peu, sa hauteur, qui varie de 16 à 17 lignes ; son pédoncule est long, assez gros, implanté presque à fleur du fruit. Le sillon latéral est plutôt indiqué que prononcé ; la peau, de couleur violet clair, est bien fleurie ; elle est, en outre, marquée çà et là de petits points fauves et de lignes irrégulières ; la chair est ferme, de couleur jaune verdâtre et d'une saveur sucrée fort agréable ; elle n'adhère au noyau que par quelques points de nature fibreuse ; celui-ci est assez gros et n'offre rien de remarquable.

Cette variété mûrit au commencement de septembre et vers la fin d'août, lorsque la saison a été très-favorable ; les vers l'attaquent assez facilement.

(1) M. Turpin donne cette dénomination à toutes les *Matières étrangères à l'organisme, et qui se déposent aux parois intérieures des organes creux.* Nous voyons une action analogue à celle du tannin, là où cet observateur ne voit qu'un simple dépôt.

Prune Damas d'Italie. Cette prune est de moyenne grosseur, et presque complétement ronde; sa hauteur varie de 13 à 15 lignes; son pédoncule est assez long, il s'implante dans une cavité peu profonde; cette variété a la peau ferme et résistante, irrégulière, colorée de rouge clair et de rouge brun; elle est, en outre, tiquetée de points roux qui sont rendus plus sensibles lorsqu'on enlève la poussière glauque azurée qui les recouvre; la chair est de couleur vert jaunâtre, ferme, assez fondante, elle abandonne facilement le noyau; celui-ci est d'un volume médiocre et n'offre, du reste, rien de remarquable.

Cette prune, d'une très-bonne qualité et d'un volume médiocre, mûrit vers la fin d'août.

Prune Damas noire tardive. Cette prune est aussi presque globuleuse, quelquefois cependant elle est un peu déprimée sur les côtés; sa hauteur dépasse rarement 13 à 14 lignes, et son diamètre est presque égal; la peau est de couleur violet foncé tirant sur le noir, mais cette couleur est masquée par une poussière glauque qui lui communique une teinte plus claire. La chair, d'un vert jaunâtre, est assez ferme; sa saveur, d'abord acerbe, devient douce et sucrée lorsque le fruit a atteint son maximum de maturité; elle se distingue, en outre, par un arome très-suave; elle est adhérente au noyau dans quelques-unes de ses parties; le pédoncule est assez long.

Cette excellente prune mûrit vers la fin d'août.

Prune Damas musquée, de Malte, de Chypre. Bien que cette prune paraisse sphérique, elle est cependant un peu plus large que longue; le sillon qui la divise latéralement est assez prononcé; la peau, de couleur violet foncé, est parsemée de points plus clairs, mais ils sont en partie dissimulés par la poussière glauque qui recouvre toute la superficie; la chair est verdâtre, très-succulente; sa saveur est sucrée et acidulé; le noyau, aussi long que large, n'offre rien de particulier, il est

isolé de la chair; le pédoncule est assez long et implanté dans une cavité plus profonde.

Cette prune, savoureuse et très-suave, mûrit vers le milieu d'août.

Prune Damas de septembre ou *de vacances.* Bien que généralement arrondie, elle affecte cependant quelquefois une forme irrégulière; son volume est assez considérable; le sillon qui la divise latéralement est large, mais peu profond; la peau, d'une belle teinte azurée à la surface, offre, lorsqu'on la sépare de la chair, une couleur rouge vif à sa partie inférieure; celle-ci est verdâtre, assez ferme, fondante; sa saveur est sucrée et légèrement acidulé; elle se détache assez facilement du noyau, qui est très-convexe et marqué d'un sillon profond; le pédoncule est court, il s'implante dans une cavité assez prononcée.

Cette prune, qui ne doit être rangée ni au premier, ni au dernier rang pour la qualité, mûrit vers la fin de septembre et reste longtemps sur l'arbre.

Prune virginale rouge. Elle est sphéroïde, haute de 16 à 18 lignes, quelquefois légèrement déprimée à la base et au sommet; la peau est rougeâtre et plus foncée du côté exposé au soleil; elle quitte facilement la chair, qui est de couleur jaune verdâtre, fondante; d'abord d'une saveur acerbe, elle s'adoucit lors de la maturité, et adhère fortement au noyau; le pédoncule est d'une longueur moyenne, il s'insère dans une cavité profonde.

Prune Saint-Martin. Elle est ovale-allongée; sa hauteur varie de 14 à 16 lignes, et quelquefois même elle en atteint 18; elle est verdâtre du côté du sillon, qui est peu profond et qui ne se distingue même que par une ligne d'une teinte plus foncée; la peau est fine et d'un rouge violacé; la chair est jaunâtre, assez ferme, peu fondante, quoique assez succulente, d'une saveur légèrement acerbe; le pédoncule est assez long, il s'implante dans une cavité peu profonde.

Cette prune est d'une qualité médiocre et sujette à se fendre; cependant, comme sa maturité s'effectue lorsque la saison est assez avancée, à la Saint-Martin, par exemple, elle devient assez précieuse, en ce qu'elle forme à peu près le seul fruit à noyau qui existe à cette époque.

Prune tardive de Châlons. Elle est un peu plus longue que large, sa hauteur est généralement de 13 à 14 lignes; sa peau, d'abord d'un jaune blanchâtre, prend une teinte rouge du côté du pédoncule, puis elle passe au violet clair dans le reste de son étendue; elle est couverte d'une poussière glauque très-abondante. La chair est de couleur jaunâtre, fondante et très-succulente; elle est d'abord d'un goût assez acerbe, mais elle s'adoucit lorsque la maturité est complète; le noyau, qui est rugueux, adhère à la chair; le pédoncule est de moyenne longueur.

Cette prune doit être rangée parmi les espèces tardives; elle mûrit rarement avant les premiers jours d'octobre.

Prune suisse. Cette prune est arrondie, de moyenne grosseur; son diamètre surpasse sa hauteur, qui est d'environ 15 à 16 lignes; elle est légèrement comprimée du côté du sillon, qui est large et peu profond. Sa peau est épaisse, résistante, d'une couleur rouge violet clair, dans quelques parties très-foncée, et d'un bleu noirâtre dans d'autres, le tout masqué par une poussière glauque assez abondante. La chair est d'un jaune verdâtre, ferme, quoique fondante, très-succulente et d'une saveur d'autant plus agréable qu'elle est en même temps acide, sucrée et aromatique. Le noyau, assez adhérent à la chair, a ses faces très-convexes; il est marqué d'un côté d'un sillon profond, et de l'autre d'une arête très-vive. Le pédoncule, assez long, s'implante dans une cavité peu profonde.

La prune suisse mûrit vers la fin de septembre; elle est très-estimée et avec raison; elle est, en effet, bien supérieure à la prune de Monsieur, avec laquelle elle offre quelque analogie.

Prune de Chypre. Elle est presque globuleuse; son diamètre et sa hauteur ne varient que de 18 à 19 lignes; le sillon qui la partage d'un côté de la base au sommet est peu prononcé; la peau est d'une belle couleur violette, très-fleurie; elle est résistante et se sépare de la chair assez difficilement; celle-ci est ferme, verdâtre; sa saveur, d'abord acerbe, devient sucrée et assez agréable, lorsque le fruit a atteint sa complète maturité; le noyau est rugueux et assez gros, il adhère à la chair par tous les points de sa surface. Le pédoncule est de moyenne longueur, il est implanté dans une cavité peu profonde.

Cette belle prune mûrit à la fin de juillet.

Prune de Jérusalem. C'est, sans contredit, l'une des plus belles prunes; il est à regretter qu'elle laisse tant à désirer sous le rapport de la saveur; sa forme est ovale-arrondie; sa hauteur atteint quelquefois de 20 à 22 lignes, le sillon qui la divise latéralement est large et peu profond. Lorsque cette prune est bien conformée, on remarque, à la place du style, un petit mamelon dont la base est rougeâtre. Le reste de la pellicule est de couleur brune et notamment du côté de l'ombre; mais le côté qui regarde le soleil est bleuâtre et comme azuré par la poussière glauque, ce qui lui donne l'aspect le plus agréable. La chair est jaune-verdâtre, succulente et fondante, quoique d'une contexture assez grossière; sa saveur est acide et peu sucrée. Le noyau est très-adhérent à la chair, il est de forme ovale; le pédoncule est long et s'implante dans une cavité assez profonde.

Cette belle prune mûrit vers la fin d'août ou au commencement de septembre.

Prune de Monsieur. Elle est généralement déprimée au sommet et à la base, ce qui fait que sa hauteur, qui est ordinairement de 15 à 18 lignes, est un peu moindre que sa largeur; la peau est d'un beau rouge violacé, mais cette couleur est, en partie, dissimulée par la poussière glauque azurée qui enveloppe le fruit; elle est peu adhérente à la chair et s'enlève assez facilement; celle-ci est d'abord verte, puis, par suite de la maturité, elle devient jaunâtre; elle est fondante, bien que peu succulente; sa saveur varie non-seulement suivant le terrain et l'exposition, mais encore par suite d'autres circonstances que l'on n'a pu encore bien apprécier : il n'est pas rare, en effet, de trouver sur le même arbre des prunes de qualités différentes, eu égard au degré de maturité; le noyau, gros et rugueux, a ses sutures très-saillantes, il est souvent placé obliquement dans le fruit; le pédoncule est assez court, il s'implante dans une cavité profonde, ouverte d'un côté et donnant naissance au sillon latéral, qui lui-même est assez prononcé.

La prune de Monsieur mûrit vers la fin de juillet; elle doit sa dénomination à *Monsieur*, frère de Louis XIV, qui, dit-on, l'aimait beaucoup. Cette circonstance ne nous paraît pas justifier suffisamment l'honneur de donner son nom à un produit aussi utile. Lorsqu'on désigna la pomme de terre sous la dénomination si bien méritée de *solanée Parmentière*, ce ne fut pas pour une circonstance aussi frivole, mais bien parce que ce savant avait contribué à l'importation et favorisé puissamment la culture d'une plante dont le tubercule est assez riche en principes nutritifs pour éloigner toute crainte de disette.

Prune de Monsieur hâtive. Cette prune, presque complétement sphérique, atteint rarement plus de 17 à 18 lignes de hauteur, sur autant environ de diamètre; le sillon longitudinal qui la divise latéralement est peu profond; la peau est de couleur rouge violacé du côté qui reçoit plus directement l'influence solaire, l'autre est plus pâle. La chair est vert jaunâtre, assez ferme, peu fondante, d'une saveur agréable; le pédoncule est implanté dans une cavité étroite, mais assez profonde; le noyau est gros, rugueux, à angles saillants, il abandonne assez facilement la chair.

Cette prune a sur la précédente l'avantage de mûrir au moins quinze jours plus tôt.

Prune surpasse-Monsieur. Cette variété, obtenue de semis par M. Noisette,

l'emporte encore en qualité sur la prune de Monsieur; l'arbre qui la fournit a le grand avantage de produire sur ses rejetons des prunes de même qualité que les autres; elle mûrit vers la fin d'août.

Prune Monsieur tardif altesse. Son volume est plus gros que celui des autres prunes de Monsieur, elle est aussi plus tardive; quant aux autres caractères, ils sont les mêmes et justifient leur réputation d'excellentes.

Prune royale de Tours. Nous la faisons suivre de celle de Monsieur, parce qu'elle offre avec elle de l'analogie; elle est, en effet, également presque globuleuse, elle atteint rarement plus de 18 lignes en tous sens, elle est souvent fendue à sa base et divisée par un sillon peu profond; la peau, d'un rouge violacé, est parsemée de points d'un jaune assez vif, mais ils sont dissimulés en partie par une poussière glauque azurée qui revêt tout le fruit; sa chair est de couleur jaune verdâtre; sa saveur est sucrée, mais un peu plus acide que celle de la prune de *Monsieur*. Elle se détache facilement du noyau, qui est grand, aplati et rugueux; caractère qui la distingue surtout de cette dernière variété.

Cette belle prune mûrit vers la fin de juillet.

Prune d'Agen. Cette variété, que l'on confond souvent avec la royale de Tours, est assez grosse et ovale; sa peau est d'un violet tirant sur le noir; son noyau est également très-plat et assez uni; sa chair est douce et acidule.

Cette prune mûrit vers la fin de juillet; on l'emploie de préférence à Agen pour faire des pruneaux, qui sont très-estimés et qui forment, pour ce pays, une branche de commerce assez intéressante.

Prune d'Ast. Elle offre beaucoup d'analogie avec la précédente, mais cependant elle est plus grosse et plus hâtive; elle est très-peu connue dans les départements septentrionaux, et abondamment cultivée dans le midi de la France; elle y est très-estimée, et on la préfère même à celle d'Agen pour faire des pruneaux; on en connaît une sous-variété dont l'amande est presque toujours double. Ce caractère suffirait seul pour la distinguer.

Prune de reine-Claude violette. Cette prune est regardée avec raison comme l'une des meilleures du genre; elle est presque complétement globuleuse, mais cependant un peu plus épaisse du côté du pédoncule que du côté opposé; sa hauteur dépasse rarement seize à dix-sept lignes; son pédoncule est long, il s'implante dans une cavité peu profonde, au milieu d'une sorte de bourrelet saillant; un sillon longitudinal assez large la sépare en deux lobes inégaux et s'arrête au sommet, à l'endroit où l'on remarque la cicatrice du style; la peau, qui d'abord est verte, passe au rouge obscur, puis au violet; elle est parsemée de points roux, et quelquefois de taches assez grandes ou de lignes sinueuses; le tout est recouvert d'une poussière glauque abondante; la pellicule est tellement adhérente à la chair, qu'il est difficile de la séparer; celle-ci est ferme, de couleur verdâtre, succulente et très-sucrée; le noyau est ovale, comprimé, sa surface est assez lisse, il est très adhérent à la chair; le sillon opposé à l'arête est profondément creusé et assez large.

Cette excellente prune, dont la maturité commence lorsque la reine-Claude jaune finit, se conserve longtemps sur l'arbre; sa peau, qui est très-résistante, la garantit de l'atteinte des insectes et des intempéries. Lorsqu'on en prépare des compotes, on peut, tant elle est sucrée, se dispenser d'ajouter du sucre.

Prune abricotée hâtive. Elle est plus remarquable par sa beauté que par ses qualités; son volume est assez considérable et sa forme est globuleuse, elle atteint jusqu'à vingt-deux lignes de hauteur sur autant de diamètre; le sillon qui la divise latéralement naît d'une sorte de gouttière assez creuse placée au sommet du fruit; sa peau est, du côté opposé au soleil, d'un rouge très-clair et même un peu verdâtre, et le reste est d'un rouge plus foncé et parsemé de points d'une

teinte un peu plus pâle; la chair est vert clair tirant un peu sur le jaune, surtout lorsque ce fruit a atteint son maximum de maturité; elle est ferme, peu succulente et légèrement acerbe. Le noyau, qui est très-adhérent à la chair, est ovale et très-comprimé. Le pédoncule est assez long et il s'implante dans une cavité assez profonde.

Cette belle prune mûrit vers la fin de juillet.

Prune abricotée rouge. Cette variété est également très-belle; sa forme est ovoïde, sa hauteur varie de dix-huit à vingt lignes; elle est marquée latéralement d'un sillon assez large, mais peu profond; sa peau est de couleur rouge clair dans la partie qui ne reçoit pas directement l'influence du soleil, et violette du côté qui la reçoit; elle est, en outre, recouverte d'une poussière glauque azurée très-abondante. La chair est peu délicate, jaune, mais cependant loin d'offrir la teinte aurore qui distingue l'abricot avec lequel on l'a comparé; elle est cassante et se sépare facilement du noyau; sa saveur est fade et sans arome; le noyau est ovale-obtus, ruguesx, convexe et marqué d'une côte saillante; le pédoncule est long et s'implante dans une cavité peu profonde.

La maturité de cette prune s'effectue vers la fin d'août ou au commencement de septembre; elle est de qualité médiocre.

Prune Damas d'Espagne. Cette prune est ovale-arrondie; sa hauteur dépasse rarement quinze lignes, le sillon qui la divise latéralement est peu prononcé; sa peau est couleur lie de vin obscure, parsemée de points gris qui s'étendent quelquefois et forment des taches rousses; elle est revêtue d'une poussière ou fleur azurée qui semble plus abondante sur la ligne que forme le sillon, et plus rare à l'endroit qu'occupait le style; la chair est assez ferme, cassante, de couleur jaunâtre; elle n'est adhérente au noyau que vers le sommet; sa saveur est âpre et peu sucrée. Le noyau est très-convexe, et partant très-dur; sa surface est ruguesse;

le pédoncule est court et s'implante dans une cavité peu profonde.

La prune de Damas d'Espagne mûrit vers la fin d'août; elle est peu commune aux environs de Paris, ce qui est assez peu regrettable, attendu l'austérité de sa saveur; cependant la facilité avec laquelle elle se conserve, et la propriété qu'a le principe sucré de se développer et de se concentrer par la dessiccation au four, permettraient, nous n'en doutons pas, de la convertir en pruneaux et d'en tirer ainsi un très-bon parti.

Prune Damas de Tours. Elle est de forme ovale obtus; son volume est moyen, car sa hauteur dépasse rarement quinze lignes; le sillon longitudinal qui la divise est très-peu sensible; le sommet est un peu oblique, et il offre la trace d'une cicatrice assez grande; la peau est de couleur rouge obscur, marquée de petites taches plus foncées et de points cendrés; le tout est revêtu d'une fleur abondante azurée, qui lui communique une teinte générale violacée. La chair est jaune et ferme; elle abandonne assez facilement le noyau, qui est très-convexe.

Cette prune, qu'on doit ranger parmi les meilleures espèces, a une saveur sucrée et un arome fort agréable; on la conserve sous forme de pruneaux, et elle est, aux environs de Tours, l'objet d'un commerce assez considérable.

Prune Damas de Provence hâtive. Comme celle qui précède, cette prune est ovale obtus; sa hauteur varie de seize à dix-huit lignes; elle est divisée par un sillon assez profond, qui s'étend de la base au sommet et qui se termine par un petit mamelon; la peau, de couleur rouge violet, est comme givrée de poussière glauque; la chair est jaune-verdâtre, assez ferme, d'une saveur un peu acerbe bien que sucrée; le noyau, de forme arrondie et notamment au sommet, adhère à la pulpe dans plusieurs points de sa surface; le pédoncule est de longueur moyenne.

Cette prune, d'une qualité généralement assez médiocre, n'est cependant pas sans mérite, car elle est très-hâtive; lorsque la saison et l'exposition ont été favorables, on peut en voir sur les tables à la fin de juin; elle est très-propre à faire des compotes.

Prune noire de Montreuil, grosse noire hâtive. Cette prune ressemble beaucoup au gros Damas de Tours, elle est cependant un peu plus grosse. La peau est de couleur violet foncé, couverte de poussière glauque sur toute sa périphérie; elle est résistante et se sépare difficilement de la chair; celle-ci est ferme, cassante, de couleur jaunâtre; sa saveur est sucrée et acidule; elle est si peu adhérente au noyau, que celui-ci semble être isolé au centre; son volume est assez considérable, eu égard à celui du fruit.

Cette prune, de qualité médiocre, a aussi l'avantage d'être assez hâtive; elle mûrit, en effet, vers la mi-juillet.

Prune précoce de Tours, prune Madeleine. Cette variété, d'un ovale presque parfait et d'une grosseur médiocre, se distingue par le sillon qui la divise latéralement, et qui n'est, pour ainsi dire, qu'indiqué; sa peau est épaisse, résistante, de couleur violet foncé ou bleu noir: ces teintes sont en partie dissimulées par une couche assez épaisse de poussière glauque, qui laisse néanmoins apercevoir quelques points roussâtres. La chair, d'abord d'un blanc verdâtre, passe au jaune obscur lors de la maturité; sa charpente fibreuse est très-distincte, elle n'adhère au noyau que dans quelques parties, et principalement vers le sommet; sa saveur est sucrée et d'un arome fort agréable; le noyau est rugueux, et tellement friable, qu'il suffit quelquefois de le presser entre les doigts pour le briser. Le pédoncule est grêle et long de cinq à six lignes.

Cette prune mûrit dans les premiers jours de juillet.

Prune Damas violet ou *noir.* Cette prune est presque complétement ronde; sa hauteur dépasse, en effet, peu son diamètre; le sillon qui la divise latéralement est peu prononcé; la peau, de couleur rouge terne, est couverte de poussière glauque et présente une teinte azurée; elle se détache facilement de la chair, qui est jaune, succulente et sucrée; le noyau est très-convexe, court, lisse et très-dur; c'est peut-être ici le cas de faire remarquer qu'en général les noyaux sont d'autant plus durs qu'ils sont plus convexes; cette circonstance s'explique parfaitement, lorsqu'on considère la puissance des lignes courbes réunies par leurs extrémités; du reste, le noyau est presque isolé au milieu du fruit; le pédoncule s'implante dans une cavité peu profonde.

Cette prune, que l'on doit ranger parmi les petites espèces, est d'une assez bonne qualité; elle mûrit vers la fin d'août.

Prune Damas rouge. Elle forme un ovale assez régulier, et atteint généralement de quinze à seize lignes de hauteur; le sillon qui la divise longitudinalement et latéralement est peu profond; la peau, de couleur rouge foncé du côté qui reçoit plus directement l'influence solaire, est d'un rouge plus pâle du côté opposé; la chair est jaunâtre, fondante, très-sucrée; elle se sépare facilement du noyau. Le pédoncule est de moyenne grosseur; il est implanté dans une cavité si profonde, qu'il semble à fleur du fruit.

Cette prune mûrit à la fin d'août; elle a l'inconvénient d'être assez souvent attaquée par les vers.

Petit Damas rouge ou *violet.* Cette prune, de forme globuleuse, n'atteint guère plus de onze à douze lignes de hauteur, sur autant de diamètre; sa peau, de couleur violet clair du côté qui regarde le soleil, est d'un brun rougeâtre du côté opposé; le sillon longitudinal et latéral n'est marqué que par une simple ligne; la chair ou pulpe est jaunâtre, fondante, sucrée et acidule; le noyau, relativement assez gros, forme à peu près la moitié de la longueur du fruit; une de ses faces est munie d'une côte saillante assez aiguë. Le pédoncule est court et implanté à fleur ou au rez du fruit.

Cette prune mûrit dans le courant de septembre.

Gros Damas rouge tardif. Cette variété, de forme ovale obtus et même presque sphérique, est légèrement et obliquement déprimée au sommet; son volume est médiocre, sa hauteur dépasse rarement vingt lignes; la peau est épaisse, résistante, elle se sépare difficilement de la chair; sa surface est de couleur rouge-violet azuré; la chair est jaune, fondante, très-succulente, d'un tissu lâche et d'une saveur douce-sucrée très-suave; le noyau, de forme ovale, est plat, assez uni et isolé dans une grande partie de son étendue; il n'adhère, en effet, à la chair que par sa partie supérieure, encore est-ce plutôt au faisceau de fibres pédonculaires qu'à la chair proprement dite; l'arête que l'on remarque sur l'un de ses côtés est saillante et aiguë; le pédoncule est court, il s'insère dans une cavité peu profonde.

Cette belle et bonne prune mûrit vers la fin de septembre.

Prune royale. Elle est oviforme, c'est-à-dire un peu plus étroite vers le sommet qu'à la base; elle atteint environ vingt lignes de hauteur sur quinze à seize de diamètre; le sillon longitudinal qui la divise latéralement est si peu prononcé, qu'il semble ne former qu'une ligne superficielle; il se termine au sommet par un gros point roux qui occupe la place du style; la peau est épaisse, résistante; sa couleur est extérieurement rouge-brun marqué d'un grand nombre de points rouge fauve; cette couleur est en partie masquée par une poussière glauque très-abondante, mais répandue inégalement; la chair est d'un grain serré, ferme, de couleur vert jaunâtre, très-succulente, d'une saveur sucrée acidule très-agréable; le noyau est grand, lisse et plat; il n'adhère point ou presque point à la chair; le pédoncule est assez long, et tellement flexible, que ce fruit, vu sur l'arbre, paraît pendant; il s'implante dans une cavité peu profonde.

Cette prune est, avec raison, mise au rang des meilleures espèces; elle mûrit vers la mi-août. On doit regretter que sa culture ne se soit pas plus multipliée, car elle se prête à tous les genres de conservation ; l'abondance de son suc permet, en outre, d'en préparer une boisson qui n'est pas sans agrément.

Prune Perdrigon normand. Cette prune, que l'on range avec raison parmi les meilleures espèces, est presque sphérique ; sa hauteur moyenne est d'environ dix-huit lignes ; son diamètre diminue plus sensiblement vers le sommet que vers la base; le sillon longitudinal est peu sensible et présente, dans cette partie du fruit, une légère dépression ; la peau est extérieurement d'une couleur violet clair, tiquetée de points jaunes plus apparents dans la partie opposée à l'action des rayons solaires; la chair est jaune, fondante et très-succulente, sa saveur est sucrée-acidule et très-suave ; le noyau y adhère de toutes parts, il est arrondi au sommet ; l'un de ses côtés est creusé d'un sillon assez profond, l'autre est muni d'une arête proéminente, mais peu aiguë. Le pédoncule est long et s'implante presque à fleur du fruit.

Cette belle variété est peu connue aux environs de Paris, elle mérite cependant de l'être davantage, attendu ses qualités, qui surpassent celles même de la prune royale; elle mûrit dans les premiers jours d'août, et conséquemment un peu après elle. Bien qu'on la cultive de préférence dans les départements méridionaux, nous pensons cependant qu'elle pourrait réussir sous le climat de Paris, surtout si elle était placée dans une exposition favorable.

Prune Perdrigon violet. De forme presque complétement globuleuse, le Perdrigon violet atteint rarement plus de dix-huit lignes de hauteur ; son diamètre diminue sensiblement vers la base ; sa peau, de couleur violacée, est couverte d'une poussière glauque assez abondante, au travers de laquelle on remarque cependant des points fauves assez nombreux; elle est tellement épaisse et résistante, qu'on est obligé de la séparer pour manger le fruit ; la chair est verdâtre, ferme et peu fondante, sa saveur est sucrée-aci

dule ; le noyau, adhérent à la chair par toute sa périphérie, est plat et d'un volume peu considérable, eu égard au volume du fruit ; le pédoncule s'implante dans une cavité profonde.

Cette prune, qu'on doit placer au rang des meilleures espèces, mûrit vers la fin d'août.

Prune Perdrigon rouge. Cette prune est de forme ovoïde; le sillon qui la divise latéralement est si peu prononcé, que sa circonférence n'en est nullement altérée ; son volume n'est pas considérable, car sa hauteur dépasse rarement quinze à seize lignes ; sa peau, d'un beau rouge brun, a une teinte violacée; elle est couverte d'une poussière glauque qui dissimule en grande partie les points fauves dont elle est tiquetée; la chair est d'un jaune assez clair du côté qui reçoit plus directement l'influence solaire, et d'un jaune verdâtre du côté opposé; elle est assez ferme, d'une saveur acide-sucrée, elle se détache facilement du noyau; celui-ci est assez gros, le côté opposé à l'arête est creusé d'un sillon très-ouvert et très-profond ; le pédoncule est long, il s'implante dans un léger enfoncement.

Cette prune, d'une assez bonne qualité, est un peu tardive, car elle ne mûrit qu'en septembre.

Prune Perdrigon hâtif. Cette prune, de forme ovoïde, est fixée à un pédoncule assez long ; le sillon qui la divise latéralement est peu prononcé; sa peau, d'un rouge cramoisi presque noir, paraît, attendu la poussière glauque qui la revêt, d'un gris azuré chatoyant; cette poussière ou fleur dissimule de petites protubérances verruqueuses rousses qui s'ouvrent par un opercule et laissent échapper de petits grains poudreux, à la manière de certaines plantes cryptogames; la chair est verte, fondante, peu sapide ; elle se détache du noyau à l'époque de la maturité; celle-ci s'effectue vers la fin de juillet.

Cette variété offre cela de remarquable, que, bien que très-adhérente au pédoncule et celui-ci aux branches, et restant conséquemment suspendue à l'arbre jusque vers l'arrière-saison, loin d'acquérir des qualités, semble, au contraire, contracter un goût assez désagréable; elle ne mérite guère d'être multipliée, si ce n'est, toutefois, dans les collections.

Les Perdrigons occupant le premier rang parmi les meilleures espèces de prunes, celle-ci fait exception à la règle.

Prune de Virginie. Cette prune, assez grosse et de forme ovale, est portée par un pédoncule assez long; son insertion a lieu dans une cavité si peu profonde, qu'il semble placé à fleur du fruit; la peau est rouge-cerise foncé; la chair est blanchâtre, d'une contexture ferme et serrée, peu succulente, d'une saveur plus acide que sucrée, lors même que la maturité paraît complète; elle est si peu adhérente au noyau, que celui-ci semble tout à fait isolé dans la cavité centrale.

Cette variété est assez belle, mais sa qualité est médiocre; elle mûrit vers la fin d'août.

Prune diaprée rouge ou *roche corbon.* La beauté de cette prune la place au premier rang; aucune autre n'offre, en effet, un aspect plus séduisant; sa hauteur dépasse rarement vingt-quatre à vingt-six lignes; son diamètre est moindre, il varie, de la base au sommet, de manière à présenter l'aspect d'une petite poire; son pédoncule, qui est très-long, ajoute encore à la ressemblance; sa peau, assez épaisse et résistante, est d'un rouge terne, et tiquetée, vers le pédoncule principalement, de gros points bruns; elle est couverte d'une fleur azurée qui n'en dissimule cependant pas complétement la couleur. Le sillon qui la divise longitudinalement est assez large et peu profond; la chair est jaune, d'une contexture peu délicate et conséquemment peu fondante; le noyau est grand, comprimé, rugueux et pointu; il est tellement isolé, qu'il ne remplit qu'aux deux tiers la cavité qui le renferme; il n'est adhérent à la chair que du côté du sillon.

Cette prune mûrit vers la fin d'août; séchée convenablement, elle forme de

beaux et bons pruneaux (*voir* ce mot).

Prune diaprée violette. Elle est d'un ovale parfait; sa hauteur dépasse rarement dix-sept à dix-huit lignes; son pédoncule est de longueur moyenne, il s'implante dans une cavité très-peu profonde; le sillon longitudinal qui, comme nous l'avons déjà dit, correspond toujours à l'arête du noyau, n'est, pour ainsi dire, qu'indiqué par une ligne de couleur plus foncée; la peau est violet foncé, parsemée de points clairs et couverte abondamment de fleur glauque; la chair, d'un vert jaunâtre, est ferme, peu succulente et d'une saveur sucrée agréable; le noyau plat et terminé par une pointe aiguë est isolé, excepté à sa base.

Cette prune mûrit dans les premiers jours d'août, elle doit être mise au rang des meilleures espèces; elle est également bonne crue ou fraîche, et sèche ou en pruneau.

Prune impériale violette. Cette belle prune n'a pas une forme bien constante, elle est cependant le plus souvent ovale, quelquefois plus ventrue d'un côté que de l'autre; elle atteint généralement vingt à vingt-deux lignes de hauteur; sa peau est ferme et persistante; sa couleur est bleu noirâtre, finement ponctuée de gris et couverte d'une belle fleur ou poussière glauque azurée; la chair est ferme, de couleur vert jaunâtre, succulente, sucrée et légèrement acidule; le noyau quitte facilement la chair, il est plat, ovale-allongé et rugueux. Le pédoncule de cette prune, étant assez long, la rend pendante; il est inséré dans une cavité qui n'a guère plus d'étendue que de profondeur.

Cette variété mûrit en septembre et octobre; elle se conserve longtemps. On pense qu'elle pourrait bien être la prune *quetsche,* si connue et si estimée des Allemands.

Prune impériale violette à feuilles panachées. Elle constitue une sous-variété de la précédente; sa forme est encore moins constante, souvent même elle est presque complétement avortée; on en fait, du reste, très-peu de cas, aussi ne la rencontre-t-on guère que dans les collections.

Prune jacinthe. Elle est oviforme, c'est-à-dire que, ainsi que la précédente, sa partie inférieure ou base est un peu plus large que celle supérieure ou sommet; elle dépasse rarement vingt lignes de hauteur sur seize ou dix-sept de diamètre; le sillon latéral qui la divise longitudinalement est peu prononcé; la peau est ferme et résistante, de couleur violet clair et bien fleurie; elle se sépare difficilement de la chair; celle-ci est jaune, assez ferme, sucrée et acidule; le noyau est assez grand, et il n'adhère à la chair que dans quelques-unes de ses parties; le pédoncule de cette variété est court, implanté dans une cavité assez profonde, mais de peu d'étendue.

Cette prune mûrit à la fin d'août; elle a beaucoup d'analogie, comme on va le voir, avec l'impératrice violette.

Prune impératrice violette. Cette prune est très-belle, mais elle laisse à désirer sous le rapport de la qualité; elle atteint le plus ordinairement vingt lignes de hauteur; la peau est de couleur violet très-foncé et tellement couverte de poussière glauque, qu'elle en paraît bleue; la chair est verdâtre, d'une contexture ferme et d'une saveur fade; le noyau est isolé, sa surface est rugueuse; le pédoncule est de longueur moyenne, il s'implante dans un léger enfoncement.

Cette variété mûrit vers la fin de septembre, et reste fixée à l'arbre jusqu'à la fin d'octobre.

Prune allemande. Elle se distingue par sa forme ovale irrégulière, renflée d'un côté, son volume médiocre, sa longueur, qui ne dépasse guère quinze à seize lignes; le sillon qui la divise longitudinalement est peu profond; la peau est de couleur violette; elle enveloppe une chair jaunâtre, assez ferme, peu succulente, d'une saveur douce, plutôt insipide qu'acide-sucrée; le noyau, peu adhérent à la chair, est assez long, eu égard au volume du fruit; il est plat; le pédoncule est

implanté dans une cavité si peu profonde qu'il semble à fleur du fruit.

Cette prune est peu recherchée, et avec raison, car elle est des plus médiocres sous tous les rapports.

Prune quetschen ou *zwetschen.* La prune zwetschen, comme l'écrivent les Allemands, quetschen ou couctche, comme on prononce en français, a une forme assez irrégulière; elle est généralement oblongue, ventrue du côté du sillon; sa longueur est d'environ deux pouces; la peau est épaisse et résistante, de couleur violet assez foncé et recouverte d'une fleur abondante qui lui donne, lors de la maturité, une teinte bleue. La chair est de couleur jaune verdâtre, d'une contexture peu délicate; elle est assez succulente, mais peu savoureuse; le noyau, long et plat, n'adhère à la chair que par sa base (1); le pédoncule est long, il s'implante presque à fleur du fruit.

Cette prune mûrit au commencement de septembre; elle se détache assez facilement de l'arbre : cette circonstance oblige à en hâter la récolte. Cette variété est peu commune aux environs de Paris, mais elle est très-cultivée en Allemagne, en Lorraine et en Suisse; elle fait d'excellents pruneaux, et fournit, par la fermentation et la distillation, une liqueur très-connue sous le nom de quetschenwaser (*voir* ce mot).

Prune pêche. C'est bien certainement la plus belle prune connue; elle est presque complétement sphérique; sa hauteur, qui atteint généralement vingt à vingt-quatre lignes, dépasse cependant toujours un peu son diamètre; le sillon qui la divise latéralement est large et bien prononcé; la peau est fine et se détache assez facilement de la pulpe, surtout lors de la maturité; elle passe du vert au rouge, et devient tellement transparente, qu'elle permet de distinguer dans la chair des zones qui partent du pédoncule et se diri-

(1) La base d'un noyau est la partie la plus voisine du pédoncule : c'est par cette partie canaliculée que les sucs nourriciers sont transmis à l'amande.

25

gent vers le sommet; elle se couvre, à l'époque de la maturité, de poussière glauque blanche et azurée; la chair, jaunâtre et peu délicate, est formée d'un parenchyme fibreux résistant; elle est peu succulente, d'une saveur sucrée-acidule faible; le noyau, long, plat et rugueux, adhère assez fortement à la chair par plusieurs points de sa surface.

La qualité de cette prune est loin d'égaler sa beauté; elle mûrit, sous le climat de Paris, vers la fin de juillet.

Prune belle de Tillemont. Cette prune se distingue par son volume, qui est considérable; elle atteint, en effet, jusqu'à vingt-six lignes de hauteur sur vingt de diamètre; sa forme, comme l'indiquent suffisamment ses proportions, est ovale; sa peau est de couleur violet foncé, notamment du côté qui reçoit l'influence solaire, le côté opposé est plus clair; sa chair est verte, peu fondante et d'une saveur plutôt acerbe que sucrée; le pédoncule est gros et assez long, il est implanté dans une cavité peu profonde.

Cette prune est surtout remarquable en ce qu'elle est toujours fixée aux grosses branches; cette circonstance la distingue, en effet, de toutes les autres espèces. Elle est meilleure cuite que crue, aussi en fait-on généralement des compotes.

Prune rognon d'âne. Elle atteint également un volume considérable; sa forme est elliptique; sa hauteur dépasse quelquefois deux pouces et demi; la pellicule ou peau qui la revêt est d'une couleur violet tellement foncé, qu'elle paraît presque noire; le sillon qui la divise latéralement est large et bien prononcé; la chair est ferme et peu savoureuse.

Cette prune, de qualité médiocre, mûrit vers la fin de septembre; elle doit évidemment son nom plutôt à sa couleur qu'à sa forme.

Prune belle de Riom. Elle est ovale-arrondie, souvent terminée obliquement au sommet. La peau est d'une belle couleur rouge; mais la poussière glauque, qui la farde, lui donne une teinte violacée; on remarque, en outre, sous cette couche, de nombreux points jaunes. La pellicule se détache assez facilement de la chair, et celle-ci du noyau, qui est plat et chagriné.

Cette belle prune n'est pas très-commune; on ne la rencontre guère que dans les collections; son acidité assez prononcée rend cette circonstance peu regrettable.

PRUNES BLANCHATRES JAUNES OU VERDATRES.

Prune de Mirabelle. Cette prune, dont l'importation, suivant quelques historiens, est due au bon roi René, est assez petite, tantôt globuleuse, tantôt ovale : sa hauteur varie de dix lignes à un pouce; sa peau acquiert, par suite de la maturation, une belle teinte jaune doré; elle est, dans la partie plus directement exposée à l'influence solaire, parsemée de taches plus ou moins grandes et d'une teinte plus ou moins foncée de rouge d'ambre; la chair est jaune, assez ferme, sucrée, peu acide et, partant, fort agréable; mais elle perd néanmoins cette saveur par une maturité trop complète et devient insipide et pâteuse; le noyau, peu adhérent à la chair, est lisse et généralement assez convexe, ce qui est, comme nous l'avons déjà dit, un indice de dureté; le pédoncule, assez long, en égard au volume du fruit, atteint de sept à huit lignes; il s'implante dans une cavité assez profonde.

La Mirabelle, très-bonne à manger telle que la nature nous l'offre, est encore plus recherchée pour faire des compotes et des marmelades (*voy.* ces mots); son arome, qui est très-agréable, n'est pas très fugace; il résiste assez à l'action de la chaleur pour qu'on le distingue encore très-bien dans ces sortes de confitures.

On en distingue deux variétés principales : la grosse et la petite; elles ne diffèrent guère que par le volume. Il existe encore une sous-variété de ce fruit tellement petite et âpre avant sa maturité, qu'en Hollande, où elle est assez commune, on la confit au vinaigre pour la manger en guise d'olives et de cornichons.

Prune drap d'or, Mirabelle double. C'est encore une variété de la précédente; elle tient le milieu, pour la forme et la saveur, entre la reine-Claude et la Mirabelle ordinaire; elle est généralement un peu déprimée à la base et au sommet; son volume est peu considérable, car sa hauteur dépasse rarement douze à quatorze lignes; la pellicule devient, lors de la maturité, d'une couleur jaune un peu foncé dans sa plus grande étendue; elle est marquée, du côté du soleil, de taches rouges violacées; le tout est revêtu d'une légère couche de poussière glauque d'un blanc nacré; la chair est d'une belle couleur jaune, fondante, très-sucrée, et d'un goût très-suave; elle adhère au noyau; celui-ci est assez large, arrondi au sommet; sa surface est rugueuse. Le pédoncule est grêle, long d'environ six lignes; il s'implante dans une petite cavité.

Cette excellente prune mûrit vers la fin d'août. Elle a l'inconvénient de s'ouvrir par une sorte de déchirement qui s'effectue au sommet.

Prune Damas Drouet. Elle n'atteint généralement qu'un volume assez médiocre; sa hauteur dépasse rarement un pouce; elle est un peu ovoïde; sa peau, d'abord d'un vert clair, passe au jaune lors de la maturité; elle se revêt, à cette époque, d'une couche très-légère de poussière glauque, qui lui communique un aspect irisé. La chair est verdâtre, assez ferme, peu succulente; elle est si peu adhérente au noyau, que celui-ci semble isolé au centre du fruit; elle est douce et sucrée; le pédoncule est long, il s'implante dans une cavité très-étroite, mais assez profonde.

Cette prune, de qualité médiocre, mûrit vers la fin d'août ou au commencement de septembre.

Prune petit Damas blanc. Cette prune est également d'un volume assez médiocre; sa hauteur dépasse rarement douze à quatorze lignes, elle est globuleuse; sa peau est d'un blanc jaunâtre dans presque toute son étendue; elle est légèrement fleurie et nuancée de rouge clair du côté du soleil; la chair, de même couleur que la pellicule, est fondante; sa saveur est douce et acidule; elle n'est pas adhérente au noyau; celui-ci offre, sur chacune de ses faces, une côte saillante longitudinale très-remarquable.

Cette variété mûrit vers la fin d'août ou au commencement de septembre.

Prune gros Damas blanc. Elle offre beaucoup d'analogie avec la précédente, mais son volume, qui n'est cependant pas très-remarquable, est plus considérable; elle est également un peu plus allongée; sa hauteur atteint généralement quinze à seize lignes, et son diamètre quatorze : on remarque au sommet une légère cavité. La peau est d'un blanc jaunâtre, tiquetée de points cendrés; la chair, de même couleur que la pellicule, est assez ferme, fondante et peu savoureuse; le noyau est petit et allongé. Elle mûrit un peu plus tôt que la précédente.

Prune-datte. Elle est presque complétement globuleuse; son volume est médiocre, il dépasse rarement quinze à seize lignes de hauteur sur autant de diamètre; le sillon qui la divise longitudinalement est très-large et peu profond, il forme une sorte de dépression latérale; la peau est jaune, tiquetée de points rouges du côté qui reçoit plus directement l'influence solaire; elle est revêtue d'une légère couche de poussière glauque qui lui donne un aspect nacré; la chair est jaune, peu résistante, d'une saveur fade; le noyau est lisse et assez gros, eu égard au volume du fruit. Le pédoncule est long; il s'implante dans une cavité étroite, mais assez profonde.

Rien ne justifie la dénomination de prune-datte que l'on donne à cette variété; il est vrai que beaucoup d'autres sont dans le même cas : cette circonstance est fâcheuse, et fait désirer qu'une classification, fondée sur des caractères distinctifs, soit entreprise pour distinguer d'aussi nombreuses variétés que celles qui nous occupent. La prune-datte mûrit au commencement de septembre.

Prune abricotée blanche. Elle a le voume et la forme d'une belle reine-Claude; le sillon latéral qui la divise longitudinalement est très-large et assez profond; son sommet est déprimé et présente une cicatricule qui indique la place qu'occupait le style; la peau, d'abord verte, passe au jaune pâle lors de la maturité; elle est revêtue d'une couche de poussière glauque tellement légère qu'elle permet de distinguer des stries rayonnées qui partent de la base et vont se perdre à la circonférence. La chair, de couleur jaunâtre, d'abord ferme et un peu acerbe, s'adoucit et devient plus molle à mesure que le fruit atteint sa maturité; le noyau est rugueux et adhérent à la chair; le pédoncule est court et conserve sa couleur verte.

Cette prune, moins sucrée et moins suave que la reine-Claude, avec laquelle elle a quelques points de ressemblance, mûrit vers la fin d'août.

Prune abricotée de Tours. Cette prune, d'un volume plus considérable que celle qui précède, l'emporte aussi sur elle par sa suavité; elle est plus large que haute, ce qui tient à une sorte de dépression que présente la base; le sillon latéral est large et profond, surtout vers le sommet du fruit. La peau, d'un vert blanchâtre dans presque toute son étendue, se nuance d'un peu de rouge du côté du soleil; la chair est ferme, jaunâtre, d'un goût aromatique assez suave, mais conservant toutefois un peu d'âpreté, qu'elle doit surtout à sa pellicule, qui est ferme et très-résistante. Le noyau, d'un volume médiocre, semble isolé au centre du fruit; le pédoncule est court et implanté presque à fleur de la base.

Cette prune, assez estimée attendu sa suavité et la facilité avec laquelle elle se conserve, mûrit au commencement de septembre.

Prune semi-double. Elle est globuleuse, cependant un peu cordiforme; son volume égale celui de la reine-Claude; sa peau, assez épaisse, d'abord verte, jaunit en mûrissant et offre une teinte uniforme que l'action du soleil ne modifie pas sensiblement; elle est fardée d'une pous-sière glauque blanchâtre assez abondante; sa chair est jaunâtre, assez ferme, d'une saveur douce et fade; le noyau est lisse et aigu, il adhère à la chair; le pédoncule, long d'environ six lignes, est assez grêle.

Bien inférieure en qualité à la reine-Claude, la prune semi-double mûrit vers la fin d'août.

Prune petite reine-Claude ou *dauphine.* Son volume est égal à celui de l'abricotée blanche; sa forme n'est pas bien constante; sa peau, au lieu d'être d'une teinte uniforme, comme dans l'abricotée, se nuance, dans une grande partie de son étendue, de points rougeâtres; sa chair est aussi plus sucrée et plus suave, elle est cependant loin d'égaler, sous ce rapport, la reine-Claude ordinaire.

Cette variété mûrit aussi vers la fin d'août.

Prune moyenne de Bourgogne. Cette prune, assez peu commune, est grosse, de forme ovale; sa peau, de couleur jaune, peu nuancée; elle adhère assez fortement à la chair pour qu'il soit difficile de l'en séparer; celle-ci, également jaune, est peu savoureuse et assez ferme.

Cette variété mûrit en septembre; elle est peu délicate et d'une conservation assez facile; l'arbre qui la produit charge beaucoup; il est fâcheux qu'elle ne soit que d'une médiocre qualité.

Prune virginale gros fruit blanc. Plus petite que la reine-Claude, avec laquelle elle offre de l'analogie, sa forme est ovoïde, légèrement déprimée du côté du sillon, qui est plutôt indiqué simplement que prononcé; la peau, de couleur vert blanchâtre, est revêtue d'une légère couche de poussière glauque; la chair est vert clair, très-fondante et très-succulente; sa saveur est douce-sucrée et acidule, son arome est très-suave; le noyau est surtout remarquable en ce qu'il est très-adhérent à la chair; on ne peut, en effet, les séparer sans déchirer celle-ci en lambeaux; il est lisse et assez gros, car il atteint souvent huit à neuf lignes de long sur sept lignes de large.

Cette variété, estimée avec raison, mûrit au commencement de septembre.

Reine-Claude. Cette prune, d'une forme invariable, n'a pas toujours un volume constant; sa hauteur, qui ne dépasse guère son diamètre, varie de quinze à dix huit lignes; elle est un peu déprimée à la base et au sommet; le sillon qui la divise latéralement est peu prononcé; la peau est fine, adhérente à la chair, de couleur verte dans sa plus grande étendue, marquée de taches roussâtres et nuancée de rouge assez vif du côté qui reçoit plus directement l'influence solaire. La chair est verdâtre, d'une contexture très-délicate, fondante, très-savoureuse et très-suave; le noyau, assez gros et convexe, n'adhère à la chair que dans quelques points de sa surface. Le pédoncule, généralement de moyenne longueur, s'implante dans une cavité peu profonde.

Cette excellente prune mûrit du milieu à la fin d'août; elle est susceptible de se fendre vers la base, surtout lorsque la saison a été pluvieuse. L'abondance de son suc ne permet guère de la conserver sous forme de pruneaux, mais elle sert à faire des compotes et des confitures délicieuses; on la conserve, en outre, à l'eau-de-vie. Elle peut être remplacée dans ces divers états sans trop de désavantage; mais aucune autre ne peut lui être comparée pour être mangée dans l'état où la nature nous l'offre, si ce n'est la reine-Claude violette, qui à ces qualités joint encore l'avantage d'être tardive et de se conserver longtemps.

On connaît une sous-variété de cette prune beaucoup plus petite; elle est loin de réunir les mêmes qualités; elle est plus tardive et moins abondamment cultivée.

Prune de Sainte-Catherine. Sa forme est ovoïde, son plus grand diamètre est vers le sommet; sa hauteur dépasse rarement dix-huit à vingt lignes; le sillon qui la divise latéralement est peu profond; la peau est vert jaunâtre, elle est couverte d'une légère couche de poussière glauque qui lui donne l'aspect de la cire;

elle est résistante, très-adhérente à la chair; celle-ci, de couleur également jaune-verdâtre, est peu savoureuse; cependant, lorsque la saison et l'exposition sont favorables, elle acquiert des qualités qui la font rechercher par les amateurs. Le noyau, presque isolé au centre du fruit, est oblong, très-convexe et partant très-dur; le pédoncule est long et grêle, il est implanté presque à fleur du fruit, qui, dans cette partie, offre une sorte de dépression.

Cette prune mûrit vers la mi-septembre; elle forme les pruneaux de Tours, si justement estimés. Elle n'est pas moins bonne sous le climat de Paris, et peut être soumise au même genre de conservation.

Prune de Catalogne, jaune hâtive. D'un volume au-dessous du médiocre, de forme ovoïde, cette prune se distingue, en outre, par une légère dépression qu'on remarque à sa base; son sillon longitudinal assez prononcé; sa peau, de couleur jaune pâle, couverte d'une légère couche de poussière glauque : sa chair, de même couleur que la peau, est ferme, peu succulente, quelquefois assez aromatique, mais le plus souvent fade. Le noyau est oblong; le pédoncule est grêle et long de quatre à cinq lignes.

Cette variété est incontestablement la plus hâtive de toutes, car elle mûrit au commencement de juillet; elle n'a guère que ce mérite; on en fait cependant d'assez bons pruneaux. On la connaît encore sous le nom de prune de Saint-Barnabé.

Prune Bricette. Cette prune, de volume généralement assez médiocre, a une forme particulière et assez constante; son plus grand diamètre, par une singularité assez remarquable, est aux deux tiers de sa hauteur; sa base et son sommet vont en diminuant, de manière à rappeler la forme d'une calebasse. Ce qui rend cette comparaison encore plus exacte, c'est que ce fruit offre vers la queue une sorte d'étranglement. Un caractère encore assez remarquable, c'est qu'on ne distingue à la surface du fruit presque aucune trace de sillon; la peau est jaune, épaisse et résistante; elle est nuancée de taches rouges, et, comme elle est couverte d'une couche assez abondante de poussière glauque, elle en reçoit une teinte irisée; la chair est ferme, jaunâtre, peu succulente, d'abord d'une saveur aigrelette et âpre, mais elle devient, par la maturation, assez sucrée et assez suave pour qu'on puisse la comparer à celle de la Sainte-Catherine; le noyau, presque complétement isolé de la chair, est assez gros; le pédoncule est grêle et implanté au rez du fruit; son adhérence à ce dernier et à la branche fait que cette prune reste assez longtemps fixée à l'arbre et même souvent jusqu'à la fin de novembre.

La prune Bricette, dont l'aspect et la forme rappellent une grosse perle, mûrit vers la mi-septembre; bien que sa saveur ne soit pas toujours très-agréable, elle fait cependant de beaux et bons pruneaux.

Prune Perdrigon blanc. De volume médiocre et de forme presque globuleuse, cette prune atteint généralement de quinze à seize lignes en hauteur; son diamètre est un peu moindre, et surtout vers la base, où elle se rétrécit de manière à former une sorte d'étranglement; sa peau, de couleur vert blanchâtre, est tiquetée de points rouges du côté du soleil, et revêtue d'une couche assez épaisse de fleur ou poussière glauque; la chair, d'un vert plus prononcé, est ferme, et cependant fondante et savoureuse; le noyau n'est pas adhérent à la chair, il est assez gros eu égard au volume du fruit.

Cette prune, ordinairement très-riche en principe sucré, mûrit au commencement de septembre; elle se reproduit de noyau, acquiert du volume en contre-espalier et de la saveur en plein vent.

Prune Brignolles. Cette prune, très-commune aux environs de Brignolles, petite ville du département du Var, n'atteint pas un très-gros volume; sa peau, de couleur jaunâtre nuancée de rouge du côté qui regarde le soleil, est peu adhérente à la pulpe, et s'en détache même assez facilement; celle-ci est jaune, d'une saveur douce-sucrée assez suave.

Cette variété mûrit dans le midi de la France, vers la mi-août; elle est exclusivement employée pour faire l'espèce de pruneaux dite *Pistole* (*voy.* ce mot), si connus dans toute l'Europe, et qui figurent avec tant d'avantages sur nos tables parmi les fruits confits ou confitures sèches.

Prune mouchetée. Cette prune est au-dessous du médiocre quant au volume; elle est de forme ovoïde; le sillon longitudinal qui la divise latéralement est plutôt indiqué que prononcé; sa peau est de couleur verdâtre; mais ce qui la distingue surtout, c'est qu'elle est tiquetée de taches gris cendré ou jaunâtre; la chair, de couleur vert tirant sur le jaune, est ferme; d'abord assez fade, elle devient plus sucrée par suite de la maturation, et surtout lorsque celle-ci est favorisée par une exposition et une température convenables. Le noyau est presque isolé au centre du fruit; il est, eu égard au volume de celui-ci, assez gros et de forme oblongue.

Cette variété mûrit vers les premiers jours de septembre; elle est assez remarquable pour mériter de faire partie des collections, où elle figure mieux que sur les tables.

Prune de deux saisons. Elle est ovoïde, son volume est médiocre; sa peau, de couleur vert blanchâtre d'abord, se nuance de violet du côté du soleil; elle se tiquète de points fauves lors de la maturité; sa chair est vert jaunâtre, molle, très-adhérente au noyau, d'une saveur douceâtre assez fade; le noyau est gros et assez lisse; le pédoncule est grêle et long.

C'est à tort qu'on a donné à cette prune la dénomination qui la distingue: l'arbre qui la fournit produit bien des fruits hâtifs et tardifs, mais non pas de deux saisons; car la période de maturité, bien que longue et irrégulière, n'offre pas une différence aussi grande que cette désignation semblerait le faire croire. Elle mérite, au reste, peu d'être distinguée.

Prune diaprée blanche. Elle est de forme globuleuse; sa hauteur est d'environ quinze lignes sur autant de diamètre; sa surface n'offre ni dépression ni sillon, on y remarque seulement une ligne verdâtre qui indique la place qu'occupe ce dernier; la peau, de couleur vert blanchâtre, est bien fleurie, adhérente à la chair; celle-ci, de couleur jaune clair, est ferme et résistante; sa saveur est sucrée et acidule; le noyau, assez gros, en égard au volume du fruit, est de forme oblongue; le pédoncule, généralement assez court, est implanté au rez de la base, qui n'offre pas de cavité.

Cette variété mûrit à la fin d'août ou au commencement de septembre, suivant que la saison a été plus ou moins favorable.

Prune impératrice blanche. Cette prune, dont la forme est ovoïde, atteint un assez beau volume, car sa hauteur est généralement de dix-huit à vingt lignes, et son diamètre de quinze à seize; sa base offre une sorte de dépression, et elle est ordinairement un peu plus large que le sommet; le sillon longitudinal est peu profond; la peau, de couleur jaune clair, se nuance, du côté du soleil, de taches inégales d'un rouge violacé, qui prend, sous la poussière glauque, une teinte azurée; la chair ou pulpe est jaune, ferme et fibreuse; le suc qu'elle contient est sucré-acidule et très-suave. Le noyau, petit et plat, est de forme oblongue; il est presque isolé au centre du fruit; le pédoncule, ordinairement long de quatre à six lignes, est implanté dans une cavité peu profonde.

Cette prune mûrit vers la fin d'août ou au commencement de septembre : elle est assez estimée.

Prune lleverte. Assez irrégulière et ordinairement de forme oblongue, la prune lleverte atteint environ deux pouces de hauteur sur douze à quinze lignes dans son plus grand diamètre, le sommet et la base vont en diminuant de grosseur, mais cette dernière plus brusquement que l'autre. Cette prune n'offre aucune trace de sillon; sa peau, de couleur vert jaunâtre et légèrement nuancé de rouge du côté du soleil, éprouve si peu de change-

ment dans le cours de l'existence du fruit, qu'il est assez difficile de distinguer l'époque de sa maturation. La chair est verte, assez molle; elle est quelquefois, et notamment lorsque l'exposition est très-favorable, assez sucrée, mais, le plus généralement, elle est fade. Le noyau est plat, allongé, aigu et tranchant à sa base; il est très-adhérent à la chair; le pédoncule, long de six à sept lignes, est implanté dans une cavité peu profonde.

Cette variété, plus remarquable par sa forme que par ses qualités, mûrit au commencement de septembre; la mollesse de sa chair fait qu'elle se détache de l'arbre par la plus légère agitation. Cette circonstance dispense souvent d'en faire la récolte.

Prune impériale blanche. Cette prune est très-remarquable par son volume et sa forme, qui rappellent ceux d'un œuf; sa peau est d'un blanc verdâtre, résistante et adhérente à la chair; celle-ci est ferme, peu succulente, d'une saveur acide, âpre et peu sucrée; le noyau, long et aigu, adhère à la chair dans presque toutes ses parties et notamment vers la base.

Plus remarquable par son volume et sa forme que par ses qualités, l'impériale blanche est inférieure en suavité à l'impériale violette. Elle n'est pas meilleure crue qu'en pruneaux.

Prune impériale jaune. Cette prune, beaucoup moins grosse que la précédente, est également de forme ovoïde; sa peau, de couleur jaune clair dans presque toute son étendue, est un peu plus foncée dans la partie qui reçoit plus directement l'influence solaire. La chair, également de couleur jaune, a une saveur sucrée-acidule assez agréable : elle est peu adhérente au noyau.

La prune impériale jaune mûrit vers le milieu d'août.

Prune dame Aubert. C'est incontestablement la plus grosse des prunes, car elle atteint quelquefois près de trois pouces de hauteur sur vingt à vingt-deux lignes dans son plus grand diamètre. Sa forme est elliptique; sa peau, de couleur jaune clair, parsemée de quelques points verdâtres, est assez résistante; elle adhère peu à la chair; celle-ci est également jaunâtre, d'une contexture grossière, d'une saveur d'abord douce et sucrée, mais elle devient, lorsque le fruit a atteint son maximum de maturité, d'un goût fade et fort peu agréable. Le noyau est gros et très-adhérent à la chair, surtout avant la maturité; car à cette époque il s'isole, et notamment vers le sommet; le pédoncule, de huit à dix lignes de longueur, s'implante dans une cavité peu profonde : il est entouré d'une sorte de bourrelet.

Cette prune est en outre, remarquable par l'abondante poussière glauque qui la revêt, et qui dissimule en partie quelques points roussâtres disséminés à sa surface. Elle mûrit au commencement de septembre ; sa beauté mérite qu'on lui assigne un des premiers rangs dans les collections, mais elle est malheureusement d'une qualité trop médiocre pour être cultivée dans les vergers.

Prune bifère. Elle est de forme ovale-allongée; son volume est médiocre; sa hauteur dépasse, en effet, rarement 16 à 18 lignes ; le sillon qui la divise latéralement est peu prononcé. Sa peau est fine et délicate, elle passe du blanc jaunâtre au rouge pâle lors de la maturité; le tout est enveloppé d'une couche assez épaisse de poussière glauque qui dissimule en partie toutes les nuances. La chair, de couleur vert jaunâtre, est fondante; sa saveur est douce et sucrée; le noyau est oblong, convexe et conséquemment très-dur ; il est terminé au sommet par une pointe assez courte, mais très-aiguë; il est rugueux et très-adhérent à la chair.

La dénomination de prune bifère, qui a été donnée assez inexactement à cette variété, vient de ce qu'on rencontre souvent sur le même arbre des fruits hâtifs et d'autres tardifs , circonstance qui est due à ce que la floraison s'opère deux fois dans la même saison. Cette prune, qui ne se distingue ni par son volume ni par la beauté de sa couleur, est aussi d'une très-médio-

cre qualité; elle est généralement molle et d'une conservation très-difficile.

Prune Myrobolan. Cette prune, ronde et légèrement cordiforme, est d'un volume médiocre; sa hauteur dépasse, en effet, rarement 16 à 18 lignes, et son plus grand diamètre 14 à 15. Elle offre, sur l'une de ses faces latérales, un sillon plutôt indiqué par la plus grande densité de couleur que par sa profondeur, qui est très-minime. La peau, résistante, bien qu'assez fine, est d'un vert jaunâtre nuancé de rouge et tiqueté de points cendrés. La chair est molle et fondante; elle est sucrée et acidule; le noyau est oblong et très-adhérent à la chair.

Cette prune, de qualité assez médiocre, mûrit au commencement d'août.

Enfin on doit à l'horticulture anglaise les variétés suivantes, encore peu connues en France.

Prune bolmer Washington.
Prune Burlington red.
Prune Yellow gage.
Prune blue gage.

ABRICOT, fruit de l'abricotier, *armeniaca vulgaris*, *prunus armeniaca*, L.; fam. des Rosacées, J.

C'est une drupe charnue, arrondie, pubescente, divisée, du côté le plus convexe, par un sillon longitudinal. Ce fruit renferme un noyau dont les côtés sont formés de deux sutures saillantes , l'une obtuse et l'autre aiguë; l'amande qu'il renferme est bilobée, blanche, douce ou amère, suivant les variétés, et composée de deux lobes ou cotylédons égaux.

L'abricot parfumé sortit de l'Arménie.

Ce fruit fut, en effet, importé d'Orient à Rome trente ans environ avant l'époque à laquelle Pline écrivait. L'auteur des commentaires sur la botanique de ce naturaliste de l'antiquité, fait remarquer à ce sujet que Dioscoride ayant fait mention de ce fruit sous le nom de *mala ar-*

meniaca præcox, pomme d'Arménie précoce, il y a lieu de croire que ces deux auteurs, s'ils n'écrivirent pas précisément dans le même temps, étaient au moins contemporains.

La forme et la couleur de l'abricot lui avaient fait donner le nom de *chrysomel*, pomme d'or. Les romains le confondaient avec les prunes et les pêches ; ils le regardaient comme une sorte de pêche précoce, *persica æstate præcox*, et en faisaient, si l'on en juge par l'épigramme XIII de Martial, assez peu de cas.

La dénomination qui sert à distinguer ce fruit dérive évidemment du mot arabe *barcoq*, dont les Allemands ont fait *abricose*, les Anglais *apricot*, et les Portugais *albarcoque*.

Il existe plusieurs espèces et variétés d'abricots : elles varient par la grosseur, la couleur de la peau, la consistance de la chair et enfin l'époque de la maturité; nous en donnerons bientôt l'énumération caractéristique; mais nous ne pouvons nous dispenser de signaler ici deux variétés principales qui ne paraissent différer que par le genre de culture auquel on les soumet : l'une est l'*abricot plein-vent*, l'autre l'*abricot espalier*. Ce dernier acquiert un volume plus considérable que le précédent, mais il perd en suavité ce qu'il gagne sous ce rapport. Cette différence est principalement due à la *taille*, que l'on pratique plus spécialement sur l'abricotier en espalier. Dans l'un ou l'autre cas, elle ne doit s'effectuer qu'avec beaucoup de ménagements, et avoir pour objet seulement de supprimer les petites branches ou brindilles qui, par leur multiplicité, nuisent aux branches principales.

Nous avons déjà eu l'occasion de faire remarquer que les fruits perdaient généralement de leur suavité, lorsque, par des circonstances quelconques, ils dépassaient le volume que la nature semble leur avoir assigné. Ce volume doit, en effet, être en harmonie avec la température habituelle du climat, afin que la chaleur soit assez élevée pour favoriser la réaction des principes.

Examen chimique. La pulpe de l'abricot, pendant le développement du fruit, d'abord acide et mucilagineuse, devient, lors de la maturation, comme celle de tous les fruits du même genre, douce, sucrée et acidule. Bien qu'au chapitre *Maturation*, nous ayons indiqué, en parlant des transformations de principes, ceux qu'elle contient aux diverses périodes de l'existence du fruit, nous croyons néanmoins devoir mettre sous les yeux de nos lecteurs les analyses suivantes, que l'on doit à M. Bérard, et qui lui ont servi à fonder sa théorie, qui diffère, comme on a pu le voir, de la nôtre, en ce qu'il suppose que les réactions s'effectuent hors du fruit, c'est-à-dire dans les vaisseaux séveux et avec le concours de l'air, tandis que nous soutenons le contraire. Cette différence d'opinion ne diminue pas la confiance que méritent ces analyses, seulement nous en tirons des conséquences différentes.

Abricots bien venus.		plus avancés.	mûrs.
Matière animale.	0,76	0,34	0,17
Matière colorante verte.	0,04	0,03 jaune	0,10
Ligneux.	3,61	2,53	1,86
Gomme.	4,10	4,47	5,12
Sucre, des traces.	,··	6,64	16,48
Acide malique.	2,40	2,30	4,80
Chaux. Très-petite quantité dans les trois.	*	*	*
Eau.	89,09	83,69	71,47
	100,··	100,··	100,··

« Pour se faire une idée des changements qui ont pu s'opérer dans ces fruits aux différentes époques de leur maturité auxquelles je les pris, » dit M. Bérard, « il ne suffit pas de comparer entre elles ces trois analyses, il faut encore, en établissant cette comparaison, ne pas oublier que l'abricot vert, à mesure qu'il avance en maturité, grossit et augmente de poids. Pour pouvoir apprécier jusqu'à un certain point cette augmentation, après avoir détaché de l'arbre les abricots qui ont servi à ma première analyse, j'ai remarqué sur le même arbre un autre abricot qui fût, autant que possible au même état de maturité, et qui eût, à très-peu près, les mêmes dimensions que l'un de ceux que j'avais déjà dans la main. Celui-ci a pesé 23 gr. 851 ; j'ai donc jugé que celui que j'avais remarqué sur l'arbre devait avoir le même poids, puisqu'il avait le même volume. Quand il a été mûr, je l'ai cueilli, et j'ai trouvé que son poids était alors de 46 gr. 860. On peut en conclure, sans craindre une trop grande erreur, qu'un abricot tel que les plus verts que j'ai analysés, en arrivant à sa parfaite maturité, doublerait de poids. Il résulte, de cette observation et des analyses précédentes, qu'un abricot qu'on supposerait du poids de 100 gram., et qui, étant pris au même moment que les moins mûrs de ceux que j'ai analysés, aurait la composition suivante :

Matière animale.	0,76	Deviendrait en		0,34
Mat. color.verte.	0,04	mûrissant du	jaune	0,20
Ligneux.	3,61	poids de 200 gr.		3,72
Gomme.	4,10	partagé sur les		10,24
Sucre des traces.	»	substanc. qui en		33,96
Acide malique.	2,40	feraientpartiede		3,60
Eau.	89,09	la manière suiv.		147,94
	100 »			200 »

« En jetant les yeux sur ce tableau, il est facile de reconnaître que, à l'exception de la matière colorante verte, toutes les substances qui composent l'abricot vert se retrouvent dans l'abricot mûr, et même en plus grande quantité. Le sucre, surtout, a augmenté dans une très-grande proportion : c'est principalement dans les dernières époques de la maturité que cette augmentation dans la proportion du sucre a lieu. La conclusion à laquelle ces observations amènent naturellement, c'est que, si la saveur des abricots mûrs est si différente de celle des abricots verts, ce n'est pas que les substances contenues dans celui-ci disparaissent et se transforment en d'autres substances, mais bien parce que l'arbre fournit à l'abricot de nouvelles substances, et surtout du sucre, qui doit, par son agréable saveur, masquer celle des autres substances. »

Ainsi que nous l'avons dit plus haut, nous ne partageons pas l'avis de M. Bérard, quant à la conclusion qu'il tire de ses analyses; elle est, en effet, comme nous allons le prouver, loin d'être péremptoire.

Pour déduire des conséquences vraies des analyses qui précèdent, et les faire servir à l'explication du phénomène de la maturation, nous pensons qu'on doit diviser les principes qui se rencontrent dans les fruits pulpeux, pendant le cours de leur existence, en principes immédiats et en principes médiats : les premiers sont l'eau, le mucilage (ou carbone modifié), les sels et l'acide carbonique; les autres, qui sont les acides, le sucre, le ligneux et la matière colorante, sont le résultat de modifications chimiques qui s'opèrent dans le fruit sous l'influence de son organisation et de la chaleur.

Si la séve charriait les principes tout formés, il est évident qu'on en trouverait des traces dans les parties qu'elle parcourt; il est, au contraire, démontré qu'elle ne varie pas sensiblement de composition pendant le cours de l'existence du fruit, et il en doit être ainsi; car, sans cette prévoyance de la part de la nature, toute amélioration du fruit par la greffe serait impossible. Il faudrait, en effet, de toute nécessité une identité parfaite d'organisation et de compositon de principes entre le sujet et la greffe pour que celle-ci pût réussir, encore n'offrirait-elle alors aucun résultat.

Si, au contraire, on admet avec nous que les modifications s'effectuent dans le fruit par suite de son organisation et de la réaction des principes les uns sur les autres, réaction qui est puissamment favorisée par l'élévation de température; si on considère, en outre, que certaines parties du végétal, et notamment les organes, sont autant d'appareils chimiques dans lesquels les mêmes principes, soumis à des actions différentes, éprouvent des mutations d'état, rien ne sera plus facile alors que de comprendre le rôle que joue la greffe et le phénomène de la maturation. On verra, en effet, que l'état de simplicité de la séve rend sa transfusion plus facile, et que l'action de la température doit s'effectuer plus facilement aussi sur le fruit que dans le tronc et les branches.

Il est une autre considération qui milite bien puissamment en faveur de notre théorie, et qui est en opposition directe avec les conclusions que cette digression a pour objet de réfuter; c'est que les fruits mûrissent pour la plupart détachés de l'arbre ou de la plante qui les fournit, et, conséquemment, hors de l'influence de la végétation. Nous citerons pour exemple les pommes, les poires, le raisin, les abricots, les pêches, les prunes, le melon, etc., etc. Quels rôles joueraient enfin la température et l'influence solaire, si, comme on l'a dit, l'action vitale effectuait toutes les mutations? Est-ce elle qui nuance de si vive couleur la pellicule des fruits? Qu'est-ce, d'ailleurs, que l'action vitale? Comment nier la puissante influence de la température et celle du soleil, lorsqu'on voit des fruits, et notamment les abricots, les pêches, les melons, frappés ou mûrs d'un côté et verts de l'autre; ces apis frais, qui les farde? ces reinettes dorées qui les colore? Que devient, nous le répétons, la théorie qui n'admet pas la transformation des principes dans le fruit, mais bien: *que l'arbre fournit de nouvelles substances, et surtout du sucre, qui, par son agréable saveur, masque celle des autres substances?* Nous ne concevons pas la circulation, en commun, de ces divers principes dans des canaux si ténus, et nous renvoyons, pour les autres objections, au chapitre *Maturation des fruits sucrés*, page 40.

Dans l'analyse, du reste très-exacte, de l'abricot mûr, on a négligé de signaler la présence du principe aromatique; il est vrai de dire qu'il est très-fugace; il n'est cependant pas insaisissable, car, à l'exemple de M. Bley, qui a extrait celui de framboise, nous avons distillé une assez grande quantité de pelure d'abricot, de préférence d'abricot plein-vent; le produit n'a d'abord rien offert de remarquable qu'une odeur assez suave; mais, après un long abandon, il a fourni des traces d'huile volatile dont l'odeur rappelait

exactement celle du fruit. Bien que la quantité fût très-minime, nous nous sommes assuré de sa solubilité dans l'alcool et dans l'éther.

L'abricot est plus nourrissant et moins laxatif que la prune; il a, comme tous les fruits du même genre (fruits acides-sucrés), des propriétés différentes, suivant son degré de maturité. C'est ainsi que, lorsqu'il est vert, il est astringent, indigeste, et peut même, chez les enfants surtout, déterminer un mouvement fébrile. C'est dans ce sens, et d'après ses propriétés, qui, comme on le voit, sont toutes relatives, qu'on a attribué, peut-être un peu légèrement, à ce fruit la propriété de donner la fièvre; ce qui le prouve, c'est que dans son état de maturité parfaite il est, au contraire, assez nourrissant, et forme un aliment très-approprié à la suite des maladies graves. La coction enfin, en favorisant la réaction des principes qui entrent dans sa composition, y développe une sorte de mannite qui le rend rafraîchissant et, partant, d'une heureuse indication dans l'inflammation des voies digestives.

On prépare avec l'abricot, et principalement l'abricot plein-vent, des compotes, marmelades, pâtes. On le conserve à l'eau-de-vie; on le fait entrer, lorsqu'il est encore peu développé et vert, dans une sorte de macédoine de fruits confits au vinaigre, que l'on sert sur les tables comme hors-d'œuvre. Le noyau et l'amande font la base d'une liqueur de table très-estimée connue sous le nom de *ratafia de noyau*. Cette dernière fait partie des quatre semences froides; elle peut, dans certains cas, remplacer celle de l'amandier, *amygdalus communis*, et, comme elle, produire, sous l'influence de l'eau, une huile volatile pesante; réduite en poudre et mêlée au miel et à la fécule, elle forme une *pâte d'amande* très-adoucissante et très-agréable, qu'on emploie comme cosmétique.

Les amandes d'abricots doivent à la présence de l'acide prussique ou hydrocyanique leur amertume et leur odeur pénétrante; l'action délétère de cet acide doit engager à ne les faire entrer que dans de petites proportions dans la composition de certains mets d'office, tels que les macarons, les nougats, les crèmes, etc. Comme il n'est pas sans exemple que des accidents assez graves soient survenus après leur usage, nous croyons utile d'indiquer les moyens d'y remédier. Ils consistent à favoriser d'abord le vomissement par des boissons tièdes, et ensuite, soit que les parties ingérées soient expulsées ou non, à administrer une boisson gommeuse et sucrée.

Les amandes d'abricots, réduites en pâte et soumises à la presse, fournissent une huile qui, comme celle d'amandes amères, conserve l'odeur d'acide prussique, et doit, en conséquence, être employée avec défiance dans les usages économiques alimentaires.

Quelques personnes conservent les abricots par un procédé très-simple. Il consiste à les fendre en deux et à exposer les lobes privés du noyau au soleil et au four alternativement. Lorsqu'ils ont subi une demi-dessiccation, on les conserve dans un lieu sec, et lorsqu'on veut en faire des compotes on les fait macérer environ douze heures dans une eau-de-vie faible; puis, après les avoir laissés égoutter, on les plonge dans un sirop de sucre bouillant et suffisamment rapproché.

CONSERVATION PAR LA MÉTHODE D'APPERT.

Nous avons, au chapitre *Conservation des fruits*, page 110, indiqué les principes généraux de cette méthode; nous ne signalerons ici que quelques précautions qu'exigent le volume et la nature de ce fruit. On choisit de préférence ceux qui, bien que mûrs, offrent encore une certaine résistance; on les ouvre et on en sépare le noyau; on enlève ensuite la pellicule et les parties qui offrent quelques traces d'altération; on introduit dans des bouteilles à large orifice, on tasse de manière à laisser à l'air le moins d'espace possible; on bouche soigneusement et on place au bain-marie; après avoir fait donner un bouil-

lon, on retire le bain-marie du feu et on laisse refroidir. On place ensuite les bouteilles dans un lieu frais, et on conserve pour faire des compotes instantanées, ou aromatiser des glaces.

COMPOTE D'ABRICOTS.

On prend des abricots mûrs, bien sains, on ôte la pelure et on les ouvre en deux pour en séparer le noyau; on les fait blanchir en les plongeant dans l'eau bouillante, on les place sur une assiette, on verse dans chaque moitié une demi-cuillerée à café d'eau-de-vie, puis on verse sur le tout un sirop de sucre très-blanc convenablement rapproché.

Si on veut conserver au fruit toute sa suavité, on laisse la pelure, ou, mieux encore, on la fait macérer dans l'eau-de-vie, qui doit être versée dans les parties d'abricot. Nous avons déjà eu l'occasion de dire que le principe aromatique des fruits pulpeux existait plus spécialement dans l'enveloppe : il importe en conséquence, autant que possible, de la conserver.

ABRICOTÉE OU MARMELADE D'ABRICOTS.

Pour la préparer on choisit des abricots plein-vent bien mûrs. On les pèle, on en sépare les noyaux et on coupe la pulpe par morceaux; quelques personnes les pistent au travers d'un tamis; d'autres, au contraire, se gardent d'enlever la peau, surtout lorsqu'elle est tiquetée de points bruns ou rougeâtres, indice d'une odeur très-suave et qui ajoute à l'agrément de la marmelade. On prend ensuite huit ou douze onces de sucre, suivant l'espèce et la quantité d'abricots employés; on le concasse aussi menu que possible et on place le tout sur le feu. On agite soigneusement pour faciliter l'évaporation de l'humidité surabondante et pour éviter que le mélange ne s'attache au fond de la bassine. On voit que la cuisson est opérée lorsqu'en en plaçant une goutte entre les doigts et les éloignant il se forme un filet assez résistant. On ajoute alors les amandes, que l'on a préalablement pelées et fait sécher au soleil; on empote et on conserve pour l'usage.

Cette préparation peut entrer avec avantage dans le régime diététique des malades : elle nourrit et maintient les fonctions digestives dans leur état normal.

PATE D'ABRICOTS.

Pour l'obtenir on procède d'abord, comme nous l'avons dit pour la marmelade ou abricotée, avec cette différence qu'on n'ajoute le sucre qu'après avoir pisté au travers d'un tamis; on pousse aussi la cuisson un peu plus loin, et enfin on coule sur des assiettes saupoudrées de sucre ou des plaques de fer-blanc légèrement huilées; on place ensuite à l'étuve pour opérer une dessiccation plus complète, et on enferme dans des boîtes de sapin.

ABRICOTS A L'EAU-DE-VIE.

Pour préparer cette sorte de conserve on prend des abricots qui n'aient pas atteint leur complète maturité; on les essuie soigneusement avec un linge rude ou une brosse fine pour enlever le duvet qui les recouvre, on les plonge ensuite dans l'eau bouillante; ils tombent d'abord au fond, mais ils ne tardent pas à remonter à la surface; on les retire alors soigneusement au moyen d'une écumoire, on les place sur un tamis ou sur un linge pour les faire égoutter, puis on les plonge dans un sirop convenablement cuit, c'est-à-dire, marquant 32 à 34 degrés au pèse-sirop. On ajoute, après le refroidissement, une quantité d'alcool égale à la quantité de sucre employée, et on conserve dans des bocaux bien bouchés.

EAU DE NOYAUX.

Pour préparer cette sorte de ratafia on prend 100 noyaux d'abricots ou 50 noyaux de pêches, ou, mieux encore, 100 parties des premiers et 50 des autres; leur arome s'associant parfaitement, la liqueur n'en est que plus suave. On les concasse et on introduit dans un bocal; on verse dessus deux litres d'eau-de-vie ou un litre d'esprit-de-vin, et on laisse macérer ou infuser au soleil; lorsqu'on juge que la liqueur alcoolique est suffisamment chargée du principe aromatique, on ajoute une livre de sucre en poudre, ou mieux une livre et demie de sirop de sucre bien blanc et on filtre. Quelques personnes ajoutent à cette liqueur, ou de la fleur d'oranger pralinée, ou de l'eau de fleur d'oranger.

ESPÈCES ET VARIÉTÉS D'ABRICOTS.

On compte une vingtaine de variétés d'abricots; nous allons les décrire et les ranger suivant l'ordre de leur maturité.

Abricot hâtif, abricotin, abricot musqué. Il est petit, presque sphérique; son plus grand diamètre dépasse rarement 15 à 18 lignes; sa hauteur est un peu moindre. Il est divisé latéralement par un sillon assez large, mais peu profond; ce sillon est toujours correspondant aux arêtes du noyau. Sa peau, lorsqu'il a atteint son maximum de maturité, est jaune et nuancée de rouge du côté exposé plus directement aux rayons solaires. Sa surface offre, en outre, quelques taches brunes; sa chair est de couleur jaune clair, elle abandonne assez facilement le noyau; celui-ci, de forme convexe, renferme une amande amère.

Cet abricot est de qualité médiocre; son seul mérite consiste dans sa hâtiveté; il mûrit, en effet, lorsque la saison a été favorable, dans les premiers jours de juillet. Cette variété a cela de remarquable qu'elle se reproduit de noyau et dispense de la greffe.

Abricot blanc. Il diffère peu, quant au volume, de la variété qui précède; aussi est-ce bien à tort qu'on lui donne quelquefois la dénomination trop ambitieuse d'abricot-pêche. Il est moins haut que large; sa peau est de couleur blanc de cire, nuancée d'une légère teinte de rouge du côté du soleil. La chair, d'un blanc jaunâtre, est peu succulente et fibreuse; sa saveur et son odeur rappellent celles de la pêche : c'est à cette circonstance qu'est due la dénomination dont nous avons parlé plus haut. La similitude des principes que contiennent ces fruits établit une analogie plus rigoureuse que le volume, et justifierait mieux la synonymie, qu'appliquée, par exemple, à l'abricot de Nancy.

L'abricot blanc est généralement de qualité médiocre; il mûrit au commencement de juillet, et doit conséquemment, ainsi que nous l'avons fait, être rangé parmi les variétés les plus précoces; son noyau est arrondi et l'amande qu'il renferme est amère.

Abricot d'Alexandrie. Il est plus gros que ceux qui précèdent; la couleur de sa peau est généralement d'un jaune verdâtre; elle se nuance de rouge assez vif du côté qui reçoit plus directement l'influence solaire. La chair est d'un blanc jaunâtre, marquée près du noyau, à la manière de certaines variétés de pêches, de stries de couleur rouge pourpre. Sa saveur est très-sucrée et assez suave.

Cet abricot est peu cultivé sous le climat de Paris, attendu la hâtiveté de sa floraison, qui souffrirait des gelées blanches, qui y sont si communes au printemps.

Abricot Portugal. Il est rond, très-petit. Sa peau, d'un jaune clair, est marquée, du côté du soleil, de taches rouges et brunes, indice d'une grande suavité. Sa chair est pâle, assez succulente; elle est adhérente au noyau: celui-ci est lisse; l'amande qu'il renferme est amère.

Cette variété mûrit au commencement d'août, dans le midi, et vers le milieu de ce mois, dans le nord de la France. Elle est estimée, mais, comme on voit, moins hâtive que celles qui précèdent. On en connaît une sous-variété qu'on nomme, attendu sa couleur, *abricot violet de Portugal.*

Abricot-alberge. Ce beau fruit, généralement moins haut que large, atteint quelquefois jusqu'à 22 lignes de diamètre; il prend une belle teinte jaune dans presque toute son étendue, et se nuance de rouge du côté du soleil; la chair, de couleur rougeâtre, a une saveur assez relevée, légèrement vineuse.

Le noyau est moins convexe que dans les autres espèces; l'amande qu'il renferme est amère.

L'alberge se multiplie de noyau, sans avoir besoin du secours de la greffe. Avant qu'on ne connût *l'abricot de Nepaul,* on croyait que l'albergier avait servi de souche à toutes les espèces d'abricotiers. Cet arbre est abondamment cultivé aux environs de Tours, et son fruit y est très-estimé, surtout la variété connue sous le nom d'alberge de Montgamet.

Abricot-pêche, ou de *Nancy.* C'est, sans contredit, le plus beau et le meilleur de tous les abricots, surtout lorsque l'arbre qui le porte croît en plein vent; son diamètre dépasse souvent 2 pouces; sa hauteur est un peu moindre; sa peau, de couleur jaune fauve, est teinte de rouge du côté du soleil; sa chair, de couleur jaune orange, est très-savoureuse; son noyau, de forme régulière, est ovale, moins lisse que celui de l'abricot commun, sillonné comme lui de trois arêtes vives; mais il offre cette particularité bien remarquable d'un canal latéral opposé aux arêtes, et que l'on peut faire complétement traverser par une épingle; en forçant même un peu, on effectue la séparation des deux lobes: l'amande qu'il renferme est très-amère, elle remplit généralement toute la cavité interne.

L'abricot-pêche mûrit dans les premiers jours d'août: il n'a d'analogie avec la pêche que par son volume; aussi est-ce à tort, comme nous l'avons fait remarquer en parlant de l'abricot blanc, qu'on s'est appuyé sur ce caractère pour lui donner la dénomination impropre qu'il a conservée malgré les judicieuses observations de MM. Poiteau et Turpin, et de Duhamel même.

Abricot de Noor. Cet abricot, moins gros que le précédent, est généralement de forme ovoïde; son pédoncule, bien qu'assez court, s'insère cependant dans une cavité assez profonde. Le sillon longitudinal qui le divise latéralement est assez prononcé et persistant; la peau se colore d'un jaune peu intense; elle est couverte d'un duvet cotonneux très-fin. La chair, de couleur rouge clair, est savoureuse; le noyau, de forme convexe sur les deux faces, a ses arêtes très-saillantes; l'amande qu'il renferme est presque ronde, et d'une saveur amère assez prononcée.

Cet abricot ne mûrit que vers la fin de septembre; c'est l'espèce la plus tardive; cette circonstance ajoute à son mérite, car on peut le servir sur les tables et le faire figurer dans les desserts lorsque déjà depuis longtemps les autres espèces sont passées.

Abricot angoumois. Il est assez petit; son diamètre dépasse, en effet, rarement 14 à 16 lignes; sa hauteur est un peu plus considérable, ce qui lui donne une forme un peu allongée. Le sillon qui le divise latéralement est peu profond; sa peau est de couleur jaune orangé du côté du soleil; sa chair, également jaune orange, est fondante, savoureuse et légèrement aromatique. Le noyau, toujours isolé du péricarpe ou chair, est très-convexe, et conséquemment très-dur; il renferme une amande douce dont la saveur rappelle celle de l'aveline.

Cet abricot est hâtif, assez estimé, et surtout lorsqu'il est le produit d'un plein-vent; l'espalier lui convient peu, mais il n'est pas difficile sur le choix du terrain.

Abricot de Hollande. Il est aussi d'un volume assez médiocre, plus sphérique que le précédent, réuni le plus souvent en groupe ou bouquet; le sillon qui le divise latéralement, bien qu'assez prononcé, est cependant peu profond; la peau, de couleur jaune dans sa plus grande étendue, est d'un rouge assez foncé du côté du soleil; sa chair, d'un jaune très-intense, est fondante et d'un goût très-suave; le noyau, de grosseur moyenne, renferme une amande douce dont le goût rappelle à la fois celui de l'amande commune et de la noisette.

Cet abricot, l'un des meilleurs du genre, offre, en outre, l'avantage de pouvoir se multiplier de noyau et sans le secours de la greffe; l'arbre qui le fournit offre cette particularité, que les racines simulent le corail, tant leur couleur rouge est intense. Cette variété mûrit vers la fin de juillet.

Abricot de Provence. Il est généralement assez petit; il est plus large que haut; le sillon qui le divise latéralement est très-profond, et l'un des bords est ordinairement plus saillant que l'autre. La peau, jaune dans presque toute son étendue, est, dans la partie qui regarde le soleil, d'un rouge vif; la chair, de couleur jaune orange, est un peu fibreuse, moins fondante que celle de l'abricot de Hollande, mais elle s'en rapproche néanmoins par ses autres qualités; son noyau est rugueux; il renferme une amande douce.

La maturité de cette variété s'effectue, sous le climat de Paris, vers le commencement d'août, et, dans les bonnes expositions, vers les derniers jours de juillet. Elle offre assez d'analogie avec l'abricot angoumois pour qu'on les confonde quelquefois.

Abricot commun. Il atteint généralement le volume de l'abricot-pêche, mais il est plus pâle, plus allongé et ne se couvre pas des taches rouge brun, qui sont l'indice d'une grande suavité; son sillon est étroit, mais cependant assez profond; sa chair est pâle, peu savoureuse, à moins, cependant, qu'il ne provienne d'une exposition très-favorable et surtout de plein vent.

Cette variété est très-abondante aux environs de Paris; elle mûrit généralement vers la fin de juillet. L'arbre qui la fournit est assez productif; son amande, dont l'amertume est très-prononcée, remplace, dans beaucoup de cas, l'amande amère, *amygdalus communis amara.*

Abricot royal. Son volume égale celui du précédent, dont il semble n'être qu'une sous-variété. Sa chair est aussi suave que celle de l'abricot pêche, dont il procède. Il se distingue surtout par la large rainure qui divise son noyau, et qui ne se remarque ni dans l'une ni dans l'autre de ces variétés.

L'abricot royal, obtenu à la pépinière du Luxembourg, d'un pepin de noyau d'abricot-pêche, n'en est qu'une modification, due vraisemblablement à la culture.

Abricot musch. Il est rond, de couleur jaune foncé; sa chair est fine et remarquable, surtout par sa transparence, qui laisse voir le noyau; son goût est suave; on en connaît une sous-variété plus petite, mais non moins agréable.

Ces deux variétés, assez récemment transportées de la Perse, sont délicates, et doivent conséquemment être cultivées en espalier.

Abricot noir du pape, ou abricot violet. Cette singulière variété est presque complétement sphérique; son diamètre dépasse rarement 16 à 18 lignes; ce fruit est divisé latéralement par un sillon longitudinal peu prononcé; sa peau est de couleur rouge foncé et revêtue d'un duvet cotonneux assez abondant. La chair est de couleur rouge de feu obscur, nuancée de violet dans la partie sous-cutanée; elle est, comme dans certaines espèces de pêches, fixée au noyau par un assez grand nombre de fibres; sa saveur, d'abord douce, laisse une impression d'amertume dans la bouche; elle est aussi un peu aromatique; le noyau est presque sphérique, sa surface est lisse.

Cet abricot, plus curieux qu'agréable, mûrit en août. MM. Poiteau et Turpin pensent que l'abricotier à fruit violet est le résultat d'une fécondation croisée entre un abricotier et le prunier myrobolan. Les arbres qui les fournissent offrent, en effet, plusieurs points de ressemblance.

Abricot Nepaul. Cette espèce est surtout remarquable par la petitesse de son volume, qui dépasse peu celui d'une aveline, et sa saveur âpre et acerbe. Cet abricot fut importé de la Grèce il y a quelques années, aussi est-il encore peu connu. MM. Poiteau et Turpin pensent qu'on peut le regarder, avec quelque vraisemblance, comme type des abricotiers,

aussi bien que celui qui fut importé de la Perse ou de l'Arménie.

Abricot de Sibérie. Il est petit, tomenteux, rouge du côté qui reçoit plus directement l'influence solaire, et jaune du côté opposé. Sa chair est fibreuse et âpre; le noyau, proportionné au volume du fruit, renferme une amande amère.

Enfin, au nombre des variétés nouvellement découvertes, mais qui offrent néanmoins des caractères peu saillants, on doit ranger l'*abricot de Paris*, sous-variété de l'abricot commun; l'*abricot Pourret*, sous-variété de l'abricot-pêche, et l'*abricot panaché*, qui n'est guère remarquable que par la singularité des feuilles de l'arbre qui le produit.

PÊCHE, fruit du pêcher, *amygdalus persica*, L.; f. des Rosacées, J.

C'est une drupe charnue, arrondie, pubescente ou tomenteuse, divisée latéralement par un sillon qui varie suivant les espèces et les variétés. La chair est plus ou moins ferme, généralement d'un blanc jaunâtre, lavée de rouge plus ou moins intense vers le centre, d'un goût suave, quelquefois vineux; elle enveloppe un noyau formé de deux sutures; sa surface est sillonnée d'anfractuosités profondes; tantôt il adhère fortement à la chair, tantôt il en est complétement isolé; il renferme une amande bilobée, blanche, d'une saveur plus ou moins amère, suivant les variétés.

Ce fruit ne diffère de celui de l'amandier que parce que son sarcocarpe est très-succulent et susceptible de maturation. La nuance entre ces deux genres ou espèces de fruits est même si peu tranchée, qu'on a de la peine à les distinguer dans quelques-unes de leurs variétés; d'où on peut conclure que ces deux fruits pourraient bien avoir une commune origine. C'est ainsi que M. Sageret, dans sa *Pomologie physiologique*, cite l'exemple d'un pêcher produit de la semence d'un amandier. On sait qu'il existe une variété d'amande, dite amande-pêche, qui réunit les caractères de ces deux fruits.

La solution de cette importante question se trouvant dans une lettre de M. Thomas Andrew Knight, président, au secrétaire de la Société d'horticulture de Londres, sur *un pêcher produit de la semence d'un amandier*, nos lecteurs nous sauront gré de leur fournir cette nouvelle preuve *de la communauté d'origine de l'amande et de la pêche.*

« Je vous adresse, » dit ce savant, « deux pêches d'une variété nouvelle, que je vous prie de présenter à la prochaine séance de la Société d'horticulture. Ce n'est point pour leur mérite intrinsèque que je vous les envoie, mais à cause de la singularité de leur origine, car elles sont le produit d'un arbre qui lui-même était issu d'un amandier fécondé par la poussière séminale d'un pêcher. Indépendamment des deux que je vous envoie, l'arbre en a produit trois, lesquelles se sont ouvertes naturellement comme le brou d'une amande qui approche de la maturité. Les autres ont conservé la forme et tous les caractères de la pêche : leur chair était douce et fondante ; l'une d'elles était beaucoup plus grosse que la plus grosse de celles que je vous fais passer, car elle avait 8 pouces de circonférence. L'arbre a été élevé dans un pot qui contenait à peine un pied carré de terre. L'expérience a démontré, d'ailleurs, que les premiers fruits de cette variété deviendront plus gros.

» Le caractère général et la qualité du fruit que je vous envoie, la petitesse du noyau comparativement à l'amande, feront peut-être présumer à la Société quelque erreur dans mon expérience; mais j'affirme qu'il n'y en a aucune, qu'il n'a pu même y en avoir, et que le résultat m'a autant étonné qu'il l'étonnera elle-même. Je n'avais pas la moindre espérance qu'un arbre capable de produire un fruit aussi fondant que l'est la pêche pût venir immédiatement d'une amande; j'étais persuadé depuis longtemps que l'amandier commun et le pêcher ne forment qu'une espèce, et qu'une culture

convenable, continuée pendant plusieurs générations successives, peut changer un amandier en pêcher ou pavie.

» Cette idée me semblait une conséquence naturelle de plusieurs circonstances de l'histoire du pêcher dans les siècles les plus reculés. Il ne paraît pas que cet arbre ait été connu en Europe avant le règne de l'empereur Claude, et Columelle est, je crois, celui qui en a d'abord parlé (liv. X). Pline est le premier qui en ait donné une description exacte, et il assure que c'est par Rhodes et l'Égypte qu'il a été transporté en Italie de la Perse, d'où l'on croit généralement qu'il est originaire. Il est cependant probable qu'il n'existait en Perse même que quelques siècles avant l'époque de son introduction en Europe, autrement il eût été connu des Grecs, qui entretenaient un commerce habituel avec les Grecs asiatiques et les Perses, et de plusieurs médecins, tous botanistes, qui exercèrent successivement leur art à la cour de Perse, où ils étaient appelés par les rois de cette contrée.

» Les tubères de Pline paraissent aussi avoir été un fruit intermédiaire entre l'amande et la pêche; car il dit que les arbres qui produisaient ce fruit se propageaient par la greffe sur prunier (liv. XVII, chap. 14); qu'ils fleurissaient plus tard que l'abricotier (I. XVI, chap. 42). Il est donc probable que ces tubères n'étaient autre chose que de grosses amandes; car leur mérite comme fruit paraît avoir été bien médiocre. Duhamel parle d'un fruit qui correspond exactement avec cette description : c'est une variété française de l'amandier; il la dit immangeable, attendu son amertume (Duhamel, Arbres fruitiers, article *Amygdalus*). Je pense que cette amertume doit être attribuée à l'acide prussique, dont on sait que l'action est délétère. Ceci explique pourquoi la pêche avait généralement la réputation d'être malfaisante dans les premiers temps de son introduction dans l'empire romain. Columelle (liv. XIII) : *Stipantur calæstris et potuit quæ barbara Persis, miserat (ut fama est) patriis armata venenis.*

26

» L'identité spécifique de la pêche et de l'amande, si elle est prouvée, n'intéresse les jardiniers qu'autant qu'ils peuvent y voir un exemple des grands changements que la culture est capable de produire dans la forme et la qualité des fruits. En faisant l'expérience qui fait le sujet de cette lettre, mon but unique était de prouver cette identité, et j'étais assez indifférent sur tout autre résultat. Cependant, comme dans notre climat le bois de l'amandier mûrit mieux et plus promptement que celui du pêcher, et que les fleurs résistent mieux au froid, les observations que j'ai faites sur mes nouvelles variétés me font espérer qu'en répétant cette expérience on pourra obtenir de l'amandier, à la troisième ou quatrième génération, des variétés de pêches préférables à celles que nous possédons. Jusqu'à ce moment, un seul de mes plants a donné du fruit dont la qualité n'offre pas beaucoup d'espérances pour l'avenir ; mais j'en ai d'autres qui fleuriront au printemps prochain. L'un d'eux, fils d'un pavie violet, a les feuilles larges, l'écorce violette, et tous les autres caractères d'une espèce perfectionnée ; il me fait espérer que j'aurai, l'été prochain, le plaisir de vous envoyer des fruits supérieurs en qualité à ceux que vous venez de recevoir. »

Cette maturation, opérée par la culture, dans des fruits de genres différents, étonne moins lorsqu'on considère les prodigieuses améliorations qu'elle apporte dans des espèces et des variétés qui, offrant d'abord des différences très-grandes, finissent quelquefois par acquérir une si grande analogie, que les synonymistes les plus habiles ne peuvent plus les distinguer.

La pêche, ainsi qu'on vient de le voir, est originaire de la Perse. Importée en Europe par les croisés, elle a acquis, dans sa nouvelle patrie, des qualités nouvelles. Si l'on en croit Olivier de Serre, il aurait vu dans les jardins d'Ispahan des pêchers qui probablement avaient servi de souche à l'espèce importée, et qui lui étaient restés bien inférieurs.

Ce fruit est, sans contredit, sinon le plus précieux, au moins le plus beau qu'on connaisse. La beauté de sa forme, la vivacité de sa couleur, la délicatesse de son parfum, la suavité de son goût, le font rechercher pour embellir les desserts. Les poëtes ont signalé plus ou moins harmonieusement ses avantages ; mais l'un d'eux l'a fait d'une manière aussi vraie que concise.

La pêche flatte l'œil et le goût et la main,
De sa chair embaumée et de son doux carmin.

La délicatesse de sa peau, la mollesse de son parenchyme et la grande quantité d'eau de végétation qu'il renferme, rendent malheureusement sa conservation très-difficile. Sa pulpe, bien que réunissant tout ce qui peut flatter le goût, est peu propre à faire des conserves molles ou confitures ; mais on en prépare des compotes et des marmelades. Sa chair s'associe agréablement avec le vin ; ce mélange rend, d'ailleurs, la pêche moins froide, comme on le dit vulgairement, et d'une digestion plus facile. Elle est rafraîchissante et relâchante, surtout lorsqu'elle est cuite : on la donne dans cet état aux convalescents après de longues diètes ; mais quelques estomacs se refusent à la digérer. On l'associe au vin de Lunel sous forme de compote.

La suavité et la beauté de ce fruit devaient faire naître le désir de le conserver avec tous les avantages qu'il offre lorsqu'il sort, pour ainsi dire, des mains invisibles de la nature. On a pu voir, au chapitre *Conservation des fruits*, les efforts qui ont été tentés, tant par M. Eérard que par nous, pour y parvenir, et leur peu de succès. Cette circonstance est d'autant plus regrettable, qu'il y avait lieu de croire, s'ils eussent été plus heureux, que les mêmes moyens, appliqués à des fruits plus rustiques et qui résistent plus facilement aux impressions extérieures, auraient effectué leur conservation presque indéfiniment.

Les pavies et les brugnons, qui se distinguent des pêches par leur chair plus ferme, peuvent être séchés au four, après, toutefois, les avoir divisés par quartiers et en avoir enlevé les noyaux.

CONSERVATION DES PÊCHES PAR LA MÉTHODE D'APPERT.

Ce genre de conservation, très-approprié pour les fruits d'un petit volume, ne l'est guère quant à ceux qui, comme les pêches, doivent être soumis à une sorte de division. L'arome et la saveur sont, dans ce cas, seuls conservés, et cette circonstance diminue singulièrement le mérite de ce procédé de conservation ; néanmoins, comme il est quelquefois mis en pratique, nous allons le rappeler ici, renvoyant, pour les précautions générales, au chapitre *Conservation des fruits*.

On choisit les variétés de pêches qui ont le plus d'arome, et, de préférence, la *grosse mignonne* et la *galande* ; on n'attend pas que leur maturité soit trop avancée, et pour développer toute leur suavité, on effeuille légèrement l'arbre qui les porte avant de les cueillir. On les divise en deux pour ôter les noyaux, puis on les subdivise en quartiers plus ou moins gros, suivant la grandeur de l'orifice des bouteilles qu'on se propose d'employer ; après les avoir introduits et tassés autant que possible, on ajoute quelques amandes, on bouche soigneusement, on met au bain-marie et on soumet à l'action d'un ou deux bouillons seulement ; on retire du feu, on laisse refroidir avec précaution, et on conserve dans un lieu qui ne soit ni trop frais ni trop humide.

COMPOTE DE PÊCHES.

Pour la préparer, on choisit des pêches qui ne soient pas trop mûres ; on les frotte dans un linge neuf pour enlever le duvet cotonneux qui recouvre leur surface. On les ouvre en deux, on enlève le noyau, on range ensuite les moitiés ou lobes sur un plat, en ayant le soin de mettre la partie concave en dessus ; on verse sur chacune du vin de Lunel, de manière qu'il déborde ; on saupoudre de sucre plus ou moins, suivant le degré de maturité du fruit ou sa qualité ; on couvre avec un autre plat creux renversé, et on place sur des cendres chaudes.

MARMELADE DE PÊCHES.

On prend des pêches bien mûres, on les pèle, on les ouvre pour en séparer les noyaux ; on les coupe par quartiers, et on saupoudre de sucre : la proportion est ordinairement d'une livre de sucre par livre de fruit. On laisse macérer pendant trois ou quatre heures, ou jusqu'à ce que l'eau de végétation du fruit ait dissous le sucre ; on verse le tout dans une bassine, et on fait bouillir à grand feu, en ayant le soin d'agiter pour éviter l'adhésion au fond du vase. Après une demi-heure de cuisson, si on a mis une livre pour livre, et moins longtemps si on a mis cinq quarts, ou 650 gr. de sucre, on retire du feu et on passe au travers d'un tamis de crin ; après le refroidissement complet, on introduit dans des pots, que l'on bouche soigneusement.

PÊCHES A L'EAU-DE-VIE.

On prend des pêches qui n'aient pas atteint leur maximum de maturité, ce qui se distingue par la résistance qu'elles opposent à la pression ; on les frotte ensuite dans un linge pour enlever le duvet qui les recouvre ; on les fait *blanchir* en les plongeant dans l'eau bouillante ; on les pique ensuite avec une aiguille à tricoter ou un cure-dent, et on les plonge dans un sirop composé de deux parties de sucre et d'une d'eau ; on ajoute environ un sixième d'esprit-de-vin, que l'on fait entrer dans la même proportion que le sirop, et on conserve dans des bocaux à large ouverture, que l'on ferme d'un parchemin ficelé, ou mieux, collé, si la provision est considérable.

RATAFIA DE PÊCHES.

On prend des pêches bien mûres, de préférence celles dites *plein-vent* ; mais ce choix ne peut s'effectuer sous le climat de Paris, attendu que ce fruit a besoin du concours de l'espalier pour acquérir toutes ses qualités. Cependant on peut y suppléer en dépouillant en partie les pêchers de leurs feuilles avant d'effectuer la récolte des pêches. Quoi qu'il en soit, on les choisit bien saines, on les ouvre, on en sépare les noyaux, et on exprime la chair dans un linge pour en extraire le jus; on ajoute à celui-ci le double de son poids d'eau-de-vie, ou partie égale d'alcool à 36 degrés; on laisse macérer, puis on ajoute une livre de sucre grossièrement pulvérisé; on abandonne de nouveau, puis on filtre, soit à la chausse, soit au papier, et on conserve en bouteilles.

Examen chimique. On doit à M. Bérard les analyses suivantes de la pêche d'été aux deux principales époques de son existence :

Pêche d'été	*verte,*	*mûre.*
Matière animale.	0,41	0,93
Matière colorante verte.	0,27	»
Ligneux.	3,01	1,21
Gomme.	4,22	4,85
Sucre.	0,63	11,60
Acide malique.	1,07	1,10
Chaux.	1,08	0,06
Eau.	90,31	80,24

« Les pêches vertes, dans l'état où je les ai prises pour la première analyse, dit M. Bérard, auraient augmenté de poids en mûrissant, à très-peu près dans le rapport de 24 à 43. »

Les conclusions que nous avons tirées d'une analyse semblable des abricots, par le même auteur, nous dispensent d'y revenir; nous renvoyons, en conséquence, à cette analyse, et surtout au chapitre *Maturation*. Quant au principe aromatique de la pêche, également négligé dans cette analyse, nous ne doutons pas qu'en agissant sur une plus grande masse de fruit, et particulièrement de pellicule ou pelure, on ne parvienne à l'extraire en procédant comme nous l'avons indiqué pour la framboise et l'abricot.

Les noyaux de pêches entrent, attendu leur odeur particulière, dans la composition de l'eau de noyau (voir article *Abricot*) Brûlés, ils forment le noir de pêches, très-estimé en peinture. Les amandes qu'ils renferment contiennent une quantité très-considérable d'acide prussique ou hydrocyanique. C'est vraisemblablement à la surabondance de cet acide, dont l'influence se fait sentir dans la pulpe même, que le pêcher qui croît en Perse a dû d'être signalé par Galien, Nicandre et l'école de Salerne, comme fournissant un fruit délétère.

De la Perse la pêche en Europe importée,
De ses destins divers est encore étonnée ;
Salutaires pour nous, ses sucs délicieux
Funestes aux Persans sont un poison pour eux.

Nous ignorons si cette différence est due au climat de la Perse ou à la culture que le pêcher obtient chez nous; la dernière hypothèse nous semble toutefois plus vraisemblable, et nous nous fondons, à cet égard, sur les beaux résultats qu'obtiennent de nos jours les cultivateurs de Montreuil, près Paris. Ils sont, en effet, parvenus non-seulement à obtenir de très-beaux fruits, mais encore à prolonger l'existence autrefois assez limitée des pêchers. Cette circonstance est vraisemblablement due à l'usage de dresser les arbres en espalier; on peut d'autant mieux le croire que le pêcher plein-vent, sous le climat de Paris, présente une végétation beaucoup moins vigoureuse. Les anciens ne connaissaient pas la méthode du palissage en espalier; elle ne date, en effet, que du dix-septième siècle.

Les pêches sont très-communément cultivées aux États-Unis. On en extrait une eau-de-vie d'une qualité assez médiocre, attendu le peu de soin que l'on apporte à sa fabrication; mais elle n'en est pas moins d'une consommation presque générale. « Les colons américains, » dit M. Bosc dans son Cours d'agriculture, « sont dans l'usage, lorsqu'ils forment de nouvelles habitations, de planter plusieurs acres de terre en noyaux de pêches. Lorsque les arbres qui en sont venus donnent le fruit, on pile les pêches dans une auge de bois, et au bout de quelques jours, plus ou moins, suivant la chaleur de la saison, quand elles passent à la fermentation vineuse, on les distille pour en retirer l'eau-de-vie. Les pêches employées de cette manière sont l'objet d'un produit annuel très-considérable, parce que cette eau-de-vie, quoique médiocre, sert de boisson à toute la population de l'intérieur des terres, c'est-à-dire, à celle qui est trop pauvre pour se procurer de l'eau-de-vie de vin. »

Le même auteur dit avoir vu, sur les derrières des Carolines, des habitants dont les deux tiers des terres défrichées étaient plantées en pêchers. Il est vrai de dire que ce fruit, cultivé si abondamment, est, en outre, donné comme nourriture à certains animaux de basse-cour, et principalement aux porcs.

La facilité avec laquelle certaines variétés de pêches se nuancent de carmin par l'action du soleil permet d'imprimer artificiellement à la surface de ce fruit des inscriptions et dessins plus ou moins ingénieux ; le moyen consiste à l'envelopper, encore vert, d'un papier, d'une peau de baudruche ou d'un linge découpé à jour : ces objets, en interceptant la lumière, empêchent la peau de se colorer dans les parties masquées, tandis que celles qui répondent aux découpures prennent une teinte plus ou moins vive suivant l'exposition et l'ardeur du soleil.

On extrait des amandes une huile analogue à celle que fournissent les amandes de l'*amygdalus communis amara*, et on la lui substitue souvent dans le commerce. Elle était autrefois employée en médecine comme fébrifuge. Son usage comme substance alimentaire, ainsi que celui des amandes qui la fournissent, doit être modéré, attendu qu'elle contient une huile volatile âcre et de l'acide cyanhydrique (prussique).

Le noyau, usé et perforé sur ses deux faces, forme une sorte de sifflet qui sert d'appeau aux chasseurs d'alouettes.

ESPÈCES ET VARIÉTÉS DE PÊCHES.

On en connaît un assez grand nombre ; les principales sont : les *pêches hâtives, tardives* ; les *pêches tendres*, telles que la grosse mignonne, les *pêches fermes*, ou

pavies, dont la *pavie pomponne*, qui acquiert un volume énorme ; la *petite pêche cerise*, les *pêches lisses*, les *brugnons*, les *pêches jaune, violette* et *blanche*, etc.

« Les anciens, » dit l'auteur du Traité des arbres fruitiers, « préféraient les pêches à chair ferme, que nous nommons pavies et brugnons, à celles tendres ou fondantes. Il paraît que ce goût est encore celui de tous les peuples du midi, car ils cultivent beaucoup plus de pavies que de pêches proprement dites. Dans les départements qui avoisinent Paris, et qui sont plus au nord, on plante, au contraire, beaucoup plus de pêches fondantes. Cette préférence n'est point fondée sur le goût particulier des peuples du midi ou de ceux du nord ; mais elle a pour motif la différence du climat, qui, en Provence, en Italie et en Espagne, est plus favorable aux pavies, qui y acquièrent une grosseur considérable et un goût parfait, auquel le manque de grande chaleur, et surtout de chaleurs continues, ne leur permet pas de parvenir dans le climat de Paris. Les pêches fondantes, au contraire, paraissent craindre les pays très-chauds, et ce n'est que dans le nord de la France ou dans les pays qui jouissent de la même température qu'elles prennent un parfum délicieux et une saveur exquise. »

On compte de cinquante à soixante variétés de pêches, que l'on a partagées en quatre classe : la première comprend les *pêches duveteuses à chair quittant le noyau*, la deuxième, les *pêches duveteuses à chair adhérente au noyau* ; la troisième, les *pêches lisses à chair quittant le noyau* ; la quatrième, les *pêches lisses à chair adhérente au noyau*.

Pêche d'Ispahan. Elle est presque complétement sphérique, divisée latéralement par un sillon bien prononcé, qui s'étend de la base au sommet. Sa hauteur est d'environ 3 pouces ; la peau est épaisse, velue ou duveteuse, peu adhérente à la chair ; celle-ci est d'un blanc verdâtre ; elle offre quelques points d'adhérence au noyau ; sa saveur est douce et sucrée ; celui-ci est généralement assez gros, très-convexe ; sa pointe est très-aiguë; il renferme une et quelquefois deux amandes amères.

Cette pêche est sinon la plus belle de l'espèce, au moins l'une des meilleures; elle est peu commune aux environs de Paris. Les célèbres voyageurs Bruguière et Olivier l'importèrent d'Ispahan, où ils la virent prospérer dans les jardins du Grand Seigneur, et si bien qu'il n'était pas rare d'en trouver dont le poids égalait 16 à 18 onces (488 à 549 grammes).

Pêche avant-pêche blanche. C'est, sans contredit, l'une des plus petites de l'espèce; elle atteint, en effet, rarement plus d'un pouce de hauteur; sa forme n'est pas constante: tantôt elle est oblongue, tantôt globuleuse. Elle est divisée longitudinalement par un sillon très-profond, qui se prolonge même au delà du sommet; celui-ci est surmonté d'un mamelon pointu; la peau est fine, tomenteuse, blanchâtre dans sa plus grande étendue, mais légèrement nuancée de rouge du côté du soleil, notamment lorsque la saison a été très-chaude. La chair est blanche, d'une saveur sucrée; son arome est musqué; le noyau est d'un gris blanchâtre, assez gros eu égard au volume du fruit.

Cette pêche est très-hâtive; la finesse de sa peau et la succulence de sa chair font qu'elle est souvent attaquée par les fourmis.

Pêche avant-pêche rouge, avant-pêche de Troie. Elle est plus grosse que la précédente; son diamètre, d'environ 15 à 18 lignes, dépasse un peu sa hauteur. Le sillon qui la divise latéralement est peu profond; la peau est duveteuse, de couleur jaune pâle dans la plus grande partie de son étendue, et d'un rouge vif du côté du soleil. La chair est blanche, nuancée d'un peu de rouge sous la peau; elle est très-succulente; sa saveur est sucrée et son arome rappelle celui du musc; le noyau est assez volumineux et peu adhérent à la chair.

Cette pêche, un peu moins hâtive que celle qui précède, mûrit au commencement d'août. Elle est également très-su-

jette à être attaquée par les fourmis et les perce-oreilles.

Pêche petite mignonne hâtive. Elle est plus grosse que l'avant-pêche rouge; mais plus petite que la grosse mignonne; elle est presque sphérique, le sillon qui la divise latéralement est peu prononcé; il se termine au sommet par un mamelon qui fait saillie. La peau est tomenteuse, d'un blanc grisâtre dans sa plus grande étendue, et nuancée de rouge du côté du soleil; elle est même souvent tiquetée de points rouge vif. La chair est blanche, assez ferme; sa saveur est agréable, légèrement aromatique; elle est peu adhérente au noyau; celui ci est assez petit, d'un blanc roussâtre profondément sillonné; il renferme communément une seule amande, généralement peu amère, et revêtue d'une tunique fauve, marquée de lignes longitudinales plus foncées.

Cette pêche est assez hâtive et mérite d'être cultivée; sa maturité s'effectue vers les premiers jours d'août.

Pêche jaune alberge jaune. Elle est de moyenne grosseur. Son diamètre, qui est d'environ 26 à 28 lignes, dépasse un peu sa hauteur; toutefois, ces proportions n'ont rien de fixe, car elle n'atteint quelquefois que les deux tiers de ce volume; sa pellicule est comme veloutée, de couleur jaune dans sa plus grande étendue, lavée et tiquetée de rouge plus ou moins foncé du côté du soleil; le sillon qui la divise latéralement est assez prononcé, il se prolonge même au delà du sommet; la chair, de couleur jaune vif, rouge près du noyau, ferme et peu succulente, devient fondante lorsque le fruit a atteint son maximum de maturité; le noyau est presque rond, profondément sillonné de couleur rouge brun; il semble communiquer cette couleur à la chair qui l'environne; du reste, il s'en sépare assez facilement.

Cette variété est assez estimée et avec raison; elle mûrit vers la fin d'août.

Pêche avant-pêche jaune. Elle a de l'analogie avec la précédente; mais elle s'en distingue en ce qu'elle est plus petite et qu'elle est plus hâtive. Son diamètre dépasse rarement 16 à 18 lignes et sa hauteur 20; le sillon qui la divise latéralement est peu profond, son sommet est surmonté d'un mamelon assez gros, la pointe en est recourbée en forme de bec; sa peau est épaisse et tomenteuse, jaune du côté opposé au soleil, et rouge foncé du côté qui le regarde; sa chair, d'un beau jaune dans presque toute son étendue, est rouge au centre, sa saveur est douce et sucrée; le noyau est assez gros. Cette pêche, lorsque la saison et l'exposition sont favorables, mûrit en juillet.

Pêche grosse mignonne. La grosse mignonne est incontestablement l'une des plus belles variétés; son diamètre, qui atteint ordinairement vingt-huit à trente lignes, dépasse un peu sa hauteur; le sillon qui la partage est peu profond vers le sommet, mais plus prononcé vers la base. Les bords sont, dans cette partie, tellement relevés et saillants, qu'ils masquent complétement la queue (1). La peau est fine et duveteuse, de couleur jaune dans sa plus grande étendue, et rouge foncé du côté qui regarde le soleil; elle se sépare facilement de la chair, qui est blanche, marbrée de stries roses autour du noyau; elle est très-succulente, douce-sucrée; son arome est très-suave; le noyau est gros, profondément sillonné; il se détache assez facilement de la chair, mais il offre cependant, dans certaines parties, quelques points d'adhérence avec elle.

Cette pêche mûrit vers la fin d'août; l'arbre qui la produit est généralement très-productif.

Pêche belle Bauce. Elle offre beaucoup d'analogie avec la précédente; les légères différences qu'elle présente sont à son avantage; c'est ainsi qu'elle est encore plus grosse, d'une forme régulière, géné-

ralement arrondie et un peu aplatie au sommet, qui offre une cavité assez profonde; le sillon qui la divise latéralement est plus prononcé au sommet qu'à la base. La peau est peu adhérente à la chair; elle est fine, duveteuse, jaune tendre du côté ombré, et finement ponctuée et lavée de rouge dans la partie qui reçoit plus directement l'influence solaire; la chair est fondante, blanc jaunâtre, suave et sucrée. Le noyau est profondément anfractué, il est peu adhérent à la chair.

Cette pêche, que M. Poiteau regarde comme une grosse mignonne perfectionnée, et non comme une nouvelle espèce, mûrit vers la fin d'août.

Pêche mignonne tardive. Elle diffère de la précédente en ce que le sillon qui la divise est à peu près égal dans toute son étendue, qu'elle est terminée au sommet par un mamelon assez petit, mais cependant très-distinct; sa chair est également blanche dans sa plus grande étendue, et légèrement colorée vers le noyau; celui-ci est peu adhérent, de couleur rouge brun et assez profondément sillonné. Cette pêche est aussi moins hâtive, car elle ne mûrit que vers le milieu de septembre.

Pêche transparente ronde. Elle ne diffère guère de la grosse mignonne que par son volume, qui est moindre; son diamètre dépasse, en effet, rarement deux pouces, et sa hauteur vingt à vingt-deux lignes. La couleur de sa peau et la saveur de sa chair offrent aussi beaucoup d'analogie avec cette belle variété. Son noyau est cependant proportionnellement plus gros; il est aussi d'une forme plus allongée.

La maturité de cette pêche, lorsque la saison a été favorable, s'effectue vers la fin d'août: elle doit vraisemblablement la dénomination qui la distingue à la finesse de sa peau.

Pêche Madeleine blanche. Elle est presque sphérique, légèrement déprimée à la base; cependant elle est divisée latéralement par un sillon qui s'efface en se prolongeant vers le sommet, mais qui est très prononcé à la base ou vers le pédoncule.

(1) Cette circonstance est souvent même cause de leur chute; la tuméfaction exercée dans cette partie par la croissance rend, pour ainsi dire, la queue trop courte, les bords saillants qui l'entourent, rencontrant l'extrémité de la jeune branche, exercent sur elle une certaine pression, et le fruit se détache. Il est rare que la queue accompagne la pêche tombée, son adhérence étant plus grande à la branche qu'au fruit.

La peau est fine, duveteuse, blanchâtre dans la plus grande partie de sa surface, et tiquetée de points rouges du côté qui reçoit plus directement l'influence solaire; la chair est blanche, nuancée de stries jaunâtres; sa saveur est douce et sucrée, son arome est très-suave et rappelle le musc; le noyau est profondément sillonné; il adhère à la chair dans presque toute sa surface, mais s'en sépare néanmoins assez facilement.

Cette belle pêche mûrit à la fin d'août: la finesse de sa peau et la délicatesse de sa chair la rendent très-attaquable par les insectes et notamment par les perce-oreilles.

La petite Madeleine blanche ne diffère de celle-ci qu'en ce qu'elle atteint tout au plus les deux tiers de son volume; le sillon qui la divise est aussi moins prononcé vers la base.

Pêche Madeleine rouge ou *de Courson.* Elle ne diffère de la Madeleine blanche qu'en ce qu'elle se colore d'un beau rouge vif du côté qui reçoit plus directement l'influence solaire; elle est complétement ronde; sa chair, de couleur blanc de lait, est rouge au centre, et d'un rouge d'autant plus intense, qu'elle avoisine le noyau; elle s'en détache assez facilement. Cette pêche est aussi généralement un peu plus petite et plus tardive, car elle ne mûrit qu'au commencement de septembre; elle est très-estimée, et avec raison; on la cultive aux environs de Paris, et notamment à Montreuil.

Pêche de Malte ou *belle de Paris.* Cette pêche est de moyenne grosseur, son diamètre dépasse rarement vingt-quatre à vingt-six lignes; elle est presque sphérique et légèrement aplatie à la base; le sillon qui la partage est très-prolongé quelquefois du côté qui lui est opposé. La peau est épaisse, elle se sépare assez facilement de la chair; elle est duveteuse, d'un vert blanchâtre d'abord, puis elle prend une teinte jaune et se marbre de rouge de brique du côté du soleil; la chair est blanche, très-délicate, striée d'un peu de rouge et notamment auprès du noyau; sa saveur est douce-sucrée; le noyau est assez petit, eu égard au volume du fruit; ses anfractuosités sont très-prononcées; il est très-convexe, surtout vers le sommet.

Cette pêche, ordinairement très-succulente, a beaucoup d'analogie avec celle dite Madeleine blanche; elle est cependant un peu moins hâtive.

Pêche pourprée hâtive. « Cette pêche, » disent MM. Poiteau et Turpin (nouveau Duhamel), auxquels nous empruntons la description suivante, « est l'une des plus belles pêches; elle est arrondie et a environ vingt-six lignes de hauteur; le sillon qui la divise est d'une profondeur moyenne; il cause un aplatissement à côté et au sommet du fruit, où l'on remarque un moyen enfoncement, dans lequel s'élève un très-petit mamelon terminé par une pointe desséchée; le sillon se dessine au sommet du fruit par un trait jaune qui dépasse l'ombilic de quelques lignes. La peau se détache aisément de la chair; elle est d'un jaune verdâtre dans l'ombre, et d'un rouge brun très-foncé du côté du soleil: ce rouge, en s'affaiblissant et en devenant plus pur, forme des points nombreux qui diminuent peu à peu en teinte faible sur le jaune. Le duvet n'est pas épais, et il paraît roux sur l'endroit le plus rouge du fruit. La chair, d'abord blanche, prend un petit œil jaunâtre dans sa maturité, et rougit beaucoup auprès du noyau; elle est très-fondante, remplie d'une eau sucrée excellente et un peu vineuse. Le noyau, très-gros, profondément rustiqué, se détache très-aisément de la chair. Cette pêche mûrit vers la fin d'août et précède la grosse mignonne, de laquelle elle ne diffère que par sa couleur plus foncée. Elle a été cultivée jusqu'à présent au jardin des plantes sous les noms de *sanguinole* et de *transparente ronde.* »

On a déjà pu remarquer que certaines variétés ont beaucoup d'analogie entre elles; il n'est conséquemment pas étonnant, surtout si on tient compte de l'influence du sol, de l'exposition et de la température, que ces différences disparaissent et permettent de les confondre; c'est ainsi que des variétés signalées par Duhamel ont disparu et qu'on en découvre tous les jours de nouvelles.

Pêche vineuse pourprée hâtive ou de fromentin. Elle est ordinairement d'un beau volume et d'une belle couleur, arrondie, divisée latéralement par un sillon assez prononcé, mais cependant peu profond. La peau est duveteuse, mais le duvet qui la recouvre est peu adhérent et de couleur fauve; elle est généralement d'un rouge très-foncé, même dans les endroits qui reçoivent moins directement l'influence solaire; la chair, succulente et sucrée, a un goût vineux assez prononcé; sa couleur est blanche, excepté toutefois à la superficie; au centre elle prend, lors de la maturation, une teinte pourpre très-intense. Le noyau se sépare facilement de la chair; il est de couleur rouge brun et profondément anfractueux.

Cette pêche a aussi beaucoup d'analogie avec la grosse mignonne; elle s'en distingue cependant par sa couleur, qui est plus foncée.

Pêche pourprée tardive. Cette pêche est incontestablement l'une des plus belles que l'on connaisse; son diamètre dépasse quelquefois trente-deux à trente-quatre lignes, et sa hauteur vingt-huit à trente. Elle est un peu aplatie à la base, et le sommet se termine par un petit mamelon. La peau est très-duveteuse, blanchâtre dans sa plus grande étendue, et quelquefois très-rouge ou seulement nuancée de rouge du côté qui reçoit plus directement l'influence solaire, suivant la saison et l'exposition; elle se sépare facilement de la chair; celle-ci est blanche dans presque toute son étendue, excepté autour du noyau, où elle se nuance de rouge; elle est fondante, sa saveur est douce-sucrée et d'un parfum vineux; le noyau, assez petit, est renflé du côté du sommet et plus étroit vers la base; les deux valves qui le composent ont peu d'adhérence, on le trouve même quelquefois ouvert; dans ce cas, l'amande est constamment altérée. On

ignore si cette altération précède ou suit l'ouverture du noyau; nous penchons pour la dernière opinion, et nous nous fondons sur ce que l'amande, recevant ses principes nourriciers du tronc, c'est à la rupture des canaux qui traversent le pédoncule qu'est due son altération, et à l'affluence de l'humidité de la pulpe, que les enveloppes osseuses ou parcheminées qui occupent son centre ont pour objet de retenir, et qui se fait jour par cette voie.

Cette excellente pêche mûrit à la fin de septembre ou au commencement d'octobre, suivant que la saison et l'exposition sont plus ou moins favorables.

Pêche Bourdine narbonne. Elle est de grosseur moyenne; son diamètre dépasse sa hauteur de quelques lignes seulement; le sillon qui la divise latéralement est très-large et assez profond; l'un de ses bords est souvent plus relevé que l'autre; le côté opposé au sillon est un peu déprimé; sa peau est tomenteuse et d'une couleur rouge foncé, plus intense toutefois du côté qui reçoit plus directement l'influence solaire; elle se sépare facilement de la chair; celle-ci est très-succulente, sa saveur est sucrée, son arome vineux; elle est blanche à la circonférence et nuancée de rouge vers le noyau; celui-ci est assez petit et profondément sillonné.

Cette pêche mûrit en septembre, lorsque l'exposition et la saison sont favorables.

Pêche dite la véritable chancellerie. Elle est de moyenne grosseur; son diamètre est d'environ deux pouces; sa hauteur de vingt à vingt-deux lignes; le sillon qui la divise latéralement la sépare en deux parties inégales; il est plus profond vers la base, et se termine au sommet par un très-petit mamelon; la peau, d'un rouge assez intense du côté du soleil, est d'un vert jaunâtre du côté qui lui est opposé; la chair est couleur blanc de lait, succulente et sucrée; le noyau n'offre aucun caractère saillant.

Cette pêche, généralement estimée, mûrit au commencement de septembre.

Pêche Chevreuse hâtive ou *belle de Chevreuse hâtive*. Elle se distingue de la plupart des autres variétés, en ce qu'elle est plus haute que large; son volume est assez considérable; le sillon qui la partage, a l'un de ses bords plus relevé que l'autre; il est terminé au sommet par un petit mamelon pointu. La surface de cette pêche est souvent parsemée de petites protubérances verruqueuses plus nombreuses vers la base; la peau, généralement jaune, se marbre de rouge assez vif dans une très-petite partie de son étendue, et notamment du côté du soleil; elle est assez velue; la chair est ferme, peu succulente, blanche à la circonférence, et rouge au centre; le noyau, de couleur rouge brun, est assez gros.

Cette pêche, qui est assez estimée, et que MM. Poiteau et Turpin comparent à l'*admirable*, mûrit vers la fin d'août.

Pêche Chevreuse tardive. Elle est assez irrégulière; son diamètre est généralement de vingt-six à vingt-huit lignes, et sa hauteur de vingt-quatre à vingt-six; elle paraît un peu déprimée à la base, et cette partie est souvent chargée de petites protubérances verruqueuses; le sillon qui la divise latéralement est assez prononcé; l'un des bords est généralement plus élevé que l'autre; il se termine au sommet par un mamelon assez saillant; la peau est de couleur vert pâle dans sa plus grande étendue, et d'un beau rouge foncé dans la partie qui reçoit plus directement l'influence solaire; la chair est blanche et veinée de rouge autour du noyau; elle est fondante, d'une saveur sucrée; le noyau est très-allongé et est surtout remarquable par la longueur de la pointe qui termine son sommet.

Pêche belle Chevreuse. Elle est plus irrégulière encore que celle qui précède; elle offre à peu près les mêmes caractères quant à la forme, mais ils sont généralement plus prononcés. Le sillon qui la partage est très-profond, et quelquefois il s'étend si loin, qu'il entoure presque entièrement le fruit; l'un de ses bords est aussi moins saillant que l'autre. Le som-

met est également chargé de protubérances; la peau, épaisse et duveteuse, s'amincit et abandonne, en grande partie, lors de la maturité, le duvet qui la revêt; elle est de couleur vert jaunâtre dans sa plus grande étendue, et se lave de rouge vif, qui passe au rouge pourpre, dans la partie qui regarde le soleil. La chair est blanche, veinée de rouge au centre; elle est succulente et sucrée; son arome rappelle celui du vin; elle se détache assez facilement du noyau, mais, cependant, quelques lambeaux restent souvent engagés dans les anfractuosités; avant sa complète maturité, la belle de Chevreuse est assez peu séduisante, en raison de sa couleur verte qui persiste longtemps. Le noyau est allongé et l'amande est amère.

Cette pêche passe très-promptement; elle mûrit vers la fin de septembre, lorsque la saison a été favorable.

Pêche belle de Vitry. C'est aussi l'une des plus belles variétés que l'on connaisse; son diamètre atteint quelquefois trente-deux à trente-quatre lignes, et sa hauteur est un peu moindre. Le sillon latéral qui la divise est peu profond; il se prolonge un peu au delà du sommet du fruit et dépasse le mamelon, qui est très-petit. La peau est de couleur vert blanchâtre; elle prend une teinte rouge peu intense du côté qui reçoit plus directement l'influence solaire; elle se sépare facilement de la chair; celle-ci est blanche dans presque toute sa substance, mais, cependant, veinée de rouge autour du noyau; elle est très-succulente et très-suave; le noyau est gros, allongé du côté de la base et arrondi à la pointe.

Cette belle et délicieuse pêche mûrit à la fin de septembre ou au commencement d'octobre.

Pêche Teindoux. Cette pêche, de moyenne grosseur, n'atteint, en effet, jamais au delà de vingt-quatre à vingt-six lignes de diamètre, sur un peu moins de hauteur; le sillon latéral la divise en deux lobes égaux, et se prolonge au delà de la base. Le sommet est ordinairement formé de deux petites cavités, au milieu desquelles se trouve un petit mamelon; la peau est généralement de couleur vert jaunâtre, lavée de rouge du côté du soleil; elle se sépare facilement de la chair; celle-ci est blanche, très-succulente; sa saveur est sucrée et très-agréable; le noyau est assez gros, eu égard au volume du fruit; il est allongé et assez profondément anfractué.

Cette pêche mûrit vers lá fin de septembre.

Pêche téton de Vénus. Elle doit son nom au volume du mamelon qui surmonte son sommet; c'est, sans contredit, l'une des plus belles variétés que l'on connaisse; son diamètre, qui ne dépasse guère sa hauteur, atteint de trente-six à trente-huit lignes; le sillon longitudinal qui la partage est peu prononcé; il se prolonge au delà du mamelon; la peau est couverte d'un duvet assez long; elle est de couleur jaune pâle dans sa plus grande étendue, et se lave de rouge vif du côté qui regarde le soleil; la chair est blanche, nuancée de jaune à la circonférence, et marbrée de rouge près du noyau; elle est très-succulente, d'une saveur sucrée-acide et d'un arome très-suave; le noyau a sa surface profondément anfracturée ou sillonnée; il est armé d'une pointe assez longue vers son sommet, et se sépare facilement de la chair. Cette belle pêche mûrit vers la fin de septembre.

Pêche royale. Elle est moins grosse que la précédente; elle présente cependant quelques points d'analogie avec elle et avec celle dite belle de Vitry; le sillon qui la divise latéralement est peu profond; un de ses bords est plus relevé que l'autre; le mamelon, qui occupe le sommet, est placé aussi dans deux petites cavités. La peau est lavée, du côté du soleil, d'un rouge très-vif; elle se sépare facilement de la chair, qui est blanche et d'une teinte rosée autour du noyau; il faut que la saison ait été bien favorable pour qu'elle soit fondante, car sa chair est généralement assez ferme; le noyau est très-gros et sujet à se fondre.

Cette pêche, généralement assez esti-mée, mûrit, lorsque la saison a été favorable, à la fin de septembre.

Pêche navette ou *blonde.* Elle se distingue par sa forme presque complétement sphérique; son diamètre et sa hauteur, qui sont conséquemment peu différents, dépassent rarement trente à trente-deux lignes; le sillon qui la divise est peu prononcé, l'un des bords est également plus relevé que l'autre; il se prolonge jusqu'au mamelon, qui est très-petit. La peau prend, dans presque toute son étendue, une teinte jaunâtre; le reste est à peine coloré en rouge; elle se sépare difficilement de la chair; celle-ci est blanche, rosée au centre, assez ferme; sa saveur est sucrée et vineuse, quelquefois un peu amère et pâteuse; le noyau est ovoïde.

Cette pêche, l'une des plus estimées, mûrit aussi vers la fin de septembre: pour atteindre son maximum de suavité, elle a besoin de quelques jours de fruiterie; elle est assez abondamment cultivée aux environs de Saint-Germain-en-Laye.

Pêche persique. Cette pêche a des caractères assez tranchés; son volume est assez considérable; sa hauteur est d'environ vingt-quatre à vingt-huit lignes, et son diamètre est un peu moindre, ce qui lui donne une forme allongée; elle est un peu anguleuse, et sa base est généralement parsemée de petites protubérances; l'une d'elles, placée à l'extrémité du pédoncule est plus saillante que les autres; la peau est duveteuse, d'un beau rouge vif du côté qui reçoit plus directement l'influence solaire; la chair est blanche, teintée de rose, dans la partie qui avoisine le noyau; sa saveur est sucrée-acidule; le noyau est assez gros et terminé par une pointe assez longue.

Cette pêche est l'une des plus tardives, car elle ne mûrit qu'à la fin d'octobre ou au commencement de novembre, suivant que la saison est plus ou moins favorable.

Pêche admirable. Cette belle variété mérite bien le nom qu'elle porte, non-seulement à cause de son volume qui est considérable, mais encore pour sa couleur jaune vif, et la suavité de son goût; elle est généralement un peu moins haute que large; le sillon qui la divise latéralement est si peu prononcé, qu'il semble seulement indiqué dans une grande partie de son étendue; il la partage en deux lobes dont l'un est plus ventru que l'autre; la peau, d'un vert tendre, passe au jaune et se nuance d'une belle couleur rouge marbrée de brun du côté du soleil; elle est couverte d'un duvet cotonneux qui s'en sépare assez facilement par le frottement; elle est peu adhérente à la chair; celle-ci est de couleur blanc verdâtre, dans presque toute sa masse; le centre et la circonférence sont cependant nuancés de rouge. Le noyau n'offre rien de bien remarquable; il n'est pas aussi gros que le volume de cette pêche pourrait le faire croire.

La pêche admirable est trop peu répandue; elle ressemble un peu à la grosse mignonne, et mûrit vers la fin de septembre.

Pêche bellegarde ou *galande*. Elle est un peu moins grosse que la précédente; le sillon qui la divise est peu profond, et dépasse ordinairement le sommet du fruit; celui-ci est surmonté d'un petit mamelon; la peau est duveteuse; elle se colore en rouge pourpre, qui passe au noir lors de la maturité; la chair est généralement ferme et blanche : elle prend, autour du noyau, une teinte d'abord rosée, puis rouge; sa saveur est sucrée et agréable; mais, lorsque le fruit a atteint son summum de maturité, elle devient un peu âcre. Le noyau est assez gros, peu convexe; il se termine, au sommet, par une pointe très-aiguë.

Cette belle pêche mûrit environ quinze jours plus tôt que la précédente, avantage assez précieux pour les amateurs de primeurs; elle résiste aussi assez facilement aux intempéries.

Pêche abricot, admirable jaune, abricotée, grosse pêche jaune tardive. Cette pêche doit son nom à certains caractères qui lui sont communs avec l'abricot; elle est assez grosse, sphéroïde; le sillon qui la sépare latéralement est peu profond; la peau est duvetée, de couleur jaune dans sa plus grande étendue, et nuancée de rouge du côté qui regarde le soleil; la chair, de couleur également jaune, rappelle celle de l'abricot, avec cette différence qu'elle prend une teinte rougeâtre autour du noyau; elle est assez ferme, peu succulente; sa saveur a aussi de l'analogie avec celle de l'abricot, surtout lorsque la saison a été favorable, et que le fruit a atteint son maximum de maturité; le noyau est, eu égard au volume du fruit, assez petit et très-adhérent à la chair.

Cette pêche exige un automne chaud pour atteindre toute sa perfection; elle gagne en suavité, lorsqu'elle est produite par un plein vent, ce qu'elle perd en volume. Cette observation est applicable à beaucoup d'autres fruits cultivés également en espalier.

Pêche de Pau. Cette pêche est assez grosse, de forme sphérique; le sillon qui la partage latéralement est peu profond; il est terminé, au sommet, par un mamelon très-saillant dont la pointe est recourbée; la peau est de couleur verdâtre; elle se colore légèrement en rouge du côté du soleil; la chair est blanche, nuancée de vert pâle; elle est ferme et peu succulente.

Cette pêche, très-tardive, atteint rarement, dans notre climat, son maximum de maturité.

Pêche sanguinole ou *betterave*, *pêche cardinale*, *pêche druselle*. Sa forme est généralement globuleuse; son volume, bien qu'il soit peu constant, dépasse rarement dix-huit à vingt lignes de diamètre, sur presque autant de hauteur. Sa peau est épaisse, résistante, très-adhérente à la chair; sa surface est tomenteuse, de couleur gris cendré, dans presque toute son étendue; la partie qui regarde le soleil est nuancée de rouge obscur; le sillon qui la divise latéralement est peu profond; il se termine au sommet par un mamelon assez saillant; la chair est de couleur rouge violacée ou lie de vin; elle est ferme et peu succulente; sa saveur, un peu âcre et amère, est peu agréable;

le noyau, ainsi qu'il arrive toujours pour les variétés à chair ferme, se sépare assez facilement de la chair; il est assez gros.

Cette belle pêche est tardive, car elle ne mûrit que vers la fin d'octobre; elle est meilleure cuite que crue, aussi l'emploie-t-on de préférence pour faire des compotes; elle est très-propre à faire le vin de pêche et par suite l'eau-de-vie de ce fruit, aussi la cultive-t-on généralement dans les vignes; elle s'y trouve, dans certaines contrées, à l'état sauvage.

Pêche fleur double ou *semi-double*. Ce fruit du pêcher à fleur double est également de forme peu constante; on en voit même souvent de soudées ensemble; son volume est médiocre, car son diamètre dépasse rarement vingt à vingt-deux lignes; le sillon qui la divise latéralement est plutôt indiqué que sensiblement prononcé; il se termine, le plus souvent, par un mamelon; quelquefois, cependant, il n'en existe pas; la peau est épaisse, très-velue, d'abord verte, puis jaunâtre lors de la maturité; lorsqu'elle prend une teinte rouge, cette couleur n'a jamais beaucoup d'intensité; la chair est d'un blanc verdâtre, ferme, peu succulente et fibreuse; sa saveur est acidule, sucrée et très-suave, lorsqu'elle a atteint sa maturité complète.

Cette singulière variété mûrit vers la fin de septembre; l'arbre qui la fournit est généralement cultivé en plein vent et surtout comme arbre d'agrément, à cause de la hâtiveté de sa belle fleur à pétales rosées; il est d'ailleurs peu productif.

Pêche fleur-frisée. C'est, suivant MM. Poiteau et Turpin, une sous-variété de la pêche mignonne; abstraction faite des fleurs de l'arbre qui la porte, elle a les mêmes qualités; son noyau est profondément rustiqué, rouge dans les enfoncements; il retient beaucoup de lambeaux de chair allongés et pointus, lorsqu'on veut l'en séparer. Cette singulière variété mûrit dans la dernière quinzaine d'août; elle est très-rare.

Pêche naine. La pêche naine, ou plutôt le fruit du pêcher nain, est de moyenne grosseur; son diamètre dépasse rarement deux pouces; cette pêche est presque sphérique; le sillon qui la divise est très-prononcé, la cavité où s'implante la queue est très-profonde et teinte d'un rouge assez intense; la peau est verdâtre dans toute son étendue, excepté toutefois à la base, où, comme nous l'avons dit, elle se colore en rouge; la chair est ferme; sa saveur est amère et acidule; le noyau est petit et blanchâtre.

Cette pêche, très-tardive, puisqu'elle mûrit vers la fin d'octobre, est, comme on voit, d'une qualité très-médiocre; on ne cultive l'arbre qui la produit que pour la singularité de son port, et la multiplicité bien remarquable de ses fleurs.

Pêche cerise, violette cerise. Elle est si petite qu'elle doit à cette circonstance d'avoir été comparée à la cerise; son diamètre dépasse rarement quatorze à quinze lignes; sa hauteur est encore moindre; elle est divisée par un sillon qui en fait presque entièrement le tour, et la partage en deux lobes égaux; sa peau est lisse, luisante, de couleur blanche et rouge pâle dans sa plus grande étendue, et d'un rouge beaucoup plus intense dans la partie qui reçoit plus directement les rayons solaires; la chair est jaune clair à la circonférence, et rosée au centre; sa saveur est acide-sucrée; le noyau est ovale et profondément anfractué; il renferme une petite amande qui est assez douce.

Cette pêche, qui, par son volume et sa couleur, ressemble plutôt à une pomme d'api qu'à une cerise, mûrit à la fin d'août; elle est plutôt recherchée pour sa singularité que pour sa qualité, qui est très-médiocre.

Pêche petite violette hâtive. Elle atteint rarement plus de dix-huit lignes de diamètre, et dix-neuf à vingt de hauteur; elle se termine au sommet par un petit mamelon; la peau est lisse, luisante, d'un vert clair, qui passe au rouge foncé dans la partie qui regarde le soleil; elle se sépare assez facilement de la chair; celle-ci est de couleur blanc de lait, rosée au centre; sa saveur est douce et sucrée; son arome est vineux; le noyau, de couleur rouge brun, abandonne facilement la chair.

Cette pêche mûrit au commencement de septembre; pour qu'elle réunisse toutes les qualités qui la distinguent, il faut qu'elle ait atteint son maximum de maturité.

Pêche grosse violette hâtive. Cette pêche n'est réellement grosse que comparée à la précédente, qui est petite; son volume dépasse, en effet, rarement deux pouces; elle est sphéroïde, marquée d'un sillon latéral qui, quelquefois, est assez prononcé, et souvent à peine sensible; le côté opposé au sillon est généralement déprimé; la peau est lisse, glabre; elle adhère fortement à la chair; sa couleur, d'abord vert jaunâtre, se nuance de rouge violet très-foncé du côté du soleil. La chair est blanche, nuancée de jaune clair, et d'un rouge assez intense dans la partie qui avoisine le noyau; celui-ci est allongé, plus épais au sommet qu'à la base, profondément aufracturé; l'amande qu'il renferme est généralement plate et d'une saveur amère.

Cette pêche, d'une saveur douce et d'un goût vineux, n'atteint sa perfection que lorsque la saison a été très-favorable.

Pêche violette tardive, violette panachée, violette marbrée. Elle est de moyenne grosseur; sa forme est peu constante; son diamètre est cependant généralement un peu moindre que sa hauteur; la peau est lisse, de couleur verdâtre du côté opposé au soleil, marquée de taches rouges et violettes du côté qui est plus directement soumis à son influence; la chair est blanche, nuancée de jaune à la circonférence, et rouge dans la partie qui avoisine le noyau.

Cette variété, d'un goût vineux assez agréable, a besoin, pour atteindre sa maturité, que l'été et l'automne soient secs et chauds.

Pêche violette très-tardive ou *pêche-noix.* Elle ne diffère de la précédente qu'en ce que sa forme est un peu plus allongée; sa couleur aussi, presque toujours verte, lui a fait donner le nom assez impropre de pêche-noix; il est vrai qu'il faut, pour qu'elle perde cette couleur et

qu'elle se rubifie, une exposition et une saison bien favorables.

Cette pêche est incontestablement la plus tardive de toutes celles que l'on connaît. Les qualités qu'elle possède, lorsqu'elle est mûre, sont, pour les climats tempérés, et notamment celui de Paris, comme si elles n'existaient pas, car on n'a, que nous sachions, pas encore eu l'occasion de les apprécier.

Pêche violette blanche (1). Elle est généralement de moyenne grosseur; sa peau est lisse, luisante, de couleur blanc jaunâtre; elle est divisée latéralement par un sillon peu profond; sa chair est blanche, ferme, peu succulente; sa saveur est douce, sucrée, et son arome est vineux: le noyau est ovale; son sommet est surmonté d'une pointe obtuse; il se sépare facilement de la chair.

Cette pêche, qu'on nomme aussi brugnon blanc, mûrit vers la fin d'août.

Pêche violette jaune, jaune lisse. Cette pêche, d'un volume au-dessus du médiocre, a généralement de vingt à vingt-quatre lignes de diamètre; sa hauteur est un peu moindre; sa peau est lisse et luisante, de couleur jaune dans sa plus grande étendue, et fouettée de rouge du côté du soleil; sa chair est également jaune, d'une saveur qui rappelle celle de l'abricot.

Cette pêche mûrit vers le milieu d'octobre; elle est souvent assez fade, surtout lorsque la saison a été froide et humide.

PAVIE, *pavia*.

Les pavies forment une section dans la nomenclature des pêches; leur peau est également couverte de duvet, mais leur chair est très-remarquable en ce qu'elle est généralement très-ferme, presque cassante et très-peu succulente; elle est aussi tellement adhérente au noyau qu'on a de la peine à l'en séparer; ainsi les pavies ou pêches mâles, comme on les appelait

(1) Bien que nous regrettions de voir la bizarrerie d'un grand nombre de dénominations, nous sommes néanmoins obligé de les conserver pour éviter une confusion déjà trop grande.

autrefois, comprennent les *pêches à chair ferme*, et les pêches femelles ou foudantes, celles *à chair molle*. On leur donne le nom de persec dans la France méridionale; elles y sont préférées aux pêches proprement dites; aux environs de Paris elles sont moins estimées et partant peu cultivées.

Pavie blanc ou *Madeleine*. Le pavie Madeleine est d'un assez beau volume; son diamètre dépasse, en effet, quelquefois deux pouces et demi, et sa hauteur deux pouces; il est un peu déprimé à la base; le sillon qui le divise latéralement le partage en deux lobes égaux; il est peu profond; la peau est duvetcuse, de couleur vert pâle dans sa plus grande étendue, nuancée de rouge du côté du soleil; la chair est ferme, peu succulente, de couleur blanc de lait; le noyau est très-convexe; il se termine au sommet en une pointe obtuse, et se sépare assez facilement de la chair.

Cette sorte de pêche mûrit au commencement de septembre : MM. Poiteau et Turpin pensent que la dénomination de pavie Madeleine lui convient mieux que celle de pavie blanc. Ce fruit, bien qu'il soit peu coloré, n'est cependant pas blanc, comme l'ancienne dénomination semblerait le faire croire.

Pavie alberge, persec d'Angoumois. C'est incontestablement l'une des plus belles variétés, tant à cause de son volume que pour sa forme, qui est très-régulière. Ce fruit est divisé latéralement par un sillon assez profond; son sommet est surmonté d'un mamelon bien prononcé; sa peau est tomenteuse, de couleur jaune dans sa plus grande étendue, tiquetée d'un grand nombre de points rouges; la chair est jaune; elle prend, dans certaines parties de son étendue, une teinte rouge assez foncée; elle est ferme et peu succulente.

Cette variété est très-commune dans l'Angoumois; elle y mûrit plus tôt que dans les environs de Paris, et y est justement estimée.

Pavie jaune. Bien que son volume ne soit pas toujours constant, son diamètre atteint le plus souvent vingt-huit à trente lignes; sa hauteur est presque égale, aussi est-il sphéroïde; la cavité dans laquelle s'implante le pédoncule offre, comme dans toutes les autres variétés déjà mentionnées, une solution de continuité qui donne naissance au sillon; celui-ci est assez prononcé, et se continue même au delà du mamelon qui surmonte le sommet; la peau, assez velue, est très-adhérente à la chair; d'abord verte, elle passe au jaune et se nuance de rouge foncé, du côté qui reçoit plus directement l'influence solaire. La chair est jaune, ferme, peu succulente; elle se nuance de rouge au centre. Le noyau est de grosseur moyenne, obtus aux extrémités; il ne se sépare de la chair qu'en en entraînant une partie.

Ce pavie est d'un goût assez agréable, lorsque la saison a été favorable; il mûrit en septembre.

Pavie de Pomponne. C'est, sans contredit, la variété de pêche la plus grosse qu'on connaisse. Duhamel dit en avoir vu dont la circonférence égalait quatorze pouces (ce qui répond à plus de trois pouces et demi de diamètre). Il est rare, cependant, que ce fruit atteigne ce beau volume; le sillon qui le divise dans tout son pourtour est peu prononcé; les deux lobes ne sont pas d'égal volume; l'un est un peu déprimé, tandis que l'autre est très-arrondi; le sommet est occupé par un gros mamelon, et quelquefois par plusieurs : la peau est tomenteuse, très-adhérente à la chair, de couleur vert jaunâtre dans sa plus grande étendue, et d'un beau rouge du côté plus directement exposé au soleil. La chair est blanche et ferme, de couleur rouge de sang au centre; le noyau n'est pas gros, eu égard au volume du fruit. Son sommet est garni d'une pointe longue d'environ deux lignes; il adhère fortement à la chair.

« Ce superbe pavie, » disent les auteurs du nouveau Duhamel, « a besoin de l'espalier le plus chaud pour mûrir à Paris avant le dix octobre; il y prend une couleur rouge très-vive, pendant les jours qui précèdent sa maturité, si on peut appeler maturité l'état dans lequel nous le cueillons, ou dans lequel il se trouve *quand la chaleur lui manquant, la coction de ses sucs ne peut plus se faire.* » Aussi le meilleur pavie à Paris est-il insipide, comparé à ceux qu'on récolte dans le midi de la France et particulièrement du côté de Toulouse.

Pavie de Pamers. Le pavie de Pamers est de moyenne grosseur; le sillon qui le divise est généralement peu profond; sa peau est duveteuse, d'un vert jaunâtre dans sa plus grande étendue, et d'une belle couleur rouge du côté qui reçoit plus directement l'influence solaire; la chair est blanche, ferme, et d'un rouge très-intense autour du noyau. « Cette pêche, » disent les auteurs précédemment cités, « mûrit, dans le midi de la France, au commencement d'août; elle est très-répandue en Languedoc, où on l'appelle, dans le langage vulgaire, *persec* ou *persego*: elle est si bien naturalisée dans ce pays, qu'on se contente très-communément de mettre le noyau en terre, et l'arbre qui en provient produit, sans être greffé, de beaux et bons fruits. » D'autres variétés sont dans le même cas; mais ce résultat ne s'obtient pas constamment, la nature du sol et l'influence du climat ne modifiant pas seulement le fruit sous le rapport chimique, mais encore physiquement. C'est ainsi que des noyaux de *grosse mignonne*, plantés dans le Midi, ont produit des fruits presque aussi fermes que les pavies ou persecs, si communs dans ce climat. C'est ici le cas de faire remarquer aussi l'influence de l'exposition. Les pêches qui viennent en plein vent sont aussi généralement plus fermes que celles cultivées en espalier.

Pavie tardif. Il est assez gros, oblong, déprimé sur les côtés et principalement sur celui qui est opposé au sillon; le sommet est généralement surmonté d'un mamelon très-saillant; le côté opposé, ou la base, présente une cavité assez étroite dans laquelle s'implante la queue. La peau est jaune dans sa plus grande étendue; le côté qui regarde le soleil est rouge; elle est adhérente à la chair; celle-ci est jaune, un peu plus molle et plus succulente que dans la variété qui précède, d'un rouge moins intense autour du noyau; celui-ci ne se sépare de la chair qu'en la déchirant.

Ce pavie mûrit vers la fin d'octobre; c'est de toutes les variétés de pêches celle qui se conserve le mieux.

BRUGNON, *duracina* des Grecs.

C'est encore une sous-variété de la pêche; il s'en distingue par les caractères suivants: son volume est généralement moindre; sa peau est lisse, luisante, dépourvue de duvet; sa pulpe, généralement assez adhérente au noyau, est moins savoureuse que celle de la pêche proprement dite.

Ce fruit est nourrissant, surtout lorsqu'il est cuit; on le donne, dans cet état, aux personnes qui, par suite de maladies inflammatoires, sont soumises à une diète longue et sévère; il est moins relâchant que la pêche.

Brugnon violet, brugnon violet musqué. Ce fruit est de moyenne grosseur; sa peau est lisse, de couleur blanc jaunâtre dans sa plus grande étendue, et d'une belle nuance violet foncé, du côté qui reçoit plus directement l'influence solaire; sa chair est ferme, blanche nuancée de jaune; sa saveur est sucrée-acidule, son arome est vineux et rappelle le musc; le noyau se détache difficilement de la chair.

Cette sorte de pêche, pour acquérir toutes les qualités qui la distinguent, doit être abandonnée dans la fruiterie pendant quelques jours avant d'être mangée.

Brugnon jaune. Il diffère peu du précédent; cependant, sa chair, d'abord verte, passe au jaune pur lorsqu'il a atteint son maximum de maturité; elle n'offre dans sa substance aucune trace de couleur rouge; elle est aussi plus fondante et plus sucrée, et adhère moins au noyau.

Ce beau fruit mûrit au mois de septembre; il est principalement cultivé dans les départements méridionaux. Les habitants de ces contrées en font beaucoup de cas; ils préfèrent, en effet, comme les anciens, les pêches à chair ferme, que nous nommons pavies et brugnons, et qu'ils nomment *pesseguys*, aux pêches molles et succulentes des environs de Paris et principalement de Montreuil.

A toutes ces variétés de pêches nous ajouterons, en les signalant seulement, celles qui suivent, cultivées avec succès par M. Tollard aîné, et qui lui ont été envoyées d'Amérique; *Red Catherine*, *Smith Alberge*, *Red prue aple*, *Congress*, *Président Old Mixon*, *Yellow preserving*, *Argyle*, *Temple*, *Washington*, *Green Winter*, *Nectarine*, *Brompton*, *Columbia*, *Modeste*, *large yellow*, *Red favorite de North River*, *Smith favorite*.

POMME, fruit du pommier, *pirus-malus*, L.; famille des Rosacées, J.

Ce fruit étant très-commun et conséquemment l'un des plus connus, c'est à dessein que nous le choisissons pour expliquer le phénomène de la fructification. Nous espérons, en agissant ainsi, fournir aux personnes les plus étrangères aux connaissances botaniques les moyens de suivre les phases de ce phénomène si remarquable.

La fructification est sans contredit l'acte le plus important de la vie organique végétale; elle exige deux conditions préalables sans lesquelles elle ne peut s'effectuer: la première est la fécondation (1); elle a lieu par le concours des organes

(1) A l'époque de la fécondation, des circonstances extérieures viennent trop souvent exercer une fâcheuse perturbation et troubler cet acte important. C'est ainsi que la pluie entraîne ou diminue le pouvoir fécondant du pollen; un froid trop vif en resserrant les vaisseaux empêche la séve d'affluer vers l'ovaire et le fait avorter.

sexuels, c'est-à-dire des étamines (1) et du pistil (2). La seconde est l'accumulation dans l'ovaire d'une quantité de séve suffisante pour opérer son développement. Ces deux conditions remplies, la fructification est opérée.

C'est ainsi que l'ovaire, que l'on remarque au centre de la fleur du pommier, se développe et forme le péricarpe charnu et sphéroïde auquel on a donné le nom de *pomme*.

Ce fruit est glabre, doublement ombiliqué à la base du calice et à l'endroit où s'implante le pédoncule ou queue. Il est divisé intérieurement et au centre en cinq loges ou carpelles parcheminées, contenant chacune deux graines. Les semences ou pepins sont revêtus d'une enveloppe cartilagineuse; leur forme est ovale; le plus souvent convexes d'un côté, planes de l'autre, arrondis par un bout,

(1) Les étamines sont les organes mâles des fleurs. On y distingue ordinairement trois parties, savoir: le *filet* ou *filament*, l'*anthère* et le *pollen*.

Le *filet* est un petit support destiné à porter l'anthère; il n'est pas absolument nécessaire pour la fécondation, il manque même souvent, l'anthère est alors sessile.

L'*anthère* est une petite capsule dont la forme varie, et qui s'ouvre avec élasticité au moment de la fécondation, pour laisser échapper la poussière fécondante qu'elle renferme ou qui la couvre.

Le *pollen* est cette poussière fécondante; il est ordinairement jaune, résineux, inflammable, non miscible à l'eau: vu à la loupe, il semble composé de petits globules détachés, qui, lors de la fécondation, laissent échapper un gaz invisible qu'on nomme *aura seminalis*, et qui répand, chez certaines plantes, une odeur très-forte; tels sont le *châtaignier* et le *vernis du Japon*.

(2) Le pistil est l'organe femelle de la fleur; il est également composé de trois parties, l'*ovaire*, le *style* et le *stigmate*.

L'*ovaire* est la partie du pistil destinée à devenir le fruit; il renferme les ovules ou graines non fécondées; il prend de l'accroissement lorsqu'il a reçu le pollen.

Le *style* est un petit support canaliculé, qui n'est pas indispensable à la fécondité; s'il manque, le stigmate est sessile.

Le *stigmate* est un organe très-essentiel; il varie quelquefois de forme, mais il est toujours muni de petits corps glanduleux propres à absorber l'*aura seminalis*, et à le transmettre à l'ovaire. A cette époque, les étamines et les pistils jouissent d'un mouvement d'irritabilité qui tend à les rapprocher, afin de remplir plus efficacement les fonctions dont ils sont chargés par la nature, fonctions qui ont pour but la fructification.

aigus par celui de leur attache aux parois des loges.

On en distingue un grand nombre d'espèces et une quantité presque innombrable de variétés. Tandis que la culture en fournit tous les jours de nouvelles, d'autres se perdent et disparaissent.

L'analogie qu'offrent les pommes et les poires les a longtemps fait confondre; on désignait autrefois sous la dénomination de pommes femelles les pommes proprement dites, et les poires sous celles de pommes mâles, attendu que l'arbre qui les produit présente une végétation plus vigoureuse, un port plus élevé et des feuilles plus résistantes.

Les pommes et les poires, qui se ressemblent sous tant de rapports, offrent cependant des différences très-remarquables dans leur forme, la composition de leur tissu cellulaire et leur pesanteur spécifique. Les premières ont toujours leur base creusée d'une cavité plus ou moins profonde, dans laquelle s'implante le pédoncule; elles sont généralement sphéroïdes; tandis que la poire, au lieu d'être creusée à sa base, se prolonge toujours plus ou moins vers la queue, et représente assez exactement une pyramide, forme à laquelle elle doit vraisemblablement son nom. Le tissu cellulaire de la pomme, d'après les observations microscopiques toutes récentes que l'on doit à M. Turpin, se compose d'une grande quantité de vésicules distinctes, simplement agglomérées, vivant et végétant chacune pour son compte, de grandeur variable dans la même pomme, et d'autant plus grandes en général, que ces fruits sont plus gros et plus légers. Ces vésicules incolores et transparentes s'altèrent d'autant plus dans leur sphéricité naturelle et primitive, qu'elles ont manqué de l'espace nécessaire à leur développement individuel. Dans leur intérieur se trouve une globuline également incolore. Toutes ces vésicules, insipides par elles-mêmes, comme autant d'outres particulières, contiennent une eau plus ou moins abondante et dans laquelle réside la saveur acide, sucrée ou amère qui se fait sentir dans chaque variété de pomme.

Comme on le voit, le tissu cellulaire de la chair de pomme est entièrement semblable à celui de tous les autres végétaux, et particulièrement à ceux qui sont lâches et aqueux, et dans lesquels les vésicules, libres de se développer, ont pris toute leur extension; on n'y rencontre jamais ni cristaux ni concrétions pierreuses. La pesanteur spécifique des pommes est moindre que celle des poires; cette différence, que M. Turpin attribue à la présence des concrétions dans les premières et à leur absence dans les autres, peut bien être due aussi à la présence du principe sucré, généralement plus abondant dans les poires que dans les pommes. Cette circonstance étant connue, rien n'est plus facile que de distinguer deux morceaux cubiques ou sphériques de pomme ou de poire, lors même qu'ils sont soigneusement privés des autres caractères physiques qui les distinguent; il suffit pour cela de les plonger dans l'eau, le morceau de poire ira immédiatement au fond, et celui de pomme restera à la surface.

Une circonstance non moins remarquable, c'est la différence constante qu'offrent les monstruosités de ces deux fruits; celles des poires consistent presque toujours dans une prolifère, c'est-à-dire le développement successif de plusieurs poires les unes au-dessus des autres, tandis que celles des pommes résultent le plus souvent de la soudure ou de la greffe des fruits placés côte à côte.

Enfin un caractère bien tranché et qui permet de distinguer un pommier d'un poirier, avant même que la fructification soit effectuée, se remarque dans leurs fleurs; bien que le calice et la corolle soient les mêmes dans l'un et l'autre genre, les filets des étamines, dans les pommiers, sont redressés et forment faisceau autour des styles; tandis que, dans les poiriers, ils sont libres et s'écartent comme les rayons d'une roue.

Les pommes sont connues de temps immémorial; les écrivains de l'antiquité en font mention et signalent même plusieurs variétés qu'il est facile de reconnaître. C'est, sans contredit, l'un des premiers fruits dont les hommes aient fait usage. Le pommier est naturel aux forêts de l'Europe; dans cet état sauvage, il fournit des fruits âpres dont les animaux sont très-avides, mais que la culture et surtout la greffe modifient d'une manière très-heureuse et approprient à nos goûts et à nos besoins.

Il est fait mention de ce fruit dans l'histoire sacrée; mais, comme on donnait, au commencement de l'ère chrétienne, le nom de pomme à tous les fruits sphériques succulents, il y a lieu de croire cependant que le premier homme fut tenté non par une pomme, comme on le croit vulgairement, mais bien par le fruit du *citrus paradisi*, qui vraisemblablement pour cette raison a reçu le nom de *pomme d'Adam*.

La pomme joue dans l'histoire profane un rôle non moins important; elle a donné son nom à la déesse des fruits; elle a contribué à rendre célèbres les travaux d'Hercule; dans la main du berger Pâris, elle fut un objet d'envie pour trois déesses, et bien innocemment sans doute, cause de la guerre de Troie.

Les hommes les plus célèbres de l'ancienne Rome ne dédaignèrent pas la culture du pommier, plusieurs donnèrent même leurs noms aux espèces qu'ils firent connaître. C'est ainsi que ce peuple belliqueux et agronome avait ses Manliennes, ses Claudiennes, ses Appiennes, dérivées des Manlius, Claudius et Appius. Les Romains n'en connaissaient toutefois qu'environ une vingtaine d'espèces; l'une d'elles était sans pepins. Ils les divisaient en pommes douces et pommes acides: les premières, qu'ils nommaient *mali-mala*, étaient mangées crues et sans préparation; les autres étaient converties en espèces de compotes.

Les pommes sont généralement peu communes en Grèce; cependant elles ne sont pas tellement rares, que, dans quelques-unes des îles de l'Archipel, les jeunes filles ne puissent mettre en pratique l'u-

sage de se faire, le jour de la Saint-Jean, une sorte de ceinture qu'elles nomment, suivant M. Malo, auquel nous empruntons ces détails, *kledonia*, et qu'elles portent toute la journée; elles gravent leurs noms dessus, l'ornent de fleurs et de rubans, et la gardent ensuite avec soin. Si ces fruits se fanent promptement, elles regardent cette circonstance comme un présage funeste; si elles parviennent, au contraire, à les conserver longtemps, c'est pour elles d'un heureux augure, une preuve enfin qu'elles vivront longtemps, et surtout qu'elles se marieront dans l'année; et cet espoir-là, dit ce malin auteur, fait toujours plaisir aux jeunes filles, qu'elles soient Grecques ou Françaises.

Par une sorte de contradiction qui n'est toutefois qu'apparente, une loi de Solon obligeait les nouveaux mariés à faire usage l'un de pomme, l'autre de coing, avant d'entrer dans la couche nuptiale. Ce législateur, se fondant sur les propriétés différentes de ces deux fruits et voulant les faire tourner au profit de la génération future, croyait ainsi amortir l'ardeur inféconde de l'un et exciter chez l'autre des désirs qu'un sentiment trop exalté de pudeur pouvait anéantir.

Les pommes et les raisins se partagent le climat de la France d'une manière presque égale, grâce à son heureuse situation topographique. Les premières se développent très-bien dans le nord et dans toutes les contrées où l'abaissement de température ne permet pas au raisin d'acquérir toutes ses qualités et de fournir de bon vin. Elles forment pour les habitants des contrées septentrionales une ressource sinon aussi profitable, au moins aussi utile que le raisin, et, comme par compensation, si les produits en sont moins précieux, leur culture exige aussi moins de soins. Les pommes offrent les formes et les couleurs les plus variées et les plus séduisantes. Voyez, dit le chantre des Jardins:

Ces fruits charmants, ces reinettes dorées,
Ces apis frais, et mille autres couverts
De tissu d'or et de robes pourprées.

On divise les pommes en pommes douces ou à couteau, en pommes acides ou à cuire, et en pommes âpres ou amères : ces dernières, lorsqu'elles sont mêlées dans une proportion convenable avec celles douces, fournissent un cidre qui se conserve très-bien.

Les pommes à couteau forment l'ornement le plus constant de nos desserts; leur culture est l'objet d'une spéculation assez importante dans les jardins fruitiers des environs de Paris et, en général, des grandes villes. Les soins qu'y donnent quelques horticulteurs ont permis d'obtenir, comme on le verra plus loin, les variétés les plus extraordinaires (*voir* chapitre V, *Fruits monstrueux*). Le grand nombre de ces variétés, et l'avantage qu'elles offrent de ne mûrir, pour ainsi dire, que successivement, permet de les présenter sur nos tables pendant toute l'année. Ce fruit se conserve, d'ailleurs, assez facilement, surtout lorsqu'on le met à l'abri des variations de température (*voir* chapitre IV, *Conservation des fruits pulpeux*). La grande quantité d'eau de végétation que les pommes contiennent les rend toutefois assez sensibles à l'action de la gelée, aussi doit-on les en préserver autant que possible. Nous indiquerons bientôt les phénomènes de ce genre d'altération.

Examen chimique. — Les pommes sont généralement composées de chlorophylle résinoïde, — de sucre, — de gomme, — de fibre végétale, — d'albumine ou acide pectique, — de tannin et d'acide gallique, — de chaux — et d'une grande quantité d'eau.

Ces principes varient suivant le degré de maturité du fruit, et quelquefois suivant l'espèce ou la variété. Bien que l'acide malique y soit assez abondant, comme on l'extrait le plus ordinairement du sorbier des oiseleurs, *sorbus aucuparia*, nous ne nous en occuperons pas ici; mais nous ne pouvons nous dispenser de signaler les essais qui ont eu pour objet l'extraction du sucre de pomme comme produit d'agriculture manufacturière.

Sucre de pommes.

Lors de la guerre continentale, le besoin, devenu très-impérieux, de remplacer le sucre des colonies par un sucre extrait de nos produits indigènes a fait jeter les yeux sur celui que pourraient fournir les pommes. Plusieurs économistes, et parmi eux les plus célèbres, Parmentier, Proust et Cadet de Vaux, se sont occupés de son extraction. Plus récemment, M. Dubuc père, de Rouen, a retiré de 50 kilogr. de pommes à peu près 42 kilogr. de jus, qui ont produit 6 kilogr. de sucre liquide au prix de 20 à 40 centimes le kilogr. Son procédé consiste à saturer avec de la craie le suc ou moût bouillant extrait des pommes dites d'orange; il clarifie ensuite au moyen de blancs d'œufs et passe au blanchet après réduction à moitié du volume; il place ensuite sur un feu doux, et, par une chaleur modérée, l'amène à la consistance de mélasse. Ce sirop a un goût assez agréable.

De nombreuses observations nous ayant prouvé que la coction développe le principe sucré ou favorise sa formation, nous avons modifié le mode d'extraction ci-dessus indiqué, et nous allons en faire connaître le résultat.

Des pommes dites sabot ou reinette blanche ont été cueillies et mises immédiatement dans un four dont on venait de retirer le pain; après le refroidissement complet, elles étaient mollies et n'offraient aucune trace de carbonisation; la pellicule ou épicarpe s'en détachait absolument comme celle des pommes de terre cuites sous la cendre, elle offrait même avec celle-ci assez d'analogie. La pulpe, touchée avec la solution aqueuse d'iode, se teintait de bleu, indice de la présence de la fécule; celle-ci était même, par suite de la déperdition d'humidité, devenue appréciable à la vue simple. La pulpe, broyée dans un mortier de bois et mêlée à suffisante quantité d'eau pour former un magma demi-liquide, fut introduite dans un matras, puis soumise à l'action du bain-marie pour faciliter encore la réaction. On n'a pas tardé, en effet, à voir que cette sorte de solutum acquérait de la fluidité; après quelques instants d'ébullition, on a versé dans une chausse; le liquide sirupeux qui s'est écoulé a été saturé avec de la craie et filtré de nouveau. Soumis à une évaporation bien ménagée, il offrait l'aspect d'un sirop de sucre peu coloré, d'une saveur franche et agréable; contre notre attente, après un long espace de temps il ne présentait aucune trace de cristallisation, ni même de concrétion.

Bien que cette expérience n'ait pas été faite comparativement, nous avons lieu de croire qu'elle a produit plus que les autres.

Il est superflu de faire remarquer que le bonbon vendu par les confiseurs sous le nom de sucre de pomme ne contient pas plus les principes de ce fruit que le sucre d'orge ne contient ceux de l'orge. C'est tout simplement un sirop de sucre de canne ou de betterave rapproché au *grand cassé*, et qui ne diffère du sucre candi que parce qu'il est aromatisé.

On faisait autrefois bouillir les pommes ou leur suc avec des corps gras, tels que le suif et l'axonge ou saindoux, et on les employait comme un adoucissant dans le pansement de certains ulcères. On a donné à ces médicaments le nom de *pommade*, qui est resté à des préparations dont les corps gras font la base, mais dans lesquelles les pommes n'entrent plus. Il est vrai de dire, cependant, que les anciens donnaient le nom de pomme à tous les fruits sphéroïdes succulents. La pommade de concombre serait, dans ce cas, la seule préparation pharmaceutique qui justifierait cette dénomination.

Conservation des pommes.

Ce fruit est, ainsi que nous l'avons dit, l'un de ceux qui se conservent le plus facilement. Bien que très-aqueux, il résiste assez bien à la pression et aux variations de température; il doit cet avantage à la rigidité de sa peau et à la résistance qu'offrent les fibres qui forment son parenchyme ou chair. Aussi, lors de nos expériences sur la conservation des fruits, contrairement à ce qu'ont fait d'autres observateurs, nous nous sommes bien gardé de le prendre pour objet de nos observations; nous n'ignorions pas que les précautions les plus simples, celles qu'observe toute bonne ménagère dans la direction de son fruitier, suffisaient pour obtenir un résultat satisfaisant. Nous avons vu, en effet, des pommes de deux années, un peu flétries, il est vrai, mais encore odorantes et savoureuses, et n'offrant conséquemment aucune trace de désorganisation.

La gelée est l'accident le plus fâcheux qui puisse atteindre les pommes; tous les efforts doivent, en conséquence, tendre à les en garantir. M. Vogel, qui a examiné l'influence de la gelée sur certaines substances organiques et notamment sur les fruits, s'exprime ainsi en parlant des pommes. « Quoique ce fruit ne renferme pas sensiblement de fécule (1), il est cependant possible que l'eau y soit chimiquement combinée avec les autres parties constituantes, et par conséquent l'ensemble de la pomme peut être considéré comme un hydrate; si conséquemment l'eau est convertie en glace et séparée par la congélation, l'équilibre entre les principes doit être rompu, ce qui amène une décomposition totale. En effet, des fragments de pommes, ayant été soumis à l'action d'un mélange frigorifique, prirent une couleur brune et acquirent une saveur qui rappelait celle des pommes cuites; elles ne tardèrent pas à devenir noires et à passer à la putréfaction. »

Les pommes à cuire forment une ressource très-importante dans le régime diététique; elles sont rafraîchissantes et laxatives. Il s'opère, en effet, pendant la coction, ainsi que nous l'avons dit plus haut, une réaction entre les principes, qui donne lieu à la conversion d'une partie de la gélatine en matière sucrée. On emploie quelquefois les pommes cuites, et

(1) M. Reclus a signalé la présence de la fécule dans les pommes, *Journal de pharmacie*, t. xiii, p. 62; Meyer, celle de l'amidon, *Répertoire*, viii, p. 210.

celles de reinette principalement, comme topique émollient dans l'inflammation des paupières.

On prépare avec les pommes des compotes, des marmelades, des gelées, des pâtes qui figurent également bien dans les desserts somptueux et modestes.

Compote de pommes.

Pour l'obtenir, on prend la variété dite Reinette blanche, on pèle le fruit avec un couteau à lame d'argent. Si on veut conserver les pommes entières, on enlève les loges ou carpelles et les pepins au moyen d'une sorte d'emporte-pièce; dans le cas contraire, on les coupe par quartiers que l'on jette à mesure dans l'eau, pour éviter l'action de l'air, qui tend à les noircir. Après avoir fait écouler l'eau, on les place sur le feu avec une quantité de sucre suffisante, ou mieux, avec du sirop de sucre blanc; lorsque les pommes sont suffisamment cuites, ce dont on s'assure par la pression entre les doigts, on les retire au moyen d'une écumoire; on laisse ensuite rapprocher le sirop, on l'aromatise soit en y ajoutant du zeste de citron, soit en y faisant infuser un peu de cannelle, puis on verse sur les pommes, ou sur les quartiers.

Quelques variétés de pommes, telles que la reinette d'Angleterre, le calville rouge, le châtaignier, etc., ne résistant pas assez à la cuisson pour conserver leurs formes, sont simplement coupées en deux sans être pelurées; on les place dans une bassine, la peau au-dessous, et on les arrose de temps en temps avec le sirop; lorsqu'elles sont cuites, on les renverse dans un compotier, la peau au-dessus, on saupoudre de sucre très-fin et on glace.

Marmelade de pommes.

On choisit, en général, les pommes les plus savoureuses, et de préférence celles dont la pulpe est grenue. Après les avoir pelées, on les coupe par quartiers et on enlève les carpelles ou cloisons centrales, qu'on nomme vulgairement *trognon*; on met dans une bassine, avec une quantité d'eau suffisante pour qu'elles y plongent; on fait cuire à grand feu, jusqu'à ce que, en saisissant les morceaux, on s'aperçoive qu'ils cèdent à la pression; on verse alors sur un tamis pour séparer l'eau de coction, et on piste. Pendant cette opération, on a dû remettre la bassine sur le feu avec la colature, dans laquelle on a fait dissoudre huit onces de sucre par livre de fruit employé. Lorsque la despumaison est effectuée, on ajoute la pulpe et on fait rapprocher plus ou moins, suivant qu'on veut conserver plus ou moins longtemps. Quelques personnes se dispensent de pister et laissent le fruit par quartiers: la marmelade n'en est pas moins agréable, mais alors elle se rapproche de la pommée, dont nous parlerons bientôt.

Gelée de pommes.

Cette gelée est, à Rouen, l'objet d'un commerce assez considérable. Pour l'obtenir, on prend des pommes de l'espèce dite Reinette, on en enlève soigneusement la pelure en prenant les précautions que nous avons indiquées plus haut, on coupe ensuite par quartiers et on projette dans de l'eau acidulée avec du jus de citron, et dans une proportion telle qu'ils y soient simplement submergés; on place sur le feu et on chauffe jusqu'à ce qu'en prenant l'un des quartiers il cède à la pression; on verse alors sur un tamis et on laisse simplement égoutter; on mêle ensuite au decoctum parties égales en poids de sucre très-blanc, et on fait rapprocher jusqu'à ce que, en versant quelques gouttes sur une assiette et l'inclinant, la gelée se déplace difficilement. Vers la fin de l'opération, on a dû projeter quelques filets de zeste de citron; on les retire avant de verser la gelée dans les pots, et on les ajoute lorsque celle-ci est presque froide, pour qu'ils y soient tenus en suspension.

Bien que la gelée de pommes préparée à Rouen jouisse d'une grande célébrité, il est très-facile d'en préparer ailleurs, et notamment à Paris : loin de lui céder en qualité, elle est, au contraire, beaucoup plus agréable, en ce qu'elle ne doit sa consistance qu'à l'acide pectique ou à la gélatine du fruit, et non pas à la colle de poisson ; si elle se garde un peu moins longtemps, cet inconvénient est grandement compensé par la suavité de son goût.

Pâte de pommes.

Elle peut s'obtenir dans tous les pays pomicoles, mais celle qu'on prépare et qu'on nous expédie d'Auvergne est la plus estimée. Le procédé qu'on suit pour la préparer consiste simplement à faire rapprocher le suc ou moût de pommes non fermenté et sucré en consistance de miel épais, à verser sur des assiettes ou des tablettes de fer-blanc, et à continuer la dessiccation au four, ou mieux à l'étuve.

Sirop de pommes.

Il peut être simple ou composé ; dans le premier cas, on rapproche le moût pour mettre plus sûrement à profit sa propriété laxative, on ajoute du sucre dans la proportion de 7,50 gr., ou 24 onces sur 500 gr., ou une livre de moût rapproché, et on fait cuire en consistance de sirop. Dans le second, on augmente sa propriété purgative en ajoutant avant la cuisson une légère décoction de séné. On l'administre généralement aux enfants ou aux personnes d'une constitution très-délicate.

Pommée.

La pommée est aux pommes ce que le raisiné est au raisin ; c'est une conserve molle, généralement composée de plusieurs fruits : il suffit, pour l'obtenir, de faire rapprocher le moût ou jus de pommes, et d'y ajouter, lorsqu'il est en consistance de mélasse, des quartiers de poire, de pomme, de melon, de potiron, etc. Cette conserve, très-commune en Allemagne, y est l'objet d'une grande consommation ;

elle est généralement préparée avec assez peu de soin ; on ne se borne pas, en effet, à y faire entrer des fruits, mais bien aussi des racines, telles que des carottes, des navets, des betteraves, etc.

Vin de pommes.

On prépare aux États-Unis une liqueur alcoolique qui, lorsqu'elle est un peu ancienne, se rapproche singulièrement du vin du Rhin. Ce procédé consiste à choisir des pommes bien saines, à les soumettre à l'action d'un pressoir, à recueillir le moût et à le faire évaporer jusqu'à réduction de moitié ; avant que le refroidissement soit complet, on délaye, dans cette sorte de conserve liquide, une quantité de levure suffisante pour y développer une vive fermentation ; après vingt-quatre heures, on soutire et on introduit dans des barils, ou, mieux encore, dans des bouteilles très-fortes que l'on bouche soigneusement.

Ce cidre, cuit, alcoolisé par la fermentation, forme un vin de dessert à la fois doux et capiteux, dont les Américains font grand cas.

Cidre.

C'est une boisson fermentée, préparée avec le suc ou jus de pommes ; elle était connue des Romains sous le nom de *sicera*, qui s'appliquait cependant aussi à d'autres boissons fermentées, le vin excepté. C'est aux Maures qu'on doit d'avoir fait connaître dans la Navarre et la Biscaye l'art d'extraire des pommes et des poires des boissons alcooliques. M. Girardin revendique, en faveur des Dieppois, ses compatriotes, l'honneur d'avoir, dès le vie siècle, importé d'Espagne en France les meilleures variétés de pommes et de poires. Quelques cantons de la Normandie sont encore en possession de fournir le meilleur cidre, tels sont les environs de Gournay, la vallée d'Auge et la plaine d'Isigny.

C'est à tort que l'on a considéré longtemps les pommes dites à couteau comme moins propres que les autres à la fabrication du cidre. Le sucre étant l'élément principal de la fermentation vineuse ou alcoolique, il est évident que plus elles en contiennent, plus elles sont douces, enfin plus le cidre qu'elles fournissent doit être généreux. Cependant rarement on obtient cette boisson d'une seule espèce de pomme; on a remarqué que le mélange des espèces, en ajoutant à la qualité, rendait aussi la conservation plus facile.

On divise généralement les pommes à cidre, 1° en *pommes acides* : elles fournissent un suc clair, abondant, peu dense, d'une saveur acide et âpre; on les fait entrer en assez faible proportion ; 2° en *pommes douces* : elles fournissent un suc abondant fort agréable lorsqu'il est récent, mais qui perd facilement sa saveur alcoolique pour en prendre une amère; il passe très facilement à la fermentation acide ; 3° en *pommes amères* : elles fournissent un suc très-dense, qui se colore facilement par l'action de l'air, et se conserve assez bien; 4° en *pommes précoces* : elles fournissent un cidre clair, assez agréable, mais peu riche en couleur et en principe alcoolique, et qui conséquemment se conserve difficilement ; 5o enfin en *pommes tardives* : elles fournissent, pour les bonnes espèces bien entendu, un cidre généreux et qui se conserve longtemps.

Les pommes tombées fournissent généralement un cidre de mauvaise qualité et qui se conserve peu. Leur chute prématurée étant due à l'atteinte des insectes ou au défaut de séve, on comprend que la réaction des principes doit être d'autant plus faible et conséquemment la maturation incomplète et la fermentation alcoolique nulle ou presque nulle.

Bien que la synonymie des pommes à cidre varie, pour ainsi dire, suivant les pays; comme il importe cependant de les connaître pour obtenir les diverses espèces de cidres connus sous les noms de *gros cidre*, *cidre moyen* et *petit cidre*, nous en donnerons l'énumération com-

plète et raisonnée à la fin de cet article. Nous nous bornerons à signaler ici les principales, celles surtout qui ont été améliorées par la greffe : l'*ambrette*, la *renouvellet*, la *belle fille*, le *jaunet*, le *blanc*, le *long bois*, le *gros Adam blanc*, le *rouget*, le *blanc mollet*, l'*écarlate*, le *bedou*, le *petit manoir*, le *gros amer doux*, le *petit amer doux*, la *haute blanche*, l'*avoine*, le *doux évêque*, le *Saint-Georges*, l'*alouette rousse*, l'*alouette blanche*, le *Blagny*, l'*Adam*, etc.

Les pommes destinées à la fabrication du cidre étant d'autant meilleures que leur densité est plus grande, pour apprécier leur qualité il suffit de les plonger dans une eau saturée de sel ou de sucre : moins elles surnagent et meilleures elles sont. L'observation ayant appris que la fermentation était d'autant plus active et la qualité du cidre d'autant meilleure qu'on n'employait pas des pommes d'un seul *solage* ou d'une seule espèce, on doit marier celle-ci de manière à emprunter à l'une son acidité, à l'autre son principe sucré, etc., et réunir surtout les espèces qui mûrissent ensemble. Bien que la fabrication de cette boisson soit très-simple, il est encore d'autres précautions indispensables au succès de l'opération; c'est ainsi qu'on doit effectuer la récolte des pommes par un temps sec, et successivement, suivant leur degré de maturité, puis séparer autant que possible celles qui sont altérées de celles qui sont saines. On les porte ensuite dans des hangars ou celliers, sur le sol desquels on les distribue en petits tas; on les y laisse plus ou moins longtemps, suivant les espèces, pour *y suer*, ou abandonner la quantité d'eau surabondante. Cette opération préliminaire a encore pour effet de favoriser la réaction entre les principes et de compléter, pour ainsi dire, la maturation. Si, comme on le pratiquait à tort autrefois, on les réunit en trop grande masse, le développement de chaleur devient trop considérable, et au lieu d'une simple réaction, il en résulte une altération complète ou blossissement qui, en faisant disparaître les principes sucré et alcoolique, ne laisse plus qu'un liquide plat, coloré par le parenchyme (qui s'y trouve dans un état de division extrême), et passant très-promptement à l'acétification. C'est conséquemment à tort quel'on croit généralement que les pommes pourries améliorent la qualité du cidre (1); « on ne saurait, au contraire, » dit avec beaucoup de raison M. Payen, qui s'est occupé de cette fabrication avec succès, « on ne saurait apporter trop de soin à séparer les pommes gâtées des autres; elles ne peuvent que fournir un *levain acide*, donner un goût désagréable à tout le jus, et empêcher le cidre de s'éclaircir, en y laissant une certaine quantité de parenchyme que la gelée ou la fermentation a divisé à l'infini. Beaucoup de propriétaires, » dit encore ce chimiste manufacturier, « dans les bons crus surtout, connaissent très-bien cet effet, et ils font non-seulement ôter les pommes pourries, mais encore ils évitent soigneusement que les *pommes acides* soient rentrées pêle-mêle avec les autres. Ces pommes, en effet, ne sont pas susceptibles d'acquérir cette sorte de *maturation brune;* elles passent immédiatement à l'état de pourriture. »

Les pommes douces fournissent généralement moins de suc ou moût que celles

(1) Un autre préjugé non moins absurde consiste à croire que les eaux de mares pourries sont plus propres que les eaux limpides et pures à la macération des marcs et à la fermentation des jus, et qu'il en faut moins pour faire sortir le suc des cloisons du fruit. « Sans doute , , dit très-judicieusement M. Girardin dans sa chimie élémentaire, « les eaux de mares, bien entretenues et fréquemment curées, sont préférables, pour la fabrication du cidre, aux eaux de puits, parce qu'elles contiennent moins de sels calcaires; mais c'est une erreur funeste d'attribuer les mêmes qualités à celles de mares pourries. Il est aisé de concevoir que les matières étrangères organiques qui se corrompent dans leur sein doivent changer la saveur du cidre, et lui communiquer un goût détestable, car la plupart de toutes ces matières ne sont pas volatiles, ni susceptibles de disparaître par la fermentation que subit le sucre contenu dans le jus de pomme, et si les habitants des pays à cidre ne reconnaissent pas le mauvais goût de leur boisson, il faut l'attribuer à l'habitude qu'ils en ont et à la nécessité où ils sont souvent de faire usage pour les autres besoins domestiques d'eaux fétides et vaseuses.

acides; mais, comme elles passent plus facilement à la fermentation, on est dans l'usage d'en effectuer le mélange pour réunir à la fois la qualité à la quantité.

La fabrication du cidre varie suivant les pays; c'est ainsi qu'en Normandie, par exemple, le moulin à cidre est formé d'une noix en fonte dont les dents, engrenant les unes dans les autres, saisissant les pommes et les écrasent; aux environs de Paris, il se compose d'une meule verticale circulant dans un auget en pierre ou en bois. M. Payen propose de faire usage de la râpe d'Orobel, qui produit une division plus grande de la pulpe; et enfin M. Boissonade, qui s'est occupé aussi avec succès de ce genre de fabrication, propose, pour éviter la réduction en une sorte de bouillie qui s'exprime difficilement, de revenir à l'ancienne méthode, et de piler les pommes dans un auget ou un mortier, avec des maillets ou pilons de bois.

Quel que soit le mode de division ou de déchirement des cellules, lorsque la pulpe est formée, on y ajoute environ un cinquième d'eau pour faciliter l'émission du moût. On était autrefois dans l'usage d'abandonner la pulpe ainsi obtenue pendant vingt-quatre heures dans une cuve, mais on a remarqué que les pepins développaient un goût désagréable par suite du mouvement de fermentation qui se produisait, et qu'il y avait alors déperdition d'alcool, entraîné par l'acide carbonique, de sorte qu'actuellement on porte immédiatement au pressoir. Cette opération exige quelques précautions que nous allons indiquer.

On divise la pulpe sur un paillasson carré, ou mieux sur un tissu de crin, comme on le pratique en Angleterre. Lorsqu'on a formé un lit d'environ quatre à cinq pouces d'épaisseur, on place dessus un nouveau paillasson ou tissu, on forme une nouvelle couche, et ainsi de suite, jusqu'à ce qu'on ait formé un cube d'environ trois ou quatre pieds; on recouvre le tout d'une espèce de plateau formé de madrier, et on procède au pressurage, d'abord légèrement, puis enfin en mettant à profit toute la puissance de la presse. Les premiers produits sont séparés comme fournissant le meilleur cidre : ils participent moins du goût des pepins et de la pelure que les derniers. On décharge la presse et on porte le marc au moulin pour être broyé de nouveau avec addition d'eau ; on soumet au pressoir, et le cidre qui en résulte, mis dans des tonneaux, sert, après une fermentation convenable, à la consommation journalière.

Le premier produit, qu'on appelle improprement *cidre sans eau*, devant être livré au commerce, est l'objet de soins plus attentifs ; on l'introduit dans des tonneaux à larges bondes de six à sept cents litres de capacité ; une vive fermentation ne tarde pas à s'y établir, et il s'opère alors insensiblement une clarification *per ascensum* que l'on favorise en remplissant complétement les tonneaux, et faisant ainsi écouler les portions de parenchyme très-divisé qui ont été entraînées par le liquide. Pour éviter la déperdition qui s'effectue pendant cette opération, on a dû préalablement placer des baquets plats sous les chantiers qui supportent les pièces. Les écumes réunies, ayant une grande tendance à s'acidifier, peuvent être converties en vinaigre et fournir ainsi un nouveau produit.

Lorsque la fermentation est assez avancée, on soutire le cidre et on l'introduit dans de nouvelles pièces, et, autant que possible, dans des fûts qui ont servi à contenir de l'eau-de-vie.

M. Payen, auquel plusieurs arts industriels doivent des perfectionnements, a apporté une modification très-importante dans la fabrication du cidre ; elle consiste à mettre à profit plusieurs des ustensiles qui servent à la fabrication du sucre de betterave. Nous extrayons du Dictionnaire technologique les observations suivantes, qu'il y a consignées et qui méritent d'être répandues. Dans les essais qu'il a faits, les pommes, déchirées à la râpe d'Orobel et conséquemment dans un état de division plus grand qu'elles ne le sont au sortir des moulins ordinaires, étaient immédiatement portées à la presse à cylindre. Cette presse, tout en extrayant une grande partie du jus, écrasait encor la pulpe. Le marc, enveloppé dans de sacs de toile, était de suite soumis à l'action d'une forte presse à vis en fer ; on le passait encore deux fois sous la presse à cylindre, en y ajoutant chaque fois 0,2 de son poids d'eau Enfin on soumettai une dernière fois à l'action de la presse à vis, après l'avoir mélangé avec la même quantité d'eau ; le liquide que l'on en tirait en dernier lieu servait à mélanger au marc d'une opération subséquente. Et déchirant ainsi la pulpe des pommes ou plutôt les cellules dont la chair est formée, beaucoup plus complétement qu'à l'aide des moyens ordinaires, on extrait une beaucoup plus grande quantité de jus ; on conçoit l'utilité des meilleurs moyens mécaniques, en songeant que les pommes ne contiennent guère en matières solides, pelures, pepins, etc., plus de 4 à 5 centièmes de leur poids.

Par ce procédé, le moût conserve le parfum des pommes, et le cidre qu'il produit est fort et assez alcoolique. Ce mode d'extraction permet aussi, en se servant des chaudières à évaporation, de rapprocher le moût en sirop ; son transport est alors rendu plus facile et plus économique ; il suffit, en effet, d'étendre ce sirop d'eau, ou mieux encore, de jus de pommes très-faible, pour en faire une boisson rafraîchissante et alimentaire. La fermentation s'établit aussi facilement que si le moût n'avait pas été rapproché.

Lorsque le suc de pommes est trop fade ou trop acide pour produire de bon cidre, on peut y ajouter du sirop ou du sucre de raisin, ou bien encore du sucre de fécule. Nous indiquerons, lorsque nous parlerons de la vinification, le mode généralement suivi pour opérer ce mélange, et les modifications qu'on peut lui faire subir. On doit bien se garder de diminuer son acidité, et surtout, comme on le fait encore trop souvent, au moyen de la litharge ; ce mélange, donnant lieu à la formation du malate de plomb, peut produire du trouble dans les fonctions et de graves accidents.

La clarification du cidre, lorsqu'il est fort, s'effectue au moyen d'un mélange de sable et de craie; s'il est faible, on doit avoir recours à l'addition, comme nous l'avons dit plus haut, d'un principe sucré qui, en provoquant, par sa présence, un nouveau mouvement de fermentation, opère la clarification spontanée.

Le cidre se conserve d'autant mieux qu'il a été soutiré plus souvent, car il perd ses qualités en restant sur la lie. On doit le placer dans des caves ou celliers dont la température soit toujours au-dessus de zéro; sans cette précaution, il se congèlerait et serait perdu pour la consommation. Les limites de conservation des cidres sont déterminées par leur nature; c'est ainsi que le cidre de Picardie se conserve de trois à quatre ans au plus, tandis que celui des environs de Caen, qu'on appelle vulgairement gros cidre, n'est, pour ainsi dire, potable qu'après ce laps de temps.

La densité du moût ou suc de pommes varie suivant l'espèce. La pesanteur spécifique de l'eau étant 1,000, celle du jus de pomme-reinette verte égale 1084, celle de la reinette d'Angleterre 1080, de la reinette rouge 1072, de la reinette musquée 1069, du fenouillet rayé 1064, de la pomme-orange 1063, de la reinette de Caux 1060. On comprend, attendu, en outre, la variété de composition et de fabrication, la nature du sol et du climat, de la saison même, combien il est difficile de donner une analyse du cidre. Cependant, si les principes varient pour ainsi dire à l'infini, quant aux proportions, ils sont assez généralement les mêmes; c'est ainsi que les cidres sont pour la plupart composés de sucre, d'alcool, de mucilage ou matière gommeuse, de principe extractif amer, de matière colorante, de gluten, d'acide malique, de gaz acide carbonique et d'acide acétique, mais la présence de ce dernier est un indice d'altération.

On doit se garder, autant que possible, de laisser le cidre longtemps en vidange, car son contact avec l'air le fait promptement passer à l'acidité; il devient alors tellement insalubre qu'il donne souvent lieu à des coliques si violentes, qu'elles simulent quelquefois l'empoisonnement par les préparations de plomb. Nous recommandons vivement cette circonstance aux gens de la campagne, et surtout aux médecins et officiers municipaux, car leur ignorance sous ce rapport peut donner lieu à des soupçons fâcheux et avoir des conséquences très-graves. Il n'est, en effet, que trop commun dans les pays où, ainsi qu'en Normandie et en Picardie, on a la malheureuse habitude de tirer à même les pièces, et de laisser conséquemment le cidre en vidange, de voir des gens pris de coliques en mangeant, et attribuer à la malveillance ou à la négligence ce qui n'est dû qu'à l'altération de cette boisson. Nous indiquerons, en parlant de l'altération ou de la sophistication du vin, les moyens de reconnaître la présence du plomb dans les boissons économiques: nous y renvoyons le lecteur. Quant à l'acide acétique, l'addition d'un peu de chaux éteinte peut en dissimuler la présence, mais elle n'améliore pas sensiblement le cidre lorsqu'il est tout à fait gâté.

Lorsque le cidre a été bien préparé et bien conservé, il forme une boisson très-saine, moins nourrissante que la bière, mais plus rafraîchissante encore: on a remarqué que les maladies des voies urinaires étaient très-rares dans les pays où il est d'un usage habituel; les habitants s'y distinguent même généralement par un embonpoint et une fraîcheur remarquables. C'est la boisson des moissonneurs, et, comme le dit Delille:

Du pranier neustrien ainsi le jus brillant
Prodigue au moissonneur son nectar pétillant.

Le suc de pommes fermenté est connu au Brésil sous le nom de *kooi*.

Le cidre fait la base d'un assez grand nombre de vins de dessert factices; à cet effet, on le prépare sans eau, et on choisit les pommes de meilleures qualités. Lorsqu'on veut le rendre mousseux, on le renferme dans des bouteilles aussitôt sa sortie du pressoir, de manière à rendre la fermentation lente et presque insensible.

Eau-de-vie de cidre.

Ce genre d'opération d'agriculture manufacturière, naguère encore peu connu, est maintenant très-répandu en Normandie et dans une partie de la Picardie. Lorsqu'on fabrique le cidre pour en obtenir de l'alcool, on doit extraire le suc sans addition d'eau, pour que la fermentation s'établisse plus promptement, et que la masse de liquide que l'on doit soumettre à la distillation soit moindre. On peut, pour activer la fermentation et la rendre plus complète, élever la température des celliers, ajouter une matière sucrée quelconque, et saturer par la craie l'acide malique, qui forme obstacle à son développement. Quant à la distillation, comme elle est la même, soit qu'il s'agisse du produit fermenté des pommes, des poires ou du raisin, nous renvoyons le lecteur à l'histoire de ce dernier.

Le cidre le plus spiritueux ne fournit à la distillation que 5,87 d'alcool pour 100, et cependant ce genre d'exploitation n'est pas sans importance pour le nord de la France.

Vinaigre de cidre.

Les liqueurs alcooliques passant à l'acétification lorsqu'elles sont placées dans des circonstances favorables, il suffit de les réunir pour convertir le cidre en vinaigre. Le procédé consiste à disposer des tonneaux ou cuviers dans un lieu dont la température soit assez élevée, vingt à trente degrés par exemple; on les remplit aux deux tiers seulement, afin de laisser à l'air un accès facile; on est dans l'usage, pour hâter l'acétification, d'ajouter une certaine quantité de *mère vinaigre*. La liqueur ne tarde pas à se troubler, sa masse est traversée en tous sens par des filaments glutineux; de l'acide carbonique se dégage et l'agite; puis le mouvement cesse, les filaments se précipitent, la liqueur s'éclaircit, et on la soutire. Le vinaigre ainsi obtenu est d'autant plus fort que la liqueur était plus alcoolique. Nous indiquerons la théorie de la transformation de l'alcool en vinaigre, lorsque nous ferons l'histoire du raisin et celle de ses produits, et conséquemment du vinaigre de vin.

Bien que le vinaigre de cidre soit généralement moins estimé que celui de vin, il le remplace cependant dans beaucoup de circonstances, et notamment dans les pays où la vigne est peu ou point cultivée.

Marc de cidre.

Ce produit, ou mieux, ce résidu d'agriculture manufacturière, longtemps considéré comme inutile, est maintenant mieux apprécié. Les pépiniéristes le répandent dans des terrains appropriés pour déterminer la germination des pepins, et par suite effectuer la propagation des pommiers au moyen de la greffe. L'économie rurale en tire un parti assez profitable en le donnant comme nourriture hivernale aux bestiaux; mais il faut, pour cela, qu'il soit séché promptement, et conservé dans des fosses, d'où on l'extrait à mesure des besoins; un trop long séjour à l'air provoquerait son acétification, et de nourrissant il deviendrait débilitant.

Espèces et variétés de pommes.

M. Desfontaines rapporte aux six variétés suivantes le nombre très-considérable de celles qui embellissent nos jardins et nos vergers.

1o Le sauvageon, *malus sylvestris*;
2o La reinette, *malus prasomila*;
3o Le paradis, *malus paradisiaca*;
4o Le châtaignier, *malus castanea*;
5o Le calville, *malus calvillea*;
6o L'api, *malus apiosa*.

Pomme commune, *pomme sauvage*, *malus communis, malus sylvestris*. Cette espèce paraît être le type de toutes les variétés connues; elle est, comme nous l'avons dit, indigène des forêts de l'Europe; son volume dépasse rarement 12 à 15 lignes de hauteur sur 18 à 20 de diamètre; sa saveur est âpre, très-acide, mais elle s'adoucit un peu par l'extrême maturité, qui s'effectue généralement en automne; elle passe facilement au blossissement.

Pomme calville d'été. Cette pomme est presque complétement sphérique; son diamètre, qui dépasse rarement 2 pouces, est cependant un peu plus considérable que sa hauteur; elle est relevée de côtes bien prononcées; sa peau, généralement d'un rouge pâle, est presque blanche du côté de la queue, et marquée de lignes d'un rouge plus intense du côté qui reçoit plus directement les rayons solaires; sa chair est blanche, d'une saveur aigrelette; elle devient assez facilement cotonneuse et insipide, surtout lorsque son maximum de maturité est dépassé; celle-ci s'effectue généralement vers le commencement d'août.

Passe-pomme d'automne. Cette variété, que l'on désigne en Normandie sous le nom de passe-pomme blanche, ne mérite pas ce nom; car, lors de sa maturité, elle est plutôt jaune que blanche; elle prend même une teinte rosée assez prononcée du côté qui reçoit l'influence solaire; elle est un peu plus haute que large; son diamètre dépasse rarement 28 à 3o lignes; sa surface est formée de côtes peu saillantes; elle est généralement plus étroite au sommet qu'à la base; sa chair est blanche, d'une saveur acide et âpre assez peu agréable; les pepins sont bruns et renfermés dans cinq grandes loges qui forment une cavité au centre du fruit.

Cette pomme mûrit en septembre.

Pomme d'outre-passe. Elle offre, quant à la forme et au volume, de l'analogie avec la précédente; elle en diffère en ce que sa surface se colore d'un rouge assez clair, qui prend encore plus d'intensité du côté qui reçoit plus directement l'influence solaire. Sa chair, d'un blanc de neige, présente souvent, sous la peau, une zone d'un rouge vif; sa saveur est douce et acidule; ses pepins sont d'un brun foncé, arrondis à la base et aigus au sommet.

Comme la précédente, elle mûrit en septembre.

Pomme museau-de-lièvre. Le nom de cette pomme indique suffisamment la forme qu'elle affecte; sa hauteur est ordinairement de 25 à 28 lignes; mais elle a deux diamètre : le plus étendu, qui est à la base ou du côté de la queue, atteint 20 à 22 lignes; l'autre dépasse rarement 12 à 14. L'œil est placé dans une cavité dont les bords forment bourrelet, ce qui a vraisemblablement contribué à établir la comparaison à laquelle cette variété doit son nom; sa peau est généralement jaunâtre, mais quelquefois cependant parsemée de taches d'un rouge assez vif, surtout du côté frappé des rayons solaires; sa chair est douce et assez suave.

Cette variété mûrit en septembre, et se conserve assez bien.

Pomme petit pigeonnet. Son volume dépasse rarement 24 à 25 lignes de hauteur sur 20 à 22 de diamètre; celui-ci est souvent même un peu moindre vers le sommet; l'œil est placé presque à fleur, et la queue, ordinairement assez courte, s'implante dans une cavité peu profonde. La peau est blanche, lavée de rose; elle n'offre qu'une seule teinte dans la partie frappée des rayons solaires; la chair est blanche, légèrement acide; les pepins sont petits, bruns et bien nourris.

Comme celles qui précèdent, elle mûrit en septembre.

Pomme cœur-de-pigeon ou *de Jérusalem.* Cette pomme a de l'analogie avec la précédente, mais elle est plus conique, et son sommet, déviant un peu de la perpendiculaire, lui donne, en effet, la forme d'un cœur; il est terminé par des côtes assez saillantes, qui rayonnent autour de l'œil; les découpures de celui-ci sont étroites et très-aiguës; la peau, nuancée de rose et de violet, est couverte d'une sorte de poussière glauque; elle offre l'aspect chatoyant appelé gorge-de-pigeon ou de prune de Monsieur; la chair, de couleur blanc de neige, offre une légère teinte rosée sous la peau; elle est ferme, sa saveur est douce et agréable; les pepins, pointus et bien nourris, sont renfermés dans quatre grandes loges; cette circonstance lui a fait donner le nom de pomme de Jérusalem, parce qu'en effet, coupée au centre, elle présente l'image des quatre divisions de la croix de Jérusalem.

Cette pomme mûrit vers le milieu d'octobre, et se conserve assez facilement.

Pomme pigeonnet de Rouen. Cette variété se distingue surtout par sa forme, qui est presque conique; elle présente aussi, vue dans un certain sens, l'aspect irisé dont nous avons parlé plus haut. Son volume dépasse rarement 30 lignes de long sur 22 à 24 de diamètre; sa peau est lisse, lavée d'un beau rouge violet du côté plus directement exposé au soleil, jaune du côté opposé, et divisée par des bandes d'un rouge plus ou moins vif; on remarque souvent des points gris qui se détachent sur le rouge, et des points bruns sur le jaune; sa chair est d'un blanc jaunâtre, d'une contexture grenue, peu succulente; sa saveur est douce et fade. Si la qualité de cette pomme répondait à son aspect séduisant, elle serait bien certainement l'une des plus remarquables : elle se conserve assez bien.

MM. Poiteau et Turpin ont observé qu'en général la peau des meilleures espèces de pommes se détachait difficilement. La variété qui nous occupe n'est pas dans ce cas, car sa peau se sépare quelquefois d'elle-même.

Pomme gros pigeonnet. Cette belle variété se distingue surtout par son volume, qui est assez considérable; elle atteint, en effet, de trois pouces à trois pouces et demi de hauteur, sur trois pouces ou environ de diamètre; ce dernier, diminuant sensiblement de la base au sommet, lui donne une forme pyramidale. Cette pomme est relevée de côtes qui, se terminant à la cavité qui renferme l'œil, y forment autant de petites protubérances. La

peau, de couleur vert clair, prend une teinte jaune en mûrissant; elle se fonce, en outre, de rouge brun dans la partie éclairée par le soleil; la chair est acide, mais cependant assez agréable; les pepins sont courts et bien nourris.

Cette pomme mûrit en novembre et décembre : c'est une des bonnes variétés.

Pomme Saint-Jean. Elle doit évidemment son nom à l'époque à laquelle sa maturation s'effectue généralement; sa forme rappelle celle d'un cœur; sa hauteur, qui dépasse rarement 20 à 22 lignes, est égale à son grand diamètre, qui est vers la base; la peau est de couleur blanc jaunâtre, et n'offre, du reste, rien de bien remarquable; la chair est tendre, sa saveur est douce et assez agréable.

Cette pomme a l'avantage bien précieux de mûrir plus tôt que toutes les autres variétés du même genre. On la cultive abondamment en Provence; elle y forme, par la variété de son emploi, une ressource assez importante pour l'économie domestique.

Petite pomme Saint-Jean. Cette variété diffère de la précédente en ce qu'elle est plus petite; elle atteint, en effet, rarement plus de 15 lignes de hauteur sur 14 de largeur; sa queue est généralement longue d'environ 12 à 14 lignes, ce qui est assez rare; sa chair est douceâtre, fade et un peu amère.

Cette pomme mûrit, comme la précédente, à la fin de juin et au commencement de juillet; les pommiers de Saint-Jean croissent sans culture.

Pomme-figue. Elle est tellement rare qu'on n'en connaissait qu'un individu il y a quelques années encore; elle est, en effet, plus digne de l'attention des curieux que goûtée des gourmets. L'avortement assez fréquent des pepins lui a fait donner aussi le nom de pomme-figue sans pepin. Sa forme n'étant pas toujours constante, nous allons rapporter textuellement la description qu'en a donnée Duhamel.

« La pomme-figue, » dit cet observateur habile, « a une forme irrégulière, lorsqu'elle est sur sa base; son œil se trouve placé obliquement sur l'un des côtés du fruit, qui est beaucoup moins élevé que l'autre; la hauteur de l'un de ses côtés étant de 3 pouces, et celle de l'autre de 25 à 26 lignes seulement; cet œil est d'ailleurs fort grand et situé au milieu d'un creux formé par cinq bosses assez grosses, qui ne se prolongent cependant pas sensiblement sur le fruit, et qui n'y forment pas des côtes, comme cela a lieu dans plusieurs autres espèces; il a encore cela de particulier, c'est que, sous les échancrures desséchées du calice, cet œil forme une cavité qui pénètre presque au quart du fruit et dans laquelle on trouve les styles desséchés. Le diamètre du fruit est de 25 lignes dans sa partie la plus large. La peau est partout d'un vert qui passe au jaune clair par la parfaite maturité; la chair est assez douce, très-peu aigrelette; les loges séminales sont grandes et ne contiennent souvent que les germes avortés des pepins; au-dessus de ces loges et autour du creux formé par l'œil, on trouve plusieurs autres petites loges, ordinairement six, dans quelques-unes desquelles on observe les rudiments de pepins non développés. »

La pomme-figue mûrit en décembre et se conserve généralement jusqu'en mars.

Pomme violette ou *calville rouge d'automne*, *pomme grelot* ou *sonnette*. Le volume de cette pomme est assez variable, cependant son diamètre dépasse rarement 3 pouces et demi; elle est, en général, moins allongée que les autres calvilles; sa queue, longue et menue, est implantée dans une cavité assez profonde, dont les bords sont plissés; sa peau est lisse, de couleur rouge pâle sur un fond jaunâtre; le côté qui reçoit plus directement l'influence solaire est comme fouetté de rouge vif; on remarque, en outre, des points blancs ou gris, suivant le fond sur lequel ils se détachent; la chair est grenue, verdâtre dans la plus grande partie de sa masse, et nuancée de rose à la circonférence; sa saveur est douce, son arome rappelle celui de la violette; ses pepins, lorsqu'ils n'avortent pas, ce qui est rare, sont aigus; ils sont renfermés dans de grandes loges, caractère qui distingue tous les calvilles; il arrive même souvent que les pepins se détachent et sonnent par l'agitation, ce qui prouve contre l'opinion de certains physiologistes qu'ils sont, relativement au péricarpe, dans un isolement complet. Cette circonstance a fait donner, à cette variété, le nom de *pomme-grelot*.

Cette pomme mûrit en décembre; elle se conserve assez facilement et est très-estimée.

Pomme-lanterne. Nous ne reviendrons pas sur ce que nous avons dit des étranges dénominations qu'ont reçues certaines espèces ou variétés de fruits; vouloir les modifier serait augmenter la confusion que présentent les synonymies; nous nous garderons d'y contribuer, elle n'est déjà que trop grande; nous nous bornerons à chercher l'étymologie que nous croyons due à la similitude qu'offre cette variété avec l'espèce de lanterne plissée ou à côte que l'on fait communément en papier.

La pomme-lanterne est longue d'environ 3 pouces à 3 pouces et demi sur 30 à 32 lignes de diamètre, et presque cylindrique; l'œil est placé dans une cavité peu profonde; les bords de cette cavité sont formés de protubérances qui, en se prolongeant à la surface du fruit, simulent des côtes et le rendent anguleux; la peau est de couleur jaune pâle, tiquetée de lignes rougeâtres du côté du soleil; la chair, d'un goût sucré-acidule, est assez agréable, bien qu'elle soit peu aromatique; les pepins sont bruns, de forme ovale-allongée, assez aigus; ils sont renfermés dans de grandes loges et y paraissent isolés, mais cet isolement n'est qu'apparent, car avant la maturité du fruit ils adhèrent au placenta, qui lui-même est en communication, ainsi que nous l'avons dit précédemment, avec le pédoncule.

Cette variété, très-rare aux environs de Paris, est beaucoup plus commune en Normandie.

Pomme-gamache. Cette pomme, de forme ovoïde, a généralement 30 à 34 lignes de hauteur sur 28 à 30 de diamètre ; sa peau, comme celle de la variété qui précède, est de couleur jaune clair, rayée de lignes irrégulières rougeâtres, du côté qui reçoit plus directement l'influence solaire ; la chair est ferme, cassante, d'une saveur acide très-prononcée.

Ces derniers caractères rendant la conservation de cette pomme assez facile, il n'est pas rare, en effet, d'en conserver pendant l'espace de huit et même neuf mois, sans avoir pour cela recours à de grandes précautions.

Pomme - concombre. La pomme-concombre rappelle un peu par sa forme celle d'un cœur ; elle va, en effet, en rétrécissant de la base au sommet ; son volume est médiocre, sa peau est d'un vert tendre ou couleur concombre, elle présente assez d'uniformité ; sa chair est fade, et, ainsi que le fruit dont elle porte le nom, n'acquiert guère de sapidité par la cuisson.

Cette variété mérite peu, comme on voit, d'être cultivée ; aussi figure-t-elle plutôt dans les collections que dans les vergers ou jardins fruitiers.

Pomme de glace hâtive, pomme transparente. Cette pomme, généralement d'une forme et d'un volume assez constants, est plus large à la base qu'au sommet ; sa hauteur dépasse rarement 3 pouces, et son plus grand diamètre est presque égal ; l'œil est placé dans une cavité peu profonde, dont les bords sinueux offrent des traces de côtes ; la peau, de couleur vert blanchâtre, est tiquetée de points blancs dissimulés en partie par une sorte de duvet fin ou poussière glauque de même couleur ; elle prend une teinte jaunâtre lors de sa complète maturité ; la chair est blanche, le parenchyme qui la compose est de nature féculente ; il est peu savoureux et d'une très-faible acidité ; les pepins sont généralement gros et courts, et de couleur marron.

Cette belle variété, lorsqu'elle a dépassé son maximum de maturité, prend une teinte violacée, et perd le peu de saveur dont elle jouissait ; on doit, en conséquence, la livrer à la consommation aussitôt qu'elle a atteint tout son développement, ce qui s'effectue ordinairement dans le courant d'août.

Pomme de glace tardive. La pomme de glace tardive n'ayant pas été signalée par Duhamel, nous allons emprunter à MM. Poiteau et Turpin la description qu'ils en donnent dans l'édition nouvelle du Traité des arbres fruitiers. « La pomme de glace tardive, » disent-ils, « est grosse, très-renflée vers la queue, diminuant beaucoup de grosseur vers l'œil, où elle se termine presque en pointe obtuse ; son diamètre est de 32 lignes et sa hauteur de 30 et quelquefois davantage ; elle est grosse et courte, plantée dans une cavité profonde, médiocrement évasée ; l'œil est petit, placé dans une cavité étroite peu creusée et ordinairement bordée de quelques bosses ; la peau est fine, unie, luisante, d'un vert clair, qui devient blanchâtre au temps de la maturité du fruit ; quelquefois le côté du soleil devient jaune, semé de quelques petits points blancs ; alors la chair est tendre et très-blanche, son eau abondante, relevée d'acidité, qui rend cette pomme très-bonne étant cuite ou séchée au four ; mais, aussitôt que le point de sa maturité est passé, sa chair devient ferme, un peu transparente, de couleur verdâtre, comme si elle avait été frappée et pénétrée de gelée, ou comme celle des melons d'eau nouvellement mis au sucre ; dans cet état, elle se conserve longtemps sans pourrir, mais l'eau est presque insipide ou d'un goût désagréable ; de sorte que c'est un fruit que la curiosité, plutôt que son utilité, peut faire cultiver. » Ces habiles observateurs ajoutent que, « lorsque ces pommes sont dans la fruiterie, on les voit, pour la plupart, devenir transparentes, en tout ou en partie ; elles sont alors luisantes, beaucoup plus dures et plus lourdes qu'auparavant ; elles contiennent aussi plus d'eau, et c'est probablement cette eau aspirée qui en augmente la qualité et le poids. »

Pomme de rambour d'été. Cette variété, bien qu'elle ne soit pas toujours d'un volume constant, atteint cependant généralement une assez belle grosseur; elle est déprimée à la base et au sommet, et quelquefois à tel point, qu'il reste peu de distance, un pouce environ, entre la base de l'œil et celle de la queue; la peau est de couleur blanc jaunâtre, marquée de stries ou raies rouge vif, d'autres fois elle est complétement rouge; cette diversité de couleur est plutôt due à l'exposition qu'à une différence constitutive; la chair est blanche, d'une saveur très-acidule et même un peu âpre; les pepins sont gros, de couleur brun clair; les loges qui les renferment, réunies à la circonférence, forment, au centre, une cavité qui annihile l'axe du fruit.

Cette pomme mûrit en septembre et octobre, et est conséquemment très-hâtive; son excessive acidité ne permet guère de la manger crue, mais on en fait d'excellentes compotes.

Pomme hâtive de Pézenas. Cette variété diffère peu de celle qui précède; son volume est plus constant; elle atteint généralement 30 à 32 lignes de hauteur sur 38 à 40 dans son plus grand diamètre, qui est vers la base; l'œil est petit, la cavité qui le renferme offre sur ses bords des traces de côtes qui s'effacent à la périphérie; la peau, d'un vert jaunâtre clair du côté ombré, est marbrée de stries ou lignes rouges qui se confondent du côté qui reçoit plus directement les rayons solaires; la chair est d'un blanc de lait, d'une contexture assez fine; sa saveur, moins acide que celle du rambour d'été, est aussi agréable.

Cette variété, également très-hâtive, puisqu'elle mûrit vers la fin de juillet, ne peut être conservée longtemps, attendu qu'elle passe promptement, et de savoureuse devient fade et cotonneuse.

Pomme madrée d'août. Cette pomme offre aussi de l'analogie avec le rambour d'été; elle en diffère cependant en ce que son volume est ordinairement beaucoup moindre; son pédoncule est très-long, eu

égard au volume du fruit, car il atteint quelquefois 10 à 12 lignes; la chair est très-blanche et d'un goût acidule.

Cette variété est moins hâtive que les précédentes, et surtout que la dernière; elle ne mûrit guère que vers la fin de septembre ou au commencement d'octobre; sa surface se nuance, comme dans les variétés précédentes, de zones d'un rouge intense, indice toujours certain d'acidité.

Duhamel signale encore deux sous-variétés, qui sont la pomme madrée d'été acide et la pomme madrée de Tonnelle; cette dernière atteint généralement un volume plus considérable que les deux autres, elle est aussi un peu plus douce.

Pomme Madeleine. Elle est sphéroïde, de volume médiocre; sa surface est presque complétement rouge et tiquetée de taches de couleur gris blanchâtre; le tout semble recouvert d'une sorte de vernis luisant qui augmente encore l'intensité de la couleur; la chair, bien que presque complétement blanche, offre néanmoins quelques stries rosées; sa saveur est douce-acidule et assez suave: ces qualités disparaissent lorsque le fruit a dépassé son maximum de maturité.

Cette pomme mûrissant vers la mi-juillet, il y a lieu de croire que c'est à cette circonstance qu'elle doit le nom de Madeleine; on la distingue, en outre, sous celui de calville rouge d'été.

Pomme Troussel. Cette pomme atteint généralement un volume assez considérable; sa forme est un peu allongée; sa peau est lisse et luisante, d'abord verte, mais passant bientôt au jaune dans une grande partie de son étendue, et au rouge intense du côté qui reçoit plus directement l'influence solaire; la chair est de couleur blanc de lait, assez succulente; sa saveur est sucrée et acidule. Cette pomme mûrit vers la fin de septembre; elle doit la dénomination qui la distingue au célèbre pomologiste Calvel, qui crut devoir rendre ainsi hommage au sieur Troussel, son jardinier, qui, le premier, la cultiva dans son domaine de Saint-Nicolas, près Compiègne.

28

Pomme bienvenue. Elle est très-grosse, de forme ronde; sa peau est verte dans la plus grande partie de son étendue ; le côté qui est le plus directement frappé du soleil prend une belle couleur rouge ; la chair est d'un blanc verdâtre, succulente; sa saveur est acidule et assez agréable; elle mûrit en automne.

Pomme malocarle. Elle est très-rare; ses caractères s'éloignent peu de ceux de la variété qui précède; ce qui l'en distingue cependant, c'est que sa chair est fondante et comparable, sous ce rapport, à celle des poires beurré ou doyenné. Le nom de malocarle ou pomme de Charles lui vient, dit-on, de ce que Charlemagne en faisait beaucoup de cas, elle méritait cette distinction, et c'est à tort qu'on a négligé de la cultiver et de la propager. Elle mûrit en octobre.

Pomme bonne lansel. Elle est sphéroïde, légèrement déprimée à la base et au sommet; la cavité qui renferme l'œil est assez profonde, et la queue est courte; la peau, de couleur rouge pourpre du côté qui regarde le soleil, est luisante; la chair est suave et acidule.

Cette pomme, découverte par Calvel dans la forêt de la Bosse (Oise), a été, au moyen de la greffe et d'une culture appropriée, tellement améliorée, qu'on a maintenant de la peine à établir sa synonymie, tant son volume s'est accru.

Pomme de châtaignier. Sa forme et son volume sont peu constants; cependant, le plus ordinairement, elle est globuleuse, un peu allongée; son diamètre est aussi plus grand à la base qu'au sommet ; sa hauteur dépasse rarement 30 à 32 lignes, et sa largeur 25 à 27; l'œil est cave, la queue ou pédoncule est court et implanté dans une cavité peu profonde. La peau est parsemée de points rouges sur un fond blanchâtre. Ces espèces de taches se confondent dans la partie qui reçoit plus directement l'influence solaire; la chair est blanc de lait, d'une saveur douce-acidule ; les pepins sont brun foncé, courts et bien nourris.

La pomme de châtaignier, dont rien ne justifie le nom, si ce n'est peut-être le port de l'arbre et la couleur des pepins, mûrit l'hiver; elle se conserve assez longtemps et acquiert des qualités par la cuisson.

Pomme rambour d'hiver. Cette pomme, d'un assez beau volume, est déprimée à la base et au sommet, et conséquemment plus large que haute; sa peau, tiquetée et rayée d'une couleur rouge intense du côté du soleil, est vert jaunâtre dans la partie opposée ; sa chair est blanc verdâtre d'abord, d'un goût acidule un peu âcre, mais cette saveur disparaît en partie par la maturité, et le fruit devient alors assez doux; les pepins sont rarement bien conformés; ils avortent souvent en partie.

Cette pomme, assez commune sur les marchés, mûrit en hiver; elle se conserve jusqu'en avril, et est meilleure cuite que crue.

Pomme gros faros. Elle est déprimée à la base et au sommet; son diamètre, qui atteint de deux pouces et demi à trois pouces, est plus grand vers la queue; sa peau est lisse, de couleur rouge foncé dans presque toute sa surface, et tiquetée çà et là de points bruns; la partie opposée et circonscrite, pour ainsi dire, autour de la queue, est de couleur vert jaunâtre ; la chair est ferme, cassante, généralement blanche, mais teintée de rose à la circonférence; sa saveur est acidule et assez aromatique; les pepins sont gros et renfermés dans de grandes loges, dont ils ne remplissent cependant pas toute la cavité.

Cette pomme occupe un des premiers rangs parmi les meilleures espèces; elle se conserve assez bien.

Pomme petit faros. Elle diffère de celle qui précède par sa forme ovoïde, dont le plus grand diamètre est aussi vers la queue; l'œil est placé dans une cavité assez profonde et surtout très-étroite, ce qui fait qu'on ne le distingue qu'avec peine; les bords sont, en outre, formés de protubérances qui font paraître la peau comme plissée; celle-ci est luisante, de couleur rouge vif, surtout du côté qui reçoit l'influence solaire; elle est, en outre, tiquetée, sur presque toute sa périphérie, de points ou taches d'un rouge plus foncé. La partie qui reste ombragée est de couleur moins intense, et quelquefois même de couleur verdâtre. La chair est blanche, d'une saveur douce-acidule, agréable, dépourvue d'âcreté.

Cette sous-variété, dont la chair est granulée, comme dans le calville, se conserve très-longtemps.

Pomme passe-pomme rouge. Elle est sphéroïde, déprimée à la base et au sommet; son volume est médiocre; son plus grand diamètre est au tiers de sa hauteur; l'œil est petit, entouré de côtes et presque complétement dissimulé par elles; la queue, bien qu'assez longue, est implantée si profondément, qu'elle ne dépasse pas le sommet du fruit. Sa peau est épaisse, d'une belle couleur rouge vif dans la partie, surtout, qui regarde le soleil; elle est, en outre, comme tiquetée de nombreux points plus clairs et presque blanchâtres; sa chair, de couleur blanc rosé sous la peau et près des loges, est grenue, d'une saveur douce, agréable, tant qu'elle n'a pas dépassé son maximum de maturité; dans le cas contraire, elle devient cotonneuse. Les pepins sont isolés dans de grandes loges; leur forme est lacrymale, et leur couleur brun noirâtre.

Cette pomme, que l'on connaît en Provence sous le nom de calville rouge d'été, mûrit à la fin d'août, lorsque la saison a été favorable.

Pomme passe-pomme blanche. De forme un peu conique, comme celle qui précède, et de même volume; elle en diffère par la couleur de sa peau, qui est d'un blanc de cire tirant sur le jaune dans sa plus grande étendue; la partie qui regarde le soleil est cependant, lors de la maturité, fouettée de stries d'un rouge assez vif; la surface est, en outre, parsemée de gros points jaune clair. La chair est blanc verdâtre, cassante et grenue; sa saveur est douce, acidule; les pepins sont courts, bien nourris, de couleur brune, renfermés dans des loges étroites, qu'ils remplissent.

Inférieure en qualité à la passe-pomme rouge, elle est néanmoins assez estimée; sa maturité s'effectue en novembre et décembre; elle se conserve jusqu'à la fin de mars, en prenant les précautions ordinaires (*voir* Conservation des fruits, Fruiterie).

Pomme de Barbarin. Elle offre beaucoup d'analogie avec la passe-pomme rouge; elle est beaucoup plus large que haute; sa couleur, dans la plus grande partie de sa surface, est d'un beau rouge vif; la chair est blanc verdâtre, d'une saveur douce, peu relevée.

Cette pomme, de qualité et de volume médiocres, mûrit en janvier et février; elle se conserve assez bien.

Pomme couchine. Elle est, comme celle qui précède, beaucoup plus large que haute; l'œil et le pédoncule sont insérés dans des cavités si profondes, que le centre du fruit n'est, pour ainsi dire, formé que des loges; la peau est de couleur jaune rougeâtre du côté qui reçoit plus directement l'influence solaire, et blanche ou presque blanche du côté opposé; la chair est blanche, cassante et comme granuleuse; sa saveur est douce, sucrée et très-suave.

Cette belle et bonne pomme est assez précoce, car elle mûrit à la fin d'août : elle est peu commune aux environs de Paris; mais en Provence, où elle est abondamment cultivée, on en fait grand cas sous le nom de *paradis d'août.*

Pomme couchine rouge. Son volume est médiocre; sa peau est lavée d'une belle teinte rouge vif; on aperçoit çà et là, sur toute la périphérie, des points ou petites taches jaunâtres plus ou moins apparentes, suivant l'intensité de couleur du fruit. La chair est blanchâtre, douce et suave; les pepins sont bruns et bien nourris; ils remplissent presque toute la cavité des loges.

La couchine rouge, moins hâtive que celle ordinaire, mûrit en octobre; elle se conserve mieux; on la connaît, en Provence, sous le nom de *paradis rouge.*

Pomme bouquet preuve. Elle atteint ordinairement un volume assez médiocre; sa forme est celle d'un sphéroïde déprimé aux deux zones extrêmes; sa couleur est rouge pâle du côté du soleil; elle est tiquetée de nombreux points blanchâtres; la chair est blanche, cassante, d'un goût très-suave.

Cette excellente pomme ne mûrit qu'en février et mars, et conséquemment détachée de l'arbre et en dehors de toute influence végétative; elle se conserve si longtemps, qu'elle figure souvent, dans les desserts, avec les pommes hâtives de l'année suivante.

Pomme d'Aunette. Son volume est médiocre; sa forme est sphéroïde, déprimée à la base et au sommet; l'œil est petit et placé presque à fleur du fruit au milieu d'un cercle de petites protubérances; la peau est lisse, rouge jaunâtre et tiquetée de points d'un rouge plus intense dans la partie qui reçoit plus directement l'influence solaire, le côté opposé est jaune pâle; la chair est blanche, fondante, d'un goût très-suave; les loges sont grandes, eu égard au volume du fruit; les pepins qu'elles contiennent sont gros, bien nourris et de couleur brun marron.

Cette pomme, rangée avec raison parmi les meilleures, mûrit en septembre; on la mange plutôt crue que cuite.

Pomme gros api d'été. Son volume, pour un api, est très-considérable; car elle atteint quelquefois 28 à 30 lignes de diamètre sur 22 à 24 de hauteur. Sa forme est celle d'un sphéroïde aplati à la base et au sommet; la queue et l'œil sont fixés dans des cavités assez profondes, surtout la première; la peau est blanchâtre dans sa plus grande étendue, lavée de stries rouge clair du côté qui regarde le soleil; la chair est blanche, cassante, d'une saveur douce, sucrée, très-suave; les loges qui renferment les pepins sont assez grandes; ceux-ci sont de grosseur moyenne, bien nourris néanmoins et de couleur brune.

Cette pomme mûrit à la fin de septem-bre, sous le climat de Paris, et en août, sous celui de Provence.

Pomme petit api. Son volume est au-dessous du médiocre; rarement son diamètre dépasse 18 à 20 lignes, et sa hauteur 14 à 16; l'œil, assez petit, est placé dans une cavité peu profonde, entourée de protubérances en forme de côtes, qui ont, le plus ordinairement, fort peu d'étendue, mais qui, quelquefois, se prolongent au tiers de la hauteur du fruit; la peau est lisse, luisante, de couleur blanc verdâtre dans sa plus grande étendue; la partie qui regarde le soleil est lavée de rouge vif lors de la maturité; la chair est blanche, peu fondante, résistante et ferme; elle est fraîche et très-suave; les pepins sont courts, bien nourris et très-durs.

Cette jolie pomme, qui mûrit tard, se conserve longtemps; elle contribue puissamment à l'ornement des desserts d'hiver; son arome résidant particulièrement dans la peau, on doit se garder de la pelurer.

Pomme d'api blanc. C'est une sous-variété de la précédente; elle en diffère en ce qu'elle reste blanche, quelle que soit l'exposition; elle prend une teinte jaune de cire dans la fruiterie, ou lorsqu'elle a atteint son maximum de maturité; sa chair est blanche, cassante et savoureuse.

Moins abondamment cultivée que l'api rouge, elle n'en est pas moins fort remarquable, et tient sa place dans les collections pomologiques. Depuis plus d'un quart de siècle, elle figure dans celle du Jardin des Plantes.

Pomme d'api noir. Elle offre, quant à la forme, beaucoup d'analogie avec l'api rouge; sa couleur brune-noirâtre l'en distingue d'une manière assez complète, pour qu'on ne puisse les confondre. Cette circonstance est importante, car la fermeté et la suavité de la chair sont les mêmes. On doit se garder de la confondre avec la pomme noire, qui est bien loin de réunir les mêmes qualités. Les pépiniéristes ne s'y trompent pas, mais il leu

arrive quelquefois de tromper les amateurs trop crédules.

Pomme étoilée. Elle doit cette dénomination à sa forme platé, relevée de côtes
saillantes rayonnées en étoile; son volume
est médiocre; sa peau est lisse, lavée de
rouge obscur du côté qui reçoit plus directement l'influence solaire, et d'un
blanc jaunâtre du côté opposé; la chair
est ferme, de couleur blanc de lait; sa saveur est acidule et relevée d'un arome
assez prononcé.

Cette belle pomme mûrit en janvier et
février; elle doit être mangée assez
promptement, car, lorsqu'elle a dépassé
son maximum de maturité, sa saveur est
fade et cotonneuse.

Pomme noire. Elle est généralement
de volume assez médiocre; sa forme rappelle celle des apis; sa peau est lisse, de
couleur violet foncé, tirant sur le noir du
côté, principalement, qui regarde le soleil;
l'autre est plus clair. Sa chair est peu résistante, de couleur blanc verdâtre, peu
savoureuse; les pepins sont petits, bien
nourris, de couleur marron clair.

Cette pomme n'est guère cultivée que
pour la singularité de sa couleur; elle est,
en effet, assez petite, d'un goût fade, d'une
couleur peu séduisante, et se conserve
assez difficilement. On doit se garder de
la confondre avec l'api noir, qui lui est de
beaucoup supérieur en qualité.

Grosse pomme noire d'Amérique. Cette
pomme, de volume médiocre, n'est appelée
grosse que par comparaison avec celle qui
précède; sa peau est de couleur brun violacé très-foncé du côté qui reçoit l'influence solaire; le côté opposé est plus
pâle; la chair est formée de vésicules
assez rustiques; sa saveur est acidule,
âpre et peu agréable.

Cette variété assez peu estimée, bien
que rare, mûrit en octobre.

Pomme gros api d'hiver. Cette pomme,
comme tous les apis, est déprimée à la base
et au sommet; son diamètre est d'environ
27 à 30 lignes, et sa hauteur de 20 à 22;
la peau est lisse, de couleur rouge cerise
du côté qui reçoit l'influence solaire, et

vert jaunâtre du côté opposé; elle est tiquetée ou parsemée de points ou stries de
couleur rouge et jaune clair; la chair est
blanche, plus rustique que celle de l'api
ordinaire; les pepins sont gros, courts et
de couleur marron foncé.

Cette pomme mûrit en novembre ou
décembre, suivant que la saison a été
plus ou moins favorable; elle se conserve
assez longtemps.

Pomme belle d'automne. Elle affecte une
forme globuleuse, un peu déprimée à la
base et au sommet; son volume est assez
beau, car son diamètre dépasse souvent
trois pouces, et sa hauteur 28 à 30 lignes;
la peau est lavée de rouge vermillon du
côté que frappent les rayons solaires, et
de couleur jaune clair du côté opposé; la
chair est blanc de lait; sa saveur est acidule, sucrée et très-suave; les pepins, généralement assez bien conformés, sont
bruns.

Cette pomme est assez estimée; on ne
la cultive, malheureusement, pas assez
abondamment; elle mûrit en octobre.

Pomme gelée d'été. Son volume dépasse
le médiocre; sa forme n'est pas très-régulière, car un côté est toujours sensiblement
plus élevé que l'autre; la peau est de couleur verdâtre dans sa plus grande étendue, mais lavée d'une légère teinte rouge
du côté que baignent les rayons solaires;
la chair est blanche, fondante, douce et
agréable.

Cette pomme mûrit vers la fin d'août.

Pomme doux aux vêpes. Elle est de
volume médiocre; sa forme est ronde, mais
déprimée légèrement à la base et au sommet, ce qui la rend plus large que haute;
sa peau est fine, lavée de jaune orange, et
de rouge du côté qui reçoit plus directement l'influence de la lumière solaire; le
côté opposé, d'abord blanc, passe au jaune
tendre lors de la maturité du fruit; la chair
est blanc de lait; sa saveur, le plus ordinairement douce et sucrée, est quelquefois un peu amère; les pepins sont assez
longs, rouges et bien nourris.

Cette belle pomme mûrit à la fin de
septembre ou au commencement d'oc-

tobre, suivant que la saison a été plus ou moins favorable; elle doit la dénomination qui la distingue à l'espèce d'appétit qu'ont les guêpes pour sa substance; il n'est pas rare, en effet, d'en rencontrer dont l'intérieur est entièrement dépourvu de chair, et qui n'offrent plus que la peau.

Pomme gros doux aux vêpes. Cette pomme ne se distingue de celle qui précède que par son volume beaucoup plus considérable; le facies des arbres qui produisent ces deux pommes est aussi presque identique : il est surtout remarquable en ce que l'inclinaison naturelle que présentent leurs branches rappelle celui du saule et surtout du frêne pleureur.

Pomme blanc d'Espagne. Cette pomme atteint généralement un assez beau volume; elle est plus large que longue; le pédoncule, gros et court, s'implante dans une cavité peu profonde; l'œil est environné de protubérances qui, rudiments des côtes, se prolongent assez avant à la surface du fruit, pour détruire sa sphéroïdité et le rendre anguleux; la peau est lisse, de couleur blanc verdâtre dans sa plus grande étendue, lavée et tiquetée de rouge du côté du soleil; la chair est tendre et peu savoureuse.

Cette belle pomme devient cotonneuse par l'extrême maturité; elle est meilleure cuite que crue.

Pomme fenouillet rouge, ou *bardin, court-pendu* ou *capendu.* Elle est de moyenne grosseur, globuleuse, mais cependant plus étroite à la base, c'est-à-dire vers l'œil, qu'au sommet; sa forme est assez constante; sa peau est rustique, nuancée de jaune, de rouge et de gris fauve; la chair est de couleur blanc jaunâtre; son grain est fin; elle est assez savoureuse, mais devient fade par l'extrême maturité; les pepins sont petits, de couleur brune et de forme ovoïde.

Cette pomme, qui prend rang parmi les plus estimées, mûrit en janvier et février; elle se conserve assez facilement jusqu'en mars et avril, lorsqu'on la garantit des variations de température.

Pomme fenouillet gris, P. anis. Son volume, généralement un peu moindre que celui du fenouillet rouge, n'est pas toujours constant; sa forme est également globuleuse; son court pédoncule s'implante dans une cavité plus large et plus profonde que celle de l'œil; la peau est rude, de couleur gris roussâtre ou ventre-de-biche teinte de rouge du côté du soleil; la chair est ferme, succulente et sucrée; son arome rappelle celui de l'anis ou du fenouil. C'est à cette circonstance que cette variété doit son nom.

Cette excellente pomme mûrit en décembre; gardée longtemps, elle perd ses qualités et devient cotonneuse.

Pomme fenouillet jaune, drap d'or. Elle est un peu plus grosse que les deux précédentes; sa forme est la même; l'œil est placé dans une cavité peu profonde; celle où s'insère le pédoncule l'est davantage; celui-ci est si court, que le fruit paraît adhérer directement à la branche; la peau, lors de la maturité, est lavée de jaune d'or sur un fond gris roussâtre; sa surface est comme imprimée de traits irréguliers qui, vus de loin, simulent des lettres ; aussi cette circonstance lui a-t-elle fait donner le surnom de pomme à caractère; la chair est blanche, d'un goût très-suave; les pepins sont gros, de couleur brun violacé.

Cette belle et bonne pomme mûrit en septembre; elle n'est pas d'une longue conservation.

Pomme postophe d'été. Son volume est généralement assez gros, car elle atteint souvent plus de 2 pouces et demi de diamètre sur 2 pouces de hauteur; sa forme est globuleuse, cependant son plus grand diamètre est plutôt vers la queue que du côté de l'œil; celui-ci est placé dans une cavité assez profonde, bordée de protubérances peu saillantes; la queue est assez longue; la peau est de couleur rouge clair, surtout du côté qui reçoit l'influence solaire, le côté opposé est blanc-verdâtre ; la chair est grenue et sucrée, teintée de rouge sous la peau; les pepins sont gros et remplissent les loges, ils sont ordinairement au nombre de quatre.

Cette belle et bonne pomme mûrit vers la fin d'août ou au commencement de septembre.

Pomme postophe d'hiver. Cette sous-variété est un peu plus grosse que la précédente; elle est déprimée au sommet et surtout à la base, ce qui la rend presque hémisphérique; l'œil est aussi assez profondément implanté; il est environné de quelques bosses ou protubérances, qui sont les rudiments des côtes qui divisent la surface du fruit; la peau prend une belle teinte rouge-cerise du côté que le soleil frappe plus directement, le côté opposé est jaune-clair; la chair est cassante, d'une consistance ferme, d'un blanc jaunâtre, d'une saveur douce-acidule, très-suave; les pepins sont bruns, ramassés, ils remplissent les loges carpellaires, qui sont, en général, assez étroites.

Ce beau fruit, dont le nom corrompu dérive de Brostorff ou Postdoff en Allemagne, mûrit en décembre et se conserve jusqu'en mai

Pomme cœur-de-bœuf ou calville rouge normand. Cette pomme, aussi haute que large, et conséquemment de forme globulaire, est surtout remarquable par son beau volume; sa peau est lisse, résistante, de couleur rouge brun tiqueté de points jaunâtres; sa chair est blanc-verdâtre, cassante et peu fondante, mais néanmoins d'une saveur acidule assez agréable; au centre, existent cinq grandes loges occupées en partie par des pepins de moyenne grosseur.

Cette belle pomme acquiert des qualités par la cuisson, aussi en fait-on d'excellentes compotes; elle mûrit en décembre et se conserve jusqu'en mars; elle est abondamment cultivée en Normandie; les côtes qui relèvent sa surface sont assez saillantes, mais le caractère le plus prononcé est, sans contredit, la couleur rouge de sang artériel ou brun noirâtre, dont sa peau est teinte.

Pomme calville malingre. Elle atteint ordinairement un beau volume; sa forme est également belle, car la surface est re-levée de côtes saillantes; son plus grand diamètre est à la base; sa peau prend, lors de la maturité, une teinte rouge assez foncée, rouge vif dans sa plus grande étendue; dans certaines zones, elle est, en outre, tiquetée de petits points couleur cendrée qui se détachent d'une manière assez sensible; la chair est délicate, blanche, nuancée de rose clair; sa saveur est acidule et suave; les loges séminales ou carpellaires sont grandes, elles renferment des pepins bien nourris, mais qui sont loin de remplir les cavités qui les renferment.

La pomme calville malingre est assez rare pour ne se rencontrer que dans les collections; elle mûrit au commencement d'octobre et se conserve jusqu'au commencement de l'hiver seulement.

Pomme calville d'été, passe-pomme, grosse Madeleine. Son volume est au-dessous du médiocre; sa forme est conique; l'œil est implanté dans une cavité assez profonde; les bords offrent des rudiments de côtes qui se prolongent jusqu'aux deux tiers du fruit; la peau est rouge sur un fond blanc-verdâtre; la chair est sèche, peu savoureuse.

Cette variété, qui mûrit en juillet, n'a guère que le mérite de la précocité.

Pomme carmin de juin. Son volume est médiocre; sa forme est arrondie, déprimée à la base et au sommet; sa peau, dans le tiers de son étendue, est de couleur vert jaunâtre, le reste est d'un rouge assez vif carminé du côté qui est plus directement soumis à l'influence solaire; la chair est d'un blanc verdâtre assez rustique; sa saveur est trop acidule pour être agréable.

Cette poire, plus belle que bonne, est incontestablement l'une des plus hâtives, car elle mûrit en juin.

Pomme calville rouge d'automne. Cette pomme, de forme globuleuse, dépasse souvent 3 pouces, soit en diamètre, soit en hauteur; elle est relevée de belles côtes, mais moins saillantes cependant que dans le calville blanc; la peau est de couleur rouge foncé du côté du soleil, plus claire du côté opposé; la chair est blanc verdâtre, teinte de rose sous la peau; sa saveur est douce et agréable; les pepins, renfermés dans de grandes loges qu'ils ne remplissent pas, sont au nombre de quatre dans chacune, ainsi qu'on le remarque dans le calville malingre; ils sont, en général bien conformés.

Cette belle pomme mûrit en novembre et décembre; elle se conserve deux ou trois mois, mais elle perd promptement sa saveur douce-acidule et devient cotonneuse.

Pomme calville blanche d'hiver. Son volume est assez considérable, car il dépasse quelquefois 3 pouces à 3 pouces et demi de large sur 32 à 34 lignes de hauteur, le plus grand diamètre est vers la base; l'œil est fixé dans une cavité assez profonde, et entouré, à sa circonférence, de protubérances qui, par leur extension, forment les belles côtes saillantes qui ornent le fruit; la peau est jaune-verdâtre, lisse, teintée d'un peu de rouge du côté du soleil, et tiquetée de petits points ou pustules de couleur blanche d'abord, puis rouges lorsqu'elles crèvent; la chair est d'une contexture fine, savoureuse; les pepins sont de grosseur médiocre, brun mêlé de blanc; ils sont comme isolés dans de grandes loges, qui s'éloignent du centre lors de la maturité par une sorte d'épanouissement de l'axe; cette circonstance se rencontre souvent dans les calvilles.

Cette variété, qui prend rang parmi les plus belles et les meilleures, se cueille vers la Saint-Denis, et mûrit en novembre ou décembre. Lorsque la saison a été favorable et qu'elle est garantie des variations de température, elle se conserve jusqu'en mars.

Pomme calville rouge d'hiver. Elle acquiert un très-gros volume; sa forme est celle des calvilles; comme eux, elle est divisée en côtes très-prononcées; sa peau est d'une belle couleur rouge foncé; sa chair est blanc teinté de rose; son grain est fin, sa saveur douce-acidule; son arome est vineux; les pepins, de grosseur

moyenne, sont renfermés dans de grandes loges, ils s'isolent lors de la maturation et sonnent lorsqu'on secoue le fruit; ce caractère est commun à toutes les pommes calvilles.

Pomme de Laumont. C'est une sous-variété du calville blanc; elle en diffère en ce que son volume est encore plus considérable; ses côtes sont également très-prononcées, comme dans tous les calvilles; ses loges sont grandes et renferment des pepins courts et bien nourris.

Cette variété a été assez récemment obtenue par M. Laumont. La *pomme Lejas* est dans le même cas, elle atteint un beau volume.

Pomme fleur d'Auge. C'est encore une sous-variété de calville; elle se distingue par les caractères suivants: forme régulière un peu ovale; volume médiocre; œil peu apparent environné de rudiments de côtes; queue mince et grêle implantée dans une cavité étroite et profonde, les bords sont marqués d'une tache de couleur brun fauve de peu d'étendue; la peau est lisse et colorée, sur une partie de sa surface, d'une belle teinte rouge cerise, le reste est parsemé de points gris fauves assez nombreux et notamment vers le sommet; la chair est couleur blanc de lait, fondante et très-agréable.

Pomme tachetée. Elle offre encore de l'analogie avec le calville blanc; mais elle en diffère par sa couleur, qui se nuance de rouge clair du côté du soleil; ses côtes sont aussi moins prononcées; sa queue, courte, s'implante dans une cavité si profonde, que le fruit, lorsqu'il est sur l'arbre, semble adhérer directement aux branches; sa chair est blanche, d'une saveur douce-agréable; les pepins sont courts, souvent avortés et renfermés dans de grandes et longues loges.

Cette belle pomme se distingue surtout par sa forme un peu irrégulière; elle est, en effet, légèrement déprimée sur l'un de ses côtés, par les taches d'un brun violacé qui parsèment sa surface; elle mûrit en octobre et novembre, et devient cotonneuse après cette époque: naguère encore, on ne la cultivait qu'au Jardin des Plantes; elle a pris rang dans les plus belles collections et est très-estimée des pomologistes.

Pomme grosse reinette rouge tiquetée. Sa forme est assez constante, mais son volume, qui est assez considérable, l'est moins; son plus grand diamètre est du côté de la queue, celle-ci, bien qu'assez longue, est implantée dans une cavité si profonde, qu'elle semble disparaître entièrement lorsque le fruit est encore fixé à l'arbre; l'œil est aussi placé dans une cavité assez profonde, dont le pourtour est frangé par les rudiments des bosses, qui se prolongent assez avant à la surface du fruit; la peau est épaisse, de couleur blanc jaunâtre, lavée et rayée de rouge intense et tiquetée de points jaunes du côté qui regarde le soleil, et gris cendré du côté opposé; la chair est cassante, de couleur blanc de lait; sa saveur est acidule et très-suave; les loges carpellaires sont petites et renferment des pepins assez mal conformés et souvent avortés.

Cette belle et délicieuse pomme offre beaucoup d'analogie avec la royale d'Angleterre et le calville rayé de rouge; elle mûrit en décembre et se conserve jusqu'en février; passé cette époque, elle perd de ses qualités.

Pomme reinette rouge. Cette variété de la reinette blanche, dont nous allons bientôt parler, ressemble aussi à la reinette franche; elle ne diffère de celle-ci qu'en ce que sa peau, jaune clair dans sa plus grande étendue, se colore d'un beau rouge intense du côté qui reçoit plus directement l'influence solaire; sa chair est aussi moins délicate et moins suave; elle mûrit en janvier et février, et se conserve moins longtemps que la reinette franche, bien qu'elle soit plus tardive.

Pomme de reinette de Meron. Cette pomme rappelle assez exactement la reinette rayée de rouge; elle en diffère cependant en ce qu'elle est plus ovale, plus largement colorée et légèrement déprimée sur l'une de ses faces; son volume est aussi un peu moindre; la queue est im-

plantée dans une cavité profonde et étroite, celle qui renferme l'œil est assez évasée; le pourtour, bien qu'assez uni, donne néanmoins naissance à des protubérances qui, en se prolongeant à la surface du fruit, le rendent sensiblement anguleux; la peau, sur un fond jaunâtre, est lavée et tiquetée de taches rouges et gris cendré; la chair est blanche et savoureuse; les pepins sont de couleur brun clair.

Cette pomme, abondamment cultivée en Languedoc, mûrit en décembre et se conserve jusqu'en février.

Pomme reinette de Saint-Béat. Cette reinette offre de l'analogie avec la précédente; sa saveur et la couleur de sa peau sont presque identiques; mais elle est plus globuleuse et légèrement déprimée à la base et au sommet; sa couleur est aussi plus intense, et elle n'est pas relevée de côtes; cultivée également en Languedoc, et plus particulièrement à Saint-Béat, sur les bords de la Garonne; elle mûrit en janvier et se conserve jusqu'en mars et avril.

Pomme d'or reinette d'Angleterre. Elle est de moyenne grosseur, plus large que haute; le pédoncule et l'œil sont implantés dans des cavités étroites et peu profondes; la peau est lisse, d'une belle couleur jaune, qui justifie suffisamment le nom qu'on lui a donné; elle est tiquetée de trois sortes de points ou lignes de teintes diverses; d'abord ce sont de petites lignes transversales grisâtres, ensuite des points ronds assez gros, peu nombreux et moins apparents que les lignes; enfin, lorsque l'exposition et la saison ont été favorables, on aperçoit des taches ou stries inégales d'un rouge de sang plus ou moins foncé; la chair, de couleur blanc de lait, a un goût acidule-sucré, très-suave; les loges, toujours petites, sont remplies par des pepins de volume médiocre, mais bien nourries.

Si le volume de cette pomme égalait sa beauté et sa suavité, elle occuperait incontestablement le premier rang, non-seulement parmi les reinettes, mais encore entre toutes les pommes; elle est assez hâtive pour une pomme d'hiver, et se conserve jusqu'en mars; on la connaît encore sous les noms de *reinette dorée* ou *rousse jaune tardive*, gold pippin.

Pomme reinette jaune hâtive. Elle est presque globuleuse, un peu plus large que haute; cependant sa queue est grêle, assez courte, implantée dans une cavité plus grande que celle qui renferme l'œil; la peau, d'un jaune clair, se tiquette, lors de la maturité, de points roux ou grisâtres, parsemés çà et là et laissant voir le fond dans leurs interstices, moins au sommet qu'à la base; la chair est d'une contexture fine, de couleur blanc jaunâtre; les pepins sont assez petits, plats, ils sont renfermés dans de grandes loges.

Cette belle pomme mûrit en septembre et octobre; il est difficile de la conserver longtemps, attendu qu'elle perd sa saveur et devient cotonneuse aussitôt qu'elle a dépassé son maximum de maturité.

Pomme reinette rousse ou *des Carmes.* Son volume est médiocre; sa forme est ronde, déprimée au sommet et à la base; sa peau d'abord vert grisâtre, passe au roux; sa chair est tendre, d'une agréable acidité; elle mûrit en octobre et se conserve longtemps; elle mérite d'être plus abondamment cultivée.

Pomme reinette blanche hâtive. Son volume est médiocre, mais néanmoins assez variable; sa forme, un peu allongée, est assez constante; la peau est lisse, résistante, de couleur blanc verdâtre ou jaune tendre, tiquetée de points verts assez réguliers; la chair est d'une contexture assez délicate, de couleur blanche; d'abord très-acide, elle s'adoucit et devient savoureuse et suave.

Cette pomme, connue en Normandie sous le nom de pomme de Saint-Julien, et, en Angleterre, sous celui de reinette française, mûrit à la fin de septembre; elle se conserve peu et devient promptement fade et cotonneuse.

Pomme reinette naine, ou, mieux, de *pommier nain.* Son volume n'est pas considérable, et en effet elle atteint rarement

plus de 2 pouces de hauteur sur 26 28 lignes de diamètre; elle offre de traces de côtes vers le sommet; sa pea est lisse, d'un vert très-tendre d'abord puis jaunâtre lors de la maturité; c'est à peine si elle se teinte de rouge du côté d soleil; sa chair, de couleur blanc verdâtre, est acidule et agréable, mais moin cependant que dans les variétés les plu estimées; les loges sont grandes, eu egar au volume du fruit; elles renferment de pepins longs et aigus.

Cette pomme est peu cultivée; ell mûrit en janvier et se conserve jusqu'e mars.

Pomme drap d'or. Son volume est médiocre; sa forme est arrondie, assez régulière et rarement relevée de côtes; sa peau est lisse, d'une belle couleur jaune, parsemée de points bruns et de petites taches roussâtres; sa chair est d'une contexture délicate, d'une saveur douce, assez agréable; cependant cette pomme ne vaut pas les bonnes reinettes; elle mûrit en novembre et se conserve assez bien pendant les mois de février et mars; il suffit, pour cela, de la garantir de l'humidité et des variations de température.

Pomme reinette verte. Elle est également de volume médiocre; sa forme est régulière; son diamètre dépasse sa hauteur de quelques lignes seulement; sa peau est verte d'abord, puis jaune lorsqu'elle approche de la maturité; on y remarque çà et là des traces de vert; la chair est fade, et cependant assez agréable; elle est peu cultivée.

Pomme doux à trochet. Son volume est assez beau, car elle atteint de 26 à 28 lignes de hauteur sur 28 à 30 de large; son plus grand diamètre est vers la base, et il diminue insensiblement vers le sommet, ce qui donne à ce fruit une forme conique; le pédoncule, gros et court, est implanté dans une cavité étroite et profonde; l'œil est environné de cinq petites protubérances peu saillantes; sa peau est lisse, verdâtre; elle se nuance, à l'époque de sa maturité, d'une légère teinte rouge; la chair est de couleur blanc verdâtre; sa saveur est douce et agréable.

Cette pomme, rarement isolée sur l'arbre, mûrit en décembre; elle se conserve assez facilement; comme l'arbre qui la produit est très-productif, elle est abondamment cultivée en Normandie.

Pomme reinette de Hollande, hollandaise ou *de Batavia*. Cette pomme est, sans contredit, l'une des plus belles que l'on connaisse; sa hauteur atteint souvent 3 pouces à 3 pouces un quart; son diamètre est presque égal; sa forme est un peu cylindrique; sa peau est résistante, jaune clair dans la plus grande partie de son étendue, et jaune brunâtre dans la partie qui reçoit l'influence solaire; elle est tiquetée de points gris fort peu saillants; sa chair est blanche, grenue, peu savoureuse; elle devient, assez promptement, cotonneuse; ses pepins sont courts et bien nourris lorsqu'ils n'avortent pas, ce qui arrive assez souvent.

Cette pomme, bien que d'une qualité médiocre, est assez abondamment cultivée; elle mûrit en novembre; lorsque l'exposition et la saison ont été favorables, elle se conserve jusqu'en janvier.

Pomme reinette princesse. Son volume est médiocre; sa forme est sphéroïde, mais elle est un peu déprimée à la base et au sommet; sa peau, jaune clair dans sa plus grande étendue, est lavée légèrement de rouge dans la partie qui regarde le soleil; on remarque quelques stries d'un rouge plus vif dans certaines parties; sa chair est d'un blanc jaunâtre, peu succulente, mais assez sucrée et d'une suavité qui justifie le nom un peu ambitieux qu'on lui a donné.

Cette excellente pomme mûrit vers la fin de septembre ou au commencement d'octobre; elle se conserve assez bien.

Pomme capendu. Elle est, quant au volume, au-dessous du médiocre; de forme globuleuse, un peu conique; son pédoncule est si court, qu'il dépasse à peine la cavité qui le renferme; l'œil est ouvert et cave; la peau, généralement rouge, est d'une teinte plus intense du côté que frappe le soleil; presque toute la périphérie est tiquetée de points fauves; la chair est acidule, elle est lavée de rouge sous la peau.

Cette pomme, que l'on a dénommée capendu ou court-pendu, à cause du peu de longueur de sa queue, mûrit en novembre ou décembre; elle se conserve jusqu'en avril et souvent jusqu'en mars.

Pomme suisse ou *Sicler*. Son volume est médiocre; sa forme est celle d'une sphère ou d'un globule déprimé aux deux pôles, moins au sommet qu'à la base cependant; l'œil est velu, placé dans une cavité assez profonde; la queue ou pédoncule ne dépasse pas la cavité qui le renferme; la peau est lisse, d'un vert tendre, divisée par des zones alternatives, mais peu régulières cependant, de jaune et de vert; la chair est ferme, cassante, de couleur blanc de lait, d'une saveur douce légèrement acidule, peu suave; les loges qui renferment les pepins sont grandes; ceux-ci sont courts, bien nourris.

Cette pomme, si remarquable par sa bigarrure, qu'elle perd, néanmoins, par l'extrême maturité, est peu cultivée; sa conservation est assez difficile; elle doit, vraisemblablement, la dénomination qui la distingue à l'analogie qu'elle offre avec la poire bergamote suisse, qui est aussi bigarrée; elle mûrit en novembre.

Pomme nonpareille. Elle se distingue surtout par sa forme aplatie du côté de la base, qui est aussi beaucoup plus large que le côté de l'œil ou du sommet; la peau est lisse, de couleur vert jaunâtre, parsemée de points bruns et de taches grises; lorsque cette pomme a atteint son maximum de maturité, sa surface jaunit, mais elle ne se teinte pas sensiblement de rouge du côté qui reçoit l'influence solaire; la chair est de couleur blanc de lait, assez savoureuse; elle rappelle le goût de la reinette franche; les pepins sont bien conformés, assez aigus, de couleur brun clair.

Cette pomme occupe l'un des premiers rangs pour la qualité, mais elle n'est cependant pas *sans pareille*; sa maturité s'effectue en janvier, et elle se conserve jusqu'en mars.

Pomme haute bonté. Elle est déprimée à la base et au sommet, plus large que haute, d'un assez beau volume; le pédoncule est gros, long de 6 à 7 lignes, implanté dans une cavité assez profonde; l'œil est environné de protubérances qui s'étendent plus ou moins sous forme de côtes, à la surface du fruit; la peau est fine, lisse, d'un vert grisâtre tirant sur le jaune lors de la maturité; elle se nuance d'une légère teinte rouge du côté qui regarde le soleil; la chair est d'une contexture délicate, de couleur blanc verdâtre; sa saveur est acidule et agréable; les pepins sont petits, très-aigus.

Cette pomme, abondamment cultivée dans le pays d'Auge, mûrit à la fin de janvier ou au commencement de février, et se conserve assez facilement jusqu'en avril et mai; elle est assez estimée.

Pomme reinette de Canada. Elle est surtout remarquable par son volume, qui est très-gros; elle est, en général, plus large que haute; son pédoncule est court, implanté dans une large cavité; l'œil est grand, bien ouvert, bordé de protubérances marginales qui, en s'étendant, divisent le fruit en autant de vastes côtes dont les divisions s'effacent à la surface; la peau, d'abord verte, prend une teinte jaune lors de la maturité; elle est tiquetée de points gris et roux; le côté du soleil rougit un peu, lorsque l'exposition et la saison ont été favorables; la chair est d'une contexture lâche, caverneuse, d'un blanc jaunâtre; sa saveur est douce, peu acidule et très-suave. Comme dans toutes les reinettes, les pepins sont longs, comprimés et placés dans de grandes loges; un assez grand nombre avorte.

La reinette de Canada occupe un rang distingué parmi les meilleures espèces; elle mûrit l'hiver; on se tromperait si l'on pensait qu'elle doit ses qualités à une origine étrangère; il n'en est pas ainsi, car non-seulement elle est indigène d'Europe, mais encore le climat de l'Amérique dénature et appauvrit ce genre

de fruit plutôt qu'il ne l'améliore; il y lieu de croire qu'elle est plutôt o ginaire d'Angleterre, car elle est vulg rement connue sous le nom de *grosse r nette d'Angleterre.*

Pomme reinette d'Espagne, pomme r nette tendre, pomme reinette blanche. E est remarquable par son beau volume, forme allongée, ses côtes bien prononcé les cavités qui renferment le pédonc et l'œil sont assez profondes; la chair ferme; sa saveur est sucrée, acidule très-suave; comme la prune, elle est co verte d'une sorte de poussière glauque.

Cette belle et bonne pomme, dont l' rigine est aussi incertaine que celle d de Canada, mérite d'être propagée; el mûrit en janvier, et se conserve jusqu'e mars.

Pomme reinette de Bretagne. Son v lume est médiocre; sa forme est globu leuse; la queue est courte, placée, ain que l'œil, dans une cavité assez profond la peau est rude et résistante, de couleu rouge vif et plus foncée dans la partie qu reçoit plus directement l'influence solaire elle est, en outre, tiquetée de points jau nes assez nombreux; sa chair est fermé cassante, douce, acidule et très-suave; le pepins sont brun clair, plats et aigus.

Cette excellente pomme n'est pas asse connue; elle mûrit en octobre, et se con serve jusqu'en décembre.

Pomme reinette de Caux. Elle offre tant d'analogie avec la grosse reinette rouge, qu'on les confond souvent; elle est plus grosse que la reinette franche, dont nous allons bientôt parler, mais elle l'est moins que celle de Canada; elle est assez irrégulière, un peu déprimée à la base et au sommet; sa peau est vert jaunâtre obscur; elle est tiquetée, çà et là, de taches rougeâtres un peu allongées; la chair est blanc de lait, d'une odeur suave et d'une saveur très-agréable. Les pepins sont oblongs et un peu aplatis; les loges qui les renferment sont assez grandes.

Cette variété, l'une des plus belles et des meilleures du genre, est abondamment cultivée en Normandie, et principallement dans le pays de Caux; elle mûrit en novembre et décembre, et se conserve assez facilement.

Pomme reinette franche ou *grise de Granville*. Sa forme et son volume sont peu constants; néanmoins, le plus ordinairement, elle est globuleuse, de grosseur au-dessus du médiocre; sa surface offre des traces de côtes; sa peau, d'abord vert tendre, passe au jaune clair lors de la maturité; elle est parsemée de points ou sortes de gerçures grisâtres, qui rendent sa surface rugueuse. Sa chair est ferme et d'un goût très-suave.

Cette excellente pomme mûrit en janvier; elle a l'avantage de se conserver longtemps et tellement, qu'il arrive souvent qu'elle figure sur les tables en concurrence, pour ainsi dire, avec celles d'une nouvelle récolte; elle a néanmoins, comme toutes les reinettes, l'inconvénient de perdre une partie de son eau de végétation, ce qui ride la surface.

On distingue plusieurs sous-variétés de reinette franche : l'une est relevée de côtes peu saillantes, l'autre aplatie et sensiblement anguleuse; enfin une autre est tiquetée de nombreux points roux, d'où lui vient le nom de *pomme reinette rousse*.

Pomme reinette grise. Elle est très-déprimée à la base et au sommet, et conséquemment beaucoup plus large que haute; son volume est au-dessus du médiocre; sa peau est de couleur gris fauve, rude au toucher; sa chair est ferme et cassante, de couleur blanc de lait, d'un goût sucré, acidule, très-suave.

Cette pomme, très-communément cultivée dans les jardins potagers, mérite cette distinction; elle mûrit en hiver, et se conserve fort longtemps bonne, bien qu'avec l'apparence d'une sorte de décrépitude.

Pomme reinette grise de Champagne. Comme celle qui précède, elle est plus large que haute; mais ce caractère est plus constant chez elle; son volume est un peu plus considérable; sa peau est également couverte de petites aspérités qui la rendent rugueuse, de couleur gris fauve légèrement lavé de rouge du côté qui est plus directement soumis à l'influence solaire. Sa chair est ferme et peu savoureuse.

Cette sous-variété de la reinette grise est, vraisemblablement, une reinette grise dégénérée; car son origine est assez ancienne. Elle mûrit en décembre ou janvier, suivant l'exposition, et se conserve assez longtemps.

Pomme reinette de Montagne. Cette pomme offre beaucoup d'analogie avec la reinette franche; elle s'en distingue par son volume, qui est plus considérable, par la couleur rouge fauve que prend sa peau du côté principalement qui reçoit plus directement l'influence de la lumière; son œil offre, en outre, cette circonstance remarquable, qu'il n'est pas accompagné des divisions calicinales; sa chair est blanc de lait; sa saveur est douce et assez fade; cependant, comme cette variété se conserve assez facilement, on en fait grand cas; les bords de la Garonne et les montagnes d'Auvergne sont en possession de fournir à la consommation hivernale de Paris; le Mail en reçoit, presque journellement, une prodigieuse quantité. Sa maturité s'effectue en janvier et février; sa conservation est assez facile, mais elle exige néanmoins plus de soins que celle de la reinette franche.

Pomme Joséphine. Son volume est généralement assez gros; elle est plus large que haute, et de forme assez irrégulière; la queue est courte, implantée, ainsi que l'œil, dans une cavité assez profonde; la peau est verte, tiquetée de points bruns; elle ne change pas sensiblement de couleur à l'époque de la maturité; sa chair est assez fine, blanche, peu savoureuse; les loges qui renferment les pepins sont grandes, allongées; ceux-ci sont au nombre de trois ou quatre dans chaque loge, espacés et rangés alternativement; il sont bien conformés, mais néanmoins assez petits.

Cette pomme, plus remarquable par son beau volume que par ses qualités, figure avec avantage dans les collections; mais elle mérite peu d'être propagée. Importée de l'Amérique septentrionale, du temps de l'empire, par M. Lelieur, elle reçut de lui le nom de l'impératrice Joséphine.

Pomme sucrin de Mangé. Elle acquiert un beau volume; mais elle est fortement déprimée à la base et au sommet; le pédoncule est long d'un pouce environ; il prend de l'extension à son point d'insertion au fruit, ce caractère est commun aux calvilles; l'œil est cave et entouré de protubérances qui, en se prolongeant, forment des côtes peu saillantes; la peau prend, lors de la maturité, une teinte jaune clair, elle est fine et lisse et se détache assez facilement de la chair; celle-ci est de couleur blanc verdâtre, fondante et suave; les pepins sont gros, bien conformés et renfermés dans des loges de moyenne grandeur.

La pomme sucrin n'est pas sans mérite; elle se conserve surtout fort bien.

Pomme reinette d'Angleterre, pomme royale d'Angleterre, pomme d'aoûtage. Son volume est considérable; elle atteint, en effet, communément 3 pouces à 3 pouces un quart de hauteur sur un diamètre de 3 pouces et demi et plus. La queue et l'œil sont placés plus d'un côté que de l'autre, ce qui donne au fruit une forme assez irrégulière; les protubérances qui environnent l'œil sont assez prononcées; elles se résolvent en côtes à la surface du fruit, et lui donnent l'aspect anguleux; la peau, ferme et résistante, prend, lors de la maturité, une teinte jaune assez prononcée; le côté du soleil se lave d'une teinte rouge assez faible nuancée de taches plus foncées; le côté opposé est parsemé de points bruns, entourés d'une auréole blanchâtre. La chair est ferme, d'une contexture lâche. Sa saveur est très-acidule, mais elle s'adoucit lorsque le fruit a atteint tout son développement; les pepins sont lacrymiformes et placés dans de vastes loges.

Cette belle pomme mûrit en août, ainsi que l'une de ses nombreuses dénominations l'indique; elle se conserve jusqu'en février, mais déjà, à cette époque, elle a perdu de ses qualités.

Pomme Gallo-Bayeux. Son volume est assez beau; elle est très-déprimée à la base et au sommet. La queue est courte, profondément insérée; l'œil est petit, placé dans une cavité à bords réguliers; la peau est rude au toucher; sa plus grande partie est de couleur rouge assez vif, le reste est jaune; on y remarque, en outre, des stries rouge intense et des points assez rares, de couleur fauve et quelquefois noirs. La chair est blanc jaunâtre, savoureuse et odorante.

Cette pomme est si déprimée, que son axe est presque nul; il forme une sorte d'expansion qui agrandit d'autant les loges, de sorte que les pepins, qui sont, en général, assez bien conformés et de couleur marron foncé, sont, pour ainsi dire, vaguants dans ce grand espace. Elle mûrit vers la fin de septembre, et se conserve peu.

Pomme de Montalivet. Elle est surtout remarquable par son volume, qui égale celui des plus belles pommes; son plus grand diamètre est vers la base, ce qui lui donne, quant à la forme, l'aspect d'un rambour. Le pédoncule est court; l'œil est placé dans une cavité étroite, dont la marge présente des traces de côtes qui détruisent la sphéroïdité du fruit; la peau est fine, jaune verdâtre en grande partie, mais nuancée de rouge faible du côté du soleil, et tiquetée de points gris; la chair, de contexture fine, de couleur blanc de lait, a une saveur fade et herbacée; les loges renferment de petits pepins bruns assez bien conformés.

Cette belle pomme est de qualité médiocre; elle mûrit en décembre et se conserve jusqu'en mars; elle se crevasse lorsqu'elle a dépassé son maximum de maturité; on la doit à M. Lelieur.

Pomme Lelieur. Elle est également rangée parmi les plus grosses du genre; sa hauteur et son diamètre atteignent souvent 4 pouces; elle est sphéroïde irrégulier, sa surface étant semée de protubérances et relevée de côtes, vers le sommet principalement; l'œil est très-cave; la queue est courte et dépasse à peine la surface du fruit ; la peau, le plus ordinairement verte, jaunit cependant dans les belles expositions ; elle se lave d'un beau rouge du côté que frappent plus directement les rayons lumineux et calorifiques du soleil ; quelques-unes résistent néanmoins à cette influence ; la chair est d'une contexture molle, peu sucrée, mais d'un arome très-suave ; les loges sont moyennes, eu égard au volume du fruit ; elles sont enduites d'une sorte de mucilage, et renferment des pepins de couleur brun fauve, gros et assez bien conformés.

Cette belle variété, importée d'Amérique par M. Lelieur, est assez hâtive ; elle mûrit au commencement de septembre, et passe assez promptement, ainsi que la plupart des grosses pommes. Ce n'est pas par la qualité qu'elle se distingue.

Pomme d'Astracan, pomme transparente de Moscovie. Son volume est au-dessous du médiocre ; sa forme est peu constante, mais cependant elle est généralement un peu allongée ; le pédoncule est assez court ; l'œil est placé dans une cavité étroite, marginée de protubérances costales ; la peau est fine et lisse, de couleur blanc de cire, et couverte d'une sorte de poussière glauque très-ténue, qui fait qu'elle paraît transparente ; la chair est d'un blanc éclatant, d'une contexture délicate et fine ; elle est peu savoureuse, et cependant légèrement aromatique ; les pepins sont bruns et renfermés dans de grandes loges.

Cette pomme, dont l'origine est douteuse, est très-hâtive ; elle mûrit vers la fin d'août, et ne se conserve guère au delà du mois d'octobre.

Pomme Final ou *de Final.* Ses caractères sont assez peu constants, cependant elle est généralement plus grosse au sommet qu'à la base ; l'œil est placé dans un enfoncement étroit bordé de protubérances qui forment la base des côtes ; la peau est lisse, fine et résistante ; elle est colorée en blanc jaunâtre dans sa plus grande étendue ; le côté opposé est teinté de rouge clair parsemé de points jaunes ; lorsqu'elle a atteint son maximum de maturité, elle se fonce et devient roussâtre ; la chair est blanche, délicate et fondante ; les loges renferment des pepins obtus, de couleur marron assez foncé.

Cette excellente pomme, originaire d'Italie, se conserve assez facilement et longtemps.

Pomme Oléose. Elle est généralement très-grosse, déprimée à la base et au sommet, un peu irrégulière ; son œil, placé dans une cavité étroite et profonde, conserve longtemps la couleur verte des feuilles calicinales ; cette cavité est bordée de petites protubérances ou côtes inégales ; la peau est lisse, lavée de rouge obscur, et comme fouettée de rouge plus vif du côté qui regarde le soleil, et tiquetée de taches de couleur rouge brun, dont le centre est noir ; la chair est blanc verdâtre, d'une contexture fine et grenue ; sa saveur est particulière et peu agréable ; les pepins, réguliers et bien nourris, sont renfermés dans de grandes loges ; elle mûrit en automne.

Cette pomme, plus singulière qu'agréable, est peu adhérente à l'arbre qui la porte, et tombe avant sa maturité. « Une chose singulière, » disent MM. Poiteau et Turpin, dans leur Histoire des arbres fruitiers, « c'est que cette pomme, au lieu de transpirer une eau simple, comme les autres fruits dans la fruiterie, transpire une espèce d'huile très-abondante, et qui graisse les mains lorsqu'on la touche. » Cette exsudation nous semble provenir plutôt de la pellicule ou peau que de la chair. On sait, en effet, que la pellicule des fruits contient une matière résinoïde qui peut, dans certains cas, être assez abondante pour exsuder.

Pomme doux Juvigny. Son volume est médiocre, sa forme ovale-arrondie ; sa surface est divisée en cinq côtes très-distinctes, qui s'étendent de la base au sommet ; l'œil est petit et placé dans une cavité peu profonde ; la queue est courte ; la peau est lisse et ferme ; sa plus grande étendue est jaune pâle, le reste est lavé de rouge aurore ; la chair est blanche et cassante; elle est fondante et suave, bien qu'elle laisse dans la bouche un peu d'amertume.

Pomme gros Barbarie. Cette variété est surtout remarquable par son volume, qui est assez considérable; sa forme aplatie; son diamètre est souvent, en effet, plus considérable d'un tiers que sa hauteur; sa peau est rugueuse et épaisse, gris fauve dans sa plus grande étendue, rouge et marquée de points blanchâtres du côté du soleil: ces derniers avoisinent la queue. Cette belle et bonne pomme, abondamment cultivée aux environs de Caen, se conserve longtemps, et est propre à la fabrication du cidre.

Pomme petit Barbarie. Son volume est au-dessous du médiocre; elle est assez fortement déprimée; l'œil est cave; sa marge est formée de cinq petites protubérances qui divergent en forme d'étoile; la peau est rugueuse et résistante, de couleur brun clair ou ventre-de-biche dans sa plus grande étendue, lavée de rouge du côté frappé par les rayons solaires, et tiquetée çà et là de points rouges et blanchâtres; la chair est cassante, de couleur blanc de lait, d'une odeur suave et d'un goût agréable; comme celle de la plupart des pommes à cidre, elle noircit promptement par le contact de l'air.

Cette excellente pomme, connue aussi sous le nom de *grosse moussette*, mûrit en octobre et se conserve assez longtemps.

Pomme belle du Havre. Son volume est assez considérable, car sa hauteur dépasse trois pouces, et son grand diamètre trois pouces et demi: elle est, comme on voit, plus large que longue; sa forme n'est pas très-régulière, car si on la partage par la moitié, soit par la pensée, soit réellement, l'un des lobes se trouvera toujours plus gros que l'autre; l'œil et la queue ont leur point d'insertion dans de profondes cavités; la peau est fine, non tiquetée, sa plus grande étendue est lavée de rouge cerise et le côté opposé est vert jaunâtre; la chair est blanche, d'une contexture fine et fondante; elle est sucrée, faiblement acidule, et, partant, très-agréable.

Cette magnifique pomme, ainsi que la désignent MM. Poiteau et Turpin, qui, les premiers, l'ont signalée, mûrit en octobre et novembre; elle est assez rare aux environs de Paris, où on la connaît sous le nom de pomme douce; mais elle est commune au Havre.

Pomme de blanc Michel. Elle est toujours groupée en bouquet, au nombre de trois à six; son volume est médiocre, et sa forme est aplatie, attendu qu'elle est déprimée à la base et au sommet; l'œil est cave, il est entouré de petites protubérances au nombre de cinq; la peau est lisse, résistante, de couleur blanc de cire ou verdâtre dans sa plus grande étendue, et marquée ou rubanée de taches allongées de couleur rouge intense du côté que frappent les rayons solaires; elles sont, en général, réunies à la base, et divergentes aux extrémités; la chair est blanche, d'une contexture lâche, peu fondante; sa saveur laisse dans la bouche un léger goût d'amertume; les pepins, de couleur marron et bien nourris, sont renfermés dans de grandes loges.

Cette pomme est très-hâtive et se conserve peu, bien que rangée parmi les pommes dites *à couteau*; elle est aussi appropriée à la fabrication du cidre.

Pomme Robert de Rennes. Cette pomme, que MM. Poiteau et Turpin ont trouvée en abondance près de Vire, et en général dans tout le département du Calvados, n'atteint jamais plus de 2 pouces de diamètre sur 21 lignes de hauteur; sa forme est assez régulière; la peau est ferme et résistante, de couleur rouge cerise dans la partie qui reçoit plus directement l'influence solaire; le reste est bigarré ou marbré de taches blanchâtres allongées: le tout est fardé d'une poussière glauque très-fine et presque insaisissable; la chair est blanche dans sa plus grande étendue, rosée au centre, près des loges, et à la circonférence ou sous la peau; les loges sont de grandeur médiocre, elles renferment des pepins de couleur marron, aigus à la base ou au point d'insertion, et arrondis au sommet.

Cette pomme offre de l'analogie avec celle dite *passe-pomme rouge*; mais elle est moins suave et moins fondante.

Pomme de rosée ou *rosée*. Comme celle de blanc Michel, elle est ordinairement réunie en bouquets; son volume est médiocre; sa forme est déprimée à la base et au sommet; l'œil est petit, inséré dans une cavité peu profonde et étroite; de la marge de la cavité naissent cinq côtes principales, qui divisent assez exactement la surface du fruit; celle-ci est couverte d'une poussière glauque qui, de rouge cerise qu'est la peau, la fait paraître violacée dans la partie qui regarde le soleil; cette partie est, en outre, tiquetée de points blanchâtres, celle opposée en présente de bruns; toutes ces taches sont plus grosses du côté de la queue, mais aussi plus rares; la chair est blanc jaunâtre, assez fondante, et d'un goût acidule-sucré très-suave.

Cette pomme doit vraisemblablement son nom à une légère teinte rose que présente sa chair du côté de l'œil ou au sommet.

Pomme azerole. Elle est si petite, qu'elle semble être une pomme en miniature; elle est rarement réunie en groupe et presque toujours solitaire; sa forme est oblongue; la queue est assez longue; l'œil est presque supere et souvent accompagné du calice lui-même; la couleur de ce petit fruit est jaune verdâtre, lavé de rouge du côté que frappe le soleil; sa chair est jaune, d'un goût assez âpre et acidule.

Cette variété a des caractères si peu constants, qu'il serait facile d'en créer des sous-variétés; mais nous nous en abstiendrons; elle offre, ainsi que son nom l'indique, beaucoup d'analogie avec le fruit de l'azerolier; elle est mieux placée dans les collections ou les jardins d'agrément que dans les potagers ou les vergers.

Pomme Vetillart. Elle est globuleuse; son volume est assez beau; sa peau est blanche, tiquetée de points gris; la chair, de couleur blanc de lait, est d'une contexture fine et délicate; sa saveur, acidule-sucrée, est très-suave.

Cette belle et bonne pomme ne figure encore que dans les principales collections; elle mérite d'être propagée; elle mûrit en octobre.

Pomme fillette. Son volume est médiocre; sa forme est celle d'une reinette, et son goût est aussi suave; elle est très-estimée, mûrit en décembre, et se conserve très-longtemps : elle est encore peu connue.

Pomme bonne Thoüin ou *reinette Thoüin*. Son volume est au dessus du médiocre; sa forme est aussi celle d'une reinette; la couleur de sa peau est gris roussâtre; sa chair est blanche, savoureuse; elle se distingue par un arome particulier et très-suave.

Cette pomme est excellente, elle justifie l'honneur d'un si digne patronage; sa maturité s'effectue en décembre.

Pomme coing. Elle est piriforme, ainsi que le fruit dont elle porte le nom; son volume est assez considérable; sa chair est blanche, fondante, très-succulente; son goût est acidule-sucré.

Cette nouvelle variété n'offre d'analogie avec le coing que la forme, encore n'est-elle pas très-constante; cependant, comme elle est toujours allongée vers la base ou la queue, la dénomination de poire lui serait tout aussi applicable; elle est assez estimée, mais peu commune; comme la reinette d'Angleterre, qui lui a, dit-on, donné naissance, elle mûrit en janvier.

Pomme divine. Son volume est au-dessus du médiocre; sa forme rappelle celle du fenouillet jaune, dont elle forme, par ses nombreuses analogies, une sous-variété; la saveur de sa chair est agréable; son arome est anisé. Cette pomme, obtenue et cultivée par les soins de M. Jacques, jardinier du roi à Neuilly, est rangée parmi les meilleures du genre; elle mérite d'être multipliée, et mûrit en décembre.

Pomme reinette Saint-Laurent. Son volume n'est pas très-considérable, mais sa forme et ses vives couleurs la rendent remarquablement belle; sa saveur, douce et suave, égale sa beauté. Cette pomme a

29

été trouvée, et est maintenant assez abondamment cultivée à St-Laurent-du-Mont, en Normandie ; elle mûrit en novembre.

Pomme de Lestre. Elle atteint un beau volume ; sa forme est oblongue ; sa peau, de couleur vert jaunâtre dans le tiers de son étendue, est nuancée et lavée de rouge du côté qui reçoit plus directement l'influence solaire. Cette belle pomme, de qualité médiocre, a été trouvée dans le Limousin, et mentionnée par Cabanis : elle mûrit en octobre.

Pomme doux d'Angers. Son volume est médiocre, sa forme assez régulière ; sa peau est de couleur vert roussâtre, surtout du côté du soleil ; sa chair est blanche, d'une contexture assez fine ; sa saveur est douce-sucrée, légèrement acidule. Cette pomme mûrit en janvier, et se conserve fort longtemps.

Pomme belle d'août, pomme belle fleur. Elle atteint un très-gros volume ; sa forme est sphéroïde, déprimée au sommet et à la base ; sa peau est lisse, elle prend une belle teinte rouge du côté qui regarde le soleil ; le reste est jaune verdâtre ; elle se couvre, lors de la maturité, d'une sorte de poussière glauque qui lui donne un aspect particulier ; la chair est blanc de lait, tendre, d'un goût acidule-sucré très-agréable.

Cette belle pomme mûrit en septembre ; elle a l'inconvénient de passer très-promptement.

Pomme des quatre goûts. Nous avons déjà eu l'occasion de signaler l'étrangeté des noms donnés à un grand nombre de fruits, et l'impossibilité d'en déterminer l'étymologie, il y a lieu de croire cependant que, dans cette circonstance, quatre dégustateurs, consultés sur la saveur de cette pomme, auront donné, comme il arrive souvent, quatre avis différents. Quoi qu'il en soit, elle est de grosseur moyenne, déprimée, verte et teintée de roux du côté du soleil ; sa chair est tendre, d'un parfum particulier assez suave ; elle mûrit en novembre.

Pomme de deux goûts. Son volume est aussi assez mince ; sa surface est relevée

de côtes ; sa peau est blanc jaunâtre ; sa chair est blanche, et d'une contexture fine et délicate ; sa saveur est agréable ; elle mûrit en octobre, et est assez nouvelle.

Pomme d'Amérique large face. Son volume est considérable ; elle est déprimée au sommet et surtout à la base ; sa peau, de couleur verte assez franche dans sa plus grande étendue, se nuance de jaune et de roux du côté que frappent plus directement les rayons solaires ; la chair est tendre, d'un goût acidule-sucré assez agréable ; elle augmente encore de suavité par la cuisson.

Cette belle pomme mûrit en novembre.

Pomme Maltranche rouge. Elle est également très-grosse ; sa forme est globuleuse ; sa peau se pare d'un rouge vif éclatant ; sa chair est d'une contexture fine et délicate, d'un goût acidule-sucré assez agréable.

Cette belle pomme, originaire des environs de Nantes, a été caractérisée par M. L. Noisette ; elle mûrit en décembre.

Pomme gros papa ou *de Lelieur,* qui l'a importée d'Amérique ; son volume est aussi très-remarquable ; sa forme, bien que généralement sphéroïde, est quelquefois un peu allongée ; sa peau est verte, mais cette couleur perd de son intensité lors de la maturation ; elle est remplacée, du côté qui regarde le soleil, par une teinte rouge peu prononcée ; la chair est ferme et rustique, sa saveur est d'une acidité assez prononcée ; mais elle s'adoucit par la cuisson. Cette pomme mûrit en novembre ; elle se conserve peu.

Pomme belle de Senart. Elle est petite, très-déprimée à la base et au sommet, et conséquemment presque plate ; la peau est verte, rayée de gris ; sa chair est blanc jaunâtre, cassante, très-acide, et néanmoins assez agréable ; elle mûrit en janvier, et a été trouvée par M. Noisette père, dans la forêt de Senart.

Nous terminerons ce catalogue caractéristique par les quatre nouvelles variétés qui suivent, adressées assez récemment d'Amérique à la Société d'horticulture par M. Alfroy fils.

Pomme Rhode-Island-Greening. Beau fruit comprimé en dessus et en dessous, ayant 2 pouces et demi de diamètre sur 2 pouces de hauteur; l'œil, placé dans un large enfoncement, a des divisions calicinales larges, courtes et convergentes; la queue, grosse et courte, est également plantée dans un enfoncement large, mais peu profond; la chair est blanche, fine; l'eau est abondante, sucrée, relevée d'un parfum particulier. »

Cette pomme se conserve assez longtemps, et mérite d'être cultivée.

« *Pomme American, non pareil*, ou *monstrueuse d'Amérique.* Fruit magnifique de forme et de grosseur, ayant 3 pouces et demi de diamètre sur 3 pouces de hauteur; œil grand, placé dans une profonde cavité régulière; queue grosse et courte, plantée dans un large enfoncement; peau d'abord d'un vert mat tendre, passant ensuite au jaune assez foncé dans la maturité, marquée de petits points gris peu nombreux; chair d'un blanc jaunâtre, fine, tendre; eau sucrée, peu acidulée; loges grandes, contenant de gros et longs pepins bien constitués.

» Cette pomme est surtout remarquable par son volume; sa maturité s'effectue de décembre à février. »

« *Pomme King-Sweting.* Petit fruit arrondi, haut de 18 lignes sur 2 pouces 3 lignes de diamètre; œil peu enfoncé, à divisions calicinales conniventes, placé dans une cavité régulière; peau lisse, d'un vert tendre jaunissant à la maturité, lavée, fouettée et ponctuée de rouge du côté du soleil; chair d'un blanc jaunâtre, fine, un peu grasse; eau sucrée peu ou point acidulée, assaisonnée d'un parfum très-agréable qu'on ne rencontre dans aucune autre pomme européenne; loges petites; pepins extrêmement courts (quelques-uns sont presque lenticulaires), très-noirs et bien nourris.

» Cette pomme, très-remarquable par sa suavité, se conserve jusqu'en février et au delà. »

« *Pomme Romanite.* Petit fruit très-aplati, haut de 17 à 18 lignes sur 2 pouces de diamètre; œil grand, dans une large cavité peu profonde; queue longue de 9 à 10 lignes, dans une cavité semblable à celle de l'œil; peau lisse, d'un jaune clair, piquetée de gros points rouges du côté du soleil; chair d'un blanc jaunâtre, assez tendre; eau suffisante, sucrée; légèrement acidulée; loges petites; pepins fauves, aplatis.

» Cette pomme se conserve jusqu'en décembre, et quelquefois au delà. »

« *Pomme Green-Spitzemberg.* Fruit de moyenne grosseur, rétréci au sommet, et très-élargi à la base; haut de 2 pouces sur presque 3 pouces de diamètre; œil resserré dans un enfoncement entouré de côtes; queue longue de 4 à 5 lignes, dans une large cavité régulière; chair verdâtre, un peu spongieuse, cependant fondante; eau suffisante, sucrée, agréablement acidulée; loges petites; axe déchiré; pepins petits, fauves.

» Cette pomme peut se conserver jusqu'en mars. »

Pomme amer-doux grise. Elle atteint généralement un beau volume; sa forme est globuleuse, mais elle est déprimée légèrement à la base et au sommet; sa peau, jaune dans sa plus grande étendue, est lavée de rouge vif du côté que frappent plus spécialement les rayons solaires; elle est tiquetée de points ou taches de couleur brun fauve; l'œil est apparent, environné à la marge de rudiments de côtes; la cavité où s'implante la queue est marquée d'une tache qui s'étend en rayonnant à la surface du fruit; la chair est ferme, d'un blanc jaunâtre; elle est, comme le nom du fruit l'indique, douce d'abord, puis amère; les pepins, au nombre de deux dans chaque loge, sont bruns et bien nourris.

Cette pomme mûrit en octobre; elle tient le premier rang parmi les pommes à cidre; c'est elle qui forme, pour ainsi dire, la ligne de démarcation entre les pommes à couteau et celles qui servent à la fabrication de cette boisson.

Le plus ou moins de hâtiveté des fruits n'étant pas sans importance soit pour leur culture et leur propagation, soit pour leur conservation, nous allons, dans le tableau suivant, indiquer l'époque de maturité la plus ordinaire des pommes à couteau ; il est superflu de faire remarquer que cette détermination ne peut pas être rigoureuse, et qu'elle est soumise aux influences de climat et d'exposition.

JUILLET : *Pomme Saint-Jean. Petite pomme Saint-Jean. Pomme hâtive de Pézenas. Pomme Madeleine. Pomme calville d'été* ou *passe-pomme. Pomme carmin de juin.*

AOUT : *Pomme calville d'été. Pomme de glace hâtive. Pomme passe-pomme rouge* ou *calville rouge d'été. Pomme couchine. Pomme Postophe d'été. Pomme gelée d'été. Pomme d'Astracan. Pomme reinette d'Angleterre* ou *d'aoûtage.*

SEPTEMBRE : *Pomme passe-pomme d'automne. Pomme d'outre-passe. Pomme museau-de-lièvre. Pomme petit pigeonnet. Pomme rambour d'été. Pomme madrée d'août. Pomme Troussel. Pomme d'Aunette. Pomme noire. Pomme doux aux vêpes. Pomme gros doux aux vêpes. Pomme blanc d'Espagne. Pomme reinette jaune hâtive. Pomme reinette blanche hâtive. Pomme reinette princesse. Pomme Gallo-Bayeux. Pomme Lelieur. Pomme blanc Michel. Pomme Romanite. Pomme fenouillet jaune* ou *drap d'or. Pomme belle d'août.*

OCTOBRE : *Pomme commune. Pomme cœur-de-pigeon* ou *de Jérusalem. Pomme de glace tardive. Pomme bienvenue. Pomme Malocarle. Pomme bonne Lansel. Pomme couchine rouge. Pomme gros api d'été. Pomme grosse poire noire d'Amérique. Pomme belle d'automne. Pomme calville malingre. Pomme reinette de Bretagne. Pomme Final. Pomme oléose. Pomme doux Juvigny. Pomme petit Barbarie. Pomme belle du Havre. Pomme Robert de Rennes. Pomme de rosée* ou *rosée. Pomme amer-doux gris. Pomme Vetillart. Pomme de Lestre. Pomme reinette rousse* ou *des Carmes. Pomme de deux goûts.*

NOVEMBRE : *Pomme gros pigeonnet. Pomme gros Faros. Pomme petit Faros. Pomme passe-pomme blanche. Pomme calville rouge d'automne. Pomme tachetée. Pomme drap d'or. Pomme reinette de Hollande. Pomme capendu. Pomme suisse* ou *Sicler. Pomme reinette Saint-Laurent. Pomme des quatre goûts. Pomme d'Amérique large face. Pomme gros papa.*

DÉCEMBRE : *Pomme pigeonnet de Rouen. Pomme-figue. Pomme calville rouge d'automne. Pomme-concombre. Pomme gros api d'hiver. Pomme fenouillet gris* ou *anis. Pomme Postophe d'hiver. Pomme cœur-de-bœuf* ou *calville de Normandie. Pomme calville blanche d'hiver. Pomme grosse reinette rouge tiquetée. Pomme reinette de Meron. Pomme reinette d'Angleterre* ou *dorée. Pomme divine. Pomme doux à trochet. Pomme de Montalivet. Pomme Rhode-Islande. Pomme King-Sweting. Pomme fillette. Pomme bonne Thoüin. Pomme Maltranche.*

JANVIER : *Pomme-lanterne. Pomme gamache. Pomme de Barberin. Pomme petit api. Pomme api blanc. Pomme api noir. Pomme étoilée. Pomme fenouillet rouge. Pomme calville rouge d'hiver. Pomme Laumont. Pomme fleur d'ange. Pomme reinette de Saint-Béat. Pomme reinette naine. Pomme non pareille. Pomme haute bonté. Pomme reinette d'Espagne. Pomme reinette Joséphine. Pomme coing. Pomme doux d'Angers. Pomme belle de Senart.*

FÉVRIER : *Pomme de châtaignier. Pomme rambour d'hiver. Pomme bouquet preuve. Pomme reinette rouge. Pomme reinette de Canada. Pomme reinette franche. Pomme reinette grise. Pomme reinette de Montagne. Pomme sucrin* ou *de Maugé. Pomme Green-Spitzemberg.*

A cette nombreuse série de pommes cultivées, que nous avons rendue aussi complète que possible, nous ajouterons la nomenclature de celles qui servent plus spécialement à la fabrication du cidre ; nous l'empruntons au catalogue qu'en a formé M. Brébisson. Nous indiquons par un astérisque (*) celles dont il a constaté la désignation exacte par la confrontation. Nous ferons néanmoins remarquer que la transmutation des greffes, la nature différente de terrain et d'exposition, apportent des différences assez sensibles dans les variétés, pour qu'il soit difficile d'en établir la concordance d'une manière rigoureuse.

POMMES A CIDRE PRÉCOCES ou DE PREMIÈRE SAISON.

* *Pomme Girard*, amère; bonne espèce, très-productive; cidre de bonne qualité. Pays d'Auge, Bessin, Bocage, Ille-et-Vilaine, Manche, Falaise.—*Papillon, renouvellet*, Seine-Inférieure.

Pomme lente au gros, deux espèces: douces, bonnes espèces; cidre un peu clair. Pays d'Auge, Eure. — *Moussette*, Ille-et-Vilaine.

Pomme louvière, amère, mauvaise espèce, peu productive; cidre de peu de durée. Bessin, Cotentin, Bocage.

* *Relet*, deux espèces, douces; bonnes espèces, très-productives; cidre léger et bon. Bessin, Manche.—*Coqueret*, Falaise, Orne, pays d'Auge, Seine-Inférieure.

Castor, douce; mauvaise espèce; cidre clair et peu durable. Bessin.

Cocherie flagellée, douce; bonne espèce, très-productive; cidre délicat. Avranches.

Gai, douce-amère; petit fruit, sec, fertile; cidre qui n'est bon que la seconde année; se conserve trois ou quatre ans. Ille-et-Vilaine, Manche, Bessin.

* *Doux-veret*, douce; très-bonne et très-féconde espèce; cidre de bonne qualité. Bessin, pays d'Auge, Orne, Manche, Bocage.—*Musel, doux à mouton*, Seine-Inférieure. — *Rouge bruyère*, Gournay, Falaise, Lisieux.

Guillot Roger, douce; bonne et très-productive; cidre délicat. Pays d'Auge, Bocage.

Saint-Gilles, douce, très-productive; cidre léger. Cotentin. — *Longue queue*, Bocage.

* *Blanc doux*, douce; très-bonne espèce; cidre épais qui s'éclaircit et devient bon.

Bocage, Falaise. — *Blanchet, doux de la Lande*, Bessin.—*Gros blanc*, Lisieux.

* *Haze*, douce, très-bonne espèce; cidre excellent. Bocage, Bessin, pays de Caux, Eure et Falaise.

* *Renouvellet douce*, petite, mais très-bonne et très-productive; cidre excellent. Pays d'Auge, Cotentin, Ille-et-Vilaine, Eure, Orne et Falaise.

* *L'épicé*, douce, bonne espèce, mais peu productive; bon cidre. Eure, pays d'Auge. — *Belle fille, petit Dammeret, Aumale, petit Retel aufrielle*, Pont-Audemer; *Pomme de lièvre*, de Gournay; *Doucet*, Falaise, Lisieux.

Pomme fausse Varin, amère, bonne espèce. Pays d'Auge, Bernay.

Pomme Orpolin jaune, douce, bonne espèce; bon cidre. Pays d'Auge.

Pomme greffe de Monsieur, douce, bonne espèce; cidre clair et léger. Cotentin, Avranches, Ille-et-Vilaine. Elle est tardive.

Pomme court-d'Aleaume, amère, peu productive; cidre bon et bien coloré. Pays d'Auge, Cotentin.

* *Pomme amer-doux blanc*, douce-amère, très-bonne et productive; cidre bon et durable. Cotentin, Bessin, Eure, Orne, Seine-Inférieure, Somme, pays d'Auge, Bocage et Falaise.

Pomme quenouillette, douce, peu productive, fruit petit; cidre clair et bon. Orne, pays d'Auge.

Pomme blanc-mollet, douce, amère; bonne espèce, très-productive; cidre bon qui se conserve longtemps, pays d'Auge, Eure.—*Douce Morelle d'Aumale, Grande Vallée*, Gournay, pays de Caux, Roumois, Oise.

Pomme jaunet, douce; bonne espèce, productive; cidre bon et durable. Eure, Orne, pays d'Auge. — *Gannel* de Gournay.

Pomme groseillier, douce; bonne espèce, productive; cidre clair et durable. Pays d'Auge, Cotentin. — *Berdouillère, queue-de-rat, janvier*, Seine-Inférieure, Oise.

Pomme doux-agnel, douce; bonne et productive; cidre clair, agréable, mais de peu de durée. Bocage, Cotentin, Somme, Bessin.

Pommes de seconde saison.

* *Pomme fréquin*, amère; l'une des espèces les meilleures et les plus productives; cidre excellent et durable. Pays d'Auge, Bessin, Cotentin, Manche, Ille-et-Vilaine, Orne, Eure, Seine-Inférieure, Oise, Somme, Bocage, Falaise.

* *Pomme petit court*, douce, bonne et productive; cidre bien coloré, agréable et de longue durée. Manche, Bessin, Bocage.

* *Pomme doux-évêque*, douce; bonne espèce; cidre clair, léger, agréable et de peu de durée. Eure, Orne, Ille-et-Vilaine, Manche, Cotentin, Bessin, Bocage, Falaise, pays d'Auge, Seine-Inférieure, Somme, Oise.

Pomme paradis, douce; espèce médiocre et de peu de durée; cidre peu estimé. Cotentin, Seine-Inférieure.

Pomme varelle, douce; mauvaise espèce. Cotentin, Bessin.

Pomme herouet, douce; bonne et productive; cidre excellent et nourrissant. Bessin et Cotentin, Bocage, pays d'Auge.

Pommes grosbois, mouronnet et avocat, douces; bonnes espèces, qui ne sont connues que dans le Bessin.

* *Pomme amer-doux*, amère; très-bonne et très-productive; cidre fort et durable. Eure, Cotentin, Bessin. — *Gros-amer*, Falaise.

Pomme Saint-Philibert, douce; bonne espèce; cidre fort, très-coloré et de longue durée. Pays d'Auge, Cotentin, Eure. — *Bonne sorte, grande sorte*, Seine-Inférieure.

Pomme douce-ente, douce; espèce médiocre, assez productive; cidre léger, peu durable. Pays d'Auge, Cotentin. — *Close-ente*, de l'Eure. — *Verte-ente*, de Bernay.

Pomme chargiot, douce; mauvaise espèce. Pays d'Auge.

* *Pomme long-pommier*, douce; bonne espèce, cidre délicat. Pays d'Auge, pays de Caux, Manche, Eure. — *Étiolée*, de Falaise.

Pomme cimetière, douce; bonne, très-productive; cidre coloré et durable. Pays d'Auge, Bernay. — *Blagny*, Eure.

* *Pomme d'avoine*, douce; bonne espèce; cidre ambré, très-bon et très-durable. Eure, Orne, Ille-et-Vilaine, Cotentin, Bocage, pays d'Auge, Seine-Inférieure, Somme. — *Grosse-queue*, Falaise.

* *Pomme ozanne*, douce; très-bonne espèce; cidre excellent et bien coloré. Pays d'Auge, Bessin, Seine-Inférieure, Oise, Somme, Falaise. — *Orange*, Manche et Bocage.

* *Pomme gros-doux*, douce; bonne espèce; cidre bon et agréable. Bessin, Manche, Ille-et-Vilaine, Falaise. — *Binet*, gros linin, Seine-Inférieure.

* *Pomme moussette*, amère; bonne espèce, très productive; cidre bon et durable. Manche, Bocage, Orne. — *Amer-mousse*, noron, Falaise.

Pomme cusset, amère; espèce peu connue. Environs d'Avranches.

.* *Pomme gallot*, douce; petite, mais bonne espèce, très-fertile; cidre ambré, agréable, mais de peu durée. Orne, Manche, Bessin, Bocage, Falaise.

* *Pomme pepin percé* ou *doré* ou *noir*, douce; cidre léger, bon, peu durable. Eure, Orne, Manche, Bessine, Falaise, Somme, Oise.

* *Pomme damelot*, amère; bonne espèce. Bon cidre. léger, mais durable. Orne, pays d'Auge. — *Gros écarlate, gros rouget*, Seine-Inférieure.

Pomme cul noué, amère; bonne espèce, produit beaucoup; cidre excellent et très-durable. Cotentin, pays d'Auge, Eure, Ille-et-Vilaine. — *Ennouée, queue nouée*, Seine-Inférieure.

Pomme piquet, amère; espèce médiocre; cidre pâle et peu durable. Seine-Inférieure.

Pomme menuet, douce; espèce peu fertile; cidre de bonne qualité. Manche, Ille-et-Vilaine.

Pomme peau-de-vache, variété précoce, douce; bonne espèce; cidre bon et agréable. Environs de Lisieux.

Pomme souci, douce; bonne, mais petite espèce, fruit abondant; cidre bon et durable. Cotentin, pays d'Auge, pays de Caux, Eure, Ille-et-Vilaine.

Pomme chevalier, douce; bonne espèce; cidre agréable à l'œil et au goût. Cotentin, pays d'Auge.

Pomme blanchette, douce, bonne espèce; cidre excellent. Environs de Lisieux et de Bernay.

Pomme Jean-Almi, douce; espèce qui donne de bon cidre. Cotentin.

Pomme turbet, douce; bonne espèce; cidre très-spiritueux, *Turbet caput*. Cotentin, Eure. Pays d'Auge, Oise.

Pomme becquet, douce; bonne espèce, cidre excellent, riche en couleur et durable. Manche, Eure.

* *Pomme cappe*, douce; bonne espèce; produit peu; cidre bon et durable. Bessin, Cotentin, pays d'Auge, Falaise.

Pomme doux-ballon, douce; bonne espèce; très bon cidre. Cotentin.

* *Pomme l'épicé*, douce; bonne espèce; très-bon cidre. Manche, Orne, Ille-et-Vilaine. — *Doucet*, Falaise, pays d'Auge.

Pomme doux-dagorie, douce; espèce aussi peu estimée pour sa qualité que pour son produit; cidre coloré, mais faible. Bessin, Orne, Bocage.

Pomme feuillue, douce-amère; espèce médiocre; cidre épais qui s'éclaircit. Pays d'Auge, Bessin.

Pomme de rivière, douce; bonne espèce; cidre délicat et ambré. Bocage, Orne, Bessin, Manche.

Pomme Préaux, douce; bonne, mais petite espèce; cidre clair, ambré et durable. Cotentin, pays d'Auge, Bessin, Bocage.

Pomme Guibour, douce, espèce peu connue, dont on vante le cidre dans le Bessin.

Pomme Varaville, douce; bonne espèce; cidre coloré, fort et durable. Cotentin, pays d'Auge, Bessin et Eure.

Pomme Colin-Antoine, douce; espèce médiocre; cidre peu estimé. Seine-Infé-

rieure. — *Colin-Jean*, environs de Lisieux.

Pomme hommée, douce; grosse et bonne espèce; cidre léger, peu durable. Orne, Bocage, Ille-et-Vilaine, Somme.

* *Pomme-de-côte*, douce; grosse et bonne espèce; bon cidre. Bocage, Orne, pays d'Auge, Falaise.

Pommes de troisième saison.

* *Pomme germaine*, douce; bonne espèce, très-productive; cidre excellent, bien coloré et durable. Pays d'Auge, Seine-Inférieure, Somme, Oise, Bocage, Bessin, Manche, Ille-et-Vilaine, Orne, Eure, Falaise.

* *Pomme réboi*, douce, bonne et productive; cidre bon et durable. Orne, Falaise, Bocage, Manche, Ille-et-Vilaine, Eure.

* *Pomme marin Onfroi*, douce, très-bonne; cidre excellent. Eure, Orne, Ille-et-Vilaine, Manche, Bessin, Bocage, Falaise, pays d'Auge, Seine-Inférieure, Oise et Somme.

* *Pomme sauge*, amère; bonne espèce; produit peu; cidre clair et agréable. Eure, Orne, Manche, Bocage, Falaise, pays d'Auge, Seine-Inférieure.

* *Pomme Barbarie*, douce; espèce très-productive; cidre fort en couleur, s'éclaircit la seconde année. Eure, Orne, Ille-et-Vilaine, Manche, Bessin, Bocage, Falaise, pays d'Auge, Seine-Inférieure, Somme, Oise.

* *Pomme peau-de-vache*, douce; bonne espèce; cidre excellent et durable (on en connaît deux variétés dans le pays d'Auge). Eure, Orne, Manche, Bocage, Falaise, Seine-Inférieure et Oise.

Pomme messire Jacques. Bonne, mais peu productive; cidre clair, délicat et peu durable. Orne, Manche.

* *Pomme bédan*, douce; bonne espèce, produit beaucoup; très-bon cidre, mais un peu clair. Ille-et-Vilaine, Manche, Bessin, Orne, pays d'Auge, Eure, Seine-Inférieure, Somme, Falaise.

* *Pomme bouteille*, douce (deux va-

riétés); bonne espèce; cidre agréable et coloré. Pays d'Auge, Bocage, Orne, Seine-Inférieure, Falaise.

Pomme petite-ente, douce; espèce très-tardive; bon cidre, très-coloré. Pays d'Auge.

Pomme duret, douce; espèce très-vantée pour son cidre clair et spiritueux. Bocage, Eure.

Pomme œil-de-bœuf, amère; espèce médiocre, mais fertile; cidre faible et peu durable. Bocage.

Pomme haute bonté, amère; bonne et productive; cidre délicat, bien coloré, peu durable. Bocage, Seine-Inférieure, pays d'Auge.

* *Pomme de Chennevières*, amère; espèce productive; cidre clair et de médiocre qualité. Manche, Orne, Bocage, Falaise.

* *Pomme de Massue*, douce; bonne et productive; cidre très-fort et durable. Bessin, Bocage, Manche, Ille-et-Vilaine, pays d'Auge, Falaise.

Pomme de cendres, amère; bonne espèce; cidre ambré, très-agréable au goût. Bessin, Bocage, Orne.

Pomme aufriche, douce; bonne espèce, peu fertile; cidre excellent, ambré et durable. Eure, Orne, Ille-et-Vilaine, Manche, Bessin, Bocage.

* *Pomme fossetta*, douce; bonne et productive. Bessin, Falaise.

Pomme ros, douce; *prépetit amère*, très-estimée dans le Bessin.

Pomme grimpe-en-haut, amère; espèce peu productive; cidre agréable et durable. Bessin. — *Long-bois*, pays d'Auge.— *Haut-bois*, *menerbe*. Seine-Inférieure.

Pomme saux, douce-amère; bonne, mais peu productive; cidre excellent et durable. Bessin, Manche.

Pomme petas, amère; espèce connue et estimée dans le Bessin.

Pomme doux-belheur, douce; bonne et productive; cidre clair et durable. Cotentin, pays d'Auge, Eure.

Pomme camière, douce; grosse et bonne espèce; cidre très-bon et durable. Bessin, Cotentin, Eure, pays d'Auge.

Pomme sauvage, douce; grosse et bonne espèce, très-fertile; cidre très-coloré, excellent et de longue durée. Cotentin, Bessin, Orne, pays d'Auge.

* *Pomme gros-doux*, douce; belle et bonne espèce; cidre bon et agréable. Bessin, Bocage, Orne, Eure, Seine-Inférieure, Falaise.

Pomme sapin, douce; belle et bonne espèce; cidre de belle couleur et durable. Bessin, Eure, Manche, Seine-Inférieure.

Pomme doux-Martin, douce; bonne espèce; cidre excellent, ambré et durable. Manche, Ille-et-Vilaine, Eure, Orne. — *Saint-Martin*, — *rouge mulot*, pays d'Auge.

Pomme muscadet, douce; bonne, mais petite espèce, très-productive; cidre bon et durable. Eure, Manche, pays d'Auge, Orne.

Pomme Boulemont, douce; espèce médiocre; cidre clair et peu durable. Pays d'Auge.

Pomme tard-fleuri, douce; deux variétés très-bonnes; cidre bon et agréablement coloré. Ille-et-Vilaine, Manche, Eure, Seine-Inférieure, pays d'Auge.

Pomme à coup-venant, douce; bonne espèce; cidre clair et délicat, mais peu durable. Manche, Orne, Seine-Inférieure.

Pomme Adam, douce; bonne espèce; cidre riche en couleur, fort et durable. Bessin, pays d'Auge.

Pomme de suie, amère; espèce médiocre, peu productive; cidre fort, épais, qui s'éclaircit la troisième année seulement. Pays d'Auge, Bernay.

Pomme gros-Charles, douce; espèce peu prisée, bien qu'assez productive; cidre clair et peu durable. Seine-Inférieure, Somme.

Pomme sonnette, douce; espèce médiocre; cidre sans qualité. Seine-Inférieure, Somme, Oise, Eure.

Pomme Jean-Huré, douce; espèce très-vantée, peu connue en Normandie : on la dit très-bonne, très-productive et donnant un excellent cidre.

POIRE, fruit du poirier, *pirus*, L.; famille des Rosacées, J.

C'est une mélonide, de forme pyramidale, de grosseur variable, renfermant des semences ou pepins, placés deux à deux dans cinq loges parcheminées, plus ou moins grandes, suivant les variétés. Cet excellent fruit s'offre sous des formes, des volumes et des couleurs qui varient à l'infini. Il se rapproche plus ou moins de la pomme, par certains caractères, mais il s'en distingue, 1o par la longueur de son pédoncule ou queue, qui est toujours plus considérable; 2o par l'allongement plus ou moins grand et plus ou moins régulier de la partie qui avoisine sa base; 3o par la densité de sa chair, qui, ainsi que nous l'avons déjà dit, est plus grande que celle de la pomme. Enfin, si, comme l'a fait récemment M. Turpin, on examine au microscope le tissu cellulaire dans un jeune fruit, on le trouve formé de très-petites vésicules contiguës et déjà remplies de nombreux globulins. Ce tissu est identique avec celui qui circule sous l'écorce et qu'on nomme *cambium*. C'est, comme nous l'avons dit page 9, la plus simple des matières organisées; c'est le mucilage entièrement formé des éléments de l'eau et du carbone; c'est enfin, comme l'a très-judicieusement dit M. Mirbel, du *tissu cellulaire fluide*. Si on suit le développement de la poire, on voit, dans ce premier élément du péricarpe, de petits noyaux ou des concrétions vulgairement appelées *roche* ou *pierre*, se former çà et là et se grouper autour des loges cartilagineuses du fruit, plus particulièrement vers l'œil. Ils sont plus ou moins nombreux, suivant les variétés, et très-abondants dans la poire Saint-Germain et celle d'Angleterre. Ces concrétions se rencontrent aussi dans le coing et la nèfle, mais jamais dans la pomme. Chacun de ces corps agglomérés ou sphéroïdes pierreux est, d'après le-même observateur, composé de trois parties fort distinctes : 1o de la vésicule maternelle devenue une sorte de géode; 2o de la globuline ou grains de fécule engendrés par la vésicule; 3o de la sclérogène (1) absorbée, inassimilable, et simplement accumulée dans l'intérieur de la vésicule, de manière à lui donner la solidité qu'on retrouve, par exemple, dans les graines ou pepins du raisin et de la groseille.

Le poirier, dont la Gaule est l'antique patrie, est indigène des forêts de l'Europe tempérée. On a remarqué que les espèces dont le bois est le plus rustique fournissent généralement les fruits les plus délicats.

Pour que les poires atteignent toutes leurs qualités, il est indispensable que la saison ne soit ni trop humide, ni trop sèche : dans le premier cas, elles sont fades et se conservent difficilement; dans l'autre, elles ne grossissent pas et deviennent souvent pierreuses.

Les Romains, comme nous avons déjà eu l'occasion de le faire remarquer pour d'autres fruits, donnaient à leurs poires les noms soit de ceux qui faisaient connaître de nouvelles espèces, soit des lieux d'où on les avait importées. C'est ainsi que notre bon-chrétien était la pompéienne; notre Saint-Martin, la poire d'Amérina; notre cuisse-madame, leur onichyne, ainsi appelée parce qu'elle avait la couleur des ongles; notre beurré, la volemienne, qui justifiait son nom, parce qu'elle remplissait, en quelque sorte, la paume de la main. Ils connaissaient environ trente-six espèces de poires, qu'ils propageaient de greffes; ils en avaient d'été et d'hiver, de fondantes et de sèches : l'une d'elles, qui était analogue à notre poire de livre, était nommée par eux *libralia*; notre blanquette, *pirus lactea*.

La poire est incontestablement, sinon le plus beau fruit, du moins le plus varié. Les nuances nombreuses qui différencient les variétés hâtives et celles tardives per-

(1) La sclérogène, dénommée par M. Turpin, est une substance supposée inorganique, qui a la propriété de s'interposer entre les vésicules et de les solidifier : c'est à elle que les noyaux doivent leur solidité; elle est abondante, par exemple, dans l'amande à coque dure, et rare dans celle à coque tendre.

mettent d'en faire, pendant presque toute l'année, l'ornement des desserts. De même qu'on l'a fait pour les pommes, on a divisé les poires en deux grandes catégories, les poires à couteau et les poires à cuire : les premières ont généralement une contexture plus lâche, une saveur plus douce; les autres sont fermes et cassantes, leur saveur est plus âpre, mais elle s'adoucit par la cuisson. En général, les caractères qui distinguent les variétés de poires sont plus tranchés que dans le genre pomme.

> La poire est distinguée ici par sa grosseur,
> Là par son coloris, plus loin par sa douceur;
> L'une mûrit l'été, l'autre tombe en automne,
> Celle-ci, dans l'hiver, à la main s'abandonne.
>   DELILLE.

La maturation des poires d'hiver s'effectue principalement dans la fruiterie; elles y éprouvent, par suite de la réaction des principes qui les constituent, des modifications qui changent leur couleur et leur saveur. (*Voir* chapitres *Maturation* et *Conservation des Fruits*).

On mange les poires cuites ou crues, en compotes ou à l'eau-de-vie, conservées à la méthode d'Appert ou tapées; en confiture ou marmelade; coupées par quartiers, elles entrent dans la composition du *raisiné* (voyez ce mot); enfin, divisées en tranches ou rouelles minces, et soumises à la chaleur modérée d'un four, elles perdent leur eau de végétation et peuvent se conserver alors presque indéfiniment. Associées, dans cet état, à d'autres fruits du même genre, elles servent à fabriquer une boisson spiritueuse ou vineuse assez agréable et d'une grande ressource, lorsque le vin et les autres boissons sont peu communs.

Les habitants des campagnes, lorsqu'ils sont assez heureux pour n'avoir pas besoin de recourir à l'emploi des poires sauvages pour faire de la boisson, les donnent aux pourceaux, qui s'en nourrissent avec profit, et qui en sont d'ailleurs très-avides.

Les poires n'entrent pas seulement dans la composition des desserts, dans l'état où la nature nous les offre; coupées par quartiers ou entières, et cuites à l'étouffé, elles forment, par l'addition du vin et du sucre, des compotes très-suaves et souvent d'un aspect très-agréable; cuites au four, elles figurent aussi sur la table du pauvre, mais trop souvent comme unique mets.

Examen chimique. La composition chimique des poires diffère peu de celle des pommes; cependant elles contiennent généralement plus de principe sucré et moins d'acide. Quant aux concrétions pierreuses qu'on y rencontre, et principalement dans celles Saint-Germain et d'Angleterre, Macquart et Vauquelin, qui les ont examinées, leur ont reconnu les caractères suivants : 1o elles exhalent, en brûlant, une odeur de pain grillé, indice de la présence de la fécule; cette substance a, en effet, été trouvée plus récemment par M. Recluz; 2o elles se dissolvent dans l'eau par une ébullition prolongée; 3o elles sont ductiles, élastiques et difficiles à pulvériser. On a vu plus haut quels sont leurs caractères physiques et à quelles causes M. Turpin attribue leur formation.

On doit à M. Bérard l'analyse suivante de la poire dite cuisse-madame, à diverses époques de son existence :

Principes constituants,	p. vertes,	p. mûres,	p. blettes.
Matière colorante verte.	6,08	0,01	0,04
Albumine végétale.	0,08	0,21	0,23
Ligneux ou fibre végétale,	3,80	2,19	1,85
Gomme,	3,17	2,07	2,62
Acide malique,	0,11	0,08	0,61
Chaux,	0,03	0,04	traces.
Eau,	80,28	83,88	62,73
Sucre,	6,45	11,52	8,77
	100,00	100,00	76,85

Sucre de poires.

Des poires de l'espèce Saint-Germain ont été placées dans un four tiède, pour favoriser, par la coction, la réaction de leurs priucipes; après refroidissement complet, elles ont été pistées; la pulpe, mise en macération dans suffisante quantité d'eau, pour opérer la solution du principe sucré, a été versée sur un tamis, puis on a saturé le liquide écoulé au moyen de la craie. Jetée ensuite sur un filtre, la liqueur a été évaporée jusqu'à consistance d'un sirop assez épais. Sa saveur était assez franche et plus sucrée que celle du sirop de pommes traitées de la même manière; la solution dans l'alcool et l'évaporation dans le vide n'ont pu y déterminer la formation d'aucune trace de cristallisation, ni même de concrétion, d'où on peut conclure que ce sucre est de la même nature que la mélasse, et incristallisable, quoi qu'aient pu dire d'anciens économistes, qui ont probablement pris des cristaux de malate de chaux pour des cristaux de sucre, et qui, d'ailleurs, appelaient sucre toute matière sucrée, et confondaient, sous la même dénomination, le sirop et le sucre.

Poiré ou *cidre de poires.*

Pour obtenir le poiré, on procède absolument comme nous l'avons indiqué en parlant du cidre ou pommé; on prend cependant plus de soin des poires; on évite, par exemple, de les mettre en tas. Les poiriers étant généralement plus productifs que les pommiers, et leurs fruits fournissant aussi plus de suc ou jus, on a proposé, assez récemment, de remplacer l'usage économique du cidre par celui du poiré, mais on verra bientôt que cette mutation ne pourrait s'opérer sans inconvénient, attendu la différence de leur mode d'action sur l'économie.

Quant au choix des espèces, il varie suivant les pays; toutefois les plus généralement appropriées sont, suivant M. Destos.: le *tahon-rouge*, ou bien le *raulet*, le *ninot*, le *maillot*, le *trochet*, le *raguenet*, le *rouge-vigny*, le *lantriotin*, le *mier*, le *cedon*, le *rochonnière*, qui fournissent un poiré rougeâtre très-alcoolique; le *roux*, ont le moût est sucré et agréable, mais ni fournit néanmoins un poiré faible et plat. Le *carizi blanc* et *rouge*, le *Robert*, le *grosmenil*, le *debranche*, le *dechenevin*, l'*épice*, le *defer*, le *grosvert* et le *sabot*, qui donnent un poiré d'excellente qualité.

Nous compléterons cette nomenclature à la fin de cet article, après la description des espèces à couteau ou cultivées.

Les améliorations que nous avons indiquées pour la fabrication du cidre peuvent s'appliquer, avec un égal succès, à la fabrication du poiré: sa qualité est d'autant meilleure qu'on a fait entrer dans sa composition des proportions convenables de poires acerbes et de poires plus riches en matière sucrée. Cette boisson est d'une couleur plus pâle et moins ambrée que le cidre; elle est limpide; sa pesanteur spécifique est plus considérable, surtout avant la fermentation, et cependant elle est, en général, plus dure et moins sucrée que le cidre; cette circonstance est due à ce que, la proportion du principe sucré y étant plus considérable, la fermentation y est aussi plus complète. La consommation du poiré, comparée à celle du cidre, est comme un est à cinq.

Le poiré de certains crus égale et surpasse même, en qualité, quelques vins blancs; il sert même souvent, soit à frelater les bonnes qualités, soit à améliorer les mauvaises et quelquefois à les remplacer les unes et les autres. Malgré tous ces avantages, il est moins estimé que le cidre; sa conservation est aussi moins facile; il passe plus promptement à l'acétification; il est même, sous ce rapport et dans certains pays, l'objet d'un commerce assez important. Quelques cultivateurs rendent le poiré mousseux en suspendant à propos la fermentation alcoolique, et introduisant le produit dans des bouteilles soigneusement bouchées. Lorsque l'opération a été bien conduite, cette boisson simule le vin de Champagne mousseux d'une manière si exacte, qu'il arrive souvent aux dégustateurs les plus exercés de s'y méprendre.

Le poiré est plus capiteux que le cidre, on croit même vulgairement qu'il attaque les nerfs; ce qu'il y a de certain, c'est qu'il est plus excitant que le cidre, et ne convient conséquemment pas aux personnes d'un tempérament nerveux. L'histoire rapporte, cependant, qu'une reine de France, Radegonde, le préférait à toute autre boisson : cette circonstance prouve que le poiré était connu au sixième siècle; mais elle ne prouve pas en faveur de l'irritabilité nerveuse de cette princesse. Doux, il est rafraîchissant et laxatif; fermenté, il est diurétique et enivre très-promptement, surtout lorsqu'on n'en fait pas un usage habituel : le plus estimé est celui d'Argentan, puis après vient celui d'Alençon, et enfin celui de Brie. Les poirés, comme les cidres, de qualités inférieures produisent souvent du trouble dans les voies digestives. On doit bien se garder de conserver cette boisson dans des vases de métal, et surtout de plomb, de cuivre et même de zinc, car on a remarqué que ce dernier le dissout assez facilement.

Eau-de-vie de poires ou de poiré.

Comme le cidre, cette boisson fournit, par la distillation, une liqueur spiritueuse, mais contenant plus de principe sucré; elle fournit aussi plus d'alcool; c'est ainsi que, lorsqu'un bon cidre donne 5,87 pour cent, le poiré en produit 7,26, ou environ un dixième de son volume d'eau-de-vie, à 20 ou 22 degrés. M. Girardin dit avoir obtenu davantage. Le mode d'extraction n'offrant rien de remarquable, nous renvoyons à ce que nous avons dit en parlant du cidre, et pour les meilleurs procédés de distillation, à l'article *Raisin*. On n'évalue pas à moins de 396,570 hectolitres la quantité de cidre et de poiré brûlés dans les cinq départements suivants : Seine-Inférieure, Calvados, Eure, Manche et Orne.

Vinaigre de poires ou de poiré.

Ainsi que nous l'avons dit plus haut, le jus de poires, étant généralement plus sucré que celui de pommes, fournit, par la vinification, plus d'alcool, et partant d'acide acétique ou vinaigre; aussi, pour les

besoins des arts, l'extrait-on généralement plutôt du poiré que du cidre; il est aussi de beaucoup supérieur, et tellement, que, dans beaucoup de cas, il remplace celui de vin : plusieurs départements du Nord n'en consomment pas d'autre. Le procédé de fabrication étant le même que celui du vinaigre de vin, nous renvoyons le lecteur à l'article *Raisin*.

Le marc de poiré peut être employé aux mêmes usages que celui de cidre; quant aux semences ou pepins qu'il renferme, ils sont aussi très-propres à la reproduction, et on les conserve ordinairement pour cet objet.

Les poires, dans l'état où la nature nous les offre, se conservent moins longtemps que les pommes; mais l'art a suppléé à cet inconvénient en variant, pour ainsi dire, à l'infini les procédés de conservation. Divers essais ont été tentés pour leur conserver les caractères qui les distinguent, lorsqu'elles sont encore sous l'influence de la végétation; mais ç'a été sans beaucoup de succès. (*Voir* le chapitre *Conservation des Fruits*.)

Compote de poires.

Pour la préparer, on prend généralement des poires fermes ou cassantes; tels sont le catillac, le Martin sec, le bon-chrétien, la royale d'hiver, la virgouleuse, le Messire Jean, le rousselet, etc.; on les pique avec la pointe d'un couteau, et on les jette dans l'eau; on fait bouillir légèrement pour en opérer le blanchiment; on les retire avec une écumoire, et on les projette successivement dans l'eau froide, pour leur donner un certain degré de fermeté; on les pelure, en ayant le soin de laisser la queue, si on veut les conserver ou les servir entières. On les remet sur le feu avec une petite quantité d'eau et de sucre, pour former, par la cuisson, un liquide sirupeux qui sert à les baigner, puis on couvre soigneusement pour concentrer la chaleur et leur donner le degré de cuisson convenable. Si on veut que la compote soit d'une belle couleur rouge, on ajoute, avant la cuisson, un peu de vin;

enfin on aromatise avec de l'alcoolat de cannelle ou de citron, ou simplement de l'écorce de l'un et du zeste de l'autre. Quelques personnes, pour augmenter l'intensité de la couleur de cette compote, se servent, pour la préparer, de vases de cuivre étamés : bien que ce mode de procéder ne présente pas de grand danger, il convient cependant mieux de ne pas le mettre en pratique.

Marmelade de poires.

On prend de préférence, comme pour la compote, les espèces ou variétés cassantes et sucrées ; on les pèle, on les coupe par quartiers, et on sépare les carpelles ou cœur, ou trognon, comme on dit vulgairement, qu'on rejette. On plonge les poires, ainsi divisées, dans suffisante quantité d'eau, pour les baigner, puis on met la bassine sur un fourneau, et on fait cuire à grand feu ; lorsque les quartiers ne résistent plus sous le doigt, on les enlève avec une écumoire, et on les dépose sur un tamis. On fait dissoudre dans l'eau de coction 8 onces ou 250 grammes de sucre par livre de fruit employé ; on laisse prendre quelques bouillons ou écume, et on ajoute les quartiers de poires ou leur pulpe, si on a jugé à propos de les piser.

Pâte de poires.

On prépare préalablement une compote ou marmelade de ce fruit ; on la pise au travers d'un tamis ; on ajoute à la pulpe partie égale en poids de sucre ; on fait rapprocher, en ayant le soin d'agiter, pour éviter l'adhérence au fond du vase : lorsqu'en en laissant tomber sur un papier non collé on n'aperçoit pas de traces d'humidité, on juge qu'elle est suffisamment cuite ; on la coule sur des plaques ou des assiettes saupoudrées de sucre ; on achève la dessiccation au four ou dans une étuve, en ayant le soin toutefois de retourner de temps en temps la pâte pour favoriser la déperdition de l'humidité suraboudante.

Ces diverses préparations devraient entrer plus souvent dans le régime diététique ; elles sont à la fois nourrissantes et rafraîchissantes.

Poires tapées.

Pour opérer ce genre de conservation des poires, on prend de préférence celles dites rousselet beurré, gris ou doré, d'Angleterre, le doyenné, le Messire Jean, et surtout le Martin sec et le Colmar. On cueille ces fruits un peu avant leur maturité, en ayant le soin de leur conserver la queue ou pédoncule ; on enlève la pelure, qu'on réserve ; on les jette entières dans de l'eau, que l'on amène et que l'on maintient pendant quelques minutes à l'ébullition ou 60 degrés. Lorsqu'on voit qu'elles ont atteint un certain degré de mollesse, on les retire au moyen d'une écumoire, et on les met égoutter sur un tamis, en ayant le soin de conserver l'eau qui a servi à opérer ce premier degré de cuisson ; on les range sur des claies, et on porte au four, qui a dû être préalablement amené au degré de chaleur qui suit la cuisson du pain, c'est-à-dire 60 à 80 degrés ; on ferme soigneusement, et on abandonne pendant douze heures environ ; on les retire, et on les expose au soleil pendant qu'on procède de nouveau au chauffage du four ; on les y place derechef, et on recommence cette opération trois ou quatre fois, suivant la nature des poires ou la saison. On a dû, d'autre part, faire un sirop avec l'eau de coction dans laquelle on a fait infuser les pelures et une quantité proportionnée de sucre ; on les y plonge, après toutefois les avoir aplaties entre les doigts ; on remet de nouveau sur des claies, puis au four, et on les y laisse jusqu'à ce qu'elles soient suffisamment sèches, ce qu'on reconnaît à leur couleur ambrée et à une sorte de demi-transparence ; on les range alors dans des boîtes ou des corbeilles ; elles forment, dans cet état, un objet de commerce assez important, et figurent avec avantage dans les boîtes dites de fruits confits ou confitures sèches.

Raisiné de poires.

Il s'obtient à peu près comme la marmelade, avec cette différence, cependant, qu'on remplace l'eau par du moût non fermenté de raisin ; pour diminuer son acidité, on y projette un peu de craie ; lorsque l'effervescence a cessé, on décante, on verse sur les quartiers de poires, et on fait rapprocher jusqu'à consistance convenable. On remplace quelquefois le moût de raisin par celui de pomme ou de poire même, récemment extrait et sans addition d'eau ; mais ces modifications, plus ou moins heureuses, constituent plutôt une marmelade qu'un raisiné proprement dit.

Poires à l'eau-de-vie.

On prend de préférence le rousselet ou le beurré d'Angleterre, un peu avant leur maturité complète ; on les soumet à une légère coction dans de l'eau alunée, pour en effectuer le blanchiment ; on les pelure et on les met dans des bocaux à large ouverture. On fait un sirop avec l'infusion de la pelure et du sucre, et lorsqu'il est suffisamment rapproché, on le verse sur les poires : on met un peu de cannelle, et on abandonne pour qu'elles s'imprègnent du principe sucré ; on ajoute ensuite de l'eau-de-vie ou de l'esprit de vin, suivant que l'eau de végétation a plus ou moins décuit le sirop, et on conserve.

Quelques personnes font une sorte de ratafia avec le suc exprimé de poires rousselet ou Messire Jean. Le procédé consiste à extraire préalablement la pelure, à la faire macérer dans le jus avec un peu de cannelle et de girofle, à ajouter ensuite du sucre ou mieux du sirop de sucre, et à filtrer. Cette liqueur n'est pas sans agrément.

VARIÉTÉS DE POIRES CULTIVÉES ou A COUTEAU.

Poire commune, fruit du *pirus communis*. Son volume est médiocre, sa forme sphéroïde, assez régulière ; d'abord d'un vert clair, elle passe au jaune lors de sa maturité ; sa surface pelliculaire ou peau est parsemée de points grisâtres ; sa chair est blanche, assez ferme, et d'un goût agréable ; les pepins, renfermés dans d'assez grandes loges, sont bruns, d'un ovale parfait, mais terminés cependant en pointe vers leur point d'insertion.

Cette poire est assez agréable pour être présentée sur les tables, et assez succulente pour contribuer à la confection du poiré.

Poiré de Joannet ou *Amiré-Joannet*. Elle est légèrement turbinée ; sa hauteur dépasse rarement 22 à 24 lignes, et son diamètre 15 à 16 ; son sommet est arrondi, et le centre est occupé par l'œil, qui est placé presque à fleur (1). La peau est d'abord d'un vert peu intense, puis elle se teinte de jaune citron lors de la maturité ; elle est rarement tiquetée, et prend quelquefois une teinte roussâtre dans la partie plus directement frappée des rayons solaires. Sa chair est blanche, succulente et molle ; sa saveur est fade ; les pepins sont bruns, petits et pointus.

Cette variété est très-hâtive ; lorsque la saison a été favorable, on peut la cueillir à la Saint-Jean. C'est probablement par corruption qu'au lieu de l'appeler poire de la Saint-Jean, on la nomme poire de Joannet ; elle n'est pas très-connue.

Poire petit muscat, poire sept-en-gueule ou en bouche. Cette variété, qui est la plus petite de toutes, puisqu'elle dépasse rarement 12 à 15 lignes de hauteur sur 10 à 12 de diamètre, s'offre le plus ordinairement en bouquets ; elle est figurée en toupie, quelquefois cependant elle simule de petites calebasses ; l'œil est placé presque à fleur, et environné de côtes peu saillantes ; sa peau est lisse, de couleur vert jaunâtre, et tiquetée de points d'un rouge plus ou moins intense,

---

(1) Bien que nous l'ayons déjà dit, il n'est pas superflu de faire remarquer, dans cette circonstance, que la base d'un fruit est la partie qui avoisine la branche et le sommet celle opposée, et que surmonte l'œil.

suivant que la saison et l'exposition ont été favorables ou non; il arrive même souvent que l'absence de toute couleur la fait confondre avec les blanquets. La chair est d'un blanc jaunâtre, succulente et musquée; les pepins, généralement gros, eu égard au volume du fruit, sont bruns, mais au sommet seulement; il y en a toujours de complétement blancs.

Cette poire est assez hâtive, car elle mûrit dans le courant de juillet, et même vers la fin de juin, lorsque l'exposition est très-favorable.

Poire muscat Robert ou *gros Saint-Jean musqué*. Elle est généralement de grosseur moyenne; sa hauteur dépasse rarement 24 à 26 lignes, et son diamètre 20 à 24; sa peau est lisse, de couleur vert clair tirant un peu sur le jaune lors de sa complète maturité; la partie qui reçoit plus directement l'influence solaire se teinte de rouge assez vif; la chair est savoureuse et assez agréable; les pepins sont bien nourris et presque noirs; l'œil, qui est grand et ouvert, est souvent environné de bosses irrégulières; la queue est généralement assez longue.

La maturité de cette poire s'effectue vers la mi-juillet; sa culture est assez répandue.

Poire muscat royal. MM. Poiteau et Turpin, qui se sont occupés, avec tant de soin et de succès, d'établir la synonymie des mélonides, pensent que l'arbre cultivé sous le nom de muscat royal au Jardin des Plantes, présente d'autres caractères que ceux qu'a signalés Duhamel; nous ne saurions mieux faire, dans cette sorte de conflit, que de rappeler la description la plus récente qui, dans le cas d'une variation opérée par la culture, serait au moins la plus exacte. « Cette poire, » disent ces messieurs, « a la forme d'une perle; sa tête ou sommet est ou bien arrondi, ou légèrement allongé; on y remarque quelques élévations ou boursouflures moins fortes et moins constantes que dans le blanquet à longue queue; et ces élévations rendent le calice tout à fait

saillant; le côté opposé s'allonge et diminue uniformément jusqu'à n'être pas plus gros que la queue qui le termine, et avec laquelle il se lie par quelques petits plis très-pâles. Le plus gros fruit n'a que 2 pouces de hauteur sur 20 lignes de diamètre; la peau est d'un vert tendre et recouverte d'une légère poudre blanche; elle passe ensuite au jaune faible, mais on remarque alors sur ce jaune beaucoup de petits points verts; la chair est demi-fondante, assez blanche et un peu pierreuse; son eau est abondante, sucrée et musquée. Les pepins sont petits, bruns et souvent avortés. »

Cette excellente poire mûrit vers la fin de juillet; c'est une analogie de plus avec le petit muscat et les blanquets, avec lesquels on la confond souvent.

Poire muscat fleuri. Cette variété n'atteint pas non plus un grand volume, car sa longueur dépasse rarement 12 à 15 lignes, et son diamètre est presque égal, ce qui lui donne une forme presque globuleuse; sa peau est lisse, d'abord verte, puis jaune clair, et enfin rouge fauve du côté frappé du soleil; sa chair est blanc verdâtre, demi-fondante; son arome est musqué; les pepins, renfermés dans d'assez grandes loges, sont petits; la queue est assez longue.

Cette poire, d'assez bonne qualité lorsqu'elle se développe à une bonne exposition, mûrit vers la fin de juillet.

Poire d'aurate. Elle est turbiforme, de volume médiocre, toujours réunie en bouquets; sa peau est de couleur jaune pâle dans sa plus grande étendue, et lavée de rouge du côté du soleil; elle est tiquetée, dans certaines parties, de points bruns jaunâtres; la chair est blanche, demi-fondante (pour nous servir d'une expression consacrée par les pomologistes); elle offre au centre, et près des carpelles, d'assez nombreuses concrétions pierreuses; les pepins sont petits, incomplétement bruns, gris ou blancs, suivant le degré de maturité; la queue est assez grosse, eu égard au volume du fruit : elle est longue d'un pouce environ.

Cette poire a un goût très-suave; son arome rappelle assez faiblement, il est vrai, celui du musc; elle mûrit à la fin de juin ou au commencement de juillet; l'arbre qui la produit est très-productif.

Poire Jargonelle. Cette variété, également turbinée, offre beaucoup d'analogie avec la précédente; mais elle en diffère néanmoins par son volume, qui est plus considérable; sa forme est aussi plus allongée; sa peau est d'une couleur jaune intense dans sa plus grande étendue, et d'un rouge assez vif du côté qui regarde le soleil; sa chair est blanche, demi-fondante, un peu musquée; ses pepins sont petits et de couleur brun foncé.

Cette poire, plus tardive que celle d'aurate, puisqu'elle ne mûrit qu'en septembre, est moins savoureuse, et moins estimée conséquemment.

Poire de Madeleine ou *citron des carmes.* Elle est turbiforme; son diamètre égale presque sa hauteur, qui dépasse rarement 24 à 26 lignes; sa peau prend une belle teinte jaune citron lorsqu'elle a atteint son maximum de maturité, ce qui lui a vraisemblablement fait donner le surnom de *citron des carmes;* cette couleur perd cependant un peu de son intensité du côté que frappe plus directement le soleil : elle est remplacée par une teinte rousse assez indéterminée; la chair, d'une contexture serrée, est, néanmoins, fondante, savoureuse, et d'un parfum très-suave; les pepins sont noirs et bien nourris; la queue est longue.

Cette poire mûrit vers la fin de juillet; elle est très-estimée, et mériterait d'être propagée davantage; elle a toutefois l'inconvénient de mollir assez promptement.

Poire cuisse-madame, poire onychine. Elle est de forme allongée; son volume n'est pas très-considérable, car elle dépasse rarement 28 à 30 lignes de hauteur sur 20 à 22 de diamètre; sa peau est lisse, comme vernissée, de couleur vert jaunâtre dans l'ombre, tiquetée de points roux, et lavée de rouge brun du côté frappé plus directement des rayons solaires; sa chair est demi-fondante, d'une contexture lâche succulente, et d'un goût très-suave; son arome rappelle un peu celui du musc. Les pepins sont de grosseur moyenne, aigus au sommet.

Cette excellente poire mûrit vers la fin de juillet. Elle doit vraisemblablement plutôt son nom à sa forme qu'à sa couleur; cependant les anciens, croyant voir quelque ressemblance entre la couleur de sa peau et celle de l'ongle, nommaient ces poires *pira onychina purpurea.*

Poire gros blanquet. Cette poire est oviforme; son diamètre, qui est d'environ 2 pouces, égale presque sa hauteur; cette forme est assez peu constante, car on en voit dont le sommet s'élève en mamelon, et dont la base se rétrécit en pointe arrondie; d'autres sont exactement piriformes; la peau est épaisse, blanc jaunâtre d'un côté, rouge clair de l'autre; la chair est ferme, cassante, d'un goût aromatique assez agréable; les pepins sont noirs, rarement bien formés, ils avortent même souvent; la queue est longue d'environ un pouce, et bien nourrie.

Cette belle variété mûrit à la fin de juillet ou au commencement d'août.

Poire gros blanquet rond. Elle est turbinée ou en forme de toupie; sa hauteur atteint rarement plus de 20 à 22 lignes, et son diamètre 18; la peau est de couleur blanc jaunâtre, lavée de rouge clair du côté du soleil; la chair est demi-fondante, blanche, cassante, d'une saveur acidule-sucrée assez agréable; l'œil est très-apparent, presque à fleur du fruit; la queue est longue d'environ 5 à 6 lignes seulement.

Cette poire, qu'on désigne encore sous le nom de roi Louis, mûrit à la fin de juillet ou au commencement d'août.

Poire blanquet ou *blanquette longue queue.* Elle n'est jamais isolée, s'offre en bouquets plus ou moins gros et toujours pendants; elle est turbinée, assez petite; sa hauteur dépasse, en effet, rarement 20 lignes; cette poire se termine en pointe aiguë à la base ou du côté de la

queue; elle est arrondie en larme du côté
de l'œil, qui est placé à fleur et souvent
même sur une petite éminence irrégulière;
la peau est lisse, généralement d'un vert
blanchâtre, mais cependant nuancée de
roux du côté du soleil; la chair est demi-
fondante, blanche, d'une contexture assez
fine, succulente, d'une saveur très-agréable, participant de l'acide, du sucre et du
vin; les pepins sont d'un brun clair quelquefois gris ou blanc, rarement bien conformés, et souvent même avortés, ainsi
que cela se rencontre dans un grand
nombre de variétés hâtives.

Cette sous-variété mûrit au commencement d'août, lorsque la saison et l'exposition sont favorables.

Poire petit blanquet ou *poire-pile*. Sa
forme rappelle celle d'une perle; son volume varie entre un pouce et demi à
2 pouces de longueur sur 12 à 14 lignes
de diamètre; sa peau est fine, de couleur
blanc jaunâtre; sa chair est ferme,
assez sèche, d'une saveur agréable; son
arome rappelle celui du musc; les pepins
sont généralement bien nourris, quelquefois d'un brun clair, mais le plus souvent
blanc rosé.

Cette petite poire, qui est très-estimée,
mûrit au commencement d'août, et lorsque la saison est favorable, vers la fin de
juillet.

Poire d'Espagne ou *beau présent* ou
Saint-Samson, ou bien encore *grosse
cuisse-madame*. Cette poire est incontestablement l'une des meilleures que l'on
connaisse; elle a des caractères bien tranchés, et qui ne permettent de la confondre
avec aucune autre; sa forme est oblongue; son volume est assez considérable,
car sa hauteur atteint souvent de 3 à
5 pouces, et son diamètre 2 environ;
sa peau est lisse, de couleur verte:
on remarque, vers la queue, qui est assez
longue, une tache bistrée qui a plus ou
moins d'étendue, suivant le volume du
fruit et son degré de maturité; la chair
est de couleur blanc verdâtre, fondante,
sucrée et très-savoureuse; les pepins sont
noirs, et souvent ils avortent.

Cette délicieuse poire mûrit à la fin de
juillet; elle passe malheureusement assez
promptement. Il en existe une sous-variété
qui prend une teinte rouge au soleil, mais
elle est généralement moins fondante;
elle renferme même des concrétions très-
dures au centre, ce qui la rend peu agréable à manger.

Poire à deux yeux. Elle est ainsi dénommée, parce que deux des dents du
calice, se dirigeant en dedans et l'une vers
l'autre, semblent diviser l'œil en deux
parties, et le faire paraître double; elle a,
du reste, beaucoup d'analogie avec la précédente; elle est cependant plus petite;
sa chair est assez fondante et un peu
acerbe.

Cette variété, nouvellement obtenue,
offre, en outre, autour de l'œil, quelques
proéminences; elle est très-estimée, et à
juste titre; elle mûrit en août.

Poire grosse crémesine. Elle est de
moyenne grosseur, et n'a reçu l'épithète
de *grosse* que parce qu'il en existe une
sous-variété plus petite; sa hauteur est
d'environ 26 à 28 lignes, son diamètre de
20 à 22; sa peau, d'un vert blanchâtre dans
sa plus grande étendue, est rouge cramoisi, plus ou moins foncé du côté qui
reçoit plus directement l'influence solaire;
la chair est ferme, peu succulente; sa
saveur est acidule-sucrée; les pepins sont
brun noirâtre, assez bien conformés.

La *petite crémesine* ne diffère de celle-ci
que par son volume, qui est moindre, et
sa saveur plus fade et moins relevée.

Ces deux poires sont hâtives et très-
communes en Provence: on doit regretter de ne pas les voir plus abondamment
cultivées aux environs de Paris.

Poire de Chypre ou *rousselet hâtif*,
poire-perdreau. Cette poire est de forme
assez régulière; son volume est médiocre;
sa peau, de couleur jaune clair dans sa
plus grande étendue, est d'un rouge assez
vif du côté que frappe plus directement
le soleil; elle est tiquetée de points nombreux qui se détachent en gris sur le
rouge, et en brun sur le jaune; la chair

30

est fine, blanche, d'une contexture serrée, fondante et très-suave; les loges ou carpelles sont environnées de concrétions pierreuses; les pepins sont bruns ou noirâtres; l'œil est petit, rouge au centre (ce qui explique son surnom de perdreau), et placé dans une cavité peu profonde; la queue est grosse et bien conformée.

Cette poire exhale un parfum délicieux; elle est très-estimée, et mûrit à la mi-juillet.

Poire-rousselet de Reims, petit rousselet. Sa forme est turbinée; son volume est médiocre et varie peu; sa hauteur est généralement de 2 pouces environ sur 18 à 20 lignes de diamètre; sa couleur, d'abord vert clair, passe au jaunâtre; puis enfin le côté du soleil se lave de rouge brun; elle est tiquetée de taches grises et de points qui se détachent en vert ou en jaune sur le rouge; la chair est fine, demi-fondante; son arome est musqué et très-agréable; les pepins sont petits, aplatis et renfermés dans de très-petites loges, qu'ils remplissent.

Cette délicieuse poire mûrit dans le courant de septembre; elle se conserve assez difficilement; cette circonstance est fâcheuse, car elle est très-estimée, surtout pour faire des compotes.

Poire gros rousselet roi d'été. Cette poire n'est grosse que relativement, car sa hauteur dépasse rarement 2 pouces et demi, et son diamètre 18 lignes; sa peau est rugueuse, de couleur vert foncé dans sa plus grande étendue, et lavée d'un beau rouge de brique du côté qui reçoit plus directement l'influence solaire; elle est tiquetée de points roux ou cendrés; sa chair est d'une contexture peu délicate; elle offre, au centre, des concrétions pierreuses dont nous avons déterminé la nature au commencement de cet article; les pepins sont allongés, assez bien conformés; la queue est longue d'environ 15 à 18 lignes.

Cette poire, d'un goût acidule, a un arome particulier; elle mûrit en septembre, et est également estimée en compote.

Poire grosse rousselette d'Anjou ou

d'hiver. Cette poire, comme celle qui précède, et contrairement à sa dénomination, n'a qu'un volume médiocre; sa forme, généralement assez constante, est ovale-arrondie vers le sommet, et allongée vers la queue; la peau, de couleur verdâtre dans sa plus grande étendue, est teintée de rouge brun du côté du soleil. « Son eau, » disent MM. Poiteau et Turpin *loco citato*, « est douce, abondante tant que la chair est cassante; mais elle devient fade lorsque la poire a atteint son degré de maturité, et qu'elle a acquis plus de parenchyme; elle paraît participer du *Messire Jean* par l'aspect de la chair, et de la *crassane* par le goût, mais elle leur est inférieure. On n'en connaît jusqu'ici qu'un exemple au jardin des plantes; il se trouve dans le jardin particulier du célèbre Daubenton. »

Cette poire est tardive et ne mûrit qu'en février et en mars.

Poire-oignonet, archiduc d'été, amiré roux, poire-oignon. Elle est de grosseur moyenne, turbinée et ventrue; son diamètre égale sa hauteur, qui est ordinairement de 22 à 24 lignes; sa peau est lisse, comme vernissée, jaune dans sa plus grande étendue, rouge dans la partie qui regarde le soleil, elle est tiquetée de points roux plus ou moins ramassés; la chair, qui est généralement assez ferme, est cependant fondante, elle a un goût de rose, et est relevée ou acidule; les loges sont petites, elles renferment des pepins très-noirs, qui souvent avortent, et sont environnées de concrétions pierreuses; l'œil est à fleur, la queue, longue d'un pouce environ, est bien nourrie.

Cette poire, qui doit évidemment son nom à sa forme ventrue, qui rappelle celle d'un oignon, mûrit vers la mi-août; elle est rarement isolée et le plus souvent réunie en bouquet.

Poire-oignonet de Provence. Elle se rapproche beaucoup, quant à la forme, de celle qui précède, mais elle est plus petite; sa peau est lisse, de couleur vert jaunâtre dans sa plus grande étendue, et d'un rouge tirant sur le roux du côté qui regarde le soleil; la chair est ferme, peu succulente; son arome est musqué; la queue est, eu égard à la différence de volume, plus longue que celle de la variété qui précède.

Cette poire est assez estimée; elle mûrit en juillet.

Poire-muscadelle. Elle est petite; sa hauteur dépasse rarement 18 à 20 lignes; elle est souvent presque globuleuse, mais quelquefois aussi piriforme; elle atteint, dans ce dernier cas, jusqu'à 20 à 22 lignes de hauteur. Un caractère bien tranché, et qui la distingue de toutes les autres poires, c'est que son œil est placé dans une cavité dont les bords sont unis, et qu'il est dépourvu complétement des divisions du calice, surtout lorsque le fruit a atteint son maximum de maturité; la peau est verdâtre dans sa plus grande étendue : elle prend une teinte rousse du côté du soleil; la chair est ferme, d'un goût acidule-sucré; son arome est musqué; les pepins sont brun clair; la queue est de longueur moyenne, et bien conformée.

Cette poire mûrit en juillet.

Poire grosse muscadelle. Cette poire ne diffère de la précédente que par sa forme, qui est turbinée; son volume, contrairement à ce que semble indiquer sa dénomination, dépasse de peu de chose la première de ces variétés. Ce qui la distingue surtout, c'est la persistance des divisions calicinales; du reste, la couleur de sa peau, la suavité de sa chair sont les mêmes; elle mûrit aussi à la même époque; ces nuances sont trop peu tranchées pour former une variété distincte, mais elles le sont assez pour former une sous-variété.

Poire parfum d'août. Elle est turbinée; la partie ventrue est tellement arrondie, qu'elle paraît courte et ramassée; le côté de la queue se termine en pointe obtuse; sa hauteur ne dépasse guère 20 à 24 lignes; sa peau est lisse, d'une belle couleur jaune dans sa plus grande étendue, et lavée de taches rouge de feu du côté qui reçoit plus directement l'influence solaire; elle est tiquetée de points jaunes qui se détachent sur le rouge; sa chair est ferme, sèche, mêlée de concrétions pierreuses; elle a un arome musqué fort agréable; les loges sont petites, et les pepins bien nourris, aigus, et de couleur brune; l'œil est peu apparent; la queue s'implante un peu obliquement, dans une cavité assez profonde.

Cette poire, comme son nom l'indique, mûrit dans le courant d'août.

Poire d'ange. Cette poire, de volume médiocre, est d'une forme assez constante; elle est obtuse du côté de la queue, et arrondie au sommet; l'œil est à fleur, et rouge au centre, comme dans la poire-perdreau; la peau, d'abord verte, puis jaunâtre, est tachetée de points roux; la chair est blanche, demi-fondante, d'un goût agréable; la queue, généralement assez longue, s'implante dans une cavité dont les bords sont entourés de petites proéminences irrégulières.

Cette variété est assez estimée, et peu connue cependant; elle mûrit, comme celle qui précède, en août, et est conséquemment assez hâtive.

Poire Bourdon musqué. C'est une petite poire presque globuleuse, un peu aplatie vers le sommet; son diamètre, qui est d'environ 18 à 20 lignes, dépasse sa hauteur de quelques lignes; sa peau, d'un vert assez clair, est tiquetée de points d'un vert plus foncé; la chair est blanche, ferme, quoique assez succulente; sa saveur est acide-sucrée, et son arome rappelle celui du musc; les pepins sont gros, eu égard au volume du fruit; la queue est implantée dans une cavité assez large.

Le Bourdon musqué est assez estimé; il mûrit en juillet; on le désigne encore sous le nom d'orange d'été.

Poire hâtiveau. Elle est turbinée, un peu déprimée au sommet et à la base, ce qui fait que son diamètre est un peu plus considérable que sa hauteur; celle-ci dépasse rarement 15 à 16 lignes; la peau est très-lisse, de couleur jaune clair; elle est tiquetée de taches d'un rouge assez intense du côté qui reçoit plus directement les rayons du soleil ; la chair, assez peu savoureuse, est demi-fondante, et légèrement musquée; les pepins sont noirs et bien nourris; la queue est grêle et assez longue, car elle atteint quelquefois jusqu'à 18 lignes.

Cette poire, assez peu estimée et avec raison, mûrit vers la mi-juillet.

Poire gros hâtiveau. Elle est rarement isolée, réunie par bouquets de trois à six ; bien que plus grosse que la précédente, cependant son volume n'est pas considérable, car sa hauteur dépasse rarement un pouce et demi à 2 pouces ; la peau, d'un blanc jaunâtre dans presque toutes ses parties, se lave de rouge vif du côté qui regarde le soleil ; cette partie est tiquetée de points bruns ou jaune foncé ; la chair est de couleur blanc verdâtre, demi-fondante, assez sèche, mêlée, au centre, de concrétions pierreuses ; sa saveur est douce ; l'œil est placé presque à fleur ; la queue est courte, grosse et bien conformée ; les pepins sont ovale oblong et très-noirs.

Comme celle qui précède, cette poire est turbinée; elle mûrit dans le courant d'août, et bien qu'elle soit assez belle, elle est peu estimée.

Poire fin or d'été. Elle est de grosseur moyenne; sa forme est turbinée; elle est un peu tronquée au sommet et déprimée du côté de l'œil; sa peau est lisse, de couleur vert jaunâtre, tiquetée de points rouges d'autant plus intenses qu'ils se rapprochent davantage de la partie qui regarde le soleil ; la chair est de couleur verdâtre, d'une contexture serrée; elle est demi-fondante ; sa saveur est acidule et assez agréable; les pepins sont noirs et assez gros; la queue est longue, eu égard au volume du fruit.

Cette poire mûrit vers la mi-août.

Poire-sans-peau, fleur-de-guigne. Cette poire est de forme oblongue ou piriforme; sa hauteur est, en effet, d'environ 30 à 36 lignes, tandis que son plus grand diamètre n'en a que 20 à 22; sa peau est très-fine et presque transparente ; elle

est d'abord de couleur vert pâle, mais, lorsque le fruit a atteint son maximum de maturité, elle devient jaunâtre, et se couvre de taches rousses du côté du soleil; sa chair est assez fondante, d'une saveur sucrée-acidule (1) légèrement aromatique; la queue, assez grêle, est implantée, un peu latéralement, dans un léger enfoncement ; les pepins sont bruns.

Cette poire n'est pas sans mérite, bien que sa chair soit mêlée de concrétions assez nombreuses; la singularité de sa peau la fait surtout rechercher, aussi est-elle dans toutes les collections un peu importantes ; elle mûrit en juillet.

Poire suprême. La description de cette poire, donnée par Duhamel, s'éloignant, sous plusieurs rapports, de celle donnée plus récemment par MM. Poiteau et Turpin, nous croyons devoir adopter celle de ces derniers auteurs; elle s'accorde d'ailleurs avec ce que nous avons observé nous-même. Nous ferons remarquer, à cette occasion, que ce genre d'anomalie n'a rien qui doive surprendre, la culture apportant, comme nous l'avons dit, des modifications dans le volume, la couleur et la saveur des fruits. Il n'est, dès lors, pas étonnant qu'une description de poire, très-exacte du temps de Duhamel, se trouve maintenant avoir besoin d'être modifiée. On doit s'estimer heureux que des observateurs aussi judicieux et aussi heureusement placés que MM. Poiteau et Turpin aient entrepris la tâche de signaler les mutations qui se sont opérées dans les caractères d'un grand nombre de variétés.

« La poire suprême, » disent ces pomologistes, « est grosse, allongée en bouteille, ventrue, haute de 3 pouces à 3 pouces et demi, rétrécie beaucoup vers la tête, où elle se termine souvent obliquement, de sorte que l'œil se trouve de côté.

(1) Nos lecteurs auront pu remarquer que, pour indiquer la saveur d'un fruit, nous disons qu'il est *acide-sucré* lorsque l'acide prédomine, qu'il est *sucré-acide* lorsque c'est le sucre et enfin qu'il est acidule si l'acidité est très-faible.

Cet œil est toujours entouré de petites côtes qui le compriment quelquefois. Ses découpures sont étroites, distantes, ordinairement charnues à la base, droites ou peu divergentes; le côté de la queue, qui est grosse, charnue, renflée aux deux bouts, longue de 12 à 18 lignes, bistrée au bout opposé au fruit, se trouve planté obliquement; la peau passe partout du vert au jaune tendre; elle a alors de nombreux points verdâtres, peu sensibles, qui, en se crevant, prennent une couleur brune, et deviennent plus apparents. Enfin ce fruit passe à la couleur du coing, et quelques personnes disent qu'il en a l'odeur. Sa chair est fort blanche, assez fine, quoiqu'un peu pierreuse, demi-beurrée, ayant du penchant à devenir pâteuse; l'eau est bien parfumée dans les années sèches, mais sans saveur dans les années humides. »

Cette belle poire est loin de mériter la dénomination, tant soit peu ambitieuse, qu'elle a reçue, à moins, toutefois, qu'elle ait perdu sous le rapport des qualités; elle mûrit vers la fin de juillet.

Poire sanguinole. Cette poire est généralement de volume assez médiocre; sa hauteur dépasse rarement 2 pouces, et son grand diamètre 20 à 22 lignes; elle est, comme on voit, un peu allongée; sa peau, de couleur vert grisâtre dans sa plus grande étendue, se lave d'une teinte rouge de brique du côté frappé plus directement des rayons solaires; elle est tiquetée de nombreux points d'un jaune fauve; sa chair offre une teinte rosée; sa saveur est plus acide que sucrée. (La couleur rouge qu'offre cette poire, et son acidité très-prononcée, prouvent que l'opinion que nous avons émise sur la coïncidence de ces deux caractères dans les fruits acides est fondée; nous ne connaissons, en effet, d'exception à cette règle que le citron.) La queue de la poire sanguinole est longue d'un pouce environ, et implantée dans une petite cavité.

Cette poire, très-remarquable par la couleur de sa chair, est cependant, at-tendu son extrême acidité, assez peu estimée; elle mûrit en août.

Poire sanguine d'Italie. Elle a beaucoup d'analogie avec celle qui précède; sa forme est turbinée; son volume est médiocre, car sa hauteur n'est guère que de 25 à 28 lignes, et son diamètre de 22 à 24; sa chair est ferme, peu succulente, de couleur blanc rosé, entremêlée de veines d'un rouge plus intense; sa saveur est douce, assez fade; ses pepins sont d'un brun noirâtre; l'œil est placé dans une cavité très-peu profonde, mais néanmoins assez évasée, et tellement même, qu'il paraît être à fleur.

Cette sous-variété mûrit au commencement d'août.

Poire-figue. Elle est de grosseur moyenne, très-allongée; sa hauteur dépasse souvent 3 pouces, et son grand diamètre 22 à 24 lignes; sa peau est lisse, de couleur vert brunâtre, rappelant assez exactement la nuance violacée des figues; elle conserve cette couleur, lors même qu'elle a atteint son maximum de maturité; sa chair est blanche, fondante, sucrée-acidule; les pepins sont noirs, et de forme oblongue; l'œil est placé dans une cavité peu profonde.

Cette poire tient le milieu entre celles hâtives et tardives; elle mûrit en septembre. On ignore si c'est à sa couleur, ou à sa qualité fondante et sucrée, qu'elle doit la dénomination qui la distingue; nous sommes porté à croire que c'est à la première, car l'identité est vraiment remarquable; elle est assez estimée.

Poire grande épine d'été. La grande épine d'été est bien certainement l'une des plus belles et des meilleures poires; sa forme est oblongue; sa hauteur atteint jusqu'à 3 pouces et 3 pouces et demi, son plus grand diamètre est ordinairement de 26 à 28 lignes; elle est arrondie du côté de l'œil, et allongée du côté de la base ou de la queue; la peau est lisse, de couleur vert jaunâtre tiquetée de points d'un vert plus intense; la chair est demi-fondante, sucrée-acide; son arome rappelle celui du musc; ses pepins sont brun noirâtre.

Cette belle et bonne poire mûrit au commencement de septembre.

Poire petite épine d'été. Sa forme est exactement pyramidale; elle justifie la dénomination spécifique *pira*; son volume est assez considérable, car elle dépasse quelquefois 2 pouces et demi à 3 pouces de hauteur, et 24 à 26 lignes de diamètre; sa peau conserve, avant et après la maturation, une belle couleur verte; quelquefois cependant, et surtout lorsque la saison a été très-chaude, et l'exposition favorable, elle se nuance de brun clair dans la partie qui regarde le soleil; la chair est assez fondante, très-succulente, et d'un parfum très-suave; les pepins sont de couleur brun clair; la queue est assez courte, charnue dans la partie qui s'implante dans le fruit.

Cette poire, très-estimée et avec raison, mûrit vers les premiers jours d'août.

Poire-épine d'été de Toulouse. Cette poire diffère de la précédente en ce qu'elle est plus petite et turbinée; sa hauteur dépasse rarement 2 pouces, et son plus grand diamètre 20 à 22 lignes; la peau est verdâtre, marbrée de taches grises ou blanchâtres; la partie qui avoisine la queue est souvent d'un jaune de cire, celle-ci est renflée à ses deux extrémités; la chair est blanche, très-fondante, sucrée-acide; elle renferme des concrétions pierreuses dans sa substance, et plus particulièrement vers le centre.

Cette variété mûrit en même temps que la précédente; MM. Poiteau et Turpin la désignent sous le nom d'épine rose.

Poire-sapin. Elle est petite, piriforme régulier, un peu déprimée vers l'œil; celui-ci est placé dans une cavité très-évasée et d'une profondeur médiocre; la partie du fruit qui avoisine la queue diminue régulièrement et insensiblement de grosseur, elle se termine en pointe obtuse; la peau, d'abord d'un vert clair, passe au jaune lors de la maturité; la chair est blanche, d'une contexture peu délicate, sèche et, partant, peu succulente; elle est plus aromatique que sucrée; les pepins sont généralement de couleur brun foncé.

Cette variété, de qualité médiocre, mûrit vers la fin de juillet.

Poire à deux têtes. Cette poire n'a pas une forme constante, cependant elle est le plus ordinairement turbinée; son volume est médiocre, car sa hauteur dépasse rarement 24 à 26 lignes sur 20 à 25 de diamètre; la queue est toujours implantée obliquement; sa base est surmontée latéralement d'une proéminence formée par une sorte d'extension du fruit dans cette partie; l'œil est entouré de petites protubérances qui simulent des côtes avortées; il est divisé, comme dans la poire à deux yeux, en deux parties; c'est vraisemblablement à cette singularité que cette variété doit la dénomination très-inexacte de poire à deux têtes; la peau est lisse, de couleur vert jaunâtre dans sa plus grande étendue, et nuancée de rouge brun du côté qui reçoit plus directement les rayons solaires; la chair est blanche, d'une contexture assez rustique, succulente néanmoins; sa saveur est un peu âpre, mais assez suave; cependant les pepins sont noirs.

Cette singulière poire est assez hâtive, car elle mûrit vers la fin de juillet.

Poire Saint-Germain, inconnu Lafare. Cette excellente poire rappelle, par sa forme allongée assez régulière, la virgouleuse et la Louise-bonne; son volume est assez variable; la peau, d'abord verte, d'une contexture ferme et résistante, est tiquetée de points roux très-nombreux; elle passe au jaune lors de la complète maturité, et notamment lorsque ce fruit est détaché de l'arbre; la chair est blanche, fondante et très-succulente; elle imprime au palais un sentiment de fraîcheur qui ajoute puissamment à sa suavité; elle est sucrée-acidule; on remarque souvent, au centre de cette poire, des concrétions pierreuses qui sont d'autant plus abondantes que l'arbre qui la produit est plus vieux, ou que le fruit a été contrarié dans son développement; les pepins sont de couleur fauve, assez longs, et bien nourris; lorsqu'ils ne sont pas avortés en totalité ou en partie, ce qui arrive assez souvent, leur sommet se termine par une sorte de bec crochu d'un brun plus intense que le reste; l'œil est placé presque à fleur; la queue est assez longue, implantée presque toujours latéralement, et souvent recourbée.

Cette poire, l'une des plus estimées, et avec raison, est originaire de la forêt de Saint-Germain; on ne saurait trop la multiplier; elle mûrit en novembre, et se conserve, lorsque la saison a été favorable, jusqu'en mars et avril. On en connaît une sous-variété à fruit strié ou rayé de jaune; elle est un peu moins suave.

Poire belle ou *bellissime d'été*. Elle a une forme régulière et constante, qui rappelle celle d'une toupie; sa hauteur est d'environ 3 pouces à 3 pouces et demi, son diamètre de 24 à 26 lignes; la peau est lisse, elle se colore, lors de la maturité, en un beau jaune du côté de l'ombre; le côté opposé se nuance de rouge: ce dernier est couvert de bandes ou stries d'un rouge plus intense; la chair est blanche, savoureuse lors de la maturité, mais elle passe assez promptement, et devient alors fade et insipide; l'œil est presque super, il est environné d'éléments de côtes qui se prolongent quelquefois jusqu'au tiers du fruit; la queue est longue d'environ quinze lignes; elle est implantée, un peu obliquement, dans une petite cavité de forme irrégulière; les pepins, lorsqu'ils n'avortent pas, sont brun noirâtre, et assez bien nourris.

Ce beau fruit mûrit vers la mi-août.

Poire-cassolette, muscat vert, friolet, lèche-friand. Elle a une forme assez régulière, qui rappelle celle du doyenné; son volume est moins considérable, car sa hauteur ne s'élève pas au delà de 20 à 24 lignes sur 16 à 18 de diamètre; la partie qu'occupe l'œil est un peu déprimée; celui-ci est à fleur, très-ouvert, et d'autant plus prononcé que ses divisions sont longues et aiguës; la queue est courte et toujours verte, quelque soit le degré de maturité du fruit; la peau, d'abord d'un vert assez clair, passe au jaune lors de la maturité; elle est tiquetée de points ou vert tendre ou jaunes, et quelquefois simultanément dans sa plus grande étendue, et lavée de rouge terne du côté du soleil; la chair est blanche, nuancée de jaune clair; elle est ferme, cassante, et peu savoureuse; elle laisse dans la bouche un mélange de parenchyme fibreux et de concrétions pierreuses, qui la rendent peu agréable à manger, bien que le suc qu'elle abandonne soit pourvu d'un arome assez prononcé; les pepins sont bruns et assez bien conformés.

Ce fruit mûrit généralement vers la fin d'août: on en connaît une sous-variété, qui est plus grosse et un peu plus allongée; les bords de la cavité qui renferme l'œil offrent de petites protubérances irrégulières, et la queue présente à son point d'insertion une sorte de bourrelet; du reste, elle est encore inférieure en qualité à celle que nous venons de décrire; sa saveur est acerbe et âpre.

Poire Salviati. Cette poire a une forme assez constante; elle est turbinée et presque globuleuse; son volume n'est pas très-considérable, car sa hauteur dépasse rarement 2 pouces, et son diamètre 25 à 28 lignes; l'œil est bien prononcé, et presque à fleur; la queue, longue d'environ 12 à 15 lignes, s'implante dans une petite cavité dont les bords sont tantôt unis, tantôt irréguliers; la peau est lisse, assez mince, de couleur d'abord vert clair, puis jaunâtre; elle est tiquetée de petits points roussâtres, qui sont d'autant plus apparents que le fruit est plus mûr; la partie que frappe plus directement le soleil se fonce quelquefois même d'une teinte rouge; la chair est cassante, elle imprègne des concrétions pierreuses qui avoisinent les loges; celles-ci sont petites et presque remplies par les pepins ; ceux-ci sont oblongs, planes à la surface par laquelle ils se touchent, et convexes sur le côté opposé.

Cette poire, qui est très-parfumée, est assez suave ; elle mûrit vers la fin d'août ; le *muscat fleuri*, dont nous avons fait mention plus haut, forme une sous-variété de la poire Salviati.

Poire Robine, royale d'été. Elle est généralement réunie en bouquet ; son volume est au-dessous du médiocre ; sa forme rappelle celle d'une toupie raccourcie : elle est déprimée au sommet et à la base ; l'œil est dans une cavité peu profonde, et environné de petites protubérances marginales ; la queue est courte ; la peau est de couleur vert pâle d'abord, jaunâtre et tiquetée de points vert intense lors de la maturité ; la chair est blanche, demi-cassante et parfumée.

Cette variété est estimée pour son goût suave et sucré ; elle mûrit en août, et se conserve assez longtemps.

Poire grise bonne. Son volume est médiocre, car elle atteint rarement plus de 28 à 30 lignes de hauteur sur 20 à 22 de diamètre ; sa forme rappelle, comme la crassane, celle des cucurbitacées ; la queue, implantée presque toujours obliquement dans une cavité étroite, est longue et bien conformée ; l'œil est presque à fleur ; la peau est jaune et tiquetée de gris dans sa plus grande étendue ; elle est lavée de rouge du côté du soleil ; la chair est d'un grain assez serré ; sa saveur est douce et parfumée ; les pepins sont longs et noirs.

Cette bonne poire mûrit vers la mi-août.

Poire d'œuf. Son nom indique à la fois sa forme et son volume ; cependant l'ovoïde n'est pas très-régulier, car la partie supérieure s'allonge et offre l'œil à fleur : il est néanmoins entouré de cinq petites protubérances, qui alternent avec les divisions calicinales, comme si cette division avait été un obstacle au développement régulier ; la base, du côté de la queue, est obtuse ; la peau, d'abord verte, passe au jaune lors de la maturité ; elle

est tiquetée de nombreux points roux, excepté, cependant, dans la partie qui avoisine la queue, et qui est marquée d'une tache rousse ; celle qui reçoit plus directement l'influence solaire s'avive d'une teinte rouge peu intense ; la chair est blanche, assez cassante ; sa saveur est sucrée acidule et musquée ; les pepins sont très-longs, et renfermés dans des loges étroites qu'ils remplissent presque entièrement.

Cette poire mûrit en septembre ; elle passe assez promptement.

Poire chair-à-dame. Son volume est assez beau, car sa hauteur dépasse souvent 26 à 28 lignes, et son plus grand diamètre 22 à 24 ; la queue est grosse et courte, elle est obliquement implantée et environnée de petites protubérances qui simulent des rudiments de côtes ; la peau est jaune lors de la maturité, tiquetée de points gris et lavée de rouge clair du côté du soleil ; la chair est assez ferme, savoureuse ; les pepins sont longs et noirs.

Cette variété, dont aucun caractère ne justifie la dénomination, mûrit vers la mi-août.

Poire-besi d'Héry. Elle n'atteint pas un fort volume, mais est néanmoins assez belle ; sa forme, un peu turbinée, est assez régulière ; cependant la base et le sommet sont ordinairement déprimés, son plus grand diamètre égale 2 pouces et demi à 3 pouces ; l'œil est bien ouvert et fixé dans une cavité peu profonde ; la peau est lisse, elle prend une teinte jaune pâle lors de la maturité ; la chair est blanche, cassante et fondante ; sa saveur est sucrée-acidule, mais un peu fade ; les pepins sont longs, déprimés d'un côté ; ils avortent pour la plupart.

Cette poire mûrit vers la fin de l'automne ou en novembre ; elle est peu connue, et mérite cependant d'être propagée, bien qu'elle n'occupe pas l'un des premiers rangs du genre. La dénomination caractéristique *besi* est synonyme de sauvage.

Poire de Bassin. Elle est assez régulièrement piriforme; son volume est moyen, car sa hauteur dépasse rarement 30 lignes, et son diamètre 24; sa peau, de couleur rouge obscur dans sa plus grande étendue, et surtout du côté que frappe plus directement le soleil, est vert fauve du côté opposé; elle est, en outre, tiquetée de nombreux points grisâtres; la chair est ferme, d'un goût âpre-acidule qui la rend peu agréable, et qui rappelle celui de la nèfle et de l'azerole; elle passe assez promptement au blossissement.

Cette variété mûrit au commencement de septembre, et est, en général, peu estimée.

Poire d'abondance ou *d'ahmondieu*. Elle n'atteint pas un gros volume; sa forme est assez régulière, elle est cependant un peu allongée du côté de la base ou de la queue, qui est longue de 15 à 18 lignes; la peau est lisse, de couleur jaune-citron, tendre dans sa plus grande étendue, et tiquetée, du côté du soleil, de points ou taches rouges si rapprochés qu'ils se confondent en partie; la chair est blanche, d'une contexture ferme, et néanmoins assez fondante; sa saveur est douce et agréable; les pepins sont d'un brun très-foncé, bien nourris et pointus.

Cette poire, très-productive, comme son nom l'indique, est aussi très-estimée; elle mûrit à la fin d'août ou au commencement de septembre.

Poire des chartreux. Son volume n'est pas très-considérable; sa forme est presque globuleuse, et, chose remarquable, sa largeur dépasse le plus souvent sa hauteur; l'œil est presque à fleur, et conséquemment très-apparent; la queue est longue, renflée à son point d'insertion; la peau est de couleur jaune pâle, presque uniforme, tiquetée de petits points gris roussâtres; la chair est assez ferme, fondante et agréable; les pepins sont brun foncé.

Cette poire, peu cultivée de nos jours, mûrit en août.

Poire épine rose, poire de rose. Elle est assez grosse, globuleuse, déprimée à la base; l'œil est assez apparent; la queue est implantée dans une petite cavité, sa longueur égale 15 à 18 lignes; la peau, vert jaunâtre dans sa plus grande étendue, est teintée de rouge clair du côté du soleil; elle est, en outre, parsemée de points grisâtres; la chair est assez fondante, sucrée et aromatique; les pepins sont noirs et courts lorsqu'ils n'avortent pas, ce qui est assez rare.

Cette belle poire, dont la forme rappelle celle d'une pomme, est connue, en outre, sous les noms de *caillot-rosat*, *poire tulipée* ou *de Malte*, elle mûrit vers la mi-août; rien ne justifie la dénomination qu'elle a reçue.

Poire turque ou *bon-chrétien turc.* Cette poire, attendu la ressemblance qu'elle offre avec la précédente, peut être considérée comme une sous-variété de l'espèce; son volume, sa forme, sont presque identiques, elle en diffère néanmoins par la couleur; sa chair est blanc de lait, cassante; son arome est agréable.

Cette sous-variété atteint un très-beau volume, et mûrit en avril.

Poire-orange rouge ou *d'automne.* Elle est presque complètement sphérique, cependant un peu plus large que haute; son volume est médiocre; sa queue est courte; sa peau, dont le fond est de couleur vert grisâtre, est nuancée d'un beau rouge de corail du côté du soleil, et dans la presque totalité de la surface du fruit; la chair est assez ferme, d'une saveur sucrée-acidule, relevée d'un arome musqué.

Cette poire, qui mûrit vers la fin d'août, est d'un goût assez agréable et, partant, estimée; malheureusement elle passe assez vite.

Poire-orange musquée ou *d'été.* Elle diffère assez peu de la précédente, mais elle s'en distingue cependant par son volume, qui est généralement moindre; sa surface, un peu verruqueuse, est assez irrégulière; le sommet est sensiblement déprimé; sa peau, d'un blanc jaunâtre, est légèrement teintée de rouge du côté du soleil; sa chair est cassante, d'un goût très-aromatique, et peut être trop; les loges sont petites, les pepins aigus et l'axe du fruit libre.

Cette petite poire mûrit en août; elle est peu estimée, et passe très-promptement.

Poire-frangipane. Elle est de volume au-dessus du médiocre, car elle dépasse quelquefois 3o à 35 lignes de hauteur sur 22 à 25 de diamètre; sa queue est courte, plus grosse à son point d'insertion qu'à la branche; la peau est d'un beau jaune-citron dans sa plus grande étendue, rouge du côté que frappent plus directement les rayons solaires; tiquetée, en outre, de points grisâtres assez nombreux; sa chair est assez fondante, d'un goût suave-acidule, un peu acerbe néanmoins.

Cette poire mûrit en septembre; elle se distingue par un arome particulier.

Poire de beurré gris. Elle atteint généralement un assez beau volume, mais ce caractère n'est pas très-constant; sa forme est assez régulière; le grand diamètre est aux deux tiers de la hauteur; la queue, longue d'un pouce environ, est placée un peu obliquement et à fleur; la peau offre, sur un fond vert, de nombreuses et larges taches grises, nuancées de rouge obscur du côté du soleil; la chair est fine, fondante, beurrée, d'un goût plus frais qu'aromatique, plus sucré qu'acidule; les pepins sont brun foncé.

Poire de beurré doré ou *poire d'Amboise.* Son volume et sa forme sont les mêmes, l'approche de la maturité distingue seule ces deux variétés: l'une, en effet, est, ainsi qu'on vient de le voir, d'un gris verdâtre, et l'autre prend une teinte jaune doré; elles ont les mêmes qualités, et leur maturité s'effectue à la même époque, c'est-à-dire dans le courant de septembre. On a longtemps cru que les différences qu'elles présentent étaient dues à l'exposition; mais les caractères qui les distinguent sont si constants, qu'il est impossible maintenant de les confondre.

Ces poires sont placées, avec raison, au premier rang pour les qualités; et cependant, si l'on en croit le savant pomologiste Knight, cette espèce serait loin de valoir le beurré d'autrefois.

Poire bonne ente, doyenné Saint-Michel, sublime gamotte. Cette poire dépasse rarement un volume médiocre; sa forme est régulière, arrondie vers l'œil, et allongée du côté de la queue; celle-ci est grosse, assez courte; l'œil est peu apparent; la peau, d'abord vert tendre, se nuance de jaune en mûrissant; la partie qui regarde le soleil se colore, même lorsque l'exposition n'est pas favorable, d'une couleur rouge vif qui lui donne l'aspect le plus séduisant; la chair est fondante, sucrée-acidule, très-suave; elle a l'inconvénient de passer vite.

Cette excellente poire mûrit en octobre; on la cultive de préférence en espalier; elle a l'inconvénient de devenir cotonneuse par une longue conservation.

Poire doyenné roux, doyenné d'automne. Cette variété, désignée autrefois sous le nom de doyenné gris, si l'on en croit les pomologistes, a le volume, la forme et la saveur même de celle qui précède; sa couleur est seulement très-distincte, et sa maturité plus précoce; sa chair est blanche, d'un grain fin et serré.

Le doyenné roux mûrit en octobre; il est assez estimé, et cependant moins communément cultivé que le doyenné ordinaire ou Saint-Michel. Ces deux poires figurent avantageusement dans la composition des desserts.

Il existe, en outre, une sous-variété de doyenné nommé *doyenné galeux;* son nom indique suffisamment son caractère principal.

Poire-besi de Montigny. Son volume est assez considérable, car sa hauteur dépasse quelquefois 3 pouces, et son grand diamètre 26 à 28 lignes; sa forme rappelle celle du doyenné; l'œil est petit et presque à fleur du fruit; la queue, longue de 8 à 1o lignes, est obliquement implantée: elle est de couleur fauve; la peau, d'abord d'un vert clair, passe au jaune-citron lors de la maturité; elle est marquée de taches brunes de grandeurs diverses, mais l'une d'elles, assez étendue, environne le pédoncule ; la chair est fondante, musquée et sucrée ; les pepins, de couleur brun foncé, longs et aigus, sont renfermés dans des loges qu'ils remplissent presque entièrement.

Cette excellente poire mûrit dans les premiers jours d'octobre ; elle est plus suave que le doyenné, et ne devient pas aussi promptement, du moins, cotonneuse.

Poire d'Angleterre, beurré d'Angleterre. Son volume, ordinairement au dessus du médiocre, est cependant peu constant ; sa forme l'est davantage, elle offre une pyramide régulière dans les deux tiers de sa longueur ; la peau, ferme et résistante, est verte et tiquetée de nombreux points roux ; la chair, de couleur blanc de lait ou jaune clair, est fondante et très-succulente ; sa saveur est douce-sucrée, très-légèrement acidule ; les pepins sont noirs et bien nourris.

Cette variété mûrit en septembre ; elle a l'inconvénient de passer promptement, et cette circonstance fait souvent douter de ses qualités ; elle mérite néanmoins d'être propagée ; l'arbre qui la produit est d'ailleurs très-fertile.

La *grosse Angleterre Noisette* en est une sous-variété, obtenue par cet horticulteur habile ; elle est un peu plus tardive.

Poire beurré romain. Sa forme est belle, allongée vers la queue, et ovoïde au centre ; son volume est également beau, car elle dépasse quelquefois 3 pouces et demi de long sur 2 et demi de diamètre ; l'œil et la queue sont presque à fleur du fruit ; la peau, d'abord de couleur vert assez foncé, jaunit en mûrissant ; elle se couvre de nombreux points ou taches rousses, principalement au sommet et à la base ; la chair est demi-fondante, sucrée-acidule ; son parfum est suave ; les pepins, fauves, courts et déprimés, sont renfermés dans des loges assez petites, eu égard au volume du fruit.

Cette belle poire mûrit en septembre ;

moins fondante que le beurré, elle est plus odorante.

Poire-beurré d'Hardenpont ou *délice d'Hardenpont.* C'est incontestablement l'une des plus belles et des meilleures poires ; elle offre de l'analogie avec le doyenné et le beurré ; sa forme est ramassée, presque globuleuse, haute de 3 pouces ; son diamètre est presque égal ; la peau, de couleur jaune clair, est ponctuée de gris ; la chair est blanche, beurrée et fondante ; sa saveur est douce et sucrée ; les pepins sont larges et bien nourris.

Cette belle variété, caractérisée par MM. Poiteau et Turpin, a pris le nom de M. d'Hardenpont, qui le premier l'a cultivée aux environs de Bruxelles. Il y a lieu de croire que, par son importation en France et sa culture sous le climat moins humide de Paris, elle acquerra encore des qualités ; elle mûrit en janvier.

Poire d'Amanlis ou *beurré d'Amanlis.* Elle est d'un beau volume ; sa forme rappelle celle d'une calebasse ventrue ; sa peau est lisse, de couleur jaune clair dans sa plus grande étendue, rouge et ponctuée de roux ; la chair est fondante et succulente, d'un goût très suave.

Cette variété assez nouvelle mûrit en septembre.

Poire-beurré Spence. Son volume et sa forme rappellent le beurré gris ; sa peau est verte, jaspée de blanc et de rouge pourpre ; sa chair est d'une contexture fine et délicate, très-succulente, suave et parfumée.

Cette excellente poire, dédiée à M. Spence de Londres, mûrit en septembre ; elle est connue depuis assez peu de temps.

On range encore, parmi les beurrés, la *poire d'Aremberg*, beau fruit à chair délicate et suave, qui mûrit en décembre ; la *poire-capiaumont*, dont le volume est égal à celui du beurré gris, et qui mûrit en octobre ; et enfin, la *poire de Ransfort*, grosse variété à chair douce et sucrée, à peau jaune ponctuée, et qui mûrit en novembre. Ces trois variétés sont nouvelles.

Poire verte longue, *mouille-bouche*. Son volume est moyen; sa forme est assez exactement pyramidale, mais pas constamment, car on en voit qui sont turbinées; l'œil est presque à fleur; la queue est longue de 8 à 9 lignes; la peau a une couleur verte qu'elle conserve même pendant la maturité; elle est tiquetée de points plus verts; la chair est blanche, d'un grain fin, très-fondante et d'un goût sucré-acidule assez agréable; les pepins sont bruns et bien nourris.

Cette bonne et très-succulente variété mûrit en octobre; elle a l'inconvénient de passer assez vite.

Poire verte, *longue*, *panachée*. Elle a la même forme que celle qui précède, mais elle est plus petite; son caractère le plus saillant est d'avoir sa surface pelliculaire divisée et marquée de bandes inégales de couleur jaune; elle se teinte de rouge faible dans la partie que frappe plus directement le soleil; mais il faut néanmoins que l'exposition soit très-favorable; la peau est résistante; la chair est blanche et fondante; les pepins maigres et allongés.

Cette singulière poire mûrit en septembre; elle est, en outre, connue sous les noms de *poire suisse*, *culotte suisse*.

Poire sucrée verte. Son volume est médiocre; sa forme est un peu allongée; l'œil est presque à fleur; ses divisions, rayonnées en étoile, sont très-apparentes; la queue est longue d'un pouce environ; la peau, de couleur vert tendre, est tiquetée de points d'un vert plus intense; elle se teinte légèrement de jaune lors de la maturité; la chair est jaunâtre, beurrée et fondante, bien qu'elle contienne quelques concrétions pierreuses; elle n'en est pas moins fort agréable; les pepins sont brun marron, allongés; les loges qui les renferment sont grandes, assez ordinairement séparées ou déchirées au centre.

Cette variété mûrit en octobre; elle est justement estimée.

Poire de vigne ou *demoiselle*. Elle est turbinée ou en forme de toupie; son volume est au-dessous du médiocre, car sa hauteur atteint rarement 2 pouces, et son grand diamètre est encore moindre; sa queue est très-longue, eu égard au volume du fruit; la peau est rugueuse, le fond en est verdâtre, mais elle est tellement lavée de grandes taches rousses qu'on la distingue à peine; la chair est demi-fondante, peu succulente et acidule; les pepins, de couleur brun noirâtre sont remarquablement gros.

Cette poire mûrit en octobre, et, bien qu'elle passe vite, elle n'est cependant pas sans mérite.

Poire-orange tulipée, *poire-aux-mouches*. Son volume est médiocre; sa forme, un peu ovoïde, rappelle celle des beurrés et doyennés; sa queue, grosse et courte, n'a souvent que quelques lignes de longueur; elle s'implante dans une cavité dont la marge est formée de petites protubérances; l'œil est cave; la peau est vert brunâtre dans sa plus grande étendue, et lavée de rouge assez intense du côté qui reçoit plus directement l'influence solaire; elle est, en outre, tiquetée de gros points gris qui forment aspérités et lui donnent de la rugosité; la chair est blanche, demi-fondante; sa contexture est assez fine; sa saveur est sucrée, acidule, quelquefois un peu âpre, et surtout lorsque la saison ou l'exposition n'est pas favorable; les pepins sont longs et grêles.

Cette poire, dont rien ne justifie la dénomination, si ce n'est une certaine bigarrure, mûrit en septembre.

Poire-orange d'hiver. Sa forme est un peu globuleuse; elle est déprimée à la base et au sommet; son volume est médiocre; l'œil est presque à fleur, et la queue, grosse, est assez courte; la peau, de couleur vert brunâtre, prend une teinte plus douce lors de la maturité; elle est tiquetée de points verdâtres et parsemée d'espèces de verrues tuberculeuses qui rendent sa surface rugueuse; la chair est cassante, demi-beurrée ou fondante, d'une saveur musquée, assez agréable; les pepins sont bruns et longs; les loges qui les renferment sont grandes.

Cette variété mûrit si tardivement qu'elle est encore bonne en avril.

Bergamote d'été, *milan blanc*, *de la Beurrière*. Cette poire est assez grosse; sa forme est turbinée; l'œil est cave et environné de protubérances assez saillantes; la queue est assez courte; la peau est de couleur vert tendre, nuancée de roux, parsemée de points fauves; la chair est assez fondante, acidule; les pepins sont petits, ils avortent en partie.

La poire-bergamote d'été mûrit en septembre; elle est assez estimée.

Poire-bergamote précoce ou *d'août*. Son volume est au-dessous du médiocre; sa forme est presque globuleuse, assez fortement déprimée à la base et surtout au sommet, car son diamètre est moindre que sa hauteur; l'œil est très-cave; la peau, de couleur vert assez foncé, est tiquetée de points bruns; elle se nuance de jaune lors de la maturité; la chair est fondante, d'une saveur douce, agréable.

Cette poire, assez rare aux environs de Paris, plus communément cultivée dans nos départements méridionaux, mûrit au commencement d'août; elle passe malheureusement assez promptement.

Poire-bergamote rouge. Elle dépasse rarement 24 à 26 lignes de hauteur, sur à peu près autant de diamètre; aussi est-elle presque complétement sphérique; quelquefois, cependant, elle s'allonge vers la base, et prend alors la forme d'une toupie; sa queue est grosse et courte; la peau, de couleur jaune fauve, se teinte de rouge obscur dans la partie qui regarde le soleil; elle est un peu rugueuse; la chair, d'une contexture assez ferme, est d'un goût aromatique, agréable; les pepins sont brun foncé et bien nourris.

Cette poire, meilleure cuite que crue, mûrit en octobre.

Poire-bergamote d'automne. Son volume est assez considérable, car son diamètre, plus grand que sa longueur, dépasse souvent 3 pouces; sa forme n'est cependant pas très-constante, on en voit, en effet, dont la base s'allonge en pyramide; l'œil est à fleur du fruit, et la queue, implantée dans une très-petite cavité, est grosse et courte; la peau est lisse, d'un vert assez tendre, qui passe au jaune clair lors de la maturité, et se nuance de roux du côté du soleil; elle est, en outre, tiquetée de points grisâtres; la chair est assez fondante, mais moins que dans les beurrés et doyennés; elle imprime néanmoins au palais un sentiment de fraîcheur et d'odeur qui la rend très-suave. Les pepins sont bruns et de forme allongée; les loges qui les renferment sont assez petites.

Cette bergamote prend place parmi les meilleures poires; elle mûrit en octobre.

Poire-bergamote suisse. Son volume est médiocre; sa forme est turbinée; sa queue, longue d'un pouce environ, est assez bien conformée; la peau est lisse, rayée de vert et de jaune; le côté que frappe plus directement le soleil prend une teinte rougeâtre plus sensible, sur les raies jaunes que sur celles vertes; la chair est fondante, sucrée et très-succulente, surtout, dit Duhamel, lorsque le fruit n'a pas mûri sur l'arbre; ce qui tend à prouver, ainsi que nous l'avons dit plus haut, que l'acte végétatif n'est pas indispensable pour que la maturation s'effectue. Les pepins sont brun clair, bien nourris, terminés en pointe aiguë.

Cette poire est assez abondamment cultivée; elle mûrit en octobre.

Poire-bergamote Sylvange. Elle est de volume médiocre, turbinée assez exactement; l'œil est petit et presque à fleur; la queue est grosse et courte; la peau, de couleur vert clair, n'éprouve pas d'altération sensible lors de la maturité; elle est parsemée de points grisâtres, si rapprochés du côté de l'œil, qu'ils semblent ne former qu'une tache; la chair est d'une contexture délicate et fondante; sa saveur est d'une acidité agréable et sucrée néanmoins; les pepins, qui souvent avortent, sont de moyenne grosseur et de couleur marron foncé.

Cette variété, trouvée dans le bois de Sylvange près Metz, mûrit en décembre.

Poire de Cadet ou *bergamote cadette*.

Son volume est médiocre; sa forme, comme celle des autres bergamotes, est turbinée; la queue est grosse, assez longue; elle est implantée dans une profonde cavité; la peau est lisse, jaune dans sa plus grande étendue, et lavée de rouge du côté du soleil; la chair, assez ferme, est douce et sucrée, mais elle devient promptement cotonneuse.

Cette poire mûrit en octobre; elle se conserve difficilement.

Poire-bergamote panachée. Elle est généralement de moyenne grosseur, car rarement sa hauteur dépasse 25 à 30 lignes, sa forme est turbinée, mais, attendu qu'elle est déprimée à la base et au sommet, son diamètre n'est pas moins grand; l'œil est presque à fleur; la queue est courte; la peau, de couleur vert pâle, est rayée de jaune; bien qu'assez invariable, elle prend néanmoins une légère teinte rousse du côté du soleil; la chair est fondante et sucrée-acidule; les pepins sont gros et aigus.

Cette belle variété mûrit en octobre.

Poire-bergamote de Soulers, bonne de Soulers. Son volume est médiocre; sa forme, assez constante, est turbinée, arrondie vers l'œil, qui est à fleur; la queue, longue de 10 à 12 lignes, est insérée assez profondément; la peau est lisse et luisante, quant au fond, mais parsemée de points d'un vert plus intense, et teintée de jaune et de rouge du côté qui reçoit plus directement l'influence solaire; la chair, de couleur blanc de lait ou jaunâtre est fondante, d'un goût sucré-acidule, fort agréable; les pepins sont longs, bruns et bien nourris.

Cette excellente poire mûrit en février et mars, et est conséquemment de longue garde.

Poire-bergamote de Hollande, poire-amoselle, poire-bergamote d'Alençon. Elle se distingue par son volume, qui est très-gros; sa forme est turbinée; sa surface est inégale et relevée de bosses ou protubérances assez peu saillantes néanmoins; l'œil est placé dans une large cavité; la queue, bien que grosse, est très-longue; la peau est de couleur jaune clair dans les deux tiers de sa surface, le reste est jaune pâle; elle est, en outre, tiquetée de nombreux points gris; la chair est assez ferme, succulente et douce; les pepins sont bruns et irréguliers; les loges qui les renferment s'isolent au centre et laissent l'axe du fruit libre.

Cette belle poire varie un peu de forme; elle mûrit en février, et se conserve jusqu'en juin; elle est également bonne crue ou cuite.

Poire-bergamote de Pâques. Elle est aussi d'un assez beau volume; sa forme est presque complétement globuleuse, plus large que haute cependant; l'œil est presque à fleur; la queue est courte; la peau, d'abord verte, passe au jaune clair lors de la maturité; elle est tiquetée de points gris, et se teinte de roux du côté du soleil; la chair est très-succulente, mais peu savoureuse; les pepins sont grands, lacrymiformes, ils avortent souvent.

Cette poire est très-tardive, car elle ne mûrit guère qu'en avril; elle se conserve très-longtemps, mais perd peu à peu de ses qualités.

Poire-bergamote d'Angleterre, poire-bergamote de Hamden. Cette variété acquiert un assez beau volume; elle est arrondie, déprimée cependant vers le sommet; l'œil est placé dans une cavité assez profonde; la queue est courte et assez profondément implantée; la peau, d'abord de couleur vert pâle, jaunit un peu à l'époque de la maturité, et surtout du côté du soleil; la chair est fondante, d'une saveur douce, acidule et d'un arome très-suave, lorsque la saison et l'exposition sont favorables.

Cette poire, qui est peu cultivée en France, mûrit, sous le climat de Londres, vers la fin de septembre.

Poire-crassane, bergamote-crassane. Son volume est généralement assez considérable; son diamètre, plus grand que sa hauteur, atteint souvent 3 pouces et au delà; sa forme est sphéroïde; la queue est grêle et assez longue; l'œil est petit et placé dans une cavité peu profonde; la peau est gris ver- dâtre avant la maturité; elle se nuance d'une faible couleur jaune, et se couvre de points roux assez nombreux; la chair, d'une contexture assez délicate, est fondante et très-succulente; sa saveur est fraîche, sucrée et légèrement acidule; elle serait délicieuse, si elle ne laissait dans la bouche un peu d'âpreté; les pepins, lorsqu'ils n'avortent pas, sont bruns et assez bien conformés; les loges qui les renferment sont petites; elles disparaissent quelquefois par suite de leur avortement, et sont alors remplacées par une sorte de parenchyme blanc, peu savoureux.

Cette belle et bonne poire, cultivée le plus ordinairement en espalier, mûrit en octobre et novembre; elle est d'une assez longue conservation. Son nom dérive de *crassus*, épais, lourd et sans grâce.

Poire-crassane panachée. Nous aurions pu nous dispenser de la signaler, attendu qu'ici ce n'est pas le fruit, mais les feuilles qui sont bordées ou panachées de blanc. Cette sous-variété produit une poire exactement semblable à la précédente, d'un volume un peu moins grand; cependant cette circonstance fait qu'on la cultive peu, et qu'elle ne figure que dans les collections.

Poire-bon-chrétien d'été, poire Gracioli. Son volume est assez beau, car sa hauteur est ordinairement de 3 à 4 pouces; sa forme est pyramidale, irrégulière; la partie qui avoisine la queue est obliquement tronquée; celle-ci est longue d'environ un pouce et demi; l'œil est placé dans une petite cavité, tantôt régulière, tantôt bosselée à son pourtour; la peau, d'abord verte, passe au jaune tendre; elle se tiquette de points plus verts, et se nuance de rouge faible du côté du soleil. La chair est blanche, demi-cassante, abondamment chargée de concrétions pierreuses, mais néanmoins succulente et suave; les pepins sont bruns et oblongs.

Cette belle poire est assez hâtive, car elle mûrit en septembre.

Poire-bon-chrétien d'été musquée. Son volume est au-dessous du médiocre; elle est cydoniforme, mais néanmoins assez irrégulière; tantôt elle est relevée de protubérances, d'autres fois elle est anguleuse; la queue est longue de 12 à 15 lignes; l'œil est assez cave; la peau est lisse, jaunâtre dans sa plus grande étendue, et teintée de rouge obscur du côté du soleil; la chair est blanche, cassante, d'un goût suave et aromatique; les pepins sont bruns et assez petits.

Cette poire mûrit en août; l'arbre qui la produit est très-productif; mais, comme par une sorte de compensation, elle n'est pas d'une longue conservation: elle se crevasse et se fendille avant d'avoir atteint son maximum de maturité.

Poire-bon-chrétien d'hiver ou *poire d'angoisse.* Elle se distingue par son volume qui est souvent considérable; sa forme pyramidale, tronquée, rappelle celle d'une calebasse, mais le plus ordinairement bosselée et presque difforme; l'œil est placé dans une cavité qui varie aussi beaucoup par sa profondeur et son étendue; la peau, assez rugueuse et résistante, est de couleur jaune clair, tiquetée de points bruns et lavée de rouge incarnat du côté du soleil; la chair est cassante et peu fondante : les loges qui renferment les pepins sont environnées de nombreuses concrétions pierreuses; ceux-ci sont courts et de couleur fauve, plus foncée au sommet qu'à la base.

Cette belle et excellente poire, meilleure cuite que crue néanmoins, mûrit tardivement, le plus ordinairement en janvier ou février; elle se conserve très-longtemps. Si l'on en croit certains auteurs, on devrait son importation de la Calabre à saint François de Paule, originaire du même pays; et un roi de France, rendant justice au mérite de l'un et de l'autre, leur aurait donné la belle qualification sous laquelle on la connaît: d'autres la font remonter jusqu'aux Romains.

Poire-bon-chrétien d'Auche. Cette poire semble être un bon-chrétien d'hiver, dont les caractères distinctifs sont, pour ainsi dire, exaltés: c'est ainsi que son volume est encore plus considérable, ses formes plus prononcées; l'œil est placé dans une cavité très-profonde, dont la marge est formée de protubérances qui se prolongent plus ou moins sur le fruit; la couleur de sa peau est plus franche; sa chair est cassante; son arome est très-suave et très-prononcé.

Ce beau fruit n'est pas moins remarquable par ses qualités; il mûrit plus tôt que le chrétien d'hiver (novembre), et se conserve moins longtemps, on ne saurait trop le multiplier.

Poire-bon-chrétien panachée. Il a la même forme que le bon-chrétien d'hiver; son volume est un peu moindre, mais ce qui le distingue, c'est que sa peau, de couleur verdâtre quant au fond, est partagée par des bandes jaunes plus ou moins régulières; elle est, en outre, tiquetée de points bruns assez nombreux; la chair est fondante, succulente et sucrée, cependant elle est plus agréable encore cuite que crue.

Cette belle variété n'est pas assez multipliée; elle ne se rencontre guère que dans les grandes pépinières; elle mûrit en octobre.

Poire-bon-chrétien d'Espagne. Son volume est très-remarquable, car elle atteint souvent 4 pouces de hauteur; sa forme pyramidale et ventrue est plus régulière que dans les autres fruits de la même espèce; la queue et l'œil sont implantés presque à fleur; la peau, sur un fond jaune-citron, présente çà et là de nombreux points bruns, et une riche teinte rouge vermillon ou incarnat du côté que frappent plus directement les rayons solaires; la chair est ferme et résistante, blanche et semée de points verdâtres; elle prend de la suavité par la cuisson. Les pepins sont assez gros et de forme oblongue, un peu comprimée, gris de lin d'un côté et bruns de l'autre.

Cette magnifique poire, au premier rang pour sa beauté, n'est placée qu'en seconde ligne pour ses qualités; elle n'est cependant pas sans mérite, et forme de belles et bonnes compotes d'hiver; elle mûrit en décembre.

Poire-bon-chrétien Vernois. Sa forme et son volume rappellent assez exactement le bon-chrétien d'hiver, mais il en diffère par sa peau plus mince et moins résistante, et de couleur jaune de coing; sa chair, plus fondante et plus suave, dépourvue de concrétions pierreuses. Elle peut se manger crue, et par suite est moins bonne en compote.

On range encore parmi les poires de cette espèce le *bon-chrétien Spina*, importé assez récemment d'Italie; même peau et même chair, mais forme plus ramassée; le *bon-chrétien de Bruxelles*, fruit très-estimé et qui mûrit en mars; et, enfin, le *bon-chrétien turc*, qui laisse derrière lui, pour son volume et sa beauté, tous les autres bon-chrétien : il est doué d'un arome exquis ; malheureusement, il est trop peu cultivé.

Poire solitaire, poire mansuette. Elle offre beaucoup d'analogie avec le bon-chrétien d'hiver, mais elle est plus régulière; son volume est également assez beau; la queue, longue d'un pouce environ, s'implante obliquement; la peau est vert brunâtre; la partie que frappe plus directement le soleil se nuance de jaune et de rouge pâle; la chair est blanche, assez fondante; les pepins sont petits, de couleur brun clair.

Cette poire mûrit en septembre; elle passe assez promptement.

Poire bellissime d'automne, poire vermillon, poire petit certeau. Elle est de forme oblongue, peu régulière, mais toujours terminée en pointe du côté de la queue; son volume égale 3 à 4 pouces sur 2; la queue est longue d'un pouce et demi; la peau, de couleur vert jaunâtre dans sa plus grande étendue, est nuancée, tiquetée de rouge du côté du soleil; la chair est blanche, cassante, sucrée-acidule et parfumée; le voisinage des loges est occupé par des concrétions pierreuses, d'autant plus nombreuses que la saison a été moins favorable.

Cette variété, très-belle et assez estimée, mûrit en octobre.

Poire de Ranville, poire Martin-Sire. Cette poire, d'un assez beau volume, est plus ventrue d'un côté que de l'autre ; sa queue est renflée dans la partie qui avoisine le fruit; la peau, assez lisse, passe du vert au jaune, et se teinte d'une couleur rouge plus ou moins intense du côté du soleil; elle est, en outre, parsemée de nombreux points ou petites taches qui, d'abord gris, passent au roux lors de la maturité ; les pepins, de couleur fauve, sont renfermés dans de petites loges.

Cette variété mûrit en novembre; elle est meilleure cuite que crue; aussi l'emploie-t-on ordinairement pour faire des compotes.

Poire fin or de septembre. Son volume est au-dessous du médiocre; sa forme est régulière ; le plus grand diamètre est aux deux tiers de la hauteur, en partant de la base ou de la naissance de la queue (cette proportion constitue, en effet, la *piriformie*); la queue est très-longue, eu égard au volume du fruit ; la peau est vert tendre, tiquetée ou marbrée de rouge du côté du soleil; la chair est blanche, fondante et savoureuse.

Cette poire, ainsi que son nom l'indique, mûrit en septembre.

Poire cassante de Brest, poire Cheneau, poire fondante de Brest. Elle est également assez petite, ventrue; sa forme, assez irrégulière, rappelle néanmoins celle d'une calebasse; l'œil est cave et entouré de protubérances qui le masquent en partie. La peau est fine, lisse, d'un beau vert d'abord, puis jaunâtre et enfin brun ou rouge obscur du côté qui reçoit plus directement l'influence solaire; la chair est blanche, assez fondante, d'un goût suave et acidule ; les pepins sont de couleur brun noirâtre, assez aigus à leur point d'insertion.

Cette excellente poire mûrit en septembre, l'arbre qui la fournit est très-productif.

Poire-cardinal, poire-amiral. Cette variété est peu connue; elle portait autre-fois le nom d'amiral, mais MM. Poiteau et Turpin ont pensé que celui de cardinal lui convenait mieux, attendu la belle couleur rouge vermillon qui la distingue. Sa forme est exactement pyramidale ; son volume est au-dessus du médiocre; sa peau, unie et de couleur vert clair, se pare d'une belle teinte rouge vif du côté du soleil ; elle est, en outre, tiquetée de nombreux points grisâtres ; la chair, blanche et demi-cassante, est d'un goût acidule-sucré, agréable ; les pepins sont bruns et bien nourris, mais il arrive souvent qu'il avortent en partie ou en totalité : cette circonstance est, en général, un indice de la bonne qualité du fruit; aussi, si cette poire se conservait longtemps, elle ne laisserait rien à désirer : elle mûrit en septembre.

Poire Saint-Lezin. Cette poire est l'une des plus grosses que l'on connaisse; sa hauteur ordinaire est de 4 pouces et demi, et souvent elle en dépasse 5 ; son diamètre est un peu moindre ; sa forme est assez régulière et conique; la queue, longue d'un pouce à 18 lignes, s'implante dans une petite cavité dont le bord est souvent relevé d'un côté et forme protubérance ; l'œil est à fleur ; la peau, d'abord d'un assez beau vert, se teinte de jaune en mûrissant; elle est tiquetée de points grisâtres ; la chair est sèche, pâteuse, insipide et âpre; les pepins sont bruns et très-allongés.

Cette belle variété est plus séduisante que bonne ; elle mûrit en novembre, et n'est guère cultivée que comme objet de curiosité. On doit préférer l'espalier, car la plus légère agitation ne détacherait pas seulement le fruit, mais entraînerait infailliblement la rupture des extrémités des branches.

Poire Louise-bonne. Elle est pyramidale, allongée, rappelle le Saint-Germain, mais sa forme et son volume sont plus constants : celui-ci dépasse la moyenne; l'œil, placé à fleur, rayonne nettement en étoile; il se détache sur une tache rousse qui occupe cette partie du fruit; la peau est lisse, de couleur verte; cette couleur

31

perd de son intensité à mesure que le fruit approche de la maturité, et devient blanchâtre; elle est, en outre, tiquetée de nombreux points roux qui n'altèrent en rien sa finesse; la chair est demi-fondante, généralement moins suave que celle de la poire Saint-Germain, avec laquelle elle a, comme nous l'avons dit, de l'analogie; les pepins sont longs et aigus à la base.

Cette poire mûrit en décembre; elle peut suppléer la virgouleuse et le Saint-Germain, mais non les remplacer.

Poire-calebasse. Son nom indique suffisamment sa forme; quant à son volume, il est assez beau, car sa hauteur dépasse souvent 4 pouces et demi, et son grand diamètre 3; l'œil, à divisions étroites et un peu charnues, est plutôt saillant que cave, caractère assez rare et qui sert à la distinguer; il est entouré de protubérances qui, en se prolongeant sur le fruit, altèrent sa régularité; la queue est longue, de couleur rousse; la peau est gris verdâtre, tachée de nombreux points roux; la chair est blanche, cassante, d'un goût assez suave; les pepins sont bruns, petits, eu égard au volume du fruit, mais bien nourris.

Cette poire, cultivée le plus ordinairement en plein-vent, mûrit en septembre; elle est de médiocre qualité.

Poire-jalousie. Elle est assez grosse, de forme ovoïde, arrondie ou turbinée, assez constante; la queue est longue de 15 à 18 lignes, renflée à son insertion au fruit; la peau est un peu rugueuse; de couleur rouge fauve, tiquetée de points plus clairs dans toute sa périphérie; la chair est blanche et fondante; il est difficile de distinguer, tant ces deux principes sont bien harmonisés, si elle est plus sucrée qu'acide; les pepins sont bruns et oblongs.

Cette poire mûrit en octobre, mais on doit la cueillir plus tôt, pour rendre sa conservation plus facile, car elle mollit assez promptement.

Poire de Provence. Sa forme est pyramidale; son volume est assez beau, car

elle atteint souvent plus de 3 pouces et demi de hauteur sur 28 à 30 lignes de diamètre; l'œil est placé à fleur et la queue est accompagnée, à la base du fruit, de quelques sillons ou plis formant mamelons; la peau, de couleur jaune citron, est tiquetée de nombreux points fauves, qui se nuancent de rouge cinabre du côté que frappe le soleil; la chair est ferme et cassante, d'une saveur acidule-sucrée et d'un arome agréable; les pepins sont grands et bruns, ils remplissent les loges qui, eu égard au volume du fruit, sont assez petites.

Cette assez belle poire mûrit à la fin d'octobre; elle se conserve peu et est meilleure cuite que crue.

Poire Douville. Son volume est au-dessous du médiocre; sa forme est oblongue; l'œil est placé dans une cavité peu profonde; la queue est relativement assez longue et insérée au centre des plis du mamelon; la peau est lisse et luisante, de couleur jaune citron, tiquetée de petites taches fauves du côté qui avoisine la queue, et d'un rouge assez vif du côté opposé; on remarque, en outre, çà et là quelques points gris clair; la chair est cassante, jaunâtre, d'un goût assez âpre, mais qui se perd en partie par la maturité du fruit; les pepins sont brun clair et allongés.

Cette poire, assez rare maintenant, était autrefois plus estimée et plus abondamment cultivée; elle mûrit en octobre.

Poire de Saint-François. Cette belle poire rappelle, par quelques-uns de ses caractères, celle de Saint-Germain; son volume est ordinairement plus considérable, car on en rencontre qui ont de 4 à 5 pouces de long sur 3 et plus de large; sa peau est aussi vert jaunâtre, mais elle se couvre de points roux très-nombreux, et se colore même, du côté du soleil principalement, d'une nuance faible de roux; sa chair est fondante, mais peu savoureuse, surtout lorsqu'on la mange crue; elle est d'une blancheur éclatante et d'une contexture assez molle.

En résumé, cette poire, plus belle, mais

moins bonne que le Saint-Germain, mûrit en novembre.

Poire de Naples. Son volume est au-dessus du médiocre; sa forme, qui rappelle la calebasse, est courte et turbinée, amoindrie vers la queue; celle-ci, est ainsi que l'œil, implantée à fleur du fruit, et au centre d'un petit mamelon bordé de rudiments de côtes; la peau, d'abord d'un vert franc, jaunit un peu à l'époque de la maturité, et se couvre de points bruns. La chair est blanche, assez fondante, d'une saveur sucrée-acidule, assez suave; les pepins sont bruns, assez gros, eu égard au volume du fruit. L'axe ou le centre des carpelles est ordinairement creux.

Cette poire mûrit en novembre; elle n'occupe qu'un rang secondaire pour la qualité, et est meilleure cuite que crue.

Poire-besi de la Motte. Son volume est assez gros; sa forme est turbinée, mais ventrue et un peu déprimée au sommet et à la base; l'œil est petit et placé dans une cavité assez profonde; la queue, verte à une de ses extrémités et rousse à l'autre, est longue d'un pouce environ; la peau est verte, tavelée de nombreuses taches rousses qui se réunissent plus particulièrement autour de l'œil; elle jaunit un peu à l'époque de la maturité du fruit; on y remarque, en outre, çà et là des points grisâtres. La chair est blanche, fondante, d'un goût sucré-acidule, très-suave.

Cette excellente poire mûrit en octobre; elle réussit généralement mieux en plein-vent qu'en espalier.

Poire-besi ou mieux *beurré de Chaumontel, beurré d'hiver.* Elle est ventrue, assez allongée, d'un beau volume; mais ces caractères sont assez peu constants. Cette poire est déprimée à la base et au sommet, mais obliquement dans cette dernière partie; ses deux extrémités vont en s'amoindrissant; la peau, d'abord d'un vert grisâtre, se tavelle de taches rousses et se piquette de petits points fauves lors de la maturité; elle prend, en outre, une teinte générale jaune, et se colore de rouge de cinabre du côté qui reçoit plus directement l'influence solaire; la chair

est fondante et beurrée, succulente et suave; les pepins, qui souvent avortent, sont assez réguliers, et l'une des loges disparaît aussi quelquefois, de sorte qu'on n'en trouve que quatre, comme dans les pommes.

La maturité de cette excellente poire est aussi variable que sa forme; on peut la fixer cependant de novembre à janvier.

Poire-besi de Quessoy, poire-roussette d'Anjou. Sa forme ovale obrond, ventrue, en calebasse, va en s'amoindrissant vers la base et vers le sommet; son volume est au-dessous du médiocre: la queue, assez bien proportionnée, s'implante dans une cavité large et profonde; l'œil est presque à fleur; la peau, assez rude au toucher, est roussâtre; elle devient jaune lors de la maturité, mais cette couleur est presque entièrement dissimulée par de nombreuses taches brunes; la chair est demi-fondante, d'une saveur acidule, sucrée, assez suave et aromatique; les pepins, ainsi qu'il arrive dans les meilleures poires, avortent souvent.

Cette variété, bien que petite, est très-estimée; elle mûrit en novembre.

Poire Echassery, besi d'Echassery. Son volume n'est pas considérable, car sa hauteur dépasse rarement 2 pouces et demi, et son diamètre 2 pouces; sa forme est ovale obtus, elle va en s'amincissant vers la queue; celle-ci, longue d'un pouce environ, est implantée dans une petite cavité bordée de protubérances; le côté opposé est bien arrondi en cul de poule, comme on dit vulgairement, et l'œil est à fleur; la peau, d'abord vert blanchâtre, passe au jaune lors de la maturité; la chair est fondante, acidule-sucrée et musquée; les pepins sont bruns et assez bien conformés.

Cette excellente poire mûrit en novembre, et se conserve assez longtemps.

Poire-marquise. Elle est assez grosse, car sa hauteur dépasse 3 pouces, et son grand diamètre 2 et demi; sa forme est pyramidale et ventrue; ces deux caractères ne sont néanmoins pas très-constants, bien qu'elle soit assez belle; son œil est petit et placé presque à fleur; sa queue est assez longue; elle s'implante également à fleur du fruit; la peau, d'abord verte et tiquetée de points verts et roux plus intenses, passe assez inégalement au jaune tendre lors de la maturité du fruit, de sorte qu'elle est alors comme marbrée ou tavelée de jaune et de vert; la chair est blanche et fondante, légèrement aromatique, d'un goût très-suave; elle imprime au palais un sentiment de fraîcheur qui la rend, comme le Saint-Germain, la mouille-bouche et l'épargne, très-propre à étancher la soif; les pepins sont gros et bien nourris.

Cette belle et excellente poire mûrit en novembre.

Poire royale d'hiver. Elle est grosse, ventrue; sa forme et sa couleur rappellent un peu le coing; cependant cette dernière varie suivant l'exposition, car, de jaune uniforme qu'elle est ordinairement, elle peut, en espalier, se teindre en rouge assez faible, sous l'influence du soleil, toutefois; elle est néanmoins toujours tiquetée de petits points roux très-nombreux; sa surface présente un grand nombre de protubérances plates et comme avortées; la chair est demi-fondante, sucrée, de couleur blanc jaunâtre; les loges sont petites et les pepins qu'elles renferment avortent souvent, mais ceux qui se développent sont longs, et de couleur brun foncé.

Cette variété, essentiellement d'hiver, comme son nom l'indique, mûrit en décembre et janvier.

Poire muscat Lallemand. Cette poire est d'un assez beau volume; sa forme est ventrue, allongée vers la queue; elle présente, sous ce rapport, assez d'analogie avec la royale d'hiver; sa peau, de couleur vert grisâtre, se teinte de rouge du côté du soleil; sa chair est fondante, d'un goût musqué, très-agréable; elle renferme malheureusement, dans sa substance, un assez grand nombre de concrétions pierreuses; ses pepins sont brun clair. Cette poire, qui n'est pas néanmoins sans mérite, mûrit en février.

Poire muscat rouge. Cette variété est

assez rare; elle est exactement piriforme; son volume est au-dessous du médiocre; la peau est de couleur vert jaunâtre, mais elle se teinte de rouge du côté qui reçoit plus directement l'influence solaire; la chair est cassante, assez aromatique et suave; elle mûrit à la fin d'août.

Poire Messire Jean, poire Chaulis. Elle est de grosseur moyenne, de forme globuleuse, peu régulière, car elle rappelle souvent une calebasse raccourcie; sa peau est rude au toucher; d'abord vert grisâtre, elle passe, lors de la maturité, au roux, et quelquefois au jaune doré; la chair est blanche, cassante, savoureuse, d'un goût aromatique particulier et très-agréable; elle renferme dans sa substance un assez bon nombre de concrétions pierreuses; les pepins sont généralement assez petits, ils avortent même souvent dans les plus beaux fruits qui n'offrent aussi que quatre loges.

Cette excellente poire mûrit en octobre, elle se conserve assez bien, mais, cependant, pas autant que ses qualités le feraient désirer; ce qui prouve que les circonstances extérieures ne sont pas les seules causes d'altération des fruits et qu'ils ont, comme tous les êtres organisés, leur limite d'existence, c'est que l'altération ou le blossissement de la poire Messire Jean, en apparence si rustique, s'effectue par le centre; elle entre, ainsi que le Martin sec, dans la composition des meilleurs raisinés.

Poire Saintonge ou *chat brûlé.* Elle offre, quant à la couleur, assez d'analogie avec celle qui précède; elle est plus grosse, car sa hauteur dépasse souvent 3 pouces; sa forme est pyramidale; sa peau est également rude au toucher; de couleur gris foncé et quelquefois jaune rougeâtre du côté du soleil; la chair est fondante, sucrée-acidule et d'un goût très-suave; les pepins sont bruns et assez bien conformés.

Cette poire mûrit en janvier; elle est peu cultivée et connue sous des noms différents.

Poire de Vallée Franche. Son volume est médiocre; sa forme est turbinée, un peu aplatie au sommet, en forme de gourde de pèlerin ; sa peau, d'un vert assez franc, est luisante ; elle se teinte de jaune clair lors de la maturité ; la chair est cassante, de contexture grossière, d'un goût sucré-acerbe peu agréable ; elle passe assez promptement au blossissement et devient alors molle et insipide ; malgré ces inconvénients, cette poire, très-abondamment fournie par l'arbre qui la produit, et assez communément cultivée aux environs de Paris, figure sur les marchés de cette capitale, et est consommée par la classe ouvrière ; elle mûrit en août.

Poire Saint-Laurent. Son volume est au-dessous du médiocre ; sa forme est globuleuse, mais déprimée assez fortement néanmoins au sommet ; sa peau, d'abord de couleur verte, jaunit lors de la maturité ; sa chair acidule et acerbe s'adoucit par la cuisson.

Cette poire, assez peu commune aux environs de Paris, l'est davantage dans le Midi ; mais elle n'y est estimée que pour sa hâtiveté ; elle mûrit, en effet, au commencement d'août.

Poire de pendant. Sa dénomination indique suffisamment l'un de ses principaux caractères ; sa queue est, en effet, si longue, qu'elle dépasse la hauteur même du fruit, qui est de 2 pouces environ, sur un peu moins de largeur ; sa forme est turbinée ; la peau est de couleur gris cendré, tirant sur le roux du côté qui regarde le soleil ; elle est, en outre, tiquetée de points de la même couleur ; la chair est de couleur blanc verdâtre, fondante, sucrée et légèrement aromatique ; les pepins sont brun foncé.

Cette petite poire est assez savoureuse, elle mûrit en septembre.

Poire Rousseline. Elle est assez petite, car sa hauteur dépasse rarement 2 pouces ; sa forme est ventrue, en calebasse et amoindrie au sommet et à la base ; l'œil est presque à fleur ; la queue est assez longue et implantée obliquement ; la peau est de couleur fauve sale ou grisâtre ; elle prend une teinte plus claire lors de la maturité ; elle est rude au toucher : « A cause, »

disent MM. Poiteau et Turpin, qui l'ont examinée à la loupe, « d'une grande quantité de petits points bruns exfoliés ; il y a même des endroits où cette espèce de croûte ne produit que des marbrures sur un fond vert ; mais quand le fruit a passé une quinzaine de jours dans la fruiterie, et qu'il commence à mûrir, le fond vert de la peau se change en jaune doré, et les taches qui la recouvrent passent du roux cendré au fauve clair. » La chair est assez fondante, succulente et agréablement musquée ; les pepins sont bruns et bien nourris.

Cette excellente poire mûrit en novembre ; on ne saurait trop la propager.

Poire de Mauni. Cette poire est de volume assez médiocre ; de forme oblongue, arrondie et turbinée au sommet ; sa chair est ferme et cassante, savoureuse et agréable ; elle mûrit à la fin de septembre, et est assez rare aux environs de Paris.

Poire grosse allongée. Son nom indique suffisamment ses deux caractères principaux ; sa forme et sa couleur rappellent assez exactement celles du Saint-Germain ; la peau est tiquetée de points roux ; elle passe au jaune tendre lors de la maturité ; sa chair est moins suave que celle du Saint-Germain, mais néanmoins assez fondante, plus aromatique que sucrée ; les loges sont grandes, les pepins longs et assez mal conformés.

Cette poire, assez rare, n'était, naguère encore, cultivée qu'au jardin des plantes ; on la propage maintenant sous le nom d'*Andréane* ; elle mûrit en novembre.

Poire de Martin sec, rousselet d'hiver. Son volume et sa forme sont peu constants ; cette dernière encore moins que l'autre, car on en voit qui rappellent la crassane ou les bergamotes et d'autres la forme de calebasse. Souvent cette variété se rencontre sur le même arbre : l'œil est placé dans une petite cavité dont les bords sont irréguliers ; la queue est généralement assez longue ; la peau est ferme, rude au toucher ; de couleur fauve isabelle, mais d'une teinte plus vive du côté du soleil, et parsemée de points gris blanc assez apparents; la chair est cassante, acidule-sucrée, d'un parfum très-suave; elle est semée, au centre de concrétions pierreuses; la coction y développe une couleur rouge assez intense; les pepins sont de grosseur moyenne, fauves et légèrement déprimés.

Cette poire, encore meilleure en compote que mangée crue, mûrit en novembre et décembre.

Poire Louison. Elle atteint un assez beau volume, car sa hauteur dépasse 3 à 4 pouces; elle est allongée, presque conique, et terminée en pointe obtuse du côté de la queue, qui est assez courte; l'œil est petit et presque à fleur; la peau est lisse, luisante; de couleur jaune, dans sa plus grande étendue, lavée de rouge, et tiquetée de points roux du côté du soleil; la chair est blanche, fondante, succulente et suave.

Cette poire a beaucoup de rapports avec la *Louise-bonne;* elle mûrit en septembre et passe assez promptement.

Poire passans ou *de Portugal.* Elle est piriforme assez régulier, arrondie au sommet, ou vers l'œil, qui est placé dans une cavité assez profonde; la queue est de moyenne longueur et proportionnée au volume du fruit; la peau, verte avant la maturité, passe au jaune à cette époque; elle se nuance quelquefois de rouge, faible du côté du soleil; la chair est assez fondante, d'un goût acidule-sucré agréable; cette poire mûrit en octobre.

Poire cramoisie. Elle est assez grosse; sa forme est peu constante; tantôt, en effet, elle est globuleuse, tantôt pyramidale; la peau, d'abord verdâtre, passe au jaune tendre dans sa plus grande étendue; mais le côté que frappent plus directement les rayons solaires se teinte d'une belle couleur rouge cramoisi; la chair est cassante, d'une odeur parfumée, assez suave, mais néanmoins peu savoureuse.

Cette belle poire mûrit en octobre.

Poire belle de Bruxelles, poire belle d'août. Son volume est au-dessus du médiocre; sa forme rappelle celle d'un beurré; elle est renflée à la base; la queue est grosse, longue d'un pouce et demi environ, tantôt droite, tantôt oblique; l'œil est presque à fleur; la peau est jaune dans les deux tiers de sa surface, et teintée d'un rouge assez vif du côté du soleil; elle est, en outre, tiquetée de points bruns; la chair est blanche, d'une contexture délicate et fondante; elle a un parfum très-suave; les pepins sont bruns et renfermés dans de longues loges; elle mûrit en août.

Poire-Colmar, poire-manne. Elle est de forme turbinée, plus large que haute, un peu tronquée au sommet; son volume est assez considérable, car son diamètre égale 3 pouces, et sa hauteur 32 à 34 lignes; la queue est assez longue, et implantée généralement à fleur du fruit; la peau est vert jaunâtre, tiquetée de points bruns; le côté qui regarde le soleil se teinte de rouge faible; la chair est fondante, sucrée-acidule, d'un goût très-suave; les pepins sont bruns et assez bien conformés.

Cette poire, justement estimée, mûrit en janvier et se conserve jusqu'en mars; elle doit à sa saveur, très-sucrée lorsqu'elle est cuite, le nom de poire-manne, sous lequel on la connaît dans certaines contrées; elle est assez abondamment cultivée aux environs de Colmar.

Poire-passe-Colmar. Son volume est médiocre; sa forme est pyramidale, mais assez irrégulière cependant; la queue est assez longue, eu égard au volume du fruit; elle est un peu renflée à la base; l'œil est placé à fleur; la peau, d'abord verte, passe au jaune clair lors de la maturité, elle est tavelée de taches brunes-roussâtres assez grandes; la chair est assez ferme, acidule-sucrée; les pepins sont bruns et assez bien conformés.

Poire-Colmar doré. Son volume est gros; sa forme est plus allongée que dans le Colmar ordinaire; sa peau est verdâtre, elle passe au jaune et se teinte de rouge du côté du soleil; sa chair est fondante et très-suave; cette belle pomme mûrit en mars; elle est trop peu cultivée, attendu ses rares qualités.

Poire-virgouleuse, poire-glace. Elle est grosse, haute d'environ 3 pouces et demi; sa forme est allongée, plutôt ovale que pyramidale; la peau, de couleur vert jaunâtre et tiquetée de points roux avant la maturité, prend plus tard une teinte jaune citron, et se lave d'un beau rouge du côté du soleil; l'œil est petit, placé dans une cavité profonde; la queue est courte et grosse; la chair est fondante, sucrée-acidule et d'un parfum très-suave, qui rappelle l'odeur de la cire; les pepins sont bruns et de forme allongée.

Cette belle et bonne poire, qui offre quelques points de ressemblance avec le Saint-Germain, mûrit en décembre; elle est originaire de Virgoule, Haute-Vienne.

Poire rougeaude. Son volume est médiocre; sa forme est assez exactement pyramidale; la queue, longue d'un pouce environ, s'implante, ainsi que l'œil, dans une cavité peu profonde; la peau, jaunâtre dans sa plus grande étendue, prend une teinte rouge faible du côté du soleil; la chair est cassante, peu savoureuse; les pepins sont bruns; cette poire mûrit en janvier, elle est de qualité assez médiocre.

Poire de vitrier. Elle est assez grosse, de forme ovoïde irrégulière; l'œil est ouvert, bien conformé; la queue, longue d'environ un pouce, s'implante presque à fleur du fruit; elle est entourée de quelques petites protubérances; la peau est lisse, vert tendre dans une partie de son étendue, parsemée de points d'un vert plus intense et d'un rouge assez foncé du côté du soleil; la chair est blanche, assez rustique et néanmoins d'un goût agréable; les pepins sont assez gros et noirs; cette poire mûrit en novembre.

Grosse poire de vitrier. Suivant Duhamel, la poire dont nous venons de parler formerait une sous-variété de celle-ci, qui serait le vrai type; elles offrent, en effet, quelques points d'analogie; mais celle qui nous occupe en différerait par son volume plus considérable, sa forme turbinée et sa couleur d'un jaune plus vif et d'un rouge plus intense; sa saveur est,

en outre, d'un arome plus musqué; l'époque de la maturité est la même.

Poire Tarquin. Sa forme est longue, elle rappelle celle de l'épargne; mais elle est déprimée vers l'œil et pointue vers la queue; sa couleur est jaune verdâtre, tavelée de fauve; on remarque souvent, à la surface du fruit, une rainure, ou plutôt une ligne qui va de la base au sommet; la chair est cassante, assez succulente et d'une saveur plus acidule que sucrée; la queue est de longueur médiocre et renflée à son point d'insertion.

Cette poire mûrit très-tardivement; en avril et souvent en mai.

Poire de jardin. Elle est assez grosse, de forme globuleuse, déprimée cependant vers l'œil; celui-ci est placé dans une cavité assez profonde; la queue est courte; la peau rugueuse et comme chagrinée; elle est généralement jaune, de couleur rouge assez foncé du côté qui reçoit plus directement l'influence solaire; elle est, en outre, embellie de points de couleur jaune d'or du même côté; la chair est rustique et pierreuse; sa saveur est douce et agréable; les pepins sont longs et bien conformés.

Cette belle et bonne poire mûrit en décembre; l'arbre qui la produit est vigoureux et très-productif.

Poire-franc-réal. Son volume est médiocre, mais assez variable néanmoins; car on en rencontre dont la hauteur dépasse 3 pouces, et le grand diamètre 2 pouces et demi; sa forme est pyramidale du côté de la queue, ventrue au centre; la peau est verdâtre, tiquetée de points roux; elle prend une teinte jaunâtre lors de la maturité; la chair est cassante, peu savoureuse; elle le devient davantage par la cuisson; les pepins sont grands, déprimés, et de couleur brun foncé.

Cette poire n'occupe pas un rang élevé, quant à ses qualités, mais elle est assez belle, et l'arbre qui la fournit très-productif; elle mûrit en octobre.

Poire Bequesne. Son volume égale celui de la poire-franc-réal, mais sa forme est irrégulière; elle présente, en effet, des bosses ou protubérances avortées, tantôt d'un côté, tantôt de l'autre; elle s'amoindrit vers le sommet et surtout vers la base; sa peau, généralement de couleur jaune, se teinte de rouge du côté du soleil, elle est, en outre parsemée de points jaunes et de taches roussâtres; la chair est ferme, de couleur blanc jaunâtre; qui passe au rouge par la cuisson; les pepins sont de grosseur médiocre, mais bien nourris.

Cette variété, anciennement connue, mais peu cultivée maintenant, mûrit en octobre et se conserve jusqu'en février.

Poire-ambrette d'été. Elle est rarement isolée, et le plus souvent réunie en bouquet; son volume est médiocre; sa forme est ovoïde, déprimée vers l'œil et figurée un peu en toupie du côté de la queue, qui est longue de plus d'un pouce; l'œil est saillant, ses divisions sont bien prononcées; on remarque, au centre, des filets d'étamine persistants; sa peau, d'un vert blanchâtre et quelquefois jaunâtre, est piquetée de points gris; la chair est cassante et peu succulente, on remarque dans sa substance des concrétions pierreuses; elle se distingue par une saveur sucrée-acidule, musquée ou ambrée, les loges renferment des pepins qui restent blancs, au delà même de la maturité du fruit, qui s'effectue en juillet.

Poire-ambrette d'hiver. Elle s'offre également réunie en bouquet de six à dix; elle est globuleuse, un peu plus longue que large; néanmoins, son volume est médiocre; l'œil est presque à fleur, bien conformé; la peau, sur un fond vert, présente de nombreux points, et des taches même assez larges de gris roux; elle se nuance de jaune très-faible lors de la maturité; il faut, dans tous les cas, que l'exposition et la saison soient très-favorables; la chair est blanc verdâtre, fondante, d'un arome assez suave; les loges sont entourées de concrétions pierreuses, elles sont grandes et renferment des pepins bien nourris et de couleur marron foncé.

Cette poire, d'un aspect assez peu séduisant, est néanmoins assez bonne; elle mûrit en décembre.

Poire-épine d'hiver. Son volume est médiocre; sa forme est allongée du côté de la queue principalement, et obtuse au point d'insertion de celle-ci; la peau est lisse, de couleur vert pâle, elle se teinte de jaune faible lors de la maturité; la chair est fondante, douce et peu savoureuse, bien qu'un peu musquée; les loges sont assez grandes, les pepins qu'elles renferment sont allongés, bien nourris et de couleur marron foncé.

Cette poire, remarquable, en outre, par une trace linéaire qui se prolonge du sommet à la base, mûrit en novembre et se conserve jusqu'en janvier.

Poire-merveille d'hiver, poire petit oin. Elle est de moyenne grosseur; sa forme est ovoïde; elle s'amincit néanmoins du côté de la queue; celle-ci est courte, implantée un peu obliquement; l'œil est placé à fleur, sur une partie complétement sphéroïde; la peau, assez irrégulière, et comme bosselée, est d'abord de couleur verdâtre, mais elle passe au jaune faible dans la dernière partie de l'existence du fruit; la chair est fondante, d'une contexture fine et délicate, d'un arome fort agréable; les pepins sont oblongs et généralement bien nourris.

Cette poire, bien qu'assez bonne, ne mérite pas la dénomination un peu ambitieuse qu'on lui a donnée; elle mûrit en novembre.

Poire double fleur, poire d'Arménie. La première de ces dénominations s'applique, comme on le pense, bien plutôt à l'arbre qu'au fruit; les fleurs sont, en effet, formées de dix à quinze pétales et conséquemment semi-doubles. Cette poire est d'un volume assez médiocre; sa forme est globuleuse; elle est néanmoins déprimée à la base et au sommet; l'œil est ordinairement entouré d'une tache fauve; la peau est de couleur vert jaunâtre; elle se nuance de rouge du côté du soleil lors de la maturité; on y remarque, en outre, des taches et des points grisâtres; la chair est ferme et cassante, peu savoureuse, mais elle le devient par la cuisson; aussi cette poire est-elle essentiellement d'hiver et propre à faire des compotes; les pepins sont gros et plats, leur couleur est brun foncé.

On en connaît une sous-variété, nommée *double fleur panachée*; le fruit est plus allongé, rayé de vert et de jaune, tiqueté de gros points ou taches rouges du côté du soleil, et, sur toute la périphérie, de points gris.

Ces deux variétés sont assez estimées, elles mûrissent en février et se conservent conséquemment longtemps, mais elles se rident beaucoup.

Poire de prêtre. Son volume est médiocre; sa forme est globuleuse, déprimée et même creusée à la base et au sommet; la queue est longue de 9 lignes environ; l'œil est placé, ainsi qu'elle, dans une cavité peu profonde; la peau, de couleur grise et piquetée de points blancs, est ferme et résistante; la chair est blanche, d'une contexture assez fine et d'une saveur acidule, assez agréable; les loges sont grandes, entourées de quelques concrétions pierreuses; elles renferment des pepins de couleur brun foncé, courts et bien nourris.

Cette poire, de qualité médiocre, mûrit en février.

Poire gille-ô-gille, gros gobet ou *Dagobert.* Cette variété, si diversement et si étrangement dénommée, est d'un assez beau volume; sa forme est ovale arrondi; son diamètre égale presque sa hauteur, qui est de 3 pouces environ; l'œil est placé dans une cavité profonde, évasée en entonnoir; la peau est rude au toucher, de couleur roux violacé, sur un fond jaunâtre; la chair est blanche, peu résistante et parenchymateuse; sa saveur, assez aromatique, est néanmoins agréable; les pepins sont allongés et de couleur marron.

Cette poire mûrit en octobre et novembre: la rusticité de sa chair fait qu'on l'emploie de préférence en compote; elle se conserve si longtemps, qu'il n'est pas rare d'en voir même en juin.

Poire-roussette de Bretagne. Son volume est médiocre; sa forme est turbinée, déprimée vers l'œil, qui est placé dans une cavité assez profonde; la queue, de longueur médiocre, est également fixée dans une cavité; la chair est blanche, assez fondante; d'un goût qui rappelle un peu celui de la crassane, et, comme elle, un peu âpre; cette variété, assez peu connue, mûrit en octobre.

Poire de cuisine, poire cuisine Varin. Sa forme est assez régulière, mais elle est déprimée à la base et au sommet; la peau est de couleur roussâtre, parsemée de points gris; la chair est acerbe et âpre; mais elle s'adoucit par la cuisson, et sert à faire des compotes, d'où lui vient probablement le nom de poire de cuisine; cette poire mûrit, si toutefois on peut s'exprimer ainsi lorsqu'il s'agit d'une maturation aussi incomplète, vers le mois de novembre; elle est peu répandue.

Poire Payency ou *de Périgord.* Elle est de forme oblongue et rappelle la *verte longue*; sa peau, d'abord vert clair, passe au jaune lors de la maturité; elle est tiquetée de petits points gris; sa chair est demi fondante, d'un arome assez agréable; cette poire mûrit en octobre.

Ces trois dernières variétés ne sont guère cultivées que dans les collections.

Poire de César. Son volume est assez considérable, car sa hauteur dépasse 4 pouces et son grand diamètre 3 et demi; l'œil est placé dans une cavité étroite et peu profonde; la peau est lisse, nuancée de rouge faible du côté du soleil, sur un fond jaune, plus ou moins intense, suivant le degré de maturité; toute la périphérie est tiquetée de points roux; la chair est blanc de neige, cassante, d'un goût acidule et d'un arome musqué.

Cette variété, également peu connue, mûrit en décembre; elle passe très-promptement; elle est originaire de la Lorraine.

Poire-pomme. Cette variété, caractérisée par Le Berryais, est maintenant très-peu connue; il y a lieu de croire même qu'elle a changé de nom; quoi qu'il en soit, sa forme, ainsi que son nom l'indique suffisamment, rappelle celle d'une pomme; mais elle est cependant plus allongée et plus grosse au sommet ou vers l'œil qu'à la base; la queue, grosse et courte, comme celle des pommes en général, est implantée dans une cavité étroite et profonde, entourée de protubérances coniques, qui se prolongent à la surface du fruit et le rendent fort irrégulier ; la peau est de couleur jaune franc, parsemée de points roussâtres; la chair est d'une contexture assez lâche, d'une saveur douce.

Cette poire mûrit en mars et se conserve deux ans, si l'on en croit Le Berryais.

Poire Angélique de Bordeaux. Son volume est au-dessus du médiocre; sa forme rappelle celle du bon-chrétien d'hiver, et comme lui, elle est déprimée d'un côté dans le sens de sa longueur, ce qui rend son diamètre fort inégal; l'œil est petit et cave; la queue est grosse et longue, un peu charnue et épaissie à son point d'insertion au fruit; la peau est lisse, de couleur jaune pâle, dans sa plus grande étendue, rougeâtre du côté qui reçoit plus directement l'influence solaire et tachée le plus ordinairement de brun dans le voisinage de l'œil; sa chair est cassante, d'une saveur douce, acidule; les pepins, de médiocre grosseur, sont terminés en pointe et de couleur brune; cette poire, assez médiocre crue, devient plus savoureuse par la cuisson; elle mûrit en janvier et se conserve longtemps.

Poire Angélique de Rome. Elle est également de moyenne grosseur ; sa forme est oblongue, mais néanmoins son diamètre égale presque sa hauteur, qui est de 30 lignes environ ; le sommet est bien arrondi; l'œil, qui en occupe le milieu, est placé dans une petite cavité; la queue est assez longue, eu égard au volume du fruit; la peau est rude au toucher, de couleur jaune pâle, nuancée de rouge du côté du soleil, lorsque l'exposition est favorable ; la chair est assez fondante, de couleur blanc jaunâtre, d'une saveur acidule-sucrée.

Cette poire est assez estimée; elle mûrit en décembre et se conserve jusqu'en février et mars.

Poire-tonneau. Son nom indique suffisamment sa forme, qui rappelle, en effet, celle d'un petit baril ; le grand diamètre est au centre, et le sommet et la base s'amoindrissent assez régulièrement; son volume est considérable, car sa longueur atteint quelquefois jusqu'à 5 pouces et sa largeur 4; la queue, longue d'un pouce environ, est implantée dans une cavité dont les bords se relèvent en bosses; la peau, d'abord verte, passe au jaune et se nuance de rouge assez vif du côté du soleil; la chair est blanche, meilleure cuite que crue.

Cette poire mûrit en février, elle est réservée pour les compotes d'hiver.

Poire Chaptal. Elle est un peu moins grosse que celle qui précède, mais encore fort belle, puisque sa hauteur dépasse 3 pouces et demi, et son diamètre en atteint près de 4 ; sa forme est pyramidale et assez ventrue; la queue, longue d'un pouce environ, s'implante un peu obliquement, cette circonstance est due au développement assez considérable que prend ordinairement l'une des protubérances marginales ; l'œil est placé dans une cavité peu profonde; la peau, d'abord d'un vert obscur, se nuance de jaune faible lors de la maturité, elle est, en outre, rouge du côté qui regarde le soleil, et ponctuée de brun dans presque toute sa périphérie ; la chair est demi-fondante; son arome est suave ; elle est cependant meilleure cuite que crue ; les pepins sont bruns, allongés, mais ils avortent pour la plupart; les loges qui les renferment sont grandes, isolées au centre, de manière à laisser libre l'axe du fruit.

Cette belle et bonne poire est très-tardive, car elle ne mûrit guère qu'en mars et avril.

Poire-catillac. C'est incontestablement l'une des plus belles et des plus grosses poires; sa forme, assez constante, rappelle celle d'une calebasse irrégulière; elle est, en effet, souvent bosselée ou nouée à la surface; son volume est assez variable, mais cependant elle atteint souvent 4 à 5 pouces de hauteur sur un diamètre proportionné; la queue est assez courte, eu égard au volume du fruit; l'œil, ou plutôt les divisions calicinales, sont de couleur grisâtre et assez mal conformées; la peau, d'abord d'un vert peu intense et indéterminé, passe au jaune, et la partie que frappent plus directement les rayons solaires s'avive d'un beau rouge cinabre; la surface est, en outre, tiquetée de points roux et quelquefois de taches irrégulières de même couleur; la chair est blanche, d'une contexture lâche; elle renferme dans sa substance, et notamment près des loges, d'assez nombreuses concrétions; le suc est assez savoureux, mais le parenchyme est fade et résistant; les pepins sont bruns et quelquefois complètement noirs, d'un volume médiocre; souvent ils avortent et on n'en rencontre que des traces.

Cette poire est de celles qui gagnent par la cuisson, aussi en fait-on généralement des compotes; sa chair se colore, dans ce cas, en un beau rouge; elle mûrit en novembre.

Poire de Rateau. Elle est également fort grosse; mais sa forme est turbinée ou en toupie; sa queue est courte et implantée dans une cavité dont les bords sont assez réguliers; mais l'un des côtés étant, cependant, plus élevé que l'autre, sa direction perpendiculaire s'en trouve altérée; l'œil est assez cave; la peau est d'un blanc verdâtre dans une partie de son étendue, l'autre s'enrichit, par l'influence solaire, d'un beau rouge vermillon; la surface est tiquetée de points roux; la chair est ferme, cassante, d'une saveur acidule-sucrée et d'un arome assez suave; la cuisson lui communique une teinte rosée du plus agréable aspect, lorsque le fruit est préparé en compotes; les pepins, comme nous l'avons fait remarquer, pour le grand nombre de poires qui doivent à la culture leur principal mérite, sont souvent avortés.

Cette belle poire, obtenue par un jardinier du nom de Rateau, mûrit en décembre.

Poire bellissime d'hiver, teton-de-Vénus. Son volume est également très-remarquable; sa forme est turbinée, assez ventrue, cependant le côté de la queue est conique, et celui opposé exactement rond; l'œil est presque à fleur; la peau, d'abord verte, passe au jaune pâle lors de la maturité, et se colore de rouge cramoisi du côté qui regarde le soleil; sa surface est tiquetée de nombreux points grisâtres; la chair est ferme et cassante, d'un goût acidule, assez agréable; les pepins sont gros, de couleur marron.

Cette belle poire est encore de celles qui gagnent par la cuisson, elle mûrit en novembre et se conserve jusqu'en mai.

Poire de saint-père ou *saimpair*. C'est encore un très-beau fruit d'hiver; sa longueur dépasse, en effet, souvent 4 pouces, et sa largeur 3 pouces et demie; sa forme est pyramidale, obtuse vers la queue; celle-ci est longue d'un pouce environ; elle s'implante dans une très-petite cavité; la peau est rude au toucher, verte avant la maturité, elle passe au jaune obscur à cette époque, et se lave, du côté du soleil, de rouge brun; la chair est blanche, fondante et très-succulente; sa saveur est acidule-sucrée; les pepins sont oblongs, de couleur brune, ils retiennent à leur point d'insertion une petite membrane filamenteuse assez résistante.

Cette poire, également bonne crue et cuite, mûrit en mars, lorsque les circonstances sont favorables, elle se conserve jusqu'en juin.

Poire pastorale, ou *musette d'automne petit Rateau.* Son volume est au-dessus du médiocre; sa longueur atteint, en effet, souvent 3 pouces; elle est ventrue et s'amoindrit vers la base et le sommet, mais plus néanmoins vers la base et assez régulièrement jusqu'à ce qu'elle forme mamelon ou bourrelet en spirale; celui-ci reçoit la queue, qui est assez longue; l'œil est placé à l'autre extrémité et presque à fleur du fruit; la peau, d'abord de couleur vert tendre, se nuance de jaune en mûrissant; le côté du soleil se teint, à la même époque, de rouge faible; on remarque, en outre, à la surface du fruit de nombreux points roux, et le voisinage de la queue prend une couleur ou se tache de bistre; la chair est blanche, assez ferme et cependant fondante; sa saveur est assez fade, bien que pourvue d'un arome agréable; les loges sont petites, elles renferment des pepins courts et bien nourris, mais on en trouve souvent qui sont avortés et qui ne laissent que des traces.

Cette poire mûrit en octobre.

Poire Saint-Augustin. Ce fruit est allongé, son plus grand diamètre est au centre, et il s'amoindrit vers le sommet et vers la base; l'œil est placé à fleur; la queue, d'un pouce de longueur, prend son point d'insertion au milieu de petites protubérances assez saillantes; la peau est de couleur jaune clair ou vert jaunâtre, tachée de rouge du côté du soleil et tiquetée de nombreux points bruns; la chair est sèche, cassante, d'une saveur douce, légèrement musquée; les pepins sont noirs, allongés et bien nourris.

Cette variété mûrit en décembre, elle est rangée parmi les poires à cuire.

Poire Dauphine, poire Lansac, poire satin. Elle atteint généralement un volume assez médiocre; sa forme est presque complétement globuleuse, car son diamètre égale à très-peu de chose près sa hauteur; l'œil est placé dans une cavité peu profonde; la queue est grosse et assez longue, eu égard au volume du fruit; elle est charnue à son point d'insertion; la peau est lisse, blanchâtre ou jaune pâle; la chair est fondante, d'une saveur sucrée-acidule assez agréable; il est difficile de déterminer la forme et la couleur des pepins, car ils avortent presque toujours.

Cette poire mûrit à la fin d'octobre.

Poire champ riche d'Italie. Le volume de cette poire dépasse la moyenne, car elle a quelquefois 4 pouces de long; son grand diamètre est au milieu de la hauteur; l'œil est assez grand et placé dans une cavité peu profonde, mais éva-

sée; le côté de la queue s'amoindrit insensiblement jusqu'à former une pointe assez aiguë, que termine la queue; la peau est de couleur vert clair et parsemée de points grisâtres; la chair est blanche, assez fondante, peu savoureuse; néanmoins on ne remarque dans cette variété que quatre carpelles ou loges séminales, dont chacune renferme deux pepins.

Cette poire, très-bonne en compotes, mûrit en décembre.

Poire trouvée, poire de prince, poire trouvée de montagne. Son volume est médiocre, car sa longueur dépasse rarement 2 pouces et demi; sa forme est ovale, allongée, assez régulière; l'œil est grand, bien ouvert, placé à fleur ou presque à fleur du fruit; la queue est assez longue, elle s'implante un peu obliquement; la peau est de couleur jaune-citron, nuancée de rouge pâle, mais celui-ci prend de l'intensité dans la partie qui reçoit l'influence solaire, principalement à l'époque de la maturité; on remarque, en outre, à la surface du fruit, des petits points qui se détachent en rouge sur le jaune et en gris sur le rouge; la chair est blanc de lait, c'est-à-dire un peu jaunâtre, cassante, d'un goût acidule-sucré assez agréable; les pepins sont courts et bien nourris, de couleur brune.

Cette poire peut être mangée crue, lorsqu'elle a atteint son maximum de maturité, qui a lieu en janvier; cependant on en fait plus ordinairement usage en compotes; elle se conserve jusqu'en avril.

Poire impériale feuilles de chêne. Son diamètre égale presque sa hauteur, qui est de 2 pouces et demi environ; cependant elle paraît allongée, parce qu'elle diminue de grosseur du côté de la queue; celle-ci est assez grosse, longue de près d'un pouce; l'œil est petit et presque à fleur du fruit, qui, dans cette partie, est assez exactement rond; la peau, d'abord de couleur vert pâle, jaunit et se ride lors de la maturité; la chair est fade, mais peu sucrée et assez fondante; les pepins sont gros, bien nourris, terminés en pointe et de couleur brune.

Cette poire présente, en outre, ce caractère très-remarquable, qu'elle n'a que quatre loges; elle devient plus savoureuse par la cuisson, et mûrit en avril.

Poire livre ou *gros Rateau gris.* Cette poire est très-grosse ; elle dépasse, en effet, 4 pouces et demi de hauteur sur 3 et demi de diamètre : sa forme, assez régulière et assez constante, rappelle celle du catillac ; elle est allongée, déprimée d'un côté, et cependant assez exactement turbinée ; la queue, longue de plus d'un pouce, s'implante dans une petite cavité, dont l'un des bords est plus relevé que l'autre ; la peau passe du vert au jaune lors de la maturité : cette couleur est, en grande partie, masquée par de nombreux points et taches gris ou roux ; la chair est ferme et cassante, d'un goût un peu acerbe, mais qui s'adoucit par la cuisson; les pepins sont bruns et allongés.

Ce beau fruit mûrit en décembre et janvier, on le mange rarement cru; sa chair prend, par la coction, une teinte rosée qui rend ses compotes fort séduisantes.

Poire d'amour, poire de trésor. Ce fruit est excessivement remarquable, tant par son volume que par sa forme; cette poire atteint, en effet, jusqu'à 6 pouces de hauteur sur 4 et demi de diamètre ; sa figure rappelle celle du coing piriforme; elle est ventrue et s'amoindrit vers la base et le sommet d'une manière presque égale; sa périphérie est formée de protubérances allongées qui simulent des côtes avortées; la peau est verte, mais elle se nuance de jaune faible lors de la maturité, elle est un peu rugueuse et piquetée de nombreux points d'un vert plus intense; la chair est blanche, cassante, assez succulente, d'un goût acidule-sucré assez agréable; les pepins sont petits, en égard au volume du fruit, ils avortent souvent en tout ou en partie.

Cette poire offre l'avantage, attendu qu'elle est demi-fondante, de pouvoir être mangée crue ou cuite; elle mûrit en décembre et se conserve jusqu'en mars. Elle est malheureusement assez rare. L'arbre qui la produit fait partie du groupe des bon-chrétien ; ses fleurs résistant difficilement aux intempéries du printemps, cette circonstance le rend peu productif.

Poire de quarante onces. Nous n'avons pas été assez heureux pour rencontrer, dans nos nombreuses recherches, cette monstrueuse poire ; il convient cependant d'avertir, ainsi que le font les auteurs du *Nouveau Duhamel*, que c'est au poids de Provence qu'elle pèse 40 onces et même davantage, « car M. Audibert, qui, » disent-ils, « nous a communiqué ce fruit, nous marque que, depuis les poires qu'il nous a envoyées, lesquelles n'avaient pas encore pris tout leur accroissement, il en a pesé plusieurs qui se sont trouvées être du poids de 40 onces, ce qui correspond à 27 onces 4 gros poids de marc de Paris; sa forme était turbinée, elle avait 4 pouces et demi de diamètre sur 4 pouces de hauteur; sa surface était relevée çà et là de bosses peu saillantes, mais s'étendant largement ; l'œil était placé dans un large enfoncement assez uni vers les bords, et sa queue, longue d'un pouce, était placée dans un enfoncement dont les bords, unis d'un côté, formaient de l'autre deux grosses bosses; la peau était presque partout d'un jaune citron, avec une légère teinte rougeâtre du côté qui avait été frappé par les rayons du soleil ; toute sa surface était d'ailleurs parsemée de nombreux points roussâtres; sa chair était blanche, ferme, cassante, grenue, d'une odeur agréable, d'une saveur acerbe qui ne permet guère de la manger crue ; cuite, elle prend une couleur rouge et une saveur sucrée très-agréable ; les pepins sont d'un brun fauve, presque toujours avortés. »

Cette belle poire, dont le volume égale à peu près celui de la poire dite trésor d'amour, est assez abondamment cultivée en Provence ; sa maturation s'effectue sous ce climat en octobre.

Poire Audibert ou *belle Audibert.* Elle prend également place parmi les plus grosses du genre, mais elle vient après celle qui précède ; sa forme est assez régulière : elle est arrondie au sommet ; elle ne se partage pas également, car un des côtés est ordinairement plus fort que l'autre ; sa surface est lisse ; la peau, de couleur vert jaunâtre dans sa plus grande étendue, passe au jaune-orange lavé de rouge du côté du soleil ; la chair est cassante, d'un goût acerbe qui s'adoucit par la cuisson ; elle mûrit en novembre.

Poire belle Bessa. Son volume est aussi assez beau, car sa hauteur dépasse souvent 4 pouces, et son grand diamètre trois ; celui-ci est à la moitié de la hauteur, et le fruit va en s'amoindrissant vers le sommet, et surtout vers la base ; le point d'insertion de la queue, dans cette dernière partie, est entouré de petites protubérances qui, en se développant, la font dévier de la perpendicularité ; l'œil est placé dans une cavité dont les bords sont inégaux ; la peau est d'un vert tendre, qui passe au jaune à la maturité du fruit ; elle est, en outre, tiquetée de points d'un vert plus intense ; la chair est demi-cassante, douce, d'un goût assez suave.

Cette poire mûrit en novembre ; elle est assez nouvelle, et a été ainsi dénommée par M. Deslongchamps en reconnaissance du soin qu'a apporté M. Bessa à figurer les fruits décrits dans son ouvrage.

Poire d'Angleterre, beurré d'Angleterre. Son volume est assez variable, mais cependant le plus ordinairement médiocre ; sa forme est turbinée assez exactement, quelquefois ovoïde allongé ; sa queue est longue de 15 à 18 lignes, assez grêle ; l'œil est inséré presque à fleur ; la peau est lisse, de couleur vert grisâtre, tiquetée et quelquefois tachée d'une sorte de galle de couleur fauve ; la chair est blanc jaunâtre, très-fondante et succulente, sucrée et suave ; les loges sont oblongues ; elles sont comme enveloppées de concrétions pierreuses, et elles renferment des pepins assez bien conformés, mais qui avortent souvent. Elle mûrit en septembre, et est abondamment cultivée aux environs de Paris ; l'arbre qui la produit acquiert quelquefois un volume con-

sidérable : nous en connaissons un exemple qui tient du prodige.

Poire Angleterre d'hiver. Elle est de forme pyramidale, ventrue ; son volume est assez beau, car elle atteint souvent près de 4 pouces de hauteur sur 3 pouces de diamètre ; la queue, assez longue, s'implante à fleur du fruit, et l'œil est placé dans une cavité peu profonde, mais très-évasée ; la peau passe du vert clair au jaune citron lors de la maturité ; la partie que frappent plus directement les rayons solaires s'avive d'une teinte rouge ; la chair est ferme, peu succulente, acerbe, et conséquemment peu agréable crue ; les pepins sont longs lorsqu'ils n'avortent pas, ce qui est rare, de couleur marron foncé ; les loges qui les renferment s'isolent au centre et laissent l'axe du fruit libre.

Cette poire acquiert des qualités par la cuisson ; elle est essentiellement d'hiver, et mûrit en mars et avril ; elle se conserve, comme on voit, très-longtemps.

Poire Sarrasin. Son volume est médiocre ; sa forme est oblongue et s'amoindrit d'une manière assez irrégulière aux deux extrémités, mais davantage du côté de la queue, qui est grosse et courte ; l'œil est placé à fleur du côté opposé ; la peau, d'abord verte, passe au jaune pâle lors de la maturité ; le côté qui regarde le soleil est rouge brunâtre et parsemé de points gris ; la chair est assez fondante, d'une saveur acidule-sucrée, et d'un arome assez agréable ; les pepins sont longs, pointus et de couleur noire.

Cette poire fait d'excellentes compotes et se conserve longtemps ; sa maturation s'effectue en février.

Poire duchesse d'Angoulême. Son volume est fort beau ; sa forme rappelle celle du doyenné ; sa peau, d'une belle couleur jaune lors de la maturité, se lave, sur une partie de sa surface et notamment du côté qui reçoit plus directement l'influence solaire, de rouge brun ; on remarque, en outre, à la surface, des points gris assez nombreux ; sa chair est fondante et vineuse ; elle est un peu âpre, comme celle de la crassane, mais néanmoins assez agréable; cette poire mûrit en novembre, elle était autrefois plus particulièrement cultivée aux environs d'Angers; mais elle est devenue assez commune sous le climat de Paris, qui ne lui a rien fait perdre de ses qualités.

Poire de chenevin. Sa forme, quoique belle, est cependant peu régulière; elle est allongée et s'amoindrit un peu vers l'œil; celui-ci est bien conformé, il est placé dans une cavité peu profonde, dont les bords sont formés de petites protubérances rangées en collerettes; la queue est placée, un peu obliquement, au centre d'une sorte de bourrelet qui termine le cône; la peau est jaune dans sa plus grande étendue, lavée de rouge et tiquetée de nombreux points roux; la chair, de couleur blanc jaunâtre comme celle des beurrés, est assez fondante, mais on trouve, néanmoins, dans sa substance, des concrétions pierreuses; les loges sont assez petites, elles renferment le plus ordinairement des traces de pepins avortés.

Cette poire, que l'on doit à MM. Poiteau et Turpin, mûrit en août; elle se distingue, en outre, par un arome assez prononcé et particulier qui ne plaît pas à tout le monde; quoi qu'il en soit, ce fruit mérite d'être propagé.

Poire sans pepin. Sa dénomination indique suffisamment son principal caractère; son volume et sa forme rappellent ceux du Colmar; l'œil est bien conformé et placé à fleur; la queue, de grosseur moyenne, est charnue à son point d'insertion, et placée un peu obliquement; la peau, de couleur vert jaunâtre, est tiquetée de points d'un vert plus intense et de rouge dans la partie principalement qui regarde le soleil; la chair est blanche et fondante, d'une contexture assez rustique cependant; elle est très-succulente et d'un goût musqué très-suave.

Non-seulement cette poire ne contient pas de pepins, mais même de loges; elle est très-commune en Flandre et en Normandie, et mûrit en octobre.

Poire-azerole. Elle est petite, réunie en bouquets au nombre de trois à sept, pendante; sa forme est turbinée; sa peau est d'un beau rouge; sa chair est jaune lors de la maturité, molle et parenchymateuse; son suc est rare et fade; les loges, rarement au nombre de cinq, renferment des pepins qui souvent avortent; ceux qui résistent sont courts et lacrymiformes.

Cette poire, de qualité médiocre, mûrit en septembre; elle offre une singularité bien remarquable, commune cependant à la pomme hybride, à la pomme à bouquet et à la pomme odorante; c'est l'absence du cartilage qui constitue ordinairement la paroi des loges.

Poire Deschamps. Son volume est médiocre; sa forme rappelle celle du doyenné; l'œil est presque à fleur; la queue est longue, renflée à son point d'insertion; la peau, de couleur jaune pâle, est finement ponctuée; elle s'avive de rouge du côté du soleil; la chair est blanche, cassante; elle présente, autour des loges, des concrétions pierreuses; sa saveur, un peu âpre, rappelle celle de la crassane; les pepins sont courts et bien nourris, ils sont renfermés dans des loges qu'ils remplissent en presque totalité.

Cette poire mérite peu d'être propagée; elle mûrit vers la mi-août.

Poire Andréine, belle Andréine. Son volume est assez considérable, car elle atteint souvent 4 à 5 pouces de hauteur sur 3 et demi à 4 de diamètre; sa forme est ovoïde allongé; l'œil est presque à fleur, et la queue de longueur médiocre; la peau est verte, assez lisse; elle se nuance de brun clair ou fauve du côté qui reçoit plus directement l'influence solaire; sa chair est blanche, fondante, peu savoureuse; les loges sont grandes, et les pepins assez bien conformés.

Cette belle poire rappelle, sous beaucoup de rapports, celle de Saint-Germain; elle semble en être une variété améliorée sous le rapport du volume, mais dégénérée sous celui du goût; elle mûrit en novembre.

Poire de Fauée. Son volume est au-dessous du médiocre; sa forme est arrondie et un peu turbinée; sa peau est de couleur vert jaunâtre, nuancée de rouge du côté du soleil; la chair est assez fondante, d'un grain fin, et succulente; sa saveur est sucrée-acidule et musquée. Cette poire est assez hâtive, car elle mûrit en juillet.

Poire caillou rosat. Son volume est assez gros, car sa longueur dépasse ordinairement 3 pouces, et son diamètre est un peu moindre; sa forme est arrondie, surtout vers l'œil, qui est placé presque à fleur; la peau est jaune, mais le côté du soleil s'avive de rouge faible; la chair est assez fondante, sucrée-acidule, et d'un goût musqué assez suave. Cette poire mûrit en septembre.

Poire urboniste. Elle est de forme allongée; sa hauteur égale 3 pouces et son grand diamètre 2 et demi; la peau, assez lisse, est de couleur vert jaunâtre dans sa plus grande étendue, avivée de rouge du côté que frappent plus directement les rayons solaires; la chair est blanc de lait, fondante, d'une saveur acidule-sucrée, assez suave.

Cette poire, la plus grosse de celles qui s'offrent en bouquet, mûrit en septembre.

Poire Sylvange. Son volume est assez considérable; sa forme est allongée, et principalement du côté de la base ou de la queue; la peau, de couleur vert clair d'abord, passe au jaune lors de la maturité; sa surface est tiquetée de nombreux points gris; la chair est fondante et succulente; sa saveur est acidule, sucrée; son parfum est très-suave.

Cette belle et excellente poire mûrit en octobre.

Poire Sylvange d'automne. C'est une sous-variété de la précédente. Elle est un peu plus ventrue; sa peau est moins colorée, sa chair moins suave; enfin elle semble être la même variété dégénérée; elle mûrit aussi plus tardivement.

Poire de Sieulle. Son volume est peu considérable, car sa hauteur atteint rarement 3 pouces, et son grand diamètre 2 et demi; sa forme est arrondie; sa

queue est longue; sa peau, de couleur vert grisâtre, change peu sous l'influence du soleil; la chair est fondante, presque complétement dépourvue de concrétions pierreuses, d'un goût acidule-sucré, très-suave.

Cette belle et bonne variété mérite d'être plus abondamment cultivée; elle mûrit en novembre, et se conserve assez bien.

Nous croyons devoir, pour terminer cette nombreuse série, mentionner les variétés suivantes, signalées comme nouvelles par M. Tollard aîné, dans son *Traité des végétaux qui composent l'agriculture.* Nous regrettons que leurs descriptions ne soient pas plus complètes.

Poires glutineuses. Elles sont réunies en bouquets; leur volume est au-dessous du médiocre; leur forme est turbinée; leur peau, lisse, est jaune d'un côté et rouge de l'autre; la chair est de couleur jaune safrané, assez ferme et musquée; elles mûrissent en juillet.

Poire-beurré Curtet. Son volume est médiocre, sa forme ovoïde; sa peau est fine et jaspée de rouge du côté que frappe plus directement le soleil; sa chair est blanche, fondante, acidule et parfumée.

Cette variété mûrit en septembre; elle a été dédiée à M. Curtet de Bruxelles.

Poire-beurré Diel. Cette poire, obtenue par M. Van Mons, atteint un assez beau volume; sa chair est blanche, fine et fondante; la saveur en est douce et très-suave. Cette belle et bonne poire mûrit en novembre; elle mérite d'être propagée.

Poire beurré royal. Elle est également d'un beau volume; sa forme et la saveur de sa chair rappellent celles du doyenné; son poids égale souvent 14 à 16 onces.

Poire Frédéric de Wurtemberg. Son volume est au-dessus du médiocre; sa peau est lisse, marbrée de rouge sur un fond jaune; elle mûrit en octobre et prend place parmi les meilleures poires d'automne.

Poire de Louvain. Son volume est assez beau, sa forme régulière; sa peau est lisse et de couleur jaune clair ; la chair est blanc de lait, fondante et succulente ; sa saveur est sucrée-acidule ; elle est accompagnée d'un arome très-suave. Cette poire mûrit en octobre.

Poire de Knops, *Poire melon*. Ainsi dénommée à cause de sa forme, qui néanmoins est ovale ; son volume est assez beau ; sa peau est lisse, luisante, de couleur jaune ; la chair est blanche et fondante ; le suc qu'elle renferme est abondant et d'un goût très-suave.

Cette variété est rangée parmi les meilleures du genre ; elle mûrit en novembre.

Poire Napoléon ou *médaille*. Son volume et sa forme rappellent le bon-chrétien ; sa chair est fondante, succulente et suave. Elle occupe un rang distingué parmi les meilleures poires, et mûrit en novembre.

Poire roquincher. Son volume est médiocre ; sa forme est globuleuse, un peu allongée cependant vers la base ou queue, déprimée au sommet ; sa peau est grise, sa chair douce et acidule. Elle est aussi très-remarquable par sa suavité et mérite d'être propagée.

Nous allons, ainsi que nous l'avons fait pour les pommes, indiquer, dans le tableau suivant, l'époque de maturité la plus ordinaire des poires à couteau : cette indication n'est pas sans importance pour ceux qui s'occupent de leur culture ou de leur conservation ; elle sera également utile lorsqu'on voudra, par l'examen des caractères physiques, arriver à la détermination synonymique du fruit.

Juin. *Poire joannet*. *Poire petit muscat* ou *sept-en-bouche*. *Poire d'aurate*.

Juillet. *Poire muscat Robert*. *Poire muscat royal*. *Poire muscat fleuri*. *Poire de Madeleine*, *citron des carmes*. *Poire cuisse-madame*, *onychine*. *Poire gros blanquet*. *Poire gros blanquet rond*. *Poire blanquet* ou *blanquette longue queue*. *Poire d'épargne*, *beau présent*. *Poire grosse crémeline*. *Poire petite crémeline*. *Poire de Chypre*, *rousselet hâtif*, *perdreau*. *Poire oignonet de Provence*. *Poire muscadelle*. *Poire grosse muscadelle*.

Poire Bourdon musqué. *Poire hâtiveau*. *Poire suprême*. *Poire sapin*. *Poire à deux têtes*. *Poire ambrette d'été*. *Poire de Fauce*. *Poire glutineuse*.

Aout. *Poire oignonet*, *archiduc d'été*. *Poire à deux yeux*. *Poire parfum d'août*. *Poire d'Auge*, *Poire gros hâtiveau*. *Poire fin or d'été*. *Poire sans-peau*. *Poire sanguinole*. *Poire sanguine d'Italie*. *Poire belle* ou *bellissime d'été*. *Poire cassolette*, *muscat vert*. *Poire Salviati*. *Poire Robine*. *Poire grise bonne*. *Poire chair-à-dame*. *Poire d'abondance* ou *d'ahmondieu*. *Poire des Chartreux*. *Poire d'épine rose*. *Poire de rose*. *Poire orange rouge* ou *d'automne*. *Poire orange musquée d'été*. *Poire bergamote précoce* ou *d'août*. *Poire bon-chrétien d'été musqué*. *Poire muscat rouge*. *Poire de Vallée-Franche*. *Poire Saint-Laurent*. *Poire belle de Bruxelles*. *Poire de Chenevin*. *Poire des champs*.

Septembre. *Poire jargonelle*. *Poire rousselet de Reims*, *petit rousselet*. *Poire gros rousselet roi d'été*. *Poire figue*. *Poire grande épine d'été*. *Poire petite épine d'été*. *Poire épine d'été de Toulouse*. *Poire d'œuf*. *Poire de bassin*. *Poire frangipane*. *Poire d'Angleterre*, *beurré d'Angleterre*. *Poire beurré romain*. *Poire beurré d'Amanlis*. *Poire beurré de Spence*. *Poire verte longue*, *panachée*. *Poire orange tulipée*. *Poire bergamote d'été*, *milan blanc*. *Poire bergamote d'Angleterre*. *Poire bon-chrétien d'été*, *gracioli*. *Poire solitaire* ou *mansuette*. *Poire fin or de septembre*. *Poire cassante de Brest*, *fondante de Brest*. *Poire cardinal* ou *amiral*. *Poire calebasse*. *Poire pendant*. *Poire de Mauny*. *Poire de Louison*. *Poire d'Angleterre*. *Poire azerole*. *Poire caillou rosat*. *Poire urbaniste*. *Poire beurré Curtet*.

Octobre. *Poire beurré gris*. *Poire beurré doré*. *Poire bonne-ente*, *doyenné Saint-Michel*. *Poire doyenné roux* ou *d'automne*. *Poire besi de Montigny*. *Poire grosse Angleterre de M. Noisette*. *Poire verte-longue mouille-bouche*. *Poire sucrée verte*. *Poire de vigne* ou *demoiselle*. *Poire bergamote rouge*. *Poire ber-*

32

gamote d'automne Poire bergamote suisse. Poire bergamote cadette ou de Cadet. Poire bergamote panachée. Poire crassane, bergamote crassane. Poire crassane panachée. Poire bon-chrétien panachée. Poire bellissime d'automne. Poire jalousie. Poire de Provence. Poire de Douville. Poire besi de la Motte. Poire Messire Jean Chaulis. Poire passans ou de Portugal. Poire cramoisie. Poire franc-réal. Poire Bequesne. Poire roussette de Bretagne. Poire Payency. Poire pastorelle. Poire dauphine ou Lansac. Poire de quarante onces. Poire sans pepins. Poire Sylvange. Poire de Louvain.

NOVEMBRE. Poire Saint-Germain, inconnue Lafare. Poire besi d'Héry. Poire bon-chrétien d'Auch. Poire Rouville ou Martin-Sire. Poire Saint-Lezin. Poire de Saint-François. Poire de Naples. Poire besi de Quessoy ou d'Anjou. Poire d'Echassery. Poire marquise. Poire rousseline. Poire grosse allongée. Poire de vitrier. Poire grosse de vitrier. Poire merveille d'hiver, petit-oin. Poire gille-ô-gille, gros gobet ou Dagobert. Poire cuisine Varin. Poire catillac. Poire bellissime d'hiver, teton de Vénus. Poire Audibert ou belle Audibert. Poire belle Bessa. Poire Andréine. Poire Sylvange d'automne. Poire de Sieule. Poire beurré de Diel. Poire beurré royal. Poire Frédéric de Wurtemberg. Poire melon de Knops. Poire Napoléon.

DÉCEMBRE. Poire bergamote Sylvange. Poire bon-chrétien d'Espagne. Poire Louise-bonne. Poire besi ou beurré Chaumontel. Poire royale d'hiver. Poire de Martin sec, rousselet d'hiver. Poire virgouleuse ou de glace. Poire de jardin. Poire ambrette d'hiver. Poire César. Poire Angélique de Rome. Poire de Rateau. Poire Saint-Augustin. Poire champ riche d'Italie. Poire d'amour, de trésor. Poire roquincher.

JANVIER. Poire beurré d'Hardenpont. Poire bon-chrétien d'hiver. Poire Saintonge, ou chat brûlé. Poire Colmar, de nanne. Poire rougeaude. Poire Angélique de Bordeaux. Poire trouvée, de prince, de montagne. Poire de livre, gros Rateau gris.

FÉVRIER. Poire muscat Lallemand. Poire bergamote de Hollande ou d'Alençon. Poire passe-Colmar. Poire double fleur, ou d'Arménie. Poire double fleur panachée. Poire de prêtre. Poire tonneau. Poire sarrasin.

MARS. Poire grosse rousselette d'Anjou ou d'hiver. Poire bergamote de Soulers. Poire bon-chrétien vernois. Poire bon-chrétien de Bruxelles. Poire bon-chrétien turc. Poire Colmar doré, Poire pomme. Poire saint-père ou saimpair.

AVRIL. Poire turque ou bon-chrétien turc. Poire orange d'hiver. Poire bergamote de Pâques. Poire Chaptal. Poire impériale feuilles de chêne. Poire d'Angleterre d'hiver. Poire Tarquin.

Ainsi que nous l'avons annoncé au commencement de cet article, nous ajouterons à la nomenclature caractéristique des poires cultivées ou à couteau, celles comprises dans le catalogue raisonné de M. Brebisson ; ce pomologiste a désigné, par un astérisque (*) les dénominations certaines, nous les reproduisons avec le même signe.

Poires précoces ou de moyenne saison.

* Le moque-friand rouge, blanc. Bonnes espèces, très-fertiles; bon poiré. Orne, Falaise. (Robin, pays d'Auge.) Huchet, Eure. (Garçon gris cochon, Avranches.)

* Le Plessis. Espèce médiocre, produit beaucoup; poiré sans qualité. Orne, Falaise. (Griffe-de-loup, Manche.)

* Paronnet. Bonne espèce, peu productive; bon poiré. Orne, Bocage, Falaise. (Ramparonnot, pays d'Auge, Bernay.)

* Gréal. Bonne et fertile espèce ; bon poiré. Orne, Falaise.

⁺ Sauvagel. Espèce et poiré médiocres. Orne, Falaise. (Gros bouquet, pays d'Auge.)

* Raguenet. Bonne espèce, très-fertile ; poiré délicieux. Manche, Falaise. (Heugnon, pays d'Auge.)

Dangoise. Bonne et fertile espèce; poiré très-spiritueux. Falaise. (Grosse-grise, pays d'Auge. Blanc-collet, Bernay.)

Hectot. Bonne espèce; bon poiré. Bernay. (*Catillon*, pays d'Auge.)

De marc. Espèce qui produit peu; bon poiré. Bocage.

De Miers. Très-bonne et très-fertile espèce; excellent poiré. Bocage.

* *De chemin*. L'une des meilleures et des plus fertiles espèces; poiré délicieux. Bocage, pays d'Auge, Bernay, pays de Caux, Manche, Orne, Ille-et-Vilaine.

* *Grippe* grosse, petite. Bonnes et fertiles espèces; excellent poiré. Bocage, Orne, Falaise, pays d'Auge, Bernay, Seine-Inférieure.

Gros vert. Bonne espèce, fertile; bon poiré. Falaise, Bernay. (*Verte*, pays d'Auge.)

Carisi rouge, blanc. Bonnes et fertiles espèces; bon poiré. Falaise, Bocage, Orne, Eure, Seine-Inférieure. (*Pochon*, pays d'Auge.)

Rochonnière. Bonne espèce, peu fertile; bon poiré. Pays d'Auge.

Le billon. Bonne espèce; bon poiré. Pays d'Auge, Bernay, Seine-Inférieure.

* *Rouge-vigny*. Très-bonne, mais peu productive espèce; très-bon poiré. Falaise, Bocage, Eure, Orne, Manche, Ille-et-Vilaine.

* *Binetot*. Bonne et fertile espèce, quoique douce; bon poiré. Bocage, Orne, Falaise, Ille-et-Vilaine.

* *De branche*. La meilleure et l'une des plus fertiles espèces; poiré réunissant toutes les bonnes qualités. Bocage, Falaise, Orne, pays d'Auge. (*Court-cou*, Manche, Ille-et-Vilaine.)

De bisson, de bonson. Espèces estimées dans les environs d'Avranches.

* *Lantricotin*. Très-bonne espèce, fertile; excellent poiré. Orne, Manche, Falaise.

De Valmont. Bonne espèce; bon poiré. Bocage.

De Gnoney. Espèce et poiré estimés dans le Bocage, Manche, Ille-et-Vilaine.

* *De Bernay*. Espèce fertile, mais douce; poiré médiocre. Bocage, Manche, Orne, Falaise.

* *Bedou*. Espèce peu fertile; poiré de peu de qualité. Orne, Manche, Ille-et-Vilaine, Bernay, Seine-Inférieure, Falaise.

Trochet. Bonne espèce et bon poiré. Orne.

Fourmi. Mauvaise espèce; poiré faible. Orne.

* *De fer*. Bonne, fertile, mais très-tardive espèce; poiré excellent. Orne, Falaise, pays d'Auge, pays de Caux, Somme, Eure.

* *De roux*. Bonne espèce; poiré délicat. Orne. (*Rousseau*, Ille-et-Vilaine.)

Gros-mesnil. Grosse, bonne et fertile espèce; bon poiré. Pays d'Auge, Bernay, Seine Inférieure, Eure.

* *Musquette*. Espèce et poiré mauvais. Falaise, Orne.

Sabot. Belle, bonne et fertile espèce. poiré délicieux. Falaise, Orne. (*De coq*, pays de Caux, Eure et Somme.)

* *De Maillot*. Bonne et productive espèce, très-bon poiré. Falaise, Orne, pays de Caux. (*Brionne*, Manche, Bocage, Ille-et-Vilaine.)

A ces nombreuses espèces nous ajouterons :

La *poire de chemin*, très-succulente et fournissant un excellent poiré.

Les *poires d'angoisse*, qui toutes occupent un rang distingué parmi celles à poiré.

RAISIN, fruit de la vigne, *vitis vinifera*, L.; fam. des Vignes, J.

Ce fruit s'offre en grappes formées de la réunion d'un grand nombre de baies fixées à un pédoncule commun nommé vulgairement *rafle*. Ces baies sont plus ou moins grosses, globuleuses, à une seule loge, composées d'une pellicule mince, transparente, d'une pulpe gélatineuse plus ou moins sucrée, et d'une à cinq graines dressées, à épisperme épais et endosperme corné; leur forme est turbinée, presque en cœur; on les nomme pepins. Le volume, la couleur et la saveur du raisin varient suivant les variétés que produit la culture; c'est ainsi que les grains sont ronds ou ovales, de couleur verdâtre ou jaune d'or, rouge, rouge pourpre ou noir, plus ou moins savoureux, d'autant plus sucrés qu'ils sont plus mûrs.

Le raisin, par son utilité dans l'économie domestique, par les nombreux produits qu'il fournit aux arts, est incontestablement l'un des fruits les plus précieux qu'on connaisse; c'est avec raison que le poète des jardins a dit, en parlant de la vigne :

> La poésie enfin, dans un ingrat oubli
> Peut-elle sans honneur laisser enseveli
> L'arbuste tortueux dont la grappe féconde
> Verse l'espoir, l'audace et l'allégresse au monde ?

L'origine de la culture du raisin remonte aux temps les plus reculés. Noé, suivant l'histoire sacrée, s'empressa, après le déluge, de confier à la terre les précieux sarments qu'il avait sauvés de l'inondation générale. La vigne ne fut pas alors seulement cultivée pour en manger le fruit, mais encore pour en faire une sorte de vin d'abord doux, puis alcoolique. On voit, dans la Bible, que les envoyés de Moïse cueillirent, dans la terre de Canaan, une grappe d'une grosseur telle, qu'il fallut deux hommes pour la porter. La fête des tabernacles se célébrait à la suite des vendanges; elle avait pour but de remercier le ciel d'un don si précieux. Strabon et Diodore vantent les vignes de Judée. Enfin les monuments hébraïques offraient jadis l'image du raisin presque aussi souvent que celle du fruit du dattier.

Nous croyons être agréable à nos lecteurs en extrayant du poème de l'agriculture, par Rosset, le fragment suivant qui rappelle, d'une manière assez exacte, l'histoire généalogique du raisin :

> Des ceps qu'il rassembla Noé forma les rangs;
> Armé de la serpette, il tailla les sarments.
> Sous ses pieds, empourprés les raisins se foulèrent,
> A ses regards surpris les flots de vin coulèrent.
> L'Arménien charmé goûta le jus divin;
> La Grèce, avec transport, le reçut dans son sein

> La vigne sur les pas de chaque colonie
> Passa de l'Orient aux climats d'Ausonie.
> L'Èbre en couvrit ses bords; pour posséder ses dons
> Nos antiques Gaulois traversèrent les monts;
> L'Éridan vit bientôt leurs mains victorieuses
> Tirer le jus fécond de ses grappes vineuses.
> Avant que des Romains, dans les climats gaulois,
> Le Volsque arécomique eût reconnu les lois,
> La vigne ornait déjà les rivages du Rhône;
> Du sein de ses étangs l'humide maguelonne
> Admirait ses coteaux de pampres revêtus;
> Sous l'empire adoré du vertueux Probus,
> Le Celte, au lieu de glands, par un utile échange,
> Dans ses bois arrachés recueillit la vendange,
> Et le Belge, à son tour, du vin de ses coteaux,
> De la Vesle et du Rhin rougit les froides eaux.
> La vigne parvenue aux champs de Germanie
> Étendit ses rameaux jusqu'à la Pannonie ;
> Mais pour ses tendres fruits craignant les noirs frimas,
> Du char glacé de l'ourse elle fuit les climats,
> Et l'aspect enflammé de l'ardente écliptique
> Dessèche ses raisins sur les sables d'Afrique.

L'histoire mythologique apprend qu'Osiris, que les Grecs nommaient Bacchus, fut le premier qui, après avoir importé la vigne de l'Arabie Heureuse, la cultiva et la fit transporter dans tous les pays soumis à ses conquêtes.

Les Romains connaissaient la vigne du temps de Romulus, mais ils ne la cultivèrent que fort tard et pour en manger le fruit. Ce prince défendit l'usage du vin même dans les sacrifices. Numa, au contraire, encouragea la culture de la vigne; il déclara sacrilége toute libation faite avec le vin d'une vigne non taillée; le législateur ne tarda pas cependant à se repentir de ce qu'avait permis l'*économiste*. Des lois furent jugées nécessaires pour réprimer la licence que développa et favorisa l'abus de cette liqueur, non-seulement chez les hommes, mais encore chez les dames romaines. L'une de ces lois, et bien certainement la plus singulière, autorisait leurs parents à s'assurer de leur sobriété en leur donnant un baiser sur la bouche. « Cette mesure, » dit le spirituel auteur de la *Corbeille de fruits*, «eut ses inconvénients: on mit bientôt tant d'empressement à offrir, d'une part, la preuve de cette abstinence, de l'autre à l'acquérir, qu'il ne fallut plus que se trouver mutuellement aimables pour se prétendre parents. »

Ce peuple vignicole nommait *vigne arborée* la vigne qui avait des arbres pour soutiens; il choisissait de préférence l'orme, le frêne et le peuplier noir pour cet usage; *la vigne juguée* avait pour support une sorte de joug composé de deux *paisseaux* ou pieux fixés en terre, et de perches placées transversalement et fixées par des liens; le joug à quatre pans, *compluvium*, simulait notre berceau ou tonnelle; on le regardait comme favorisant singulièrement la production.

Nous empruntons à l'excellent ouvrage de M. Desobry, intitulé *Rome au siècle d'Auguste*, les détails suivants sur les diverses sortes de raisins connus des Romains, et les procédés qu'ils mettaient en usage pour les conserver. Camulogène, invité à faire vendange chez Vetulenus Ægialus son ami, fait part de ses observations à un autre de ses amis : « Ægialus, » dit-il, « a choisi ses plants parmi les espèces hâtives, ou qui se font remarquer par la couleur et la saveur de leurs fruits, ou la grosseur de leurs grappes; il me montra des raisins purpurins, des incarnats, des verts et surtout des blancs et des noirs qui sont les plus communs. Il en a une variété infinie, tels que les *duracins*, originaires d'Afrique, et tirant leur nom de la dureté des grains; les *bumastes* ou mamelles de vaches, à grain rond et très-gros; les *dactyles* ou doigts, qui sont longs; les *leptorages* ou à petit grain; les *stephanites*, ainsi nommés de ce que, par un jeu de la nature, ils imitent la forme d'une couronne, au moyen de feuilles qui s'entrelacent parmi leurs grains; les *tripédanées*, longues de trois pieds; les *unciaires*, dont chaque grain pèse presque une once; les *cydonites* en forme de coing, et quantité d'autres espèces encore, parmi lesquelles il faut distinguer les *venveules* et les *numisianes*, dont les raisins se gardent le mieux; car tu sauras que l'on conserve ce fruit pendant l'hiver. Mon hôte se livre à ce genre de spéculation, quoiqu'il pourrait vendre toutes ses récoltes dans la saison à des marchauds qui viennent, au vignoble même, lui en acheter une grande partie. »

Quant aux procédés employés pour conserver le raisin, on va voir que, si les moyens proposés et mis en pratique de nos jours ne sont pas renouvelés des Grecs, ils le sont bien certainement des Romains. « Aussitôt, » disait notre observateur, il y a dix-huit siècles », que l'on a coupé sur le cep des grappes, soit de bumaste, soit de duracin, soit de purpurin, on enduit leur queue de poix dure, fondue au feu sur un petit réchaud que l'on porte dans la vigne même, cette opération voulant être faite à l'instant du cueillage. Ensuite on prend un plat creux, de terre cuite et neuf, on l'emplit de menue paille bien sèche et purgée de poussière, et sur cette paille on étend les grappes, on couvre avec un autre plat pareil; on lute le joint avec une composition de terre grasse et de menue paille (probablement les balles d'avoine), et on range le tout dans un endroit bien sec et sous un tas de menue paille toujours bien sèche. Certains propriétaires se servent de plats poissés en dedans et en dehors, déposent les grappes dessus, sans menue paille, les femmes coulent sur la fermeture une forte couche de gypse qu'elles recouvrent de poix dure, et ensuite submergent les plats dans une fontaine, une citerne ou glacière. Cette méthode réussit très-bien, mais il faut manger le raisin aussitôt que le vase est ouvert; car, si l'on attend seulement un jour, il s'aigrit. Enfin on conserve encore le raisin dans la sciure de bois de peuplier, de sapin ou de frêne. Des amateurs enfouissent dans la fleur de gypse (plâtre) des grappes, que l'on a soin de cueillir avant la parfaite maturité, et en laissant après un sarment, dont on enfonce les deux bouts dans une racine de squille; d'autres les trempent dans une bouillie de terre à potier, les font sécher au soleil et les pendent. Quand on veut les manger, il suffit de les passer dans l'eau. D'autres, après les avoir épluchées et sans les revêtir d'aucun enduit, les suspendent simplement au plafond d'une chambre ou dans un grenier au-dessus du blé; ce procédé fait rider le raisin, et le rend presque aussi doux que s'il était confit. Dans tous les cas, il faut avoir soin de l'éloigner du fruitier aux pommes. »

Si on se reporte à ce que nous avons dit au chapitre *Conservation des fruits*, on verra qu'en effet les moyens que nous avons indiqués sont à peu près les mêmes.

La conservation du raisin s'effectue d'autant plus facilement que la saison a été moins humide; elle consiste ou à le coucher sur des tablettes dans un lieu approprié, c'est-à-dire garanti des influences atmosphériques, ou à suspendre les grappes, comme on le fait généralement, au plafond même des lieux habités; la maturation s'y continue, et, comme l'a dit un poëte moderne (Lamartine) :

La sève en hiver même y jaunit leurs grains d'ambre.

On cultive en Perse quatorze espèces de raisin ; l'une d'elles fournit, si l'on en croit les voyageurs, des grains épais d'un pouce et longs et 18 lignes environ.

C'est aux Phocéens qu'on doit l'importation de la vigne à Marseille. « Ce qui favorisa beaucoup la propagation et la culture de la vigne en France, » dit M. de Mirbel, dans la nouvelle édition du *Traité des arbres fruitiers* de Duhamel, « c'est que les grands propriétaires ne dédaignèrent pas de s'en occuper. Les souverains eux-mêmes n'étaient pas étrangers à cette partie de l'agriculture. Les capitulaires de Charlemagne fournissent la preuve que cette culture était encouragée et très-multipliée, que les rois de France l'avaient introduite dans leurs domaines. On voit que des vignobles étaient attachés à chacun des palais de nos rois, avec un pressoir et les instruments nécessaires à la fabrication du vin. L'enclos du Louvre, comme les autres maisons royales, a renfermé des vignes, et, en 1160, Louis, dit le Jeune, assigna annuellement sur leurs produits 6 muids de vin au curé de Saint-

Nicolas. Ce vin provenait du clos aux treilles, dont l'extrémité forme actuellement le terre-plein du Pont-Neuf.

Le climat le plus favorable à la culture de la vigne est celui qu'offrent l'Archipel, la Syrie, l'Yemen et les provinces méridionales de la Perse. C'est entre le 40e et le 45e degré qu'il faut placer la région la plus favorable à cette culture. La France ayant environ un quart de son territoire placé au sud du 45e degré, on conçoit la difficulté d'obtenir dans cette partie des vins qui réunissent les qualités désirables, lors même que toutes les conditions d'une bonne vinification sont remplies.

On doit aux Grecs le système de culture de vigne basse ; c'est maintenant le plus généralement employé; il entraîne plus de frais, demande plus de soins, mais il est plus productif et fournit d'ailleurs le meilleur vin. Du temps des Romains, le vin grec était si fort estimé, qu'on ne l'offrait qu'avec la plus grande parcimonie. Lucullus rapporte qu'étant enfant, il ne vit jamais servir plus d'une fois du vin grec à la table la plus somptueusement servie.

M. Lenoir, dans son excellent *Traité de la culture de la vigne et de la vinification*, prescrit les conditions suivantes, que nous croyons utile de rapporter :

1° Faire choix d'un sol léger et perméable, sans être trop maigre, exposé au sud et au sud-est, et abrité des vents qui soufflent du nord à l'ouest, ce qui suppose que le terrain est en pente;

2° Planter sur un défonçage aussi profond que le sol peut le permettre;

3° Donner à la vigne le port et l'espacement qui conviennent au climat;

4° Tailler suivant la force des cépages et des ceps, soit qu'elle résulte de leur nature propre ou de la fertilité du sol, soit qu'elle résulte de l'espacement;

5° Labourer profondément, entretenir la terre légère et nette par de fréquents binages et sarclages;

6° Ébourgeonner lorsque les raisins sont bien visibles, roguer après la floraison, et épamprer une quinzaine de jours avant les vendanges;

7° Ne pas fumer pour obtenir des vins délicats, fumer peu avec des engrais consommés (1) les vignes communes;

8° Enfin faire choix d'un plant qui doit être approprié au climat et au sol où on le transporte.

Cette dernière condition est d'une haute importance; car, si l'on transporte, par exemple, une espèce de vigne du midi au nord, il est à craindre que sa hâtiveté ne l'expose aux intempéries, tandis que, au contraire, si l'importation est effectuée du nord au sud, la maturité se trouve hâtée, et le fruit atteint un plus haut degré de perfection : il est superflu de faire remarquer que ces mutations ne sont pas brusques, et qu'elles s'opèrent insensiblement. Les conditions les plus favorables sont une température qui dépasse 18 à 20 degrés pendant la dernière période de la culture de la vigne, un sol meuble sans être trop léger, substantiel sans être trop compacte, et des soins assidus.

La propagation de la vigne s'effectue le plus généralement par *bouture*; cette opération porte, suivant les contrées, les noms de *crossettes*, *maillots*, *mailletons* et *chapons*. On emploie aussi le marcottage, mais on a remarqué que ce mode de propagation donnait aux vignes peu de durée. Le *semis* exige plus de temps et des soins plus minutieux; il est à regretter qu'on ne le mette pas plus souvent à profit, car il offrirait bien certainement des résultats avantageux, soit pour la propagation des espèces, soit pour leur durée: longtemps il fut le seul mode de reproduction.

La vigne est plus sensible aux influences de climat, et conséquemment de température, qu'à celles du sol; on a remarqué que la greffe favorisait singulièrement son

acclimatation; ses effets ne se bornent pas à reproduire l'espèce qui l'a fournie, elle permet, en outre, de varier les espèces, non pas seulement sur le même cep et sur la même grappe, mais même dans le même grain.

M. Adorne a récemment fait connaître qu'on pouvait, par une série de greffes pratiquées d'une certaine manière, obtenir des grains diversement colorés et offrant même des zones de nuances diverses. Dans le but de s'assurer si les caractères spécifiques des raisins avaient leurs rudiments dans l'œil, nommé aussi bouton, ou si la sève y était aussi pour quelque chose, il a pris un œil d'une espèce non déterminée de raisins très-colorés, qui non-seulement présente de la matière colorante dans la pellicule de ses grains, mais même dans leur substance, dans ses feuilles et les tiges nouvelles. Cet œil fut taillé de manière à se trouver au centre d'une navette d'un pouce et demi à peu près d'étendue, laquelle fut introduite dans une fente pratiquée sur un sujet dont on n'avait point enlevé l'extrémité. Cet écusson ayant été bien ajusté dans cette fente, avec les précautions voulues, maintenu par un lien, et parfaitement goudronné, de manière à ne laisser de libre, dans toute l'étendue de la greffe, que le point par où doit sortir le nouveau jet, ce qui fut pratiqué au commencement du travail de la sève, il en résulta un pied de vigne donnant, dès la première année, d'un côté du raisin blanc, et de l'autre du raisin rouge.

L'emploi de la greffe peut encore être mis à profit, lorsqu'on veut s'assurer si une variété est constante, car le cep greffé fournit du fruit la même année.

Il nous a été difficile, attendu l'importance du raisin, de séparer l'histoire de ce fruit de celle de la vigne et de sa culture; mais nous sortirions du cercle que nous nous sommes tracé, si nous donnions à cette partie si importante de l'agriculture toute l'étendue qu'elle mérite; nous renverrons, en conséquence, aux traités d'agriculture pour les détails que comporte cet objet. Nous avons cru devoir

(1) Dans certaines contrées et notamment sur la rive droite du Rhône, on emploie comme engrais le roseau commun, que l'on tire des environs d'Arles; la fougère pourrait être également mise à profit sous ce rapport, la décomposition de ses engrais fournirait principalement du carbone, de la silice et des substances alcalines.

nous en tenir à quelques généralités. Nous ne pouvons, toutefois, résister au désir de rapporter ici, pour ceux de nos lecteurs qui sont étrangers aux connaissances agricoles, la description si vraie et si harmonieuse des principes de culture de la vigne, par Rosset (*loco citato*) :

Quand le triste verseau, levé sur nos climats ,
Fait régner avec lui la neige et les frimas,
Portez vos jeunes plants ; qu'avec ordre l'équerre
En échiquier parfait divise votre terre.
Un terroir vigoureux veut les rangs plus serrés ,
La pente d'un coteau les veut plus séparés ;
A leurs sentiers encore donnez plus d'étendue,
S'ils doivent éprouver le fer de la charrue.
Si quelque plant périt, du cep le plus voisin
Abaissez, conduisez, enterrez un provin.
Successeur de son frère, héritier de sa place,
Qu'il soit père à son tour d'une nouvelle race.
Facile à s'élever, le sarment, trop souvent,
Se soutient avec peine et plie au gré du vent ;
A sa débilité la nature sensible
De tortueuses mains arme son corps flexible;
Le pampre étend ses bras; il cherche autour de lui
Un voisin secourable et s'en fait un appui.
Quand le sarment flétri dépouille sa parure,
Taillez, n'attendez pas le temps de la culture.
De l'usage vulgaire, aveugle imitateur,
Si de nos vignerons vous suivez la lenteur ,
Jusques aux premiers jours où souffle le zéphyr
Vous n'osez sur la vigne exercer votre empire;
La séve, réveillée au retour du printemps,
Coule de veine en veine, anime les sarments ,
Et, trouvant la blessure ouverte et vive encore,
En des pleurs excessifs s'écoule et s'évapore.
Mais du sarment taillé, le salutaire hiver
Resserre les canaux déchirés par le fer ;
Il modère ses pleurs, et par lui captivée
Pour augmenter ses fruits la séve est conservée.
A peine le printemps, fait sentir ses douceurs
La vigne ouvre les yeux, elle verse des pleurs.
Recueillez avec soin ces précieuses larmes;
A des yeux altérés elles rendent leurs charmes :
Leur eau d'un teint hâlé fait renaître la fleur,
Sa boisson de la fièvre apaise la douleur ;
Mais craignez que la vigne, à fleurir empressée,
Par le zéphyr séduite et de ses pleurs lassée,
Ne laisse épanouir son imprudente fleur;
Le zéphyr est changeant, le printemps est trompeur.
Si jusque dans le cep, quand la séve y circule
La froideur imprévue et le gèle et le brûle,
Coupez sa tête aride, ouvrez son corps glacé,
Qu'un fertile sarment y soit d'abord placé;
La souche en l'adoptant, plus sèche et plus heureuse,
Produit de nouveaux fruits une race nombreuse.
Les pampres, cependant, se couronnent de fleurs ·
Le soleil n'a pour eux que d'utiles chaleurs.
Mais, lorsque, parcourant une plus longue route ,
Il s'élève au plus haut de la céleste voûte,

Pour dérober la vigne à l'ardeur de ses traits
Le prudent vigneron va recouvrir les ceps :
La bêche dans les mains, ouvrant la terre aride,
Des herbes il détruit la racine perfide.
Près du pied de la souche, il plante l'échalas
Qui, lorsqu'elle s'élance, est l'appui de ses bras.
Des jets trop abondants il fait la destinée ;
Cette branche est choisie et l'autre abandonnée;
Il réprime l'orgueil d'un pampre ambitieux,
Il arrache un bourgeon qui naît contre ses vœux.
Plus féconde en perdant des rejetons stériles,
La souche ne nourrit que des rameaux utiles.
Les raisins sont formés, et bientôt la chaleur
Va peindre de ses feux leur douteuse couleur,
Lorsqu'un feuillage épais, les couvrant de son ombre,
A l'astre qui nous luit oppose un voile sombre,
Rendez-leur la lumière, et le fruit plus vermeil
Va se teindre de pourpre à l'aspect du soleil.
Si les ceps sans appui soutiennent leur verdure,
Il suffit de tresser leur longue chevelure.
Ne vous lassez jamais, la vigne tous les jours
De vos soins assidus implore le secours.
Tantôt elle demande une forte *terrure*,
Tantôt d'un riche engrais la sage nourriture.
En vain je détruis l'herbe et la rejette au loin ,
Elle se reproduit et veut un nouveau soin.
Cachée à nos regards, la hideuse chenille
Sous le pampre naissant dépose sa famille,
Se cache, s'enveloppe, habite en sûreté
Dans le sein tortueux du feuillage infecté.
Un insecte cruel sort du sein de la terre ,
Il ronge la racine, au fruit il fait la guerre;
Des limaçons rempants les odieux essaims
De leur écume affreuse infectent les raisins.
Contre tant d'ennemis armez-vous de courage,
Et par des soins constants prévenez leur ravage ;
Qu'une baie , opposant ses remparts hérissés,
Éloigne les troupeaux par ses traits repoussés :
De la chèvre surtout la dent pernicieuse
Pour le cep qu'elle blesse est toujours venimeuse.
Un cercle de travaux occupe ainsi vos bras,
L'année avance, tourne et revient sur ses pas (1).

Le raisin fournit à l'économie domestique et aux arts des produits de la plus haute importance ; c'est, sans contredit, après le blé, le fruit le plus utile : celui-ci fournit au cultivateur un aliment très-

(1) Ces beaux vers, dans lesquels les préceptes de la culture de la vigne sont rendus avec tant de bonheur, prouvent suffisamment que la poésie, malgré les obstacles de la mesure et des règles , sait rendre toutes les idées avec autant de fidélité que la prose, et qu'elle a de plus le mérite, en satisfaisant l'esprit, d'y imprimer plus profondément les préceptes qu'elle donne et les vérités qu'elle enseigne. Que de gens seraient complétement étrangers à certaines connaissances agricoles, si Virgile n'avait pas fait ses Géorgiques, et si Delille ne les avait traduites aussi admirablement !

substantiel, et garantit son habitation des intempéries ; l'autre rafraîchit son palais et ranime ses forces, après avoir embelli et ombragé sa demeure de ses pampres verts ou pourpres, suivant la saison. Si le bananier suffit aux besoins du bramine ou de l'anachorète indien, le froment et la vigne éloignent la misère et font quelquefois la fortune de l'agriculteur européen.

L'Archipel méditerranéen ou du Levant fournit les raisins les plus suaves et les plus monstrueux ; il n'est pas rare d'y rencontrer des grappes du poids de 12 à 15 livres, et des grains du volume d'une noix. Les raisins d'Espagne sont également gros ; leur pellicule est ordinairement assez résistante.

Raisins secs.

Le raisin, convenablement séché, entre dans le régime diététique ; il figure dans les desserts, et fait partie des fruits secs connus sous le nom de *quatre mendiants* ; il est pectoral, adoucissant et relâchant. On en distingue cinq sortes dans le commerce : 1° les *raisins de Smyrne* ou *de Damas* ; ils sont gros, aplatis, rougeâtres, demi-transparents ; leur saveur est celle du muscat. 2° Les *raisins d'Espagne* ou *de Malaga.* 3° Les *raisins de Calabre.* 4° Les *raisins de caisse de Paris* ou *de Provence.* 5° Les *raisins de Corinthe* : ils se distinguent des autres en ce qu'ils sont plus petits, de couleur bleu noirâtre, mielleux, toujours séparés de leurs rafles, d'une saveur sucrée et d'une odeur qui tient du muscat et de la violette ; malheureusement cette odeur se perd assez promptement, et devient vineuse. Ce changement est évidemment dû à un commencement d'altération. Corinthe n'est plus en possession de fournir le commerce ; c'est de Zanthe que nous vient maintenant ce raisin. Les Anglais en font une grande consommation ; il entre dans la composition des *babas*, mets en grande vogue dans ce pays, et que l'on doit à Stanislas Ier, roi de Pologne.

Les autres raisins secs du commerce ne diffèrent guère entre eux que par le soin qu'on apporte à leur dessiccation dans les pays qui les fournissent. Depuis quelques années, ils servent à falsifier et même à fabriquer les vins de liqueur étrangers ; on peut les employer plus utilement lorsque le prix n'en est pas très-élevé, en les associant à d'autres fruits secs pour former des boissons vineuses, bien préférables, sous le rapport sanitaire, aux vins frelatés qui se débitent dans les cabarets.

La grande quantité de principe sucré que contient le raisin des pays chauds rend sa conservation assez facile. Les anciens nommaient *uva fabrilis* le raisin séché par l'exposition à la fumée ; sa saveur devait être peu agréable, et il serait vraisemblablement peu goûté de nos jours.

La Calabre, l'Égypte, Roquevaire en Provence, sont en possession depuis longtemps de fournir aux besoins du commerce. Dans ce dernier pays, on choisit de préférence les espèces que l'on nomme *pansos, panse, panse muscade* ; ces raisins sont très-gros, peu fournis de pepins, et clair-semés sur la grappe. Le dernier possède surtout un parfum très-agréable, il est malheureusement assez rare. Le procédé le plus généralement employé dans ces divers pays, pour opérer la dessiccation du raisin, consiste, lorsque le fruit approche de la maturité, à tordre la grappe et à effeuiller en partie les ceps, pour permettre aux rayons solaires d'arriver jusqu'au raisin et d'exercer leur influence, soit en favorisant la réaction des principes, soit en soustrayant l'humidité surabondante. On procède ensuite à la cueille, qui doit s'effectuer avec soin ; on sépare les grains gâtés, et on plonge les grappes dans une lessive de cendre ou de chaux, et cela pendant le temps seulement que la femme la plus âgée fait le signe de la croix, opération que ces braves gens regardent comme indispensable, et dont ils se garderaient bien de s'affranchir. On suspend ensuite les grappes, et on les place soigneusement sur des claies pour y égoutter. On estime que 300 livres de raisin n'en fournissent guère que cent après la dessiccation.

Raisiné.

On prépare avec le raisin une confiture composée qu'on nomme raisiné, et dans laquelle ce fruit ne sert, pour ainsi dire, que d'excipient. Il est, en effet, rare que cette confiture soit simple, d'abord parce qu'elle serait peu consistante, et qu'ensuite sa saveur serait trop fade. Pour éviter ce dernier inconvénient, on y fait infuser des citrons ou des cédrats, ou, mieux encore, on coupe ces fruits par tranches, et on les y laisse. Dans les contrées septentrionales où le raisin est peu sucré et très-acide, on y ajoute des quartiers de poires, de pommes, de coings, et quelquefois du miel ou de la cassonade. Dans la Pouille, on fait une sorte de raisiné solide ou confiture sèche, en suspendant la cuisson du raisiné aux deux tiers, et ajoutant quelques cuillerées d'alcool; lorsque le mélange est bien opéré, on coule dans des moules de papier huilé, puis on met à l'étuve ou au four, pour terminer la dessiccation.

La préparation du raisiné offre l'avantage de pouvoir mettre à profit les fruits tombés, lorsque déjà ils ont atteint un degré de maturité suffisant. Cette confiture est, dans certains pays, l'objet d'un commerce assez important; elle présente une utile ressource pour les gens peu aisés; elle les aide à nourrir leurs enfants pendant la saison rigoureuse, elle leur entretient le ventre libre comme on le dit vulgairement; mais néanmoins elle doit leur être donnée avec discernement, car il est des circonstances dans lesquelles son usage pourrait être dangereux, surtout si on n'a pas le soin d'enlever de sa surface la pellicule cristalline, presque entièrement formée de sels de tartre, et jouissant conséquemment de la propriété purgative à un degré assez énergique.

Les raisins les plus propres à la fabrication du raisiné sont le muscat blanc, le muscat rouge et le chasselas. On doit attendre, pour procéder à cette fabrication, que ces fruits aient atteint leur maturité;

on peut même la provoquer en tordant, ainsi que nous l'avons déjà dit, la grappe sur le cep. Cette pratique offre, en outre, l'avantage de favoriser la déperdition d'une certaine quantité d'eau de végétation, et de rendre conséquemment l'évaporation plus prompte. On doit rapprocher le moût aussitôt qu'il est obtenu, et opérer dans des vases de cuivre bien étamés, pour éviter la réaction des acides sur ce métal. Ces vases doivent être peu profonds, et présenter une grande surface. Lorsque le moût est sur le feu, on doit l'agiter constamment, tant pour favoriser l'évaporation que pour éviter qu'il ne s'attache, ce qui arriverait infailliblement vers la fin de l'opération, surtout lorsqu'on y ajoute d'autres fruits. On reconnaît que la cuisson a atteint le degré convenable, en en laissant tomber sur une assiette; si la masse se soutient et s'il ne se forme pas autour une auréole humide, on en conclut qu'elle est complète.

Vins cuits et de liqueur.

De tous les vins de liqueur, le vin cuit est incontestablement le plus simple. Ce genre de préparation du moût n'était pas ignoré des anciens, ils en distinguaient même trois sortes : les *passum*, *defrutum* et *sapa*. Le premier s'obtenait avec des raisins séchés au soleil; le second en réduisant, par la cuisson, le moût à moitié, et le troisième était le résultat d'un moût tellement rapproché, qu'il n'en restait plus que le tiers ou le quart. De nos jours, c'est dans le midi de la France qu'on prépare la plus grande quantité de vin cuit. Pour l'obtenir, on fait évaporer une portion du moût ou vin doux jusqu'à réduction de moitié environ, puis on le fait fermenter un peu ou on y ajoute de l'eau-de-vie, ou bien encore on le mêle à parties égales de moût fermenté. Lorsqu'il provient de raisin ordinaire, on y fait infuser des substances aromatiques, telles que la fleur de sureau, la cannelle ou le macis, que l'on ajoute pendant la fermentation sourde qui s'effectue entre les moûts, puis on soutire. Lorsque, ainsi qu'on le pratique dans les pays chauds, l'Italie et l'Espagne, on a des raisins très-riches en principes aromatique et sucré, tels sont ceux de Malaga, de Rota, de Rivesaltes, de Lunel, de Frontignan et de Béziers, on se garde d'y rien ajouter. La qualité de ces vins de liqueur, si estimés comme vins de dessert, dépend alors du soin que l'on a apporté à leur fabrication; elle est d'autant meilleure que la rafle était plus sèche, le grain plus sucré, et la fermentation suspendue plus à propos. Une circonstance qu'il importe surtout d'observer, c'est de ne pas fouler le grain, ou du moins de le faire avec les plus grandes précautions; car, dans cette opération, le liquide sucré étant celui qui s'écoule le premier, il importe de le recueillir pur et sans mélange.

Les vins de liqueur les plus estimés sont, pour l'Espagne, ceux d'*Alicante*, de *Tinto*, *Rota*, *Malaga*, *Xérès*, *Pascaret* ou *Pacaret*, *Grenache*, etc.; pour le Portugal, ceux de *Porto*, *Setuval*, *Lamalonga*, etc.; pour l'Italie, le *Lacryma-Christi*, obtenu près du Vésuve, et pour ainsi dire sur sa lave; ceux d'*Albani*, de *Montefiascone*, de *Montaleino*, de *Malvoisie*, pour la Toscane; de *Tokai* pour la Hongrie; de *Constance* pour le cap de Bonne-Espérance; de *Chypre*, de *Scio*, de *Candie* pour l'Archipel Grec; et enfin ceux de *Schiras*, *Skamaki*, *Yessed* pour la Perse.

La consommation de ces vins ayant dépassé de beaucoup la production, cette circonstance a engagé des spéculateurs habiles à y suppléer par la fabrication de vins de liqueur factices. Cette industrie s'exerce, sur une grande échelle et avec un immense profit, principalement à Bordeaux. Ennemi de la fraude, nous croyons utile de divulguer ses secrets, et, à cet effet, nous allons signaler quelques-unes de ses falsifications.

Le *vin de Champagne mousseux factice* s'obtient en prenant une quantité déterminée de bon vin naturel de Chablis, et souvent du poiré, le saturant d'acide carbonique au moyen d'une pompe foulante, et ajoutant deux gros environ de sucre candi par bouteille.

Le *vin de Madère factice* se prépare en faisant macérer, dans du vin de Champagne non mousseux, du raisin sec dit de Damas dans la proportion de 5 livres sur 20 à 25 litres de vin; on ajoute 3 onces de fleurs de pêcher, on laisse infuser pendant 12 heures, on alcoolise, on passe et on introduit dans une barrique; après un mois environ de repos, on colle et on met en bouteilles.

Bien que ce genre d'industrie soit poussé fort loin, les vrais gourmets ne s'y laissent pas prendre. Ces vins ont, en effet, un fumet alcoolique trop prononcé pour qu'on ne reconnaisse pas que ce principe ne résulte pas de la fermentation, mais bien qu'il a été ajouté après; nous indiquerons plus loin le moyen de reconnaître ce genre de falsification.

Sirop et sucre de raisin.

Lors de la guerre continentale, le prix élevé du sucre de canne porta les savants à chercher, parmi les produits indigènes, ceux qui paraissaient contenir le plus de principe sucré. Toutes les parties des végétaux dans lesquelles ce principe paraissait exister furent explorées; parmi les racines, on distingua la carotte, le navet, et surtout la betterave; parmi les tiges, celles du bouleau, de l'érable à sucre, et celle du maïs ou blé de Turquie. Malgré l'analogie que cette dernière tige semblait offrir avec celle de la canne, l'exploitation de son sucre dut être abandonnée en raison de la très-petite proportion dans laquelle ce principe s'y trouve [1]. De tous les fruits, c'est le raisin qui fournit les résultats les plus satisfaisants, et fort heureusement alors; car la nécessité commençait, comme nous avons déjà eu occasion de le dire, à devenir fort impérieuse. On n'avait pas en-

(1) Voir à l'article *Maïs* les efforts qui ont été faits, tant par le célèbre Parmentier que par nous, pour extraire le sucre de cette substance.

core atteint, dans la fabrication du sucre de betterave, la perfection que cette industrie réclamait, et qu'elle a acquise depuis. On savait que cette racine contenait du sucre cristallisable, Margraff l'avait démontré, mais on était loin de croire qu'il y fût en assez grande quantité pour remplacer jamais le sucre de canne.

L'administration d'alors, qui favorisait avec le plus vif intérêt cette nouvelle branche d'industrie, fut puissamment secondée par le patriarche de la pharmacie; Parmentier, en effet, fut pour ainsi dire le chef d'une société anonyme industrielle, répandue dans toute la France vignicole. Son savoir le mettait en rapport avec l'élite des savants, son affabilité et sa bienveillance avec ceux qui débutaient dans la carrière; il recueillait les observations des premiers, les transmettait, en les enrichissant de celles qui lui étaient propres, à ceux qu'il appelait ses travailleurs, et opérait ainsi une immense influence dans le développement de cette partie si intéressante de l'économie industrielle et domestique. C'est ainsi qu'il parvint, en très-peu de temps, à donner à la fabrication du sucre de raisin toute la perfection que l'on pouvait espérer alors. Nous ne doutons pas que l'on ne fût parvenu, si les mêmes efforts eussent été continués sous la même direction, à convertir le sucre concret de raisin en sucre cristallisable, ou au moins à augmenter sensiblement la quantité de sucre que le moût contient en favorisant, par exemple, la réaction des principes, soit pendant, soit après la maturation, ou en les modifiant par quelque agent chimique. Nous croirons avoir suffisamment justifié l'intérêt que ce savant nous portait au début de notre carrière, si nous sommes assez heureux pour ajouter quelque chose à cette partie des connaissances chimiques.

Tous les raisins, pourvu qu'ils soient mûrs, sont propres à la fabrication du sirop ou du sucre de raisin; on doit cependant préférer les espèces blanches, et, parmi elles, le *meslier* réunit les conditions les plus favorables; il mûrit assez promptement, et est très-sucré dans les bonnes expositions. On reconnaît que le raisin a atteint le degré de maturité convenable, lorsque la queue est brune, la grappe pendante, les grains amollis, la pellicule amincie, le suc doux et savoureux, les pepins fermes et non glutineux. Il importe de ne cueillir le raisin que par un temps sec et après que le soleil a absorbé la rosée du matin. On l'étend sur des claies pour faciliter la déperdition d'une certaine portion de son eau de végétation, et favoriser par cela même la réaction des principes. Cette simple précaution augmente sensiblement la quantité relative de sucre, et diminue les frais de concentration d'une manière assez notable. On soumet ensuite à la presse, en ayant soin de séparer le premier coulage qu'on nomme *mère goutte*; ce qui vient ensuite, ayant entraîné une plus grande proportion de matière colorante et de tartre, doit être versé dans la cuve à fermentation pour être transformé en vin.

Le moût ou jus de raisin, ou vin doux, est à ce fruit ce que le *vesou* est à la canne à sucre; ils offrent toutefois cette différence, que le premier contient toujours du tartre, tandis que l'autre n'en contient pas. Si le moût n'était composé que de sucre et d'eau, l'aréomètre offrirait un moyen certain de déterminer sa qualité; mais il contient d'autres principes, et particulièrement des acides et du tartre, dont la pesanteur spécifique est également appréciable par cet instrument.

Le moût, obtenu avec les précautions que nous avons indiquées, ne pouvant pas être soumis immédiatement à l'évaporation, en totalité du moins, on procède au mutisme (1). Cette opération, qui a pour objet d'empêcher le moût de passer à la

(1) L'opération du mutisme n'est pas nouvelle, elle était pratiquée de temps immémorial dans les départements de l'Ouest et du Midi, pour faire ce qu'on appelait du vin *muet*. Ce vin était employé pour corriger l'âpreté de certains vins destinés à être expédiés en Hollande, où les vins doux sont très-recherchés.

fermentation, consiste à développer, dans les vases destinés à le recevoir provisoirement, du gaz acide sulfureux, soit au moyen de mèches soufrées, soit, s'il s'agit de fabrication en grand, au moyen d'un appareil composé d'un fourneau en tôle, surmonté d'un entonnoir renversé ; à cet entonnoir s'adapte un tuyau recourbé qui plonge dans les tonneaux réservoirs ; on brûle une toile soufrée dans cet appareil, et on les remplit ainsi de vapeur sulfureuse.

Ce procédé, qui offre quelques inconvénients soit par l'incertitude de sa manutention, soit parce qu'il communique trop souvent au vin un goût d'hydrogène sulfuré, est abandonné dans beaucoup de vignobles. On fait généralement usage maintenant du sulfite de chaux pour opérer le mutisme. Indépendamment de l'avantage qu'il offre de suspendre la fermentation en absorbant l'oxygène de l'air pour passer à l'état de sulfate, il opère la clarification du moût presque instantanément, même à froid, et augmente sensiblement la quantité de sucre. On va voir, dans le paragraphe qui suit, comment s'effectue ce phénomène.

On a proposé aussi l'emploi de l'acide sulfurique concentré ou étendu, pour arriver au même résultat ; les expériences que nous avons faites, pour déterminer la nature des réactions entre les acides et la fécule ou la gélatine, nous font regarder ce moyen comme très-heureux. L'acide sulfurique employé, en effet, dans des proportions convenables, doit non-seulement arrêter la fermentation en se combinant avec le ferment et le précipitant, mais développer, en outre, une plus grande quantité de principe sucré par sa réaction sur la gélatine ; c'est aussi par son acide libre que la graine de moutarde arrête la fermentation.

Nous nous éloignerions de notre sujet si nous rapportions ici la série complète des expériences sur lesquelles nous fondons cette opinion ; nous en ferons seulement connaître les résultats. Dans deux expériences comparatives, l'une simple et dans laquelle nous avons suivi le procédé ordinaire d'extraction du sucre de raisin, et l'autre dans laquelle nous avions ajouté 4 grammes d'acide sulfurique concentré par 1000 grammes de moût, nous avons obtenu, après la saturation et une évaporation convenable, une quantité de sucre qui dépassait d'un seizième celle obtenue par l'autre procédé. L'action de l'acide sulfurique a pour effet, comme nous l'avons dit, de convertir la gélatine en matière sucrée, et d'augmenter ainsi la proportion de ce principe ; et ce qui le prouve, c'est que, dans une autre expérience où nous avions pris du suc de verjus au lieu de moût de raisin, la conversion de la gélatine en matière sucrée eut également lieu. Bien que le suc de verjus ne contînt, avant l'opération, qu'une proportion presque inappréciable de principe sucré (1), nous n'en avons pas moins obtenu une quantité très-notable d'un sucre analogue à celui du raisin. Ces expériences prouvent, comme on le voit, en faveur de la théorie que nous avons donnée de la maturation (*voir* ce chapitre) ; quant à l'action de l'acide sulfurique sur le ferment, nous croyons qu'elle est d'une nature analogue, et que tout le ferment n'est pas précipité. Si, en effet, comme nous avons lieu de le croire, cet agent de décomposition est composé, entre autres principes, de fécule dans un état particulier de désagrégation, on concevra que l'acide sulfurique, opérant sa conversion en sucre, suspend toute décomposition en réunissant ainsi des éléments près de se dissocier. Ce qu'il y a de certain, c'est que de la levure de bière et des lies ou ferment de groseille et de raisin, bien lavés, nous ont offert, traités par l'iode, des traces de fécule dans un état de modification particulier et de division extrême.

Nous appuierons cette observation de celle qui suit, que nous empruntons à

(1) On a remarqué que le verjus, tel vert qu'il soit, est toujours susceptible d'éprouver un mouvement de fermentation, ce qui indique, bien certainement, la présence d'une certaine quantité de principe sucré.

Parmentier (*Traité des sirop et sucre de raisin*). « Quant à la fécule, » dit ce savant, « il n'est pas douteux qu'elle n'agisse comme un des principaux ferments dans la fermentation alcoolique, car MM. Berthollet et Thenard ne purent imprimer une fermentation vigoureuse à une solution de sucre de canne à 17 degrés qu'après y avoir ajouté la fécule fraîche du raisin. »

L'importance du mutisme, dans la fabrication du sucre de raisin, justifie suffisamment cette digression ; nous allons, en conséquence, indiquer les autres conditions qu'exige le succès de l'opération.

L'évaporation du moût doit s'effectuer avec la plus grande célérité ; on a remarqué, en effet, que son altération était plutôt due à la durée de la chaleur qu'à son intensité. Les sirops évaporés lentement sont peut-être un peu moins colorés, mais ils acquièrent une odeur de manne assez désagréable. L'appareil à larges surfaces inclinées, imaginé par M. Derosne, pourrait être, dans ce cas, d'une application avantageuse.

La saturation s'effectue soit à froid, soit à chaud ; le dernier mode est cependant préférable, en ce que les acides, favorisés par l'élévation de température, réagissent, comme nous l'avons dit, sur la portion de gélatine qui a jusque-là résisté à leur action et la convertissent en matière sucrée. Elle n'est cependant pas sans inconvénient, car elle rend plus facile la solution des carbonates terreux qui sont employés à cet effet, et qui, unis au tartrate de potasse, contribuent peut-être à donner au sucre de raisin l'aspect de concrétions plutôt que celui de cristaux, car il est très-difficile de les en séparer complètement.

Nous pensons avec Parmentier qu'il convient, pour diminuer l'acidité du moût et pour augmenter la puissance du sucre qu'il contient, de le faire évaporer jusqu'à réduction de la moitié de son volume, et de laisser, par le refroidissement et le repos, précipiter la plus grande partie du tartre qu'il contient. Bien pénétré, comme on l'a

vu, de la nécessité des acides, mais convaincu de l'inutilité des tartrates de potasse et de chaux, nous avons saturé complètement un moût récemment obtenu, nous l'avons traité ensuite par de l'acide tartrique pur, et nous avons obtenu ainsi un sucre de raisin d'une saveur franche. La cristallisation était aussi moins confuse que dans celui obtenu par le procédé ordinaire.

La craie ou blanc d'Espagne de Meudon, ou mieux encore, le marbre en poudre, sont les sels les plus propres à la saturation du moût. Ce dernier surtout, comme l'a observé M. Poutet, se précipite avec plus de facilité, et concourt ainsi à la clarification du sirop de raisin d'une manière beaucoup plus prompte ; il a remarqué, en outre, que, lors du dégagement gazeux qui se manifeste pendant l'opération, le marbre blanchit le liquide, en entraînant avec lui, par suite de sa pesanteur, la matière féculente sous un aspect verdâtre ; enfin il opère même quelquefois, par un dépôt instantané, la clarification du moût, au point de dispenser presque d'y avoir recours de nouveau. Quant aux proportions, elles varient, comme on le pense bien, selon les climats et la nature des raisins ; cependant 125 grammes suffisent généralement dans le Midi, et 200 dans le Nord, pour 100 litres ou 100 kilogrammes de moût.

La saturation effectuée, on procède à la clarification : elle s'opère à l'aide de blancs d'œufs, de sang de bœuf ou de mouton : lorsque ces derniers sont récemment extraits, ils sont généralement préférables, surtout lorsqu'on agit sur de grandes masses.

La cuisson du sirop ou sa concentration doit s'effectuer, comme nous l'avons dit, avec la plus grande célérité, dans des vases plats et présentant conséquemment beaucoup de surface. On ne doit pas s'occuper du précipité salin qui se forme pendant l'évaporation ; si on voulait le séparer trop souvent, on retarderait l'opération sans profit, il vaut beaucoup mieux le séparer par la décantation lorsque le sirop est refroidi.

Madame Pavéri, qui s'est occupée, avec beaucoup de succès et en bonne ménagère, suivant l'expression de Parmentier, de la fabrication du sirop et du sucre de raisin, a remarqué que, lorsqu'on laissait éprouver au moût un commencement de fermentation, il fournissait, après la clarification et la concentration, une cristallisation moins confuse qui se rapprochait davantage du sucre de canne.

Cette observation s'accorde avec nos expériences et les confirme; nous sommes convaincu, en effet, que ce qui importe surtout pour le succès de l'opération, c'est de priver le moût de la gélatine qu'il contient, soit en la convertissant, comme nous l'avons fait, en sucre, soit en la faisant disparaître par la fermentation.

Le sirop de raisin ainsi obtenu a une couleur rouge jaunâtre, sa saveur est fraîche, sucrée, un peu âpre; concentré à 35 degrés, il ne tarde pas, après quelques jours de repos, à se prendre en masse, et constitue alors le sucre de raisin; il s'offre sous la forme de masses agglomérées composées de granules tuberculeux; il contient alors 75 pour 100 de sucre concrescible; mais, malgré la promesse faite par l'empereur d'un million à celui qui l'amènerait à l'état de sucre cristallisable ou de canne, ses caractères physiques sont toujours restés les mêmes. Il est moins soluble que le sucre de canne ou de betterave; sa saveur est plus fraîche et un peu pâteuse, surtout lors de la première impression.

La saturation et la concentration du moût de raisin sont connus de temps immémorial. M. Boudet, membre de la commission d'Égypte, a trouvé, lors de l'expédition, dans des espèces d'apothicaireries, des amphores remplies d'une sorte de sirop de raisin d'une saveur douce; il ne paraissait pas être seulement du moût rapproché, mais aussi saturé. Les anciens ne l'employaient pas seulement comme médicament et comme condiment de certains fruits, mais encore pour améliorer leurs vins et rendre plus doux ceux qui étaient trop verts; ils l'ajoutaient soit avant, soit après la fermenta-tion, pour les rendre ou plus sucrés, ou plus alcooliques, ou l'un et l'autre. Cette méthode est renouvelée de nos jours, avec cette différence qu'on lui substitue le sirop de fécule. Nos pays vignobles les plus septentrionaux en font maintenant une consommation prodigieuse.

Si l'on en croit Pline, les Romains poussaient l'évaporation du moût jusqu'à réduction aux deux tiers; Athénée dit que leurs vins étaient quelquefois tellement épais, qu'il s'échappait difficilement des vases qui le renfermaient. Il y a lieu de croire que ce qu'ils appelaient vin était plutôt un sirop ou une conserve de raisin alcoolisé que la liqueur limpide, savoureuse et chaude qui résulte de la fermentation du raisin, et à laquelle est réservé le nom de vin.

Si l'emploi du sirop ou du sucre de raisin, dans les usages domestiques, est devenu nul ou fort peu important, il faut l'attribuer à la diminution du prix du sucre de canne, et surtout à la fabrication, maintenant si productive, du sucre de betterave. Quoi qu'il en soit, son emploi pour l'amélioration des vins de certains crus ne peut être contesté. En effet, l'addition du moût rapproché dans la cuve offre l'avantage d'accélérer la fermentation, d'augmenter la proportion d'alcool, et de diminuer, relativement, la proportion de tartre, qui prédomine trop souvent dans les contrées septentrionales. C'est donc plus particulièrement dans le Nord que cette addition offre de l'avantage; aussi Parmentier proposait-il de convertir une partie de la récolte des départements méridionaux en sirop de raisin, tant pour les usages domestiques, que pour améliorer les vins des pays moins favorisés par l'élévation de température. Cette pensée toute philanthropique, et qui paraît fort séduisante, est néanmoins d'une application assez difficile; la qualité du vin ne consiste d'abord pas toujours dans le plus ou le moins de sucre que contient le moût; s'il en était ainsi, on ne serait pas obligé, dans certains pays, comme dans l'Archipel, par exemple, où le raisin est très-sucré, d'ajouter de l'eau au moût pour faciliter le développement de la fermentation. Ces vins sont d'ailleurs fades et plats. La fabrication et le transport des sirops ou conserve de raisin augmenteraient d'ailleurs le prix des vins des contrées septentrionales, sans leur donner une plus grande valeur relative.

Convaincu de cette vérité, et nous fondant, en outre, sur la composition, maintenant bien connue, du moût de raisin, qui est, pour ainsi dire, une solution, dans l'eau de végétation, de sucre, de gélatine, d'acides tartrique et malique, et de matière colorante, nous avons préparé, en traitant la fécule par l'acide tartrique (1), une solution gélatino-sucrée analogue, comme on voit, à celle qui se rencontre dans le raisin ; nous l'avons mêlée à partie égale de raisin dit *gros gamet* écrasé. Le mélange marquait 10 degrés à l'aréomètre; abandonné à lui-même, il n'a pas tardé à passer à la fermentation. La liqueur alcoolique, soutirée deux jours après, ne marquait plus que 4 degrés et présentait tous les caractères d'un bon vin ordinaire. Nous l'avons conservé sans altération pendant plusieurs années, et la clarification s'en est opérée sans le secours d'aucun corps étranger. Le vin de la même récolte a *tourné au gras*, sans que celui que nous avions modifié ait éprouvé la moindre altération.

La même expérience a été répétée, en remplaçant totalement, mais sans expression, le vin doux ou moût extrait de 50 kilogrammes de raisin, par une égale quantité de la solution dont nous avons parlé plus haut; la fermentation ne tarda pas à s'y établir et le résultat fut à peu près le même; le vin était cependant un peu plus faible, et formait néanmoins une boisson bien supérieure à la piquette ordinaire. Si on mettait à profit ce moyen, il dispenserait de l'opération si longue et si embarrassante du pressurage, surtout lorsque les pressoirs sont rares et loin des cuves.

(1) L'acide sulfurique et la diastase peuvent être substitués à l'acide tartrique. (Voir article *Amidon*.)

Si des expériences faites sur une plus grande échelle fournissaient des résultats satisfaisants, rien ne serait plus facile que de modifier cette solution; en variant simplement la température, on la rendrait plus ou moins sucrée ou gélatineuse, suivant que la nature des vins l'exigerait : c'est ainsi, par exemple, que pour les vins du Midi, dans lesquels la matière sucrée est surabondante, on rendrait la solution plus gélatineuse ; pour ceux des contrées septentrionales, ou des environs de Paris, on la rendrait plus sucrée.

On pourrait, en outre, dans les pays où on fait du vin blanc avec du raisin rouge, utiliser le marc de celui-ci, en y versant la même solution; le vin ou boisson qui en résulterait serait d'autant meilleur, que la pellicule du raisin, n'ayant pas été soumise à l'action de la fermentation et n'ayant conséquemment éprouvé aucune altération, fournirait en abondance les principes colorant et aromatique qu'elle contient.

On prépare diverses boissons dans lesquelles entre le raisin, soit qu'il soit sec ou vert; c'est ainsi qu'en Tartarie on nomme *usuph* une boisson qui consiste à faire fermenter des raisins avec de l'eau ; quelques vignerons mettent ce procédé en usage, et à cet effet ils introduisent du raisin non foulé dans un tonneau et le remplissent d'eau : on comprend que la solution gélatino-sucrée que nous proposons fournirait une boisson bien supérieure.

L'addition que nous conseillons n'a rien qui doive surprendre : déjà, depuis plusieurs années, MM. Mollerat, à Pouilly, fabriquent une énorme quantité de sucre de fécule, qui sert, lorsque la saison a été peu favorable, à améliorer les vins d'un assez grand nombre de vignobles de la Bourgogne. Ce sucre n'est ni de la gélatine, ni du sucre proprement dit, mais il participe de ces deux substances.

On a proposé, dans le même but, l'emploi du sucre et plus récemment de la cassonade : ces additions ont été vivement critiquées par plusieurs œnologues et particulièrement par l'auteur du traité de la vinification. « J'ai prouvé, » dit-il, « par un calcul exact, que toute addition de matière sucrée au moût, ayant pour but d'introduire dans le vin une nouvelle proportion d'alcool, il était plus simple, et surtout plus économique, d'ajouter de l'alcool tout fait au vin, un peu avant la fin de la fermentation. » Bien que cette opinion soit d'une autorité assez imposante, nous ne la partageons pas; la qualité du vin ne résulte, en effet, pas seulement du plus ou moins d'alcool qu'il contient, mais bien des proportions bien harmonisées des autres principes que renferme le grain de raisin; nous pensons que tout ce qui tend à développer une bonne et complète fermentation tourne au profit de la qualité du vin et constitue une bonne vinification.

Du vin et de la vinification.

L'art de faire le vin est presque aussi ancien que l'art de cultiver la vigne; quoique simple, ce genre de fabrication a éprouvé, suivant les temps et les lieux, de nombreuses modifications. Un grand nombre d'elles ont été signalées par des économistes et des œnologistes distingués; mais il était réservé au célèbre comte Chaptal de les apprécier et de les réduire en préceptes : ces améliorations ne sont malheureusement consignées que dans des ouvrages que les savants seuls consultent et qui tombent rarement dans les mains de ceux qui pourraient les mettre utilement à profit. Ce traité, d'une importance scientifique moins grande, et que nous nous efforçons de mettre à la portée de tous les genres de lecteurs, est destiné à remplir cette lacune dans l'instruction populaire. Aucun sacrifice ne nous coûtera pour que cette destination spéciale soit remplie.

L'époque de la vendange ne peut pas plus se préciser que celle de la moisson; c'est l'état de maturité du raisin qui doit la déterminer, et cependant des considérations d'intérêt public obligent, le plus ordinairement, à en ordonner l'ouverture sans avoir égard à l'état de maturité du fruit, qui varie suivant la nature du sol et l'exposition. Espérons que cet état de choses, si contraire aux conditions d'une bonne vinification, cessera; que la civilisation, en donnant des idées plus justes du droit de propriété, diminuera le nombre des malfaiteurs, et que chaque vigneron pourra, sans craindre que son voisin ne porte atteinte à sa propriété, faire sa récolte à loisir, et mettre, conséquemment, en pratique les observations qu'il devra à l'expérience ou aux recherches des savants.

L'ouverture des vendanges était autrefois célébrée par des fêtes; elle est encore, de nos jours, l'occasion de réunions joyeuses, qui terminent d'une manière fort heureuse la longue série de travaux qu'exige la culture de la vigne; c'est aussi l'époque où l'espoir du vigneron se change en réalité. Roucher a peint, dans les vers suivants, l'espèce d'ivresse morale dont semblent atteints les vendangeurs à cette intéressante époque.

Dieux! quel riant tableau ! mille bandes légères,
Les folâtres pasteurs, les joyeuses bergères,
Les mères, les époux, les vieillards, les enfants
Remplissent les chemins de leurs cris triomphants.
Déjà s'offre aux regards de cette agile armée
Le rempart épineux dont la vigne est fermée,
Avide des trésors dont elle s'enrichit,
Nul cep n'est épargné! Partout je vois la grappe
Tomber sous le tranchant du couteau qui la frappe.

On doit, avant d'opérer la récolte, s'assurer de l'état du raisin. Bien que les conditions de maturité soient les mêmes que celles que nous avons indiquées déjà pour le raisin destiné à la fabrication du sirop ou du sucre, les rappeler ne sera pas superflu. Le pédoncule ou queue doit avoir perdu sa verdure et avoir acquis une couleur brune; la grappe doit être pendante; les grains mous; la pellicule unie, mince et transparente; le suc doux, savoureux et peu visqueux; les pepins fermes et non gélatineux. Une des conditions les plus importantes est le choix du temps; on ne saurait croire, en effet, combien il influe sur la qualité du vin et sur sa conservation.

33

Lorsque la saison a été pluvieuse, que le raisin est très-aqueux et qu'on est favorisé par le temps et les localités, on doit étendre le raisin sur des claies, et provoquer ainsi un commencement de dessiccation; vingt-quatre ou quarante-huit heures suffisent ordinairement. Ce mode de procéder n'est pas nouveau; il était connu des Romains, et est encore mis en pratique en Italie, en Espagne, en Calabre et en Grèce; il offre, en outre, l'avantage de pouvoir faire une sorte de triage.

> ....Les fruits altérés, les grappes avortées,
> Sont du trésor commun avec soin rejetés.
> Laissez ces grains proscrits aliments des oiseaux,
> Et que jamais leur jus ne souille vos tonneaux.
>
> ROSSET.

Les avis sont partagés sur les avantages ou les inconvénients d'égrapper le raisin. Nous croyons qu'il est bon de tenir compte du plus ou moins de principe sucré que le fruit contient : si, en effet, ce principe est très-abondant, la présence de la rafle est utile; si, au contraire, la saison peu favorable a fait couler la fleur, rendu les grains rares, empêché la maturation de s'effectuer complétement, on la rejette en partie. On a vu plus haut qu'on l'enlevait en totalité dans la fabrication des vins de liqueur; quand elle n'est pas trop abondante, elle donne au vin une saveur particulière, recherchée des gourmets, et qu'on lui communique même quelquefois au moyen de l'alun.

Pour obtenir une bonne qualité de vin, il importe que la maturation des espèces s'effectue en même temps; mais cette condition étant difficile à obtenir, attendu les différences d'exposition et de nature du sol, on peut y suppléer, dans les grands vignobles, en vendangeant d'abord les raisins les plus mûrs, puis attendant pour les autres.

Enfin une dernière condition indispensable pour que la fermentation, conséquemment la vinification s'effectue bien, c'est que le grain soit complétement écrasé. Fabroni, chimiste italien, a remarqué, en effet, en disséquant, pour ainsi dire, le grain de raisin, que le sucre et le ferment se trouvent placés chacun dans des organes spéciaux : plus récemment, M. Raspail, par un examen analytique microscopique, a vu que le sucre est renfermé dans les vaisseaux ligneux qui forment le réseau du fruit, tandis que la pulpe gélatineuse et acide n'en renferme aucune trace. On a proposé divers moyens pour opérer le foulage du raisin; le plus simple consiste à l'écraser dans des caisses en bois ou dans les bachoux mêmes. M. de la Vaupière a imaginé un appareil qui se compose de deux rouleaux ou cylindres sur lesquels règne une cannelure dont les rayons, disposés obliquement, ont 2 pouces de large sur 2 lignes de profondeur ; les axes de ces rouleaux sont surmontés d'une trémie destinée à recevoir le raisin. Suivant la plus grande dimension, et vers le bas de cette trémie est logé un corps de figure prismatique, qui peut tourner sur son axe; cet axe est horizontal et très-près de la fente de la trémie, à laquelle il est parallèle. Le tout est disposé de manière que le raisin qui sort de celle-ci tombe entre les deux rouleaux; ce que l'on concevra facilement, si l'on imagine un plan vertical, passant par la ligne de contact des deux rouleaux, et l'ouverture inférieure de la trémie coupée, suivant sa plus grande dimension, en deux parties égales par ce plan ; l'un des deux rouleaux a son axe prolongé en dehors de la machine, et reçoit une manivelle. Un ou plusieurs hommes agissent sur cette manivelle, et les cylindres, en tournant l'un à côté de l'autre, écrasent les grains qui passent entre leurs surfaces, sans écraser les pepins. Le même mouvement en produit un autre, et fait balancer, sur son axe, le prisme triangulaire qui est logé au fond de la trémie, ce qui précipite le raisin sur le cylindre pour y être écrasé successivement.

Les espèces de raisin les plus communément employées pour la fabrication du vin, tant en Bourgogne qu'aux environs de Paris, sont le *noireau* ou *teinturier*, le *meunier*, le *meslier*, le *gamet noir* et le *plant de lune*. Ce dernier est devenu assez rare aux environs de Paris ; les autres ont été tirés de la Bourgogne, il y a trente ans environ.

Avant d'introduire le raisin dans la cuve, on a dû préalablement la laver à l'eau chaude, et la badigeonner ensuite avec un lait de chaux. Cette dernière précaution n'est utile que dans les pays où le raisin n'atteint pas une maturité bien complète; elle a pour effet, en assainissant, pour ainsi dire, la cuve, d'opérer, en outre, la saturation des acides malique et tartrique surabondants.

La cuve préparée, on y jette le raisin, soit entier, soit préalablement foulé, on l'emplit aux deux tiers ou aux trois quarts suivant que le raisin est plus ou moins sucré; on ferme soigneusement le cuvier et même on en élève la température suivant la saison ou le climat; on refoule de temps en temps la surface qu'on nomme vulgairement *chapeau de vendange*, pour éviter qu'elle ne contracte un goût de moisi, et pour opérer un mélange bien intime des parties alcooliques et aqueuses. Ce moyen est diversement mis en pratique : en Espagne, par exemple, on se sert de perches traversées par des bâtons et disposées de manière à diviser la masse surnageante et à la refouler; dans d'autres pays, on descend dans la cuve et on foule avec les pieds. Ce mode n'est pas nouveau, car Virgile, dans une invocation à Bacchus, s'exprime ainsi :

Huc, pater ô Lenæe, veni, nudatoque musto
Tinge novo mecum direptis crura cothurnis.
Descends de tes coteaux, mets ton brodequin,
Et rougissons nos pieds dans des ruisseaux de vin.
Géorgiques, trad. de Delille.

Cette manière de procéder n'est pas sans danger, en raison de la grande quantité d'acide carbonique (1) qui se dégage et qui occupe la partie de la cuve restée vide.

(1) L'acide carbonique étant plus lourd que l'air et occupant conséquemment la partie inférieure des cuviers, il n'est pas prudent de s'y baisser, d'y laisser entrer des enfants et surtout d'y sommeiller pendant la fermentation; pour s'assurer de l'état de pureté de l'air et de son degré de sanité, il suffit de placer, à peu de distance du sol, une chandelle allumée : tant qu'elle brûle, on peut y

Depuis quelque temps on évite cette opération en soutirant, de temps en temps, une partie du liquide et le versant sur la masse ; on opère ainsi un mélange parfait et on met le vin en contact avec l'air, condition indispensable au succès de l'opération. On peut encore, au moyen d'un double fond mobile, maintenir les détritus du raisin au centre de la cuve; il cède, par ce moyen, tous ses principes, sans éprouver d'autre altération que celle qui résulte de la fermentation alcoolique. Ce mode de procéder permet, en outre, de rester sans danger; si elle faiblit ou s'éteint, il est prudent de s'éloigner et de renouveler l'air non-seulement pour assainir la pièce, mais aussi pour que le mouvement de fermentation ne soit pas interrompu, ce qui aurait infailliblement lieu. Les accidents qui arrivent sont encore assez fréquents pour que nous croyions utile de rappeler le traitement indiqué par M. Orfila contre *l'asphyxie par les cuves en fermentation.*

« 1. On commence par déshabiller complétement la personne asphyxiée, et par l'exposer au grand air, en la couchant sur le dos, la tête et la poitrine un peu élevées pour faciliter la respiration.

» 2. On fera sur le visage et la poitrine des aspersions d'eau vinaigrée froide; au bout de 3 ou 4 minutes, on essuiera les parties avec des serviettes chaudes, et on mettra le malade dans un lit bien chaud, où il restera 2 ou 3 minutes, après quoi on recommencera les opérations. Cette pratique est nécessaire, car le corps finirait par être insensible à l'impression de l'eau froide.

» 3. À l'aide d'un tuyau, on insufflera dans les poumons par la bouche, ou par l'une des narines, de l'air atmosphérique, en ayant soin de comprimer l'autre narine avec les doigts pour empêcher l'air d'en sortir; et, afin de faciliter le jeu de la respiration, on placera à différentes reprises, sur l'abdomen, des serviettes trempées dans des liquides très-froids, que l'on laissera seulement 2 ou 3 minutes et que l'on remplacera par des linges chauds. Si ces moyens étaient inefficaces, on pourrait faire une ouverture (1) à la trachée-artère et y introduire un petit tuyau, dans lequel on soufflerait avec la bouche ou avec un petit soufflet.

» 4. On fera avaler de l'eau froide légèrement vinaigrée.

» 5. On fera des frictions sur toutes les parties du corps avec une serviette chauffée, ou avec un linge trempé dans l'eau-de-vie camphrée, l'eau de Cologne, de lavande ou tout autre stimulant. On irritera la plante des pieds et tout le trajet de la colonne vertébrale avec une brosse de crin.

» 6. On promènera sous le nez des allumettes bien soufrées, qu'on allumera, afin d'irriter la membrane pi-

(1) Il est inutile de dire que cette opération ne peut être faite que par un chirurgien.

fermer la cuve, et de faire usage d'une soupape hydraulique (1).

Nous empruntons au traité de la vinification de M. Lenoir, l'énumération suivante des phénomènes généraux qu'offre la fermentation :

« 1° Le liquide est traversé, de bas en haut, par une multitude de globules qui viennent éclater à la surface.

2° Il devient trouble.

3° Il se couvre d'écume, et tous les corps qu'il tient en suspension s'élèvent à sa surface et s'y fixent.

4° Une grande quantité d'acide carbonique se dégage.

5° La température du liquide s'élève.

6° Son volume augmente.

7° Un bruit semblable à celui qui précède l'ébullition de l'eau se fait entendre.

8° Une odeur vineuse se dégage et se répand au loin.

9° La température des substances projetées à la surface, est plus élevée que celle du liquide qui les supporte; et si leur contact avec l'air se prolonge, elles éprouvent des altérations d'une autre nature.

10° Tous ces phénomènes s'accroissent progressivement jusqu'à un certain terme; ensuite ils décroissent avec lenteur; de sorte que, quelles que soient les circonstances, favorables ou contraires, le moment où les phénomènes ont acquis leur maximum d'intensité est toujours plus rapproché du commencement que de la fin de la fermentation.

11° Lorsque celle-ci est achevée, le liquide est diminué de volume et de poids.

12° Il est transparent.

13° Il est coloré, s'il est le produit de raisins rouges ou noirs.

14° Sa densité est diminuée.

15° La saveur sucrée a entièrement disparu, et est remplacée par une saveur vineuse plus ou moins alcoolique.

16° Enfin le liquide donne plus ou moins d'alcool par la distillation. »

Souvent la fermentation s'arrête par suite d'un changement dans la température; il convient, dans ce cas, de la raviver, et, à cet effet, on répand, dans le cuvier, de la vapeur d'eau au moyen d'un réchaud et d'un vase contenant de l'eau en ébullition; on peut encore, et ce moyen est préférable, réchauffer la cuve en y versant du moût nouveau, chauffé à 60 degrés.

La table ci-dessous, que l'on doit également à M. Lenoir, indique, en centièmes, la proportion de moût qu'il faut faire bouillir pour porter à 10 ou 12 degrés le liquide d'une cuve dont la température est de zéro ou de 1, 2, 3 et jusqu'à 8 degrés.

Température de la cuve.	Proportion du moût qu'il faut faire bouillir pour élever la température.	
	à 10 degrés.	à 12 degrés.
8 degrés.	3 pour 0/0	6 pour 0/0
7	4 1/2	7 1/4
6	5 3/4	8 1/2
5	7	9 3/4
4	8 1/4	11
3	9 1/2	12 1/4
2	10 3/4	13
1	11 3/4	14 1/4
0	12 1/2	15 1/2

Dans cette table, les proportions du moût bouillant sont calculées avec un léger excès, pour compenser la déperdition de calorique qui a toujours lieu lorsqu'on opère le mélange.

tuitaire, ou bien on fera flairer de l'alcali volatil, ou de l'eau de la reine de Hongrie.

» 7. On administrera des lavements d'eau vinaigrée et d'autres faits avec du sel commun, du séné et du sel de Sedlitz (sulfate de magnésie).

» 8. Après avoir fait les frictions générales, lorsque le corps sera chaud, on pourra avoir recours à la saignée de la veine jugulaire, aux ventouses et au moxa.

» 9. On évitera d'employer les émétiques et les fumigations de tabac.

» 10. Enfin, lorsque l'asphyxié sera rappelé à la vie, on le couchera dans un lit chaud, où l'air aura un libre accès, et on lui donnera du vin chaud et quelques cuillerées d'une potion stimulante.»

(1) Cette soupape n'est autre chose qu'une sorte de siphon en fer-blanc, dont une extrémité est lutée au couvercle de la cuve et l'autre plonge dans un vase rempli d'eau et à travers laquelle s'échappe le gaz acide carbonique.

.. ..ive quelquefois , et notamment dans les contrées méridionales, où le raisin est très-chargé en principe sucré, que la fermentation est trop active ; les inconvénients qui en résultent sont la déperdition d'une partie assez importante des principes aromatique et alcoolique, et surtout l'altération très-profonde du *chapeau*. Les moyens d'y remédier sont simples et de deux natures, ou préalables, ou consécutifs ; les premiers consistent à égrapper le raisin, à couvrir la cuve au moyen d'un chapiteau, et à exercer une sorte de pression en plongeant le tube qui le termine dans un vase rempli d'eau ; les autres moyens consistent à arroser les parois de la cuve et le sol du cuvier, à établir des courants d'air, et enfin à laisser se former le chapeau que l'on doit se garder de rompre.

Le moût ou jus de raisin est généralement composé, avant la fermentation, de mucoso-sucré, — de fécule, — de gomme ou gélatine végétale, — d'albumine et de gluten qui constituent le ferment, — d'extractif, — de tannin, de tartrate ou bi-tartrate de potasse, — d'acide malique ou sorbique, — d'une matière colorante bleue qui passe au rouge, — d'eau, et enfin d'acide citrique , de tartrate de chaux et de sulfate de potasse. On verra plus loin quels sont les principes qui constituent le vin, et, conséquemment, les mutations qui s'opèrent pendant la fermentation.

La densité du moût varie suivant l'espèce et le degré de maturité du raisin, et à tel point, qu'on est quelquefois obligé d'y ajouter du sucre pour l'augmenter ou de l'eau pour la diminuer. Ces grandes différences ne s'observent néanmoins que dans des climats opposés. Les principes qui le composent peuvent se diviser en principes altérables et inaltérables. Les premiers, qui sont le mucoso-sucré, la gélatine végétale et le ferment, éprouvent, pendant la fermentation, une décomposition, ou partielle ou complète, suivant leurs proportions. Si, par exemple, le ferment prédomine, tout le sucre est converti en alcool, et le vin est doux. Si, au contraire, le sucre est en petite proportion, le vin est acide et dur. On obtient les mêmes résultats en suspendant la fermentation, ou la laissant parcourir toutes ses périodes. Les principes inaltérables sont la fécule, les acides et les sels, unis à une portion surabondante de matière colorante, dans les raisins rouges ils forment la lie.

Lorsque, enfin, il ne se produit plus de mouvement dans la cuve, et que la liqueur ne mousse que très-légèrement en la transvasant, on procède au soutirage ; il vaut, en général, mieux hâter que retarder cette opération, surtout si le raisin était peu sucré. Ce qui reste dans la cuve est porté au pressoir, et le vin qui en résulte, et qu'on nomme *vin de pressurage*, est mis à part, comme étant d'une qualité inférieure ; il peut cependant être employé avec avantage à remplir les pièces pendant la fermentation insensible ; sa densité un peu plus considérable, et la proportion plus notable de tannin qu'il contient, le rendent très-propre à opérer la clarification du vin de soutirage. C'est ce vin qu'on réserve, le plus ordinairement, pour la fabrication du vinaigre.

Une seconde fermentation, appelée fermentation insensible, parce qu'elle est moins tumultueuse, s'effectue encore dans les tonneaux pendant plusieurs mois ; elle se manifeste par une abondante écume qui s'échappe d'abord par les bondes, mais qui se précipite ensuite au fond des tonneaux, en entraînant avec elle le tartrate acide de potasse, que la formation incessante de l'alcool isole des autres principes.

On a cru longtemps que l'alcool seul effectuait la dissolution du principe colorant qui réside dans la pellicule du raisin. Mais MM. Payen et Morelot ont prouvé qu'elle se dissolvait également dans les acides, et particulièrement dans l'acide malique. Il est facile de voir, d'après cela, combien il importe, dans la fabrication du vin blanc, de ne pas laisser les principes trop longtemps en présence. D'un autre côté, cependant, le tannin qui enveloppe les pepins jouant un rôle important dans la clarification du vin, il convient de ne pas séparer le marc trop tôt, surtout dans la fabrication des vins blancs, car leur collage en deviendrait d'autant plus difficile, et ils tourneraient promptement au gras.

Vins blancs.

La vendange des raisins pour la fabrication du vin blanc s'effectue aussi tard que possible; cette vinification est plus simple que celle du vin rouge; elle consiste à porter le raisin immédiatement au pressoir, pour en extraire le moût et à l'introduire dans des tonneaux; le principe colorant résidant, comme nous l'avons dit, dans la pellicule, se trouve ainsi séparé, et on obtient indifféremment de raisin rouge ou blanc un moût incolore. La fermentation s'effectuant dans les tonneaux est moins active et, partant, moins complète; aussi ces vins sont-ils généralement plus doux et plus sucrés que les vins rouges. Une modification importante à apporter dans leur fabrication consisterait à mettre le moût dans des tonneaux de grande capacité, pour que la fermentation marche plus rapidement, et à effectuer ensuite le transvasement ou le soutirage dans des tonneaux plus petits; par ce moyen on les obtiendrait plus clairs, et privés d'une grande partie de leur lie.

Les vins blancs, ainsi que nous l'avons dit plus haut, ont le grave inconvénient de tourner facilement à la graisse ou mieux de devenir filants. Cette altération, dont on a longtemps ignoré la cause, est due, suivant M. François de Châlons, à la présence de la glaïdine, substance analogue au gluten du froment. Le moyen d'y remédier ou de ramener les vins gras à leur état primitif consiste à précipiter cette substance au moyen du tannin (1).

Cette maladie des vins, comme on l'appelle, est due à ce que, n'ayant pas séjourné assez longtemps sur la rafle, ils n'ont pu se charger d'une proportion assez notable de tannin pour précipiter la glaïdine. Une circonstance qui tend à prouver la vérité de cette théorie, c'est qu'il suffit souvent, pour ramener ces vins à leur état naturel, d'y projeter des sorbes ou des cormes, dans la proportion de 2,000 grammes ou deux kilos de ces fruits par pièce; on abandonne pendant quinze jours environ, et on effectue le soutirage sans avoir recours à une nouvelle clarification. Si le vin est en bouteilles, on ajoute 20 grains de tannin par chacune d'elles, ou 3 onces et demie pour cent, après, toutefois, en avoir extrait le dépôt, puis on colle.

C'est incontestablement à la présence du tannin ou du principe astringent que les vins doivent leur plus ou moins de conservation et la faculté d'être transportables; c'est ainsi que les vins du Doubs, d'Arbois, qui en sont très-peu chargés, s'altèrent par le transport, tandis que ceux de Bordeaux s'améliorent, et surtout par la navigation maritime.

Les principaux vins blancs sont, pour la Bourgogne, ceux de *Chablis*, de *Pouilly*, de *Montrachet*, de *Tonnerre*, de *Combotte* et la *Goutte d'or*; pour la Champagne, ceux d'*Aï*, de *Sillery*, d'*Aveney*, de *Mareuil*, de *Damery*, de *Hautvilliers*, de *Dizy*, d'*Epernay*, de *Cramant*, d'*Avize* et de *Dumesnil*; pour Bordeaux et ses environs, ceux de *Villenave-de-Rioms*, *Blanquefort*, *Grave*, *Sauternes*, *Barzac*, *Braignac*, *Pontac* et *Langon*; pour le Languedoc, ceux de *Muscat*, de *Frontignan*, de *Lunel* et de *Saint-Peray*.

(1) On doit au jeune et savant M. Pelouze un procédé d'extraction de cette substance qui rend son emploi très-facile; il consiste à introduire, dans une allonge dont on a fermé la douille avec du coton (et que l'on a placé sur un bocal à sel), de la noix de galle, réduite en poudre; on verse ensuite sur cette noix de galle de l'éther sulfurique du commerce, de manière que la poudre en soit complétement imbibée; on ferme exactement les deux extrémités de l'allonge au moyen de bouchons, puis on abandonne pendant 48 heures; on enlève alors les bouchons, et une liqueur chargée de principes de la noix de galle tombe dans le récipient; elle ne tarde pas à se séparer en deux couches; celle supérieure est le tannin, on l'enlève avec une pipette, et on la conserve pour l'usage après évaporation.

Vins mousseux.

La Champagne est depuis longtemps en possession de fournir au commerce les meilleurs vins blancs mousseux. Le total des exportations du département de la Marne seulement, et non de la Champagne-Bourgogne, est de 2,276,000 bouteilles, réparties ainsi : 626,000 pour la France; 467,000 pour l'Angleterre et les Indes orientales; 479,000 pour l'Allemagne (1) ; 400,000 pour les États Unis; 280,000 pour la Russie et 30,000 pour la Suède et le Danemark. Ces chiffres sont loin de représenter la production ou la fabrication; car on n'estime pas à moins d'un tiers la perte qui s'effectue entre le bouchage des bouteilles et leur expédition. Ils ne représentent pas plus exactement la consommation, car, depuis quelque temps, on fabrique en Bourgogne et dans d'autres pays des vins qui se vendent sous la fausse dénomination de vins de Champagne, et qui ne justifient guère cette usurpation de nom.

La terre aux Champenois doit cet art admirable,
Qui seul donne à leurs vins un corps ferme et durable;
Cueillez après l'aurore, et sous un soleil pur,
La grappe peinte encor de rosée et d'azur;
Mollement étendue et lentement portée,
Qu'elle soit aussitôt sur le pressoir jetée;
De l'arbre appesanti qu'elle sente les coups;
Toujours les premiers pleurs sont ses dons les plus doux·
Le suc que de son sein l'on exprime avec peine
A d'un pâle rubis la couleur incertaine.
                                        ROSSET.

Si on laisse la fermentation s'effectuer tranquillement dans les tonneaux, on obtient les vins blancs ordinaires; mais si, au lieu de lui laisser parcourir toutes ses périodes, on introduit la liqueur, encore en mouvement intestinal, dans des bouteilles soigneusement bouchées, on obtient le vin blanc dit mousseux. On conçoit, en effet, que, la fermentation continuant à s'effectuer, l'acide carbo-

nique, ne pouvant s'échapper, doit s'accumuler et se dissoudre dans le liquide et lui communiquer sa saveur et ses propriétés. Ces vins sont privés d'une partie de ferment qui existait dans le fruit, et ils retiennent toujours, et surtout pendant les premières années, une portion de sucre non décomposé.

Les procédés de fabrication varient, pour ainsi dire, dans chaque vignoble, mais ses modifications sont peu importantes; elles consistent, tantôt à égrapper le raisin seulement, tantôt à ne prendre que le premier produit du pressurage ou *mère goutte*, ou bien à prendre des raisins blancs exclusivement; d'autres fois, à mêler indistinctement les raisins blancs et rouges, pour obtenir des vins plus rosés et d'une conservation plus longue.

L'espèce de raisin entre certainement pour beaucoup dans la qualité des vins mousseux, mais les soins apportés à leur fabrication ne sont pas indifférents. Cette boisson, enivrante et suave, inspire la gaieté; elle échauffe l'imagination, sans énerver le corps, comme le fait l'opium, qu'elle remplacera bientôt chez les Orientaux. Ces 2,276,000 fusées champenoises, plus puissantes que celles de Congrève, rendent le monde entier tributaire de la France, et le soumettront bientôt à ses lois, sans faire gémir l'humanité.

Les principaux vins mousseux sont ceux de Limoux (Aude), de Saint-Ambroix (Gard), d'Arbois (Jura), de l'Argentière (Ardennes), de Béfort (Haut-Rhin), et de Champagne.

Aï brille à leur tête, aï, dans qui Voltaire
De nos légers Français vit l'image légère;
C'est l'âme du plaisir, le charme du festin.
Dans le cristal brillant son nectar argentin
Tombe en perle liquide, et sa mousse fumeuse
Bouillonne en pétillant dans la coupe écumeuse;
Puis écartant son voile, avec rapidité,
Reprend sa transparence et sa limpidité.
Au doux frémissement des esprits qu'il recèle,
L'allégresse renaît, la saillie étincelle;
Son bruit plaît à l'oreille et sa couleur aux yeux,
Son ambre en s'exhalant va faire envie aux dieux,
Et l'odorat charmé, savourant ses prémices,
Au goût qu'il avertit en promet les délices.

(1) On fabrique maintenant dans ce pays, et notamment à Stuttgard (Wurtemberg), un vin mousseux, dit de Champagne, assez estimé, qu'on expédie dans le Nord. On n'estime pas moins de 150,000 bouteilles cette nouvelle production germanique.

Nous croyons ne pouvoir mieux terminer ce que nous avions à dire sur la fabrication des vins qu'en rappelant les préceptes suivants, que l'on doit au savant Chaptal, et qui sont, à l'art du vigneron ou de l'œnologie, ce que les aphorismes d'Hippocrate sont à l'art de guérir, c'est-à-dire qu'ils sont indépendants des temps et des lieux, et conséquemment invariables.

« 1o Le moût doit cuver d'autant moins de temps qu'il est moins sucré. Les vins légers, appelés *vins de primeur*, en Bourgogne, ne peuvent supporter la cuve que six à douze heures.

2o Le moût doit cuver d'autant moins de temps qu'on se propose de retenir le gaz acide carbonique et de former des vins mousseux; dans ce cas, on se contente de fouler le raisin et d'en déposer le suc dans des tonneaux, après l'avoir laissé dans la cuve, quelquefois vingt-quatre heures, et souvent sans l'y laisser séjourner. Alors, d'un côté, la fermentation est moins tumultueuse, et, de l'autre, il y a moins de facilité pour la volatilisation du gaz; ce qui contribue à retenir cette substance très-volatile, et à en faire un des principes de la boisson.

3o Le moût doit d'autant moins cuver qu'on se propose d'obtenir un vin moins coloré; cette condition est surtout d'une grande considération pour les vins blancs, dont une des qualités les plus précieuses est la blancheur.

4o Le moût doit cuver d'autant moins de temps que la température est plus chaude, et la masse plus volumineuse. Dans ce cas, la vivacité de la fermentation supplée à sa longueur.

5o Le moût doit cuver d'autant moins de temps qu'on se propose d'obtenir un vin plus agréablement parfumé.

6o La fermentation sera, au contraire, d'autant plus longue que le principe sucré sera plus abondant, et le moût plus épais.

7o Elle sera d'autant plus longue, qu'ayant pour but de fabriquer des vins pour la distillation, on doit tout sacrifier à la formation de l'alcool.

8o La fermentation sera d'autant plus longue que la température a été plus froide lorsqu'on a cueilli le raisin.

9o La fermentation sera d'autant plus longue qu'on désire un vin plus coloré. »

Le vin, lorsqu'il est naturel, est blanc, d'un jaune paille, rosé ou rouge, suivant les raisins qui ont servi à sa fabrication et la durée de la fermentation. Son odeur est plus ou moins suave; elle varie suivant les qualités, et résulte du mélange bien harmonisé des principes; elle a reçu le nom de *bouquet*; elle est aussi donnée par le sol et prend alors le nom de *cru*.

Les principaux vins rouges sont, pour la Bourgogne, ceux de *Chambertin*, du *Clos-Vougeot*, de la *Romanée*, de *Richebourg*, de *Vosnes*, de *Nuits*, de *Pommard*, de *Volnay*, de *Beaune*, de *Savigny*, de *Meursault*, de *Migrenne*, de *Coulanges* et de *Torins*; pour la Champagne, ceux de *Verzy*, de *Verzenay*, de *Mailly*, de *Saint-Bas-le-Bouzy*, de *Saint-Thierry*, de *Cumières*, de *Chigy*, de *Ludes* et de *Taissy*; pour Bordeaux et ses environs, ceux de *Château-Margaux*, de *Latour*, de *Lafitte*, de *Saint-Julien*, de *Saint-Estèphe*, de *Pouillac*, de *Tallans*, de *Persac* et de *Mérignac*; pour le Périgord, ceux de la *Terrasse*, de *Pécharmont*, de *Camprens*, de *Bergerac*; pour le Languedoc, ceux de *Tavel*, de *Lirac*, de *Saint-Geniès*, de *Saint-Laurent*, de *Carnols*, de *Cornas* et de *Saint-Joseph*; pour la Provence, ceux de la *Gaude*, de *Saint-Laurent*, de *Cagnes* et de *Saint-Paul*; pour le Dauphiné, ceux de l'*Hermitage*, de *Tain*, de *Croze*, de *Mercurol*, de *Reventin*; pour le Lyonnais, ceux de *Sainte-Colombe*, de *Côte-Rôtie* et de *Condrieu*; pour le Béarn enfin, ceux de *Jurançon* et de *Gan*.

On a formé cinq divisions principales dans lesquelles on range les divers goûts qui distinguent les vins:

1o Ceux de l'est ont le goût de pierre à fusil;

2o Ceux du midi, celui de cuit et de moscouade;

3o Ceux du sud-ouest (Bordeaux): vins

fins, goût d'encens; vins communs, celui de résine;

4o Ceux du sud-est (Bourgogne): goût de rose fanée, analogue à l'odeur de la jeune tige d'églantier sauvage;

5o Enfin les vins de l'intérieur de l'Orléanais et de la Touraine se distinguent par un goût de framboise et de violette quant aux rouges, et de fleurs de saule quant aux blancs.

On divise encore les vins en trois grandes classes, qui sont :

1o Les *vins généreux*, dans lesquels l'alcool prédomine : exemple, ceux d'Espagne, d'Italie, de Roussillon, de Narbonne, etc.;

2o Les *vins liquoreux*, dans lesquels une certaine quantité de matière sucrée a résisté à la fermentation : exemple, ceux d'Alicante, de Malaga, de Rota, etc.;

3o Enfin les *vins gazeux* ou *mousseux*, dans lesquels la fermentation a été suspendue à dessein, et qui contiennent de l'acide carbonique en dissolution : exemple, ceux de Champagne, de Condrieu, les blanquettes de Limeux, de Nissan, et maintenant même de Bourgogne champenoise.

Pour donner une idée de l'importance de la culture de la vigne et de l'art œnologique en France, nous dirons qu'on n'estime pas à moins de cinq millions le nombre des propriétaires ou cultivateurs de vigne; l'impôt indirect que produit cette denrée s'élève à deux cents millions; dix-huit cent soixante-huit mille hectares sont consacrés à ce genre de culture, et répartis ainsi qu'il suit :

Départements,	hectares.
Ain.	17,000
Aisne.	9,000
Allier.	18,000
Alpes (Basses-).	14,000
Alpes (Hautes-).	6,000
Ardèche.	27,000
Ardennes.	2,000
Ariége.	11,000
Aube.	23,000
Aveyron.	34,000

Départements,	hectares.
Bouches-du-Rhône.	39,000
Charente.	99,000
Charente-Inférieure.	111,000
Cher,	13,000
Corrèze.	15,000
Corse.	16,000
Côte-d'Or.	26,000
Dordogne.	90,000
Doubs.	8,000
Drôme.	24,000
Eure.	1,000
Eure-et-Loir.	5,000
Gard.	71,000
Garonne.	49,000
Gers.	88,000
Gironde,	139,000
Hérault.	103,000
Indre.	18,000
Indre-et-Loire.	35,000
Isère.	27,000
Jura.	21,000
Landes.	20,000
Loir-et-Cher.	26,000
Loire.	14,000
Loire (Haute-).	6,000
Loire-Inférieure.	29,000
Loiret.	40,000
Lot.	58,000
Lot-et-Garonne.	69,000
Lozère.	1,000
Maine-et-Loire.	38,000
Marne.	18,000
Marne (Haute-).	13,000
Mayenne.	1,000
Meurthe.	16,000
Meuse.	13,000
Morbihan.	1,000
Moselle.	5,000
Nièvre.	10,000
Oise.	2,000
Puy-de-Dôme.	29,000
Pyrénées (Basses-).	23,000
Pyrénées (Hautes-).	15,000
Pyrénées-Orientales.	38,000
Rhin (Bas-).	13,000
Rhin (Haut-).	11,000
Rhône.	30,000
Saône (Haute-)	12,000
Saône-et-Loire.	88,000

Départements.	hectares.
Sarthe.	10,000
Seine.	3,000
Seine-et-Marne.	19,000
Seine-et-Oise.	17,000
Sèvres (Deux-).	21,000
Tarn.	31,000
Tarn-et-Garonne.	37,000
Var.	67,000
Vaucluse.	28,000
Vendée.	17,000
Vienne.	29,000
Vienne (Haute-).	3,000
Vosges.	4,000
Yonne.	37,000

Bien différents des anciens, nous estimons les vins d'autant meilleurs qu'ils sont plus naturels. Ils ne tenaient point, en effet, à conserver à leurs vins leur saveur primitive; ils les rendaient, suivant les contrées, ou plus doux en y ajoutant du miel du mont Hymette, ou plus acides; ils les aromatisaient même souvent soit avec des plantes entières, telles que l'origan, le fenouil, le lentisque et l'absinthe, soit avec des fleurs: celles de sureau, d'orange, de rose par exemple. Les marchands y ajoutaient de l'eau. Cette tradition s'est malheureusement conservée jusqu'à nos jours, et ne paraît pas devoir de si tôt tomber en désuétude. La différence qui existe entre nos cabaretiers et ceux des Romains, c'est que les premiers emploient de l'eau de puits, tandis que les autres faisaient usage d'eau de mer principalement.

L'importance de cette boisson engage souvent des spéculateurs infidèles à rendre potables des vins de mauvaise qualité. Fort heureusement les progrès qu'a faits, depuis quelques années, la chimie analytique, en permettant de retrouver les substances, rend plus difficile le choix des moyens; d'où il résulte que les altérations sont devenues plus rares et surtout plus innocentes. C'est ainsi qu'on rend plus alcooliques les *vins plats* ou *doucereux*, au moyen de l'eau-de-vie ou de l'alcool. Le mélange doit s'effectuer ou immédiatement après le décuvage, ou, mieux

encore, lorsque la fermentation tend à se rétablir; pour l'opérer intimement, on roule le tonneau et on remplace la bonde ordinaire par une soupape hydraulique ou par une bonde surmontée simplement d'un tube. Lorsque l'addition est assez récente, on peut reconnaître ce genre de falsification au moyen de la distillation; le premier produit, dans ce cas, est de l'eau-de-vie, tandis que la distillation du vin naturel fournit de la vapeur d'eau d'abord, puis une vapeur alcoolique. Cette addition est la plus innocente et la plus profitable; elle est préférable à celle du sucre, qui, ajouté alors, a l'inconvénient d'arrêter la fermentation insensible.

On est encore dans l'usage, pour diminuer l'âpreté du vin, d'y ajouter du raisin de caisse, des sirops ou sucre de raisin, de fécule, de la cassonade et trop souvent encore de la litharge. On verra plus loin le procédé d'analyse pour reconnaître la présence de cette préparation de plomb. Quant au principe sucré, pour le retrouver, il suffit de faire évaporer une certaine quantité du vin suspecté; on traite le résidu par l'alcool très-déflegmé pour enlever la matière colorante, et il reste un mélange de tartre et de sucre. Nous devons faire remarquer, cependant, qu'un vin peut contenir du sucre sans avoir été frelaté; il suffit, dans ce cas, que la fermentation ait été incomplète, et qu'une partie du sucre n'ait pu conséquemment être convertie en alcool. Cette circonstance s'offre pour les vins blancs; c'est à dessein qu'on suspend, comme on l'a vu plus haut, la fermentation. Il arrive même souvent qu'indépendamment de ce sucre, qui y est inhérent, on ajoute du sucre candi ou du caramel: ce dernier leur donne en même temps une couleur paille qui plaît à l'œil des connaisseurs et des amateurs.

Enfin, pour aviver la couleur des vins pâles, on les mélange avec des vins plus hauts en couleur, ceux, par exemple, du *Roussillon*, de la *Gaude*, de *Saint-Laurent*, de *Cagnes*, de *Saint-Paul* et de la *Malgue*. Cette addition, qui, du reste, est fort innocente, a l'inconvénient, néanmoins, de provoquer souvent leur altération. Les vins qui se conservent, en effet, le mieux, sont ceux qui n'ont souffert aucun mélange. On colore enfin les vins avec des fruits, telles sont les baies de myrtille, celles du raisinier d'Amérique (*voyez ces mots*); certains bois, tels sont ceux de Campêche et de Fernambouc.

De temps immémorial, on ajoute, en Espagne et dans le Roussillon, du plâtre ou gypse au vin, sans qu'on se soit rendu jusqu'ici un compte bien exact de son action; on pense généralement qu'il avive la couleur du vin, mais des expériences récentes ont prouvé qu'il n'en était rien; son action a plutôt pour effet de prévenir sa dégénérescence acide, et ce qui le prouve, c'est que les vins gypsés se conservent mieux que les autres. L'usage de projeter un lait de chaux ou de cendres sur les ceps qui avoisinent les routes fréquentées par les maraudeurs a le double avantage de conserver le raisin d'abord, puis le vin qu'il produit. On ne saurait trop le mettre en pratique dans les vignobles qui avoisinent Paris.

L'importance du vin dans les usages économiques, et les questions d'hygiène publique que soulève journellement le débit de cette boisson, nous engagent à emprunter, au Cours d'histoire naturelle pharmaceutique de M. Fée, le tableau suivant, qui indique les moyens de reconnaître les diverses falsifications du vin.

1º La solution aqueuse de potasse caustique à l'alcool précipite, savoir :

En *vert* le vin naturel;

En *violâtre* celui qui est coloré avec les baies d'hièble, les mûres;

En *rouge violacé* celui qui est coloré avec le bois d'Inde;

En *rouge* celui qui l'a été avec le fernambouc ou la betterave.

2º L'acétate de plomb liquide précipite, savoir :

En *verdâtre* le vin naturel;

En *bleu foncé* celui qui est coloré avec les baies de sureau, de myrtille, ou le bois de Campêche;

En *rouge* quand il a été coloré avec le santal, la betterave ou le bois de Fernambouc.

3º L'alun sulfate double ou triple d'alumine de potasse et d'ammoniaque précipite, savoir :

En *violet clair* le vin coloré avec le tournesol;

En *violet foncé* celui qui l'a été avec le bois d'inde;

En *violet bleuâtre* celui qui l'a été avec l'hièble et les baies de troëne;

En *rouge lie de vin sale*, la couleur qui résulte de l'emploie de l'airelle;

En *rouge* avec celle obtenue par le fernambouc.

On reconnaît la présence des sels de plomb dans le vin et notamment de la litharge, en se servant d'une dissolution de carbonate ou de sulfate de soude; il se forme un précipité que l'on recueille, on le traite par l'hydrogène sulfuré, qui le noircit aussitôt; ou bien encore, on fait évaporer plusieurs pintes de vin dans un matras; le résidu, mêlé au charbon et mis dans un creuset, donne un globule ou culot de plomb, si le vin est falsifié avec ce métal.

S'il arrivait que, par suite de tentatives criminelles, on eût empoisonné le vin avec le sublimé corrosif, on s'en assurerait à l'aide de l'éther sulfurique; on verserait sur le vin qu'on voudrait éprouver une ou deux onces d'éther, on agiterait à diverses reprises pour que le fluide éthéré pût se trouver en contact avec toutes les couches de liquide. L'éther a tant d'affinité pour le sublimé corrosif qu'il l'enlèverait bientôt au liquide, qui le tient en dissolution; en faisant évaporer cet éther dans une capsule, le sel mercuriel demeurerait attaché aux parois et l'on en constaterait l'existence.

Le peu de solubilité de l'arsenic (*acide arsénieux*) rend son usage criminel assez difficile; mais néanmoins, comme les malfaiteurs ignorent le plus souvent cette circonstance, il n'est pas superflu d'indiquer les moyens de reconnaître sa présence, telle minime qu'elle soit; c'est ainsi qu'en faisant passe un courant d'acide hydrosulfurique (*hydrogène sulfuré*) dans le vin soupçonné, on aura, s'il en contient, un précipité jaune ; ce précipité, étant du sulfure d'arsenic, doit se redissoudre rapidement dans l'ammoniaque.

On peut encore, ainsi que vient de le démontrer tout récemment M. Orfila, déceler la présence de l'arsenic dans le vin ou tout autre liquide ; en ajoutant au mélange d'acide sulfurique de zinc et d'eau, destiné à la formation du gaz hydrogène, le vin soupçonné, le gaz produit, s'il est arsenié, formera, en dirigeant son jet enflammé sur le fond d'une capsule, une tache noire plus ou moins intense, suivant la proportion dans laquelle on aura fait entrer l'arsenic.

Le sulfate de cuivre ammoniacal en dissolution détermine dans le vin un précipité vert, connu autrefois sous le nom de vert de schéele ; enfin, comme il importe dans ces sortes d'examen de multiplier les expériences, on plongera dans le vin suspecté une lame de zinc, et on opérera la combustion au chalumeau ou sur la pointe d'un couteau simplement, des feuillets lamelleux qui se seront déposés sur la lame de zinc, si le vin était arsenié.

La conservation du vin est, attendu l'incertitude des récoltes, d'une haute importance ; du plus ou moins de soin qu'on y apporte dépend souvent aussi la qualité du produit ; les principales conditions d'une bonne réussite sont :

1° *L'ouillage* ou *remplissage* : il doit s'effectuer une fois par semaine, dans le premier mois, tous les quinze jours dans les deux mois qui suivent, et tous les mois pendant le reste de la première année.

2° *Le soutirage :* on doit, pour l'opérer, choisir de préférence un temps froid, agir avec célérité, pour éviter, autant que possible, le contact de l'air, et y avoir recours, d'autant moins que les vins sont plus faibles ou qu'ils sont plus vieux.

La capacité des vases n'est pas non plus sans importance pour la conservation du vin ; il ne suffit pas seulement, en effet, d'empêcher son altération, mais encore

sa déperdition. On a proposé de le renfermer dans de grandes cuves ou foudres et de ne le mettre dans les tonneaux que pour le livrer au commerce ; mais, si ce mode de conservation offre des avantages, il n'est pas non plus sans inconvénient : d'abord le vin se fait moins promptement dans les grands vases, c'est-à-dire que les caractères de vétusté s'y produisent plus lentement ; ensuite la différence de densité des diverses couches, qui est peu sensible dans les tonneaux, deviendrait très-différente dans une masse considérable ; il serait évidemment à craindre que la même espèce de vin ne fournît par le soutirage plusieurs variétés, et il pourrait se faire que ce que l'on gagnerait par la non-déperdition fût compensé par l'amoindrissement de qualité.

Les usages du vin sont trop connus pour que nous insistions sur cette partie de son histoire ; nous ferons seulement remarquer que ceux qui servent de véhicule à certaines substances médicinales doivent être très-alcooliques, non-seulement parce que, dans ce cas, ils effectuent plus facilement la solution des principes médicamenteux, mais, en outre, parce qu'ils se conservent mieux. Les vins médicinaux ou *œnolés* suivant MM. Henry et Guibourt, se préparent de deux manières, soit par la macération ou la digestion des substances en vaisseaux clos, soit, ainsi que le voulait Parmentier, en ajoutant au vin la teinture ou solution alcoolique de la substance médicamenteuse. La matière colorante n'entrant pour rien dans les propriétés des vins médicinaux, à moins qu'ils ne soient destinés à l'usage externe, on doit généralement préférer les vins blancs. Les principaux œnolés sont ceux d'absinthe, d'antimoine, antiscorbutique, aromatique, chalybé ou martial, de gentiane de quinquina et scillitique.

Le vin, pris modérément, est tonique et stimulant, et d'autant plus qu'il est plus alcoolique. La nature semble l'avoir donné aux habitants des climats chauds, pour qu'ils résistent plus facilement à l'influence de la température; il ranime les forces affaiblies, aussi l'a-t on appelé avec raison lait des vieillards.

Toi qui du tendre Horace inspiras les chansons,
Coule, aimable liqueur, je veux chanter tes dons;
Ton jus guérit nos maux, soutient notre faiblesse,
Rend au vieillard glacé le feu de la jeunesse.
Ame de nos repas, les mets les plus exquis,
Si tu n'es du festin, semblent perdre leur prix.

ROSSET.

La France est incontestablement le pays qui fournit les vins les plus variés et les plus exquis.

Il n'est point de climats qui puissent à la France
De ses coteaux fameux disputer l'excellence :
L'Hermitage et Cahors fournissent à nos vœux
Des vins mûrs pleins d'esprit, fermes et généreux ;
A la maturité la force réunie
Distingue ceux du Rhône et de l'Occitanie.
Que ces illustres noms s'abaissent devant toi,
Délicieux Bourgogne, et respectent leur roi.

Nous avons donné, au commencement de cet article, l'analyse du moût, nous le terminerons par celle du vin.

Le vin de raisin est composé des principes suivants : esprit-de-vin, — principe odorant (*), — huile volatile, — matière colorante bleue de l'enveloppe, — matière extractive (principe amer et tannin), — sucre, — mucilage (peut-être aussi de la bassorine, dissoute par un acide qui détermine probablement le vin à devenir mucilagineux), — ferment, — acide acétique (provenant peut-être de la fermentation), — acide malique, — acide tartrique,— tartre, — tartrate acide de potasse, — acide carbonique (très-abondant dans le vin mousseux), — eau. La

(*) MM. Liebig et Pelouze l'ont nommé ether œnantique. Pour extraire ce principe qui constitue l'arome du vin, on fait congeler celui-ci, on en sépare le liquide spiritueux et on le distille avec de l'eau; le produit de la distillation a une odeur alcoolique, mais le résidu a une odeur aromatique. On traite ce dernier par l'éther, on fait évaporer celui-ci, et on a pour résidu une huile dont l'odeur rappelle celle du malaga, et dont la saveur est amère et acidule; elle rougit le papier de tournesol assez faiblement, se dissout presque complétement dans l'alcool, et est insoluble dans l'eau; elle laisse sur le papier une tache grasse que la chaleur ne fait point disparaître.

quantité d'alcool absolu varie, comme on le voit dans le tableau suivant.

De la distillation du vin et de l'alcool ou esprit-de-vin.

On doit à M. Brandt le tableau suivant des quantités moyennes d'alcool que contiennent les diverses espèces de vin.

Noms, proportion d'alcool sur 100 parties en volume.

Lissa.	25,41
Vin de raisin sec.	25,12
Marsala.	25,09
Porto.	23, »
Madère.	22,27
Vin de groseilles.	20,55
Xérès.	19,17
Ténériffe.	19,79
Polares.	19,75
Lacryma-Christi.	19,70
Constance blanc.	19,75
Constance rouge	18,92
Lisbonne.	18,94
Bucellas.	18,49
Madère rouge.	20,25
Muscat du Cap.	18,25
Madère du Cap.	20,51
Vin de raisin.	18,11
Carcavello.	18,65
Vidonia.	19,25
Alba flora.	17,26
Malaga.	17,26
Hermitage blanc.	17,43
Roussillon.	18,13
Claret ou vin de Bordeaux.	15,10
Malvoisie madère.	16,40
Lunel.	15,52
Schiras.	15,52
Syracuse.	15,28
Sauternes.	14,22
Bourgogne.	14,57
Hock vin du Rhin.	18,08
Nice.	14,63
Barsac.	13,86
Tinto.	13,30
Champagne.	13,80
Champagne mousseux.	12,61
Hermitage rouge.	12,32
Grave.	13,37
Frontignan.	12,79
Côte-Rôtie.	12,32
Tokai.	9,88

Tous les vins ne fournissent pas, comme on vient de le voir, par le tableau ci-dessus, la même quantité d'esprit; ils offrent aussi des différences dans les qualités de ce produit; ces différences sont cependant plutôt dues aux procédés de distillation qu'à la composition élémentaire, car l'alcool absolu ou anhydre est presque identique, de quelque espèce de vin qu'il provienne.

L'esprit-de-vin ou alcool est un liquide blanc, fragrant, très-volatil, résistant aux plus basses températures, ce qui fait qu'on l'emploie dans la construction des thermomètres; il a une grande affinité pour l'eau et s'en sépare très-difficilement; il brûle avec une flamme blanche au centre et bleuâtre sur les bords; lorsqu'il est pur, il ne laisse aucun résidu.

La théorie de la formation de l'alcool, pendant l'acte de la fermentation, était inconnue il y a un demi-siècle; c'est à Lavoisier qu'on la doit. Il a vu que, dans la fermentation spiritueuse, l'eau se décompose, son oxygène se combine avec le carbone du sucre ou du corps sucré, et forme l'acide carbonique, qui se dégage si abondamment dans cette opération, tandis que l'hydrogène, devenu libre, se fixe dans la combinaison en s'unissant à une portion assez considérable de carbone, et que c'est l'hydrogène qui forme la partie spiritueuse de l'alcool; on a longtemps cru que ce produit se formait pendant la distillation; mais M. Brandt a prouvé, d'une manière incontestable, qu'il existait dans les liqueurs fermentées. Il a, en effet, séparé la matière colorante et les acides, à l'aide de l'acétate de plomb; l'hydrate de potasse ou le muriate de chaux lui a servi ensuite à séparer l'alcool, et, comme on le voit, cette analyse a été faite sans le concours de la chaleur.

L'art de distiller les vins et d'en extraire l'eau-de-vie est déjà ancien, et cependant il n'y a pas longtemps encore qu'on n'avait, pour reconnaître leur degré de richesse alcoolique, que la dégustation, ou mieux les essais en petit, avec l'appareil de M. Descroisilles; maintenant les distillateurs peuvent, au moyen de l'alcoomètre centésimal de Gay-Lussac, déterminer la quantité d'alcool pur contenue dans un liquide spiritueux.

Les raisins les plus sucrés fournissent généralement les vins les plus alcooliques; c'est surtout dans le midi de la France que cette opération est profitable; et, en effet, les meilleures eaux-de-vie nous viennent des environs de Montpellier. La distillation en grand consiste à introduire le vin dans de vastes alambics, munis de réfrigérants ou serpentins; on chauffe et on obtient d'abord un liquide spiritueux, donnant de 16 à 20 degrés à l'aréomètre de Cartier; c'est l'eau-de-vie ou preuve de Hollande. Ce liquide, soumis à une nouvelle distillation, fournit de l'eau-de-vie à 28 degrés; elle prend alors le nom d'esprit ou alcool. Par une troisième distillation ou deuxième rectification on obtient la liqueur spiritueuse connue dans le commerce sous la dénomination d'esprit trois-six, ou alcool du commerce. Enfin, par une quatrième distillation, sur du muriate de chaux ou de la potasse caustique, on obtient l'alcool absolu ou à 100 degrés de l'alcoomètre de Gay-Lussac. Ainsi on nomme esprit trois-cinq de l'alcool à 29 degrés, parce qu'en prenant 3 volumes de ce liquide et y ajoutant 2 volumes d'eau on obtient 5 volumes d'eau-de-vie à 19 degrés; l'esprit trois-six est de l'alcool à 33 degrés, dont 3 volumes, mêlés à 3 volumes d'eau, produisent 6 volumes d'eau-de-vie; l'esprit trois-sept est de l'alcool à 35 degrés, dont 3 volumes, additionnés de 4 volumes d'eau, fournissent 7 volumes d'eau-de-vie; l'esprit trois-huit, enfin, est de l'alcool à 37 degrés et demi, dont 3 volumes, mêlés à 5 volumes d'eau, donnent 8 volumes d'eau-de-vie.

On doit à Édouard Adam un appareil de distillation qui a conservé son nom et à juste titre, et qui simplifie singulièrement cette fabrication, puisqu'on peut obtenir, du premier jet, de l'eau-de-vie à 25 ou 30 degrés, et qu'on économise le combustible en mettant à profit la chaleur qui résulte de la condensation des vapeurs pour échauffer le liquide destiné à remplir la cucurbite. Cet appareil se compose de vases métalliques (cuivre) de forme ovoïde, réunis par la partie supérieure, au moyen de tuyaux ou tubes disposés de manière à transmettre à chacun des vases la vapeur alcoolique développée; ils communiquent par leur partie inférieure à un conduit commun, destiné à ramener à la cucurbite le vin ainsi échauffé et devenu plus riche par la condensation des vapeurs alcooliques. Ce mode de distillation offre, en outre, le précieux avantage de laisser le vin moins longtemps exposé à une température élevée, et fait éviter qu'il ne contracte et ne communique à l'eau-de-vie un goût de brûlé ou d'empireume. Le seul inconvénient qu'offre cet appareil, c'est de soumettre le liquide à une pression assez forte; modifié par Cellier-Blumenthal, il est maintenant remplacé par celui de Charles Derosnes, qui en réunit tous les avantages et n'en a pas les inconvénients : il est disposé de manière à mettre à profit toute la chaleur émise par la condensation des vapeurs; il fournit aussi, de premier jet, de l'alcool aux divers degrés de condensation que réclament les besoins du commerce. Les vases qui composent cet appareil sont carrés, au lieu d'être ovoïdes comme ceux d'Adam; ils sont disposés en gradins et de telle sorte, que le serpentin est plus élevé que l'alambic; le vin, introduit comme réfrigérant dans le serpentin par un filet constant, s'écoule d'un vase dans l'autre, tandis que la vapeur alcoolique produite par celui qui est dans l'alambic le traverse au moyen d'un tuyau qui s'élève du sommet du chapiteau et va plonger dans chacun des vases, s'y condense et s'échappe plus fragrante pour arriver dans le tuyau-serpentin, et de là dans le récipient, en un filet dont le volume égale celui du vin soumis à la distillation, de telle sorte que l'appareil serait continu, dans toute l'acception du mot, si l'intérieur des vases ne s'encrassait pas.

L'art de la distillation du vin se réduit aux principes suivants : 1° chauffer à la fois et également tous les points de la masse du liquide ; 2° écarter tous les obstacles qui peuvent gêner l'ascension des vapeurs ; 3° enfin en opérer la condensation le plus promptement possible. Il est maintenant bien démontré que tous les diaphragmes que l'on a imaginé de placer dans les tuyaux conducteurs, pour accélérer la condensation, sont superflus, car ce phénomène s'opère avec une promptitude incalculable ; l'ancien serpentin est encore l'appareil de condensation le plus simple et le plus puissant.

L'eau-de-vie n'est pas toujours exempte d'odeur, elle en contracte souvent même pendant la distillation, lorsque celle-ci a été mal conduite; le meilleur moyen de l'en priver consiste à opérer sa rectification sur un mélange de chlorure de chaux et de brique calcinée et réduite en poudre; on peut encore l'en débarrasser en lui faisant traverser plusieurs filtres successifs, composés de sable de rivière passé au crible, de ciment de briques calcinées et de braise pilée; mais, si l'absence d'odeur est une condition favorable pour l'emploi dans certains arts, ceux de la pharmacie et de la parfumerie, par exemple, il n'en est pas de même dans la fabrication des couleurs et des vernis surtout ; aussi ne procède-t-on pas toujours à la rectification : quant à l'eau-de-vie qui sert aux usages domestiques, on exige qu'elle ait une odeur suave et une couleur ambrée, qu'elle n'acquiert qu'avec le temps et par son séjour dans les tonneaux; on s'efforce néanmoins de l'imiter, surtout lorsque l'eau-de-vie, au lieu de résulter directement de la distillation, n'est autre chose que de l'alcool étendu d'eau et amené à 18 ou 20 degrés. Les moyens ne sont pas toujours très-innocents; nous ne signalerons, toutefois, que ceux qui n'offrent aucun danger : ils consistent, dans l'emploi, en infusion, du thé et de la fleur de sureau, et souvent une dissolution de caramel. Nous avons obtenu des résultats assez satisfaisants en faisant macérer dans l'eau-de-vie la pellicule de certaines variétés de pommes, et notamment celles de rambour et de reinette : leur odeur suave rappelle celle de la bonne eau-de-vie de Cognac.

L'eau-de-vie n'est pas seulement employée dans les arts et l'économie domestique, elle sert, en médecine, de dissolvant et de véhicule à un grand nombre de substances médicamenteuses. On donne le nom d'alcoolats aux préparations dans lesquelles les principes sont extraits par la distillation; exemple : les eaux de mélisse et de Cologne; celui d'alcoolées à celles dans lesquelles ils sont extraits par macération ou infusion; c'est ce qu'on appelait autrefois *teintures*.

L'alcool est employé dans l'art de la peinture, et notamment pour la fabrication des vernis; c'est le dissolvant le plus puissant des baumes, des résines et des huiles essentielles; il entre dans la composition de l'éther, et offre dans cet état un secours utile à la médecine.

Vinasse et lie.

Le résidu de la distillation de l'eau-de-vie de vin prend le nom de vinasse. Longtemps on l'a regardé comme inutile; mais M. Landreau, membre de la Société d'agriculture, ayant eu l'occasion d'analyser un assez grand nombre de ces résidus, a vu qu'en général ce liquide fournissait par hectolitre quatre onces (cent vingt-cinq grammes) de sous-carbonate de potasse et cinq livres un quart (deux kilos cent vingt-cinq grammes) de matière végéto-animale : ces substances étant très-propres à activer la végétation, il en a conclu que la vinasse pouvait être employée avec avantage comme engrais. Il propose, à cet effet, ou d'en arroser immédiatement les prairies, ou d'opérer son mélange, au sortir de l'appareil distillatoire, avec de la terre ou du terreau, et d'en effectuer ensuite la dessiccation au soleil, pour rendre le transport plus facile et moins dispendieux.

La lie de vin brûlée, lavée et broyée,

fournit le noir d'Allemagne ou de Francfort; elle fait la base de l'encre d'imprimerie; enfin, comme elle contient toujours un peu d'acide acétique libre (vinaigre), elle sert, dans les usages domestiques, à nettoyer le cuivre; incinérée, elle fournit un sel alcalin composé, appelé vulgairement *cendre gravelée*; c'est une masse poreuse, d'un gris verdâtre, qui représente à peu près la trentième partie de la lie brûlée.

Tartre.

Quand le vin, jeune encore, fermente sur la lie,
Des sels les plus grossiers son feu se purifie;
Durci dans les tonneaux, et de leur sein tiré,
Pour nos divers besoins, le tartre est préparé.

ROSSET.

Ce produit de la vinification se dépose et s'attache aux parois des tonneaux, sous la forme d'une croûte saline, composée de sels presque insolubles et de matière colorante; il est rouge ou blanc, suivant la couleur du vin qui l'a fourni, et d'autant plus abondant que le vin est plus riche en principe alcoolique. C'est aux environs de Montpellier que s'effectue principalement sa purification; elle consiste à le faire dissoudre et cristalliser à plusieurs reprises : on est dans l'usage de mêler à la solution de l'argile blanche, qui, en se précipitant, entraîne une partie de la matière colorante; les cristaux, qui prennent alors les noms de tartre pur, ou crème de tartre, sont livrés au commerce pour l'usage médical, ou pour être convertis, par la calcination, le lavage et l'évaporation, en *sel de tartre* ou *alcali de tartre*, carbonate de potasse; enfin, au moyen de la craie, d'abord pour former un sel neutre, puis de l'acide sulfurique pour décomposer celui-ci, on obtient l'acide tartrique, dont l'emploi est assez commun dans les arts et en médecine, et qui, uni à la potasse et à l'antimoine, constitue le sel si énergique connu sous le nom d'*émétique*.

Le tartre rouge est composé, suivant *John*, écrits chimiques, de tartre 90, —

résine molle, rougeâtre, soluble dans l'éther et ayant l'odeur de la vanille 1, — matière résineuse rouge ponceau (extractif oxygéné) 2, — gomme 2, — matière sucrée 1, — fibre ligneuse rouge cerise avec un peu de tartrate acide de chaux 4.

Le tartre blanc fournit les mêmes principes, moins la matière colorante.

Vinaigre ou acide acétique.

Aux produits, déjà si nombreux, que fournit le raisin, l'industrie manufacturière est parvenue à ajouter le vinaigre; ce n'est pas l'un des moins importants, sa fabrication, bien que déjà ancienne, laisse à désirer, non pas quant aux résultats, mais quant aux phénomènes qu'elle offre, car, malgré les expériences toutes récentes de MM. Cagniard de Latour et Turpin (1), on n'est pas encore bien fixé sur sa théorie. On connaît cependant les conditions qu'il convient de réunir pour le succès de l'opération; on sait, par exemple, que les vins sont d'autant meilleurs pour la fabrication du vinaigre, qu'ils sont plus alcooliques; que la présence de l'air ou au moins de l'oxygène est indispensable; qu'une température de 24 à 25 degrés favorise cette fermentation acide; enfin, que le vin destiné à l'acétification doit être très-clair.

(1) Les fermentations vineuse et acéteuse seraient, suivant ces observateurs, dues à des corps organisés végétaux, qui, répandus dans un liquide sucré, lèveraient ou germeraient sous l'influence de certaines conditions atmosphériques et électriques. D'où il résulte, selon M. Turpin, que la dénomination de *levure* devient doublement applicable, car elle exprime à la fois deux caractères, celui des séminules qui *lèvent* ou *germent*, et celui du liquide ou de la pâte *soulevée* par le dégagement des bulles d'acide carbonique et de la chaleur, qui résulte comme effet de la végétation des séminules du levain. Ces auteurs fondent leur théorie sur l'augmentation en poids de la levure pendant la mise en fermentation. Cette augmentation serait due à un développement végétal tel, que 35 livres de levure produiraient 247 de *torula cervisiæ* ou petits végétaux de la bière qui constituent le ferment ou levain.

La fabrication du vinaigre ne s'effectuait pas autrefois sans quelque difficulté; mais, depuis que l'on connaît les conditions qu'elle exige, beaucoup de fabricants ont singulièrement simplifié le procédé.

Une vinaigrerie se compose d'un hangar ou cellier dont on élève la température de 25 à 30 degrés, et renfermant un plus ou moins grand nombre de tonneaux ou *mères* d'une capacité d'environ 230 litres. Ces tonneaux sont remplis au tiers de bon vinaigre, puis on verse le vin (1) à acidifier de manière à laisser un tiers environ de la capacité libre. On abandonne pendant 5 ou 6 semaines, puis on soutire et on remplace par une quantité égale de vin, de manière à ne pas laisser d'interruption.

Cette fermentation, comme celle alcoolique, présente des anomalies difficiles à expliquer. Il n'est pas rare, en effet, de voir des tonneaux rester *inactifs*, bien que placés dans les mêmes circonstances que les autres, et renfermant le même liquide. Pensant que cette circonstance pouvait être attribuée à l'influence électrique de l'atmosphère, nous avons plongé les conducteurs d'une pile galvanique dans un liquide susceptible de passer à la fermentation, et nous n'avons pas tardé à être convaincu que ce fluide favorisait, en effet, puissamment cette analyse naturelle. Cette opinion a été confirmée depuis de toute l'autorité que peut donner un chimiste aussi distingué que M. Colin; nous empruntons au Dictionnaire technologique, article *Fermentation*, la nouvelle

(1) En Allemagne, on emploie de préférence l'alcool pour la fabrication du vinaigre. Le procédé consiste à mêler deux à trois parties d'eau avec une partie d'alcool, et à y ajouter une matière organique qui agit comme ferment. Cette matière est ordinairement du sucre de betterave, ou de topinambour : à l'aide d'un artifice tout à fait mécanique on met ensuite le liquide ainsi mélangé dans des circonstances telles, qu'il offre à l'air de nombreuses surfaces; ce que l'on obtient en faisant tomber un filet continuel dans des tonneaux pleins de copeaux, et maintenant la température entre 32 et 36 degrés : quel que soit d'ailleurs, dans cette circonstance, le genre d'action de la matière fermentescible sur l'alcool, toujours est-il qu'il se change assez promptement en acide acétique.

34

théorie adoptée et présentée par son savant ami M. Robiquet. « M. Colin, » dit ce dernier, « après avoir reconnu qu'il existait un grand nombre de ferments différents, admet que les substances azotées ne jouissent, dans ce cas, de plus d'efficacité que parce qu'elles sont beaucoup plus altérables que celles qui n'en contiennent pas, et qu'un ferment n'a d'autres fonctions que de développer, par sa décomposition spontanée, une force initiale qui met l'électricité en jeu, et que la fermentation se manifeste sous l'influence de cette électricité. Voici sur quoi cet habile chimiste fonde son opinion. Il a été reconnu par M. Gay-Lussac, Annales de chimie, T. LXXVI, p. 245, que le concours d'une petite quantité d'air et d'oxygène était nécessaire pour commencer la fermentation vineuse ; mais il a vu aussi qu'un courant galvanique pouvait y suppléer ; or, selon M. Colin, ce sont deux sources différentes d'une même cause. Nous voyons, dit-il, que la fermentation vineuse est subordonnée à une action chimique initiale ; mais, d'après les expériences de M. Béquerel, toute action chimique donne naissance à de l'électricité, d'où il faut conclure, dit M. Colin, que ce fluide est le premier et l'unique moteur de la fermentation.

« Une autre difficulté importante, » dit M. Robiquet, « reste encore à résoudre, c'est de trouver ce que devient l'azote dans la fermentation ; car il résulte des expériences de M. Thenard que cet élément, bien évidemment contenu d'abord dans la levure, disparaît totalement lorsque la propriété fermentante a été épuisée par un excès de sucre. Ni l'alcool, ni l'acide carbonique, ni aucun des produits n'offrent de traces sensibles de ce principe. Il est d'ailleurs bien démontré que l'azote est indispensable à la fermentation alcoolique ; mais de quelle manière y intervient-il, c'est ce que nous ignorons encore. »

Maintenant que l'influence de l'électricité dans la fermentation n'est pas seulement admise par nous, nous pouvons émettre avec plus d'assurance la proposition suivante sur ce que devient l'azote.

Dans les fermentations spiritueuse, acéteuse et surtout putride, les éléments étant dissociés, bien que toujours en présence, n'est-il pas possible que le pouvoir si puissant de combinaison qui résulte de la réunion des fluides électriques favorise celle de l'azote avec d'autres éléments, et donne lieu aux générations spontanées ? Ne remarque-t-on pas toujours, en effet, des insectes dans les matières en décomposition ; et si nous cherchons un exemple dans la fabrication même qui nous occupe, d'où viennent les petites mouches qui, par le rôle important qu'elles semblent jouer dans cette analyse naturelle, ont été appelées *compagnons vinaigriers ?* ne semblent-elles pas prendre naissance à l'orifice même du tonneau, et aller en se multipliant à mesure que la fermentation devient plus complète ? Si nous prenons pour exemple un autre liquide éminemment azoté, le lait, ne trouve-t-on pas dans le fromage ce produit de la fermentation, des vers et d'autres insectes qui sont le résultat, comme tout l'annonce, de générations spontanées ? La production des abeilles en fournit encore un exemple. Ces productions spontanées étaient connues des anciens. Virgile, dans ses conseils à Mécène, prescrit les conditions qu'exigent la formation et le développement des abeilles. Nous ne pouvons résister à mettre sous les yeux de nos lecteurs l'admirable traduction qu'en a donnée le Virgile français ; notre théorie rend d'ailleurs l'explication du phénomène plus vraisemblable.

Ce mystère d'abord veut des réduits secrets ;
Il te faut donc choisir, et préparer exprès
Un lieu dont la surface étroitement bornée
Soit enceinte de murs, et d'un toit couronnée,
Et que des quatre points qui divisent le jour
Une oblique clarté se glisse en ce séjour.
Là conduis un taureau dont les cornes naissantes
Commencent à courber leurs pointes menaçantes,
Qu'on l'étouffe malgré ses efforts impuissants,
Et sans les déchirer qu'on meurtrisse ses flancs.
Il expire, on le laisse en cette enceinte obscure,
Embaumé de lavande, entouré de verdure.

Choisis pour l'immoler le temps où des ruisseaux
Déjà les doux zéphyrs font frissonner les eaux,
Avant que sous nos toits voltige l'hirondelle,
Et que des prés fleuris l'émail se renouvelle.
Les humeurs, cependant, fermentent dans son sein.
O surprise ! ô merveille ! un innombrable essaim
Dans ses flancs échauffés tout à coup vient d'éclore,
Sur ses pieds mal formés l'insecte rampe encore ;
Sur des ailes bientôt il s'élève en tremblant;
Plus vigoureux enfin, le bataillon volant
S'élance aussi pressé que ces gouttes nombreuses
Qu'épanche un ciel brûlant sur les plaines poudreuses
Ou que ces traits dans l'air, élancés à la fois
Quand les Parthes guerriers épuisent leurs carquois.
Muses, révélez-nous l'auteur de ces merveilles.

Nous avons jugé cette digression nécessaire pour faire comprendre l'influence
de l'électricité dans la fermentation et
l'acétification.

Le vinaigre n'est pas seulement employé dans les arts et dans l'économie domestique, on en fait aussi usage en médecine humaine et vétérinaire : étendu
d'eau, on l'administre comme boisson
rafraîchissante et antiseptique (*oxycrat*);
mêlé à la farine de moutarde, il forme
une sorte de cataplasme révulsif (*sinapisme*). Il sert enfin de véhicule à diverses
substances médicamenteuses, et constitue
les vinaigres composés et de toilette (*oxéo-
tés*), de la pharmacie raisonnée de
MM. Henri et Guibourt; les principaux
sont le vinaigre antiseptique ou des quatre voleurs, les vinaigres camphré, aromatique anglais, rosat, scillitique, framboisé. Il entre dans la composition de
l'extrait de Saturne (*acétate de plomb liquide*), de l'onguent égyptiac.

Réduit à son plus grand état de concentration, il forme le vinaigre radical (*acide
acétique cristallisé*).

Le vinaigre de vin fournit à l'analyse :
de l'acide acétique qui en fait la base, —
du tartre, — des acides malique, citrique
et tartrique,—de la matière extractive, —
une matière colorante et un principe
végéto-animal, — on peut l'obtenir assez
pur par la distillation ; mais pour l'avoir
très-concentré, c'est du verdet ou *acétate
de cuivre* qu'on l'extrait.

Marc de raisin.

Ce résidu de la vendange a longtemps
été regardé comme inerte, aussi en fai-
sait-on naguère encore assez peu de cas.
Des observations récentes permettent de
croire, cependant, qu'on pourrait, dans les
pays vignobles surtout, où ce produit est
très-abondant, l'utiliser soit comme engrais, soit encore, lorsqu'il provient
d'un vin très-généreux, obtenir en le distillant, la liqueur alcoolique connue dans
le commerce sous le nom d'eau-de-vie de
marc; soit enfin que, soumis à l'acétification, il serve à la fabrication du vert-de-
gris (*acétate de cuivre*).

Il importe essentiellement, pour qu'il
produise un effet utile dans ces divers
emplois, qu'il soit garanti de l'influence
de l'air aussitôt après sa sortie du pressoir, à moins qu'on ne l'emploie immédiatement. Pour opérer sa conservation, il
convient de le placer par couches successives dans une cuve ou dans des tonneaux, en ayant soin d'exercer sur chaque
lit une forte compression. Si le marc résulte de moût non fermenté, on l'imbibe
d'un peu d'eau, et on le réserve pour la
nourriture hivernale des bestiaux; dans
le cas contraire, on le couvre simplement
de paille et de sable jusqu'au moment où
on l'emploie pour en extraire du vinaigre
ou pour préparer l'acétate de cuivre.

Lorsque le marc de raisin n'a pas ces
destinations, on peut en faire des mottes
à brûler : les cendres qu'elles produisent
peuvent être mises à profit soit pour le
blanchiment, soit comme engrais.

Vinaigre de marc.

Pour l'obtenir, on verse sur le marc
conservé, ainsi que nous l'avons dit plus
haut, une certaine quantité de vin généreux qui, s'infiltrant dans les interstices
et éprouvant ainsi une extrême division,
permet à l'oxygène d'exercer son influence,
et l'acétification s'effectue assez promptement. Pour extraire le vinaigre ainsi
formé, il suffit d'enlever la première cou-

che et de soumettre à la distillation ; la nouvelle surface de marc restée dans la cuve ou dans les tonneaux ne tarde pas à s'acidifier aussi, et on procède ainsi successivement jusqu'à ce que toute la masse soit acidifiée et épuisée.

Verdet, vert-de-gris, acétate de cuivre.

Pour obtenir ce sel, qu'on peut, ainsi que l'acétate de plomb, appeler végéto-minéral, on prend le marc de raisin acidifié par le procédé indiqué ci dessus, on le place sur des plaques de cuivre bien décapées, pour que l'action soit plus vive; on range celles-ci sur des tablettes, ou mieux encore, on les superpose simplement et on les abandonne jusqu'à ce que leur oxydation soit opérée. On enlève alors, avec une sorte de couteau de bois, la couche de marc acidifiée, et on trouve sur la plaque de cuivre une belle croûte cristalline, de couleur vert émeraude ou bleuâtre, suivant la quantité d'eau qu'elle retient, et qui n'est autre chose que le vert-de-gris ou acétate de cuivre; on remet les plaques en contact avec le marc, et on procède ainsi jusqu'à ce qu'elles soient complétement converties en oxyde d'abord, puis en acétate.

Cette fabrication s'effectue principalement aux environs de Montpellier; Rosset la rappelle très-ingénieusement dans les vers suivants :

Peuple de Montpellier, votre industrie heureuse
Du vin forme une rouille utile et dangereuse;
Au fond d'un noir cellier la grappe (1) de raisin
Dans une urne est plongée et s'enivre de vin.
Là, d'un cuivre battu les feuilles étendues,
Dans la grappe longtemps demeurant confondues,
Le vin s'aigrit, fermente et l'esprit exhalé
D'une verte vapeur couvre l'airain rouillé.
Vous dont la main savante imite la nature,
Et par des traits hardis fait vivre la peinture,
Pour nous tracer le vert qui pare nos coteaux,
De cette poudre heureuse abreuvez vos pinceaux.

Ce sel, traité par le vinaigre distillé, et la dissolution réduite en consistance de sirop, fournit le verdet cristallisé ou cris-

(1) C'est rafle qu'il faudrait dire.

taux de Vénus. Il entre dans la composition des pièces d'artifices, et colore la flamme en vert. On l'emploie en chirurgie pour déterger les vieux ulcères ; il entre dans la composition des onguents divin, égyptiac, le baume vert de Metz, etc.

Eau-de-vie de marc.

L'art de distiller, ou, comme on le dit vulgairement, de brûler les marcs, nécessitant quelques précautions, nous allons, pour ne pas trop nous éloigner de notre sujet, les indiquer succinctement; et d'abord nous dirons que ce genre d'extraction n'est profitable que dans les pays chauds.

La première condition de succès et la plus importante consiste à les réunir et à les garantir, comme nous l'avons dit, du contact de l'air, qui les ferait promptement passer à l'aigre. Cette précaution est indispensable, car il est rare que l'on puisse procéder immédiatement à leur distillation; on est, en général, dans l'usage d'ajourner cette opération à l'époque où les travaux des champs ne peuvent plus s'effectuer. Lors donc que la mauvaise saison est arrivée, on dispose l'appareil distillatoire; on enlève la couche conservatrice qui recouvre les marcs; on rejette la surface, qui est toujours un peu moisie, et on charge la chaudière, en ayant la précaution d'ajouter un seau d'eau sur deux de marc. Il est indispensable de laisser environ un tiers de la capacité libre, afin que les vapeurs développées puissent circuler librement et s'engager dans le réfrigérant ou serpentin, sans éprouver un degré de chaleur trop considérable. L'addition d'eau a pour objet d'éviter que le marc ne s'attache au fond de la chaudière. On doit chauffer avec soin, pour éviter de communiquer à l'eau-de-vie un goût d'empireume. Cette opération était faite avec si peu de soin autrefois, que les marcs s'attachaient presque toujours aux parois des vases distillatoires; aussi disait-on, comme on l'a vu plus haut, brûler plutôt que distiller les marcs.

M. Lenoir fait remarquer que, la présence de la pellicule et des autres parties constituantes du raisin n'étant pas absolument nécessaire pour l'extraction de l'eau-de-vie de marc, on pourrait soumettre ceux-ci à une sorte de lavage et en distiller le produit; seulement il propose, même pour l'extraction de l'eau-de-vie ordinaire, de ne soumettre à la fermentation que le moût de raisin; on aurait, dit-il alors, un produit plus alcoolique, plus fragrant, et on serait débarrassé des marcs qui, indépendamment du goût étranger qu'ils communiquent, entraînent toujours la déperdition d'une quantité très-notable de principe alcoolique. On obtiendrait le même résultat en ne distillant que des vins blancs.

Les eaux-de-vie de marc sont surtout employées dans la fabrication des vernis.

Pepins de raisin.

Ils peuvent être mis utilement à profit soit pour la nourriture des volailles, soit pour en extraire par la pression une huile fixe, assez douce pour être employée dans les usages domestiques. La grande quantité de tannin qu'ils contiennent, et la potasse qu'ils fournissent par l'incinération, peuvent être d'un utile secours dans certains arts. Dans le temps où le café était prohibé, on a proposé l'usage des pepins torréfiés comme succédanés de cette précieuse fève exotique. Nous indiquerons bientôt les modifications qu'on leur fait subir dans ces divers cas; longtemps rejetés comme inutiles, on les utilise dans certaines localités pour effectuer la reproduction de la vigne.

On assure que le poëte Anacréon mourut pour avoir avalé un pepin de raisin. Le fait paraît peu probable, à moins, toutefois, que cette innocente graine ne se soit engagée dans la trachée-artère au lieu de passer dans l'œsophage.

Huile de pepins de raisin.

Dans quelques cantons de l'Italie, et particulièrement dans ceux où la culture de la vigne est commune et celle de l'olivier rare, l'extraction de l'huile de pepins de raisin est très-productive. Si elle est d'une saveur moins suave que celle d'olive, elle est plus agréable que celle de noix; son emploi dans l'éclairage est très-avantageux, car elle brûle sans répandre de fumée et donne une lumière très-éclatante. Son extraction nécessitant néanmoins quelques précautions indispensables, nous allons reproduire les observations suivantes, consignées dans le *Journal des connaissances usuelles*.

« Les meilleures méthodes, » dit l'auteur de l'article, « consistent à faire sécher le marc au sortir du pressoir, on en sépare les pepins au moyen d'un van; on les nettoie ensuite en les faisant passer à travers un crible. Les pepins provenus des raisins les plus mûrs sont les meilleurs; on préfère aussi ceux qui sont fournis par les raisins noirs; les raisins blancs donnent des pepins qui contiennent peu d'huile; il est absolument nécessaire que les pepins de raisin qu'on met à part soient bien desséchés au soleil ou à l'air; qu'ils soient bien propres et qu'ils n'aient pas éprouvé un commencement de moisissure; c'est pourquoi on doit avoir l'attention de les séparer du marc le plus tôt possible. Dès que les pepins sont bien secs et bien propres, on les porte à un moulin ordinaire, et on les fait moudre comme le blé; il est nécessaire que la farine que l'on en retire soit bien fine, et l'expérience a appris que plus elle était fine, plus elle rendait d'huile. »

« La mouture de ce grain exige quelque attention dans la disposition des meules: dès qu'on a retiré tout le premier produit, on le passe, et ce qui reste sur le crible est moulu de nouveau, et ainsi de suite, jusqu'à ce que toute la quantité ait été réduite en farine. Dans quelques pays, on verse une petite quantité d'eau sur la farine à mesure qu'elle passe entre les meules; on la jette ensuite dans des chaudrons, et on fait au milieu un trou avec la main jusqu'au fond du vase; on verse en une seule fois, dans ce trou, environ 3 livres et demie d'eau ; ensuite on allume un feu lent sous le chaudron, et on agite avec une spatule pour bien incorporer l'eau avec la farine ; on retire du feu lorsque la chaleur ne permet pas d'y maintenir la main, et on soumet à la presse dans des sacs. C'est de cette manœuvre que dépend tout le succès de l'opération, et plus la farine a été chauffée à propos, plus la quantité d'huile qu'on obtient est considérable. »

On retire communément 10 à 12 livres d'huile de 100 livres de pepins de raisin ; cette huile est de couleur jaune clair, sans odeur ni saveur ; sa pesanteur spécifique égale 0,9202.

M. Batillat, dans un mémoire lu à la Société d'agriculture de Lyon, après avoir signalé les avantages qui résulteraient de l'extraction de ce produit nouveau, estime qu'une culture qui produirait 20 pièces de vin fournirait une pièce de pepins, et que celle-ci donnerait environ 8 kilogr. d'huile.

Il serait bon de s'assurer, par une expérience comparative, et nous espérons en trouver l'occasion, si la quantité et la qualité de l'huile sont en rapport avec la qualité du raisin. La culture, et surtout l'emploi des engrais, tendant à faire disparaître ou à annihiler les semences, il se pourrait que les raisins les plus riches en principe sucré ne fussent pas ceux dont les pepins fourniraient le plus d'huile et *vice versâ*.

Café de pepins de raisin.

Ces semences contiennent, comme celles du café, une matière mucilagineuse et astringente susceptible, par la torréfaction, d'être convertie en une sorte de tannin aromatique d'un goût assez suave.

Un journal anglais, le *Gardner's Magazine*, dans le n° de décembre 1828, mentionne l'usage des pepins de raisin comme succédané du café. « Soumis à la meule, » dit l'auteur de l'article, « ces pepins fournissent d'abord de l'huile ; puis, bouillis dans l'eau (après torréfaction vraisem-

blablement), ils donnent une liqueur analogue à celle que produit le café brûlé. Il ajoute qu'on en fait maintenant généralement usage en Allemagne.

Cette annonce semble faire croire que l'extraction de l'huile de pepins doit précéder la torréfaction : dans cette hypothèse, l'extraction de l'huile et la fabrication de ce café indigène pourraient être liées. Nous nous proposons de faire des recherches sur cet objet ; si elles méritent quelque intérêt, nous nous empresserons de leur donner de la publicité : nous serions heureux si nous pouvions ajouter aux faibles ressources qu'obtiennent, en échange de pénibles travaux, les cultivateurs des vignobles si peu productifs des environs de Paris.

Tannage par le marc ou mieux les pepins de raisin.

On peut mettre à profit la proportion très-notable de tannin que contiennent ces semences, dans l'art du tannage et les faire servir de succédané au tan.

Les essais ont été tentés avec le marc entier, mais nous pensons que l'action serait plus prompte et plus énergique, si on employait les pepins seuls, et mieux encore ce qui reste après l'extraction de l'huile. Quoi qu'il en soit, nous allons indiquer le procédé suivi et proposé par un pharmacien distingué des environs de Narbonne. « Après avoir fait subir aux peaux les opérations pour la mise en cuve, on remplace le tan par le marc de raisin soumis préalablement à la distillation pour en retirer tout l'esprit ; trente-cinq à quarante jours suffisent pour terminer l'opération ; on y trouve l'avantage, 1° d'employer moins de temps ; 2° d'économiser sur le prix de l'écorce de chêne en la remplaçant par une substance commune et abondante dans certains pays ; 3° de procurer au cuir une odeur douce et agréable à peine sensible, tandis que celui préparé avec le tan a une odeur forte, désagréable ; 4° l'expérience et l'usage ont prouvé que les semelles de cuir préparées par ce procédé durent le double de temps de celles qui proviennent du tannage ordinaire. (J. de Phar. t. xv, p. 412.)

Espèces et variétés de raisin.

L'importance du raisin, comme produit agricole, a depuis longtemps fait éprouver le besoin d'examiner et d'étudier toutes les espèces connues, afin de ne propager que celles qui, soit par l'abondance de leur produit, soit par leur qualité, méritent d'être conservées. Un vaste projet fut conçu, dans ce but, sous le ministère du comte Chaptal, et son exécution fut confiée à M. Bosc; il avait pour objet de réunir, dans la belle pépinière du Luxembourg, non-seulement toutes les espèces de vignes cultivées en France, mais encore toutes celles qu'on aurait pu se procurer dans les pays étrangers. Malheureusement, cette belle conception, indépendamment de la difficulté d'exécution, offrait peu de chances de succès; on devait craindre, en effet, l'influence d'un sol et d'un climat unique sur des vignes produites par des sols et des climats divers. Ces circonstances jointes à une même culture devaient exercer une puissante influence et ramener, avec le temps, toutes ces espèces à un type presque unique.

La division da la France en quatre régions vinicoles, proposée par M. Lenoir, nous paraît plus judicieuse. La première comprendrait tous les départements situés au sud du 45e degré; la deuxième, les départements situés entre le 45e et le 47e degré; la troisième, les départements situés entre le 47e et le 49e degré; et enfin la quatrième, les départements situés au nord du 49e degré. Il serait établi sur un point quelconque, sous la latitude moyenne de chaque région, une pépinière générale à laquelle tous les départements de la région enverraient des plants des espèces de vignes qui y auraient été reconnues.

« On aurait ainsi, » dit l'auteur de ce projet, « sur quatre points de la France, des collections complètes de toutes les vignes qui végètent sur son sol. Ce serait le meilleur moyen d'en conserver tous les types, et de répandre les cépages, que la synonymie aurait fait reconnaître comme les plus propres à telle nature du sol, à telle exposition. Quant aux espèces étrangères, rien ne serait alors plus facile que de les placer dans la région dont le sol et le climat s'approchent davantage du pays qui les aurait fournies.»

Le nombre des espèces et variétés de raisin est considérable; nous n'avons pas la prétention de les décrire toutes; cette tâche serait d'ailleurs difficile, sinon impossible, car chaque contrée a, pour ainsi dire, ses espèces; il n'est pas rare même de voir ce fruit changer de caractère et de nom en changeant de terroir; d'où il résulte que la même espèce ou variété a un nombre de dénominations d'autant plus grand que sa propagation s'est effectuée dans un plus grand nombre de localités.

Dans l'énumération que nous allons en donner, nous suivrons l'ordre adopté par Duhamel; quant aux descriptions, ses continuateurs étaient trop bien placés pour qu'elles laissent beaucoup à désirer, aussi ne sont-elles susceptibles que de légères modifications, que nous emprunterons au *nouveau Traité des arbres fruitiers* par MM. Poiteau et Turpin et auxquelles nous joindrons nos observations.

Raisins de table cultivés dans les jardins.

Chasselas doré ou *de Fontainebleau.* Ce beau raisin s'offre en grappes généralement assez lâches; les grains sont arrondis; la pellicule est ferme, assez épaisse; sa surface est jaune dans sa plus grande étendue, et ambrée du côté qui reçoit plus directement l'influence solaire; la pulpe, de couleur verdâtre, est gélatineuse et sucrée; les pepins, au nombre de 2 à 4, sont verts et tiquetés de gris.

Ce raisin mûrit du 15 au 30 septembre, lorsque la saison et l'exposition sont favorables, et il est plus spécialement cultivé en treille; il est l'objet d'un commerce assez considérable à Thomery, près Fontainebleau. Ce village, en possession depuis longtemps de fournir aux besoins de la capitale, est placé sur un coteau dont la pente méridionale est partagée par des murs nombreux surmontés de petits toits en tuile ou en chaume. Ceux-ci servent à abriter le raisin des intempéries; le soin que l'on prend de renouveler souvent l'enduit qui couvre les murs rend l'influence solaire plus puissante, et garantit le raisin du voisinage des insectes et des animaux rongeurs. Sa culture y est enfin l'objet des soins les plus attentifs; des mains délicates et habiles détachent les grains qui, trop serrés, s'opposeraient au développement, et rendraient d'ailleurs la conservation plus difficile. On n'estime pas à moins de six mille paniers par semaine ou environ 72,000, années communes, le produit de cette culture pour ce petit hameau.

Chasselas rouge. Cette variété ne paraît pas susceptible d'une végétation aussi vigoureuse que celle qui précède. Le volume de la grappe et celui des grains est généralement moins considérable; ceux-ci prennent sur toute leur périphérie une teinte rouge-brun, quelques grains restent souvent tout à fait verts. On ignore à quoi est due cette anomalie de même nature, vraisemblablement, que celle que présente le chasselas panaché, dont nous allons bientôt parler. Quoi qu'il en soit, ces grains n'atteignent jamais un degré de maturité bien élevée.

Ces deux variétés mûrissent en septembre et octobre; elles se conservent assez bien; la deuxième est beaucoup moins commune et moins estimée que la première.

Chasselas de Bar-sur-Aube. Ses grappes sont plus fortes et ses grains, bien qu'inégaux, généralement plus gros que ceux du chasselas de Fontainebleau dont il semble être sous-variété améliorée; la pulpe est douce, sucrée et agréable. Cette variété est aussi plus hâtive, ce qui est un grand mérite, parce qu'on a moins à craindre l'influence des intempéries.

Chasselas panaché. Cette variété qu'on appelle aussi la bizarrerie, n'a pas non plus des caractères bien tranchés, ses grappes sont longues d'environ 5 à 6 pouces; les grains qui les composent sont de moyenne grosseur; leur forme est globuleuse; quant à leur couleur, elle offre les singularités les plus remarquables, non pas seulement sur le même cep, ni sur la même grappe, mais même sur le même grain. C'est ainsi que le même pied produit des grappes dont les grains sont, les uns d'un vert blanchâtre, les autres d'un violet noirâtre. Tantôt on voit des grappes formées de grains verts ou violets, tantôt les grains eux-mêmes offrent des nuances ou des zones de couleurs diverses.

Nous avons, en parlant de la greffe des orangers et de celle de la vigne, indiqué le moyen d'obtenir ce singulier résultat; nous croyions alors qu'il était dû aux modernes, mais nous trouvons dans le très-remarquable ouvrage de M. Desobry, *Rome au siècle d'Auguste,* que nous avons déjà eu l'occasion de citer, les moyens d'avoir *plusieurs sortes de raisins sur un seul cep et des raisins sans pepins.* « Je ne quitterai pas ce sujet *de la reproduction de la vigne,* » dit Camulogène à Ægialus son ami, « sans te parler de deux opérations fort curieuses que l'on s'amuse quelquefois à pratiquer sur cet arbuste pour lui faire produire, soit plusieurs sortes de raisins, soit des raisins sans pepins.»

« Pour la première opération, on prend quatre ou cinq crosses ou davantage toutes de divers plants; on les lie ensemble fortement et bien également dans l'endroit le plus vert et le mieux nourri; on les passe dans un os de bœuf ou dans un tuyau de terre cuite, en laissant paraître seulement deux bourgeons en dehors. On les plante dans une fosse que l'on recouvre de fumier, et quand la végétation a bien réuni toutes ces crossettes l'une à l'autre, ce qui n'arrive qu'après deux ou trois ans, on casse le tube où elles sont renfermées; on coupe vers le milieu, à l'endroit où l'adhérence paraît la plus parfaite, le cep qui s'y trouve; on l'enfouit, en le recouvrant d'une couche de terre de trois doigts d'épaisseur, et les scions qui en sortent, et que l'on a soin de réduire à deux, produisent des grappes composées de grains de qualités et de couleurs aussi variées qu'il y avait de crossettes jointes ensemble. »

« La seconde opération se pratique ainsi: fendez la marcotte par le milieu sur toute la longueur; ôtez-en la moelle, rapprochez les deux parties, liez-les exactement, en prenant grand soin de ne point offenser les bourgeons; plantez dans une terre mêlée de fumier, et arrosez. Labourez souvent le pied de la crossette, et coupez le premier bois qu'elle jettera. Les raisins d'une telle vigne, m'a-t-on assuré, n'ont jamais de pepins. » (Section XIV, lettre CI.)

Ce raisin est d'autant meilleur qu'il est plus chargé en couleur. On doit en conséquence, lorsque le même cep produit des grappes violettes et des grappes vertes, choisir les premières de préférence. Cette variété est, du reste, plus remarquable par la bizarrerie de sa couleur, que par sa qualité, qui est médiocre. Elle mérite néanmoins d'être cultivée.

Raisin d'Alep panaché. Sa grappe est de moyenne grosseur, assez lâche; elle porte à la fois des grains blanc verdâtre et des grains noirs; la pulpe est très-aqueuse et assez fade. Cette variété est plus remarquable par sa bigarrure que par ses qualités.

Chasselas musqué. Ce raisin, par le *facies* de sa grappe et le volume de son grain, rappelle la variété qui précède; il en diffère cependant en ce que sa peau est constamment d'un vert clair; elle est ferme et résistante; sa pulpe est d'un blanc verdâtre, très-succulente; sa saveur est douce et musquée; les pepins sont petits, de couleur grisâtre, et plus ordinairement au nombre de deux.

Ce raisin mûrit vers la mi-août, sous le climat de Paris; il est très-estimé et mérite d'être propagé.

Raisin d'Autriche cioutat, fruit de la vigne à feuilles de persil. Ce raisin pré-

sente beaucoup d'analogie avec le chasselas doré; il paraît résulter, cependant, d'une végétation moins vigoureuse, car les grappes et les grains qui les composent sont généralement plus petits; ces derniers sont aussi moins rigoureusement sphériques; ils se colorent également beaucoup moins. Quant aux autres caractères, tels que la saveur et l'arome, ils sont presque identiques.

Cette variété, ordinairement assez productive, est surtout remarquable par l'aspect lacinié de ses feuilles; elles rappellent, en effet, celles de persil.

Raisin à feuilles d'ache, persillade de Bordeaux. Ce raisin forme une sous-variété du précédent; il offre, en effet, avec lui, une grande analogie, cependant ses grains prennent généralement une teinte plus foncée. Une nuance si faible entre deux variétés permet de croire que la différence est plutôt due au climat qu'au sol.

On doit s'étonner qu'une différence si sensible dans les feuilles et le port général de la plante en produise si peu dans le grain, car ces deux variétés s'éloignent peu du chasselas ordinaire.

Raisin muscat blanc ou *de Frontignan.* Le facies de sa grappe est généralement assez régulier et assez constant; elle est oblongue, et présente la forme d'un cône renversé; les grains ne sont pas complétement sphériques; ils s'allongent un peu vers leur point d'insertion, et sont assez gros et serrés; la pellicule qui les revêt est d'un vert sale; elle prend néanmoins une teinte ambrée du côté qui reçoit plus directement l'influence solaire: ce caractère, suivant qu'il est plus ou moins prononcé, est un indice certain de qualité. Cette peau est ferme et résistante; la pulpe est sucrée-acidule; elle se distingue, en outre, par un goût musqué très-suave; les pepins, ordinairement au nombre de trois, sont petits, d'une couleur indéterminée, mêlée de gris, de blanc et de violet.

Il faut que la saison et l'exposition soient bien favorables, pour que ce raisin acquière, sous le climat de Paris, les qualités qui le distinguent; il mûrit très-bien dans le Midi, et notamment aux environs d'Aix, où on en fait le plus grand cas. « Il est d'usage, » disent les continuateurs de Duhamel, «que le jour de la Transfiguration, fête patronale de la métropole, la messe solennelle soit précédée de la bénédiction de plusieurs corbeilles de ce raisin. Les plus belles grappes sont mises à part, on en exprime le jus dans le calice, et il est employé à la consécration, le reste des corbeilles est distribué aux assistants. »

Le nom générique de muscat vient probablement de ce que les mouches et surtout les abeilles en sont très-friandes.

Raisin muscat rouge. Ce raisin s'offre sous la forme de grappes un peu moins allongées que dans la variété précédente; les grains sont aussi un peu plus serrés, à moins, toutefois, que le coulage n'en ait fait avorter; ils sont, en général, très-inégaux; leur peau est épaisse et résistante, de couleur rouge brique dans presque toute son étendue et rouge pourpre du côté qui regarde le soleil. Elle est souvent couverte d'une sorte de poussière glauque très-ténue; la pulpe est verdâtre, très-gélatineuse, d'une saveur douce, musquée; les pepins sont vert clair, et au nombre de trois ou quatre.

Cette variété a le précieux avantage de mûrir facilement sous le climat de Paris; mais bien qu'elle soit assez agréable, elle n'atteint jamais la suavité du muscat blanc.

Raisin muscat ou madère. Il diffère peu du muscat blanc, quant au facies que présente sa grappe; ses grains sont cependant plus allongés; leur peau est très-résistante, de couleur violet foncé; elle est, dans les bonnes expositions, couverte d'une sorte de poussière glauque, très-ténue; sa pulpe est verdâtre, gélatineuse, d'un goût musqué, très-suave; les pepins sont rarement au nombre de plus de trois.

Raisin muscat noir. Cette variété s'offre sous la forme de grappes lâches, oblon-gues; les grains sont un peu allongés, moins, cependant, que dans la variété violette; ils sont assez gros, de couleur noir foncé et revêtus d'une sorte de poussière glauque blanchâtre, qui dissimule une partie de la couleur; la peau est moins résistante que dans les variétés qui précèdent; la pulpe est verdâtre, d'une saveur douce, sucrée; son arome, musqué, est moins prononcé que dans la variété blanche, et cependant ce raisin, attendu sa contexture très-délicate, n'est pas moins très-estimé. Les pepins sont allongés en larmes et au nombre de deux le plus ordinairement.

Le muscat noir offre, en outre, l'avantage de mûrir plus facilement; il réussit très-bien sous le climat de Paris.

Raisin muscat d'Alexandrie, passe-longue musquée. Il s'offre sous la forme d'une grosse grappe allongée, offrant des vides qui permettent de voir çà et là la hampe ou rafle; celle-ci offre cette singularité qu'elle se colore en rouge violet plus ou moins intense, suivant l'exposition; les grains sont longs d'un pouce environ, de forme ovoïde; d'abord de couleur vert blanchâtre, ils passent au jaune roux lors de la maturité; leur peau est résistante et épaisse; la pulpe, qu'elle enveloppe, est gélatineuse, ferme et, partant, peu succulente; sa saveur est douce et musquée; les pepins sont généralement peu nombreux et petits, eu égard au volume du fruit. Nous avons déjà fait remarquer que cette circonstance était un indice de culture surabondante.

Cette belle variété offre, avant sa maturité, beaucoup d'analogie avec le verjus. Quelques personnes conservent ses grains dans l'eau-de-vie, d'autres les glacent au sucre, et les font figurer parmi les confitures sèches.

Raisin clairette. Cette variété est très-fertile, elle mûrit tard, se conserve longtemps; ses grains ne sont pas très-gros, et ils se terminent un peu en pointe; la pellicule est de couleur jaune clair, la pulpe est verdâtre et gélatineuse; sa saveur est douce-acidule; ce raisin est plus propre à conserver qu'à faire du vin, aussi n'est-il pas très-abondamment cultivé; cependant il fournit le vin doux et mousseux connu sous le nom de blanquette de Limoux.

Raisin olivette blanche. Il offre de l'analogie avec le chasselas; mais, bien que cultivé plus particulièrement en Provence, sa pellicule semble résister à l'influence du soleil et conserve une teinte blanche un peu opaque, elle est résistante et fait que cette sorte de raisin se conserve longtemps.

Raisin olivette noire. Il s'offre en grosses grappes lâches, formées de grains ou baies d'un assez gros volume et de forme ovoïde, fixés à de longs pédoncules, ce qui donne à la grappe un aspect particulier et distinctif; la pellicule est fine, assez résistante néanmoins; sa couleur est noire et luisante; sa pulpe est verte et d'un goût très-suave, aussi cette variété est-elle parfois présentée sur les tables et employée à faire du vin.

Raisin de Maroc. Sa grappe est grosse, formée de grains ovoïdes, d'un beau volume; leur pellicule est ferme et résistante, de couleur violet foncé et couverte d'une sorte de poussière glauque, analogue à celle qu'on remarque sur les prunes; la pulpe est d'un blanc bleuâtre, fondante, douce et suave; elle enveloppe deux gros pepins.

Rarement ce raisin, dont la peau est dure, atteint son maximum de maturité sous le climat de Paris; cette variété exige une température assez élevée.

Raisin franckendal ou *kental.* Sa grappe est longue, assez lâche; les grains sont gros, de forme ovale; la peau est ferme et très-résistante; de couleur rouge noirâtre, surtout vers le sommet, car la base a toujours moins d'intensité; la pulpe est de couleur vert clair, d'un goût acidulesucré assez agréable; elle enveloppe d'un à deux pepins dont le volume est assez petit, eu égard à celui du fruit : il faut une exposition et une saison bien favorables pour que ce raisin acquière toutes ses qualités.

Raisin cornichon blanc ou *crochu.* Il se distingue par sa forme oblongue, ventrue et courbée à la manière des cornichons; les grains sont espacés sur la grappe, fixés à d'assez longs pédoncules; leur volume est considérable, car leur longueur atteint souvent 1 pouce et demi; leur pellicule est résistante, fleurie, d'un vert clair d'abord, puis jaunâtre lors de la maturité; la pulpe est blanche et translucide; sa saveur est sucrée et agréable; mais il faut, pour qu'elle atteigne toute sa suavité, un climat favorable; les pepins qu'elle baigne ne sont pas gros, ils sont rarement plus de deux.

Ce raisin, plus extraordinaire par sa forme que par ses qualités, surtout sous le climat de Paris, ne figure guère que dans les collections ou les pépinières.

Raisin de poche. Sa grappe est belle et longue; les grains qui la composent sont assez gros, de forme ovale; leur pellicule est de couleur violet clair, ferme et si résistante, qu'elle rend, par son imperméabilité à l'influence solaire, la maturité du fruit difficile : on croit que c'est à sa dureté que cette variété doit la dénomination qui la distingue.

Raisin perle. Sa grappe est très-allongée, lâche et formée de plusieurs grappillons; la rafle est très-verte; les grains de grosseur variable, mais le plus généralement petits, de couleur vert pâle, ovoïdes, sont fixés à de longs pédoncules; leur pulpe est douce et sucrée. Cette variété est connue en Provence sous les noms de *rognon de coq*, *barlantin*, *pandoula* ou *rin de Pacosso.*

Raisin roudeillat. Cette variété est peu connue aux environs de Paris, mais très-communément cultivée en Provence. Il est assez beau; sa pellicule est fine et délicate, sa pulpe douce et sucrée; comme il se conserve difficilement, on l'emploie de préférence pour la fabrication du vin.

Raisin de Corinthe blanc, passe, passe-rille. Les grappes sont, comme les grains, assez petites, ramassées à la base, et cylindriques au sommet; les grains sont très-serrés dans cette partie; d'un volume au dessus du médiocre; leur pellicule est marquée au sommet, d'un point roux, et le reste est fardé d'une poussière glauque très-fine; la pulpe est très-succulente, sucrée et suave, rarement elle renferme des pepins: cette espèce mûrit sous le climat de Paris, elle est même plus hâtive que le chasselas ordinaire.

Raisin petit corinthe. C'est évidemment une variété de celui qui précède; il ne présente, en effet, de différence que dans son volume encore moindre. « Sa grappe, comme le font remarquer les auteurs du *Nouveau Duhamel,* est une miniature, que l'on peut mettre tout entière dans la bouche; comme les autres raisins de Corinthe, elle ne fournit point de pepins; on ignore à quoi est due cette circonstance, car les fleurs, bien que petites, paraissent complètes. »

Raisin de Corinthe violet. Ses grappes sont plus grosses et plus allongées que dans les autres corinthes; elles sont aussi bien détachées et fixées à un long pédoncule; les grains sont serrés, globuleux, petits, comme tous ceux de l'espèce; marqués, comme les groseilles, d'un point brun au sommet; leur couleur n'est pas bien constante, elle varie même sur la grappe; c'est ainsi qu'on en voit à la fois de verts, de rosés, de violets et de jaunes; ceux-ci sont généralement les plus mûrs, cependant ils atteignent tous un degré de maturité suffisant pour avoir un goût suave et sucré; la pulpe est généralement de la couleur de la peau.

Cette variété est très-fertile et d'une acclimatation assez facile; comme les autres, elle est dépourvue de pepins.

Raisin verdal dit *plant de Languedoc.* Il se distingue par la régularité de sa grappe; le volume de ses grains, qui sont sphériques; la couleur de sa pellicule, qui est blanc verdâtre, comme celle de la pulpe; celle-ci est succulente et très-sucrée.

Cette belle variété, le plus ordinairement conservée comme raisin de passe ou de panse, doit être cueillie assez tôt, à moins qu'on ait eu le soin de tordre le

pédoncule sur le cep même; elle mûrit difficilement sous le climat de Paris.

Raisin salé. Moins gros que le précédent, il n'est pas moins très-estimé, tant par la belle couleur ambrée de ses grains que par leur suavité; leur forme est oblongue; on remarque souvent à leur surface de petits points rougeâtres; on cultive abondamment cette variété dans le Midi et principalement aux environs d'Aix et de Marseille; elle est réservée pour l'usage de la table; son volume n'est pas assez gros pour qu'on puisse en effectuer la dessiccation avec profit; on en connaît une sous-variété à fruit blanc.

Raisin picoté. Le volume de la grappe est médiocre, mais les grains sont gros, de forme oblongue; leur pellicule est ferme et résistante, de couleur blanchâtre, mais néanmoins parsemée, lors de la maturité, de points rougeâtres, circonstance à laquelle cette variété doit évidemment son nom; elle est d'un goût suave, mais peu succulente et conséquemment plus propre à l'usage de la table qu'à la fabrication du vin.

Raisin paoumestré. Il offre cette singularité, qu'il fleurit et fructifie deux fois dans la même année; il est vrai de dire qu'il faut cependant que la saison et l'exposition soient très-favorables; la première récolte s'effectue en mai et l'autre en décembre; le produit de la dernière est généralement plus suave et d'une conservation plus facile; ce raisin passe successivement du blanc au rouge, puis au noir.

Raisin gros Guillaume. C'est, sans contredit, l'une des plus belles variétés de raisin de table; sa grappe est grosse, bien fournie; les grains, également d'un beau volume, pour la plupart, sont de forme ovoïde, allongés vers leur point d'insertion; la pellicule est épaisse, résistante, de couleur bleu noirâtre et couverte d'une sorte de poussière glauque, qui lui donne une teinte azurée; le sommet se termine par un point blanc, indice de la présence du style; la pulpe est verdâtre, succulente et sucrée; rarement elle enveloppe plus de deux à trois pepins, toujours assez petits, eu égard au volume du fruit.

Bien que cette variété soit plus abondamment cultivée dans le Midi sous le nom de *rognon de coq*, elle mûrit cependant assez bien sous le climat de Paris.

Raisin barlantin, Danugo. Il est également d'un très-beau volume, car ses grains rappellent, pour la grosseur et la couleur, les prunes de Damas; la pellicule est épaisse et résistante; la pulpe est verte, acidule-sucrée; les pepins sont peu nombreux et assez petits; cette variété est assez hâtive.

Raisin espagnin. Ce raisin, bien que beau et d'un goût agréable, est cependant plus abondamment cultivé pour la fabrication du vin que pour l'usage de la table, où il figure cependant avec avantage; il est aussi assez hâtif.

Raisin pascaou blanc. Il atteint, dans les bonnes expositions, un beau volume, comme tous les raisins à gros grains; il est ovoïde, sa pellicule est mince et si peu résistante, que les abeilles l'attaquent et provoquent ainsi l'altération des grains dont la couleur, bien que blanche, prend néanmoins une teinte roussâtre; il mûrit vers la fin d'août.

Raisin colombal ou *coulombaou.* Il offre beaucoup d'analogie avec le précédent et semble en être une sous-variété; la pulpe est très-sucrée et très-suave, aussi est-il très-estimé comme raisin de table; il a l'inconvénient, comme tous les raisins hâtifs, de passer très-vite.

Raisin anguleux. Son nom indique suffisamment l'irrégularité de sa forme; son grain est, en effet, oblong et anguleux, son pellicule prend une teinte roussâtre lors de la maturité; cette variété, signalée par Garidel, est très-rare.

Raisin précoce de la Madeleine ou *de juillet, morillon hâtif.* Sa grappe est petite; les grains, de volume médiocre et très-rapprochés, ont une forme un peu ovoïde; la pellicule qui les revêt est de couleur noire violacée; elle est fine, couverte de poussière glauque et si peu résistante, que les mouches l'attaquent avec facilité; il est vrai de dire que la pulpe, qui est verdâtre, devient très-sucrée lors de la maturité, et prend même un goût mielleux qui les attire. Comme il arrive quelquefois que, par l'ébourgeonement, cette variété donne une seconde fleur, on l'a nommée *bifère* et confondue avec celle dite d'*ischia.*

Raisin de Franconie à fruit long. Sa grappe est composée, c'est-à-dire formée de grappillons assez lâches; les grains sont gros et longs; leur pellicule est ferme et résistante; de couleur noire, nuancée d'azur par la poussière glauque qui la revêt; la pulpe est blanche et peu savoureuse, surtout sous le climat de Paris, où le fruit atteint difficilement son maximum de maturité.

Raisins plus communémment employés pour la fabrication du vin.

Raisin morillon noir ou *pineau de Bourgogne, auvernat noirien.* Sa grappe est de volume médiocre; les grains sont assez lâches, arrondis; leur pellicule est noirâtre, assez ferme; leur pulpe est vert clair, aqueuse et sucrée. Cette variété, bien que peu productive, est néanmoins abondamment cultivée dans le département de la Côte-d'Or; elle fournit, suivant les expositions et la nature du sol, les vins de *Volnay*, de *Musigny*, de *la Romanée*, de *Nuits*, de *Beaune*, de *Pommard*; enfin les vins les plus estimés de la Bourgogne.

Raisin morillon blanc, pineau blanc, chardonet, mélier. Sa grappe est plus allongée que dans la variété qui précède; ses grains sont aussi plus globuleux; leur pellicule est assez résistante, de couleur blanc jaunâtre; la pulpe est sucrée-acidule, aqueuse et gélatineuse. Ce raisin, bien qu'assez agréable, est rarement présenté sur les tables; il est souvent mêlé à d'autres variétés rouges, pour diminuer l'intensité de la couleur du vin, ou réservé pour la fabrication du vin blanc; c'est lui qui, dans les bonnes expositions de la Bourgogne, fournit le *meursault*, *la goutte d'or*, etc.

Cette variété est très-communément cultivée dans les vignobles des environs de Paris sous le nom de *mélier* ou *meslier*.

Raisin beurot, pineau gris, muscadet. La grappe est de volume médiocre; le grain est assez serré, de forme globuleuse; la pellicule qui le revêt est de couleur gris rosé, assez résistante; la pulpe est de couleur gris verdâtre indéterminé; elle est peu succulente, mais très-sucrée et très-suave. Ce raisin, mêlé avant la fabrication dans la proportion d'un dixième avec d'autres variétés rouges, et notamment le morillon noir, fournit un vin clairet pelure d'oignon très-estimé des amateurs, sous le nom de *vin de Riceys.*

Raisin mourvegné ou *mourvedé.* Il est peu connu aux environs de Paris, plus communément cultivé au nord-ouest de la France, où il porte plusieurs dénominations; sa pulpe est très-aqueuse et fade, aussi le vin qu'elle fournit se conserve-t-il difficilement.

Raisin mourvedé farinous. Il ne diffère du précédent qu'en ce qu'il est plus gros et couvert d'une sorte de poussière glauque, assez abondante; ces deux variétés ont le grand avantage d'entrer tard en végétation et de résister aux intempéries printanières et automnales; leur suc, très-coloré, est estimé des vignerons, qui font plus de cas de la quantité du produit que de sa qualité.

Raisin brun fourca ou *plant de Bordeaux.* Le volume de la grappe est assez beau; le fruit est globuleux; sa pellicule est assez résistante, sa pulpe acidule-sucrée et suave; ce raisin est aussi agréable à manger qu'il est bon à faire du vin, mais il se conserve difficilement.

Raisin teoulier ou *monasquen.* Il a tant d'analogie avec le pineau de Bourgogne et le teinturier qu'il semble être à la fois une sous-variété de l'un et de l'autre: son grain est très-coloré; la pellicule qui le revêt est épaisse et chargée des principes qui donnent, comme on le dit vulgairement, du corps au vin; aussi celui que fournit cette variété est-il transportable à de grandes distances et de garde suivant la même locution.

Raisin catalan. Il a quelque analogie avec le mourvedé et mûrit à la même époque; un caractère assez distinctif, néanmoins, signalé par Duhamel, c'est que le catalan a la queue ligneuse, tandis que le mourvedé a la queue herbacée et n'a pas, comme lui, des grappillons en ailes; cette variété a les grains assez serrés; leur suc n'est pas très-savoureux, aussi n'occupe-t-il qu'un rang fort secondaire dans la nombreuse série des raisins vinifères.

Raisin meunier, morillon taconé, fromenteau, noirin farineux noir. Les grappes sont, en général, assez courtes, bien fournies; les grains sont globuleux, assez gros; la pellicule est noire, assez résistante.

Cette variété est assez productive; elle fournit un vin *corsé*, on la distingue à ses feuilles duveteuses et d'un aspect blanchâtre; elle est assez abondamment cultivée dans les vignobles des environs de Paris, où elle a été importée de la Bourgogne depuis quelque trente ans avec le gamé noir et le mélier blanc.

Raisin savagnien ou *savignon blanc, uni blanc, matinié.* Il diffère du meunier, en ce que ses grains sont blanc jaunâtre, un peu plus gros et ovoïdes; ces caractères prouvent suffisamment que ce n'est pas dans le fruit qu'est l'analogie, mais bien dans le *facies* du cep; il était plus abondamment cultivé autrefois que de nos jours, surtout en France.

Raisin albillo castillan. Sa grappe est de grosseur moyenne; les grains sont assez gros; ils se distinguent par la finesse de leur pellicule, l'abondance de leur suc, qui s'échappe par la plus légère pression; sa saveur est douce, sucrée et très-suave; cette variété est très-précoce, circonstance qui, ainsi que son nom, décèle une origine méridionale; elle est, en effet, abondamment cultivée dans l'Andalousie.

Raisin jouanin ou *de la Saint-Jean.* Cette variété n'a de remarquable que sa précocité; sa grappe est de grosseur moyenne et ses grains sont de forme ovoïde; elle est commune dans les vignobles de la Provence.

Raisin douceagne. Moins précoce que celui qui précède, il l'est encore plus que la plupart des autres variétés, il est aussi très-commun dans les vignobles des contrées méridionales.

Raisin doucinelle noire. Sa grappe est belle; les grains qui la composent sont très-serrés et tellement, qu'ils perdent leur forme globuleuse; leur pellicule est épaisse et résistante, de couleur noire violacée; cette variété est assez estimée en Provence, où on la cultive abondamment.

Raisin jaen noir. Ses grappes sont remarquablement grosses, car on en trouve souvent qui pèsent de 3 à 4 livres; les grains sont serrés, la pellicule qui les revêt est noire, épaisse et résistante. Cette variété, très-productive, est abondamment cultivée, et notamment en Espagne, mais sous divers noms; on en connaît d'ailleurs plusieurs sous-variétés, l'une d'elles est blanche; néanmoins il y a lieu de croire que la dénomination de jaen est corrompue de jais (*noir comme jais*).

Raisin bouteillan. Cette variété est rangée parmi les meilleures; elle est agréable à manger, et fournit un excellent vin. Son *facies* offre de l'analogie avec celui du raisin jaen. Elle est abondamment cultivée en Provence, et notamment aux environs d'Aix et de Marseille; elle est connue, dans ce dernier pays, sous le nom de Cayau.

Raisins uni blanc, uni rouge et *uni noir.* Ses diverses variétés ne diffèrent que par la couleur; leurs grappes sont assez belles, mais lâches; les grains sont revêtus d'une pellicule ou peau épaisse et résistante, blanche, rouge ou noire. La pulpe est douce, succulente, mais peu savoureuse. Bien qu'employées le plus généralement pour la fabrication du vin, ces diverses variétés servent à l'usage de la table et se conservent même assez bien.

Raisin dit *plant estrani.* Ses grappes sont d'un assez beau volume; les grains sont ronds, assez gros; leur pellicule est assez résistante, de couleur jaune ambrée,

et tiquetée de petits points noirs; la pulpe est vert jaunâtre, d'une saveur doucesucrée très-agréable. Cette variété, bien que rangée parmi les raisins vinifères, figure avec avantage sur les tables comme fruit de dessert.

Raisin listan commun. Sa grappe est belle, composée de grains d'un volume médiocre, mais réguliers; leur forme est globuleuse, déprimée légèrement au sommet et à la base; la pellicule qui les revêt est de couleur blanc verdâtre, mais elle se nuance de jaune d'or dans les bonnes expositions; sa pulpe est douce, sucrée et très-suave, aussi figure-t-il avec avantage sur les tables comme dessert. Ce raisin, dont on connaît plusieurs sous-variétés à grains rouges et à grains très-noirs, est abondamment cultivé dans plusieurs provinces d'Espagne; c'est à lui qu'on doit les vins de *Rota,* de *Malaga,* de *Grenade,* etc.

Raisin monastel ou *mounastéon.* « Ce raisin, » dit Duhamel, « est de médiocre qualité, ainsi que le vin qu'on en obtient; il a une sous-variété qui n'en diffère que parce que ses grains sont plus petits. Ce cépage est très-fertile, mais sa durée n'est pas aussi longue que celle de la plupart des vignes en Provence; aussi dit-on proverbialement dans le pays que cette vigne *fait rire le père et pleurer le fils.* »

Raisin dit *plant d'Ourneou, plant d'Auriol.* Il se distingue par ses grosses grappes, ses grains assez gros et serrés, dont la pellicule, très-fine et peu résistante, est de couleur noire; sa pulpe, douce et sucrée. Ce raisin, également bon à manger et à vinifier, se conserve néanmoins trop difficilement pour être heureusement mis à profit dans le premier cas.

Raisin aragnan, raisin de chien. La grappe est grosse et bien fournie; les grains sont un peu allongés; leur pellicule est noir luisant, molle et peu résistante; la pulpe est douce et fade, néanmoins le vin qu'elle fournit est bon. Le nom vulgaire de raisin de chien ou *vin de chin* lui vient d'une sorte d'appétit presque exclusif qu'ont ces animaux pour cette variété.

Raisin dit *plant de Vénéon.* Les grappes atteignent généralement un assez beau volume ; les grains qui les composent sont globuleux ; la pellicule qui les revêt est épaisse, résistante et de couleur blanchâtre. Ce cépage est abondamment cultivée aux environs d'Aix en Provence.

Raisin rousseli. Sa grappe est assez belle ; les grains sont gros et ronds ; leur pellicule est de couleur rougeâtre, mince et peu résistante ; la pulpe est verdâtre, sucrée et suave. Cette variété est cultivée pour l'usage de la table et pour la fabrication du vin ; elle est hâtive, mais ne se conserve malheureusement pas longtemps.

Raisin dit *plant de Saint-Gilles.* Ses grappes sont généralement assez grosses ; les grains qui les composent sont globuleux, de volume assez médiocre ; leur pellicule est noire, la pulpe qu'elle enveloppe est douce-acidule et agréable. Ce plant est cultivé à Saint-Gilles, en Languedoc ; il fournit un vin ferme et capiteux, qui résiste au transport et se conserve bien

Raisin palomino commun. Il a beaucoup d'analogie avec le listan, mais sa grappe et ses grains sont plus petits et moins serrés ; comme lui, il est très-estimé et fournit les vins de Xérès et de Pacarète ; il est vrai de dire que le climat de l'Espagne lui convient parfaitement.

Raisin mantuo castillan. Ce raisin, abondamment cultivé en Espagne pour l'usage de la table, vient, pour la qualité, immédiatement après le listan ; il a sur lui, néanmoins, l'avantage de se mieux conserver, ce qui tient à ce que sa pellicule est plus résistante.

Raisin tintilla. Les grappes sont de volume médiocre, assez lâches ; les grains petits, leur pellicule assez résistante ; la pulpe est pourpre foncé, d'une saveur fade et un peu âpre. C'est avec ce cépage qu'on fait le fameux *vin de Rota* ou *tintilla de Rota*, si chaud et si chargé en couleur.

Raisin mollar noir. Ses caractères sont

d'avoir des grappes assez belles, mais irrégulières ; des grains globuleux, déprimés néanmoins à la base et au sommet ; leur pellicule est fine, peu résistante, et de couleur noir intense. On en connaît une sous-variété qui, ainsi que notre chasselas panaché, offre des grains noirs, rouges et blancs sur la même grappe.

Raisin dit *plant d'Arles, plant de roi, bourguignon noir, damas.* Cette variété offre de l'analogie avec le franc pineau ; son grain est cependant plus globuleux et moins long ; elle est très-productive et réussit très-bien dans les terres fortes. Importée, il y a une trentaine d'années, de la Bourgogne, elle constitue maintenant, avec le gamé noir, le meunier et le franc pineau, les principaux cépages des vignobles des environs de Paris.

Raisin benadu. Ses grappes sont de grosseur moyenne ; les grains qui les composent sont de volume médiocre, et tellement serrés, qu'ils offrent des dépressions dans leur pourtour ; leur pellicule est fine, leur pulpe douce-acidule. On en connaît une sous-variété dont les grains sont plus gros, et tellement mous, qu'ils s'ouvrent à la moindre pression.

Raisin moustardié. Sa grappe est belle ; les grains qui la composent sont assez gros et de forme globuleuse ; la pellicule qui les revêt est de couleur violet foncé ; cette variété fournit un vin très-chargé en couleur ; elle est très-productive.

Raisin griset blanc, grennetin. Sa grappe est courte, assez irrégulière ; les grains qui la composent sont globuleux, serrés ; leur pellicule est de couleur grisâtre, et la pulpe d'une saveur douce parfumée. Cette variété est estimée ; elle était autrefois plus abondamment cultivée, mais néanmoins elle constitue encore quelques vignobles renommés de la Bourgogne, et notamment de *Pouilly.*

Raisin bourboulenque ou *frappade.* Il s'offre en grappes médiocres, composées de grains globuleux ; leur pellicule est de couleur roussâtre, ferme et résistante ; la pulpe est verte, aqueuse, d'un goût acidule-sucré, assez agréable. Cette variété est plus spécialement cultivée en Provence.

Raisin grès rouge. Sa grappe est assez belle ; les grains en sont très-serrés ; leur forme est globuleuse, leur pellicule rougeâtre ; la pulpe est douce et succulente ; le cep qui fournit cette variété est très-productif et susceptible de prendre une grande extension ; on en signale un exemple remarquable à Cornillon (Var) : le tronc du sujet a la grosseur du corps d'un homme, ses rameaux sont enlacés à un chêne, et sa fertilité est telle, qu'il a produit, dit-on, en une seule année, trois cent cinquante bouteilles de vin.

Raisin Rochelle blanc et noir. Les grappes sont composées de grains globuleux, noirs dans une race, blancs dans une autre ; la Rochelle noire est cultivée dans l'ouest de la France sous les noms de *Vigane*, de *Faigneau*. Le vin qu'elle fournit est assez estimé.

On en connaît encore deux sous-variétés, qui sont la *Rochelle blonde* et la *Rochelle verte*.

Raisin Rochelle verte. Cette sous-variété se distingue par les caractères suivants : grappe de grosseur moyenne, formée de grains serrés ; la pellicule est peu résistante, de couleur verdâtre ; la pulpe douce, sucrée et d'autant plus que la maturation est plus complète. On fait grand cas de ce raisin pour la fabrication des eaux-de-vie.

Raisin teinturier gros noir. Son nom indique suffisamment son principal caractère, qui est de fournir, tant par son suc que par sa pellicule, un vin très-chargé en couleur ; sa grappe, bien que variable quant au volume, est de forme assez constante ; elle se termine en cône tronqué ; les grains qui la composent varient aussi de volume ; le vin qu'ils fournissent est âpre et austère, aussi ce cepage n'est-il jamais cultivé seul : son rôle consiste à donner, comme on le dit vulgairement, du corps au vin ; il est assez communément cultivé dans l'Orléanais et le Gatinais, sous les noms de *teinteau noir d'Espagne*.

Raisin négrier, ramonat d'Alicante. Il offre de l'analogie avec le précédent, quant à la couleur ; ses grappes et ses grains sont plus gros ; sa pulpe est aussi beaucoup plus savoureuse ; soumis à la fermentation, il constitue, à peu près à lui seul, le vin si estimé d'Oporto.

Raisin vardaou ou verdal. Sa grappe et ses grains sont gros ; leur pellicule est de couleur vert roussâtre, très-mince, mais résistante cependant ; leur pulpe est douce, sucrée et très-suave. Cette variété, très-connue en Languedoc sous le nom d'*aspirant*, fournit l'un des meilleurs raisins de table, malheureusement elle mûrit rarement sous le climat de Paris.

Raisin mornain blanc, morna chasselas. Cette seconde dénomination est justifiée par une certaine analogie qu'il offre avec le chasselas ; ses grappes sont assez fournies ; les grains qui les composent sont ronds ; leur pellicule, de couleur grise, ne se nuance jamais de jaune et encore moins de roux ; sa pulpe est acidule-sucrée, moins suave que celle du chasselas et surtout de celui de Fontainebleau. Cette variété n'exige pas une haute température pour atteindre son maximum de maturité.

Raisin gros et petit muscadet, malvoisie. Ces deux variétés ne diffèrent que par le volume de leurs grains ; leur pellicule est de couleur indéterminée entre le rose et le blanc ; la pulpe est douce, sucrée et assez aromatique pour justifier le nom de muscat ou muscadet.

Raisin gouet blanc, plant madame, gros blanc bourgeois. Sa grappe est généralement de moyenne grosseur, assez lâche ; les grains qui la composent sont gros ; leur pellicule est de couleur vert blanchâtre ; la pulpe est verte, très-aqueuse, mais, cependant, assez suave. Ce raisin est estimé et trop peu cultivé.

Le *gouet noir* ou *petit gamay* a de l'analogie avec le morillon de Bourgogne, mais il est moins estimé ; les grains sont ronds et de couleur violet clair.

Raisin gamé ou gamay noir. Sa grappe est courte et bien fournie ; les grains qui

35

la composent sont gros, très-rapprochés; leur pellicule est assez épaisse, de couleur noire dans presque toute son étendue, mais verdâtre vers la base du fruit; la pulpe est douce et très-sucrée, dans les bonnes expositions. Cette variété est très-productive, rustique, et tellement, qu'après les gelées, elle donne de nouvelles grappes; le vin qu'elle fournit n'est pas très-agréable, mais il a du corps et soutient les produits de cepages plus faibles; aussi entre-t-il pour un bon tiers dans les vignobles des environs de Paris.

Raisin gamay blanc. Il est beaucoup moins abondamment cultivé; son grain est gros; la pellicule qui le revêt est verdâtre; sa pulpe, de même couleur, est aqueuse et plus gélatineuse que sucrée, aussi fournit-elle un vin assez plat.

Raisin Tokai. Sa grappe est assez petite; les grains qui la composent sont aussi d'un volume peu considérable; leur forme est ovoïde; leur pellicule est fine, d'un rouge douteux; leur pulpe est douce et sucrée, aussi cette variété résiste-t-elle difficilement à l'atteinte des insectes et surtout des mouches. Le vin qu'elle fournit est très-suave, il rappelle ceux de Malaga et de Frontignan; sa couleur est d'un blanc un peu louche, mais, lorsque les tonneaux ont été soufrés avec soin, il a une teinte ambrée qui plaît généralement. Le vin de Tokai est justement estimé; on le tire de la Hongrie.

Raisin Mansard. Ses grappes sont très-grosses, et généralement de forme pyramidale, allongée; les grains sont gros, assez lâches; la pellicule est noire, et la pulpe verdâtre et légèrement sucrée. Cette variété est encore connue sous les noms d'*amour,* de *grand noir,* de *vert-de-gris.*

Raisin Marseau, Languedoc, l'ardonnet, le Balzac. Sa grappe est belle, assez lâche; les grains qui la composent sont de grosseur médiocre; la pellicule qui les revêt est d'une belle couleur noir velouté. Ce raisin est assez estimé.

Raisin Louxtendré, Peconé ou *à grappes molles.* Celles-ci sont assez belles; leurs grains sont globuleux, de volume médiocre; la pellicule qui les revêt est mince, tiquetée de points roux; la pulpe est sucrée-acidule et très-suave; le pédoncule qui forme la charpente de la grappe est plutôt herbacé que ligneux; c'est à cette circonstance que cette variété doit l'une de ses dénominations.

Raisin tiboulen, tibouren ou *anti-boulen.* Sa grappe est de volume médiocre, très-lâche; ses grains sont petits; la pellicule qui les revêt est noire, peu intense; la pulpe est très-sucrée et très-suave. Le vin que fournit cette variété hâtive est agréable, mais il a peu de *corps,* et se conserve difficilement; aussi est-il consommé sur les lieux comme vin de dessert, et particulièrement d'Antibes à Marseille.

Raisin dit plant de Raguse. Sa grappe est très-longue, les grains peu serrés; la pellicule qui les revêt est de couleur rouge noirâtre, indéterminée; ce cepage, apporté à Marseille par M. D'herculis, fournit un vin paillet aussi agréable au goût qu'à la vue.

Raisin Sardou. Il s'offre sous la forme de grappes assez belles, à grains serrés; ceux-ci sont gros et de forme globuleuse; la peau qui les revêt est de couleur blanchâtre et très-fine, aussi sa maturité s'effectue-t-elle assez promptement. Malheureusement ce raisin, dont le goût est agréable, s'altère promptement; le vin qu'il fournit est estimé.

Raisin Gombert. Sa grappe et ses grains sont de grosseur médiocre; ceux-ci sont blancs et se nuancent d'un jaune ambré du côté du soleil; leur pulpe est sucrée-acidule et très-suave. Ce raisin, comme ceux qui précèdent, fournit un vin de dessert fort agréable.

Raisin rinbrun. Sa grappe est assez belle; les grains sont globuleux; la peau qui les revêt est très-fine, d'un beau noir de jais; la pulpe est acidule-sucrée assez agréable. Cette belle et bonne variété est très-peu productive, attendu que la finesse de sa peau fait qu'à l'époque de la maturité, les grains se détachent d'eux-mêmes et tombent.

Raisin barbaroux ou *grec*. Cette variété est très-hâtive, car elle mûrit à la fin d'août; c'est un avantage comme raisin de table, et celui-ci est assez suave pour y figurer; mais il a l'inconvénient de passer promptement à la pourriture. Le vin qu'il fournit est estimé.

Raisin d'Ischia. C'est, sans contredit, l'un des plus suaves, et, ainsi qu'on va le voir, l'un des cepages les plus précieux. ses grappes sont moyennes; les grains de grosseur médiocre; la pulpe qui les revêt est fine, d'une belle couleur noire; la pulpe est douce et suave; enfin, ce raisin, trop peu cultivé, figure avec avantage sur les tables, et fournit un vin délicieux.

« La vigne qui le fournit a le précieux avantage, suivant Duhamel, de fournir jusqu'à trois récoltes par an; aussi la nomme-t-on *trifère* ou *folle*. Cette triple production offre le phénomène d'une végétation très-vigoureuse. La maturation n'y ralentit pas la séve; elle y est dans un mouvement régulier et permanent, tant que les gelées ne viennent pas suspendre sa marche, et la forcer au repos. On doit en conclure que cette vigne demande un sol riche, et même quelques arrosements dans les grandes sécheresses, qui sont des causes si puissantes de suspension de végétation. Cette vigne doit aussi à la taille ou à l'ébourgeonnement son extrême fécondité.» (*Voir l'Influence de la taille sur la fructification*, chap. V, page 123.)

Raisin dit plant d'Arbois. Il s'offre sous la forme de grappes de moyenne grosseur; les grains qui les composent sont gros, de forme ovoïde; la pulpe est douce, sucrée et aromatique; aussi est-on dans l'usage d'employer le produit de ce cepage pour l'ajouter, dans certaines proportions, dans les cuvées, et donner au vin un bouquet plus suave.

CHAPITRE DOUZIÈME.

SEPTIÈME CLASSE.

FRUITS HUILEUX.

Les fruits qui composent cette classe fournissent tous un principe huileux plus ou moins abondant, plus ou moins doux, suivant les espèces et même suivant les variétés; son siége est généralement dans l'amande ou périsperme; l'olive forme la seule exception à cette règle, car toutes les parties de ce fruit fournissent de l'huile et dans une proportion très-considérable, eu égard à son volume. Ce produit est tantôt uni à un principe féculent, tantôt à un principe âcre, souvent avec les deux, et toujours avec une matière albumineuse ou mucilagineuse qui en altère la pureté et nuit à sa conservation; il est connu sous les noms d'*huile grasse, huile douce, huile par expression, huile fixe*, suivant ses propriétés et les procédés d'extraction. Enfin, considérées chimiquement, ces huiles se subdivisent en siccatives et non siccatives, fluides ou concrètes.

Les fruits huileux fournissent à l'économie domestique et aux arts les produits les plus intéressants : leur conservation est rendue assez facile par la résistance qu'offre en général leur péricarpe ; mais il faut néanmoins les garantir autant que possible du contact de l'air, qui, en oxygénant l'huile qu'ils contiennent, les fait passer à l'état de rancidité.

Sommaire : *Olive, cacao théobrome, cacao sauvage, juvias ou châtaigne du Brésil, coco de l'Inde, coco du Brésil, avoira de Guinée, illipe butyreux, vitellaire paradoxe, coco de mer ou des Maldives, avocat (poire), noix, noisette, amande, amande des Indes, pistache, pistache fausse, arachide ou pistache de terre, faine, sésame, coton ou bombace, peuplier d'Italie (fruit du), fromager (fruit du), bombace, asclépias de Syrie (fruit de), pin, pin d'Occident, pin pignon, cembro, gingko, pavot, argemone, sablier élastique, ricin, omphale graine d'anse ou noisette de Saint-Domingue, lin, colza, navette, chenevis, ben, carapa, prune de Briançon, cameline, fusain, cornouiller sanguin, cornouiller blanc (fr. du), hélianthe ou soleil des jardins (fruit du), sagou, hévé.*

OLIVE, fruit de l'olivier d'Europe, *olea europœa,* L. ; famille des Jasminées, J.

C'est un drupe ovoïde, charnu, d'environ 1 pouce de long, de couleur vert blanchâtre ou violacé à l'extérieur ; sa chair ou pulpe, d'abord âcre et désagréable, s'adoucit lors de la maturité du fruit, c'est-à-dire lorsque le principe huileux qu'il contient est formé ; l'olive renferme un noyau ligneux, oblong, biloculaire, mais le plus souvent uniloculaire et monosperme par avortement ; l'amande qu'il contient est blanchâtre et recouverte d'une membrane ou tunique très-mince.

Ce fruit se distingue de tous ceux que l'on connaît par une singularité bien remarquable ; c'est que le péricarpe, le noyau, l'amande, enfin toutes les parties qui le composent fournissent de l'huile.

L'olivier croît en pleine terre en Provence, en Espagne et en Italie ; sa culture demandait peu de soins du temps des Romains, du moins si l'on en croit ces vers de Virgile, si heureusement traduits par Delille.

> L'olivier par la terre une fois adopté,
> De tes pénibles soins n'attend pas sa beauté ;
> Fouille à ses pieds le sol qui nourrit sa verdure,
> C'est assez ; dédaignant une vaine culture,
> Et la serpe tranchante et les pesants râteaux,
> L'arbre heureux de la paix voit fleurir ses rameaux.

Si la culture de l'olivier demande peu de soins, le moyen d'opérer sa reproduction, bien qu'il soit le plus souvent dû au hasard, n'est pas aussi facile ; on a longtemps essayé de propager ce précieux arbuste par graine, mais ç'a été sans succès «Cependant un habitant de Marseille,» dit Cadet de Gassicourt, dans une note sur les pépinières d'oliviers (*Journal de pharmacie,* t. III),« étonné de voir qu'on ne pouvait pas obtenir par la culture ce que la nature produisait d'elle-même, réfléchit sur la manière dont naissaient les sauvageons. Ils viennent de noyaux, ces noyaux ont été portés et semés dans les bois par des oiseaux qui ont mangé des olives. Ces olives, digérées, ont été, par cet acte, privées de leur huile naturelle, et les noyaux sont devenus perméables à l'humidité de la terre; la fiente des oiseaux a servi d'engrais, et peut-être la soude que contient cette fiente, en se combinant avec une portion d'huile échappée à la digestion, a-t-elle favorisé la germination. Voilà probablement le raisonnement qu'a fait cet agriculteur, et qui l'a conduit à tenter les essais suivants :

« Il a fait avaler des olives mûres à des dindons renfermés dans une enceinte; il a recueilli leur fiente, contenant les noyaux de ces olives, et il a placé le tout dans une couche de terreau, qu'il a fréquemment arrosée; les noyaux ont levé, et il a eu des plants d'oliviers qu'il a repiqués ensuite, et qui ont parfaitement végété. Éclairé par cette expérience, il a cherché à se passer des oiseaux de basse-cour, et il a fait macérer des noyaux dans une lessive alcaline; peu de temps après, il les a semés et il a obtenu un plant d'oliviers aussi beau que le premier. »

Les agronomes doivent regarder ce procédé ingénieux comme une découverte susceptible de plusieurs applications, soit en France, soit dans les colonies. Il est, en effet, des semences tellement oléagineuses, qu'il faut des circonstances particulières très-rares, pour que l'eau puisse les pénétrer et les développer; telles sont les muscades, qui ne lèvent point dans nos serres chaudes, et qui peut-être végéteraient si elles étaient soumises à l'action d'une lessive alcaline ou à celle de la digestion d'une gallinacée.

Nous aurons encore l'occasion de faire remarquer, lorsque nous ferons l'histoire du fruit du gui, l'influence du suc gastrique des oiseaux sur la germination de certaines graines.

On croit l'olivier originaire de l'Asie Mineure, près le mont Taurus; ou de la Grèce, d'où il aurait été importé en Europe par les Romains : dans ce dernier pays, ses feuilles servaient à tresser des couronnes aux Grâces, à Minerve, et souvent même aux nouveaux époux et aux vainqueurs dans les jeux Olympiques.

« Le choix, » dit l'auteur des *Commentaires sur la botanique de Pline*, que les anciens faisaient de tels ou tels végétaux, pour en composer des couronnes, n'était pas aussi arbitraire qu'on pourrait le penser. Le lierre, le laurier, le chêne, le pin, le myrte, le romarin, les graminées, et enfin l'olivier, devaient être préférés à cause de la consistance de leurs feuilles ou de la flexibilité de leurs rameaux. L'olivier a été en opposition avec le laurier, le symbole de la paix, de la chasteté, de la clémence (1), et en général de toutes les vertus paisibles. On voit, dans la Genèse, qu'après le déluge une colombe apporta à Noé une branche d'olivier. Cet arbre est encore, de nos jours, le symbole de la paix. »

Les olives forment un objet de consommation et de commerce assez important; avant d'être expédiées et d'être servies sur nos tables, on les soumet à une opération qui a pour but de détruire leur âpreté. Le procédé que l'on doit à Picholini, et qui a conservé son nom, consiste à cueillir ce fruit lorsqu'il est encore vert, à le mettre dans de grandes jattes d'eau, qu'on renouvelle pendant huit ou dix jours; on sale ensuite fortement la dernière eau, et c'est dans cette saumure qu'on les conserve. On est dans l'usage, avant de les y plonger, de les passer dans une faible solution de potasse ou de soude rendue plus caustique par la chaux.

En Provence on farcit les olives, en séparant le noyau avec soin et le remplaçant par des hachis d'anchois, de câpres ou de truffes; on les introduit ensuite dans des bocaux, on les immerge d'huile, et on ferme soigneusement pour empêcher que celle-ci ne passe au rance.

On nomme olives pochées celles que l'on a conservées quelque temps dans la poche après les avoir retirées de la saumure. Il y a des personnes qui en sont très-friandes; on doit se garder cependant d'en faire un usage abusif; car cet

(1) Les sceptres des rois étaient jadis faits d'olivier sauvage : cet arbuste était en grande vénération.

aliment, comme tous ceux qui contiennent une grande proportion d'huile, n'est pas d'une digestion très-facile.

L'usage le plus général des olives consiste dans l'extraction de l'huile qu'elles contiennent ; cette opération forme, en effet, une branche d'industrie agricole, très-importante pour les pays qui sont favorisés de la culture de ce précieux arbuste. On trouve dans le commerce plusieurs qualités d'huiles d'olive ; elles sont employées dans l'usage alimentaire, ou dans les arts, suivant qu'elles résultent de fruits plus ou moins sains, ou qu'on a mis plus ou moins de soin à leur extraction. On a remarqué que les grosses variétés fournissaient une huile inférieure en qualité à celle des fruits plus petits, moins pulpeux et même plus acerbes ; ces derniers ont, en outre, l'avantage d'être moins sujets à être attaqués par les insectes.

La récolte des olives s'effectue de deux manières, et le plus ordinairement simultanément : la première consiste à cueillir les olives à la main, et dans ce cas elles sont réservées pour en extraire l'huile vierge ; la seconde, au moyen de perches ou gaules. Nous empruntons au poëme des Mois de Roucher la description toute pittoresque qu'il donne de ce genre de récolte.

Le soleil a paru, le sud par son haleine
A fondu les frimas qui blanchissaient la plaine.
Quels essaims diligents, d'un bois flexible armés,
Vers les champs couronnés de l'arbre de Minerve!
Loin d'ici tout mortel que la mollesse énerve;
Que le bâton bruyant frappe à coup redoublé
Et qu'en tous ses rameaux l'arbre soit ébranlé,
L'arbre cède ses fruits, de leur grêle épaissie
Je vois déjà la terre et converte et noircie,
Et, lorsque tombe enfin l'ombre humide du soir,
Le fruit mûr écrasé sous le criant pressoir
Épanche son sein la liqueur qu'il recèle,
Et sur la flamme ardente un baume pur ruisselle,
Fleuve d'or qui bientôt, appelant les Bretons,
S'en va par le commerce enrichir nos cantons.

Il vaut mieux hâter un peu la récolte des olives que de la faire trop tardivement, d'abord parce qu'elles tombent et se froissent, et qu'ensuite elles fournissent une huile qui participe de leur cou-

leur foncée. Bien que les nuances varient suivant les variétés, cependant, en général, les olives, pendant leur développement, passent du vert au jaune, ensuite au rouge pourpre, puis au rouge vineux, et enfin au noir.

La pellicule, la chair, le noyau et l'amande fournissent chacun une huile particulière ; cependant il est rare qu'on prenne la peine de les extraire séparément : il n'y a que dans quelques cas particuliers, et encore n'est-ce qu'assez récemment que l'on a eu l'idée d'extraire isolément celle que fournit la chair ; cette huile contient moins de stéarine, reste fluide à une température assez basse et peut remplacer, dans certains arts, celui de l'horlogerie, par exemple, celle de ben, qui se congèle difficilement, mais qu'il est difficile d'obtenir pure et qu'on falsifie d'ailleurs trop souvent. Ce genre d'extraction pouvant intéresser une certaine classe de lecteurs, nous allons rappeler le procédé proposé et suivi par M. Laresle, horloger ; il consiste à choisir d'abord un olivier qui puisse seul fournir la quantité d'huile dont on a besoin ; on fait ce choix parmi les oliviers connus pour fournir l'huile la plus grasse. Le moment de la récolte est assez ordinairement indiqué par la chute naturelle du fruit ; on cueille à la main la quantité d'olives dont on a besoin, on les étend sur une toile, dans un lieu frais, pour qu'elles soient plus faciles à peler ; on les y laisse quatre ou cinq jours, en ayant soin de mettre de côté toutes celles qui sont gâtées. On les pèle ensuite une à une : cette opération doit se faire dans le moins de temps possible ; on emploie, à cet effet, de petits couteaux à lames courtes et étroites ; on doit éviter de laisser la moindre parcelle de pellicule après la chair ; celui qui a fait cette première opération met l'olive dans un vase de terre, un autre la retire pour enlever la chair du noyau ; ce qui se fait en tournant l'olive devant le tranchant du petit couteau : on doit éviter d'appuyer le tranchant de la lame contre le noyau, parce qu'il est important de couper la chair sans l'arracher ; plus on en laisse après le noyau, meilleure est l'huile et moins elle est susceptible de se congeler. La chair, ainsi séparée, est d'abord placée dans un vase, puis soumise à l'action d'un mortier approprié ; on introduit ensuite cette pulpe dans une forte toile ou sac sans fond, on tord fortement, de manière à exprimer toute ou presque toute l'huile, ou la laisse décanter, on passe dans un tamis de crin, puis par un filtre de papier gris, garni intérieurement d'une couche de coton assez épaisse ; la filtration doit se faire dans un lieu frais et à l'abri du contact de l'air. On ne doit procéder à la dernière filtration qu'un mois après l'extraction.

L'extrême fluidité constituant le mérite de cette huile, M. Laresche a imaginé de la faire passer à travers des filtres de bois de tilleul ; à cet effet, il prend des espèces de gobelets formés de ce bois, les emplit d'huile et laisse effectuer la filtration dans des vases plus grands et appropriés ; 500 grammes d'huile exigent environ soixante à soixante-douze heures.

Ce procédé, bien qu'assez dispendieux, fournit une huile composée presque entièrement d'oléine ; elle est très-fluide et incristallisable, elle rancit bien moins promptement que celle surtout que fournissent le noyau et l'amande. Quelques horlogers sont dans l'usage, pour obtenir un résultat analogue, de mettre en contact de l'huile d'olive et des raclures ou balles de plomb : après une exposition de quelques jours au soleil, la stéarine se sépare en une masse blanche, grumeleuse, qui se précipite, tandis que l'huile pure ou oléine surnage.

Quant à l'huile qu'on extrait en grand pour les besoins du commerce, on est dans l'usage, avant de procéder à son extraction, d'entasser les olives pendant quelques jours dans des celliers, pour qu'elles y éprouvent un léger mouvement de fermentation ; leur couleur se fonce, et on dit alors qu'elles sont *marcies*. Cette méthode rend sa sortie des cellules qui la renferment plus facile ; mais ce qu'on gagne en quantité on le perd en qualité, car l'huile qui en résulte a une saveur moins franche, elle se conserve aussi moins longtemps que lorsque l'extraction suit immédiatement la cueille. Après avoir fait choix des meilleures espèces et évité leur mélange, une condition essentielle pour obtenir un bon produit, c'est que tous les ustensiles nécessaires à l'extraction soient d'une extrême propreté, et exempts de traces d'une précédente opération. On a imaginé des appareils ou machines, pour effectuer la séparation de la pulpe du noyau et la traiter séparément ; mais leur manœuvre s'effectuant difficilement, et l'isolement étant surtout fort imparfait, on a dû en abandonner l'usage.

L'huile d'olive d'Italie, qui du temps de Pline était réputée la meilleure, a beaucoup perdu de sa supériorité, par suite des améliorations apportées dans les procédés d'extraction, surtout en France. La Provence et le Languedoc sont en possession maintenant de fournir l'huile la plus pure et la plus suave ; celle d'Aix est très-recherchée et à juste titre.

On extrait généralement plusieurs qualités d'huile d'olive : la première, qui est la plus estimée, et qu'on nomme *huile vierge*, s'obtient en cueillant les fruits un peu avant leur maturité, les broyant ou *étritant* immédiatement et avec précaution entre deux meules, de manière à éviter d'écraser les noyaux, ensuite soumettant à la presse. Cette huile est verdâtre et a toujours un goût de fruit qui ne plaît pas à tout le monde, et notamment aux personnes étrangères aux contrées méridionales ; elle est tantôt jaune-verdâtre, tantôt jaune pâle ; sa saveur est douce, agréable, et sa pesanteur spécifique est de 0,9192.

La seconde qualité s'obtient, ainsi que nous l'avons dit plus haut, en effectuant la cueille lorsque la maturité est un peu plus avancée, laissant séjourner les olives en tas, pendant huit ou dix jours, passant au moulin sans précaution, introduisant dans des sacs formés d'une sorte de jonc et qu'on nomme *cabas*, puis soumettant à la presse. L'huile qu'on obtient ainsi est d'autant meilleure qu'il s'est passé moins de temps entre la cueille et l'extraction; on la laisse déposer, on décante ensuite pour en séparer les fèces, et on verse dans le commerce. On doit la choisir un peu jaunâtre, sans odeur, d'une saveur douce, ne formant pas chapelet lorsqu'elle est agitée.

La troisième qualité d'huile s'obtient en récoltant sur les arbres le reste des olives ou celles tardives au moyen de gaules, les mêlant au premier marc, broyant le tout sans crainte d'écraser les noyaux, et soumettant à l'action d'une forte presse. Elle se distingue par sa couleur indéterminée, son opacité et sa saveur toujours un peu âcre.

La quatrième qualité, qui n'est guère employée que par les fabricants de savon, s'obtient en faisant bouillir tous les marcs avec de l'eau ; l'huile vient nager à la surface et on l'enlève; on continue l'évaporation de manière que le résidu forme une pâte liquide, qu'on introduit dans des sacs et qu'on soumet à la presse ; ce produit prend le nom d'*huile échaudée*. Le résidu, qu'on nomme *tourteau*, servait naguère encore à entretenir le feu sous les chaudières; on en formait aussi des mottes à brûler pour les usages économiques; il servait, en outre, à la nourriture des porcs; mais l'industrie manufacturière en tire maintenant un meilleur parti. Ces tourteaux ou grignons de marcs sont soumis à un nouveau traitement qu'on nomme *recense*, et qui consiste à séparer la pellicule et la chair du bois ou noyau, et à les soumettre à une nouvelle opération, qui a pour effet, en rompant d'une manière plus complète les cellules, d'extraire les dernières portions d'huile qu'elles renferment, et qui avaient échappé par suite d'un broiement imparfait. Cette huile est tellement chargée de stéarine, qu'elle reste constamment solide et a l'aspect de la graisse ou du suif ; elle se saponifie très-bien et entre dans la composition des savons dits de Marseille.

De telle manière qu'on obtienne l'huile d'olive, elle est toujours trouble; pour la clarifier, on l'abandonne dans des cuves placées à une température d'au moins 15 degrés; elle y dépose une substance floconneuse et mucilagineuse, que l'on désigne sous le nom de fèces ou *amurca*. Cette sorte de lie entrait autrefois comme émollient dans l'usage médical; elle était aussi employée pour activer la germination et rendre aux arbres languissants leur vigueur première. On décante l'huile au bout de quinze ou vingt jours, et on l'introduit dans des barriques de bois dur et épais, qu'on place dans un lieu frais pour que la congélation puisse s'effectuer avant qu'on la livre au commerce : elle se conserve assez bien dans cet état; l'épaisseur du bois des barriques la garantit, d'ailleurs, de l'action trop directe de la chaleur. C'est ainsi qu'on l'expédie pour l'intérieur de la France; mais, lorsqu'elle doit être exportée dans le Levant ou les colonies, on l'introduit dans de grandes bouteilles ou jarres en grès ou terre cuite, que l'on bouche soigneusement.

L'huile d'olive, comme on vient de le voir, se congèle facilement lorsqu'elle est pure; cette propriété sert même à la distinguer des autres huiles fixes; mais, comme il n'est pas toujours facile de la soumettre à une basse température, pour s'assurer de sa pureté on a cherché d'autres moyens d'y parvenir. M. Poutet a proposé, comme réactif, le protonitrate de mercure liquide; le procédé d'examen consiste à mêler dans une fiole huit grammes de ce sel, et quatre-vingt-seize grammes d'huile d'olive et à agiter : si l'huile d'olive est pure, elle se congèle en totalité, après quelques heures de repos; si, au contraire, elle est mélangée à des huiles de graines, telles que celles de colza ou d'œillette, celles-ci surnagent; un tiers de ces huiles la rend tout à fait incongelable.

Un autre procédé non moins ingénieux a été proposé par M. Rousseau. Cet habile observateur, se fondant sur la non-conductibilité électrique de l'huile d'olive, a imaginé un diagomètre ou élaïomètre électrique, propre à reconnaître la sophistication ; à l'aide de cet instrument, il a reconnu que de toutes les huiles, soit animales, soit végétales, l'huile d'olive avait seule cette propriété physique bien caractérisée de *très-faiblement conduire le fluide électrique*. L'addition d'une goutte ou deux d'huile de faîne, d'œillette ou de colza dans 10 grammes d'huile d'olive modifiant cette propriété, rien de plus simple que de déterminer dans quelles proportions sont formés les mélanges. M. Rousseau pense que la cause isolante réside dans la *stéarine ;* d'où il résulte que plus une huile en contient, plus elle se rapproche de l'huile d'olive ; moins elle en contient, plus elle s'en éloigne.

Plus récemment encore, M. Félix Boudet a indiqué un procédé non moins sûr, il consiste dans l'emploi de l'acide hyponitrique étendu de 3 parties d'acide nitrique. 12 parties de ce mélange solidifient complétement, en 5 quarts d'heure, 100 parties d'huile d'olive pure ; 1/100 d'huile blanche retarde la solidification de 40 minutes ; 1/10 la retarde beaucoup plus ; enfin l'huile d'œillette pure reste toujours liquide. La matière solidifiée prend le nom d'*élaïdine.*

D'après M. Braconnot de Nancy, 100 parties d'huile d'olive sont composées de 72 parties d'oléine ou élaïne, et de 28 de stéarine : on sait que la première est le principe liquide des huiles ou matière grasse, et l'autre le principe solide. Sa composition élémentaire est, sur 100 parties : carbone 77,21, — hydrogène 13,36, — oxygène 9,43, — azote 0.

L'huile d'olive est très-peu soluble dans l'alcool lorsqu'elle est fraîche ou récente ; car, ainsi que l'a prouvé M. Planche, 1,000 parties d'alcool n'en dissolvent que 3 d'huile. Il n'en est pas de même lorsqu'elle est rance ou oxygénée par l'air ; aussi peut-on, lorsque la rancidité n'est pas très-intense, améliorer singulièrement l'huile d'olive en la faisant chauffer avec un peu d'alcool, et la brassant ensuite dans l'eau. Cette opération doit être faite avec intelligence pour être profitable.

La culture de l'olivier est aussi ancienne que celle de la vigne ; l'histoire sacrée nous apprend que Jacob s'occupait de l'extraction de l'huile que fournit son fruit. Cet arbre a une longévité très-grande ; on a des raisons de croire que les oliviers qui, de nos jours, végètent encore dans le jardin de ce nom, sont les mêmes que ceux qui y existaient du temps de Jésus-Christ. Suivant Diodore de Sicile, Aristée fut le premier qui cultiva l'olivier dans cette île ; on lui attribue même l'invention des meules pour broyer les olives, et celle des pressoirs pour en extraire l'huile. On remarque, en effet, dans les peintures trouvées dans les monuments égyptiens, que l'usage des pressoirs était inconnu à ce peuple industrieux. On renfermait alors les olives dans des nattes que plusieurs hommes tordaient fortement au moyen de leviers tournés en sens opposé.

L'huile d'olive entre dans l'usage médical comme rafraîchissante et émolliente, quelquefois même elle purge légèrement ; elle entre dans plusieurs préparations pharmaceutiques comme dissolvant des principes ; soit des fleurs de rose, de camomille, de mélilot, de mille-pertuis, de sureau, soit des feuilles d'absinthe, de rue, de belladone, de ciguë, de jusquiame, de mandragore, de morelle, de nicotiane et de stramonium, et constitue les *huiles simples.* Lorsqu'elle sert de dissolvant à diverses substances, ces préparations prennent le nom de baume, mais ne sont réellement que des *huiles composées*, exemple, le baume tranquille, le baume vert de Metz.

Il existe un grand nombre de variétés d'olives ; la description que nous allons en donner, bien qu'elle soit aussi complète que possible, laisse cependant, nous ne l'ignorons pas, à désirer. Les dénominations qui servent à désigner les variétés variant, pour ainsi dire, pour chaque pays, il était impossible de les recueillir toutes, et, lors même que nous y serions parvenu, elles n'auraient pas contribué beaucoup à faciliter l'étude de ce fruit, car elles sont, pour la plupart, fort insignifiantes; le peu de volume de l'olive ne permet, d'ailleurs, pas d'y signaler des caractères bien tranchés.

Olive sauvage. Elle est ovoïde oblong, très-petite, disposée en grappes; sa saveur est d'une âpreté extrême; elle n'est guère recherchée que par les oiseaux; elle est assez commune, bien que non cultivée en Provence, en Languedoc et dans le Roussillon; elle est originaire des forêts de l'Orient; il y a lieu de croire qu'elle est la souche d'où sont sorties toutes les espèces cultivées. On en connaît un assez grand nombre de sous-variétés, mais elles offrent si peu de différences, qu'il serait très difficile de les signaler.

Olive bouquetier, *olive rapugan*. Sa forme et son volume sont peu constants; elle est cependant le plus ordinairement assez allongée; elle s'offre également en grappes formées de fruits si petits, qu'on croirait que les fleurs ont coulé; quelquefois aussi elles sont assez grosses, mais déprimées longitudinalement; elles passent au noir intense lors de la maturité; l'arbuste qui fournit cette variété est très-productif, mais en fleur surtout.

Olive petit fruit rond. Elle est petite et très-hâtive; elle fournit une huile excellente, mais trop peu abondante; du reste, elle confirme ce que nous avons indiqué plus haut, c'est que les grosses variétés ne sont pas celles qui fournissent la meilleure qualité d'huile.

Olive raymet. Sa forme est ovoïde-allongée; sa grosseur est moyenne; sa couleur rougeâtre; elle est souvent réunie en grappes; l'huile qu'elle fournit est très-suave et assez abondante. On ne saurait trop la propager, car l'arbuste qui la fournit est assez productif.

Olive petit fruit panaché ou *Languedoc oulibié*, *pigaon* ou *pigale*. Elle est très-facile à distinguer, car sa forme et sa couleur sont tranchées : d'abord verte, elle passe au violet foncé et se couvre de points rougeâtres. Cette variété est tardive; elle fournit une huile excellente, et se conserve très-bien lorsqu'elle est confite dans l'huile.

Olive d'Entrecasteaux, *cournaud* ou *courgnale*, *cayon* ou *cayanne*. Elle est petite, oblongue et un peu arquée; elle est souvent réunie en grappe et adhère fortement aux rameaux; elle est tantôt blanche et tantôt verte, suivant la fertilité de l'arbre qui la produit; elle fournit une très-bonne huile.

Olive blanche blancane ou *vierge*. Elle est petite, de forme ovoïde, tronquée à la base, de couleur blanc de cire pendant son développement, qui s'effectue lentement, et verdâtre lors de sa maturité; le noyau est gros, eu égard au volume du fruit; l'huile que fournit cette variété tardive n'est ni abondante, ni très-estimée. On ne doit pas la confondre avec le caillet blanc.

Olive dite *caillet rouge* ou *blanche*, *tiquetée de rouge*, ou bien encore de *figanière*. Elle est assez grosse, longue, rouge d'un côté, blanchâtre de l'autre; sa pulpe est blanc de cire. Cette variété est très-adhérente aux rameaux; elle fournit une assez bonne huile, mais elle s'altère assez promptement.

On en connaît une sous-variété dite caillet roux, dont les fruits sont moins charnus, et fournissent moins d'huile; sa récolte est aussi plus incertaine, et l'arbre qui la produit moins productif; aussi en fait-on beaucoup moins de cas.

Olive caillet blanc. Elle est grosse et charnue, généralement peu colorée, et d'un vert blanchâtre; elle fournit une huile assez estimée; l'arbre qui la produit est assez rustique et très-productif, aussi le cultive-t-on abondamment aux environs de Draguignan.

Olive de Lucques ou *lucquoise*, *l'odorante*. Elle est assez allongée, bien que de grosseur moyenne; elle se colore tard en rouge brun, et a une odeur très-prononcée; l'analogie de forme et de goût qu'elle a avec la *picholine* fait qu'on la confit et qu'on la verse dans le commerce, à l'instar de celle-ci ; comme elle, elle est courbée en arc ainsi que son noyau.

Olive de Salierne, Sayerne ou *Sagerne.* Elle est petite , terminée en pointe assez aiguë, bien que ronde ; sa couleur, d'abord violet clair , devient noirâtre lors de la maturité ; sa pellicule se couvre, à cette époque, d'une poussière glauque qui lui donne un aspect grisâtre ; elle fournit une huile de très-bonne qualité.

Olive vert foncé. Cette dénomination peut s'appliquer à d'autres, mais à aucune mieux qu'à celle-ci. Elle est ovoïde, pointue au sommet, obtuse à la base, et de couleur vert brun à sa maturité ; son pédoncule est long et assez adhérent ; l'arbuste qui la produit est rustique, mais il charge peu : l'huile que fournit cette variété est d'ailleurs de qualité médiocre.

Olive picholine ou *saurine, plant d'Istres* ou *à fruit long.* Elle est petite, allongée ; sa couleur est noir rougeâtre ou bronze , son noyau sillonné longitudinalement ; il est rare qu'on en extraie l'huile, bien qu'elle soit assez suave. Cette olive est généralement réservée pour être confite ; elle forme, dans cet état, l'objet d'un commerce assez important. Cette variété doit son nom à Picholini, inventeur ou importateur du procédé que nous avons décrit plus haut, et qui est communément suivi à Saint-Chamas en Provence.

Olive piquette. C'est une sous-variété de la précédente ; son fruit est plus allongé et plus obtus ; elle est cultivée abondamment aux environs de Pézénas (Languedoc), et confite à la Picholini.

Olive de Callas ou *ribies blanc.* Elle est de volume médiocre, mais, son noyau étant relativement assez petit, sa pulpe est assez abondante, et fournit conséquemment une assez grande quantité d'huile ; elle est, toutefois, de qualité médiocre, attendu que le principe mucilagineux, qui y est assez abondant, s'en sépare difficilement par le repos et la filtration. Cette variété est très-commune aux environs de *Draguignan,* de *Grasse* et de *Callas.*

Olive de Grasse, fruit de l'olivier pleu-

reur, *oulibié, courniaou.* Elle est oviforme, de grosseur moyenne ; sa pellicule est brun foncé et noire, et sa pulpe vert bronzé ; l'huile qu'elle fournit est abondante et de très-bonne qualité. Cette variété est très-fertile et abondamment cultivée en Provence.

Olive à bec ou *bécu.* Cette variété a cela de particulier, qu'on trouve sur le même arbre deux sortes de fruits ; les plus abondants et les plus hâtifs sont gros, ovales, et terminés par une pointe qui simule une sorte de bec ; leur noyau est assez gros ; les autres fruits en sont souvent dépourvus ; ils sont plus petits et presque globuleux. Cette variété est du petit nombre de celles qu'on peut manger sans préparation, tant elle est douce ; l'huile qu'elle fournit est assez estimée. Elle est commune à Draguignan. Les oiseaux en sont si avides, que, si on ne se hâte d'en effectuer la récolte ou de garantir les arbres de leurs atteintes, on risque de n'en pas trouver.

Olive négrette ou *hâtive.* Son volume est médiocre, sa couleur brun foncé ou noirâtre ; sa forme est ovale obtus ; le noyau étant petit, il en résulte qu'elle est charnue et fournit conséquemment une huile assez abondante. Elle est aussi très-estimée. La précocité de cette variété et son peu d'adhérence au pédoncule rendent son exploitation facile.

Olive verte, vulgairement *verdale,* ou *verdeau, pourriade.* Elle est presque complétement globuleuse ; sa peau reste longtemps verte, et ne passe au brun foncé ou noir que lorsqu'elle s'altère, ce qui s'effectue assez facilement ; aussi doit-elle à cette circonstance le nom de pourriade, sous lequel elle est connue à Montpellier ; elle fournit peu d'huile , encore est-elle d'une qualité médiocre. On est dans l'usage de la confire ; son volume, assez considérable, permet même d'en séparer le noyau et de la farcir.

Olive araban. Elle est ronde , assez grosse, de couleur vert foncé passant au noir lors de la maturité ; le noyau est petit, eu égard au volume du fruit. Cette variété fournit une huile grasse, assez abondante; mais, comme elle entraîne beaucoup de principe muqueux, elle se dépure difficilement et ne se conserve pas longtemps. Elle est abondamment cultivée à Vence, département du Var.

Olive de Salon. Son volume est médiocre, sa forme arrondie; sa couleur, d'abord blanchâtre, passe au vert lors de la maturité; elle fournit une huile excellente et, partant, très-estimée. Cette variété est assez rustique et très-productive.

Olive royale, triparde. Elle est généralement assez ronde; sa surface est inégale et rugueuse; son volume est médiocre; elle est plus propre à conserver qu'à servir à la fabrication de l'huile : celle qu'elle fournit entraîne une grande quantité de principe muqueux, et est d'une conservation assez difficile.

Olive gros ribicé. Elle est assez grosse, de forme allongée; sa chair est jaunâtre, elle fournit une huile claire, d'une couleur assez franche, mais d'un goût fort peu agréable. Cette variété est fournie par l'olivier cassant; sa récolte est conséquemment assez difficile, elle doit être faite à la main.

Olive amande, amygdaline, amellingue plant d'Aix. Elle est d'un assez beau volume, très-charnue, attendu que son noyau est petit; sa forme rappelle celle de l'amande; c'est à cette circonstance qu'elle doit évidemment la dénomination qui la distingue : elle fournit une huile assez estimée, et cependant on la réserve plus spécialement pour confire. Elle est très-commune en Provence, et notamment à Gignac et à Saint-Chamas.

Olive arrondie ou *redouno.* Elle est très-grosse, de forme presque globuleuse; sa couleur est vert foncé ou noirâtre, l'huile qu'elle fournit est de bonne qualité, mais on ne doit pas attendre trop tard pour faire la récolte du fruit, car il est quelquefois attaqué par les vers; il se détache d'ailleurs facilement de l'arbre lors de la maturité. Cette variété est aussi réservée pour confire.

Olive noire douce. Elle est assez grosse, de forme arrondie; sa pellicule est luisante, de couleur noir bronze, lorsqu'elle a atteint son maximum de maturité; elle fournit une huile de très-bonne qualité.

Olive pruneau ou *cotignac.* Elle est de forme allongée; son volume est assez gros; sa peau ou pellicule est noire; sa chair ou pulpe est abondante; son noyau, petit comme elle, se détache assez facilement de la pulpe; on doit effectuer la récolte de cette variété peu avant sa maturité, car elle est peu adhérente au pédoncule, et tombe à la moindre agitation.

Olive gros fruit. C'est l'une des plus grosses variétés que l'on connaisse; sa forme est oblongue, sa pulpe abondante et le noyau médiocre, eu égard au volume du fruit. La saveur de cette olive reste amère, lors même qu'elle a atteint son maximum de maturité; elle fournit une grande quantité d'huile, mais elle est d'une qualité médiocre.

Olive fruit doux. Elle offre beaucoup d'analogie avec l'olive à bec, mais elle en diffère en ce qu'elle est moins allongée; sa saveur est tellement douce, qu'on peut la manger sans qu'elle ait éprouvé aucune préparation; elle fournit une huile assez estimée.

Olive de deux saisons. C'est Parmentier qui le premier a signalé cette singulière variété; l'arbre qui la produit fournit, en effet, deux sortes d'olives : la première est grosse, longue, terminée en pointe; sa couleur est vert clair, mais elle prend une teinte rougeâtre lorsqu'elle a atteint son maximum de maturité; celle de la deuxième sorte s'offre en grappes; son volume est comparable à celui des baies de genièvre; elle est également ronde; son noyau est si petit, qu'elle semble ne former qu'une vésicule huileuse; elle est évidemment due à une sorte d'avortement des fruits de l'année suivante, occasioné par une trop grande précocité. L'huile qu'elle fournit est néanmoins très-estimée.

Olive moureau ou *mourette.* Elle est ovale et courte; la pellicule et la pulpe qu'elle enveloppe sont noires; le noyau est petit, et le sillon qui le divise longitudinalement est peu apparent ; le pédoncule est si court, que le fruit paraît sessile. Cette variété est très-précoce.

On en connaît une sous-variété sous le nom d'*amande de Castres*, à cause du volume de son noyau ; son fruit, bien que gros, donne peu d'huile ; elle est très-commune aux environs de Montpellier.

Olive bouteillan ou *bouteillau*. Elle est d'un volume médiocre, et toujours réunie en grappes ou bouquets sur un seul pédoncule ; l'huile qu'elle fournit est bonne, mais elle entraîne beaucoup de mucilage, et forme conséquemment un dépôt assez abondant ; l'arbre qui la produit est très-productif.

Le *bouteillan plant d'Aups* offre, avec le précédent, beaucoup d'analogie ; mais il en diffère par son volume plus considérable.

Olive espagnole ou *plant de Figuières*. C'est incontestablement la plus grosse des variétés cultivées en France ; son fruit est tiqueté de blanc, très-amer ; on la confit, mais on en extrait rarement l'huile. Originaire d'Espagne, où elle est abondamment cultivée, elle semble ne différer de la *coiasse* de Nîmes que par l'influence qu'exerce le climat.

Olive de tous les mois. L'arbre qui la produit est surtout remarquable par sa fécondité ; il rapporte, en effet, 4 ou 5 fois dans le cours de l'année, suivant que la température a été plus ou moins favorable. Cette olive est de forme ovale ; sa couleur est noirâtre : elle fournit une huile excellente.

Nous n'avons pas besoin de faire remarquer que la singularité qu'offre l'arbre qui fournit cette variété est due à la floraison, qui, au lieu de s'effectuer simultanément, n'a lieu que successivement.

CACAO, fruit du cacayer, *theobroma cacao*, L. ; famille des Byttnériacées, J.

Ce fruit s'offre sous la forme d'une capsule ovoïde, terminée en pointe à son sommet, et longue de 6 à 8 pouces ; l'épicarpe ou *cosse* est épais de 3 à 6 lignes, de couleur vert jaunâtre d'abord, puis rouge vineux ou rouge et jaune, suivant les variétés. La surface du fruit est divisée par des sillons longitudinaux qui s'effacent à l'époque de la maturité ; l'intérieur se compose d'une pulpe gélatineuse d'une acidité agréable, qu'on désigne sous le nom d'*arile*; elle enveloppe des semences ou amandes qui sont fixées à un placenta formé par une sorte d'expansion du pédoncule. Ces semences constituent le cacao : elles sont au nombre de 20 à 40, de forme ovoïde, aplatie, revêtues d'un tégument papyracé, qui passe au rouge brun en séchant, et qui enveloppe deux cotylédons découpés en un grand nombre de lobes, et irrégulièrement plissés ; le parenchyme qui les compose est violet ou noir ; sa saveur est d'une amertume assez faible, et accompagnée d'un arome très-agréable qui se développe par la mastication.

Aux rives de l'Indus croissent le cacao,
Le fruit du cotonnier et la noix de coco.

Le cacao est cultivé principalement pour son fruit, et surtout pour les amandes qu'il renferme, et qui font, soit dans l'ancien, soit dans le nouveau monde, la base d'une boisson nourrissante et suave qu'on nomme *chocolat*.

Les cacaoyers ne prospèrent bien que dans des terrains vierges ou des forêts défrichées, à une exposition méridionale, encore doivent-ils être garantis de l'impétuosité des vents ; ils exigent un sol humide ou d'une irrigation facile ; leur culture est simple, l'ensemencement et la plantation se font dans la saison des pluies, ils sont suivis du sarclage et du binage, qui se continuent jusqu'à ce que l'arbre soit en plein rapport, ce qui a lieu de la 6e à la 8e année. On estime qu'un seul arbre peut produire de 10 à 15 livres de graines fraîches, ou 2 à 3 livres sèches. On effectue la récolte lorsque les fruits sonnent, par l'agitation ; on prend à la main ceux qui sont à portée, et on fait tomber les autres avec des espèces de fourches ; pour la rendre plus facile, on empêche les cacaoyers de s'élever en les étêtant.

On réunit les fruits en tas sur les lieux mêmes, et on les abandonne pendant 3 ou 4 jours ; après ce temps, on les brise pour en séparer les amandes et les débarrasser de la pulpe qui les environne et qu'on emploie comme engrais dans les nouvelles plantations : les amandes sont étendues dans des lieux abrités, puis renfermées dans des caisses ou simplement dans des fosses pratiquées en terre ; on les recouvre de nattes que l'on assujettit au moyen de pierres. Pendant 3 ou 4 jours, on renouvelle les surfaces par l'agitation. Les amandes, pendant cette opération que l'on nomme *terrage*, laissent transsuder une grande quantité d'humidité, et éprouvent une espèce de fermentation intestine qui leur fait perdre une partie de leur âcreté et de leur amertume ; elles acquièrent toutefois une odeur de moisi qui, lorsqu'elle est trop prononcée, résiste à la torréfaction. Ces semences ou graines perdent, par cette opération, la faculté de germer, et leur conservation est, par cela même, rendue plus facile.

Les diverses qualités de cacao que l'on trouve dans le commerce appartiennent presque toutes à la même espèce ; les différences qu'elles paraissent offrir sont principalement dues au mode de culture, au soin que l'on apporte à la dessiccation et au triage des grains. Les cacaos les plus répandus sont le *cacao caraque*, le *cacao des îles* et le *cacao barbiche*.

Le *cacao caraque* est assez gros, d'une forme obronde, d'une couleur grisâtre extérieurement ; son écorce est dure et rugueuse, l'amande qu'elle renferme est de couleur brun rougeâtre foncé, sa saveur est douce ; il est sujet à la moisissure.

Le *cacao Madeleine* est une variété du caraque, mais plus petite. On trouve maintenant dans le commerce une variété de ce cacao qu'on nomme *cacao Soconosco*, du nom de l'île qui la fournit ; elle est justement estimée.

Le *cacao des Iles* est oblong, un peu aplati, moins gros que celui dit caraque ; son écorce est rougeâtre, lisse ; il est plus aromatique que le précédent, et paraît même contenir de l'huile volatile ; son amande se divise facilement par fragments ; elle est d'une couleur violacée ; sa saveur est douce et onctueuse, elle contient une grande proportion d'une huile solide, plus connue sous le nom de *beurre de cacao*, aussi est-ce de cette variété qu'on l'extrait le plus ordinairement.

Le *cacao barbiche* ou *berbice* semble, par toutes ses propriétés, tenir le milieu entre le cacao des îles et le cacao caraque ; il a l'avantage sur ce dernier de n'être pas aussi sujet à la moisissure ; sa saveur rappelle celle du cacao des Iles, il est même un peu plus gros que celui de caraque. Les bons fabricants de chocolat font entrer ces trois espèces dans sa composition, et ordinairement dans la proportion d'un tiers pour chacune.

On trouve, en outre, dans le commerce, les cacaos guayaquil (Colombie), maragnan ou maranham (Brésil), nicaragua (Guatimala), de Cayenne, de Surinam (Guiane), qui tous prennent leur nom du pays qui les produit, et qui appartiennent au même genre que le cacao berbice ou barbiche.

L'usage du cacao date de la découverte de l'Amérique ; les Indiens le firent connaître aux Espagnols, et ceux-ci au reste de l'Europe. Ces vainqueurs des Maures, qui d'abord le goûtèrent peu, en font maintenant une prodigieuse consommation, plutôt encore comme boisson que comme aliment ; son usage est pour eux d'une si indispensable nécessité, qu'il l'interrompt pas leur jeûne, et que les prêtres mêmes peuvent, sans sacrilége, en prendre avant de dire la messe. Considéré comme substance hygiénique et diététique, on prescrit quelquefois la décoction de cacao dans le lait ou l'eau d'orge aux personnes dont la débilité est extrême, ou dont l'estomac est très-affaibli soit par une longue diète, soit par suite d'inflammation. C'est ainsi qu'il entre dans la composition alibile connue sous le nom de racahout des Arabes, composition que le charlatanisme a pris sous sa puissante, mais éphémère protection.

La plus grande partie du cacao que fournit le commerce en France entre dans la composition de la pâte solide connue sous le nom de chocolat, et dont on doit l'usage en France au cardinal de Lyon, Louis de Richelieu.

Chocolat.

La préparation du chocolat exige quelques précautions, qu'il est utile de signaler : la première consiste dans le choix du cacao; il doit être d'une saveur franche, exempt de moisissure et de piqûre de vers; la seconde, dans la torréfaction (brûlement du cacao), qui ne doit pas être poussée trop loin, car on décomposerait l'huile solide qu'il contient et il acquerrait une saveur âcre; la troisième, enfin, consiste à séparer soigneusement l'écorce ou tunique externe, qui ne contient qu'une très-faible proportion de principe, et le germe, qui est âcre et d'une nature cornée.

Les proportions les plus ordinaires sont cacao caraque une partie, cacao des Iles une partie, sucre deux parties, ou, mieux encore, comme nous l'avons dit, une partie de chacune des trois espèces de cacao, et deux parties de sucre. On pile le cacao dans un mortier préalablement chauffé, on ajoute peu à peu la moitié du sucre; lorsque le mélange est bien fait, on le met dans un vase de fer-blanc (1), ou de cuivre étamé, que l'on place soit à l'étuve, soit dans la caisse de la pierre à chocolat; pour qu'elle conserve la consistance qu'elle a acquise, on entretient celle-ci, au moyen d'une poêle, à une douce chaleur; on broie ensuite par portion, de manière à opérer un mélange bien intime, car le succès de l'opération en dépend; on ajoute ensuite les sub-

stances aromatiques, à la portion de sucre qui reste. La vanille ne pouvant se réduire facilement en poudre, attendu la grande quantité d'huile volatile qu'elle contient, on la mêle à une portion de sucre, on la broie d'abord séparément sur la pierre avant de l'ajouter au mélange, qu'on repasse une deuxième fois, afin que la combinaison soit complète. On divise ensuite par portion d'un poids déterminé, on malaxe bien soigneusement pour faire sortir l'air qui s'est introduit pendant l'opération; sans cette précaution, il formerait des cavités ou yeux d'un effet désagréable, et qui provoqueraient l'altération; on introduit ensuite dans des moules. Le chocolat, par suite du refroidissement, éprouve une espèce de retrait qui permet de l'en faire sortir assez facilement.

On a imaginé, depuis quelques années, de mettre à profit la puissance de la vapeur pour opérer un broiement plus prompt et plus parfait. Cette innovation pourrait, jusqu'à un certain point, être contestée, car une certaine intelligence n'est pas superflue pour opérer un broiement parfait et uniforme, mais une plus grande célérité et l'économie de peine que l'on obtient permettent de soumettre la pâte à une pression plus forte et plus longtemps continuée, de sorte qu'il y a, pour ainsi dire, compensation; quoi qu'il en soit, le but qu'on se propose d'atteindre est de donner au cacao une ténuité telle qu'il puisse se délayer facilement dans l'eau et y être, en quelque sorte, suspendu, et, en outre, que la quantité de matière grasse qu'il contient soit unie plus intimement avec son parenchyme ou mucilage, et qu'elle puisse former plus promptement émulsion. On sait, d'ailleurs, que plus les substances sont divisées, plus les principes aromatiques qu'elles contiennent se développent et plus, conséquemment, ils réagissent sur les houppes nerveuses qui tapissent le palais et l'arrière-bouche. Bien préparé, le chocolat est luisant, d'une couleur rouge brun violacé, d'une ténuité extrême; il se moule facilement et prend les formes les plus variées.

(*) On est dans l'usage en Espagne, pour éviter le contact trop direct du cacao avec le feu ou la chaleur de la tôle ou du fer, de le mêler à du sable; la torréfaction s'effectue dans des marmites de fer nommées *pailas*.

Le chocolat, attendu la facilité avec laquelle il dissimule la saveur de certaines substances médicamenteuses, est souvent employé dans la médecine des enfants; c'est ainsi qu'on en prépare de tonique, pectoral, purgatif et anthelminthique, ou vermifuge; mais ces sortes de chocolats doivent, pour être administrés avec profit et sans danger, être préparés par des pharmaciens.

Bien que la propriété analeptique du chocolat soit connue depuis longtemps, elle a été constatée par une autorité trop imposante pour que nous ne nous empressions pas de rappeler ce nouveau témoignage en sa faveur.

« Quand on a bien complétement et copieusement déjeuné, » dit le grave et spirituel auteur de la *physiologie du goût*, dans sa sixième méditation, « si on avale sur le tout une ample tasse de bon chocolat, on aura parfaitement digéré trois heures après, et on dînera quand même... Par zèle pour la science et à force d'expériences, j'ai fait tenter cette expérience à bien des dames, qui assuraient qu'elles en mourraient; elles s'en sont toujours trouvées à merveille, et n'ont pas manqué de glorifier le professeur.

« Les personnes qui font usage du chocolat sont celles qui jouissent d'une santé plus constamment égale, et qui sont le moins sujettes à une foule de petits maux qui nuisent au bonheur de la vie; leur embonpoint est aussi plus stationnaire, ce sont deux avantages que chacun peut vérifier dans la société, et parmi ceux dont le régime est connu.

« C'est ici le vrai lieu, » dit encore ce spirituel auteur, « de parler des propriétés du chocolat à l'ambre, propriétés que j'ai vérifiées, par un grand nombre d'expériences et dont je suis tout fier d'offrir le résultat à mes compatriotes.

« Or donc, que tout homme qui aura bu quelques traits de trop à la coupe de la volupté; que tout homme qui aura passé à travailler une portion notable du temps qu'on doit employer à dormir; que tout homme d'esprit qui se sentira temporairement bête; que tout homme qui sera tourmenté d'une idée fixe, qui lui ôtera la liberté de penser; que tous ceux-là, disons-nous, s'administrent un bon demi-litre de chocolat ambré, à raison de 60 à 72 grains d'ambre par demi-kilogramme, et ils verront merveilles. »

Quant à la préparation du chocolat à l'eau ou au lait, que l'auteur appelle officielle, elle consiste à prendre environ une once et demie de bon chocolat pour une tasse, à le faire dissoudre doucement dans l'eau ou le lait, à mesure qu'ils s'échauffent, en le remuant avec une spatule de bois; de faire bouillir pendant un quart d'heure, pour que la solution prenne consistance, et à *servir chaud*. Il prescrit *sévèrement* le couteau et le pilon pour la division du chocolat et l'agitation; cette dernière condition était observée par les Mexicains eux-mêmes, et la dénomination qu'ils ont donnée à cette préparation le prouve suffisamment, car, si l'on en croit les étymologistes, *choco* signifierait bruit ou son, et *latté* eau.

On prépare encore avec le cacao une poudre composée, fortifiante et tonique, que l'on fait entrer, avec succès, dans le régime diététique des vieillards ou des jeunes gens épuisés par l'abus des plaisirs ou par des maladies graves: elle est même en usage dans les pays chauds, où la fibre, généralement molle, a besoin de stimulants; elle a été importée des Indes sous le nom de wakaka.

Wakaka des Indes.

Pour le préparer, on prend cacao mondé trois onces,—sucre huit onces,—sucre de vanille une once, — cannelle deux onces, rocou sec deux gros.—On torréfie le cacao; on en sépare ensuite l'écorce et le germe, comme on le fait pour le chocolat; on réduit en poudre grossière, en ayant le soin d'éviter, par une percussion trop forte, de développer de la chaleur, car, sans cette précaution, on formerait une pâte; on ajoute les autres substances; on continue la pulvérisation et on passe au tamis de soie ; on introduit cette poudre dans des flacons bien secs, et on conserve pour l'usage. Cette poudre s'associe , en petites proportions, aux potages féculents et aux boissons alimentaires. Enfin on a récemment proposé, sous le nom de *dictamia*, l'usage d'une poudre analeptique composée, ainsi que le racahout, de fécules amylacées et de cacao.

Beurre de cacao.

C'est une huile concrète, d'un blanc jaunâtre, plus légère que l'eau, et presque entièrement soluble dans l'éther, d'une odeur aromatique, très-suave, qu'elle doit à la présence d'une huile volatile. Le beurre de cacao est presque entièrement formé, d'après MM. Pelouze et Félix Boudet, d'une substance cristallisable, fusible à 29 degrés, dans laquelle la stéarine se trouve combinée avec l'oléine, et que la saponification convertit en acides oléique et stéarique.

Tel mode d'extraction qu'on emploie, à moins qu'on n'agisse sur des amandes récemment récoltées, il faut procéder d'abord à la torréfaction par l'un des procédés que nous avons indiqués ci-dessus. On était autrefois dans l'usage de soumettre le cacao torréfié et écrasé à une longue ébullition dans l'eau ; l'huile concrète s'en séparait peu à peu, et surnageait ; on l'enlevait à mesure, et on la filtrait. Ce procédé n'avait pas seulement l'inconvénient de dissiper l'arome du cacao, mais, en outre, de communiquer au beurre le goût des substances étrangères avec lesquelles il est en contact dans l'amande ; ce procédé était, en outre, assez dispendieux et fournissait un produit moins pur que celui qu'on obtient par le procédé que nous allons indiquer.

Il consiste à renfermer le cacao préalablement broyé sur la pierre, dans des sacs de coutil, que l'on plonge dans l'eau bouillante ou qu'on soumet à l'action de la vapeur le temps rigoureusement nécessaire pour fluidifier cette sorte de beurre; on les place, ensuite, entre des plaques d'étain chauffées, et on soumet à la presse ; on comprime graduellement, et on voit couler le beurre de cacao dans un état de pureté qui nécessite rarement d'avoir recours à la filtration.

Le beurre de cacao du commerce ou des droguistes est souvent falsifié avec du suif de mouton ou de la moelle de bœuf ; mais la fraude est facile à reconnaître, car, ainsi que nous l'avons dit plus haut, cette huile concrète est soluble dans l'éther, et le mélange ne l'est que fort imparfaitement. Lorsqu'il est pur, le beurre de cacao se conserve assez longtemps sans rancir ; il est de couleur blanc jaunâtre; la plus légère chaleur le fait fondre; sa saveur est douce et suave. On l'administre en médecine sous forme d'émulsion ou de crème ; c'est ainsi qu'il entre dans la fameuse marmelade pectorale de Tronchin. Il fait la base des pommades adoucissantes ; on l'applique avec succès sur les gerçures des mamelles , les hémorroïdes , il sert à faire des suppositoires, et entre dans la composition d'un grand nombre de pommades ou crèmes cosmétiques.

CACAO SAUVAGE, fruit du pachirier, *pachiria carolinea*, L ; famille des Malvacées, J.

Ce fruit s'offre sous la forme d'une grande capsule à parois coriaces, de forme ovoïde, uniloculaire, à cinq valves; ce péricarpe sec enveloppe une pulpe fibreuse et gélatineuse, d'un goût acidule, fort peu agréable, et au milieu de laquelle sont les graines ou semences; celles-ci sont fort nombreuses, presque noires, disposées sur deux rangs dans chaque valve, et fixées à une sorte de placenta.

L'analogie de forme qui existe entre ce fruit et celui du cacaoyer, *theobroma*, lui a fait donner le nom de cacao sauvage; mais il en diffère essentiellement, bien qu'appartenant à la même famille, car celle des Bytnéracées n'est, comme on sait, qu'un démembrement de celle des Malvacées; nous ferons remarquer, à cette occasion, que cette famille est peu riche en fruits utiles. Le pachirier, bien qu'il

36

soit un des plus beaux arbres que l'on connaisse, fournit un fruit assez insignifiant, car, bien qu'on cuise les amandes sous la cendre, et qu'on les mange sous le nom de châtaignes de la Guiane, elles servent, le plus ordinairement, de pâture aux singes. Cette circonstance milite encore en faveur de l'opinion que nous avons émise plus haut, que les fruits n'ont pas été créés seulement pour nos besoins ; s'il en était ainsi, il y aurait plus de rapport entre la beauté des fruits et celle des arbres qui les produisent. Quel plus bel arbre que le chêne ? quel fruit plus nul que le gland ? quel plus beau fruit que le melon ? quelle tige plus grêle, plus flexible et plus inutile que la sienne ?

JUVIAS, châtaigne du Brésil, fruit du *bertholletia excelsa*, B.; famille des Savonniers, J.

C'est une grosse coque en forme de gourde; du volume de la tête d'un enfant; elle se divise en quatre loges qui renferment, chacune, plusieurs nucules ou châtaignes ; celles-ci sont de forme irrégulière et couvertes d'une enveloppe coriace.

Sous le nom de châtaignes de Maragnan, ces semences sont importées du Brésil en Portugal, où il s'en fait une consommation assez importante; malheureusement, elles rancissent facilement et deviennent alors impropres à l'usage alimentaire; cette circonstance est un obstacle à la propagation utile et profitable de l'arbre qui les fournit, et qui fait l'un des plus beaux ornements des forêts du nouveau monde.

Lorsque les amandes du juvias sont très-récentes, on les fait entrer dans la composition du chocolat, en remplacement d'une certaine quantité de cacao ; cette substitution est une fraude, car elles sont loin d'avoir sa suavité. On en extrait aussi l'huile, mais, attendu la facilité extrême avec laquelle elle rancit, on ne l'emploie guère que pour l'éclairage ou la fabrication des savons communs.

Examen chimique. Il résulte d'une analyse du juvias, faite par M Morin, que son péricarpe ligneux est formé d'acide gallique, — de tannin, — de sucre cristallisable,—d'acétate de potasse,—de gomme, — et de plusieurs sels minéraux.

L'amande, d'après le même chimiste, est composée d'huile grasse formée d'élaïne et de stéarine, — d'une grande quantité d'albumine, — de sucre liquide, — de gomme, — et de fibre ligneuse. On voit, d'après cette analyse, que la composition chimique de cette huile diffère peu de celle de l'huile d'amandes douces, *amygdalus communis*. Il est fâcheux qu'elle rancisse aussi facilement.

COCO DE L'INDE, fruit du cocotier des Indes, *cocos nucifera*, L.; famille des Palmiers, J.

Ce fruit est oblong ou sphérique, à trois angles arrondis ; sa face externe se compose d'un brou filamenteux qui enveloppe une coque ovoïde, très-dure; celle-ci renferme une amande succulente. C'est une véritable noix dont le volume extraordinaire dépasse la grosseur de la tête d'un homme; on y distingue, comme dans ce genre de fruit, le brou, la noix proprement dite ou coque et l'amande.

Le *brou*, qu'on nomme aussi *caire*, ou *coir*, est composé de fibres très-résistantes, entre-croisées en tout sens, et dont les interstices sont remplis d'un suc aqueux qui disparaît par l'évaporation, à mesure que la maturité du fruit s'effectue; cette bourre ou filasse sert à calfater les vaisseaux, à faire des cordages et des toiles grossières. Elle remplace le crin dans la confection des matelas, des coussins, la garniture des selles. Pour détacher cette substance dont l'adhérence est extrême, on fixe en terre une pointe de fer, puis on fait passer cette tige à travers le brou, en présentant le fruit dans le sens de sa longueur. La fibre ainsi recueillie, on la fait rouir en l'abandonnant dans des mares ou simplement dans un sable humide; on la frappe ensuite entre des palettes de bois, pour en séparer les substances étrangères, puis on fait sécher et on file. Cette substance est l'objet d'un commerce très-considérable ; elle joue un grand rôle dans le gréage des bâtiments qui voguent sur les mers des Indes, car les voiles et les câbles en sont presque exclusivement formés.

Le noyau est épais et d'une dureté extrême ; sa base est percée de trois trous, qui sont fermés par une membrane ligneuse, brune, très-résistante dans deux des cavités, et assez facile à rompre dans la troisième. Sa surface est lisse et susceptible d'un très-beau poli, surtout si, en plaçant le fruit dans la vase pendant quelques jours, on laisse rouir l'espèce de filasse dont nous avons parlé plus haut. Il est alors tellement dur qu'il sert à faire des ustensiles de ménage pour ainsi dire inaltérables. On en fait aussi des objets de curiosité, par la beauté des sculptures ou ciselures qu'on exécute à sa surface, et par la richesse des ornements qu'on y applique. Brûlé, il fournit à la peinture un charbon d'un beau noir velouté, préférable encore à celui de noyau de pêche.

Examen chimique. Ce noyau renferme d'abord une liqueur émulsive, blanche, légèrement sucrée-acidule : elle est très-goûtée des naturels, et sert à étancher la soif ; sa saveur rappelle celle de la noix ; elle est inodore, rougit le papier de tournesol ; la couleur primitive de celui-ci ne tardant pas à reparaître, on doit croire que cette liqueur doit son acidité à la présence de l'acide carbonique ; elle est généralement composée de beaucoup d'albumine, — de sucre liquide, — d'un acide libre, acide phosphorique, — d'une quantité assez considérable de phosphate de chaux (en solution), — d'une très-petite proportion d'un principe volatil et d'eau. (Analyse de Buchner.)

Il résulte d'un examen chimique plus récent, fait par M. Bartholomeo Bozio, que 100 parties de ce liquide sont composées de : eau 95, — glycine cristallisée 3,825, — zimome 0,750 , — mucilage 0,250, — perte 0,175.

Cette liqueur, à mesure que la maturation fait de progrès, abandonne la fibrine albumineuse qu'elle tenait en suspension, se solidifie , et donne naissance à une amande dont le centre est cave ; celle-ci a le goût de noisette, et est d'une grande ressource, comme substance alimentaire, pour les peuples qui habitent les contrées que la nature a favorisées du bel arbre qui produit le coco. Râpée et mêlée à l'eau , elle se convertit en une liqueur émulsive analogue à celle produite par l'amande, *amygdalus communis.* Soumise à la presse , elle fournit une huile douce qu'on emploie à divers usages, mais qui , malheureusement, rancit très-promptement. Elle se congèle si facilement, qu'on a proposé de la ranger parmi les huiles concrètes ou beurres végétaux ; cette circonstance est due à la présence d'une grande proportion d'élaïdine ou stéarine. M. Planche est parvenu à l'extraire, à froid, au moyen de l'éther ; cet habile pharmacien a remarqué qu'elle était moins soluble dans ce véhicule, même à chaud, que l'huile de ricin, et que la plus grande partie se séparait du dissolvant par l'abaissement de température. Cette huile forme un objet de commerce assez important, on l'emploie en Angleterre pour l'éclairage ; elle entre, en outre, dans la fabrication du savon.

La substance amygdaline de la noix de coco est d'un blanc de neige, solide, quoique succulente et émulsive. Elle est composée, d'après Buchner, d'eau, — de stéarine, — d'élaïne, — d'albumine caséeuse avec une proportion assez considérable de phosphate de chaux , — de soufre des traces , — de mucoso-sucré , — de gomme, — de parties salines et de fibre ligneuse insoluble. Enfin, suivant M. Bartholomeo Bozio, 100 parties d'amande de coco contiennent 71,488 d'huile,—7,665 de zimome, — 3,588 de mucilage, — 1,595 de glycine en cristaux, — 0,325 d'un principe jaune, colorant, — 14,950 de fibre ligneuse, et 0,392 de perte.

La composition chimique de la liqueur émulsive et de l'amande, qu'il forme par sa solidification, prouve ce que l'expérience avait appris, c'est-à-dire que le coco est un fruit nourrissant et rafraîchissant à la fois. Si l'on en croit les voyageurs, quelques cocotiers suffisent aux besoins, et constituent même la richesse d'un grand nombre de peuplades de l'Asie et de l'Amérique; si elles occupent les plages des mers ou les rives des fleuves, elles forment, avec son tronc, la pirogue qui leur sert à les franchir; avec le brou ou caire, elles fabriquent les voiles qui servent à les diriger; le fruit sert à la fois de leste et d'approvisionnement; il leur offre, en même temps, une boisson et un aliment, et, ce qui n'est pas moins remarquable, le vase qui sert à les contenir et à les conserver.

Le cocotier est, sans contredit, l'arbre le plus utile et le plus beau qu'on connaisse; il s'élève jusqu'à 150 pieds de hauteur; jeté sur les ravins, il sert à les franchir et forme les ponts les plus pittoresques; ses feuilles, d'une contexture très-résistante, servent à couvrir les cabanes ou huttes sauvages. Les Indiens le font naître du sang de *Ceuxi*, immolé par son père *Ixora*, dans un accès de jalousie; aussi les Malabars sont-ils dans l'usage, lorsqu'ils se marient, d'échanger une de ses noix, symbole de la confiance qu'ils doivent avoir l'un pour l'autre.

COCO DU BRÉSIL, fruit de l'*elaïs butyracea*, L.; famille des Palmiers, J.

Ce fruit s'offre sous la forme d'une noix moins grosse et plus succulente que celle du cocotier de l'Inde; le noyau est cartilagineux plutôt qu'osseux; le parenchyme de l'amande qu'il renferme est plus onctueux et rancit aussi plus vite; l'huile s'extrait en écrasant le fruit, et le plongeant dans des baquets remplis d'eau chaude; on agite, puis on abandonne; elle ne tarde pas à se solidifier à la surface par le refroidissement, et on l'enlève au moyen d'espèces d'écumoires; lors-

qu'elle est récente, elle a une odeur aromatique, une couleur rougeâtre, une consistance butyreuse; elle entre en fusion à 27 degrés; elle s'acidifie spontanément et contient des acides margarique et oléique à l'état de liberté, et, en outre, de l'oléine et de la margarine en assez grande proportion, et enfin de la glycerine.

Les indigènes font usage de cette sorte de beurre pour préparer leurs mets et pour s'éclairer; ils le colorent et s'en oignent le corps pour se parer et surtout pour se garantir de l'atteinte des insectes.

AVOIRA DE GUINÉE, *crocro*, fruit de l'*elaïs guineensis*, L.; famille des Palmiers, J.

Ce fruit, que les naturels désignent sous le nom de *maba*, est de la grosseur d'un œuf de pigeon, de couleur jaune doré; il est pulpeux et renferme un noyau à trois valves. Le brou ou caire est onctueux; abandonné à lui-même pendant quelques jours, et soumis ensuite à la presse, il fournit une huile fixe, assez douce, que l'on emploie dans l'économie domestique et dans les arts, et dont on fait usage en médecine pour combattre certaines affections rhumatismales. Elle est de couleur verdâtre.

L'amande fournit aussi une substance grasse, butyreuse, que les Caraïbes nomment *quioquio* ou *thiothio*, et que l'on connaît, en Europe, sous le nom d'*huile de palme*; elle a une odeur qui rappelle celle de l'iris; sa couleur est jaune orangé; sa consistance est comparable au beurre de vache; elle se liquéfie à 29 degrés, et forme, avec les alcalis, des savons durs. Elle a l'inconvénient de se rancir assez facilement; elle blanchit en vieillissant, et prend de la consistance.

Mêlée aux huiles essentielles de muscade, de romarin, au camphre et au baume de Tolu, elle constitue le baume fortifiant et antirhumatismal, connu sous le nom de *baume nerval* ou *nervin*, c'est-à-dire qui fortifie les nerfs.

Examen chimique. L'huile de palme est formée, suivant M. Henry père, de *stéarine* 31 p., — *élaïne* 69 p., — d'un principe colorant uni à l'élaïne, susceptible de se détruire par le contact de l'air, et celui du chlore, — et enfin d'un principe odorant, volatil.

Cette huile est peu soluble dans l'alcool, mais presque complétement dans les éthers sulfurique et acétique.

Le savon de résine, d'un usage si commun aux États-Unis et en Angleterre, est composé d'huile de palme et du résidu de la distillation de l'essence de térébenthine; on mélange ces substances avec la lessive de soude de varech, et on coule dans des moules. Ce savon blanchit très-bien, quoique moins dur que celui de Marseille.

ILLIPE BUTYREUX, fruit de *l'illipus bassia*, L.; famille des Sapotées, J.

C'est un drupe à chair laiteuse, contenant d'une à cinq graines ovoïdes, couvertes d'un tégument presque osseux, lisse et luisant; ces graines renferment une amande de couleur roussâtre, et d'une saveur âpre; réduites en pâte, et bouillies dans l'eau, elles abandonnent une huile de consistance butyreuse, qui se solidifie par le refroidissement et qu'on enlève et qu'on purifie par une deuxième fonte; elle est vulgairement connue dans l'Inde sous les noms de *mahwah* ou *madhouca*, et en Europe, par celui de *beurre de galam*. On l'extrait aussi par expression; dans ce cas, on broie les amandes, et on soumet à une sorte de presse la pâte qu'elles fournissent. Un seul arbre peut donner, si l'on en croit les renseignements qu'a obtenus M. Virey, deux muids de semences et 60 livres d'huile.

Ce produit huileux forme une ressource très-précieuse pour les pays où l'illipus bassia est commun; ce sont principalement l'Afrique, les Indes orientales et les Antilles. Sa saveur participe de celles de la muscade et du cacao; il se conserve assez longtemps sans rancir, et remplace le beurre dans l'usage alimentaire; on l'emploie, en outre, pour combattre certaines affections cutanées, très-communes dans ces climats brûlants. Les femmes en préparent une sorte de pommade cosmétique qui leur sert à oindre leur longue et belle chevelure.

VITELLAIRE PARADOXE (1), fruit du *vitellaria paradoxa*, L.; famille des Sapotées, J.

Ce fruit s'offre sous la forme d'une baie renfermant des nucules uniloculaires, monospermes et revêtues intérieurement d'une membrane vasculaire. Lorsque le fruit a atteint son maximum de maturité, les amandes deviennent onctueuses, et on en extrait, par la pression, une huile concrète ou beurre végétal, dont les peuplades africaines font grand cas, et qu'elles font entrer dans leurs principales préparations alimentaires.

COCO DE MER, COCO DES MALDIVES, fruit du tavarcané, *lodoicea Sechellarum*, L.; fam. des Palmiers, J.

C'est une noix, d'un pied à 18 pouces de long, composée de plusieurs lobes qui lui donnent une forme bizarre; ces lobes, d'une contexture fibreuse, renferment des noyaux noirs, osseux et épais; les intervalles qui les séparent offrent des cavités assez profondes, munies de fibres et donnant issue à l'embryon lors de la germination. L'amande est dure et peu agréable, ce qui rend ce fruit plus curieux qu'utile.

On a longtemps ignoré quels étaient l'arbre et le pays qui produisaient un fruit aussi extraordinaire. Buffon lui-même, dont le jugement était quelquefois faussé

(1) Cette dénomination est fondée sur la forme et la couleur du fruit, qui rappellent celles d'un jaune d'œuf.

par l'amour du merveilleux, a avancé que le latanier végétait à de grandes profondeurs dans la mer. Ces noix, que l'on a même cru être la matière fécale de quelque gros poisson, flottent au milieu des archipels asiatiques, et s'échouent principalement sur les sables des îles Maldives. Delille a décrit ainsi cette espèce de migration séminale :

Et pour renaître un jour dans des climats nouveaux
L'espoir des bois futurs voyage sur les eaux.

L'amande est de nature cornée; elle renferme un liquide mucilagineux, fortement azoté, et qui prend, par son altération, une odeur animale particulière; elle offre une bien faible ressource à l'alimentation, mais on l'emploie dans l'Inde contre les fièvres typhoïdes, ou pour exciter la sécrétion du lait chez les nourrices.

Les sultans du Malabar attribuaient, aux coupes faites avec le tavarcané ou noix de coco de mer, la propriété de neutraliser l'action des plus violents poisons. Cette propriété, bien qu'elle soit fort contestable, a, dans un temps, fait rechercher ce fruit avec tant d'empressement, qu'il s'en est vendu, dans l'Inde, au prix de 300 roupies (750 francs). Mais le merveilleux a disparu, et ils ne servent plus guère aux habitants de l'île Praslin, d'où ce fruit est indigène, qu'à faire des plats et des écuelles, très-connus des amateurs de curiosités sous le nom de *vaisselle de l'île de Praslin*.

AVOCAT, POIRE AVOCAT, fruit de l'avocatier ou laurier, *laurus persea*, L.; famille des Laurinées, J.

L'arbre qui le fournit est indigène de l'Amérique du Sud; son nom français *avocat* paraît dériver de celui caraïbe *aouicate*. On le cultive avec profusion dans les Antilles, où il fut importé, en 1750, par M. l'Esquelin. La beauté de son fruit, qui simule une grosse poire, le fait rechercher des indigènes; la peau ou enveloppe corticale se détache facilement de la chair lorsqu'il est mûr; la pulpe ou chair est de couleur vert pistache extérieurement, c'est-à-dire sous l'épicarpe, mais d'un vert jaunâtre autour du noyau; elle est grasse au toucher, d'une consistance butyreuse, presque inodore; le noyau, assez gros et de forme irrégulière, renferme une amande qui n'est, pour ainsi dire, formée que d'un liquide émulsif résineux.

On distingue à la Guadeloupe, à Cayenne et à Bourbon, plusieurs variétés de ce fruit; elles diffèrent surtout par la forme et la couleur. On en compte six principales, qui sont, 1° l'avocat rond et vert; 2° l'avocat rond et violet; 3° l'avocat oblong et violet; 4° l'avocat oblong et vert; 5° l'avocat mamelonné et violet; 6° enfin l'avocat mamelonné vert. Ces différences de couleur et de forme en apportent beaucoup dans la saveur, et tellement, que l'opinion des voyageurs, à l'égard de la comestibilité de ce fruit, est très-variable; les uns en font fort peu de cas, tandis que d'autres le mettent au rang des meilleurs fruits; ce qu'il y a de certain, c'est que les naturels lui trouvent une saveur assez fade, car ils en relèvent la saveur soit avec le jus de citron et le sucre, soit avec le poivre et le vinaigre, ainsi qu'on le pratique en France pour les artichauts.

M. Ricord Madiana, l'un des savants les plus distingués de la Guadeloupe, s'est occupé de l'histoire naturelle et chimique du fruit de l'avocatier; suivant lui, sa saveur tient de celles du pistachier commun et du beurre frais réunies; la pulpe, qui est, comme nous l'avons dit, grasse ou butyreuse, est aussi appelée beurre végétal par les indigènes. On est dans l'usage de servir ce fruit sur les tables comme entremets, et on le mange à l'instar du melon, c'est-à-dire avec du sel ou du sucre, ad libitum. Les animaux en sont très-friands, aussi est-il difficile de le garantir de leurs atteintes lorsqu'il est mûr.

L'avocat renferme un noyau dont l'amande, regardée longtemps comme vénéneuse, et comme jouissant de la propriété aphrodisiaque à un haut degré, n'est plus guère employée, maintenant, que pour le suc qu'elle contient, et qui sert à marquer le linge d'une manière indélébile. Il est d'abord d'un blanc laiteux, mais il rougit par son exposition à l'air.

Examen chimique. Un fruit d'avocatier, du poids de 1152 gr., a fourni à M. Ricord les principes suivants : huile verte ou chlorophylle 50 gr., — laurine obtenue de cette huile verte des traces, — huile douce (composée d'oléine 39, stéarine 25) 64, — matière végéto-animale 60, — muqueux ou gomme, quantité non déterminée, — ligneux, quantité indéterminée, — sucre cristallisé quantité indéterminée, — acide acétique quantité indéterminée, — humidité et perte 904.

La graine de l'avocat ou plutôt l'amande contient, suivant le même auteur (J. de Phar. v. XV), de la fécule amylacée, — de l'extractif, — de l'eau, — de l'acide gallique, — du savon végétal, — et de la fibre ligneuse.

Ces analyses sont plutôt dénominatives que quantitatives, mais on doit néanmoins savoir gré à M. Ricord de les avoir entreprises avec les faibles ressources qu'offre le pays pour des expériences de cette nature.

NOIX, fruit du noyer royal, *juglans regia*, L.; famille des Térébinthacées, J.

C'est un fruit charnu, rond ou ovale, formé d'un sarcocarpe peu épais, appelé *brou*, renfermant dans son intérieur une seconde enveloppe ligneuse à sillons réticulés, et formée par l'ossification de l'endocarpe; celle-ci entoure une amande divisée en quatre lobes bien tranchés, réunis par couples. Ce fruit est considéré, par les botanistes, comme un drupe; suivant eux la vraie noix est noisette.

La noix est originaire de la Perse, l'arbre qui la produit y existe encore dans son état sauvage, et y forme des forêts presque entières. Ce fruit était connu des Romains, il y a même lieu de croire qu'ils possédaient notre grosse variété. Pline attribue aux diverses parties qui composent la noix des propriétés dont l'efficacité est trop contestable pour que nous croyions devoir les mentionner.

Nous ne pouvons résister au désir d'extraire, de la nouvelle édition de l'*Histoire des arbres fruitiers*, par M. de Mirbel, les observations suivantes, qui complètent l'histoire de ce fruit. Ce savant rappelle d'abord les avantages qu'offre le noyer, et parmi eux le plaisir si vif que prennent les enfants à dérober ses fruits, soit en grimpant à son vaste tronc, soit en mutilant les extrémités de ses branches, au moyen de bâtons, de gaules ou de frondes. Cette sorte d'appareil gymnastique, si séduisant, offert par la nature, exerce, en effet, sur les enfants une influence assez puissante pour développer leur force et leur adresse. Si ces réflexions paraissent minutieuses, nous rappellerons, avec cet auteur, que ces jeux datent de fort loin, et que la jeunesse romaine ne les dédaignait pas. Ovide les a décrits dans un poëme intitulé *de Nuce.*

« C'est, sans doute, à raison de ces jeux de l'enfance, » dit ce savant académicien, « que les nouveaux époux jetaient des noix aux enfants de la noce, soit pour fournir aux amusements de cette jeunesse, soit pour signifier qu'ils devenaient hommes. On distribuait encore des noix aux Romains pendant le célébration des fêtes céréales.

« Dans l'institution de la fête de la Rosière de Salency, établie par saint Médard, il était ordonné qu'on présenterait à la jeune fille couronnée, au retour de la cérémonie, une collation composée de noix et de quelques fruits du pays. » De nos jours elles ornent rarement les tables de l'opulence, mais elles paraissent dans les fêtes champêtres, comme l'emblème de la simplicité de mœurs de nos premiers pères et de la frugalité de leurs repas.

Enfin, dans une dissertation qui nous a paru très-judicieuse, et qui doit trouver place ici, M. de Mirbel prouve que le gland, dont se nourrissaient les premiers hommes, n'était autre chose que la noix. « Le nom de *juglans*, » dit-il, « traduit du grec, semble être une preuve de sa haute antiquité, et nous reporter à ce temps où les glands formaient la principale nourriture des anciens habitants de la Grèce et de plusieurs contrées de l'Asie. Mais nous remarquerons ici que l'on attache à ce mot *gland* une idée peu exacte, propagée par la fausse interprétation des historiens et des poëtes.

« On a cru que ces glands, nourriture, » dit-on, « des premiers hommes, étaient le fruit de notre grand chêne d'Europe (*quercus robur*), et l'on plaignait beaucoup l'homme réduit à un aliment dont la saveur acerbe et les qualités astringentes seraient, en effet, extrêmement nuisibles à ceux qui en feraient usage aujourd'hui. Il n'est nullement probable que le gland ait jamais servi à nourrir les habitants d'un pays riche d'ailleurs, même dans son état inculte, en productions bien plus précieuses. »

« J'ai rencontré, » dit cet habile observateur, « dans l'Afrique septentrionale, une espèce de chêne (*quercus ballota*, Desf.) dont les glands sont très-doux, et ont presque la saveur de la châtaigne (voyez *Gland*, chap. VI, p. 137). Ce chêne y forme des forêts dans certains endroits; on le trouve également dans l'Asie Mineure et en Espagne. Il est à croire que le mot gland avait chez eux une signification très-étendue; ils l'appliquaient, en général, à beaucoup de fruits dont les coques ligneuses renferment une amande, c'est ainsi que le fruit du noyer était également pour eux une sorte de gland : sa saveur agréable, l'emportant sur toutes les autres espèces, ils l'ont désigné sous le nom de *Dios ballanos*, gland de Jupiter, *Jovis glans*, en latin, et par abréviation *juglans*, gland par excellence. C'est, du moins, l'opinion de Pline et de plusieurs autres écrivains distingués. »

Chacune des parties qui composent ce fruit, si utile, contient des principes particuliers, et jouit conséquemment de pro-

priétés différentes. Le brou ou partie charnue du péricarpe contient une matière colorante avec laquelle on obtient, en teinture, des nuances fauves et brunes assez solides. Suivant Tibulle, les dames romaines, pour dissimuler les ravages du temps, teignaient en brun leurs cheveux blancs, au moyen d'une forte décoction de brou de noix. La grande quantité de tannin qu'il contient le rend aussi très-propre à faire de l'encre ; on l'emploie, en outre, dans les arts, et notamment dans l'ébénisterie pour donner au chêne l'aspect du noyer.

Examen chimique. On doit à M. Braconnot l'analyse suivante du brou de la noix ; il est composé des principes suivants : 1° de chlorophylle résineuse, — 2° de tannin, — 3° de principe amer, — 4° d'amidon, — 5° de fibre ligneuse, — 6° d'acide acétique, — 7° d'acide malique, — 8° d'oxalate de chaux, — 9° de phosphate de chaux, — 10° de potasse et d'oxyde de fer fournis par la cendre.

Quant à la tunique externe ou épicarpe de l'amande, M. Pfafe, qui l'a examinée, y a trouvé une quantité très-notable de tannin exempt d'acide gallique, une matière résineuse, particulière, offrant l'odeur et la saveur spécifique de la pellicule.

L'amande à l'état récent est blanche, émulsive; sa saveur est douce et agréable; lorsqu'elle est sèche, elle est jaunâtre, onctueuse au toucher; sa saveur est moins suave; elle fournit, par expression, une huile qui, dans certaines contrées, est employée pour l'usage alimentaire, surtout lorsqu'elle a été récemment extraite, et, dans d'autres, elle est réservée presque exclusivement pour la peinture fine, de préférence à l'huile de lin; elle est aussi très-siccative, et d'autant plus qu'elle est plus rance. On la fait entrer aussi dans la composition des savons verts; enfin elle sert à l'éclairage, et produit une lumière assez vive. On pourrait tirer parti de celle qui a passé à l'état de rancidité, en la décomposant et la brûlant à l'état de gaz.

Huile de noix.

On ne doit procéder à l'extraction de l'huile que renferme la noix que deux ou trois mois environ après que ce fruit a été cueilli. Ce laps de temps est absolument nécessaire pour obtenir un produit abondant, attendu que l'amande fraîche ne contient qu'une sorte de lait émulsif et que l'huile continue à se former après que la récolte est effectuée ; si cependant on attendait trop longtemps, elle serait moins douce et souvent même rance. Après avoir soigneusement séparé les amandes de la coque, on les écrase pour en former une pâte que l'on introduit dans des sacs, puis on soumet à la presse ; l'huile qui coule la première, et qu'on nomme huile vierge, est réservée pour l'usage alimentaire ; on délaye ensuite le marc dans l'eau bouillante et on exprime de nouveau ; ce second produit est réservé pour les arts.

L'huile de noix est de couleur jaune verdâtre, presque inodore ; sa saveur est douce lorsqu'elle a été extraite à froid et en temps opportun ; elle est âcre, au contraire, si son extraction a été effectuée à chaud. Cette huile se congèle à 27 degrés ; sa pesanteur spécifique est de 0,983, l'eau étant 1000. 100 parties ont donné, par la saponification : 95 : 64 huile acidifiée ; 8 : 74 principe doux sirupeux. (Chevreul.)

Les noix sont servies sur nos tables avant et après leur maturité : dans le premier cas, elles prennent le nom de cerneaux. Lorsqu'elles sont mûres et récentes, les amandes ont un goût très-suave ; elles peuvent servir à faire des émulsions et remplacer, dans certains cas, celles d'amandes douces.

La conservation des noix à l'état sec est très-simple, elle consiste à en enlever le brou et à les exposer au soleil ; il ne faut pas, toutefois, que la dessiccation soit trop complète, car elles perdraient leur saveur douce. On peut cependant la leur rendre en partie ; à cet effet on les fait tremper pendant cinq ou six jours dans de l'eau pure ; celle-ci, en s'infiltrant par l'orifice où était implanté le pédoncule, distend l'amande et lui rend en partie sa première fraîcheur.

Plusieurs moyens ont été proposés pour les conserver à l'état frais ; ils sont consignés au chapitre *Conservation des fruits*, nous y renvoyons le lecteur. Quelques personnes les placent dans de grandes jarres, avec des couches alternatives de sable ; d'autres les mettent en terre encore enveloppées de leur brou.

On s'est occupé, dans ces derniers temps, des moyens d'améliorer les noix ; les opérations qui présentent le plus de chances de succès sont : la greffe, la greffe répétée, la fécondation croisée et le marcottage ; quant à l'incision annulaire, comme elle a pour effet d'augmenter le volume du péricarpe aux dépens de la graine ou semence, nous pensons qu'on doit se garder de la mettre en pratique ; car, dans cette circonstance, elle serait évidemment plus nuisible que profitable.

Ratafia de brou de noix.

Pour préparer cette liqueur, on prend environ soixante noix récemment nouées, c'est-à-dire avant que le noyau ait atteint la dureté qui le distingue, on les écrase dans un mortier et on introduit cette sorte de pulpe composée dans un vase convenable : on ajoute eau-de-vie, deux litres ; sucre, douze onces ; maïs, cannelle et girofle, de chaque, un gros : on fait macérer le tout pendant deux nuits, plus ou moins suivant la température, puis on filtre et on conserve pour l'usage.

Cette liqueur est regardée par quelques praticiens, et avec raison, comme stomachique et tonique ; elle est aussi indiquée contre les écoulements ou leucorrhées chroniques.

Enfin les noix entrent dans la préparation pharmaceutique et officinale connue sous le nom d'*eau de trois noix*.

Eau de trois noix.

Bien que son emploi soit presque complétement tombé en désuétude, nous al-

lons cependant, attendu la propriété apéritive dont elle jouit, et qu'on ne peut lui
contester, indiquer son mode de préparation. Il s'effectue en trois époques : on
commence par faire une forte décoction
de chatons de noyer, c'est un assemblage
de fleurs sessiles fixées autour d'un axe
central qui tombe de lui-même en se dé-
sarticulant après la floraison); on fait infuser de nouveaux chatons dans cette décoction, puis on distille et on conserve.
Plus tard, lorsque le fruit est encore peu
développé, on le cueille, on le pile, et on
le fait infuser dans l'eau distillée de chatons; enfin, lorsqu'il a atteint son développement, on l'écrase, on le fait macérer dans l'eau de seconde infusion; on
filtre et on conserve pour l'usage.

Le principe actif de cette préparation
étant évidemment le tannin, rien de
plus simple que de l'extraire et de l'unir
à un principe mucilagineux quelconque
qui tempérerait son action; on aurait
ainsi un médicament plus certain et d'une
conservation plus facile; il n'est pas douteux pour nous, par exemple, que la com-
plication du procédé, la facilité d'altération de cette préparation n'aient puissamment contribué à en faire abandonner
l'usage.

Les diverses variétés de noix ne sont,
comme on va le voir, pas très-nombreuses;
mais elles offrent des caractères assez tranchés.

Noix commune. Sa forme est ovoïde,
son volume médiocre; elle est déprimée
longitudinalement et d'un seul côté; sa
surface est lisse et de couleur verte; le
noyau est irrégulièrement sillonné; il s'ouvre en deux valves inégales; son amande,
lorsqu'elle est fraîche, est douce et émulsive; lorsqu'elle est sèche, elle fournit une
huile qui, dans certains pays, remplace
celle d'olive, mais elle rancit beaucoup
plus promptement.

Noix de jauge ou *à bijoux.* Cette noix
se distingue surtout par son volume, qui
dépasse deux ou trois fois celui de la noix
commune; l'amande n'atteint pas un volume relatif; elle est loin, au contraire, de
remplir la capacité du noyau; aussi cette
noix se conserve-t-elle difficilement, attendu que l'air occupe la capacité libre;
elle est très-recherchée par les bijoutiers,
elle leur sert à former des étuis de nécessaires pour ainsi dire microscopiques.

Noix-mésange. Elle doit cette dénomination à sa coque, qui est tellement tendre,
que les mésanges la perforent avec leur bec
et se nourrissent de l'amande qu'elle renferme et qui est très-délicate; sa forme est
oblongue, l'amande remplit complètement le noyau et se conserve par cela
même assez longtemps, sans passer à la
rancidité. Elle fournit beaucoup d'huile
et d'une très-bonne qualité, aussi est-elle
très-recherchée pour son extraction.

Noix anguleuse ou *noix-bocage.* Cette
noix est très-dure, d'un volume médiocre;
elle renferme une amande douce qui remplit exactement toutes les anfractuosités
du noyau, et comme celles-ci sont très-
profondes, il est difficile de l'en extraire.
Elle fournit une huile assez estimée, mais
la difficulté que présente son extraction
fait qu'elle est assez rare.

Noix præcox ou *précoce.* Cette variété est peu commune; elle doit son
nom à la faculté qu'on attribue à l'arbre
qui la fournit de donner deux récoltes par
année; cette singularité ne peut s'expliquer, comme nous avons déjà eu l'occasion
de le faire remarquer, qu'en raison de la
précocité de la floraison, qui permettrait
à certains fruits d'être presque mûrs
lorsque d'autres fleurs ne feraient encore
que se développer; du reste, cette noix
n'offre, quant à sa forme et son volume,
rien de bien remarquable.

Noix tardive ou *de la Saint-Jean.* Elle
doit cette dénomination à ce que l'arbre
qui la produit ne fleurit qu'au mois de juin;
elle est généralement cueillie avant sa maturité pour être mangée en *cerneau.* Elle
fournit moins d'huile que les précédentes
et est cependant assez estimée; son volume est médiocre.

Noix petit-fruit. Sa dénomination indique suffisamment en quoi elle diffère des
autres variétés; elle est aussi plus globu-

leuse; l'amande qu'elle renferme est douce et agréable; on la cultive peu, bien que l'arbre qui la produit soit très-fertile. Il serait intéressant de greffer cette variété sur la noix de jauge, ou celle-ci sur elle.

Noix d'Amérique. C'est, sans contredit, l'espèce la plus rare et la plus estimée : son noyau est globuleux, sillonné d'anfractuosités très-profondes et très-rapprochées; il est noir et très-dur; l'amande qu'il renferme est douce et suave; elle fournit une huile dont on fait beaucoup de cas en Amérique. Cette huile se congèle difficilement. On lui attribue la propriété vermifuge à un très-haut degré et on l'administre plus particulièrement contre le *tænia*.

Noix-pacane, produit du *noyer-pacanier.* Cette noix est de forme ovoïde, d'un assez beau volume, et il tend encore à s'augmenter par la culture; sa coque est mince et tendre, son amande douce et très-oléagineuse. Cette variété, originaire de l'Amérique septentrionale, est estimée, mais peu répandue en France, bien qu'elle y fructifie parfaitement.

Noix-hickorry ou *blanche de Virginie.* Elle est blanche et lisse, un peu anguleuse; l'amande est douce, d'un goût très-suave; elle fournit une huile assez abondante, et figure avec avantage sur les tables, mais elle est également peu répandue; on ne la rencontre guère, en effet, que dans les pépinières de choix.

Enfin on cultive encore les noix *porcina,* *squamosa* et *racemosa* : ces dernières sont réunies en grappes, le plus communément au nombre de quinze à vingt.

NOISETTE, fruit du noisetier ou coudrier, *corylus,* L.; famille des Amentacées, J.

Ce fruit, qui, suivant les botanistes, constitue la vraie noix, s'offre sous la forme d'une petite noix ronde ou ovale, un peu déprimée vers la base, et marquée d'un hile, ou cicatrice large et arrondie, légèrement aiguë au sommet; son enve-loppe externe, ou péricarpe, est sèche et ligneuse; elle renferme une amande dont la tunique externe, ou épicarpe, est tantôt rouge, tantôt cendrée, suivant les variétés. L'amande est bilobée, émulsive lorsqu'elle est récente, huileuse lorsqu'elle est sèche, d'une saveur douce et quelquefois amère. Ce fruit sec est toujours enveloppé dans un involucre foliacé découpé au sommet; les différences que présente celui-ci servent à distinguer certaines espèces ou variétés.

Les noisettes (1) sont presque toujours groupées en bouquet; l'amande qu'elles renferment, réduite en farine, forme une poudre connue dans l'art de la parfumerie sous le nom de *pâte d'amandes;* elle est de beaucoup préférable pour les usages de la toilette à celle fabriquée avec les tourteaux ou résidus d'amandes ordinaires, *amygdalus communis.*

Le baron Tschoudy, dans le but d'améliorer le fruit du noisetier, a eu l'idée de faire des coupures ou incisions annulaires autour des branches principales, de manière à enlever environ deux pouces de l'écorce extérieure; il recouvrit les plaies d'une sorte d'emplâtre Saint-Fiacre formé de terre glaise et de bouse de vache, et abandonna jusqu'à ce que le développement du fruit fût complet. La fertilité ne fut pas plus grande, mais la hâtiveté fut augmentée.

Huile de noisette.

C'est, de tous les produits que l'on obtient des noisettes, celui qui est le plus intéressant. Extraite à froid, elle a une saveur douce très-agréable, et peut, dans beaucoup de cas, remplacer l'huile d'olive; son analogie avec l'huile de noix la rend

(1) Le noisetier ou coudrier est originaire du royaume de Pont; son bois jouait un rôle important dans les temps superstitieux; les baguettes divinatoires des magiciens en étaient formées; de nos jours, et par tradition, sans doute, quelques charlatans exploitent encore la crédulité du vulgaire en lui attribuant la propriété d'indiquer la présence dans le sol de certains métaux précieux, et celle des eaux jaillissantes ou susceptibles de le devenir.

aussi très-propre à la peinture, car elle est également siccative. Les charlatans lui attribuent la propriété de faire croître les cheveux, mais rien ne justifie cette propriété, si ce n'est sa fluidité.

Le mode d'extraction est absolument le même que celui que nous avons indiqué pour l'huile de noix; nous y renvoyons, en conséquence, le lecteur.

Les variétés de noisettes ne sont pas beaucoup plus nombreuses que celles de noix, mais elles ont des caractères plus tranchés; leur involucre offre, ainsi que nous l'avons dit, des différences sensibles.

Noisette franche, fruit rouge et fruit blanc. Cette variété est entourée d'un involucre qui l'enveloppe complétement et la dépasse même; il offre une sorte d'étranglement vers son extrémité: cette noisette est allongée, déprimée au sommet et marquée d'un hile qui embrasse presque toute la base. Bien que la couleur du noyau soit un indice suffisant pour distinguer la couleur de l'amande, cependant la tunique externe qui enveloppe celle-ci est d'une couleur beaucoup plus prononcée; elle est d'un rouge violet assez foncé dans la variété rouge, et d'un gris jaunâtre dans celle blanche.

Cette noisette a une saveur douce et agréable qui lui est particulière.

Noisette-aveline. Elle est généralement de forme ovoïde, anguleuse; son volume est assez considérable; il dépasse celui de la variété qui précède; le sommet est garni d'un duvet cotonneux assez adhérent et persistant; la pellicule ou tunique externe de l'amande est toujours blanche: on la croit une sous-variété de la noisette des bois.

Cette variété fait partie des *quatre mendiants*: elle est pour l'Italie et le midi de la France l'objet d'un commerce assez important. Elle entre dans la composition des nougats les plus délicats, et fournit, par la pression, une huile douce fort agréable. Elle a pour sous-variétés la noisette ovale, *coryla ovata*; la noisette gros fruit, *coryla maxima*, et la noisette striée, *coryla striata*.

Noisette de Byzance. Cette noisette atteint également un assez beau volume: elle est déprimée sur deux faces; l'hile occupe presque toute la base; l'involucre est assez long, mais généralement mince, délié et sec; l'enveloppe ligneuse ou coque est très-dure et assez épaisse; l'amande, bien que sèche, est cependant savoureuse.

Cette variété n'est pas moins estimée que l'aveline. Puisque nous avons occasion de revenir sur cette dénomination, nous en profitons pour faire connaître son étymologie: elle dérive d'*Avellino*, petite ville du royaume de Naples, aux environs de laquelle on cultive abondamment cette variété. Quant à celle de Byzance ou Bysance, elle indique suffisamment que cette variété était connue dans la nouvelle Rome ou Constantinople.

Noisette du Levant. Cette variété, qui pourrait bien avoir une origine commune avec celle qui précède, en diffère cependant en ce que son involucre est plus charnu et plus lisse; les autres caractères présentent beaucoup d'analogie; c'est ainsi qu'elle est également triangulaire et aplatie au sommet, que son hile occupe toute la partie inférieure ou base; son bois ou coque est également épais et dur; son amande sèche, peu savoureuse et, partant, peu agréable, aussi en fait-on beaucoup moins de cas.

Noisette des bois. Elle ne se distingue de l'aveline qu'en ce qu'elle est plus petite; son involucre est aussi plus court et profondément découpé. On en distingue deux variétés, l'une oblongue et l'autre sphérique; leurs qualités sont les mêmes, elles ne diffèrent que par la forme; aussitôt leur maturité, elles abandonnent leur involucre et tombent: la récolte doit conséquemment se faire de bonne heure, car, sans cette précaution, on est obligé de les ramasser sur le sol; heureux lorsque les animaux rongeurs ne les ont pas entamées.

Noisette de futaie. Elle est plus grosse que celle des bois, sa coque est striée et couverte en partie d'un duvet cotonneux qui lui donne un aspect velouté; l'involucre qui l'enveloppe est long; il dépasse le fruit, qu'il masque ainsi complétement; son extrémité est laciniée et profondément découpée.

Cette variété a une amande douce, d'un goût très-suave, aussi est-elle très-estimée; on ne la propage pas en raison de son mérite ou de ses qualités.

Noisette cornue. Cette variété est très-remarquable, en ce que l'involucre qui enveloppe le fruit est très-long et diversement contourné; il est irrégulièrement découpé et toujours déchiré au sommet lors de la maturité; la noix qu'il renferme est petite, de forme ovoïde, un peu déprimée sur les côtés; l'amande est peu savoureuse et conséquemment de qualité médiocre.

Noisette d'Amérique. Cette espèce est peu connue; nous ne l'avons pas trouvée, dans les jardins, mais seulement décrite dans la belle édition du *Nouveau Duhamel*, par MM. Poiteau et Turpin; nous croyons, en conséquence, ne pouvoir mieux faire que de mettre cette description sous les yeux du lecteur.

« Les fruits du noisetier d'Amérique, » disent-ils, « sont petits, ovales, comprimés ou quelquefois triangulaires, dépourvus du velouté qu'on remarque sur les noisettes d'Europe, marqués de stries triangulaires plus ou moins apparentes, et couronnés par une petite auréole calicinale, au centre de laquelle on trouve les débris de deux styles si le fruit est simplement comprimé, et les débris de trois s'il est triangulaire; mais, quelle que soit sa forme, il est toujours d'un fauve rougeâtre et très-dur; dans la maturité, son amande, un peu trop sèche peut-être, a un goût particulier qu'on ne trouve pas dans nos avelines, et qui n'est pas sans agrément. »

La noisette d'Amérique se trouve sur tous les marchés des États-Unis : nous sommes trop riches en bonnes espèces, pour regretter qu'elle ne soit pas cultivée chez nous; mais elle ne serait pas moins une bonne acquisition, et nous engageons à la propager.

AMANDE, fruit de l'amandier commun, *amygdalus communis*, L.; famille des Rosacées, J.

C'est un drupe aplati, de forme ovoïde, couvert d'un duvet cotonneux, renfermant un noyau oblong, plus ou moins dur, et celui-ci une semence et quelquefois deux, partagées en deux lobes; la tunique qui revêt cette dernière, d'abord blanche, passe au roux par la dessiccation; elle est enduite d'une poussière résineuse de même couleur; l'un des côtés du fruit est droit ou presque droit, l'autre est convexe; ce dernier offre dans sa longueur un sillon peu profond, qui commence à la queue et se termine au mamelon, que forme généralement la base du style.

L'amandier est originaire de l'Asie et du nord de l'Afrique. Dans quelques contrées de l'Inde, son fruit sert de monnaie commune. Il s'est naturalisé dans le midi de l'Europe et est cultivé avec succès en Espagne, en Italie et même en France. Les Romains paraissent n'avoir connu avant Pline que l'espèce amère ou sauvage.

On distingue plusieurs espèces et variétés d'amandes; celles à coque tendre sont généralement réservées pour la table, elles font partie des fruits secs dits *quatre mendiants*; les autres sont employées dans les arts, soit pour en extraire l'huile, soit pour en former par la mouture une poudre ou farine, que les parfumeurs appellent improprement *pâte d'amande*. On les divise encore en deux grandes classes, celles douces et celles amères: les premières ont un goût très-agréable; pilées avec partie égale de sucre, et mêlées ensuite à suffisante quantité d'eau, elles forment une liqueur émulsive, vulgairement appelée *lait d'amandes*, et plus exactement *amandée*; on l'emploie dans l'art culinaire pour faire des potages, et plus communément en médecine, comme boisson rafraîchissante et sédative; unie au sucre, elle fait la base des loochs et du sirop d'orgeat, dont nous allons parler bientôt. Les amandes douces, plongées dans un sirop de sucre très-blanc et cuit convenablement, passées ensuite au crible et replongées ainsi plusieurs fois dans le saccharé ou sirop, forment des *dragées* ou des *pralines*, suivant la qualité du sucre et le tour de main qui constitue l'art du *dragiste*.

On nomme torrades, en Provence, des amandes légèrement torréfiées ; elles acquièrent, par cette opération, le goût des pralines, et sont très-goûtées des Provençaux : on fabrique, en outre, avec les amandes entières ou divisées, préalablement privées de leur tunique ou épisperme, une pâte sucrée, blanche ou colorée, qui constitue les nougats rouges ou blancs, dont l'usage est très-répandu, et qui figurent dans tous les desserts.

Les amandes amères, pilées avec du sucre, forment une pâte, dite frangipane, qui, divisée par portions et soumise à l'action d'un four légèrement chauffé, sert à faire les macarons, massepains, etc.; enfin, divisées par lanières ou tranches et plongées dans du sucre caramelé, les amandes douces et autres forment les nougats ordinaires. On doit se garder, nous le répétons à dessein, de faire entrer les amandes amères en trop grande proportion.

Sirop d'orgeat.

Maintenant qu'on ne fait plus entrer d'orge dans sa composition, la dénomination de sirop d'amande ou d'amandée serait beaucoup plus exacte.

Sa préparation consiste à prendre une livre (500 grammes) d'amandes douces, quatre onces (125 grammes) d'amandes amères, et 500 grammes de sucre, à piler le tout ensemble en ajoutant peu à peu quatre onces (125 grammes) d'eau ; lorsque la pâte est bien homogène (et pour y parvenir d'une manière plus certaine, on peut la broyer à la manière du chocolat), on la délaye dans trois livres (1,500 grammes) d'eau, on passe dans un linge avec expression, et on ajoute cinq livres (2,500 grammes) de sucre blanc; on fait cuire en consistance de sirop; après le refroidissement, on aromatise avec huit onces (250 grammes) eau de fleurs d'oranger.

La récolte des amandes s'effectue généralement à la fin de l'été. La moindre agitation fait souvent tomber les plus grosses, et ce sont ordinairement les meilleures ; on gaule les autres, ou mieux, on les cueille à la main pour ménager l'arbre, dont le bois, quoique dur, est assez cassant, attendu ses nombreuses articulations; on étend ensuite les fruits, soit sur le lieu même, lorsque le temps est sec, soit dans des greniers, jusqu'à ce que les brous soient ouverts; on les trie ensuite et on les étend de nouveau pour que leur dessiccation soit générale; on les introduit ensuite dans des sacs pour les livrer au commerce.

En Espagne, et notamment aux environs d'Alicante, on se garde bien de perdre le brou; on le fait entrer dans la composition d'un savon commun : la grande quantité de principe alcalin et mucilagineux qu'il contient le rend, en effet, assez propre à cet usage. Enfin, dans le midi de la France, où, comme on le sait, les amandiers sont très-communs, on est dans l'usage d'engraisser les mulets et les chevaux avec les coques soit fraîches, soit sèches. Pour éviter que ces animaux, qui en sont très-friands, ne les mangent avec trop d'avidité, et qu'il n'en résulte des inconvénients, on les mélange avec de la paille hachée, ou des balles d'avoine.

La grande quantité d'acide prussique (cyanhydrique), que contiennent les amandes amères, doit tenir en garde contre les effets délétères qu'elles peuvent produire, et limiter conséquemment leur emploi dans les usages domestiques. Les anciens prétendaient que des amandes amères prises à jeun servaient de préservatif contre l'ivresse. Cette propriété, fort contestable, offre heureusement, de nos jours, trop peu d'intérêt pour qu'on s'occupe de s'assurer de sa réalité. Ces amandes sont rangées, dans la pharmacopée allemande, parmi les substances fébrifuges.

Examen chimique. M. Boulay, auquel on doit plusieurs autres analyses non moins intéressantes, a trouvé que les amandes douces étaient composées d'huile grasse ou fixe jaunâtre et très-douce, 0,54; — albumine 0,24; — sucre, 0,06; — gomme, 0,03; — pellicules extérieures, 0,05; — parties fibreuses, 0,05; — et un peu d'acide acétique.

Les amandes amères ont une composition analogue. Suivant Vogel de Munich, elles sont formées : d'acide hydrocyanique ou (prussique), quantité indéterminée; — huile grasse, 26; — sucre cristallisable, 0,5; — gomme, 3; — fibre ligneuse, 5; — péricarpe, 8,5; — matière caséeuse.

Dans un travail plus récent et très-remarquable, MM. Robiquet et Boutron ont constaté, 1° que l'huile volatile d'amandes amères n'est pas toute formée dans le fruit, que l'eau est nécessaire à sa production; 2° que l'acide benzoïque ne préexiste pas non plus dans l'huile volatile, mais que celle-ci est susceptible de se convertir entièrement en acide benzoïque par l'absorption de l'oxygène; 3° qu'il existe dans les amandes amères une matière cristalline particulière, blanche, inodore, inaltérable au contact de l'air, d'une saveur amère qui rappelle celle des amandes; très-soluble dans l'alcool et cristallisant par le refroidissement en aiguilles rayonnées; susceptible de dégager de l'ammoniaque quand on la chauffe avec de la potasse caustique en dissolution ; que cette substance, que les auteurs nomment amygdaline, serait la cause unique de l'amertume des amandes amères, et l'un des éléments de l'huile essentielle, dans laquelle ils seraient portés à admettre l'existence d'un radical benzoïque.

L'emulsine ou sérum d'amandes contient plusieurs matières azotées (qui ne sont probablement que de simples modifications de la même); on y trouve, en outre, une sorte d'albumen, qui donne, par la chaleur de l'ébullition, un coagulum d'un blanc mat; — une substance opalisante qui ne coagule pas par la chaleur, mais qui donne à sa dissolution concentrée la propriété de se prendre en gelée par le refroidissement; — une matière qui ne se coagule pas, n'opalise pas la liqueur par la chaleur, et ne lui donne aucune consistance par le refroidissement. L'auteur de cette nouvelle observation, M. Robiquet, croit cette matière susceptible de cristalliser; elle réagit sur l'amygdaline avec une grande énergie : ces trois matières ont pour caractères communs de précipiter par le tannin et par le chlore.

Enfin, comme complément de ce beau travail, M. Robiquet, en traitant directement par l'alcool des amandes douces privées d'huile fixe, en a extrait un sucre analogue à celui de canne, cristallisant comme lui en prismes hexaèdres durs, incolores et transparents. Il a vu, en outre, que la gomme des amandes n'est pas de la gomme proprement dite, puisqu'en la traitant par l'acide nitrique elle ne fournit pas d'acide mucique.

Huile d'amande.

L'huile douce que renferment les amandes forme, comme on l'a vu plus haut, environ la moitié de leur poids. Pour l'extraire on choisit les plus récentes; il ne faut cependant pas, comme nous l'avons dit pour les noix, qu'elles soient trop fraîches, car elles fourniraient beaucoup moins d'huile; on prend indifféremment des amandes douces ou amères; elles ne fournissent, en effet, quelle que soit leur saveur, que de l'huile douce. Cette circonstance très-remarquable, et dont on avait naguère encore de la peine à se rendre compte, est rangée dans l'ordre des faits naturels depuis les belles expériences de MM. Robiquet et Boutron. Les amandes choisies, on les sasse dans un sac de toile rude, on les écrase ensuite à l'aide d'un mortier, ou, mieux, on les passe sous une meule appropriée à cet usage; on introduit ensuite la pâte dans des sacs de coutil et on soumet à la presse.

Les parfumeurs, pour obtenir des tourteaux plus blancs et, par suite, une plus belle *pâte d'amandes*, les plongent dans l'eau bouillante pour en séparer la pelure ou tunique externe; mais cette manière de procéder a l'inconvénient de provoquer la rancidité de l'huile, altère conséquemment sa qualité et diminue sa valeur.

L'huile d'amande est presque incolore; elle se congèle assez difficilement, car elle reste fluide à 12 degrés au-dessous de zéro, elle est légèrement laxative; on l'administre rarement pure, à moins que ce ne soit dans des cas d'empoisonnement; on l'associe au sirop de chicorée, pour faire évacuer les enfants à la mamelle.

Espèces et variétés.

Les espèces d'amandes sont assez nombreuses; cependant on peut les réduire, ainsi que l'a fait le père Caporini, botaniste sicilien, pour celles si nombreuses de ce pays, aux quatre suivantes : 1° *amandes douces à coque dure*; 2° *amandes douces à coque tendre*; 3° amandes amères; 4° amandes très-grosses douces et à coque tendre. Les variétés sont aussi assez nombreuses.

Amande commune. Elle est de forme oblongue, déprimée sur ses deux faces, longue d'environ 15 à 18 lignes et large de 10 à 12; son péricarpe est peu succulent, ferme et résistant; il est divisé, dans sa longueur et sur le côté convexe, par un sillon peu profond, et il est généralement terminé par un très-petit mamelon; sa coque est dure : l'amande, douce et agréable, en remplit toute la cavité.

Amande franche. Cette amande est d'un assez beau volume; sa longueur et sa largeur ne sont pas moindres que dans celle ci-dessus; sa coque est très-dure; elle renferme une semence ou amande amère, revêtue d'une tunique externe, marquée de nervures rousses. Cette variété est tardive; elle n'atteint, en effet, son complet développement qu'en septembre.

Amande grande fleur. Nous n'avons pas besoin de faire remarquer que cette dénomination s'applique à l'arbre plutôt qu'au fruit; quoi qu'il en soit, elle est obtuse, très-cotonneuse, marquée, vers le pédoncule, de stries ou sillons assez profonds. Le péricarpe ou brou est d'un vert roussâtre dans les deux tiers de son étendue, mais d'un gris cendré et tacheté de roux dans la partie qui reçoit plus directement l'influence solaire; sa coque est très-dure, son amande douce et agréable.

Amande feuille de saule. Ce que nous avons dit pour la dénomination de la variété qui précède s'applique à celle-ci. Cette amande est assez longue; sa coque est dure; sa semence ou amande, disent MM. Poiteau et Turpin, est *moitié douce, moitié amère*, ou plutôt l'arbre en porte des deux espèces, ce qui est dû évidemment à une sorte d'altération, attendu que l'amandier amer paraît être le type de l'espèce, et l'amandier doux le résultat de la culture, ainsi que nous l'avons établi plus haut.

Amande d'Italie. Elle se distingue des autres espèces ou variétés par la couleur que prend le péricarpe; il se colore, en effet, d'une teinte rougeâtre parsemée de points cramoisis, et notamment du côté qui reçoit plus directement l'influence des rayons solaires. Le sillon longitudinal qui la divise latéralement est très-étroit et assez profond; la coque est épaisse; ses anfractuosités sont peu prononcées; elle cède assez facilement à la pression même des doigts; l'amande est blanche et un peu amère.

Amande naine. Fruit de l'amandier nain : elle est très-petite, plate, de couleur rousse; sa surface est plus velue que celle des grandes espèces, mais un peu moins, cependant, que dans celle dite de Géorgie; son brou est assez épais, son noyau dur et lisse, l'amande est légèrement tendre; elle est, comme la coque, convexe sur ses deux faces. Nous ferons remarquer à cette occasion que les noyaux que présente cette forme sont toujours durs, à telle espèce de fruit qu'ils appartiennent, et d'autant plus qu'ils approchent davantage de la convexité parfaite: on conçoit, en effet, que deux parties convexes opposées doivent offrir beaucoup plus de résistance que deux parties planes ou offrant moins de convexité.

Amande de Géorgie. Cette variété diffère peu de celle qui précède, quant à la forme et au volume, mais sa surface se colore en roux plus intense, et se couvre d'un duvet cotonneux plus fourni ; sa coque est également plus convexe, et conséquemment plus dure ; son amande est amère.

On croit, disent MM. Poiteau et Turpin, qu'elle a passé d'Angleterre en France sous le nom d'amande de Perse ; elle est originaire de la Géorgie et du mont Caucase. Elle est, au reste, plus curieuse qu'utile, et ne figure guère que dans les collections.

Amande des dames. Elle atteint un beau volume, car sa longueur dépasse quelquefois 2 pouces, et sa largeur 10 à 12 lignes ; elle est arrondie à la base et au sommet : cette dernière partie est surmontée d'une petite pointe ; déprimée sur ses deux faces, elle offre cette singularité que dans une partie de son étendue, du côté concave, le brou se détache de la coque et la laisse apercevoir : celle-ci est tendre et couverte d'anfractuosités très-prononcées ; l'amande est grosse et blanche, d'une saveur douce et agréable, rappelant celle de l'aveline ; elle mûrit vers la fin d'août.

Amande sultane. Cette variété a beaucoup d'analogie avec la précédente ; elle est cependant un peu plus petite ; sa coque est tendre, et son amande douce et également très-agréable.

Amande satinée. Cette amande est petite et n'atteint guère plus d'un pouce de long sur 6 à 8 lignes de diamètre ; elle est très-déprimée ; sa surface est de couleur gris de perle satiné, et du plus heureux effet ; le brou se détache assez facilement de la coque, et à tel point, quelquefois, que l'arbre est presque entièrement chargé de coques qui en sont totalement dépourvues : celles-ci sont très-convexes, et, partant, très-dures : elles renferment une amande un peu amère, mais qui n'est cependant pas désagréable.

L'arbre qui fournit cette variété, quoique assez fertile, en produit cependant peu, attendu que, sa floraison étant très-hâtive, elle se trouve soumise aux intempéries des premiers jours du printemps.

Amande gros fruit. Cette variété, bien que d'un volume assez considérable, n'atteint cependant pas celui de l'amande des dames ; sa longueur est d'environ 18 lignes, son diamètre de 12 à 15 ; son brou est peu épais ; sa coque est dure, presque entièrement dépourvue de carène ; elle est garnie d'une sorte de chevelu fibreux assez résistant ; l'amande remplit complétement la cavité de la coque ; sa saveur est agréable, mais moins suave cependant que celle de l'amande des dames.

Amande-pêche. La rareté de ce fruit ne nous a pas permis de l'examiner, mais nous empruntons ici la description qu'en ont donnée les auteurs du *Nouveau Duhamel.* « Dans les automnes chauds et humides, » disent-ils, « la plupart de ces fruits se fendent sur l'arbre, dans le sillon qui les divise en deux lobes ; alors on voit que leur chair est très-épaisse, qu'elle est à peu près de la couleur de la peau, excepté auprès du noyau, où elle devient ordinairement violette. Quant à la qualité de cette chair, elle varie en raison des années plus ou moins favorables à la coction des sucs (1) : souvent elle ne vaut rien du tout, quelquefois elle se rapproche assez de nos pêches de vigne des environs de Paris, et alors elle atteint la plus grande perfection qu'il lui soit possible d'acquérir sous notre climat. Le noyau se détache assez facilement de la chair lors de la maturité ; il est très-gros, très-dur, très-

(1) Nous ferons remarquer, ici, qu'ainsi que nous l'avons déjà dit, la température est appelée à jouer un rôle très-important dans la maturation des fruits à péricarpes, acidules, gélatineux. MM. Poiteau et Turpin, et d'autres avant eux, emploient, comme on le voit, le mot *coction* pour rendre la même idée ; lorsque nous avons traité de la maturation, on a vu qu'il y avait, en effet, identité d'action entre la chaleur factice et celle naturelle ou solaire, et que les résultats étaient souvent les mêmes.

37

épais, et rappelle à la fois celui de l'amande et celui de la pêche ; sa surface est garnie d'aufractuosités moins nombreuses et moins profondes que celles du noyau de cette dernière, mais plus que celles des amandes ordinaires. On trouve, dans l'épaisseur de sa substance, des conduits qui contiennent un réseau de fibres desséchées. L'amande que ce noyau renferme est moins douce que celle du commerce.

« L'arbre qui produit cette singulière variété paraît devoir son origine à un amandier dont la fleur aurait été fécondée par les étamines d'une fleur de pêcher ; ce qu'il y a de certain, c'est qu'on pourrait appeler ce fruit avec autant de raison pêche-amande qu'amande-pêche. »

Cette sorte d'anomalie a été observée par les anciens, du temps de Pline ; on désignait sous le nom de *tubères* les fruits qui l'offraient. En parlant des pêches, nous avons signalé une variété de ce fruit qui a beaucoup d'analogie avec l'*amande-pêche*. Cette circonstance milite puissamment en faveur de l'opinion qui a été émise, que ces deux fruits avaient une même origine ; nous avons rapporté une observation de M. Knight, qui le constate d'une manière péremptoire. Ce savant horticulteur a obtenu, en effet, des pêches d'un arbre issu d'un amandier fécondé par la poussière séminale d'un pêcher ; leur chair était douce et fondante, seulement elles tendaient à s'ouvrir, comme l'amande des dames.

Amande-pistache. Cette amande n'atteint guère que 14 à 15 lignes de longueur, sur 8 ou 10 de diamètre ; sa surface est cotonneuse, son brou est assez mince et se détache facilement de la coque ou noyau ; celui-ci est dur ; l'amande qu'il renferme est douce, mais peu savoureuse. Il y a lieu de croire que cette variété acquiert en Provence des qualités dont elle ne jouit pas sous le climat de Paris, car elle y est très-estimée. Nous ne voyons, dans ces caractères, rien qui justifie la dénomination qu'on lui a donnée, et qui puisse la faire confondre, pour le vulgaire, avec la pistache proprement dite.

Amande de montagne. On en distingue deux espèces, la petite et la grande : la première offre la forme d'un gland ; la pellicule qui enveloppe le brou passe du vert au brun et du brun au noirâtre. La seconde espèce ou variété ne diffère de celle-ci que par son volume, qui est beaucoup plus considérable, et comparable à une prune de Monsieur. Les amandes que renferment les coques de ces fruits se rapprochent beaucoup de celles d'Europe ; elles offrent cependant cela de remarquable, que leur tunique externe a une teinte rosée.

Ces deux variétés sont très-communes aux Antilles ; elles y sont employées aux mêmes usages que les nôtres. Elles croissent sauvages sur les montagnes et dans les terrains les plus arides.

AMANDE DES INDES, fruit du badamier de Malabar, ou arbre à huile, *terminalia catappa*, L. ; famille des Éléagnées, J.

C'est un drupe ou noix ovoïde comprimée, rougeâtre lors de sa maturité ; elle renferme un noyau oblong très-dur, monosperme ; la graine se compose d'un gros embryon sans endosperme.

Ce fruit croît naturellement à l'Ile-de-France ; on fait plus d'usage des amandes que du fruit proprement dit ; elles ont, en effet, une saveur qui rappelle celle de nos noisettes, et sont très-communément servies sur les tables en Amérique, où elles sont assez communes et employées aux mêmes usages que les amandes d'Europe : elles sont aussi émulsives et servent à préparer du lait d'amandes ou amandée, que l'on administre avec succès comme sédatif et rafraîchissant dans les maladies inflammatoires. On en extrait, en outre, par expression, une huile fixe, douce, employée également avec succès dans l'usage médical et dans l'usage alimentaire : elle a l'avantage très-précieux de rancir difficilement.

Examen chimique. — Soumises à l'analyse, ces amandes fournissent, comme celles d'Europe, une huile fixe, — de la gomme,—du sucre, — de l'albumine et de l'eau.

On confit le fruit, encore vert, à l'instar des cornichons, et on le fait entrer dans la composition des achars, sorte de horsd'œuvre dont on fait communément usage dans l'Inde. Enfin le brou est, attendu la proportion assez-considérable de tannin qu'il contient, employé dans les arts pour obtenir une teinture noire.

PISTACHE, fruit du pistachier, *pistacia vera*, L.; famille des Térébinthacées, J.

Ce fruit, qu'on nomme noix-pistache, a la forme et le volume d'une olive; il en diffère cependant en ce que sa surface est rugueuse, convexe d'un côté, concave de l'autre; le brou est peu épais, de couleur cramoisi tendre; la coque est blanche et ligneuse; elle s'ouvre en deux valves; l'amande, comme celle de la plupart des fruits à noyaux, ne commence à prendre de la consistance que lorsque celui-ci est formé; elle est anguleuse, recouverte d'une tunique ou pellicule verte, qui se détache assez facilement lorsqu'on la plonge dans l'eau chaude; elle a une saveur douce très-agréable, qui rappelle celle de la noisette, mais elle est plus aromatique.

Le pistachier fut, dit-on, apporté du Levant à Rome par Vitellius, gouverneur de la Syrie. Pline conseille l'usage de l'amande pour anéantir l'effet vénéneux de la morsure des serpents. Elle devait alors jouir d'une énergie bien puissante, ou le venin de ces animaux devait être bien innocent; car, telle que nous la connaissons, elle est loin de posséder cette précieuse propriété.

On trouve le pistachier au Brésil et aux Antilles; il s'est assez récemment naturalisé dans le midi de l'Europe, et particulièrement en Espagne, en Italie et dans nos provinces méridionales; mais c'est surtout la Sicile qui fournit aux besoins du commerce.

La fleur du pistachier étant unisexuelle, et la fécondation s'opérant conséquemment difficilement, les paysans de la Sicile vont à la recherche des chatons de pistachiers mâles, puis ils les attachent au sommet des pistachiers femelles, et le vent, en secouant le pollen, favorise la fécondation (voir *Fécondation croisée*, chap. V).

Le plus grand emploi que l'on fasse de ce fruit est dans l'art culinaire: il sert à farcir certaines viandes; on en fait également usage dans l'office pour aromatiser des glaces, des sorbets, des crèmes, garnir des pièces de pâtisserie. Enveloppées de sucre, les amandes de pistaches forment des dragées fines très-estimées; roulées dans le chocolat et ensuite dans la nonpareille, elles forment les diablotins ou diabolini; pilées enfin avec suffisante quantité de sucre et d'eau, elles forment une émulsion verte qui fait la base du looch vert ou amandée composée; l'usage de celui-ci est depuis longtemps tombé en désuétude, et c'est avec raison, car il n'est pas plus sédatif que le looch blanc, et il est d'un aspect moins agréable.

Les propriétés médicinales de l'amandepistache sont d'être adoucissante, fortifiante et aphrodisiaque; elle fournit, par expression, une huile verdâtre assez aromatique, d'une saveur douce; elle a, comme l'amande qui la fournit, et cela se comprend, l'inconvénient de rancir assez facilement.

Pistache bâtarde ou *fausse*, fruit du staphylier, *staphylea pinnata*, L.; famille des Rhamnoïdées, J.

Elle s'offre sous la forme d'une capsule membraneuse ou vésiculeuse, renfermant une ou deux graines globuleuses, luisantes, tronquées à la base ou à leur point d'insertion, d'où leur vient le nom de *nez coupé, patenôtre*; les semences ou amandes ont un léger goût de pistache, mais elles sont plus âcres, et, partant, beaucoup moins agréables.

Ce fruit, qui offre comme on le voit, quelque analogie avec le précédent, ne mûrit sous le climat de Paris qu'en septembre, et encore d'une manière tellement incomplète, qu'il est impossible d'en retirer comme on le fait dans les pays méridionaux, où il croît assez abondamment, une huile fixe et douce qui sert dans les usages alimentaires et qu'on emploie souvent avec succès pour combattre les affections rhumatismales.

Le noyau se perfore assez facilement, et sert à faire des espèces de colliers ou amulettes pour les enfants.

Le faux pistachier est, en raison du vert foncé de ses feuilles, placé avec avantage dans les bosquets; il y forme l'opposition la plus heureuse avec les arbrisseaux à feuillages plus clairs, tels sont le blanc de Hollande, l'olivier de Bohême, etc.

ARACHIDE ou pistache de terre, mamoubides, *arachis hypogæa*, L.; famille des Légumineuses, J.

Ce fruit s'offre sous la forme d'une gousse cylindrique pointue, de la grosseur du petit doigt, longue d'environ un pouce à 18 lignes, rugueuse à la surface, renfermant une ou deux graines tronquées du côté où elles se touchent, et contenant chacune une amande de la grosseur d'une petite noisette; la tunique externe ou épicarpe est de couleur rougeâtre.

Le développement de ce fruit offre une singularité bien remarquable et dont on ne connaît qu'un autre exemple dans le *Lathyrus amphicarpos*, c'est qu'il ne peut s'effectuer que dans la terre. Aussi n'est-ce pas sans étonnement qu'on voit les pédoncules ou plus exactement, suivant M. Poiteau, la portion tubulaire de la fleur, lorsque la floraison s'est effectuée, s'incliner vers la terre et lui confier les ovaires, qui ne tardent pas à prendre un accroissement que n'offrent pas ceux qui, moins heureusement placés, sont trop éloignés du sol pour s'y fixer.

L'amande que renferme l'arachide a une saveur assez douce et qui se rapproche de celle de l'amande commune lorsqu'elle est récente: elle forme une ressource alimentaire assez importante dans certaines contrées; mais, pour la conserver et lui enlever la saveur âcre qu'elle ne tarde pas à acquérir, on la soumet à l'action de l'eau bouillante ou à une légère torréfaction; cette dernière lui communique un goût qui rappelle celui de la pistache, *pistacia vera*.

L'arachide, importée du Brésil, et cultivée maintenant avec succès en Espagne et dans nos départements méridionaux, peut devenir une branche de commerce fort intéressante. On a proposé l'emploi de l'amande torréfiée comme succédané du café; mêlée, dans certaines proportions, avec le cacao, elle forme un chocolat fort agréable. M. Virenque, professeur de chimie à Montpellier, en a le premier extrait une huile grasse assez douce pour être employée dans les usages économiques; elle peut aussi, et avec plus de succès encore, être employée dans les arts, car elle rancit difficilement; elle est tellement abondante, qu'elle forme environ la moitié du poids de l'amande. Il résulte, d'expériences faites par M. Guérin d'Avignon, que cette huile brûlée à une lampe, comparativement avec de l'huile d'olive, l'a emporté sur cette dernière par l'éclat de sa lumière et par sa durée.

Examen chimique.

MM. Hervey et Payen ont obtenu de 1950 gr. de fruit ou gousse d'arachide 1495 gr. d'amandes qui ont fourni les produits suivants: huile extraite à froid, 229 gr.;—huile obtenue à chaud, 302 gr.; —huile extraite au moyen de l'éther, 33; — marc, 792; — perte, 129.—Total semblable, 1495 gr.

Ces chimistes pensent que l'huile d'arachide, attendu son extrême fluidité, son absence d'odeur, pourrait être employée avec avantage dans l'art du parfumeur, pour extraire des fleurs les plus délicates l'arome suave qu'elles contiennent.

Il résulte, d'une analyse des mêmes savants, que les semences d'arachide sont composées d'huile fixe, — de caseum, — d'eau, — de ligneux, — de ligneux cristallisable, — de phosphate et malate de chaux, — de gomme, — de matière colorante, — de soufre, — d'amidon, — d'huile essentielle, — d'hydrochlorate de potasse et d'acide malique libre.

« Le marc des graines d'arachide,» dit M. Virey, « exprimées sans être torréfiées, fournit une matière amylacée farineuse, propre à entrer dans les pâtisseries selon Ulloa; mais son usage le plus fréquent aujourd'hui, en Espagne, consiste, après avoir torréfié cette matière, à la mêler par moitié, ou même dans la proportion des deux tiers, avec du cacao, du sucre et quelques aromates : on en fabrique ainsi un chocolat commun qui forme la nourriture journalière et presque exclusive des Espagnols des classes les plus pauvres. »

La pistache de terre se développe assez facilement, mais il ne faut pas la confier trop tôt au sol; sa propagation pourrait s'effectuer, avec avantage, sous le climat de Paris, dans les bonnes expositions et en la garantissant des variations trop brusques de température.

FAINE, fruit du hêtre, *fagus sylvatica*, L.; fam. des Amentacées, J.

Ce fruit est de la grosseur d'une petite noisette, sa forme est triangulaire, sa surface est lisse, son écorce est brune; elle enveloppe deux graines ou amandes oblongues, striées, couvertes d'une tunique ou épicarpe mince; leur parenchyme est blanc et gras au toucher.

Tous les animaux frugivores, et notamment les bêtes fauves, les vaches et les cochons sont très-avides de ce fruit, il engraisse merveilleusement les oiseaux de basse-cour. Il est surtout précieux par l'huile abondante et douce qu'il contient; elle peut remplacer toutes les autres huiles

comestibles, quelques personnes la préfèrent même pour la préparation des aliments.

Les anciennes forêts, et notamment celles d'Eu, de Crécy et de Compiègne, étant formées en partie de hêtres, fournissent une prodigieuse quantité de faînes; mais c'est surtout aux environs de cette dernière que s'effectue l'extraction de l'huile pour les besoins du commerce. Ce genre d'exploitation forme, pour les habitants de cette contrée, une ressource assez importante, car on n'estime pas à moins d'un hectolitre, dans les bonnes années, le produit d'un arbre vigoureux.

Huile de faîne.

Lorsque le fruit est mûr, ce qui a lieu au commencement de l'automne, on secoue les branches pour provoquer sa chute, et on le reçoit sur des draps préalablement étendus sur le sol ; on opère une sorte de triage, on étend à l'ombre les plus saines pour leur faire éprouver un commencement de dessiccation, ensuite on les concasse soit à l'aide de cylindres , soit au moyen d'une meule; on vanne et on crible pour débarrasser les amandes des fragments de coques qui y sont mêlés; après en avoir opéré la dessiccation soit naturellement, soit artificiellement, on soumet les amandes dans des auges consacrées à cet usage, à l'action de forts pilons, qui les réduisent en pâte; on enferme celle-ci dans des sacs de toile ou de coutil, et on soumet à la presse; l'huile qui en résulte est abandonnée dans de grands vases ou jarres pour y déposer les parties muqueuses ou fèces, qui ont été entraînées par la pression , et on verse l'huile, ainsi dépurée, dans le commerce, où elle est souvent vendue pour de l'huile d'olive ; elle a l'avantage de se conserver longtemps sans altération, et contrairement aux autres huiles, de s'améliorer en vieillissant.

Ce procédé, qui est incontestablement le meilleur, puisque, indépendamment de la supériorité de qualité de l'huile qu'il fournit, il offre l'avantage de donner des tourteaux qui peuvent servir de nourriture aux bestiaux, n'est malheureusement pas le plus généralement employé. On ne prend pas ordinairement la précaution de séparer les coques; elles retiennent alors une certaine quantité d'huile, qu'on ne peut leur enlever qu'en ajoutant de l'eau et faisant bouillir. Cette méthode altère sa pureté, et les tourteaux, loin d'être nourrissants, ne sont plus propres qu'à brûler; il est vrai qu'ils ne sont, même dans ce cas, pas sans utilité, car ils remplacent le charbon dans les usages domestiques.

La faîne fournit généralement de quatorze à quinze pour cent d'huile; sa saveur est un peu âcre lorsqu'elle est récemment extraite, mais elle perd cette âcreté avec le temps; on a proposé, pour obtenir le même résultat instantanément, de la faire bouillir avec de l'eau; mais cette opération ne pouvant s'effectuer sans provoquer son altération, il vaut mieux, comme l'a proposé M. Guibourt, la mêler simplement avec de l'eau froide et agiter pour favoriser les points de contact; le principe âcre étant soluble dans l'eau, on comprend qu'on l'entraîne en effectuant la séparation de l'huile et de l'eau.

Quelques ménagères, pour obtenir une huile plus pure, font choix des plus belles faînes et en font effectuer soigneusement la décortication à la main par des enfants; on estime que chacun d'eux peut aisément fournir par jour une livre d'amandes; le résidu, après l'extraction de l'huile, contient assez de principe féculent ou amylacé pour pouvoir être converti en une sorte de pain.

Examen chimique. Le fruit du hêtre ou la faîne est formé d'une enveloppe corticale ligneuse, d'une amande à parenchyme huileux, et d'un principe muqueux assez abondant. L'huile que fournit cette dernière est de couleur jaune clair; son odeur est particulière et sa saveur est fade; elle se congèle à 17 degrés; sa pesanteur spécifique est de 0,9225, l'eau étant 1,000; elle n'est pas seulement employée comme substance alimentaire, elle sert, en outre, à l'éclairage et forme avec la soude un savon assez ferme, mais qui reste gras.

SÉSAME JUGEOLINE, fruit du *sesamum orientale*, L.; famille des Bignoniacées, J.

Ce fruit s'offre sous la forme d'une capsule allongée, composée de côtes transversales et marquée de 4 sillons longitudinaux assez profonds; elle se divise en 2 loges dont chacune est partagée par la saillie de l'angle rentrant du sillon, et renferme un grand nombre de petites graines blanchâtres de forme ovoïde et attachées à un placenta central.

La plante qui fournit ce singulier fruit est originaire de l'Inde orientale; on la cultive en Egypte et en Italie pour les usages domestique et médical; ses feuilles sont réputées émollientes, mais c'est surtout pour sa semence huileuse. L'huile fixe qu'on en extrait par expression est très-estimée; on ne la fait pas seulement entrer dans la préparation de certains aliments, on l'emploie dans la toilette; elle est connue de temps immémorial, et a été signalée et vantée par Pline et Dioscoride; les dames égyptiennes en font encore grand cas, et lui attribuent des propriétés cosmétiques très-puissantes.

Les anciens nommaient *tahiné* un mets composé de pâte de sésame, de miel et de citron : ils devaient avoir, il faut en convenir, des estomacs bien robustes pour qu'ils pussent opérer la digestion d'un mélange semblable, surtout si les procédés d'extraction de l'huile n'étaient pas meilleurs que de nos jours; car on sait que les Égyptiens n'obtiennent encore de l'olive qu'une huile très-inférieure en qualité, et que nous n'emploierions que dans les arts.

Le sésame d'Allemagne, caméline, fruit du *camelina sativa*, famille des Crucifères, fournit une huile plus commune qui sert à l'éclairage et à la fabrication du savon noir. Cette graine sert à engraisser la volaille.

COTON, fruit du cotonnier bombace, *gossypium usitatissimum*, Fée ; famille des Malvacées, J.

Il s'offre sous la forme d'une capsule ovoïde à 3 ou 5 sillons longitudinaux, formée de 3 ou 5 loges qui contiennent chacune de 3 à 8 graines environnées d'un duvet blanc plus ou moins long, qui constitue le coton proprement dit ; leur périsperme est huileux et d'un blanc verdâtre.

Le cotonnier est originaire des Indes orientales ; il était, avant la découverte de l'Amérique, presque exclusivement cultivé dans les belles et fertiles plaines de la Géorgie ; maintenant les quatre parties du monde se partagent sa culture : cette plante était connue des anciens. Pline attribue au cotonnier des feuilles semblables à celles de la vigne ; on verra plus tard qu'il existe une variété connue sous le nom de *gossypium vitifolium*. « La première mention du cotonnier, » dit M. Fée (ouvrage cité), « se trouve dans Théophraste, que Pline a copié presque littéralement ; des arbres porte-laine, » dit-il, « croissent dans l'île de Tylos, sur la côte orientale du golfe Arabique. Leur laine est contenue dans un globe de la grosseur d'une pomme, qui s'ouvre lors de la maturité. Il ajoute qu'on fait de ce duvet des tissus plus ou moins précieux. C'est le byssus ou lin oriental, qui servait à faire les vêtements des prêtres d'Egypte. » Le *Mallaba de Zébet*, et d'autres poëmes antérieurs au siècle de Mahomet, parlent des voiles de coton qui fermaient les palanquins des femmes turques.

En Chine et en Arabie, la culture du coton et la fabrication des tissus qu'il sert à former étaient poussées à un si haut degré de perfection, qu'on comparait ces derniers à des toiles d'araignées.

La semence ou graine du cotonnier est employée, dans l'Inde, pour faire des émulsions rafraîchissantes ; à cet effet, on la broie avec de l'eau, et on passe. On en extrait aussi, par expression, une huile fixe, qu'on emploie au Brésil dans les usages alimentaires, et qu'on brûle à Cayenne. Lorsque la graine de coton a été soigneusement séparée du parenchyme sec et cotonneux qui la revêt, on la donne pour nourriture aux volailles et aux bestiaux, qu'elle engraisse assez promptement.

Desvaux a trouvé dans le coton une substance particulière, à laquelle il a donné le nom de *gossypine* ; elle a la propriété de brûler avec rapidité, lorsqu'on la traite par l'acide nitrique ; elle donne de l'acide oxalique, sans passer à l'état de gelée.

Bien que le duvet ou bourre qui entoure la graine, et qui constitue le coton proprement dit, ne fasse pas rigoureusement partie du fruit, son histoire est trop intéressante pour que nous n'indiquions pas, au moins, comment s'effectue sa récolte.

Les capsules florales du cotonnier commencent à mûrir à la fin de septembre ; de vertes elles deviennent jaunâtres, puis elles s'ouvrent et permettent au coton de se distendre et de s'échapper en écume floconneuse, du plus beau blanc ; c'est alors qu'il convient d'en opérer la récolte ; elle doit s'effectuer le matin, afin que les feuilles qui commencent à se dessécher étant plus molles et conséquemment moins fragiles, ne se mêlent pas au coton. Dans certaines contrées, on enlève seulement le coton de la capsule, sans séparer celle-ci de la tige. Ce mode de procéder a l'avantage d'éviter les fragments de valves qui les composent, fragments qui, mêlés au coton, augmentent la difficulté de le carder, et nuisent à sa qualité. On l'introduit dans des sacs pour en opérer plus facilement le transport, puis on l'étend au soleil, jusqu'à ce qu'il soit en état d'être emmagasiné. L'opération la plus difficile consiste à en séparer les graines. Avant l'emploi de la machine à cylindre imaginée par un Américain nommé *Whitney*, elle se faisait à la main, ainsi qu'on le pratique encore dans l'Inde ; mais, depuis cette invention, l'opération s'effectue assez promptement pour qu'un seul homme puisse en nettoyer de trente à quarante livres par jour.

Cette machine, d'une composition assez simple, consiste en deux cylindres ou rouleaux de bois disposés horizontalement l'un au-dessus de l'autre, tournant en sens inverse, et assez rapprochés pour que le coton seul puisse passer; les graines sont repoussées d'un côté et réservées pour la culture si elles sont saines; ou données aux bestiaux et aux volailles, comme nous l'avons dit plus haut, si on a eu recours à la chaleur d'un four pour provoquer l'ouverture des coques; ce qui arrive principalement lorsque la mauvaise saison ne permet pas de les laisser éclater sur la tige.

Le choix de la graine, le sol, la culture le climat sont autant de circonstances qui influent sur la qualité du coton; nous renverrons, pour cette partie de son histoire, au *Dictionnaire d'histoire naturelle*, publié sous la direction de M. Bory de Saint-Vincent, et à la *Flore des Antilles*, par M. Descourtilz. Quant aux précautions qu'exigent le cardage, l'emballage et la conservation du coton, l'excellent article que M. Robiquet a donné, dans le *Dictionnaire technologique des arts et métiers*, fournira à ceux de nos lecteurs qui voudront y avoir recours les renseignements les plus précieux; ils y trouveront, en outre, 1o un tableau des tares d'usage dans le commerce pour les différents emballages du coton ; 2o une liste des cotons suivant leurs qualités, et des observations sur chaque espèce.

Nous croyons toutefois devoir mentionner ici les principales.

1o Cotonnier herbacé, *gossypium herbaceum* : on le croit originaire de Malte; il est cultivé en Perse, en Syrie et dans l'Europe méridionale ; sa hauteur dépasse rarement 18 à 20 pouces ; il est rameux.

2o Cotonnier arborescent, *gossypium arboreum* : on le cultive en Égypte, dans l'Inde et dans quelques parties de l'Asie Mineure; il atteint rarement plus de 10 à 15 pouces.

3o Cotonnier des Barbades, *gossypium barbadense* : il est originaire d'Amérique, et offre beaucoup d'analogie avec le cotonnier herbacé ; il s'élève un peu plus haut.

4o Cotonnier velu, *gossypium hirsutum*: il est également originaire d'Amérique et remarquable par l'abondance et la qualité de ses produits.

5o Cotonnier arbrisseau, *gossypium religiosum* : il est originaire de l'Inde ou de la Chine ; on l'y cultive abondamment ; ces produits, d'une excellente qualité, servent à la fabrication du nankin ; on ignore si la couleur de cette étoffe est due à la matière colorante qui est souvent unie à la gossypine ou à une teinture artificielle.

6o Cotonnier à feuilles de vigne, *gossypium vitifolium* : on le cultive à l'Ile-de-France ; il se distingue par ses fleurs, qui sont grandes et maculées de pourpre.

FRUIT du PEUPLIER D'ITALIE, *populus italica*, L.; famille des Amentacées, J.

Il s'offre sous la forme d'une capsule florale, beaucoup plus petite que celle du cotonnier, biloculaire, renfermant plusieurs graines surmontées ou enveloppées d'une sorte de houppe ou duvet cotonneux destiné à faciliter leur dispersion. Le coton qu'il fournit est plus fin et plus soyeux que le coton indien ou américain; ses fibres sont moins longues, mais elles ne le cèdent en rien à ce dernier, comme conservatrices de la chaleur. Ce que nous en avons recueilli nous a paru très-propre à faire une sorte de ouate; nous ne doutons pas que, dans certains cas, et notamment pour le pansement des brûlures, il ne puisse remplacer, avec avantage, le coton exotique. Sa récolte n'est, malheureusement, pas facile, attendu la hauteur quelquefois prodigieuse qu'atteint cette espèce de peuplier, et surtout l'exiguïté de sa fleur.

Les semences sont très-petites, et leur isolement de la bourre, conséquemment assez difficile à opérer : bien qu'on n'en ait pas fait l'analyse, on voit à leur examen, même superficiel, qu'elles sont huileuses; il y a lieu de croire qu'elles contiennent les autres principes qui se rencontrent dans les semences du *gossypium*.

BOMBACE, fruit du bombacier pentandre, *bombax pentandra*, L.; famille des Bombacées, J.

Ce fruit s'offre sous la forme d'une capsule longue d'environ 5 à 6 pouces, rétrécie vers sa base, à 5 loges polyspermes, s'ouvrant en 5 valves presque ligneuses, et renfermant des graines piriformes, enveloppées d'une bourre cotonneuse, et dont la substance est huileuse.

L'usage de ce fruit est très-limité; cependant, cueilli encore vert et cuit dans l'eau ou sous la cendre, on l'applique sous forme de cataplasme sur les artères temporales, dans les céphalalgies aiguës.

Le duvet cotonneux qui enveloppe la graine sert à faire des moxas; son usage le plus commun consiste dans la confection, après un cardage préalable, d'oreillers, de matelas et de coussins; on en exporte même maintenant une assez grande quantité en Angleterre, et il y est l'objet d'une nouvelle industrie qui consiste, par l'opération du foulage et de l'apprêt, à en fabriquer des chapeaux dits castors.

FROMAGER PYRAMIDAL, ouatier, fruit du *bombax pyramidalis*, L.; famille des Bombacées, J.

C'est une capsule pyramidale et pentagone, longue de 8 à 10 pouces; elle est sillonnée longitudinalement, et sa surface est veloutée; elle s'ouvre, par le bas, en 5 valves, qui répondent à autant de loges; celles-ci renferment de très-petites graines de contexture grasse et huileuse, environnées et comme perdues dans une bourre rougeâtre très-abondante et très-fine.

Les propriétés médicinales de ce fruit sont les mêmes que celles du fromager pentandre.

ASCLEPIAS de Syrie, herbe à ouate, fruit de l'*asclepias syriaca*, L.; famille des Asclépiadées, J.

C'est une follicule double, mais simple quelquefois par l'avortement de l'un des ovaires; les graines sont comme déprimées sur deux faces, elles portent une aigrette sessile. Ce fruit est surtout remarquable par l'aigrette cotonneuse qui surmonte la graine et qui a fait donner à la plante le nom d'*herbe à ouate*, vulgairement *ouète*.

Des essais ont été tentés par plusieurs économistes, et notamment par M. Lenormand, pour mettre à profit cette sorte de coton; c'est ainsi qu'on en a fait filer et tisser, et qu'il en est résulté une étoffe d'un aspect assez agréable, mais d'une résistance assez faible néanmoins; on a cherché aussi à en faire une sorte de velours, de molleton, à en fabriquer des chapeaux; mais ces produits n'étaient malheureusement pas d'une longue durée.

Ce duvet forme une assez bonne charpie; il peut servir à faire des moxas qui brûlent avec une grande facilité et ont l'avantage d'effectuer une cautérisation uniforme.

PIN, fruit du pin, *pinus*, L.; famille des Conifères, J.

C'est un fruit ou plutôt une réunion de fruits en forme de cône, de grosseur variable suivant les espèces, mais toujours terminal; les écailles qui le composent sont dures, ligneuses; elles sont généralement plus renflées au sommet qu'à la base, et figurent une sorte de clou. A la base de chacune de ces écailles, on trouve deux noix ovales ou oblongues, terminées ou environnées par une aile membraneuse plus ou moins solide et plus ou moins grande. Ces noix ou nucules s'ouvrent en deux valves pendant la germination; elles renferment un endosperme blanc et charnu, offrant au centre l'embryon, et divisé en 2 ou 4 cotylédons linéaires.

La réunion des calices ou cône a fait donner à ce fruit le nom de *pomme de pin* : il figure dans les attributs de Bacchus. Les prêtres de Cybèle, lorsqu'ils célébraient leurs mystères, couraient armés de thyrses dont les extrémités étaient surmontées de pommes de pin ou *cônes*, dénomination consacrée pour indiquer ce genre de fruit.

On distingue plusieurs espèces de pins, mais nous n'indiquerons que celles dont les fruits offrent quelque utilité.

Pin d'Occident, fruit du *pinus occidentalis*. Il a le plus ordinairement de 4 à 6 pouces de long, il est ovale obtus, composé d'écailles tronquées et anguleuses, épaisses à leur sommet, et offrant à leur base des nucules ou semences ailées, de forme oblongue et irrégulière, composées d'une coque osseuse de couleur jaunâtre, et d'une amande blanche et huileuse.

L'arbre qui le fournit présente beaucoup d'analogie avec le pin de lord Weymouth, *pinus strobus*. Les amandes de ce cône sont comestibles, on les mange comme les châtaignes; soumises à la presse, elle fournissent une huile fixe qui peut remplacer, dans certains cas, celle d'amandes douces, mais elle rancit plus facilement.

Ce fruit est très-recherché par certains animaux rongeurs, et notamment les loirs et les écureuils; les perroquets en sont aussi assez friands.

PIGNON DOUX, fruit du pin-pignon, *pinus pinea*, L.; famille des Conifères, J.

Lorsqu'il a atteint tout son développement, il présente la forme d'un cône régulier obtus, long de 5 à 6 pouces; en le décomposant, on trouve les graines ou nucules placées deux à deux à la base interne des écailles; elles sont ovoïdes, noirâtres, ligneuses, très-dures, et ne mûris-

sent qu'après la troisième année, elles renferment une amande blanche, charnue, d'une saveur douce, agréable, analogue à celle de la noisette, et très-connue sous le nom de pignon doux. Ces amandes, comme celles de l'*amygdalus communis*, servent à faire des dragées, des pralines et des nougats; réduites en pâte et mêlées à l'eau, elles forment des amandées ou émulsions adoucissantes; elles doivent, à cet effet, être employées très-récentes, car elles passent assez facilement à l'état de rance. C'est à cet inconvénient qu'elles doivent d'être tombées en désuétude dans l'usage médical; elles fournissent, par la pression, une huile assez douce, mais son goût rappelle celui de la térébenthine; sa couleur est jaunâtre, elle se congèle à 30 degrés; sa pesanteur spécifique égale 0,9312; l'économie industrielle en tire un très-bon parti pour la fabrication des vernis.

Le *pinus pinea* est originaire du bassin de la Méditerranée; il est très-commun en Espagne et en Italie; son fruit, par exception aux espèces du même genre, forme une ressource alimentaire assez importante pour les pays qui en sont favorisés; connu des anciens, ils l'estimaient assez pour le faire entrer dans la composition de leurs vergers.

CEMBRO, noisette de cèdre, fruit du *pinus cembro*, L.; famille des Conifères, J.

Ce fruit est également réuni en groupes; l'amande qu'il renferme offre beaucoup d'analogie avec celle du pignon doux; comme elle, elle passe assez facilement au rance, mais elle fournit néanmoins une huile fixe, dont on fait dans les montagnes une assez grande consommation, tant pour la préparation de certains aliments que pour l'éclairage.

L'enveloppe tégumentaire cède à l'eau un principe colorant rouge, que l'on met à profit dans la teinture.

Le pin cembro ou cèdre de Sibérie est

principalement cultivé à cause de son bois, qui se sculpte avec une extrême facilité, c'est lui qu'on emploie pour faire les jouets connus sous le nom d'animaux ou ménageries d'Allemagne.

GINGKO, fruit du *salisburia gingko*, famille des Conifères, J.

Il s'offre sous la forme d'un drupe, du volume d'une noix ; sa surface est verte; la chair ou pulpe est formée par le calice épaissi; cette sorte de brou est âpre et désagréable, la partie ligneuse ou coque est peu épaisse; l'amande est assez douce, grasse au toucher et émulsive; elle est assez agréable, et on en extrait une huile fixe qui a divers emplois, soit dans l'économie domestique, soit dans les arts.

PAVOT, fruit du *papaver somniferum*, L.; famille des Papavéracées, J.

C'est une capsule ovoïde , globuleuse, uniloculaire, s'ouvrant au sommet par un opercule surmonté d'un têt radié ; le péricarpe est d'une consistance spongieuse, sa surface est lisse et marquée de taches brunes sur un fond jaune pâle. Ce fruit est divisé intérieurement par des cloisons papyracées; les graines qu'il renferme sont très-petites, striées et réniformes.

Le pavot est originaire de l'Orient, mais il est cultivé maintenant dans presque toutes les contrées du globe. On en distingue deux variétés, qui sont le blanc ou pavot somnifère, et le noir ou coquelicot. Le premier est plus gros , plus allongé, et renferme des graines blanches; il jouit de la propriété narcotique, mais à un plus faible degré que l'opium, qu'il fournit, comme on le verra bientôt; l'autre est cultivé pour sa graine, qui fournit par expression une huile assez abondante, connue sous le nom d'huile d'œillette ou blanche.

Opium.

C'est de ces variétés qu'en Orient on extrait l'opium : on procède de deux manières; la première consiste à faire, aussitôt que la fleur est tombée, des incisions aux capsules avec un instrument tranchant qu'on se garde bien de faire pénétrer trop avant ; le suc laiteux qui en découle est reçu dans des vases précieux; on l'y laisse évaporer spontanément : chaque capsule n'en fournit qu'une seule fois et seulement quelques grains. Cet extrait, qu'on nomme *opium en larmes*, n'est pas versé dans le commerce , il est réservé pour l'usage du Grand Seigneur et des officiers de sa cour. Les Turcs lui donnent le nom d'*affion* ou de *mère goutte*, parce qu'on le divise par portions sur des papiers légèrement huilés, où il prend, en s'étendant, la forme de gouttes ou pastilles ; on y applique un sceau qui a pour exergue : œuvre de Dieu (*mash allah*).

Quant à l'opium du commerce ou thébaïque, on ignore encore s'il est obtenu en exprimant toutes les parties de la plante et faisant évaporer le suc qui en résulte , ou par décoction seulement; on pense assez généralement, cependant, que ces deux modes pourraient bien être employés simultanément. On soumettrait, par exemple, à l'évaporation le suc obtenu et le produit de la décoction, et on rapprocherait jusqu'à consistance d'extrait. Ce qu'il y a de certain, c'est que l'opium du commerce paraît participer ou être le résultat de ces deux procédés.

Rarement on l'administre dans l'état d'impureté où il est dans le commerce; on pense, en effet, généralement, que les parties huileuses et résineuses nuisent à son action; aussi les sépare-t-on, soit en malaxant l'opium sous un filet d'eau, soit en le faisant fermenter; il prend alors le nom d'extrait aqueux ou gommeux; enfin il entre dans la préparation du *sirop d'opium*, de l'*opium* dit de *Rousseau* , de *la teinture d'opium composée* ou *laudanum*, du *vin* et du *vinaigre d'opium*.

L'opium est rangé parmi les médicaments héroïques; c'est incontestablement l'un des plus précieux que l'on connaisse; aussi a-t-il été l'objet de l'investigation d'un assez grand nombre de chimistes, parmi lesquels se distinguent MM. Derosne, Seguin, Sertuerner, Duneau, Robiquet, Dublanc, Couerbe, Blondeau et Pelletier. Les quatre premiers ont découvert dans cette substance les principes auxquels elle doit ses propriétés, et les autres les procédés les plus exacts pour les obtenir isolés. Ces principes sont la morphine, la narcotine, l'acide méconique et la codéine.

Il résulte, des belles expériences de M. Orfila, que l'opium doit à la morphine sa propriété calmante et soporifique, et à la narcotine sa propriété irritante et stimulante: nous allons indiquer les procédés d'extraction de ces divers principes.

Morphine. Elle s'obtient en faisant digérer à chaud et à plusieurs reprises l'opium dans de l'eau distillée, rapprochant après avoir filtré, et versant ensuite de l'ammoniaque en excès; il se forme un précipité noir, mou et résineux, qui se subdivise et abandonne une sorte de magma de couleur blanc jaunâtre; on soumet celui-ci au lavage et à plusieurs rapprochements successifs, et il fournit des cristaux parallélipipèdes réguliers à faces obliques, incolores, solubles dans l'eau bouillante en faible proportion, très-solubles dans l'alcool et dans l'éther, surtout à l'aide de la chaleur. Ces cristaux, qui ne sont autre chose que la morphine, sont solubles dans les acides avec lesquels ils forment des sels neutres; ils sont très-amers.

Narcotine ou *sel de Derosne.* Pour l'obtenir, on épuise l'opium par l'eau, on traite le résidu par l'alcool chaud; la teinture très-colorée qui en résulte est soumise à la distillation pour en séparer les principes volatils; il reste pour résidu un liquide aqueux, tenant de la résine en suspension; celle-ci se sépare par le repos et le refroidissement, et la liqueur abandonne, par la filtration, des flocons qui, soumis à des dissolutions et des cristallisations répétées, se transforment en cristaux prismatiques rectangulaires à bases rhomboïdales, insipides, inodores, peu solubles dans l'eau chaude, solubles dans 400 parties d'alcool et dans tous les acides, brûlant à la manière des résines et répandant une odeur d'aubépine : ces cristaux sont la narcotine pure.

Acide méconique. Avant que M. Robiquet ait proposé de remplacer l'ammoniaque par la magnésie, pour l'obtention de la morphine, il était plus facile de signaler la présence de l'acide méconique que de l'isoler et de l'extraire. Lors donc qu'on a épuisé le précipité magnésien par l'alcool, pour en extraire toute la morphine qu'il peut contenir, on le reprend par l'acide sulfurique étendu, et l'on en ajoute jusqu'à ce qu'il cesse de se saturer; aussitôt qu'il y a excès, on filtre pour séparer la liqueur, qui ne contient que du sulfate de magnésie, et après avoir lavé le restant du dépôt avec un peu d'eau, on le reprend par une nouvelle quantité d'acide sulfurique étendu, et mis, cette fois, en assez grande proportion pour dissoudre complètement le sel magnésien. On filtre, on évapore convenablement, et on obtient, par le refroidissement, de petits cristaux d'acide méconique brut. On le purifie en le sublimant. Il s'offre, dans cet état, en longues aiguilles blanches; sa saveur acide est franche et agréable; il est soluble dans l'eau et dans l'alcool; il colore en rouge de sang les solutions de muriate de fer au maximum.

Codéine. M. Robiquet, auquel on doit tant et de si beaux travaux, a découvert, dans l'opium, un nouvel alcaloïde auquel il a donné le nom de codéine, et qui avait échappé jusqu'ici à l'investigation de tous les chimistes qui se sont occupés de l'analyse de cette substance intéressante. Le procédé d'extraction qu'il a mis en pratique consiste à traiter, par de l'ammoniaque, le muriate de morphine, qu'on obtient en décomposant une dissolution d'opium par le muriate de chaux, puis évaporant pour faire cristalliser. Ce muriate de morphine, une fois purifié et décomposé par l'ammoniaque, fournit des *eaux mères*, qu'on fait évaporer à un certain degré de concentration. Les premières cristallisations offrent des groupes radiés qui sont composés de muriate double, de codéine et de morphine imprégnée d'une petite quantité de sel ammoniac. On purifie en faisant cristalliser de nouveau, puis on traite les cristaux, bien comprimés, par une solution de potasse caustique un peu étendue. La morphine est retenue en dissolution; la codéine reste en forme pâteuse, peu à peu elle se tuméfie et se dessèche; on la lave avec de petites quantités d'eau froide; on sèche, puis on traite par l'éther bouillant qui élimine les dernières portions de morphine; on laisse refroidir, et on obtient, lorsque la dissolution est suffisamment concentrée, de belles aiguilles aplaties, plus larges à la base qu'au sommet, solubles dans l'eau chaude et cristallisant, par le refroidissement, en polyèdres réguliers, d'une transparence parfaite; cette dissolution bleuit fortement le papier de tournesol rougi; elle précipite par la dissolution de noix de galle, ce que ne fait pas la morphine pure; elle ne rougit pas, comme celle-ci, avec l'acide nitrique; les solutions de fer au maximum ne la bleuissent pas; enfin cette nouvelle base, prise à l'intérieur, est vénéneuse, et a une action très-prononcée sur la moelle épinière, mais elle ne paralyse pas, comme la morphine, les parties postérieures.

Plusieurs physiologistes avaient fait remarquer que la morphine ne représentait pas, à elle seule, les propriétés sédatives de l'opium; tout porte à croire, comme l'observe M. Robiquet, que la codéine contribuera à en former le complément.

Ces produits ne sont pas les seuls que fournisse l'opium; M. Couerbe y a trouvé une nouvelle substance, signalée déjà par M. Dublanc jeune, et qu'il a nommée *méconine*. Cette substance s'offre sous la forme de petits cristaux blancs, soyeux, âcres, solubles dans l'eau, l'alcool et l'é-

ther. M. Pelletier enfin, dans un travail encore plus récent, a signalé, dans l'opium, la présence d'un autre principe qu'il a appelé *narcéine*, et qui jouit des propriétés suivantes : elle cristallise en aiguilles blanches ou prismes à quatre pans très-déliés; elle est soluble dans l'alcool et dans l'eau, insoluble dans l'éther, non volatile, fusible à 92 degrés, soluble dans les acides, et prenant, à une certain degré de concentration, une belle couleur bleue.

Le meilleur opium de Turquie est composé de morphine (Sertuerner), — de matière cristalline amère (Derosne), — d'une substance cristalline (Seguin), — de narcotine (Robiquet) (sel de Derosne), d'acide méconique (Sertuerner), acide nouveau (Seguin), — d'acide non encore dénommé (Robiquet), acide codéique (Robinet), — d'une substance odorante nauséeuse, — d'une huile fixe, — d'une résine, — d'une matière analogue au caoutchouc, — d'une matière végéto-animale, — de mucilage, — de fécule, — d'acide acétique, — de sulfate de chaux, — de sulfate de potasse, — d'alumine, — de fer.

Analyse de M. Pelletier, principes immédiats de l'opium; narcotine, — morphine, — acide méconique, — méconine, — narcéine, — acide brun et matière extractiforme, — résine particulière, — huile grasse, — caoutchouc, — gomme, — bassorine, — ligneux (1).

À cette nombreuse série de substances, on doit en ajouter deux, découvertes, il y a très-peu de temps, par M. Pelletier; il a nommé l'une *paramorphine*, et l'autre *pseudo-morphine*; la première est la seule qui soit cependant bien déterminée. Malgré la composition similaire de la morphine et de la paramorphine, la dernière diffère de la première par sa solubilité dans l'éther sulfurique, par la propriété de n'être pas colorée en bleu par

(1) L'opium de l'Inde et celui indigène, qui sont bien inférieurs à celui de Turquie, contiennent moins de s premiers principes et plus des derniers.

les sels de fer, et par son impuissance à former des sels cristallisés avec les acides; elle possède, néanmoins, les propriétés d'un alcaloïde, et diffère, sous ce rapport, ainsi que par sa saveur styptique et métallique et sa forme cristalline, de la narcotine. C'est un des poisons les plus actifs, puisqu'un grain a produit les spasmes les plus violents et la mort chez un chien d'une moyenne taille. Ce chimiste a, en outre, démontré qu'il ne pouvait plus y avoir aucun doute sur l'existence de la *narcéine* qu'il a découverte dans l'opium ; que la *codéine*, trouvée par M. Robiquet, n'est pas le résultat de la réaction d'une certaine substance contenue dans l'opium ; que d'une même quantité de cette substance on pouvait extraire la *narcotine*, la *morphine*, la *narcéine*, la *méconine*, la *codéine*, et la *paramorphine*.

Quoi qu'il en soit, les différences qu'offrent les divers travaux sur l'opium, malgré le savoir et l'habileté des chimistes qui les ont entrepris, le grand nombre de substances dont ils ont signalé la présence, donnent lieu de craindre que les procédés d'analyse et les véhicules employés n'apportent des mutations d'état dans des principes que la seule action végétative modifie si puissamment, suivant l'influence du climat et la nature du sol. Ce qu'il y a de certain, c'est que les principes, dans ces travaux, ne diffèrent pas seulement dans les proportions, mais encore par leur nature. C'est ainsi, comme on peut le remarquer, que dans les analyses qui précèdent l'on trouve, dans l'une, de la fécule sans bassorine, et, dans l'autre, de la bassorine sans fécule.

De tous ces principes, la morphine seule est employée dans l'usage médical, à l'état d'acétate (ou mieux d'hydrochlorate, qui se décompose moins facilement); elle remplace les extraits gommeux ou aqueux d'opium.

Le moyen le plus certain de combattre les effets qui résultent de l'empoisonnement par l'opium ou les sels de morphine consiste à provoquer la déjection, si l'empoisonnement est récent, à administrer ensuite des boissons acidules et du café, et à détourner, par l'agitation et la distraction, de la propension au sommeil.

L'habitude diminue sensiblement les effets de l'opium sur l'économie; on a vu des individus tellement insensibles à son action, que plusieurs gros ne produisaient plus sur eux que fort peu d'effet. Son usage habituel produit une action analogue à celle qui résulte de l'abus des liqueurs spiritueuses ; il donne lieu au tremblement, à la paralysie, à la stupidité et à l'émaciation. Les Asiatiques et les Chinois fument l'opium sans en éprouver d'autre effet qu'une sorte d'ivresse qui a pour eux beaucoup de charmes, en ce qu'elle les transporte dans un monde tout intellectuel.

Les capsules sèches de pavot sont également employées en médecine ; elles entrent, sous forme de décoction, dans la composition de certaines lotions calmantes, de cataplasmes émollients et sédatifs; elles font la base du sirop diacode.

M. Tilloy, pharmacien de Dijon, qui déjà s'était occupé, avec quelque succès, d'extraire de l'opium des capsules du pavot indigène cultivé, est parvenu, assez récemment, à obtenir une quantité de morphine tellement notable, de ces mêmes capsules, que, suivant lui, il y aurait avantage à les traiter comparativement à l'opium d'Orient. Cette assertion a besoin, néanmoins, d'être confirmée par l'expérience; elle est d'un puissant intérêt, car elle nous affranchirait d'un tribut que nous payons à la Turquie, pour cette précieuse substance. Cet espoir a été, en partie, réalisé par le brave général Lamarque, qui n'avait pas besoin de cette circonstance pour rendre son nom cher à son pays et immortaliser sa mémoire. Il résulte, en effet, d'une analyse récemment faite par M. Pelletier, d'un opium recueilli à Eyres, département des Landes, sur les propriétés du général, et obtenu au moyen d'incisions pratiquées sur les capsules de pavots, que ce produit ou opium indigène diffère de celui d'Orient en ce qu'on n'y trouve *aucune trace de narcotine*, et que la morphine y est, comme l'avait entrevu M. Tilloy, en plus grande proportion. D'où on peut conclure, avec l'auteur de ce beau travail (1), que la présence de la narcotine dans l'opium étant plutôt un inconvénient qu'un avantage, puisqu'on cherche à en dépouiller l'extrait d'opium pour les préparations médicinales, son absence, loin de déprécier l'opium français, doit le faire rechercher et engager les cultivateurs à propager ce genre de culture qui fournirait ainsi deux produits, l'opium indigène et l'huile de pavot ou d'œillette.

On a également fait, en Angleterre, quelques essais plus ou moins heureux, pour obtenir de l'opium des capsules de pavot. M. Ball a obtenu un prix de la Société d'encouragement des arts, pour des échantillons d'opium anglais qui n'étaient, sous aucun rapport, dit M. Andrew Duncan, inférieurs au meilleur opium d'Orient.

Des expériences semblables ont été faites en Écosse; mais, le climat de ce pays étant moins favorable à la culture du pavot, les essais ont été moins heureux. Ces deux opiums sont moins riches en morphine que ceux d'Orient et de France.

La semence de pavot servait autrefois d'aliment; les Grecs et les Romains en faisaient assez de cas. Sous le nom de semezan, elle forme encore, en Lorraine, une ressource alimentaire assez importante.

Outre le pavot somnifère, il en existe, comme on l'a vu plus haut, une autre variété, vulgairement connue sous le nom de pavot oliette ou œillette; elle fournit des graines noires qui contiennent beaucoup d'huile; on la cultive plus spécialement pour l'extraction de ce produit.

Huile d'oliette ou d'œillette.

L'exploitation de cette huile forme une branche de commerce fort intéressante pour le nord de la France; on y consomme, en effet, la moitié de l'huile qu'on y re-

(1) Journal de pharmacie, novembre 1835.

cueille, l'autre est expédiée dans le midi, où elle sert à la fabrication du savon; elle y entre ordinairement pour un quart. Pour opérer son extraction, on brise les capsules, lorsqu'elles ont éprouvé un certain degré de dessiccation ; on reçoit la graine sur des toiles, on la vanne pour en séparer les fragments de capsules; on la soumet à l'action d'une meule, de manière à la réduire en une sorte de farine; ou introduit dans des sacs de coutil, et on met à la presse; l'huile est reçue dans des jarres et abandonnée pour que la défécation puisse s'y opérer; on décante ensuite, et on introduit dans des barils pour livrer au commerce.

Cette huile est de couleur jaune d'or, fluide à 10 degrés; elle passe assez difficilement à la rancidité, et brûle assez mal; sa saveur est douce et ne participe nullement des propriétés de la plante; sa pesanteur spécifique est de 9,245.

L'huile d'oliette est souvent mêlée à celle d'olive; mais la falsification est assez facile à reconnaître, car elle se congèle beaucoup moins facilement. Nous avons indiqué, en parlant de cette dernière, les moyens qu'on emploie pour reconnaître cette fraude. L'huile d'oliette forme avec les alcalis, ainsi que les autres huiles siccatives, des savons mous à l'intérieur, et qui se dessèchent et se colorent à l'extérieur.

Il résulte, d'expériences faites par M. Mathieu de Dombasle, qu'un double décalitre de semences de pavot pèse 17 à 18 kilos, et produit six litres et demi d'huile; un kilo cinq cents grammes ou trois livres de graine de pavot par arpent fournissent, suivant le même agronome, 36 à 40 doubles décalitres de la même semence. Le semis se fait à la volée et de janvier à avril. La culture est simple, et consiste en binages successifs; mais la récolte exige beaucoup de soin; il ne faut pas qu'elle soit trop hâtive, car la capsule sèche, dans ce cas, difficilement, ni trop tardive, pour éviter la déperdition de la graine.

PAVOT ÉPINEUX ou du Mexique, argemone, chardon bénit des Antilles, *argemone mexicana*, L.; famille des Papavéracées, J.

Il s'offre sous la forme d'une capsule uniloculaire, hérissée d'épines, s'ouvrant au sommet par l'écartement des valves, qui sont au nombre de 5 à 6. Ce pavot renferme aussi une très-grande quantité de graines huileuses.

La capsule, incisée extérieurement lorsqu'elle est encore sous l'influence de la végétation, fournit un suc laiteux analogue à celui qui exsude du pavot somnifère; il se solidifie par la dessiccation et remplace, dans l'usage médical, celui d'Orient : il y a lieu de croire qu'il est formé des mêmes principes, ou à peu près.

Les semences sont réputées émétiques et purgatives; elles diffèrent en cela de celles du pavot d'Europe; elles fournissent, par la pression, une huile siccative qu'on emploie dans la peinture, et qui sert de dissolvant aux résines pour la fabrication des vernis, et notamment de ceux qu'on emploie dans l'ébénisterie.

Le pavot épineux, très-commun dans la Sénégambie, y remplace ceux dont nous faisons usage.

SABLIER ÉLASTIQUE, fruit de l'*hura crepitans*, L.; famille des Euphorbiacées, J.

C'est une capsule ligneuse, formée de 12 à 15 coques monospermes, s'ouvrant chacune en 2 valves et avec bruit lors de la maturité, ce qui a fait donner à ce fruit l'étrange dénomination de *pet-du-diable*; les semences sont, dans ce cas, projetées à une assez grande distance, comme par l'effet d'une sorte de détente. C'est à ce fruit que Delille fait allusion, lorsqu'en parlant des moyens que la nature emploie pour effectuer certaines propagations, il dit :

Et de leur sein fécond détendant les ressorts,
La nature loin d'eux élance leurs trésors.

Les semences que renferme l'*hura crepitans* sont plates, orbiculaires, de couleur fauve, couvertes extérieurement d'une pellicule mince et soyeuse; celle-ci enveloppe une petite amande qui se partage en 2 lobes, d'une saveur d'abord assez douce; elle ne tarde pas à produire sur la gorge une sorte d'astriction et d'âcreté. Les nègres en font quelquefois usage pour se purger; mais elles agissent souvent avec tant de violence, qu'elles simulent l'empoisonnement, ce qui provient peut-être de ce qu'on ne les emploie pas toujours récentes. En général, les substances dont on fait usage sans préparation, et telles que la nature nous les donne, sont très-inconstantes dans leurs effets. L'huile que fourniraient ces semences serait trop énergique et trop âcre pour avoir des applications, aussi ne l'extrait-on pas.

Examen chimique. — Il résulte, d'une analyse que l'on doit à M. Bonastre, que 180 parties de ces semences sont formées d'huile grasse légèrement acidifiée 92,— stéarine 8,— parenchyme albumineux 70, —gomme 2,—humidité 4,—résidu salin 4.

Les cloisons extérieures contiennent beaucoup de principe colorant soluble dans l'eau, de l'acide gallique et du tannin; aussi leur décoction précipite-t-elle en noir par le sulfate de fer; 2 onces et demie ou 80 gr. de ces semences, ayant été soumis à l'incinération, ont donné 32 gr. de cendre, composée de sels solubles de sulfate de potasse et de chlorure de potassium, de sels insolubles de carbonate de chaux combiné primitivement à un acide végétal et des traces de fer.

Ce fruit est très-recherché par les curieux à cause de sa forme étoilée et de ses belles et régulières côtes; sa tendance à éclater oblige souvent à l'environner d'un cercle d'argent ou d'or que l'on harmonise avec sa forme élégante et gracieuse. On peut, après avoir soigneusement enlevé les divisions membraneuses internes, s'en servir pour mettre le sable ou la poudre; aussi l'appelle-t-on vulgairement *poudrier* ou *poudrière*, ou bien encore sablier.

RICIN COMMUN, fruit du *ricinus communis*, L. ; vulgairement palma-christi, famille des Euphorbiacées, J.

Ce fruit est épineux, composé de trois coques monospermes ; les graines ou semences qu'il renferme sont lisses, luisantes, oblongues ; leur ombilic est placé au sommet ; leur robe ou tunique externe est mince, dure et cassante ; leur volume est celui d'une petite fève ; l'amande est blanche, de saveur douceâtre un peu âcre.

On trouve dans le commerce deux sortes de ricins, celui d'Amérique et celui de France : le premier est plus gros, d'une marbrure plus prononcée ; sa saveur est plus âcre, la tunique qui l'enveloppe plus argentée. Ces caractères physiques et chimiques sont, en général, plus prononcés ; cette circonstance est évidemment due à l'influence d'un climat plus chaud. Pour diminuer le principe âcre de l'huile extraite du ricin d'Amérique, on est dans l'usage de la mettre en contact avec de l'eau et de chauffer ; ce principe, étant de nature volatile, s'échappe, et l'huile s'en trouve débarrassée, mais elle se conserve alors moins longtemps.

Le ricin est originaire d'Égypte ; il croît aussi dans la Turquie d'Asie et l'Indostan ; Pline assure (*Commentaires de Fée*) que, de son temps, il n'y était naturalisé que depuis peu. La description qu'il donne de cette plante ne permet pas de méconnaître le ricin. La naturalisation de cette plante en Europe l'a rendue annuelle, de vivace et ligneuse qu'elle était dans sa patrie. Les chrétiens d'Abyssinie et les juifs désignent le *palma-christi* comme étant l'arbre qui couvrit Jonas de son ombre. Cette croyance, dit le même auteur, est uniquement fondée sur la rapidité de sa croissance.

Examen chimique. — Nous empruntons à la chimie organique de M. Virey les analyses suivantes du ricin, ou plutôt de sa graine ou semence ; elle est formée de 23,82 parties de péricarpe sur 69,09 de graine. Ces 23,82 parties de péricarpe contiennent : résine brune presque insipide avec un peu de principe amer 1,91, — gomme 1,91, — fibre ligneuse 20. Les 69,09 parties de graines contiennent : huile grasse (qui n'est âcre que lorsqu'elle est rance) 46,19, — gomme 2,4, — amidon avec un peu de fibre ligneuse 20, — albumine 0,5, — eau 7,09.

Pfaff (*Système de matière médicale*) n'a point trouvé de principe âcre dans le péricarpe, mais un peu de cire, outre la résine et le principe amer ; il n'a point trouvé d'amidon dans la graine, mais un peu de matière extractive âcre et amère.

L'observation que nous avons faite en parlant des différences qu'offraient les analyses de l'opium s'applique évidemment ici ; on comprend parfaitement que si, des deux expérimentateurs, l'un a procédé à chaud et l'autre à froid, celui-ci a pu trouver de l'amidon lorsque l'autre n'en a pas vu de traces.

Les amandes de ricin, soumises à la presse après avoir été débarrassées de leur enveloppe externe ou épicarpe, fournissent une huile grasse qui se distingue des autres par sa solubilité dans l'alcool ; on a même mis à profit cette propriété pour falsifier ou mieux sophistiquer le baume de copahu ; on a longtemps cru que, pour l'obtenir douce, il convenait d'en séparer l'embryon. Mais MM. Henry et Boutron, après avoir soumis une quantité notable de germes à la presse, ont obtenu une huile aussi douce que celle fournie par le périsperme seulement ; d'où ils ont conclu que le principe âcre n'était pas tout formé dans la semence du ricin, mais bien qu'il pouvait se développer pendant l'extraction, lorsqu'on employait des procédés défectueux. Ils ont remarqué, par exemple, qu'en soumettant cette semence à une température trop élevée, l'huile qui en résultait acquérait une âcreté qui, dénaturant ses propriétés, d'un purgatif doux en faisait un drastique violent. Ce qui a été entrevu par ces chimistes a été prouvé plus tard.

Il résulte, en effet, du beau travail de

38

MM. Bussy et Lecanu sur l'huile de ricin, qu'elle ne doit à l'existence d'aucun principe étranger les propriétés qui la rendent l'un des médicaments les plus précieux, et que si, dans quelques circonstances, elle exerce sur l'économie animale une action délétère, cela tient à la présence des nouvelles substances qui se forment par suite de l'altération qu'elle éprouve. Si l'on considère, disent ces chimistes, que la stéarine et l'oléine, exposées au contact de l'air, donnent des acides oléique et margarique, de même qu'elles en donnent au contact de la chaleur et des alcalis, il deviendra très-probable que l'huile de ricin, en rancissant, devra également fournir des acides semblables à ceux qu'ils ont trouvés parmi les produits de sa distillation et de sa saponification. Ils ont vu, en effet, qu'elle fournissait, dans ces deux opérations, trois nouveaux acides gras: l'un qu'ils appellent *ricinique*, fusible à 22 degrés; l'autre *oléo-ricinique*, liquide à plusieurs degrés sous zéro, et le troisième *stéaro-ricinique*, cristallisable en belles paillettes, et fusible seulement à 130 degrés. Ces acides sont volatils, plus ou moins solubles dans l'alcool, complétement insolubles dans l'eau, et formant, avec plusieurs bases et surtout avec la magnésie et l'oxyde de plomb, des sels dont les caractères sont très-distincts. Il résulte, en dernière analyse, des recherches de ces chimistes, que l'huile de ricin ne contient ni oléine ni stéarine.

Huile de ricin.

On a proposé plusieurs modes d'extraction plus ou moins heureux pour obtenir l'huile de ricin; le plus anciennement connu, et qui est encore en usage en Amérique, consiste à broyer les semences de manière à les réduire en pâte, à faire bouillir celle-ci avec de l'eau, et à enlever l'huile qui s'en sépare à mesure qu'elle s'élève à la surface du liquide. Ce procédé, très-défectueux, est maintenant presque complétement abandonné, et surtout en France.

Le second procédé consiste à réduire la semence en pâte au moyen du mortier, à soumettre à la presse et à filtrer; l'huile ainsi obtenue est très-douce, et employée avec succès dans l'usage médical.

Le troisième procédé, que l'on doit à M. Faguer, pharmacien habile, est fondé sur la propriété qu'a cette huile, comme nous l'avons dit, de se dissoudre dans l'esprit-de-vin. Il consiste à délayer à froid une livre de pâte de semences, privées de leur enveloppe corticale, dans quatre onces d'alcool à 36°, et à soumettre à la presse après avoir introduit dans un sac de coutil; on obtient par ce procédé dix onces d'huile par livre de semences.

L'huile de ricin, lorsqu'elle est récemment extraite, forme un purgatif doux et d'une administration assez facile, car on peut l'associer au bouillon ou sous forme d'émulsion au moyen d'un jaune d'œuf; mêlée à l'éther dans certaines proportions, on l'emploie contre les vers et quelquefois avec succès contre le tænia. Les médecins anglais en font un grand usage dans leur pratique et la désignent sous le nom assez impropre de *castor oil*, huile de castor; la dose est d'une à deux onces.

Cette huile, mêlée à la lessive de potasse dans les proportions suivantes, huit parties d'huile, deux parties de potasse caustique dissoute dans deux parties d'eau distillée, se saponifie avec une grande facilité; le savon qui résulte de ce mélange est blanc, transparent; il se dissout dans l'eau pure sans la troubler, ni produire d'opacité; la solution mousse par l'agitation.

M. Boudet fils, en appliquant le procédé proposé par M. Pourret pour solidifier l'huile d'olive, est également parvenu à solidifier l'huile de ricin en la mettant en contact avec le nitrate acide de mercure, ou l'acide hyponitrique. Il a donné le nom de *palmine* à cette nouvelle matière; elle jouit des propriétés suivantes; elle est blanche, présente une cassure cireuse, fond à 66°, répand une odeur qui rappelle l'huile volatile, que MM. Bussy et Lecanu ont signalée parmi les principes constituants de l'huile de ricin; elle est soluble dans l'alcool, dans la proportion de 50 parties sur 100 de véhicule ; lorsqu'elle est en fusion, elle est soluble dans l'éther en toutes proportions.

L'huile de ricin, étant très-abondante en Amérique, n'est pas seulement employée dans l'usage médical ; elle sert, en outre, à éclairer les cases des nègres, les ateliers ou les *habitations* de sucrerie, d'indigoterie ; elle donne une lumière d'autant plus belle, qu'elle participe des huiles fixes et des huiles volatiles.

On a attribué à l'huile de palma-christi la propriété d'enlever, ou de se charger des odeurs les plus fugaces, et de garantir l'axonge de la rancidité : si elle jouit de ces deux propriétés, son emploi dans la parfumerie serait bien précieux ; mais elle n'est pas assez commune en France pour qu'on puisse la mettre à profit sous ce rapport. On l'a proposée, en outre, pour faciliter, dans certaines préparations officinales, la division du mercure ; sa consistance et sa viscosité justifient cette préférence sur les autres corps gras.

OMPHALE NOISETTE de Saint-Domingue, fruit de l'*omphalia triandra*, L. ; famille des Euphorbiacées, J.

C'est une capsule à trois coques et à trois loges qui se séparent lors de la maturité ; dans chacune d'elles se trouve une amande blanche, revêtue d'une membrane très-fine, de couleur jaunâtre et d'un aspect soyeux ; ces amandes sont oblongues, comme étranglées par une cavité circulaire ; elles offrent, en outre, au centre, une sorte de sillon ou canal longitudinal.

L'omphalier est originaire du nouveau monde et très-commun à Saint-Domingue : « Son amande, » dit M. Descourtilz, « offre tous les caractères de celle du noisetier d'Europe, elle peut même la remplacer dans beaucoup de cas ; mais il convient, toutefois, de la priver de son embryon, car dans cette partie du fruit paraît ré-

sider tout le principe âcre qui se rencontre si communément dans les euphorbiacées. »

On extrait de l'amande d'omphale une huile à laquelle on attribue la propriété cosmétique, mais rien ne la justifie ; il est plus probable qu'elle est purgative, comme celle de ricin, dont le fruit appartient au même genre et qui offre avec elle de l'analogie.

L'*omphale* ou *graine d'anse*. Fruit de la liane à l'anse, a des amandes comestibles ; on en fait même des espèces de cerneaux ; elles sont émulsives et fournissent une huile fixe d'un goût assez agréable.

LIN CULTIVÉ, graine ou fruit du *linum usitatissimum*, L. ; famille des Linées, J.

Ce fruit s'offre sous la forme d'une capsule globuleuse, de la grosseur d'un pois, à dix divisions cellulaires, renfermant chacune une graine ovoïde, lisse, comprimée, pointue à une extrémité, obtuse à l'autre, et à rebords aigus ; de couleur brun rougeâtre ; la surface de ces graines est revêtue d'une sorte de vernis sec, qui se gonfle dans l'eau et lui donne de la consistance, sans laisser sensiblement de résidu après l'évaporation.

Le lin est originaire de la haute Asie ; il est maintenant acclimaté en Europe et abondamment cultivé en Hollande et en Belgique. Les anciens connaissaient cette précieuse plante ; cela résulte du moins de l'examen microscopique qu'a fait le docteur Ure des bandelettes de momies ; mais il ne paraît pas qu'ils fissent usage du fruit ou graine.

La récolte de la graine de lin s'effectue de la manière suivante : lorsque la plante a atteint son maximum d'accroissement, on l'arrache ou, mieux, on la fauche et on l'abandonne ensuite quelque temps sur le sol, pour la faire faner ; puis, réunissant les tiges par poignées, ou froisse leur extrémité supérieure avec la main, pour en détacher les semences, que l'on reçoit sur des draps : on expose ensuite au soleil, pour opérer une dessiccation complète; on vanne et on livre au commerce.

La graine de lin contient environ un cinquième de mucilage sec, que l'on extrait par macération ou décoction dans l'eau. On met cette propriété à profit pour préparer des boissons, lotions ou lavements, dont l'usage est heureusement indiqué lorsqu'il s'agit, comme dans les phlegmasies, soit internes, soit externes, de modérer la chaleur animale et de calmer de vives douleurs; c'est ainsi qu'on l'associe souvent à la racine de chiendent contre les ardeurs d'urine, qu'on administre sa décoction comme boisson adoucissante dans le traitement de la syphilis par la solution de sublimé (liqueur de Van-Swieten).

Réduite en poudre ou en farine, la semence de lin fait la base des cataplasmes émollients; son usage, sous ce rapport, est très-étendu en médecine humaine et en médecine vétérinaire.

Examen chimique. Il résulte, d'une analyse faite par M. Mayer de Kœnigsberg, que la graine de lin est composée des principes suivants : mucus végétal avec acide acétique libre, acétate de chaux, phosphate de magnésie et de chaux, sulfate et hydrochlorate de potasse, 151,20; — extrait doux, acide malique libre, malate et sulfate de potasse, hydrochlorate de soude, 108,84; — amidon avec hydrochlorate de chaux, sulfate calcaire et silice, 14,80, — cire, 1,46; — résine molle, 24,88; — matière colorante jaune orangé analogue au tannin, 6,26; — idem avec hydrochlorate de chaux et de potasse, nitrate de potasse, 9,91; — gomme avec beaucoup de chaux, 61,54; — albumine végétale, 27,88; — gluten, 29,32; — huile grasse, 112,65; — matière colorante résineuse, 5,50; — émulsion et coque, 443,82.

D'après Vauquelin, le mucilage de graine de lin est composé : de gomme, — de matière azotée, — d'acide acétique libre, — d'acétate de potasse, — d'acétate de chaux, — de sulfate de potasse, — de muriate de potasse, — de phosphate de potasse, — de phosphate de chaux, — de silice.

Huile de lin.

Le plus grand parti que l'on tire de la graine de lin consiste dans l'extraction de l'huile fixe qu'elle contient et qui forme le sixième de son poids. Le procédé exige quelques précautions préliminaires que nous allons indiquer. On abandonne d'abord la semence de lin, pendant trois ou quatre mois, dans un lieu sec : on a remarqué que l'huile qu'elle fournissait après ce laps de temps était beaucoup plus abondante que si on procédait à l'extraction aussitôt après la récolte. On détruit ensuite, au moyen d'une légère torréfaction dans des vases de terre ou de cuivre, le mucilage sec qui couvre sa surface, attendu qu'il forme obstacle à la sortie de l'huile et qu'il tend d'ailleurs à provoquer son altération; on réduit en farine à l'aide du mortier ou de la meule; on introduit dans des sacs de coutil et on soumet à la presse : l'huile est recueillie dans des jarres et abandonnée à la clarification spontanée; elle est de couleur jaune clair, d'une odeur et d'une saveur particulières; elle se congèle à 27 degrés; sa pesanteur spécifique est de 9,395.

Bien qu'elle soit peu agréable, l'huile de lin est néanmoins employée comme condiment dans le nord de la France. La propriété siccative, qu'elle possède à un assez haut degré, la rend très-propre à l'usage de la peinture : on augmente encore cette propriété en la faisant bouillir avec de la litharge, elle prend alors le nom d'huile de lin cuite. Elle entre dans la composition du vernis gras. Broyée avec le noir de fumée, elle forme l'encre d'imprimerie, et sert, en outre, à fabriquer les bougies et sondes élastiques.

On connaît plusieurs espèces de lin; les principales sont : le lin commun, celui des montagnes, celui de Sibérie, et enfin le lin cathartique.

La rusticité du lin de Sibérie fait regretter qu'on ne le cultive pas dans les contrées méridionales; il est vraisemblable qu'il résisterait mieux aux intempéries que le lin commun.

Lin cathartique, *linum catharticum.* Ses semences fournissent aussi une huile fixe, purgative ; mais on l'extrait rarement; son usage médical est complétement tombé en désuétude. Toute la plante est purgative, mais à un degré assez faible ; elle fait cependant partie de la matière médicale des Anglais et des Danois ; elle croît dans les marais et sur le bord des rivières.

COLZA, chou oléifère (1), fruit du *brassica campestris oleifera*, L.; famille des Crucifères, J.

Il s'offre sous la forme d'une silique sessile, longue de 2 à 3 pouces, étroite et falciforme ; elle renferme des graines globuleuses, noires à leur maturité.

Bien que la plante qui fournit le colza appartienne à la belle famille des crucifères, elle n'est pas plus employée en médecine que dans l'usage alimentaire ; cependant, dans certaines contrées, on la cultive comme fourrage : c'est un produit agricole tout industriel. L'huile que fournit sa graine forme une branche de commerce de la plus haute importance pour l'Alsace, la Belgique et les départements septentrionaux de la France.

On procède à la récolte du colza lorsque les siliques sont jaunes et les graines noires, ce qui a lieu au commencement de juillet; on choisit de préférence le matin ; on coupe les tiges par poignées avec une faucille, à 5 pouces environ du sol, et on les pose soigneusement au long des sillons, de manière à isoler, autant que possible, leurs sommités; après deux ou trois jours, on les réunit sur de vastes draps ou bâches, et on en effectue le bat-

tage au moyen de fléaux, comme on le pratique pour le blé ; puis on vanne et on emmagasine dans un lieu sec et bien aéré, en attendant la vente, ou, comme on le pratique dans de grandes exploitations, l'époque de l'extraction de l'huile; celle-ci suit ordinairement la récolte de trois à quatre mois. On estime qu'un hectare peut produire 50 sacs de graine du poids de 50 kil. chacun.

Huile de colza.

Lorsque la graine a été soigneusement vannée et privée des fragments de siliques, on la porte au moulin pour être réduite en pâte ou poudre onctueuse ; on introduit celle-ci dans des sacs que l'on expose à la vapeur ou que l'on plonge dans l'eau bouillante ; puis on soumet à l'action d'une forte presse : on est dans l'usage, pour obtenir plus de produit, de chauffer assez fortement les plaques de fonte entre lesquelles on place les sacs ; mais ce n'est pas sans inconvénient, car on a remarqué que, si la quantité était augmentée, la qualité du produit avait diminué.

Les *tourteaux* ou *pain de trouille* sont employés pour la nourriture des bestiaux, qu'ils engraissent d'une manière remarquable.

La grande quantité de principe mucilagineux qu'entraîne l'huile de colza pendant son extraction oblige à la dépurer; le procédé le plus simple consiste à la mettre en contact avec de l'acide sulfurique, dans la proportion de deux pour cent d'acide étendu de deux cents parties d'eau. On agite et on abandonne ensuite pour permettre à la défécation de s'effectuer ; l'huile surnageant bientôt, on l'enlève au moyen d'un siphon, et on la livre au commerce.

L'huile de colza, quel que soit le procédé d'extraction qu'on emploie, est jaune, limpide ; sa saveur et son odeur sont particulières; elle se congèle à 6 degrés au dessous de zéro, en petites aiguilles qui se réunissent en étoiles ; sa pesanteur

(1) M. Sageret regarde le colza ou chou oléifère comme étant un hybride du chou et du navet; cet habile horticulteur dit être parvenu, par la fécondation croisée, à obtenir un colza artificiel qui grène aussi bien que le colza véritable.

spécifique est de 0,9136 ; elle est très-peu soluble dans l'alcool, et dissout assez facilement le soufre et le phosphore. Cette huile offre cette singularité qu'elle blanchit par le contact de l'air ; elle en absorbe l'oxygène, mais elle perd, par cette mutation, de sa combustibilité. Elle est formée, suivant Braconnot, de 54 d'oléine et de 46 de stéarine. Elle sert à l'éclairage, entre dans la fabrication des savons mous, le foulage des étoffes de laine et la préparation des cuirs.

Suivant M. Mathieu de Dombasle, un double décalitre de graine de colza pèse 16 kil., et produit 5 litres d'huile; 5 kil. de graine de colza par arpent produisent 36 à 40 doubles décalitres ; les semailles s'effectuent du 15 août au 15 septembre.

NAVETTE, fruit du chou - navet, *brassica napus*, L.; famille des Crucifères, J.

C'est, comme celui qui précède, une silique sessile renfermant des graines globuleuses; on le confond souvent avec le colza ; ces deux fruits offrent, en effet, beaucoup d'analogie, tant sous le rapport physique que quant aux principes qu'ils contiennent.

La graine de navette ou rabette fournit, comme celle de colza, une huile grasse, de couleur jaune, d'une odeur particulière, d'un goût assez agréable ; elle se congèle à 4 degrés au-dessous de zéro ; sa pesanteur spécifique égale 0,9128. On pourrait l'employer pour l'usage alimentaire, si on donnait plus de soin à son extraction. Elle est presque exclusivement employée, dans les arts, pour la fabrication des savons et l'éclairage. Son exploitation s'effectue plus particulièrement dans les provinces centrales de la France. Ses propriétés se rapprochent tellement de celles de l'huile de colza, qu'il est presque impossible de ne pas les confondre; il est vrai que les deux plantes, elles-mêmes, offrent entre elles des caractères si peu tranchés, qu'elles appartiennent à la même famille et au même genre. Cependant la distinction est importante à faire; car, d'après les expériences de Gaujac, un hectare de terre cultivé en colza rapporte neuf cent cinquante kilogrammes d'huile, tandis que le même espace, cultivé en navette ou rabette, n'en fournit que sept cents.

On est dans l'usage de mêler cette graine à celle de millet pour la nourriture des oiseaux de volières.

CHÈNEVIS, fruit du chanvre, *cannabis sativa*, L.; famille des Urticées, J.

Il s'offre sous la forme d'une coque ou capsule bivalve, ovoïde, lisse et uniloculaire, de couleur grise ; l'amande est blanche et huileuse ; sa saveur est douce.

Le chanvre est originaire de la Perse et de l'Inde ; ses fibres textiles constituent la filasse ; son fruit ou graine sert de nourriture aux oiseaux de cage et même à ceux de basse-cour ; les poules, par exemple, en sont très friandes ; elle hâte leur ponte, et la rend plus fréquente. On en fait, en le broyant avec de l'eau, une émulsion sédative que l'on administre, avec assez de succès, dans les inflammations du canal de l'urètre (blennorrhagie); on administrait autrefois l'huile comme laxatif doux.

La graine de chènevis est fournie par le chanvre femelle; elle mûrit et prend une teinte brune vers le commencement de septembre. Pour en effectuer la récolte, on arrache toute la plante, on réunit les tiges en petites bottes, que l'on dresse en faisceaux. Pour extraire la graine, on frappe sur les sommités avec une espèce de battoir ou, mieux, on les fait passer sur une sorte de gros peigne en fer, nommé *séran*. On vanne ensuite pour séparer les graines des fragments de calices et de feuilles, et on étend par couches peu épaisses dans un lieu sec et aéré.

L'emploi le plus important de la graine de chènevis est, incontestablement, pour l'extraction de l'huile ; celle-ci y est, en effet, dans une proportion assez considérable. Le procédé consiste, comme pour toutes les huiles dites de graines, à réduire celles-ci en farine ou pâte, suivant qu'elles sont plus ou moins riches en principe huileux, à introduire dans des sacs et à soumettre à la presse. Les premiers produits qu'on obtient généralement sans le secours de la chaleur peuvent être employés dans l'usage alimentaire, et les autres pour l'éclairage et surtout la peinture, car elle est très-siccative ; elle entre aussi dans la composition du savon vert ou mou.

L'huile de chènevis est jaune verdâtre, d'une odeur assez désagréable et d'une saveur fade ; elle se congèle à 27 degrés au-dessous de zéro. Sa pesanteur spécifique égale 0,9276.

BEN ou BEHEN, gland d'Égypte, fruit du *moringa aptera*, L.; famille des Légumineuses, J.

C'est une gousse longue d'environ un pied, légèrement cannelée, s'ouvrant en trois valves dans le sens de sa longueur, remplie, à l'état récent, d'une pulpe ou chair blanche dans laquelle sont implantées dix-huit à vingt semences triangulaires de la grosseur d'une noisette, recouvertes d'un périsperme ou tunique mince et fragile, de couleur grise, et qui, lui-même, enveloppe une amande blanche, huileuse et d'une saveur douce.

Le *moringa aptera* est originaire des Indes, de l'Arabie et de l'Égypte ; ses graines ou plutôt les amandes qu'elles renferment, réduites en pâte et soumises à la presse, fournissent une huile douce qui rancit très-difficilement ; à une basse température, elle se sépare en deux parties, l'une solide, *stéarine* ou *margarine*, l'autre liquide, *élaïne* ou *oléïne*; c'est de cette dernière qu'on fait usage dans l'horlogerie. Sa fluidité extrême et son incongelabilité la rendent très-propre à faciliter les frottements.

Cette huile, lorsqu'elle est extraite avec soin, est presque incolore, complétement inodore, et d'une saveur assez agréable : elle se charge des odeurs les plus fugaces sans diminuer leur suavité; c'est ainsi que les parfumeurs s'en servent pour fixer les principes odorants de certaines fleurs, telles que la tubéreuse, le jasmin et l'héliotrope. Pour obtenir ce résultat, on en imbibe du coton, et on le place entre deux couches de fleurs ; on forme ainsi plusieurs lits, et on abandonne pendant quelque temps ; on soumet ensuite le coton à la presse et on obtient ainsi une huile dont l'odeur rappelle exactement celle de la fleur avec laquelle elle a été en contact.

L'huile de ben était employée autrefois en médecine comme purgative et vomitive ; mais son usage est complétement tombé en désuétude.

Cette huile est devenue tellement rare, que nous croyons utile de rappeler qu'on peut lui substituer, ainsi que nous l'avons dit en parlant des olives, celle extraite de la chair de ce fruit, mais seulement de la chair après en avoir soigneusement enlevé la pellicule et le noyau.

CARAPA de la Guiane ou des Galibis, fruit du *carapa guianensis*, L.; famille des Malvacées, J.

Ce fruit s'offre sous la forme d'une capsule quadrivalve, ovoïde, uniloculaire, de la grosseur du poing ; s'ouvrant en quatre parties, et présentant alors plusieurs amandes irrégulières, anguleuses et réunies en une seule masse qui occupe toute la capacité intérieure de la capsule ; ces amandes sont roussâtres extérieurement, blanches intérieurement, douces et onctueuses.

Ce fruit, et principalement les amandes qu'il contient, fournit une huile excessivement amère. Le procédé pour l'obtenir ne ressemble à aucun autre ; il consiste à faire bouillir les amandes sans les séparer de leurs coques, puis à les exposer à l'air pendant huit ou dix jours pour permettre à l'huile de se développer ; on sépare ensuite les coques, et on broie les amandes de manière à en former une pâte; on place celle-ci dans des vases que l'on expose au soleil, et que l'on a soin de tenir inclinés pour permettre à l'huile qui exsude de s'écouler. Cette première huile, ordinairement assez fluide, est mise de côté, et réservée pour certains usages domestiques; on soumet ensuite les résidus à la presse, et on obtient un autre produit qui a la consistance de la graisse, et qui est moins estimé; il n'est, en effet, guère employé que pour les usages les plus communs, tels que l'éclairage des ateliers, des cuisines: uni à la poix ou au goudron, il sert, en outre, à enduire les embarcations. Son excessive amertume, qui est due à la présence d'un principe âcre, empêche les insectes d'attaquer les bois qui en sont empreints; les nègres utilisent même cette propriété pour se garantir de l'atteinte des *tiques*. Ils la mêlent, à cet effet, avec le *rocou*, et en enduisent leurs cheveux et les autres parties de leur corps. Ils l'extraient par un procédé encore plus simple. Après avoir retiré l'amande de son enveloppe et l'avoir pilée, ils l'exposent au soleil sur de longues écorces demi-cylindriques; ils les inclinent, et l'huile, en se fluidifiant, coule dans des vases placés pour la recevoir; elle prend dans ce cas, le nom de *touloumaca*.

« Quand un cheval ou un bœuf, » dit M. Descourtilz (Flore des Antilles), « a une plaie sur le corps, on l'imbibe d'huile de carapa dont l'amertume éloigne les insectes, en même temps qu'elle met les chairs à l'abri du contact de l'air, et, par ce moyen, contribue merveilleusement à la guérison. » Peut-être, n'est-il pas indifférent d'avoir égard à la nature de la plaie, car le principe âcre qui domine dans cette huile pourrait, en augmentant l'inflammation, retarder, au contraire, la guérison.

Examen chimique. Il résulte, d'une analyse de l'huile de carapa faite par M. Cadet père, qu'elle est composée, 1° d'un principe amer qu'on ne peut séparer entièrement (au moins dans l'huile préparée suivant la méthode des habitants de Cayenne), — 2° d'une grande proportion de stéarine, — 3° d'acide oléique, — 4° de margarine.

On doit à M. Boullay un procédé très-simple pour priver l'huile de carapa de son principe amer, et la rendre propre à l'usage alimentaire; il consiste à la faire bouillir avec de l'eau aiguisée d'acide sulfurique; celle-ci s'empare du principe amer, on sépare par le repos, puis on lave avec de l'eau pure pour ne laisser aucune trace d'acide.

PRUNE DE BRIANÇON ou des Alpes, fruit du *prunus oleoginosa, seu prunus brigantiaca*, L.; famille des Rosacées, J.

Cette sorte de prune est de grosseur moyenne, de forme ovoïde, de couleur jaune, tiquetée de petits points roussâtres assez rares; la chair est également jaune, mais moins intense; sa saveur est, d'abord, d'une acerbité insupportable, puis fade; le noyau est ovale; sa carène est tranchante et son sommet obtus.

L'arbre qui produit cette singulière prune est très-fertile, et assez commun dans le Dauphiné; le fruit est toujours réuni en groupe autour des branches; son âpreté le fait rejeter comme inutile (1); mais l'amande que renferme le noyau fournit une huile abondante et d'un goût très-suave.

Huile d'amande de prune de Briançon ou de marmotte.

Pour l'extraire, on place les prunes en tas, on laisse blossir ou pourrir la pulpe, et on sépare les noyaux que l'on pile; on introduit la pâte qui en résulte dans des sacs de coutil, et on soumet à l'action d'une forte presse. Bien qu'une grande partie de l'acide prussique ou hydrocyanique reste dans le pain ou tourteau, elle en est encore trop

(1) Il y a lieu de croire qu'on améliorerait cette espèce de prune en la mariant par la greffe ou la fécondation croisée avec une prune douce.

chargée pour être employée dans les usages alimentaires ; aussi la mêle-t-on le plus ordinairement avec l'huile d'olive dans la proportion d'un tiers sur deux de cette dernière ; on la livre ensuite au commerce. Les tourteaux servent à la nourriture des animaux de basse-cour, mais on ne doit les employer à cet usage qu'avec réserve.

Lorsqu'elle a été bien dépurée par le repos, cette huile est douce, limpide ; d'abord incolore, elle prend ensuite une teinte jaune, d'autant plus foncée qu'elle est plus anciennement extraite ; elle se distingue par une odeur très-prononcée d'amande amère et de fleur de pêcher. Elle est très-connue sous le nom d'*huile de marmotte* ; mais rien ne justifie cette dénomination, si ce n'est l'espèce de torpeur que détermine son usage lorsqu'elle est pure.

L'huile de cameline, que, par corruption, on appelle *huile de camomille* ou *essence d'Allemagne*, est de couleur jaunâtre, d'une odeur et d'une saveur particulières ; elle se congèle à 18 degrés au-dessous de zéro ; sa pesanteur spécifique égale 0,9252. Moins abondante dans le commerce que les huiles de colza et de navette, elle n'est pas sans mérite, car, lorsqu'elle a été extraite avec soin et qu'elle est récente, on l'emploie, dans certaines contrées, dans les usages alimentaires ; elle brûle avec une flamme vive et éclatante, et fournit peu de fumée ; elle est employée en peinture, et entre dans la composition des savons noirs.

La graine de cameline et les tourteaux qui résultent de l'extraction de l'huile servent à nourrir certaines volailles, et notamment les oies, qu'ils engraissent assez promptement.

CAMELINE CULTIVÉE (myagre), fruit du *camelina sativa seu myagrum*, L.; famille des Crucifères, J.

C'est une silique sphéroïde, obtuse, à valves ventrues, et à deux loges remplies d'un grand nombre de graines ou semences huileuses.

Cette plante, originaire de l'Asie et acclimatée maintenant en Europe, offrirait bien peu d'intérêt, si ses semences, bien que très-menues, ne contenaient pas une huile fixe, assez abondante.

La récolte de la graine s'effectue aussitôt que les siliques jaunissent ; leur maturité complète s'effectue après ; sans cette précaution, un nouvel ensemencement s'effectuerait spontanément, et on perdrait le fruit de la culture. On frappe les sommités avec un bâton, et on reçoit la graine sur des toiles étendues sur le sol. Celle-ci est d'une si grande ténuité, qu'une plus grande division est assez difficile à obtenir ; cependant on la fait généralement passer sous une forte meule, et on soumet ensuite à la presse en prenant les précautions ordinaires.

FUSAIN, bonnet de prêtre ou carré, fruit de l'*evonymus europœus*, L.; f. des Rhamnoïdées, J.

Il s'offre sous la forme d'une petite capsule de couleur rose, à quatre ou cinq loges saillantes, généralement obtuses, et rappelant assez exactement, par leur réunion, la partie supérieure d'un bonnet carré ; chaque loge renferme une petite nucule ou graine dont la forme et le volume sont comparables à ceux d'un grain de pepin de raisin, et dont la couleur est jaune orangé et l'amande huileuse.

Le fusain est cultivé comme plante d'agrément ; on fait assez peu de cas de ses graines en France ; elles n'y sont guère employées, soit en poudre, soit en décoction, que pour détruire la vermine ou guérir la gale des animaux domestiques ; elles entrent comme purgatif dans la matière médicale des Anglais ; en Allemagne, on en extrait, par expression, une huile que son âcreté ne permet pas d'employer dans l'usage alimentaire, mais qui n'en forme pas moins une ressource assez précieuse pour les arts industriels, et notamment l'éclairage.

La partie corticale du fruit fournit une matière tinctoriale qui se fixe en jaune paille par l'alun, et en gris par les sels de fer.

CORNOUILLER SANGUIN, fruit du *cornus sanguinea*, L.; famille des Caprifoliacées, J.

C'est une drupe charnue, globuleuse, ombiliquée au sommet, d'abord verte, puis blanchâtre et opaline, et enfin noire lors de la maturité; la pulpe oléagineuse enveloppe un noyau osseux à deux loges monospermes.

Ce fruit, dont le volume est comparable à celui d'un grain de groseille, fournit, lorsqu'on le soumet à la presse, une huile tellement abondante, qu'elle égale environ le tiers du poids du fruit. On peut encore procéder à son extraction par la voie humide : on soumet d'abord les baies ou drupes à l'action d'une meule pour en opérer le broiement, puis, lorsque la pulpe et la graine ne forment plus qu'une masse homogène, on porte dans une chaudière, on ajoute de l'eau et on chauffe, en ayant toutefois le soin d'agiter pour renouveler les surfaces; on laisse refroidir; on enlève l'huile surnageante par décantation ou au moyen d'une cuiller, puis on soumet, pour l'épuiser, le marc à la presse.

Cette huile, entraînant avec elle beaucoup de mucilage, a besoin d'être dépurée; à cet effet, on la mêle avec de l'eau fortement acidulée d'acide sulfurique; on agite; on laisse séparer le mélange et déposer les fèces, et on enlève l'huile avec un siphon; elle est alors assez pure pour qu'on ne soit pas obligé d'avoir recours à la filtration, surtout lorsqu'elle doit être employée dans les arts. Dans quelques parties de l'Italie, elle entre dans l'usage alimentaire.

Examen chimique. — On doit à M. Murion, de Genève, l'analyse suivante du cornouiller sanguin. Ce chimiste l'a trouvé composé : de phosphate, sulfate et malate acide de chaux, — d'hydrochlorate de potasse en très-petite proportion, — de carbonate de magnésie, idem, — de sous-carbonate de potasse, — de carbonate de chaux, — d'oxyde de silicium, — de ligneux, — d'une grande quantité d'huile, — d'un principe extractif amer, — de chlorophylle, et enfin d'un principe colorant rouge, soluble dans l'eau seulement.

La rusticité du cornouiller sanguin permettant de multiplier abondamment sa culture, cette circonstance fixera peut-être un jour l'attention des économistes, et remettra en honneur un produit d'agriculture industrielle connu depuis plus de deux siècles; car, suivant Matthiole, les habitants de Trente en alimentaient leurs lampes.

Le *cornouiller blanc* diffère peu du précédent; son fruit fournit également une huile fixe, mais elle y est moins abondante.

SOLEIL DES JARDINS, fruit de *l'helianthus annuus*, L.; famille des Radiées, J.

C'est un akène ovale aplati, long de 3 à 4 lignes, de couleur noire lors de la maturité, renfermant une amande blanche, onctueuse, d'une saveur douce.

L'hélianthe est originaire du Pérou; ses graines fournissent, par expression, une huile peu abondante. M. Henry père, qui, par suite de l'examen chimique du fruit, s'est occupé de son extraction, a vu que 25 livres de ces graines mondées et privées de leurs enveloppes fournissaient à peine 8 livres d'amandes, et celles-ci, traitées à froid, seulement 13 onces d'huile; il est vrai de dire que dans une autre opération, où il s'était aidé de la chaleur, il en obtint 19 : la première était d'une belle couleur citrine et d'une saveur douce, l'autre légèrement âcre. Cette expérience de laboratoire prouve que l'extraction en fabrique, effectuée nécessairement avec moins de soin, fournirait encore un produit plus faible, et vraisemblablement aussi d'une qualité moindre.

La quantité d'huile que l'on obtient, en général, des semences ou fruits huileux, est en raison directe de leur maturité. Nous avons déjà eu l'occasion de faire remarquer que l'extraction ne devait jamais suivre immédiatement la récolte, attendu que ce produit immédiat des végétaux continuait à se former et à se perfectionner sans être sous l'influence de la végétation.

Les habitants de la Virginie forment, avec la semence d'hélianthe mondée, une farine assez légère, qui, réduite en bouillie par l'eau et la cuisson, constitue la nourriture des enfants en bas âge.

Les oiseaux de basse-cour mangent, en général, la graine de soleil avec avidité; elle les engraisse et donne de la suavité à leur chair.

Cette plante est de celles qu'on pourrait cultiver avec avantage dans certaines localités, et surtout sur le bord des chemins, comme clôture momentanée, et pour garantir certaines récoltes.

SAGOU, fruit du sagoutier farinifère, S., *farinacea rumphius, sagus*, L.; famille des Palmiers, J.

Ce fruit, de l'aspect le plus gracieux, est tantôt ovoïde, et tantôt arrondi; il est entièrement couvert d'écailles régulièrement et exactement imbriquées, lisse, luisant et d'une couleur rouge de brique; son volume égale celui d'une petite pomme de pin d'environ 18 lignes de long, il en a aussi l'aspect; l'enveloppe corticale, très-résistante, bien qu'assez peu épaisse, renferme une seconde noix ovoïde à coque tendre, de couleur jaune rougeâtre; elle renferme une amande huileuse, de couleur gris roux, qui acquiert, par la dessiccation, une dureté extrême. Ces diverses parties du fruit, quoique assez remarquables, ne sont cependant d'aucune utilité; l'amande elle-même renferme une proportion d'huile trop minime pour qu'on puisse l'extraire, du moins pour les besoins économiques; mais, par une sorte de compensation, la moelle qui occupe le centre de la tige du palmier, qui le fournit, présente une ressource alimentaire très-précieuse.

Bien que nous ne dussions, d'après le plan que nous nous sommes tracé, parler que des fruits, ce produit est trop intéressant pour que nous ne profitions pas de l'occasion d'en faire mention dans un ouvrage destiné à former une sorte de *Traité d'économie domestique et industrielle.*

La moelle du sagoutier est, en effet, un produit alimentaire fort important pour les contrées que la nature a favorisées de ce bel arbre. Il n'y a pas plus d'un siècle que son usage est connu en France. On a longtemps cru que la forme granulée du sagou était due à une opération particulière qu'on faisait éprouver à la moelle du palmier, et qui consistait à faire passer cette sorte de fécule, encore humide, au travers d'un tissu métallique ou de plaques de métal perforées à la manière des passoires; mais M. Poiteau, qui a vu préparer du sagou à Cayenne, a expliqué à quoi est due sa forme granuleuse. D'après ce naturaliste, les parties en suspension dans l'eau ne se précipitant que très-difficilement, attendu leur peu de pesanteur spécifique, on est obligé de passer au travers d'un linge le magma qui résulte du lavage de la moelle dans l'eau, et de le faire sécher au soleil. Pendant cette opération et par l'effet de la dessiccation, cette substance se rassemble en grains grisâtres, d'abord assez petits, mais qui, finissant par se réunir en masses irrégulières, acquièrent par cela même un volume plus considérable.

Cette explication exacte du procédé s'accorde avec des expériences qui ont été faites et qui datent déjà d'assez longtemps, expériences qui ont eu pour objet de démontrer que le sagou n'était pas, comme on le pensait naguère encore, une fécule simple précipitable, mais bien plutôt une fécule modifiée par l'acte de la végétation et d'une densité moindre que la fécule proprement dite.

Les principales variétés de sagous sont : celui des Maldives, en grains ovoïdes arrondis, très-durs, d'une couleur briquetée non uniforme ; celui de Sumatra, en grains arrondis, blancs ou jaunâtres ; celui de la Nouvelle-Guinée, semblable à celui des Maldives, mais plus briqueté ; enfin trois sagous des îles Moluques. De tous ces sagous, les meilleurs sont, suivant M. Planche, qui s'est occupé de leur histoire, ceux des îles Moluques : l'un est gris, l'autre rosé et l'autre blanc ; bien que placés sur la même ligne ou à peu près, pour la qualité, les consommateurs préfèrent celui qui est rosé. Ils contiennent tous du muriate de soude (sel commun).

HÉVÉ de la Guiane, siphonie ou jatropha élastique, caoutchouc, *jatropha elastica*, L. ; *hevea guianensis*, Aublet ; famille des Euphorbiacées ou Tithymalées, J.

Ce fruit s'offre sous la forme d'une capsule ligneuse, ovale, assez grosse, se séparant en trois coques bivalves ; chaque loge contient une à trois semences ovoïdes roussâtres, bariolées de noir, à tunique mince, cassante, recouvrant une amande huileuse, assez douce pour être mangée ; elle offre quelque analogie avec celle de ricin, bien qu'elle soit plus grosse et plus carrée.

Plus curieux qu'utile, ce fruit n'est pas la partie la plus intéressante de l'hévé (abstraction faite, bien entendu, du rôle qu'il est appelé à jouer comme organe de reproduction). Cet arbre fournit, par incision, une gomme-résine d'une nature particulière, bien connue sous le nom de *gomme élastique* ou *caoutchouc*. Ce produit a acquis, notamment depuis quelques années, une grande importance dans les arts. Cette circonstance nous engage à faire encore une excursion hors de nos limites ; nous nous en référons, d'ailleurs, pour la justifier, à ce que nous avons dit à l'article qui précède.

Pour obtenir le caoutchouc, on incise d'abord l'arbre de manière à percer l'écorce du haut en bas ; on pratique ensuite d'autres incisions latérales qui viennent aboutir à celle principale ; le suc laiteux qui en découle est recueilli dans un vase et appliqué couche par couche, lorsqu'il est encore fluide, sur des moules de terre ; on suspend ceux-ci à la fumée d'un feu de broussailles ou au soleil, afin d'effectuer la dessiccation du suc séveux ; lorsqu'on juge l'épaisseur suffisante, on brise le moule et on en fait sortir les fragments par l'orifice, car ces moules ont ordinairement la forme de bouteilles ou de gourdes. Depuis quelque temps cependant, il arrive en Europe en plaques qui imitent le cuir brun ; ce dernier est moins estimé que l'autre.

Examen chimique. Le caoutchouc est insoluble dans l'eau et l'alcool froid ; il est soluble à l'aide de la chaleur dans les huiles grasses, la cire, les huiles essentielles, l'alcool camphré, l'éther surtout, lorsqu'on l'a préalablement ramolli au moyen de l'eau bouillante. Il fournit, par la distillation une huile blanche, limpide, qui a la singulière et très-précieuse propriété de dissoudre le caoutchouc lui-même, sans altérer sa propriété élastique. Cette huile forme les 10/12 du caoutchouc et est composée de 0,88 de carbone et de 0,12 d'hydrogène.

Il résulte, d'une analyse de M. Faradey (*Journal de chimie médicale*, t. 11), que le suc de caoutchouc est composé ainsi qu'il suit :

Eau acide.	763,7
Caoutchouc pur.	117,0
Substance chlorée azotée amère.	70,0
Matière soluble dans l'eau et dans l'alcool.	29,0
Matière albumineuse.	19,0
Cire.	1,3
	1000,0

Suivant M. Bouchardat, il se forme, pendant la distillation du caoutchouc, une substance solide et cristallisable qu'il a nommée *caoutchène*, et une substance liquide huileuse, *erchène*; on n'a fait encore aucune application de ces nouveaux produits dans les arts.

On est récemment parvenu à faire suinter du caoutchouc, à l'aide de la chaleur et de la pression, une huile qui a la propriété de rendre par son application les métaux inoxydables; elle est très-utilement employée pour la conservation des planches d'acier gravées, des armures précieuses, etc.

L'huile empyreumatique ou acide pyroligneux que fournit la distillation du charbon de terre pour l'éclairage au gaz forme un véhicule très-propre à opérer économiquement la solution du caoutchouc : on a mis à profit cette propriété pour rendre imperméables certains objets d'utilité domestique, tels que manteaux, coussins, etc.; mais malheureusement la dissolution du caoutchouc dans ce liquide lui fait perdre de son élasticité. L'emploi des huiles pour la formation du *gaz-light* ou d'éclairage fournira peut-être un acide pyroligneux mieux approprié à cet emploi; car celui de l'huile de caoutchouc, comme dissolvant de la gomme élastique, est trop dispendieux pour les besoins des arts.

On prépare maintenant des vessies en gomme élastique, dont les parois sont très-minces et comparables, sous tous les rapports, à celles des animaux. Ce procédé consiste à faire macérer dans l'éther les bouteilles les plus saines, puis à les souffler graduellement jusqu'à ce qu'elles n'offrent plus, pour ainsi dire, qu'une membrane transparente ; on plonge ensuite dans l'eau froide et on conserve dans un lieu frais ; sans cette précaution, on risquerait de voir les parois se souder, et il deviendrait alors presque impossible de les séparer sans déchirure.

La combustion très-facile du caoutchouc permet d'en faire usage pour l'éclairage dans les pays où il est très-commun; c'est ainsi que, dans certaines contrées de l'Asie, on en fabrique des bougies et des torches.

CHAPITRE TREIZIÈME.

HUITIÈME CLASSE.

FRUITS AROMATIQUES.

Ces fruits contiennent généralement un principe huileux aromatique, connu sous les noms d'essence, huile essentielle, ou huile volatile; il réside principalement dans la partie corticale. Souvent il est uni à des huiles fixes, liquides ou concrètes, et a un principe féculent.

Les fruits qui composent cette classe sont assez variés ; ils fournissent des produits aux arts, ils sont très-répandus dans les usages économiques, et fournissent à la médecine un utile secours. Ils se conservent, en général, assez facilement, craignent peu l'humidité, et éloignent les insectes; aussi, originaires pour la plupart des pays chauds, ils nous parviennent sans avoir éprouvé d'altération sensible.

Bien que le principe aromatique du café ne se développe que par la torréfaction, et qu'il ne soit, en conséquence, qu'un principe médiat, nous n'avons pas moins cru devoir ranger ce fruit parmi ceux aromatiques, attendu que ce principe joue dans son histoire économique le rôle le plus important.

Sommaire : *vanille, vanillon, vanille inodore, cannelle* (fruit du cannelier), *girofle* (noix de), *muscade, cardamome, amome graine de paradis* ou *maniguette, poivre noir, poivre bétel, poivre du Japon, poivre d'Éthiopie, poivre long, poivre aqueux, piment, laurier* (baie de), *myrte* (baie de), *talaumé, myrica de Pensylvanie, myrica gale, croton sébifère* (fruit du), *baumier de la Mecque* (fruit du), *baumier du Pérou* (fruit du), *houblon, fève pichurim* ou *muscade de Para, anis, ammi, carvi, séséli, phellandrie aquatique* (fruit de la), *daucus de Crète* (fuit du), *aneth, fenouil, coriandre, badiane des Indes* ou *anis étoilé, ambrette* (graine), *nigelle, fève tonka, rocou* (fruit du rocouyer), *café.*

VANILLE, fruit du vanillier, *epidendrum vanilla,* L.; famille des Orchidées, J.

Elle s'offre sous la forme d'une capsule siliculeuse, droite, bivalve, triangulaire, longue de 6 à 8 pouces, de couleur rouge brun, ridée et sillonnée dans le sens de sa longueur, renfermant une pulpe molle, onctueuse, d'une odeur suave particulière; cette pulpe enveloppe de très-petites semences noires et luisantes.

Le vanillier est une plante sarmenteuse qui croît spontanément sur les rives de l'Orénoque, dans les andes de la Nouvelle-Grenade; on la cultive dans plusieurs contrées de l'Amérique septentrionale, et surtout au Mexique. On a essayé assez récemment sa culture en Europe, et notamment en Belgique. M. Morven, mettant à profit les principes de la fécondation artificielle établis par MM. de Mirbel et

Brongniart, a obtenu des fruits aussi aromatiques et aussi suaves que ceux qui nous viennent du nouveau monde. (*Compte rendu des séances de l'Académie des sciences,* avril 1838.)

On trouve dans le commerce trois sortes de vanilles : la première est nommée *pompona* ou *bova* par les Espagnols; ses gousses sont grosses, renflées; elles contiennent une liqueur de couleur brun rougeâtre assez fluide, et des graines comparables à celles de la moutarde. La seconde, appelée *vanilla ley* ou *légitime,* est la plus estimée; ses gousses sont minces, résistantes, de couleur rouge brun extérieurement, noires intérieurement, grasses au toucher; la pulpe qu'elles renferment est roussâtre, moins fluide que celle de la précédente; les semences sont noires et luisantes. Cette vanille est nommée aussi vanille givrée, parce qu'elle est généralement couverte de petites aiguilles blanches, brillantes, imitant le givre; la formation de ces aiguilles est due à une portion d'acide benzoïque qui se porte à la surface du fruit : on s'oppose à cette déperdition d'arome en frottant les siliques avec une huile fixe. Cette espèce a une odeur très-suave qui rappelle celle du baume du Pérou. La troisième espèce, ou *vanille bâtarde*, est d'un rouge plus clair que les précédentes ; elle est aussi généralement plus petite, plus sèche, moins odorante et privée de givre.

« Ces différentes espèces, » dit M. Descourtilz (ouvrage cité), « ne sont toutefois que de simples variétés du même fruit, dépendantes de la culture du climat, ou des préparations qu'on leur fait subir. Lorsque les vanilles sont mûres, les Mexicains les cueillent, les lient par les bouts, et les mettent à l'ombre pour les faire sécher ; lorsqu'elles sont en état d'être gardées, ils les plongent dans une huile qu'ils extraient des cerneaux de la noix de cajou ; afin de les rendre souples et de les mieux conserver, ils les réunissent par paquets de 50 ou de 100 pour les envoyer en Europe. Le paquet de 50 ne doit pas peser généralement plus de 5 onces 160 gr.; quand il en pèse 8 ou 250 gr., il a acquis alors l'épithète espagnole de *sobre buena*, excellente. Lorsqu'une vanille n'est pas cueillie à propos, elle crève, et il en suinte une petite quantité d'une liqueur noire, très-odorante, et qui ne tarde pas à se solidifier. Les habitants du pays la recueillent et la conservent pour leur usage ; elle porte le nom de *baume de vanille*. »

Examen chimique. — Il résulte, d'une analyse faite par Buc'hoz, que cette substance est composée : d'huile grasse d'un jaune brunâtre, d'une odeur désagréable, d'une saveur douce, mais un peu rance, 10,8 ;—d'une résine molle, peu soluble dans l'éther, et qui, chauffée, sent d'abord la vanille, puis l'urine, 2,3 ; — d'une matière extractive légèrement amère, unie à l'acétate de potasse, 16,8 ;—d'une matière extractive acide, âcre, un peu amère, analogue au quinquina, 9 ;—d'une matière extractive douce, 1,2 ;—de fibre ligneuse, 20 ;—de matière extractive oxygénée

(*ulmine*) qu'on extrait par la potasse, 7,1 ; —de gomme qu'on extrait par l'alcool, 5,9 ; —d'acide benzoïque, 1,1. Quant à l'huile volatile, on n'en obtient d'aucune manière.

Le principe aromatique de la vanille réside tout entier dans la pulpe ; le péricarpe n'est odorant que parce qu'il est perméable à l'acide benzoïque, qui cristallise, comme nous l'avons dit, à sa surface. Cet arome est très-suave et plaît généralement ; on l'emploie principalement pour aromatiser le chocolat, les glaces, les crèmes ; on lui attribue la propriété aphrodisiaque à un degré assez prononcé ; elle entre, à cet effet, dans la préparation de certains bonbons excitants, et notamment de ceux appelés *diabolinis* ; elle sert aussi à aromatiser des liqueurs de table et des pommades cosmétiques.

La difficulté que l'on éprouve à la diviser et à opérer son mélange avec les substances qui entrent dans plusieurs de ces préparations a fait naître l'idée d'en préparer un sirop qui rend son emploi beaucoup plus commode. On peut d'ailleurs, en faisant entrer dans sa préparation la vanille et le sucre dans des proportions déterminées, savoir combien une once de sirop contient de vanille ; rien de plus facile ensuite que d'aromatiser plus ou moins en variant les doses de ce sirop.

Sirop de vanille.

Pour le préparer, on prend : vanille, 2 onces ; sucre très-beau et inodore, 1 livre 1 once ; eau-de-vie à 20 degrés, 6 gros ; eau, 10 onces. On coupe la vanille d'abord longitudinalement, puis transversalement, aussi menu que possible ; on la triture dans un mortier, en ajoutant alternativement un peu de sucre et un peu d'eau-de-vie pour former une pâte molle et homogène. On introduit ce mélange dans un flacon avec le restant du sucre et de l'eau ; d'autre part, on délaye un blanc d'œuf dans aussi peu d'eau que possible, et on l'ajoute au mélange ; on place au bain-marie, ou, mieux encore, à l'action du soleil, pour favoriser la combinaison, et au bout de vingt-quatre heures on passe au travers d'une étamine.

Ce sirop, qui contient plus d'un demi-gros de vanille par once, est d'un emploi très-commode et plus économique que la vanille en substance, qui ne fournit pas toujours tous ses principes aromatiques.

VANILLON, vanille gros fruit, *vanilla macrocarpa*. Elle est plus grosse que la vanille aromatique, mais beaucoup moins estimée; elle n'est guère employée que par les parfumeurs et les distillateurs. Elle est expédiée du Brésil et provient, dit-on, de la même plante; on attribue son infériorité à ce qu'elle serait récoltée avant sa maturité, et au peu de soin qu'on apporte à sa dessiccation; mais cette hypothèse est peu vraisemblable. Elle nous parvient dans des boîtes de fer-blanc, mêlée et comme confite dans une sorte de liquide sirupeux, qui répand une odeur très-prononcée de vinaigre (acide acétique), indice presque toujours certain d'altération.

VANILLE INODORE, vanille de Saint-Domingue, *vanilla flore viridi et albo* (plumier). C'est une capsule siliqueuse, longue de 5 à 6 pouces, cylindrique, pulpeuse, renfermant de petites graines ou semences; elle s'ouvre en deux valves, comme les siliques.

Cette vanille croît principalement aux Antilles; elle est sans odeur; sa pulpe est très-astringente, on l'applique sur les ulcères de mauvais caractères, soit directement, soit en décoction pour les déterger. Elle n'est pas connue dans le commerce, et est en usage seulement dans le pays où elle croît.

FRUIT DU CANNELIER, *laurus cinnamomum*, L.; famille des Laurinées, J.

Il s'offre sous la forme d'une drupe ovoïde, renfermée, comme le gland, dans un calice cupuleux, rugueux, brun épais

et résistant. Ce fruit, long d'un demi-pouce environ, est formé d'une pulpe verdâtre qui environne un noyau oblong; l'amande qu'il renferme est rougeâtre; elle fournit, par la distillation, une huile volatile dont l'odeur est analogue à celle que fournit l'écorce des branches (1); elle paraît même résider dans presque toute la plante. Ces semences, après la distillation, donnent, par suite d'une forte décoction à laquelle on les soumet, une huile concrète avec laquelle on fabrique des bougies qui répandent une odeur très-agréable.

NOIX DE GIROFLE, ravendsara, fruit du *caryophyllus aromaticus seu agatophyllum aromaticum*, L.; famille des Laurinées, J.

L'usage où l'on est de cueillir les fleurs et le calice, vulgairement nommé *clou de girofle* (2), avant le développement du fruit, rend celui-ci très-rare; il ne se trouve guère, en effet, que dans les collections, et est conséquemment peu connu. Nous ne saurions mieux faire que d'emprunter à l'*Histoire des drogues simples* de M. Guibourt la description fort exacte qu'il en donne. « Le ravendsara, » dit ce savant, « est assez remarquable par sa structure; il est deux fois gros comme

(1) La plus estimée, et qui est connue dans le commerce sous le nom de cannelle de Ceylan, est enlevée des branches du cannelier à miel ou *rassé couron don*. Cette opération s'effectue deux fois l'an; on coupe à cet effet les jeunes branches, au moyen d'une serpette à deux tranchants, dont l'un moins acéré que l'autre; avec le dos de la serpette, on soulève l'écorce et on la fait sécher au soleil, où elle se roule sur elle-même; les mêmes écorces sont conservées pour en extraire l'huile essentielle.

(2) Le clou de girofle, si communément employé dans les usages domestiques pour assaisonner les mets, se compose, comme nous l'avons dit, de la corolle non encore développée et formant une sorte de bouton sphérique et du calice; ce dernier est formé d'un canal tubulé, terminé au sommet par quatre divisions écailleuses et rugueuses, disposées en étoile; l'extérieur est de couleur brun jaunâtre, et l'intérieur est d'un ton plus clair. On doit choisir les *clous de girofle*, aussi lourds que possible, gras au toucher, d'une saveur chaude et piquante.

une noix de galle, arrondi, muni d'une petite portion de pédoncule, et, du côté opposé, d'une petite pointe qui est un vestige, soit du pistil, soit de la couronne du calice. Il est recouvert d'une écorce épaisse, brun noirâtre, et rugueuse au dehors, grise en dedans, et paraissant avoir été un peu succulente; ainsi ce fruit peut être considéré comme une drupe. Sous cette écorce ou brou, qui est très-aromatique, et dont l'odeur suave est analogue à celle de la cannelle giroflée, ou à celle du piment Jamaïque, on trouve une coque ligneuse grise offrant six angles confus et n'ayant aucune suture apparente; cette coque offre, dans son intérieur, un zeste ligneux semblable à celui de la noix, et qui partage sa cavité en six loges disposées en étoile, mais seulement jusqu'aux deux tiers de la longueur du fruit; de sorte que l'amande, divisée en six lobes par la partie inférieure, est entière par la partie opposée au pédoncule, et forme réellement une amande unique; cette amande est jaunâtre, très-chargée d'huile, et d'une saveur tellement âcre, qu'on peut la dire caustique; elle est moins aromatique, néanmoins, que le brou. »

Ce fruit, s'il était plus commun, pourrait être employé soit en médecine, soit dans les arts, comme succédané du girofle ou de la cannelle.

MUSCADE, noix de Banda, fruit du muscadier, *myristica aromatica*, L.; famille des Laurinées, J.

Le fruit entier, car on n'emploie ordinairement que la semence, s'offre sous la forme d'une drupe ou noix charnue, piriforme, marquée d'un sillon longitudinal; son volume égale celui d'une pêche. Lors de la maturité, l'enveloppe charnue s'ouvre en deux valves incomplètes, et découvre une seule graine ou coque nuciforme, du volume d'une forte olive, arrondie, marquée de sillons réticulés, formés par les empreintes de l'arille ou macis, improprement appelé par les an-

ciens *fleur de muscade*. Cette arille est d'abord d'un rouge vif, assez épaisse, découpée en lanières, elle enveloppe l'amande à sa base et la pénètre; c'est la partie la plus aromatique du fruit; elle passe au jaune par la dessiccation.

Le muscadier est originaire des îles Moluques; mais depuis 1778, qu'un violent ouragan, en les ravageant, détruisit la plus grande partie des arbres qui les ombrageaient, ce bel arbre n'est plus cultivé qu'au groupe Banda, qui approvisionne maintenant l'Europe de macis et de muscade.

On fait la récolte des muscades à l'époque où les fruits sont en maturité, ce qui arrive trois fois par an dans ces îles d'une végétation si riche; on les gaule; on enlève sur place le brou, qu'on rejette comme inutile; on détache soigneusement le macis; on l'asperge d'eau salée, et on le met à sécher; une troisième enveloppe qui revêt la graine se déchire d'elle-même, après quelques jours d'abandon; on la sépare et on fait ensuite passer les amandes, ou les muscades proprement dites, ainsi dénudées, dans un lait de chaux pour les préserver, autant que possible, de l'attaque des insectes; enfin on les fait sécher et on les verse dans le commerce.

On en distingue deux espèces que l'on appelle improprement *muscade femelle* et *muscade mâle*; la première est la plus estimée; elle est produite par le muscadier cultivé, *myristica moschata*; sa surface est sinuée; sa forme arrondie; son volume égale celui d'une noisette; sa couleur est grisâtre au dehors, jaunâtre en dedans, son odeur est très-aromatique, sa saveur chaude, piquante; elle est sujette à être piquée par les insectes, et perd alors une partie de son odeur et de sa saveur. On remédie à cet inconvénient, dans le commerce, en la passant de nouveau dans un lait de chaux épais, pour remplir les trous que les insectes y ont faits; mais on doit se tenir en garde contre cette falsification.

La muscade mâle est produite par le

39

muscadier sauvage, *myristica tomentosa*; elle est oblongue; son odeur et sa saveur sont de beaucoup inférieures à celles de l'autre espèce, avec laquelle on la mêle trop souvent; l'amande est recouverte d'une coque dure sur laquelle est appliquée une arille pâle; elle est plus légère que celle femelle.

La muscade est sans contredit l'une des substances aromatiques les plus agréables. Aux îles Banda, où elle est si commune qu'elle en constitue, pour ainsi dire, toute la richesse, on la confit dans le rhum, lorsqu'elle est encore verte, et elle forme dans cet état un mets très-goûté des indigènes, mais qui flatte peu les palais inaccoutumés à l'usage des substances excitantes. La muscade et le macis sont employés comme condiments; ils entrent dans plusieurs compositions pharmaceutiques et servent, en outre, à aromatiser certaines liqueurs de table.

Examen chimique. La muscade contient deux huiles; l'une volatile et l'autre fixe et concrète; la première jouit des propriétés suivantes; elle est jaune-blanchâtre, plus légère que l'eau, d'une saveur âcre et piquante, et d'une odeur de muscade très-prononcée : la seconde est blanche, sans saveur ni odeur lorsqu'elle est pure.

Neumann a obtenu, de 1,920 parties de muscades, 480 d'un extrait alcoolique huileux, — 280 d'extrait aqueux, — et 220 d'huile fixe; — ces deux derniers produits étaient également insipides.

Dans une analyse plus récente et plus en rapport avec les nouvelles connaissances chimiques, M. Bonastre a trouvé dans l'amande de muscade les principes suivants : matière blanche insoluble (stéarine), 120; — matière butyreuse, colorée, insoluble (élaïne), 38; — huile volatile, 30; — acide par approximation, 4; — fécule, 12; — gomme ou naturelle ou formée, 6; — résidu ligneux, 270;— perte, 20; — total, 500.

C'est avec beaucoup de raison que l'auteur de cet examen analytique s'exprime d'une manière dubitative en parlant de l'existence de la gomme, *soit na-turelle, soit artificielle* ou *factice.* Il est très-vrai que, pendant l'analyse surtout, lorsqu'on a recours à la chaleur, il s'opère une réaction spontanée entre l'acide et la fécule, réaction qui donne incontestablement lieu à la formation d'une certaine quantité de gomme.

Le macis renferme, comme la muscade, deux huiles différentes, l'une fixe et l'autre volatile. Cette dernière constitue le principe aromatique ; le macis contient, en outre, une matière gommeuse, analogue à l'amidon modifié par les acides.

Examiné par Neumann, le macis a fourni, sur 7,680 parties, 2,160 d'extrait alcoolique et 1,200 d'extrait aqueux ; l'huile de macis, par expression, a moins de consistance que celle de muscade.

M. Henry père, auquel on doit une analyse plus récente et plus complète de l'arille de la noix muscade, l'a trouvée composée des principes suivants : huile essentielle plus pesante que l'eau, une proportion assez faible ; — huile fixe, odorante jaune, soluble dans l'éther, insoluble dans l'alcool bouillant; — huile fixe odorante rouge, soluble dans l'alcool et l'éther en toutes proportions; — matière gommeuse particulière analogue à l'amidon et à la gomme, formant le tiers environ du macis ; — fibre ligneuse, une très-petite quantité.

Beurre ou *huile concrète de muscade.*

On trouve dans le commerce une sorte de beurre végétal, formé de l'huile volatile et de l'huile concrète de la muscade réunies. Il est en masses carrées, de couleur jaunâtre de consistance assez ferme et d'une odeur de muscade assez prononcée. Il fournit par la distillation un dix-huitième environ de son poids d'huile volatile lorsqu'il est pur. Il arrive trop souvent, malheureusement, qu'il est falsifié avec le beurre, le suif de mouton, la moelle de bœuf, ou le blanc de baleine, *sperma ceti.* Lorsqu'on veut n'avoir aucun doute sur sa qualité, on le prépare de la manière suivante : on prend les muscades les plus récentes et les plus saines que l'on puisse trouver, on les pile dans un mortier légèrement chauffé, jusqu'à ce qu'elles soient réduites en pâte; on introduit celle-ci dans des toiles de coutil, et on met à la presse entre des plaques préalablement chauffées. Le produit ou huile concrète de muscade est de couleur jaune pâle; son odeur et sa saveur sont fortes et suaves; il est composé de 43,07 d'huile concrète, semblable au suif; — de 48,08 d'une huile jaune butyreuse et de 4,85 d'huile volatile.

Cette huile mixte est employée en médecine avec quelque succès pour combattre les douleurs rhumatismales : elle entre dans la composition du *baume Nerval*.

Muscade du Brésil, fruit du *myristica officinalis*, L. Elle offre une grande analogie avec la précédente; son arille a une couleur rouge éclatant; mais l'amande, bien que grasse, est d'une qualité bien inférieure à celle qui précède, attendu qu'elle contient très-peu d'huile volatile; elle est employée aux mêmes usages, mais beaucoup moins estimée que la muscade aromatique.

Muscade sébifère, fruit du *myristica sebifera*, L.; *seu virola sebifera*, f. des Laurinées, J. C'est une drupe ou noix sphérique, pointue, du volume d'un grain de raisin; ce fruit est marqué de chaque côté d'une arête saillante, qui forme la suture des deux valves; lorsque celles-ci sont séparées, elles laissent voir une coque couverte d'une espèce de réseau rouge ou sorte de macis. Cette coque est noirâtre et très-friable; elle enveloppe une amande marbrée intérieurement de rouge et de blanc.

Le muscadier sébifère ou virola est indigène de la Guiane et de la Caroline; les créoles l'appellent *jejomadou*.

On extrait de l'amande une substance sébacée qui sert à faire des chandelles aromatiques; elles répandent, en effet, en brûlant, une odeur très-suave; le mode d'extraction consiste à broyer ces amandes et à faire bouillir la pâte dans l'eau; la substance grasse ne tarde pas à se séparer, elle se réunit à la surface, s'y solidifie par le refroidissement, et on l'enlève.

Cette sorte de suif, connu dans le commerce sous le nom de *suif de virola*, nous parvient en masses carrées semblables aux briques de savon ou de cire, mais cependant moins longues et moins épaisses; elles sont couvertes d'une sorte d'efflorescence d'apparence nacrée qui exsude à la manière de l'acide benzoïque, l'intérieur est nuancé de brun et de blanc.

Examen chimique. Le suif de virola fond à 35 degrés Réaumur; il est soluble dans l'alcool et l'éther.

M. Bonastre, qui s'est occupé, avec tant de succès, des produits végétaux, résineux et gras, ayant fait l'analyse de ce fruit butyreux, a vu que la plus grande partie des principes qui se rencontrent dans la noix muscade, *myristica aromatica* (voir l'analyse de ce fruit), se trouvaient aussi, à l'exception peut-être de la fécule, dans les noix ou amandes du muscadier sébifère, et que la nature de ses principes, sauf les proportions, pouvait être établie à peu près ainsi qu'il suit : une huile volatile, — une matière butyreuse, une matière sébacée cristalline, — de la gomme, — du parenchyme et un acide; — ce dernier, suivant l'opinion de ce chimiste, serait dû à la rancidité de ces corps gras.

On a remarqué que le suif de virola était impropre à entrer dans la composition des pommades, surtout de celles adoucissantes, attendu la propriété éminemment irritante du principe aromatique qu'il renferme; peut-être le lui enlèverait-on par une macération à froid dans l'alcool ou dans l'eau, après une division ou une fonte convenable.

CARDAMOMES, fruit de divers amomes, *amomum cardamomum*, L.; famille des Amomées, J.

Ces fruits sont capsulaires, turbinés et oblongs; à trois côtés obtus, striés, triloculaires, à cloisons membraneuses renfermant des semences nombreuses, à surface rugueuse et de couleur roussâtre; le parenchyme qui forme les amandes est blanc et comme gélatineux; celles-ci ont une saveur chaude, âcre, et une odeur qui rappelle celle du camphre.

Les graines d'amomum sont stimulantes; elles servent d'assaisonnement dans l'Inde; les Égyptiens en composent des espèces de pastilles qu'ils mâchent pour exciter la salivation.

Le cardamome des anciens paraît être, suivant M. Fée, le fruit qui se trouve encore aujourd'hui dans nos pharmacies sous le même nom; il est allongé, à angles aigus; son odeur rappelle celle du costus; il est difficile à rompre; toutefois, on ne le trouve point en Arabie, mais bien dans l'Inde, qui jadis le fournissait aux Romains et aux Grecs par la mer Rouge et l'Arabie. Pline distingue quatre sortes de cardamomes assez semblables les uns aux autres.

L'analyse chimique du cardamome est encore à faire, on sait seulement que les semences contiennent une quantité assez notable d'huile essentielle.

La description fort exacte que donne M. Guibourt, dans son *Histoire abrégée des drogues simples*, des divers cardamomes, nous engage à la rapporter ici. « CARDAMOME ROND, *amomum racemosum*, *amomum repens*, Fée. Il est disposé en grappes le long du pédoncule commun, et il est arrivé quelquefois sous cette forme, ce qui lui a valu le nom d'*amomum en grappe*; mais presque toujours il est en coques isolées, qui sont de la grosseur d'un grain de raisin, presque rondes et comme formées de trois coques soudées. Ces coques sont blanches, mais elles prennent une teinte brune par le côté qui est exposé à la lumière; les semences sont brunes, cunéiformes, toutes attachées vers le centre de l'axe du fruit, ce qui en détermine la forme globuleuse; elles ont une saveur âcre et piquante, et une odeur pénétrante qui tient de celle de la térébenthine. PETIT CARDAMOME, *cardamomum parvum*; sa coque est triangulaire, un peu arrondie, longue de 9 à 15 millim.,

épaisse de 6 à 9, d'un blanc jaunâtre; les semences sont brunâtres, irrégulières, bosselées à leur surface et ressemblant assez à des cochenilles, d'une saveur et d'une odeur très-fortes et térébinthacées.» Ce cardamome est plus aromatique que les autres et employé de préférence en médecine. « LE MOYEN CARDAMOME, *cardamomum medium*, diffère peu du précédent; il est long de 15 à 20 millim., épais de 4 à 6; ses semences sont rougeâtres, d'une saveur très-forte; sa coque paraît plus blanche et comme cendrée. Le petit et le moyen cardamome sont évidemment les produits d'une même plante, récoltés à des époques de maturité différentes. GRAND CARDAMOME, *cardamomum magnum*; sa coque est longue de 27 à 40 millim., large de 6 à 9, rétrécie aux deux extrémités et d'un gris brunâtre; les semences sont irrégulières, très-anguleuses, blanchâtres, d'une odeur et d'une saveur beaucoup plus faibles que celles du moyen et du petit cardamome. » Bien que ce cardamome ait quelque analogie avec ceux qui précèdent, il n'en diffère pas seulement par son volume, mais encore par ses semences, que l'on trouve toujours dans un état de dessiccation et de détérioration difficile à expliquer, lorsqu'on les compare à celles des autres espèces.

AMOME, graine de paradis, maniguette, *amomum granum paradisi*, L.; famille des Amomées, J.

C'est un fruit capsulaire ou coque de 28 à 34 millim. de long sur 14 à 18 de largeur; sa forme est ovoïde, sa surface est rougeâtre; il renferme des semences anguleuses qui rappellent, par leur forme et leur volume, celles du fenugrec; elles sont généralement au nombre de 3 à 8 et très-connues sous le nom de *graine de paradis*. La tunique qui enveloppe les amandes est velue, de couleur brun rougeâtre; le parenchyme qui compose celles-ci est blanchâtre, d'une saveur chaude et âcre, qui rappelle celle du poivre; la tunique externe des amandes étant inodore et imperméable, l'arome dont elles jouissent ne se manifeste que lorsqu'elle est rompue ou déchirée par le broiement ou la pulvérisation.

La graine de paradis entre dans la falsification du poivre en poudre; ce poivre n'est malheureusement que trop souvent une sorte de mélange de diverses substances qui jouissent plus ou moins des propriétés du poivre, mais qui soutloin, toutefois, de pouvoir lui servir de succédanées.

Le nom de maniguette qui a été donné à l'amome, dérive de Malaguetta, petite ville d'Afrique, d'où les Portugais l'ont importée en Europe. Quant à l'autre dénomination, si elle est fondée sur les propriétés de la graine, elle est un peu ambitieuse, et beaucoup d'autres semences en sont plus dignes.

POIVRE NOIR, fruit du poivrier noir ou aromatique, *piper nigrum*, L.; fam. des Pipérinées, J.

Ce fruit s'offre sous la forme d'une petite baie globuleuse, pisiforme, un peu charnue et monosperme; le parenchyme est blanc, onctueux; l'enveloppe est gris verdâtre, ridée, très-aromatique.

Le poivrier est une plante sarmenteuse, originaire de l'Inde et notamment de Sumatra, de Java et de Bornéo. Le poivre s'offre sur la plante en grappes, qui, d'abord vertes, deviennent rouges par l'effet de la maturation, puis enfin noires après la récolte et par suite de la dessiccation. La floraison du poivrier ne s'effectuant que successivement, le poivre ne se développe et ne mûrit aussi que successivement; la récolte en est par cela même d'autant plus difficile, et exige certaines précautions; elles consistent à procéder à la cueille à mesure que le fruit arrive à maturité et même un peu avant, ce qui fait qu'il a une teinte verdâtre; à l'étendre sur des toiles et à le monder avec beaucoup de soin des autres parties de la plante qui ont pu être détachées en même temps.

C'est avec la même espèce et conséquemment avec le poivre noir qu'on fait le *poivre blanc*; le procédé pour opérer cette conversion est très-simple; il consiste, à faire macérer le poivre dans de l'eau salée ou de mer; la pellicule noire et ridée qui le revêt gonfle, se détache, et il ne reste plus, après qu'on a criblé et vanné, qu'une graine blanche, qu'on nomme improprement poivre blanc, puisque ce n'est réellement que la partie interne du fruit. Le principe aromatique résidant plus particulièrement, ainsi que nous l'avons déjà fait remarquer pour d'autres fruits, dans la partie corticale, le poivre perd par cette opération une grande partie de son arome et de son âcreté, aussi le sert-on de préférence sur les tables.

Examen chimique. Le poivre doit son odeur aromatique à une huile essentielle concrète, et sa saveur âcre à une résine verte, soluble dans l'alcool. Il contient, en outre, un principe particulier qu'Oerstedt, qui l'a découvert, a nommé *pipérin*, et qu'il croyait renfermer un principe âcre; mais M. Pelletier ayant repris ce travail, parvint à séparer complétement la résine et obtint le pipérin dans toute sa pureté, c'est-à-dire, cristallisé en prismes quadrangulaires, et formant une base salifiable. Ce principe est soluble dans l'alcool et très-peu soluble dans l'eau; l'acide acétique concentré le dissout en assez forte proportion; les autres acides, lorsqu'ils sont affaiblis, n'exercent sur lui aucune action sensible; mais, dans leur état de concentration, ils le décomposent après lui avoir fait subir divers degrés d'altération.

On a dans ces derniers temps, et notamment en Italie, attribué au pipérin la propriété de guérir les fièvres intermittentes. Il résulte des observations faites par M. Gordini à l'hôpital de Livourne : 1º que le pipérin guérit les fièvres intermittentes à la dose de 3 à 4 décigrammes; 2º qu'il agit mieux en poudre qu'en pilules; 3º qu'il guérit dans certains cas où le sulfate de quinine échoue; 4º enfin qu'il prévient les récidives mieux encore que ce dernier médicament. Ces considérations sont assez puissantes pour nous engager à extraire du *Dictionnaire technologique* le procédé indiqué par M. Robiquet pour l'obtenir. « On prend, » dit ce savant, « le meilleur poivre, c'est-à-dire celui qui paraît être le plus aromatique et le plus pesant (il ne doit pas surnager l'eau); on le fait moudre, puis on le traite à plusieurs reprises par de l'alcool bouillant.Cette opération se fait habituellement dans le bain-marie d'un alambic ordinaire; on soutient l'ébullition pendant quelques instants, et, quand elle est bien décidée, on retire du feu et on laisse refroidir; on décante la teinture alcoolique, puis on procède à une deuxième décoction, et ainsi de suite, jusqu'à épuisement complet. Pour ne pas employer une trop grande quantité d'alcool , on distille, au fur et à mesure, chaque teinture dans un autre alambic, et l'on obtient pour produit une matière d'un jaune verdâtre, de consistance de pâte molle, assez souvent parsemée de points brillants ou de paillettes micacées. On lave ce résidu en le malaxant dans l'eau froide, puis on le fait bouillir avec une solution aqueuse de potasse caustique; cet alcali s'unit à la matière grasse ou résinoïde du poivre et la rend miscible à l'eau. On délaye de nouveau dans de l'eau distillée et l'on obtient un dépôt verdâtre, floconneux et comme pulvérulent, qui contient et le piperin et un peu de matière grasse. On traite ce résidu par une nouvelle quantité d'alcool bouillant; on filtre, et, si la solution est assez concentrée, on obtient par le refroidissement des cristaux d'abord colorés en jaune verdâtre, mais qu'on purifie par de nouvelles dissolutions et cristallisations; il est toutefois très-difficile de les obtenir parfaitement blancs, lors même qu'on a recours au charbon animal, ou à d'autres corps susceptibles de se combiner avec la matière grasse colorante.

On doit à MM. Pelletier et Poutet de Marseille l'analyse suivante du poivre; il contient, suivant eux, une matière cristalline particulière, *piperïn,*—une huile concrète très-âcre , — une huile volatile balsamique, — une matière gommeuse colorée, — un principe extractif analogue à celui des légumineuses,—des acides malique et tartrique, — de l'amidon, — de la bassorine,— du ligneux, — des sels terreux et alcalins en petite quantité. Ils concluent de cette analyse : 1° qu'il n'existe pas d'alcali organique dans le poivre , malgré l'assertion d'Oerstedt; 2° que la substance cristalline du poivre est de nature particulière; 3° que le poivre doit sa saveur à une huile volatile ; 4° enfin qu'il y a des rapports entre la composition du poivre commun et celle du *poivre cubèbe* analysé par Vauquelin, et que les différences de composition que l'on remarque entre ces deux fruits peuvent s'expliquer par la seule différence des espèces; ce que l'on ne pourrait faire si seulement l'une de ces deux substances contenait un alcali organique.

Enfin dans une analyse encore plus récente du poivre noir, et par un examen encore plus rigoureux, M. Pelletier a prouvé que ce fruit était composé d'un corps gras âcre, uni à de l'huile volatile,—d'un principe extractif analogue à la cytisine, précipitable par le tannin,—de piperin,—de gomme,— de bassorine,—d'amidon,--de fibre ligneuse,—d'acide malique, — d'un peu d'acide tartrique,— de sels à base de potasse, de chaux et de magnésie.

Les usages du poivre sont trop connus pour que nous croyions devoir les rappeler ; on ne l'emploie pas seulement en poudre pour rehausser la saveur des mets, on le fait entrer entier dans l'assaisonnement de certaines charcuteries; concassé assez finement, il prend le nom de *mignonnette;* c'est à tort qu'on le regarde comme rafraîchissant, c'est un de ces préjugés qu'une connaissance plus exacte des principes que contiennent les substances végétales doit faire tomber infailliblement. Le poivre est un violent stimulant; il est sternutatoire; on l'emploie pour détruire la vermine, on l'applique sur la luette relâchée, on en saupoudre les pelle--

teries et les laines pour les conserver. On ne se contente pas, dans le commerce de détail, de mêler au poivre, et surtout au poivre blanc, des poudres inertes ou peu aromatiques, on fabrique avec ces poudres du poivre blanc en grain ; la sophistication est assez facile à reconnaître, car ce poivre factice s'écrase en le pressant entre les doigts.

La propriété excitante du poivre est connue de temps immémorial. Xénophon rapporte que, pour exciter les coqs à combattre avec plus de courage, on leur donnait, avant de les lancer dans l'arène, quelques grains de poivre; cet usage s'est conservé et est mis en pratique de nos jours, surtout en Angleterre, où ce genre de spectacle est fort en vogue. Dans les contrées méridionales, on obtient de la fermentation du poivre une liqueur alcoolique très-pénétrante que l'on emploie dans les usages économiques.

POIVRE A ÉPIS LÂCHES, vulgairement poivre bétel, poivre marron, *piper betel seu discolor*, famille des Pipérinées, J. Ce poivre s'offre sous la forme de petites baies allongées réunies en chatons ; sa saveur est chaude, âcre et presque caustique; toute la plante jouit des mêmes propriétés, et surtout les feuilles.

Les chatons et les feuilles sont employés, dans l'Inde, à faire des espèces de masticatoires qui excitent puissamment la salivation.«Les soldats américains,»dit l'auteur de la *Flore des Antilles*, « souvent, dans leurs courses, à défaut de tabac, se plaisent à mâcher ou chiquer les chatons de poivre bétel; quelques vieux nègres de la côte de Guinée, conservant l'usage de leur pays, l'emploient, en outre, comme condiment dans leurs catalous.

Ce poivre fournit à l'analyse les mêmes principes que le poivre ordinaire, mais dans des proportions différentes.

POIVRE DU JAPON, fruit du *fagara piperata*, famille des Renonculacées, J. C'est une capsule sessile, s'ouvrant en deux valves, et contenant une ou deux graines globuleuses, noires et luisantes. Ce fruit est remarquable par sa saveur aromatique et brûlante ; c'est un condiment très-estimé et très-communément employé au Japon ; il sert de succédané au poivre et au gingembre.

POIVRE D'ÉTHIOPIE, canang aromatique, fruit ou graine du *cananga aromatica*, L., famille des Anonacées. Il s'offre sous la forme d'une baie capsulaire, ovale-oblongue, uniloculaire et pédiculée ; celle-ci renferme de petites graines à surface rugueuse, de forme un peu anguleuse ; ces graines sont pédicellées et enveloppées d'une sorte d'arille blanchâtre ; elles sont fixées à un placenta latéral.

On donne, plus spécialement aux graines, le nom de poivre d'Éthiopie ; la plante croît dans l'Amérique méridionale, à la Guiane et à Cayenne ; toutes les parties qui la composent sont aromatiques.

Examen chimique. M. Cadet, ayant eu en sa possession des capsules entières de canang aromatique, fit les remarques suivantes : « Lorsqu'on frotte ces semences sur l'ongle, on voit paraître une trace huileuse très-odorante; si on ouvre la graine, on la trouve remplie d'une matière amylacée, d'une blancheur éclatante. On sépare difficilement, par la simple distillation aqueuse, l'huile essentielle de canang, parce que sa densité et sa pesanteur sont plus considérables que celle de l'eau. Pour l'obtenir par ce procédé, il faut agir sur de fortes masses, et augmenter la capacité de l'eau pour le calorique, en y ajoutant du muriate de soude, comme on le pratique pour obtenir l'huile essentielle de girofle. L'alcool et l'éther dissolvent également bien l'huile essentielle de canang, le premier surtout. «Sur une demi-once de semences broyées, j'ai versé, » dit le même observateur, « deux onces d'alcool à 36 degrés ; après vingt-quatre heures d'infusion, à une chaleur douce, j'ai filtré, et j'ai ajouté de nouvelles quantités d'alcool, jusqu'à épuisement total de la graine. Toutes les liqueurs réunies ont été distillées pour recueillir une partie de l'alcool; le reste, évaporé dans une capsule de porcelaine, m'a laissé dix-huit grains d'une matière brune, oléo-résiniforme, demi-consistante, insoluble dans l'eau, ayant une odeur assez agréable, et une saveur âcre, caustique et piquante. Cette matière, exposée à une douce chaleur, devient plus fluide. Si l'on augmente le feu, elle laisse dégager des vapeurs noires qui provoquent vivement la toux, et les parois du vase restent vernies par un charbon brillant et noir. »

Les graines de canang contiennent environ un douzième de leur poids d'huile essentielle; elles peuvent être employées, avec avantage, comme épice pour l'assaisonnement de certains mets; l'extrême abondance de ce fruit à la Guiane permettrait de le répandre dans le commerce, et d'en faire une sorte de succédané du poivre et du girofle.

POIVRE LONG, *piper longum*, L.; famille des Pipérinées. C'est une sorte de chaton cylindrique, obtus, long d'environ 3 centimètres; il est formé par la réunion, autour d'un axe central, d'un grand nombre de petits fruits ou baies arrondies, noirâtres en dehors, blanches en dedans, et soudées ensemble (Sorose de Mirbel); chaque tubercule renferme une substance rouge ou noirâtre, dont la saveur est encore plus âcre que celle du poivre ordinaire, il n'en diffère, du reste, que parce que les baies sont réunies et soudées au lieu d'être isolées.

Le poivre long est originaire de l'Inde, et croît abondamment au Bengale; son fruit, confit au vinaigre, entre dans la composition des achars; on en extrait, par une fermentation et une distillation appropriées, une liqueur alcoolique excessivement forte et pénétrante, dont les naturels font souvent un usage abusif.

Examen chimique. Il résulte d'une analyse du poivre long, par M. Dulong d'Astafort, qu'il est composé d'une matière résineuse, cristallisable (piperin), — d'une matière grasse, concrète, d'une âcreté brûlante, à laquelle ce fruit doit sa saveur, — d'une petite quantité d'huile volatile, — d'une matière extractive presque analogue à celle que M. Vauquelin a trouvée dans les cubèbes, et dont elle diffère, par ce qu'elle contient de l'azote,

— d'une matière gommeuse colorée, — d'amidon, — d'une grande quantité de bassorine, — d'un malate, et de quelques autres substances salines.

POIVRE DE LA JAMAÏQUE, vulgairement toute épice, *myrtus pimenta*, L. Il s'offre sous la forme d'une baie disperme de la grosseur d'un pois, recouverte d'une coque rugueuse, divisée en deux parties par une cloison; chaque loge renferme une amande noire, hémisphérique, d'une saveur aromatique.

Cette sorte de piment est originaire des Antilles et notamment de la Jamaïque; son fruit, récolté avant sa maturité, séché et réduit en poudre, est vendu en Hollande sous le nom de poudre de clous de girofle; on en extrait, par la distillation, une huile de couleur rouge brun, très-odorante, et qui se rapproche tellement de celle de girofle qu'on la lui substitue souvent.

Examen chimique. C'est encore à M. Bonastre que l'on doit l'analyse de ce fruit intéressant. Ce laborieux chimiste a trouvé que 1,000 parties de baies du *myrtus pimenta* étaient composées ainsi qu'il suit : huile essentielle (plus pesante que l'eau) 100, — huile verte idem 80, — substance floconneuse idem 9, — extrait composé de tannin 30, — acides malique et gallique 6, — humidité 35, — résidu ligneux 500, — résidu salin 28, — perte 16, — fécule ?

Mille parties d'amandes du même fruit sont composées comme il suit : huile essentielle (plus pesante que l'eau) 50, — huile verte idem 25, — flocons bruns idem 32, — extrait composé de tannin, résidu de la distillation, 398, — extrait mucilagineux 72, — matière rouge briquetée, insoluble dans l'eau, 88, — matière floconneuse blanchâtre 12, — miellat nauséabond concrété 80, — acides malique et gallique 16, — humidité 30, — résidu pelliculeux 160, — résidu salin 19, — perte 18, — fécule ?

Il existe encore une autre espèce de piment du même genre qu'on nomme piment du Mexique, faux caryophylle, *pseudo-caryophyllus*; il fournit également une huile essentielle assez suave, et est employé comme excitant.

PIMENT ANNUEL, ou corail des jardins, poivre de Guinée, *capsicum annuum*, L. ; famille des Solanées, J.

Ce fruit, qu'on nomme vulgairement poivre long, bien qu'il n'offre qu'une analogie de saveur avec le *piper longum*, s'offre sous la forme d'une baie sèche ou capsule oblongue, luisante, tantôt verte, tantôt rouge de corail, renfermant des semences plates et réniformes.

Le piment est originaire de l'Amérique méridionale; il est très-commun aux Antilles ; son fruit a une saveur âcre, très-piquante ; on l'emploie comme condiment. Les Anglais en préparent une sauce qui figure sur les tables comme assaisonnement, et qu'ils associent avec les légumes et le poisson. En France, on en fait rarement usage directement ; on l'ajoute, comme épice ou condiment, au vinaigre dans lequel sont confits les cornichons. Réduit en poudre, on l'applique quelquefois, comme topique rubéfiant lorsqu'il s'agit d'opérer une révulsion ; en médecine vétérinaire, on le fait entrer dans la composition des masticatoires excitants ; il perd de son âcreté par l'action de la chaleur.

Examen chimique. On doit à M. Braconnot l'analyse suivante du poivre long ou corail des jardins : les principes qui le composent sont : une matière résineuse avec une matière colorante rouge, 0,9 ; — huile âcre résineuse, 1,9 ; — gomme, 6 ; matière rouge brunâtre analogue à l'amidon (à l'ulmine), insoluble dans l'eau bouillante, soluble dans la potasse, et précipitable par les acides sous forme de flocons bruns, 9 ; — résidu insoluble, 67,8 ; — matière animale, 5 ; — citrate de potasse, 6 ; — phosphate hydrochlorate de potasse et perte, 3,4.

CUBÈBES ou GUABÈBES, poivre aqueux, *piper cubeba*, L. ; famille des Piperinées, J.

Il s'offre sous la forme d'une baie globuleuse, plus petite que celle du poivrier aromatique ou noir, composée d'une enveloppe corticale d'abord charnue, mais qui se ride par la dessiccation, et d'une coque ligneuse, dure, sphérique, renfermant une semence isolée dans la cavité qui la contient.

Ce fruit se distingue, en outre, du poivre ordinaire par son pédicelle, qui lui est adhérent par de fortes nervures ; c'est vraisemblablement à ce caractère qu'il doit la dénomination de *poivre à queue* ; sa saveur est âcre et aromatique, mais, cependant, à un degré moindre que dans le poivre ; son action sur les glandes salivaires est très-prononcée ; on l'emploie même, ainsi que le poivre ordinaire, contre le relâchement ou la chute de la luette, on l'applique dans ce cas directement. Cette substance médicamenteuse, considérée longtemps comme stomachique, est administrée maintenant, en France et surtout en Angleterre, contre la gonorrhée et la blennorrhagie ; la dose est de 4 à 15 grammes dans le cours de vingt-quatre heures. Son succès, dans ce genre d'affection, était assez difficile à expliquer avant que l'analyse en fût faite ; mais, maintenant que Vauquelin a prouvé qu'il contient une résine liquide analogue au baume de copahu, on comprend bien mieux son action.

Examen chimique. Il résulte de l'analyse que ce savant chimiste en a faite, sur la demande de la faculté de médecine, que le cubèbe est composé des principes suivants : une huile volatile presque concrète, — une résine presque semblable à celle que fournit le baume de copahu, — une petite quantité d'une résine colorée, — un principe extractif analogue à celui qui se trouve dans les plantes légumineuses, — quelques substances salines.

On doit à M. Muller, d'Aix-la-Chapelle,

la connaissance des propriétés chimiques de l'huile concrète, signalée par Vauquelin. Ce pharmacien habile obtint, par la distillation de deux livres de poivre cubèbe, environ deux onces d'une huile épaisse et trouble, qui s'éclaircit au bout d'un mois, en laissant déposer un précipité blanc et cristallin. Ce produit fut mis en contact avec l'alcool, qui en opéra la solution complète ; celle-ci, évaporée convenablement, laisse déposer des cristaux ou tables quadrilatères rhomboïdales, transparentes, d'environ 3 à 4 lignes. Chauffés à la lampe, ils se liquéfient à une plus haute température ; il se forme des nuages ou flocons épais qui, par le refroidissement, donnent naissance à de nouveaux cristaux. Ceux-ci sont solubles dans l'alcool et l'éther, l'eau froide n'a point d'action sur eux ; mais, lorsqu'on chauffe ce liquide, ils se changent en gouttes oléagineuses, qui cristallisent de nouveau par le refroidissement ; ils sont solubles dans les huiles volatiles et les huiles grasses, mais avec le concours de la chaleur dans ces dernières.

BAIE DU LAURIER d'Apollon, fruit du *laurus nobilis*, L.; famille des Laurinées, J.

Ce fruit, improprement appelé baie, est une sorte de drupe ovoïde, de la grosseur d'une merise ; d'abord rouge, mais passant au bleu foncé par suite de la maturité, il est souvent accompagné du calice, qui est persistant. Desséché, il est brun, la pellicule qui le recouvre est sèche et fragile ; elle renferme deux semences ovales, de couleur fauve, déprimées ; le parenchyme qui les compose est onctueux.

Le laurier d'Apollon est indigène du midi de l'Europe ; son fruit, comme plusieurs autres du même genre, renferme deux sortes d'huiles : l'une volatile, qui réside dans le péricarpe ; l'autre fixe, qui est fournie par l'amande. La première s'obtient par la distillation, et l'autre au moyen de la décoction.

Huile de laurier.

L'huile de laurier, que l'on trouve dans le commerce, est un mélange de ces deux huiles que l'on n'a pas pris la peine de séparer lors de l'extraction ; elle nous vient de l'Espagne, de l'Italie et surtout de la Suisse : on doit la choisir d'une belle couleur verte, grenue, ayant la consistance du beurre, et une odeur très-aromatique. On ne l'emploie qu'en friction, comme fortifiante ; elle entre dans plusieurs préparations pharmaceutiques et notamment dans le baume de Fioraventi et l'onguent ou pommade de laurier ; elle est, malheureusement, souvent adultérée par le mélange avec l'axonge. Cette fraude n'est pas la seule qu'exerce le commerce de la droguerie.

Pour l'obtenir pure, on pile le fruit, ou on le réduit en pâte à l'aide d'un moulin ; on fait bouillir celle-ci avec de l'eau, on passe le mélange avec expression ; et on voit bientôt, par le refroidissement, la graisse, formée d'huile fixe et d'huile volatile, se figer à la surface ; on l'enlève, on la fait fondre de nouveau au bain-marie pour en chasser l'humidité, puis on conserve dans des vases fermés. Ce procédé ne peut être mis en pratique que lorsque l'on a à traiter des fruits récents ; aussi convient-il mieux, en France surtout, de suivre celui qu'a proposé M. Soubeiran, et qui consiste à prendre les drupes secs, à les réduire en poudre, à exposer celle-ci à un courant de vapeur d'eau, puis à soumettre la pâte, entre deux plaques chauffées, à l'action d'une forte presse.

Examen chimique. On doit à M. Bonastre la découverte d'une matière cristallisable dans les baies de laurier ; il a reconnu que cette substance n'était ni alcaline ni acide, qu'elle était enfin *sui generis*. En homme judicieux et modeste, il s'est tenu en garde contre la manie des alcaloïdes ; il a pensé, avec raison, qu'on ne devait ranger, parmi les alcaloïdes, que les substances qui jouissent réellement de la propriété qui les distingue. Il est, en effet, vraisemblable que, parmi les nouvelles bases salifiables, plusieurs de celles qui jouissent de la propriété alcaline ou acide à un faible degré pourraient bien ne devoir ces propriétés qu'à l'impossibilité d'entraîner les dernières particules des substances alcalines, terreuses ou acides auxquelles on est obligé d'avoir recours pour opérer leur départ ou leur isolement.

Cinq cents grammes de baies de laurier, comme on les appelle vulgairement, ont fourni à ce chimiste, huile volatile 4 gr., — matière cristalline *laurine* 5 gr., — huile grasse verte 64 gr., — stéarine composée d'huile liquide et de cire 35,5 g., — résine composée d'une résine soluble et d'une sous-résine glutineuse 8 gr., — fécule, 12,5 gr., — extrait gommeux 80 gr. — substance analogue à la bassorine 32 g., — acide quantité approximative 6 gr., — sucre incristallisable 2 gr., — parenchyme 94 gr., — humidité 32 gr., — albumine des traces, — résidu salin 7,2 gr.

On trouve aux Antilles deux autres espèces de lauriers, l'un à fruit cylindrique, l'autre à feuilles de jasmin ; les baies ou drupes du premier ont un large ombilic au sommet ; elles sont renflées à leur base, d'une couleur violet foncé ou noir, pulpeuses ; cette pulpe enveloppe un noyau qui, lui-même, renferme quatre semences ; l'autre espèce s'offre sous la forme de baies ou drupes globuleuses, d'abord jaunes, puis rouges, puis enfin noirâtres lors de leur parfaite maturité ; elles sont ordinairement du volume d'une petite cerise.

Ces deux espèces contiennent, à peu près, les mêmes principes chimiques que leur congénère.

BAIE DE MYRTE, fruit du *myrtus communis*, L.; famille des Myrtées, J.

Ce fruit est de la grosseur d'un petit pois, de couleur noire bleuâtre ; il est divisé intérieurement en trois loges qui renferment des graines nombreuses courbées en croissant.

Le myrte est originaire de l'Inde et plus particulièrement de l'île de Ceylan ; son fruit, avant la découverte du poivre, servait à assaisonner certains aliments. Les Romains l'employaient pour aromatiser l'huile d'olive. Les Grecs modernes mangent encore ces baies lorsqu'elles sont mûres. Les oiseaux en sont très-avides.

L'analyse des baies de myrte n'a pas été faite ; mais, si l'on en juge par analogie, elles doivent fournir les mêmes principes que celles de laurier, car leurs propriétés sont presque identiques.

On cultive, sur les côtes de Syrie, deux variétés de myrte dont les baies atteignent un volume assez considérable, et dont le goût n'est pas désagréable.

Toutes les parties du *myrtus communis* sont très-odorantes, et contiennent, vraisemblablement, une huile essentielle. L'eau distillée des feuilles a reçu le nom d'eau d'ange ; elle est très-estimée, comme cosmétique, dans le midi de la France.

TALAUME, magnolie, cachimen, fruit du *magnolia grandiflora*, L.; famille des Magnoliers, J.

Il s'offre sous forme conique, et ressemble un peu à une pomme de pin, d'où lui vient le nom de pin de la Martinique ; il est obtus au sommet, et composé extérieurement d'écailles épaisses, granuliformes ; le centre ou réceptacle est dur, de couleur fauve ; sa surface offre l'empreinte des amandes ; il est long de 8 à 10 centimètres.

Le magnolier est originaire de l'Amérique septentrionale ; son fruit ou cône, connu, en outre, sous le nom de *cachimen*, laisse exsuder à sa surface un suc résineux extractif, d'un brun noirâtre, visqueux, d'une odeur balsamique, et d'une saveur chaude et âcre. Ce suc, projeté sur des charbons ardents, répand une vapeur balsamique très-réputée aux Antilles contre les bronchites et la phthisie; elles facilitent, dit-on, l'expectoration. Cette propriété est, vraisemblablement, due à la présence de l'acide benzoïque que tout porte à croire exister dans ce produit végétal.

On cultive maintenant en Europe, attendu la beauté et la suavité de leurs fleurs, le magnolier glauque, *magnolia glauca*, dont le fruit, long d'un pouce environ, est employé comme tonique et fébrifuge ; le magnolier-parasol, *magnolia ombrella*, dont les cônes sont de forme ovoïde et de couleur rosée; le magnolier acuminé, *magnolia acuminata*, dont le fruit, infusé dans l'eau-de-vie avant sa maturité, est regardé comme préservatif des fièvres automnales ; le magnolier auriculé, *magnolia auriculata*, dont les cônes sont ovoïdes, longs de 3 à 4 pouces et d'une belle couleur rose; et enfin le magnolier à grandes fleurs ou laurier-tulipier, *magnolia grandiflora*, dont les semences sont réputées excitantes et administrées, au Mexique, contre la paralysie. Les fleurs ont une odeur très-suave que l'on met à profit pour aromatiser les liqueurs des Iles.

MYRICA, cirier de Pensylvanie, arbre à cire, fruit du *myrica pensylvanica seu cerifera*, L.; famille des Myricées, J.

Ce fruit s'offre sous la forme d'un petit drupe sec, de la grosseur d'un grain de poivre; il renferme un noyau ou nucule qui contient une seule graine ou amande ; lorsqu'il a atteint sa maturité et qu'il est récemment cueilli, il est blanc, parsemé de petites aspérités noires qui lui donnent un aspect chagriné ; quand on le frotte entre les doigts, il les rend gras et onctueux. La substance blanche et pulvérulente qui le recouvre forme à peu près le quart de son volume ; c'est elle qui constitue la cire végétale aromatique que l'on extrait de ce précieux fruit.

Le *myrica cerifera* ou *arbre à cire* est originaire de l'Amérique septentrionale, et plus spécialement de la Louisiane. Toscan, dans son ouvrage intitulé l'*Ami de la nature*, fait connaître le mode que l'on emploie pour recueillir la substance cireuse. « Vers la fin de l'automne, » dit-il, « quand les baies ou drupes sont mûrs, un homme quitte sa maison avec sa famille pour aller dans quelque île ou sur quelque banc proche de la mer, où les ciriers croissent en abondance; il porte avec lui des chaudières pour faire bouillir les fruits, et une pioche pour se bâtir une cabane où il puisse s'abriter pendant sa résidence en cet endroit, qui est ordinairement de trois à quatre semaines. Pendant qu'il abat les arbres et construit sa cabane, ses enfants cueillent les drupes ; un arbrisseau bien fertile peut en fournir jusqu'à sept livres. Quand cette récolte est faite, la famille s'occupe de l'extraction de la cire. On jette dans les chaudières une certaine quantité de graines, puis on verse par-dessus une suffisante quantité d'eau pour qu'elle les surpasse d'un demi-pied; on fait bouillir le tout, en remuant et froissant de temps en temps les graines contre les parois des vases, afin que la cire s'en détache plus facilement; peu de temps après, on la voit surnager en forme de graisse liquide qu'on ramasse avec une cuiller, et on la coule à travers une grosse toile pour la séparer des impuretés qui y sont mêlées. Quand il ne se détache plus de cire, on retire les graines avec une écumoire pour en remettre de nouvelles dans la même eau, en observant de la renouveler entièrement à la deuxième ou troisième fois, et même d'en ajouter de toute bouillante à mesure qu'elle se consomme, afin de ne point retarder l'opération. Quand on a recueilli de cette manière une certaine quantité de cire, on la met égoutter sur un linge pour en séparer l'eau avec laquelle elle est encore mêlée; on la fait sécher et fondre pour la couler une seconde fois, afin de l'avoir très-pure, et on en forme des pains. Quatre livres de graines donnent environ une demi-livre de cire; celle qui se détache la première est ordinairement jaune; mais, dans les dernières ébullitions, elle prend une couleur verte. »

Il ne serait pas impossible, si l'on en juge par les essais qui ont été tentés, de décolorer la cire du *myrica* pour l'approprier à nos usages; il y a lieu de croire qu'on y parviendrait en la rubanant et la traitant par le chlore, ou l'exposant à la rosée: sa consistance est plus forte que celle de la cire animale ou d'abeilles; elle est, en effet, tellement friable, qu'on peut la réduire en poudre, ce qui rend d'autant plus facile son traitement par des agents chimiques.

On extrait encore cette cire en soumettant le fruit à l'action de l'alcool, et précipitant par l'eau; elle est aussi soluble dans l'éther, et s'en sépare sous forme de stalagmites par l'évaporation de ce liquide.

Les Hottentots mangent, suivant Thunberg, la cire du *myrica*; l'eau qui a servi à l'extraire, tenant en dissolution une grande quantité de tannin, peut être utilement employée pour donner de la consistance au suif; celui-ci acquiert, en effet, lorsqu'on le fait bouillir avec ce liquide, une dureté telle qu'il devient, sous ce rapport, comparable à la cire animale.

Examen chimique. — Il résulte de l'analyse du fruit du *myrica cerifera* par Dana (*Journal de physique*), qu'il est composé de cire végétale 32, — résine brune rougeâtre soluble dans l'acide acétique 5, — poudre noire dont on ne connaît pas la nature 15, — matière amylacée 47.

Plus récemment enfin on a trouvé dans la cire du *myrica pensylvanica* une substance particulière à laquelle on a donné le nom de *myricine*, et qui jouit des propriétés suivantes : elle est insoluble dans l'eau, l'éther et l'alcool, soluble dans les huiles fixes et volatiles; elle fond à 40 degrés centigrades, et donne de l'acide acétique à la distillation.

On fabrique avec la cire de Pensylvanie des bougies qui donnent une flamme blanche, une belle lumière, et qui répandent une odeur fort agréable et que l'on regarde comme très-saine pour les malades qui respirent cette vapeur balsamique.

On voit, d'après ce qui précède, que le *myrica cerifera* peut rendre aux arts industriels et au commerce d'importants services; aussi s'est-on occupé de sa culture et de sa propagation. Il existe, dans plusieurs contrées de la France, et notamment à Orléans et à Rambouillet, des pépinières qui renferment plus de quatre cents de ces utiles arbrisseaux.

MYRICA GALE, piment royal, fruit du *myrica gale*, L.; famille des Myricées, J.

Ce fruit est globuleux; son volume égale celui d'un grain de poivre; il renferme une seule graine, et est recouvert, comme le précédent, d'une substance aromatique grenue, grasse et résineuse. On extrait cette substance, en Amérique, pour divers usages domestiques; cependant elle participe moins de la cire que celle que fournit le myrica cerifère, et offre plus d'analogie avec la résine et le suif.

Ce myrica est indigène de l'Europe; il est abondamment cultivé dans le nord de la France, où on le connaît sous les noms de *piment des marais, myrte bâtard*; son fruit est employé comme condiment : il entre dans l'assaisonnement de certains mets; son odeur rappelle celle du poivre, mais cependant assez imparfaitement pour qu'on ne puisse l'employer comme succédané de ce fruit aromatique.

CROTON SÉBIFÈRE, arbre à suif, fruit du *croton sebiferum*, L.; famille des Euphorbiacées, J.

Il s'offre sous la forme de semences globuleuses, couvertes d'une matière grasse ou substance sébacée d'une odeur assez forte.

Originaire de la Chine, où il croît abondamment, le croton fournit une sorte de suif qu'on extrait en faisant bouillir son fruit dans l'eau, comme on le pratique pour obtenir la cire des myricées; la matière grasse se solidifie par le refroidissement à la surface du liquide, et on l'enlève. Comme dans cet état elle est chargée d'une grande quantité d'impuretés, on procède à sa purification avant de l'employer; à cet effet, on la fait liquéfier de nouveau, et on la passe au travers d'un tissu serré; elle sert à fabriquer des espèces de chandelles aromatiques dont l'usage est très-répandu dans l'Inde.

BAUMIER DE LA MECQUE, ou de Giléad, fruit du *balsamodendrum gileadense*, L.; famille des Térébinthacées, J.

Ce fruit est gros comme un pois; sa forme est anguleuse, allongée; sa couleur est rougeâtre, sa saveur amère et aromatique; il est formé d'un brou sec et d'un noyau ou nucule blanc, celui-ci renferme une amande d'un goût assez agréable; cette dernière fournit, par la pression, une huile fixe d'une saveur légèrement aromatique.

Originaire de l'Arabie Heureuse, le baumier de Giléad y est assez commun; son port est très-beau et sa fleur d'une belle et riche couleur rouge; son fruit entre dans la composition de la thériaque; si l'on en croit le voyageur Bruce, on nomme plus particulièrement *opobalsamum* le suc ou liqueur verte qui entoure le noyau, et *carpo-balsamum* le suc huileux fourni par le fruit lui-même. Le baume de la Mecque, qui est le suc extrait par incision du tronc de l'arbre même, est connu dès la plus haute antiquité; il joue encore un rôle important dans la religion mahométane.

BAUMIER DU PÉROU, fruit du *myroxylon balsamiferum seu myrospermum peruiferum* L.; famille des Légumineuses, J.

Il s'offre sous la forme d'une gousse oblongue comprimée, obtuse, mince, simulant une follicule élargie à son sommet, et formant ainsi une expansion qui renferme une ou deux graines.

L'incertitude qui règne sur l'origine du baume du Pérou et sur la partie du végétal qui le produit nous engage à rapporter ici l'opinion de M. Descourtilz : « Ce n'est point, » dit ce médecin naturaliste, « l'arbre, mais bien la graine, qui fournit ce baume. La dénomination de *myrosperme*, qui est formée des mots grecs *muron*, parfum, baume, et *sperma*, graine, semble d'ailleurs le prouver suffisamment.

Ce produit offre trop d'intérêt par sa suavité et ses propriétés excitantes tonique et antispasmodique, pour que nous ne croyions pas, malgré l'incertitude de son origine, devoir indiquer ses caractères physiques et chimiques. On en trouve dans le commerce trois variétés : l'un est blanc, liquide et presque transparent; un autre est roux, solide; on le désigne sous le nom de *baume du Pérou à coque*; et enfin un troisième qui est noir, liquide, de consistance sirupeuse.

Examen chimique.—Ces divers baumes fournissent à l'analyse, dans des proportions différentes, une huile volatile, — de l'acide benzoïque et de la résine; le baume du Pérou en coque est composé, d'après Tromsdorf, sur 100 parties : de résine 88, —acide benzoïque 12,—huile volatile 0,2. Celui liquide ou noir est formé, sur 1,000 parties : de résine brune peu soluble 24, — résine brune soluble 207, — huile de baume du Pérou, jouissant de propriétés particulières 690, — acide benzoïque 64, — matière extractive 6, — humidité et perte 9.

Ce baume est souvent sophistiqué, on en fait même d'artificiel en mêlant de la résine avec une huile volatile et du benjoin.

Le baume du Pérou n'est pas seulement employé à l'intérieur comme béchique et fortifiant, on l'emploie aussi à l'extérieur pour déterger les plaies; uni à la colle de poisson, dans des proportions déterminées, il compose l'enduit qui sert à recouvrir le taffetas qui prend alors le nom de taffetas d'Angleterre, et qu'on applique si utilement sur les coupures récentes.

HOUBLON, fruit de l'*humulus lupulus*, L.; fam. des Urticées, J.

Ce fruit s'offre sous la forme de cônes ou strobiles ovales-allongés, composés d'écailles membraneuses, minces, persistantes, molles, de couleur blanc jaunâtre, supportant à leur base deux akènes ou graines rondes et noires, environnées d'une poussière granuleuse de nature résineuse et aromatique.

C'est à la présence de cette dernière substance que le houblon doit ses propriétés; aussi, lorsque les brasseurs veulent s'assurer de la qualité du houblon, en frottent-ils une pincée entre les doigts, et, suivant qu'il abandonne plus ou moins de cette matière jaune, ils l'estiment plus ou moins bon. MM. Payen et Chevalier, dont nous aurons encore l'occasion de citer les judicieuses observations dans l'histoire de ce fruit, ont déterminé ses proportions dans les houblons les plus connus. C'est ainsi que, sur 1,000 parties de houblon de Poperingue, ils ont trouvé 18 de matière jaune; houblon d'Amérique, vieux, 15,90; houblon de Bourges, 16; houblon de Crécy (Oise), 12; houblon de Bussignier, 11,50; houblon des Vosges, 11; houblon anglais vieux, 10; houblon de Lunéville, 10; houblon de Liége, 9; houblon français, origine inconnue, 10; houblon d'Alost, 8; houblon de Spalt, 8; houblon de Toul, 8.

La récolte du houblon doit s'effectuer lorsque les cônes foliacés, de verts qu'ils sont d'abord, passent au jaune; ce fruit répand, d'ailleurs, à cette époque, une odeur assez forte pour indiquer que tous les principes sont formés, et notamment la sécrétion gommo-résineuse et l'huile volatile. « Les tiges de la plante, » disent MM. Payen et Chevalier, auxquels nous empruntons ces détails, « sont d'abord coupées près du pied; des femmes et des enfants, payés à leur tâche, cueillent tous les cônes, sans queues ni feuilles; ils les jettent dans une large poche cousue devant leurs tabliers, puis vont les rassembler dans une grande manne en osier.

» Il faut non-seulement éviter avec soin de mélanger aux cônes de houblon d'autres parties de la plante, ce qui rendrait sa conservation plus difficile et le déprécierait aux yeux des acheteurs, mais encore mettre à part les cônes d'une couleur fauve, qui ont dépassé le point de maturité, et ceux d'un jaune verdâtre, qui n'étaient pas encore mûrs; enfin il faut encore avoir égard au mélange qui peut s'être effectué de pieds de houblon hâtif avec ceux de houblon tardif. Les uns se cueillent à la fin du mois d'août, et les autres à la fin de celui d'octobre. »

On doit éviter d'entasser le houblon immédiatement après la cueille, car il s'échaufferait et prendrait un goût désagréable. On opère sa dessiccation soit dans une étuve, soit sur une touraille, soit encore sur le plancher d'un grenier bien aéré.

L'emballage du houblon est d'une haute importance, car du soin que l'on apporte à cette opération dépend le plus ou moins de valeur de ce produit; son arome étant très-fugace, on a dû chercher à empêcher sa déperdition; le moyen le plus sûr consiste, comme on le pratique en Angleterre, à fouler d'abord le houblon autant que possible dans des sacs, puis à le soumettre à l'action d'une presse hydraulique. Cette méthode offre, en outre, l'avantage d'en réunir une assez grande quantité sous un petit volume, et de rendre son transport plus facile.

Le houblon, par son immense emploi dans la fabrication de la bière (1), forme une branche de commerce de la plus haute

(1) Voir fabrication de la bière, article *orge*.

importance. Le rôle qu'il joue dans cette boisson consiste à s'opposer à l'altération que ne tarderait pas d'éprouver la décoction d'orge germée. Il doit cette propriété au principe amer aromatique qu'il contient, et que M. Gabriel Pelletan a nommé *lupulite*, pour éviter que sa désinence ne la fasse confondre avec un alcaloïde.

Examen chimique. — Plusieurs chimistes, et notamment Saint-Yves et Planche, Payen et Chevalier, se sont occupés de l'analyse du houblon. Dans un travail assez récent, les deux derniers ont démontré qu'indépendamment de la lupulite ou *lupuline*, la sécrétion jaune du houblon est formée de résine, — de matière amère, — d'huile essentielle, — de silice, — de gomme, — d'acide malique, — de sels à base de potasse et de chaux, — d'oxyde de fer, — de soufre et d'osmazôme (des traces). Ils ont réservé le nom de lupuline à la matière amère.

La *lupuline* s'offre sous la forme d'écailles d'un blanc jaunâtre, attirant l'humidité, soluble dans l'eau plutôt à chaud qu'à froid; le solutum est mousseux, il n'a point d'action sur le papier de tournesol rougi ou non rougi par un acide, il est insensible à l'action des alcalis. Chauffée fortement, la lupuline fournit les produits des matières végétales; elle brûle avec flamme et sans fumée.

On attribue à la lupuline les propriétés tonique et sédative, et on l'a administrée en pilules avec partie égale de sucre, ou en teinture, contre le scrofule et le rachitisme.

L'infusion ou la simple macération du houblon fournit une boisson tonique et fortifiante.

FÈVE PICHURIM, muscade de Para, fruit du *laurus pichurim seu ocotea*, P.; fam. des Laurinées, J.

Elle s'offre sous la forme d'un lobe isolé, ovale, oblong, concave d'un côté, convexe de l'autre, de couleur brun olivâtre, de la longueur d'un pouce et quelquefois davantage, douce au toucher; sa cassure est marbrée; les zones, pâles, sont dues, suivant M. Guibourt, à la présence d'une huile concrète.

M. Virey, auquel ses profondes connaissances en histoire naturelle rendent faciles de semblables recherches, a soulevé le voile qui cachait l'origine de la fève pichurim. Chargé par M. Boudet d'examiner un fruit aromatique trouvé dans des balles de cacao, il reconnut qu'il appartenait à la famille des laurinées et qu'il offrait deux lobes presque identiques avec ce que l'on connaît dans le commerce sous les noms de fève pichurim ou noix de sassafras : ces deux variétés pourraient bien, suivant cet habile observateur, ne différer que par le degré de maturité. La première, qui se distingue par son odeur pipéracée et sa forme orbiculaire, a reçu longtemps dans le commerce le nom de *muscade de Para*. L'autre, qui est généralement un peu plus grosse est connue sous la dénomination de *noix de sassafras;* elle est ovale, oblongue, concave d'un côté, convexe de l'autre, glabre, d'un brun olivâtre; sa longueur est d'environ un pouce.

Examen chimique. M. Chevalier a le premier signalé dans la fève pichurim la présence d'une huile volatile plus pesante que l'eau, et d'une matière grasse *stéarine* qui cristallise régulièrement.

M. Bonastre, auquel on doit déjà, comme on l'a vu, un grand nombre d'analyses du même genre, a été conduit à faire celle de la fève pichurim bâtarde par une sorte de prévision et d'application des principes qu'il a établis et aussi à cause de son analogie botanique avec le *laurus nobilis*, qui, comme on sait, avait été l'objet de son investigation judicieuse. Il a d'abord remarqué que les cristallisations brillantes que l'on a crues être de l'acide benzoïque, et qui se remarquent dans les fissures que présentent ces fruits, n'avaient pas, comme on l'avait cru d'abord, la propriété de rougir les couleurs bleues végétales, et ne pouvaient conséquemment être confondues avec cet acide. Enfin, d'après une analyse que la rigoureuse précision de ce chimiste permet de croire exacte; 500 parties de ce fruit sont composées ainsi qu'il suit : huile volatile concrète, 15, — huile fixe butyreuse, 50; — stéarine, 110; — résine glutineuse, 15; — matière colorante brune, 40; — fécule, 55; — gomme soluble, 60; — gomme ayant quelques rapports avec celle adragante, 6; — acide uni à une substance étrangère, 2; — sucre incristallisable, 4; — résidu salin, 7; — parenchyme, 100; — humidité, 30; — perte, 6; — total, 500.

On voit, d'après cette analyse, que, sauf les proportions, la fève pichurim ne diffère des baies de laurier que par la *laurine* que contiennent ces dernières et qui ne se trouve pas dans l'autre. Du reste, l'absence de ce principe doit apporter peu de différences dans les propriétés, et il est difficile de croire, d'après certains voyageurs, que cette substance forme au Paraguay la base d'une sorte de chocolat. L'heureux et prochain retour du célèbre Bonpland de cette contrée si peu connue pourra lever toute incertitude à cet égard. En attendant, M. Bonastre, voulant s'assurer si cette fève pouvait remplacer le cacao dans la fabrication du chocolat, a obtenu des résultats négatifs, sous le rapport de la suavité, il pense que l'on doit laisser aux habitants du Paraguay et des bords de l'Orénoque le chocolat pichurim ; il ne serait pas plus envié par les gourmets que leur gouvernement absolu par les amis d'une sage liberté.

L'odeur suave de la fève pichurim la fait rechercher pour aromatiser le tabac.

ANIS, fruit ou semence du boucage, anis, *anisum vulgare, seu pimpinella anisum*, L.; famille des Ombellifères, J.

Il s'offre sous la forme de petites graines ovées, striées, d'une odeur aromatique assez suave, d'une saveur chaude agréable, légèrement sucrée. Ces graines, comme toutes celles des ombellifères, contiennent deux sortes d'huile, l'une fixe et qui réside dans les cotylédons, et l'autre volatile, dont le siége est dans l'enveloppe ou épicarpe.

L'anis est originaire d'Orient; il croit spontanément en Crète et en Syrie; on le cultive en Sicile, en Espagne et dans certaines parties de la France, et notamment aux environs de Tours, de Bourgueil et de Chinon. On doit choisir ce fruit ou graine exempt de styles et de poussière : ceux qui nous viennent de Malte et d'Alicante sont les plus estimés ; récoltés avec soin, ils en sont privés; leur couleur est verdâtre et leur saveur franche et aromatique. Ces semences entrent en Italie et en Allemagne dans la composition du pain et des pâtisseries ; plongées dans un sirop de sucre très-blanc et rapproché à un degré convenable, lissées ensuite par le frottement dans une grande bassine suspendue au-dessus d'un réchaud, elles constituent les dragées dites de Verdun. On emploie l'anis en médecine, comme stimulant et carminatif, soit en infusion théiforme, soit en poudre; on en prépare une eau distillée et en extrait une huile mixte, de couleur jaunâtre, qui se concrète assez facilement et qui sert, par suite de cette propriété, à falsifier l'essence de rose : nous signalons cette fraude, non pas pour qu'on l'imite, mais pour qu'on se tienne en garde contre elle. Cette huile sert, en outre, à aromatiser certaines liqueurs de table.

Pour extraire l'huile d'anis, on introduit une quantité déterminée de graine dans la cucurbite d'un alambic, on verse suffisamment d'eau pour qu'elle baigne, on couvre avec le chapiteau et on procède à la distillation, en ayant le soin de tenir chaude l'eau du serpentin, car sans cette précaution l'huile, se concrétant très-facilement, finirait par l'obstruer, et l'opération ne serait pas seulement manquée, il pourrait en résulter quelque danger.

Anisette de Bordeaux.

On prend anis vert une livre (500 gram.), coriandre deux onces (64 gram.), fenouil idem; on concasse ces deux dernières substances, on mêle le tout, et on verse dessus seize litres d'eau-de-vie à 29 degrés ; on introduit dans un alambic et on distille; on ajoute du sirop de sucre bien blanc au produit et on filtre. Pour rendre cette liqueur plus suave, on peut, ainsi qu'on le pratique à Bordeaux, ajouter un quart ou 125 grammes de badiane ou anis étoilé.

Cette liqueur est en grande estime chez les gens du peuple ; on la prépare quelquefois en versant simplement de l'huile d'anis dans de l'eau-de-vie et sucrant.

Nous nous sommes assuré que, dans la fabrication de l'anisette, toute l'huile essentielle n'était pas dissoute par l'eau-de-vie, et entraînée pendant la distillation; par une seconde opération de même nature, en traitant le résidu par l'eau seulement, nous avons obtenu une quantité d'huile assez considérable pour dédommager des frais de l'opération et présenter encore du bénéfice.

Examen chimique. L'analyse de l'anis a été faite par plusieurs chimistes et à diverses époques ; la plus récente et la plus complète est due à MM. Brandt et Rinman. Cette semence contient, suivant eux, les principes suivants : de la stéarine unie à la chlorophylle , — de la résine et des traces de malate de chaux et de potasse, — de l'huile grasse soluble dans l'alcool , — de l'huile volatile, — une sous-résine, — une matière extractive, — de la phitcumacole, — du mucoso-sucré et de l'acide malique, — de la gomme, — des malate phosphate et sulfate de chaux, — de l'*anisulmine*, — de l'extractif, — du malate acide de potasse, — du malate acide de chaux,—du phosphate acide de chaux, —des sels inorganiques, silice et oxyde de fer, — de la fibre végétale, — de l'eau.

On doit à M. Théodore de Saussure l'analyse élémentaire suivante, des huiles ordinaires et concrètes d'anis.

	Ordinaire fusible à 17°	concrète fusible à 20°.
Oxygène,	13,821,	8,541.
Carbone,	76,487,	83,468.
Hydrogène,	9,352,	7,531,
Azote,	0,340,	0,460,

AMMI, fruit du *sison ammi*, famille des Ombellifères, J.

Ce sont des semences de couleur verdâtre, de la grosseur d'une tête d'épingle, ovales, oblongues et terminées par deux pointes, striées, concaves d'un côté, convexes de l'autre; leur saveur est chaude, amère, et un peu caustique; elles fournissent à la distillation une grande quantité d'huile volatile, mais leur usage est peu répandu.

On cultive le *sison ammi* en France; mais la graine la plus estimée vient de Candie ou Crète. Cette semence est tonique et carminative ; elle entre dans la composition de la thériaque et des poudres cordiales; elle faisait partie autrefois des quatre semences chaudes mineures.

CARVI, fruit ou graine du *carum carvi*, L.; famille des Ombellifères, J.

La graine de carvi se rapproche beaucoup, quant à la forme, de celle de l'ammi; elle est longue d'environ une ligne, courbée en arc, plane et un peu concave d'un côté; elle est toujours réunie de manière à présenter une sorte de fruit ovale à surface cannelée et de couleur brunâtre; son odeur est forte et aromatique; sa saveur chaude et piquante ; elle fournit, par la distillation, une huile essentielle, de couleur citrine, d'une pesanteur spécifique égale à 0,962, se congelant à 10° au-dessous de zéro; son odeur est assez agréable, mais sa saveur est brûlante. On la rangeait autrefois parmi les semences carminatives, mais son usage est presque entièrement tombé en désuétude. On l'emploie encore comme condiment dans certaines contrées; en Allemagne on la fait entrer dans la confection du pain; les Circassiens la font entrer comme assaisonnement dans plusieurs de leurs mets.

La semence de carvi est une des quatre semences chaudes majeures des anciens.

SÉSÉLI, fruit du séséli de Marseille, *seseli tortuosum*, L.; *seseli massiliense*, famille des Ombellifères, J.

Ce fruit se compose de deux semences réunies sur le même pédoncule; leur forme est ovoïde, leur surface est striée et comme cannelée, leur couleur est gris blanchâtre, leur volume est un peu moindre que celui de l'anis vert.

Ces semences, lorsqu'elles sont entières, ont peu d'odeur; mais, lorsqu'on les pulvérise, elles en exhalent une très-forte. Elles entrent aussi dans la macédoine pharmaceutique la plus anciennement connue; c'est assez désigner la thériaque; elles sont réputées anthelminthiques, et jouent un rôle assez important dans la médecine des campagnes.

Le séséli d'Éthiopie, *laserpitium siler*, jouit des mêmes propriétés, mais à un degré plus faible, il est aussi plus rare.

PHELLANDRIE AQUATIQUE, ciguë ou fenouil aquatique, fruit du *phellandrium aquaticum*, L.; famille des Ombellifères, J.

Il se compose également de deux semences réunies, ovales, striées, de couleur rougeâtre, brillantes, rappelant celles d'anis, mais un peu plus allongées.

Ces semences développent, par la pulvérisation, une odeur forte; on en a préconisé l'usage dans les affections de poitrine; mais malheureusement le succès n'a pas répondu à l'espoir qu'en avaient fait concevoir, d'après des expérimentations assez nombreuses, les médecins allemands. Leur succès est moins contestable contre les fièvres intermittentes; elles jouissent, en effet, de la propriété fébrifuge à un assez haut degré. On les administre ou en poudre, ou en pilules, ou en décoction, mais ce doit être avec réserve, attendu leur énergie.

ACHE, fruit ou semence de l'*apium graveolens*, L.; famille des Ombellifères, J.

Cette semence est petite, de forme irrégulière, tantôt plane, tantôt convexe et tantôt concave; elle est marquée de cinq angles, dont deux sont plus prononcés que les autres; elle est assez aromatique, et figurait autrefois parmi les quatre semences chaudes majeures. Elle fournit, par la distillation, une huile essentielle très-concrescible.

Ce fruit n'a guère d'importance, maintenant, qu'en ce qu'il sert à reproduire la plante; celle-ci, modifiée par la culture et partant adoucie, est d'une grande ressource pour l'économie domestique; sa tige, étiolée et attendrie, est très-estimée comme salade d'hiver; elle constitue le céleri, *apium dulce*.

PERSIL, fruit de l'ache-persil, *apium petroselinum*, L.; famille des Ombellifères, J.

Cette semence, comme la précédente, n'a d'autre utilité que de reproduire la plante herbacée connue vulgairement sous le nom de *persil;* elle est petite, longue d'une ligne environ, de forme variable, très-aromatique; l'huile essentielle qu'elle fournit par la distillation est aussi très-concrescible.

La semence de persil faisait autrefois partie des quatre semences chaudes mineures. Son usage médical est presque complétement abandonné; il entre encore dans le sirop d'armoise composé.

DAUCUS DE CRÈTE, fruit ou semence de l'athamante de Crète, *athamantha cretensis*, L.; famille des Ombellifères, J.

Ce fruit se compose de deux semences tomenteuses, longues d'environ deux lignes, réunies longitudinalement et couronnées par le style, qui est persistant; la saveur de la graine des daucus est chaude et aromatique; on la trouve, dans le commerce, mêlée aux ombellules : mais celles-ci ne jouissant pas de propriétés aussi énergiques, on doit, pour l'usage médical, les séparer et les rejeter. Cette semence entre dans le sirop d'armoise composé et la thériaque.

ANETH, fruit ou semence de l'aneth à odeur forte, *anethum graveolens*, L.; famille des Ombellifères, J.

Comme celui qui précède, ce fruit se compose ou plutôt est formé de deux petites semences accolées ensemble, de forme ovale, striées à la surface, de couleur brune, un peu convexes du côté opposé à celui où elles se touchent; leur odeur et leur saveur sont fortes et aromatiques; elles rappellent celles du fenouil, mais sont moins agréables. Ces semences fournissent à la distillation une grande quantité d'huile essentielle, mais elle n'est employée que dans le midi de la France, où la plante est assez abondamment cultivée comme épice; elle est rangée parmi les carminatifs.

FENOUIL, fruit ou graine de l'aneth fenouil, *anethum fœniculum*, L.; famille des Ombellifères, J.

C'est une semence de forme ovale, linéaire, plate d'un côté, renflée de l'autre, striée à la surface, de couleur gris jaunâtre.

Cette graine est principalement employée pour faire des dragées, et une liqueur dont l'odeur rappelle celle de l'anis et est encore plus suave; elle est connue sous le nom d'anisette de Strasbourg, bien qu'il n'entre pas d'anis dans sa composition; elle est chaude et fortifiante.

Le plus beau fenouil nous vient du midi de la France; on l'y cultive en grand; on doit choisir ce fruit assez gros, privé comme l'anis des styles persistants et des pétioles d'ombelles qui y sont mêlés et qu'on nomme vulgairement *bûchettes*. Ce fruit, est comme les précédents, rangé parmi les graines carminatives; il fournit, par la distillation, une huile essentielle ou volatile de couleur jaune clair, d'une saveur douce et chaude et d'une odeur très-suave; sa pesanteur spécifique est de 0,983, et sa congélation s'effectue à 10 degrés au-dessous de zéro.

Cette huile est peu employée en médecine, mais souvent dans la parfumerie; les Anglais l'emploient de préférence pour parfumer leurs savons.

CUMIN, fruit ou graine du *cuminum cyminum*, L.; famille des Ombellifères, J.

Cette sorte de fruit ou semence est de forme ovale-allongée et presque linéaire; elle est longue d'environ deux lignes, de couleur brun cendré ou fauve, toujours réunie en paire ou couple, comme dans beaucoup d'autres fruits de la même famille; son odeur est aromatique et se rapproche de celle du fenouil; sa saveur est âcre et amère.

On cultive le cumin en Égypte, en Sicile, et surtout à Malte; il est fort estimé des Orientaux, mais en France il n'est guère employé que comme stimulant et pour donner de l'appétit aux chevaux; on le mêle à cet effet à leur avoine, ou on le fait entrer dans la composition de l'opiat ou de la poudre contre l'inappétence; cette graine constituait jadis l'une des quatre semences chaudes majeures.

L'huile essentielle, que fournit le cumin à la distillation, est assez suave, et employée dans l'art de la parfumerie.

Les Allemands font entrer cette semence aromatique dans la composition de leur pain; elle le rend d'une digestion plus facile; les Hollandais la mêlent à certaines espèces de fromage.

CORIANDRE CULTIVÉE, fruit du *coriandrum sativum*, **L.**; famille des Ombellifères, **J.**

Cette graine est de forme globuleuse, ombiliquée au sommet, marquée à la surface de sillons longitudinaux et anguleux; son volume ne dépasse guère une ligne en tous sens; sa couleur est gris jaunâtre; le même pédoncule porte ordinairement deux semences accolées et couronnées par les dents du calice.

On cultive abondamment la coriandre en Touraine et dans la plaine des Vertus, près Paris; toute la plante a une odeur de punaise très-prononcée, mais le fruit, lorsque la maturité et la dessiccation sont complètes, jouit d'une odeur très-suave que les confiseurs et les liquoristes mettent à profit, soit comme condiment, soit comme aromate; dans le nord de l'Europe, on le fait entrer dans la composition de la bière.

On doit choisir la graine de coriandre entière, d'une couleur jaunâtre assez franche, d'une saveur chaude, piquante et agréable; elle fait partie des semences carminatives, et entre dans la composition de l'alcoolat de mélisse, et des sirops de jalap et de chicorée composés.

BADIANE DES INDES, anis étoilé, ou de la Chine, *illicium anisatum*, **L.**; famille des Magnoliacées, **J.**

Ce fruit est originaire de l'Inde; les Chinois le nomment *tuhocie-l*, et le tirent, plus particulièrement, de la province de *Quang-si*. Il se compose de six à douze capsules ou coques monospermes, dures, rugueuses, s'ouvrant par la partie supérieure, et disposées en étoile; elles renferment des semences lisses, ovales et de couleur brune. Ces capsules ont une odeur aromatique qui rappelle celles du fenouil et de l'anis; elles sont très-recherchées des Orientaux qui les préfèrent à ces dernières, et qui les emploient pour aroma-

tiser diverses boissons, telles que le café et le thé. Infusées dans l'eau et mises à fermenter, elles fournissent une boisson alcoolique appelée par les Anglais *anis arach*; elle est très-estimée, et rétablit dit-on, promptement les forces épuisées.

Les Asiatiques sont dans l'usage de mâcher de ces fruits avant leurs repas, tant pour communiquer un goût agréable à ce qu'ils mangent que pour exciter leur appétit. Enfin ces mêmes capsules entrent dans la composition de la poudre parfumée, dite *à la maréchale*.

« En Chine, » dit Duhamel, *Histoire des arbustes et arbrisseaux*, « les gardes publiques pulvérisent l'écorce odorante de l'anis étoilé; ils en remplissent de petites boîtes allongées, graduées à l'extérieur; ils mettent le feu à cette poudre, par une des extrémités du cylindre ou de la boîte; la poudre se consume très-lentement et d'une manière uniforme, et, lorsque le feu est parvenu à une distance marquée, ils sonnent une cloche, et, par le moyen de cette espèce d'horloge pyrrhique, ils annoncent l'heure au public.

L'anis étoilé fournit à la distillation une huile volatile, de couleur brune; elle se congèle moins facilement que celle d'anis, *anisum vulgare*.

Les propriétés médicinales de la badiane sont analogues à celles de l'anis; elle passe pour être plus fortifiante; elle entre dans la composition de certaines liqueurs; sa suavité la fait même préférer à l'anis ordinaire pour la fabrication de l'anisette de Bordeaux.

HIBISCUS AMBRETTE, graine d'ambrette, fruit de l'*hibiscus abelmoschus*, *granum moschatum*, **L.**; famille des Malvacées, **J.**

Il s'offre sous la forme d'une capsule velue, renfermant des graines ou semences brunes, réniformes, du volume d'un grain de chanvre, un peu comprimées et striées.

Ces semences répandent une odeur de musc et d'ambre très-prononcée; on croit même qu'elles servent quelquefois à falsifier le musc.

L'abelmosch croît naturellement dans l'Inde; les semences que renferme son fruit sont administrées contre la morsure des serpents; mais leur efficacité, dans ce cas, est fort douteuse. Bien que cette substance doive agir comme répercussif, nous pensons qu'il ne serait pas prudent d'avoir une foi trop vive dans son mode d'action.

La graine d'ambrette entre dans la composition de certains parfums en usage aux Antilles; leur odeur suave est mise également à profit par nos parfumeurs : elle fait la base d'un parfum célèbre dans le Levant, sous le nom de *poudre de Chypre*.

NIGELLE ou NIELLE, cumin noir, fruit du *nigella sativa*, L.; famille des Renonculacées, J.

Ce fruit, originaire de l'île de Crète, s'offre sous la forme de capsules réunies, et plus ou moins soudées entre elles, terminées en bec par l'allongement et la persistance des styles; elles renferment plusieurs graines trigones, comprimées, rugueuses, grisâtres extérieurement et vertes à l'intérieur.

Les semences de nigelle ont une odeur aromatique analogue à celle du sassafras; réduites en poudre, elles sont employées comme condiment, sous le nom de *toute-épice*; elles fournissent à la distillation une huile essentielle d'une odeur agréable; elles forment en Egypte, sous le nom d'*abirodi*, un condiment fort goûté; en France, elles sont réputées stimulantes, errhines et emménagogues.

NIGELLE DE DAMAS, fruit du *nigella damascena*. Il diffère peu du précédent, quant à la forme et au volume; son odeur rappelle celle de la fraise; on met, en Allemagne, cette propriété à profit pour remplacer ce fruit dans la composition des glaces, des sorbets et des crèmes, et leur communiquer son délicieux arome.

FÈVE TONKA, tonga ou tongo, fruit du *coumarouna odorata*, Aublet; famille des Légumineuses, J.

Ce fruit s'offre sous la forme d'une coque sèche, fibreuse à l'extérieur; sa forme est celle d'une amande couverte de son brou; celle qu'il renferme est aplatie, bilobée, recouverte à la surface d'un épiderme mince, luisant, ridé, de couleur roux grisâtre; son odeur rappelle celle du mélilot : on verra plus loin à quoi est due cette circonstance.

L'odeur suave de la fève tonka la fait rechercher des naturels de la Guiane; ils s'en font des colliers et d'autres ornements; les créoles la mêlent à leurs effets d'habillements pour les parfumer, et en chasser les insectes. Les Européens ne l'emploient guère que pour donner une odeur plus agréable au tabac, soit en la râpant, soit en la plaçant entière au milieu même des vases qui le renferment.

Examen chimique. La fève de coumarin est souvent parsemée, dans sa substance, d'une matière cristalline que l'on a, d'abord, crue être de l'acide benzoïque. MM. Boulay et Boutron ont prouvé, par des expériences récentes, que cette matière cristalline n'était autre chose qu'une huile volatile particulière, soluble dans l'alcool et dans l'éther, cristallisant régulièrement par l'évaporation de ces liquides. Il résulte de l'analyse qu'ils ont faite de la fève tonka, qu'elle est composée d'une matière grasse, saponifiable, formée d'élaïne ou de stéarine, — d'une matière cristallisable, odorante, possédant plusieurs caractères des huiles volatiles dont elle se rapproche beaucoup, et qui, loin d'être de l'acide benzoïque, est, comme l'a établi M. Guibourt, un principe végétal, particulier et neutre, qu'il a appelé coumarine, et qu'ils ont nommé avec plus de raison *coumarin*, attendu qu'il ne jouit d'aucune des propriétés des alcaloïdes ou des acides, — une matière sucrée, fermentescible, — de l'acide malique libre, — du malate acide de chaux, — de la gomme, — de la fécule amylacée, — un sel à base d'ammoniaque et de la fibre végétale.

Le *coumarin* est cristallisable; il jouit de plusieurs des caractères des huiles volatiles; il cristallise en aiguilles carrées ou en prismes courts, terminés en biseaux très-durs; il est volatilisable, plus pesant que l'eau, dans laquelle il est peu soluble; il l'est complétement, ainsi qu'on l'a vu plus haut, dans l'alcool chaud et dans l'éther. Le coumarin existe aussi dans la fleur de mélilot, c'est à lui qu'elle doit son odeur suave.

FRUIT DU ROCOUYER, *bixa orellana*, L.; famille des Bixinées démembrée des Tiliées, J.

Il s'offre sous la forme d'une capsule ovoïde, hérissée de pointes, monoloculaire, polysperme; elle s'ouvre en deux valves, garnies extérieurement de poils roides, et portant chacune un placenta sur le milieu de leur face interne; les grains, au nombre de 8 ou 10, ont leur tégument extérieur charnu, de couleur rouge lors de la maturité; elles ont la forme d'un pepin de raisin. C'est de ces graines que l'on retire la matière colorante, connue sous le nom de *rocou*, et si précieuse comme matière tinctoriale.

Le *bixa orellana* est originaire des Antilles, il y est abondamment cultivé pour ses graines; le procédé pour en extraire le principe colorant consiste à les faire macérer dans l'eau, et renouvelant celle-ci de temps en temps; on réunit toutes les eaux après qu'elles ont éprouvé un commencement d'altération ou de fermentation putride; on fait évaporer jusqu'à ce que toute la matière colorante, qui est une sorte de fécule, soit précipitée; on décante et on divise la matière épaissie en pains,

auxquels on donne diverses formes, et du poids de 1 à 2 livres, et qu'on enveloppe dans des feuilles de balisier.

Ainsi préparé, le rocou est d'une couleur rouge vif, doux au toucher; les Caraïbes affectionnent tellement cette couleur, qu'il font dissoudre le rocou dans l'huile et s'en oignent le corps et les objets à leur usage; enfin cette passion pour la couleur rouge est telle, qu'ils la donnent même à leurs aliments. En Europe, il sert à colorer certaines substances grasses ou sébacées, soit simples, soit composées; les Anglais le font entrer dans la composition de certains fromages. C'est à tort qu'on l'a signalé comme antidote du suc de manioc, rien ne justifie cette croyance. Enfin on lui attribue la propriété aphrodisiaque à un assez haut degré; il entre, à cet effet, dans le wakaka des Indes; mais cette propriété réside plutôt dans la graine elle-même, qui est aromatique et qu'on emploie comme condiment. On prépare à Java, avec les fruits du rocouyer, une liqueur ou boisson assez agréable.

Examen chimique. Suivant John (*écrits chimiques*), le rocou du commerce est composé de matière odorante, — de matière résineuse jaune (*orelline*), — de matière extractive, colorante, jaune rougeâtre, — d'une substance analogue au mucilage et à la matière extractive, — de gomme, — de fibre ligneuse, — d'un acide dont on n'a pas déterminé la nature.

Il résulte, en outre, d'un travail effectué sur les lieux mêmes où se fait la récolte du rocou, que la matière colorante qui entoure les graines du rocouyer jouit des propriétés suivantes: elle est soluble dans l'alcool et dans l'éther; sa solution à froid est d'une belle couleur orangée, et laisse précipiter un dépôt pulvérulent; la potasse, la soude et leurs carbonates en dissolvent aussi une grande proportion; elle en est précipitée par les acides; le chlore décolore subitement la solution alcoolique; les acides hydrochlorique et acétique n'ont aucune action sur le rocou; l'acide sulfurique concentré, au contraire, le fait passer tout à coup à un très-beau bleu indigo, puis au vert et au violet; l'acide nitrique n'a qu'une action lente à froid sur cette couleur, à chaud il y a inflammation.

Le rocou se dissout facilement dans les huiles grasses et volatiles; sa cassure offre des taches ou zones blanchâtres, qui ne sont autre chose qu'un sel ammoniacal effleuri.

CAFÉ, fruit du cafeyer ou cafier d'Arabie, *coffæa arabica*, L.; famille des Rubiacées, J.

Il s'offre sous la forme d'une baie céra-siforme globuleuse ou ovoïde, pulpeuse, ombiliquée au sommet, d'abord verte, puis rouge, puis enfin brun foncé, lors de la maturité; le pédoncule auquel elle est suspendue est long d'environ 6 ligues. Ce fruit renferme deux semences étroitement unies, planes et sillonnées du côté où elles se réunissent, convexes de l'autre. Ces semences ou graines sont lisses, de nature cornée, très-résistantes, vertes lorsqu'elles sont récentes et d'un gris nacré lorsqu'elles sont sèches. Elles sont environnées d'une arille, que M. Richard croit être une portion du péricarpe.

Il résulte d'une dissertation très-savante de M. Virey, sur l'histoire du café depuis les temps anciens jusqu'à nos jours (*Journal de pharmacie*, t. 11), que ce fruit n'était pas plus connu du temps d'Homère, comme on l'avait supposé, que de celui du roi David.

L'arbre qui produit le café est originaire de la haute Ethiopie; on ignore à quelle époque les Arabes l'importèrent dans leur pays, et notamment dans cette partie qui forme la province d'Yemen, et qui a reçu, en raison de sa fécondité prodigieuse, le nom d'Arabie Heureuse. C'est principalement sur les bords de la mer Rouge et aux environs de la ville de Moka que le cafier a le mieux prospéré; aussi cette contrée est-elle encore en pos-

session de fournir au commerce le café le plus estimé.

« Les Arabes, » dit M. Virey (*loco citano*), « indépendamment de leur climat sec et ardent, qui rend leur complexion grêle et nerveuse, ainsi qu'on le remarque parmi les Bédouins, doivent au café, qu'ils prennent assidûment, une partie de leur mobilité impétueuse, de leur vivacité d'esprit, du feu de leur imagination, de ce caractère d'indépendance, ou même de cette liberté exagérée qui fait leurs délices et qui les maintient indomptables et fiers dans leurs solitudes. Ils puisent encore dans cette boisson et les longues veilles qu'elle détermine, l'amour des contes de fées, de ces ingénieux badinages des *Mille et une nuits*, dont ils savent charmer leurs fortunés loisirs.» «Voyez-les,» dit encore ce savant, « assis en cercle auprès de leur tente patriarcale, autour d'un petit feu de bouse de chameaux desséchée; là est une poêle percée de trous dans laquelle rôtit la fève du *bunn* ou le café moka et sa coque, parce qu'ils ne séparent pas toujours celle-ci comme inutile: deux pierres plates ont bientôt broyé le *kahwa mod-jahham*, ou café avec sa coque, en une poudre presque impalpable. L'eau bouillante est préparée dans l'ibrik ou la cafetière, on y jette cette poudre. Si l'on emploie la graine de café avec sa coque, la boisson prend le nom de *brumya*; mais, si l'on se contente de la seule coque grillée (ou ce qu'on appelle, en Europe, du café à la sultane), la boisson se nomme *kischeriya*. On agite le mélange, et sans qu'il dépose, mais encore tout épais et chargé de la poudre fine, on le verse bouillant dans de petites tasses de cuir, et on le savoure ainsi par petites gorgées, sans sucre, sans lait, sans aucun mélange étranger qui en adoucisse ou déguise l'amertume; cependant l'assemblée, accroupie sur ses nattes ou ses tapis de peaux de chameaux, prépare un tabac, tantôt parfumé de bois d'aloès, tantôt mêlé d'un peu d'opium, dans de longues pipes de terre de Trébisonde ou d'écume de mer, et, pendant que chacun fume gravement, le cheik ou le vieillard engage un jeune homme à réciter soit l'histoire des amours de Soleyman (Salomon), soit quelque autre conte oriental, soit à chanter une complainte. Cependant la préparation du café continue, et de temps en temps l'échanson ou la Ganymède de la troupe renouvelle les doses de la noire décoction dans les tasses flexibles, ces compagnons fidèles de nos vagabonds Bédouins. Souvent on passe toute la nuit, sous ces heureux climats, à s'abreuver chacun de vingt à trente tasses de café; la conversation s'échauffe, s'anime, et alors les cerveaux s'exaltent; quelquefois un jeune Bédouin ardent se lève dans son enthousiasme, entonne un hymne sacré à la louange du grand *Allah* et de son prophète Mohammed, puis, respirant la gloire, propose à toute l'assemblée quelque partie de voyage, telle que de détrousser une caravane, d'attaquer une autre horde d'Arabes, ou de piller quelque village de la Syrie et de l'Egypte; toute la société applaudit à la proposition, et, dès le lendemain, l'on prépare les chevaux et les chameaux, avec le sabre antique et le djerrid ou la lance tant de fois terrible et victorieuse dans les champs de l'Yemen.»

L'usage du café existait chez les Orientaux depuis plus d'un siècle, lorsqu'en 1669, Soliman Aga, qui résidait en France en qualité d'agent diplomatique, fit connaître cette délicieuse boisson; son usage devint bientôt général, et on s'empressa de propager sa culture. Les Hollandais, qui exerçaient alors le monopole du commerce, s'empressèrent de transporter cette plante à Batavia, et de Batavia à Amsterdam, où elle réussit parfaitement: l'un de ces pieds, envoyé à Louis XIV par les magistrats de cette ville, fut placé au jardin des plantes de Paris, et servit de souche à plusieurs autres individus Cette facilité de culture fit concevoir l'espoir de multiplier le cafier aux colonies, et par cela même d'affranchir la France du monopole exercé sur cette substance. Plusieurs plants furent, à cet effet, confiés à M. Desclieux pour les transporter à la Martinique; mais le passage fut long et pénible, et la sécheresse eût fait échouer ce projet, si ce généreux citoyen n'eût, pour conserver le précieux dépôt dont il était chargé, poussé le zèle au point de se priver d'une partie de la portion d'eau à laquelle il avait droit, pour arroser le seul plant qui fût resté. Cet acte de dévouement, bien digne de passer à la postérité, a trouvé un éloquent interprète dans M. Esménard, qui l'a consigné dans son beau *Poëme de la Navigation* :

...... Sur son léger vaisseau
Voyageait de Moka le timide arbrisseau,
Le flot tombe soudain ; Zéphyr n'a plus d'haleine,
Sous les feux du Cancer, l'eau pure des fontaines
S'épuise, et du besoin l'inexorable loi
Du peu qui reste encore a mesuré l'emploi.
Chacun craint d'éprouver les tourments de Tantale,
Desclieux seul les défie, et d'une soif fatale
Étouffant tous les jours la dévorante ardeur,
Tandis qu'un ciel d'airain s'enflamme de splendeur,
De l'humide élément qu'il refuse à sa vie,
Goutte à goutte il nourrit une plante chérie.
L'aspect de son arbuste adoucit tous ses maux,
Desclieux rêve déjà l'ombre de ces rameaux,
Et croit, en caressant sa tige ranimée,
Respirer en liqueur sa graine parfumée.
Heureuse Martinique ! ô bords hospitaliers !
Dans un monde nouveau, vous avez, les premiers,
Recueilli, fécondé ce doux fruit de l'Asie,
Et dans un sol français mûrit son ambroisie.

C'est ainsi qu'un seul jet fut la source première des immenses plantations de cafier qui couvrent les Antilles. On n'estime pas à moins de 10 millions de kilogr. la quantité de café qui entre annuellement en France actuellement.

Le cafier s'offre sous la forme d'un petit arbre branchu ou arbrisseau toujours vert, de l'aspect le plus gracieux; son volume varie cependant suivant le climat qui le produit. C'est ainsi qu'en Arabie il s'élève souvent jusqu'à 40 pieds, tandis que dans nos colonies il en atteint tout au plus 18 ou 20. Sa fécondité est telle qu'il fleurit et fructifie trois fois dans l'année; chaque pied produit généralement de 1 à 4 livres de café. La première récolte, qui est aussi la plus abondante, s'effectue en mai : on place à cet effet, sous chaque arbre, des nattes ou des draps, et on secoue les branches de manière à provoquer la chute des fruits mûrs. En Arabie, où la culture est généralement plus soignée, la cueillette s'effectue à la main ; les fruits sont portés ensuite sur une aire unie, et là étendus pour opérer un commencement de dessiccation qui s'achève dans des espèces d'étuves ; on passe ensuite au cylindre pour séparer la pulpe desséchée des graines ; on vanne et on pile pour détacher la membrane parcheminée qui enveloppe la semence. On emploie toutefois, dans certaines contrées, un moyen plus expéditif pour opérer la séparation des graines de la pulpe ; il consiste à passer à un moulin nommé *grage*, et formé de deux cylindres horizontaux, le fruit mûr et frais ; on plonge ensuite dans l'eau le mélange de pulpe et de semence, on brasse pour séparer complétement la matière mucilagineuse qui adhère à la graine ; on sépare cette dernière au moyen d'un crible, et on procède immédiatement à la dessiccation ; pendant cette dernière opération, la pellicule parcheminée qui enveloppe la semence s'étant en partie détachée, on facilite la séparation complète au moyen du pilage et du vannage, et on l'enferme immédiatement dans des sacs ou barriques, que l'on conserve, jusqu'à l'exportation, dans des magasins secs et aérés.

Le café est devenu un objet de commerce de la plus haute importance. La consommation annuelle est, pour l'Europe seulement, d'environ 5o millions de livres pesant. Il est à remarquer que, bien que les succédanés de cette fève exotique soient loin d'offrir la même suavité, cependant la fabrication des cafés indigènes, et notamment du café-chicorée, a opéré sur son importation une diminution assez sensible pour que la consommation ne soit plus que de 35 à 4o millions.

On distingue, dans le commerce, cinq variétés principales de café, qui sont :

1º Le *café-moka*. Son grain, d'une odeur suave et d'une couleur jaune doré, rappelle et simule un léger commencement de torréfaction ; il est petit, arrondi,

et doit ce dernier caractère à ce que l'une des graines jumelles avortant généralement, rien ne s'oppose au développement de l'autre, qui s'étend alors dans la partie qui devait être comprimée. Cette variété, la plus estimée à juste titre, est cependant rarement employée seule ; elle est livrée au commerce en balles de jonc, recouvertes d'un tissu d'écorce d'arbre et liées de cordes de jonc.

2º Le *café de Cayenne*. Son grain est vert obscur, nacré ; sa forme est large, aplatie ; son odeur est peu agréable, mais elle devient plus suave par la torréfaction. Cette variété est encore assez peu connue et répandue dans le commerce, quoique estimée ; on la propage maintenant avec succès dans l'Amérique du Sud.

3º Le *café Bourbon*. Son grain, de couleur jaune verdâtre, est de grosseur médiocre, peu allongé et bien nourri ; il est plus spécialement cultivé dans les îles de France et de Bourbon ; il a, comme on l'a vu plus haut, la même origine que le café-moka, et a, malgré le changement de climat, conservé une grande partie de ses qualités ; il est livré au commerce dans des balles doubles formées de feuilles nattées d'une espèce de palmier.

4º Le *café Martinique*. Son grain est de moyenne grosseur, de couleur verdâtre, comme tous les cafés des Antilles ; sa saveur est amère et astringente ; associé aux cafés Bourbon et moka, qui ont généralement plus d'arome et moins de saveur, il forme une boisson suave et savoureuse très-appréciée des gourmets.

La 5e variété est le café d'*Haïti* ou *Saint-Domingue*. Son grain est long, plat et bien nourri, de couleur vert clair ; sa saveur et son odeur sont peu agréables, aussi est-il rangé parmi les cafés les plus ordinaires ; il est livré au commerce dans des futailles ou des sacs de toile de chanvre. On distingue encore les cafés *Java*, *Sumatra*, *Havane*, *Guadeloupe*, *Démérari*, *Jamaïque*, du *Brésil*, *Dominique*, des *Barbades*, *Marie Galande*, *Caraque*, *Surinam*, *Porto Rico*, et enfin le café *Manille* ; mais ils n'offrent pas de différences bien tranchées, et peuvent être regardés comme des sous-variétés de celles qui précèdent.

La connaissance des propriétés du café ayant été fournie par le hasard, ou du moins cette assertion ayant acquis quelque crédit, nous rapporterons, sans y ajouter une foi bien vive, l'anecdote suivante, qui a servi, dit-on, à la constater : Des Arabes remarquèrent que les chèvres qui broutaient ces fruits étaient plus vives et plus entreprenantes que celles qui étaient privées de ce genre de nourriture. Le Mollach Chadély, l'un d'eux, fut le premier qui fit l'application de cette observation sur lui-même; il s'aperçut, en effet, que l'usage de ce fruit, et notamment des graines, lui permettait de se tenir éveillé pendant ses prières nocturnes; ses derviches voulurent imiter son exemple, et ils propagèrent ainsi l'usage du café. Ce qu'il y a de certain, et ce qui tendrait à donner une sorte de crédit à cette anecdote, c'est que les Arabes, qui, comme on sait, portent jusqu'à la passion l'attachement pour leurs chevaux, emploient le café pour stimuler leur ardeur et pour ranimer leurs forces épuisées.

L'action stimulante du café, surtout sur les personnes qui n'en font pas un usage habituel, est incontestable : l'espèce d'excitation qu'il produit avait, même dès son importation en Europe, fixé l'attention des législateurs; ils ne virent pas sans crainte la délirante ivresse produite sur les politiques par l'usage de cette boisson qualifiée, avec plus d'esprit que de raison, de *liqueur intellectuelle*. Berchoux, dans son poëme de la *Gastronomie*, a très-plaisamment rappelé cette circonstance dans les vers suivants :

> Au nouvelliste enfin, il révèle parfois
> Les intrigues des cours et les secrets des rois,
> L'aide à rêver la paix, l'armistice, la guerre,
> Et lui fait pour huit sous bouleverser la terre.

Nous laissons aux économistes politiques à apprécier cette question d'*hygiène morale*; il ne serait certainement pas sans intérêt de savoir s'il y a quelque rapport entre la multiplication si prodigieuse des cafés dans les grandes villes, et la tendance, devenue presque générale chez les citadins, à s'occuper des affaires publiques; toujours est-il qu'on ne peut nier l'influence des boissons et des aliments sur les habitudes. Delille, qui lui a dû plus d'une inspiration, lui a consacré les vers suivants :

> Il est une liqueur au poëte plus chère,
> Qui manquait à Virgile et qu'adorait Voltaire;
> C'est toi, divin café, dont l'aimable liqueur
> Sans altérer la tête épanouit le cœur.

L'usage du café est trop généralement répandu pour que nous croyions devoir entrer dans de longs détails sur les moyens de le préparer, soit à l'eau, soit au lait; nous ferons seulement remarquer que la torréfaction, de quelque manière qu'elle soit effectuée, ne doit pas dépasser certaines limites. Lorsque le café a acquis extérieurement une teinte blonde ou marron, et qu'une sorte d'exsudation huileuse se manifeste à sa surface, il convient de l'éloigner du feu; par un trop long contact on s'exposerait à opérer la décomposition de la substance grasse à laquelle il doit son arome, et surtout du mucilage albumineux, qui, comme l'a savamment démontré M. Robiquet, dans une analyse récente qu'il a faite de cette substance, joue un si grand rôle dans sa composition. Lorsque le grillage a été bien conduit, la réduction ne doit pas dépasser deux onces et demie par livre, ou vingt pour cent; dans le cas contraire, la perte de poids est plus considérable, attendu la carbonisation d'une partie de la substance, et il y a, en outre, développement de principe amer et manifestation d'odeur empyreumatique.

Cette altération n'est pas la seule qu'il éprouve : des marchands infidèles ne craignent pas de mêler des cafés indigènes pulvérisés, et notamment du café-chicorée, à la fève d'Arabie en poudre. Nous croyons être agréable aux consommateurs en rapportant ici le procédé indiqué par M. Coulier pour reconnaître cette fraude :

il consiste à faire tomber une pincée du café suspecté dans un tube rempli aux deux tiers d'eau froide ; si l'eau, après quelques minutes, reste diaphane et incolore, la poudre restant à la surface, le café pourra être considéré comme bon et pur. Mais si l'eau se colore sensiblement en jaune, et que la poudre laisse précipiter des grains rougeâtres qui se dissolvent peu à peu dans le liquide qu'ils traversent, c'est évidemment que le café est mélangé et renferme de la chicorée ; il en contiendra d'autant plus que la coloration de l'eau sera plus prononcée.

Pour obtenir une boisson qui jouisse de toute la suavité du café, il convient surtout d'éviter la déperdition de son arome; on doit en conséquence, autant que possible, effectuer la torréfaction ou grillage, la mouture, ou mieux le pilage, l'infusion ou la macération, successivement et presque instantanément; on doit éviter, pour la dernière opération, l'usage des vases en fer-blanc, attendu que le café grillé (et non pas brûlé comme on le dit et le fait trop souvent), contenant une proportion assez notable de tannin, celui-ci s'unit au fer et communique à la liqueur une odeur et une saveur d'encre qui échappent au vulgaire et que les amateurs savent très-bien distinguer.

Les Turcs n'emploient pas, comme nous, le moulin pour réduire le café en poudre; ils le pilent dans des mortiers de bois et avec des pilons de même nature; lorsque ces instruments ont longtemps servi à cet usage, et qu'ils sont imprégnés des principes huileux odorants, on en fait beaucoup de cas, et ils sont vendus fort cher. L'usage de réduire ainsi le café en poudre ayant été mis en pratique par quelques notabilités gastronomiques, et la question de supériorité ayant été contestée, voici ce que dit le grave et spirituel auteur de la *Physiologie du goût* : « Il m'appartenait de vérifier si en ce résultat il y avait quelque différence, et laquelle des deux méthodes était préférable ; en conséquence, j'ai torréfié avec soin une livre de moka ; je l'ai séparée en deux portions égales, dont l'une a été moulue, et l'autre pilée ; j'ai fait du café avec l'une et avec l'autre des poudres ; j'en ai pris de chacune pareil poids, et j'y ai versé pareil poids d'eau bouillante, agissant en tout avec une égalité parfaite ; j'ai goûté ce café et l'ai fait goûter par les plus gros bonnets ; l'opinion unanime a été que celui pilé était évidemment supérieur à celui moulu. »

Le principe aromatique du café s'exhalant très-facilement et étant d'ailleurs altérable à une chaleur au-dessus de 50 à 55 degrés, on doit abandonner l'usage, encore trop général en France, de le préparer par ébullition ou décoction ; l'infusion en vase clos doit être préférée, et mieux encore lorsqu'il s'agit d'ajouter le café au lait ou à la crème, la macération à froid, opérée de la veille au lendemain, ou du matin au soir ; on introduit, à cet effet, le café pilé ou moulu dans un long tube de verre effilé à la base ou muni d'un robinet, et on verse l'eau froide, qui se charge de tous les principes en traversant cette sorte de *filtre-presse*.

De tous les appareils proposés pour préparer le café, ceux de Dubelloy et de Laurency sont incontestablement les meilleurs. Ils doivent, autant que possible, être fabriqués soit en argent, soit en porcelaine, car la réaction qu'exerce le tannin sur le fer-blanc communique au café un goût d'encre, ainsi que nous l'avons dit plus haut.

On nomme *café à la sultane* l'infusion aqueuse des semences ou fèves non torréfiées ; on attribue à cette boisson une action diurétique fort contestable, attendu son peu de sapidité. Les Arabes font usage de la pulpe desséchée en infusion théiforme. Cette matière charnue, bien qu'elle offre beaucoup d'analogie, lorsqu'elle est récente, avec celle de la cerise, est cependant moins innocente ; son usage immodéré donne souvent lieu à des accidents graves, et notamment à la dyssenterie. Cette pulpe, le plus ordinairement rejetée comme inutile, contient cependant une quantité assez notable de principe sucré pour qu'on ait proposé d'en extraire.

par la fermentation et la distillation, une liqueur alcoolique qui pourrait trouver d'utiles applications dans les usages économique, médical et industriel. Cette observation, que l'on doit à M. de Tussac, mise à profit dans les pays favorisés de la culture du cafier, y créerait une industrie assez importante, pour fixer l'attention des propriétaires de cafeteries ou mieux cafeiries.

Examen chimique. Le rôle important que joue le café dans l'économie domestique, et même dans la thérapeutique, nous engage à entrer dans quelques détails sur les principes qui le composent. Un assez grand nombre de chimistes se sont occupés de son histoire chimique; on distingue parmi eux, MM. Payssé et Chenevix, Cadet de Vaux et Cadet de Gassicourt, Hermann, Armand Séguin; puis enfin M. Robiquet, qui a fermé la carrière, et qui n'a laissé, nous le croyons du moins, que bien peu de choses à faire après lui. Nous nous bornerons, dans l'exposition que nous allons donner de l'histoire chimique du café, à résumer les principaux travaux.

Analyse d'Hermann, gomme, — résine, — extractif et matière fibreuse.

Analyse de Cadet de Gassicourt, gomme, — résine, — extrait et principe amer, — acide gallique, — albumine, — matière fibreuse, insoluble.

Enfin il résulte du beau travail de M. Armand Séguin, sur le café, «qu'il est principalement composé d'albumine, — de principe amer,— d'huile et de matière verte, qui n'est elle-même qu'un composé intime d'albumine et de principe amer;

« Que ces substances s'y trouvent en proportion différente, suivant la nature du café, son degré de maturité, le sol qui l'a produit, le temps de sa conservation, le soin qu'on a mis à le conserver, son degré de sécheresse, et l'attention apportée dans le triage des grains;

« Que la torréfaction (1), surtout, change

(1) D'après Chenevix, la torréfaction ajoute un principe nouveau qui est le tannin.

toutes les proportions de ces principes, et qu'elle est nécessaire pour anéantir une grande partie de l'albumine, conséquemment, la matière verte, et pour augmenter la proportion relative du principe amer et lui donner une nouvelle saveur;

« Qu'il existe dans la torréfaction un degré intermédiaire, où le café jouit de son maximum de qualité, et pour obtenir le meilleur café il faut atteindre et non dépasser ce juste degré;

« Que l'albumine et le principe amer contiennent beaucoup d'azote, et que c'est par cette raison que le café, brûlé dans une cornue à feu nu, donne de l'ammoniaque;

« Que l'albumine du café a une saveur fade, qu'elle se coagule par la chaleur, et donne à la distillation, à feu nu, de l'ammoniaque;

« Que, traitée par l'acide nitrique, elle donne de l'acide oxalique;

« Qu'elle se dissout dans les alcalis;

« Qu'elle est soluble dans l'eau froide;

« Qu'exposée au contact de l'air, elle donne promptement de l'acide carbonique;

« Enfin qu'elle est la cause principale de la putréfaction que peut éprouver le café;

« Que le principe amer du café est d'une couleur jaune et d'une saveur agréablement amère;

« Qu'il est antiseptique;

« Qu'il donne, par la distillation à feu nu, de l'ammoniaque;

« Qu'il se dissout plus facilement dans l'eau que dans l'alcool;

« Qu'il se dissout dans les acides et dans les alcalis, en leur donnant une belle couleur jaune;

« Qu'il est, presque toujours, légèrement acidifié par l'acide acéteux;

« Qu'il ne donne pas d'acide carbonique par son exposition à l'air;

« Qu'il passe, successivement, par l'évaporation, à toutes les teintes intermédiaires entre le jaune et le noir;

« Qu'il précipite en blanc jaunâtre le sublimé corrosif et le muriate d'argent;

en jaune, le muriate d'étain, l'acétate de plomb et les dissolutions de chaux, de baryte et de strontiane ; et en vert pistache, l'acétate de cuivre;

« Qu'il ne précipite, ni la dissolution de gélatine, ni celle de tan, et qu'il donne à la dissolution de sulfate de fer rouge la belle couleur verte de l'émeraude;

« Que l'huile de café est incolore, congélable, non volatile, blanche, demi-solide, et qu'elle a une saveur fade;

« Qu'elle ne donne pas d'ammoniaque par la distillation à feu nu;

« Qu'elle ne donne pas d'acide carbonique par son exposition à l'air;

« Qu'elle est insoluble dans l'eau froide et dans l'eau chaude, et qu'elle se liquéfie à 25 degrés;

« Que la matière verte du café est une combinaison intime d'albumine et de principe amer;

« Qu'on peut faire de toutes pièces cette matière, en combinant ensemble du principe amer et du blanc d'œuf;

« Que les acides la décomposent en s'emparant du principe amer et coagulant l'albumine;

« Enfin qu'elle est soluble dans l'eau et insoluble dans l'alcool ;

« Que la dissolution de café non torréfié se trouble et se putréfie par son exposition à l'air, à raison de son albumine, qui, d'abord, se précipite en se coagulant, puis se putréfie à la manière des substances animales ;

« Que la dissolution du café torréfié n'éprouve pas ces changements lorsqu'elle ne contient plus qu'une très-faible portion d'albumine;

« Que les dissolutions métalliques, de même que les dissolutions de chaux et d'alun, forment, dans la dissolution de café non torréfié faite à froid, un principe composé d'albumine, de principe amer et d'oxyde métallique ou de chaux ou d'albumine, suivant la nature de la dissolution;

« Que la dissolution de café torréfié produit le même effet, mais en bien moins grande quantité, parce qu'elle contient très-peu d'albumine;

« Que les acides forment, dans ces deux dissolutions, un précipité albumineux, très-considérable dans le café non torréfié et peu sensible dans le café torréfié, à raison de la moindre quantité d'albumine que contient ce dernier;

« Que l'alcool à 40 degrés coagule l'albumine de la dissolution faite avec du café non torréfié, et ne précipite pas ou très-peu la dissolution faite avec du café torréfié.

« Que ni l'une ni l'autre de ces dissolutions ne précipitent la dissolution de gélatine ;

« Enfin que la dissolution de café non torréfié précipite très-abondamment la dissolution de tan, en formant un tannate albumineux ; tandis que la dissolution de café torréfié ne produit qu'un précipité beaucoup plus faible, à raison de la destruction de la plus grande partie de l'albumine, pendant la torréfaction. »

On doit à M. Robiquet une analyse, sinon plus complète, au moins plus en harmonie avec les connaissances actuelles. Ce savant chimiste a trouvé dans le café vert une substance cristalline, neutre, qu'il a nommée *caféine*. Elle diffère de celle préalablement signalée par Thomson, et qu'il croyait être le principe amer, en ce qu'elle est beaucoup plus suave; c'est la substance organique la plus azotée après l'urée. On l'obtient en traitant le café vert par de l'eau distillée, et à froid, ajoutant de la magnésie calcinée, filtrant et évaporant. Les cristaux qu'on obtient sont solubles dans l'eau, mais plus à chaud qu'à froid; l'alcool les dissout, mais non l'éther; ils sont soyeux et ressemblent à l'amiante. Le café vert contient, en outre, deux substances grasses, l'une qui est blanche, légèrement âcre, et d'une saveur très-prononcée de café vert; l'autre plus épaisse, très-âcre, et qui se rapproche du principe résinoïde, de la matière verte des végétaux.

Le mucilage ou albumine joue, ainsi qu'on l'a vu, un grand rôle dans la composition du café ; il en forme, en quelqu sorte, la base. La facilité avec laquelle ce principe se charbonne oblige à prendre les plus grandes précautions pendant la torréfaction ; pour y parvenir, d'une manière plus certaine, sans risquer d'altérer les principes que renferme cette précieuse graine ; nous pensons qu'il conviendrait d'employer le moyen que nous avons proposé pour la torréfaction du cacao, et qui consisterait à mêler le café avec du sable choisi et bien sec, à placer sur le feu dans une marmite de fer, et à agiter soigneusement pour renouveler les surfaces. La chaleur, par ce moyen, se distribuerait également et garantirait la graine de l'action, souvent trop directe et trop vive, du feu.

L'infusum de café n'est pas seulement une boisson alimentaire ; c'est, en outre, un agent thérapeutique assez puissant. Indépendamment de la propriété stimulante que nous avons signalée, il en possède d'autres non moins constantes ; c'est ainsi qu'il a été employé avec succès comme succédané du quinquina. « Il détermine, » dit le docteur Nysten (*Dictionnaire des sciences médicales*), « une sensation agréable de chaleur dans l'estomac, dont il favorise les fonctions. Il excite aussi tout l'organisme, particulièrement le cœur et le cerveau. Que de gens de lettres lui doivent leurs inspirations ! que d'hypocondriaques disposés au suicide lui doivent la conservation de leur existence. Le café apaise habituellement les céphalalgies gastriques, atoniques et périodiques ; il a le rare et précieux avantage de neutraliser les vapeurs enivrantes des liqueurs spiritueuses.

Le café vert en poudre a été employé avec succès pour combattre la fièvre typhoïde. M. Martin Solon, auquel on doit à ce sujet plusieurs observations intéressantes, pense que son emploi est surtout indiqué dans les cas où la stupeur prédomine. « Ses bons effets dans la migraine, dans la stupeur du narcotisme et de l'ivresse doivent porter à penser, » dit ce médecin observateur, « que les malades se trouveront bien de son usage dans quelques fièvres typhoïdes. »

Enfin on a préconisé l'usage du café contre l'empoisonnement par les narcotiques et notamment l'opium ; mais il résulte des observations du célèbre auteur de la *Toxicologie générale*, 1° que l'on ne doit point regarder l'infusion et la décoction de café comme des contre-poison de l'opium, parce qu'elles n'ont point la propriété de le décomposer dans l'estomac, ou du moins, parce qu'elles ne le transforment pas en une substance qui soit sans action nuisible sur l'économie animale ; 2° que ni l'une ni l'autre de ces préparations de café, introduites avec l'opium dans l'estomac, n'augmentent l'action délétère de ce poison, comme cela a lieu pour le vinaigre, et, par conséquent, qu'il n'y a aucun danger à les employer, dans le cas où l'individu ne pourrait pas vomir, tandis qu'il y en aurait beaucoup à employer le vinaigre dans les mêmes circonstances ; 3° que l'infusion de café, bien préparée, administrée à plusieurs reprises, diminue rapidement les accidents de l'empoisonnement par l'opium, et peut même les faire cesser complétement.

On nomme café en coque ou cerise de cafier le fruit entier, et café mondé ou gragé, celui qui est dépouillé de la coque et de la pellicule mince qui enveloppe la pulpe. Nous avons indiqué plus haut le parti que l'on peut tirer de la pulpe récente ; lorsqu'elle est sèche, les Arabes s'en servent pour préparer une sorte de boisson qu'ils prisent beaucoup. On désigne, en Europe, sous le nom de café à la sultane, l'infusum aqueux des semences ou fèves entières et non torréfiées.

Le café vert donne, au moyen d'une certaine manipulation, une couleur d'un vert assez franc et assez fixe pour être employé avec succès dans la peinture à l'huile fine.

CHAPITRE QUATORZIÈME.

—

—

FRUITS ACRES.

Cette classe se compose de fruits très-variés; ils contiennent tous divers principes plus ou moins âcres, et notamment des alcaloïdes que les chimistes sont parvenus à isoler, et qui ont reçu des dénominations qui rappellent ou les propriétés qui les caractérisent, ou les fruits qui les ont fournis; ils ont, en général, des propriétés très-actives et souvent même dangereuses. La médecine emprunte à plusieurs d'entre eux ses remèdes les plus énergiques; ils fournissent peu de produits aux arts; aussi l'étude de ces fruits est-elle, en général, plus intéressante par les moyens qu'elle fournit de reconnaître leur propriété toxique, qu'à cause de leur utilité, qui peut, dans beaucoup de cas, être regardée comme fort contestable.

Le principe âcre que ces fruits contiennent les garantit, en général, de l'atteinte des insectes, et rend, conséquemment, leur conservation assez facile.

Sommaire. *Pomme ou noix de cajou; anacarde ou fève de Malac; mahagon, fruit de l'acajoutier; idem du Sénégal; noix vomique; fève Saint-Ignace; coque du Levant; l'érythrine (fruit de); l'érythrine corallo-dendron; bonduc; pois quénique; bois gentil (fruit du); tanghuin; mancenille; pomme épineuse; baie d'alkekenge ou coqueret; idem pubescent; la morelle sombre (fruit de); idem mammifère, pomme-poison; apocin épineux; idem tacheté; idem citron, tue-chien; ahouai; camère; croton ou graines de tilly; pignon d'Inde, noix des Barbades; noisette purgative, grand ben; cevadille; staphysaigre; l'agnus-castus (fruit de); moutarde noire, sénevé (graine de); moutarde blanche (graine de); gui (fruit du); houx (fruit du); myrobolans; idem bâtard; fenugrec; gousse de séné ou follicule; baguenaude; l'acacia odorant (fruit de); cassia balibaba; châtaigne de mer; mesua; cytise ou faux ébénier (fruit du); lilas (f. du); l'azédarac (fruit de); mangle; courbaril; noix de gouron; calamus sang-dragon (fruit du); arec de l'Inde; caryote à fruits brûlants; bablah;*

câprier fève du diable; idem *ferrugineux;* idem *épineux; capucine; perepé ou figue maudite; if* (fruit d'); *cyprès* (fruit de); *noix de galle* (1).

POMME OU NOIX DE CAJOU (2),
fruit de l'anacardier d'Orient, *anacardium orientale*, L.; famille des Térébinthacées, J.

Originaire de l'Inde et de l'Amérique, ce fruit se compose de deux parties bien distinctes; le pédoncule et le fruit proprement dit ou noix : le premier est réniforme, gibbeux ; il surmonte et enveloppe en partie cette dernière; il est long d'un pouce environ, composé de fibres et de cellules qui renferment un liquide âpre, acide, très-peu sucré et susceptible de passer à la fermentation. On met cependant à profit cette propriété, dans l'Inde, et on fabrique ainsi une sorte de cidre qui sert à étancher la soif. Cette boisson fournit de l'alcool par la distillation, mais en proportion si minime, qu'on préfère la convertir en vinaigre par une fermentation appropriée. Son acétification s'effectue d'ailleurs facilement et le vinaigre qu'elle fournit est assez estimé.

L'extrême astringence de cette partie accessoire du fruit permet, lors, surtout, qu'il n'a pas atteint sa maturité, de l'employer avec succès contre les diarrhées rebelles ; on l'administre, dans ce cas, en décoction, ou on en prépare une sorte de confiture.

On fait usage du suc exprimé de cette partie du fruit, pour fixer sur les étoffes certaines couleurs inadhésives ou fugaces; la grande quantité de tannin qu'il contient le rend, en outre, propre à la fabri-

cation de l'encre et au tannage de certains cuirs.

Le fruit proprement dit, ou noix de cajou, est de la forme et du volume d'une grosse fève; sa couleur est gris d'ardoise. Il est composé d'un péricarpe assez épais, dans les cellules duquel se trouve un fluide huileux très-âcre, caustique même, et qu'il faut rejeter avec soin, lorsqu'on veut faire usage de l'amande. Malgré ce voisinage, celle-ci ne participe nullement de ses propriétés; elle est, en effet, douce, et rappelle la saveur de l'amande commune, *amygdalus communis*, et celle de la pistache, *pistacia vera*. On l'emploie aux mêmes usages que celles-ci; c'est ainsi qu'on en fait des émulsions et un sirop semblable à celui d'orgeat ou d'amandée; elle sert, en outre, à composer certaines pâtisseries et notamment les nougats et macarons.

Examen chimique. Soumis à l'analyse, le péricarpe de la noix de cajou fournit beaucoup d'acide gallique, — du tannin, — une matière extractiforme, — un principe colorant vert, — et enfin une substance gommo-résineuse, *gomme d'acajou*, ou mieux *de cajou*, ainsi que nous l'avons dit plus haut.

Cette gomme jouit des mêmes propriétés chimiques que celle naturelle ou du commerce ; cette dernière s'offre en larmes, quelquefois très-longues, transparentes, de couleur jaune assez semblable au succin.

Quant au principe huileux dont nous avons parlé plus haut, il est très-inflammable, teint le linge en brun persistant; on le désigne sous le nom d'huile de noix de cajou, mais M. Cadet, qui l'a examiné, a vu que c'était plutôt une résine liquide; comme celle-ci, elle est, en effet, soluble dans les divers éthers, dans l'alcool, les huiles fixes et volatiles ; elle est

(1) Nous indiquerons, en faisant l'histoire de cette substance, le motif qui nous l'a fait ranger parmi les fruits.

(2) On doit se garder de confondre l'arbre qui produit la pomme de cajou avec celui qui fournit le bois des Îles du commerce, et qui sert à faire des meubles ; ce dernier est le tronc débité du *swietenia mahogoni*, L.

41

insoluble dans l'eau, contient une très-petite quantité d'huile volatile, rougit le papier de tournesol et est sans action sur la couleur bleu de violette, caractère qui distingue les résines.

ANACARDE, fève de Malac, noix de marais, *anacardium longifolium*, L.; *vel cassuvium*, famille des Térébinthacées, J.

Ce fruit est, comme le précédent, formé d'un pédoncule charnu, mais avec cette différence qu'il est surmonté d'un autre qui lui sert d'appendice; son écorce est lisse, luisante, rouge d'abord, puis d'un violet noirâtre. La noix ou fève qu'il surmonte est formée d'une écorce ou péricarpe celluleux, renfermant dans ses cavités un suc visqueux très-âcre, qu'on emploie pour faire disparaître les verrues et autres excroissances de même nature; rapproché par l'évaporation, il devient translucide, cassant, et brûle avec une grande facilité. Sous l'écorce existe une amande agréable à manger, surtout lorsqu'elle a été enlevée avec soin, et de manière à éviter tout contact avec le suc que renferme le péricarpe.

Cette amande jouit, suivant M. Descourtilz, de la propriété aphrodisiaque, mais à un degré moindre, cependant, que la pistache, avec laquelle sa saveur offre aussi une certaine analogie. On lui a attribué, en outre, la propriété d'exalter les sens et de prédisposer à la divination; mais rien ne justifie une influence aussi puissante sur la substance cérébrale.

Le pédoncule, si l'on en croit le même auteur, est servi sur les tables, soit vert et confit dans le sel, soit mûr et confit au sucre.

MAHAGON ou ACAJOU, fruit de l'acajoutier, *swetenia mahagoni*, L.; famille des Méliacées, J.

C'est une capsule ligneuse à cinq valves, contenant plusieurs graines planes et ai-lées. Cette capsule est de forme ovoïde, d'une contexture très-dure, de la grosseur du poing, d'une couleur brun foncé; elle s'ouvre de bas en haut lors de la maturité, et la partie supérieure se détache et s'enlève en forme de couvercle de ciboire.

Ce fruit n'a pas été analysé, mais il paraît être de nature résineuse et contenir un principe âcre assez abondant.

« L'arbre qui le fournit, dit M. Descourtilz, a les plus belles formes et fait le plus bel ornement des forêts vierges des Antilles; il est à regretter que ce soit là le seul avantage qu'il possède, car son fruit n'est d'aucune utilité. »

MAHAGON DU SÉNÉGAL OU ACAJOU BATARD, fruit du *swetenia senegalensis*. Il s'offre sous la forme d'une capsule dure, ligneuse, sphérique, de la grosseur d'une noix; il s'ouvre au sommet en quatre ou cinq valves et renferme un grand nombre de semences aplaties, plus larges que longues, de couleur roussâtre et entourées d'une aile mince et membraneuse.

Le fruit de l'acajoutier bâtard est, comme celui qui précède, de nature résineuse; sa saveur est âcre et désagréable.

NOIX VOMIQUE, fruit du strychnos vomiquier, *strychnos nux vomica*, L.; famille des Strychnées ou Apocinées, J.

C'est une sorte de baie globuleuse uniloculaire, crustacée extérieurement, charnue et pulpeuse intérieurement; son volume égale celui d'une pomme ou d'une orange; elle renferme un grand nombre de semences ou graines orbiculaires déprimées et peltées, de couleur grisâtre; la pellicule qui les recouvre est lanugineuse et comme nacrée; leur parenchyme est de contexture cornée; elles sont inodores, âcres et d'une amertume extrême. C'est à ces graines qu'on donne vulgairement le nom de noix vomique dans le commerce; leur action sur l'homme est très-énergique; elle l'est également pour un grand nombre d'animaux, tels que les loups et les chiens; mais d'autres, et notamment les chevaux, les moutons, les herbivores, en général, y sont peu sensibles.

On employait autrefois la noix vomique comme anthelminthique, vraisemblablement à cause de son amertume; mais maintenant on en fait surtout usage, attendu son action spéciale sur le système musculaire, contre la paralysie; à cet effet, on en prépare un extrait alcoolique, en faisant macérer, à plusieurs reprises, de la noix vomique, râpée dans de l'alcool à 80 degrés centigrades; rapprochant les diverses teintures et faisant évaporer jusqu'en consistance d'extrait pilulaire, que l'on administre à la dose de 4 à 5 grains dans les vingt-quatre heures.

Examen chimique. On doit à MM. Pelletier et Caventou la connaissance du principe actif que contient cette substance; ils ont reconnu qu'elle était d'une nature alcaloïde, et lui ont donné le nom de *strychnine*; elle est formée de petits cristaux à quatre pans, terminés par des pyramides à quatre faces. Ces cristaux sont peu solubles dans l'eau et dans l'alcool, inaltérables à l'air, infusibles et non volatils.

Nous allons rapporter, par ordre de dates, les diverses analyses qui ont été faites de la noix vomique.

Analyse de Destouches. Matière amère (*strychnine* évidemment), — matière végéto-animale, — matière colorante jaune, — sucre, — malate acide de chaux, — gomme, — amidon, — cire, — poils ligneux, — divers sels.

Analyse de Braconnot. Matière cornée végétale particulière, — matière animalisée peu sapide, — matière animalisée extrêmement amère (*strychnine*, évidemment), — huile verte butyreuse, — fécule amylacée, — phosphate de chaux, — acide végétal uni à la potasse, — silice, — sulfate et muriate de potasse.

Analyse de Pelletier et Caventou. Strychnine, — *acide igasurique*, — matière colorante jaune, — huile concrète, — gomme, — amidon, — cire, — bassorine.

L'acide igasurique signalé, comme on le voit, par les derniers chimistes qui se sont occupés de la noix vomique, s'offre sous forme de cristaux grenus, assez durs, très-solubles dans l'eau et dans l'alcool, ainsi que les sels qu'il forme, avec les terres et les alcalis, n'altérant pas la couleur des sels de fer; il rougit fortement le papier de tournesol. Son action sur l'économie animale est encore incertaine; il n'en est pas de même de la strychnine, elle agit spécialement sur la moelle épinière et sur les nerfs auxquels elle donne naissance. Quelques praticiens, voulant mettre à profit cette singulière propriété, l'ont administrée avec succès dans les paraplégies, mais son emploi exige une grande réserve; on doit tenir compte de l'excitabilité du système nerveux, car elle produit souvent des soubresauts ou des secousses tétaniques qui persistent même après le traitement, et qu'il est souvent impossible d'empêcher; on l'a aussi administrée avec succès contre la paralysie saturnine ou colique de plomb.

FÈVE DE SAINT-IGNACE, noix igasure des Philippines, fruit de l'*ignacia amara*, L.; *strychnos Ignacii*, L. M.; fam. des Apocinées, J.

Le fruit de l'igasurier est piriforme; son écorce est solide et sèche; son parenchyme pulpeux enveloppe environ vingt semences appliquées les unes aux autres; ces semences sont oblongues, irrégulièrement aplaties, bombées ou convexes d'un côté, anguleuses de l'autre, marquées de stries à la surface; leur couleur est brun cendré; elles sont couvertes d'une sorte de duvet jaunâtre; leur parenchyme est de nature cornée et très-dur.

Ces graines sont connues dans le commerce sous le nom de fèves de Saint-Ignace; leur amertume est extrême; elles purgent à très-faible dose; on les administre dans l'Inde comme vermifuge; mais en Europe, et surtout depuis quelque temps, on en prescrit l'usage pour déterminer des contractions spasmodiques dans les parties affectées de paralysie. Ce n'est toutefois qu'avec la plus grande circonspection qu'on doit recourir à leur emploi. Leur antidote le plus certain paraît être l'usage des boissons acidulées.

Examen chimique. — Il résulte d'une analyse que l'on doit à MM. Pelletier et Caventou, que la fève de Saint-Ignace, dont nous devons l'importation aux jésuites, est composée : d'une matière grasse butyreuse, — de cire, — d'igasurate de strychnine (la strychnine entre dans cette composition pour 1,2), — d'une matière colorante jaune, — de beaucoup de gomme, — de bassorine, — d'un peu d'amidon, — et de fibre ligneuse.

Cette semence jouit des mêmes propriétés que la noix vomique, et peut-être à un degré encore plus prononcé ; elle est surtout employée maintenant pour extraire la strychnine.

Il résulte des observations du savant auteur du *Traité des poisons* (M. Orfila) :

1° Que la noix vomique et la fève de Saint-Ignace sont des poisons énergiques pour un très-grand nombre d'animaux et pour l'homme;

2° Qu'ils doivent être regardés comme des excitants de la moelle épinière, sur laquelle ils portent leur action en déterminant le tétanos, l'immobilité du thorax et par conséquent l'asphyxie, à laquelle les animaux succombent ;

3° Que, quelle que soit la surface du corps avec laquelle ils aient été mis en contact d'une manière convenable, ils sont absorbés, portés dans le torrent de la circulation, et l'absorption paraît s'opérer par l'intermède des veines;

4° Que leur action est très-prompte lorsqu'on les injecte dans la plèvre, le péritoine ou la veine jugulaire ; elle l'est moins lorsqu'on les applique à l'extérieur, ou lorsqu'on les injecte dans les artères éloignées du cœur : leurs effets tardent encore plus à se manifester lorsqu'on les applique sur les surfaces muqueuses;

5° Que leur action est nulle dans le cas où on enlève la moelle épinière;

6° Que les extraits aqueux de noix vomique et de fève de Saint-Ignace sont plus énergiques que les poudres de ces graines, mais ils le sont moins que leurs extraits résineux ;

7° Enfin qu'aucun de ces poisons ne produit l'inflammation des tissus sur lesquels on l'applique.

COQUE DU LEVANT, graine orientale, fruit du *menispermum cocculus*, L. ; *suberosus*, D. ; famille des Ménispermées, J.

Il s'offre sous la forme d'une baie réniforme, légèrement comprimée, de la grosseur d'un pois, ridée à la surface, et composée d'une sorte de brou ou parenchyme sec, au-dessous duquel se trouve une coque blanche, bivalve et uniloculaire, renfermant une amande blanche arrondie, partagée en deux lobes par une cloison sinueuse; cette amande est amère, âcre et huileuse.

Le *menispermum* est originaire de l'Inde; son fruit est vénéneux et constitue un poison très-énergique; il a la propriété d'enivrer et d'engourdir le poisson; cette propriété, que la cupidité et la malveillance mettent souvent à profit, en occasionnant un préjudice grave aux propriétaires d'étangs, n'est pas non plus sans danger pour les personnes qui font usage du poisson qui a été ainsi capturé.

S'il est vrai, comme on le dit, que certains brasseurs de Londres ajoutent de la coque du Levant au *porter* pour le rendre plus amer et plus enivrant, cette fraude est bien coupable; elle serait de nature à fixer l'attention des magistrats qui ont mission de veiller à la salubrité publique. Si l'on en croit M. de la Billardière, cette substance communiquerait ses propriétés au miel de l'Asie Mineure, qui, bien que suave, est souvent d'un usage très-dangereux.

Réduite en poudre, la coque du Levant est employée pour détruire la vermine.

Examen chimique. — M. Boullay, par une analyse fort remarquable, mais que des procédés analytiques plus rigoureux ont permis, comme on le verra plus loin, de rendre encore plus précise, a prouvé que ce fruit était composé : 1° de moitié de son poids environ d'une huile fixe concrète céracée; — 2° d'une substance végéto-animale albumineuse; — 3° d'une matière colorante particulière; — 4° d'un principe amer nouveau cristallisable, auquel il a donné le nom de *picrotoxine*; — 5° de parties fibreuses; — 6° d'acide malique probablement à l'état de malate acide de chaux et de potasse; — 7° de sulfate de potasse; — 8° de muriate de potasse; — 9° de phosphate calcaire; — 10° d'un peu de fer et de silice.

Il résulte, en outre, des recherches de ce chimiste,

1° Que le principe vénéneux que renferme la coque du Levant est non-seulement une substance nouvelle, un poison végétal très-dangereux à l'état cristallisé, mais encore une véritable base salifiable, susceptible de faire fonction d'alcali (on verra plus loin que cette base est plutôt acide qu'alcaline), par rapport aux acides; de donner naissance à des sels bien caractérisés, de formes et de solubilités variées;

2° Que les acides végétaux paraissent être les meilleurs dissolvants de ce poison, et les plus propres à neutraliser sa propriété vénéneuse;

3° Que les fruits du *cocculus suberosus* contiennent un acide végétal (*acide ménispermique*) qui diffère par des propriétés caractéristiques de tous les acides connus;

4° Que ce fruit contient deux espèces d'huile fixe qui se distinguent par des propriétés et surtout par une consistance très-différentes;

5° Enfin qu'il paraît contenir quelques traces de matière sucrée.

M. Boullay, après avoir administré ces divers produits isolément à des animaux, a reconnu que la picrotoxine était le seul principe auquel la graine orientale devait sa propriété délétère.

Plus récemment, M. Casaceca a reconnu que le squelette de la coque du Levant était composé des principes suivants : 1° une matière organique; — 2° une matière colorante; — 3° de silice, de fer, de sulfate et d'hydrochlorate de potasse et de phosphate de chaux.

Dans un autre travail qui lui est commun avec M. Lecanu fils, ce chimiste a signalé l'existence, dans la coque du Levant, des acides oléique et margarique; et M. Bussy, plus récemment encore, en traitant ce fruit par la magnésie, à formé des combinaisons de cette base avec ces acides.

Enfin MM. Pelletier et Couerbe, dans un nouveau travail sur la coque du Levant, ayant examiné séparément l'amande et son enveloppe corticale, y ont découvert deux principes immédiats parfaitement blancs et cristallisables. L'un de ces corps a été nommé par eux *ménispermine*; il est alcalin et forme des sels déterminés. L'autre matière a reçu le nom de *para-ménispermine*, en raison de sa composition, qui est identique à celle de la ménispermine; elle s'en distingue cependant, par son alcalinité, par sa volatilité, sa solubilité et sa forme cristalline.

L'enveloppe de la coque du Levant contient, outre ces deux substances, un autre produit brun acide que les auteurs ont appelé *hypo-picrotoxique*.

La picrotoxine découverte, comme on l'a vu, par M. Boullay, n'a été trouvée, par MM. Pelletier et Couerbe, que dans l'amande : il résulte des expériences auxquelles elle a été soumise par eux, qu'elle se comporte non pas, comme on l'avait cru, comme une substance neutre alcaline, mais comme acide, très-faible à la vérité (1). Ce nouveau produit s'obtient en faisant digérer la décoction sur de la magnésie; on traite ensuite par l'alcool, qui dissout la picrotoxine; on évapore et on effectue sa purification par des solutions et évaporations successives. Elle se distingue par la forme de ses

(1) Nous avons plusieurs fois signalé la difficulté, en procédant différemment, dans les analyses, d'obtenir des produits identiques; les nombreux travaux auxquels on a soumis la coque du Levant, et les différences qu'ils offrent, en sont une nouvelle preuve.

cristaux, qui sont des prismes quadrangulaires blancs brillants, demi-transparents, et d'une amertume extrême; sa solubilité dans les alcalis, l'acide acétique et l'acide nitrique faible; sa fusibilité et l'absence d'azote dans sa composition élémentaire.

Il résulte des belles expériences toxicologiques de M. Orfila,

« 1° Que la coque du Levant, pulvérisée, est un poison énergique pour les chiens;

2° Qu'elle agit comme le camphre sur le système nerveux, et principalement sur le cerveau;

3° Qu'on ne doit pas la considérer comme un poison âcre et irritant comme on l'avait cru d'abord;

4° Que la partie active de ce poison est la picrotoxine;

5° Que, lorsqu'on l'introduit peu divisée, elle borne ses effets à produire des nausées et quelques vomissements;

6° Enfin que le vomissement paraît être le meilleur moyen de s'opposer aux accidents qu'elle développe, lorsqu'elle est encore dans l'estomac. »

On a, dans ces derniers temps, conseillé et fait usage de l'extrait alcoolique du *cocculus indicus* dans la paralysie; mais, bien qu'on le regarde comme moins énergique que celui de noix vomique, on doit cependant ne l'administrer qu'avec une extrême prudence.

ÉRYTHRINE, bois enivrant, mort à poisson, fruit du *piscidia erythrina*, L.; famille des Légumineuses, J.

C'est une silique oblongue, linéaire, pédicellée, munie extérieurement de quatre ailes longitudinales, larges et membraneuses; les semences qu'elle renferme forment saillie, elles sont oblongues et un peu réniformes.

Ce fruit ou légume, originaire des Antilles, paraît contenir un principe âcre et du tannin, car sa décoction précipite les solutions de fer; son action délétère est

telle, que les sauvages l'emploient pour empoisonner leurs flèches; l'érythrine agit sur les poissons, à la manière de la coque du Levant; réduite en poudre et mêlée à de la mie de pain ou d'autres appâts, elle rend la pêche du poisson beaucoup plus facile par une sorte de soporisme qui diminue à la fois leur érectilité musculaire et la perfectibilité de leur vision.

L'érythrine corallodendron ou arbre de corail fournit un fruit qu'on nomme vulgairement aux Antilles *pois de cafre*. Il est plus innocent que le précédent, et même comestible dans la Cafrerie, on en fait aussi des chapelets, dont l'aspect est assez agréable, attendu sa couleur rouge éclatante; il sert, en outre, de poids, et notamment pour les métaux précieux et les pierres fines.

BONDUC, guilandine, pois quenique, fruit du *guilandina bonducella*, *Rumph*; famille des Légumineuses, J.

C'est une gousse ovale renfermant trois graines sphériques, d'une couleur verdâtre chatoyante, qui leur a fait donner les noms d'œil-de-chat et de bourrique; cette gousse est hérissée d'épines longues de 3 à 4 pouces et larges de 15 à 18 lignes; sa surface interne est très-lisse : chaque graine ou semence renferme une amande blanchâtre, ridée, huileuse, d'une saveur désagréable et qui excite des nausées lorsqu'on la mange.

Le bonduc ou queniquier est originaire de l'Inde : les graines que fournissent ses gousses sont d'une contexture très-dure, et leur embryon, placé au centre, est protégé ainsi par les lobes cotylédonaux. Cette disposition leur permet de conserver leur faculté germinatrice pendant fort longtemps, et à tel point, que cette faculté, suivant plusieurs naturalistes, résisterait à l'action digestive de l'estomac de certains animaux, et à celle même de l'eau de la mer, sur laquelle ces semences voguent et sont transportées à de grandes distances. C'est, du moins, ainsi qu'on peut expliquer leur transplantation des côtes de l'Amérique sur celles de l'Islande, où le queniquier est aussi assez commun.

Le pois quenique est amer, vomitif : on l'emploie dans l'Inde pour combattre les fièvres intermittentes. Sa dureté, sa forme et sa couleur rouge marquée d'un point noir le font rechercher par les joailliers, pour en faire des boucles d'oreilles ou des breloques. «Quelques nègres superstitieux,» dit l'auteur de la *Flore des Antilles*, «portent mystérieusement sous leur tanga deux graines de bonduc à une certaine distance l'une de l'autre, avec la ferme conviction que cet amulette les préservera des hernies. Lorsqu'on voit le charlatanisme et la superstition exercer encore une si puissante influence sur les peuples civilisés, on ne doit pas s'étonner de la naïve crédulité des habitants du nouveau monde. C'est aux amis de l'humanité à redoubler de zèle pour entretenir le flambeau des lumières qui éclaire la route de la barbarie à la civilisation, et à éteindre celui du fanatisme religieux ou politique qui illumine si tristement celle de la civilisation à la barbarie.

DAPHNÉ, bois gentil, faux garou, lauréole, fruit du *daphne mezereum*, L.; fam. des Thymélées, J.

Il s'offre sous la forme d'une petite drupe ou baie ovoïde un peu allongée, glabre, succulente, du volume d'une petite merise et d'une belle couleur rouge; ce fruit renferme un noyau monosperme; son amande est âcre.

Bien que ces baies soient d'un aspect fort séduisant, car elles ressemblent à des perles de corail, et qu'elles soient réputées seulement purgatives par les gens de la campagne, on doit bien se garder d'en faire un usage immodéré, car elles peuvent donner lieu à des superpurgations, dont il est souvent difficile d'arrêter les

fâcheux effets, surtout chez les enfants. Linnæus rapporte qu'une jeune fille, atteinte d'une fièvre intermittente, périt hémophthisique, pour avoir pris douze baies de *daphne mezereum* qu'on lui avait administrées dans le but de la purger.

Ces baies fournissent une belle couleur rouge carmin, assez fixe pour être employée en peinture. Les dames russes et sibériennes font usage de leur suc exprimé pour farder leur teint étiolé.

Examen chimique. Nous empruntons au *Cours d'histoire naturelle* de M. Féc les analyses suivantes du fruit du *daphne mezereum* et de ses diverses parties :

Noyau, huile grasse âcre, 56; — matière extractive, 0,5; — mucilage, 3; — amidon, 1,5; — gluten, 33; — alumine, 1,5; — perte, y compris le péricarpe, 4,5.

Péricarpe, matière colorante rouge, — résine, — matière extractive, — tannin, — mucilage, — fibre ligneuse.

Sarcocarpe, matière extractive acidulée peu amère, 4,2, — sécrétion grenue, 0,2; — mucilage, 1,5; fécule rougeâtre, 0,6; — débris d'enveloppe, 10,9; — eau, 82,4; principe âcre, 0,0.

L'écorce du bois gentil jouit, comme celle du garou, de la propriété vésicante, mais à un degré plus faible.

TANGHUIN, tanghin, tanghena de Madagascar, fruit du *tanghinia madagascariensis*, DC.; famille des Apocinées, J.

C'est une sorte de drupe, composé d'un brou sec, grisâtre, cotonneux intérieurement et filamenteux extérieurement; il est recouvert d'un épiderme de couleur brun noirâtre, luisant, comme vernissé et sillonné de rides parallèles longitudinales. Ce fruit, de forme ovoïde, se termine en pointe à l'une de ses extrémités, c'est vers celle-ci que tous les filaments convergent, ce qui lui donne le volume d'une pêche de moyenne grosseur. Cette première enveloppe recouvre un noyau ligneux amygdaloïde, aplati, très-dur irrégulièrement sillonné et comme gercé à sa surface, de même que le noyau de l'amandier, *amygdalus vulgaris*; mais d'un volume double et quelquefois triple, il est assez souvent plus long qu'ovale; l'une de ses extrémités est toujours terminée en pointe; il présente, en outre, comme le fruit de l'amandier, une suture marginale dans le sens de la longueur et suivant laquelle les deux valves sont séparées par une fente plus ou moins large. C'est dans ce noyau qu'est renfermée l'amande, recouverte elle-même d'une enveloppe brunâtre papyracée, qui ne paraît jouir d'aucune propriété. Cette amande, composée de deux lobes distincts, est formée de deux grands cotylédons; la substance qui les compose présente, à l'extérieur, une teinte grise, noirâtre, et, à l'intérieur, une teinte de couleur blanc sale, quelquefois légèrement rosée; elle est onctueuse, d'une saveur amère, piquante et âcre.

Examen chimique. Quant aux caractères chimiques du tanghin, ils ont été examinés avec beaucoup de soin par MM. Henry fils et Olivier, d'Angers. Nous extrairons, en conséquence, de leur travail les documents suivants, qui serviront à compléter l'histoire de ce fruit, si remarquable par la violente énergie du poison qu'il renferme :

« L'amande, » disent ces savants, « par une légère pression entre les doigts, laisse découler une huile fixe incolore; triturée dans un mortier, avec une petite quantité d'eau, elle forme une émulsion ou amandée blanchâtre; calcinée légèrement, elle laisse pour résidu un charbon volumineux et dégage beaucoup de sous-carbonate d'ammoniaque.

» Bien que l'amande fût la partie du fruit dont il était le plus important de connaître la nature, puisque c'est elle que les Madécasses emploient pour donner la mort, nous avons jugé convenable, » disent ces auteurs, « afin de compléter autant que possible l'histoire du tanghuin, de faire plusieurs essais sur son enveloppe ligneuse; mais, en la traitant successive-

ment par l'éther sulfurique, l'alcool à 40 degrés, l'eau pure et acidulée, nous n'en avons retiré qu'une très-petite quantité de matière résineuse à peine appréciable; le reste était entièrement formé de ligneux, contenant, après la calcination, un peu de fer et de chaux. Elle n'a d'ailleurs donné aucun produit azoté par sa décomposition au feu. »

L'analyse chimique du tanghuin a fourni, 1° une huile fixe limpide, douce, congelable à dix degrés; — 2° une matière cristallisable neutre, vénéneuse; — 3° un principe brun, visqueux, légèrement acide, amer, incristallisable, verdissant par les acides et brunissant par les alcalis; 4° des traces de gomme; — 5° de l'albumine végétale en grande quantité; — 6° des traces de chaux; — 7° des traces d'oxyde de fer.

Il résulte de cette analyse que l'amande seule du tanghuin contient le principe vénéneux, que la matière cristallisée paraît surtout posséder les propriétés délétères de ce végétal, que la matière brune a moins d'action sur l'économie animale, mais qu'elle n'en est cependant pas privée entièrement. Une circonstance fort remarquable, c'est que la matière à laquelle MM. Henry et Olivier ont donné le nom spécifique de *tanghuine*, a la singulière propriété de verdir par les acides; elle est cristallisable et soluble dans l'éther et dans l'alcool.

Le tanghuin est généralement regardé comme étant le poison le plus violent qu'on connaisse : si l'on en croit quelques auteurs, les oiseaux et les reptiles fuiraient jusqu'à l'ombrage de l'arbre qui le produit. Les Madécasses l'emploient pour se débarrasser de leurs ennemis, soit ouvertement en empoisonnant leurs flèches, soit en le mêlant à leurs boissons ou aliments.

Il sert encore à ces peuples barbares d'épreuve judiciaire. Lorsqu'un individu est accusé d'un crime pour lequel il n'existe aucune preuve ou aucun témoignage, le bourreau, nommé *ampas moussaras*, lui tend, en présence des *cambars* ou assemblées publiques, une coupe empoisonnée avec l'amande du tanghuin; s'il résiste à cette terrible épreuve, soit par supercherie, soit par la force de sa constitution, son innocence est proclamée, et ses accusateurs deviennent à l'instant ses esclaves. Le respect du peuple pour ces sortes de jugements de Dieu, auxquels on soumet la décision d'un procès criminel, va jusqu'au fanatisme. On rapporte qu'un coupable, espérant l'impunité, venait de laisser boire le fatal breuvage à un de ses compatriotes accusé de son propre crime. Le remords, à la vue du malheureux qui expiait sa faute et expirait à sa place, et dont il s'attendait à voir l'innocence proclamée, lui fit percer la foule et déclarer hautement la vérité. Aussitôt une rumeur s'éleva contre lui, et il fut condamné à être suspendu pendant deux heures par les pouces, non pas pour le crime dont il s'avouait et dont il était vraiment coupable, mais pour avoir osé attaquer l'infaillibilité du tanghuin.

Ces sortes de jugements, s'ils tiennent de la barbarie, ne sont pas exempts des subterfuges et de la partialité qu'offrent quelquefois ceux des peuples civilisés : on sait très-bien, par exemple, par le choix des fruits qui, suivant leur degré de maturité, sont plus ou moins dangereux, sauver ou faire succomber le patient. Il arrive souvent que ceux qui sont chargés d'administrer ce fatal poison font, pour une légère récompense, échapper un criminel et laissent succomber un innocent; au moyen de boissons préparées avec des herbes émollientes et mucilagineuses, ils rappellent à la vie des esclaves laissés pour morts, et ceux-ci sont ensuite vendus comme prisonniers de guerre. Dans la crainte de retomber entre les mains de leurs compatriotes, ils se gardent bien de faire connaître à leurs nouveaux maîtres la terrible épreuve qu'ils ont subie; car ainsi qu'on l'a vu plus haut, l'épreuve du tanghuin doit être, ou du moins est regardée comme infaillible.

Ce dangereux fruit est d'autant plus actif qu'il est plus rouge et conséquemment plus mûr; aussi, lorsqu'il s'agit d'épreuves judiciaires, les amis ou parents des prévenus, lorsqu'ils sont puissants, le refusent-ils, par la raison que, dans ce cas, il peut faire mourir l'innocent comme le coupable.

La part qu'ont les bourreaux dans la succession des condamnés rend l'abolition de cette barbare coutume très-difficile à effectuer, ce privilége honteux l'empêchera longtemps de tomber en désuétude; car la cupidité ne se rencontre pas seulement chez les peuples civilisés, mais bien aussi chez les peuples barbares, et peut-être même à un plus haut degré; ce qui milite puissamment en faveur de la belle doctrine de Gall, qui admet, comme on sait, l'innéité des penchants.

MANCENILLE, fruit du mancenillier ou arbre à mort, *hippomane mancenilla*, L.; famille des Euphorbiacées, J.

Il s'offre sous la forme d'un drupe du volume et de la forme d'une pomme d'api ; son parenchyme est mou et gorgé lors de la maturité d'un suc laiteux analogue à celui que fournissent les autres euphorbiacées; il enveloppe un gros noyau ligneux, rugueux et profondément sillonné; celui-ci est divisé intérieurement en sept loges ou valves monospermes.

Le mancenillier croît dans l'Amérique méridionale; si l'aspect de son fruit est assez séduisant pour inviter à le cueillir, sa saveur, fade d'abord, puis âcre et caustique, fait bientôt regretter de s'être laissé aller à ce genre de séduction. M. Descourtilz rapporte qu'un soldat européen, pris au siége de Bellegrade, et emmené prisonnier en Turquie, trompé par l'analogie de forme et de couleur, et croyant voir une pomme d'api dans le fruit du mancenillier, faillit être empoisonné pour en avoir mangé; il ne dut son salut qu'à l'emploi de l'huile de ricin, et à l'usage presque exclusif du riz, soit sous forme de décoction, soit cuit au lait.

Le suc laiteux de la mancenille et même du mancenillier, car toutes les parties de cette plante en fournissent, a une si grande énergie, que la mèche d'un fouet, qui y aurait été trempée, suffirait pour tuer ceux qui en seraient frappés; la plus légère trace même sur la peau ou dans la bouche suffit pour produire immédiatement, lorsqu'il est récent, des pustules vésicantes qui font naître d'atroces douleurs.

Le voisinage des mancenilliers suffit quelquefois, par la chute de leurs fruits, pour empoisonner les ruisseaux ou petites rivières qu'ils bordent généralement; il n'est pas rare de voir les poissons frappés de mort par son influence. Les ouvriers mêmes qui travaillent le tronc du mancenillier récemment abattu sont souvent pris de vertiges.

Le docteur Chisholm, que des observations nombreuses portent à croire que la nature place toujours l'antidote à côté du poison, cite, comme exemple : « Le cèdre blanc, *bignonia leucoxylon*, que l'on voit, » dit-il, « presque partout où l'on trouve le mancenillier, et qui entremêle ses feuilles avec lui : c'est un grand et bel arbre, et le suc de ses feuilles et de son écorce, mais surtout des feuilles prises à l'intérieur, lorsqu'on a eu l'imprudence de manger le fruit du mancenillier, est un antidote également prompt et sûr; il dissipe les douleurs et prévient toutes les suites de l'empoisonnement; il guérit incontinent les vésicules que le jus âcre de cette sorte de pomme fait élever dans la bouche ou l'œsophage : on peut se contenter de mâcher les feuilles sans perdre le temps nécessaire pour en exprimer le jus. » Un contre-poison non moins efficace est la *fève de nandirobe* (voir page 264). L'eau de mer, enfin, est réputée comme l'antidote le plus puissant; il suffit de s'y plonger et d'en avaler un peu pour neutraliser les effets de ce poison. Il est néanmoins difficile, malgré toute la confiance qu'inspire le savoir du docteur Chisholm, de se rendre compte du mode d'action de ces divers antidotes, pour neutraliser les effets d'un poison rangé par M. Orfila parmi les narcotico-âcres.

Examen chimique. M. Pelletier, qui a eu l'occasion assez rare d'examiner le fruit du mancenillier, l'a trouvé composé d'un principe excessivement âcre et très-actif, d'un acide particulier dont on n'a pas encore déterminé la nature : — de glutine, — de cire, — d'une substance résineuse, — et d'un principe volatil très-âcre et très-vénéneux. Il a remarqué, en outre, que le suc rapproché convenablement jouissait de propriétés analogues au caoutchouc, ce qui n'a pas lieu de surprendre, puisque presque toutes les euphorbiacées en fournissent.

Un fait assez remarquable, et qui s'explique cependant par la nature des principes qui composent le fruit, c'est que, bien qu'il soit à péricarpe mou, il résiste parfaitement à l'action de l'humidité. Il n'est pas rare, en effet, de le voir surnager les eaux des fleuves et des rivières, et transporté ainsi à de grandes distances, sans que son brou ou chair soit sensiblement altéré, et sans même que les semences que renferme le noyau aient perdu leur faculté germinatrice.

POMME ÉPINEUSE, fruit du *datura stramonium*, L.; famille des Solanées, J.

C'est une capsule épineuse, ovoïde, presque pyramidale, environnée à la base par la partie inférieure du calice; elle est hérissée de pointes roides, et offre quatre loges incomplètes, qui s'ouvrent en quatre valves; les graines sont brunes, réniformes et chagrinées. Ce fruit a une saveur amère nauséeuse. Il agit sur le système nerveux, à la manière des poisons narcotiques. Quelques médecins l'ont employé avec succès contre les spasmes et les convulsions, mais ce n'est qu'avec les plus grandes précautions, et en ayant égard à la constitution du malade, qu'on peut hasarder son usage.

Les semences jouissant des mêmes propriétés et étant, dans certains cas, d'un emploi plus commode, il est arrivé quelquefois que des gens malintentionnés ont, soit en les faisant infuser dans des boissons, soit en les mêlant au tabac après les avoir réduites en poudre, produit sur les individus dont ils voulaient faire leurs victimes un état de torpeur qui rendait leurs crimes plus faciles.

Examen chimique. — M. Brandt, auquel on doit l'analyse du fruit du *datura stramonium*, y a découvert une base végétale alcaline qu'il a appelée *daturine*, et qui se trouve dans la graine à l'état de malate. Elle est éminemment narcotique, et dilate la pupille comme le fait l'atropine, alcaloïde de la belladone avec lequel elle offre beaucoup d'analogie ; ses caractères principaux sont de cristalliser en prismes étroits, incolores, amers et très-âcres, solubles dans l'éther, peu dans l'alcool et moins encore dans l'eau. Elle forme, avec certains acides, des sels bien cristallisés.

Cette substance agit très énergiquement sur l'économie, et ne saurait être administrée qu'avec les plus grandes précautions.

D'après le même chimiste, la semence de la pomme épineuse est composée : d'huile grasse 13,85, — d'huile grasse épaisse 0,8, — corps gras butyreux avec chlorophylle 1,4, — cire 1,5, — résine insoluble dans l'éther 9,9, — matière extractive rouge jaunâtre 0,6, — malate de daturine 1, — sucre incristallisable avec un sel à base de daturine 0,8, — matière extractive gommeuse 6, — gomme avec différents sels 7,9, — bassorine avec alumine et phosphate de chaux 3,4, — fibre ligneuse 22, — phyteumacolle 4,55, — albumine 1,9, — une matière analogue à l'ulmine appelée glutinine par Brandt 5,5, — malate de daturine, malate, acétate de potasse et malate de chaux 0,6, — une sécrétion membraneuse contenant de la silice 1,35, — eau 15,1, — perte 1,95.

BAIE D'ALKEKENGE ou coqueret, fruit du *physalis alkekengi*, L.; famille des Solanées, J.

C'est une baie de la forme et du volume d'une petite cerise ; sa couleur est d'un rouge éclatant ; sa saveur est âpre acidule, et un peu amère. Ce fruit est surtout remarquable en ce qu'il est renfermé dans un calice vésiculeux qui s'enfle lors de la maturité.

Les baies d'alkekenge jouaient jadis un rôle assez important dans la matière médicale; on les administrait sous forme de décoction comme diurétiques et rafraîchissantes, mais leur saveur acidule désagréable en a fait tomber l'usage en désuétude ; elles entrent cependant encore dans le sirop de rhubarbe ou de chicorée composé.

COQUERET PUBESCENT, herbe à cloque, fruit du *physalis pubescens*. Il s'offre sous la forme d'une baie jaune renfermée, comme la précédente, dans un calice qui s'étend en vessie membraneuse d'abord verte, puis d'un vert rougeâtre lorsqu'il a atteint son maximum de maturité; sa saveur est acide et exempte d'amertume, si on a eu le soin de la détacher du calice sans permettre entre eux le moindre contact.

Examen chimique. — Ce fruit fournit à l'analyse, suivant M. Descourtilz, une matière colorante rouge, un principe extractif, — une matière analogue à la bassorine, — de l'albumine, — du malate acide de potasse et de chaux, — du sulfate et de l'hydrochlorate de chaux, — du phosphate de chaux et du sucre.

Le fruit du coqueret pubescent ne diffère du précédent que par sa couleur, qui est jaune ; il jouit, du reste, des mêmes propriétés, mais à un degré plus faible ; il est même comestible, et vulgairement connu sous le nom de cerise d'Espagne. Les marchands de comestibles l'offrent depuis quelques années à la sensualité et à la curiosité surtout des gastronomes.

MORELLE SOMBRE, amourette franche, fruit du *solanum nigrum*, famille des Solanées, J.

C'est une baie globuleuse, d'abord verte, puis noire, luisante lors de la maturité, marquée d'un point au sommet, et renfermant un suc doux et visqueux, d'une odeur vireuse assez désagréable; dans celui-ci nagent plusieurs graines plates de forme lenticulaire.

Bien que ce fruit ne soit pas dépourvu de propriétés, il offre cependant beaucoup moins d'intérêt que la plante qui le fournit. Celle-ci, réputée vénéneuse en Europe, n'est, en effet, pas dénuée d'énergie, et cependant elle fait, dans l'Inde et les colonies américaines, partie de la nourriture des habitants, sous le nom de *brède* ou *épinards de l'Inde*.

Examen chimique.—On doit à M. Desfosses la découverte d'une nouvelle base organique dans la baie de morelle. Ce pharmacien distingué l'a désignée par la dénomination de *solanine*, pour rappeler la famille à laquelle appartient le fruit qui la fournit. Cette base est toujours unie, soit dans la plante, soit dans le fruit, à l'acide malique. La solanine jouit des propriétés suivantes : elle s'offre sous la forme d'une poudre blanche opaque, quelquefois nacrée; elle se fond à une température au-dessous de 100 degrés, et se prend par le refroidissement en une masse citrine transparente; elle est insoluble dans l'eau froide, soluble dans l'alcool, peu soluble dans l'éther; elle ramène au bleu le papier de tournesol rougi par un acide; elle s'unit même à froid avec les acides, et est précipitée de ses dissolutions par les alcalis sous forme de flocons gélatineux.

On obtient cet alcaloïde en versant de l'ammoniaque dans le suc filtré des baies de morelle; il se forme immédiatement un précipité grisâtre, qui, recueilli sur un filtre, lavé et traité par l'alcool bouillant, donne, par l'évaporation, la base salifiable qui se trouve assez pure, si on a opéré sur des baies parfaitement mûres.

L'action de la solanine sur l'économie animale est analogue à celle de l'opium, elle est seulement plus vomitive. M. Peschier, de Genève, a vu que la solanine était combinée dans la morelle noire à un acide particulier (acide solanique); ce dernier s'offre sous forme cristallisée; il est soluble dans l'eau, et se combine avec la potasse et la soude.

MORELLE MAMMIFÈRE, pomme-poison, fruit du *solanum mammosum*. Elle s'offre sous la forme d'une baie assez grosse; sa terminaison en mamelle lui a fait donner aussi le nom de *pomme-teton*; presque toute sa substance est jaune; la partie qui avoisine les graines est blanchâtre, celles-ci sont en assez grand nombre, et réunies au centre. Son action sur l'économie est la même que celle de la morelle sombre, elle l'emporte même sur elle par son énergie.

Examen chimique. — Il résulte d'une analyse faite par M. Morin que la pomme-poison, mamelonnée ou teton, est composée : d'acide malique libre, — de malate de solanine, — d'acide gallique, — de gomme, — d'une matière colorante jaune, — d'un principe nauséabond ayant de l'analogie avec le principe nauséeux des légumineuses, — d'huile volatile en petite quantité, — de fibre ligneuse et de quelques sels minéraux.

Ce fruit n'est, du reste, d'aucune utilité; nous avons indiqué ses caractères plutôt pour faire éviter son emploi que pour mettre ses propriétés à profit.

APOCIN ÉPINEUX, fruit de l'*apocynum fructu spinoso*, L.; famille des Apocinées, J.

C'est une follicule ou gousse plate, simple ou double, uniloculaire et contenant une grande quantité de graines imbriquées, ornées d'une aigrette soyeuse. Ce fruit s'ouvre de lui-même lors de sa maturité; les aigrettes qui accompagnent les graines se développent alors, et le vent les dissémine.

Le fruit de l'apocin épineux, comme toutes les autres parties de la plante, fournit par expression un suc laiteux qui, par l'évaporation, se rapproche du caoutchouc, et jouit de quelques-unes de ses propriétés; il paraît composé d'une substance glutineuse, d'albumine et d'acide tartrique.

Dans les premiers temps de l'envahissement de Saint-Domingue par les flibustiers, ce dangereux fruit était employé comme épreuve judiciaire sur les individus accusés de crime non prouvé; si l'accusé ne succombait pas à l'action de ce breuvage mortel, soit par la force de sa constitution, soit que préalablement il ait pris une grande quantité de boisson mucilagineuse, il était déclaré innocent; on sait que cet usage d'une législation barbare leur était commun avec d'autres peuples, et notamment avec les Madécasses, comme on l'a vu plus haut dans l'histoire du tanghuin.

APOCIN TACHETÉ, corne cabri, fruit de la liane cabri, *apocynum maculatum*. Il est composé de deux follicules assez longues, uniloculaires, s'ouvrant d'un seul côté au moyen d'une fente longitudinale; elles renferment des semences ornées d'une longue aigrette soyeuse qui sert à faciliter leur dissémination. Le suc laiteux que contient ce fruit est, comme le précédent, susceptible, par l'évaporation, d'être converti en une sorte de caoutchouc (gomme élastique).

« Les anciens Caraïbes, » dit l'auteur de la *Flore des Antilles*, « empoisonnaient leurs flèches avec le suc des apocins; lorsqu'ils voulaient s'en servir, ils humectaient cette sorte de vernis avec la salive, pour rendre l'action du poison plus prompte en favorisant son absorption.»

APOCIN-CITRON, tue-chien, fruit de l'*apocynum citrifructum*. Il ressemble à un citron raboteux; il est, en outre, relevé d'arêtes et composé d'une écorce molle, de couleur jaune verdâtre extérieurement, et blanche intérieurement; le centre du fruit est occupé par une masse composée d'une innombrable quantité de petites graines à aigrettes; l'écorce fournit, par incision, un suc lactescent et résineux.

Le fruit de l'apocin tacheté jouit des mêmes propriétés que ses congénères.

AHOUAI, fruit du *cerbera ahouaï*, L.; famille des Apocinées, J.

Il s'offre sous la forme d'un drupe sec, renfermant un noyau osseux, anguleux, formé de quatre coques soudées ensemble et divisées en quatre loges renfermant chacune une amande; celles-ci contiennent un principe âcre qui est, sans contredit, l'un des plus violents poisons que l'on connaisse.

Les naturels de l'Amérique n'en font pas seulement usage pour envenimer leurs armes, ils mettent à profit la sonorité du noyau pour s'exciter dans leurs danses et dans leurs jeux; ils en forment des espèces de chapelets qu'ils placent en guise de jarretières, et, par les mouvements qu'ils leur impriment, produisent une sorte de cliquetis analogue à celui des castagnettes.

CAMÈRE, fruit du camérier, *cameraria latifolia*, L.; famille des Apocinées, J.

Ce fruit est formé de deux follicules divariquées et comprimées, renflées de l'un et l'autre côté à leur base, et renfermant un rang de graines ovales aplaties; celles-ci sont surmontées d'une expansion membraneuse qui sert à faciliter leur dispersion; ces graines, posées horizontalement et à la base l'une de l'autre, présentent, ainsi réunies, la forme d'un gland strié à sa surface.

Examen chimique.—Le fruit du camérier, qu'on doit ranger, attendu sa saveur âcre et presque caustique, parmi les poisons végétaux, fournit à l'analyse les principes suivants : une résine, — une matière extractive, — une substance glutineuse analogue à celle qu'on rencontre dans les euphorbiacées, — de l'albumine, — de l'acide tartrique et de l'eau.

CROTON TILLY, graines de Tilly, fruit du *croton tiglium*, L.; famille des Euphorbiacées, J.

Ce fruit, connu, en outre, sous les noms de petit pignon d'Inde, croton cathartique, ricin indien, est du volume d'une grosse noisette, divisé intérieurement en trois loges contenant chacune une ovule et s'ouvrant en deux valves. Il arrive fort souvent que l'une des semences renfermées dans les coques avorte, les deux autres sont alors accolées l'une à l'autre. Ces semences sont vulgairement connues sous les noms de *graines de Tilly* ou *Tigly*, ou bien encore de *graines des Moluques* : leur volume égale celui d'un noyau de cerise ; elles sont oblongues, lisses, convexes d'un côté, aplaties de l'autre ; l'amande qu'elles renferment est blanchâtre, huileuse, d'une saveur excessivement âcre et brûlante ; le principe qu'elles contiennent est tellement actif que son émanation seule irrite la pituitaire et la conjonctive ; la plus légère trace sur la peau y produit une vive érosion.

Huile de graines de Tilly.

Pour l'obtenir on soumet les graines à l'action d'un moulin (les Indiens sont dans l'usage, pour diminuer leur excessive âcreté, de les torréfier) ; on introduit la poudre onctueuse qui en résulte dans un sac de coutil, et on soumet à la presse entre des plaques de fer étamées et chauffées à l'eau bouillante ou à la vapeur ; ce premier produit est mis en réserve, et on le purifie par la filtration ; on broie ensuite les tourteaux de nouveau ; on fait chauffer cette seconde mouture au bain-marie avec deux fois son poids d'alcool ; on passe ensuite avec expression, et on distille le produit ; l'huile fixe brune qui reste dans la cucurbite est filtrée et mêlée à la première ; elle jouit des mêmes propriétés.

L'huile de Tilly a une odeur qui participe de celles de la cannelle et du girofle ; sa couleur est jaune ambré, elle varie suivant qu'on a fait subir aux graines une torréfaction plus ou moins forte, ou qu'on a mêlé, comme nous l'avons dit plus haut, le produit de la décoction à celui de la simple expression. Elle est soluble en totalité dans l'éther et l'essence de térébenthine ; en partie seulement dans l'alcool, qui se charge principalement de la partie active. Son énergie est telle, qu'il suffit d'une ou deux gouttes placées sur la langue ou injectées dans une veine pour produire immédiatement une purgation très-abondante. Trois ou quatre gouttes mises sur l'ombilic produisent, après une friction suffisante, au moyen d'un tampon de charpie recouvert de taffetas gommé (pour que l'absorption puisse s'opérer), un effet non moins puissant.

Il résulte d'expériences faites par MM. Bonnet de Dublin et Magendie de Paris : 1o qu'à dose convenable cette huile purge, sans occasionner l'inflammation des membranes muqueuses ; 2o qu'elle est absorbée et n'agit sur le canal digestif qu'après avoir réagi par la voie de la circulation sur le système nerveux, de sorte que son action est indirecte et générale sur l'estomac et les intestins ; 3o qu'à dose trop forte, au contraire, son action est immédiate et directe ; elle irrite et enflamme vivement le canal intestinal. On a proposé, pour rendre son administration plus facile et moins dangereuse, d'en opérer la solution dans l'alcool par saturation, et conséquemment sous forme de teinture ou d'alcool. Les préparations magistrales les plus ordinaires d'huile de Tilly sont les *pilules* et *l'oleo-saccharum* ; les premières sont communément formées d'une goutte d'huile sur 12 grains de savon médicinal pour 6 pilules. L'autre préparation consiste en une goutte d'huile de Tilly, huile de cannelle 1 grain, sucre 1 gros ; enfin on l'administre en *potion* : à cet effet, on mêle une goutte ou deux de cette huile avec un quart ou un demijaune d'œuf, et on ajoute : sirop de sucre 1 once, eau de menthe 2 onces. Quoi qu'il en soit, ces diverses préparations doivent être modifiées suivant l'âge et la constitution du malade.

Examen chimique.—On doit à MM. Conwell et Nimmo l'examen suivant des diverses parties du fruit du croton tiglium : il est formé 1° d'une enveloppe ou coque, qui est, avec l'amande, dans le rapport de 64 à 36 (cette enveloppe, regardée jusqu'alors comme douée des propriétés les plus énergiques, mise en digéstion dans l'alcool, n'a produit qu'une teinture brune sans âcreté et sans action notable sur l'économie); 2° d'une amande composée des principes suivants : principe âcre et résineux, *tigline* (de couleur jaunâtre, très-âcre, fusible à 100 degrés, insoluble dans l'eau, soluble dans l'alcool, dans l'éther, dans les huiles fixes et volatiles, rougissant légèrement la teinture de tournesol), et un acide dont il n'a pas déterminé la nature 27,5, — d'une huile fixe 32,5,—d'une matière farineuse 40,—total 100.

L'huile obtenue par expression des amandes contient, suivant le même auteur : principe âcre ou résineux 45, — huile fixe 55, — total 100 parties.

Plus récemment encore, M. Brandt a donné l'analyse suivante des graines de Tilly ou croton; huile volatile, — acide particulier volatil, *acide crotonique*, — une substance alcaline, *crotonine*,—principe colorant, — stéarine, — cire, — matière résineuse, — inuline, — gomme, — gluten, — adraganthine, — albumine, — amidon, — phosphate de magnésie.

PIGNON D'INDE, noix des Barbades médicinier, fruit du *jatropha curcas*, L.; famille des Euphorbiacées, J.

Ce fruit, qu'on désigne encore sous les noms de *pignon de Barbarie, grand haricot du Pérou*, est oviforme; son volume égale celui d'une petite noix; il est d'abord vert, puis jaune, et enfin il passe au noir lorsqu'il atteint son maximum de maturité; il se compose, sous une écorce épaisse et coriace, de trois petites coques blanchâtres, monospermes; celles-ci renferment des semences ovales, recouvertes de deux tuniques distinctes, la lorique et le tegmen. Les amandes qu'elles contiennent fournissent une huile fixe éminemment cathartique et qu'on ne doit administrer qu'avec les plus grandes précautions.

Le pignon d'Inde est originaire de la Havane; sa propriété éminemment cathartique a fait donner à la plante qui le fournit le nom de médicinier.

Examen chimique. Il résulte, d'une analyse que l'on doit à MM. Pelletier et Caventou, que le fruit du *jatropha curcas* est composé des principes suivants : huile-albumine non congelable, — albumine coagulée, — gomme et matière fibreuse.

La matière huileuse est fluide à la température ordinaire et solide à zéro; sa couleur est jaune, son odeur désagréable, et sa saveur d'une âcreté qui, peu sensible d'abord, se manifeste ensuite avec beaucoup d'énergie; soumise à l'action du feu, son odeur s'exhale et devient insupportable; elle abandonne une matière grasse qui se concrète en aiguilles blanches, tandis qu'elle se charbonne pour la plus grande partie dans la cornue.

Cette huile a une action très-puissante sur l'économie; appliquée sur la peau, elle la cautérise en produisant une vive douleur; mêlée aux corps gras, elle pourrait, comme l'euphorbe, remplacer les cantharides dans la composition des pommades vésicantes où épispastiques. Cette huile, examinée par M. Félix Cadet, est composée elle-même d'une huile fixe, d'un principe âcre ou résineux, auquel il propose de donner le nom de *curcasine*, et d'un acide, d'où il résulte que le pignon d'Inde serait réellement composé d'albumine végétale ou glutine, — de gomme, — de fibres ligneuses, — d'un principe âcre ou résineux, *curcasine*, — d'une huile fixe,—et d'un acide gras, dont la nature n'a pas encore été déterminée.

On doit au savant auteur du *Traité des poisons* les observations suivantes sur le mode d'action du pignon d'Inde; il a vu 1° que la semence du *jatropha curcas* jouit de propriétés vénéneuses très-énergiques; 2° qu'elle ne paraît pas être absorbée, et que ses effets meurtriers dépendent de l'inflammation intense qu'elle développe et de son action sympathique sur le système nerveux; 3° qu'elle agit plus fortement, lorsqu'on l'introduit dans l'estomac, que dans le cas où elle est appliquée sur le tissu cellulaire.

Il serait intéressant de s'assurer si, comme dans le ricin, le principe âcre réside dans toute la semence, ou seulement dans l'embryon. Cette question mettrait d'accord les naturalistes voyageurs et les chimistes; c'est ainsi que, suivant M. Guibourt, le germe est innocent, tandis que M. de Humboldt, prétend, au contraire, que les Mexicains ont grand soin de le rejeter.

NOISETTE PURGATIVE, grand ben, fruit du *jatropha multifida*, L.; famille des euphorbiacées, J.

Son volume égale celui d'une petite noix, sa forme est un peu allongée; il se compose de trois coques membraneuses de couleur brune, renfermées sous une écorce mince et coriace; les semences ou amandes sont blanches, d'une saveur douce lorsqu'elles sont très-récentes, mais âcres lorsqu'elles ne le sont pas.

Originaire de l'Amérique méridionale, le grand ben est maintenant assez abondamment cultivé en Espagne : si l'on en croit M. Descourtilz, ces amandes seraient composées d'un principe âcre et d'une huile semblable à celle d'olive, sans propriété cathartique; il les compare aux avelines pour leur saveur agréable. Nous avons de la peine à comprendre comment des amandes qui contiendraient, ainsi qu'il le dit. 45 pour 100 d'un principe âcre pourraient avoir une saveur douce. Cette anomalie ne peut s'expliquer qu'en admettant que les semences soumises à l'analyse n'étaient pas récentes; il résulte, en effet, des observations fort intéressantes, que l'on doit à MM. Robiquet et Boutron, que dans le ricin, par exemple, le principe âcre peut se développer pen-

dant l'extraction de l'huile, si on n'a pas opéré avec précaution.

Examen chimique. M. Soubeiran a vu que, bien qu'appartenant à la même famille et au même genre, l'amande du jatropha multifide ne fournissait pas, comme celles du *jatropha curcas* et du *croton tiglium*, le principe âcre volatil auquel celles-ci doivent leur puissante énergie. Aussi les amandes du médicinier bâtard sont-elles comestibles en Espagne lorsqu'elles sont fraîches, et purgatives lorsqu'elles sont sèches; leur usage, sous ce dernier rapport, est néanmoins presque complétement tombé en désuétude.

CEVADILLE, fruit du *veratrum sabadilla*, Retzius; famille des Colchicées, J.

Ce fruit est formé d'une capsule allongée, de couleur jaunâtre, à trois loges; celles-ci s'ouvrent par le haut et sont déhiscentes à l'intérieur; leur suture donne naissance à de légers filets ou placentas servant d'attaches aux graines; elles sont au nombre de trois dans chaque valve, et rappellent par leur forme le grain d'orge; leur amande est contournée, obtuse à une de ses extrémités, pointillée d'un noir de suie, d'un goût d'abord assez insipide, mais devenant ensuite âcre et nauséeux.

M. Descourtilz a été assez heureux pour pouvoir observer le développement et la fructification de deux plants de *veratrum sabadilla*. Cette circonstance n'est pas sans importance, car le soin que prennent les Indiens de dénaturer la panicule par le frottement, pour éviter qu'on reconnaisse la plante qui fournit la cevadille et pour s'en approprier exclusivement le commerce, n'avait pas permis de distinguer à quelle famille cette graine appartenait.

La cevadille, réduite en poudre, est un violent sternutatoire; elle entre dans la composition de la poudre de capucin. Son action sur certains animaux parasites, et notamment les poux, l'a fait ranger parmi les graines pédiculaires. Quelques praticiens en ont conseillé l'usage contre le tœnia ou ver solitaire; mais, comme il n'est pas sans danger, on l'a abandonné. On s'en sert en médecine vétérinaire pour déterger certains ulcères et notamment ceux où il existe des vers.

Examen chimique. MM. Pelletier et Caventou, auxquels on doit, comme on l'a vu, la connaissance de plusieurs autres substances alcaloïdes fort intéressantes, ont analysé la cevadille et y ont trouvé, 1° un acide solide et cristallisable, qu'ils ont nommé *acide cevadique* (il cristallise en aiguilles blanches nacrées, est fusible à 20 degrés, et se sublime à une température plus élevée; il est soluble dans l'eau et dans l'alcool); 2° une substance alcaline à laquelle ils ont donné le nom de *vératrine*, et qui jouit des propriétés suivantes; elle est soluble dans l'eau froide, l'eau bouillante en dissout un millième de son poids, et lui donne une âcreté qu'elle ne possédait pas avant; elle est très-soluble dans l'éther, et plus encore dans l'alcool; elle sature tous les acides et forme avec eux des sels incristallisables; enfin elle ramène au bleu le papier de tournesol rougi par les acides, se liquéfie à 50 degrés, et prend une couleur ambrée par le refroidissement. Les éléments gazeux de la vératrine sont : carbone 66,75, — azote 5,04, — hydrogène 8,54, et oxygène 19,60. — Total, 99,93 parties.

La vératrine est un violent poison, elle détermine souvent d'affreux vomissements et le tétanos; on en a néanmoins proposé l'emploi contre la goutte et les rhumatismes, à l'état de tartrate, de sulfate ou d'acétate de vératrine. « C'est surtout dans les névralgies,» dit M. Martins (*Dictionn. de médecine usuelle*), « qu'appliquée sous forme de pommade, cette substance donne les meilleurs résultats; il faut, dans ce cas, l'étendre sur une large surface, et mettre 10 grains pour une once d'axonge.»

Le mode d'action des semences de cevadille sur l'économie animale est le même que celui du pignon d'Inde; c'est-à-dire qu'elle n'est pas absorbée, mais qu'elle enflamme les tissus avec lesquels elle est en contact.

Nous terminerons l'histoire de cette substance par l'énumération complète des principes qu'elle contient.

Matière grasse composée de stéarine, — élaïne, — acide cevadique.

Cire, — gallate acide de vératrine, — matière colorante jaune, — gomme, — ligneux.

Cendres composées de sous-carbonate de potasse, — de sous-carbonate de chaux, — phosphate de chaux, — chlorure de potassium, — silice.

Elle ne fournit aucune trace d'amidon.

STAPHISAIGRE, fruit de la dauphinelle staphisaigre, *delphinium staphisagria*, L.; famille des Renonculacées, J.

Ce fruit s'offre sous la forme d'une capsule velue, renfermant des graines assez grosses, comprimées, de forme triangulaire, ridées, d'un gris brun au dehors, d'un blanc sale au dedans, d'une odeur forte, d'une saveur excessivement amère et âcre; elles sont douces d'une grande énergie, et sont pour l'homme et les animaux un violent poison.

Il résulte d'expériences toxicologiques et physiologiques, faites par M. Orfila, 1° que la staphisaigre n'est pas absorbée, et que ses propriétés délétères dépendent de l'irritation locale qu'elle détermine, et de la lésion sympathique du système nerveux; 2° que c'est la partie soluble dans l'eau qui est la plus active; aussi les effets locaux de son administration sont-ils plus intenses lorsqu'on l'humecte, avant de l'appliquer sur le tissu cellulaire.

Ces semences contiennent beaucoup d'huile, mais on n'en opère pas l'extraction, parce qu'elle entraînerait vraisemblablement le principe âcre et pourrait conséquemment être d'un usage dangereux. Cependant ce principe étant, comme on vient de le voir, soluble dans l'eau, il ne serait peut-être pas impossible de l'en priver par son mélange à froid ou à chaud

42

avec ce liquide et effectuant ensuite la séparation par décantation.

Bien qu'en médecine vétérinaire on administre quelquefois la staphisaigre comme purgatif drastique, cependant son usage le plus ordinaire est pour détruire la vermine; à cet effet, on la réduit en poudre et on mêle celle-ci à de la poudre à poudrer, on en compose aussi une sorte de pommade avec l'axonge et le suif de mouton.

Examen chimique. MM. Lassaigne et Feneuille, dans l'analyse qu'ils ont faite de la staphisaigre, y ont reconnu la présence d'une substance alcaline qui leur a paru offrir des différences avec celles connues; ils lui ont, en conséquence, donné le nom de *delphine*, pour rappeler le genre auquel appartient la plante qui la fournit.

Il résulte de cette analyse que la semence de staphisaigre est composée ainsi qu'il suit : huile volatile, une trace, — huile grasse un peu jaunâtre, — principe amer brun précipitable par l'acétate de plomb, — principe amer jaune non précipitable par l'acétate de plomb, — malate de delphine, — sucre incristallisable, — gomme, — fibre ligneuse, — matière animale insoluble dans l'esprit-de-vin, précipitable par l'infusion de galle et l'acétate de plomb, — albumine, — sels à base de potasse et de chaux.

Nous croyons devoir, pour compléter l'examen chimique de la graine de staphisaigre, rapporter l'analyse qu'en a faite M. Brandt, et nous ferons remarquer que la différence que l'on remarque entre ces deux analyses est due, non pas, comme on pourrait le croire, à l'imperfection de l'un ou l'autre procédé, non plus qu'à une différence dans la nature des semences soumises à l'examen, mais bien à la réaction qui s'opère entre les principes, pendant les opérations auxquelles on soumet les produits, soit pour les isoler, soit pour les purifier. Il est, en effet, impossible, à moins de procéder rigoureusement de la même manière, à moins de tenir compte du degré de température auquel les principes sont soumis, d'obtenir

deux analyses complétement identiques.

Maintenant que l'on connaît les modifications qu'éprouve la fécule, soit sous l'influence des acides, soit sous celle d'une température élevée, rien n'est plus facile que d'expliquer la transmutation de certains principes; c'est ainsi que, lorsque MM. Lassaigne et Feneuille ont trouvé de la gomme, tandis, comme on va le voir, que M. Brandt n'a trouvé que de l'amidon, que les premiers ont indiqué la présence d'un sucre incristallisable, qui n'a pas été rencontré par l'autre, il est évident que la gomme et le sucre résultent de l'action des acides sur l'amidon, réaction favorisée, en outre, par l'élévation de température (voir pour plus de détails le chapitre *Maturation des fruits* ou l'article *Amidon*).

Analyse du *delphinium staphisagria* par Brandt; principes constituants : huile grasse, très-soluble dans l'esprit-de-vin 4,7, — matière grasse analogue à la cétine 1,4, — delphine 8,1 (cette substance est simple, pulvérulente, elle devient cristalline par le contact de l'humidité et opaque par celui de l'air; elle est liquéfiable par la chaleur, dure et cassante en se refroidissant, peu soluble à l'eau froide, très-soluble dans l'alcool et l'éther, susceptible de s'unir aux acides; c'est ainsi qu'elle est combinée à l'acide malique dans la staphisaigre), — gomme avec des traces de phosphate de chaux et d'un sel à base de chaux 3,15, — amidon 2,4, — fibre ligneuse 17,2, — phyteumacolle, avec du malate, et de l'acétate de potasse, de l'hydrochlorate de potasse et un sel à base de chaux 30,67, — albumine concrète 3,2, — sulfate de chaux et phosphate de magnésie 3,62, — eau 10, — excès 1,49.

AGNUS-CASTUS, fruit du gatilier, *vitex agnus castus*, L.; famille des Verbenacées, J.

Sa forme est globuleuse, son volume égale celui d'un grain de chènevis; il est lisse, divisé intérieurement en quatre loges; le calice, qui est persistant, l'enveloppe inférieurement, dans une partie de son étendue, à la manière de la cupule du gland; la saveur de ce fruit ou graine est chaude et âcre; son odeur est nulle ou presque nulle; mais lorsqu'on le réduit en poudre, il répand alors une odeur assez agréable.

Les fleurs du gatilier servaient autrefois d'emblème de chasteté; son fruit, appelé poivre-de-moine, était réputé anti-aphrodisiaque; mais ses propriétés sont loin d'être en rapport avec la dénomination qu'on lui a donnée; sa saveur chaude, loin de calmer les sens et de favoriser le penchant à la chasteté, augmenterait plutôt l'appétit vénérien qu'il ne l'affaiblirait.

MOUTARDE NOIRE, sénevé, fruit du *sinapis nigra*, L.; famille des Crucifères, J.

Il s'offre sous la forme d'une silique grêle, renfermant de petites graines globuleuses, rouges ou noires à l'extérieur et jaunes intérieurement; elles ont une saveur âcre, une odeur qui, d'abord nulle, se développe lorsqu'on les broie avec de l'eau.

Ces graines, connues vulgairement sous le nom de sénevé, sont généralement cultivées en Picardie et aux environs de Strasbourg. Elles servent à préparer le condiment si connu sous le nom de moutarde; sa préparation, quoique simple, puisqu'elle consiste dans le broiement plus ou moins parfait de la graine, varie cependant beaucoup par les substances qu'on y ajoute.

L'étymologie latine du mot moutarde, *mustum ardens*, prouve, comme l'a très-bien observé M. Guillemin, que les anciens la délayaient avec du moût ou jus de raisin. Cet usage a été conservé dans quelques-unes de nos provinces; mais plus généralement on la mêle avec du vinaigre aromatisé, ou, mieux encore, on la broie directement avec des épices pour opérer

une combinaison plus intime. La moutarde ayant la propriété de stimuler les voies digestives, et conséquemment d'exciter l'appétit, son usage est devenu presque universel. Les Maille et Acloque, les Bordins, etc., ont poussé si loin l'art du moutardier, qu'ils ont fait de cette préparation alimentaire l'objet d'un commerce fort considérable.

La graine de moutarde entre dans la composition du sirop et du vin antiscorbutique.

On nomme sinapisme, par désinence avec le nom botanique, une sorte de cataplasme dont la farine de moutarde fait la base; on a cru longtemps que l'eau chaude et le vinaigre développaient ses principes irritants, mais on sait maintenant que l'humidité seule suffit. Cette sorte de préparation magistrale est d'un usage fort important pour opérer des révulsions. On fait beaucoup de cas de la farine de moutarde anglaise, mais elle ne diffère de la nôtre qu'en ce qu'elle est plus finement pulvérisée et privée de la partie corticale de la graine.

Examen chimique. M. Thibierge, pharmacien distingué de Paris, est le premier qui se soit occupé de l'analyse des semences de moutarde noire; il a trouvé dans ces graines les principes suivants : huile fixe, — huile volatile, — albumine végétale, — mucilage, — soufre, — azote, — sulfate de chaux, — phosphate de chaux, — silice.

Il résulte d'un travail plus récent, sur cette substance, et que l'on doit à MM. Henry fils et Garot, 1o qu'il existe dans la semence de moutarde une substance cristallisable particulière, *sulfo-sinapisine*, formée par les éléments du cyanogène, et d'une matière organique, propre à développer l'huile volatile de moutarde (on sait maintenant que celle-ci ne préexiste pas dans la graine et qu'elle se forme sous l'influence de l'eau dans la distillation même); 2o que cette substance est neutre, mais qu'elle a la propriété, sous l'influence de certains acides, oxydes et sels, de se transformer, en tout ou en partie, en acide sulfo-cyanique, soit libre, soit combiné, et en huile volatile de moutarde.

M. Pelouze, jeune chimiste dont nous avons eu l'occasion de rappeler d'autres travaux et dont l'autorité est, avec raison, jugée très-puissante, ayant contesté la propriété acide de la sulfo-sinapisine et l'ayant attribuée au sulfo-cyanogène combiné avec le calcium, MM. Henry et Garot crurent devoir reprendre leur travail, et ont déduit de leurs nouvelles recherches les conclusions suivantes : qu'il ne préexiste pas de sulfo-cyanure de calcium dans la semence de moutarde noire, comme le prétendait M. Pelouze, et que l'acide sulfo-cyanique qu'il avait obtenu dans les produits de la distillation avec l'acide sulfurique résultait de la réaction de l'acide sur la sulfo-sinapisine elle-même, et non de la décomposition du sulfo-cyanure de calcium, puisqu'il n'en existe pas.

MM. Robiquet et Boutron ont enfin, en dernière analyse, démontré :

« 1. Que la composition chimique des semences de moutarde blanche et de moutarde noire est essentiellement différente;

« 2. Que le principe actif de la semence de moutarde blanche réside dans une substance non volatile, qui ne préexiste pas dans la semence, et qui pourrait bien dériver de la sinapisine, combinée avec quelque autre produit, car, une fois cette substance enlevée, le principe âcre ne se développe plus, l'un et l'autre contiennent du soufre, et à peu près dans le même rapport;

« 3. Que le principe actif de la semence de moutarde noire est une huile volatile qui ne préexiste pas et qui ne peut se développer sans le concours de l'eau;

« 4. Que tout porte à croire qu'il existe dans cette semence un principe, d'où dérive le soufre contenu dans l'huile volatile; ce principe doit se trouver dans le traitement alcoolique, et ces chimistes laborieux se proposent de l'y chercher.

« 5. Que la sinapisine extraite par l'alcool, et sans l'intervention préalable de l'eau, ne jouit point de la propriété de rougir avec les per-sels de fer, ni de dé-

velopper de l'odeur avec les alcalis caustiques; qu'elle est moins soluble dans l'alcool et qu'elle contient moins d'azote que celle obtenue par le procédé de MM. Henry et Garot ; mais que le soufre est un de ses principes élémentaires, et que, sous ce rapport, c'est certainement une des substances les plus intéressantes du règne organique.»

L'huile essentielle de moutarde noire ne peut s'extraire qu'après que l'huile fixe en a été séparée par la pression : on délaye, à cet effet, les tourteaux dans l'eau tiède, on introduit dans la cucurbite d'un alambic et on distille. Le produit que l'on obtient est soluble dans l'eau et dans le vin, il tient en dissolution une certaine quantité de soufre; il est de couleur jaune doré, son odeur est très-pénétrante; il communique à l'alcool, et en général aux liquides qui le tiennent en dissolution, une saveur chaude et âcre.

L'huile fixe jouit des propriétés suivantes : elle est soluble dans l'alcool et l'éther, de couleur verdâtre lorsqu'elle est concentrée, et jaune doré lorsqu'elle est étendue; combinée avec la soude caustique, elle donne lieu, au bout de quelques heures, à un savon solide de couleur citrine; enfin elle forme les 192 millièmes du poids total de la semence; son odeur et sa saveur sont nulles. On commence à l'employer dans les arts pour le foulage des étoffes et la préparation des cuirs, voire même dans les usages économiques, attendu que le marc retient tout le principe âcre et irritant.

MOUTARDE BLANCHE, fruit du *sinapis alba*. La silique ne diffère de la précédente qu'en ce qu'au lieu de renfermer des graines noires, celles qu'elle contient sont blanches ou plutôt blanc jaunâtre; elles sont aussi plus grosses et ne fournissent, comme on l'a vu plus haut, que peu ou point d'huile volatile à la distillation.

Ces graines jouissent des mêmes propriétés que celles qui précèdent, mais à un degré plus faible. Des charlatans la préconisent depuis quelque temps et en conseillent l'usage interne contre toutes les maladies ; le vulgaire s'y laisse facilement prendre, et regarde niaisement cette substance comme une panacée universelle. Les essais infructueux qui ont été tentés devraient cependant exciter une juste défiance, et tenir en garde contre un charlatanisme aussi éhonté ; il est vrai de dire, cependant, que, ne contenant que peu ou point de principe âcre, leur inertie est plus à craindre que leur action, dans certaines maladies graves ; revêtues d'un enduit soluble dans l'eau, elles communiquent à celle-ci une certaine viscosité qui la rend légèrement laxative. Cet enduit égale environ un quinze-centième du poids de la graine sèche.

L'huile fixe que fournit par expression la graine de moutarde blanche ou jaune diffère peu de celle que fournit la moutarde noire ; elle est applicable aux mêmes usages.

GUI, fruit du *viscum*, L.; famille des Caprifoliacées, J.

C'est une baie globuleuse, sessile, blanche, lisse, monosperme, remplie d'une pulpe visqueuse, au milieu de laquelle flotte une seule graine, cordiforme et déprimée. L'embryon de cette graine a une conformité particulière qu'il est bon de signaler, car elle explique le mode de propagation de cette plante parasite ; sa radicule est une sorte de tubercule évasé en cor de chasse ; elle se recourbe en tous sens dans le liquide visqueux qui l'entoure, se dirigeant toujours vers le centre des corps sur lesquels s'applique la graine, et paraissant obéir à l'attraction qu'ils exercent sur elle. On sait que la dispersion de ces graines est surtout effectuée par les oiseaux qui, après avoir mangé la baie, s'en débarrassent lorsqu'ils sont fixés sur les branches.

> ...... Et les oiseaux planteurs
> S'en vont les dispersant sur des plages nouvelles.

L'espèce de glu qui entoure la semence n'a pas seulement pour objet de faciliter son adhérence à l'arbre sur lequel elle est pour ainsi dire déposée, mais encore l'influence d'une humidité qui pourrait quelquefois être trop abondante.

Toute la plante était réputée, autrefois, jouir à un très-haut degré des propriétés anti-épileptique et fébrifuge ; ses fruits sont purgatifs ; on ne sait si on doit regretter qu'une si fameuse panacée ait perdu de sa faveur ; car, lors même que son efficacité serait moins contestée, sa rareté rendrait cette ressource presque illusoire, surtout si, comme autrefois, on préférait celui qui croît sur les chênes ; il est, en effet, devenu si rare, qu'on n'en possède qu'un seul échantillon au muséum d'histoire naturelle ; il serait même assez difficile de le remplacer.

Le gui jouait jadis un rôle fort important dans les cérémonies druidiques.

> Sur un chêne orgueilleux des peuples adoré,
> Les druides sanglants cueillaient le gui sacré ;
> Les autels exposaient au culte du vulgaire
> De la faveur des cieux ce gage imaginaire.

Les baies du gui ne sont guère employées maintenant que pour en extraire la glu : l'opération consiste à les faire tremper dans l'eau chaude pendant plusieurs jours ; on les place ensuite dans une chaudière avec une petite quantité d'eau, suffisante néanmoins pour les immerger ; on donne un bouillon, puis on retire du feu ; on décante l'eau, et on écrase les baies en les pilant ou les broyant sur un billot, jusqu'à ce qu'elles n'offrent plus qu'une masse homogène ; on malaxe ensuite cette masse dans un courant d'eau froide, pour en séparer les impuretés. Cette glu, moins abondante et moins adhésive que celle que l'on extrait de l'écorce du houx, *ilex*, est employée en Italie, dans l'usage médical, pour effectuer la résolution de certaines tumeurs.

Examen chimique. — M. Henry père, ayant eu l'occasion de soumettre le fruit du gui à l'analyse, a trouvé qu'il était composé des principes suivants : cire en grande quantité, — glu, — gomme, — matière visqueuse insoluble, — chlorophylle, — sels à base de potasse, — idem à base de chaux, — idem à base de magnésie, — oxyde de fer.

M. Macaire, chimiste genevois, dans un beau travail sur l'*atractylis gummifera*, a trouvé que la glu du commerce était composée de mucilage, — d'acide acétique, — de chromule verte et de *viscine* en grande quantité. Ce dernier principe, ainsi dénommé par M. Macaire, et qu'il a fait dériver de *viscum*, jouit des propriétés suivantes : il est insoluble dans l'eau, légèrement soluble dans l'alcool bouillant, complétement soluble dans l'éther et dans l'essence de térébenthine.

Cette substance, comme on le voit, se rapproche du caoutchouc, de la cire et de la résine, et semble jouir de leurs propriétés réunies ; elle sèche difficilement.

HOUX COMMUN, baie ou fruit de l'*ilex aquifolium*, L.; famille des Rhamnées, J.

Ce fruit s'offre sous la forme de baies globuleuses ovoïdes, à quatre semences adhérentes au centre ; celles-ci sont osseuses, oblongues, convexes d'un côté et anguleuses de l'autre ; la pulpe que renferment les baies a une saveur assez désagréable, elle est purgative ; prise à assez forte dose, elle peut devenir dangereuse, attendu qu'elle contient un principe âcre assez abondant ; elle paraît cependant sans action sur les oiseaux, car ils en sont très-avides, et s'en nourrissent presque exclusivement pendant l'hiver. La couleur rouge vif de ces baies forme une opposition très-heureuse avec la couleur triste des feuilles, qui sont persistantes; aussi en a-t-on tiré un heureux parti dans l'art de décorer les jardins.

La baie du houx rappelle assez exactement celle du cafeyer ou cafier; les semences qu'elle renferme offrent aussi, par leur contexture cornée, une certaine analogie avec le café. M. Pignol, pharmacien de Lyon, pensant que ces semences pourraient bien offrir aussi une similitude d'action, a fait sur cet objet une série d'expériences qui lui ont donné des résultats assez satisfaisants.

Pour approprier les semences de houx à cet usage, on cueille les baies au commencement de l'hiver, on les abandonne pendant quelque temps pour que les graines acquièrent de la dureté et une sorte de transparence cornée ; on écrase le fruit et on le malaxe dans l'eau pour débarrasser les graines de la pulpe qui les enveloppe, on les réunit, puis on les fait sécher à l'étuve ; lorsqu'elles sont complétement sèches, on les torréfie en prenant les mêmes précautions que pour la graine de moka.

Cette sorte de succédané peut être mêlée au café avec autant de profit que beaucoup d'autres du même genre, mais jamais le remplacer.

MYROBOLANS, ou myrobalans, fruit du badamier belliric, *terminalia bellirica*, L.; famille des Éléagnées, J.

On donne ce nom à divers fruits de l'Inde, que l'on croit provenir d'une sorte de badamier ; ils jouissaient autrefois d'une grande célébrité, mais leur usage est maintenant presque complétement tombé en désuétude.

On en distingue cinq espèces, que l'on désigne sous les noms de myrobolans chébules, citrins, indiens, bellirics et emblics. Nous empruntons au *Dictionnaire d'histoire naturelle*, publié par M. Bory de Saint-Vincent, la description suivante de ces fruits, que l'on doit à M. Richard fils.

« 1° Les *myrobolans chébules* sont des drupes ovoïdes et allongés, de la grosseur d'une datte, le plus souvent piriformes et quelquefois cependant de forme olivaire; leur longueur est d'environ 15 à 18 lignes, leur surface est brune, lisse, luisante, marquée de 5 côtes longitudinales, obtuses, peu saillantes, entre chacune desquelles on en remarque une autre encore moins élevée; lorsque ces fruits sont coupés transversalement, on voit qu'ils sont composés d'une partie charnue, de deux lignes environ d'épaisseur, brunâtre, et comme marbrée, croquante et acide , d'un noyau allongé marqué de dix côtes longitudinales, dont cinq plus saillantes. Ce noyau, dont l'épaisseur est d'environ 5 lignes, renferme dans sa cavité centrale , qui n'a pas plus d'une ligne à une ligne et demie de diamètre, un embryon dont les cotylédons sont minces et roulés plusieurs fois sur eux-mêmes ; ces fruits sont bien certainement ceux du *terminalia chebula* de Roxb., ou *myrobolanus chebula*, Gaertn., ainsi qu'on le prétend dans le nouveau codex. Le caractère de l'embryon, roulé sur lui-même , ne permet pas de confondre le genre *terminalia* avec la *balanite*.

« 2. *Myrobolans citrins* : ils sont moitié moins gros que les précédents dans toutes leurs parties ; rarement piriformes ; leur face externe est également lisse et marquée de cinq côtes peu saillantes ; leur couleur varie du jaune au brun , leur partie charnue est sèche, jaunâtre, astringente, et leur organisation intérieure est absolument la même que dans l'espèce précédente. Ces fruits ne nous paraissent être qu'une simple variété des myrobolans chébules; néanmoins on en fait une espèce distincte sous le nom de *terminalia citrina*. Nous ferons remarquer ici que le fruit figuré par Gaertner, sous le nom de *myrobolanus citrina*, n'est pas le véritable myrobolan citrin du commerce; c'est une variété que nous avons souvent trouvée mélangée avec les *chébules*.

« 3. *Myrobolans indiens*. Ils ont une forme irrégulière, allongée, souvent piriforme, ou terminée en pointe à ses deux extrémités; leur longueur est de 4 à 8 lignes, leur couleur noirâtre; ils sont généralement ridés longitudinalement; leur cassure est noirâtre, compacte, n'offrant qu'une simple ébauche de noyau sans amande. La saveur des myrobolans indiques ou indiens est encore plus astringente que celle des deux précédents. Ils nous paraissent être les fruits du *terminalia chebula*, cueillis longtemps avant leur maturité.

« 4. *Myrobolans bellirics*. Ils sont de la grosseur d'une petite noix ovoïde, arron-di, ou quelquefois tout à fait globuleux, rarement offrant cinq côtes à peine marquées; leur surface est brunâtre, terne et comme terreuse; leur chair est moins épaisse, d'une saveur astringente , et un peu aromatique; le noyau est plus gros et son amande plus volumineuse que dans les espèces précédentes; ils sont produits par le *myrobolanus bellirica* de Gaertner.

« 5. Enfin les *myrobolans emblics* sont déprimés au centre, de la grosseur d'une alize, offrant six côtes très-obtuses, séparées par des sillons profonds, d'une couleur noirâtre; ils se composent d'une partie extérieure charnue, épaisse d'au moins 2 lignes, se séparant en six valves et d'un noyau ou coque, également à six côtes, et s'ouvrant en six parties. La chair de ces myrobolans est très-astringente , sans âcreté, circonstance assez rare dans une euphorbiacée. En effet, ce sont les fruits du *phyllanthus emblica*, L. ou *emblica officinalis* de Gaertner. »

« Les cinq sortes de myrobolans que nous venons de décrire, » dit encore M. Achille Richard, « sont toutes originaires de l'Inde, ce sont les médecins arabes qui en ont introduit l'usage dans la thérapeutique. Ils ont tous une saveur astringente plus ou moins marquée, et autrefois on les employait comme purgatif doux ; mais, quelle que soit la réputation dont ils aient joui, les médecins modernes en ont entièrement abandonné l'usage; on voit cependant encore leur nom figurer dans quelques préparations pharmaceutiques et particulièrement le *sirop magistral astringent*.»

Dans l'usage médical, les myrobolans étaient, comme on l'a vu, employés, principalement comme purgatifs; mais toutes leurs parties ne jouissaient pas de cette propriété au même degré , la pulpe seule était administrée, ou entrait dans des préparations appropriées ; les noyaux étaient rejetés comme inutiles.

Nous n'avons rien à ajouter à cette savante dissertation, car l'examen chimique de ces fruits est encore à faire; on sait seulement qu'ils contiennent du tannin et de l'acide gallique, et sont conséquemment propres au tannage, surtout lorsqu'ils n'ont pas atteint leur maximum de maturité.

Les myrobolans étaient, comme on l'a vu, employés autrefois dans l'usage médical et principalement comme purgatifs ; mais toutes leurs parties ne jouissaient pas au même degré de cette propriété ; la pulpe était administrée seule, ou on la faisait entrer dans des préparations appropriées ; les noyaux étaient rejetés comme inutiles.

MYROBOLAN BATARD, fruit de l'*hernandia sonora*, L.; famille des Myristicées, J.

Il s'offre sous la forme d'une noix ovale, marquée de huit côtes longitudinales, renfermant un noyau globuleux monosperme. Cette noix a pour enveloppe un calice persistant, lisse, jaunâtre, et percé d'un petit trou au sommet. Lorsque l'air est agité, il pénètre par cette ouverture, et produit un sifflement singulier qui retentit au loin ; c'est ce bruit qui a fait donner à l'espèce le nom de *sonora*.

L'amande est huileuse, âcre et purgative ; il suffit de la broyer soit sur une pierre, soit avec de l'eau, au moyen d'un mortier, pour obtenir immédiatement une émulsion purgative.

Le calice, qui est persistant et qui forme le péricarpe, a une odeur agréable ; on le fait entrer dans la composition de certaines liqueurs de table.

Il existe une autre variété de ce fruit fournie par l'hernandie ovigère. L'amande jouit de propriétés analogues et est employée aux mêmes usages.

FENUGREC, fruit de la trigonelle, *trigonella fœnum græcum*, L.; famille des Légumineuses, J.

Ce fruit s'offre sous la forme d'une gousse longue, arquée et un peu déprimée. Cette gousse se termine en pointe ;

elle renferme plusieurs petites graines cylindriques ou rhomboïdales, glabres, tronquées des deux bouts, de couleur jaunâtre, demi-transparentes, d'une odeur assez forte ; le parenchyme qui les compose et qui forme la presque totalité de leur substance est gras, amylacé et mucilagineux ; elles entrent dans la composition de l'onguent d'althéa et de l'huile de mucilage ; réduites en farine, elles étaient employées autrefois comme émollientes, mais leur usage dans la médecine humaine est tombé en désuétude ; on ne les emploie plus guère que dans la médecine vétérinaire.

On cultive la trigonelle dans la Touraine et à Aubervilliers, près Paris. Ce légume est cependant loin d'être, en Europe, en aussi grande faveur qu'en Egypte, où on le connaît sous le nom d'*helbé*. Les habitants de ce pays, dit M. Fée, expriment, en s'abordant, le vœu suivant : « Puissiez-vous fouler aux pieds la terre où croît l'helbé ! »

Examen chimique. M. Bosson, de Mantes, qui a analysé la graine de fenugrec, l'a trouvée composée des principes suivants : 1° une huile fixe d'une saveur âcre ; — 2° une huile volatile ; — 3° une matière amère nauséabonde particulière aux légumineuses ; — 4° un principe colorant jaune, susceptible de se fixer sur le coton et la laine.

GOUSSE DE SÉNÉ, vulgairement follicules, fruit du *cassia lanceolata*, L.; famille des Légumineuses, J.

C'est un légume ou gousse, long de 27 millimètres sur 9 à 14 de large, partagé par des cloisons transversales et renfermant des semences, au nombre de 6 à 7, arrondies, solitaires dans chaque loge, attachées à la suture supérieure de la gousse, que l'on nomme vulgairement follicule.

On en distingue plusieurs espèces fournies par divers *cassia*, mais comme elles sont assez rares, on les réunit pour les livrer au commerce; elles sont au nombre de trois.

1° La *follicule de la palthe* ou d'Alexandrie. C'est la plus estimée, elle a une forme oblongue. Sa longueur est d'environ un pouce, sa couleur est vert-bouteille; les graines qu'elle renferme ne sont que peu ou point saillantes; elles n'ont point d'odeur et donnent à l'eau une teinte presque noire.

2° La *follicule de Tripoli*. Elle est plus petite, plus mince, d'une couleur vert pâle; les graines qu'elle renferme sont plus saillantes et ne donnent presque point de teinture à l'eau.

Ces deux premières espèces sont les fruits du *cassia lanceolata*, mais l'une cultivée et l'autre sauvage.

Les follicules d'Alep, de Smyrne ou d'Alger, sont fournies par le *cassia senna*, cultivé assez abondamment sur les côtes de Barbarie. Elles se distinguent des autres espèces en ce qu'elles sont arquées, ou en forme d'oreille, d'une couleur vert bleuâtre. Les semences qu'elles renferment sont très-saillantes, et donnent à l'eau une teinture très-faible; elles doivent conséquemment être rejetées de l'usage médical.

Examen chimique. Bien que les follicules soient employées de temps immémorial, en médecine, cependant les travaux chimiques auxquels ces fruits ont donné lieu sont fort peu nombreux. On n'en connaît qu'une analyse, et on la doit à MM. Lassaigne et Feneuille : ces chimistes ont vu que la follicule de la palthe était composée : d'un corps purgatif jouissant de toutes les propriétés de la cathartine; — d'une matière colorante; — d'albumine en petites proportions; — de muqueux; — d'huile grasse; — d'huile volatile; — d'acide malique; — de malate de potasse et de chaux; — de sels minéraux; — de chlorure de potassium, — de sulfates de potasse et de chaux; — de sous-phosphate et sous-carbonate de la même base; — de silice et de ligneux.

BAGUENAUDE, fruit du baguenaudier, *colutea arborescens*, L.; famille des Légumineuses, J.

C'est une gousse vésiculeuse très-renflée, de forme un peu allongée, diaphane, surtout lorsqu'elle est sèche; composée de deux sutures, l'une supérieure, l'autre inférieure, renfermant des semences en assez grand nombre; celles-ci sont uniformes, attachées, comme dans toutes les légumineuses, à la suture supérieure. Ces gousses sont employées dans quelques pays, et particulièrement en Italie et en Espagne; on les mange à l'instar des petits pois, et on les donne en nourriture aux brebis; elles passent pour améliorer leur lait. Les semences forment pour les volailles une nourriture hibernale assez précieuse.

M. Bérard, de Montpellier, dans un mémoire sur l'influence des fruits sur l'air, a confirmé, par l'expérience, le fait de l'existence de l'air atmosphérique dans les gousses du baguenaudier. Il introduisit, à cet effet, dans une petite cloche remplie d'air une petite branche de baguenaudier, à laquelle étaient encore fixées deux gousses; il renversa la cloche sur le mercure; au bout de trois jours, le volume de l'air renfermé dans la cloche parut un peu augmenté; il retira les gousses, sous le mercure, et les y tint plongées; elles étaient bien entières et bien gonflées; l'air contenu dans l'intérieur de la gousse et dans celui de la cloche, analysé séparément, fournit les résultats suivants :

	Air de la cloche,	air de la gousse.
Acide carbonique,	22,2	21, 7
Oxygène,	0,10	0, 3
Azote,	77,70	78, 0
	100,00	100,0

Il résulte de cette expérience que la membrane qui forme la gousse est perméable à l'air : on peut, en effet, en comprimant légèrement ce fruit, l'en faire sortir sans opérer de déchirement. Cette perméabilité ne s'étend cependant pas jusqu'à laisser passer l'eau ni le mercure.

ACACIE ODORANTE, fruit du *mimosa farnesiana*, L.; famille des Légumineuses, J.

Ce fruit s'offre sous la forme d'une gousse ou silique, courte, ronde, articulée, pourvue intérieurement de loges transversales, et renfermant dans une pulpe visqueuse plusieurs semences oblongues et noirâtres.

On retire de ces gousses, lorsqu'elles sont vertes, un suc astringent, qui, réduit en consistance d'extrait, est employé avec succès contre les diarrhées et autres flux ou muqueux ou sanguins. Ce suc, traité par le sulfate de fer, donne un précipité noir, qu'on emploie avec succès dans la teinture.

L'infusion des graines est employée en Chine comme topique, dans les ophthalmies et les affections hémorroïdales; elle sert aussi à teindre les cheveux en un beau noir de jais.

Examen chimique. On doit à M. Ricord Madiana l'analyse suivante des gousses de l'acacie odorante; neuf gousses, pesant ensemble 576 grains, ont donné: fécule amylacée 8 grains, — tannin 100 grains, — acide gallique et extractif 50 grains, — muqueux 30 grains, — chlorophylle et huile soluble dans l'alcool 4 grains, — sarcocolle 10 grains, — cerine mêlée d'huile aromatique et de chlorophylle 4 grains, — fibres ligneuses 100 grains, — eau évaporée dans les opérations, autres principes volatils, ainsi que la perte de diverses portions employées pour l'essai des réactifs, 270 grains, — total 576.

CASSIA ou balibabolah, fruit du *cassia sophora*, L.; famille des Légumineuses, J.

Il s'offre sous la forme d'une gousse de la grosseur et de la longueur du petit doigt, de couleur brune, de forme cylindrique, renfermant des graines brunâtres.

Ces gousses contiennent du tannin et de l'acide gallique en si grande proportion, qu'on les importe maintenant en France pour remplacer la noix de galle dans plusieurs de ses emplois industriels et notamment la teinture en noir; leur décoction précipite, en effet, en une belle couleur de jais les solutions de fer.

Ce fruit contient, à l'état frais, un mucilage ou gélatine, tellement adhésif, qu'on l'emploie avec succès pour réunir les pièces de porcelaine brisées.

ACACIE A FEUILLES ÉTROITES, fruit du *mimosa tenuifolia*, L.; famille des Légumineuses, J.

C'est une gousse ou silique longue d'environ 16 à 19 cent., large de 9 à 11 mill., de couleur brune, partagée par des cloisons transversales et renfermant des semences ovales, colorées de jaune extérieurement, brun noirâtre à l'intérieur.

La décoction de ces gousses ayant la propriété de faire passer au noir les dis solutions salines de fer, on doit en conclure qu'elles contiennent, comme celles qui précèdent une grande quantité de tannin et d'acide gallique. On emploie la décoction, ou simplement le *maceratum* de ces gousses en lotion ou en injection, pour arrêter certains flux sanguins ou hémorragiques.

ACACIE A GRANDES GOUSSES, châtaigne de mer, fruit du *mimosa scandens*, L.; famille des Légumineuses, J.

Ce légume ou gousse atteint jusqu'à 1 mètre de long sur 8 à 11 cent. de large, aplati, renflé cependant dans certaines parties qui décèlent la présence des semences, d'une contexture coriace et entouré d'un cordon ligneux, qui, naissant du pédoncule, se sépare en deux parties et borde la gousse dans toute son étendue: ces fruits ou gousses renferment chacun sept à neuf semences, larges de 2 pouces, un peu aplaties sur les côtés, arrondies en rein ou en cœur, d'où leur vient le nom de *cœur de saint Thomas*; elles doivent celui de *châtaigne de mer* à leur couleur rouge brun, qui rappelle celle de ce fruit.

Les semences servent de nourriture à beaucoup de peuplades indiennes et aux naturels des Antilles. Les bestiaux et principalement les bœufs en sont très-friands; c'est sans doute à cette circonstance que la plante qui les fournit doit le nom de liane à bœuf.

« Les indigènes, » dit M. Descourtilz (Flore des Antilles), « appellent ces fruits châtaignes de mer, parce qu'au milieu des ouragans ils sont transportés par des avalanches ou par des torrents, qui descendent des montagnes, se mêlent aux eaux des rivières, en garnissent les rives, puis, à la première crue, sont charriés vers la mer. Ils vident les graines, qu'ils appellent *cacones*, et après en avoir enlevé l'amande, ils en font des bourses à escalins, en adaptant à l'ouverture du haut un liseré de bois d'acajou, ou de citronnier, qui ferme l'entrée au moyen d'une coulisse. Les amandes, quoique amères, sont néanmoins un mets assez agréable lorsqu'on les fait cuire dans l'eau. »

Examen chimique. On doit à M. Bonastre l'analyse suivante de la châtaigne de mer: elle contient de l'albumine en proportion considérable, — de la fécule, — de la glaïadine, — une gomme acide, — une résine âcre très-blanche, — une huile grasse incolore, — une matière extractive, — des traces d'acide gallique, — un peu de sucre, — de la fibre blanche.

La grande quantité d'albumine que contient cette graine la rend très-propre à neutraliser l'action de certains poisons, aussi jouit-elle d'une grande réputation sous ce rapport.

MESUA, fruit du *mesua ferrea*, L.; famille des Guttifères, J.

Il s'offre sous la forme d'une noix tétragone et conique; le péricarpe ou brou est coriace et fongueux, il s'ouvre, comme la châtaigne, en plusieurs lobes, et offre trois à quatre graines dont la substance parenchymateuse est féculente et amylacée; ces graines ou, mieux, ces amandes sont comestibles; le brou laisse exsuder, avant la maturité du fruit, un suc lactescent et résineux, d'une saveur âcre.

La rareté de ce fruit en Europe n'a pas permis d'en examiner la composition chimique; son bois est plus commun et connu sous le nom de *bois de fer.*

CYTISE DES ALPES, faux ébénier, fruit du *cytisus laburnum*, L.; famille des Légumineuses, J.

C'est une gousse longue d'un pouce et demi à 2 pouces, sur 2 à 3 lignes de longueur; les sutures sont ornées de lignes ou bourrelets saillants qui entourent complétement ce légume; les semences où graines sont réniformes, de couleur noire extérieurement et jaune verdâtre en dedans.

Ces semences paraissent jouir des propriétés vomitives et cathartiques à un assez haut degré. Le fait suivant, rapporté par M. Cadet, *Bulletin de pharmacie*, t. Ier, milite puissamment en faveur de cette opinion, que l'analyse confirme d'ailleurs d'une manière péremptoire. « MM. Tollard, pépiniéristes, dînaient un jour chez madame Vilmorin leur parente; c'était l'époque où finit la floraison du *faux ébénier*; l'un d'eux proposa d'essayer si les jeunes gousses de cet arbre ne seraient pas un aliment agréable. On en accommoda comme des haricots verts; tous les convives en goûtèrent fort peu, parce que la saveur ne parut agréable à personne; mais, une heure environ après, tous ceux qui en avaient mangé furent pris de vomissements ou furent abondamment purgés. » Nous avons cru utile de rapporter ce fait pour éloigner l'idée de tenter de nouveaux essais qui pourraient avoir des résultats plus fâcheux.

Examen chimique. Les gousses du *cytisus laburnum* fournissent à l'analyse, suivant MM. Chevallier et Lassaigne, une matière grasse de couleur blanc verdâtre, — de l'albumine, — une matière vomitive, soluble dans l'eau et dans l'alcool, d'une saveur désagréable (*cytisine*), — de la matière verte, — des acides malique et phosphorique, — des malates de potasse et de chaux, — de la silice en petite quantité.

La *cytisine* est incristallisable; d'un jaune brunâtre, d'une saveur amère nauséeuse, elle est émétique et purgative, à la dose de deux ou trois grains; elle déterminerait vraisemblablement des accidents graves, si l'on parvenait à l'obtenir plus pure.

LILAS, fruit du *syringa vulgaris*, L.; famille des Jasminées, J.

Ce fruit s'offre en grappes droites, résistantes, formées de capsules qui renferment des graines ou semences plates, lisses, d'abord de couleur verte, puis brunâtre; la saveur des amandes qu'elles contiennent est amère, astringente et âcre; aussi ce fruit offrirait-il fort peu d'intérêt, si un médecin distingué, M. Cruveilhier, n'avait eu l'idée de mettre à profit la réunion des deux premières propriétés dans la même substance, pour combattre les fièvres intermittentes; il administre cette sorte de succédané du quinquina sous forme d'extrait aqueux, à la dose d'un scrupule à un gros par jour, soit en pilules, soit dissous dans un vin généreux.

Frappés également de l'amertume excessive des semences du lilas, MM. Robinet et Petroz ont également pensé qu'elles devaient jouir d'une certaine énergie et trouver des applications utiles, aussi se sont-ils occupés de son analyse.

Examen chimique. Ces savants ont vu qu'elles contenaient une matière amère dont le caractère est de colorer en vert le proto-sulfate de fer; en outre, une substance particulière qui, par ses propriétés, se rapproche de la bassorine et de l'adraganthine, mais qui cependant ne peut être confondue avec elles. Ces substances ne sont pas les seules que MM. Robinet et Petroz aient rencontrées dans le fruit du lilas, mais ce sont celles seulement qui leur ont offert des caractères particuliers. Ils ont, comme dans toutes les analyses du même genre, trouvé de la résine, — du sucre, — de la gélatine, — des acides libres et combinés.

Si l'analyse de ce fruit offre assez peu d'intérêt sous le rapport des principes qu'il contient, il n'en est pas de même des procédés qui ont été mis en pratique pour l'opérer; ces jeunes chimistes ont, en effet, vu : 1o que l'acide carbonique peut être employé utilement dans les analyses végétales, pour séparer des substances qui forment des composés insolubles avec l'oxyde de plomb et les terres alcalines; 2o qu'on peut aussi retirer de grands avantages de l'emploi de l'éther acétique, qui dissout certaines substances à l'exclusion de plusieurs autres.

AZÉDARAC ou lilas des Antilles, fruit du *melia azedarac*, L.; famille des Méliacées, J.

Il s'offre sous la forme d'un drupe ovale, du volume d'une petite olive, d'abord vert, puis vert jaunâtre lors de la maturité; il renferme un noyau à cinq loges, contenant chacune une graine; la pulpe, d'abord douceâtre, laisse bientôt dans la bouche un sentiment d'amertume et d'âcreté.

Les auteurs ne sont pas d'accord sur les propriétés de ce fruit : les uns, et parmi eux MM. Lamarck et Descourtilz, lui attribuent des propriétés délétères; d'autres, et notamment M. Ricord Madiana, le regardent comme inerte ou à peu près. Ce dernier rapporte, à l'appui de son opinion, un grand nombre de faits qui tendent à prouver qu'il n'est pas, comme on l'avait supposé, plus vénéneux sous la zone torride que sous un ciel plus tempéré ; toutefois l'authenticité que paraît avoir le fait suivant, rapporté par M. Richard, (*Dictionnaire classique d'histoire naturelle*), doit tenir en garde contre son action. «Il existe,» dit ce savant, « dans la ville de Santa Maria del Puerto, vis-à-vis de Cadix, une fontaine dont l'eau, contenue dans d'assez grandes auges de pierre, qu'on avait soin de laisser toujours remplies, devint sensiblement malsaine, durant le séjour que fit l'armée française en Andalousie, pendant la guerre de 1808 à 1813 ; ces troupes conquérantes, qui embellissaient les lieux mêmes où elles ne comptaient pas s'établir, avaient planté les environs de la fontaine de Santa Maria d'azédaracs assez grands, destinés à lui donner de l'ombrage et à parfumer ses environs. Un apothicaire du pays, fort instruit et fort habile botaniste, don F. Guttierez, attribua la mauvaise qualité de l'eau aux fruits du *melia* qui tombaient abondamment dans les auges, et conseilla d'arracher les arbres qui les produisaient, ce qui arriva précisément à l'époque de l'évacuation de l'Andalousie par les Français. La suppression des azédaracs rendit à l'eau toute sa pureté ; et le clergé, profitant de la circonstance, en venant exorciser la fontaine en grande pompe, proclama cet événement comme un miracle qui signalait la délivrance de l'Espagne. »

L'huile extraite des fruits de l'azédarac était employée autrefois dans l'Indoustan contre les affections rhumatismales ; maintenant ses plus importants usages sont pour l'éclairage et la peinture. Les noyaux sont soigneusement réservés pour faire des chapelets.

Examen chimique.—Il résulte de l'analyse de ce fruit, par M. Ricord Madiana, qu'il est composé d'eau, — de chloronite, — de résine, — d'une sorte de sarcocolle, — de muqueux, — de gomme, — de fécule amylacée, — d'huile grasse, — de ligneux et d'acide acétique.

MANGE ou MANGLE, fruit du manglier ou palétuvier chandelle, *mangium candelarium*, L., *vel rhizophora* ; famille des Caprifoliacées.

Ce singulier fruit est formé d'une capsule ou gousse cylindrique, oblongue, semblable à une chandelle à baguette, uniloculaire et monosperme. Son réceptacle est charnu et contourné en spirale.

On ne doit pas attendre, pour cueillir cette gousse, qu'elle ait atteint son maximum de maturité ; car non-seulement elle serait peu agréable à manger, mais on s'exposerait à ne trouver que les valves, attendu qu'elle sèche promptement et disperse ses graines par la plus légère agitation de l'air ; la pulpe qui les environne, d'abord douceâtre, devient âcre et amère ; elle contient beaucoup de tannin : aussi le fruit, de même que l'écorce de l'arbre, est-il souvent employé pour tanner.

La graine germe avec une extrême facilité, et tellement que cette opération s'effectue dans le péricarpe même et lorsque le fruit est encore suspendu à l'arbre.

« Le manglier, » dit l'auteur des *Commentaires sur la matière médicale de Pline*, « croît sur toute la côte de l'Inde, depuis Siam jusqu'à l'entrée du golfe Persique ; il se plaît dans les terrains inondés par les marais : ses rameaux forment de longs jets ; ils pendent jusqu'à terre et s'y fixent pour former de nouveaux troncs, qui, continuant à se multiplier de la même manière, s'avancent dans l'eau et y forment des espèces de pilotis naturels. »

COURBARIL, fruit de l'hymenéa courbaril, *hymenæa courbaril*, L.; famille des Légumineuses, J.

C'est une gousse longue de 16 à 22 centimètres, large de 27 à 40 millimètres, comprimée, obtuse, de couleur brun roussâtre, à surface chagrinée et d'une contexture coriace; elle renferme une pulpe farineuse amylacée, au milieu de laquelle sont placées quatre à cinq graines de forme ovoïde, environnées elles-mêmes de fibres ligneuses.

Ce fruit est comestible dans l'Inde; on en prépare, en outre, par la fermentation, une sorte de bière à l'usage des nègres; mais la plante qui le fournit est surtout intéressante par le suc résineux aromatique qu'elle laisse suinter et qui ne tarde pas, par suite de l'influence de la température, à se solidifier. Il est connu dans le commerce sous le nom de *gomme animée*, ou mieux *résine animée*; car il est presque entièrement soluble dans l'alcool. Les Indiens mâchent la résine animée pour corriger la fétidité habituelle de leur haleine; elle est employée, dans l'Amérique méridionale et aux Antilles, pour l'éclairage; on en fabrique des torches dont la combustion est facile et prompte. En Europe, on la fait entrer dans la composition des vernis fins; elle forme, sous ce rapport, un objet de commerce assez important.

Le bois de courbaril remplace maintenant l'acajou dans beaucoup de cas; on l'emploie dans l'ébénisterie, et notamment pour la fabrication des pianos.

NOIX DE GOUROU, café du soudan, fruit de l'*inga biglobosa*, L.; famille des Légumineuses, J.

Ce fruit est formé de trois ou cinq loges ou capsules distinctes, pédicellées, comprimées, ligneuses, s'ouvrant par une suture longitudinale interne, et contenant une ou plusieurs graines du volume d'une châtaigne.

La saveur du gourou est âpre, un peu amère; elle rappelle celle du café vert. Ce fruit est surtout employé comme masticatoire; il parfume la bouche et masque ainsi la saveur de certaines substances. Il sert aussi de condiment à certains mets; à cet effet, on lui fait éprouver quelques opérations préliminaires qui ont pour but de développer son arome : c'est ainsi qu'on le torréfie ou brûle à la manière du café; on le concasse ensuite assez finement, puis on fait macérer cette poudre grossière dans l'eau jusqu'à ce qu'il se manifeste une sorte de putréfaction; on décante la liqueur dont on fait usage comme boisson économique; enfin on forme avec le marc de petits gâteaux d'une odeur assez peu agréable, mais qui servent cependant à relever la saveur fade de certaines préparations alimentaires.

La noix de gourou, originaire de l'Afrique centrale, est si peu commune, même dans ce pays, et si estimée néanmoins, qu'elle sert de monnaie. Elle est presque entièrement réservée pour l'usage des chefs de tribus et des prêtres, qui la mâchent avant leurs repas pour exciter leur appétit gastronomique et, comme on voit, fort peu économique.

CALAMUS SANG-DE-DRAGON, fruit du *calamus draco*, Wild.; famille des Palmiers, J.

Le fruit de ce calamus est rond, un peu ovoïde, de couleur rouge pourpre; son volume égale celui d'une grosse aveline; il renferme, dans sa substance, un suc résineux rouge très-abondant.

On extrait ce suc en pratiquant des incisions à la surface du fruit, et l'exposant ensuite à un soleil très-ardent, ou même à l'action d'une chaleur artificielle assez bien ménagée pour provoquer l'exsudation de la résine balsamique rouge, connue dans le commerce sous le nom de *sang-de-dragon*; lorsqu'il paraît suffisamment épuisé par ce moyen, on le soumet à l'action de l'eau bouillante, après l'avoir préalablement concassé pour entraîner les dernières portions de résine; on fait évaporer ensuite, et on fixe le résidu sur des chaumes de riz, en observant de les placer à des distances déterminées, de manière à présenter des chapelets à grains olivaires, qui rappellent assez bien ceux des passementiers. Le dernier produit est moins estimé que l'autre; c'est le seul qu'on livre au commerce.

Examen chimique. Le sang-de-dragon a une cassure lisse ; il se ramollit à l'eau chaude ; il est soluble dans l'alcool en presque totalité ; plus il est pur, en effet, moins il laisse de résidu ; l'eau n'a point d'action sur lui, mais il est soluble dans les huiles. Sa dissolution tache le marbre assez profondément pour qu'on ait tiré parti de cette propriété pour faire des granits artificiels.

Bien que cette résine soit un peu aromatique, comme elle ne fournit aucune trace d'acide benzoïque, elle ne peut être rangée parmi les baumes. On l'emploie en médecine comme astringent et avec succès contre les flux muqueux ou sanguins. Il entre dans la composition de certaines préparations magistrales, telles que les pilules, les injections et les lotions.

AREC DE L'INDE, arec bétel, noisette d'Inde, *areca cathecu*, L., *vel oleracea*; fruit de l'arequier, famille des Palmiers, J.

C'est à tort que Linnée a donné le nom d'*areca cathecu* à l'arbre qui produit la noix d'arec ou noisette d'Inde, car le cachou est fourni par un *mimosa*. Le fruit qui nous occupe a à peu près le volume et la forme d'un œuf de poule ; son sommet est terminé par un ombilic, et sa base est garnie des six écailles du calice, très-adhérentes et disposées sur deux rangs ; l'écorce, lisse, mince, de couleur jaune, recouvre une pulpe blanche, qui elle-même environne un noyau semblable à une noix muscade; elle est marbrée intérieurement, d'une consistance d'abord molle, puis solide et de contexture cornée ; l'amande que renferme le noyau est onctueuse; elle donne par expression une huile bonne à brûler. On extrait, en outre, de la noix d'arec une fécule gommo-résineuse que l'on a pris longtemps pour le cachou, qui jouit des mêmes propriétés, mais à un degré beaucoup plus faible.

Les Indiens mangent ce fruit lorsqu'il est récent; son parenchyme, d'abord mou,

devient filamenteux; on le sert entier ou coupé par tranches; on l'offre lors des visites, comme dans d'autres pays on offre le café ou le thé; lorsqu'on le présente en tranches, celles-ci sont enveloppées dans des feuilles de bétel et saupoudrées de chaux, ou de toute autre poudre absorbante, afin d'en diminuer l'âcreté.

Les habitants de la côte de Coromandel ont une façon particulière de préparer l'arec vieux et trop sec, qu'ils appellent *koffol*, et d'en faire un mets très-délicat ; ils le coupent en petits morceaux, qu'ils font macérer dans de l'eau de rose, dans laquelle a infusé du cachou concassé; ils laissent ensuite évaporer au soleil jusqu'à siccité et conservent pour l'usage. Ces préparations plus ou moins variées, connues sous le nom générique de *bétel*, se conservent pendant longtemps sans altération ; elles s'exportent et se vendent comme masticatoires; leur usage ne consiste pas seulement à stimuler les voies digestives, elles servent, en outre, à affermir les gencives et à corriger la mauvaise odeur de l'haleine. Les hommes et les femmes, les enfants, tout le monde enfin, dans l'Inde, mâche cette préparation éminemment stomachique.

Les proportions les plus ordinaires pour obtenir l'arec bétel sont : noix d'arec, deux parties; — chaux vive, préparée avec des écailles d'huîtres et des feuilles du poivrier bétel, de chaque une partie. — On coupe la noix par tranches, on la saupoudre de chaux et d'un aromate quelconque, puis on enveloppe chaque tranche dans une feuille de bétel, ainsi qu'on l'a vu plus haut.

Examen chimique. On doit à M. Morin l'analyse suivante du fruit de l'arequier; il est formé d'acide gallique, — de tannin en grande proportion, — d'acétate d'ammoniaque, — d'un principe analogue à celui qu'on trouve dans les légumineuses, — d'une matière rouge, insoluble, — d'une matière grasse composée d'élaïne et de stéarine, — d'huile volatile, — de gomme, — d'acétate de chaux, — de fibres ligneuses, — de sels minéraux, — d'oxyde de fer et de silice.

CARYOTE BRULANTE, fruit du *caryota urens*, L.; famille des Palmiers, J.

Elle s'offre sous la forme d'une baie sphéroïde, de couleur rouge lors de la maturité, et du volume d'une grosse cerise; sa pulpe est si caustique, qu'elle détermine des aphthes dans la bouche; c'est à cette circonstance que le fruit doit la dénomination caractéristique qui le distingue. On l'applique quelquefois sur la peau, lorsqu'il s'agit d'y déterminer de la rubéfaction, ou une vésication prompte; on met cette propriété à profit en composant, au moyen de cette pulpe, d'huile de ben et de cire, une pommade épispastique assez douce, qui n'a pas l'inconvénient, comme celle préparée avec les cantharides, de déterminer de l'irritation sur les voies urinaires.

Bien qu'on n'ait pas soumis à une analyse rigoureuse le fruit de la caryote, on sait cependant qu'il contient de l'acide malique, une matière extractive résineuse excessivement âcre et un principe colorant.

La caryote est originaire de l'Inde; on a donné à l'arbre qui la produit le nom de faux sagoutier, parce que son tronc fournit une moelle amylacée analogue au sagou.

BABLAH, fruit de l'*acacia arabica*, de C.; famille des Légumineuses, J.

Ce fruit s'offre sous la forme d'une gousse, longue de 11 à 14 cent. et large de 14 à 18 mill., un peu recourbée et comprimée; les valves sont épaisses, de couleur brun noirâtre; les graines, au nombre de 8 à 10, sont séparées par des étranglements peu profonds, mais cependant assez sensibles, attendu la saillie qu'elles forment; ces semences sont plates, inodores, assez résistantes, de couleur brun verdâtre; elles sont environnées d'une sorte de pulpe sèche ou parenchyme noir, d'une saveur âcre.

Le bablah était employé dans l'Inde, de temps immémorial, pour la teinture lorsqu'il fut importé une première fois, en Europe, mais son emploi avait été abandonné, lorsqu'il y a quelque temps il reparut sous le nom de *tannin oriental*. On en connaît deux sortes principales, celui de l'Inde et celui d'Égypte; le premier est le plus estimé. Il résulte des observations de M. Bessas qu'il doit être préféré à toutes les autres galles indigènes ou exotiques, d'abord parce qu'il est d'un emploi plus facile et moins coûteux, ensuite parce qu'il résiste opiniâtrément à l'air et aux acides; il a, en outre, la propriété d'adoucir les laines les plus rebelles; le poil de la chèvre du Tibet, qui devient si soyeux dans le cachemire indien, doit, suivant lui, cette qualité à l'emploi de cette substance. « Quoiqu'il y ait un peu d'enthousiasme, dit M. Virey (*Journal de pharmacie*, t. XII), en faveur de la nouvelle substance importée des Indes orientales, de Pondichéry, de Chandernagor, et autres comptoirs, sous le nom de *bablah*, elle offre réellement plusieurs avantages constatés par nombre de fabricants. Elle produit, sans mélange quelconque et sans mordant étranger, toutes les nuances de nankin des Indes, avec une si grande solidité, que ni les acides, ni l'ébullition avec le savon n'en altèrent le ton et la couleur. On sait combien elle surpasse la noix de galle, à dose pareille, pour la teinture noire; l'étoffe conservant beaucoup de souplesse; car, si l'on s'en rapporte aux analyses de cet astringent, faites par M. Lassobe, le bablah contient beaucoup d'acide gallique et presque point de tannin. Le garançage, pour le rouge d'Andrinople, fait avec le bablah, l'emporte aussi sur celui obtenu avec pareille portion de noix de galle (2 onces par pièce de coton).

Examen chimique. MM. Achon et Lassobe, auxquels on doit diverses analyses du bablah, ont signalé dans ce fruit la présence d'une grande quantité d'acide gallique, d'un peu de tannin et de beaucoup de matière gommeuse; le premier de ces chimistes avait annoncé qu'il contenait, en outre, de l'acide malique cristallisé ; mais MM. Robiquet et Bussy, qui l'ont examiné avec beaucoup de soin, ne sont pas de cet avis.

Les nègres du Sénégal et de plusieurs parties de l'Afrique emploient le bablah avec succès pour tanner le cuir. L'acide gallique qu'il contient, en proportion très-notable, ainsi qu'on vient de le voir, fait que sa décoction a une grande affinité pour les sels de fer, qu'elle précipite et fixe, au moyen du sulfate d'alumine.

POIS MABOUIA, fève du diable, fruit du câprier à siliques rouges, *capparis cynophallophora*, L.; famille des Capparidées, J.

C'est une silique longue à pédoncule court, s'ouvrant d'un seul côté; elle renferme une pulpe rouge dans laquelle sont fixées des semences réniformes blanches qui y produisent le plus bel effet. Du reste, ce fruit n'est guère recherché que par certains reptiles. On lui a attribué néanmoins la propriété antispasmodique, mais l'insuccès en a bientôt fait abandonner l'usage.

La pulpe paraît composée de mucoso-sucré, — d'un principe amer et âcre, et d'un acide qui paraît être de l'acide malique.

CAPRE, fruit du câprier épineux, *capparis spinosa*, L.; famille des Capparidées, J.

Ce fruit s'offre sous la forme d'une silique longue de 5 à 6 pouces, uniloculaire et renfermant un grand nombre de graines. Il est assez peu recherché, mais cependant on le confit quelquefois au vinaigre, et on l'emploie à l'instar des cornichons.

On nomme vulgairement câpre une autre partie de la plante, dont l'usage est bien plus répandu, et qui forme une branche de commerce assez intéressante;

c'est le bouton floral avant son entier développement : on cueille ces boutons aussi petits que possible, car c'est dans cet état qu'ils sont le plus estimés : on les plonge dans du vinaigre dans lequel on a mis une certaine quantité de sel, et on laisse confire. On continue tant que dure la floraison, que l'on active autant que possible, et, lorsque les vases dans lesquels on met la récolte sont remplis, on les livre à des gens qui en font le triage. Les câpres prennent diverses dénominations suivant leur grosseur; c'est ainsi qu'elles sont connues dans le commerce sous les noms de *nonpareille*, *capucine*, *capote*, *seconde* ou *troisième* sorte. L'usage où l'on est de se servir de cribles en cuivre, pour les trier et aviver leur couleur, est dangereux et devrait être abandonné.

Il existe, dans l'Archipel, une espèce de câprier qui est sans épine et fort belle, et qu'on pourrait naturaliser avec succès, en France; elle permettrait d'opérer la cueille des boutons floraux, sans risquer de se blesser, et conséquemment plus promptement ; ces avantages, en diminuant la rareté, et conséquemment le prix, augmenteraient infailliblement la consommation de ce hors-d'œuvre ou condiment, qui ne paraît guère sur la table du pauvre.

Les câpres confites sont généralement mêlées aux aliments doux et peu savoureux, elles en facilitent la digestion.

CAPUCINE, fruit du *tropœolum*, L.; famille des Tropœolées, J.

Il s'offre sous la forme d'une sorte de baie sèche, composée de trois akènes, réunies avant leur maturité, striées extérieurement.

La capucine est originaire du Pérou: ses belles fleurs écarlates sont excitantes, elles figurent avec avantage sur les salades; ses feuilles sont antiscorbutiques, et ses fruits se confisent à la manière des câpres; ils sont employés comme assaisonnement.

43

PERÉPÉ, figue maudite, fruit du perépé à fleurs roses, *clusia rosea*, L.; famille des Guttifères, J.

C'est une capsule de couleur verdâtre, assez grosse, presque globuleuse, à huit côtes qui correspondent à autant de loges ou valves épaisses; elle s'ouvre par le sommet; les loges renferment un grand nombre de semences, une pulpe épaisse et molle les enveloppe.

Lorsqu'on pratique des incisions à la surface de ce fruit, il en exsude un suc blanc, d'une saveur âcre, qui rappelle celui que fournit l'hevea; rapproché convenablement, il se convertit en une sorte de caoutchouc ou gomme élastique, de consistance, molle, très-adhésive, et qui, en raison de cette propriété, est employée à la manière du brai ou du goudron, pour calfater les vaisseaux, ou pour enduire les filets des pêcheurs et les garantir de la pourriture. La propriété qu'il a, en outre, de conserver aux instruments de métal leur éclat, en les garantissant de l'humidité, le rend aussi, sous ce rapport, d'une grande utilité. Le suc qu'on obtient du fruit ne suffirait pas à tous ses usages, aussi l'extrait-on de presque toutes les parties de la plante, qui en sont assez richement fournies.

Bien que la figue maudite n'ait pas été analysée, si l'on en juge par ses propriétés, elle doit contenir les mêmes principes que les fruits de l'*hevea*, du *jatropha elastica*, du *cecropia peltata*, de l'*artocarpus integrifolia* et de l'*hippomane biglandulosa*.

IF, fruit du *taxus baccata*, L.; famille des Conifères, J.

Il s'offre sous la forme d'une petite baie de couleur rouge de cinabre, s'ouvrant par la partie supérieure. Cette partie, suivant M. Richard, n'appartient pas au péricarpe; c'est le disque, circulaire, sur lequel la fleur était appliquée, qui s'accroît au point de recouvrir en totalité le véritable fruit, qui lui-même est renfermé dans son intérieur. Celui-ci est sec, ovoïde; son péricarpe, formé par le calice persistant, est dur, coriace et recouvert d'une partie légèrement charnue; l'amande a un goût assez agréable, mais elle est très-petite.

Ce fruit, si l'on en croit d'anciens auteurs, aurait servi à Cativaleus pour se donner la mort; mais des observations plus récentes ont démontré que cette assertion de César n'était pas fondée. M. le baron Percy, qui le premier l'a contestée, a prouvé que ces baies étaient simplement purgatives et encore à un assez faible degré. Plus récemment, M. Richard s'est assuré qu'elles étaient fort innocentes et rien moins que vénéneuses; ce savant en a, en effet, mangé sans en éprouver le plus léger accident. On sait d'ailleurs que les enfants de la campagne mangent souvent de ces baies qu'ils désignent sous le nom de *morviaux*, sans qu'il en résulte, dans leurs habitudes économiques, d'autre dérangement qu'une légère purgation; on peut, sans inconvénient, les mettre à profit pour nourrir la volaille.

Examen chimique. Les observations qui précèdent sont confirmées par les analyses qui ont été faites de ce fruit; c'est ainsi que MM. Chevallier et Lassaigne l'ont trouvé composé d'une matière sucrée fermentescible non cristallisable, — de gomme, — d'acides malique et phosphorique, et d'une matière grasse, de couleur rouge carmin.

M. Peretti y a signalé la présence d'un principe analogue à la *rheine* ou à la *rhabarbarine*; ce qui explique la propriété purgative de ces baies.

Toutes les parties de la plante jouissaient autrefois d'une grande célébrité; c'est ainsi que les Romains associaient l'if au cyprès dans les cérémonies funèbres, et qu'ils s'en couronnaient en signe de deuil. Une branche d'if était réputée convertir immédiatement le vin en vinaigre; l'empereur Claudius, enfin, rendit un décret qui prescrivait l'emploi du suc des feuilles contre la morsure de la vipère.

CYPRÈS, fruit du *cupressus sempervirens*, L.; famille des Conifères, J.

C'est une petite noix de forme irrégulière, bordée quelquefois d'une membrane en forme d'aile; son péricarpe est sec et osseux, d'une épaisseur et d'une dureté médiocres; il enveloppe une graine oblongue dont l'épisperme est blanc et charnu.

La noix de cyprès est réputée stomachique, vulnéraire, fébrifuge et astringente; elle doit ses propriétés à la présence du tannin et de l'acide gallique; mais comme ces principes y existent dans une proportion assez faible, on en fait assez peu de cas soit en médecine, soit dans les arts.

On attribuait jadis au cyprès des propriétés qui, si elles eussent été d'une efficacité moins contestable, devaient le mettre en grande vénération. « Les médecins orientaux, » dit M. Fée (ouvrage cité), « envoyaient les poitrinaires respirer l'air de Candie, où abondent les cyprès, dans la persuasion où ils étaient que les émanations en étaient salutaires. »

Cet arbre, à l'égal de l'if, est l'emblème de la mort : son bois servait, à Rome, à former les bières destinées à renfermer les restes des personnages illustres. Chez les Grecs, il était exclusivement employé pour construire les bûchers destinés à consumer le corps de ceux dont on voulait conserver les cendres.

NOIX DE GALLE, produit du *quercus ilex*, *vel infectoria*, *vel tinctoria*, L.; famille des Amentacées, J. (1).

C'est une excroissance arrondie, qui se manifeste sur plusieurs végétaux et notamment le chêne; elle est produite par la piqûre d'un insecte du genre *cynips*,

qui dépose ses œufs dans la cavité qu'il pratique, au moyen d'une sorte de tarière, située à l'extrémité de son abdomen. Cette excroissance affecte diverses formes; cependant elle est généralement ronde; son volume est égal à celui d'une noisette; sa surface offre des aspérités plus ou moins régulières.

La galle la plus estimée est celle que l'on connaît, dans le commerce, sous les noms de galle d'Alep ou des teinturiers; elle est hérissée de pointes compactes, pesante. On doit en opérer la récolte avant la maturité complète, c'est-à-dire avant que l'insecte auquel elle sert de demeure ne l'ait abandonnée; elle est, dans ce cas, connue dans le commerce sous le nom de *galle noire* ou *verte*. Lorsqu'au contraire l'insecte a pratiqué l'ouverture qui doit favoriser sa sortie, elle est d'une couleur moins foncée et plus légère; on la désigne alors sous les noms de *galle blanche* ou *fausse*. La galle de chêne qu'on récolte en France n'est pas beaucoup plus estimée que cette dernière; elle est complétement sphérique, lisse et rougeâtre.

Examen chimique. La noix de galle contient, comme l'écorce de chêne, mais dans une proportion relative, plus forte, du *tannin* et de l'*acide gallique*. Elle doit à ces principes la propriété de précipiter en noir les dissolutions de peroxyde de fer. Cette propriété est mise à profit dans l'art de la teinture et dans la fabrication de l'encre.

Cette excroissance végétale est composée, suivant Davy, de tannin, 26;— gomme avec une substance devenue insoluble par l'évaporation, 2,4;— fibre ligneuse, 63;— acide gallique avec un peu de matière extractive, 6,2;— sels à base de chaux et d'autres, 2,4.

(1) D'après le plan que nous nous sommes tracé, nous aurions pu nous dispenser de nous occuper de cette substance; mais son nom, et surtout son important emploi dans les arts, nous ont engagé à faire, en sa faveur, cette excursion hors de nos limites, si c'en est une toutefois; car un entomologiste célèbre, M. Audouin, regarde ce genre d'altération par l'insecte, comme déterminant une sorte de fructification : il est vrai de dire, à l'appui de cette opinion, que la noix de galle se rapproche singulièrement, par sa composition, des fruits des *conifères*, très-voisins eux-mêmes des *amentacées*.

M. Braconnot, qui s'est également occupé de l'analyse de cette substance, l'a trouvée composée de 20 parties d'acide gallique, au lieu de 6,2, indiqué par Davy; il y a trouvé, ou plutôt soupçonné aussi la présence d'un peu de sucre.

L'*acide gallique* cristallise en lames transparentes et octaèdres; sa saveur est acide et astringente, il est volatilisable, son odeur est particulière, il est soluble dans douze parties d'eau froide et dans une fois et demie seulement d'eau bouillante; il est aussi soluble dans l'éther, et forme dans les solutions de fer un précipité noir, c'est, sous ce rapport, l'un des meilleurs réactifs chimiques.

La noix de galle est une des substances les plus astringentes qu'on connaisse; elle doit cette propriété à la grande proportion d'acide gallique et de tannin qu'elle contient. Elle occupe une place assez importante dans la matière médicale; on en fait usage en médecine humaine et vétérinaire, et notamment contre les fièvres intermittentes; mais il vaut mieux en isoler le tannin, et l'associer, comme dans les potions de Pradel et de Gamba, au camphre ou au safran : ses effets sont alors plus certains et son administration moins dangereuse.

Le *tannin* s'extrait le plus ordinairement de la noix de galle; nous avons indiqué, page 518, le procédé qu'a indiqué M. Pelouze, pour l'obtenir pur, au moyen de l'éther sulfurique hydraté. Dans cet état, il est d'un blanc jaunâtre, friable, incristallisable, inodore, très-styptique, inaltérable à l'air sec; son acidité l'a fait ranger parmi les acides végétaux, sous le nom d'*acide tannique*.

FIN.

TABLE ALPHABÉTIQUE

DES MATIÈRES.

44

G

I

45

TABLE DES MATIÈRES.

FIN DE LA TABLE.

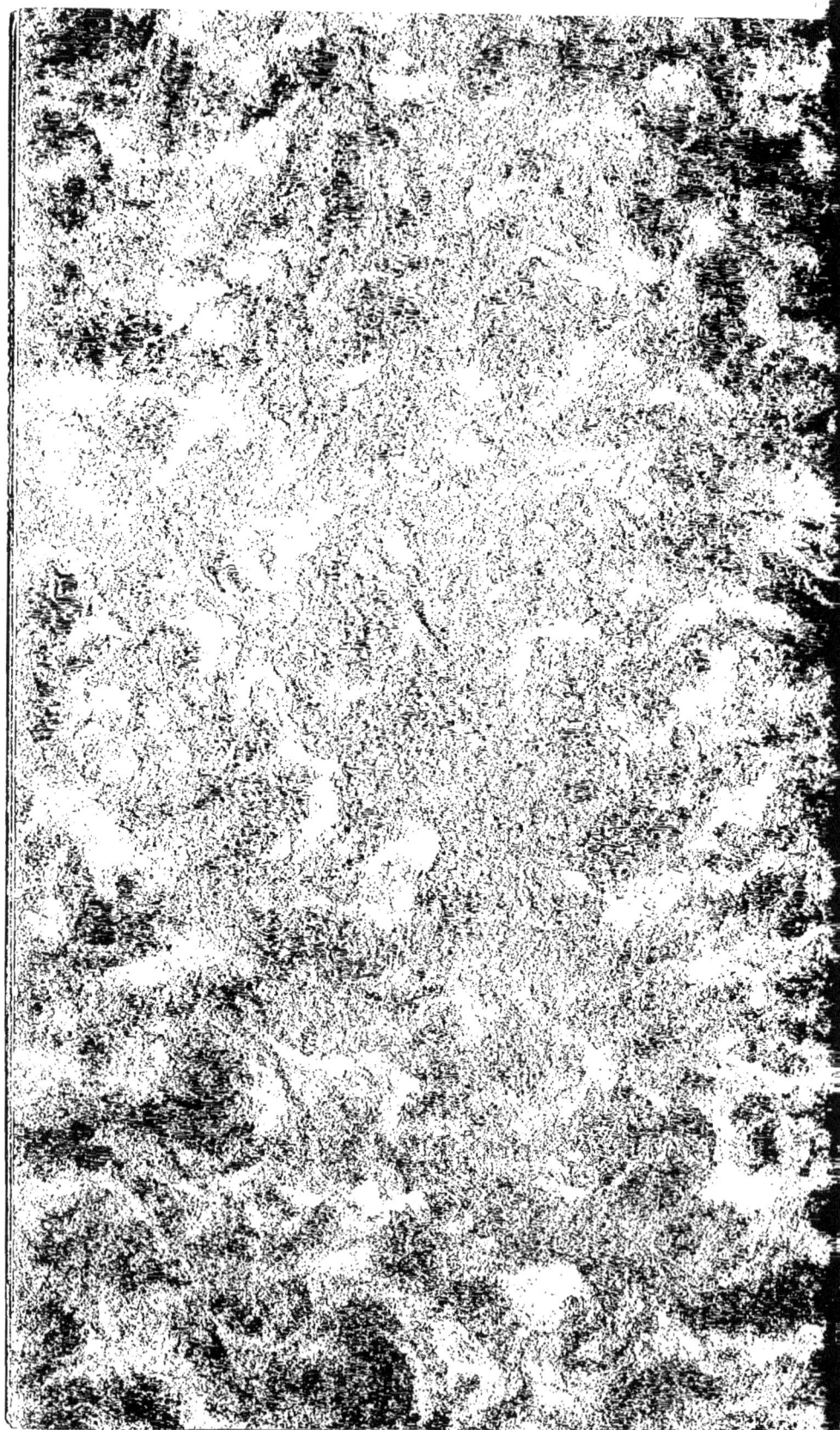

www.ingramcontent.com/pod-product-compliance
Lightning Source LLC
Chambersburg PA
CBHW031531210326
41599CB00015B/1865